AF493708

ÉLÉMENTS

DE

ZOOLOGIE

MÉDICALE ET AGRICOLE

PAR

A. RAILLIET

PROFESSEUR D'HISTOIRE NATURELLE A L'ÉCOLE VÉTÉRINAIRE D'ALFORT

PREMIER FASCICULE

(Pages 1 à 800 et figures 1 à 586)

PARIS

ASSELIN ET HOUZEAU

LIBRAIRES DE LA FACULTÉ DE MÉDECINE

et de la Société centrale de médecine vétérinaire

PLACE DE L'ÉCOLE-DE-MÉDECINE

1885

Le *deuxième fascicule* paraîtra au mois de décembre 1885 et sera livré gratuitement aux souscri eurs en même temps que le titre et la préface

ÉLÉMENTS

DE

ZOOLOGIE

MÉDICALE ET AGRICOLE

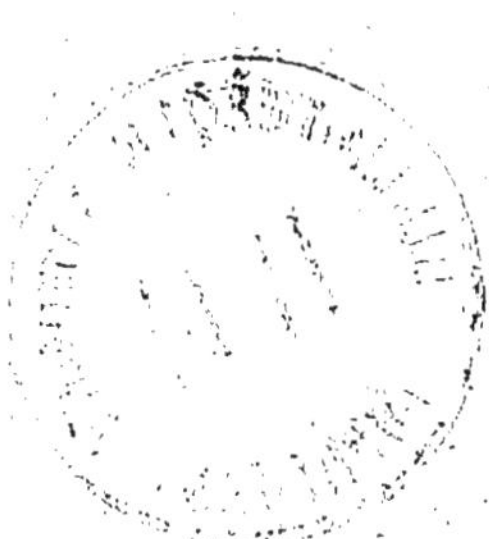

3114-85. — Corbeil. Typ. et Stér. Crété.

ÉLÉMENTS

DE

ZOOLOGIE

MÉDICALE ET AGRICOLE

PAR

A. RAILLIET

PROFESSEUR D'HISTOIRE NATURELLE A L'ÉCOLE VÉTÉRINAIRE D'ALFORT

Avec 705 figures intercalées dans le texte.

PARIS

ASSELIN ET HOUZEAU

LIBRAIRES DE LA FACULTÉ DE MÉDECINE
et de la Société centrale de médecine vétérinaire
PLACE DE L'ÉCOLE-DE-MÉDECINE

1886

PRÉFACE

Le titre même de cet ouvrage nous paraît en indiquer clairement le but et la portée. Ces *Éléments de zoologie médicale et agricole* ne sont autres que le développement du cours que nous professons à Alfort depuis plusieurs années, — car nous avons toujours conçu notre enseignement comme devant répondre à ces deux indications essentielles : applications à la médecine et à l'agriculture.

Ce n'est point à dire pour cela que nous ayons cru devoir nous limiter à des considérations pratiques. Il est impossible de méconnaître que, dans le cours entier de leur carrière, les élèves auxquels nous nous adressons doivent avoir l'esprit dirigé vers les études biologiques : partant, nous sommes tenus de ne pas négliger les principes généraux qui servent de base à ces études. D'autre part, ces élèves ont déjà acquis, dans l'enseignement universitaire, des notions élémentaires sur les choses de la zoologie : nous devons donc rappeler et au besoin compléter ces notions, avant d'aborder les points d'application.

D'après ces données, nous avons tenté de produire un exposé élémentaire, concis et méthodique, de l'organisation, des fonctions et de la classification des animaux, en profitant de ce cadre pour faire une étude spéciale des formes animales qui intéressent la médecine et l'agriculture. Nous avons cherché à donner de ces formes une description abrégée, mais aussi précise que possible, de manière à permettre même aux débutants d'en faire la détermination. Il nous a paru convenable d'insister plutôt sur leur évolution, qui permet dans beaucoup de cas de mett[illegible] mière leur mode d'action et de préciser leur rôle dans le dévelo[illegible] pement des maladies.

Il ne faut pas s'étonner de voir l'étude des parasites tenir ici le premier rang : on sait trop combien s'étend chaque jour le champ de la nosologie parasitaire. Nous avons d'ailleurs étudié comparativement les parasites de l'Homme et ceux des animaux domestiques, d'abord parce que les premiers sont, en général, mieux connus et servent en quelque sorte de types pour l'étude des autres; ensuite parce qu'il en est un grand nombre qui sont communs à l'Homme et aux animaux. Une place importante a été réservée également aux espèces comestibles, en vue de l'inspection des denrées alimentaires.

Enfin, nous avons considéré qu'un ouvrage de cette nature devait servir comme d'introduction aux études zootechniques, et c'est cette idée surtout qui nous a guidé dans la distribution et l'exposé des matières de la zoologie générale. C'est dans le même but que nous avons traité des animaux domestiques avec une attention particulière; et, si nous nous sommes quelque peu étendu sur les données de l'anthropologie, c'est qu'elles fournissent encore un guide utile pour l'étude même de nos auxiliaires.

En ce qui concerne le plan de l'ouvrage, nous avions à choisir entre deux voies : ou bien faire l'analyse de quelques types pour arriver à la connaissance générale du groupe auquel ils appartiennent, ou bien débuter par l'exposé synthétique des caractères du groupe, pour étudier ensuite les différentes formes qui le composent. La méthode analytique, inaugurée avec tant de succès par M. de Lacaze-Duthiers, nous paraît excellente en tous points lorsqu'il s'agit d'un enseignement oral; mais elle nous a semblé ne pas convenir à la rédaction d'un livre, qui doit nécessairement exclure les digressions et les répétitions. Nous avons donc préféré donner d'abord une idée générale, et en quelque sorte schématique, de chaque groupe, sauf à décrire ensuite, avec des détails particuliers, l'organisation des formes les plus intéressantes.

Pour rendre notre ouvrage aussi complet que possible, il nous a fallu dépouiller un nombre considérable de monographies et d'articles divers, disséminés dans les journaux, les bulletins et les [illegible] tre en lu- [illegible] dévelop- [illegible] ntes. Nous avons cherché à en extraire [illegible] ent les points essentiels; mais, afin de permettre au lecteur de recourir lui-même aux sources originales sans fatiguer son attention par des renvois multiples, nous avons indiqué, en tête de chaque groupe, les principaux travaux dans lesquels nous avons puisé les éléments de nos descriptions. De plus, nous avons nous-même vérifié, toutes les fois que la chose nous a été possible — et souvent rectifié — les données fournies par les auteurs : ce n'est point, du reste, le lieu d'insister sur les résultats de nos recherches particulières.

Quelque nombreuses qu'aient été nos investigations bibliographiques, il faut cependant reconnaître que les résultats en seraient demeurés très incomplets si nous n'avions mis à contribution les documents rassemblés dans un grand nombre d'ouvrages classiques, parmi lesquels nous citerons, en première ligne, les excellents traités généraux de Milne Edwards, Claus, Sicard, Brehm, puis les ouvrages d'application de Richard, Grognier, P. Gervais et Van Beneden, Moquin-Tandon, Cauvet, Davaine, Leuckart, Cobbold, Zürn, Perroncito, etc., etc. Ce n'est que justice de constater ici l'usage courant que nous avons fait de ces divers travaux, dont il eût été fastidieux de répéter le titre à propos de chaque groupe.

Ajoutons que notre tâche a été facilitée encore par le concours amical et empressé de plusieurs de nos collègues, et en particulier de M. G. Neumann, de Toulouse, à qui nous sommes heureux de témoigner publiquement notre reconnaissance.

Nous devons aussi les plus vifs remerciements à nos éditeurs, MM. Asselin et Houzeau, dont nous avons été à même d'apprécier, en toutes circonstances, les bons et affectueux offices. C'est grâce à leur libéralité que nous avons pu joindre au texte un nombre aussi considérable de figures. Quelques-unes ont été empruntées aux traités d'anatomie de Cruveilhier et de Leyh, d'autres au traité de physiologie de M. J. Béclard; d'autres encore à des ouvrages classiques de zoologie, notamment à ceux de Richard et de Milne Edwards, ou bien à des monographies diverses. Un plus grand nombre étaient jusqu'alors inédites. Parmi celles-ci, plusieurs ont été gracieusement mises à notre disposition par MM. Laboulbène, Colin, Moniez, Neumann; beaucoup sont tirées des remarquables planches dessinées à Alfort par H. Nicolet sous la direction de Delafond; la plupart enfin sont originales et ont été dessinées d'après nature par M. G. Nicolet, en qui nous avons trouvé un collaborateur aussi zélé qu'habile; la gravure en a été confiée à M. A. Martin, qui s'en est acquitté avec son talent habituel.

Alfort, le 10 avril 1886.

A. RAILLIET.

TABLE MÉTHODIQUE DES MATIÈRES

Préface ..... V-VIII
Introduction 1

PREMIÈRE PARTIE

ZOOLOGIE GÉNÉRALE

CHAPITRE I. — **Animalité** 3
§ 1. — Corps inorganiques et corps organisés 4
§ 2. — Végétaux et animaux 8
CHAP. II. — **Organisation et développement des animaux** 13
§ 1. — Cellules et tissus 14
1° Tissus conjonctifs 16
2° Tissus musculaire et nerveux 20
3° Épithéliums 24
Liquides nourriciers 26
§ 2. — Spécialisation et rapports des fonctions et des organes 29
Accroissement des organismes. Division du travail physiologique 29
Phénomènes morphologiques consécutifs : différenciation, réduction, corrélation 31
Comparaison des organes 34
Organes et individus 35
§ 3. — Étude anatomique et physiologique des organes 37
I. — Organes et fonctions de relation 38
II. — Organes et fonctions de nutrition 46
III. — Organes et fonctions de reproduction 53
§ 4. — Développement des animaux 63
I. — Œuf et sperme. Fécondation 64
II. — Développement de l'embryon. Embryogénie 67
III. — Développement post-embryonnaire 70
IV. — Évolution terminale 75
CHAP. III. — **Rapports de l'organisme avec son milieu** 77
§ 1. — Rapports des animaux avec le monde inorganique et les êtres vivants en général 77
Adaptation, variabilité des formes animales 78

Concurrence vitale........ 81
Sélection naturelle........ 91
§ 2. — Rapports des animaux avec l'Homme........ 93
I. — Animaux nuisibles........ 94
II. — Animaux utiles........ 103
CHAP. IV. — **Taxinomie**........ 112
§ 1. — Valeur des groupes taxinomiques........ 114
I. — Aperçu historique........ 114
II. — Groupes principaux des systèmes zoologiques........ 116
III. — De l'espèce........ 118
§ 2. — Nomenclature zoologique........ 139

SECONDE PARTIE

ZOOLOGIE DESCRIPTIVE

PREMIER EMBRANCHEMENT. — **Protozoaires**........ 143
Classe I. — *Monères*........ 145
Sous-classe I. — Lobomonères........ 148
Sous-classe II. — Rhizomonères........ 149
Classe II. — *Amœbiens*........ 149
Sous-classe I. — Gymnamœbiens........ 150
Sous-classe II. — Lépamœbiens........ 151
Classe III. — *Rhizopodes*........ 151
Sous-classe I. — Foraminifères........ 151
1er Ordre. — Imperforés........ 153
2e Ordre. — Perforés........ 153
Sous-classe II. — Radiolaires........ 153
1er Ordre. — Héliozoaires........ 155
2e Ordre. — Radiolaires *s. str*........ 155
Classe IV. — *Sporozoaires*........ 155
1er Ordre. — Grégarines........ 156
2e Ordre. — Coccidies........ 158
3e Ordre. — Sarcosporidies........ 164
4e Ordre. — Myxosporidies........ 167
5e Ordre. — Microsporidies........ 168
Classe V. — *Infusoires*........ 169
Sous-classe I. — Flagellates........ 170
1er Ordre. — Flagellés........ 171
2e Ordre. — Cilio-flagellés (Dino-flagellés)........ 173
3e Ordre. — Noctilucidés........ 174
Annexe. — Catallactes........ 174
Sous-classe II. — Ciliés........ 175
1er Ordre. — Holotrichés........ 177
2e Ordre. — Hétérotrichés........ 178
3e Ordre. — Péritrichés........ 179
4e Ordre. — Hypotrichés........ 180
Sous-classe III. — Tentaculifères........ 180
Mésozoaires........ 180
DEUXIÈME EMBRANCHEMENT. — **Cœlentérés**........ 181
Sous-embranchement I. — *Spongiaires*........ 183
1er Ordre. — Myxosponges........ 185

2e Ordre. — Calcisponges.......... 185
3e Ordre. — Silicosponges.......... 186
4e Ordre. — Fibrosponges.......... 186
SOUS-EMBRANCHEMENT II. — *Cnidaires*.......... 187
CLASSE I. — *Coralliaires*.......... 187
1er Ordre. — Alcyonaires.......... 190
2e Ordre. — Zoanthaires.......... 191
CLASSE II. — *Hydroméduses*.......... 192
1er Ordre. — Hydroïdes.......... 193
2e Ordre. — Siphonophores.......... 196
3e Ordre. — Acalèphes.......... 197
CLASSE III. — *Cténophores*.......... 199
1er Ordre. — Eurystomes.......... 200
2e Ordre. — Globuleux.......... 200
3e Ordre. — Rubanés.......... 200
4e Ordre. — Lobaires.......... 200
TROISIÈME EMBRANCHEMENT. — **Échinodermes**.......... 200
CLASSE I. — *Crinoïdes*.......... 203
CLASSE II. — *Stellérides*.......... 204
1er Ordre. — Astérides.......... 205
2e Ordre. — Ophiures.......... 205
CLASSE III. — *Échinides*.......... 205
1er Ordre. — Oursins réguliers.......... 208
2e Ordre. — Clypéastroïdes.......... 208
3e Ordre. — Spatangoïdes.......... 208
CLASSE IV. — *Holothurides*.......... 208
1er Ordre. — Pédiculés.......... 209
2e Ordre. — Apodes.......... 209
QUATRIÈME EMBRANCHEMENT. — **Vers**.......... 209
CLASSE I. — *Helminthes*.......... 212
Sous-classe I. — Plathelminthes.......... 214
1er Ordre. — Cestodes.......... 214
2e Ordre. — Trématodes.......... 277
1er Sous-ordre. — Distomiens.......... 280
2e Sous-ordre. — Polystomiens.......... 303
3e Ordre. — Turbellariés.......... 304
1er Sous-ordre. — Rhabdocœles.......... 305
2e Sous-ordre. — Dendrocœles.......... 305
3e Sous-ordre. — Rhynchocœles.......... 305
Sous-classe II. — Némathelminthes.......... 305
1er Ordre. — Acanthocéphales.......... 305
2e Ordre. — Nématodes.......... 309
Desmoscolécidés.......... 402
Chétosomidés.......... 402
Chétognathes.......... 402
CLASSE II. — *Rotateurs*.......... 402
CLASSE III. — *Géphyriens*.......... 404
CLASSE IV. — *Annélides*.......... 404
Sous-classe I. — Hirudinées.......... 406
Sous-classe II. — Chétopodes.......... 416
1er Ordre. — Oligochètes.......... 416
1er Sous-ordre. — Terricoles.......... 417
2e Sous-ordre. — Limicoles.......... 418
2e Ordre. — Polychètes.......... 418
1er Sous-ordre. — Sédentaires.......... 418

2e Sous-ordre. — Errantes 418
Classe annexe. — *Entéropneustes* 420
CINQUIÈME EMBRANCHEMENT. — **Arthropodes** 420
Classe I. — *Crustacés* 430
1er Ordre. — Cirripèdes 435
2e Ordre. — Copépodes 435
3e Ordre. — Ostracodes 435
4e Ordre. — Branchiopodes 436
5e Ordre. — Amphipodes 436
6e Ordre. — Isopodes 436
7e Ordre. — Stomapodes 437
8e Ordre. — Décapodes 437
1er Sous-ordre. — Macroures 438
2e Sous-ordre. — Brachyures 439
Annexe. — Xiphosures, Euryptérides et Trilobites 440
Classe II. — *Arachnides* 441
1er Ordre. — Tardigrades 444
2e Ordre. — Pycnogonides 444
3e Ordre. — Linguatules 444
4e Ordre. — Acariens 453
5e Ordre. — Phalangides 505
6e Ordre. — Pseudoscorpionides 505
7e Ordre. — Pédipalpes 505
8e Ordre. — Scorpionides 506
9e Ordre. — Aranéides 510
10e Ordre. — Galéodes 512
Classe III. — *Myriapodes* 513
1er Ordre. — Chilognathes 514
2e Ordre. — Chilopodes 515
Annexe. — Péripatides 516
Classe IV. — *Insectes* 516
1er Ordre. — Diptères 526
1er Sous-ordre. — Brachycères 527
2e Sous-ordre. — Némocères 556
3e Sous-ordre. — Aphaniptères 561
2e Ordre. — Hémiptères 567
1er Sous-ordre. — Homoptères 568
2e Sous-ordre. — Hétéroptères 576
3e Sous-ordre. — Aptères 580
3e Ordre. — Lépidoptères 593
1er Sous-ordre. — Hétérocères 595
2e Sous-ordre. — Rhopalocères 602
4e Ordre. — Hyménoptères 603
1er Sous-ordre. — Térébrants 604
2e Sous-ordre. — Porte-aiguillons 606
5e Ordre. — Névroptères 622
1er Sous-ordre. — Névroptères vrais 623
2e Sous-ordre. — Pseudo-Névroptères 624
3e Sous-ordre. — Thysanoptères 625
4e Sous-ordre. — Rhipiptères 625
6e Ordre. — Orthoptères 625
1er Sous-ordre. — Thysanoures 626
2e Sous-ordre. — Orthoptères vrais 627
7e Ordre. — Coléoptères 629
SIXIÈME EMBRANCHEMENT. — **Mollusques** 645

Classe I. — *Lamellibranches*.... 648
Sous-classe I. — Asiphonidés.... 651
Sous-classe II. — Siphonidés.... 658
Classe II. — *Scaphopodes*.... 659
Classe III. — *Ptéropodes*.... 659
1er Ordre. — Thécosomes.... 659
2e Ordre. — Gymnosomes.... 659
Classe IV. — *Gastéropodes*.... 661
1er Ordre. — Hétéropodes.... 664
2e Ordre. — Opisthobranches.... 665
3e Ordre. — Prosobranches.... 665
4e Ordre. — Pulmonés.... 666
Classe V. — *Céphalopodes*.... 669
1er Ordre. — Tétrabranches.... 673
2e Ordre. — Dibranches.... 674
Annexe. — *Molluscoïdes*.... 676
Classe I. — *Brachiopodes*.... 677
1er Ordre. — Écardines.... 678
2e Ordre. — Testicardines.... 678
Classe II. — *Bryozoaires*.... 678
Sous-classe I. — Entoproctes.... 680
Sous-classe II. — Ectoproctes.... 680
Classe III. — *Tuniciers*.... 680
1er Ordre. — Appendicularìés.... 683
2e Ordre. — Ascidiacés.... 683
3e Ordre. — Salpes.... 683
SEPTIÈME EMBRANCHEMENT. — **Vertébrés**.... 683
Sous-embranchement I. — *Acraniens*.... 700
Classe. — *Leptocardiens*.... 700
Sous-embranchement II. — *Craniotes*.... 702
Classe I. — *Poissons*.... 702
1er Ordre. — Cyclostomes.... 713
2e Ordre. — Sélaciens.... 713
1er Sous-ordre. — Chimériens.... 714
2e Sous-ordre. — Plagiostomes.... 714
3e Ordre. — Ganoïdes.... 715
1er Sous-ordre. — Chondroganoïdes.... 716
2e Sous-ordre. — Ostéoganoïdes.... 717
4e Ordre. — Téléostéens.... 717
1er Sous-ordre. — Lophobranches.... 717
2e Sous-ordre. — Plectognathes.... 718
3e Sous-ordre. — Malacoptérygiens.... 719
4e Sous-ordre. — Acanthoptérygiens.... 723
5e Ordre. — Dipnoïques.... 725
1er Sous-ordre. — Monopneumones.... 725
2e Sous-ordre. — Dipneumones.... 725
Classe II. — *Batraciens*.... 725
1er Ordre. — Céciliens.... 730
2e Ordre. — Urodèles.... 731
1er Sous-ordre. — Ichtyoïdes.... 731
2e Sous-ordre. — Salamandrines.... 731
3e Ordre. — Anoures.... 732
1er Sous-ordre. — Aglosses.... 732
2e Sous-ordre. — Oxydactyles.... 733
3e Sous-ordre. — Discodactyles.... 734

Classe III. — *Reptiles* 734
1er Ordre. — Ophidiens 741
1er Sous-ordre. — Opotérodontes 741
2e Sous-ordre. — Aglyphodontes 744
3e Sous-ordre. — Opisthoglyphes 745
4e Sous-ordre. — Protéroglyphes 745
5e Sous-ordre. — Solénoglyphes 746
2e Ordre. — Sauriens 751
1er Sous-ordre. — Amphisbéniens 751
2e Sous-ordre. — Vermilingues 752
3e Sous-ordre. — Crassilingues 752
4e Sous-ordre. — Brévilingues 752
5e Sous-ordre. — Fissilingues 753
3e Ordre. — Crocodiliens 753
4e Ordre. — Chéloniens 754
Classe IV. — *Oiseaux* 755
1er Ordre. — Coureurs 770
2e Ordre. — Palmipèdes 771
1er Sous-ordre. — Brachyptères 772
2e Sous-ordre. — Lamellirostres 772
3e Sous-ordre. — Totipalmes 780
4e Sous-ordre. — Longipennes 780
3e Ordre. — Échassiers 780
1er Sous-ordre. — Macrodactyles 781
2e Sous-ordre. — Cultrirostres 781
3e Sous-ordre. — Longirostres 782
4e Sous-ordre. — Pressirostres 782
4e Ordre. — Gallinacés 782
5e Ordre. — Colombins 793
6e Ordre. — Grimpeurs 797
1er Sous-ordre. — Grimpeurs *s. str* 797
2e Sous-ordre. — Préhenseurs 797
7e Ordre. — Passereaux 799
1er Sous-ordre. — Lévirostres 800
2e Sous-ordre. — Ténuirostres 800
3e Sous-ordre. — Conirostres 800
4e Sous-ordre. — Dentirostres 802
5e Sous-ordre. — Fissirostres 804
8e Ordre. — Rapaces 805
1er Sous-ordre. — Nocturnes 805
2e Sous-ordre. — Diurnes 806
Classe V. — *Mammifères* 807
1er Ordre. — Monotrèmes 837
2e Ordre. — Marsupiaux 839
1er Sous-ordre. — Rhizophages 841
2e Sous-ordre. — Poéphages 841
3e Sous-ordre. — Carpophages 841
4e Sous-ordre. — Rapaces 841
3e Ordre. — Édentés 841
4e Ordre. — Cétacés 843
5e Ordre. — Sirènes 847
6e Ordre. — Bisulques 848
1er Sous-ordre. — Porcins 851
2e Sous-ordre. — Ruminants 861
7e Ordre. — Jumentés 896

8e Ordre. — Hyraciens.. 921
9e Ordre. — Proboscidiens.. 922
10e Ordre. — Rongeurs.. 923
11e Ordre. — Pinnipèdes.. 939
12e Ordre. — Carnivores.. 941
13e Ordre. — Insectivores.. 963
14e Ordre. — Chiroptères.. 966
1er Sous-ordre. — Frugivores.. 968
2e Sous-ordre. — Insectivores.. 968
15e Ordre. — Lémuriens.. 968
16e Ordre. — Primates.. 969
1er Sous-ordre. — Simiens.. 970
2e Sous-ordre. — Hominiens.. 975
Errata et *addenda*.. 1001
Table alphabétique des matières.. 1009

FIN DE LA TABLE MÉTHODIQUE DES MATIÈRES

ÉLÉMENTS

DE

ZOOLOGIE MÉDICALE ET AGRICOLE

INTRODUCTION

La *Zoologie* (ζῶον, animal; λόγος, discours) est la partie de l'*Histoire naturelle* qui a pour objet l'étude des animaux.

Son domaine est donc des plus vastes, et il n'est pas besoin d'insister sur son importance. En dehors de l'utilité qu'elle tire de ses applications, on ne peut méconnaître, en effet, qu'elle concourt, aussi bien que les autres branches des sciences naturelles, à élever l'esprit, à donner de la rectitude au jugement, et qu'elle fournit à la philosophie des éléments de la plus haute valeur.

Du moins ces résultats sont-ils attribuables à la Zoologie vraiment scientifique, à celle qu'ont établie les recherches des naturalistes modernes, à dater des Lamarck et des Cuvier.

Les premiers observateurs s'étaient à peu près bornés à considérer les caractères extérieurs des animaux et à les grouper plus ou moins artificiellement d'après ces caractères. Cuvier montra la nécessité de faire reposer la Zoologie sur des bases plus sérieuses, et créa l'anatomie comparée. Puis, von Baer vint ajouter aux données fournies par l'organisation des éléments non moins importants tirés de l'embryologie.

C'est en s'appuyant sur ces bases que les zoologistes ont pu, non seulement établir un groupement rationnel de l'immense quantité d'êtres qui s'offraient à leur étude, mais chercher même à déterminer l'origine de ces êtres.

L'étude superficielle des animaux est donc devenue tout à fait insuffisante. Le temps est déjà loin où pouvait être réputé naturaliste quiconque savait discourir élégamment sur les beautés de la nature, ou ranger avec art des insectes de toutes couleurs dans des boîtes vitrées et retenir par cœur les noms plus ou moins barbares de quelques milliers d'entre eux.

Il est certain qu'on ne peut se faire une idée exacte de l'organisation, de l'évolution et des rapports des animaux qu'en étudiant la nature avec patience, le scalpel à la main. Partant, la Zoologie ne s'apprend pas dans les livres seuls. Rien n'est plus vrai, dit Huxley, que ces paroles de Harvey : « Ceux qui lisent sans acquérir, à l'aide de leurs propres sens, une vue distincte des choses, n'arrivent pas au savoir réel et ne conçoivent que des fantômes. »

En résumé, la Zoologie, sans négliger l'étude des formes extérieures, se base avant tout sur l'anatomie et l'embryogénie. De plus, lorsqu'il s'agit de déterminer l'évolution d'un animal donné, elle doit, en général, recourir à l'expérimentation : c'est par cette voie seulement que le zoologiste arrive à reconnaître, par exemple, les migrations d'un helminthe.

Au point de vue didactique, la Zoologie se divise en deux parties :

1° La *Zoologie générale*, qui étudie les lois de l'organisation, des fonctions, de la genèse, de l'évolution et de la classification des animaux ;

2° La *Zoologie descriptive*, qui s'occupe, au contraire, des animaux en particulier, de leurs caractères, de leurs mœurs et de leurs rapports.

Nous aurons à aborder successivement ces deux parties, sans oublier toutefois qu'il ne doit pas s'agir ici de Zoologie pure, mais bien de *Zoologie appliquée*, c'est-à-dire d'une étude spéciale des animaux envisagés au point de vue de leur rôle utile ou nuisible. Les applications de cette science sont d'ailleurs assez variées, et l'on a pu, à cet égard, étudier isolément la *Zoologie médicale*, la *Zoologie agricole*, la *Zoologie industrielle*, etc., que leur seule qualification suffit à définir.

Pour répondre au titre de cet ouvrage, nous nous occuperons donc, de préférence, des animaux qui fournissent des substances employées en médecine, de ceux qui nuisent directement à l'homme ou aux animaux domestiques, et de ceux qui dévastent ou protègent les récoltes.

PREMIÈRE PARTIE

ZOOLOGIE GÉNÉRALE

CHAPITRE PREMIER

ANIMALITÉ

Lorsqu'on soumet à un examen rigoureux la généralité des corps répandus dans l'univers, on est amené à reconnaître que tous sont réductibles à un certain nombre d'éléments ou *corps simples*, qui constituent la matière primitive, et qui eux-mêmes ne sont peut-être que des états divers d'agrégation moléculaire d'une *substance unique*.

Toutefois, dans l'état où ils se présentent à nous, ces corps naturels diffèrent entre eux par des propriétés d'importance variable, en raison desquelles on peut les diviser en groupes plus ou moins étendus.

Ainsi, tout le monde sait que Linné les répartissait entre trois *règnes* distincts : le *règne minéral*, le *règne végétal* et le *règne animal*. De fait, en ce qui concerne les représentants les plus élevés et partant les plus connus de chacun de ces groupes, la distinction est facile et du domaine vulgaire.

Le grand naturaliste croyait l'avoir sûrement établie dans l'aphorisme longtemps resté classique : *Lapides crescunt; vegetabilia crescunt et vivunt; animalia crescunt, vivunt et sentiunt*. Mais ces données sont devenues aujourd'hui tout à fait insuffisantes, et les modifications mêmes que les successeurs de Linné ont introduites dans les définitions des trois règnes n'ont guère une plus grande valeur absolue.

vivant, animal ou végétal, peut être considéré en dernière analyse comme un agrégat d'éléments histologiques.

B. **Composition chimique.** — S'il est vrai que les plantes sont principalement formées de substances ternaires, et qu'elles ont pour élément essentiel le carbone, tandis que les animaux sont formés surtout de substances azotées, il faut reconnaître cependant que ces deux ordres de matières se rencontrent dans les deux règnes. Le *protoplasma* des cellules végétales, par exemple, est une substance azotée. Il existe de la fibrine, de la caséine, de l'albumine, dans les plantes comme dans les animaux. Le *glycogène*, qu'on trouve surtout dans le foie des animaux supérieurs et dans beaucoup d'organes embryonnaires, représente un véritable amidon animal. La *cellulose*, qui constitue l'enveloppe des cellules végétales, reparaît, avec la généralité de ses caractères, dans le revêtement extérieur des Tuniciers (*tunicine*). La *chorophylle*, qui manque dans certains végétaux, tels que les champignons et de nombreuses plantes parasites, se retrouve chez divers animaux, par exemple chez l'Hydre verte, l'*Euglena viridis*, le *Stentor polymorphus*, etc. En somme, la composition chimique ne permet pas de distinguer, d'une façon absolue, les plantesdes animaux. Toutefois, en thèse générale, l'élément azoté domine dans ceux-ci, tandis que les substances ternaires caractérisent plus spécialement celles-là. C'est pourquoi on a proposé de faire l'essai des êtres inférieurs par la potasse, lorsqu'il s'agit de déterminer à quel règne ils appartiennent : la solution potassique attaque les corps albuminoïdes, elle respecte les corps ternaires.

C. **Nutrition.** — L'irritabilité du protoplasma, et en particulier l'irritabilité nutritive, comme l'a montré Claude Bernard, est un fonds commun aux animaux et aux végétaux, et entre en jeu sous des conditions bien définies : eau, chaleur, oxygène, substances dissoutes dans le milieu ambiant; conditions qui, en tous cas, ne sont pas plus différentes de l'animal à la plante que d'un animal à l'autre, ou même d'un tissu à l'autre du même individu. Et cette irritabilité peut être suspendue ou supprimée dans les corps des deux règnes sous l'influence des mêmes agents.

Quant aux phénomènes essentiels de la nutrition, on doit aussi les considérer comme identiques chez les animaux et chez les végétaux. D'abord, toutes les plantes ou parties de plantes dépourvues de chlorophylle exigent des aliments de nature organique, aussi bien que les animaux. De plus, il serait facile de démontrer que les trois actes intimes de la digestion s'accomplissent également dans les deux règnes : transformation des fécules en sucre, émulsion et dédoublement des corps gras, transformation des substances albuminoïdes en substances solubles ou peptones. Enfin, les observations faites sur les végétaux carnivores montrent que les préambules les plus extérieurs de la nutrition, tels que la capture de la proie, la trituration des aliments, etc., ne sont pas l'apanage exclusif des animaux.

De même, la respiration est identique chez tous les êtres organisés. Tout élément qui fonctionne a besoin d'oxygène, et le protoplasma végétal ne peut se comporter, à cet égard, autrement que le protoplasma animal : toujours la respiration se traduit par une introduction d'oxygène et une élimination d'acide carbonique.

Il est certain cependant que la résultante des échanges gazeux se montre différente dans les deux cas : c'est que chez les végétaux, des phénomènes particuliers d'assimilation se manifestent et prédominent. Il s'agit de la *fonction chlorophyllienne*, en raison de laquelle se produit la synthèse des composés ternaires hydrocarbonés, ce qui se traduit par une absorption d'acide carbonique et une élimination d'oxygène. Du reste, cette fonction s'exécute au même titre chez les animaux qui contiennent de la chlorophylle.

Les caractères dynamiques ne diffèrent pas non plus d'une façon essentielle dans les deux règnes. Toutefois, si la nutrition des végétaux implique des phénomènes de synthèse qui ont pour résultat la transformation des forces vives (chaleur, lumière) en forces latentes ou forces de tension, l'aboutissant général des phénomènes nutritifs des animaux est tout opposé. Mais, la preuve que ces caractères ne sont pas absolus, c'est qu'on peut observer aussi, dans certaines circonstances, un dégagement de lumière, de chaleur, etc., chez les végétaux.

D. **Mouvements volontaires et sensibilité**. — Les végétaux supérieurs, à l'état de complet développement, ne sont pas susceptibles de mouvements spontanés au même titre que les animaux, et, pour la plupart, ils ne réagissent pas, comme le font ceux-ci, aux excitations mécaniques. Nous avons donné déjà l'explication de ce fait en montrant que les mouvements du protoplasma végétal sont limités d'ordinaire par l'enveloppe résistante de cellulose;

lorsque cette enveloppe fait défaut (Myxomycètes, Volvocinées), le mouvement se manifeste tout aussi nettement que chez nombre d'animaux inférieurs.

D'autre part, en ce qui concerne ces derniers, il est permis de se demander si les mouvements sont ou ne sont pas volontaires, et l'on conçoit l'embarras de répondre d'une façon positive à cette question.

Quant aux mouvements provoqués, on les constate dans beaucoup de plantes phanérogames : feuilles des Sensitives, des Droséracées, étamines des Centaurées, etc. ; et il est intéressant de remarquer que tous sont adaptés à des buts utilitaires : conservation de l'individu ou de l'espèce.

Il est à peine besoin de faire ressortir comment ces mouvements provoqués témoignent de la sensibilité des plantes dont il s'agit, sensibilité beaucoup plus manifeste que celle d'une foule d'animaux inférieurs dépourvus de système nerveux et d'organes des sens. Rappelons seulement, à cet égard, l'identité d'action des anesthésiques chez les animaux et chez les plantes.

PROTISTES. — Des considérations dans lesquelles nous venons d'entrer, il résulte que les deux règnes organisés se touchent de très près par leurs groupes inférieurs et arrivent même à se confondre, de telle sorte que nous ne possédons aucun critérium absolu pour les distinguer. Hæckel a essayé de trancher la difficulté en créant, pour cette légion d'êtres ambigus qui se rapportent à peu près également aux animaux et aux végétaux, un règne spécial, celui des *Protistes*. Longtemps avant lui, Bory de Saint-Vincent avait tenté de même d'établir un règne des *Psychodiaires*.

Mais on a fait à la création de ce groupe des objections sérieuses. Il ne paraît pas convenable, par exemple, de séparer aussi nettement et des animaux et des végétaux, des êtres qui s'y rattachent d'une façon intime. En outre, la difficulté de la distinction des règnes, loin d'être aplanie, se trouve doublée, car les limites entre les Protistes d'une part et les animaux ou les végétaux de l'autre, ne peuvent être tracées encore que d'une façon arbitraire.

Hæckel admet huit classes dans son règne des Protistes : 1° Monères; 2° Amibes; 3° Flagellates; 4° Catallactes; 5° Labyrinthulées; 6° Diatomées; 7° Myxomycètes; 8° Rhizopodes. Il ajoute qu'on pourrait y rattacher en outre les quatre groupes suivants : 9° Phycochromacées; 10° Champignons; 11° Éponges; 12° Noctiluques.

Nous rejetterons un certain nombre de ces classes dans le règne végétal; quant aux autres, nous les réunirons, pour la plupart, à l'embranchement des Protozoaires.

CHAPITRE II

ORGANISATION ET DÉVELOPPEMENT DES ANIMAUX

La substance qui sert de base à l'organisation, la véritable *substance vivante*, c'est, nous l'avons déjà dit, le *sarcode* ou *protoplasma.*

Le protoplasma est une matière complexe, de consistance variable, tantôt presque fluide, tantôt visqueuse ou même pâteuse. Il se compose d'une substance fondamentale transparente, d'aspect homogène, dans laquelle on observe généralement des granulations de nature diverse : graisseuses, amylacées, protéiques, etc. Ces granulations sont presque toujours en mouvement, et ce mouvement, assez régulier quand le protoplasma est enveloppé d'une capsule, est bien connu sous le nom de *circulation protoplasmique.*

Le protoplasma libre possède lui-même la faculté de se mouvoir en tous sens : c'est ainsi qu'on le voit, par exemple, émettre des prolongements obtus ou s'étirer en filaments délicats. D'ordinaire, ces mouvements ont pour but d'attirer et d'englober les substances alimentaires, car le protoplasma se nourrit; toutefois, lorsqu'il possède une enveloppe, il ne peut absorber que les substances susceptibles de traverser celle-ci, c'est-à-dire des aliments liquides ou gazeux. Il modifie ces aliments, crée à leurs dépens une certaine quantité de protoplasma identique à lui-même, et rejette ce qu'il n'a pu assimiler. En même temps une partie de sa propre substance est détruite et également expulsée. La conséquence de ces phénomènes, c'est en général l'accroissement de la masse protoplasmique, et nous verrons plus loin que cet accroissement est le point de départ de la reproduction.

L'analyse chimique nous démontre que le protoplasma se rattache au groupe des albuminoïdes, c'est-à-dire que les corps simples qui entrent dans sa composition sont le carbone, l'hydrogène, l'oxygène et l'azote. Pourtant il est impossible de

soudées les unes aux autres par une substance unissante peu abondante : *épithéliums*.

Enfin, nous étudierons, à côté des tissus, les *liquides de l'organisme* contenant en suspension des éléments anatomiques, et qu'on a pu regarder pour cela comme des tissus à substance unissante liquide.

1° Tissus conjonctifs. — Le groupe des tissus dits connectifs, conjonctifs ou de substance conjonctive, comprend les tissus muqueux, conjonctif lâche, adipeux, réticulé, fibreux, élastique, auxquels on peut joindre encore les tissus cartilagineux et osseux.

Il existe une gradation insensible entre le tissu, entièrement formé de cellules, qui constitue la substance des embryons, et les formes simples du tissu conjonctif. C'est ainsi qu'on rencontre, chez les Mollusques et les Arthropodes, de même que dans la corde dorsale persistante de certains Vertébrés adultes, un tissu embryonnaire à peine modifié par la présence d'une petite quantité de substance intercellulaire.

Tissu muqueux. — Il représente une période un peu plus avancée du développement : il est formé de cellules ramifiées et anastomosées, et d'une substance intercellulaire liquide plus ou moins abondante, dans laquelle apparaissent quelques fibres. On le rencontre chez les Vertébrés (gélatine de Wharton du conduit ombilical, corps vitré), ainsi que chez divers Mollusques et Cœlentérés.

Tissu conjonctif lâche. — C'est le tissu cellulaire des chirurgiens, appelé encore tissu lamineux ou tissu conjonctif proprement dit. Il représente une forme adulte dérivée du tissu muqueux. La substance intercellulaire amorphe offre de nombreux faisceaux de fibres conjonctives entre-croisées et une certaine quantité de fibres élastiques. Les cellules connectives sont grandes, aplaties, munies de prolongements ramifiés ; on les trouve en petit nombre accolées aux faisceaux, sur lesquels elles se moulent. Dans les mailles comprises entre ces faisceaux, on observe en outre des cellules lymphatiques libres, appartenant au plasma qui baigne le tissu. Ce tissu sert à unir les différentes parties des organes et même les organes entre eux.

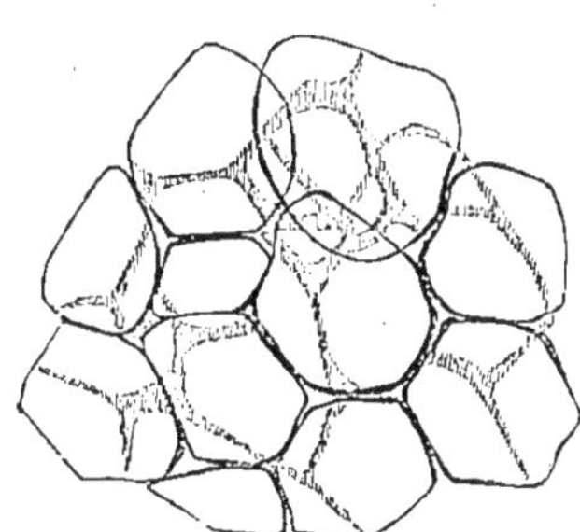

Fig. 3. — Cellules adipeuses de l'épiploon du veau.

Tissu adipeux. — Il résulte de l'accumulation de la graisse dans les cellules conjonctives dont nous venons de parler : ces cellules se chargent de granulations graisseuses qui grossissent peu à peu, se fondent les unes dans les autres et refoulent à la périphérie le protoplasma : celui-ci ne forme bientôt plus qu'une mince couche, sauf au niveau du noyau, et s'entoure d'une membrane d'enveloppe.

Tissu réticulé. — De minces faisceaux de fibrilles conjonctives forment un réseau délicat dont les travées sont recouvertes par des cellules plates, et dont les mailles sont comblées par un plasma chargé de petites cellules rondes ou cellules lymphatiques. On rencontre ce tissu chez les Vertébrés, dans la muqueuse intestinale, la rate, les ganglions lymphatiques, etc.

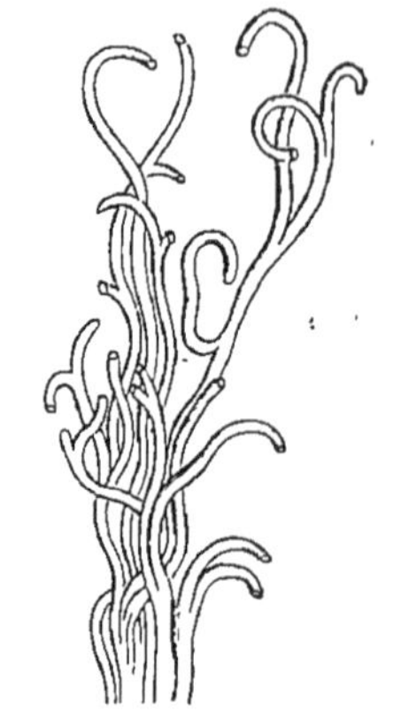

Fig. 4. — Fibres élastiques du ligament cervical du veau.

Tissu fibreux. — C'est le tissu des tendons, des ligaments et des aponévroses. Les éléments sont les mêmes que dans le tissu conjonctif lâche, mais les faisceaux connectifs sont parallèles ou entre-croisés suivant une règle uniforme, ce qui donne une certaine résistance à l'ensemble.

Tissu élastique. — Dans cette variété, les fibres élastiques dominent et parfois même constituent à elles seules tout le tissu : tel est le cas des ligaments jaunes compris entre les lames des vertèbres.

Tissu cartilagineux. — Le cartilage est formé de cellules assez régulières, et d'une substance interstitielle ou fondamentale qui donne de la chondrine par l'ébullition, tandis que les autres variétés de tissu conjonctif, y compris le tissu osseux, fournissent de la gélatine.

Les cellules cartilagineuses sont des masses protoplasmiques oblongues, arrondies ou aplaties, munies d'un noyau et souvent parsemées de granulations ou de gouttelettes graisseuses. Elles sont situées dans des cavités (chondroplastes) de la substance fondamentale, laquelle est très abondante et perméable aux liquides nourriciers, de telle sorte que les cartilages peuvent vivre sans vaisseaux, par simple imbibition. Elles sont caractérisées uniquement par la propriété de former de la substance cartilagineuse, qui se condense autour d'elles sous forme de capsules. Lorsqu'elles se multiplient, les nouvelles masses cellulaires résultant de leur segmentation forment aussi de la substance cartilagineuse, et l'on voit ainsi des capsules secondaires au sein de la capsule primitive. L'accroissement du cartilage est donc surtout interstitiel.

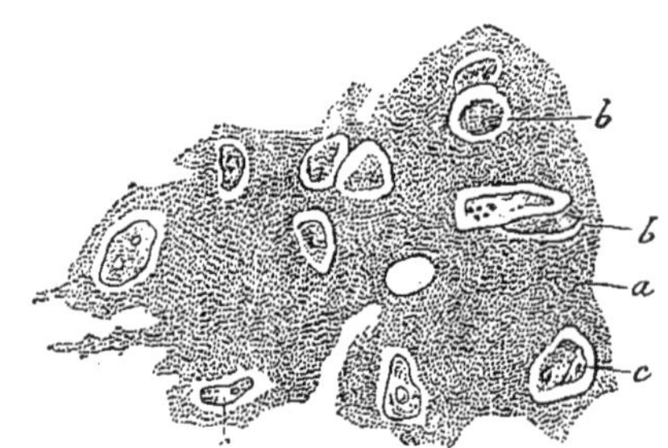

Fig. 5. — Cartilage hyalin de la trachée du cheval. — *a*, substance hyaline. *b*,*b*, chondroplastes. *c*, cellules cartilagineuses avec des noyaux. Grossissement : 310 diamètres.

Les cartilages sont nus ou entourés d'une membrane fibreuse vasculaire (périchondre). On en distingue plusieurs variétés :

1° Le cartilage *hyalin*, dans lequel la substance fondamentale est homogène et transparente (cartiges costaux, diarthrodiaux, etc.) ;

2° Le cartilage *fibreux* ou *fibro-cartilage*, dans lequel la substance, à l'exception des capsules, est composée de fibres connectives (disques invertébraux) ;

3° Le cartilage *élastique* ou *réticulé*, dans lequel la substance intercapsulaire est presque exclusivement formée de réseaux de fibres élastiques (épiglotte) ;

4° Enfin on signale quelquefois le cartilage *calcifié*, qui n'est autre que du cartilage hyalin dont la substance fondamentale est incrustée de granulations calcaires (squelette des Squales).

Le cartilage, en raison de sa rigidité, sert surtout de charpente squelettique, soit à titre permanent, comme chez les Céphalopodes et chez les Poissons cartilagineux, soit comme point de départ des formations osseuses, comme dans la plupart des pièces du squelette des autres Vertébrés.

Tissu osseux. — Il faut distinguer dans ce tissu : la trame osseuse, la moelle et le périoste.

a. La *trame osseuse* comprend une substance fondamentale creusée de cavités (ostéoplastes) dont chacune contient une cellule osseuse, plus souvent appelée corpuscule osseux. Cette substance est formée de deux tiers à peine de matières minérales, notamment de phosphate et de carbonate de chaux, et d'un tiers environ de matière organique (osséine) se résolvant en gélatine par la coction. Les cavités dont elle est creusée sont disposées de façon à délimiter des systèmes de lamelles osseuses : ainsi, un système de cercles concentriques se développe autour de chacun des canaux vasculaires (systèmes de Havers), tandis que d'autres couches sont parallèles soit à la surface de l'os (système périphérique), soit à la paroi de la cavité médullaire (système périmédullaire). Chaque ostéoplaste, de forme ovoïde, émet des canalicules ramifiés se jetant dans les canaux

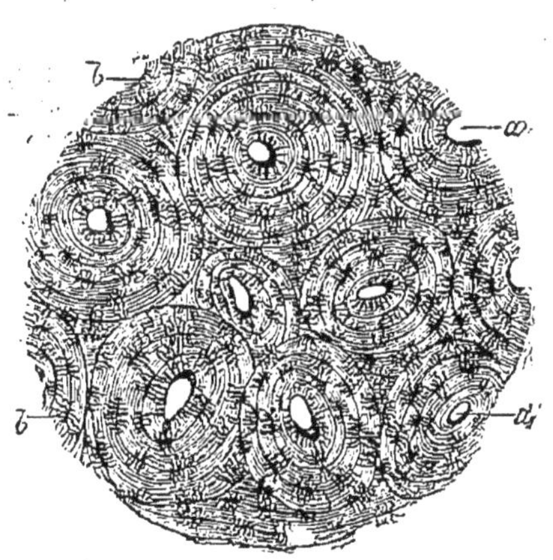

Fig. 6. — Coupe transversale d'un tibia de cheval. — *a,a*, canaux de Havers, entourés de lamelles concentriques. *b,b*, nombreux ostéoplastes avec les canalicules ramifiés. Grossissement : 150 diamètres.

vasculaires ou s'anastomosant avec les canalicules des ostéoplastes voisins. La cellule osseuse est une masse protoplasmique munie d'un noyau : sur les os jeunes, elle remplit toute la cavité de l'ostéoplaste (on ignore si elle envoie des prolongements dans les canalicules); plus tard elle revient sur elle-même. Quant aux canaux vasculaires ou *canaux de Havers*, ils se montrent comme des tubes cylindriques, parallèles au grand axe de l'os et réunis entre eux par des branches transversales ou obliques. Ils contiennent de la moelle et des vaisseaux.

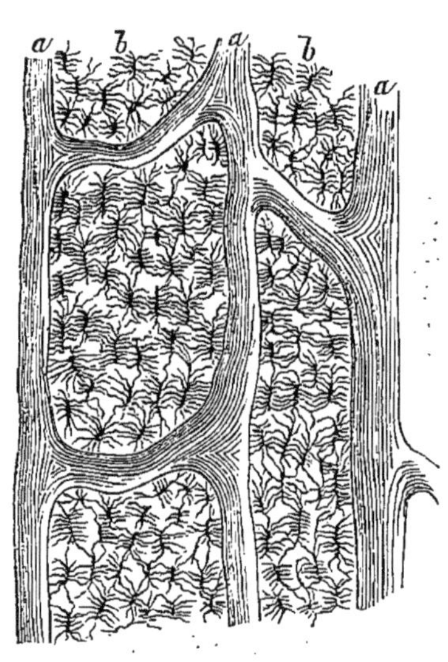

Fig. 7. — Coupe longitudinale d'un tibia de cheval. — *a,a*, canaux de Havers. *b,b*, ostéoplastes. Grossissement : 310 diamètres.

Le tissu spongieux ne diffère pas essentiellement du tissu compact des os; on peut considérer ses aréoles comme des canaux de Havers élargis et irréguliers.

b. La *moelle osseuse* est un tissu conjonctif très vasculaire et riche en éléments cellulaires spéciaux : 1° cellules petites, arrondies, semblables à des cellules embryonnaires (médullocelles de Robin); 2° grandes cellules irrégulières à noyaux multiples (myéloplaxes de Robin); 3° cellules à noyau bourgeonnant de Bizzozero; 4° ostéoblastes de Gegenbaur, qu'on ne trouve que dans les os en voie de développement; 5° cellules adipeuses; 6° cellules connectives accompagnant les vaisseaux. La proportion de ces divers éléments varie suivant l'âge et la nature des os : ainsi, dans les os jeunes et en général dans le tissu spongieux, les cellules adipeuses sont peu abondantes, et la moelle est *rouge*, tandis que, dans les canaux médullaires des os longs de l'adulte, ces cellules prédominent, et la moelle devient jaune. C'est la moelle qui est le siège des phénomènes nutritifs les plus importants qui s'effectuent dans le tissu osseux. Nous ne citons que pour mémoire son prétendu rôle sanguificateur (formation des globules rouges).

c. Le *périoste* est une membrane fibro-élastique, vasculaire, qui entoure l'os de toutes parts, sauf au niveau des cartilages articulaires, et dans laquelle on peut distinguer deux couches, lorsque le sujet n'a pas terminé sa croissance. La couche externe est exclusivement fibro-élastique. Quant à la couche profonde, elle offre un réseau élastique très fin et de nombreuses cellules embryonnaires, qui sont appelées à devenir des cellules osseuses : c'est la couche de prolifération de Virchow; Ollier lui a appliqué avec raison la qualification d'*ostéogène*.

Le *développement du tissu osseux* offre un intérêt particulier en raison de ce fait que ce tissu n'est pas formé d'emblée par les cellules de l'embryon. Il se développe, suivant une même loi générale, aux dépens de tissus préexistants : ainsi les os de la face et de la voûte crânienne proviennent d'un tissu fibreux ; les autres passent d'abord par l'état cartilagineux. Ranvier formule de la façon suivante la loi dont il s'agit : « La substance fondamentale du tissu se dissout partiellement; les cellules prolifères deviennent libres et donnent naissance à un tissu embryonnaire dont les éléments, s'entourant d'une substance fondamentale nouvelle, deviennent les corpuscules osseux. » Quant à la production du tissu osseux aux dépens de la couche profonde du périoste, elle comporte une transformation directe des cellules embryonnaires en cellules osseuses; de plus, des fibres connectives émanées du cartilage et entourées de substance osseuse pénètrent entre ces cellules : elles se retrouvent plus tard entre les systèmes de Havers, et reçoivent alors le nom de *fibres de Sharpey.*

Le système osseux est destiné au soutien ou à la protection des organes; c'est lui qui constitue en grande partie le squelette de la plupart des Vertébrés.

2° **Tissu musculaire et nerveux.** — Dans chacun de ces deux tissus, la cellule a subi le plus souvent des modifications profondes et a acquis des propriétés physiologiques toutes spéciales.

Tissu musculaire. — Nous avons vu précédemment que le protoplasma jouit de la faculté de se contracter : dans certains êtres unicellulaires, tels que les Infusoires, on le voit même offrir des stries auxquelles se rattacherait plus particulièrement la propriété contractile, et qu'on qualifie, pour cette raison, de *musculaires.*

Chez les Métazoaires, la spécialisation de cette propriété se manifeste sur certaines cellules, qui se transforment par suite, en totalité ou en partie, en fibres contractiles. Ainsi, chez beaucoup de Cœlentérés, il existe des cellules (myoblastes) dont le protoplasma n'est que partiellement transformé en fibre musculaire, le reste de la masse remplissant d'autres fonctions (épithélium musculaire des Méduses). Mais, dans la règle, les cellules tout entières s'allongent en fibres contractiles.

D'après les caractères de ces éléments, on peut distinguer deux formes principales de tissu musculaire :

a. Le *tissu musculaire lisse* est constitué par des fibres cellules ou fibres lisses, rarement isolées, mais plutôt réunies en faisceaux (muscles lisses) entourés de tissu conjonctif. Ce sont des cellules fusiformes paraissant dépourvues de membrane d'enveloppe et offrant un noyau en bâtonnet avec un ou plusieurs nucléoles. Leur substance, amorphe en apparence, est en réalité divisible en fibrilles longitudinales. Les fibres lisses ont une contraction lente, mais assez prolongée. Chez les Invertébrés, dont un grand nombre ne possèdent pas d'autres éléments musculaires, elles servent à la locomotion, et leur contraction est par conséquent soumise à l'influence de la volonté. Au contraire, chez les Vertébrés, où on les rencontre surtout dans les parois des viscères, elle est toujours involontaire (muscles de la vie organique).

b. Le *tissu musculaire strié* est ainsi nommé parce que les fibres qui le constituent et qui dérivent directement, aussi bien que les précédentes, des cellules embryonnaires, présentent des stries transversales et longi-

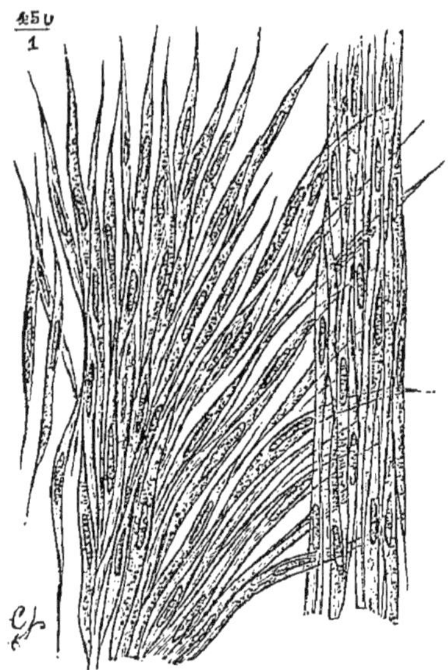

Fig. 8. — Muscles à fibres lisses (J. Béclard). — A droite, un fragment de muscle dans lequel les fibres-cellules sont groupées. A gauche, des fibres-cellules dissociées.

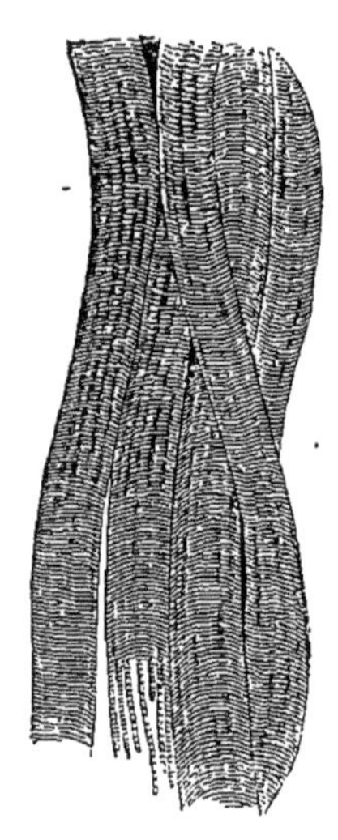

Fig. 9. — Fibres ou faisceaux musculaires striés du cheval. Grossissement : 310 diamètres.

tudinales très nettes. Tous les muscles des Arthropodes sont striés ; chez les Vertébrés, on ne trouve dans ce cas que les muscles à contraction volontaire et les fibres du cœur.

Les *fibres striées à contraction volontaire*, telles que celles qui composent les muscles du squelette des Vertébrés, sont encore appelées *faisceaux primitifs*. Elles sont simples, non ramifiées et disposées parallèlement les unes aux autres. Chacune d'elles est entourée d'une enveloppe élastique, le *sarcolemme* ou *myolemme*, montrant des noyaux à sa face interne. Leur substance contractile est divisée, par de minces cloisons de protoplasma, en un certain nombre de colonnettes ou *cylindres primitifs*, qui ne sont eux-mêmes que des fascicules de *fibrilles primitives* : le diamètre de celles-ci dépasse à peine 1 μ. La striation transversale est beaucoup plus nette ; elle tient à la disposition géométrique de la substance des fibrilles primitives, en raison de laquelle celles-ci montrent des segments alternativement clairs et obscurs. Les premiers, qui résistent mieux que les autres aux agents dissolvants, avaient été pris pour les lignes de séparation des autres, qu'on avait décrits comme des disques, sous le nom de *sarcous elements*.

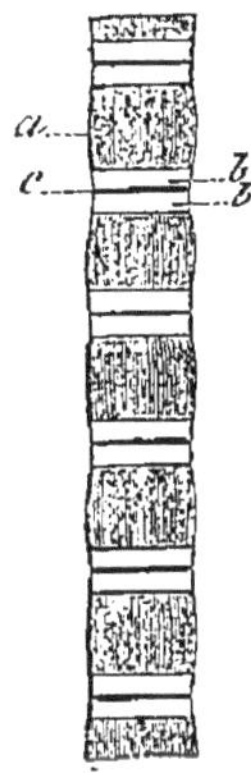

Fig. 10. — Une fibrille musculaire isolée (J. Béclard). — *a*, bande (ou zone) obscure. *b*, *b*,, bande (ou zone) claire. *c*, strie noire au milieu de la bande claire.

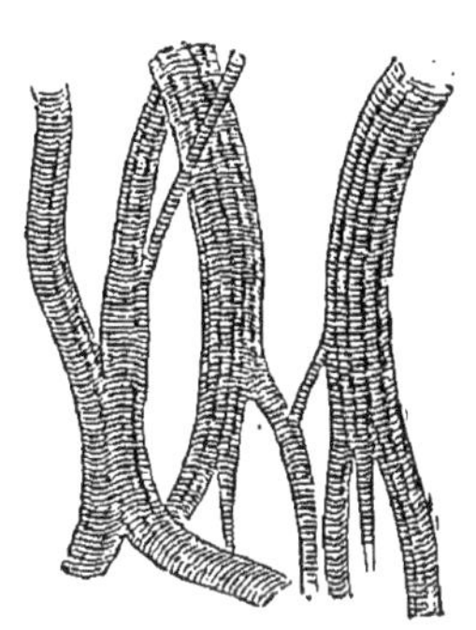

Fig. 11. — Fibres musculaires ramifiées du cœur du cheval. Grossissement : 310 diamètres.

Les *fibres striées ramifiées* se distinguent des précédentes par leurs ramifications et leurs anastomoses ; en outre, elles sont dépourvues de sarcolemme et leurs noyaux occupent le centre des faisceaux. On les observe dans le cœur des Mammifères, des Oiseaux et des Reptiles, autour du tube digestif des Arthropodes, etc.

Tissu nerveux. — Le tissu nerveux comprend deux sortes d'éléments : des *cellules* et des *tubes*, ceux-ci n'étant que le prolongement de celles-là.

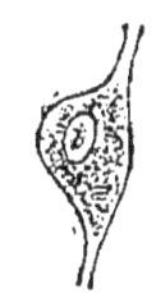

Fig. 12. — Cellule nerveuse unipolaire.

Les *cellules nerveuses* sont des masses granuleuses de forme et de dimensions très variables, souvent pigmentées, sans enveloppe, contenant un gros noyau nucléolé et munies de prolongements simples ou ramifiés servant à les unir entre elles ou avec les tubes nerveux. On les distingue en cellules *unipolaires*, *bipolaires* ou *multipolaires*, suivant qu'elles offrent un, deux ou plusieurs prolongements. Parmi ceux-ci, il en est un, découvert par Deiters dans les cellules motrices de la moelle épinière, qui n'est pas ramifié et qui se continue avec le cylindre-axe d'un tube nerveux : on l'appelle pour cette raison *prolongement cylindraxile*. Dans les ganglions spinaux des Poissons, les cellules sont bipolaires ; dans ceux des animaux supérieurs, elles sont globuleuses et unipolaires.

Fig. 13. — Cellule nerveuse bipolaire.

Les *tubes nerveux* ou fibres nerveuses sont de deux espèces, suivant qu'ils sont ou non entourés d'une substance isolante, la myéline.

a. Les *fibres à myéline* ou à double contour sont le plus souvent limitées par une membrane anhiste, la *gaine de Schwann*, qui présente des étranglements annulaires régulièrement espacés. Chacun des segments ainsi limités paraît dériver d'une cellule : on n'y distingue, au-dessous de la membrane, qu'un seul noyau aplati. La *myéline* contenue dans cette gaine est une substance oléagineuse ; c'est à elle que les tubes nerveux doivent leur double contour. Elle est interrompue au niveau des étranglements et soutenue, dans leur intervalle, par de petites cloisons transversales. Enfin, dans l'axe même du tube, existe un cylindre continu,

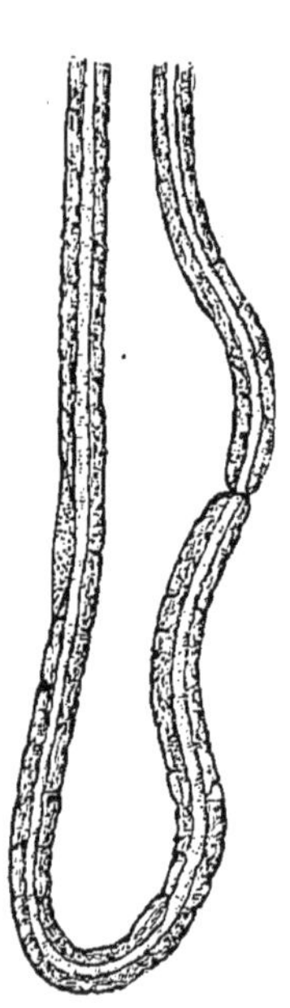

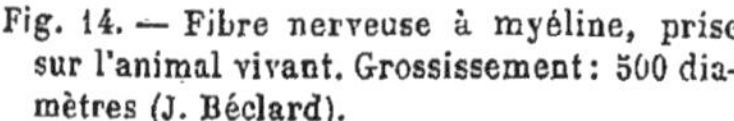

Fig. 14. — Fibre nerveuse à myéline, prise sur l'animal vivant. Grossissement : 500 diamètres (J. Béclard).

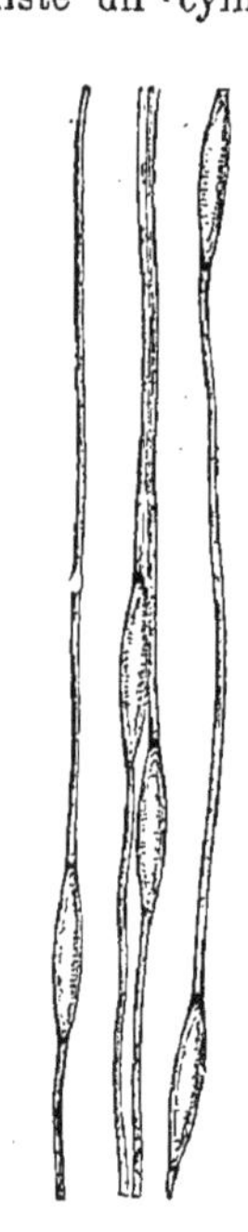

Fig. 15. — Fibres de Remak. Grossissement : 300 diamètres (J. Béclard).

d'aspect vitreux, d'apparence homogène ou représentant un fascicule de fibrilles délicates : c'est l'élément conducteur essentiel, auquel on donne le nom de *cylindre-axe*. Dans le cerveau et la moelle épinière, les tubes nerveux à myéline sont dépourvus de membrane de Schwann ; la myéline est simplement limitée par une mince enveloppe protoplasmique n'offrant pas d'étranglements.

b. Les *fibres nerveuses sans moelle* sont plus connues sous le nom de fibres de Remak, ou fibres pâles ; elles sont constituées, comme le cylindre-axe dont il vient d'être question, par des fascicules de fibrilles nerveuses primitives et entourées d'une mince gaine à noyaux. On en distingue, du reste, plusieurs variétés. Ce sont les seules fibres nerveuses des Cyclostomes et des Invertébrés.

Les fibres nerveuses sont de simples conducteurs de la sensibilité (fibres sensitives) ou de la motricité (fibres motrices). Quant aux cellules, qui ne se rencontrent que dans les centres nerveux, elles constituent un élément intermédiaire susceptible de modifier les actions nerveuses.

3° **Épithéliums.** — Ce sont des tissus composés de cellules juxtaposées, de forme variable et revêtant des surfaces. Celui qui couvre l'extérieur du corps reçoit le nom d'*épiderme*, tandis que la dénomination d'*épithéliums* est réservée plus spécialement à ceux qui tapissent les cavités du corps.

L'épithélium est *simple* quand il comprend une seule couche de cellules; il est *stratifié* s'il offre plusieurs couches superposées.

La forme des cellules a permis d'établir une classification des épithéliums : on les distingue en sphéroïdaux, cylindriques et pavimenteux.

Épithélium sphéroïdal. — On le qualifie encore de *glandulaire*. Il est constitué par des cellules globuleuses formant une couche unique ou disposées irrégulièrement dans les tubes ou dans les culs-de-sac glandulaires. Ce sont là des cellules jeunes, de formation récente, dont la composition chimique varie suivant la glande à laquelle elles appartiennent et la nature du produit sécrété par celle-ci.

Une *glande* consiste essentiellement en une cavité formée par une membrane mince, dite *basement membrane* ou membrane propre, anhiste ou conjonctive, tapissée en dedans par un épithélium et souvent (Vertébrés) parcourue en dehors par un réseau vasculaire. Le produit sécrété s'écoule d'ordinaire par un canal excréteur, dont l'épithélium n'est pas sphéroïdal.

D'après la disposition des cavités glandulaires, on distingue deux ordres de glandes : les *glandes en tube*, définies par leur nom, et les *glandes en grappe*, c'est-à-dire formées de culs-de-sac plus ou moins nombreux. Les unes et les autres peuvent être simples ou composées. Parmi les glandes en tube, nous citerons, chez les animaux supérieurs, les glandes de Lieberkühn de l'intestin grêle et les glandes sudoripares. Parmi les glandes en grappe : les glandes lacrymales, salivaires, le pancréas, les glandes sébacées, les mamelles.

Le rôle des épithéliums glandulaires est considérable, car ils jouissent de la propriété d'enlever aux liquides nutritifs une partie déterminée de ses principes, pour former des produits nouveaux.

Les produits sécrétés ou excrétés sont en général liquides; cependant ils contiennent souvent des cellules résultant de la desquamation de l'épithélium; d'après quelques auteurs, cette desquamation serait même un fait normal : les cellules devraient se désagréger, se liquéfier pour constituer le produit de la sécrétion (larmes, salive). A la vérité, cette théorie est fort contestée. Dans tous les cas, il ne faut pas confondre la sécrétion avec la production d'éléments anatomiques : le testicule et l'ovaire ne sont pas, à proprement parler, des glandes, puisque celles-ci *sécrètent* des humeurs, tandis que les organes dont il s'agit *donnent naissance* à des éléments anatomiques (spermatozoïde, ovule).

Les sécrétions ont le plus souvent un rôle mécanique ou chimique. Parfois, elles ne servent qu'à l'élimination de produits préexistant dans le sang : on les appelle alors sécrétions *excrémentitielles*, ou bien on dit simplement qu'il y a *excrétion*. Ainsi, le rein est un organe excréteur. Toutes les fois, au contraire, que des principes nouveaux sont formés, on a affaire aux *sécrétions* proprement dites.

Épithélium cylindrique. — Les cellules de cet épithélium ont la forme de cylindres assez longs, rendus prismatiques par compression réciproque et implantés perpendiculairement à ces surfaces. Leur extrémité libre est tantôt nue ou revêtue d'un plateau strié, tantôt hérissée de cils vibratiles, ce qui a fait distinguer deux sortes d'épithélium cylindrique : l'un *simple*, l'autre *vibratile*.

L'*épithélium cylindrique simple* se rencontre, chez les animaux supérieurs, dans l'estomac et l'intestin. Il sécrète du mucus et absorbe les aliments qui ont subi l'action des sucs digestifs.

L'*épithélium vibratile* est caractérisé par la présence, à la surface libre des cellules, de petits filaments protoplasmiques animés d'un mouvement assez rapide de va-et-vient, et qu'on nomme pour cette raison *cils vibratiles*. Quelquefois, ainsi qu'on le constate chez les Cœlentérés, par exemple, chaque cellule ne possède qu'un seul cil, long et grêle, en forme de fouet : c'est ce qu'on nomme un *flagellum*.

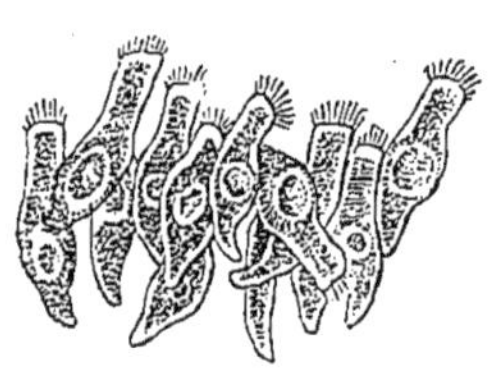

Fig. 16. — Épithélium vibratile de la trachée de la vache. Grossissement : 310 diamètres.

Un grand nombre d'Invertébrés, soit adultes, soit surtout à l'état de larves, ont le corps recouvert, en totalité ou en partie, de cils vibratiles. Chose remarquable, les Arthropodes n'en offrent jamais. Chez les Vertébrés on en observe dans diverses cavités du corps. Les cils peuvent servir à la locomotion, notamment en ce qui concerne les organismes inférieurs ; chez les animaux aquatiques sédentaires, tels que l'Huître, ils sont employés à la préhension des aliments, en déterminant des courants dirigés vers la bouche ; d'autres fois ils ont pour effet de faire progresser les liquides sécrétés ou les éléments fécondants ; enfin, ils ont surtout un grand rôle à jouer dans la respiration, car ils sont appelés à renouveler le milieu respiratoire.

Chez les Vertébrés à sang chaud, on ne trouve les cils vibratiles que sur l'épithélium cylindrique (voies respiratoires, génitales, etc.) ; chez les autres animaux, on en voit sur des cellules diverses, et même sur l'épithélium pavimenteux.

Épithélium pavimenteux. — Il est formé d'éléments cellulaires aplatis, parallèles aux surfaces et disposés les uns à côté des autres à la façon des pavés. Il peut être simple ou stratifié.

L'épithélium pavimenteux *simple* n'est généralement formé que d'une seule couche de cellules très aplaties ou *lamellaires;* on l'appelle souvent encore *endothélium*. C'est lui qui tapisse les cavités séreuses, les cavités vasculaires, celles des lobules pulmonaires des Vertébrés, etc. Il est très perméable et ne paraît pas modifier au passage les substances qui le traversent.

Quant à l'épithélium pavimenteux *stratifié*, il est constitué par plusieurs couches de cellules, dont les plus profondes, les plus jeunes, sont d'ordinaire arrondies, tandis que les superficielles sont aplaties. On en distingue deux variétés. Il est dit *mou* quand ses éléments sont de faible consistance : tel est le revêtement épithélial de la cornée, de la conjonctive, de la bouche, du vagin, des voies urinaires, etc., chez les animaux supérieurs. Il reçoit la qualification de *corné*, au contraire, quand il est formé de cellules résistantes, comme c'est le cas pour la couche externe de l'épiderme. Les épithéliums pavimenteux stratifiés ne sont que peu ou point perméables; ils servent principalement à la protection des parties qu'ils revêtent.

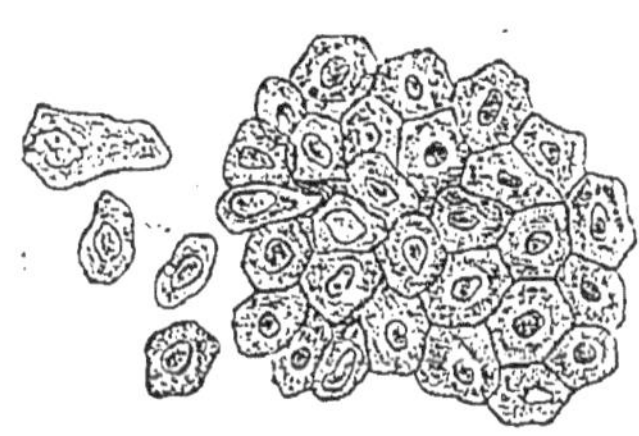

Fig. 17. — Épithélium pavimenteux de la séreuse péricardique du cheval. Grossissement : 310 diamètres.

En résumé, on voit que le rôle des épithéliums, tantôt actif, tantôt passif, est assez variable; il se rapporte en somme à l'absorption, à l'exhalation des substances gazeuses ou volatiles, à la sécrétion des produits liquides, à la production d'éléments anatomiques, ou à la protection des organes. Enfin, en ce qui concerne l'absorption et l'élimination, les épithéliums sont *indifférents*, c'est-à-dire incapables de modifier le fluide qui les traverse, ou *sélécteurs*, c'est-à-dire aptes à choisir les substances qui leur conviennent.

Liquides nourriciers. — Chez les **Vertébrés,** le liquide nourricier par excellence est le *sang*, qui se trouve contenu dans des vaisseaux formant un système continu. Certains de ces vaisseaux, que nous étudierons plus loin sous le nom d'artères, sont chargés de conduire ce liquide (sang artériel) dans les organes, où ils se divisent en une foule de canalicules appelés vaisseaux capillaires. A ce niveau, le sang se partage entre deux courants : une partie transsude à travers les parois de ces canaux et se déverse dans les interstices des tissus, notamment du tissu conjonctif; l'autre demeure dans le système vasculaire et continue son trajet par la voie des vaisseaux de retour ou veines (sang veineux), non toutefois sans avoir subi de profondes modifications, en laissant échapper à travers les capillaires une partie de son oxygène et en se chargeant d'acide carbonique.

Dans la partie extravasée, riche en matières nutritives et en oxygène, les éléments anatomiques puisent directement les principes qui leur conviennent et déposent leurs produits de désassimilation. Aussi ce liquide doit-il être constamment renouvelé : il est en effet repris, sous le nom de *lymphe*, par des vaisseaux particuliers, vaisseaux lymphatiques, en même temps que l'apport continue par la voie du système artériel. On donne le nom spécial de *chyle* à la lymphe qui revient de l'intestin après s'être chargée d'une partie des produits de la digestion.

Nous avons donc à étudier deux liquides principaux, le sang et la lymphe, qui constituent le *milieu intérieur* dans lequel vivent les éléments de l'organisme, et qui jouent le rôle d'intermédiaires entre ceux-ci et le milieu extérieur.

Sang. — Le sang des Vertébrés est rouge, sauf chez l'Amphioxus et quelques Poissons, où il est incolore. Il se compose de globules rouges et de globules blancs nageant dans un plasma.

Les *globules rouges* ou *hématies* des Mammifères sont des disques biconcaves, elliptiques chez les Camélidés, circulaires chez tous les autres, et toujours dépourvus de noyau, du moins pendant la vie extra-utérine. Ceux des Oiseaux, Reptiles, Batraciens et Poissons présentent de face une forme elliptique ; on les considère comme des ovoïdes aplatis, sans dépression centrale. Chez les Batraciens, ils possèdent un noyau entouré de granulations.

On tend à regarder aujourd'hui les globules rouges comme pourvus d'une membrane d'enveloppe, laquelle limiterait un stroma imprégné d'une matière colorante rouge. Cette matière, soluble dans l'eau, paraît être variable suivant les espèces qui la fournissent ; on lui donne le nom d'*hémoglobine*. Au contact de l'oxygène et sous une certaine tension, elle forme avec ce gaz une combinaison peu stable, d'un rouge très vif (oxyhémoglobine).

Les *globules blancs*, encore appelés *leucocytes*, sont incolores, finement granuleux, sphériques ou à contour irrégulier, et plus gros en général que les globules rouges. Sous l'action de l'eau, on y voit apparaître un ou plusieurs noyaux. Ils possèdent des mouvements amiboïdes faciles à observer à une température de 20 à 40°, et même, chez les Vertébrés à sang froid, à la température ambiante.

Dans le sang normal de l'homme, le nombre des globules rouges contenus dans un millimètre cube est, en moyenne, de 5,000,000 et celui des globules blancs de 15,000.

Outre les éléments que nous venons de signaler, on rencontre dans le sang de très petits corps à peine colorés, d'une grande délicatesse, qu'on a souvent désignés sous le nom de *globulins*. M. Ranvier les regarde comme de simples granulations fibrineuses. M. Hayem, les considérant comme de jeunes hématies, leur a donné le nom d'*hématoblastes*.

Le *plasma* dans lequel nagent les globules forme souvent les deux tiers de la masse du sang. C'est un liquide alcalin, de teinte ambrée, un peu visqueux, qui se coagule à la température ordinaire. Lorsqu'on reçoit, en effet, du sang dans un vase, il se prend en un caillot dont la couleur rouge est due à l'emprisonnement des hématies. Mais si la coagulation a lieu lentement, comme il arrive dans certaines conditions pathologiques ou même chez les Équidés à l'état normal, les globules rouges tombent vers le fond du vase, et la partie inférieure du caillot offre une teinte ambrée ou blanchâtre : ainsi se produit la *couenne* des maladies inflammatoires.

La coagulation consiste dans la formation d'un réseau fibrineux, qui se rétracte peu à peu en abandonnant un liquide citrin, le *sérum*. Elle commence sur les parois du vase et à la partie supérieure : les trabécules du réseau ont pour point de départ les hématoblastes, les aspérités de la surface, les corps étrangers introduits dans le vase. La *fibrine* qui constitue le caillot ne paraît pas préexister dans le sang ; mais il est fort difficile de rendre compte de sa formation. D'après Denis (de Commercy), le sang renfermerait une substance soluble, la *plasmine*, formée par l'union de fibrine concrète (insoluble) et de fibrine soluble : en dehors des vaisseaux, cette plasmine se dédoublerait en ses deux éléments, et la coagulation résulterait du dépôt de la fibrine concrète. A cette hypothèse, Al. Schmidt a tenté d'en substituer une autre. Selon lui, la fibrine a pour générateurs deux substances albuminoïdes : la substance *fibrinogène* et la substance *fibrinoplastique* ou paraglobuline, toutes deux contenues dans le sang et dont la combinaison produirait la fibrine. Mais, pour expliquer la non-coagulation du sang dans les vaisseaux sains, Schmidt a dû modifier récemment sa théorie. Il admet aujourd'hui que les deux générateurs de la fibrine ne peuvent s'unir que sous l'influence d'un *ferment*. Celui-ci n'existerait pas tout formé dans le sang ; il prendrait naissance aux dépens des leucocytes, qui s'altèrent rapidement à l'air libre, à la température ordinaire. Beaucoup d'autres théories ont été émises au sujet de la coagulation ; nous ne pouvons nous y arrêter ici. Disons seulement que Hammarsten ne reconnaît qu'un seul générateur, le *fibrinogène*, et que M. Hayem fait jouer un rôle spécial, dans la transformation en fibrine de ce principe, à la décomposition des hématoblastes.

Lymphe. — La lymphe est un liquide pâle, citrin ou ambré, formé d'un plasma coagulable et de globules identiques aux globules blancs du sang. Le mode de formation de ces globules est encore peu connu ; les lieux principaux de leur production sont les ganglions lymphatiques et les organes dits lymphoïdes (rate, thymus, etc.).

Le chyle est semblable à la lymphe, sauf pendant la digestion, où il se montre lactescent et chargé de corpuscules graisseux.

Liquides nourriciers des Invertébrés. — Le sang des Invertébrés, qu'il soit renfermé dans des vaisseaux ou dans les lacunes du corps, est le plus souvent incolore et ne contient que des globules blancs, à mouvements amiboïdes très marqués. C'est pourquoi on l'a comparé à la lymphe. Aussi, contrairement à ce qui a lieu chez les Vertébrés, où le plasma sert à la nutrition et les globules à la respiration, ces deux fonctions paraissent être remplies par le seul plasma. Dans le sang d'un certain nombre de Mollusques, d'Arthropodes et de Vers, on a constaté la présence de l'*hémoglobine*. Dans celui des Céphalopodes et de la plupart des Crustacés, cette substance est remplacée par une autre analogue, l'*hémocyanine*, formant avec l'oxygène une combinaison lâche bleue. Chez les Annélides et quelques autres Vers, il existe, outre le liquide *plasmatique* incolore de la cavité viscérale, un autre liquide ne charriant pas de globules, contenu dans des vaisseaux clos et qualifié d'*hématique*. Ce dernier est d'ordinaire coloré en rouge et renferme de l'hémoglobine; plus rarement il est d'un beau vert, et la matière colorante est appelée *chlorocruorine*. On attribue au liquide plasmatique le rôle nutritif; celui des vaisseaux serait chargé de la fonction respiratoire.

§ 2. — SPÉCIALISATION ET RAPPORTS DES FONCTIONS ET DES ORGANES.

Accroissement des organismes. Division du travail physiologique. — En faisant abstraction de quelques types inférieurs d'apparence amorphe (*Bathybius*) et encore mal connus, nous concevons tout organisme comme ayant une masse limitée, en rapport avec le milieu ambiant par une surface également limitée. Dans le cas le plus simple, et en particulier lorsqu'il existe une membrane d'enveloppe, c'est par l'intermédiaire de cette surface que s'accomplit la nutrition. Or, le résultat ultime de cette fonction consiste dans une augmentation de volume, du moins pendant une certaine période du développement de l'être organisé. Mais on sait que les masses croissent comme les cubes, tandis que les surfaces ne croissent que comme les carrés : partant, il est certain qu'à un moment donné la surface sera insuffisante à nourrir la masse. Pour que la vie puisse se maintenir, il est donc nécessaire qu'il y ait production de surfaces nouvelles.

Lorsqu'il s'agit de Protozoaires, cette condition est remplie par le simple fait de la division du corps : d'où cette première remarque que la reproduction est un corollaire de la nutrition.

Chez les animaux pluricellulaires, le processus est plus complexe : non seulement il comporte une division des éléments en unités plus ou moins nombreuses, mais il se complique par la formation de replis ou d'invaginations que limitent ces éléments nouveaux étalés en couches.

L'apparition d'une nouvelle surface interne marque le premier pas dans la voie de la localisation des fonctions, partant de la division du travail. Dans les êtres les plus inférieurs, en effet, toutes les parties du corps possèdent les mêmes propriétés physiologiques; en d'autres termes, l'ensemble des fonctions qui caractérisent la vie se trouve exécuté par toutes les parties. Dès qu'une cavité s'est produite, la surface qui la limite s'adapte à un rôle spécial : elle sert à la digestion et à l'absorption des aliments, et la cavité mérite par conséquent le nom de cavité digestive. Par suite, la surface externe remplit un rôle moins complexe; elle conserve seulement les fonctions de relation et concourt dans une certaine mesure à la respiration et à l'excrétion. Les deux surfaces prennent des caractères différents; le point où elles se réunissent porte le nom de bouche.

Cette disposition est encore très simple. Nous la retrouverons en traitant du développement des Métazoaires. Mais peu à peu elle se complique, et l'*organisation* se manifeste plus nettement. Des invaginations secondaires prennent naissance, qui correspondent elles-mêmes à de nouvelles spécialisations de fonctions (glandes). Puis, entre les deux couches externe et interne et à leurs dépens se produisent de nouveaux tissus (muscles, os, etc.). C'est également entre ces deux couches, et parfois même dans les nouveaux tissus que se forme la cavité dite viscérale, dans laquelle se développent le sang et le système vasculaire. Enfin, à l'extérieur, apparaissent, au lieu d'invaginations, des bourgeons qui servent à la respiration (branchies) ou à la locomotion (tentacules, membres). Notons ici que la différenciation des *organes* va de pair avec celle des tissus.

En résumé, nous constatons qu'à l'accroissement des êtres organisés correspond la *division du travail* physiologique. Or, cette spécialisation est précisément une des conditions indispensables au perfectionnement des êtres dont il s'agit. A cet égard, on a souvent comparé, d'une façon très heureuse, l'organisme animal à un atelier dont les ouvriers ont une certaine somme de produits à fournir. Si tous sont chargés d'accomplir le même travail, leur nombre n'influera que sur la quantité, non sur la qualité des produits; mais si, au contraire, chaque ouvrier a une tâche spéciale qu'il répète constamment, il acquiert en sa matière une habileté beaucoup plus grande. De même, en ce qui concerne les êtres organisés, la spécialisation des fonctions détermine toujours un perfectionnement de l'organisme (1).

Phénomènes morphologiques consécutifs. — Ces principes posés, il convient de jeter un coup d'œil sur quelques phénomènes morphologiques qui sont la conséquence de la division du travail.

Différenciation. — Selon la définition de M. Giard, la différenciation consiste dans « l'adaptation morphologique à une fonction spéciale d'une partie primitivement employée à des fonctions multiples. » Il est constant, en effet, que des fonctions peuvent être accomplies par des parties non spécialisées : les animaux inférieurs fournissent de nombreux exemples de ce genre, et chez les plus simples d'entre eux, le protoplasma homogène qui constitue la masse entière du corps remplit à la fois toutes les fonctions. L'apparition des organes n'est que le résultat de la division du travail; les fonctions les plus importantes se localisent les premières, et cette particularité peut être citée à l'appui de l'aphorisme bien connu : *la fonction fait l'organe.*

Réduction. — Un second phénomène qui se rattache à la différenciation, c'est celui auquel on a donné les noms de *réduction*, *rétrogradation*, *développement rétrograde*, *métamorphose régressive*, etc. Il consiste surtout dans la suppression ou l'atrophie des organes, par suite de la suppression des fonctions, ou de leur adaptation à des conditions nouvelles. En thèse générale, les résultats de la rétrogradation sont absolument contraires à ceux de la différenciation : au lieu de compliquer l'organisme, elle tend à le simplifier. Elle peut porter sur tout ou partie des organes et même sur l'organisme entier, en modifiant la forme, le volume, le nombre ou la structure des parties; enfin, elle peut frapper, soit un individu seulement, soit une espèce, un genre et même un groupe d'ordre plus élevé.

C'est à ce phénomène qu'il nous faudra plus tard demander compte de la signification des *organes rudimentaires*, si utiles en anatomie comparée pour la détermination des rapports de parenté.

(1) Cette importante question de la division du travail a été magistralement traitée par Adam Smith au point de vue de l'industrie, et par H. Milne Edwards au point de vue zoologique. — Voy. Milne Edwards, *Leçons sur la physiol. et l'anat. comp.*, t. I, p. 16.

Étant donné, comme nous venons de le voir, que la réduction est sous la dépendance des conditions fonctionnelles des organes, il nous sera certainement facile d'en découvrir les principaux facteurs.

D'abord, nous pouvons signaler les conditions particulières dans lesquelles sont appelés à vivre certains animaux. Un exemple nous en est fourni par les Protées, Amphibiens pérennibranches qui habitent des eaux souterraines, et dont les yeux, rendus tout à fait inutiles, sont rudimentaires et cachés sous la peau.

Le *parasitisme*, qui est (pour le parasite) un des agents les plus communs de la réduction, peut être regardé comme un cas particulier de l'influence du mode de vie. Les Linguatules, Arthropodes parasites qui, à la sortie de l'œuf, possèdent une armature buccale assez puissante pour perforer les tissus, perdent cette armature dès qu'elles sont parvenues en un point où elles peuvent puiser directement leurs matériaux de nutrition. Cependant, l'action du parasitisme sur la réduction paraît se rattacher, dans certains cas, à une véritable division du travail : l'hôte, en effet, qui héberge le parasite, effectue une partie du travail qui devait primitivement revenir à celui-ci; par suite, la fonction correspondante du parasite se restreint de plus en plus, parfois même jusqu'à disparaître; et, comme conséquence, on observe une atrophie plus ou moins complète des organes chargés de l'accomplir. Ainsi s'expliquerait, par exemple, l'absence de tube digestif chez les Ténias, qui trouvent dans l'intestin de leur hôte une substance alimentaire tout élaborée.

Enfin, l'*association* aboutit souvent aux mêmes résultats, et il est manifeste qu'ici encore, les phénomènes de réduction sont sous la dépendance d'une division du travail. Dans une colonie d'Abeilles, les mâles ou faux-bourdons sont dépourvus d'aiguillon et de corbeille, les ouvrières ont les organes génitaux atrophiés, etc. C'est que le travail de la ruche est partagé entre les divers ordres d'individus qui la composent, que les organes utiles s'adaptent plus spécialement à la fonction qui leur est dévolue, et que, par contre, les organes inutiles s'atrophient. On sait d'ailleurs qu'il suffit de donner aux ouvrières une nourriture plus abondante et plus choisie pour développer leurs organes sexuels et les transformer en reines. Mais, ce qu'il est intéressant de constater, c'est que la réduction, quoique tendant à la simplification des organismes, peut devenir un élément de complication pour une espèce donnée. Elle concourt, en effet, à produire le *polymorphisme* des individus sociaux.

Corrélation. — Les organes et même les appareils s'associent pour constituer un ensemble auquel on donne précisément le nom d'organisme lorsqu'il possède une individualité distincte. Mais de cette association résultent de nombreux rapports et une subordination réciproque. C'est ce qui a fait dire que la vie est l'expression harmonique d'une somme de phénomènes dérivant les uns des autres, de telle sorte qu'aucune fonction n'est indépendante. Donc, au point de vue fonctionnel d'abord, mais aussi au point de vue morphologique, les organes offrent des relations étroites se traduisant en définitive par la dépendance de chacun d'eux relativement aux autres. C'est là ce que Cuvier a appelé le *principe de la corrélation des formes*, principe d'après lequel un changement supposé dans un appareil appelle de certaines modifications dans d'autres appareils. Au surplus, voici comment ce principe a été formulé par l'illustre anatomiste (1) : « Tout être organisé forme un ensemble, un système unique et clos, dont les parties se correspondent mutuellement, et concourent à la même action définitive par une réaction réciproque. Aucune de ces parties ne peut changer sans que les autres changent aussi, et par conséquent chacune d'elles, prise séparément, indique et donne toutes les autres. » Bien qu'il y ait là quelque exagération, il est certain que le principe en question a rendu de nombreux services à l'anatomie comparée. Les modifications qui se rattachent à cet ordre de phénomènes sont encore peu connues, il est vrai, en ce qui concerne les organismes inférieurs; mais elles peuvent être souvent saisies avec beaucoup de précision quand il s'agit des Vertébrés. C'est en les prenant pour base que Cuvier, à l'aide de quelques dents et de quelques fragments d'os fossiles, a pu reconstituer des espèces animales disparues. « Si les intestins d'un animal, disait-il, sont organisés de manière à ne digérer que de la chair et de la chair récente, il faut aussi que ses mâchoires soient construites pour dévorer une proie; ses griffes pour la saisir et la déchirer; ses dents pour la couper et la diviser; le système entier de ses organes de mouvement pour la poursuivre et pour l'atteindre; ses organes des sens pour l'apercevoir de loin; il faut même que

(1) G. Cuvier, *Discours sur les révolutions de la surface du globe*, 8e édit., p. 98.

la nature ait placé dans son cerveau l'instinct nécessaire pour savoir se cacher et tendre des pièges à ses victimes. Telles seront les conditions générales du régime carnivore; tout animal destiné pour ce régime les réunira infailliblement, car sa race n'aurait pu subsister sans elles... » Toutefois, nous devons ajouter que certaines découvertes de M. Gaudry ont démontré que ces principes ont quelque chose de trop absolu, et que leur application directe, sans contrôle, pourrait conduire quelquefois à des résultats erronés.

Il est aussi des cas où la corrélation n'est pas aussi facile à saisir que dans les exemples qui viennent d'être cités. C'est ainsi qu'on voit des modifications diverses se manifester dans certains organes, par suite de changements de même ordre survenus dans d'autres organes n'offrant guère avec les premiers de rapports apparents. Signalons, par exemple, le développement du larynx corrélatif à celui des organes génitaux.

Pour Cuvier, comme on vient de le voir, le principe de la corrélation des formes n'était que la conséquence du principe plus général des *conditions d'existence*, en vertu duquel un animal, créé pour vivre dans des conditions déterminées, était nécessairement pourvu des organes les mieux disposés dans ce but. Ce principe, toutefois, était tout à fait impuissant à rendre compte des *organes rudimentaires*. Étienne Geoffroy Saint-Hilaire, peu satisfait des vues de Cuvier, tenta d'y substituer l'hypothèse, demeurée célèbre, de l'*unité de composition* du règne animal. D'après sa manière de voir, les animaux formaient une série continue : tous étaient composés des mêmes parties, ne différant entre elles que par leur forme, leur degré de développement et leur fonction (*théorie des analogues*) ; de plus, ces parties devaient occuper toujours la même situation relative (*principe des connexions*). Lorsqu'un organe venait à s'accroître dans des proportions excessives, les organes voisins devaient, au contraire, subir une atrophie plus ou moins accusée : ainsi s'expliquait la présence des organes rudimentaires (*principe du balancement des organes*). Ce fut ce dernier principe qui conduisit l'auteur à l'établissement de la *tératologie* ou *science des monstruosités*.

Comparaison des organes. — Quoique ni l'une ni l'autre des deux théories émises par ces deux illustres savants ne soit propre à nous satisfaire complètement, toutes deux, et en particulier la dernière, nous enseignent à tenir le plus grand compte de la valeur relative des organes.

Or, la détermination de cette valeur, qui ne peut être que le résultat de leur comparaison, est essentiellement différente, suivant qu'on envisage les êtres organisés au point de vue de leur constitution *morphologique*, ou qu'on étudie seulement leurs fonctions, c'est-à-dire leur *physiologie*. Aussi, la biologie distingue-t-elle avec soin, aujourd'hui, les *homologies* et les *analogies*.

On dit que deux ou plusieurs organes sont *analogues* lorsqu'ils ont le même rôle à remplir ou la même valeur physiologique ; tandis qu'ils sont *homologues* lorsqu'ils ont une égale valeur morphologique, une même constitution fondamentale, ou mieux « quand ils sont formés en des points correspondants de l'embryon et suivent un développement parallèle » (Giard). Ainsi, l'aile de l'Oiseau et l'aile de l'Insecte, qui n'ont pas la même base de constitution, mais qui toutes deux sont destinées au même mode de locomotion, sont simplement analogues. Il en est de même des branchies des Poissons et des poumons des Mammifères. Au contraire, si l'on compare à l'aile de l'Oiseau le membre antérieur du Mammifère, on reconnaît que ces organes, bien qu'ils aient à jouer en général un rôle tout différent, sont réellement homologues. La même remarque s'appliquerait à la vessie natatoire des Poissons comparée au poumon des Mammifères, etc..

On distingue, d'ailleurs, diverses sortes d'homologies. Ainsi, on appelle *homotypes* les organes qui se font pendant l'un à l'autre, par exemple les reins ou les yeux d'un Vertébré; on qualifie de parties *homodynames* celles qui se répètent dans l'organisme en raison de sa forme, comme les bras d'une Étoile de mer, les segments d'un Articulé, etc.

Organes et individus. — Il résulte des données précédentes que le corps des animaux est formé d'un ensemble de parties affectant entre elles des rapports plus ou moins étroits. Il nous reste à préciser la nomenclature de ces parties, que nous avons jusqu'à présent désignées sous le nom général d'organes.

Toute partie définie, chargée d'une *fonction* spéciale, reçoit le nom d'*appareil*. Or, les appareils eux-mêmes peuvent se subdiviser en un nombre variable de parties secondaires, à chacune desquelles est dévolu un certain rôle dans l'accomplissement de la fonction commune : ce sont là les *organes* proprement dits, dont le mode d'activité reçoit le nom d'*usage*. Un organe peut d'ailleurs remplir des usages multiples, se rapportant même à des fonctions distinctes.

On appelle *système* anatomique l'ensemble des organes ou parties d'organes qui offrent la même texture (parties similaires). C'est ainsi qu'on distingue les systèmes musculaire, nerveux, veineux, dentaire, etc. L'étude des systèmes est une branche importante de l'anatomie générale : elle établit la transition entre l'histologie et l'anatomie descriptive.

Au surplus, les rapports qui existent entre les différentes parties d'un organisme sont loin d'être constants. C'est même la raison qui rend si peu précise la notion d'*individualité*, au sujet de laquelle on a si souvent discuté.

En ce qui concerne les êtres les plus inférieurs, cette notion, à la vérité, se présente souvent à l'esprit sans aucune ambiguïté. On sait, par exemple, qu'un grand nombre d'entre eux sont constitués, pendant toute la durée de leur vie, par un seul *plastide :* en pareil cas, l'*individu* est caractérisé par sa forme définie et son existence autonome. On pourrait même ajouter qu'il répond à la donnée étymologique d'individualité, car on ne pourrait en retrancher une partie de quelque importance sans compromettre la vie.

Tous les êtres, au début de leur évolution, c'est-à-dire à l'état d'ovule, offrent cette même constitution; mais, en général, les plastides résultant de la division de cet élément primitif s'associent pour former des *organes* (1).

Ces organes eux-mêmes s'assemblent de manière à composer d'ordinaire un tout de forme définie et doué d'une existence propre : là encore, il y a un individu caractérisé morphologiquement et physiologiquement. Hæckel donne à cet individu le nom de *personne.* Tels sont les animaux supérieurs.

Mais il est beaucoup de formes inférieures chez lesquelles, au contraire, les deux éléments, morphologique et physiologique, cessent d'être en concordance ; en d'autres termes, on observe des individus morphologiquement bien définis qui n'ont pas une

(1) Dans son bel ouvrage sur les *Colonies animales*, M. Perrier propose d'appeler *mérides* les associations de plastides, *zoïdes* les colonies de mérides, et *dèmes* les colonies dans lesquelles on peut distinguer des groupes distincts ayant la valeur de zoïdes.

existence propre, mais sont réunis en un certain nombre pour l'accomplissement des fonctions vitales. Si donc on peut considérer chacun d'eux comme une individualité morphologique, l'ensemble n'en forme pas moins une individualité physiologique d'ordre évidemment supérieur. Hæckel donne à de semblables colonies le nom de cormes (*cormus*). Ainsi, un *Magosphæra* est un corme de Catallactes unicellulaires; les colonies de Coralliaires, les Vers rubanés sont également des cormes. L'individualité morphologique est donc subordonnée à l'individualité physiologique, de manière à jouer vis-à-vis d'elle le simple rôle d'organe.

Quelle que soit, d'ailleurs, l'importance absolue ou relative des individualités, on est convenu de leur appliquer des qualifications spéciales suivant la position qu'elles affectent les unes à l'égard des autres. Sont-elles, par exemple, disposées symétriquement par rapport à un point, on leur donne le nom de *centromères :* c'est le cas des *Magosphæra*. Lorsqu'elles sont symétriques relativement à un axe (symétrie rayonnée), comme on le voit chez les Cœlentérés, on les appelle *antimères*. Enfin, lorsque le corps ne présente qu'un seul plan de symétrie (symétrie bilatérale), il arrive souvent que les organes se répètent le long de cet axe longitudinal; on donne alors aux segments successifs ainsi constitués le nom de *métamères* ou de *zoonites :* tels sont les segments des Arthropodes, les vertèbres, etc.

§ 3. — ÉTUDE ANATOMIQUE ET PHYSIOLOGIQUE DES ORGANES.

Les fonctions de l'organisme peuvent être divisées en trois classes principales : 1° les fonctions de *nutrition*, qui ont pour objet la conservation de l'individu ; 2° les fonctions de *relation*, qui mettent l'organisme en rapport avec le monde extérieur ; 3° les fonctions de *reproduction*, qui ont pour but d'assurer la conservation de l'espèce.

Toutefois, il ne faudrait pas considérer cette classification comme l'indice d'une séparation absolue entre ces trois groupes. Il serait facile de démontrer, par exemple, que les fonctions de relation viennent en aide à celles des deux autres classes, si nous n'avions pas suffisamment insisté, au paragraphe précédent, sur la dépendance réciproque des fonctions et des organes.

Les fonctions de nutrition, communes à tous les êtres vivants, sont encore appelées fonctions de la *vie végétative*, et quelques auteurs classent sous le même chef les fonctions de reproduction ; quant aux fonctions de relation, qui sont principalement accusées chez les animaux, elles sont qualifiées de fonctions de la *vie animale*.

I. Organes et fonctions de relation.

Les actes par lesquels l'organisme se met en relation avec le monde extérieur se rapportent principalement à la sensibilité et au mouvement.

Appareil locomoteur. — Chez les êtres les plus simples, la locomotion se manifeste par la contraction du protoplasma tout entier dont le corps est formé. La masse se déplace alors au moyen des processus qu'elle émet et qui ont reçu le nom de *pseudopodes*. Une différenciation un peu plus accusée nous montre déjà, chez les Infusoires, des organes locomoteurs bien nets, sous la forme de *cils* vibratils ou de *flagellums*.

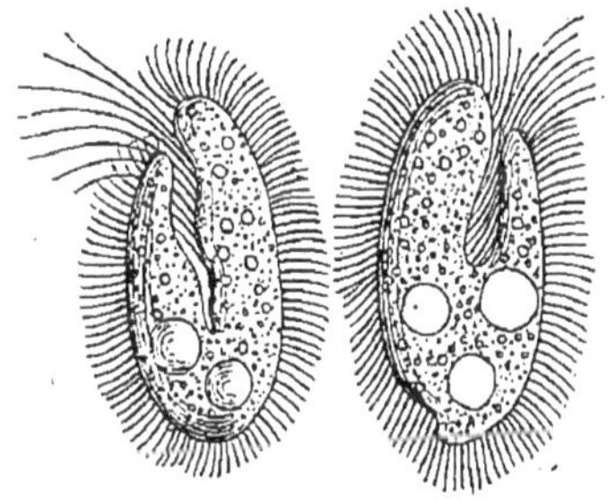

Fig. 18. — Infusoires ciliés : Kolpodes de l'intestin du cheval (G. Colin).

Si l'on passe à des types plus élevés, on ne tarde pas à distinguer l'élément moteur par excellence, la *cellule* ou la *fibre musculaire*. Tout d'abord, les muscles se montrent intimement unis à la peau, de manière à former une enveloppe *musculo-cutanée* dont la contraction détermine le déplacement du corps, ainsi qu'on le voit, par exemple, chez les Vers. Dans certains cas, ils se concentrent sur une région spéciale, telle que la face ventrale du corps chez les Mollusques, où ils constituent l'organe locomoteur connu sous le nom de *pied*. Enfin, chez les Arthropodes et les Vertébrés, ils s'isolent davantage encore des téguments et se divisent en groupes similaires, placés les uns derrière les autres. Il existe alors des parties solides destinées à leur fournir des points d'appui, comme à servir de soutien et à protéger les organes internes : *squelette dermique* des Arthropodes, *squelette intérieur* des Vertébrés, dont les différentes parties sont mobiles les unes sur les autres. En même temps, apparaissent des appendices, ou *membres*, qui représentent des leviers particulièrement puissants et

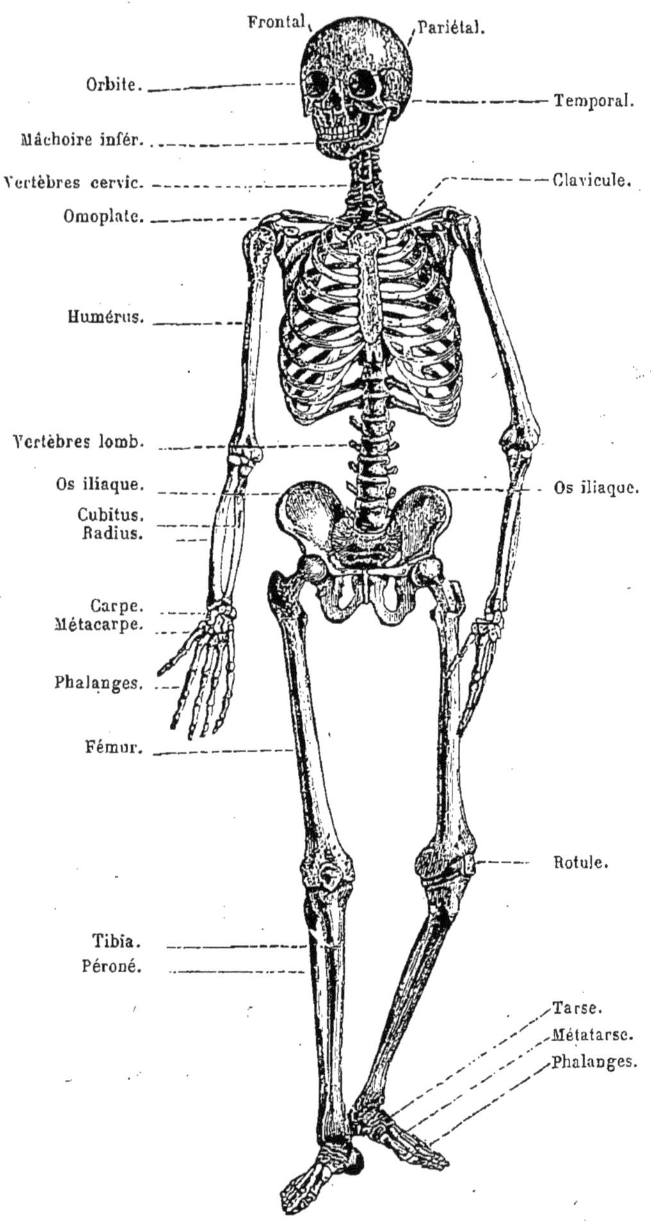

Fig. 19. — Squelette de l'Homme.

ont une constitution analogue à celle des parties centrales.

Organes de sensation. — Comme le mouvement, la sensibilité est d'abord diffuse dans toute la masse du corps; mais, en général, on voit se différencier les *éléments nerveux* en même temps qu'apparaissent les muscles.

Lorsqu'il est complètement développé, le *système nerveux* comporte trois dispositions fondamentales :

1° Type *rayonné* des Échinodermes : aux rayons du corps correspondent autant de centres nerveux, réunis eux-mêmes par des commissures qui forment un anneau entourant l'œsophage.

2° Type *bilatéral* des *Arthropodes*, des *Vers* et des *Mollusques*. — Les animaux dont il s'agit ayant leurs principaux organes symétriques par rapport à un plan médian, le système nerveux suit cette disposition générale. Quelques Vers possèdent seulement une paire de ganglions situés sur les côtés ou au-dessus de l'œsophage, où souvent ils se confondent en une seule masse, émettant des filets nerveux dans différentes directions. Tel est le cas des Turbellariés et des Rotateurs. A un degré plus élevé, ces ganglions, dits *œsophagiens* ou *cérébroïdes*, sont unis à une autre masse ganglionnaire double située au-dessous de l'œsophage (*ganglions sous-œsophagiens*), au moyen de deux cordons latéraux qui forment ce qu'on appelle un *collier œsophagien*. En arrière des ganglions sous-œsophagiens, il existe quelquefois une seule paire ganglionnaire située comme eux au-dessous du tube digestif (Mollusques acéphales); mais, chez les animaux dont le corps est composé de métamères, on trouve toute une série de paires semblables, réunies par deux connectifs (1) souvent contigus; ainsi se trouve constituée la double *chaîne ganglionnaire ventrale* des Arthropodes et des Annélides. Les nerfs destinés aux organes des sens sont toujours fournis par les ganglions cérébroïdes.

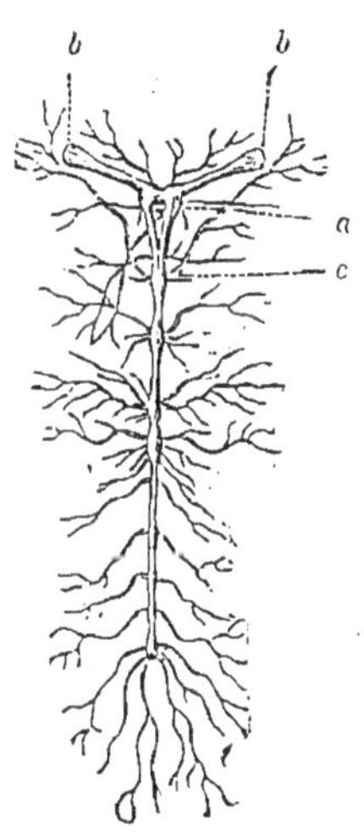

Fig. 20. — Système nerveux de la vie de relation d'un Insecte. — *a*, collier œsophagien. *b*, *b*, nerfs optiques. *c*, chaîne ganglionnaire ventrale.

3° Type *bilatéral* des *Vertébrés*. — Dans tous les animaux de ce

(1) M. H. Milne Edwards a proposé d'appeler *commissures* les cordons qui unissent transversalement les masses nerveuses, et *connectifs* ceux qui les joignent dans le sens longitudinal.

groupe, le système nerveux central se présente sous la forme d'un long cordon (*axe cérébro-spinal*) renfermé dans une cavité spéciale, située dans la région dorsale du corps, et entièrement distincte de celle qui contient les viscères. Les filets nerveux qui se rendent dans les différentes parties du corps naissent de cet axe par paires symétriquement disposées.

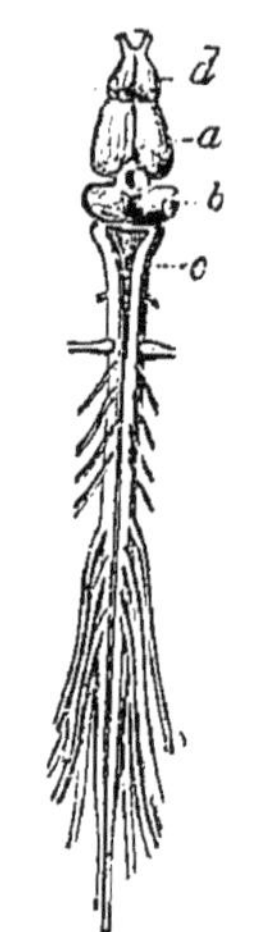

Fig. 21.—Axe cérébro-spinal de la Grenouille. — *d*, lobes olfactifs. *a*, hémisphères cérébraux, en arrière desquels se voit la glande pinéale. *b*, lobes optiques. *c*, moelle allongée. Le cervelet est représenté par la bandelette qui règne au-dessus de la partie antérieure de la moelle allongée.

Chez les animaux inférieurs, les organes de nutrition et de reproduction reçoivent directement leurs nerfs des masses ganglionnaires centrales; mais, dans les types d'une organisation plus élevée (Vertébrés, Arthropodes, etc.), les viscères sont innervés par un appareil autonome, formé de ganglions et de filets disposés en réseaux (plexus). Ce système particulier, quoique relié aux centres nerveux, demeure soustrait à l'empire de la volonté : on lui donne le nom de *système du grand sympathique* ou *système nerveux viscéral*.

Les nerfs qui unissent le système central à la périphérie sont *moteurs* ou *sensitifs*. Les premiers transmettent aux muscles les incitations motrices parties des centres. Les autres portent aux centres nerveux les excitations venues du monde extérieur, recueillies par des appareils périphériques, les *organes des sens*.

Le *tact* ou *toucher* est celui des sens qui est le plus disséminé. Il a pour siège l'enveloppe du corps ou certains appendices qui en dérivent, tels que les *tentacules* des Cœlentérés et des Mollusques, les *palpes* et les *antennes* des Arthropodes, etc. Chez les Vertébrés supérieurs, les nerfs cutanés se terminent dans des organes tactiles particuliers (corpuscules du tact, de Pacini, de Krause).

Le sens du *goût*, dont on ne peut bien constater l'existence que chez les animaux supérieurs, est localisé dans la bou che, du moins chez les Vertébrés. Les impressions gustatives, recueillies par des papilles situées sur la langue, sont transmises aux centres par les nerfs lingual et glosso-pharyngien.

L'*odorat* paraît assez répandu chez les Invertébrés; mais il ne se distingue pas nettement du goût chez les animaux à respiration branchiale. On regarde comme des organes olfactifs, chez les Vers et les Mollusques, des fossettes revêtues d'un épithélium à cils vibratiles et auxquelles aboutit un nerf spécial. Chez les Vertébrés, ces organes sont représentés par une double cavité creusée dans les os de la face et tapissée par une muqueuse, la membrane pituitaire, dans laquelle se ramifient les nerfs olfactifs,

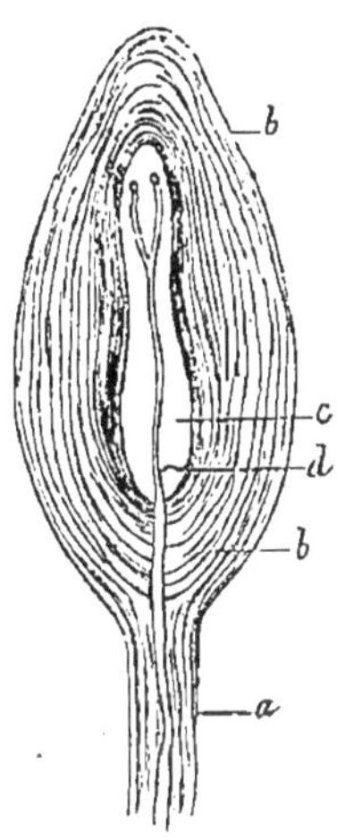

Fig. 22. — Corpuscule de Pacini du Chat. — *a*, pédicule. *b*, couches conjonctives concentriques. *c*, cavité centrale. *d*, cylindre-axe à terminaison ramifiée, engagé dans le corpuscule. Grossissement : 310 diamètres.

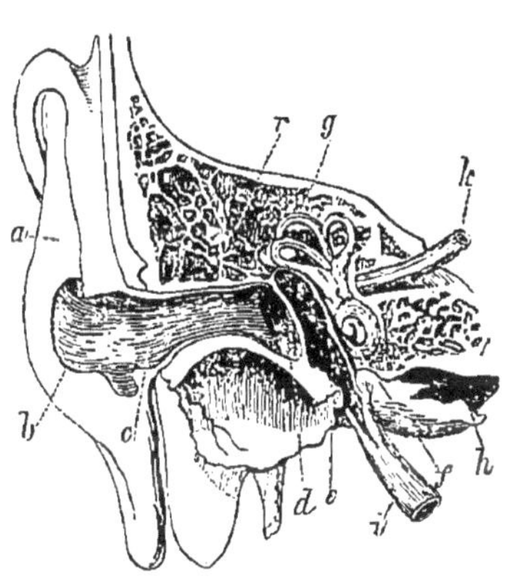

Fig. 23. — Oreille de l'Homme. — *a*, pavillon. *bc*, conduit auditif externe. *d*, membrane du tympan. *e*, caisse du tympan, dont on a enlevé les quatre osselets. *f*, limaçon. *g*, les trois canaux semi-circulaires. *h*, portion du rocher. *i*, trompe d'Eustache. *k*, nerf acoustique. *r*, portion du rocher.

L'organe de l'*ouïe*, dans beaucoup de formes inférieures, est constitué par une vésicule (*otocyste*) renfermant un liquide dans lequel flottent des concrétions calcaires (otolithes) ; la paroi de cette vésicule, ciliée ou garnie de poils, reçoit la terminaison du nerf acoustique ou auditif. Quand la vésicule n'est pas close, les otolithes sont remplacés par de petits corps étrangers, tels que des grains de sable. Chez les Vertébrés, la vésicule auditive offre une structure plus complexe (labyrinthe membraneux) ; il s'y ajoute d'ailleurs des organes propres à recueillir et à renforcer le son (oreille externe et oreille moyenne).

Les organes de la *vue*, les plus communs après ceux du tact, sont souvent représentés, chez les animaux inférieurs, par une simple tache de pigment placée à l'extrémité d'un nerf (taches oculaires). C'est à peine si de tels yeux peuvent permettre à l'animal de distinguer la lumière de l'obscurité ; ils ne sont guère sensibles qu'aux rayons calorifiques. Chez les animaux plus élevés, l'œil se complique graduellement par la différenciation des terminaisons nerveuses (cônes et bâtonnets) ; mais, pour que la

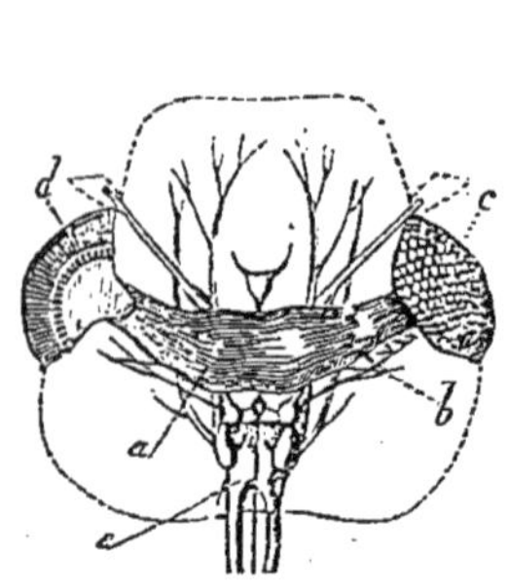

Fig. 24. — Yeux à facettes du Hanneton. — *a*, cerveau. *b*, nerfs optiques. *c*, œil entier. *d*, œil coupé longitudinalement.

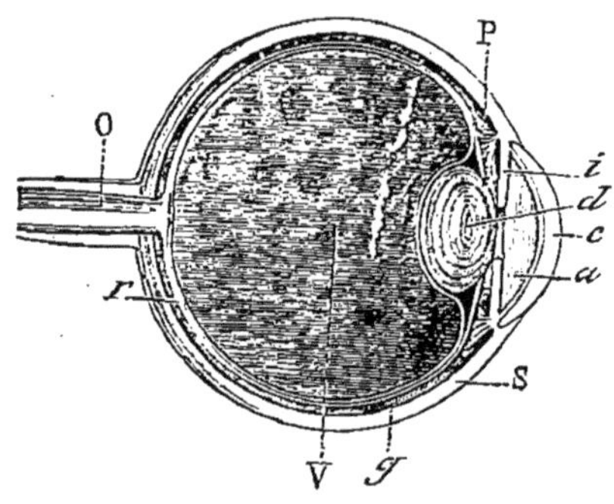

Fig. 25. — Coupe schématique de l'œil de l'Homme. — *c*, cornée transparente. S, sclérotique. *g*, choroïde. *r*, rétine. *a*, humeur aqueuse. *i*, iris. P, procès ciliaires. *d*, cristallin. V, corps vitré entouré de la membrane hyaloïde. O, nerf optique (J. Béclard).

perception d'une image puisse avoir lieu, il faut que des appareils de réfraction (cornée, cristallin, etc.) soient placés au devant de la membrane sensible (rétine) formée par l'expansion terminale du nerf optique.

Instinct et intelligence. — Il ne saurait être dans notre intention d'aborder ici l'étude des opérations complexes qui ont pour siège le système nerveux et desquelles résultent l'instinct et l'intelligence. Nous renverrons pour cette étude aux traités de physiologie, et nous nous bornerons à exposer en quelques mots ce que les auteurs qualifient de facultés instinctives et intellectuelles.

L'observation des mœurs si variées des animaux nous montre que, chez un grand nombre d'entre eux, les actions sont déterminées par des impulsions intérieures, innées, inconscientes, qui conduisent à des résultats avantageux à la conservation de l'individu ou à celle de l'espèce. On dit que ces actions sont *instinctives*, et l'on appelle *instinct* la faculté qui préside à leur accomplissement. L'art avec lequel le Castor construit sa cabane et l'Oiseau son nid, la merveilleuse industrie dont fait preuve tel ou tel insecte pour se procurer sa nourriture, tant d'autres faits remarquables que nous pourrions citer, témoignent de l'extension de cette faculté. Les animaux doués d'instinct agissent sans se rendre compte du but de leurs actes ; ils continuent même d'agir lorsque ce but est atteint ou supprimé, et nous ne les voyons pas modifier leur manière de faire en vue d'obtenir un résultat nouveau; enfin, ils exécutent tous ces actes sans les avoir appris, comme nous le montrent, d'une façon certaine, ceux qui éclosent après la mort de leurs parents.

Tous ces caractères sont assez distincts de ceux qui appartiennent à l'*intelligence*. Effectivement, celle-ci suppose que l'animal a conscience de l'acte accompli, du but à atteindre, et qu'il est apte à modifier sa façon d'agir suivant les circonstances, en mettant à profit ce que lui a enseigné l'expérience. L'intelligence, déjà bien manifeste chez certaines formes inférieures, notamment chez les espèces sociales (Abeilles, Fourmis, etc.), acquiert toutefois un degré beaucoup plus élevé chez les Vertébrés supérieurs, et en particulier chez nos animaux domestiques. Il y a lieu de penser, du reste, que la vie sociale n'a pas été étrangère au développement de l'intelligence ; et c'est en effet, nous le montrerons plus loin, parmi les animaux sociables que l'homme a choisi la presque totalité de ses serviteurs.

On peut ajouter que l'intelligence des animaux ne diffère point qualitativement de l'intelligence humaine : la différence n'existe, en réalité, que dans le degré de perfection, et M. H. Milne Edwards a établi qu'il n'est pas une seule faculté de l'entendement humain qu'il ne soit possible de retrouver, au moins en germe, chez les animaux.

Il ne faudrait pas croire, d'ailleurs, qu'il soit toujours facile d'établir une ligne de démarcation bien tranchée entre les phénomènes de l'instinct et ceux de l'intelligence.

Le chant des Oiseaux, qu'on a longtemps regardé comme un phénomène purement instinctif, n'est en réalité que le résultat de l'éducation ; et il n'est pas certain que l'édification des nids ne puisse être, du moins en partie, rattachée à la même cause.

D'autre part, les actes accomplis sous l'influence de l'instinct ne sont pas absolument immuables. F. Pouchet a constaté que, dans les quartiers neufs de Rouen, l'Hirondelle de fenêtre ne construit pas son nid de la même façon que dans les vieux quartiers. Les rares Castors qu'on rencontre encore aujourd'hui dans la vallée du Rhône ne bâtissent plus de cabanes : sans cesse dérangés par l'homme, ils se contentent de se creuser des terriers sur les bords du fleuve, à la manière des Loutres. Enfin, les animaux domestiques pourraient nous fournir des preuves multiples de la modification des instincts. Or, en laissant de côté ces derniers faits, qui sont déterminés par l'intelligence humaine, ne voit-on pas que si l'Hirondelle et le Castor ont transformé leurs constructions pour répondre à de nouvelles conditions de milieu, ce ne peut être que par l'effet d'une comparaison et d'un raisonnement, c'est-à-dire par un acte d'intelligence? Mais, grâce à la puissance de l'hérédité, le résultat de cet acte n'est pas limité aux seuls animaux qui l'ont accompli : il se transmet aux générations successives.

Par contre, il serait facile de démontrer que des actes qui se rapportent en propre à l'intelligence peuvent s'exécuter dans certains cas d'une façon absolument inconsciente. Sans parler des sujets affectés de certaines maladies nerveuses, nous n'aurions qu'à rappeler une foule d'actes qu'une longue habitude nous amène à effectuer en quelque sorte machinalement. C'est pourquoi divers auteurs ont cru pourquoi définir l'instinct « une habitude transmise par hérédité. »

En résumé, il n'y a pas, comme on l'a souvent affirmé, une opposition complète, fondamentale, entre les phènomènes de l'instinct et ceux de l'intelligence. Les opérations mentales qui se rattachent le plus nettement à l'instinct peuvent au contraire se relier, par une série d'actes intermédiaires, aux manifestations les plus élevées de l'activité intellectuelle. Sous sa forme élémentaire, l'instinct est, comme nous l'avons vu, tout à fait inconscient, et se transmet par hérédité, d'une façon à peu près invariable. Lorsque la conscience se dégage, l'intelligence apparaît et, dès lors, arrive aisément à provoquer des modifications de l'instinct, modifications qui affectent souvent un caractère de permanence en rapport avec la persistance des causes qui les ont amenées. « Peu à peu, dit M. Perrier (1), la conscience devient plus étendue, les idées plus claires, les rapports compris plus nombreux : l'intelligence se distingue nettement. Elle se mélange d'abord, à tous les degrés, à l'instinct; enfin, arrive le moment où elle masque à peu près complètement les instincts innés, où ce qu'ils ont de fixe disparaît sous le flot changeant de ses incessantes innovations,

(1) *Anat. et physiol. animales*, p. 217.

où ce qui se fixe par l'hérédité, ce n'est plus l'aptitude à concevoir presque inconsciemment tel ou tel rapport, c'est l'aptitude à rechercher et à découvrir des rapports nouveaux, jusqu'à ce qu'enfin se montre le merveilleux épanouissement de la raison humaine. »

II. Organes et fonctions de nutrition.

L'entretien de la vie individuelle est sous la dépendance des fonctions de nutrition, accomplies par les organes de la vie végétative.

La nutrition, dans son ensemble, consiste en des échanges incessants qui s'opèrent entre le corps de l'animal et le monde extérieur. Les manifestations de la vie, en effet, sont liées nécessairement à l'usure des éléments organiques (désassimilation), et les matériaux usés sont rejetés à l'extérieur. Mais cette usure même nécessite une réparation continuelle des éléments dont il s'agit (assimilation), réparation qui s'effectue par l'absorption de principes nouveaux puisés dans le milieu ambiant.

Fort simples chez les formes inférieures, ces deux phénomènes nutritifs primordiaux se compliquent graduellement : les actes qu'ils comportent se multiplient, et l'on voit par suite les appareils organiques se différencier de plus en plus.

Ainsi, l'animal recueille tout d'abord à l'extérieur ses matériaux nutritifs ou aliments et les élabore dans un appareil spécial (*digestion*). Les substances ainsi élaborées forment un liquide nourricier qui se répand dans un système de lacunes ou de canaux pour aller baigner les tissus (*circulation*). Ce liquide, qui reçoit le nom de sang, fournit aux tissus non seulement les matériaux propres à leur croissance et à leur réparation, mais aussi une certaine quantité d'oxygène, en échange duquel les tissus lui cèdent de l'acide carbonique. Ainsi modifié, le sang va se régénérer dans un autre appareil, où il abandonne son acide carbonique et se charge d'oxygène (*respiration*). L'oxydation des tissus donne lieu d'ailleurs à une production de chaleur qui en partie se manifeste directement (chaleur animale) et en partie se transforme en travail mécanique. Enfin, les matériaux usés non gazeux, qui rendraient le sang impropre à l'entretien de la vie, sont expulsés par diverses voies (*excrétion*).

Appareil digestif. — Les Protozoaires inférieurs ne possèdent pas, à proprement parler, d'appareil digestif : ce sont des processus protoplasmiques qui vont au-devant des corps étrangers et les englobent. Chez les Infusoires, apparaît une ouverture buccale permanente, en même temps que le corps offre, dans sa partie centrale, une masse demi-fluide dans laquelle sont digérées les substances alimentaires. Les Cœlentérés sont toutefois les premiers animaux qui présentent une cavité digestive bien définie : c'est un cul-de-sac, dont l'orifice sert à la fois de bouche et d'anus, c'est-à-dire de porte d'entrée et de sortie. A un degré supérieur, le tube digestif est ouvert à ses deux extrémités, et l'anus se montre distinct de la bouche. Enfin, ce tube se subdivise en régions distinctes, ayant chacune un rôle spécial à remplir. On y reconnaît alors trois parties principales : intestin buccal, intestin moyen et intestin terminal. L'*intestin buccal* offre à sa partie antérieure une cavité dite buccale, souvent armée de formations solides destinées à saisir et à broyer les aliments; cette cavité est suivie de l'œsophage, qui conduit les aliments dans une portion dilatée, l'estomac, où ils subissent d'importantes transformations. Ce

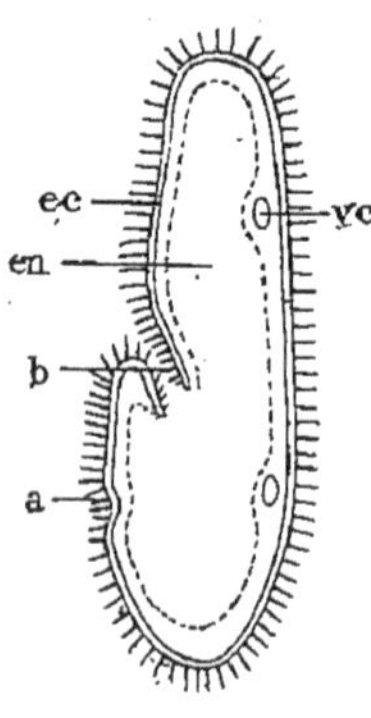

Fig. 26. — Schéma d'une Paramécie, d'après Hayeck. — *b*, orifice buccal. *a*, fente anale. *vc*, vacuoles contractiles. *ec*, ectosarque. *en*, endosarque.

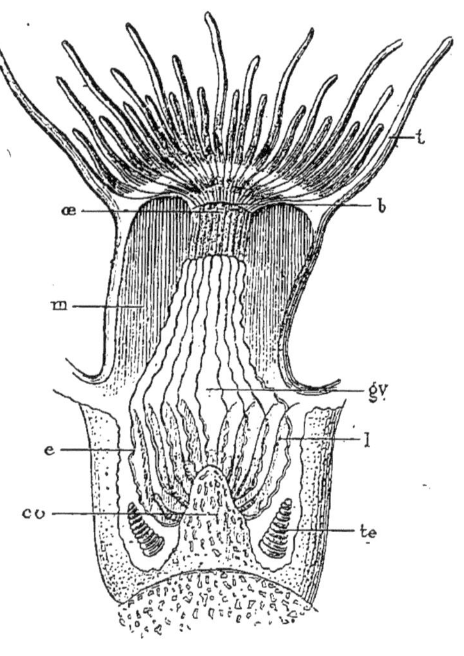

Fig. 27. — Section d'un Cœlentéré (*Astroïdes calicularis*), montrant la cavité gastro-vasculaire *gv*, l'œsophage *œ*, et la bouche *b* (Lacaze-Duthiers).

produit passe de là dans l'*intestin moyen* ou intestin grêle, où se complète son élaboration. Il est alors absorbé par les parois intestinales. Quant à l'*intestin terminal* ou gros intestin, qui aboutit à l'anus, il n'a le plus souvent qu'une faible action sur les substances alimentaires ; il est surtout destiné à recevoir les résidus de la digestion, qui s'y accumulent sous forme d'excréments, et à les expulser.

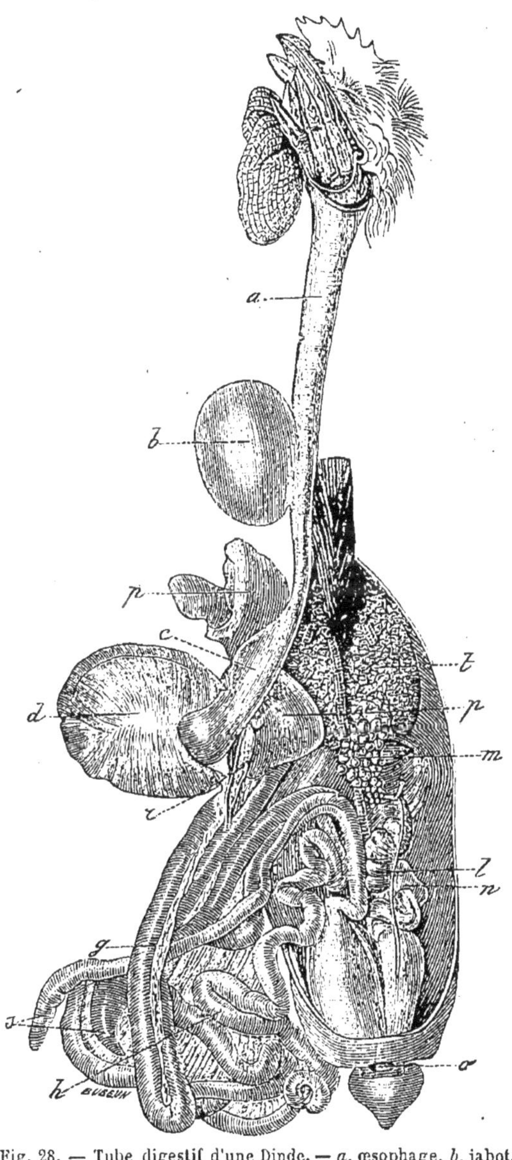

Fig. 28. — Tube digestif d'une Dinde. — *a*, œsophage. *b*, jabot. *c*, ventricule succenturié. *d*, gésier. *g*, pancréas entouré par le duodénum. *h*, intestin grêle. *l*, gros intestin. *m*, ovaire. *n*, oviducte. *o*, cloaque. *p*, foie. *r*, vésicule biliaire. *s*, cœcums (J. Béclard).

A mesure que se compliquent les réservoirs digestifs, on voit apparaître des glandes dont les sécrétions servent à modifier les aliments : *glandes salivaires*, déversant leur produit dans la bouche ; *glandes à pepsine*, s'ouvrant dans l'estomac ; *foie* et *pancréas*, amenant la bile et le suc pancréatique dans l'intestin moyen, etc. Remarquons cependant qu'un foie véritable n'existe que chez les Vertébrés ; les glandes analogues des Crustacés et des Mollusques, par exemple, sécrètent un produit dont les propriétés diffèrent entièrement de celles de la bile, et l'on s'accorde assez aujourd'hui à les classer à part, sous le nom d'*hépatopancréas*.

Appareil circulatoire. — Le liquide nourricier formé dans le tube digestif se trouve répandu dans l'organisme par un système de cavités d'une complexité fort variable. Chez les Cœlentérés, ce sont de simples diverticules de la cavité digestive, laquelle mérite par conséquent le nom de cavité *gastro-vasculaire*. A un degré plus élevé, l'appareil de la circulation se montre distinct du tube intestinal, mais le liquide nourricier (sang) occupe les espaces ou lacunes que les organes laissent entre eux, et la circulation est dite *lacunaire*. En continuant à s'élever dans la série, on voit les lacunes remplacées plus ou moins complètement par des *vaisseaux* à paroi propre. Sur certains points, ces vaisseaux sont contractiles, de manière à communiquer au sang un mouvement régulier. Peu à peu, enfin, on voit se différencier l'une de ces parties contractiles, sous la forme d'un organe particulier, appelé *cœur*, qui acquiert son plus haut degré de complication chez les Vertébrés supérieurs.

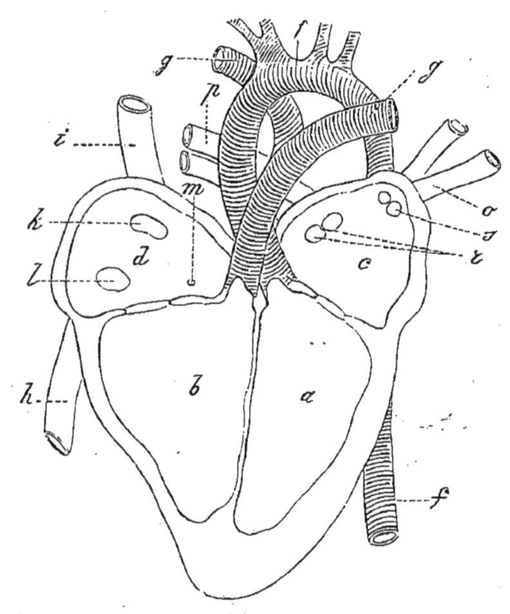

Fig. 29. — Coupe demi-schématique du cœur de l'Homme. — *a*, ventricule gauche. *b*, ventricule droit. *c*, oreillette gauche. *d*, oreillette droite. *f*, artère aorte. *g*,*g*, branches de l'artère pulmonaire. *h*, veine cave inférieure. *i*, veine cave supérieure. *k*, orifice de la veine cave supérieure. *l*, orifice de la veine cave inférieure. *m*, orifice de la veine coronaire. *o*, veines pulmonaires gauches. *p*, veines pulmonaires droites. *r*, orifices des veines pulmonaires droites. *s*, orifices des veines pulmonaires gauches (J. Béclard).

Les vaisseaux qui conduisent le sang du cœur dans les organes reçoivent le nom d'*artères;* ceux qui le ramènent au cœur sont appelés *veines*. Entre ces deux ordres de vaisseaux, qui peuvent d'ailleurs manquer entièrement, se trouve quelquefois interposé un système de lacunes (Arthropodes); ou bien il existe un réseau de fins canalicules, les *vaisseaux capillaires* (Vertébrés). Dans ce dernier cas, on distingue, à côté du système vasculaire sanguin, d'autres vaisseaux contenant un liquide blanc puisé dans les voies digestives (*vaisseaux chylifères*), ou un liquide transparent recueilli dans les interstices des organes (*vaisseaux lymphatiques*).

Appareil respiratoire. — Le sang va porter aux tissus, avec les éléments de leur nutrition, l'oxygène nécessaire à l'entretien de leur activité physiologique; il leur enlève d'autre part, pour les rejeter à l'extérieur, l'acide carbonique et la vapeur d'eau qui résultent des oxydations ainsi produites : conséquemment, il doit puiser sans cesse de nouvelles quantités d'oxygène dans le milieu ambiant. C'est l'ensemble de ces échanges gazeux qui constitue la *respiration*.

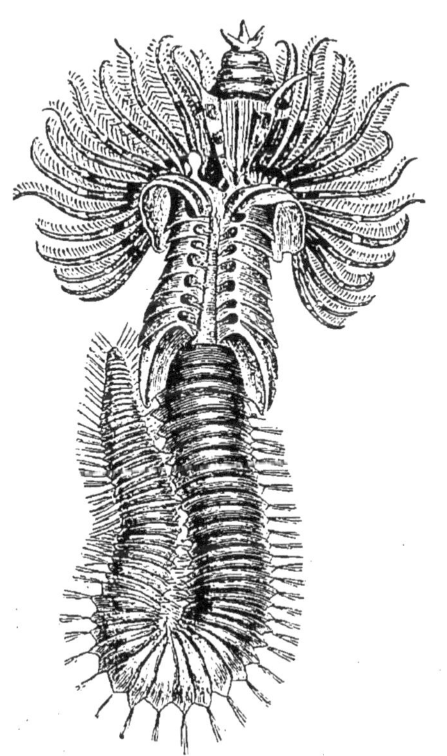

Fig. 30. — Branchies d'une Annélide (*Serpula contortuplicata*).

Dans les types les plus simples, c'est par la surface cutanée que s'effectue la fonction respiratoire. Du reste, la *respiration cutanée* persiste assez souvent chez des animaux d'une organisation compliquée et munis d'un appareil respiratoire bien développé.

Dès que l'organisme se perfectionne, on voit apparaître les traces de cet appareil, qui consiste essentiellement en une membrane perméable interposée entre le liquide nourricier et l'air, mais dont les dispositions varient suivant que la respiration est aquatique ou aérienne. La respiration aquatique s'accomplit au moyen d'expansions cutanées, parfois très divisées, dans l'intérieur desquelles circule le sang (*branchies*); elle utilise seulement l'oxygène de l'air dissous dans l'eau. Quant aux organes de la respiration aérienne, ils sont formés par des invaginations de la surface tégumentaire dans l'intérieur du corps. Chez les Arthropodes terrestres, ce sont des *trachées*, tubes ramifiés soutenus par une spirale chiti-

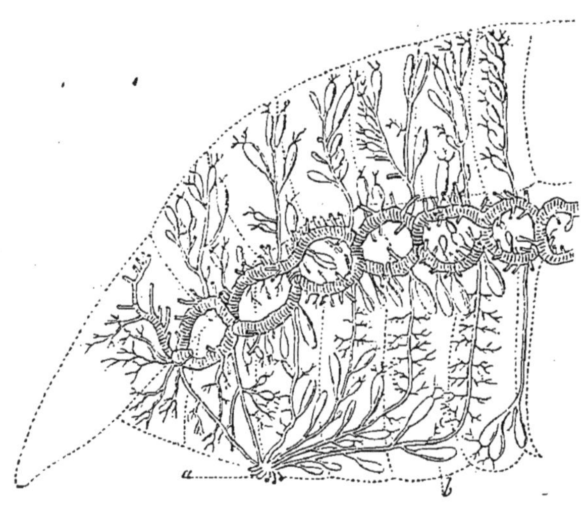

Fig. 31. — Moitié droite de l'abdomen d'un Hanneton, grossie huit fois pour montrer, par sa face interne, la première couche de trachées. — *a*, faisceau de trachées vésiculaires. *b*, vésicule (Straus-Durckheim).

neuse, et dans la lumière desquels l'air s'engage pour aller à la rencontre du fluide sanguin; chez les Vertébrés et quelques Mollusques, ce sont des poumons, système plus ou moins compliqué de poches dont les parois sont tapissées de vaisseaux.

Chaleur animale. — Les combustions qui s'effectuent dans l'organisme ont pour résultat une production de force vive, qui se transforme en partie en travail extérieur, et se manifeste d'autre part en communiquant à l'organisme une température propre : c'est là ce qu'on appelle la *chaleur animale.*

Or, cette température propre est très variable suivant les animaux. Chez les Invertébrés, ainsi que chez les Vertébrés inférieurs, y compris les Reptiles, elle est toujours très faible, de telle sorte que ces animaux sont, en définitive, soumis aux variations du milieu ambiant. C'est pourquoi on les désigne sous le nom d'*animaux à sang froid*, ou mieux *à température variable.* Les Oiseaux et les Mammifères produisent, au contraire, une quantité de chaleur suffisante pour que l'organisme puisse résister, dans une certaine mesure, à l'influence des circonstances extérieures : c'est ce qui leur a valu le nom d'*animaux à sang chaud* ou *à température constante.*

Phénomènes lumineux. — La force vive calorifique peut aussi se transformer en lumière et en électricité. Un grand nombre d'animaux marins sont phosphorescents : tels sont les Noctiluques, certaines Méduses, des Annélides, des Tuniciers, etc. Il en est de même de divers Insectes ou Myriapodes.

Dans certains cas, l'émission de la lumière est provoquée par une excitation quelconque; d'autres fois, elle paraît soumise à l'empire de la volonté (Lampyres). Du reste, elle est presque toujours limitée à une partie restreinte du corps.

Production d'électricité. — Sous l'influence des réactions chimiques qui s'effectuent au sein des tissus, il se manifeste,

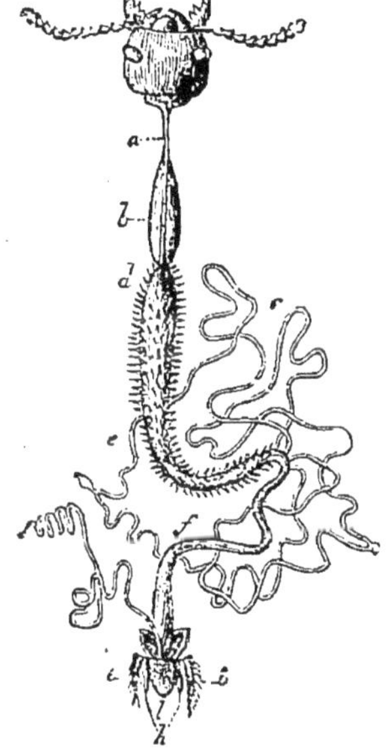

Fig. 32. — Organes digestifs d'un Insecte. — *a*, œsophage. *b*, jabot. *d*, ventricule chylifique. *f*, intestins. *e*, tubes de Malpighi. *i*, armure copulatrice.

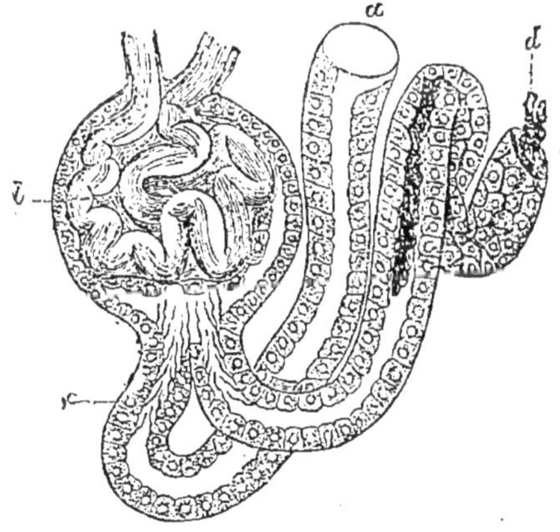

Fig. 33. — Tubes urinifères du rein d'une Tortue (*Testudo græca*). — *a*, deux tubes formant une anse au sommet de laquelle se trouve, en *b*, un glomérule de Malpighi. *c*, cellules épithéliales : celles qui sont situées près du glomérule sont pourvues de cils vibratiles. *d*, concrétions urinaires (J. Béclard).

dans la plupart de ceux-ci, des courants de direction constante. Mais la production d'électricité est beaucoup plus manifeste chez certains Poissons, tels que les Torpilles et les Gymnotes, qui ont des appareils spéciaux pour cet usage et sont capables de produire à volonté de véritables décharges électriques.

Organes d'excrétion. — Outre l'acide carbonique et la vapeur d'eau rejetés par la respiration, il se forme dans l'économie de nombreux produits de désassimilation, qui passent dans le sang, d'où ils sont expulsés par des glandes. Nous savons déjà (voy. *Épithéliums*, p. 25) qu'un certain nombre de ces produits sont évacués définitivement, ce qui constitue l'excrétion. Les plus importants, qui sont très riches en principes azotés, sont rejetés par les *organes urinaires*. On assimile d'ordinaire à ces organes les *vacuoles pulsatiles* des Protozoaires, ainsi que les *vaisseaux aquifères* des Vers, vaisseaux qui prennent leur origine dans les tissus ou la cavité du corps par des entonnoirs ciliés, et communiquent avec l'extérieur. Chez les Annélides, les organes excréteurs sont des tubes pelotonnés, qui se répètent par paires dans les segments du corps, d'où le nom d'*organes segmentaires*. Chez les Arthropodes à respiration aérienne, ce sont des appendices du tube digestif, les *canaux de Malpighi* (fig. 32). Les *corps de Bojanus* des Mollusques doivent être également regardés comme des organes urinaires. Enfin, ceux-ci acquièrent leur plus haut degré d'indépendance et de complication chez les Vertébrés, où ils forment les *reins*.

III. Organes et fonctions de reproduction.

Les fonctions que nous avons précédemment étudiées ont pour but la conservation de l'individu : la *reproduction*, au contraire, est destinée à assurer la conservation de l'espèce. Elle comprend un ensemble d'actes qui aboutissent à la production d'êtres nouveaux plus ou moins semblables à ceux qui leur ont donné naissance. C'est d'ailleurs cette production même qui constitue la *génération*.

On a longtemps admis, et quelques physiologistes admettent encore, que certains organismes peuvent se produire sans germes ou sans parents antérieurs : c'est là ce qu'on a appelé, par un emploi abusif des mots, la *génération spontanée* (hétérogénie, archigonie, etc.) (1). Nous n'insisterons pas sur cette hypothèse, si ardemment soutenue par E. Pouchet, et à laquelle les belles expériences de M. Pasteur ont porté un coup dont elle ne s'est pas relevée. Il est vrai que, malgré le résultat de ces expériences, il n'est pas établi que des êtres inférieurs ne puissent naître par génération spontanée, dans des conditions qui nous sont inconnues ; et un certain nombre d'auteurs admettent volontiers

(1) H. Milne Edwards, *Leçons sur l'anat. et la physiol. comp.*, t. VIII, p. 237.

que les premiers organismes se sont développés de cette manière. Toutefois, si nous voulons nous borner aux considérations d'ordre purement scientifique, nous devons conclure que la réalité de la génération spontanée reste à démontrer.

Quant à la génération proprement dite ou *génération généalogique*, elle consiste dans la formation d'individus nouveaux par des parents ou générateurs. Le mode suivant lequel se produisent ces individus est assez varié, et l'on peut tout d'abord distinguer deux formes principales de reproduction : la reproduction *asexuelle* et la reproduction *sexuelle.* Cependant, pour certains auteurs, celle-ci mérite seule le nom de reproduction, et l'on devrait appliquer à la première le nom de *multiplication.*

La **reproduction asexuelle** ou *agame* repose sur ce fait qu'une portion de l'organisme peut se détacher et vivre d'une façon indépendante, comme cet organisme lui-même. Elle s'effectue d'après trois modes différents : scissiparité, gemmiparité et germiparité.

1° La reproduction par *scission* ou *fissiparité* ne s'observe guère que chez

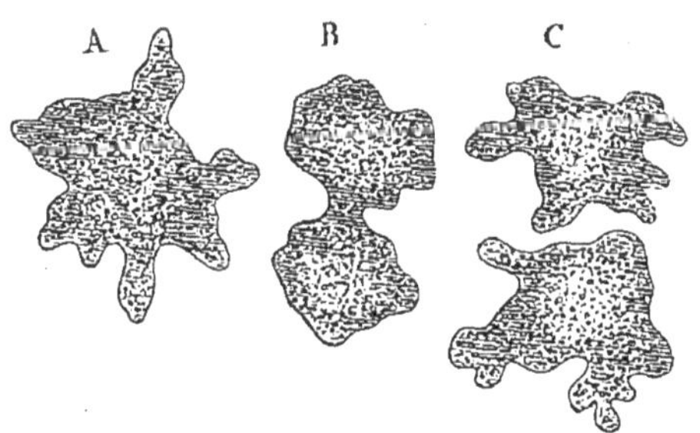

Fig. 34. — Reproduction par segmentation d'une Monère d'eau douce (*Protamœba primitiva*), d'après Hæckel. — A, Monère entière. B, la même divisée en deux moitiés par un étranglement. C, les deux moitiés séparées et constituant des individus indépendants.

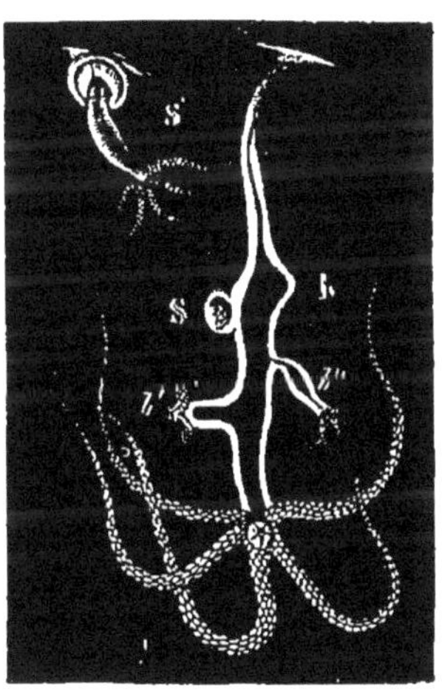

Fig. 35. — Reproduction par gemmiparité : Hydre d'eau douce (Carlet). — *b*,*b'*,*b''*, bourgeons à divers degrés de développement. S', bourgeon complètement séparé de la mère et pouvant vivre indépendant. S, point qui correspond au détachement de ce bourgeon.

les Protozoaires. Lorsque le corps a acquis un certain développement, il s'étrangle vers le milieu et se divise en deux fragments, dont chacun forme un individu distinct. Dans certains cas, la séparation n'a pas lieu, et les individus nouveaux restent unis en colonies.

2° La *gemmiparité* ou reproduction par *bourgeonnement* ne diffère pas essentiellement de la scissiparité; elle consiste dans la formation, sur un point limité de la surface du corps, d'un renflement ou bourgeon qui s'accroît peu à peu et finit par se détacher pour vivre à part. Si les bourgeons ne se séparent pas de l'organisme générateur, il se forme une *colonie animale :* tel est le cas du Corail.

3° La *germiparité*, c'est-à-dire la reproduction par *germes* ou par *spores* (*sporulation*, *sporogonie* de Hæckel) n'est, à proprement parler, qu'une gemmiparité interne. Il se produit, dans l'intérieur de l'organisme, des *cellules germinatives* ou *spores*, qui deviennent autant d'individus, soit sur place, soit après être sorties du corps. Les *Sporozoaires* empruntent leur nom à ce mode de reproduction.

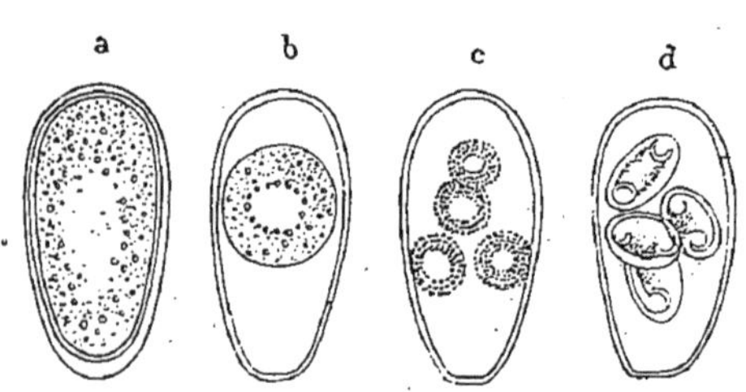

Fig. 36. — Sporulation de la Coccidie oviforme, d'après Leuckart. — *a*,*b*, Coccidies enkystées des canaux biliaires du Lapin : en *b*, le protoplasma est ramassé au centre du kyste. *c*,*d*, formation des spores après séjour dans l'eau.

La **reproduction sexuelle** ou *digène* exige le concours de deux germes ou éléments générateurs, l'un appelé mâle, l'autre femelle. Celui-ci reçoit le nom d'*ovule :* il est tout à fait semblable aux cellules germinatives dont il vient d'être question; mais, à part quelques exceptions que nous signalerons plus loin, il ne peut accomplir son développement qu'après s'être uni à la cellule mâle ou *spermatozoïde :* c'est à cette union qu'on donne le nom de fécondation.

Chez quelques animaux inférieurs, comme les Cœlentérés, ces éléments prennent naissance sur certains points non différenciés de la paroi du corps. Mais, en général, ils se forment dans des organes spéciaux qu'on distingue en *testicules* et *ovaires*, suivant qu'ils produisent le sperme ou les ovules. A l'état le plus simple, ces organes seuls constituent l'appareil sexuel, et leurs produits tombent dans la cavité générale du corps ou sont rejetés à l'extérieur (Echinodermes). Puis, on voit survenir graduellement diverses complications qui consistent surtout en appendices et en appareils vecteurs, destinés à protéger les éléments sexuels et à favoriser la fécondation.

Ainsi, les testicules sont munis de conduits excréteurs ou *ca-*

naux déférents, qui offrent souvent sur leur trajet une dilatation faisant office de réservoir et nommée *vésicule séminale*. Des glandes, telles que les *prostates*, mêlent leur sécrétion au sperme, ou lui forment des sortes d'enveloppes protectrices (*spermatophores*). Les canaux déférents se réunissent en un conduit unique à parois musculaires, le *canal éjaculateur*. Enfin, des organes spéciaux sont chargés de faciliter l'intromission du sperme dans les organes femelles : ce sont les *organes copulateurs*.

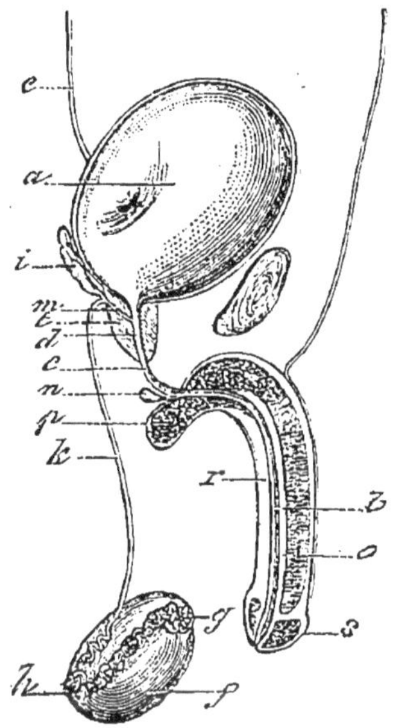

Fig. 37. — Schéma de l'appareil génital de l'Homme (J. Béclard). — *a*, vessie. *b*, portion spongieuse de l'urèthre. *c*, portion membraneuse de l'urèthre. *d*, portion prostatique de l'urethre. *e*, uretère. *f*, testicule. *g*, tête de l'épididyme. *h*, queue de l'épididyme. *k*, canal déférent. *i*, vésicule séminale. *o*, corps caverneux de la verge. *p*, bulbe de l'urèthre. *s*, corps caverneux du gland. *t*, prostate.

Du côté de l'appareil femelle, on trouve de même des conduits vecteurs, les *oviductes*, qui souvent se dilatent en un point pour constituer une *chambre incubatrice* ou un *utérus*, où l'ovule puisse accomplir son développement. Des glandes annexes fournissent d'ailleurs à cet ovule des matériaux divers, et la portion terminale des oviductes offre des dispositions variables, propres à assurer le dépôt du sperme et la fécondation.

Chez un grand nombre d'animaux, l'ovaire et le testicule sont réunis sur le même individu : on donne à cet état le nom d'*hermaphrodisme*, et les animaux qui le présentent sont appelés *hermaphrodites* ou *monoïques*. En thèse générale, un seul individu suffit alors à produire de nouveaux êtres, par autofécondation, et l'hermaphrodisme est qualifié de *vrai* ou de *complet* (Huître). Mais il arrive souvent aussi qu'un individu hermaphrodite est incapable de se féconder lui-même, et a besoin du concours d'un autre : c'est là ce qu'on a appelé l'hermaphrodisme *relatif* (Colimaçons, Limnées).

Lorsque les organes sexuels sont répartis entre deux individus distincts, les animaux sont dits *dioïques*. Cet état, qui se rencontre surtout chez les formes supérieures, paraît être toujours secondaire : dans le principe, l'embryon possède à la fois les organes mâles et femelles; mais le développement des uns s'accompagne normalement de l'atrophie des autres, de telle sorte que certains individus sont chargés de produire le sperme : ce sont les *mâles*, tandis que les autres donnent naissance aux ovules : ce sont les *femelles*.

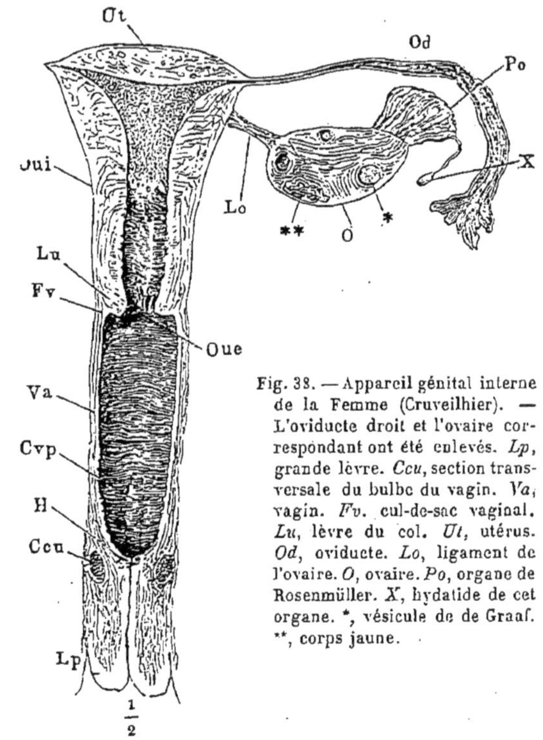

Fig. 38. — Appareil génital interne de la Femme (Cruveilhier). — L'oviducte droit et l'ovaire correspondant ont été enlevés. *Lp*, grande lèvre. *Ccu*, section transversale du bulbe du vagin. *Va*, vagin. *Fv*. cul-de-sac vaginal. *Lu*, lèvre du col. *Ut*, utérus. *Od*, oviducte. *Lo*, ligament de l'ovaire. *O*, ovaire. *Po*, organe de Rosenmüller. *X*, hydatide de cet organe. *, vésicule de de Graaf. **, corps jaune.

Le rôle tout différent qu'ont à remplir ces deux ordres d'individus entraîne des modifications variées de l'organisme. Le mâle, par exemple, doit chercher à captiver la femelle, à s'en rendre maître, et il offre effectivement, dans beaucoup de cas, des couleurs brillantes, une voix sonore, une grande puissance, etc. La femelle, au contraire, est en général plus faible, moins agile, de teinte plus sombre. C'est à ces caractères, qui n'ont pas de rapports immédiats avec la reproduction, que Hunter a donné le nom de *caractères sexuels secondaires*.

Parthénogenèse. — Cette expression (παρθένος, vierge; γένεσις, naissance) s'applique à un singulier phénomène caractérisé par ce fait, qu'un être né d'un ovule donne naissance à d'autres êtres sans avoir été fécondé.

La parthénogenèse, encore appelée reproduction virginale, a été observée en premier lieu par Bonnet sur les Pucerons. Comme nous le verrons plus loin, en effet, les *Aphis* nés au printemps d'un œuf qui a passé l'hiver sont aptères et vivipares : tous sont pourvus d'un organe analogue à un ovaire (pseudovaire), mais sans réceptacle séminal, et donnent naissance, en dehors de tout accouplement, à des individus également vivipares. Une série de générations semblables se succèdent pendant l'été, et à l'automne seulement, on voit apparaître des mâles et des femelles ailés : l'accouplement s'effectue alors, et les femelles pondent des œufs d'où sortiront, au printemps suivant, des individus aptères et vivipares. Chez les Abeilles, les œufs que pond la reine donnent toujours des mâles lorsqu'ils n'ont pas été fécondés.

La parthénogenèse peut être envisagée de différentes manières : on peut y voir un simple phénomène de germiparité et la rapporter par conséquent à la reproduction asexuelle; ou bien on peut regarder les individus parthénogenésiques comme des vierges fécondes et leurs cellules reproductrices (*pseudova*) comme résultant d'une réelle oviparité. Il n'est guère possible d'interpréter le cas de l'Abeille que dans ce dernier sens.

Lorsque la parthénogenèse se rencontre chez des larves, on lui donne le nom de *pédogenèse :* un remarquable exemple de ce genre est fourni par certaines Cécidomyies (*Miastor*).

Hérédité. — Avant d'aborder l'étude du développement, il nous paraît convenable de jeter un coup d'œil sur cette faculté encore mystérieuse dans son essence, mais assez bien connue dans ses effets, à laquelle on donne le nom d'hérédité.

« L'hérédité, dit A. Sanson, est le phénomène en vertu duquel les ascendants transmettent aux descendants les propriétés qui leur appartiennent à un titre quelconque. »

Tous les animaux, et, d'une manière plus générale, tous les êtres organisés possèdent l'aptitude à transmettre ces propriétés, c'est-à-dire la puissance héréditaire. L'hérédité n'est, en effet, qu'un corollaire de la reproduction.

Lorsqu'on étudie la forme de reproduction la plus élémentaire, la scissiparité, on comprend aisément que les jeunes individus possèdent les mêmes propriétés que l'organisme générateur, puisqu'ils en représentent les deux moitiés. Dans le cas de reproduction par bourgeonnement, le phénomène est presque aussi simple; mais il devient déjà moins frappant lorsqu'il s'agit de la reproduction par germes ou par spores. Enfin, si l'on envisage directement la génération sexuée, il paraîtra sans doute très surprenant, à première vue, qu'une simple cellule de dimensions microscopiques, l'ovule, puisse transmettre à l'enfant toutes les propriétés de l'organisme maternel, et il doit sembler moins compréhensible encore que l'organisme paternel soit capable de communiquer les siennes par l'intermédiaire du sperme. En réalité, cependant, tous ces divers modes de reproduction se tiennent de très près : dans tous les cas, il y a une partie de l'organisme ou des organismes générateurs qui se sépare pour former l'individu nouveau, et cette partie possède naturellement les mêmes propriétés, les mêmes mouvements moléculaires, la même puissance évolutive que la masse dont elle émane.

L'hérédité présente des modes de manifestation assez variés, qu'on a quelquefois essayé de formuler en lois. Nous essaierons d'esquisser les principales.

A. Et d'abord, il est deux faits généraux qui dominent l'histoire des phénomènes héréditaires, à savoir, l'*identité de siège* et l'*identité d'époque*. En d'autres termes, les particularités qui distinguent un organisme se montrent chez ses descendants dans les mêmes régions et à la même période de l'existence. Ces deux faits sont d'une telle importance qu'on a pu définir l'hérédité « la répétition des phénomènes de développement individuel dans le temps et dans l'espace » (Baron). Tous deux sont évidemment la conséquence directe de la transmission d'une certaine quantité de matière vivante de l'organisme progéniteur à son descendant. Hæckel les rapporte à deux lois, qu'il appelle loi d'hérédité homochrone et loi d'hérédité homotopique.

La loi d'*hérédité homochrone* (ὁμὸς, semblable ; χρόνος, temps) ou « loi d'hérédité aux âges correspondants » est frappante dans tout le cours du développement individuel. Tous les organes apparaissent, chez l'embryon ou l'adulte, à la même période que chez ses ancêtres, et les formes transitoires se succèdent dans le même ordre. Les dents, par exemple, effectuent leur éruption et se renouvellent à un âge déterminé, sensiblement constant pour la même espèce ; et c'est même un des éléments les plus certains pour la détermination de l'âge. Il n'est pas jusqu'aux maladies héréditaires qui ne se montrent souvent chez les descendants à l'âge où elles ont atteint leurs ancêtres.

La loi d'*hérédité homotopique* (ὁμὸς, semblable ; τόπος, lieu) ou « loi d'hérédité dans les régions correspondantes du corps » se manifeste d'une façon encore plus évidente dans le développement de l'individu, mais elle est moins frappante en ce qui concerne la transmission des maladies : on pourrait cependant citer certaines tumeurs qui se reproduisent d'ordinaire dans les mêmes points. Les taches du pelage sont dans le même cas chez nos animaux domestiques.

B. L'hérédité doit être également étudiée au point de vue de l'origine et de la nature des caractères transmis.

1° On peut tout d'abord formuler cette loi générale que *la puissance héréditaire est proportionnelle à l'ancienneté de ces caractères*, c'est-à-dire au nombre des transmissions antécédentes.

On sait, en effet, que les ascendants transmettent en première ligne à leurs descendants les caractères qu'ils ont eux-mêmes hérités de leurs ancêtres : cette transmission des caractères légués est ce qu'on appelle l'*hérédité conservatrice*. C'est là, on peut le dire, la manifestation la plus constante, la plus banale de l'hérédité, et il est inutile d'en donner des exemples.

D'autre part, il n'est pas douteux que les organismes puissent, dans certains cas, transmettre à leur postérité les propriétés qu'ils ont acquises pendant leur vie sous l'influence des conditions extérieures, c'est-à-dire par « adaptation » : c'est le phénomène auquel on donne le nom d'*hérédité progressive*. Ces propriétés sont de nature variable : il en est qui se manifestent spontanément, comme les altérations pigmentaires ou l'apparition de doigts supplémentaires (sexdigitation), qu'on voit souvent se perpétuer durant trois ou quatre générations. D'autres résultent, au contraire, de l'intervention directe de l'homme, comme les aptitudes développées par la gymnastique fonctionnelle, les tares produites par l'usure des membres, etc.

Or, il est constant que la puissance de l'hérédité conservatrice est infiniment supérieure à celle de l'hérédité progressive. La transmission des caractères acquis est souvent très douteuse, et l'on sait quelles difficultés éprouvent les éleveurs lorsqu'ils veulent tenter la fixation d'une nouvelle variété. Par contre, rien n'est plus facile que de perpétuer des caractères assis depuis une longue série de générations, et c'est ce qui fait accorder une si grande valeur aux reproducteurs d'une vieille noblesse reconnue. C'est pourquoi aussi les races décidément fixées sont si faciles à confondre avec les espèces proprement dites. On pourrait d'ailleurs étendre le champ de ces observations et montrer que les caractères génériques ont une ténacité plus grande encore que les caractères spécifiques.

2° En second lieu, il est permis d'affirmer que *la puissance héréditaire est proportionnelle à la pureté des reproducteurs*.

« L'Arabe, dit M. Colin (1), craint la mésalliance de ses chevaux ; elle est non moins redoutée de l'Anglais pour le cheval de course, le durham, le dishley, et des chasseurs pour les meutes de chiens, etc. Un sang étranger quelconque altère la fixité de la reproduction du type de la race. Un autre modèle est offert dont la nature copie quelques traits qu'elle associe à ceux du type ancien. » Sans pénétrer plus avant dans le domaine de la zootechnie, nous pouvons encore signaler le caractère aléatoire des fécondations opérées avec des métis, l'excessive rareté des races obtenues par le métissage, et le discrédit jeté sur les races qui ont été implantées par absorption, même méthodique, comme les durhams-manceaux.

3° Nous pouvons encore citer, sinon à titre de loi, du moins comme répondant à des faits d'une haute généralité, cette remarque que *la puissance héréditaire est proportionnelle à la superficialité des caractères individuels* (Baron).

On sait, par exemple, que dans l'espèce humaine, les traits du visage, la couleur des cheveux ou de la barbe se transmettent beaucoup plus sûrement que les facultés intellectuelles, les propriétés morales, le tempérament. De même, chez nos animaux domestiques, nous voyons les particularités tégumentaires se perpétuer avec beaucoup plus de facilité que celles qui affectent les organes profonds : on sait quelle est la rareté des hémitéries et surtout des monstruosités héréditaires.

C. Les lois que nous venons d'exposer peuvent nous rendre compte, dans une certaine mesure, des modalités diverses de l'hérédité qu'il nous reste à signaler.

La première est celle qu'on désigne sous le nom d'*hérédité continue* ou ininterrompue. Ces qualifications expriment ce simple fait que les générations successives présentent sensiblement les mêmes caractères, ou, selon la formule de Linné, que *les semblables engendrent leur semblable*. A la vérité, cette formule est trop absolue, car il n'y a pas dans la nature deux individus qui se ressemblent complètement. Il serait plus juste de dire, avec Hæckel : « L'analogue produit l'analogue. »

En opposition avec cette loi dite « des semblables », nous devons citer la loi d'*hérédité intermittente*, en raison de laquelle les enfants diffèrent de leurs parents, tandis que les petits-enfants

(1) *Traité de physiologie comparée*, 2e édit., 1873, t. II, p. 808.

ou les individus d'une génération plus éloignée encore ressemblent à ceux-ci. Tout le monde a pu observer, aussi bien chez les animaux domestiques que dans l'espèce humaine, des faits de cette nature. Chez les Chiens, par exemple, il est commun de voir apparaître des taches de la robe qui faisaient défaut chez les parents, mais existaient chez les aïeux. Il semble, en pareil cas, que la puissance héréditaire fasse défaut sur un point particulier, ou mieux demeure à l'état latent pendant un certain nombre de générations, pour se manifester à nouveau après cette période. C'est à ce phénomène que les éleveurs donnent le nom d'*atavisme*.

Quant à ce qu'on appelle *hérédité individuelle*, c'est la faculté dont jouissent certains individus de dominer à ce point, dans l'acte procréateur, que leurs seuls caractères se trouvent transmis aux produits, quels que soient d'ailleurs ceux de leur conjoint. Ainsi, une chienne épagneule, couverte successivement par un mâtin, un braque, un lévrier, etc., peut ne donner que des petits semblables à elle seule. On dit d'un tel animal qu'il *race* (1). C'est là une faculté très recherchée, on le comprend, par les éleveurs, surtout lorsqu'elle se rencontre chez les mâles.

Remarquons que l'hérédité individuelle peut se manifester dans des conditions très variées. Un individu race évidemment lorsque, dans un croisement d'espèces ou de races, il fait prédominer ses caractères généraux spécifiques ou ethniques. Mais la propriété de racer ne peut être davantage méconnue lorsque, dans un accouplement quelconque, un sujet transmet avec persistance ses caractères individuels.

De plus, on doit aussi rattacher à cette propriété la faculté de transmission des caractères sexuels, c'est-à-dire l'*hérédité sexuelle* (qu'il importe de ne pas confondre avec l'hérédité gamique ou hérédité propre aux formes sexuées). Et sous ce nom de caractères sexuels, il ne faut pas comprendre seulement les caractères primordiaux fournis par les organes de la génération, mais aussi les caractères sexuels secondaires, tels que la crinière du Lion, l'éperon du Coq, les mamelles des Mammifères femelles, etc.

La transmission des caractères d'espèce et de race peut, jusqu'à un certain point, trouver son explication dans les lois précédemment établies, mais nous ne possédons aucune notion précise sur

(1) R. Baron, *Étude expérimentale sur les animaux qui racent*. Archives vétér., 1880, p. 40.

les conditions d'où dépend l'hérédité des caractères individuels et sexuels. Partant, tout ce qu'on a pu dire et écrire relativement à « l'art de procréer les sexes à volonté » ne repose que sur des hypothèses erronées ou des vues fantaisistes.

Il nous reste à signaler encore l'*hérédité bilatérale* ou amphigonique, grâce à laquelle tout individu dérivant d'une génération sexuée tire ses caractères des deux facteurs. A la vérité, ce mode d'hérédité se relie intimement à ceux que nous venons d'étudier. « Malgré les apparences, dit M. Ribot dans son beau livre sur l'hérédité, la transmission des parents aux enfants n'est jamais unilatérale; elle est toujours bilatérale. » Toutefois, il est rare qu'on ne constate pas la prédominance de l'un des progéniteurs, et cette prédominance peut être assez marquée pour masquer l'influence de l'autre. Au surplus, nous n'avons pas à nous étendre ici sur cette *influence relative des sexes*, au sujet de laquelle les zootechniciens eux-mêmes sont si peu d'accord. Disons seulement que la doctrine la plus répandue est celle de Stephens, qui attribue au produit les organes de nutrition de sa mère, les organes de locomotion de son père et le système nerveux des deux ascendants.

Enfin, nous devons tout au moins mentionner l'*hérédité par influence*, en vertu de laquelle un mâle, en fécondant une femelle, l'imprégnerait de telle sorte que ses propres caractères reparaîtraient chez les produits des fécondations ultérieures effectuées par des mâles quelconques. C'est là l'expression de la *doctrine* dite *de l'infection* ou de l'*imprégnation de la mère*.

On a souvent cité, à l'appui de cette manière de voir, de nombreuses observations ayant trait à l'espèce humaine et aux animaux domestiques; et il est encore beaucoup de chasseurs qui considèrent comme définitivement adultérée une chienne qui a subi une seule fois les approches d'un chien de rue. Nous ne discuterons pas cette opinion, et nous nous bornerons à faire remarquer que la plupart des hommes compétents ne voient dans les prétendus cas d'hérédité par influence que des faits d'*atavisme* mal analysés.

§ 4. — DÉVELOPPEMENT DES ANIMAUX.

On entend par *développement* d'un organisme son évolution complète depuis le moment où il commence à s'accroître jusqu'à sa mort.

Lorsque cet organisme est le résultat de la reproduction sexuelle, son développement commence aussitôt après la fécondation de l'œuf, et comprend deux phases assez distinctes : l'une qui s'accomplit à l'intérieur de l'œuf (*développement embryonnaire*), l'autre postérieure à l'éclosion (*développement postembryonnaire*).

Avant d'étudier les phénomènes qui s'y rapportent, nous devons jeter un coup d'œil sur les éléments générateurs et chercher à connaître comment s'effectue la fécondation.

I. Œuf et sperme. Fécondation.

Constitution de l'œuf. — Chez tous les animaux, l'*ovule* est représenté, dans le principe, par une cellule nue, c'est-à-dire par une petite masse de protoplasma (*vitellus*) renfermant un noyau (*vésicule germinative*).

Il conserve même cette simplicité d'organisation chez les Cœlentérés; mais, dans les types plus élevés, il se complique par l'adjonction de parties nouvelles. C'est ainsi que le vitellus s'entoure d'une enveloppe transparente ou *membrane vitelline*, et qu'on distingue, dans la vésicule germinative, au moins un nucléole (*tache germinative*). L'ensemble des parties comprises dans la membrane d'enveloppe (ovule et parties accessoires) porte alors plus spécialement le nom d'*œuf;* cependant on réserve souvent ce nom d'œuf à l'ovule fécondé, c'est-à-dire en voie de se transformer en embryon.

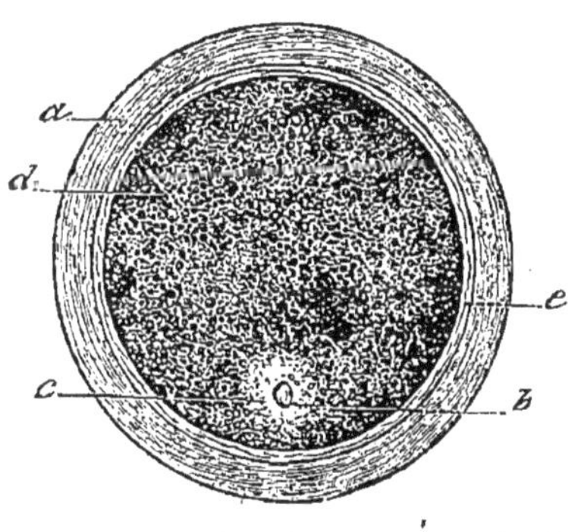

Fig. 39. — Ovule de la Femme, d'après Ch. Robin. — *a*, membrane vitelline. *d*, vitellus ou jaune *c*, vésicule germinative ou de Purkinje. *b*, tache germinative ou de Wagner. *e*, espace entre le jaune et la membrane vitelline.

La membrane vitelline est fréquemment traversée par de fins canalicules radiés, et, dans beaucoup d'espèces, elle offre même une grande ouverture, le *micropyle*, qui sert à la pénétration des spermatozoïdes.

Quant au vitellus, il se compose de deux parties : 1° le *vitellus de segmentation* ou vitellus formateur, qui sert à la formation de l'embryon; 2° le *vitellus de nutrition* ou deutoplasma, riche en granulations albumino-graisseuses et destiné à fournir à cet embryon des éléments nutritifs. Les deux parties se mélangent plus ou moins intimement et en proportions variables. Lorsque le mélange est complet, l'œuf est dit *simple* ou *holoblaste* (ὅλος, entier ; βλάστη, germe), c'est-à-dire contribuant en entier à la formation de l'embryon. Tels sont les œufs des Mammifères et de certains Mollusques, Vers, Polypes, etc. Quand, au contraire, les deux vitellus restent distincts et séparés, les œufs sont *complexes* ou *méroblastes* (μέρος, partie), et il est à remarquer que le vitellus formateur est tantôt relativement abondant (Reptiles, Batraciens, la plupart des Poissons et des Invertébrés), tantôt réduit à une petite tache ou cicatricule (Oiseaux, Céphalopodes).

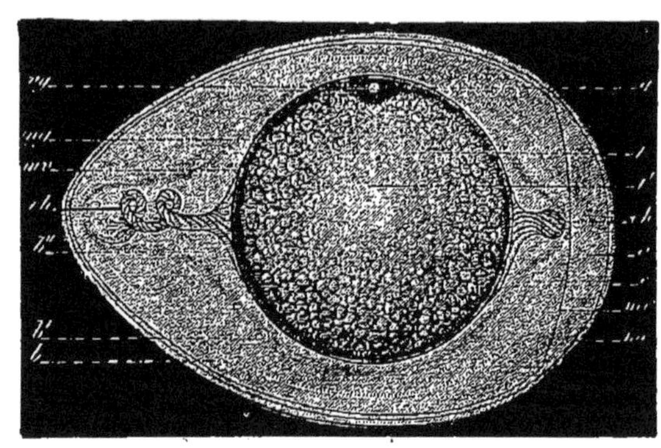

Fig. 40. — Coupe théorique de l'œuf de la Poule, d'après Gerbe. — *vg*, place de la vésicule germinative, qui a disparu avant la ponte. *g*, cicatricule. *mg*, couche granuleuse très mince doublant la membrane vitelline *mv*. *j*, jaune. *j'*, latebra. *ch*, chalazes. *b*,*b'*,*b''*, couches externe, moyenne et interne du blanc d'œuf. *mc'*, feuillet interne de la membrane coquillière. *mc*, feuillet externe. *a*, chambre à air. *c*, coquille.

A côté de la vésicule germinative, on a reconnu l'existence, au sein de l'ovule, d'un autre corps arrondi, d'apparence nucléaire, auquel M. Balbiani donne le nom de *vésicule embryogène*. D'après cet auteur, cette vésicule aurait un rôle capital à remplir dans le développement de l'embryon. Véritable cellule, dit-il, puisqu'elle est formée d'une masse de protoplasma, avec noyau et nucléole, elle naît par bourgeonnement de l'une des cellules épithéliales qui entourent l'œuf, puis elle pénètre dans le vitellus, mais sans toutefois se fusionner avec lui. Elle paraît jouer alors le rôle d'un élément mâle primordial et exercer une sorte de fécondation, car c'est autour d'elle que se déposent les granulations plastiques destinées à former l'embryon. Cette *préfécondation* suffit pour que l'ovule accomplisse les premières phases de son évolution ; mais, sauf dans certains cas qui se rattachent à la parthénogenèse, si la fécondation par l'élément mâle ou spermatozoïde n'intervient pas, cet ovule meurt et se désorganise.

Spermatozoïdes. — Les éléments mâles ou *spermatozoïdes* sont représentés par des filaments microscopiques flottant en abondance dans une petite quantité de liquide : la masse visqueuse ainsi formée reçoit le nom de *sperme*. Chez la plupart des animaux, ces éléments offrent une partie renflée ou *tête* et un appendice filiforme ou *queue ;* cependant, ils peuvent s'éloigner beaucoup de cette conformation typique.

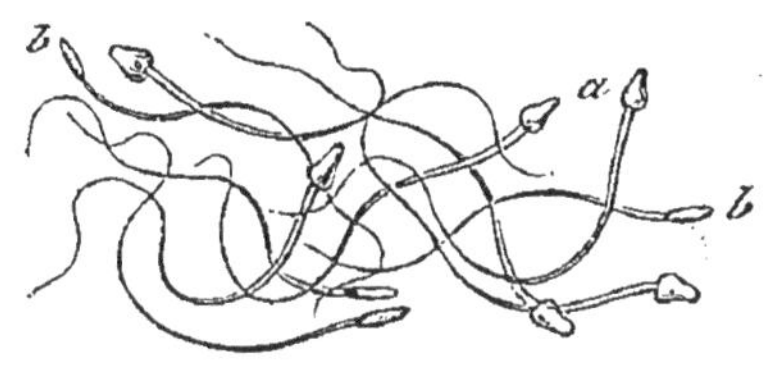

Fig. 41. — Spermatozoïdes de l'Homme. — *a*, vus de face. *b*, de profil.

D'après Balbiani, le développement des spermatozoïdes s'effectuerait dans des conditions analogues à celles qu'il a reconnues pour l'ovogenèse. Bornons-nous ici à rappeler que ces éléments naissent dans les canalicules séminifères du testicule, aux dépens de certaines cellules qui tapissent ces conduits.

Fécondation. — Les expériences de Spallanzani, ainsi que celles de Prévost et Dumas, ont démontré que les spermatozoïdes sont les agents essentiels de la fécondation. Pour que l'ovule se développe et donne naissance à un embryon, il est nécessaire que les spermatozoïdes pénètrent dans le vitellus.

Toutefois, avant d'être propre à recevoir cette imprégnation, l'ovule doit subir certaines modifications préparatoires (*stade de maturation*). D'après les recherches de Bütschli, O. Hertwig, H. Fol, la vésicule germinative se transforme en un corps fusiforme qui groupe à ses deux pôles des particules de protoplasma vitellin, et la plus grande partie de sa masse, unie à ces particules, sort du vitellus et se trouve expulsée sous forme de *globules polaires* (1). La portion de ce corps fusiforme qui demeure dans l'œuf, c'est-à-dire le reliquat de la vésicule germinative, gagne le centre de l'œuf et devient un noyau arrondi qu'on appelle noyau ovulaire ou *pronucléus femelle*. L'œuf est alors mûr et propre à être fécondé.

(1) Pour Ed. Van Beneden (*Arch. de biol.*, t. IV, fasc. 2 et 3, 1883), qui regarde l'œuf avant sa maturation comme hermaphrodite, à l'égal d'une cellule quelconque, les globules polaires ainsi rejetés ne seraient autres que les éléments mâles primitifs.

Si à ce moment des spermatozoïdes arrivent à son contact, l'un d'eux devance généralement les autres et traverse la membrane vitelline encore molle. Le vitellus se soulève alors et englobe la tête du spermatozoïde, autour de laquelle s'amassent des granules vitellins disposés en rayons : ainsi se forme le noyau spermatique ou *pronucléus mâle*.

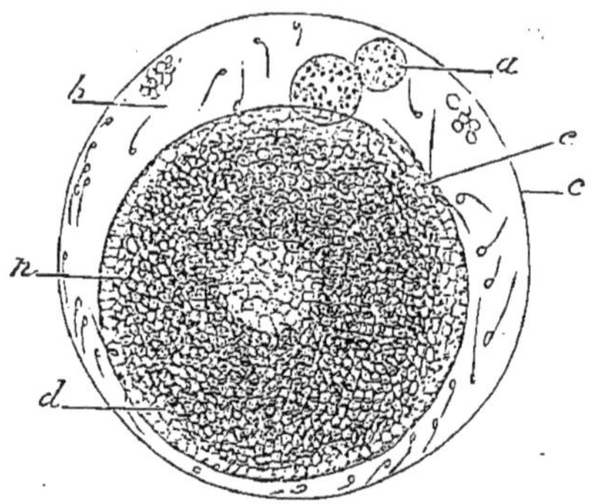

Fig. 42. — Ovule de *Nephelis octoculata*, 35 minutes après l'achèvement de la formation du noyau de segmentation *n*, et après coalescence des globules polaires en un seul plus gros *a*. *b*, spermatozoïdes dans le liquide périvitellin. *c*, membrane vitelline. *d*,*e*, vitellus grenu et spermatozoïdes à sa surface (Ch. Robin).

Ce pronucléus mâle se dirige alors vers le pronucléus femelle, et tous deux ne tardent pas à se confondre en une seule masse, le noyau vitellin ou *noyau de segmentation*. La fécondation consisterait donc dans la conjugaison des deux éléments mâle et femelle. Cependant, d'après Ed. Van Beneden, cette conjugaison ne serait pas constante (*Ascaris megalocephala*). Dans les cas de parthénogenèse, c'est le pronucléus femelle qui représente le noyau de segmentation.

II. Développement de l'embryon. Embryogénie.

Segmentation. — Dès que la fécondation est opérée, l'évolution de l'œuf reprend son cours, en commençant par la segmentation du vitellus (1). Le noyau de segmentation se divise en deux, et les granules vitellins se groupent autour de ces noyaux nouveaux, de manière à former deux cellules ; puis la segmentation se continue de la même façon en donnant quatre, huit, seize, etc., cellules. Elle aboutit à la formation d'une masse mamelonnée appelée corps mûriforme ou *morula*.

Il faut remarquer cependant que la segmentation ne s'effectue

(1) Il est toutefois bien démontré aujourd'hui que la segmentation s'effectue souvent sans fécondation préalable. — Voy. Mathias Duval, *Sur la segmentation sans fécondation*. Bullet. Soc. de biol., 25 octobre 1884, p. 585.

pas toujours dans les mêmes conditions. — Dans les œufs holoblastes, elle est *totale*, c'est-à-dire qu'elle porte sur le vitellus tout entier : on la dit alors *égale* quand toutes les cellules ont les mêmes dimensions (Femme), et *inégale* quand un certain nombre d'entre elles se divisent plus lentement et conservent un volume plus considérable (Grenouille). Dans les œufs méroblastes, la segmentation est *partielle*, c'est-à-dire qu'une portion seulement du vitellus (V. formateur) y prend part (Poule); en pareil cas, il arrive quelquefois que le vitellus nutritif se trouve placé au centre ou s'y rassemble ultérieurement; la segmentation est alors *périphérique* (Araignées).

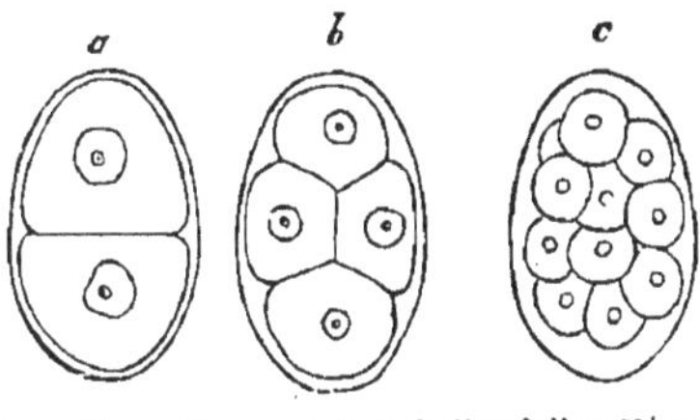

Fig. 43. — Segmentation de l'œuf d'un Nématode. — *a*, *b*, *c*, stades successifs de la segmentation.

Blastoderme. — Les cellules embryonnaires qui constituent la gastrula ne tardent pas en général (segmentation totale et égale) à se réunir en une couche périphérique, et forment ainsi une sphère creuse (*blastosphère*, *blastula*) ou vésicule blastodermique, dont la cavité centrale renferme la portion liquéfiée du vitellus nutritif. Puis, l'une des moitiés de cette sphère se déprime et s'invagine dans l'autre, jusqu'à venir à son contact : il se produit ainsi une cupule dont la paroi (*blastoderme*) est formée de deux couches concentriques de cellules, l'une externe, appelée *ectoderme*, l'autre interne, *endoderme*. La cavité de cette coupe représente l'intestin primitif; son orifice reçoit le nom de blastopore ou de bouche primitive. C'est l'état que Hæckel qualifie de *gastrula*. D'après cet auteur, tous les embryons de Métazoaires devraient passer par cette phase, ce qui justifierait l'hypothèse d'après laquelle tous ces animaux descendent d'une forme ancestrale commune ou *gastræa*. Nous n'avons pas à discuter ici cette théorie, qui a trouvé de sérieux contradicteurs.

Les éléments de la morula ne se comportent pas toujours d'une façon aussi simple que nous venons de l'indiquer, même dans le cas de segmentation totale et égale. Par exemple, les cellules vitellines se disposent souvent d'emblée en deux couches; ou bien, comme nous le verrons chez les Vertébrés, elles forment, à la surface du vitellus, une tache discoïdale (*blastoderme*) qui s'agrandit peu à peu et finit par l'envelopper après s'être divisée en deux lames (*feuillets blastodermiques*). D'autre part, la formation de la gastrula s'effectue d'une façon variable. On distingue à cet égard trois modes principaux : l'invagination, la superposition et la délamination. Il y a invagination ou *embolie* (ἐμβολή, emboîtement), lorsque, comme nous l'avons vu plus haut, l'une des moitiés de la blastosphère rentre dans l'autre. Il y a superposition ou *épibolie* (ἐπιβολή, action de recouvrir), lorsque, après une segmentation inégale, les petites cellules s'étalent comme une coiffe qui englobe les grosses, et que celles-ci s'écartent ensuite pour former l'intestin primitif. Quant à la *délamination*, elle consiste dans la séparation des cellules en deux couches ou feuillets concentriques (ectoderme et endoderme), en un point desquels se forme ultérieurement, par résorption ou écartement de quelques cellules, un blastopore ou bouche primitive.

Lorsque les deux feuillets blastodermiques primitifs sont constitués, il s'en forme entre eux un troisième, le mésoderme, dont l'origine est fort discutée, et qui se dédouble d'ailleurs en deux lames adhérentes, l'une à l'ectoderme, l'autre à l'endoderme.

On a admis, quoique sans preuves suffisantes, que ces divers feuillets jouent toujours le même rôle dans la formation de l'embryon. Toutefois, si leur homologie est loin d'être démontrée, on n'en possède pas moins des notions générales assez précises sur la part que prend chacun d'eux à la constitution des systèmes organiques. Ainsi, l'ectoderme (feuillet sensoriel cutané) forme l'épiderme, le système nerveux central et les organes des sens. L'endoderme (feuillet intestino-glandulaire) produit le revêtement épithélial du tube digestif et les glandes annexes de l'intestin. Enfin, le mésoderme donne les muscles, les vaisseaux, les tissus conjonctifs, etc.

C'est à partir du stade de bifoliation du blastoderme (gastrula) que l'embryon se développe d'après le type radié ou bilatéral; puis il prend successivement, selon la remarque de von Baer, la forme de l'embranchement, de la classe, de l'ordre..... enfin de l'espèce à laquelle il appartient. Nous n'entrerons pas dans le détail de ces transformations, qui seront étudiées plus fructueusement dans la partie descriptive de cet ouvrage.

Oviparité et viviparité. — On appelle *ovipares* les animaux qui pondent des œufs et *vivipares* ceux qui mettent au monde des petits vivants. En réalité, il n'existe pas de différences essentielles entre ces deux groupes, qui sont reliés entre eux par gradations insensibles. Il arrive, en effet, que l'œuf se trouve expulsé aussitôt après avoir été fécondé et avant même d'avoir commencé son évolution (Ascarides). D'autres fois, il est pondu après avoir subi les premières phases de la segmentation (Sclérostomiens) ou même après le développement complet de l'embryon (Strongle paradoxal). Enfin, il chemine parfois si lentement dans les canaux vecteurs des organes femelles, que l'éclosion a lieu dans ce trajet, et que le jeune naît à l'état de liberté (Trichine). Ce jeune individu peut même séjourner assez longtemps dans l'organisme maternel pour s'y accroître et se trouver prêt à subir, aussitôt après la ponte, de nouvelles transformations (Mélophage). Ajoutons qu'il est possible de rendre vivipares des animaux normalement ovipares : ainsi, en conservant une Couleuvre à collier dans une cage dont le fond ne contient pas de sable, cette Couleuvre garde ses œufs jusqu'à éclosion.

Cependant, on a souvent entendu la viviparité dans un sens plus restreint que celui que nous venons d'indiquer. Pour beaucoup d'auteurs, les animaux dont les petits éclosent simplement dans le corps de la mère méritent la qualification d'*ovovivipares*, et les *vivipares* proprement dits sont ceux chez lesquels il s'établit une adhérence et des échanges nutritifs entre l'embryon et la mère. Les Salpes et beaucoup de Requins offrent une communication de ce genre; mais le fait ne devient général que chez les Mammifères, où l'œuf fécondé, se détachant de l'ovaire, est reçu dans la matrice, à la paroi de laquelle il s'attache au moyen d'un organe particulier, le *placenta*, et d'où l'embryon tire les éléments de sa nutrition.

III. Développement postembryonnaire.

Après une série de transformations accomplies à l'intérieur de l'œuf, l'embryon se trouve mis en liberté. Mais ces transformations sont très variables quant à leur importance et à leur durée, de telle sorte que le nouveau-né est loin d'être, dans les différents groupes d'animaux, à la même phase de son évolution. Les variations dépendent principalement de la quantité de matières nutritives dont peut disposer l'embryon.

Développement direct. — Chez les Oiseaux, par exemple, où le vitellus nutritif est très développé; chez les Mammifères, où l'organisme maternel supplée à l'insuffisance du vitellus par un apport constant de substances propres à la nutrition, le développement de l'embryon est poussé relativement loin, et le nouveau-né offre une grande ressemblance avec l'individu sexué dont il procède. Pour arriver à l'état adulte, il ne lui reste qu'à s'accroître et à attendre le perfectionnement de ses organes génitaux. Le *développement* est dit alors *direct*.

Métamorphose. — Lorsque l'embryon, au contraire, ne peut disposer que d'une faible quantité de matériaux nutritifs, il se trouve mis en liberté de bonne heure et à un état de développement peu avancé. Cet être naissant, dont les caractères morphologiques sont si différents de ceux de l'adulte, reçoit le nom de

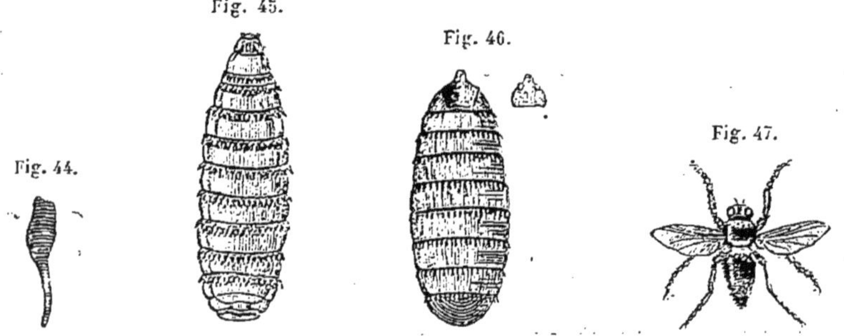

Fig. 44 à 47. — Métamorphoses d'un Insecte, l'OEstre hémorrhoïdal (*Gastrophilus hæmorrhoidalis*). — Fig. 44 : œuf. — Fig. 45 : larve. — Fig. 46 : pupe. — Fig. 47 : insecte parfait (Delafond, inédites).

larve. Il ne peut parfaire directement son organisation, mais doit subir, pour arriver à la forme d'animal sexué, de nouvelles modifications plus ou moins profondes, du même ordre que celles accomplies dans l'œuf : c'est à ces modifications qu'on donne le nom de *métamorphoses*. Les Batraciens et les Insectes nous en fournissent de nombreux exemples.

Génération alternante. — Chez certains animaux, l'évolution de l'espèce, au lieu d'être limitée au développement d'un seul individu, s'étend à une succession de générations dérivées les unes des autres.

Lorsqu'un individu issu d'un œuf, c'est-à-dire produit par génération sexuelle, est capable de donner naissance à un ou à plusieurs autres individus par génération asexuelle, on donne à ce fait physiologique le nom de *digenèse* (δὶς, deux fois; γένεσις, génération). Souvent alors, ce n'est qu'après une succession plus ou moins longue d'individus asexués qu'apparaissent de nouveaux individus sexués.

Le poète Chamisso est le premier qui ait constaté des faits de cet ordre : ses observations (1819) avaient porté sur des Salpes, organismes pélagiens du groupe des Tuniciers.

Van Beneden distingue deux sortes de digenèse : 1° la *digenèse homogone* (ὁμός, semblable; γόνος, engendrement), dans laquelle l'individu issu de l'œuf et ceux produits par bourgeonnement sont semblables (Salpes, Bryozoaires, Naïs, Hydres, etc.); 2° la *digenèse hétérogone* (ἕτερος, autre), caractérisée par ce fait que les individus appartenant à la génération ou aux générations asexuées sont différents des individus sexués dont ils sont issus ou qu'ils sont destinés à reproduire (Méduses, Cestodes, Trématodes, etc.).

La digenèse hétérogone est plus connue sous le nom de *génération alternante*, qui lui a été appliqué par Steenstrup dès 1842. C'est à cet auteur qu'on doit d'ailleurs les termes employés encore par certains naturalistes pour désigner les diverses individualités qui se succèdent dans cette évolution complexe. Pour lui, les individus sortis de l'œuf sont des *nourrices* (Ammen) lorsqu'ils sont appelés à reproduire directement la forme sexuée; quand, au contraire, deux générations d'êtres agames s'interposent entre les individus sexués, la première, issue de l'œuf, reçoit le nom de *grand'nourrice* (Grossamme), et la seconde celui de *nourrice* proprement dite (Amme).

En France, cette nomenclature a été généralement peu suivie, et la plupart des naturalistes ont adopté celle de Van Beneden. Le savant professeur de Louvain appelle *scolex* la larve agame qui sort de l'œuf, et dans le cas où deux formes agames se succèdent, la première est dite *proto-scolex*, la seconde *deuto-scolex*. Il donne le nom de *strobile* à l'état ultérieur dans lequel les individus produits par le bourgeonnement du deuto-scolex demeurent unis entre eux et acquièrent leurs organes reproducteurs. Enfin, il nomme *proglottis* ces éléments générateurs, sexués, qui se sont définitivement séparés. Ainsi, dans le développement des Aurélies, que nous étudierons plus loin (Voy. *Cœlentérés*), l'embryon cilié (fig. 48) représente le proto-scolex, la forme polypoïde ou scyphistome est un deuto-scolex, cette forme en voie de bourgeonnement est un strobile, et les Méduses libres correspondent aux proglottis.

Si l'on veut bien se rappeler la délimitation indécise que nous avons constatée entre l'organe et l'individu, on se convaincra bien vite qu'il existe un lien très étroit entre la génération alternante et le développement des différentes parties de l'organisme. Nous en trouverons du reste la preuve dans le mode de formation des zoonites chez les Annélides. On verra plus loin qu'un grand nombre de ces Vers naissent sous la forme de *trochosphère :* c'est un petit organisme qui ne présente aucune trace d'anneaux, mais ne tarde pas à en bourgeonner un à sa partie postérieure. Ce segment devient le dernier zoonite du Ver, et tous les autres

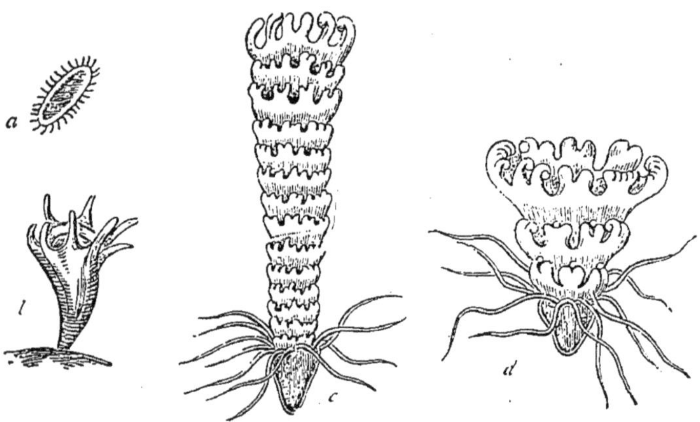

Fig. 48. — Développement d'une Méduse du genre *Aurelia* (Huxley). — *a*, embryon cilié nageant librement ou *planule*. *b*, forme polypoïde ou *Scyphistome* à huit tentacules. *c*, la même parvenue à l'état de *strobile*, c'est-à-dire divisée en segments transversaux. *d*, phase encore plus avancée, dans laquelle beaucoup de segments ou *proglottis* se sont déjà séparés, sous la forme d'*Ephyres*, pour mener une existence indépendante et arriver ultérieurement à l'état de Méduses sexuées.

zoonites se forment aussi par une sorte de bourgeonnement entre lui et la trochosphère primitive, laquelle concourt simplement à former la tête. Or, la dépendance dans laquelle se trouvent ces divers segments les uns par rapport aux autres est des plus variables, et on en voit souvent un certain nombre se séparer pour constituer de nouveaux individus. Il est donc peu important, au point de vue de la zoologie générale, de discuter sur la monoïcité ou la polyzoïcité de telle ou telle forme animale, pour déterminer si cette forme est réellement soumise à la génération alternante.

Dans d'autres cas, chez les Insectes, par exemple, l'animal qui sort de l'œuf est pourvu de tous ses segments. Mais c'est alors dans le développement embryonnaire lui-même qu'on pourrait retrouver une étroite liaison avec la génération alternante. Il est même possible d'aller beaucoup plus loin, et de reconnaître, avec Cl. Bernard, que le développement embryonnaire, comme l'accroissement tout entier de l'organisme, peut être directement assimilé au phénomène qui nous occupe. De l'œuf fécondé naissent en effet, par voie agame, les innombrables générations cellulaires qui constituent d'abord le blastoderme et plus tard l'organisme tout entier. Et cet organisme, avant de périr, fournit lui-même un certain nombre de cellules propres à être fécondées et à reproduire, dans les mêmes conditions, un individu nouveau.

Hétérogonie. — L'alternance des générations sexuelle et asexuelle est loin d'être la règle chez les animaux; beaucoup plus général, au contraire, est le cas des animaux qui ne présentent qu'un seul mode de reproduction (*monogenèse*).

Or, on peut distinguer aussi deux sortes de monogenèses : 1° la *monogenèse homogone*, c'est-à-dire la reproduction ordinaire, dans laquelle les générations successives sont identiques; 2° la *monogenèse hétérogone*, dans laquelle ces générations sexuées sont dissemblables et soumises à un régime différent.

La monogenèse hétérogone n'a été bien étudiée que depuis peu de temps, et en particulier par R. Leuckart, qui lui a donné le nom d'*hétérogonie*. Elle a été observée d'abord chez de petits Nématodes. Le *Rhabdonema nigrovenosum*, par exemple, vit en parasite dans les poumons des Grenouilles et des Crapauds. Tous les individus ont l'aspect de femelles, mais contiennent des spermatozoïdes qui se sont formés avant les œufs dans les tubes génitaux. Les embryons, qui éclosent dans les utérus, passent dans l'intestin des Batraciens et sont expulsés avec les excréments dans la terre humide. Là, ils s'accroissent et prennent la forme de *Rhabditis nigrovenosum*, les uns mâles, les autres femelles. Les embryons qui se développent dans le corps de celles-ci sont ingérés par les Batraciens, et passent alors dans les poumons, où ils deviennent des *Rhabdonema*. D'après Ercolani, qui a étudié l'hétérogonie sous le nom de *dimorphobiose* (1), ce serait là un phénomène très répandu chez les Nématodes (*Heterakis inflexa*, *maculosa*, etc.).

(1) G.-B. Ercolani, *Osservazioni elmintologiche sulla dimorfobiosi nei Nematodi, sulla Filaria immitis, sopra una nuova specie di Distoma dei cani.* Bologna, 1875.

IV. Évolution terminale.

Quel que soit leur mode primitif de développement, qu'ils subissent ou non des métamorphoses, tous les organismes sont appelés à suivre une évolution dont les traits généraux sont sensiblement les mêmes, et ne sont guère altérés que par des circonstances accidentelles.

A une certaine période de leur existence, ils ont acquis la faculté de se reproduire : ils sont *adultes*. Puis leur activité physiologique diminue graduellement, ils deviennent *vieux :* leurs organes sont, en définitive, incapables de remplir les fonctions dont ils sont chargés, et la mort survient naturellement.

Un fait remarquable, c'est l'influence de la fonction de reproduction sur la rapidité de cette évolution terminale. Chez beaucoup d'Insectes, par exemple, la mort survient presque aussitôt après l'accomplissement de cette fonction. Les Éphémères vivent plusieurs années à l'état de larve, tandis que l'existence des Insectes parfaits se prolonge à peine l'espace d'une nuit : tout juste le temps de s'accoupler et d'effectuer la ponte. Si on s'oppose à l'accouplement, on arrive, au contraire, à prolonger la vie pendant plusieurs jours. Ces cas sont loin d'être isolés, et d'une façon générale on peut constater que le développement de l'individu semble avoir pour but essentiel d'assurer la conservation de l'espèce.

Mais la destruction des organismes est sous la dépendance d'une foule de circonstances accidentelles, et on est autorisé à admettre qu'un bien petit nombre des animaux qui vivent à l'état sauvage arrivent au terme naturel de l'existence, c'est-à-dire succombent directement à l'altération sénile des organes. C'est que l'affaiblissement progressif par lequel se manifeste la vieillesse rend les individus de moins en moins aptes à soutenir la concurrence vitale, et qu'alors ils ne tardent pas en général à périr sous le coup de la faim ou des attaques de leurs ennemis. Sans compter qu'à toutes les périodes de leur existence, mille causes diverses peuvent amener un semblable résultat.

Il est à remarquer, d'ailleurs, que les chances de destruction sont d'autant plus nombreuses, pour un organisme, que les parties qui le composent sont plus étroitement unies et solidaires. Il résulte, en effet, de cette solidarité même, qu'une atteinte grave portée à une seule de ces parties retentit d'une façon assez sérieuse sur les autres pour amener la perte de l'organisme tout entier. C'est ce qu'on observe chez la plupart des animaux supérieurs. Dans beaucoup de formes inférieures, au contraire, l'indépendance des différentes parties du corps est suffisante pour qu'on puisse léser profondément ou même isoler certaines de ces parties sans porter atteinte à l'ensemble. Il y a plus : les mutilations peuvent souvent se réparer d'un façon complète, et cette réparation est connue sous le nom de *rédintégration*. Une patte de Salamandre repousse lorsqu'on l'a arrachée en conservant l'épaule. La queue d'un Lézard se reconstitue pareillement lorsqu'elle a été coupée. Chez quelques Étoiles de mer, un bras séparé de l'animal forme même une nouvelle Étoile. Enfin, on sait qu'en coupant une Hydre d'eau douce en plusieurs morceaux, chacun de ceux-ci reproduit une Hydre complète.

Les mêmes faits s'observent, d'une façon beaucoup plus nette encore, dans un grand nombre de colonies animales, où l'indépendance des individus composants est poussée à un degré très élevé. Ceux de ces individus qui disparaissent sont remplacés par d'autres, et la durée de la colonie est en quelque sorte indéfinie (Perrier).

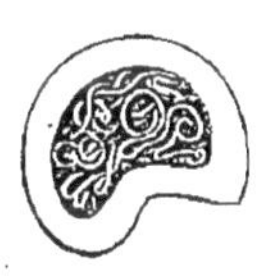
Fig. 49. — Animaux réviviscents : Anguillules dans un grain de blé (Davaine).

Il est un assez grand nombre d'animaux qui, sous l'influence d'une dessiccation plus ou moins complète, perdent toutes les apparences de la vie, mais qui, néanmoins, peuvent être ranimés lorsqu'on les replace dans l'humidité : ces animaux sont dits *réviviscents*. Tels sont certains petits Vers (Anguillules), de nombreux Rotateurs, des Tardigrades, etc. Lorsqu'ils ont été desséchés, ils se montrent comme racornis, immobiles et paraissent absolument morts, mais en réalité ce n'est qu'une mort apparente; leurs éléments anatomiques ont conservé une vie latente, qui revient à des manifestations normales sous l'influence de l'humidité. La réviviscence peut s'observer quelquefois après des années de dessiccation.

A part ces cas particuliers, dans lesquels la vie n'est que suspendue, on considère qu'un organisme est mort lorsque ses fonctions sont arrêtées. Un certain temps encore après cet arrêt, les éléments anatomiques peuvent cependant conserver une faible vitalité. Puis, les liquides qui les alimentent n'étant plus renouvelés, leur activité ne tarde pas à s'éteindre. Dès cet instant, le corps est soumis exclusivement aux forces physico-chimiques, et le résultat de cette action est la *décomposition cadavérique*. Ajoutons que, d'ordinaire, le cadavre d'un animal devient la proie d'une foule d'êtres vivants (Carnassiers, Insectes, Microbes), qui font rapidement disparaître toutes ses parties molles.

CHAPITRE III

RAPPORTS DE L'ORGANISME AVEC SON MILIEU

Les êtres organisés entretiennent, avec le monde au sein duquel ils vivent, des rapports infiniment variés, dont l'étude offre, à notre point de vue, un intérêt tout spécial, et forme même comme une science à part, à laquelle on a donné le nom d'*œcologie*, ou *économie de la nature*.

Sous peine de disparaître, tous ces êtres doivent s'adapter au milieu dans lequel ils sont appelés à vivre, y trouver leur nourriture, et au besoin la disputer à de nombreux concurrents, se soustraire aux attaques de leurs ennemis, enfin assurer la perpétuité de leur espèce.

La conservation de l'individu, d'une part, celle de l'espèce, d'autre part, tels sont donc les éléments essentiels qui servent de base aux rapports que les animaux affectent, soit avec le monde inorganique, soit avec les êtres vivants.

Or, au premier rang de ces êtres se place l'homme, qui exerce sans contredit une influence de premier ordre sur les organismes qui l'entourent. Il est à peine utile de faire remarquer, cependant, que les rapports des animaux avec l'homme ne diffèrent pas essentiellement de ceux qui s'exercent entre les animaux eux-mêmes. Dans un traité de zoologie pure, il n'y aurait même aucune bonne raison pour les séparer ; mais la nature de cet ouvrage nous impose l'obligation de les étudier d'une façon toute particulière, et par conséquent de leur faire un cadre à part.

§ 1. — RAPPORTS DES ANIMAUX AVEC LE MONDE INORGANIQUE ET LES ÊTRES VIVANTS EN GÉNÉRAL.

En premier lieu, nous allons constater que l'organisme est apte à subir, sous l'influence du milieu extérieur, certaines modifications qui sont, en thèse générale, la condition nécessaire de sa propre conservation.

Adaptation, variabilité des formes animales. — « Par adaptation ou variation, dit Hæckel, nous entendons dire que, sous l'influence du monde extérieur ambiant, l'organisme a acquis dans ses fonctions physiologiques, dans sa constitution, dans sa forme, quelques particularités nouvelles qui ne lui avaient pas été léguées (1). »

La variabilité ou faculté d'adaptation est inhérente à tous les organismes, et les phénomènes de variation se manifestent à chaque instant sous nos yeux.

Ces phénomènes ont pour cause fondamentale l'influence des conditions extérieures de l'existence sur les échanges matériels de l'organisme. Et par conditions extérieures, il faut entendre l'alimentation, l'action du climat, du sol, de l'habitat, des organismes voisins, etc.

L'adaptation est soumise à un certain nombre de lois que Hæckel groupe en deux séries distinctes : la série des adaptations indirectes ou potentielles, et celle des adaptations directes ou actuelles.

A. L'**adaptation indirecte** ou **potentielle** consiste en ce que certaines modifications organiques, produites sous l'action du milieu ambiant, ne se manifestent pas dans la conformation de l'individu influencé, mais dans celle de sa postérité... Chez l'organisme paternel (ou maternel), la conformation nouvelle existe seulement à l'état de possibilité (*in potentia*) ; chez l'enfant, elle se réalise en fait (*in actu*) (2).

La plus générale des lois de l'adaptation indirecte est celle de l'*adaptation individuelle*, en raison de laquelle tous les individus organiques sont dissemblables, même dès le début de leur existence. Dans une portée de Chiens ou de Chats, tous les petits se distinguent par des différences, souvent faibles à la vérité, mais toujours perceptibles, dans la taille, le pelage, la vigueur, etc.

Une seconde loi moins importante est celle de l'*adaptation monstrueuse* ou par saut brusque. Elle se traduit par des modifications si accusées dans la conformation du produit, que cette conformation est qualifiée de monstruosité. Dans la plupart des cas, nous ne pouvons pas nous rendre un compte exact de l'in-

(1) *Histoire de la créat. natur.*, 2e édit., 1877, p. 196.
(2) *Loc. cit.*, p. 220.

fluence exercée sur l'organisme générateur; cependant, des données précieuses nous sont fournies par l'expérience : on arrive à développer, d'une façon précise, certaines monstruosités artificielles par une action exercée sur l'œuf ou sur les organes de la génération (1). Il est évident qu'il n'y a là aucune influence héréditaire, puisque la modification communiquée au produit n'existe pas chez l'organisme générateur. C'est à ce genre d'adaptation qu'on rattache habituellement les cas d'albinisme (Souris blanches, Hirondelles blanches), de mélanisme (Renards charbonniers, Panthères noires), de sexdigitation des mains et des pieds, etc.

Enfin, Hæckel signale une loi d'*adaptation sexuelle*, exprimant ce fait que certaines influences exercées sur les organes génitaux des parents se traduisent par des modifications des organes correspondants chez les produits.

B. Les faits d'**adaptation directe** ou **actuelle** diffèrent des précédents en ce que les modifications dues à l'influence des conditions extérieures portent sur l'organisme même qui subit cette influence, et non pas seulement sur sa descendance.

Il faut signaler d'abord, comme la plus importante des lois de l'adaptation directe, celle dite d'*adaptation générale* ou universelle, que Hæckel formule de la façon suivante : « Tous les individus organiques se différencient les uns des autres dans le cours de leur vie, par le fait de l'adaptation aux diverses conditions d'existence, bien que pourtant les individus d'une seule et même espèce restent toujours très analogues entre eux. » En raison de cette loi, l'inégalité que nous avons vu résulter précédemment de l'adaptation individuelle ne fait que s'accentuer, et d'une façon d'autant plus frappante que les individus sont appelés à vivre dans des conditions plus diverses. Les Chiens d'une même portée, que nous avons déjà reconnus différents dès leur naissance, prendront sans doute des caractères beaucoup plus divergents encore, dans le cours de leur existence, alors qu'ils auront vécu dans des conditions toutes dissemblables.

Les phénomènes de l'adaptation directe sont soumis à une seconde loi, non moins importante que la première, celle de l'*adaptation cumulative*. Il s'agit ici de modifications organiques qui s'accusent (dans une succession de générations) sous l'influence persistante des conditions extérieures, et par le fait de l'habitude,

(1) Voy. C. Dareste, *Recherches sur la production artificielle des monstruosités ou Essais de tératogénie expérimentale*, 1877.

de l'exercice ou du défaut d'usage des organes. En réalité, ces deux éléments étiologiques ne peuvent être séparés : les modifications dues au milieu ambiant ne sont jamais la conséquence immédiate de cette influence ; « il faut les rapporter à la réaction correspondante de l'organisme, à cette activité spontanée que l'on appelle habitude, exercice, usage ou défaut d'usage des organes. » L'hérédité transmet ces propriétés acquises, et ainsi se produisent des changements parfois considérables dans la constitution des formes organiques. La domesticité, par exemple, en réduisant à l'inaction certains organes, en a souvent produit l'atrophie. Les Poules et les Canards, qui dans nos basses-cours ont presque entièrement perdu l'habitude du vol, ont les ailes beaucoup moins développées qu'à l'état sauvage. De même, nous voyons que beaucoup de races de Chiens et de Lapins ont les oreilles pendantes, l'état de domesticité ayant rendu inutile le redressement continuel de l'oreille, destiné à épier l'approche de la proie ou de l'ennemi. Mais, parmi les formes sauvages, on peut aussi constater de nombreux exemples de variations permanentes, tenant à des influences générales et persistantes. Tel est le cas des *races* dites *géographiques*, qui s'observent parmi les espèces répandues sur un vaste territoire. Les Lions qui peuplent l'Afrique et l'Asie forment ainsi des groupes secondaires assez distincts, et l'on étudie à titre de races permanentes, groupées autour du Lion de Barbarie, les Lions du Sénégal, du Cap, de Perse, etc., caractérisés principalement par des différences dans la taille et dans la coloration de la crinière. Les mêmes faits pourraient être relevés au sujet de beaucoup d'autres Mammifères, d'Oiseaux et même d'animaux inférieurs. Tout le monde sait que les animaux des plaines sont plus grands et plus fournis en chair que ceux des pays de montagnes, et Plateau fait remarquer avec raison que « les Poissons, les Vers, les Polypes des côtes de Bretagne sont déjà plus beaux et colorés de plus vives couleurs que les formes similaires des côtes de Belgique ou de Hollande. »

Une troisième loi de l'adaptation directe est celle de l'*adaptation corrélative*, en vertu de laquelle « la modification organique ne porte pas seulement sur les parties qui ont immédiatement subi l'influence extérieure, mais encore sur d'autres parties qui n'ont pas été directement impressionnées. » C'est là une conséquence naturelle de la corrélation organique que nous avons étudiée au chapitre précédent ; cependant il nous est souvent impossible de saisir les conditions de cette corrélation. Ainsi, les altérations pigmentaires entraînent d'ordinaire des modifications de certains tissus ou organes qui n'ont à première vue aucun rapport avec le tégument. Les Chats blancs aux yeux bleus, dit Hæckel, sont presque toujours sourds. Les Chevaux blancs à crins ondulés sont souvent envahis par des sarcomes mélaniques. Enfin, on sait combien la castration modifie les organismes. Les animaux dont les testicules ont été enlevés avant leur entrée en fonctions ne prennent pas les caractères de leur sexe : ils ressemblent plutôt aux femelles. Chez l'Homme, le larynx subit un arrêt de développement, et les castrats conservent indéfiniment leur voix d'enfant. Les femelles sont beaucoup moins affectées par l'ablation des ovaires : d'après la remarque de M. Sanson, leur *féminisme* semblerait même s'accuser, « c'est-à-dire que les femelles neutralisées seraient d'un type encore plus fin, plus gracile que celui des femelles normales (1). » Cependant, Virchow a fait ressortir, en termes excellents, la corrélation qui existe entre l'ovaire et l'organisme féminin. « La femme est femme, dit-il, uniquement par ses glandes génératrices. Toutes les particularités de son corps et de son esprit, sa vie nutritive, son activité nerveuse, la délicatesse, la rondeur des membres, l'élargissement du bassin; le développement de la poitrine accompagné d'un arrêt de développement des organes de la voix; sa luxuriante chevelure contrastant avec le duvet fin et imperceptible qui couvre le reste du corps; en outre, la profondeur de sentiment, la perception primesautière et sûre, la douceur, l'abnégation, la fidélité, en résumé tous les caractères essentiellement féminins, que nous admirons et vénérons dans la vraie femme, tout cela dépend de l'ovaire. Que l'on extirpe l'ovaire, et la virago nous apparaîtra dans sa hideuse imperfection (2). »

Enfin, nous devons signaler la loi d'*adaptation divergente*, qui fait en quelque sorte opposition à la précédente, et a trait au développement différent que prennent, sous l'influence des conditions extérieures, des organes primitivement identiques. C'est ainsi que le bras droit, dont la plupart des hommes se servent de préférence, se développe beaucoup plus que le gauche.

Concurrence vitale. — C'est à Ch. Darwin que revient le mérite d'avoir mis en lumière le principe si général de la concurrence

(1) *Traité de zootechnie*, t. II, p. 97.
(2) *La femme et la cellule*, cité par Hæckel, *op. cit.*, p. 217.

vitale ou de la *lutte pour l'existence* (*struggle for life*) que reconnaissent aujourd'hui les naturalistes de toutes les écoles. Darwin avait puisé l'idée de ce principe dans une théorie émise par l'économiste anglais Malthus à la fin du siècle dernier. Cette théorie, plus connue sous le nom de *loi* ou *théorème de Malthus*, peut s'exprimer en disant que « le nombre des hommes augmente en moyenne suivant une progression géométrique, tandis que la masse des substances alimentaires augmente seulement suivant une progression arithmétique ; » ou, plus simplement, que « la population s'accroît beaucoup plus vite que la richesse ; » de telle sorte que les moyens de subsistance ne peuvent être fournis à tous, et qu'une compétition perpétuelle survient entre les hommes dans le but de se les procurer. La généralisation de la théorie malthusienne, son application à l'œcologie, tel est le principe de la lutte pour la vie.

« Tout être organisé, dit Darwin, se multiplie naturellement avec tant de rapidité que, s'il n'était détruit, la terre serait bientôt couverte par la descendance d'un seul couple. »

Cependant, le nombre des animaux et des végétaux qui vivent à la surface du globe est sensiblement constant : les oscillations qui peuvent s'observer à cet égard dans une période donnée sont en général fort peu importantes. C'est qu'une énorme quantité des individus produits sont appelés à disparaître, souvent même lorsqu'ils sont encore à l'état d'œufs ou de germes. Il suffira, pour se rendre compte de ce fait, de comparer la rareté relative des Ténias de l'Homme, par exemple, à leur excessive fécondité.

Donc, il est évident que le nombre des individus appelés à jouir de la vie dépend bien moins de la quantité des germes produits que de l'influence du milieu.

Dès le début de leur existence, les organismes ont à combattre, non seulement pour se procurer les éléments nécessaires à leur subsistance, mais encore pour échapper à leurs ennemis naturels, bêtes de proie ou parasites ; ils ont à lutter contre le froid, la chaleur, les intempéries et en somme contre une foule d'influences ennemies, dépendant du milieu qui les entoure.

De ces influences si complexes, nous dégagerons, pour les étudier plus spécialement, celles qui ont pour origine le règne animal lui-même, ce qui revient à dire que nous nous occuperons seulement des rapports des animaux entre eux.

Or, il nous faut constater que ces rapports se manifestent de prime abord surtout à nos yeux par une hostilité flagrante (1).

Prédation. — Cette hostilité peut se traduire d'une façon violente, même entre animaux d'une même espèce; mais la violence éclate surtout entre individus d'espèces différentes, et la concurrence vitale ne se manifeste nulle part avec autant de puissance que dans le mode d'alimentation des carnivores, c'est-à-dire dans les rapports du prédateur avec sa proie. Là, en effet, on voit directement l'influence de la force, de la souplesse, de la ruse, aboutissant à la destruction du plus faible. En thèse générale, la proie est représentée par un herbivore, c'est-à-dire par un animal faible, timide, dépourvu d'armes offensives, et elle se trouve en quelque sorte désignée d'avance à un seul ou à un petit nombre de prédateurs d'espèces déterminées.

Parasitisme. — Le but du parasite est évidemment le même que celui du prédateur, mais les moyens sont différents. La concurrence vitale ne se montre plus, dans le parasitisme, avec le même caractère de brutalité; elle affecte des allures beaucoup moins violentes. D'emblée, le carnassier tue sa proie; le parasite, souvent trop petit ou trop faible, se contente de l'attaquer lorsqu'il est poussé par la faim. Ainsi font les Taons, les Puces, les Sangsues. Ou bien ce parasite s'installe à demeure sur sa victime et y développe sa progéniture, comme il arrive pour les Acariens psoriques et beaucoup de Vers intestinaux. Du reste, nous verrons, au paragraphe suivant, que le parasitisme présente des formes très variées. Mais nous pouvons dès maintenant faire ressortir ce principe général, que le parasite n'a pas intérêt à tuer sa victime; il faut au contraire, pour assurer sa propre existence, que la vie de son hôte soit sauve : selon la pittoresque expression de Van Beneden, il « pratique le précepte de ne pas tuer la poule pour avoir les œufs. » A ce point de vue, c'est entre les prédateurs et les parasites qu'il faut placer les larves d'Ichneumons qui, tout en dévorant les chenilles dans lesquelles elles se développent, cherchent à leur conserver la vie le plus longtemps possible.

Commensalisme. — Tandis que le parasite vit aux dépens de son hôte, et qu'à chaque instant il menace sa santé ou sa vie, le commensal ne lui demande qu'à partager sa nourriture. La concurrence vitale est donc beaucoup plus atténuée encore ici que

(1) A. Espinas, *Des sociétés animales*, 2e édit., Paris, 1878.

dans le parasitisme ; et nous pourrions même citer des cas où elle s'efface complètement, le commensal ne réclamant qu'un abri.

Van Beneden (1) distingue des « commensaux libres », qui changent d'hôtes à chaque instant, et des « commensaux fixes », qui, au contraire, s'installent à demeure sur l'être qu'ils ont choisi. Signalons, parmi les premiers, de petits Poissons qui se logent dans la cavité buccale d'un Siluroïde du Brésil, lequel est excellent pêcheur; les larves des Méloés, qui se jettent sur les Hyménoptères du genre Anthophore; les nymphes hypopiales des Tyroglyphes, qui se font transporter, en cas de disette, par des animaux quelconques. Il n'est pas jusqu'aux jeunes Coucous qui ne puissent être signalés au même titre. Quant aux commensaux fixes, les plus intéressants sont ces nombreux Cirripèdes que l'on trouve attachés sur le dos ou sur la tête des Baleines. On en trouve parfois aussi sur le dos des Langoustes et sur les branchies de certains Crabes. Ajoutons que c'est peut-être dans le même groupe qu'il faut placer un certain nombre d'entozoaires inoffensifs, jusqu'à présent considérés comme des parasites.

Mutualisme. — Rigoureusement parlant, nous concevons le commensal comme ne donnant rien en retour des bons offices de son hôte; mais, à dire vrai, il en est rarement ainsi. Les Crabes minuscules ou Pinnothères qui vivent dans la coquille des Moules, loin de soustraire à celles-ci une partie de leurs aliments, leur abandonnent les restes de leur chasse. Le service rendu se trouve donc payé. C'est là le point de départ de ce que les naturalistes appellent le *mutualisme*. Il n'y a plus, en pareil cas, aucune trace de la lutte pour l'existence entre les deux êtres en présence. Bien au contraire, ils forment une véritable association, et sont en quelque sorte solidaires.

L'étude des rapports qui existent entre les êtres organisés et plus spécialement entre les animaux nous conduit donc à ce résultat assez paradoxal en apparence, que la lutte pour l'existence peut aboutir à l'association et constituer le point de départ de la solidarité. Mais on reconnaît sans peine que cette réaction n'offre rien d'anormal, et que le principe de la concurrence vitale n'est atteint en aucune façon; c'en est seulement un nouveau mode de manifestation, l'*association pour la lutte*.

Dans la seconde partie de cet ouvrage, nous aurons à nous

(1) P.-J. Van Beneden, *Les commensaux et les parasites dans le règne animal.* Paris, 1875.

occuper d'un certain nombre d'animaux qui sont d'ordinaire classés parmi les mutualistes. Tels sont les Insectes qui vivent entre les plumes des Oiseaux ou les poils des Mammifères, et auxquels on donne le nom de Ricins. En apparence, ces Insectes ressemblent beaucoup à des Poux, mais au lieu de vivre de sang, comme le font ceux-ci, ils passent pour se nourrir des pellicules et de tous les débris épidermiques qui, s'accumulant entre les poils ou les plumes, sont le point de départ de la crasse : de sorte qu'en échange de la nourriture qui leur est fournie par l'hôte, ils entretiendraient sa peau en état de propreté et favoriseraient les fonctions cutanées. A la surface du corps des Poissons, vivent de même de petits Crustacés, les Caliges et les Argules. Les Cheylètes, qui font la chasse aux Listrophores dans les poils des Lapins, le Pique-Bœuf qui enlève les larves d'Hypodermes sur le dos des Bœufs en Afrique, et tant d'autres qui rendent des services plus ou moins analogues, agissent aussi, en définitive, à la façon des mutualistes.

De ces rapports, nous pouvons passer graduellement à des manifestations d'un ordre plus élevé, qui nous conduiront à comprendre la *domesticité* comme un cas particulier du mutualisme.

Constatons d'abord, avec M. Espinas, que « toutes les fois qu'un même milieu rassemble plusieurs espèces douées d'habitudes semblables, des rapports ne manquent jamais de s'établir entre celles qui n'ont rien à redouter les unes des autres et ont, au contraire, à redouter les mêmes ennemis. » C'est ainsi que, en dehors de la saison des amours, nous voyons des Oiseaux d'espèces différentes s'unir en bandes : les Bruants avec les Alouettes, les Pinsons et les Litornes; les Barges avec les Pluviers et les Bécasseaux. Tous comprennent que, pour éviter l'approche d'un ennemi ou lutter contre lui, l'association offre des garanties qui ne peuvent se trouver dans l'isolement.

Or, dans de telles réunions, toutes les espèces ne possèdent pas les mêmes aptitudes, et, par suite, il n'est pas rare de voir l'une d'elles prendre empire sur les autres. « Les Barges qui forment une troupe avec de plus petits Oiseaux de rivage exercent toujours sur leurs compagnons une sorte d'autorité. Ce que fait le Barge, les autres l'imitent; ses mouvements et ses cris guident la troupe tout entière. » « Il n'est pas de volière, ajoute plus loin l'auteur, qui n'ait son maître, quelque différents qu'en soient les hôtes. C'est même sur cette propension des uns à la domination, des autres à la subordination, que repose l'usage que l'on fait à la Guyane de l'agami pour diriger les oiseaux domestiques, en Afrique de la grue cendrée pour conduire un troupeau de moutons, dans tout le monde, du chien pour gouverner le bétail grand et petit (1). »

Tout cela, c'est encore du mutualisme, mais il ne reste plus qu'un pas à faire pour passer à la domesticité. Ce pas se trouve franchi par les Fourmis douées d'instincts esclavagistes. Il n'est pas rare de voir des Fourmis arrêtées au milieu des Pucerons qui couvrent les rameaux d'un arbuste, et occupées à sucer le liquide épais que distille l'abdomen de ces Insectes. Or, Huber a observé quelquefois que, pour s'assurer la possession exclusive d'une colonie de Pucerons, les Fourmis arrivent à construire un abri autour de cette colonie. Il les a même vues, sur une tige de chardons, apporter leurs larves dans l'intérieur de cet abri. D'autres fois, au lieu de transporter ainsi leur propre nid, ce sont les Pucerons, au contraire, qu'elles emmènent dans ce nid. « Nous touchons enfin à l'acte caractéristique de la domestication, l'élevage. Les Pucerons, vivipares en été, sont ovipares en automne. Les œufs déposés dans la fourmilière y deviennent l'objet de soins en tout semblables à ceux que les Fourmis donnent à leurs propres œufs. Comme les leurs, elles les descendent dans les profondeurs de la fourmilière, quand le dessus est découvert; comme les leurs, elles les vernissent et les humectent de leur salive. Voilà la domestication complète (2). »

Socialisme. — Ce n'est pas seulement entre individus d'espèces différentes que s'exerce le mutualisme : peut-être même est-il plus général de le constater entre individus de la même espèce. En pareil cas, on peut, avec M. Baron, le qualifier de *socialisme*. Les associations de ce genre offrent le plus grand intérêt, aussi bien pour le naturaliste que pour le philosophe : M. Espinas (3), qui leur a consacré une étude des plus remarquables, les désigne sous le nom de sociétés normales.

D'après le but final vers lequel elles tendent, cet auteur en distingue trois sortes : sociétés de *nutrition*, de *reproduction* et de *relation*.

1° Les SOCIÉTÉS DE NUTRITION sont, comme leur nom l'indique,

(1) *Loc. cit.*, p. 174.
(2) *Loc. cit.*, p. 192.
(3) *Loc. cit.*, p. 207.

celles qui ont pour but l'accomplissement en commun des fonctions de nutrition. Telles sont les différentes colonies de Polypes, de Tuniciers, etc., remarquables en ce que les individus qui les composent sont presque toujours connés, c'est-à-dire unis l'un à l'autre dès leur naissance et d'une manière permanente.

2° Les SOCIÉTÉS DE REPRODUCTION sont, au contraire, formées d'individus primitivement indépendants ; elles diffèrent en outre des précédentes « en ce que la contiguité des tissus et l'abouchement des cavités sont momentanés au lieu d'être permanents ».

Il existe trois sortes de sociétés de reproduction : les sociétés conjugale, maternelle et paternelle.

a. La *société conjugale* est, sans aucun doute, le point de départ des deux autres ; et, sans vouloir déterminer quelle est l'origine de l'union des sexes, nous devons reconnaître que cette union est la condition première du groupement des animaux en famille. Mais, à cet égard, il n'y a pas à considérer seulement le rapprochement matériel, il faut encore et surtout tenir compte des phénomènes qui le préparent.

Remarquons tout d'abord que les deux sexes ne se recherchent pas en général avec une égale ardeur. Le mâle seul, dans beaucoup de cas, se livre d'une façon active à cette recherche. La femelle, quoique animée du désir de recevoir le mâle, paraît même souvent disposée à le repousser, sans doute pour prolonger l'attente savoureuse du plaisir. Or, ce refus, ou mieux cette résistance, éveille chez les mâles une multitude de facultés qui doivent, en définitive, demeurer acquises à l'espèce (*sélection sexuelle*).

On peut reconnaître cinq classes de phénomènes qui servent à préparer l'union sexuelle, et partant la société domestique. — 1° Des *attouchements excitateurs*, dont beaucoup d'animaux inférieurs nous offrent déjà des exemples, mais qui sont surtout manifestes chez les Vertébrés : passades des Poissons au moment du frai, caresses des Perruches, des Pigeons et d'une foule de Mammifères. — 2° Des *odeurs*, qui sans doute produisent aussi de puissantes excitations : on sait qu'une femelle de Bombyx, introduite dans un local très retiré, y attire des milliers de mâles. On sait aussi que les mâles de nos animaux domestiques perçoivent à une très grande distance les effluves vulvaires de leurs femelles en rut. Parfois même, l'odeur est développée par des glandes spéciales (Castor, Chevrotain, Civette). — 3° Les *couleurs* et les *formes*. L'éclat et les tons de la coloration constituent souvent un puissant attrait pour l'autre sexe; mais, en général, les mâles possèdent seuls cet attribut. « Aucun langage, dit Darwin, ne peut décrire la splendeur des mâles de quelques espèces de lépidoptères tropicaux. » Certains Poissons, une foule d'Oiseaux sont aussi très remarquablement doués sous le même rapport. Souvent, en outre, des appendices variés, tels que crêtes, huppes, éperons, etc., viennent encore ajouter à leur beauté. Ces particularités de formes et de coloration (dimorphisme sexuel) ne sont pas toujours permanentes : dans beaucoup de cas, elles se montrent seulement pendant la période des amours (parure de noces des Oiseaux), et l'on ne peut ainsi mettre en doute leur qualité d'attraits sexuels. — 4° Des *bruits* et des *sons*. Les mâles des Sauterelles font entendre, en guise de chant, un bruit strident qu'ils produisent en frottant l'une contre l'autre la base de leurs élytres; beaucoup d'autres Insectes obtiennent des stridulations semblables par le frottement des parties cornées du corps les unes contre les autres, et s'en servent comme d'un cri d'appel au moment des amours. Les Poissons, en dépit de l'opinion vulgaire, émettent de même des bruits et jusqu'à de véritables sons. Mais les animaux réellement privilégiés à ce point de vue sont les Oiseaux, et c'est chez eux qu'on observe les relations les plus nettes entre la production de la voix et la recherche des sexes. « On sait que, dans beaucoup d'espèces d'Oiseaux chanteurs, dit Hæckel, les mâles, à l'époque du rut, se réunissent en nombre devant la femelle; qu'en sa présence, ils entonnent leurs chansons, et que la femelle choisit pour époux celui qui lui a plu davantage. » — 5° Des *jeux* et *mouvements divers*. L'emploi des mouvements comme moyen de séduction est déjà manifeste chez des types relativement peu élevés dans l'échelle animale. « Quiconque, dit Agassiz, a eu soin d'observer les amours des limaçons, ne saurait mettre en doute la séduction déployée dans les mouvements et les allures qui préparent et accomplissent le double embrassement de ces hermaphrodites. » Toutefois, les Oiseaux nous fournissent encore les plus beaux exemples des manifestations de ce genre. Nous n'en citerons que quelques-uns. On sait comment le Paon et le Dindon étalent leurs charmes devant leurs femelles, en « faisant la roue », et comment les Pigeons s'inclinent devant elles en roucoulant. Le Coq de bruyère, au moment des amours, se trouve dans un état d'agitation indescriptible : il sautille sur les branches, dit Brehm, lève les pattes, porte la tête en avant, hérisse les plumes de la région antérieure du corps et pousse des sons rauques qui se précipitent jusqu'à un dernier cri. Puis il fait entendre un bruit singulier, qu'on a comparé à celui d'une meule à aiguiser, ce qui fait dire qu'il *rémoud*. Les femelles se tiennent à une petite distance : si l'une d'elles fait entendre un cri d'appel, le mâle se laisse tomber de sa branche et danse à terre de la façon la plus comique, avant de s'accoupler.

Ces préambules de l'amour sont loin d'être toujours pacifiques. Il arrive souvent, par exemple, que les attraits particuliers d'une femelle réunissent autour d'elle un grand nombre de prétendants. En outre, il existe, chez la plupart des animaux, une inégalité plus ou moins marquée dans le nombre des individus de chaque sexe, et dans beaucoup de cas on peut observer un excédent — tout au moins relatif — de celui des mâles. De là ces luttes ardentes des compétiteurs, qui sont connues sous le nom de « combats de noces », et qu'on a signalées en particulier chez presque tous les Oiseaux et chez un grand nombre de Mammifères. Ainsi les Coqs de nos basses-cours se font une guerre acharnée, et c'est de la sorte que le plus fort arrive à grossir son harem. Beaucoup de Ruminants sauvages se livrent de même des combats dont l'issue, quoique rarement fatale, assure au vainqueur la libre possession de la femelle.

b. « La société conjugale ainsi formée, dit avec raison M. Espinas, est la condition de la famille, mais non la famille même. » Les besoins sexuels une fois satisfaits, le mâle et la femelle ne tarderaient pas à se séparer pour subvenir aux besoins de la vie individuelle, si une nouvelle fonction n'exigeait leur concours : nous voulons parler de l'éducation des jeunes. Or, bien que l'origine de l'amour maternel n'ait pas encore été déterminée scientifiquement, il n'en est pas moins avéré qu'il constitue l'élément principal du développement de la famille. La société domestique ou famille apparaît donc en premier lieu sous la forme de *société maternelle*. Dans une foule d'animaux inférieurs, le père et la mère témoignent d'une indifférence absolue à l'endroit de leur progéniture. A un degré un peu plus élevé, la mère fait recherche d'un endroit favorable à l'éclosion des œufs, parfois même à l'alimentation des petits ; puis elle construit un nid, et enfin élève directement ses jeunes en leur apportant la nourriture.

c. Dès que le rôle de la mère s'est élevé à ce niveau, on conçoit l'accession du mâle dans la famille, et par suite la formation de la *société paternelle*. Aussi n'est-ce guère que chez les espèces douées d'un certain degré d'intelligence que le mâle arrive à prendre part à l'éducation des petits. On constate alors que bientôt son rôle devient prépondérant : il s'agit, en effet, non seulement de nourrir ces petits, mais encore de les guider et de les défendre pendant un certain temps, et le mâle est, sans contredit, beaucoup plus apte que la femelle à remplir cette mission. Dans les espèces polygames, le mâle, à la recherche de nouvelles amours, s'inquiète en général fort peu de sa progéniture : ce n'est que parmi les formes monogames qu'on peut chercher le type des sociétés paternelles, dont beaucoup d'Oiseaux et de Mammifères nous offrent des exemples. Ajoutons que ces sociétés sont d'autant plus parfaites que les espèces sont plus intelligentes.

3° Il nous reste à signaler enfin les SOCIÉTÉS DE RELATION, qui se distinguent des précédentes en ce qu'elles ne comportent aucune communication des tissus ni des cavités.

Chez les animaux les moins bien doués au point de vue psychique, on peut constater des réunions accidentelles, dues soit à des causes physiques, soit aux hasards de la naissance : telle est l'origine des agglomérations de Noctiluques, de Crustacés Copépodes, de Mollusques Ptéropodes, des bancs d'Huîtres ou de Poissons, des paquets de Chenilles, etc.

Les réunions volontaires, même momentanées, supposent déjà un plus haut degré d'intelligence. Ces réunions sont établies dans un but de commune utilité, comme la défense contre un ennemi ou l'attaque d'une proie. C'est ainsi que les Loups se mettent en bandes pour attaquer les grands animaux, et qu'une foule de petits Oiseaux unissent leurs efforts pour se défendre contre les Rapaces ou pour émigrer.

Mais il est aussi beaucoup d'animaux qui s'associent par suite d'une véritable sympathie, et ceux-là sont les plus intelligents de tous. Pendant les soirs d'été, par exemple, nous voyons souvent des multitudes de Passereaux se réunir dans les arbres et témoigner, par leurs cris et leur agitation, du plaisir qu'ils éprouvent à se trouver ensemble. Ces agrégations ne sont toutefois que temporaires, et leurs membres se séparent à un moment donné.

Il en est d'autres, beaucoup moins communes à la vérité, qui demeurent permanentes. Les Salanganes vivent en couples toujours assez rapprochés les uns des autres, même au moment de la reproduction, et chacun de ces Oiseaux travaille, non seulement à son propre nid, mais aussi à celui de ses voisins. Les Républicains sociaux construisent leurs nids les uns contre les autres et les recouvrent d'une toiture commune. Chez les Mammifères, on observe plus souvent des peuplades permanentes, mais c'est précisément dans les espèces où la famille n'est pas étroitement organisée. Ainsi, les grands Félidés, qui sont monogames et forment des couples assez durables, ne vivent jamais en troupes. Les seuls Canidés qui se groupent en meutes à l'état sauvage sont ceux qui ne forment que des couples momentanés. La famille à femelles multiples paraît surtout propre à la constitution de sociétés étendues et permanentes. C'est ainsi que les Équidés sauvages forment des troupes composées de femelles et de jeunes, et conduites par un étalon. Cet étalon est le chef de la bande ; il chasse les jeunes mâles, qui sont réduits à suivre à distance jusqu'au moment où ils parviennent à enlever quelques femelles au harem du vieux chef ; celui-ci, d'ailleurs, au moment du rut, chasse souvent les femelles trop jeunes pour être saillies. Chez un grand nombre de Ruminants, il se forme de même des sociétés plus ou moins étendues, soumises à des chefs, qui sont toujours des mâles.

Au surplus, toutes les sociétés ne sont pas exclusivement basées sur les trois ordres de fonctions dont il vient d'être question. Il en est aussi de très complexes, qui pourraient être rattachées à la fois aux trois groupes précédents. Tel est le cas des sociétés d'Hyménoptères (Abeilles, Fourmis, etc.), dont nous aurons à nous occuper plus loin.

Sélection naturelle. — Nous possédons dès maintenant les éléments qui servent de base à la constitution de formes organiques permanentes. Ces éléments ne sont autres, en effet, que l'*hérédité* ou faculté de transmission, et la *variabilité* ou faculté d'adaptation.

Ce sont ces deux propriétés fondamentales des êtres organisés qui entrent en jeu dans la *sélection artificielle,* c'est-à-dire dans le procédé que l'homme met en usage lorsqu'il veut perpétuer, sous forme de race, des caractères qu'il recherche à un titre quelconque : finesse de la laine, pelage particulier, grande taille, aptitude laitière, etc. Pour obtenir ce résultat, l'éleveur met d'abord à profit les modifications qui se manifestent parmi les animaux dans le sens désiré, modifications produites sous l'influence du milieu et relevant conséquemment de l'*adaptation.* Il choisit avec le plus grand soin les individus qui offrent ces modifications, et les emploie seuls à la reproduction : sous l'influence de l'*hérédité*, il obtient alors une première génération composée en partie d'individus présentant le caractère voulu. En triant ceux-ci avec attention, et même en ne conservant que les meilleurs d'entre eux, il obtient une nouvelle génération dans laquelle la proportion des individus bien doués est accrue ; et cette méthode suivie avec persévérance pendant un temps suffisant ne peut manquer d'accentuer et de fixer, d'une façon définitive, les caractères qu'il recherche.

Tout l'art de l'élevage consiste donc à combiner adroitement les faits de variation et les phénomènes de l'hérédité. Cet art a d'ailleurs fait de tels progrès que les éleveurs sont quelquefois capables de produire une forme demandée après un nombre déterminé de générations. C'est ainsi, nous apprend Darwin, qu'un des éleveurs anglais les plus expérimentés, sir John Sebright, assurait « qu'en trois ans, il produirait chez un Oiseau une plume donnée, mais que, pour obtenir telle ou telle forme de la tête ou du bec, il lui fallait six ans. »

Or, après une étude attentive des principes de la sélection artificielle, Darwin a été conduit à se demander si les êtres qui vivent à l'état de nature subissent des conditions qui puissent déterminer un triage, une sélection plus ou moins analogue à la sélection faite sous la volonté de l'homme. Après beaucoup de recherches et de méditations, l'illustre naturaliste a affirmé qu'il existe une *sélection naturelle*, et que celle-ci est sous la dépendance de la *concurrence vitale*. Il a su montrer, en effet, que la lutte pour la vie fait un choix véritable parmi les formes animales et végétales ; que les éléments sur lesquels elle agit sont également la variabilité et l'hérédité, et que le résultat de cette action inconsciente doit être pour le moins aussi fixe que celui de la sélection artificielle.

Dans la lutte souvent acharnée que les organismes se livrent entre eux, le moindre avantage personnel peut faire pencher la balance en faveur de celui qui le possède, et assurer son triomphe. Il en est de même, évidemment, à propos de la résistance qu'opposent ces organismes à l'influence du milieu ambiant.

Les animaux qui sont pourvus des armes de chasse les plus puissantes, ceux qui sont les plus agiles dans la poursuite ou dans la fuite, ceux dont l'organisation est assez forte pour résister aux attaques des parasites, en un mot, les individus les mieux doués persisteront là où les autres sont condamnés à périr, et eux seuls seront appelés à transmettre leurs propriétés par la reproduction. On a souvent dit, avec raison, que l'*avenir est aux plus aptes*.

Toute modification avantageuse, tout caractère assurant une supériorité quelconque à l'individu, peuvent donc être transmis par hérédité. Au contraire, les déviations qui se produisent en sens opposé ont toutes chances de disparaître à bref délai, parce que, le plus souvent, les animaux qui les présentent succombent dans la lutte avant d'avoir pu se reproduire : la nature élimine les incapables.

On sait, en outre, qu'un des modes les plus intéressants de la sélection naturelle est celui auquel Darwin a donné le nom de *sélection sexuelle*, et qui consiste dans le choix des mâles les plus beaux ou les plus forts pour concourir à la reproduction. Il nous paraît inutile de revenir sur des détails que nous avons cités plus haut à ce sujet.

Quant à l'étendue du rôle de la sélection naturelle dans les formations organiques, c'est un point que nous aurons à discuter ultérieurement (V. *Taxinomie*). Nous nous sommes borné ici à exposer le principe de cette sélection.

§ 2. — RAPPORTS DES ANIMAUX AVEC L'HOMME.

Ainsi que nous l'avons fait pressentir au commencement de ce chapitre, les rapports que les animaux peuvent avoir avec l'homme sont de même nature que ceux qu'ils entretiennent entre eux. Nous allons, en effet, avoir à constater encore des rapports d'hostilité et des phénomènes d'association.

Il est clair, d'ailleurs, que nous aurons principalement en vue les animaux qui intéressent la médecine et l'agriculture. Au surplus, le tableau ci-dessous donnera une idée du rôle et de l'importance que nous leur assignerons à cet égard.

ANIMAUX	NUISIBLES.	*Parasites.* — Pou. Ankylostome. Cousin.
		Vulnérants. — Carnassiers. Taon. Stomoxe.
		Porte-virus. — Stomoxe (charbon). Chien (rage).
		Venimeux. — Vipère. Scorpion. Abeille.
		Vénéneux. — Poissons. Mollusques. Crustacés.
		Destructeurs d'animaux utiles. — Renard. Épervier.
		Destructeurs de végétaux utiles. — Phylloxéra. Lapin.
	UTILES...	*Alimentaires* (viande, miel, etc.). — Bœuf. Porc. Gibier. Abeille.
		Auxiliaires (travail, intelligence, etc.). — Bœuf. Chien. Épervier.
		Industriels (laine, soie, cire, etc.). — Mouton. Ver à soie. Abeille.
		Médicinaux (agents thérapeutiques). — Sangsue. Cantharide.
		Accessoires (combat, chant, coloration, etc.). — Coq. Serin. Ara.

I. Animaux nuisibles.

Un grand nombre d'animaux sont susceptibles de causer des dommages à l'homme, soit directement, soit en s'attaquant aux êtres ou aux substances quelconques dont il peut avoir besoin. C'est à ce double point de vue que nous devons les étudier.

A. Parasites. — Nous avons déjà examiné la condition générale des êtres auxquels on donne ce nom; mais il nous reste à les considérer quant à l'application.

On peut définir les parasites (παρασιτος, celui qui mange à côté d'un autre; de παρά, à côté, et σῖτος, aliment) des êtres organisés qui passent une partie ou la totalité de leur vie sur d'autres êtres organisés, aux dépens desquels ils se nourrissent.

Le parasitisme est la condition dans laquelle sont entretenus les parasites.

Soumis à des lois encore incomplètement déterminées, le parasitisme se manifeste, suivant les circonstances, à l'état physiologique ou dans des conditions pathologiques. Il s'étend, en outre, aux deux règnes organiques : les plantes, comme les animaux, sont susceptibles d'être attaquées par des Parasites.

Nous nous occuperons de préférence ici des parasites de l'Homme, ainsi que de ceux des Mammifères et des Oiseaux domestiques.

Nature des parasites. — Il existe des parasites végétaux aussi bien que des parasites animaux. Les premiers, ou *phytoparasites*, jouent même un rôle considérable dans la production de certaines maladies; ce sont surtout des Cryptogames, comme les Trichophytés, qui produisent les teignes, comme les Bactériacées, qui sont la cause d'un grand nombre de maladies contagieuses. Leur étude est du ressort de la Botanique. Quant aux parasites animaux, ou *zooparasites*, ils appartiennent à des groupes très divers : on en compte cependant fort peu parmi les Vertébrés (Fierasfer) et les Mollusques; les Échinodermes, ainsi que les Cœlentérés, n'en présentent même pas de véritables exemples; par contre, les Arthropodes et mieux encore les Vers en comprennent un nombre relativement considérable, et c'est à l'égard de ces deux types que le parasitisme offre les combinaisons les plus variées.

Remarquons, en passant, que les femelles sont plus souvent

parasites que les mâles, ce qui doit s'expliquer, sans doute, par le besoin d'assurer le sort de la progéniture.

Origine. — Les auteurs anciens n'ont certes pas eu toutes les idées ridicules qu'on leur a prêtées touchant l'origine des parasites; cependant, ils étaient loin de se rendre un compte exact de leur mode de développement. L'opinion universellement répandue dans l'antiquité consistait à les regarder comme le produit de la génération spontanée, et Hippocrate, par exemple, faisait naître les entozoaires de l'altération des humeurs. On se figure mal aujourd'hui que de semblables idées aient pu se propager jusqu'à une époque voisine de la nôtre, bien que, dès la fin du dix-septième siècle, Redi eût démontré que la génération des parasites s'opère comme celle des autres animaux. Il a fallu les belles recherches faites à partir de 1850, sur les transmigrations des Ténias, pour réduire à néant tous les arguments des hétérogénistes. Ceux-ci ont alors jugé prudent de se réfugier sur un terrain moins abordable, et leurs vues se sont appliquées spécialement à l'origine des Infusoires et des autres organismes inférieurs. On sait avec quel succès M. Pasteur les a délogés de cette dernière position : le parasitisme des infiniment petits n'est point régi par des lois particulières.

Ce point établi, il importe de déterminer sous quelle FORME les parasites s'installent chez leur hôte, et quelles sont les VOIES par lesquelles s'effectue leur transmission. Il en est un grand nombre, par exemple, qui pénètrent dans l'organisme à l'état d'œufs (Ascarides, Ténias, Œstres); d'autres sont à l'état d'embryons libres ou de larves (Ankylostomes, Distomes); quelques-uns mêmes peuvent se transmettre d'un individu à l'autre à l'état de développement complet (Poux, Acares, etc.). D'aucuns sont susceptibles d'une migration active, comme les Insectes ailés; d'autres sont transportés passivement par l'air (œufs, embryons desséchés), ou se communiquent par un contact direct ou indirect (Poux, Acares); la plupart, enfin, s'introduisent chez leur hôte à la faveur des aliments ou des boissons : les carnivores, par exemple, tirent en général leurs Ténias d'un herbivore déterminé dont ils font leur proie; l'herbivore ingère les œufs du même Ténia avec sa nourriture, etc. Dans ces conditions, on comprend qu'un parasite puisse s'installer aussi bien dans les tissus d'un fœtus que dans ceux de sa mère, et c'est à cette *infection congénitale* qu'il faut rapporter les prétendus cas de transmission des maladies parasitaires par voie d'*hérédité*.

Habitat. — Les parasites ne sont pas tous dans une dépendance également étroite à l'égard de leur hôte. Quelques-uns se développent, d'une façon assez indifférente, chez des animaux divers : tel le Strongle géant. La plupart, au contraire, sont en connexion tellement intime avec leur hôte, qu'ils ne peuvent vivre en dehors de lui. Par suite, chaque animal a d'ordinaire ses parasites spéciaux, plus ou moins nombreux et variés.

Les uns vivent à la surface du corps, et méritent ainsi le nom de parasites externes ou *ectoparasites;* les autres habitent l'intérieur des organes : ce sont les parasites internes ou *endoparasites*. Il n'y a pour ainsi dire aucune partie du corps qui soit hors de leur atteinte : on en trouve jusque dans le cerveau, dans les os, dans le sang. Souvent, d'ailleurs, l'habitat de chacun d'eux est fort restreint : le Sclérostome armé ne vit guère que dans le cæcum des Équidés; la Douve hépatique se trouve rarement en dehors des conduits biliaires, etc. Un fort petit nombre de parasites, au contraire, n'ont point de séjour fixe.

Quant aux parasites à transmigrations, leur siège dans les organes se trouve déterminé d'après une règle qui ne souffre que fort peu d'exceptions, et qu'on peut ainsi formuler : chez l'hôte provisoire, le parasite, ordinairement agame, est logé dans l'intérieur des parenchymes ou des cavités closes; chez l'hôte définitif, où il acquiert sa maturité sexuelle, il habite des organes en communication avec le monde extérieur, de manière à permettre la diffusion de sa progéniture. Ainsi, le Cysticerque ladrique, qui se développe dans les muscles du Porc, arrive à l'état adulte dans l'intestin de l'Homme; il en est de même de la Trichine spirale, etc.

Nombre. — On peut faire cette remarque générale que le nombre des espèces de parasites qui vivent chez un animal donné est souvent peu considérable, tandis que le nombre des individus se montre parfois extraordinaire. En outre, dans la plupart des cas, les femelles sont beaucoup plus abondantes que les mâles.

Au surplus, la multiplicité des parasites dépend de conditions assez diverses, et souvent encore assez mal connues.

Nous pouvons signaler d'abord l'influence du *régime :* les Poissons et les Mammifères carnivores, aussi bien que les Oiseaux aquatiques, ont souvent l'intestin bourré de Vers; l'Homme contracte des Ténias en mangeant de la viande de Porc ou de Bœuf incomplètement cuite, etc.

L'influence de *l'âge* n'est pas moins manifeste. Les parasites sont souvent très abondants chez les vieux animaux, qui offrent sans doute à leurs attaques une moindre résistance. Quant au jeune âge, il présente aussi d'excellentes conditions pour leur développement, surtout lorsqu'il s'agit de parasites qui doivent immigrer dans les tissus, car ceux-ci sont plus délicats et sont par suite traversés plus facilement.

Les *saisons*, avec les variations de température et d'humidité qu'elles entraînent, peuvent aussi favoriser ou entraver la multiplication des parasites, et même, dans certains cas, déterminer leur apparition ou leur destruction. Les Ixodes n'attaquent les animaux qu'en été, les Rougets, en automne; les Pédiculidés se multiplient surtout en hiver; beaucoup de maladies parasitaires, enfin, sont remarquables par leurs manifestations saisonnières.

Plus accusée encore est l'influence des *contrées*, qui tient en grande partie, sans doute, à l'action du climat, mais qui peut se rapporter aussi au régime et au mode de vie. Certains parasites, comme l'Argas de Perse, le *Bilharzia hæmatobia*, sont propres à une région très limitée; d'autres, sans appartenir exclusivement à une contrée, s'y montrent beaucoup plus abondants qu'ailleurs : on connaît, par exemple, la fréquence des Échinocoques en Islande; du Bothriocéphale large dans certaines localités de la Suède, de la Russie et de la Suisse ; de la Trichine spirale en Allemagne et aux États-Unis. Mais on connaît aussi de nombreux parasites cosmopolites, et le *Tænia solium*, l'Ascaride lombricoïde, l'Oxyure vermiculaire de l'Homme, ont été signalés à peu près chez tous les peuples.

Enfin, il faut tenir compte de la *constitution* de l'hôte, ou de l'état actuel de sa santé. A cet égard, on ne peut guère tracer de principes généraux, et l'influence de la constitution est très variable suivant les cas. A l'époque où l'on croyait à la génération spontanée des parasites, il était naturel d'admettre, comme point de départ de leur développement, un trouble préalable de la santé, et l'expression d'*helminthiase*, par exemple, servait à indiquer un état valétudinaire propre à la génération des Vers. Le renversement de cette hypothèse entraîna, comme il arrive souvent, une réaction profonde contre cette manière de voir, d'autant qu'on pouvait constater, dans nombre de cas, la présence d'une quantité énorme de parasites chez des animaux en excellent état de santé. Il ne faut pas cependant pousser cette réaction à l'extrême et nier absolument, comme on l'a fait quelquefois, toute influence de la constitution sur le développement des parasites. Nous avons vu que le parasitisme n'est qu'un mode particulier de la lutte pour l'existence, et l'hôte peut offrir assez de résistance pour s'opposer à la multiplication du parasite. Et si l'on compare ce parasite à une plante qui végète sur un sol spécial, on concevra que le terrain doit être propre à la nutrition de cette plante. Or, Delafond a démontré précisément que cette question de terrain est essentielle pour le développement de certains Acares. Des Psoroptes déposés sur la peau de Moutons bien portants ne peuvent se multiplier et ne tardent pas à périr, tandis qu'ils pullulent bientôt, au contraire, sur des individus maigres et débiles. Il serait intéressant d'étendre ces recherches, car il est probable que les conditions qui déterminent la réceptivité ou l'immunité de l'hôte à l'endroit des parasites sont fort variées.

En tout cas, l'extension considérable que prennent souvent les parasites s'explique aisément par leur *fécondité* et leur *résistance vitale*. D'après un calcul de Leeuwenhoek, deux Poux femelles pourraient devenir grand'mères de 10,000 Poux dans l'espace de huit semaines. Selon Gerlach, un couple de Sarcoptes de l'Homme pourrait fournir en trois mois six générations, la dernière comprenant 500,000 mâles et 1,000,000 de femelles. Une femelle d'Ascaride est presque tout entière constituée par son oviducte, et la Filaire de Médine n'est plus en somme qu'un sac à œufs. Le Ténia inerme de l'Homme, dont les anneaux se forment et se détachent successivement, peut émettre en un an jusqu'à 150 millions d'œufs. Nous pourrions multiplier ces exemples, et montrer ainsi combien serait rapide l'envahissement du monde de la vermine, si la malthusienne intervention de la nature ne venait apporter de sérieuses entraves à cette effrayante pullulation. — Cependant, beaucoup de parasites jouissent encore d'une résistance vitale remarquable. Il est des Acariens qui supportent une abstinence fort prolongée : nous avons conservé des *Argas reflexus* vivants pendant quatorze mois dans un flacon de verre, et M. Laboulbène a vu des *Argas persicus* demeurer actifs pendant plus de cinq ans sans recevoir la moindre nourriture. De nombreux

Nématodes résistent à la dessiccation et reviennent à la vie sous l'influence de l'humidité. Les Trichines enkystées dans les muscles ne sont tuées que par une température d'environ 70°, et peuvent supporter d'autre part un froid de près de 15°. D'autres Vers continuent à vivre au milieu des substances en décomposition putride, etc. Et cette résistance s'étend même aux œufs et aux embryons, ainsi qu'en témoignent de nombreuses observations.

Mode de vie. — Selon la manière dont se comportent les parasites dans les différentes périodes de leur existence, Van Beneden en distingue plusieurs catégories, qui n'ont rien toutefois de bien précis :

1° Les uns sont libres à tout âge : tels sont les Sangsues, les Cousins, les Puces, les Punaises, etc. ;

2° D'autres sont libres seulement dans le jeune âge : la Chique, les Ixodes, les Ankylostomes ;

3° D'autres encore ne le sont qu'à l'état adulte : les Ichneumons, les Œstridés, les Mermis, les Gordius ;

4° Un certain nombre passent successivement dans plusieurs hôtes différents, d'une manière active ou passive, et n'acquièrent leur développement complet que chez le dernier : on appelle transmigration ce passage d'un animal à un autre, et les Parasites qui se comportent ainsi sont fort nombreux. Nous pouvons citer comme exemples les Ténias, les Distomes, les Trichines, les Linguatules ;

5° Enfin, il en est qui sont parasites à toutes les époques de la vie : Poux, Acariens psoriques, Ascarides, Trichocéphales, etc.

Action sur l'économie. — L'influence des parasites sur la santé de leur hôte a de tout temps donné lieu à d'importantes discussions. On a longtemps attribué, par exemple, à des Vers imaginaires ou à des parasites inoffensifs, bien des maladies graves et principalement des maladies épidémiques ou endémiques, et au XVIIe siècle encore les Vers jouaient un grand rôle dans l'explication des phénomènes morbides. Puis une réaction se produisit, et l'on en vint à regarder la généralité des parasites comme à peu près inoffensifs, sinon comme avantageux pour la santé. Abilgaard et Gœze considéraient les Poux comme des « émonctoires naturels » destinés à l'élimination des humeurs viciées sécrétées par la peau. Bracy-Clark pensait que les Œstres de l'estomac du Cheval pouvaient favoriser la digestion. Et de nos jours encore, les Abyssins ne se croient bien portants que quand ils hébergent un ou plusieurs Ténias.

En fait, nous voyons souvent des animaux tels que le Turbot et la Bécasse, dont les intestins sont presque toujours bourrés de Vers, présenter tous les caractères de la santé. Mais on ne peut inférer de là que les parasites doivent exercer normalement une influence salutaire sur l'économie. A la vérité, nous tenons pour constant que le parasitisme comporte presque toujours une modalité telle que l'action du parasite se trouve équilibrée par la résistance de l'hôte. Mais cette harmonie biologique est bientôt rompue lorsque des modifications désavantageuses viennent à se produire dans la constitution de ce dernier. Alors apparaissent les troubles fonctionnels qui caractérisent les maladies parasitaires. Nous devons ajouter, du reste, qu'il est des cas où le parasite, par la puissance de ses armes, son mode d'attaque ou son habitat, constitue d'emblée un danger sérieux pour l'organisme.

La nocuité des Parasites tient à des modes d'action assez variables. Dans certains cas, par exemple, il s'agit d'une gêne *mécanique* apportée à l'accomplissement des fonctions : c'est ainsi que des pelotons ou des faisceaux d'Ascarides peuvent entraver la circulation des substances alimentaires dans l'intestin. D'autres fois, c'est un *traumatisme* qui résulte de leurs morsures ou de leur déplacement (Taons, Strongle géant) ; ou bien leur accroissement sur place *atrophie* les organes (Cœnure). Leur seule présence peut même amener des inflammations locales (Strongle filaire), occasionner des douleurs diverses, provoquer des désordres nerveux, soit directement, soit par action réflexe, et en général causer des troubles plus ou moins graves suivant l'organe qu'ils affectent. Quant à leur action *spoliatrice*, elle est d'ordinaire peu importante : citons cependant, à ce point de vue, les Dochmies, dont les morsures suivies de succion sont le point de départ de l'anémie des Chiens de meute.

Pseudo-parasites. — Avant de quitter cette question, il importe de mettre les débutants en garde contre certaines chances d'erreur qui peuvent se présenter dans la détermination des parasites.

Il faut éviter, en premier lieu, de considérer comme tels des animaux qui se trouvent accidentellement sur le corps ou qui y sont apportés par les objets de pansement (Insectes, Acariens).

Souvent aussi, il arrive de prendre pour des Vers les larves de Mouches qui se développent sur les plaies, dans les urines ou même dans les cadavres. Les malades surtout se figurent volontiers avoir émis avec les urines ou les fèces des larves tombées dans les vases, et il ne faut accepter leurs affirmations qu'avec les plus grandes réserves.

Une erreur beaucoup plus grave encore consiste à prendre pour des Vers des corps étrangers quelconques. C'est ainsi que Mongrand décrivait sous le nom de *Filaria zebra* un caillot fibrineux de la saphène, que Scopoli baptisait du nom de *Physis intestinalis* une simple trachée d'Oiseau, qu'un autre appelait *Striatule* une nervure de salade (!), etc.

Quant aux parasites fabuleux, tels que la *Furia infernalis* et le Véroquin, il est heureusement devenu inutile d'en parler.

En tout cas, il faut être très circonspect, comme le recommande Moquin-Tandon, avant d'entreprendre la description d'un parasite nouveau, et la meilleure voie à suivre, en pareille occasion, est de s'adresser à un spécialiste.

B. **Vulnérants.** — Nous avons dit qu'un certain nombre de parasites exercent sur l'organisme une action mécanique. Tels sont les Ankylostomes, tels sont encore les Taons, qui déjà rentrent à peine dans le groupe des parasites.

Mais il est aussi un grand nombre d'animaux divers qui sont capables de blesser l'homme ou ses auxiliaires, soit avec les dents, soit avec le bec, les griffes, etc. Il n'est pas besoin d'en faire ici l'énumération.

C. **Porte-Virus.** — Parmi les animaux vulnérants, il en est qui doivent être à l'occasion des agents actifs de la transmission des maladies virulentes. En se portant successivement d'un individu à l'autre, ils peuvent puiser sur un malade l'élément virulent qu'ils transportent ensuite sur un individu sain.

C'est surtout pour les affections charbonneuses qu'on a cité des faits de cette nature, presque toujours rapportés aux Diptères (Stomoxes, Simulies). Nous y reviendrons en traitant de ces Insectes.

Mais beaucoup d'autres animaux peuvent être également considérés comme les propagateurs de telle ou telle maladie contagieuse, sans parler de ceux qui, comme les Chiens enragés, inoculent leur propre virus.

D. **Venimeux.** — Moquin-Tandon appelle *toxicozoaires* tous les animaux qui produisent du venin. « Ces animaux possèdent des glandes ou glandules pour sécréter l'humeur toxique et des instruments pour la transmettre. Les uns inoculent le venin avec la bouche ou une partie de la bouche disposée à cet effet, d'autres sont pourvus d'un organe spécial. »

Parmi les premiers, se placent les Serpents, les Araignées, les Scolopendres. Peut-être aussi pourrait-on ranger dans le même groupe les Insectes à salive irritante, tels que les Cousins, les Simulies, les Réduves.

Au nombre des toxicozoaires qui possèdent un appareil spécial pour inoculer leur venin, nous pouvons citer les Vives, les Scorpions, les Hyménoptères, etc.

Enfin, il est quelques animaux venimeux qui sont dépourvus de tout instrument d'inoculation : tels sont les Crapauds, les Tritons et les Salamandres.

E. **Vénéneux.** — On connaît un assez grand nombre d'animaux dont la chair, prise comme aliment, détermine des effets tout à fait comparables à ceux des empoisonnements. D'autres n'acquièrent ces propriétés dangereuses que dans quelques circonstances. Enfin, quelques-uns sont simplement indigestes.

Des accidents graves et même mortels ont été souvent constatés à la suite de l'ingestion de la chair de certaines espèces de *Poissons*; nous verrons plus loin quelles sont les espèces constamment dangereuses à ce point de vue, et celles qui ne le sont que d'une manière intermittente. On ne sait pas encore d'une façon précise quelle est la cause de ces accidents.

Nous aurons de même à signaler les effets nuisibles qui résultent, dans certains cas, de la consommation des Mollusques ou des Crustacés.

F. **Destructeurs d'animaux ou de végétaux utiles.** — On pourrait certes étendre beaucoup la liste des animaux nuisibles; qu'il nous suffise d'ajouter à tous ceux que nous venons de citer la simple indication de ceux qui nuisent directement ou indirectement à l'Homme en s'attaquant soit aux animaux qui lui rendent des services, soit aux plantes qu'il cultive pour son alimentation, pour celle de ses animaux domestiques, pour son agrément, etc.

II. — Animaux utiles.

L'utilité des animaux, à notre point de vue, est susceptible de se manifester de façons fort diverses, de telle sorte qu'elle pourrait donner lieu à de nombreuses classifications. Nous nous bornerons à reproduire, comme étant la plus simple, celle qui a été proposée en 1838 par I. Geoffroy Saint-Hilaire (1), et qui se trouve résumée dans le tableau synoptique que nous avons tracé plus haut.

A. **Animaux alimentaires.** — Dans ce groupe doivent être rangés tous les animaux qui nous procurent des substances alimentaires quelconques. L'homme ayant un régime omnivore, les produits d'origine animale tiennent une place très importante dans son alimentation. Ainsi s'explique l'intérêt primordial que la zootechnie attache, en ce qui la concerne, à l'exploitation des animaux dont il s'agit. Mais, à côté des animaux de boucherie ou des bêtes laitières, il faut signaler aussi les volailles, le gibier, les Poissons, etc., etc., qui nous fournissent également leur chair; les Oiseaux, dont nous consommons en outre les œufs; les Abeilles, dont nous recueillons le miel, etc.

B. **Animaux auxiliaires.** — On donne ce nom à tous les animaux dont nous tirons une aide quelconque en raison de leurs facultés spéciales. Le Cheval, l'Ane, le Bœuf, par exemple, dont nous utilisons les forces, sont des animaux auxiliaires. Le Chien, dont nous exploitons les instincts ou l'intelligence pour la garde des troupeaux, pour la chasse, etc., doit prendre place à côté de ceux-ci, et peut-être même à leur tête. Nous pourrions citer encore au même titre tous les animaux qui nous rendent service en détruisant une foule de produits ou d'êtres nuisibles : tels sont les Nécrophores et les Diptères, qui consomment les substances en putréfaction; les Coccinelles, qui dévorent les Pucerons; les Crapauds, qui débarrassent nos jardins des Vers ou des Limaces; les Passereaux, qui se nourrissent d'Insectes, et tant d'autres animaux, dont nous méconnaissons trop souvent l'utilité.

Il faut savoir établir, il est vrai, la balance entre l'utilité et la nocuité des animaux qui nous entourent, et c'est à l'égard des ani-

(1) I. Geoffroy Saint-Hilaire, *Acclimatation et domestication des animaux utiles*, 4e édit., 1861, p. 56.

maux auxiliaires surtout, que ce point offre une grande importance. Prenons un exemple. La Taupe est un animal que les jardiniers ont en horreur, parce qu'elle bouleverse leurs plantations; aussi n'hésitent-ils jamais à la détruire lorsqu'ils le peuvent. En présence de ce fait, le naturaliste proteste de l'utilité méconnue de l'animal, qui ne se nourrit en aucune façon de substances végétales, mais détruit, au contraire, une quantité énorme d'Insectes nuisibles, notamment de larves de Hannetons. A quel parti se rattacher? Nous pensons, quant à nous, qu'il faut peser les services que nous rend l'animal, et les dégâts qu'il cause. C'est là une question toute de pratique, et le résultat doit varier suivant les circonstances; mais c'est ce résultat seul qui doit nous guider. L'application de ce principe, faite avec sagacité, empêcherait sans doute la destruction d'une foule d'animaux nuisibles en apparence, et d'autre part nous débarrasserait d'un certain nombre d'autres dont les services sont insignifiants en comparaison des dégâts qui sont leur fait.

C. **Animaux industriels.** — Les produits que l'industrie peut retirer des animaux sont fort nombreux. C'est ainsi qu'on exploite le sang, les os, la chair, la graisse de nos grands Mammifères domestiques : à ce titre, ceux-ci peuvent donc être considérés comme des animaux industriels ; mais on qualifie plus particulièrement de la sorte les animaux qui sont élevés en vue d'une exploitation industrielle. Le Mouton, par exemple, est entretenu dans certains pays comme simple producteur de laine : c'est bien un animal industriel. De même, le Bombyx du mûrier est destiné à produire de la soie, etc.

D. **Animaux médicinaux.** — Les Sangsues constituent le type par excellence des animaux de ce groupe, et on trouvera à leur égard des détails suffisants dans la seconde partie de cet ouvrage ; il faut ranger à côté d'elles quelques autres Hirudinées, et la qualification de médicinaux peut en outre s'étendre aux Insectes vésicants, et à tous les animaux, en somme, qui nous fournissent des produits utilisés par la thérapeutique : Éponges, Corail, Escargots, Castor, etc.

E. **Animaux accessoires.** — Ce sont tous ceux que l'homme recherche pour le convictus et l'ornement. Leur nombre est en quelque sorte illimité. Citons principalement : 1° *Animaux de compagnie :* Chat, Chien d'appartement, Singe, Marmotte ; 2° *Oiseaux parleurs ou chanteurs :* Perroquet, Sansonnet, Serin, Bouvreuil; 3° *Animaux colorés :* Paon, Ara, Poissons rouges, Insectes phosphorescents ; 4° *Animaux de combat :* Taureau, Chien, Coq, etc., etc.

Un certain nombre d'animaux utiles ont mérité, à des titres divers, d'être associés directement à l'homme : on leur donne, pour cette raison, le nom d'animaux domestiques.

Domestication. — L'histoire de la domestication des animaux est demeurée fort longtemps dans les limites étroites d'une question de zoologie appliquée ; c'est seulement depuis les belles études de F. Cuvier (1) et d'I. Geoffroy Saint-Hilaire qu'elle a pris rang parmi les thèses les plus importantes de la zoologie générale.

Mais, avant d'aborder ce sujet, il importe au plus haut point de préciser la valeur des expressions (2). *Domestication* vient évidemment de *domestique*, mot qui dérive lui-même du latin *domus*. Au point de vue étymologique, domestiquer un animal signifie donc « en faire l'animal de la maison ». A ce titre, le Moineau franc (*Passer domesticus*), la Mouche commune (*Musca domestica*), la Souris seraient de véritables animaux domestiques. Mais les détails dans lesquels nous sommes entré plus haut au sujet des rapports mutuels des organismes suffisent pour nous faire ranger ces animaux dans la catégorie des Commensaux, et personne aujourd'hui ne songe plus à prendre à la lettre les qualifications de la nomenclature.

Un Oiseau qu'on met en cage, un Loup qu'on enchaîne, ne sont pas davantage des animaux domestiques, ils sont simplement *captifs* et demeurent prêts à reprendre leur liberté à la première occasion favorable.

Il est certains de ces animaux, — mais non pas tous — qui peuvent passer de la captivité à l'*apprivoisement*. Ils acceptent alors sans réserve leur état de servitude, perdent tout désir de liberté et se plient aux exigences diverses de leur nouveau mode de vie : ceux-là encore ne sont pas domestiqués ; ce sont des animaux *apprivoisés*, ou *privés*. Notons que l'apprivoisement exige en général que les animaux soient pris jeunes, parce qu'on peut alors

(1) Fréd. Cuvier, *Essai sur la domesticité des Mammifères*. Mém. du Muséum d'hist. nat., t. XIII, p. 55, 1826.

(2) I. Geoffroy Saint-Hilaire, art. DOMESTICATION de l'*Encyclopédie nouvelle*, 1838. — *Essais de zool. génér.*, 1841. — *Acclimat. et domesticat. des anim. utiles*, 1861.

les plier plus facilement à de nouvelles habitudes, et que d'autre part il implique un certain degré d'intelligence, leur permettant d'acquérir la connaissance du maître.

Mais l'apprivoisement, comme la captivité, ne porte que sur des individus isolés, et ces individus ne se reproduisent que peu ou point lorsqu'ils sont sous le joug de l'homme, comme c'est le cas pour l'Éléphant; ou bien leur progéniture elle-même doit être soumise à l'apprivoisement. Le Guépard, l'Épervier, le Gerfaut, que l'homme dresse à la chasse ; la Loutre, le Cormoran, qui l'aident à la pêche, sont soumis individuellement, mais à chaque génération la même œuvre doit être recommencée. La *domesticité,* au contraire, s'étend aux générations issues les unes des autres ; c'est alors l'espèce, et non plus seulement l'individu, qui se trouve soumise à la domination de l'homme. On passe par gradations insensibles, il est vrai, de l'apprivoisement à la domesticité, mais celle-ci témoigne dans tous les cas d'une subordination beaucoup plus complète, précisément parce qu'elle résulte, comme le dit Geoffroy Saint-Hilaire, « de l'action d'une suite indéfinie de générations humaines sur une suite indéfinie de générations animales. » Au surplus, voici les définitions que nous donne l'éminent naturaliste :

« Les *animaux domestiques* sont ceux qui sont nourris dans la demeure de l'homme ou autour d'elle, s'y reproduisent, et y sont habituellement élevés.

La *domesticité* est l'état de l'animal domestique, et la *domestication* est la réduction à l'état domestique. »

En partant de ces données, et en les rapprochant des principes exposés dans le paragraphe précédent, on verra que la domesticité, comme nous l'avons déjà dit, n'est qu'une forme du mutualisme (1), et qu'il n'y a, dans ses manifestations, rien qui diffère essentiellement des phénomènes que nous avons signalés chez les Fourmis.

Dans l'état actuel des choses, nous avons à reconnaître, en effet, dans la domesticité, une association d'individus appartenant à deux espèces distinctes, association volontaire de part et d'autre, et dans laquelle l'une des espèces exerce une autorité acceptée par l'autre.

Mais comment cette association a-t-elle pris naissance? Ou,

(1) A. Espinas, *op. cit.*, p. 174. La plupart des considérations qui suivent sont empruntées à ce remarquable ouvrage.

pour être plus précis, comment les animaux qui nous sont aujourd'hui soumis ont-ils été domestiqués à l'origine? Il est évident qu'une telle question ne comporte pas de réponse positive, tout au moins en ce qui concerne nos principales espèces. Nous possédons bien quelques Oiseaux, tels que le Dindon, le Canard musqué, les Faisans doré et argenté, dont la domestication paraît assez récente; mais les renseignements recueillis à leur endroit sont fort peu précis, et d'ailleurs la faiblesse native de ces animaux a dû rendre cette domestication singulièrement facile. Quoi qu'il en soit, si le problème, tel que nous l'avons posé, n'est pas susceptible d'une solution rigoureuse, nous pouvons du moins arriver à un résultat offrant une grande somme de probabilités. Pour cela, nous puiserons nos données dans les faits qui se passent encore aujourd'hui sous nos yeux.

Ce que nous avons dit plus haut a dû suffire pour démontrer que la domestication est nécessairement consécutive à la captivité et à l'apprivoisement.

La captivité suppose la contrainte; l'homme a donc pu d'abord s'emparer par la ruse des animaux sauvages et les soumettre par divers moyens d'intimidation : châtiments, immobilisation, privation de nourriture, etc. C'est ainsi que, de nos jours encore, on arrive à se rendre maître des Éléphants. Et, dans certains cas, il faut bien le remarquer, la contrainte se réduit à fort peu de chose, lorsque, par exemple, les animaux sont d'un naturel craintif, ou lorsqu'ils sont très jeunes.

Mais l'apprivoisement, au contraire, exige en général que l'homme entre dans une autre voie. Après avoir dompté les animaux, il doit se les concilier. On sait le rôle des témoignages d'affection dans le dressage des chevaux. On sait comment les grands Félins captifs sont sensibles aux caresses de l'homme. L'appétence particulière des animaux pour certains aliments peut être utilisée dans le même sens avec le plus grand profit. Les procédés doivent évidemment varier suivant le caractère des animaux et suivant les circonstances. « Les corrections d'ailleurs, dit M. Espinas, et d'autre part les aliments favoris, toujours reçus de cette même main qui sait châtier, ont imprimé de tout temps dans les consciences neuves des animaux pris jeunes une empreinte ineffaçable, leur apprenant que l'homme est un être dont ils peuvent tout craindre et tout espérer, leur faisant sentir qu'ils sont pour ainsi dire dans sa main. Qu'on ajoute à cela l'expression de bonté suprême et d'énergie concentrée, manifestée si éloquemment dans les gestes, dans les traits, dans la voix de l'un et de l'autre sexe humain, et l'on comprendra que l'animal intelligent regarde l'homme comme un être infiniment supérieur à lui, dont l'association mérite d'être recherchée par-dessus toutes les autres. C'est ce qui explique les effusions passionnées de tendresse comme les témoignages d'humilité sans réserve que prodiguent à leur maître ceux d'entre eux à qui la dose d'expression a été départie en quelque mesure. »

Il nous reste encore un pas à faire. « La domestication suppose nécessairement la reproduction sous la main de l'homme, » ainsi qu'on l'a souvent répété. Ce n'est pas à dire que les deux faits soient absolument corrélatifs l'un de l'autre : nous avons au contraire de nombreux exemples de reproduction en l'état de simple captivité. Mais la formule dont il s'agit tend à exprimer cette donnée essentielle, que la domestication doit porter à la fois sur les individus et sur leur descendance. L'animal apprivoisé a pu abdiquer sa liberté personnelle d'une façon plus ou moins complète; mais, ou bien ses facultés procréatrices sont suspendues, ou bien ses descendants directs chercheront à retourner à la vie sauvage. A cet égard, il est sans doute difficile d'établir une démarcation bien nette entre l'apprivoisement et la domestication; cependant, les animaux domestiques, qui se reproduisent indéfiniment entre nos mains, ne manifestent guère, en général, de tendance à reconquérir leur liberté, et il est toujours assez facile de les ramener à la vie domestique. D'ailleurs, il en est beaucoup dont la constitution a subi des modifications trop profondes pour être en état de résister encore aux rigueurs de l'état sauvage : nos moutons perfectionnés, par exemple, abandonnés à eux-mêmes, ne tardent pas à succomber dans la lutte pour l'existence.

Or, pour arriver à cette domination complète des générations successives d'animaux, l'homme s'est appuyé, selon la remarque de F. Cuvier, sur une tendance héréditaire très puissante, se manifestant chez la presque totalité d'entre eux. Il s'agit de la *sociabilité* et plus particulièrement encore de la *subordination* à un « chef naturel. » Nous ne pouvons mieux faire que de citer encore Espinas. « Sauf le chat qui est resté, en effet, plutôt le commensal que le serviteur de l'homme, tous, chiens, moutons, chèvres, bœufs, rennes, chevaux, sangliers, éléphants, vivent en troupes organisées plus ou moins étendues, soumises à un chef. Retrouvant à un plus haut degré chez leur nouveau maître l'ascendant qu'ils étaient disposés à subir de la part de leurs congénères, ils n'ont pas eu de peine à se soumettre à lui. Quand l'homme a eu en sa possession un certain nombre d'entre eux, il est devenu naturellement le chef de leur bande, se substituant ainsi au chef que cette bande eût suivi, ou même obtenant de lui tout le premier une obéissance imitée de tout le troupeau. »

Cette manière de voir est à coup sûr très rationnelle. M. Baron l'a complétée, en quelque sorte, par cette idée que l'homme lui-même n'a fait que substituer les animaux à des domestiques humains (1). « De même, dit-il, que les ancêtres sauvages de nos chevaux, bœufs, etc., obéissaient à un des leurs en attendant un chef humain, de même l'être humain, bien des siècles avant de domestiquer aucun animal, exploitait économiquement l'être humain. » Cette vue nous paraît mériter une sérieuse attention. En tout cas, il est notoire que les espèces qui ont des instincts esclavagistes sont toujours des espèces sociables.

Une fois la domestication établie, ses effets se sont fait sentir sur les animaux aussi bien que sur l'homme. Les premiers ont naturellement développé les facultés en raison desquelles ils avaient été choisis et dans le sens même où l'homme avait intérêt à les diriger. C'est ainsi que l'intelligence du Chien s'est élevée d'une façon remarquable, tandis que le Bœuf, le Porc, le Mouton se sont perfectionnés uniquement quant aux qualités physiques qui les ont fait de tout temps utiliser. Et, en ce qui a trait à l'homme lui-même, on peut dire que l'influence exercée sur lui par la domestication des animaux est chose inappréciable. L'animal domestique, c'est une réserve de nourriture, partant un *capital;* c'est un instrument de travail, dont la puissance permet d'accumuler de la *richesse* ou de la transformer : et, par cet intermédiaire, l'homme se crée des loisirs, grâce auxquels il peut se livrer aux travaux intellectuels qui développent et fortifient son cerveau, grâce auxquels il peut se mettre en garde contre les dangers qui l'assiègent et étendre son empire sur tout ce qui l'entoure. C'est là qu'est le point de départ de la civilisation : livré à lui-même, l'homme serait inévitablement demeuré à l'état de misérable faiblesse dans

(1) R. Baron, *Classification zoologique et classification zootechnique*. Arch. vét., 1880, p. 967.

lequel nous voyons aujourd'hui encore les naturels australiens, occupés chaque jour à recueillir des graines, ou bien à prendre des vers et des opossums.

En résumé, nous concevons la domestication des animaux par l'homme comme un cas particulier et complexe du mutualisme, qu'on peut qualifier de *mutualisme substitutif*. Historiquement, il nous est facile d'adapter à l'évolution de l'humanité la succession des phases du phénomène, telle que nous l'avons esquissée. L'homme chasseur a pu longtemps se passer d'auxiliaires animaux ; toutefois, mis à même d'apprécier leur valeur, il a dû chercher à s'emparer de certains d'entre eux, du Chien, par exemple, pour le dresser à la chasse. La période pastorale comporte une extension considérable de la domestication, en ce qui concerne les animaux propres à fournir leur toison, leur lait et leur chair. L'homme agriculteur vient ensuite et soumet des espèces plus puissantes pour l'aider aux travaux de la terre. Enfin, c'est aux premières périodes de la civilisation, sans doute, qu'il faut reporter la domestication des animaux d'une utilité secondaire ou de ceux que nous avons appelés accessoires.

Quant au rôle des sociétés modernes dans la domestication, il se réduit à fort peu de chose. En cette matière, l'œuvre de nos premiers ancêtres a été si complète qu'ils ne nous ont laissé que des vides insignifiants à combler.

Acclimatation et naturalisation. — Acclimater un animal (ou un végétal), c'est, à proprement parler, l'accommoder à un nouveau climat. Or, « l'expression de *climat*, dit Humboldt, prise dans son acception la plus générale, sert à désigner l'ensemble des variations atmosphériques qui affectent nos organes d'une manière sensible : la température, l'humidité, les changements de la pression barométrique, le calme de l'atmosphère, les vents, la tension plus ou moins forte de l'électricité atmosphérique, la pureté de l'air ou la présence de miasmes plus ou moins délétères, enfin, le degré ordinaire de transparence et de sérénité du ciel. » On peut donc, d'après cela, définir l'*acclimatation*, l'accommodation aux influences très multiples et très complexes d'un nouveau climat; l'*acclimatement* n'est que le résultat de cette accommodation, c'est l'état de l'être qui s'y est trouvé soumis.

Beaucoup d'auteurs confondent la *naturalisation* avec l'*acclimatation* : I. Geoffroy Saint-Hilaire attache pourtant beaucoup d'importance à la distinction de ces deux termes. *Naturaliser*, dit-il, n'est et ne peut être que *rendre naturel*. Par conséquent, naturaliser une race, une espèce, n'est pas seulement « l'amener et la faire vivre dans un nouveau pays, mais l'y faire vivre dans les mêmes conditions que les espèces *naturelles* à ce pays. »

L'acclimatation de certains individus est un fait constant : les Faisans qui sont depuis longtemps nourris dans nos parcs s'y trouvent soumis à des conditions d'existence différentes de celles qu'ils trouvaient dans leur patrie ; ils peuvent même se reproduire sous nos yeux, mais cette reproduction, ainsi que l'éducation des jeunes, exige des soins tout spéciaux, et l'espèce, abandonnée à elle-même au milieu des rigueurs de notre climat, ne tarderait pas à disparaître. Ces animaux sont donc *acclimatés*, c'est-à-dire amenés à vivre dans un nouveau climat, mais dans des conditions plus ou moins éloignées de l'état de nature.

Au contraire, le Lapin de garenne (*Lepus cuniculus*), qui paraît originaire de l'Europe méridionale et peut-être de l'Afrique, vit et se multiplie dans nos forêts à l'état sauvage ; il s'est donc, non seulement acclimaté, mais aussi *naturalisé*.

Il faut avouer cependant que les exemples d'acclimatation et surtout de naturalisation sont beaucoup moins nombreux qu'on ne le pense généralement. Ce n'est certes pas faute d'efforts de la part des savants qui se sont donné pour mission de fonder dans nos pays des sociétés et des jardins d'acclimatation. Mais pourquoi ces efforts, poursuivis pendant de nombreuses années, sont-ils demeurés à peu près complètement stériles ? C'est que la question qui nous occupe n'est pas du domaine exclusif de la zoologie : dans l'application, c'est le côté économique qui prédomine. Pour qu'une espèce nouvelle mérite d'être acclimatée parmi nous, elle doit offrir des aptitudes supérieures à celles que déjà nous possédons (1). Or, c'est là une condition qui se trouve bien rarement réalisée. Les animaux moteurs qu'on a pu nous proposer d'introduire en Europe, par exemple, étaient loin d'offrir la valeur de nos Chevaux et de nos Bœufs ; et l'on pourrait en dire autant des producteurs de laine, de viande, etc. S'il est des animaux qui offrent quelque chance de réussite à l'endroit de l'acclimatation, ce ne sont guère que des espèces accessoires, dont l'importance, au point de vue de l'économie publique, se trouve être

(1) Voy. A. Sanson, *Traité de zootechnie*, 2e éd., 1877, t. II, p. 203.

presque toujours insignifiante. On devra donc convenir avec nous que la somme de labeurs et de capitaux dépensés chaque année par les sociétés d'acclimatation n'est guère en rapport avec les résultats obtenus ou à obtenir.

CHAPITRE IV

TAXINOMIE

Déterminer les rapports des animaux entre eux, tel est le but le mieux défini de la zoologie : et nous voyons en effet les recherches les plus variées dans le domaine de cette science aboutir en somme, dans la plupart des cas, à des essais de classement des formes étudiées. L'étude des lois sur lesquelles doivent reposer les classifications porte le nom de *taxinomie* (τάξις, ordre; νόμος, loi), et c'est un des points de la zoologie générale qui méritent le plus d'attirer notre attention. Il serait, sans doute, exagéré d'affirmer, comme d'aucuns l'ont fait, que la taxinomie constitue à elle seule la biologie tout entière; mais on doit reconnaître, du moins, qu'elle en représente un des éléments les plus importants.

Les *classifications*, d'ailleurs, ont un côté utilitaire dont l'intérêt ne peut échapper à personne, d'autant que le besoin de rapprocher les choses semblables résulte de la portée limitée de notre intelligence. Le nombre des êtres qui s'offrent à l'étude du naturaliste est tellement considérable que sa vie entière lui permettrait à peine d'acquérir la connaissance individuelle d'une fraction insignifiante d'entre eux.

Pour nous former une idée de ces êtres, il est donc nécessaire de les rapprocher d'après leurs affinités, c'est-à-dire de les *classer*, et, selon la remarque de M. Milne Edwards, de se représenter chacun des groupes ainsi formés par un type idéal, abstrait, par une image mentale, si l'on veut, à laquelle on applique un nom particulier.

L'établissement de ces catégories permet de s'élever du particulier au général et de saisir du premier abord les rapports des êtres entre eux. Avons-nous en vue *un Cheval*, par exemple :

aussitôt, et sans le moindre effort, notre esprit réunit un ensemble d'êtres qui ressemblent à celui-ci, et il arrive à embrasser progressivement tous les Chevaux, tous les Mammifères, tous les Vertébrés, tous les Animaux... Or, *le* Cheval, *le* Mammifère, *le* Vertébré, *l'*Animal ne sont que des abstractions morphologiques, n'ayant aucune existence en dehors de l'esprit, au lieu de correspondre à une forme réelle, tangible, comme *l'individu* déterminé sur lequel nous avions fixé notre attention.

Envisagée à ce point de vue, la classification apparaît surtout comme la conséquence et la traduction d'un besoin de l'intelligence, au lieu de reposer sur l'existence réelle de groupes ou catégories d'êtres ayant toutes une valeur *positive*, ainsi que l'admettent les rares partisans de l'école d'Agassiz. Ce n'est pas à dire cependant qu'il faille, à l'exemple de Buffon, regarder la classification comme une pure invention de l'esprit. Entre ces deux opinions extrêmes, il y a place pour des vues moins absolues et plus rationnelles, et nous ne pouvons méconnaître que les divers groupes des systèmes zoologiques reposent, en réalité, sur les rapports plus ou moins étroits qui existent entre les animaux, quant à leur organisation. Seulement, il ne faut pas oublier que ces catégories n'ont qu'une valeur *relative*, ce qui explique du reste les modifications qu'elles subissent suivant la manière de voir de chaque classificateur.

En tout état de cause, on peut juger combien la division des classifications en *naturelles* et *artificielles* a perdu de son ancienne importance, puisque, dans tous les cas, notre activité intellectuelle prend une certaine part au groupement méthodique des êtres. Rappelons cependant que les *classifications artificielles*, encore appelées *systèmes artificiels*, sont basées sur des caractères tirés de certains organes choisis arbitrairement : aussi, la faveur momentanée dont elles ont pu jouir est-elle attribuable à la seule facilité de leur application.

Les *classifications naturelles*, au contraire, plus souvent dénommées *méthodes naturelles*, sont établies d'après l'ensemble des caractères fournis par l'organisation. Or, comme on le verra plus loin, tous ces caractères n'offrent pas la même valeur, et ce n'est que par une juste appréciation de leur importance relative qu'on peut arriver à déterminer les *affinités* qui existent entre les animaux. Nous consacrerons ce chapitre à rechercher quelle est la nature réelle de ces affinités.

§ 1. — VALEUR DES GROUPES TAXINOMIQUES.

I. APERÇU HISTORIQUE.

Aristote (384-322 av. J.-C.), qui est universellement, et à juste titre, considéré comme le fondateur de la zoologie, divisait les animaux en deux grandes catégories : *Animaux pourvus de sang* et *Animaux exsangues*. A s'en tenir au sens littéral de la caractéristique employée, il est évident que cette classification reposerait sur une erreur ; mais en réalité sa base était beaucoup plus étendue, ces deux catégories correspondant, l'une aux Vertébrés, l'autre aux Invertébrés. Chacune d'elles se subdivisait d'ailleurs en quatre groupes naturels :

ANIMAUX POURVUS DE SANG : *Quadrupèdes vivipares, Oiseaux, Quadrupèdes ovipares, Poissons.*
ANIMAUX EXSANGUES : *Mollusques, Crustacés, Insectes, Testacés.*

Toutefois, il est bon de remarquer qu'Aristote n'avait pas en vue l'établissement d'une classification régulière. Ces groupes principaux étaient bien partagés en groupes secondaires, mais la valeur de ceux-ci était loin d'être fixe : les expressions employées pour les désigner, γένος et εἶδος, répondent assez bien, dans quelques cas, au *genre* et à l'*espèce* des classificateurs modernes ; la première, cependant, a une signification fort peu constante, et sert quelquefois à désigner un groupe quelconque d'espèces, ayant la valeur de ce que nous appelons aujourd'hui famille, ordre et même classe.

Après Aristote, il faut franchir une période de vingt siècles avant de constater un progrès sérieux dans la classification zoologique. L'illustre naturaliste suédois Ch. Linné (1707-1778) sauva la zoologie de la confusion dans laquelle menaçait de la jeter l'encombrement des matériaux recueillis par une foule de savants chercheurs. Linné doit à son esprit méthodique l'action immense qu'il a exercée sur les sciences naturelles : il était le premier qui eût tenté de dresser un tableau précis du système de la nature ; et, par l'emploi d'une méthode de classification et de nomenclature aussi simple que claire, il était appelé à communiquer à la zoologie l'impulsion la plus féconde. Plus nettement que ses prédécesseurs, il distingua les espèces et les genres, et introduisit en outre les ordres et les classes dans le système de la zoologie. Voici, du reste, la classification adoptée dans la 12e édition (1766) de son *Systema naturæ* :

Classe 1. MAMMALIA. Ord. *Primates*, *Bruta*, *Feræ*, *Glires*, *Pecora*, *Belluæ*, *Cete*.
Classe 2. AVES. Ord. *Accipitres*, *Picæ*, *Anseres*, *Grallæ*, *Gallinæ*, *Passeres*.
Classe 3. AMPHIBIA. Ord. *Reptiles*, *Serpentes*, *Nantes*.
Classe 4. PISCES. Ord. *Apodes*, *Jugulares*, *Thoracici*, *Abdominales*.
Classe 5. INSECTA. Ord. *Coleoptera*, *Hemiptera*, *Lepidoptera*, *Neuroptera*, *Hymenoptera*, *Diptera*, *Aptera*.
Classe 6. VERMES. Ord. *Intestina*, *Mollusca*, *Testacea*, *Lithophyta*, *Zoophyta*.

Les continuations de Linné ne firent subir à son système que des modifications de détail, jusqu'au jour où Cuvier publia le résultat de ses belles et vastes recherches sur la structure des animaux, et en fit une application directe à la classification (1812). En se basant sur le principe exposé plus loin de la subordination des caractères, Cuvier fut amené à reconnaître que les animaux se rattachent à différents types ou plans d'organisation, dont il fixa le nombre à quatre, en donnant aux groupes ainsi constitués le nom d'*embranchements*. A ces grandes divisions, il subordonna les classes, dont le nombre fut de beaucoup augmenté ; mais il ne s'arrêta pas à subdiviser celles-ci d'une façon régulière. Dans la plupart des cas, cependant, il les partagea en ordres, puis en familles, parfois même en sections, tribus, etc., avant d'en arriver aux genres et aux espèces. Nous nous bornons à l'indication des groupes primordiaux :

Premier embranchement : VERTÉBRÉS. 4 classes : *Mammifères*, *Oiseaux*, *Reptiles*, *Poissons*.

Deuxième embranchement : MOLLUSQUES. 6 classes : *Céphalopodes*, *Ptéropodes*, *Gastéropodes*, *Acéphales*, *Brachiopodes*, *Cirrhopodes*.

Troisième embranchement : ARTICULÉS. 4 classes : *Annélides*. *Crustacés*, *Arachnides*, *Insectes*.

Quatrième embranchement : RAYONNÉS. 5 classes : *Échinodermes*, *Vers intestinaux*, *Acalèphes*, *Polypes*, *Infusoires*.

La base fondamentale de cette classification, c'est-à-dire l'existence d'embranchements ou types d'organisation constituant les catégories les plus compréhensives, trouva le plus sérieux appui dans les travaux embryologiques de von Baer. Aussi n'est-il pas surprenant de constater que l'œuvre taxinomique de Cuvier n'a subi jusqu'à notre époque aucune altération essentielle.

Seulement, les constants progrès de la science devaient nécessiter quelques remaniements de ces groupes. En 1845, Siebold sépara des Rayonnés les Infusoires et les organismes voisins, pour en faire un type particulier, celui des *Protozoaires*. Trois ans plus tard, Leuckart divisait le reste des Rayonnés en *Cœlentérés* et *Échinodermes*. De même, on ne tarda pas à scinder le grand groupe des Articulés en deux catégories : les *Arthropodes* et les *Vers*. L'embranchement des Mollusques lui-même est appelé à subir un démembrement, et quelques auteurs ont déjà établi à ses dépens les trois types distincts des *Mollusques* proprement dits, des *Molluscoïdes* et des *Tuniciers*.

Au surplus, on a dû cesser de concevoir les embranchements comme des groupes tout à fait séparés et ne pouvant offrir entre eux aucune liaison. Bien au contraire, les formes intermédiaires ou « formes de passage » constituent des éléments de plus en plus nombreux et embarrassants pour les zoologistes.

II. Groupes principaux des systèmes zoologiques.

D'après ce qui vient d'être exposé, la classification zoologique est établie actuellement d'après un mode assez uniforme. Le règne animal est divisé en plusieurs types ou *embranchements*; ceux-ci se subdivisent en *classes*, les classes en *ordres*, les ordres en *familles*, les familles en *genres*, et les genres en *espèces*. C'est ainsi que nous disons, par exemple, que l'ours brun (*Ursus arctos*) est une espèce du genre *Ursus*, de la famille des *Ursidæ*, de l'ordre des Carnivores, de la classe des Mammifères et de l'embranchement des Vertébrés.

Dans certains cas particuliers, la multiplicité des formes ou quelque autre motif impose même au zoologiste l'obligation de constituer, parmi ces groupes principaux, des divisions secondaires, telles que sous-classes, sous-ordres, sous-familles ou tribus, etc. Toutefois, ce sectionnement, basé avant tout sur l'utilité pratique, ne mérite pas, pour l'instant, de retenir notre attention.

Mais il serait fort important, au contraire, de déterminer la valeur de chacun des groupes principaux que nous avons énumérés plus haut, et, partant, les caractères sur lesquels on doit s'appuyer pour les établir.

L'étude de l'anatomie comparée nous montre dans quelles limites considérables varient l'étendue et la constance des rapports qu'entretiennent entre elles les diverses parties de l'organisme. C'est cette observation qui a servi de base au *principe de la subordination des caractères*, établi par Antoine-Laurent de Jussieu et introduit par Cuvier dans la classification des animaux. Le principe dont il s'agit repose essentiellement sur ce fait que les dispositions organiques les plus fixes sont celles qui ont le plus d'influence sur le reste de l'économie, et qu'elles doivent, par suite, fournir les caractères *primaires ;* tandis que les particularités plus variables de l'organisation n'ont qu'une importance secondaire, de telle sorte que les caractères qu'elles fournissent sont *subordonnés* aux premiers. En appliquant ces données au règne animal, Cuvier rendit à la zoologie le plus signalé service ; toutefois il eut le tort d'exagérer la valeur des rapports dont il vient d'être question. Pour lui, les caractères supérieurs ou de premier ordre sont des *caractères dominateurs*, qui entraînent toujours une modification déterminée de l'organisme et règlent, en quelque sorte, la nature essentielle de l'être vivant. Les disciples du grand anatomiste n'ont pas hésité à reconnaître l'erreur du maître ; et l'un des plus éminents parmi eux, M. H. Milne Edwards, après avoir constaté qu'aucun caractère ne domine d'une manière absolue la constitution d'un animal ou d'une plante, conclut avec raison que, « dans chaque groupe naturel, il existe dans l'organisme certains *caractères prédominants*, sans qu'il y ait des *organes dominateurs* (1).

Le principe une fois posé, il reste à en faire l'application. A cet égard, c'est au tact du naturaliste qu'est laissée l'appréciation de l'importance relative des différents caractères ; et c'est là, sans aucun doute, l'origine des variations, parfois très étendues, qu'on observe tous les jours dans la classification de tel ou tel groupe.

Agassiz a pensé qu'il était possible d'éviter cet écueil. Après

(1) H. Milne Edwards, *Introduction à la zoologie générale*, p. 172.

un examen attentif des principaux systèmes zoologiques, il a cru reconnaître que les divers groupes admis dans ces systèmes, de l'embranchement à l'espèce, ont pour base des catégories distinctes de caractères, et représentent autant d'entités idéales ayant leur fondement dans la nature.

« Les *embranchements* sont caractérisés par le plan de la structure;

« Les *classes*, par le mode d'exécution du plan, en ce qui concerne les voies et moyens;

« Les *ordres*, par le degré de complication de la structure;

« Les *familles*, par la forme, telle qu'elle est déterminée par la structure;

« Les *genres*, par les détails de l'exécution des parties;

« Les *espèces*, par les rapports des individus, soit entre eux, soit avec le monde ambiant, aussi bien que par les proportions des parties, l'ornementation, etc. »

Cette manière de concevoir la taxinomie, et surtout le fait de reconnaître à chacun des groupes une valeur également positive, ont suscité les critiques d'un grand nombre de naturalistes; mais, par une sorte de contradiction, facile du reste à prévoir, beaucoup ont attribué à l'*espèce* une valeur toute spéciale, la regardant comme plus fondée que les autres catégories. Quelques-uns même ont étendu cette conception au *genre*, en invoquant d'ailleurs un ordre de preuves identique en faveur de leur manière de voir. L'importance de cette question nous obligera de lui consacrer un paragraphe spécial.

III. De l'espèce.

Peu de sujets ont soulevé des passions aussi vives et fait apparaître des écrits aussi nombreux que celui qui a trait à la valeur et à l'origine des formes spécifiques. Il s'agit, en effet, d'un problème des plus complexes, et qui touche à la source même de notre existence.

La géologie nous apprend que, dans le principe, la vie n'a pu se manifester sur la terre. Elle y est apparue seulement après que celle-ci eut subi dans son état primitif de profondes modifications. Or, l'esprit se pose inévitablement cette question : comment les premiers êtres vivants ont-ils été formés? comment ont été produits les êtres de plus en plus complexes qui leur ont succédé ?

On peut prévoir, dès maintenant, les difficultés qui doivent s'offrir dans la résolution d'un tel problème. Aussi les biologistes se partagent-ils, à cet égard, en deux camps bien distincts : 1° Les uns admettent que chaque espèce a nécessité un acte créateur spécial, et qu'elle possède des caractères fixes et immuables : c'est la doctrine du *créationisme*, des *créations successives* ou de l'*immutabilité des espèces ;* 2° pour les autres, au contraire, toutes les espèces actuellement vivantes, aussi bien que celles qui sont éteintes, dérivent, par une suite ininterrompue de transformations, de quelques formes primitives et peut-être même d'une seule : c'est à cette hypothèse qu'on donne le nom de *doctrine de l'évolution, théorie de la descendance*, ou simplement de *transformisme.*

Nous allons exposer ces deux doctrines, et discuter les bases sur lesquelles elles s'appuient.

A. **Doctrine de l'immutabilité des espèces.** — Il est certain que les prédécesseurs de Linné, en posant les premiers jalons de la taxinomie, n'avaient pas en vue autre chose qu'un catalogue à dresser : le caractère artificiel et arbitraire de leurs classifications en témoigne suffisamment. Aussi, tout en adoptant l'espèce comme unité de mesure, ne lui attribuaient-ils qu'une valeur relative.

Linné, le premier, accorda à ce groupe un rang privilégié lorsqu'il posa la définition cosmogonique devenue célèbre : « *Tot numeramus species quot ab initio creavit infinitum Ens.* » Le caractère dogmatique de cette formule s'accordait le mieux du monde avec les connaissances scientifiques de l'époque ; mais il faut bien reconnaître que c'est là l'origine de toutes les querelles qui ont surgi entre les naturalistes au sujet de cette question si ardue de l'origine des espèces (1).

La plupart des naturalistes qui ont suivi Linné se sont plu, en effet, à reconnaître à l'espèce une valeur positive, en lui donnant pour base deux éléments tirés, l'un de la *ressemblance* des individus, l'autre de leur *filiation.* Cuvier la définissait : « La réunion des individus descendus les uns des autres ou de parents communs, et de ceux qui leur ressemblent autant qu'ils se res-

(1) Par une sorte de contradiction curieuse à signaler, Linné paraît avoir admis la transformation des espèces en plusieurs points de ses ouvrages.

semblent entre eux (1). » Les successeurs de Cuvier ont pu modifier diversement cette définition, mais tous en ont conservé l'idée fondamentale, et la plupart se sont bornés à atténuer la notion de ressemblance.

C'est que, nous le savons déjà, il n'y a pas dans la nature d'individus absolument identiques, et que, par conséquent, il faut bien admettre une certaine *variabilité* des types spécifiques. Aussi cette variabilité est-elle reconnue par les plus ardents défenseurs de la fixité des espèces, bien qu'elle n'ait, à leurs yeux, que des limites très étroites. C'est à elle seule, du reste, qu'on peut rapporter la production des variétés et des races.

« Lorsqu'un trait individuel, dit M. de Quatrefages (2), s'exagère et franchit une limite d'ailleurs assez mal déterminée, il devient un caractère exceptionnel distinguant nettement de tous ses plus proches voisins l'individu qui le présente. Cet individu devient une *variété.* » Donc, la variété peut être définie : « Un individu ou un ensemble d'individus appartenant à la même génération sexuelle, qui se distingue des autres représentants de la même espèce par un ou plusieurs caractères exceptionnels. »

Que, dans un troupeau de moutons, par exemple, il vienne à naître un agneau pourvu d'une toison soyeuse, toute différente de celle des autres, on dira que cet individu représente une variété.

Or, il peut arriver que ces particularités soient susceptibles de se transmettre de génération en génération : la variété, devenue héréditaire, constitue alors une *race*, et celle-ci mérite d'être définie : « L'ensemble des individus semblables, appartenant à une même espèce, ayant reçu et transmettant, par voie de génération sexuelle, les caractères d'une variété primitive (3). »

Si la toison spéciale de l'agneau dont il vient d'être question se montre chez ses descendants, une race nouvelle sera donc produite : telle est, en effet, l'origine de la race mérinos à laine soyeuse, dite race de Mauchamp (4), qui fut créée par M. Graux, à dater de 1828, dans une ferme du département de l'Aisne.

« On voit, conclut M. de Quatrefages, que le nombre des races issues directement d'une espèce, peut être égal au nombre des

(1) *Règne animal*, édit. de 1829, p. 19.

(2) *L'Espèce humaine*, 4e édit., 1878, p. 27.

(3) *Loc. cit.*, p. 28.

(4) Yvart, *Études sur la race mérinos à laine soyeuse de Mauchamp*. Recueil de méd. vét., 1850, p. 460.

variétés de cette même espèce et par conséquent très considérable. Mais ce nombre tend à s'accroître encore d'une manière indéfinie. En effet, chacune de ces races primaires est susceptible de subir des modifications nouvelles pouvant rester individuelles ou devenir transmissibles par voie de génération. Ainsi prennent naissance des variétés et des races secondaires, tertiaires, etc. Nos végétaux, nos animaux domestiques fournissent une foule d'exemples de ces faits (1). »

Quels que soient d'ailleurs les caractères de plus en plus divergents de ces races, elles n'en font pas moins partie de la même espèce. Et si l'on considère l'espèce comme l'unité de mesure, elles en sont des sous-multiples, de même que le genre en représente le multiple immédiatement supérieur.

Or, il est un fait d'observation vulgaire, dans lequel les disciples de Cuvier ont cherché à trouver une base expérimentale à leur conception de l'espèce : c'est que tous les animaux de ces races se reproduisent entre eux. Ils ont donc tenté de démontrer que l'espèce est caractérisée par la possibilité d'un rapprochement sexuel indéfiniment fécond entre les individus. Flourens, l'un des plus ardents parmi eux, a même voulu étendre à la notion du genre les caractères tirés de la fécondité, et a proposé de regarder comme appartenant au même genre tous les individus capables de se féconder entre eux à un degré quelconque. De telle sorte que la fécondité illimitée serait le propre de l'espèce, tandis que la fécondité bornée fournirait une caractéristique du genre.

En résumé, pour les créationistes en général, et en particulier pour les disciples de Cuvier, l'espèce répond à une idée concrète, se rapportant aux notions d'espace et de temps, et repose sur les bases suivantes : 1° Tous les individus de la même espèce ont entre eux une grande ressemblance ; 2° ils descendent d'un couple d'ancêtres primitifs, non engendrés, par une succession ininterrompue de générations ; et un critérium pratique de l'identité spécifique est fourni par la tendance et la capacité à un rapprochement sexuel indéfiniment fécond.

Ces deux points méritent d'être examinés avec une grande attention.

1° *Caractères morphologiques.* — Beaucoup de naturalistes, et

(1) *Loc. cit.*, p. 28.

ceux surtout qui se sont livrés à l'étude exclusive de la paléontologie et de la conchyliologie, accordent aux caractères morphologiques une importance de premier ordre ; il en est de même des médecins, qui sont habitués à envisager l'individu plutôt que l'espèce.

Cependant, Lamarck a depuis longtemps mis en lumière la difficulté que présente, dans une foule de cas, la détermination des espèces, et chaque jour nous avons encore sous les yeux le spectacle de zoologistes discutant à perte de vue sur la valeur spécifique de telle ou telle forme. Ce que l'un appelle espèce n'est pour l'autre qu'une simple variété, et la détermination de l'identité spécifique n'est souvent, assure-t-on, qu'une affaire de tact. « On connaît depuis longtemps très exactement les Oiseaux de l'Allemagne, dit Hæckel (1). Bechstein a, dans sa consciencieuse Ornithologie allemande, distingué 367 espèces, L. Reichenbach en a compté 379, Meyer et Wolff 406, et un autre ornithologiste, le pasteur Brehm, en a admis plus de 900. »

Les créationistes répondent à cela que l'espèce peut varier entre deux limites extrêmes représentées par des races ou variétés très distinctes, mais que ces variétés, réunies entre elles par une série de formes intermédiaires, se groupent naturellement autour d'une forme typique dont elles dérivent. Il y a plus : un savant zootechnicien, pour les travaux duquel nous professons d'ailleurs la plus haute estime, M. A. Sanson, affirme avoir découvert une caractéristique morphologique de l'espèce chez les Vertébrés. Il s'agit des différences de formes ou de dimensions (absolues ou relatives) des os de la tête, différences « immédiatement saisissables dans leur expression synthétique. » Mais la base de ce système est assez arbitraire pour que l'auteur se voie obligé tout d'abord de rejeter l'Amphioxus du groupe des Vertébrés, sous prétexte qu'il n'a pas de vertèbres, et que, dans l'ensemble de ses propres travaux, on constate de sérieuses contradictions dans les caractères crâniens attribués à une forme déterminée. Au surplus, les anthropologistes mêmes, qui ont inauguré le système dont il s'agit dans la classification des races humaines, n'hésitent pas à confesser que la crâniologie, dans sa phase actuelle, n'est pas encore « une science de synthèse (2). »

2° *Caractères physiologiques.* — En ce qui concerne l'espèce, « la notion de *filiation*, dit M. de Quatrefages, se joint dans l'es-

(1) *Histoire de la création naturelle*, trad. Létourneau, 1877, p. 245.
(2) P. Topinard, *L'Anthropologie*, 1877, p. 208.

prit le moins cultivé à celle de ressemblance. Pas un paysan n'hésitera à regarder comme de même espèce les enfants d'un même père et d'une même mère, quelles que soient les différences apparentes ou réelles qui les distinguent. » Et le même auteur ajoute plus loin : « Ce que la science peut affirmer, c'est que *les choses sont comme si* chaque espèce avait eu pour point de départ une paire primitive unique. » La plupart des créationistes sont encore beaucoup plus affirmatifs, et n'hésitent pas à proclamer que l'ensemble des individus de la même espèce « est la descendance d'un couple primitif ».

Si on leur demande comment tous les descendants de cette paire ancestrale originelle ont pu se maintenir indéfiniment dans leur type spécifique, ils répondent que cette stabilité tient à l'infécondité des individus issus du croisement d'espèces différentes.

La vérification de cette donnée pourrait être, dans une certaine mesure, considérée comme un argument en faveur du couple primitif; de plus, elle fournirait un critérium pratique de l'identité spécifique, c'est-à-dire qu'elle permettrait de reconnaître si des individus donnés appartiennent à des *espèces* ou seulement à des *races* différentes. C'est là ce qu'on a appelé le *caractère physiologique* de l'espèce.

« Les unions sexuelles, chez les plantes comme chez les animaux, dit M. de Quatrefages, peuvent avoir lieu entre individus de *même espèce* et de *même race*, — ou bien de *même espèce*, mais de *races différentes*, — ou bien enfin d'*espèces différentes*. Dans les deux derniers cas, il y a ce qu'on appelle un *croisement;* le croisement lui-même prend des noms différents selon qu'il a lieu entre *races* ou entre *espèces* différentes. Dans le premier cas, il constitue un *métissage;* dans le second cas, une *hybridation*. Quand ces unions croisées sont fertiles, le produit du métissage porte le nom de *métis;* le produit de l'hybridation, celui d'*hybride* (1). »

Nous tenons d'abord à reproduire textuellement ces définitions de l'éminent professeur du Muséum, pour éviter la confusion que quelques auteurs se sont plu à jeter dans l'emploi des mots *hybride* et *métis*. Ceci établi, voici sur quelles bases on fait aujourd'hui reposer le critérium physiologique de l'espèce : 1° les métis sont indéfiniment féconds ; 2° les hybrides n'ont d'ordinaire entre eux qu'une fécondité restreinte et très rapidement bornée ;

(1) *Loc. cit.*, p. 46.

dans le cas contraire, les descendants font retour aux types primitifs.

1° *Fécondité des métis.* — Le métissage s'accomplit en général avec la plus grande facilité, aussi bien à l'état de nature que dans des conditions artificielles. Aussi n'hésite-t-on pas à admettre « que les résultats en sont aussi certains que ceux de l'union entre individus de même race, » et que parfois même « la fécondité s'accroît ou reparaît sous l'influence de ce croisement. »

Il ne faudrait pas croire, cependant, que ces faits soient admis sans réserve. Ainsi, d'après Perrier, les éleveurs qui possèdent à la fois un grand nombre de races de volailles, prétendent que le mélange de races différentes donne souvent naissance à des œufs clairs. Youatt rapporte que, dans les croisements opérés autrefois, dans le Lancashire, entre le bétail à longues cornes et la race courtes cornes, le tiers des vaches cessa de concevoir à la quatrième génération. Bien plus, selon Rengger, le Chat domestique importé d'Europe au Paraguay s'y est sensiblement modifié dans le cours des temps, et montre une aversion très décidée contre la forme européenne dont il dérive (Claus). De même, l'Apérea du Brésil, qui paraît être la souche sauvage de notre Cochon d'Inde, ne s'accouple pas avec celui-ci. Enfin, Darwin nous apprend que les Lapins domestiques lâchés en 1418 dans l'île de Porto-Santo, près de Madère, s'y sont tellement modifiés, qu'il a été impossible de les faire reproduire avec des individus domestiques des diverses races anglaises.

D'autre part, il est certain que dans les *races métisses*, c'est-à-dire résultant du croisement de deux races, on voit souvent certains produits *faire retour* spontanément à l'un ou à l'autre des types parents primitifs : c'est à ce phénomène qu'on a donné le nom de *réversion*. Un grand nombre de faits de ce genre ont été rassemblés par M. Sanson (1) ; nous ne croyons pas utile de les rapporter ici. Mais le retour dont il s'agit est loin de s'effectuer avec régularité : dans certains cas, tout ou partie des produits reprennent les caractères de l'un ou de l'autre des parents dès les premières générations ; d'autres fois, les faits de réversion ne se manifestent que de loin en loin et d'une façon irrégulière. Tout cela peut être observé dans le croisement des races de

(1) A. Sanson, *Traité de zootechnie*, 2e édit., t. II, p. 59 et suiv.

Chiens, de Poules, etc. Au degré près, il y a là une variation *désordonnée* comme celle que nous aurons à signaler au sujet des hybrides.

2° *Fécondité limitée des hybrides.* — Il nous faut tout d'abord convenir que les animaux d'espèces différentes montrent en général une grande répugnance à s'accoupler entre eux. Cependant, on a constaté le fait sur des individus appartenant à des groupes parfois très éloignés. Buffon a vu un Chien essayer de s'accoupler avec une Truie, et un Taureau couvrir une jument plusieurs fois par jour. Réaumur a cité l'exemple d'une Cane qui s'accroupissait pour recevoir les caresses de plusieurs Coqs, et, ce qui serait incroyable si le savant naturaliste ne l'avait vérifié par lui-même, le fait d'une Poule qui recevait les approches d'un Lapin (1).

Toutefois, ces accouplements ne donnent pas de produits, et la fécondité paraît être limitée aux espèces d'un même genre. Encore est-elle loin d'être aussi générale que le laisserait supposer la tentative de Flourens, de caractériser précisément le genre par la fécondité limitée des espèces. Rappelons, cependant, que beaucoup d'Équidés se fécondent entre eux, qu'il en est de même de divers Bovidés; qu'on a obtenu des produits du Chien et du Loup, du Tigre et du Lion, etc., etc. On a même constaté quelques faits de cette nature entre animaux sauvages et vivant en liberté, surtout chez les Gallinacés.

Est-il vrai, comme on l'a souvent répété, que les produits de ces croisements d'espèces différentes soient stériles? Ce qui est bien démontré, c'est l'infécondité absolue de l'accouplement du Mulet avec la Mule, par exemple. Mais il faut remarquer que ce fait trouve avant tout son explication physiologique dans l'absence à peu près constante de spermatozoïdes normaux chez le Mulet. Les ovaires de la Mule peuvent fonctionner, et l'on possède aujourd'hui d'assez nombreux exemples de fécondation de la Mule par le Cheval et par l'Ane. Mais, jusqu'à présent, cette fécondité paraît bornée à la première génération.

Il n'en est pas de même pour beaucoup d'autres hybrides. Ceux qui résultent du croisement entre Chien et Loup, entre Chien et Chacal, entre Bouc et Brebis (Chabin), entre Zébu mâle et Yak femelle (Dzo), entre Lièvre et Lapin (Léporide), etc., sont capables

(1) *Art de faire éclore et d'élever en toute saison des oiseaux domestiques*, 1749 (M. Duval).

de se reproduire *inter se* pendant un nombre indéfini de générations, à la façon des véritables métis.

Mais, assure-t-on, les descendants de ces hybrides ne conservent que peu de temps leurs caractères : ils sont soumis à la *réversion* d'une façon beaucoup plus accusée que les métis, et le retour s'effectue ordinairement de telle façon que, à chaque génération, un certain nombre d'individus reprennent les caractères, soit du père, soit de la mère. M. Naudin, qui a découvert ce phénomène, lui a donné le nom de *variation désordonnée*. C'est ainsi que se comportent, d'après divers auteurs, et les Chabins et les Léporides. A l'égard de ces derniers, cependant, les preuves ne sont pas aussi complètes qu'on pourrait le désirer (1). Au surplus, le règne végétal nous fournit un fait — unique à la vérité — en opposition avec la loi de réversion. En fécondant l'*Ægilops ovata* à l'aide du pollen du froment, Godron obtint un hybride appelé *Ægilops triticoides ;* celui-ci, croisé de nouveau avec le blé, donna un hybride de seconde génération, l'*Ægilops speltæformis*, lequel, à l'aide de soins minutieux et spéciaux, put se conserver indéfiniment sans offrir de retour.

Il faut conclure de là que si, à l'état de nature et dans des conditions toutes spontanées, il ne se produit pas de formes hybrides capables de se propager et de s'établir d'une façon définitive, il n'y a pas toutefois de différence essentielle entre les hybrides et les métis. Donc, le prétendu critérium physiologique n'a point la valeur que lui accordent les partisans de la fixité des espèces.

On a comparé très heureusement les résultats des unions sexuelles à ceux que fournit la greffe. Comme tous les auteurs le constatent, la faculté que possèdent les végétaux de se greffer l'un sur l'autre repose sur la simple conformité de leurs conditions anatomiques et physiologiques : de même, il semble que le degré de fécondité des êtres vivants soit sous la dépendance exclusive des rapports de cette nature, et n'offre par suite qu'une relation indirecte avec l'identité spécifique.

B. **Doctrine de l'évolution.** — La doctrine de l'évolution ou de la descendance, qui a pour base l'hypothèse de la variabilité illimitée des espèces, avait été vaguement exposée dès 1748 par un écrivain français, de Maillet, et quelque peu soutenue par Buffon.

(1) Voy. Mathias Duval, *L'hybridité* (*Revue scient.*, janvier 1884, p. 97).

Mais ce n'est qu'au commencement de ce siècle que Lamarck la formula d'une manière précise et sut lui donner un corps (1). Lamarck, en effet, doit être considéré comme le fondateur de la théorie généalogique, car il est le premier qui ait rattaché les animaux fossiles aux animaux actuels et affirmé que les espèces dérivent les unes des autres, en admettant que leurs ancêtres primitifs s'étaient formés par génération spontanée, et qu'ils avaient dû offrir une organisation très simple. Pour lui, les transformations des espèces sont dues aux changements dans les conditions d'existence, ainsi qu'à l'usage ou au défaut d'usage des organes. L'hérédité transmet les modifications ainsi produites, qui se consolident peu à peu, mais ne sont réellement assises qu'au bout d'un temps très long. Les idées de Lamarck passèrent presque inaperçues de son temps, et la doctrine de Cuvier, soutenue avec éclat par l'illustre anatomiste, continua de dominer l'histoire des êtres vivants.

Cependant, Étienne Geoffroy Saint-Hilaire défendait avec ardeur, contre Cuvier, l'hypothèse de l'*unité de composition* du règne animal (Voy. p. 34). Comme Lamarck, il admettait que les animaux vivants dérivent des fossiles; mais son principe même l'obligeait à supposer que, de tout temps, avaient existé des animaux très complexes; il attribuait, en outre, une influence plus marquée à l'action du monde ambiant. Cuvier sortit triomphant de cette lutte et la doctrine de la fixité parut définitivement admise.

Pourtant une révolution se préparait. Sous l'impulsion de Lyell, les principes fondamentaux de la géologie étaient attaqués dans leur base. A la théorie cuviériste, expliquant par des cataclysmes universels la transformation des faunes de l'écorce terrestre, se trouvait substituée la doctrine des « causes actuelles », rattachant les principales modifications géologiques à l'action continue et longtemps prolongée des forces qui se manifestent encore sous nos yeux. Comme conséquence de cette manière de voir, les géologues se trouvaient conduits à admettre la continuité de la vie à travers les périodes successives de la formation des terrains, et partant la transformation graduelle des espèces.

La révolution éclata en 1859, quand parut le livre célèbre de Ch. Darwin *Sur l'Origine des espèces*. A Darwin (1809-1882) revient en effet le mérite d'avoir développé la théorie généalogique avec

(1) *Philosophie zoologique*, 1809.

une puissance et une netteté jusqu'alors inconnues, et surtout de l'avoir appuyée sur des données d'une incontestable valeur, au premier rang desquelles se place le principe, exposé plus haut, de la *sélection naturelle*.

A peine formulée, cette théorie devint l'objet des plus vives controverses, excitant l'enthousiasme des uns, soulevant les protestations des autres, et provoquant de toutes parts des recherches et des publications innombrables.

C'est en raison de l'influence décisive de Darwin sur l'établissement de la doctrine évolutive, qu'on a souvent désigné celle-ci sous le nom de Darwinisme. Cependant, dès le commencement de ce siècle, comme on vient de le voir, Lamarck en avait jeté les fondements. Aussi convient-il d'appliquer, avec Hæckel, la dénomination de *Lamarckisme* à cette partie de la théorie qui consiste à regarder les espèces comme descendues les unes des autres, et celle de *Darwinisme* à la théorie de la sélection.

Sans insister davantage sur cette distinction, nous allons examiner les bases sur lesquelles s'appuie l'ensemble de la doctrine.

Nous avons précédemment étudié la sélection naturelle comme reposant sur des faits positifs et bien observés. En dehors même de tout rôle hypothétique, elle nous a offert un intérêt de premier ordre. Mais son importance devient bien autrement grande, si l'on considère que c'est sur elle que repose toute la théorie darwinienne.

On se rappelle que la sélection naturelle est sous la dépendance directe de la concurrence vitale, et que les éléments mis en jeu par celle-ci ne sont autres que la variabilité et l'hérédité. Or, Darwin part de cette hypothèse que la variabilité ou faculté d'adaptation est illimitée. Dès lors, il arrive sans peine à admettre que la sélection naturelle, en s'exerçant pendant les longues périodes géologiques, — avec une extrême lenteur, il est vrai, — enregistre les modifications qui se sont produites et qui s'accumulent peu à peu dans le même sens, sans qu'il y ait aucune limite à ces changements. Les individus les plus favorisés dans la lutte pour l'existence, les mieux doués, qui seuls peuvent transmettre leurs propriétés, forment une souche dans laquelle la divergence des caractères s'accentue de plus en plus, de telle sorte que les variétés et les races ne représentent qu'une étape dans l'évolution des organismes, et arrivent peu à peu au rang d'espèces.

En d'autres termes, et pour parler le langage précis de Darwin, *la variété est une espèce en voie de formation.*

Cependant, on peut se demander pourquoi, étant donnée la loi de perfectionnement dont il vient d'être question, il existe encore des formes inférieures, et pourquoi le développement de certains types se traduit par une métamorphose régressive. Darwin répond qu'en effet la sélection naturelle doit amener le perfectionnement de l'organisme, mais qu'il faut entendre par là une adaptation plus parfaite aux conditions du milieu; or, ces conditions peuvent demeurer indéfiniment les mêmes, et alors toute modification ne pourrait être qu'inutile ou nuisible; ou bien leur changement entraîne l'inutilité de certains organes, et ceux-ci, par suite, tendent à disparaître.

En somme, au point de vue transformiste, l'espèce, loin de correspondre à une unité fixe, comme dans la doctrine de l'immutabilité, représente au contraire une réunion de formes transitoires, ne persistant qu'autant que les conditions de milieu restent identiques. C'est « l'ensemble des cycles de générations correspondant à des conditions d'existence définies, et conservant, tant que celles-ci ne varient point, une certaine constance dans leurs caractères essentiels. »

L'extension des données précédentes conduit à admettre que les modifications dues à la sélection naturelle peuvent s'accuser de façon à dépasser les limites des caractères génériques ; c'est-à-dire que les espèces sont susceptibles d'acquérir des caractères assez dissemblables pour donner lieu à des genres distincts, lorsque les formes intermédiaires ont disparu dans la lutte pour l'existence. De même, les genres dérivant d'une même souche donnent lieu à des familles, celles-ci à des ordres, puis à des classes, et enfin à des types ou embranchements distincts. La valeur de ces divers groupes n'a donc rien de plus absolu que celle de l'espèce, mais tous témoignent d'une parenté de plus en plus éloignée, et la classification, dans son ensemble, doit représenter un arbre généalogique. Seulement, nous ne connaissons qu'une minime fraction des formes innombrables qui ont dû peupler la terre aux diverses époques géologiques, et qui devaient constituer les rameaux les plus importants de cet arbre.

Telle est, brièvement résumée, la théorie évolutive basée sur la sélection, théorie qui, développée par son auteur avec le plus remarquable talent, a séduit d'emblée tant d'imaginations.

Avant d'aller plus loin, nous devons reconnaître, toutefois, que cette théorie n'a jamais été et ne sera peut-être jamais appuyée par une démonstration directe. L'un des facteurs essentiels qu'elle invoque échappe en effet à notre action : nous voulons parler du *temps*. La sélection naturelle repose, comme nous l'avons montré, sur des faits bien établis, mais aucune des transformations qu'elle peut amener sous nos yeux ne franchit les limites du type spécifique.

Au surplus, nous allons aborder l'examen des principaux faits invoqués en faveur de la doctrine. A l'exemple de Claus, nous envisagerons successivement les faits relatifs à la morphologie, à l'embryologie, à la géographie zoologique et à la paléontologie.

1° *Morphologie.* — Les relations morphologiques des êtres vivants trouvent dans la théorie transformiste une explication tellement rationnelle, que les zoologistes ont toujours été portés à employer par métaphore l'expression de *parenté* pour exprimer les affinités qui servent de base à la classification. Ce que Cuvier et Agassiz appellent « plan d'organisation » se trouve être, pour les transformistes, un résultat naturel de la commune origine. Et la théorie donne de même la raison d'être de ces nombreuses formes intermédiaires qui embarrassent si souvent les classificateurs, comme elle rend compte de la nécessité où nous nous trouvons parfois d'établir des groupes de haute valeur pour des formes isolées, telles que l'Amphioxus ou les Limules.

Quoi de plus facile à comprendre encore que les homologies, lorsqu'on admet qu'il s'agit d'un même organe primitif, modifié pour s'adapter à un mode de vie et à des usages différents? et les analogies elles-mêmes ne s'expliquent-elles pas aussi bien par l'adaptation de parties différentes à des conditions de vie semblables?

C'est encore l'adaptation qui peut le mieux nous rendre compte du dimorphisme sexuel si accusé chez certains animaux, notamment chez les parasites (*Trichosoma crassicauda*), et du polymorphisme des individus sociaux (Abeilles, Fourmis). En thèse générale, c'est à l'influence du genre de vie, bien plus qu'à la sélection sexuelle, que sont attribuables ces différences profondes. Dans certains cas, une espèce peut même revêtir diverses formes qui sont en rapport direct avec les saisons : ainsi, la Vanesse Carte géographique se montre deux fois par an : au printemps, avec des ailes fauves, en été avec des ailes noires, chacune de ces formes descendant immédiatement de l'autre. Cependant, on a relevé des exemples de dimorphisme qu'il est impossible de rattacher à une cause extérieure : certains Papillons, et entre autres le *Papilio Memnon*, des îles de la Sonde, ont deux sortes de femelles tout à fait dissemblables. Chez quelques Crustacés (*Tanais dubius*), ce sont les mâles qui sont dimorphes.

D'autres faits non moins intéressants peuvent être encore rapportés à l'adaptation : ce sont ceux auxquels on a donné le nom de *mimétisme*, et qui consistent dans la ressemblance que prend une forme animale avec les objets ou les êtres qui l'entourent. Ainsi, quelques Poissons prennent momentanément la couleur du fond sur lequel ils se trouvent, mais ils perdent cette faculté lorsqu'on leur crève les yeux (G. Pouchet). D'autres animaux conservent toujours la teinte générale du milieu où ils vivent (Sauterelles), ou l'aspect des corps sur lesquels ils reposent (Phyllies, Phasmes). Mais, ce qui est beaucoup plus curieux, c'est le cas où une espèce imite à s'y méprendre une autre espèce de la même région, mais d'une organisation différente. En pareil cas, la forme imitatrice est presque toujours rare, et l'autre commune; de plus, celle-ci jouit à certains égards d'une immunité dont la première tire un profit direct. Bornons-nous à citer les Sésies, Papillons crépusculaires de nos pays qui ont à la fois la livrée et les allures des Guêpes et des Frelons, ce qui les soustrait en grande partie à l'attaque des Oiseaux. Il nous paraît inutile d'insister sur les avantages qu'offrent de tels déguisements dans la sélection naturelle.

L'existence d'*organes rudimentaires*, qui a toujours embarrassé les créationistes, reçoit encore une explication des plus simples de par la théorie transformiste. Par suite du défaut d'usage résultant d'un changement dans le mode de vie, les organes s'atrophient et tendent à disparaître dans la suite des générations. Leur persistance à l'état de rudiments n'est que le résultat de la puissance héréditaire. Ainsi s'explique la présence de dents aux mâchoires des fœtus de Baleines, d'une aile atrophiée et sans usage chez l'Aptéryx, de châtaignes aux membres des Chevaux, etc. Nous devons reconnaître pourtant qu'à ce point de vue, certains organes sont assez embarrassants : les mamelons des Mammifères mâles, par exemple, ont fourni plus d'une fois des arguments aux partisans de l'unité de plan.

Il ne faut pas confondre avec les organes rudimentaires ceux qui, bien que peu développés, ont une utilité manifeste pour l'animal : par exemple, les glandes mammaires de l'Ornithorynque et les nageoires filiformes des *Lepidosiren*. Darwin les considère comme des organes naissants, qui doivent tendre à se développer par le fait de la sélection naturelle.

2° *Embryologie.* — Nous avons vu que toutes les formes animales tirent leur origine de la petite masse protoplasmique ovulaire ; or, à mesure que se développent les embryons, leurs caractères tendent à diverger ; mais cette divergence est d'autant plus tardive qu'ils appartiennent à des espèces plus rapprochées les unes des autres. Entre animaux du même embranchement, mais de classes différentes, la distinction demeure même assez longtemps impossible. Darwin cite à cet égard une autorité qui ne peut être contestée : « Je possède, conservés dans l'alcool, dit Von Baer, deux petits embryons dont j'ai omis d'inscrire le nom, et il me serait absolument impossible de dire à quelle classe ils appartiennent. Ce sont peut-être des Lézards, de petits Oiseaux ou de très jeunes Mammifères... »

Parfois, cependant, on constate que des formes voisines évoluent dans un sens assez différent : c'est qu'il faut tenir compte de ce fait, que l'influence de l'hérédité se trouve modifiée par des phénomènes d'adaptation. La métamorphose régressive, qui s'observe dans le cours du développement d'un grand nombre de parasites, peut s'expliquer de la même manière.

Mais les données les plus intéressantes de l'embryologie ont trait aux relations qui apparaissent entre l'évolution de l'individu et celle de l'espèce. Ét. Geoffroy Saint-Hilaire avait déjà reconnu chez les Poissons des particularités d'organisation qui ne se montrent que temporairement chez les Vertébrés supérieurs. Les recherches des naturalistes modernes ont donné à cette observation un caractère de haute généralité, et démontré que, dans les premières phases de son existence, un animal d'ordre supérieur offre successivement des caractères qu'on retrouve à l'état permanent chez les animaux inférieurs. Il y a donc un parallélisme frappant entre l'évolution de l'individu (ontogénie) et celle de l'espèce (phylogénie). C'est ce qu'a fort bien indiqué Fritz Müller dans cette formule devenue classique : *l'histoire de l'évolution individuelle est une répétition courte et abrégée, une récapitulation, en quelque sorte, de l'histoire de l'évolution de l'espèce.*

Il faut remarquer, toutefois, que la phylogénie est loin d'être exprimée d'une façon complète par les classifications, pour ce motif que la paléontologie ne nous a fait connaître encore qu'un petit nombre des formes disparues. D'autre part, le parallélisme dont il vient d'être question peut être troublé, soit par la simplification, la condensation, si l'on veut, de l'évolution individuelle, qui supprime certaines phases de la phylogénie, soit par des modifications de ces phases, le tout résultant d'adaptations à des conditions particulières, subies pendant les premières périodes de l'existence. Enfin, il ne faut pas oublier que le développement paléontologique forme, selon la remarque de Hæckel, une série évolutive ramifiée, un arbre généalogique, tandis que le développement individuel représente une chaîne simple.

3° *Distribution géographique.* — Les lois qui régissent la répartition des animaux à la surface du globe sont trop complexes et trop peu connues pour être invoquées à titre de preuves directes et frappantes en faveur de la théorie transformiste; mais, à défaut de lois, on cite un certain nombre de faits qui trouvent dans cette théorie une explication rationnelle. On ne doit pas perdre de vue, d'ailleurs, que la géographie zoologique est intimement liée à la géologie, et que la distribution actuelle des animaux résulte, non seulement de la répartition primitive de leurs ancêtres, mais aussi des transformations géologiques qui ont modifié l'étendue, la position et les communications des mers et des continents.

Et d'abord, il est impossible d'expliquer, par la seule influence des conditions climatériques, la ressemblance ou la dissemblance qui existe entre les faunes de diverses régions. Lorsqu'on parcourt l'Amérique, par exemple, on rencontre d'un point à l'autre les conditions locales les plus variées : températures élevées, basses ou moyennes, montagnes ou plaines, déserts arides ou marécages herbeux, etc., etc., toutes particularités qui s'observent également dans l'ancien continent. Or, tandis qu'il est facile de reconnaître aux espèces américaines, sous les latitudes les plus diverses et dans les climats les plus opposés, un cachet de commune ressemblance, on est frappé de la grande différence que présentent entre elles la faune de l'Amérique et celle de l'ancien monde, sauf en ce qui se rapporte aux contrées polaires. Ces faits trouvent leur explication dans la théorie de l'évolution, si l'on s'appuie sur l'influence des migrations et des barrières qui font obstacle à celles-ci.

L'espace qu'occupent naturellement, à la surface du globe, les représentants d'une espèce quelconque, est l'*aire géographique* de cette espèce, et le point où cette espèce est apparue en premier lieu, d'où elle s'est répandue, s'appelle son *centre de création* ou *de rayonnement*, ou plus simplement son *berceau*. On conçoit que, pour la plupart des espèces, ce berceau doive être cherché dans les époques géologiques antérieures.

Une forme nouvelle étant donnée, la concurrence vitale contraint à rayonner, loin de son séjour primitif, les individus qui en dérivent, et ainsi se constitue l'aire géographique, laquelle peut être figurée schématiquement par un cercle. D'après cette manière de voir, il est évident que les individus appartenant à une même espèce ne doivent pas se rencontrer dans des régions qui sont séparées par des barrières naturelles, telles que hautes montagnes, bras de mer, climats trop doux ou trop sévères, etc. Lors donc qu'une pareille solution de continuité se présente, la théorie doit, sous peine d'être mise en défaut, trouver l'explication du fait dans les phénomènes géologiques connus, ou dans la puissance des moyens de locomotion des animaux.

Or, Darwin a, dans nombre de cas, fourni cette explication. Les seuls Mammifères, par exemple, qu'on découvre dans beaucoup d'îles océaniques, sont des Chauves-Souris : la raison en est, sans doute, dans la locomotion aérienne de ces animaux. Dans le nord de l'Amérique et de l'ancien continent, on trouve un certain nombre d'espèces communes, telles que l'Ours blanc, le Renne, l'Hermine; mais il est démontré que l'espace occupé aujourd'hui par le détroit de Behring était, à une époque antérieure, comblé par un isthme qui reliait l'Amérique à la Sibérie. — On rencontre assez souvent, sur le sommet de hautes montagnes éloignées les unes des autres, comme les Alpes ou les Pyrénées, une ou plusieurs espèces communes, bien que, par suite des conditions climatériques des plaines intermédiaires, toute communication soit impossible pour elles entre ces points. L'explication de ce fait est fournie par l'existence de la *période glaciaire*, pendant laquelle les régions actuellement tempérées de notre hémisphère étaient soumises à une température très basse et partant peuplées d'espèces aptes à supporter les frimas. Lorsque la chaleur revint, ces espèces durent se retirer, soit vers le nord, soit sur les cimes des montagnes : il n'est donc pas étonnant de les voir, aujourd'hui, en des points séparés.

La distribution des animaux d'eau douce ne répond pas, à première vue, à l'indication que semble devoir donner la théorie de la descendance. En effet, on constate que les mêmes espèces sont fréquemment répandues dans des rivières et des lacs séparés par de grands espaces de terre, alors qu'on s'attendrait à les trouver tout à fait localisées. On peut cependant trouver la raison de cette extension dans des changements de niveau du sol, dans des inondations ou des trombes, et enfin dans le transport passif des animaux ou de leurs œufs par des Oiseaux ou des Insectes aquatiques.

Quant aux faunes insulaires, on a souvent remarqué, depuis Wallace, combien est grande leur ressemblance avec la faune du continent voisin, bien qu'elles ne soient pas toujours composées des mêmes espèces. C'est que, dans nombre de cas, ces îles ont été séparées du continent par suite d'abaissements séculaires, analogues à ceux qui se manifestent encore sous nos yeux. Il faut admettre alors que les changements physiques qui se sont fait sentir dans ces îles ont amené l'extinction ou la transformation des espèces primitives. La population animale des îles du Cap-Vert, par exemple, porte le cachet de la faune africaine, quoiqu'elle se compose d'espèces distinctes. Tous ces rapports s'expliquent par une colonisation suivie d'adaptation à des conditions nouvelles : l'isolement doit même être considéré comme un des éléments les plus avantageux de la sélection naturelle, car il supprime les chances de réversion dues au croisement des formes nouvelles avec la souche primitive.

En somme, malgré la difficulté qu'offre le sujet, on voit que la théorie évolutive est à même de fournir une explication rationnelle des principaux faits observés relativement à la distribution géographique des animaux.

4° *Paléontologie.* — On sait que la surface du globe a subi, dans la série des temps, des changements considérables, et que de grandes étendues de terre ont été souvent englouties au fond des mers ou soulevées au-dessus des flots. Par suite, la nombreuse population, animale ou végétale, de chaque continent ou de chaque mer a dû, à différentes reprises, laisser sur place ses débris épars ou accumulés, ossements, coquilles, etc., sous la forme de *fossiles*. La *paléontologie*, qui a pour objet l'étude de ces fossiles, doit donc avoir fourni des éléments de premier ordre aux partisans des diverses théories relatives à l'origine des espèces.

Effectivement, deux doctrines sont en présence pour rendre compte des changements survenus dans la constitution de l'écorce terrestre. La première, exposée par Cuvier, est celle des révolutions ou catastrophes subites et universelles, détruisant à un moment donné tous les êtres existants, et par suite exigeant chacune la création d'espèces nouvelles. L'autre, soutenue par sir Ch. Lyell, est la doctrine dite des *causes actuelles* ou de la continuité, d'après laquelle les modifications du globe s'expliquent simplement par l'action continue et longtemps prolongée des causes qui agissent encore sous nos yeux.

Nous avons déjà reconnu que les progrès incessants de la science tendent à asseoir de plus en plus cette dernière doctrine. En général, on est d'accord aujourd'hui pour admettre que les périodes géologiques se suivent sans interruption, qu'elles ne sont limitées ni à leur début ni à leur terminaison, et qu'il ne faut les accepter que comme un moyen de faciliter l'étude de la croûte terrestre. La théorie de l'évolution est en parfaite concordance avec cette manière de voir, puisqu'elle exige également une longue série de siècles et reconnaît surtout des variations lentes et graduelles.

Reste à savoir si la succession des formes animales conservées dans les diverses couches géologiques répond à l'idée de progression constante qu'implique cette théorie. En réalité, on constate, d'une manière générale, que la constitution des types éteints se perfectionne de plus en plus à mesure qu'on se rapproche de l'époque actuelle; mais, pour que la paléontologie apportât au transformisme un appui décisif, il faudrait que toutes les formes de transition reliant les espèces vivantes aux types primitifs fussent représentées, à l'état fossile, dans les couches successives. Malheureusement — et c'est là un des points faibles de la théorie — ces formes de passage, qui devraient exister en si grand nombre, font presque toujours défaut. Il est vrai qu'on explique en partie cette absence par l'imperfection des archives géologiques, beaucoup d'individus n'ayant pas laissé de débris, et bien peu de régions ayant été explorées jusqu'à présent.

On assure, d'ailleurs, que certains fossiles présentent les formes dont il s'agit, et l'on cite en particulier les Ammonites, les Nérinées, les Trigonies, etc., dont les espèces sont aussi difficiles à établir, par exemple, que celle des *Rubus* de nos pays, attendu qu'on passe de l'une à l'autre par degrés insensibles. Nous avons indiqué plus haut (p. 122) la manière de voir des créationistes à cet endroit.

Ajoutons que les travaux les plus récents (1) ont démontré que de nombreux Mammifères actuellement vivants ont des rapports de parenté très intimes avec les espèces fossiles.

Conclusions. — De la discussion rapide à laquelle nous venons de soumettre les deux doctrines de la fixité des espèces et de l'évolution, il nous semble résulter que la balance penche sensiblement en faveur de cette dernière.

Sans doute — et nous n'avons pas hésité à le reconnaître — il est impossible de l'appuyer par une preuve directe; mais elle nous rend si bien compte d'une foule de faits laissés sans explication par l'ancienne théorie, que les préférences lui sont vite acquises. Aussi bien, l'invariabilité de l'espèce manque-t-elle également d'une base de démonstration.

La constatation de notre impuissance à cet endroit doit-elle nous conduire, comme le voudraient les positivistes, à négliger tout à fait cette question de l'origine des espèces? Mais on n'enraie pas à volonté la marche de l'esprit humain, et c'est même un des plus nobles attributs de notre espèce que cette tendance à aborder les problèmes les plus ardus et à rechercher l'origine des choses.

Nous conclurons donc en prenant pour base, dans l'étude des formes animales, la doctrine de l'évolution.

Applications taxinomiques. — L'adoption de la théorie évolutive a pour résultat direct de modifier, au fond, le sens des anciennes classifications. Le but de la taxinomie se trouve indiqué, en effet, par l'établissement d'un arbre généalogique. Mais nos connaissances en paléontologie sont, comme on l'a vu, encore bien incomplètes; et d'ailleurs, de nombreux rameaux, non conservés par la fossilisation, représentent autant de vides qu'il sera, sans doute, à jamais impossible de combler. On voit là difficulté de découvrir la filiation des formes animales : aussi ne devons-nous citer que pour mémoire les tentatives faites dans ce sens par divers naturalistes, et en particulier par Hæckel.

Au total, la doctrine de l'évolution n'a pas apporté dans la classification un trouble sensible : elle en a seulement changé la signification. Les procédés employés pour déterminer les rapports des animaux entre eux restent les mêmes, mais l'expression de parenté perd son sens métaphorique pour acquérir une valeur réelle.

(1) A. Gaudry, *Les enchaînements du monde animal dans les temps géologiques*, 1878.

En fait, on arrive à concevoir les groupes taxinomiques comme correspondant à peu près aux branches, rameaux et ramuscules de l'arbre généalogique. A telles enseignes que, d'après Hæckel lui-même, les embranchements ou types de la plupart des auteurs ont sensiblement la même valeur que les *phyles* ou lignées organiques qui réunissent les catégories d'animaux ayant entre eux une parenté non douteuse.

Il n'est pas jusqu'à l'espèce qui ne soit maintenue dans la classification des transformistes : ceux-ci, en effet, reconnaissent, comme leurs adversaires, des caractères spécifiques; ils nient seulement la valeur absolue de ces caractères. Il y a plus : à ne considérer que l'état actuel des choses, on peut s'en tenir, sans inconvénient, à la définition de l'espèce donnée par Cuvier.

On regardera donc, par exemple, le Dromadaire (*Camelus dromedarius* L.), le Chameau à deux bosses (*Camelus bactrianus* L.), la Vigogne (*Auchenia vicunna* Desm.), comme représentant chacun une *espèce* distincte.

Les deux premières de ces espèces, qui ont entre elles une grande ressemblance : bosses dorsales, doigts réunis par une plante commune, cou long et recourbé, appartiennent au même *genre* (*Camelus* L.). — Quelquefois, on établit dans le genre des sections ou sous-genres. Ainsi, le Renard (*Canis vulpes* L.) a la pupille verticale au lieu de l'avoir arrondie comme le Loup (*Canis lupus* L.) : ces deux animaux sont par suite classés dans deux sous-genres distincts du genre *Canis*.

Les Chameaux (*Camelus*) et les Lamas (*Auchenia*), qui offrent un certain nombre de traits communs, composent ensemble une *famille*, celle des *Camelidæ*. — Souvent aussi la famille se divise en sous-familles ou tribus : c'est ainsi que les *Bovidæ* forment les trois sous-familles des *Antilopinæ*, des *Ovinæ* et des *Bovinæ*.

Nous pourrions montrer de même que les *Camelidæ*, les *Bovidæ* et quelques autres familles composent un *ordre* (*Bisulques*); que les ordres des *Bisulques*, des *Jumentés*, des *Carnivores*, etc., constituent une *classe* (*Mammifères*); enfin que les classes des *Mammifères*, des *Oiseaux*, des *Reptiles*, etc., concourent à former un *type* ou *embranchement* (*Vertébrés*). Tous ces groupes, d'ailleurs, peuvent se subdiviser comme les précédents.

§ 2. — NOMENCLATURE ZOOLOGIQUE.

Le point de vue utilitaire qui paraît avoir dominé l'établissement des classifications a sans aucun doute guidé aussi les naturalistes dans la création d'une nomenclature rationnelle.

Lorsqu'on ne connaissait qu'un petit nombre d'êtres organisés, un seul nom était attribué à chacun d'eux; mais la découverte d'un grand nombre d'espèces nouvelles ne devait pas tarder à rendre ces dénominations insuffisantes.

La création de la nomenclature binaire fut, sans contredit, un service immense rendu à l'histoire naturelle. On regarde en général Linné comme le véritable fondateur de cette nomenclature : en réalité, quelques auteurs, et en particulier Pierre Belon, l'avaient précédé dans cette voie. En voici les principes, tels qu'ils ont été formulés, avec les règles d'application, par la Société zoologique de France (1).

I. *De la nomenclature des êtres organisés.* — 1° La nomenclature adoptée pour les êtres organisés est binaire et binominale. Elle est essentiellement latine. Chaque être y est distingué par un nom de Genre suivi d'un nom d'Espèce.

II. *Du nom générique.* — 2° Les noms génériques doivent consister en un mot simple ou composé, mais toujours unique, soit latin, soit latinisé, soit considéré et traité comme tel s'il ne vient pas du latin.

III. *Du nom spécifique.* — 3° Les noms spécifiques, qu'ils soient substantifs ou adjectifs, devront également être univoques. Cependant, par exception, seront admises des dénominations spécifiques à vocable double, qui auraient pour but de dédier une Espèce à une personne dont le nom est double, ou d'établir une comparaison avec un objet simple. Exemple : *Sanctæ-Catarinæ*, *Cornu-pastoris*, *cor-anguinum*, etc. Dans ce cas, les deux mots qui composent le nom spécifique seront toujours réunis par un trait d'union.

4° Les noms spécifiques peuvent être rangés sous trois catégories :

A. Substantifs ou adjectifs rappelant une caractéristique de l'Espèce (forme, couleur, origine, habitat, usages, habitudes, etc.) : *cor*, *cordiformis*, *gigas*, *giganteus*, *fluviorum*, *fontinalis*, *edulis*, *piscivorus*.

Si le nom spécifique exige l'emploi d'un nom propre géographique, ce dernier devra toujours être transformé en adjectif, suivant les règles de la dérivation latine, tout en conservant l'orthographe exacte du radical,

(1) *De la nomenclature des êtres organisés*, 1881.

si celui-ci n'a pas été employé en latin. Exemple : *Petrocoriensis, Neo-batavus, Brasiliensis, Canadensis*, etc.

Si le radical du nom géographique donnait lieu en latin à deux dérivés adjectifs (Ex. : *Hispanus* et *Hispanicus*), ils ne pourraient être employés concurremment dans le même Genre.

De même pour les noms communs. Ex. : seront considérés comme doubles emplois des noms tels que *fluviorum, fluvialis, fluviatilis*.

B. Noms de personnes auxquelles on dédie l'Espèce.

Ces noms seront toujours mis au génitif. Ce génitif sera toujours formé par l'addition d'un simple *i* au nom exact et complet de la personne à laquelle on dédie, sauf le cas où le nom dont il s'agit serait un prénom ayant été employé et décliné dans la langue latine. Dans ce cas, il suivra les règles de la déclinaison. Ex. : *Victoris, Antonii, Elisabethæ*.

C. Noms accolés au nom de Genre par voie d'apposition et constituant une sorte de prénom. Ex. : *leo, coret, Hebe, Napoleo, arctos, calcar*.

IV. *De la manière d'écrire les noms de Genre et d'Espèce.* — 5° Le nom de Genre devra être écrit avec une première lettre majuscule.

6° Le nom spécifique prendra la majuscule ou la minuscule suivant la règle ordinairement suivie dans l'écriture.

7° Le nom de l'auteur de l'Espèce sera écrit à la suite du nom spécifique, en caractères différents de ceux des noms générique et spécifique (1).

V. *Subdivision et réunion des Genres.* — 8° Quand un Genre est subdivisé, le nom ancien doit être maintenu à une des subdivisions, et à celle qui renferme le type originaire du Genre.

Quand le type originaire n'est pas clairement indiqué, l'auteur qui le premier subdivise le Genre peut appliquer le nom ancien à telle subdivision qu'il juge convenable, et cette attribution ne pourra être modifiée ultérieurement.

9° Un Genre formé par la réunion de plusieurs autres doit prendre le nom du plus ancien des composants.

VI. *Du nom de Famille.* — 10° Les noms de Familles seront formés en ajoutant la désinence *idæ* au radical du Genre servant de type.

VII. *Loi de priorité.* — 11° Le nom attribué à chaque Genre et à chaque Espèce ne peut être autre que celui sous lequel ils ont été le plus anciennement désignés, à la condition :

a. Que ce nom ait été divulgué dans une publication où il aura été clairement et suffisamment défini ;

b. Que l'auteur ait effectivement entendu appliquer les règles de la nomenclature binaire.

12° Tout nom générique déjà employé dans le même règne devra être rejeté.

(1) Il va sans dire que le changement du nom générique primitif n'implique en aucune façon le changement du nom de l'auteur de l'espèce ; seulement, en pareil cas, beaucoup de naturalistes mettent ce nom d'auteur entre parenthèses.

On ne doit pas considérer comme des noms de Genre différents des noms qui ne se distinguent que par la terminaison masculine, féminine ou neutre, ou par un simple changement orthographique.

13° Sera de même rejeté tout nom spécifique employé déjà dans le même Genre.

14° Tout nom générique ou spécifique devant être rejeté par application des règles précédentes ne pourra être employé à nouveau, si c'est un nom de Genre, dans le même Règne, si c'est un nom d'Espèce, dans le même Genre.

15° Un nom générique ou spécifique, une fois publié, ne pourra plus être rejeté pour cause d'impropriété, même par son auteur.

16° Tout barbarisme, tout mot formé en violation des règles de l'orthographe, de la grammaire et de la composition devra être rectifié.

17° Lorsque des noms de Genre ou d'Espèce auront en latin une prononciation si peu différente qu'il en résulterait une confusion, le premier seul devra être conservé. Ex. : ceux qui auraient pour radicaux Philips et Phillips, Hermann, Herman, Erman, Ermann, etc..... et affecteraient la même forme de dérivation.

Ajoutons que, lorsqu'il s'agit de dénommer une variété, on fait suivre le nom de l'espèce d'un second qualificatif qui appartient en propre à cette variété. Ex. : *Psoroptes communis* Fürst. var. *ovis*.

On est convenu, en outre, de désigner les hybrides par un nom spécifique double, c'est-à-dire formé par la réunion de deux noms, dont le premier est celui du père, le second celui de la mère. Ainsi, le Mulet, quelquefois appelé *Equus mulus*, doit être dénommé *Equus asino-caballus*, et le Bardot ou *Equus hinnus* de quelques auteurs, doit s'appeler *Equus caballo-asinus*.

Nous avons, en thèse générale, adopté dans cet ouvrage les règles qui viennent d'être exposées, et dont un des principaux avantages est de supprimer une foule de noms encombrants, dus pour la plupart à la puérile vanité de quelques auteurs. Toutefois, il nous a paru nécessaire d'établir une exception en ce qui concerne la nomenclature spéciale des parasites. Sans aller aussi loin que Rudolphi (1) qui n'admettait pas qu'un entozoaire reçût un nom spécifique *définitif* tiré de son hôte, nous avons abandonné les noms de cette nature, même lorsqu'ils avaient la priorité, toutes les fois que le parasite n'est pas propre à l'espèce ou au genre indiqué. C'est ainsi que nous nous sommes refusé, par exemple, à appeler *Psoroptes equi* le Psorope du Cheval et du Bœuf,

(1) *Entozoorum sive vermium intestinalium historia naturalis*, vol. II, part. I, p. 49.

Pulex gallinæ la Puce des Oiseaux, etc. Nous sommes d'ailleurs, en cela, d'accord avec d'excellents auteurs.

Embranchements du règne animal.

- Animaux à organes cellulaires différenciés. *Métazoaires.*
  - Symétrie bilatérale.
    - Un squelette interne, dont l'axe sépare une cavité dorsale (neurale) et une ventrale (viscérale) .... VERTÉBRÉS.
    - Pas de squelette interne.
      - Corps non annelé........... MOLLUSQUES.
      - Corps généralemt annelé. *Annelés.*
        - Des membres articulés .... ARTHROPODES.
        - Pas de membres articulés ..... VERS.
  - Symétrie rayonnée. *Rayonnés.*
    - Appareils digestif et circulatoire distincts................................ ÉCHINODERMES.
    - Appareils digestif et circulatoire confondus........................... CŒLENTÉRÉS.
- Animaux unicellulaires.. PROTOZOAIRES.

SECONDE PARTIE

ZOOLOGIE DESCRIPTIVE

PREMIER EMBRANCHEMENT

PROTOZOAIRES

Etres sarcodaires, dont toutes les parties résultent de la différenciation d'un seul cytode ou d'une seule cellule.

Les Protozoaires (πρῶτος, premier ; ζῶον, animal) sont essentiellement constitués par la matière contractile à laquelle on a donné le nom de sarcode ou de protoplasma.

Dans les individus les plus simples, cette substance est tout à fait amorphe et ne se montre limitée par aucune formation résistante; chez d'autres, la partie extérieure (ectosarque) est plus dense que la masse intérieure (endosarque); enfin, il peut exister soit un test siliceux ou calcaire, soit une membrane d'enveloppe. D'autre part, un certain nombre de ces êtres présentent des formations analogues aux noyaux cellulaires, et qu'on désigne quelquefois sous le nom d'*endoplastes*. Mais toutes ces parties différenciées ne dérivent jamais que d'un seul et même élément cellulaire.

Fréquemment, le protoplasme émet des prolongements mobiles, de forme et de longueur variable : on leur donne le nom de *pseudopodes* (ψευδής, faux; πούς, pied) quand leurs mouvements sont lents et irréguliers, tandis qu'on les appelle *cils* ou *flagellums* lorsque ces mouvements s'effectuent rapidement et avec régularité. Les pseudopodes s'allongent et se contractent en tous sens ;

souvent ils rentrent dans la masse du corps, pour être bientôt remplacés par de nouveaux processus. Ils ont pour rôle essentiel de saisir au passage les aliments qui se rencontrent à leur portée, et de les amener dans la masse protoplasmique, où ils doivent être digérés.

C'est suivant ce mode que s'opère la *nutrition* dans les formes dépourvues de membrane d'enveloppe; lorsque cette membrane

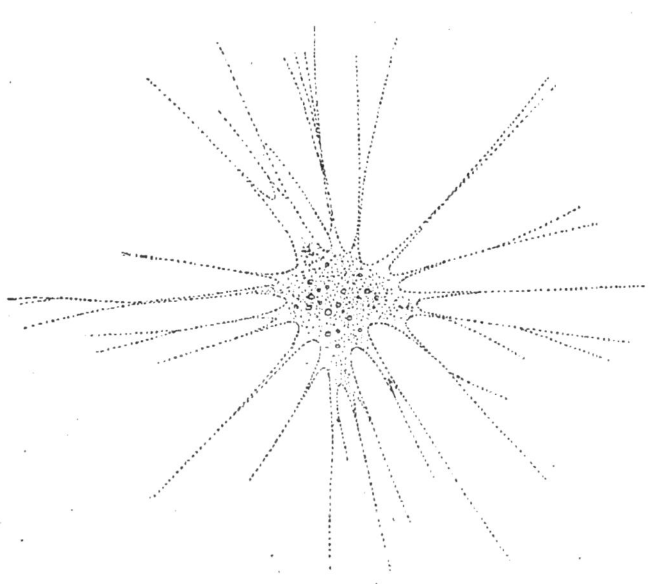

Fig. 50. — *Protogenes porrecta*, Monère à pseudopodes radicoïdes.

existe, elle se prête parfois aux phénomènes osmotiques (Grégarines); mais, le plus souvent (Infusoires), on y remarque de véritables ouvertures servant aux fonctions digestives.

La *respiration* a lieu par endosmose et exosmose; elle est du reste favorisée par la formation des pseudopodes.

Chez un assez grand nombre de Protozoaires, on peut observer des *vésicules contractiles:* ce sont de petits espaces qui apparaissent dans le protoplasma et se dilatent peu à peu, en se remplissant de liquide aqueux, pour se contracter ensuite, toujours avec lenteur, jusqu'à disparition complète. Ces mouvements, qu'on pourrait qualifier de diastolique et systolique, se reproduisent avec le même rythme d'une façon en quelque sorte indéfinie. Il est probable que les vésicules dont il s'agit, et dont le siège est fixe, sont toujours en communication avec l'extérieur par une petite ouverture (tache claire). Leur rôle paraît être d'éliminer les résidus des échanges moléculaires : c'est ainsi qu'on a pu les comparer aux organes d'excrétion que nous étudierons chez divers Métazoaires sous le nom de vaisseaux aquifères.

La *reproduction* s'effectue par scission, bourgeonnement ou sporulation; elle est quelquefois précédée d'un phénomène désigné sous le nom de conjugaison, qui consiste dans la fusion permanente ou passagère de deux ou de plusieurs individus.

Le *développement* ne comporte que l'accroissement et la différenciation du germe, celui-ci n'ayant à subir aucune segmentation pour produire l'individu adulte.

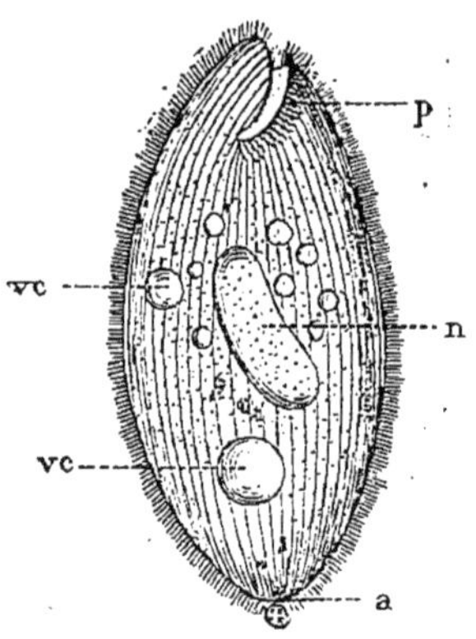

Fig. 51. — *Balantidium coli*, Infusoire cilié, d'après Stein. *p*, péristome. *a*, anus. *n*, noyau. *vc*, vacuoles contractiles.

Le genre de vie des Protozoaires est extrêmement varié. On les rencontre dans l'eau douce, dans l'eau de mer, dans les matières organiques en décomposition, etc. La plupart d'entre eux ont la faculté de s'enkyster, c'est-à-dire de s'entourer d'une enveloppe (kyste) formée par l'épaississement de la couche externe du corps. Cet enkystement est quelquefois lié à la reproduction; plus souvent, il paraît avoir un but protecteur.

5 classes :

Un noyau : *Nucléés.*	Une membrane cuticulaire.	Cils, flagellums ou suçoirs.......	INFUSOIRES.
		Ni cils, ni flagellums, ni suçoirs..	SPOROZOAIRES.
	Pas de membrane cuticulaire.	Pseudopodes déliés..............	RHIZOPODES.
		Pseudopodes obtus..............	AMŒBIENS.
Pas de noyau : *Cytodiques*			MONÈRES.

CLASSE I

MONÈRES

Êtres formés de protoplasma homogène, ne présentant jamais de noyau (cytodes).

Le groupe des Monères, établi par Hæckel, comprend les êtres les plus simples qui se rencontrent dans la nature : ce sont des masses de protoplasma sans forme déterminée, sans structure appréciable, toujours dépourvues de noyau, et répondant, par suite, aux éléments que nous avons appelés cytodes. Souvent (*Protogenes*) on n'observe aucune différenciation de parties (gymnocytodes); d'autres fois (*Protomyxa*), on peut voir le protoplasma périphérique devenir plus résistant, plus réfringent, et faire fonction d'enveloppe (lépocytodes).

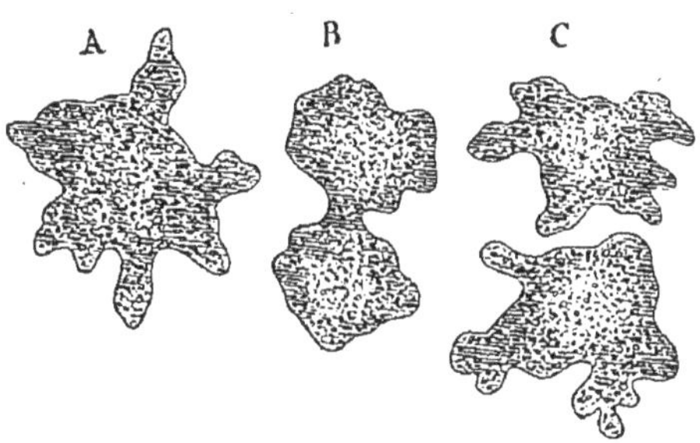

Fig. 52. — *Protamœba primitiva*, Monère d'eau douce se reproduisant par scission, d'après Hæckel. — A, Monère entière. B, la même divisée en deux moitiés par un étranglement. C, les deux moitiés séparées et constituant des individus indépendants.

La masse protoplasmique émet des pseudopodes de forme variée, tantôt lobés, c'est-à-dire obtus

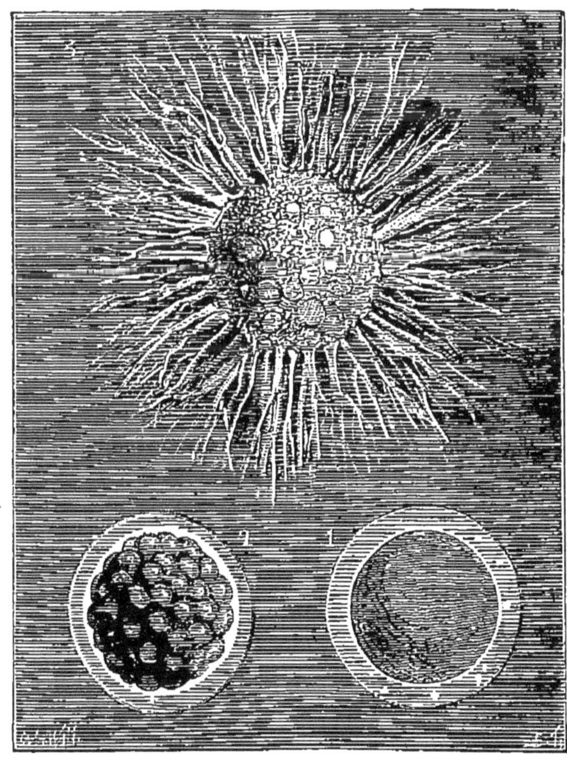

Fig. 53. — *Protomyxa aurantiaca*, d'après Hæckel. — 1, Protomyxa enkystée. 2, Segmentation de l'intérieur du kyste. 3, l'animal à jeun, ayant développé ses pseudopodes.

et non anastomosés, tantôt radicoïdes ou en forme de racines déliées, susceptibles de s'anastomoser et de se fusionner pour englober des particules nutritives.

Ces pseudopodes, en effet, servent non seulement à la *locomotion*, mais aussi à la *préhension* des aliments, qui pénètrent peu à peu dans le protoplasma, où ils disparaissent s'ils sont assimilables, et d'où ils sont rejetés dans le cas contraire. La *respiration* s'effectue par endosmose.

La *reproduction* a lieu par scissiparité, comme chez la Protamœbe représentée figure 52, ou bien par une sorte de sporogonie, comme chez la

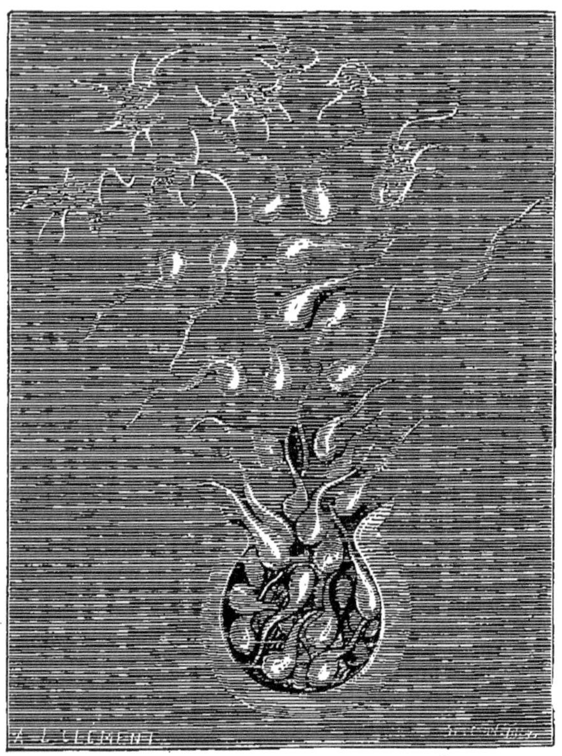

Fig. 54. — Kyste de *Protomyxa aurantiaca* rompu et montrant les phases flagellifère et amiboïde des zoospores. D'après Hæckel.

Protomyxa aurantiaca. Dans ce cas, la Monère rentre ses pseudopodes, devient sphéroïde et se transforme en lépocytode en s'enveloppant d'une membrane qui résulte d'une simple modification de sa substance périphérique. Elle se segmente alors en une multitude de petits corps sphériques ou spores, qui prennent un aspect pyriforme et émettent, par leur extrémité amincie, un filament long et grêle (flagellum), à l'aide duquel elles nagent dans le liquide ambiant. Des pseudopodes ne tardent pas à se développer à la surface de ces spores, et elles prennent ainsi les caractères de la Monère qui leur a donné naissance. Parfois, plusieurs d'entre elles se fusionnent pour former une seule masse : on a considéré ce phénomène comme une tendance vers la conjugaison. — Dans les *Vampyrella*, le protoplasma enkysté ne fournit que quatre spores non flagellées, qui prennent immédiatement l'aspect de l'être dont elles proviennent.

Les Monères habitent la mer ou les eaux douces. Il est des formes qui s'associent, de manière à constituer des sortes de colonies : la réunion a lieu par l'intermédiaire des pseudopodes.

Division. — Hæckel divise les Monères en deux groupes, les Gymnomonères et les Lépomonères, suivant l'absence ou la présence d'une enveloppe résistante pendant une certaine période de leur existence. Il nous paraît préférable d'adopter la division suivante, basée sur la forme des pseudopodes (de Lanessan).

Pseudopodes longs, grêles, souvent anastomosés...	RHIZOMONÈRES.
Pseudopodes courts, arrondis, non anastomosés....	LOBOMONÈRES.

Lobomonères. — En tête de ce groupe, on peut placer le *Bathybius Hæckeli*, décrit par Huxley comme de petites masses de protoplasma incolores, tout à fait amorphes, formant un réseau et contenant des corpuscules divers, notamment des concrétions calcaires. Cette Monère avait été trouvée par l'éminent naturaliste anglais dans des produits de dragage de l'Atlantique, conservés dans l'alcool (1868). Cette découverte fut accueillie avec enthousiasme par les transformistes, et l'on se hâta d'admettre, d'une façon assez gratuite, que le fond de la mer était partout tapissé d'une couche de cette substance, laquelle, étant toujours en voie de formation aux dépens de la matière inorganique, devait représenter le point de départ de tous les êtres vivants, animaux ou végétaux. Toutefois, l'existence même de cet organisme primitif se trouva bientôt mise en doute, et l'on prétendit que ce n'était autre chose qu'un précipité gélatineux de sulfate de chaux produit dans l'eau de mer par l'alcool concentré. La question était demeurée en litige, lorsqu'un naturaliste

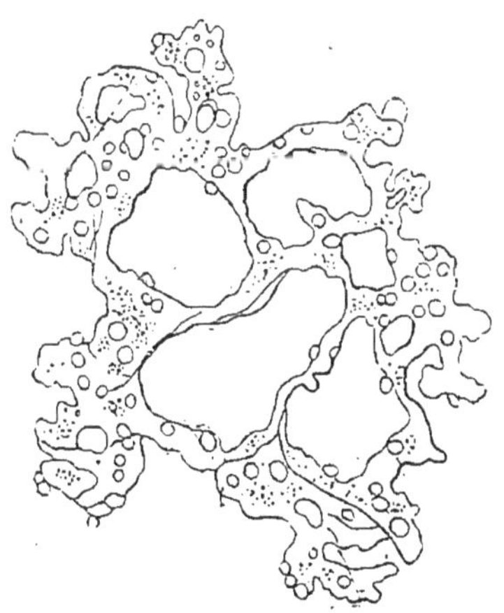

Fig. 55. — *Bathybius Hæckeli*, d'après Hæckel. — La figure représente, à un fort grossissement, le seul réseau protoplasmique, sans les concrétions.

allemand, Bessels, recueillit dans les mers polaires des masses protoplasmiques homogènes, ne contenant qu'accidentellement des coccolithes ou concrétions calcaires, et qu'il put examiner à l'état vivant: il donna à cet organisme, probablement identique à celui décrit par Huxley, le nom de *Protobathybius*.

Au-dessus de ces Monères informes, qui ne sont peut-être que des colonies, se placent les *Protamœbes* (*Protamœba*), dont la forme est plus fixée et les dimensions assez limitées : lorsqu'elles ont atteint une certaine croissance, elles subissent un étranglement et se divisent en deux parties (scissiparité). Ex. : *Pr. primitiva*.

Rhizomonères. — Ex. : *Protogenes primordialis*, espèce trouvée dans la Méditerranée, se reproduisant par segmentation. *Protomyxa aurantiaca*, des Canaries. *Protomonas*, *Vampyrella*, etc.

CLASSE II

AMŒBIENS

Protozoaires nucléés, sans cils ni flagellums à l'état adulte, émettant des pseudopodes ordinairement larges, obtus, à contours nets.

Une particularité importante sépare des Monères les Protoplastes ou Amœbiens : c'est la présence d'un *noyau* ou endoplaste, contenant lui-même, en général, un ou plusieurs nucléoles.

La masse protoplasmique qui constitue ces petits êtres émet des pseudopodes analogues à ceux des Lobomonériens, c'est-à-dire *obtus et non anastomosés*. Le plus souvent, les Amœbiens sont nus, quoique la couche externe du protoplasma, ou ectosarque, se montre plus dense que l'endosarque, et n'offre pas le même aspect granuleux. Mais il est aussi des cas où le protoplasma extérieur forme une sorte d'enveloppe, laquelle peut même subir une incrustation calcaire ou se garnir de corps étrangers, de manière à constituer une véritable coquille, laissant sortir les pseudopodes par des ouvertures spéciales.

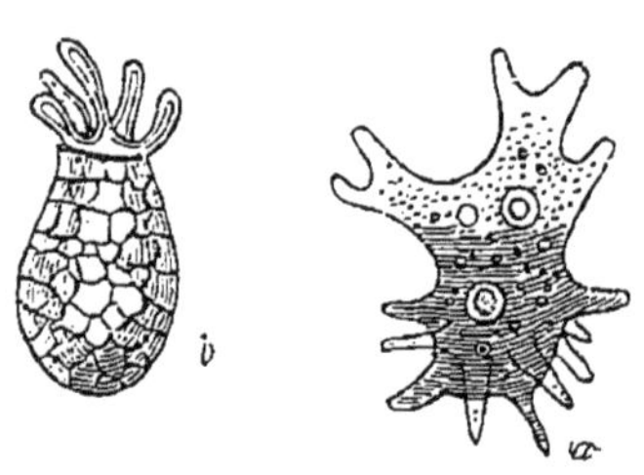

Fig. 56. — *a*, *Amœba radiosa*, montrant les pseudopodes, la vésicule contractile et le noyau. *b*, *Difflugia*, avec les pseudopodes sortant de l'extrémité supérieure de la carapace (Huxley).

La *nutrition* s'effectue comme chez les Monères. Souvent il existe des vésicules pulsatiles.

La *reproduction* a lieu par scissiparité ou par sporogonie.

Ces organismes, dont les rapports avec les Lobomonères sont manifestes, habitent pour la plupart les eaux douces ou les eaux salées; quelques-uns se rencontrent dans la terre, etc. Ils ne sont encore que fort imparfaitement connus, et peut-être un certain nombre d'entre eux ne représentent-ils qu'un état transitoire d'êtres plus élevés en organisation. Cette observation est d'ailleurs applicable aux Monères.

2 groupes :

Corps revêtu d'une enveloppe partielle........ LÉPAMOEBIENS.
Corps nu.................................. GYMNAMOEBIENS.

Gymnamœbiens. — A ce groupe appartiennent les *Amibes* ou mieux *Amœbes* (*Amiba* Bory Saint-V. *Amœba* Ehr.), les plus anciennement connus des organismes à formes sans cesse changeantes (protées), ce qui leur a valu leur nom (ἀμοιβή, changement). — *Amœba princeps*, *A. radiosa*, *A. crassa*, etc., espèces communes dans les eaux douces contenant des matières organiques en décomposition.

Amibe du côlon (*A. coli* Lösch). — Cette forme a été trouvée par Lösch (1) dans l'intestin d'un paysan de Jelaginisch, aux environs de Saint-Pétersbourg : elle se développe en quantités énormes sur la muqueuse du côlon, et détermine une violente dysenterie. D'autres observations semblables ont été faites dans ces derniers temps. Lösch a donné la preuve de l'action nocive de ce parasite en faisant avaler à des Chiens les Amœbes rendues par les malades : ces animaux contractèrent la même affection.

L'*A. coli* ressemble beaucoup à une espèce trouvée par Mereschowsky dans l'eau des étangs de la même localité, et que ce naturaliste a dénommée *A. Jelaginia*. Il y a lieu de penser que l'individu dont il s'agit s'était infecté en buvant de cette eau.

Amibe buccale (*A. buccalis* Steinberg. *A. dentalis* Grassi). — Forme très voisine de l'*A. coli*, trouvée en grand nombre dans la bouche de l'Homme, par le Dr Grassi, dans trois cas de gingivite. Perroncito l'a aussi rencontrée deux fois.

Amibe cutanée (*Amœba parasitica* Lend.) — Tout récemment, Lendenfeld (2) a observé, sur des Moutons australiens, une affection spéciale, simulant un cancer épithélial, et siégeant sur les lèvres et sur les pieds, en arrière des onglons. Le réseau muqueux de Malpighi était enflammé, les papilles dermiques hypertrophiées, et la couche cornée de l'épiderme fort épaissie. Entre les assises de cette couche se trouvaient disposées des masses granuleuses d'apparence parasitaire, pourvues de noyaux. L'auteur suppose que ces masses sont des Amibes, et que ce

(1) F. Lösch, *Massenhafte Entwickelung von Amœben im Dickdarm.* Virchow's Archiv, 1875.

(2) R. von Lendenfeld, *Note on an apparently new parasite affecting Sheep.* Linnean Society of New South Wales, 31 décembre 1884 et 28 janvier 1885 (*Zoologischer Anzeiger*, 2 et 30 mars 1885).

sont elles qui ont provoqué par irritation les lésions dont il s'agit. Il a réussi à élever ces Amibes dans un milieu humide.

B. **Lépamœbiens.** — Nous signalerons ici les *Difflugia*, dont la coquille est formée par la réunion de petits corps étrangers, et les *Arcella*, qui possèdent un test véritable sécrété par le protoplasma.

CLASSE III

RHIZOPODES

Protozoaires nucléés, sans cils ni flagellums à l'état adulte, émettant des pseudopodes filamenteux. Corps protégé soit par une coquille organique, soit par un squelette siliceux.

Les Rhizopodes sont aux Rhizomonères ce que les Amœbiens sont aux Lobomonères; ils possèdent les mêmes pseudopodes radicoïdes, mais s'en distinguent par la présence d'un noyau et souvent d'une coquille.

La plupart des Rhizopodes habitent la mer. Chose remarquable, les Foraminifères, à squelette calcaire, se rencontrent surtout dans les mers tropicales et tempérées, dont le fond est lui-même calcaire, tandis qu'on ne trouve plus guère que des Radiolaires dans les régions marines à sol siliceux, au delà du 60e degré de latitude nord et sud.

2 sous-classes :

Protoplasma différencié; squelette siliceux, radiaire.... RADIOLAIRES.
Protoplasma homogène; coquille calcaire.............. FORAMINIFÈRES.

SOUS-CLASSE I

FORAMINIFÈRES

Rhizopodes ordinairement enveloppés d'une coquille calcaire; protoplasma homogène.

Les Foraminifères sont munis en général d'un squelette résistant : dans certains cas, celui-ci est formé par des matières étrangères, sable, spicules d'éponges, etc. (*Arénacés*); mais, le plus souvent, il existe une coquille sécrétée et même incrustée de calcaire. Cette coquille ne présente parfois qu'une seule chambre, pourvue d'une large ouverture (*Monothalames*); d'autres fois, elle en offre plusieurs (*Polythalames*), de forme sphérique ou ovoïde, ou diversement contournées, et disposées en chapelet, en cercles concentriques, en spirale ou en étages superposés (fig. 57) : ces diverses chambres communiquent toutes entre elles, et, par suite, le sarcode qui les occupe est partout en continuité avec lui-même.

Quelle que soit du reste la forme de la coquille, elle peut être perforée ou imperforée. Dans ce dernier cas, elle présente toutefois une ouverture assez large, permettant au protoplasma d'émettre ses pseudopodes à l'extérieur. Quant à la coquille perforée, elle est en outre percée d'une foule de pores délicats, par lesquels s'effectue l'émission des pseudopodes.

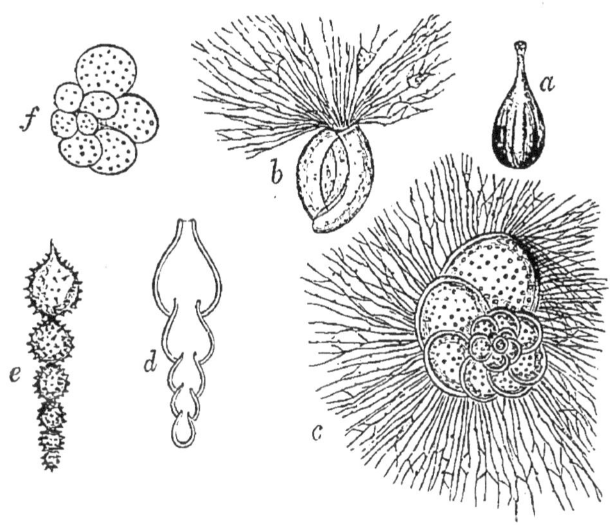

Fig. 57. — Morphologie des Foraminifères. — *a, Lagena vulgaris*, monothalame. *b, Miliola*, montrant l'émission des pseudopodes par l'ouverture ovale de la coquille (Schultze). *c, Discorbina*, montrant la coquille nautiloïde (Schultze). *d*, section de *Nodosaria* (Carpenter). *e, Nodosaria hispida*. *f, Globigerina bulloides* (Huxley).

On ne possède, en ce qui a trait à la reproduction de ces êtres, que des données très incomplètes.

Les Foraminifères sont, pour la plupart, des habitants de la mer, les uns vivant à la surface, les autres sur le fond. Dans tous les cas, le squelette finit par tomber au fond, après la mort. De la sorte, leurs coquilles s'amassent parfois en quantité si considérable que, d'après les calculs de Max Schultze, l'once de sable du môle de Gaëte n'en contient pas moins d'un million et demi.

Dans les époques géologiques qui ont précédé la nôtre, les Foraminifères ont joué un rôle au moins aussi important qu'aujourd'hui. Dans les couches tertiaires et secondaires, particulièrement dans la craie, ils ont concouru pour une grande part à la formation des roches.

2 ordres :

Pores en nombre considérable............	Perforés.
Une seule ouverture, simple ou en crible...	Imperforés.

Imperforés. — Chez d'aucuns, la coquille est membraneuse (*Gromia*); chez d'autres, elle est formée par des particules étrangères (*Lituola*);

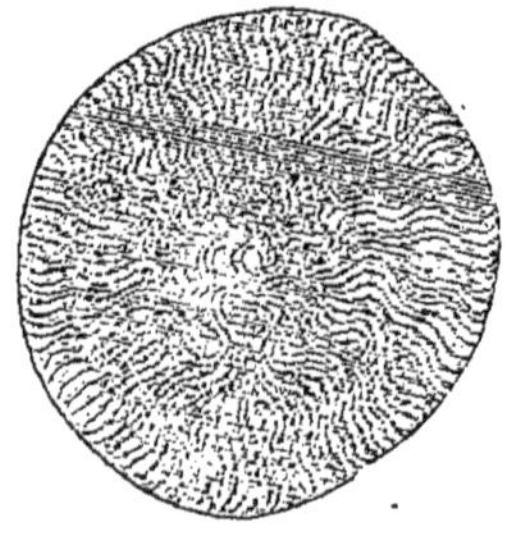

Fig. 58. — *Nummulites lævigata*, du terrain éocène, vue de face et en coupe horizontale.

enfin elle est souvent de nature calcaire, à une ou plusieurs chambres (Miliolides, *Uniloculina*, *Biloculina*, etc.).

Perforés. — Genres *Lagena*, *Nodosaria*, *Globigerina*, *Discorbina*, *Nummulites*, etc.

SOUS-CLASSE II

RADIOLAIRES

Rhizopodes ordinairement munis d'un squelette siliceux rayonné; protoplasma différencié, divisé en deux parties.

Le test fait parfois défaut; lorsqu'il existe, il consiste presque toujours en un squelette siliceux, constitué soit par de petits corpuscules épars, soit par de longues aiguilles rayonnantes ou des sphères treillissées emboîtées les unes dans les autres : la forme en est ainsi des plus variées.

La substance sarcodaire a subi, chez ces êtres, une différenciation plus

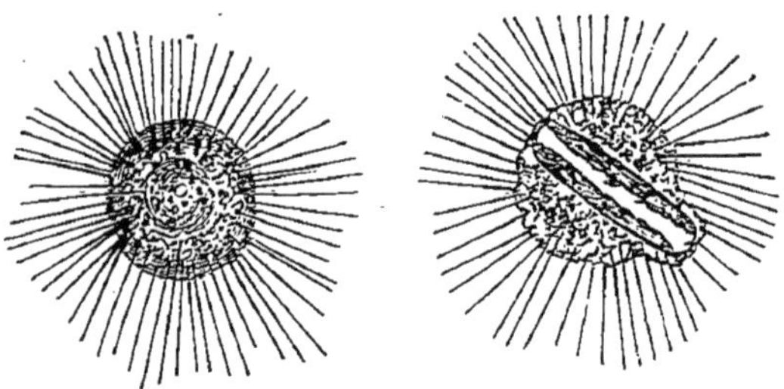

Fig. 59. — *Actinophrys sol*. — L'individu représenté à droite a avalé une Diatomée (Huxley).

ou moins accusée. Dans les formes les plus simples, telles que l'*Actinophrys sol*, la partie centrale ou endosarque est seulement plus dense que l'ectosarque et renferme un noyau unique; chez l'*Actinosphærium Eichorni*, elle en offre plusieurs et se distingue d'une façon plus nette. On est ainsi conduit aux formes dans lesquelles la masse protoplasmique contient une vésicule membraneuse ou *capsule centrale*, la divisant en deux parties : l'une intracapsulaire, visqueuse et finement granulée,

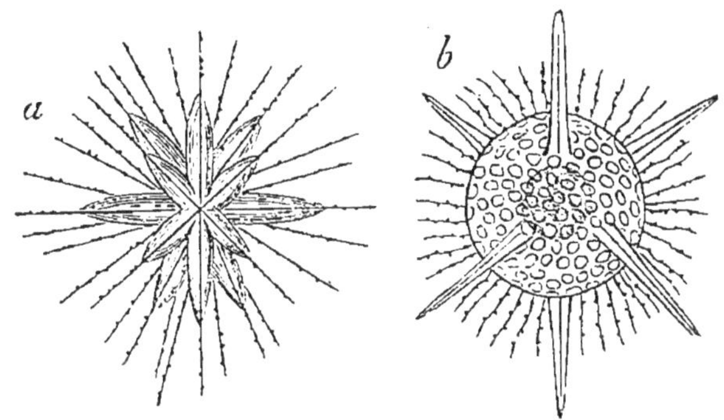

Fig. 60. — *a*, *Acanthometra lanceolata*. *b*, *Haliomma hexacanthum* (Müller).

l'autre périphérique, émettant des pseudopodes filamenteux et anastomosés. La capsule centrale paraît être la partie essentielle du corps, car on l'a vue reproduire le Radiolaire entier; elle permet, du reste, la communication entre le protoplasma interne et la partie périphérique. Dans celle-ci, on observe quelquefois des vésicules pulsatiles (Héliozoaires).

Outre ces formes simples, à capsule unique, ou *Monocyttaires*, il en est qui constituent de véritables colonies, et montrent alors un ensemble

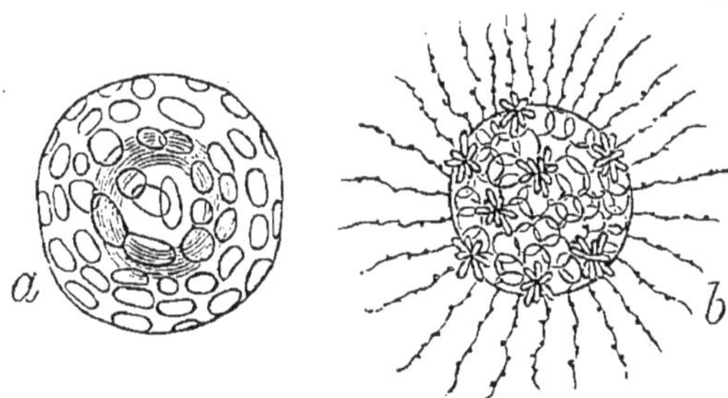

Fig. 61. — *a*, squelette siliceux fenêtré du *Collosphæra Huxleyi*. *b*, *Thalassicola morum*, montrant des corps en forme de cellules, des groupes de spicules et des pseudopodes rayonnés (Huxley).

de capsules au sein d'une masse protoplasmique : on les appelle *Polycyttaires*.

La reproduction des Radiolaires est encore peu connue ; elle paraît consister, le plus souvent, en une formation de germes aux dépens du protoplasma central.

Diverses espèces de ce groupe habitent les régions vaseuses des eaux douces; mais la plupart sont marines et même pélagiques : elles vivent surtout à la surface, d'où leur squelette siliceux, dont les matériaux sont empruntés à l'eau de la mer, tombe au fond pour constituer d'immenses dépôts sableux.

On connaît aussi de nombreux Radiolaires fossiles : aux environs d'Oran et dans les Barbades, il existe des roches tertiaires formées en grande partie par leurs squelettes. « Mais, dit Huxley, bien que l'on ne puisse guère douter de l'abondance de ces organismes dans la mer crétacée, on n'en trouve point dans la craie, leurs squelettes siliceux s'étant probablement dissous, pour se déposer de nouveau à l'état de *flint*. »

2 ordres :

Une capsule centrale.............	RADIOLAIRES *s. str.*
Pas de capsule centrale...........	HÉLIOZOAIRES.

Héliozoaires. — Un grand nombre habitent les eaux douces. Beaucoup d'espèces sont nues : *Actinophrys sol*, dans les étangs et les fossés. *Actinosphærium Eichorni*, même séjour. D'autres sont entourées d'une tunique chitinoïde : *Heterophrys*. Enfin, il en est qui possèdent un squelette siliceux : *Acanthocystis*.

Radiolaires. — L'ordre des Radiolaires proprement dits se subdivise lui-même en deux sous-ordres :

Monocyttariens, qui ne possèdent qu'une seule capsule centrale. Ex. : *Acanthometra*, *Haliomma*, *Thalassicola*.

Polycyttariens, à plusieurs capsules centrales : ce sont, en effet, des réunions d'individus en véritables colonies. Ex : *Collosphæra*, *Collozoum*, *Sphærozoum*.

CLASSE IV

SPOROZOAIRES

Protozoaires nucléés, généralement limités à l'état adulte par une membrane cuticulaire; sans cils, ni flagellums, ni suçoirs. Reproduction par des spores. Parasites.

A l'exemple de Leuckart, nous réunissons provisoirement aux Grégariniens les êtres divers connus sous le nom de Psorospermies, qui offrent avec eux une grande analogie dans le mode de reproduction.

Tous les Sporozoaires, en effet, se multiplient par la segmentation de leur protoplasme en un certain nombre de *spores*, qui elles-mêmes donnent naissance chacune à un ou plusieurs éléments amœboïdes ou monériens, destinés à reproduire plus ou moins directement l'individu adulte.

Ces êtres vivent en parasites chez les animaux les plus divers. On peut, avec Balbiani (1), les répartir dans cinq groupes ou ordres distincts : 1° *Grégarines ;* 2° *Psorospermies oviformes* ou *Coccidies;* 3° *Psorospermies utriculiformes* ou *Sarcosporidies;* 4° *Psorospermies des Poissons* ou *Myxosporidies;* 5° *Psorospermies des Articulés* ou *Microsporidies.*

PREMIER ORDRE

GRÉGARINES

Les principaux représentants du groupe des Sporozoaires sont les Grégarines (*grex, gregis,* troupeau) ou Protozoaires apodes. Ce dernier nom tient à l'absence de pseudopodes chez les individus adultes : ce sont alors des organismes unicellulaires, vermiformes et limités nettement par une membrane cuticularisée (*épicyte* ou cuticule). Le protoplasma qui les constitue, fluide et granuleux dans la partie centrale (*entocyte* ou endosarque), est plus dense et transparent à la périphérie (*sarcocyte* ou ectosarque), où il présente une couche de stries transversales auxquelles on a attribué des propriétés contractiles. Il existe un noyau renfermant un ou plusieurs nucléoles. Assez souvent, le *corps* est étranglé en avant et offre à ce niveau une fausse cloison transversale, qui sépare un petit segment auquel Stein applique le nom de *tête.* Parfois même, il y a deux cloisons, qui donnent à la Grégarine une apparence tricellulaire : en pareil cas, Aimé Schneider désigne les segments, d'avant en arrière, sous les noms d'*épimérite*, *protomérite* et *deutomérite.* D'après cet auteur, c'est l'épimérite qui est le moins constant : c'est lui qui manque lorsqu'il n'existe que deux segments. Il porte souvent des appendices variés (dents, crochets, disques étoilés) jouant le rôle d'appareil fixateur. Or, dans beaucoup d'espèces, l'animal demeure, pendant une certaine période, attaché à la paroi des organes au moyen de cet appareil ; puis il se débarrasse de son rostre ou épimérite quand arrive le moment de la reproduction, et devient errant dans la cavité du corps. On distingue la forme stationnaire et complète, c'est-à-dire munie de l'appareil fixateur, sous le nom de *céphalin,* et la forme libre sous celui de *sporadin.*

(1) G. Balbiani, *Leçons sur les Sporozoaires,* Paris, 1884.

Les *mouvements* des Grégarines sont, en général, assez énergiques. Tantôt ce sont des mouvements de contraction très nets, à l'aide desquels l'animal se fraie un chemin ; tantôt, au contraire, c'est un glissement lent et uniforme, s'effectuant dans le sens de l'axe du corps, sans contraction apparente.

La *nutrition* est purement osmotique.

La *reproduction* a lieu par formation de spores. Le corps se raccourcit et devient sphérique, en même temps que le noyau disparaît. Puis la membrane d'enveloppe se dissout ou se déchire, et le protoplasma s'entoure de nouvelles couches d'une substance résistante et transparente qu'il sécrète; on dit alors que la Grégarine est *enkystée*. Quelquefois l'enkystement n'a lieu qu'après la conjugaison de deux individus.

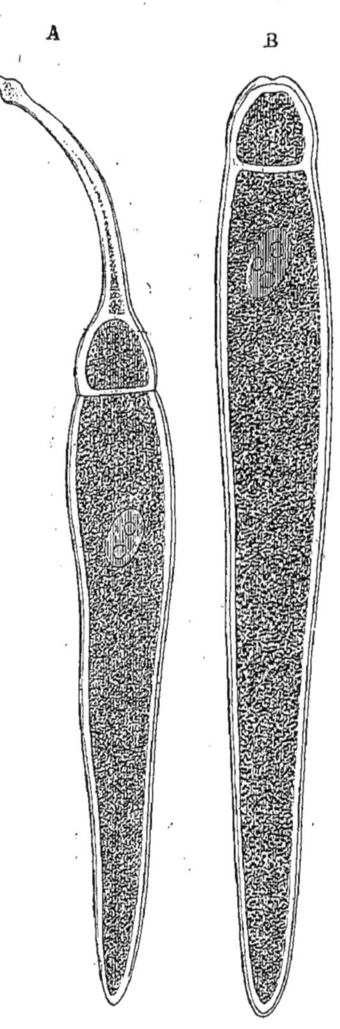

Fig. 62. — A, céphalin et B, sporadin du *Stylorhynchus longicollis*, de l'intestin du *Blaps mortisaga* (A Schneider).

Après cet enkystement, le protoplasma se divise en un grand nombre de petits corps de forme variable, souvent fusiformes ou losangiques, s'enveloppant chacun d'une membrane. La ressemblance de ces corpuscules avec certaines Diatomées leur a valu le nom de *pseudonavicelles*; on les désigne souvent aussi sous celui de *psorospermies*, par suite de leur analogie avec certaines formations parasites des Poissons, sur lesquelles nous reviendrons plus loin. Aimé Schneider a substitué à ces expressions celle plus simple et plus significative de *spores*.

A dater de cette période, le développement est mal connu. D'après Ed. Van Beneden, dont les recherches ont porté sur la Grégarine géante du Homard, les spores laisseraient échapper leur contenu sous la forme d'une masse monérienne (*cytode générateur*), qui se diviserait progressivement en deux corps allongés (*pseudo-filaires*) destinés à reproduire la Grégarine après avoir acquis un noyau. Mais les études approfondies de Schneider ont démontré que, dans l'évolution de la plupart des Grégarines, la phase monérienne paraît manquer : le contenu des spores se résout en un nombre variable de petits corps nucléés, en forme de croissant (*corpuscules falciformes*) ; ces éléments correspondraient aux pseudo-filaires et n'auraient qu'à grandir pour constituer des Grégarines. On voit que de nouvelles recherches sont nécessaires pour élucider cette partie du développement.

Tous les Grégariniens vivent en parasites dans le tube digestif ou dans les cavités du corps des Invertébrés, notamment des Annélides et des Arthropodes; ils se nourrissent des substances élaborées par leur hôte. C'est à tort qu'on avait autrefois signalé des Grégarines parasites de l'Homme : on ne trouve chez les Vertébrés que des Psorospermies, non des Grégariniens véritables.

Les *affinités* de ces êtres sont assez difficiles à déterminer : ils ont sans doute d'étroits rapports avec les Lobomonères et les Amœbiens, mais leur mode de vie donne à penser que ce sont peut-être des organismes assez élevés, dégradés par le parasitisme.

3 familles :

Famille des **MONOCYSTIDÉS**. — Corps formé d'un seul segment, sans tête distincte. — Genres *Monocystis*, *Gamocystis*, *Urospora*, etc. Grégarine agile (*Monocystis agilis*), commune dans le Lombric terrestre : amas de kystes remplis de pseudonavicelles dans les vésicules séminales, sous l'aspect de taches rousses ou noirâtres.

Famille des **GRÉGARINIDÉS**. — Corps formé de deux segments, l'antérieur (protomérite) céphaloïde. — Genres *Porospora*, *Bothriopsis*, etc. Grégarine géante (*Porospora gigantea* Ed. Van Ben.), du Homard; facile à trouver en râclant l'intérieur de l'intestin moyen ; kystes dans l'intestin terminal.

Famille des **RHYNCHOPHORÉS**. — Corps formé de trois segments, l'antérieur (épimérite) en forme de rostre. — Ce rostre est tantôt inerme : *Stylorhynchus*, *Clepsidrine*, etc.; tantôt armé : *Actinocephalus*, *Geneiorhynchus*, etc.

DEUXIÈME ORDRE

PSOROSPERMIES OVIFORMES OU COCCIDIES

Ces êtres, longtemps désignés sous le nom de *Cellules* ou *Corps oviformes*, ont reçu de Schneider celui de *Coccidies*, tiré du genre *Coccidium*, qui a été établi par Leuckart (1) pour la forme la

(1) R. Leuckart, *Die Parasiten des Menschen*, 2e édit. Leipzig et Heidelberg, 1879, t. I, p. 254.

plus anciennement connue de ce groupe, celle du foie du Lapin.

Pour étudier les Coccidies, il importe de les suivre pendant leur période d'accroissement et pendant leur période de reproduction.

Tout d'abord, elles se montrent formées par de petites masses de protoplasma granuleux, masses arrondies, régulières et en général nucléées, qui ont pénétré dans les cellules épithéliales d'un organe déterminé (foie, intestin, etc.), et s'y développent progressivement.

Au bout d'un certain temps, chacune de ces masses amœboïdes s'entoure d'une enveloppe transparente, plus ou moins complexe (kyste ou coque), rompt la cellule qui la renfermait et tombe dans la cavité de l'organe : c'est là, d'ordinaire, qu'on la trouve enkystée. Peu à peu, son protoplasme se condense, puis il se segmente presque toujours en plusieurs sphères, qui deviennent des *spores*. Chacune de celles-ci développe alors un certain nombre de *corpuscules falciformes*, lesquels changent graduellement de forme et arrivent ainsi à constituer une sorte d'Amibe, pourvue de pseudopodes à l'aide desquels elle rampe. Cette Amibe s'introduit dans une cellule, et souvent y achève sa croissance, en devenant granuleuse, pour revenir à l'état d'où nous sommes partis.

Il y a donc, entre cette évolution et celle des Grégarines, des rapports assez étroits; peut-être même la conformité est-elle parfaite; mais nous avons dit que, dans le cycle évolutif des Grégarines, diverses phases sont encore peu connues, la phase monérienne en particulier.

Les Coccidies ont été rencontrées, parmi les Vertébrés, chez les Mammifères, les Oiseaux et les Batraciens; on en a aussi observé sur quelques Mollusques et Arthropodes. Dans tous les cas, ce sont des parasites intracellulaires, et elles diffèrent surtout des Grégarines en ce qu'elles ne sont jamais libres pendant la période d'accroissement.

Sans entrer dans de plus amples détails à l'égard de ces êtres, nous reproduisons ici la classification provisoire (1) qu'en a donnée Aimé Schneider (de Poitiers). Elle fournira un cadre pour les observations futures.

(1) A. Schneider, *Sur les psorospermies oviformes ou coccidies*. Archives de zool. expérim., 1881, t. IX, p. 387.

Division des Coccidies.

1re *Tribu.* — Tout le contenu du kyste se convertit en une spore unique	MONOSPORÉES.
a. Spore renfermant des corpuscules en nombre défini : *Oligozoïques.* Corpuscules au nombre de quatre	Genre *Orthospora.*
b. Spore renfermant un nombre indéfini de corpuscules : *Polyzoïques*	Genre *Eimeria.*
2e *Tribu.* — Contenu du kyste se convertissant en un nombre constant et défini de spores	OLIGOSPORÉES.
A. Deux spores : *Disporées.*	
a. Corpuscules des spores en nombre défini	Genre *Cyclospora.*
b. Corpuscules des spores en nombre indéfini	Genre *Isospora.*
B. Quatre spores : *Tétrasporées.* Corpuscules au nombre de deux (un seul en apparence)	Genre *Coccidium.*
3e *Tribu.* — Contenu du kyste se convertissant en un grand nombre de spores	POLYSPORÉES. Genre *Klossia.*

Nous devons étudier d'une façon spéciale quelques formes de ce groupe.

Coccidie oviforme (*Coccidium oviforme* Leuck. *Psorospermium cuniculi* Nasse). — A l'état adulte, cette Coccidie se présente sous la forme d'un corps ovoïde, entouré d'une coque (kyste) à double contour, mesurant 30 à 40 μ dans son plus grand diamètre, et 16 à 20 μ dans le plus petit.

On rencontre ces petits corps dans le foie (conduits biliaires) de divers Mammifères, notamment du Lapin, où un médecin anglais, Hake, les a trouvés le premier en 1839. Gubler, Dressler, Virchow et Leuckart les ont même observés chez l'Homme (1). L'affection qu'ils déterminent est connue sous le nom de *psorospermose hépatique* ; les Lapins attaqués maigrissent et finissent par succomber. A l'autopsie, on découvre dans le foie des masses blanchâtres, molles ou solides, sous forme de nodules ou de stries, situées à la surface ou dans la profondeur de l'organe. Ces dépôts, constitués par des Coccidies et des cellules épithéliales, ont leur siège dans les conduits biliaires dilatés. — On considère les

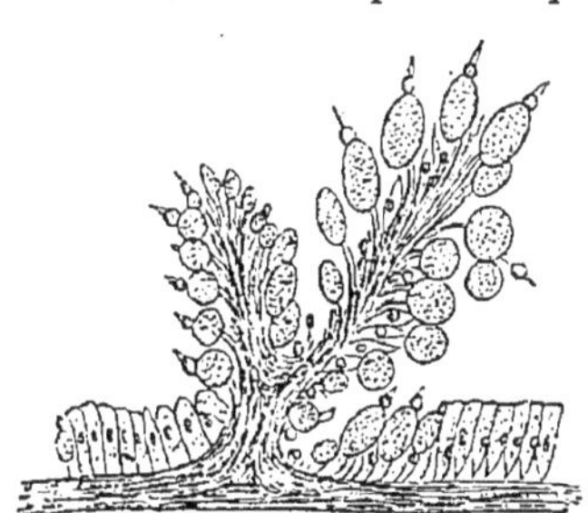

Fig. 63. — *Coccidium oviforme* dans les cellules épithéliales des cellules hépatiques et refoulant les noyaux des cellules (Balbiani).

(1) Voy. aussi J. Kunstler et A. Pitres, *Sur la présence de corpuscules falciformes dans le pus extrait de la cavité pleurale d'un malade atteint de pleurésie chronique latente.* Bullet. Soc. de biologie, séance du 2 août 1884, p. 523.

soins de propreté comme un des meilleurs moyens préventifs de cette affection.

Évolution. — Les Coccidies oviformes se présentent d'abord sous la forme de petits corps granuleux, amœboïdes, de 9 à 10 μ de diamètre, qui pénètrent dans les cellules épithéliales des conduits biliaires et s'y acroissent peu à peu en les dilatant et en refoulant le noyau. L'accumulation des parasites est souvent telle, que non seulement les canaux s'élargissent outre mesure, mais que leurs parois mêmes se détruisent.

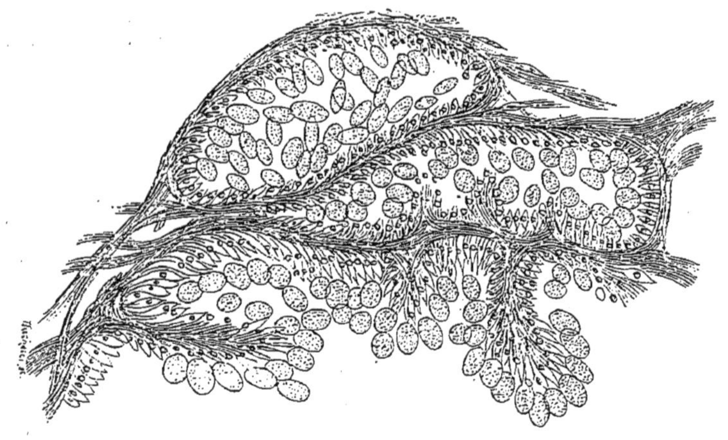

Fig. 64. — Coupe d'un foie de Lapin envahi par le *Coccidium oviforme*, d'après Balbiani. Les conduits hépatiques sont dilatés par les productions parasitaires.

Finalement, les Coccidies tombent avec les cellules dans les poches ainsi formées; puis elles abandonnent ces cellules après s'être entourées d'une enveloppe ou coque à double contour : on les dit alors enkystées. Les kystes sont d'abord tout à fait remplis par la masse protoplasmique; ils ont une forme ovoïde, et leur paroi est ancienne à l'un des pôles, où on observe une petite dépression qu'on a décrite comme un micropyle (fig. 65, *d*).

Puis ils augmentent de volume; leur paroi elle-même s'épaissit, et le contenu protoplasmique se contracte en une masse globuleuse centrale montrant une sphère pâle que Leuckart n'ose pas affirmer reconnaître comme un noyau (*f*).

Parvenues à cette phase, les Coccidies ne subissent plus sur place aucune modification; elles tombent probablement dans l'intestin et sont emportées avec les fèces. Leur développement ultérieur, qui s'effectue dans l'eau ou dans la terre humide, parfois même dans l'alcool ou l'acide chromique très étendu, exige un temps variable suivant les conditions dans lesquelles elles sont placées : sous une couche d'eau de 2 ou 3 centimètres, Balbiani a vu la segmentation de la masse centrale se produire après quinze jours à trois semaines ; sous une couche plus mince ou dans du sable humide, elle survenait en deux ou trois jours, et l'évolution complète était terminée dans l'espace de dix à quinze jours en été. Le protoplasma commence donc par se segmenter : il se divise d'une façon constante en deux, puis en quatre masses arrondies ou *spores* (*h*). Puis chacune de celles-ci s'allonge, s'entoure d'une délicate membrane d'enveloppe et produit une sorte de bâtonnet légèrement recourbé, avec les deux

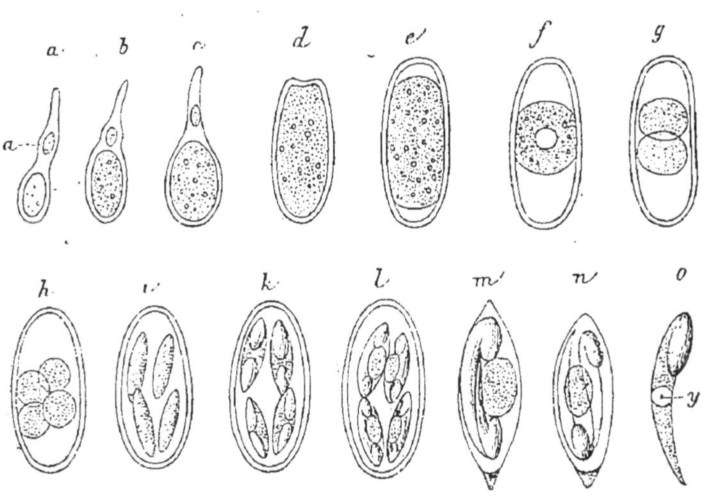

Fig. 65. — Évolution du *Coccidium oviforme* du foie du Lapin, d'après Balbiani. — *a*, *b*, *c*, jeunes Coccidies renfermées dans les cellules épithéliales des canalicules hépatiques : *a*, noyau de la cellule épithéliale. *d*, *e*, *f*, Coccidies adultes enkystées. *g*, *h*, *i*, *k*, *l*, développement des spores. *m*, spore mûre isolée, très grossie, montrant les deux corpuscules falciformes dans leur position naturelle, avec le nucléus de reliquat. *n*, spore comprimée avec les deux corpuscules écartés l'un de l'autre. *o*, un corpuscule falciforme. *y*, son noyau.

extrémités renflées en boule : dans la concavité de ce petit corps, on rencontre toujours un reliquat de la masse granuleuse de la spore (*m*). Balbiani a démontré que ce bâtonnet résulte en réalité de l'accolement de deux *corpuscules falciformes* nucléés placés en sens inverse.

A cet état, les Coccidies se conservent sans modification appréciable pendant une période indéfinie; mais on n'est pas fixé sur leur mode d'introduction dans l'organisme. Il est probable que les kystes, ayant évolué dans un milieu humide, sont entraînés, avec les poussières atmosphériques ou de toute autre façon, sur les aliments des animaux. Il est probable aussi que, lorsqu'ils sont parvenus dans le tube digestif, ils mettent en liberté leurs *corpuscules* falciformes, et que ceux-ci se transforment en petites masses amœboïdes destinées à pénétrer dans les conduits biliaires par le canal cholédoque. Mais la démonstration expérimentale de cette manière de voir reste à faire.

Coccidie perforante (*C. perforans* Leuck.). — D'après Leuckart, cette espèce serait caractérisée et par son habitat (épithélium intestinal) et par la rapidité de son évolution. Il faut reconnaître que de nouvelles recherches sont nécessaires pour la faire admettre d'une façon définitive.

On peut toutefois y rattacher provisoirement les Coccidies trouvées par de nombreux observateurs dans l'intestin du Lapin; par Virchow, Leuckart et Rivolta chez le Chien; par Fink, Vulpian et Rivolta chez le Chat; par Kjellberg et Eimer chez l'Homme, et peut-être aussi celles rencontrées par Rivolta, Silvestrini et Perroncito chez les Gallinacés domestiques (fig. 66). La présence de ces parasites détermine la déformation et la chute des cellules épithéliales, d'où résultent des troubles inflammatoires (psorospermose entérique).

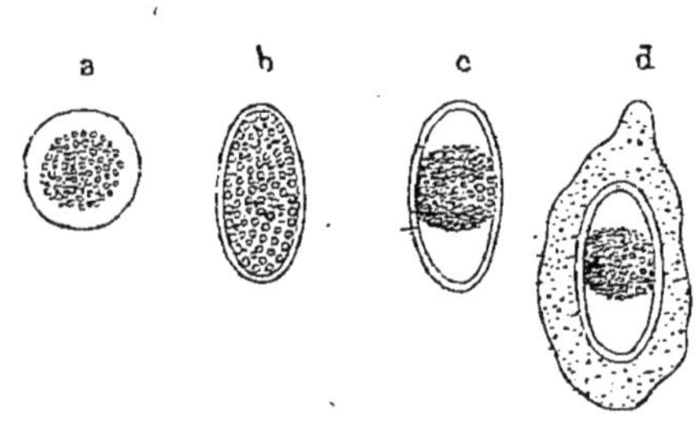

Fig. 66. — *Coccidium perforans*, de l'intestin de la Poule, d'après Perroncito. — *a*, *b*, Coccidies extraites des cellules épithéliales de l'intestin et représentant les premières phases du développement. *c*, Coccidie adulte enkystée, trouvée en liberté dans l'intestin. *d*, Coccidie adulte enkystée dans une cellule épithéliale grossie et déformée.

A côté de ces formes, on en a décrit un grand nombre, pour lesquelles on a créé des noms spécifiques et même génériques qu'il nous paraît impossible d'adopter, car les coupes auxquelles ils correspondent ne reposent que sur des caractères insuffisamment établis. Cette remarque s'applique, par exemple, au genre *Cystospermium* de Rivolta et aux espèces qu'il comprend. Aussi nous bornerons-nous à signaler les plus intéressantes de ces espèces, sans chercher à les classer.

Le docteur Piana a décrit des Psorospermies dont le contenu granuleux offrait une teinte verte; il les avait trouvées dans le mésentère de nombreux Gallinacés, chez lesquels elles avaient déterminé une affection épizootique.

Zürn a fait connaître une forme d'entérite occasionnée chez des Veaux et des Porcs par des Psorospermies non déterminées.

Sous le nom de *Gregarina avium intestinalis*, Rivolta a donné la description de Psorospermies enkystées dans le tissu conjonctif sous-muqueux de l'intestin des Gallinacés de basse-cour.

Toutes ces formes réclament de nouvelles études.

On a même pu confondre quelquefois les Coccidies avec des œufs d'Helminthes. Ainsi, E. Perroncito décrit, comme des Psorospermies, des corpuscules qu'il a recueillis dans les conduits biliaires du Chien, et qui offraient une sorte d'opercule aux deux pôles et un contenu divisé en deux à huit masses. Avec Linstow, nous pensons qu'il s'agit là d'œufs de Trichocéphales. — En 1862, le professeur G. Colin avait observé chez un Rat des amas d'œufs déposés par un Trichosome (?) dans les conduits biliaires, et qu'il eût pris sans doute pour des Psorospermies sans la rencontre de l'Helminthe. — Nous avons nous-même retrouvé dernièrement, dans le foie d'une Souris, un amas considérable d'œufs que nous avons pu rapporter avec certitude au *Trichocephalus nodosus*.

Ajoutons que Leuckart met en doute la découverte de Lindemann relative à des Psorospermies trouvées dans les reins de l'Homme, et qu'il n'attache aucune valeur à la description donnée par cet auteur de prétendues masses psorospermiques observées sur les cheveux d'une jeune fille. D'après Lindemann, ces parasites seraient assez communs à Nijni-Novgorod, et se développeraient à l'état de Grégarines dans le tube digestif des Poux — qui abondent dans la chevelure des femmes de ce pays. — La formation des amas psorospermiques à la base des cheveux correspondrait à la phase d'enkystement.

Eimérie falciforme (*Eimeria falciformis* Eimer). — Cette espèce se distingue aisément du *Coccidium oviforme* par la formation d'une spore unique. Eimer l'a trouvée dans l'épithélium intestinal de la Souris : les kystes sont mis en liberté dans l'intestin. Rivolta dit avoir rencontré cette Coccidie à côté de la Coccidie oviforme, dans le foie du Lapin.

Isospore des Oiseaux (*Isospora avium* Riv.). — Il nous semble qu'on doit faire rentrer dans le genre *Isospora* la Psorospermie des petits Oiseaux signalée par Rivolta, le contenu se divisant en deux masses, aux dépens desquelles se forment dix ou quinze corpuscules.

TROISIÈME ORDRE

PSOROSPERMIES UTRICULIFORMES OU SARCOSPORIDIES

Ces formations ont été découvertes en 1843, par Miescher, de Bâle, dans les muscles d'un Rat, et retrouvées en 1857, par Rainey, dans ceux d'un Porc. Depuis lors, on les a observées également chez le Cheval, le Bœuf, le Mouton, la Chèvre, le Lapin, la Poule, etc. Dans la chair du Porc, où elles sont très communes, on les distingue souvent à l'œil nu, sous l'aspect de stries blanchâtres, mesurant en moyenne un demi-millimètre de longueur. Au microscope, elles se montrent comme des cellules allongées, situées à l'intérieur des faisceaux primitifs. Elles possèdent une paroi assez épaisse, montrant une striation transversale que Leuckart attribue à la présence de nombreux canalicules. Quand on comprime la préparation pour obtenir la sortie de l'utricule, il arrive fréquemment que cette paroi se désagrège : elle offre alors l'apparence d'un revêtement ciliaire, qu'on a longtemps regardé comme une disposition normale de la Psorospermie. L'intérieur de l'utricule est divisé en un certain nombre de loges secondaires,

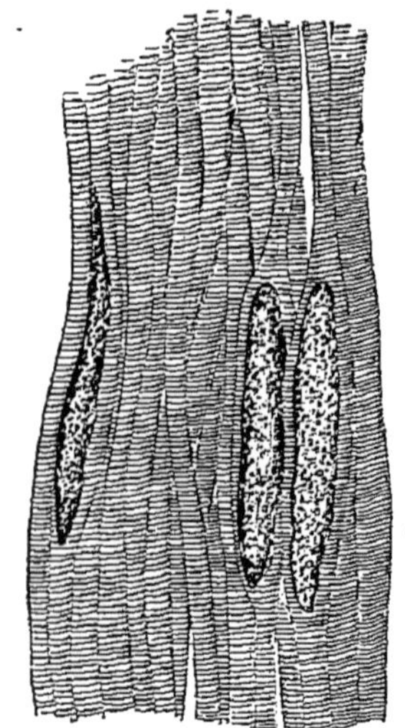

Fig. 67. — Utricules psorospermiques dans les fibres musculaires du Porc (Orig.).

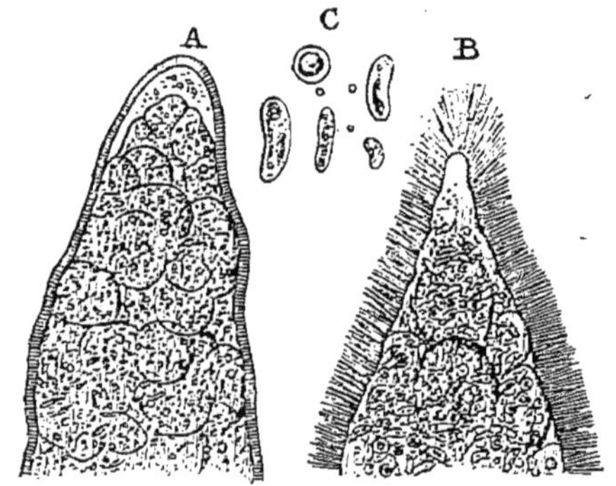

Fig. 68. — Utricules psorospermiques du Porc isolées et fortement grossies. — A, extrémité d'une utricule dont la cuticule est intacte. B, autre utricule, dont la cuticule est écrasée et donne lieu à une apparence de cils. C, corpuscules réniformes et noyaux séparés (Orig.).

contenant chacune de nombreux corpuscules réniformes ou fusi-

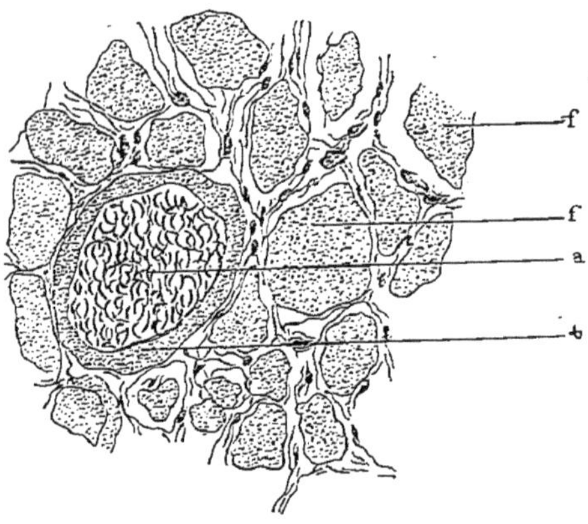

Fig. 69. — Coupe transversale d'un groupe de faisceaux primitifs du Porc, dont l'un est occupé par une Sarcosporidie. — *a*, coupe du parasite. *b*, sa gaine contractile formée par la substance du faisceau primitif repoussée sous le sarcolemme. *f*, faisceaux primitifs (Laulanié).

formes, munis d'un ou plus souvent de deux noyaux très brillants.

Les utricules de Miescher ou de Rainey voyagent à l'intérieur du sarcolemme, en laissant des traces évidentes de leur passage (Perroncito). Dans certains cas, comme l'a vu M. Laulanié sur les muscles du Porc, les faisceaux primitifs envahis restent sains; d'autres fois, ils subissent la dégénérescence vitreuse, et alors, le parasite agissant sur le tissu conjonctif à la façon d'un irritant, il en résulte la formation de nodules analogues aux granulations tuberculeuses. Leisering et Winckler, Dammann, v. Niederhœusern et Zürn, ont observé quelquefois une mortalité considérable due à la présence de ces Psorospermies dans les muscles du pharynx, du larynx, de la langue, etc., chez le Mouton : il survenait en général des

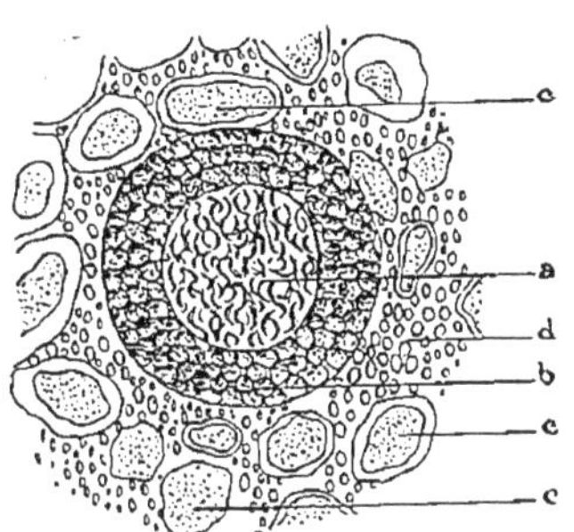

Fig. 70. — Altérations occasionnées dans les muscles du Porc par les Sarcosporidies : granulation psorospermique au début de son développement. — *a*, section transversale de la Psorospermie. *b*, couronne purulente. *c*, *c*, faisceaux primitifs atrophiés. *d*, infiltration embryonnaire (Laulanié).

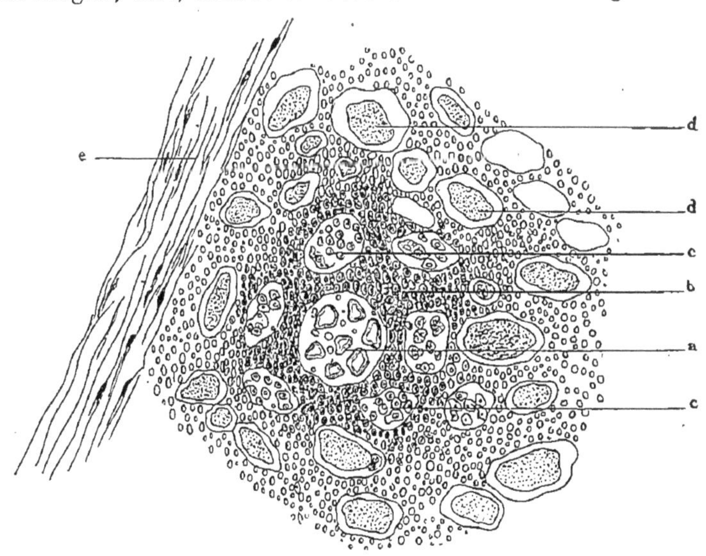

Fig. 71. — Granulation psorospermique des muscles du Porc complètement formée : le parasite a disparu au milieu des produits de la dégénérescence. — *a*, zone centrale représentée par un petit foyer de dégénérescence calcaire. *b*, zone périphérique de prolifération embryonnaire. *c*, *c*, espaces primitivement occupés par des faisceaux primitifs et actuellement remplis de cellules. *d*, *d*, faisceaux primitifs atrophiés englobés dans la prolifération. *e*, cloison conjonctive (Laulanié).

accidents asphyxiques, résultat de l'infiltration de la muqueuse.

Dans la plupart des cas, la chair infestée par ces parasites peut être consommée sans inconvénient, et il est superflu de s'arrêter à l'hypothèse, plus d'une fois rééditée, qui tend à la faire regarder comme ténigène.

On ignore comment se développent ces parasites. Cependant, Hessling a vu de petites masses de protoplasma granuleux, sans noyau ni enveloppe, qu'il considère comme l'état primitif des tubes de Miescher; les amas ont grossi, se sont entourés d'une enveloppe et ont présenté dans leur intérieur des globules pâles : ces globules ne seraient autres que des spores, qui deviendraient plus tard des corpuscules réniformes.

QUATRIÈME ORDRE

PSOROSPERMIES DES POISSONS OU MYXOSPORIDIES

Les Psorospermies des Poissons ont été longtemps et sont même parfois encore aujourd'hui regardées comme des productions végétales;

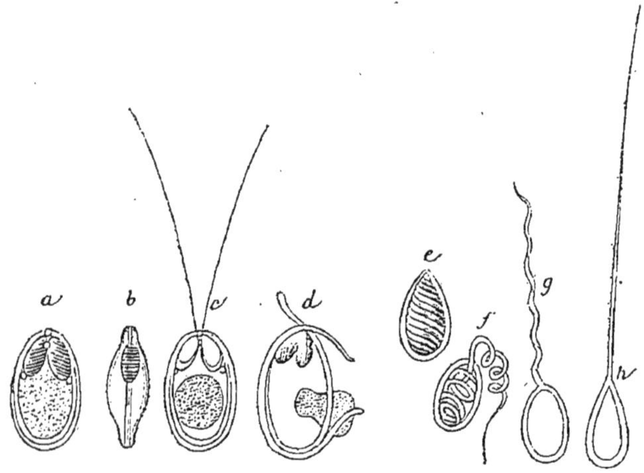

Fig. 72. — Psorospermies de la Tanche, d'après Balbiani. — *a*, Psorospermie vue de face. *b*, de profil. *c*, avec les filaments déroulés. *d*, Psorospermie laissant échapper son contenu sarcodique, sous la forme d'une amibe, à travers ses valves écartées et montrant les bandes élastiques de la coque détendues. *e*, vésicule contenant le filament spiral. *f*, *g*, *h*, vésicule avec le filament déroulé.

cependant Leydig, et plus récemment Bütschli, ont émis l'idée d'une parenté possible entre ces organismes et les Grégarines, et beaucoup d'auteurs ont appuyé cette manière de voir.

Les Myxosporidies consistent en des masses sarcodiques granuleuses, nucléées, souvent pressées les unes contre les autres et douées de mouvements amœboïdes; on peut y distinguer un ectosarque dense et homogène, et un endosarque de teinte souvent jaune ou brunâtre.

A l'intérieur de ces masses, il se développe des corpuscules qui ont été décrits autrefois — avant que les masses sarcodiques fussent connues — sous le nom de *Psorospermies* (ψῶρα, gale; σπέρμα, semence), et qui ne sont autres que des corps reproducteurs ou spores. Leur structure est complexe. Ils ont pour enveloppe une coque solide formée de deux valves. Le contenu se compose d'un globule protoplasmique et de deux vésicules, situées presque toujours à l'un des pôles et inclinées l'une vers l'autre; ces vésicules ont elles-mêmes une paroi épaisse et contiennent un filament spiralé, qui peut se dérouler et sortir sous l'influence de certains réactifs.

Lorsque ces corpuscules psorospermiques arrivent à maturité, le nombre des vésicules polaires augmente, et on constate la présence d'un ruban élastique occupant la ligne de suture des deux valves. Ce ruban constitue un appareil de déhiscence : il est destiné à provoquer l'écartement des valves pour permettre la sortie du globule sarcodique. Celui-ci rampe alors à la surface des tissus, se nourrit à leurs dépens et forme une nouvelle Myxosporidie.

On rencontre ces parasites dans la plupart des organes et des tissus des Poissons. Chez les Cyprinidés, ils sont communs sur les branchies et dans la portion antérieure de la vessie aérienne. Leur multiplication excessive peut devenir la cause d'états morbides fort graves.

CINQUIÈME ORDRE

PSOROSPERMIES DES ARTICULÉS OU MICROSPORIDIES

Il y a beaucoup d'analogie, comme l'a démontré Balbiani, entre ces organismes et les Psorospermies des Poissons. Cet auteur, qui les a principalement étudiés sur les Vers à soie atteints de pébrine, leur a donné le nom de Microsporidies en raison de leur extrême petitesse.

Lorsqu'on fait ingérer à des Vers à soie sains des corpuscules pébrineux, on ne tarde pas à constater, dans les cellules épithéliales et dans les tuniques musculaires de l'intestin, de petites masses sarcodiques qui s'accroissent assez rapidement. Puis on voit apparaître dans ces masses de petits globules pâles qui grossissent et prennent une forme ovalaire ou pyriforme : ce sont de jeunes spores. Au bout d'un temps assez court, ces spores ont pris plus de consistance, présentent l'aspect de corpuscules ovoïdes brillants, et, après avoir absorbé toute la gangue protoplasmique, se disséminent dans l'organisme; elles sont alors mûres, et reproduisent bientôt de nouvelles masses sarcodiques. Celles-ci ne sont formées en effet que par le contenu des spores, qui s'échappe à la faveur d'une ouverture percée à l'un des pôles.

Nous reviendrons plus loin sur la pébrine; mais il convient d'ajouter que les Microsporidies ont été rencontrées chez des animaux très divers. Elles sont assez communes chez les Arthropodes. Munk les a signalées en outre chez l'*Ascaris mystax*, dont elles remplissent quelquefois, en quantité prodigieuse, les canaux sexuels; R. Moniez en a trouvé dans le *Tænia expansa* et le *Tænia denticulata*, etc.

CLASSE V

INFUSOIRES

Protozoaires nucléés, en général limités nettement par une cuticule, et munis de cils, de flagellums ou de suçoirs.

C'est en 1676 que Leeuwenhoek, observant une infusion de poivre à l'aide d'un microscope qu'il avait construit lui-même, y découvrit les animalcules auxquels Ledermüller donna plus tard le nom d'*Infusoires*, nom tiré précisément de leur abondance dans les infusions de substances animales ou végétales. Mais longtemps on comprit sous cette dénomination, avec les Infusoires véritables, un grand nombre de petits animaux beaucoup plus élevés en organisation, notamment les Rotifères, ainsi qu'une foule de végétaux inférieurs.

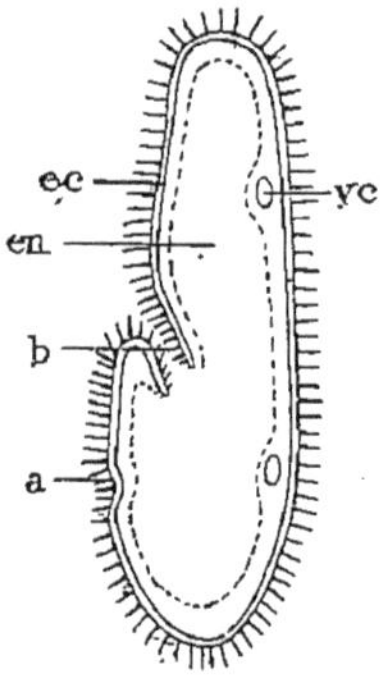

Fig. 73. — Schéma d'une Paramécie, d'après Hayeck. — *b*, orifice buccal. *a*, fente anale. *vc*, vacuoles contractiles. *ec*, ectosarque. *en*, endosarque.

Presque toujours, ces petits êtres sont limités par une enveloppe membraneuse dite *cuticule*, accompagnée quelquefois d'une carapace d'apparence chitineuse. Ils sont, en outre, revêtus d'appendices variables, cils, flagellums ou suçoirs; mais ces appendices ne dépendent pas de la cuticule : ce sont des parties émanées de la couche protoplasmique externe.

Le corps offre, en effet, deux couches protoplasmiques souvent bien distinctes : un *ectosarque* visqueux, chargé de fins granules, et un *endosarque* plus liquide et transparent. Ce dernier est regardé par divers auteurs comme une *cavité digestive* remplie de chyme. Quant à l'ectosarque, il est souvent différencié de manière à montrer des stries musculaires; parfois il contient des corpuscules chlorophylliens (*Euglena viridis*, *Stentor polymorphus*) (1); enfin, c'est dans sa substance que se forment la ou les vésicules pulsatiles, et l'on a beaucoup de tendance à admettre qu'il est toujours le siège des endoplastes et endoplastules.

La *nutrition* s'effectue quelquefois par endosmose; mais, d'ordinaire, il existe une bouche plus ou moins distincte, et même une sorte d'œsophage conduisant dans l'endosarque.

Les phénomènes de la *reproduction* sont encore assez mal connus; c'est la scissiparité qui domine : elle peut se produire dans le sens longitudinal ou dans le sens transversal, et souvent elle est précédée d'une conjugaison.

Les Infusoires se rencontrent en abondance dans les eaux douces et salées, tout au moins quand elles contiennent des matières organiques en décomposition. Ils vivent, en effet, aux dépens de ces substances; mais il en est beaucoup aussi qui se nourrissent de végétaux inférieurs et d'autres Infusoires. Quelques-uns sont parasites à la surface ou dans l'intérieur du corps de divers animaux. Ces êtres résistent fort bien à une dessiccation poussée même assez loin; souvent alors ils s'enkystent et se divisent, et ces germes enkystés peuvent être portés au loin par le vent, ce qui explique l'ubiquité des Infusoires et leur apparition subite lorsque les circonstances sont favorables.

3 sous-classes :

Des tentacules..........................	TENTACULIFÈRES.
Des cils à tous les âges................	CILIÉS.
Un ou plusieurs flagellums........... ...	FLAGELLATES.

SOUS-CLASSE I

FLAGELLATES

Infusoires munis d'un ou de plusieurs flagellums, avec ou sans couronne de cils vibratiles.

Les Flagellates sont caractérisés par la présence d'un ou de plusieurs prolongements longs et mobiles, servant surtout à la

(1) Brandt regarde ces corpuscules comme des algues monocellulaires, associant leur vie à celle de l'animal : il y aurait là un phénomène de *symbiose*.

locomotion : les *flagellums*. Lorsqu'il en existe plusieurs, ils se montrent tantôt rapprochés sur un point, tantôt fort éloignés l'un de l'autre. Parfois, en outre, le corps est muni de cils vibratiles disposés en couronne ; enfin, il peut s'envelopper d'une carapace chitinoïde.

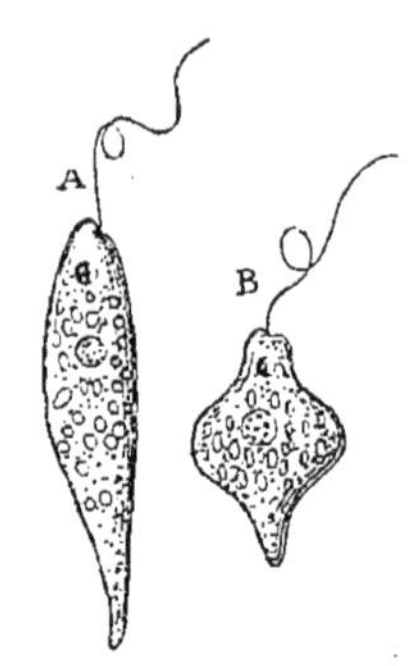

Fig. 74. — *Euglena viridis*, à divers états de contraction, d'après Stein.

On distingue assez souvent un rudiment de bouche conduisant, par un court œsophage, les aliments dans l'endosarque. D'autres fois, l'orifice buccal n'est pas béant : les particules alimentaires s'ouvrent passage à son niveau, et pénètrent dans l'endosarque, noyées dans les globules d'eau qui leur servent de véhicule et qui constituent les *vacuoles alimentaires*.

Les vacuoles contractiles font défaut chez les Cilio-flagellés et chez les Noctilucidés adultes.

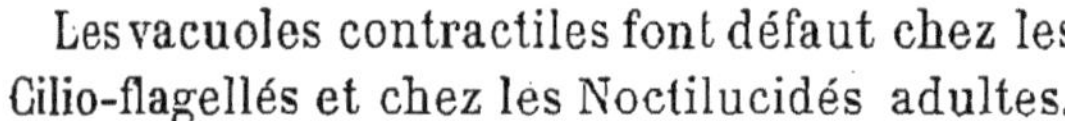

Le groupe des Flagellates est fort difficile à délimiter : on y a compris beaucoup de formes, telles que les Volvox, une partie des anciennes Monades, etc., qui offrent de nombreuses affinités avec les Algues ou les Champignons et qu'on relègue aujourd'hui dans le règne végétal.

3 ordres :

Sarcode ne remplissant pas la membrane...........		NOCTILUCIDÉS.
Sarcode remplissant la membrane d'enveloppe	Une couronne de cils.....	CILIOFLAGELLÉS.
	Pas de couronne de cils..	FLAGELLÉS.

PREMIER ORDRE

FLAGELLÉS

Quelques-uns sont enveloppés d'une carapace; la plupart sont nus; ils vivent isolés ou en colonies. Un assez grand nombre d'espèces se rencontrent dans le corps des animaux à sang froid ou à sang chaud (1). Il en existe, par exemple, dans les réservoirs digestifs des herbivores, mais on ne les connaît que très imparfaitement, et leur étude est à reprendre.

Principaux genres : *Monas*, *Cercomonas*, *Bodo*, *Heteromita*, *Trichomonas*, *Hexamita*, *Astasia*, *Euglena*, *Uvella*, etc.

(1) C. Davaine, *Article* MONADIENS *du Diction. encycl. des sciences médicales.*

Les **Monades** proprement dites (*Monas*) ont le corps de forme variable et l'extrémité antérieure arrondie, portant un seul flagellum flexible dans toute son étendue.

M. crepusculum, des infusions, rencontré par Wedl sur des ulcères sordides de l'Homme. *M. Caviæ*, trouvé par Davaine dans le gros intestin des Cobayes. *M. anatis*, dans le cæcum du Canard. D'autres Monades analogues ont été observées également par Davaine et par Rivolta, dans le gros intestin de la Poule.

Les **Cercomonades** (*Cercomonas*) possèdent, outre leur long flagellum antérieur, un petit filament caudal.

Cercomonade de l'Homme (*C. hominis* Dav. *C. intestinalis* Lambl). — Corps pyriforme, de 8 à 12 μ de longueur, dont le filament caudal adhère souvent aux corps voisins, ce qui produit des mouvements d'oscillation.

Davaine a trouvé ces organismes dans les selles des cholériques, en 1853 ; il a décrit également une petite variété provenant des déjections d'un malade atteint de fièvre typhoïde ; cette distinction n'a pas été conservée. Lambl et divers autres ont retrouvé le même Monadien chez des individus atteints d'affections variées. On ne peut donc le considérer comme jouant un rôle important dans l'étiologie du choléra. Lambl l'a vu se reproduire par scission longitudinale.

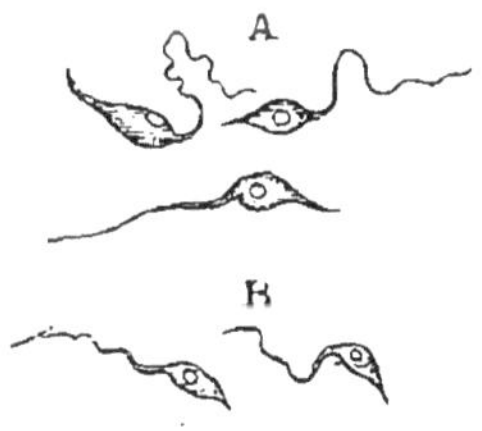

Fig. 75. — *Cercomonas hominis*, d'après Davaine. — A, grande variété. B, petite variété.

On rattache avec doute au même genre le *C. urinarius*, trouvé par Hassal dans l'urine des cholériques.

On peut y faire rentrer, de plus, le *C. canis*, signalé par Gruby et Delafond dans l'estomac du Chien, le *C. (Bodo) saltans*, des eaux stagnantes, recueilli par Wedl sur des ulcères sordides de l'homme, le *C. gallinæ*, qui détermine une forme d'angine sur les oiseaux de basse-cour, et le *C. hepaticus*, des Pigeons, développant une sorte d'hépatite caséeuse ; ces deux dernières espèces ont été décrites par S. Rivolta.

Les **Trichomonades** (*Trichomonas*) sont pourvus de deux flagellums et d'une rangée de cils.

Trichomonade vaginale (*T. vaginalis* Donné). — Corps ovoïde ou pyriforme, long de 10 μ, muni d'un filament caudal non constant, et de deux longs flagellums antérieurs (c'est probablement par erreur qu'on en a signalé un ou trois) ; une rangée de cils s'étend de la partie antérieure jusque vers le milieu du corps.

Cette Trichomonade a été découverte par Donné et déterminée par Dujardin; Scanzoni et Kölliker l'ont ensuite étudiée avec soin. On la trouve dans le mucus vaginal des femmes saines ou affectées d'écoulements, mais elle se multiplie plus abondamment dans ce dernier cas. Elle n'a aucun rapport avec les affections vénériennes.

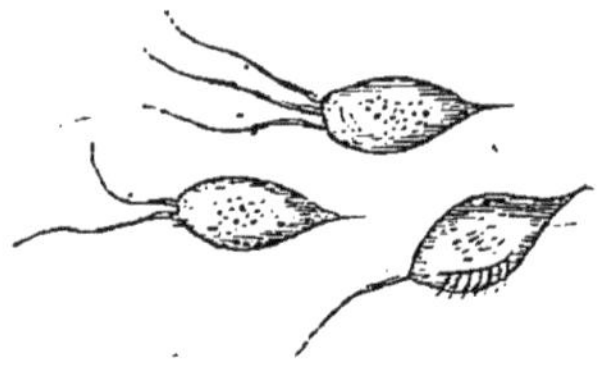

Fig. 76. — *Trichomonas vaginalis*, d'après Kölliker.

Nous devons encore signaler : *T. intestinalis*, espèce fort mal connue, prise pour une Cercomonade par Marchand, qui l'avait trouvée dans les selles d'un individu atteint de typhus ; *T. caviæ*, observé par Davaine dans le gros intestin d'un Cobaye ; *T. suis*, recueilli par Gruby et Delafond dans l'intestin du Porc.

D'après Leuckart, c'est aussi aux *Trichomonas* qu'il faudrait rapporter un Infusoire rencontré par Eberth dans l'intestin de la Poule et du Canard, et qui était remarquable par la présence d'un bourrelet ondulé et scintillant. Leuckart en avait fait à tort le type d'un nouveau genre (*Sænolophus*).

Davaine décrit en outre, avec beaucoup de doute, sous le nom d'*Hexamita duodenalis*, un animalcule qu'il a découvert dans le duodénum d'un Lapin récemment tué et tout chaud.

Quant aux Infusoires trouvés par Rivolta dans l'intestin grêle du Pigeon (1), nous pensons qu'ils se rapportent au genre *Lophomonas* : *L. columbæ*.

DEUXIÈME ORDRE

CILIO-FLAGELLÉS

Ce sont des Flagellates pourvus à la fois d'un ou plusieurs flagellums et d'une couronne de cils ; souvent, en outre, ils portent des prolongements plus ou moins longs en forme de cornes. On a constaté, dans quelques cas, la reproduction par scissiparité, après enkystement.

Genres *Peridinium*, *Asthmatos*, etc.

Le *Peridinium sanguineum* existe parfois dans l'eau de la mer en assez grande abondance pour la colorer en rouge vermillon.

Les **Asthmatos** (*Asthmatos*) possèdent un flagellum unique, terminal et rétractile, émergeant du centre de la couronne de cils.

(1) L'*Ornitojatria*. Pisa, 1881, p. 114.

L'**Asthmatos ciliaire** (*A. ciliaris* Salisb.) a un corps ovoïde ou subglobuleux et du reste changeant ; sa couronne de cils forme une sorte de touffe antérieure ; son flagellum est rétractile, ainsi que ses cils. Il se reproduit par scission transversale.

Salisbury (1) le premier a trouvé cet Infusoire dans le mucus nasal laryngien, etc., de malades atteints d'affections catarrhales particulières qu'il propose de dénommer *infusorial catarrh and asthma*, attribuant ainsi un rôle étiologique essentiel à la présence du parasite. L'inflammation se manifeste d'abord sur la conjonctive et la muqueuse nasale, puis gagne peu à peu les bronches et les vésicules pulmonaires, en déterminant alors des symptômes d'asthme. On obtient la guérison de cette maladie par des inhalations fréquemment répétées d'eau phéniquée, d'acide nitrique très étendu, etc. — Ajoutons que Leidy avait cru devoir nier la nature parasitaire des *Asthmatos*, qu'il regardait comme de simples cellules épithéliales ciliées.

TROISIÈME ORDRE

NOCTILUCIDÉS

Les **Noctiluques** (*Noctiluca*) constituent le seul genre de ce groupe, et l'espèce la plus commune est la N. miliaire (*N. miliaris*), qui se trouve en abondance dans les eaux superficielles de l'Océan, où il est souvent facile de se la procurer dans les flaques de la plage.

Ces petits êtres, qui offrent l'aspect de grains transparents de tapioca, sont, dans divers pays, le point de départ de la phosphorescence de la mer. La lumière ne se dégage que quand les Noctiluques sont soumises à un frottement, par exemple quand les vagues s'entre-choquent ou se brisent sur le rivage.

ANNEXE : CATALLACTES.

Le groupe qui porte ce nom est représenté uniquement par le *Magosphæra planula*. Cet organisme, découvert par Hæckel sur les côtes de Norvège, consiste en une colonie sphérique de petites cellules pyriformes juxtaposées, dont la petite extrémité est dirigée vers le centre de la sphère, et la plus grosse, garnie de cils, située en dehors. En attendant que ces êtres soient mieux connus, on les rapproche des Flagellates.

(1) Salisbury, *in* Hallier's Zeitsch. für Parasitenkunde, IV, 1873. — Saville Kent, *A manual of the Infusoria*, IV, p. 466 ; tab. XXIV, fig. 62-64. — J. L. de Lanessan, *Les Protozoaires*, p. 210.

SOUS-CLASSE II

CILIÉS

Infusoires revêtus de cils à tous les âges; pas de flagellums ni de suçoirs.

Comme l'indique leur nom, la caractéristique de ces Infusoires réside dans le revêtement ciliaire qu'ils possèdent et conservent même à l'état adulte. L'aspect de ces cils est assez variable ; ils servent à la locomotion et à la préhension des aliments. La membrane d'enveloppe est parfois très mince et permet à l'animal de

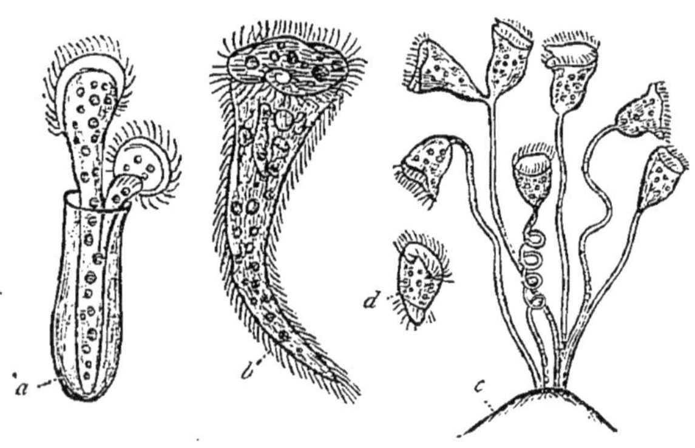

Fig. 77. — Infusoires ciliés. — *a, Vaginicola crystallina*. *b, Stentor Mülleri*. *c*, groupes de Vorticelles. *d*, bourgeon détaché de Vorticelle, montrant la couronne postérieure de cils (Huxley).

modifier sa forme; ou bien elle est assez cuticularisée pour conserver cette forme constante; enfin, elle peut s'épaissir au point de constituer une sorte de cuirasse, et ces trois conditions permettent de distinguer des types *métaboliques*, *fixes* et *cuirassés*.

Rarement cette membrane est continue, et alors la nutrition s'effectue par endosmose (Opalines). Presque tous les Infusoires ciliés sont pourvus d'un orifice buccal, qui conduit dans l'endosarque par l'intermédiaire d'un conduit œsophagien ; ils possèdent aussi un anus, qui apparaît sous la forme d'une fente étroite au moment de l'expulsion des résidus alimentaires. Les aliments pénètrent dans l'endosarque après s'être disposés en bols dans l'œsophage ; ils y sont digérés, et leurs résidus solides sont expulsés par l'anus. La présence de ces bols alimentaires avait trompé Ehrenberg, qui croyait à l'existence d'estomacs multiples et décrivait des Infusoires polygastriques.

Toujours on trouve une ou plusieurs *vacuoles contractiles.* Il faut signaler aussi la présence fréquente, dans l'épaisseur de la cuticule ou de l'ectosarque, de corpuscules en forme de bâtonnets, qu'on suppose être des organes urticants et qu'on nomme *trichocystes.*

La *reproduction* a lieu d'ordinaire par scission transversale; la scission longitudinale est beaucoup plus rare, et la plupart des cas signalés comme s'y rapportant ont trait à la conjugaison de deux individus (Paramécies). Il y a plus : d'après Balbiani, il s'accomplirait alors de véritables phénomènes sexuels. On sait qu'il existe deux ordres de formations nucléaires : l'endoplaste et l'endoplastule, celui-ci situé près du premier ou dans son intérieur. Or, après la conjugaison, l'endoplastule, représentant une sorte de glande mâle, se diviserait en spermatozoïdes, tandis que l'endoplaste, jouant le rôle d'un ovaire, produirait un nombre variable d'ovules. Les recherches faites sur ce sujet dans ces dernières années n'ont pas confirmé l'exactitude de cette manière de voir. L'endoplaste et l'endoplastule se divisent réellement, mais en général, d'après Bütschli, une partie des corpuscules qui résultent de cette division sont expulsés; et, parmi ceux qui proviennent de l'endoplastule, il en est qui servent à reconstituer l'endoplaste et l'endoplastule de chacun des nouveaux individus. On doit donc, en se basant sur ces données, regarder ces formations comme identiques au noyau et au nucléole des cellules : l'endoplaste est le noyau principal, et l'endoplastule le noyau de remplacement. D'où cette importante conclusion que les Infusoires sont bien des êtres unicellulaires.

Les Infusoires ciliés vivent surtout dans les eaux douces; un certain nombre sont parasites; souvent ils s'enkystent pour résister à la dessiccation, et parfois cet enkystement précède la segmentation.

4 ordres :

Cils à la face ventrale seulement		HYPOTRICHÉS.
Cils longs formant une ceinture autour du corps ou une spirale autour de la bouche.		PÉRITRICHÉS.
Cils revêtant le corps entier.	Une rangée de cils longs et forts autour de la bouche	HÉTÉROTRICHÉS.
	Tous les cils courts, semblables.	HOLOTRICHÉS.

PREMIER ORDRE

HOLOTRICHÉS

Nous signalerons, parmi les principaux genres de cet ordre, les Paramécies, les Isotriques, les Colpodes, les Opalines.

Les **Paramécies** (*Paramœcium*) ont le corps oblong, asymétrique, la bouche ventrale, précédée d'un sillon oblique.

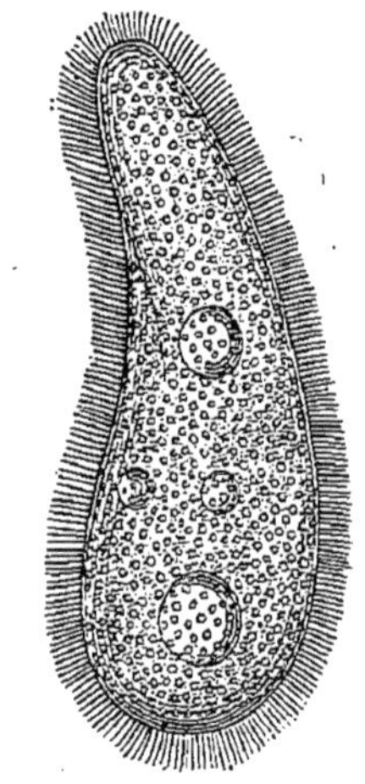

Fig. 78. — Paramécie de la panse des Ruminants (G. Colin).

Les espèces de ce genre sont très communes dans les infusions organiques. Aussi n'est-il pas étonnant qu'on en ait rencontré dans la panse des Ruminants, ainsi que dans le cæcum et le côlon des Solipèdes. Les espèces les plus répandues sont la P. Aurélie (*P. Aurelia*) et la P. verte (*P. bursaria*), celle-ci contenant des grains de chlorophylle.

Les **Isotriques** (*Isotricha*) sont symétriquement ovalaires, à forme constante ; la bouche est située sur l'un des bords latéraux.

On distingue *I. intestinalis*, à bouche nettement latérale, et *I. hypostomum*, à bouche subterminale. Ces deux formes se rencontrent, par millions, dans la panse des Ruminants.

Les **Colpodes** (*Colpoda*) ont le corps ovalaire, la bouche latérale ou ventrale, se présentant sous l'aspect d'une fente assez longue.

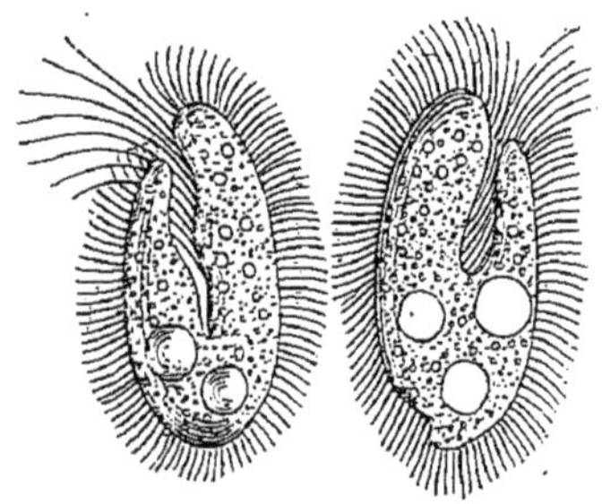

Fig. 79. — Infusoires ciliés : Colpodes de l'intestin du Cheval (G. Colin).

Les Colpodes abondent dans les macérations de foin, car ils s'enkystent sur les herbes desséchées ; on les trouve également en grande quantité dans les matières du cæcum et du côlon des Solipèdes ; on en a même rencontré dans des abcès mal soignés. L'espèce la plus commune est le *C. cucullus*.

Citons enfin, comme des Infusoires de grandes dimensions, faciles à étudier, les **Opalines** (*Opalina*), de l'intestin terminal des Grenouilles (*O. ranarum*).

DEUXIÈME ORDRE

HÉTÉROTRICHÉS

Le genre **Balantidium** nous offre une espèce intéressante, le **Balantidium du côlon** (*Balantidium coli* Stein. *Paramœcium coli* Malmst.), découvert par Malmsten dans le cæcum et le côlon de l'Homme. C'est un grand Infusoire, de 90 μ de long sur 70 de large, de forme ovalaire, revêtu de cils courts disposés en séries longitudinales. A la partie antérieure de la face ventrale, on observe, sur la ligne médiane, une dépression dite péristome, à l'extrémité inférieure de laquelle se trouve la bouche, conduisant à l'endosarque par un court œsophage. La lèvre gauche du péristome est munie de soies raides et assez longues, ou cils adoraux. L'anus est situé à l'extrémité postérieure. On remarque en outre un gros noyau elliptique et deux vésicules contractiles inégales. La reproduction a lieu par scission transversale.

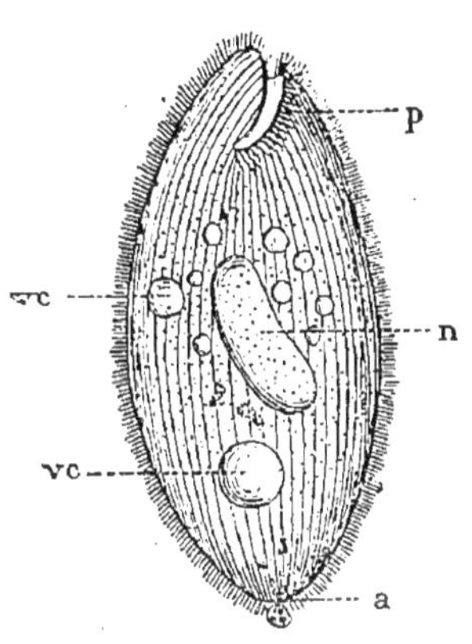

Fig. 80. — *Balantidium coli*, Infusoire cilié, d'après Stein. — *p*, péristome. *a*, anus. *n*, noyau. *vc*, vacuoles contractiles.

Après Malmsten, divers médecins ont trouvé chez l'Homme, dans le nord de l'Europe, l'Infusoire dont il s'agit, dans des affections diverses, typhus, diarrhée, etc. Perroncito l'a observé dans des nodules pulmonaires, chez un Mouton. De plus, Leuckart a reconnu qu'il se rencontre toujours dans le gros intestin du Porc ; on se le procure facilement en recueillant avec une sonde les matières fécales ou les mucosités du rectum. Il ne détermine aucun trouble chez cet animal, mais il ne paraît pas en être de même en ce qui concerne l'espèce humaine : on doit sans doute lui attribuer les lésions intestinales qui accompagnent sa présence. Le Porc, étant son hôte normal, peut être considéré comme le point de départ de l'infection.

A ce groupe appartiennent aussi les *Stentors*, dont une espèce (*St. polymorphus*) contient souvent des grains de chlorophylle, etc.

TROISIÈME ORDRE

PÉRITRICHÉS

Nous trouvons dans cet ordre une famille bien étudiée par Stein (1), celle des **OPHRYOSCOLÉCIDÉS**, dont différentes espèces vivent dans la panse des Ruminants. Ces animaux sont ainsi caractérisés : « Corps ovale ou allongé; bouche terminale, accompagnée de cils adoraux spiralés; extrémité postérieure munie d'un ou de plusieurs appendices caudaux styliformes. »

Le genre **Ophryoscolex** (*Ophryoscolex*) se distingue par un corps cuirassé, bombé à la face dorsale, tronqué en avant, arrondi en arrière et terminé par un stylet caudal; un peu en avant du milieu du corps existe un demi-cercle de cils épais (ceinture équatoriale).

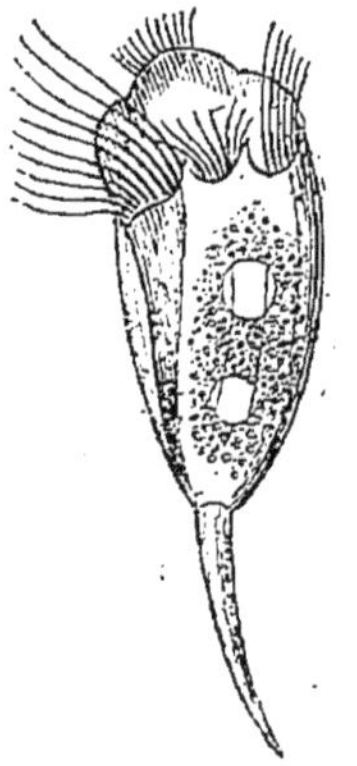

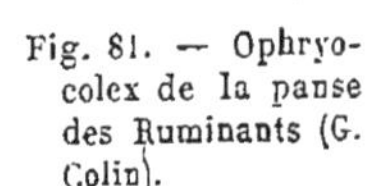

Fig. 81. — Ophryoscolex de la panse des Ruminants (G. Colin).

Deux espèces : *O. Purkinjei* et *O. inermis*, ce dernier dépourvu d'appendice caudal.

Dans le genre **Entodinium** (*Entodinium*), le corps est aplati et ne possède pas de ceinture équatoriale.

E. bursa, grande espèce, à extrémité postérieure arrondie, échancrée. *E. dentatum*, six stylets caudaux. *E. caudatum*, un appendice caudiforme et deux pointes dentiformes.

Ce ne sont pas, on l'a déjà vu, les seuls Infusoires qui vivent dans les réservoirs digestifs des herbivores : il s'en trouve beaucoup d'autres espèces, mais la plupart sont encore peu connues. Gruby et Delafond sont les premiers qui aient signalé ces animalcules : ils leur font jouer un rôle important, d'après cette considération que, chez le Mouton, ils constituent une masse de 600 à 1000 grammes de matières animales employées à la nutrition. Chez les Ruminants, en effet, les Infusoires meurent en passant dans la caillette et l'intestin, et sont digérés. M. Colin (d'Alfort) a figuré les principales formes qui se rencontrent dans la panse du Bœuf, ainsi que dans le gros intestin du Cheval (2).

(1) Stein, *Die Infusionsthierchen auf ihre Entwicklung untersucht*, Leipzig, 1854.

(2) G. Colin, *Traité de physiologie comparée des anim.*, 2e édit., p. 766 et 837.

Aux Péritrichés appartiennent aussi les Infusoires bien connus du no de *Vorticelles* (*Vorticella*), dont le corps est souvent campanulé et qui so fixés par un pédicule rétractile en spirale. On en a trouvé quelquefo dans le pus des abcès, chez des individus malpropres.

QUATRIÈME ORDRE

HYPOTRICHÉS

Genres principaux : *Euplotes*, *Stylonychia*, etc.

SOUS-CLASSE III

TENTACULIFÈRES

Infusoires pourvus de suçoirs sous forme de tentacules; pas d flagellums; pas de cils à l'âge adulte.

Le trait distinctif des Infusoires tentaculifères ou suceurs (Acinètes) réside dans la présence d'appendices filiformes ou tentacules émanant d certains points ou de la surface entière du corps. Les tentacules ressemblent assez à des pseudopodes, mais ils sont recouverts par la cuticul amincie, et leur extrémité est d'ordinaire renflée en bouton. Il n'existe pas d'orifice buccal : ces appendices fonctionnent comme organes préhensiles et comme suçoirs; ils s'appliquent sur la proie qui passe à leu portée et qui consiste le plus souvent en un Infusoire cilié ; les boutons s'étalent en disque et l'animal est prisonnier. Alors les tentacules se raccourcissent, puis la cuticule de la victime se trouve perforée et son protoplasma passe dans le tentacule pour se déverser dans l'endosarque de l'Acinète.

Les Acinétiens sont libres ou fixés, et dans ce dernier cas, sessiles ou portés par un pédicule (1).

Genres principaux : *Sphærophrya*, *Podophrya*, *Acineta*.

MÉSOZOAIRES

Sous ce nom, nous avons à mentionner ici, tout au moins à titre provisoire, le petit groupe des DICYÉMIDÉS, au sujet duquel les classificateurs n'ont pu, jusqu'à présent, se mettre d'accord.

Les Dicyémidés sont des êtres de petites dimensions, qui vivent en

(1) Mérejkowsky a signalé récemment l'existence d'Infusoires à la fois tentaculifères et ciliés (*Suctociliata*).

parasites dans les reins des Céphalopodes. Découverts par Krohn en 1830, ils ont été étudiés surtout par Ed. van Beneden, qui les considère comme les survivants d'un groupe autrefois beaucoup plus étendu. Ce groupe constituerait un élément de transition entre les Protozoaires et les Métazoaires : il se distingue en effet des premiers par une organisation pluricellulaire, et des seconds par l'absence de mésoderme. Disons toutefois que la création d'un embranchement spécial des *Mésozoaires* a soulevé de nombreuses contradictions.

L'organisation de ces animaux comprend en somme : 1° une vaste cellule interne ou axiale, qui représente l'*endoderme;* 2° une couche superficielle de cellules plates et ciliées correspondant à l'*ectoderme*. Il n'existe donc pas de cavité du corps. La reproduction est exclusivement asexuelle (1) et se résume en une production endogène de cellules, qui se multiplient par segmentation, pour se différencier bientôt en deux couches.

A chaque espèce de Céphalopode paraît correspondre une forme spéciale de Dicyémidés. De plus, chose remarquable, les parasites d'un même Mollusque présentent deux sortes d'individus. Les uns, longs et grêles, produisent des embryons *vermiformes* et ont reçu, pour ce motif, le nom de *nématogènes;* les autres, plus courts et plus larges, donnent naissance à des embryons pyriformes ciliés, dits *infusoriformes*, et sont appelés *rhombogènes*.

Genres *Dicyema*, dans les Poulpes; *Dicyemina*, dans les Seiches, etc.

Un groupe voisin des Dicyémidés est celui des ORTHONECTIDÉS, qui habitent principalement la cavité des bras des Ophiures.

Ces animaux sont aussi composés de deux couches cellulaires : un ectoderme annelé, à cellules ciliées pour la plupart, et un endoderme à cellules plus grosses et granuleuses. La partie superficielle de l'endoderme offre des épaississements qui représentent de véritables fibrilles musculaires.

Peut-être cette couche musculaire correspond-elle au mésoderme des Métazoaires. On devrait alors regarder les Orthonectidés comme des Métazoaires dégradés par le parasitisme, et cette manière de voir pourrait même s'étendre aux Dicyémidés.

DEUXIÈME EMBRANCHEMENT

CŒLENTÉRÉS

Animaux pluricellulaires, à symétrie rayonnée; appareils digestif et circulatoire confondus (appareil gastro-vasculaire).

(1) La reproduction sexuelle s'observe, au contraire, chez tous les Métazoaires connus.

Le groupe des Cœlentérés (κοῖλον, cavité; ἔντερον, intestin), qui commence la série des Métazoaires, comprend une partie seulement des Zoophytes (ζῶον, animal; φυτόν, plante) ou Rayonnés de Cuvier; il correspond assez exactement aux Polypes et aux Acalèphes de cet auteur.

La symétrie radiaire de ces animaux est en général bien évidente; parfois, cependant, elle est altérée par des irrégularités d'accroissement et passe même à la symétrie bilatérale. Les organes équivalents disposés autour de l'axe du corps (antimères) sont d'ordinaire au nombre de quatre ou de six, ou de leurs multiples.

Un Cœlentéré peut être décrit schématiquement comme un sac charnu à double paroi, dont la cavité représente l'appareil digestif, l'ouverture servant presque toujours à la fois de bouche et d'anus. La paroi externe est un *ectoderme*, la paroi interne un *endoderme*, et entre les deux se développe une autre couche tissulaire plus ou moins épaisse, constituant le *mésoderme*. L'orifice buccal est le plus souvent entouré de tentacules, comme l'indique l'expression de Polypes (πολύς, nombreux; ποῦς, pied): ces tentacules sont en communication directe avec la cavité interne. Celle-ci, chez les Cœlentérés vrais, doit élaborer un liquide nourricier qui se mélange à l'eau venue de l'extérieur et pénètre fréquemment dans un système de diverticules latéraux ou de canaux creusés dans l'épaisseur du corps. L'ensemble de cet appareil est désigné sous le nom de *système gastro-vasculaire*.

Un autre caractère propre à tous les Cœlentérés, — les Spongiaires exceptés, — repose sur la présence, dans l'ectoderme, d'organes urticants ou *nématocystes* (νῆμα, fil; κύστις, vessie). Chacun de ces organes représente une petite capsule à paroi élastique, contenant un liquide irritant et un long filament tubuleux enroulé en spirale, dont la base se continue avec la paroi de la capsule, tandis que l'extrémité est libre. Le moindre attouchement provoque la sortie brusque de ce filament, sans doute par un procédé d'évagination, et l'extrémité libre déverse le liquide dans la petite plaie qu'elle a produite. Beaucoup de Cœlentérés déterminent une violente urtication sur la peau de l'homme, et leur piqûre amène la mort rapide des petits animaux qui leur servent de proie. Contrairement aux indications de Eimer, les éponges paraissent être dépourvues de nématocystes.

La *reproduction* peut avoir lieu par voie *asexuelle* (scissiparité, gemmiparité): si les individus ainsi produits demeurent unis entre eux, ils constituent ces *colonies* dont on trouve de si nombreux exemples dans tout l'embranchement. Mais on observe en même temps la reproduction *sexuelle* chez tous les Cœlentérés, les sexes étant réunis ou plus souvent séparés.

Enfin, le *développement* est rarement direct. La plupart des Cœlentérés naissent sous la forme d'une larve ciliée ou *planule*, qui doit subir des métamorphoses plus ou moins profondes pour acquérir l'organisation et la forme rayonnée de l'adulte.

Presque tous les animaux de cet embranchement sont marins : ils sont tantôt libres, tantôt fixés ; un très petit nombre vivent dans les eaux douces.

4 classes, réparties dans deux sous-embranchements :

Ouverture orale unique ; des nématocystes : **Cnidaires.**	Symétrie biradiaire	....	CTÉNOPHORES.
	Symétrie multiradiaire.	Pas de mésentéroïdes.	HYDROMÉDUSES.
		Des mésentéroïdes...	CORALLIAIRES.
Orifices d'ingestion multiples ; pas de nématocystes : **Porifères.**			SPONGIAIRES.

SOUS-EMBRANCHEMENT I

SPONGIAIRES

Animaux ou colonies d'animaux fixés à l'âge adulte ; corps formé de cellules sans membrane, et ordinairement soutenu par une charpente solide ; système de canaux présentant de nombreux orifices d'entrée (pores inhalants), *et une large ouverture d'expulsion* (oscule).

Les botanistes du seizième et du dix-septième siècle regardaient les Éponges comme appartenant au règne végétal. Après les observations de Trembley sur les Polypes, Linné les fit rentrer dans le règne animal, et les réunit, comme plus tard Lamark et Cuvier lui-même, aux Alcyons, aux Isis et aux Gorgones, c'est-à-dire aux Cœlentérés actuels.

Cependant, la position des Éponges dans les systèmes de classification est encore aujourd'hui un sujet de contestation. Divers auteurs, considérant que ces organismes sont essentiellement formés de cellules amœboïdes et de cellules flagellées, les regardent comme des colonies de Protozoaires. Mais leur mode de développement, aussi bien que l'absence d'un tube digestif à parois propres et d'un système vasculaire distincts, a permis au contraire à Leuckart de les assimiler aux Cœlentérés. Toutefois, comme de nombreuses particularités de structure les séparent des principaux représentants de ce groupe, il convient d'établir pour les Spongiaires tout au moins un sous-embranchement spécial.

La forme la plus simple d'une Éponge est celle d'une urne fixée par la base. L'intérieur de cette urne constitue la cavité gastrique ; la communication avec l'extérieur s'établit au moyen d'un large orifice (*oscule*) situé au pôle libre, et de nombreux petits canaux ou pores dont est percée la paroi. Celle-ci se compose de deux couches : un *ectoderme* gélatineux, formé de cellules amœboïdes plus ou moins confondues, et un *endoderme*, dont les éléments ressemblent souvent, d'une façon étonnante, à certaines formes d'Infusoires flagellés. Aux dépens de l'ectoderme se développent des productions squelettiques (*mésoderme*), consistant soit en spicules calcaires ou siliceux, soit en fibres cornées. Rarement le squelette fait défaut : le mésoderme est alors représenté

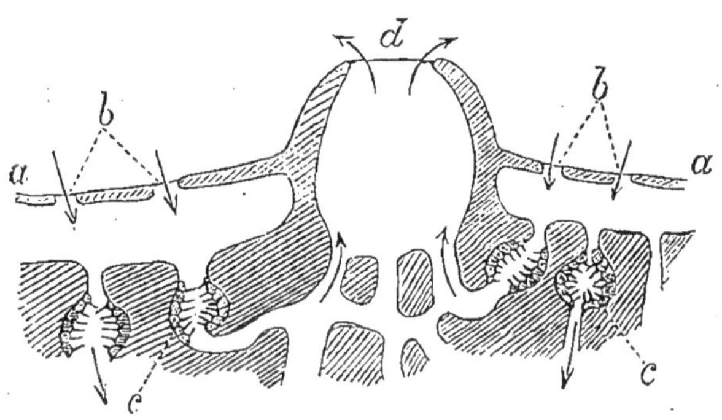

Fig. 82. — Coupe schématique de la Spongille. — *a*, *a*, couche superficielle. *b*, *b*, pores inhalants. *c*, *c*, chambres ou corbeilles ciliées. *d*, oscule. Les flèches indiquent la direction des courants (Huxley).

par une substance hyaline et gélatineuse. Quant aux cellules endodermiques, elles peuvent disparaître de la cavité centrale, mais on les retrouve en pareil cas dans les canaux ou seulement dans des dilatations sphériques de ceux-ci, auxquelles on donne le nom de *corbeilles vibratiles*. Les cellules flagellées attirent l'eau dans l'intérieur de l'Éponge : cette eau, avec les particules alimentaires qu'elle contient, entre par les pores de la paroi (*pores inhalants*), qui représentent autant de bouches, et sort par l'oscule, qui joue ainsi le rôle d'*orifice exhalant* ou de cloaque.

A côté de ces formes simples, dont on doit chercher le type parmi les Éponges calcaires, on voit se manifester de nombreux degrés de complication, dus en grande partie à la formation de colonies. Celles-ci résultent du bourgeonnement des Éponges simples ou de la soudure de plusieurs individus primitivement séparés. Dans ces conditions, les diverses cavités gastriques s'anastomosent et le système des canaux devient souvent très compliqué; quant aux oscules, tantôt ils demeurent distincts, tantôt ils se confondent ou disparaissent en partie, et c'est ainsi que se forment ces Éponges irrégulières dans lesquelles il est impossible de distinguer les individus composants.

La *reproduction* est surtout asexuelle, et s'effectue alors par scissiparité ou par formation de gemmules dans des kystes (sporulation). Ce dernier mode a été étudié en particulier dans les Spongilles de nos eaux douces. La reproduction sexuelle est aussi très répandue : en général, les sexes sont séparés et les colonies dioïques. Les œufs, comme les capsules séminales, semblent être d'origine mésodermique.

Toutes les Éponges sont marines, à l'exception des Spongilles. Les

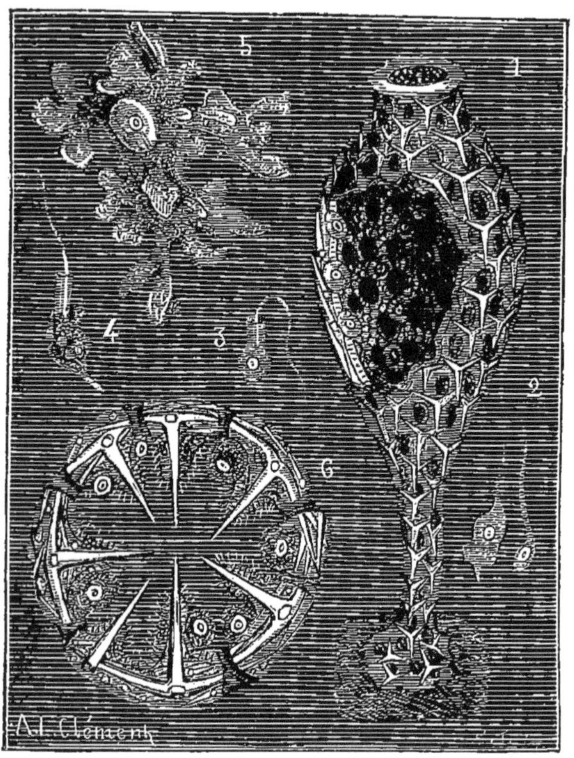

Fig. 83. — Éponges calcaires, d'après Perrier. — 1, *Olynthus primordialis* Hæckel, type de l'individu spongiaire. 2, éléments mâles du même. 3, 4, cellules flagellifères du même. 5, cellule amiboïde considérée comme un œuf. 6, coupe transversale d'un *Ascaltis Gegenbauri*, montrant la couche amiboïde, les spicules, les œufs et la couche de cellules flagellifères.

débris fossiles apparaissent dès l'époque silurienne, mais c'est surtout dans la craie qu'ils abondent.

Les Spongiaires forment une classe unique, qu'on peut diviser en quatre ordres :

1er ordre : **Myxosponges. Éponges gélatineuses.** — Pas de squelette. Le mésoderme est hyalin, gélatineux. — Genre *Halisarca*.

2e ordre : **Calcisponges. Éponges calcaires.** — Squelette formé de spicules calcaires. — Genres principaux : *Grantia*, *Leuconia*, *Sycon*.

3e ordre : **Silocosponges. Éponges siliceuses.** — Squelette formé de spicules siliceux. — Genre *Cliona*. A l'aide de leurs spicules, les Cliones perforent les coquilles des Mollusques. *C. celata*, crible habituellement de trous les valves de l'Huître pied-de-cheval.

4e ordre : **Fibrosponges. Éponges fibreuses.** — Squelette formé d'un réseau de fibres cornées (spongine), auxquelles s'associent parfois des spicules siliceux. — Genres *Euspongia*, *Renicra*, *Spongilla*, *Euplectella*, etc.

C'est à ce dernier ordre, et à la famille des **SPONGIDÉS**, qu'appartiennent les Éponges usitées en chirurgie et dans l'économie domestique (*Euspongia*). Leur emploi tient au grand développement de la charpente fibreuse et à l'absence de spicules siliceux. Ce sont des Éponges polyzoïques.

On les pêche surtout dans la Méditerranée, sur la côte de Syrie, dans l'Archipel grec, aux environs de Tunis, etc. Certains pêcheurs se servent du trident, les autres plongent. Pour livrer les Éponges au commerce, on les dépouille d'abord, par des lavages, de la matière animale qui enveloppe le réseau fibreux, et des impuretés qu'il renferme; on en détache ensuite les corps solides adhérents en les frappant légèrement avec un maillet; on les baigne même dans de l'eau acidulée pour enlever les sels calcaires, puis on les lave de nouveau, et souvent on les soumet à l'action du chlore afin de les blanchir.

Fig. 84. — Éponge de Dalmatie fine.

Les espèces les plus usitées sont : Éponge équine (*Euspongia equina* O. S.), ou É. commune, assez grossière, à tissu dense, creusé de larges cavités; elle sert aux usages domestiques et est employée pour le pansage des chevaux. Éponge fine douce (*E. mollissima* O. S.), de Syrie, en forme de coupe; elle est réservée pour la toilette et la chirurgie. Éponge du Zimokka (*E. Zimocca* O. S.), Éponge de Dalmatie, etc. Actuellement, on trouve aussi dans le commerce quelques variétés qui proviennent des mers d'Amérique.

Usages médico-chirurgicaux. — En médecine, on a longtemps employé les Éponges à titre de résolutif, surtout dans le traitement des scrofules et du goître. D'ordinaire, on les réduisait en poudre après torréfaction, et on les administrait sous cette forme. Leurs propriétés étaient dues sans doute à la présence de l'iode.

En chirurgie, l'Éponge est utilisée comme moyen dilatant, après avoir été préparée à la cire ou à la ficelle.

Pour préparer l'*Éponge à la cire*, on la coupe en tranches qu'on plonge dans de la cire vierge fondue, et qu'on presse ensuite entre deux plaques de fer, de manière à les empêcher de reprendre leur forme primitive. On découpe alors ces tranches en étroites lanières, destinées à être introduites dans les conduits fistuleux. La chaleur de la plaie ramollit la cire, et l'Éponge, obéissant à son élasticité, dilate la fistule ; mais la présence même de cette cire empêche l'absorption des liquides ambiants.

Aussi préfère-t-on l'*Éponge à la ficelle*. On choisit une Éponge régulière, qu'on divise au besoin en fragments cylindriques, et après avoir humecté chacun de ceux-ci, on les serre très étroitement avec une ficelle câblée, de façon que les tours ne laissent entre eux aucun intervalle ; puis on les soumet à la dessiccation. Quand on veut s'en servir, on enlève la ficelle, et on régularise la surface à l'aide d'un instrument tranchant. Cette Éponge offre l'avantage d'absorber le pus et par conséquent de nettoyer la plaie tout en la dilatant.

SOUS-EMBRANCHEMENT II

CNIDAIRES

Animaux pourvus d'un seul orifice d'ingestion et possédant des nématocystes dans l'ectoderme.

Claus applique le nom de Cnidaires aux Cœlentérés proprement dits, les caractérisant ainsi par la présence des capsules urticantes (κνίδη, ortie). Le mode d'ingestion des substances alimentaires et le degré plus élevé de l'organisation établissent aussi une différence bien accusée entre ce groupe et celui des Spongiaires.

On peut, avec Leuckart, diviser les Cnidaires en trois classes : *Coralliaires*, *Hydroméduses* et *Cténophores*.

CLASSE I

CORALLIAIRES

Cœlentérés fixés à l'âge adulte et munis d'un tube stomacal (œsophage) suspendu dans la cavité du corps, laquelle est divisée en loges par des cloisons rayonnantes (mésentéroïdes).

Les Cœlentérés qui composent cette classe reçoivent encore le nom d'*Anthozoaires* (ἄνθος, fleur ; ζῶον, animal). Huxley les réunit aux Cténophores sous celui d'*Actinozoaires* (ἀκτίν, rayon).

Ce sont des Polypes au sens propre du mot. Ils ont la forme d'un sac cylindrique fixé par son fond et dont l'unique ouverture (*bouche*), située à l'extrémité libre, est entourée d'une ou de plusieurs couronnes de tentacules creux. Cet orifice donne entrée dans un conduit tubuleux qui fonctionne comme *œsophage,* mais qu'on qualifie habituellement de *tube stomacal;* l'extrémité inférieure de ce conduit, parfois susceptible de se fermer, débouche dans la cavité du corps ou cavité gastro-vasculaire. Celle-ci n'est pas simple, comme dans les Polypes de la classe suivante : elle se montre divisée, à la façon d'une capsule de pavot, par des *cloisons* charnues incomplètes qui naissent de la paroi et se dirigent vers le centre. A la partie supérieure, ces cloisons séparent les points d'origine des tentacules, et leur bord interne s'unit au tube œsophagien; sur le reste de leur longueur, ce bord demeure libre. Elles divisent donc la cavité

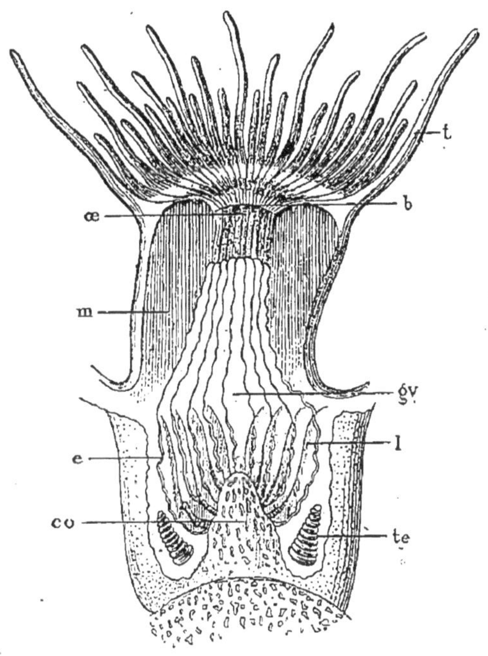

Fig. 85. — *Astroides calycularis.* — *t*, tentacules. *b*, orifice buccal. *œ*, œsophage, dit tube stomacal. *gv*, cavité gastro-vasculaire. *m*, cloisons charnues (mésentéroïdes) portant les entéroïdes. *l*, lames calcaires émanées de la muraille. *co*, columelle. *e*, entéroïdes. *te*, testicules (Lacaze-Duthiers).

du corps en un certain nombre de *loges* périphériques qui se prolongent chacune dans un tentacule, et communiquent en outre assez souvent avec un système de vaisseaux ramifiés dans la paroi du corps. La partie libre de chaque cloison est connue sous le nom de *mésentéroïde;* elle porte d'ordinaire, le long de son bord, un cordon très flexueux appelé *entéroïde*, garni de nématocystes et de cellules glandulaires.

La paroi du corps présente trois couches : un *ectoderme* comprenant des nématocystes et des cellules glandulaires qui sécrètent des mucosités visqueuses; un *endoderme* à cellules ciliées tapissant la cavité centrale et le système des canaux; enfin, un *mésoderme* formé d'une substance conjonctive dans laquelle se montrent des fibres musculaires.

A l'exception des Actinies et des Cérianthes (*Malacodermés*), tous les Coralliaires sont pourvus de formations squelettiques (*Sclérodermés*), qui prennent naissance dans le mésoderme et constituent ce qu'on appelle un *polypier*. Le squelette est parfois corné, mais plus souvent calcaire; chez les Madréporaires, il est composé par des plaques denses de matière calcaire qui envahissent la base et les parois latérales du corps, de sorte qu'il représente plus ou moins exactement une coupe à lames rayonnantes, à laquelle on donne le nom de *calice*. La paroi de cette coupe est dite *muraille* (*theca*). Des *lames* calcaires qui en émanent et se dirigent vers le centre divisent la cavité en un certain nombre de *chambres*, qu'il ne faut pas confondre avec les loges du polype : chaque lame du polypier est en effet située entre deux mésentéroïdes et par suite chaque chambre correspond à deux demi-loges. Quelquefois on observe au centre du calice une colonne calcaire, la *columelle*, et même, autour de celle-ci, une couronne de colonnes secondaires, les *palis*. Les faces latérales des lames peuvent émettre de minces baguettes calcaires (*synapticules*) ou des tablettes horizontales (*dissépiments*). Enfin, il existe souvent, en dehors de la muraille, des lames verticales appelées *côtes*, lesquelles sont aussi, dans certains cas, réunies par des dissépiments.

Quand les Coralliaires sont groupés en colonies, ce qui est la règle, les polypes peuvent être distincts ou communiquer entre eux par des canaux pariétaux, de telle façon que les aliments absorbés par l'un des individus servent à la nutrition de l'ensemble. La substance molle qui unit les polypes est alors appelée *sarcosome*; la substance calcifiée qui joint les polypiers élémentaires est dite *cœnenchyme* : un cœnenchyme revêtu de sarcosome est un *zoanthodème* (Lacaze-Duthiers).

Les fonctions des Coralliaires sont peu connues. Les tentacules constituent des organes de tact et de préhension : ils se rétractent quand on les touche, et si une proie vient à passer à leur portée, ils la saisissent pour l'entraîner dans le tube œsophagien, d'où elle passe dans la cavité gastrique. Les produits de la *digestion*, mélangés d'eau de mer, circulent le long des parois de la cavité, ainsi que dans les canaux pariétaux, sous l'action des cils vibratiles, et sont absorbés par la membrane endodermique. Quant aux aliments non digérés, ils sont expulsés par la bouche, qui joue par conséquent aussi le rôle d'anus. — Il n'existe pas d'appareil spécial pour la *respiration*, et la présence d'un système nerveux n'a pas encore été positivement établie.

C'est la *reproduction asexuelle*, par scissiparité ou bourgeonnement, qui donne lieu à la formation de colonies. Mais il y a en outre production d'éléments *sexuels* dans les mésentéroïdes : les sexes sont le plus souvent séparés, et les colonies peuvent être monoïques, dioïques ou polygames.

Les premières phases du développement n'ont été suivies que dans un petit nombre d'espèces. En ce qui concerne la formation des tentacules et des lames calcaires, les recherches de M. de Lacaze-Duthiers ont démontré qu'elle est loin d'offrir la régularité schématique qu'on lui attribuait depuis longtemps.

Tous les Coralliaires sont marins; ils abondent surtout dans les régions chaudes. Un grand nombre vivent en société, surtout au voisinage des côtes, et l'accumulation progressive de leurs squelettes calcaires donne lieu à des sortes de rochers immenses dits *récifs de polypiers* (*coral-reefs*). La zone dans laquelle se rencontrent ces récifs ne dépasse guère le 30e degré de latitude nord et sud; les mers où ils sont le plus répandus sont l'océan Indien, l'océan Pacifique et la mer des Antilles. Darwin a reconnu que la formation de ces polypiers est parfois très rapide: un vaisseau qui avait coulé à fond dans le golfe Persique était recouvert au bout de vingt mois d'une couche de polypiers épaisse de 2 pieds. Aux époques géologiques antérieures à la nôtre, les Coralliaires ont joué un rôle plus important encore dans la formation des terrains.

Les espèces vivantes composent deux ordres.

PREMIER ORDRE

ALCYONAIRES OU OCTACTINIAIRES

Coralliaires pourvus de huit loges et de huit tentacules à bords dentelés.

Comprennent plusieurs familles, parmi lesquelles nous citerons : — Les Alcyonidés, à polypier charnu, adhérent et sans axe. Genres *Alcyonium*, *Cornularia*, etc. — Les Pennatulidés, pourvus d'ordinaire d'un axe corné à base libre. Genres *Pennatula*, *Veretillum*, etc. Diverses espèces phosphorescentes. — Les Gorgonidés, dont l'axe est corné ou calcaire, ramifié, à base fixée. Genres *Gorgonia*, *Isis*, *Corallium*, etc. — Les Tubiporidés, à polypier formé de tubes parallèles imitant un jeu d'orgues. Genre *Tubipora*.

Le **Corail rouge** (*Corallium rubrum* Lamk), qui se rencontre surtout dans la Méditerranée, a été longtemps pris pour une plante. Ce n'est qu'en 1725 qu'un médecin de Marseille, Peyssonnel, en reconnut la nature animale et le rapprocha des Actinies ou Anémones de mer. L'axe pierreux rouge, qui sert à fabriquer des bijoux, est composé des quatre cinquièmes de son poids de carbonate de chaux; il contient en outre de la magnésie et peut-être de l'oxyde de fer, auquel on a rapporté la coloration du produit. Cette coloration disparaît sous l'influence de la chaleur. Du reste, sur des échantillons naturels, elle peut varier du rouge vif au rose pâle et même au blanc le plus pur. Quant au *corail noir*, il résulte d'une altération : si des rameaux brisés, par exemple, tombent sur les fonds, leurs polypes se putréfient et l'acide sulfhydrique qui se dégage noircit le polypier.

On recueille du corail sur les côtes de France et d'Italie, mais la pêche la plus importante a lieu le long de la Barbarie, aux environs de Bône et de la Calle. Le corail se fixe et se développe à la face *inférieure* des rochers, et on se sert pour l'atteindre de filets particuliers, les *fauberts*, suspendus à une croix de bois qu'on traîne à l'aide d'un câble. Ce sont surtout des Italiens et des Espagnols qui se livrent à cette pêche extrêmement pénible (1). Toutefois, on commence à substituer avantageusement à ces procédés grossiers l'emploi du scaphandre.

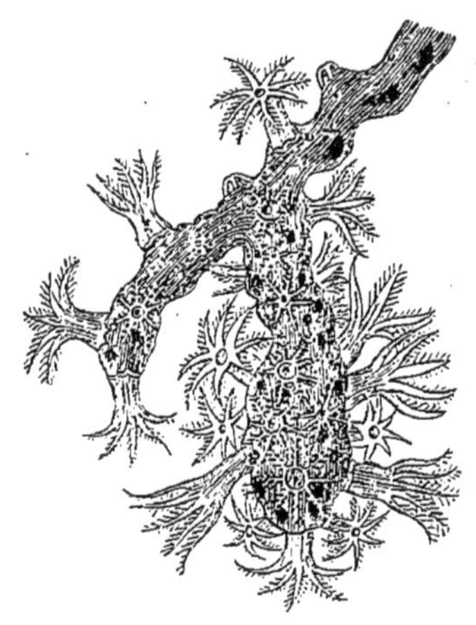

Fig. 86. — Extrémité d'une branche de Corail rouge (*Corallium rubrum*), de grandeur naturelle, avec les Polypes épanouis (Lacaze-Duthiers).

Le corail était autrefois employé en médecine comme tonique et absorbant ; on l'administrait sous forme de poudre, de bol, d'électuaire, etc. On ne s'en sert plus aujourd'hui que pour la confection de certains dentifrices.

DEUXIÈME ORDRE

ZOANTHAIRES OU HEXACTINIAIRES

Coralliaires pourvus de tentacules non dentelés et de loges au nombre de 6 ou d'un multiple de 6.

3 sous-ordres :

1er sous-ordre : ANTIPATHAIRES. — Pourvus d'un axe corné analogue à celui des Gorgones. — Genres *Antipathes*, *Gerardia*, etc. Le Polypier des Antipathes est souvent désigné sous le nom de corail noir.

2e sous-ordre : MALACODERMÉS. — Encore appelés Actiniaires. Corps mou, charnu, dépourvu de formations dures. — Genres *Minyas*, *Actinia*, *Zoanthus*, *Cerianthus*, etc. Les Minyas nagent librement.

3e sous-ordre : MADRÉPORAIRES. — Polypiers calcaires solides. — Genres *Madrepora*, *Astroides*, *Meandrina*, *Oculina*, *Amphihelia*, *Caryophyllia*, *Tur-*

(1) Voyez H. Lacaze-Duthiers, *Histoire naturelle du corail*. Paris, 1864.

binolia, etc. Les Polypiers de l'*Amphihelia oculata* L., de la Méditerranée et de l'*Oculina virginea* Less., de l'océan Indien, simulent assez bien le corail blanc.

CLASSE II

HYDROMÉDUSES

Cœlentérés fixés ou nageurs, à tube œsophagien saillant en dehors de la cavité générale, qui est simple ou se continue avec des canaux périphériques. En général deux formes : l'une cylindrique (polypoïde), *agame, l'autre campanulée* (médusoïde), *sexuée.*

Les animaux qu'on étudie aujourd'hui sous les noms d'Hydro-Méduses, Polypo-Méduses, etc., étaient autrefois rangés dans deux groupes différents, celui des Polypes et celui des Méduses, suivant qu'on les étudiait dans leur premier état ou sous leur forme sexuée. C'est en 1837 seulement que le pasteur norvégien Michaël Sars attira l'attention sur la parenté de ces deux formes.

La plupart des Hydroméduses, en effet, passent d'abord par l'état de Polype, et celui-ci donne naissance, par voie agame, à la forme sexuée que représentent les Méduses.

L'élément fondamental du groupe est donc le Polype hydraire ou *hydranthe* (ὕδρα, hydre, ἄνθος, fleur). La connaissance des Coralliaires nous facilitera cette étude, d'autant mieux que la constitution des Polypes hydraires est plus simple que celle des individus de ce dernier groupe. Il s'agit ici d'un sac cylindrique dont l'extrémité ouverte est habituellement entourée de tentacules pleins, grêles et contractiles; entre ces tentacules se montre un cône percé à son extrémité : c'est le tube œsophagien (ou stomacal) qui, au lieu d'être suspendu à l'intérieur de la cavité centrale comme chez les Coralliaires, fait au contraire saillie à l'extérieur. Quant à cette cavité gastro-vasculaire, elle est simple et non divisée en loges périphériques par des cloisons. — Presque jamais il n'existe de squelette calcaire, et les formations solides qu'on peut observer consistent en de simples revêtements cornés d'origine ectodermique.

Les formes sexuées, *bourgeons médusoïdes* ou *Méduses*, qui le plus souvent sont issues de l'hydranthe, ont une organisation complexe; les dernières mènent d'ailleurs une existence indépendante. Une Méduse se présente en effet sous la forme d'une cloche gélatineuse et transparente qui reçoit le nom d'ombrelle. Au fond de cette cloche et suspendu à la façon d'un battant, se voit un sac étroit, le *manubrium* ou *tube stomacal*, percé d'une bouche à son extrémité libre. Ce manubrium, qui n'est autre que l'appareil digestif de la Méduse, se continue par sa base avec plusieurs canaux rayonnants; ceux-ci sont réunis entre eux, à la périphérie, par un canal circulaire qui court le long du bord de l'ombrelle. Sur ce bord existent presque toujours des *corpuscules marginaux*, représentant des *taches oculaires* munies ou non de corps réfringents et des *vésicules auditives;* en outre, des tentacules qui flottent d'ordinaire à la périphérie constituent des organes de tact. Les organes des sens sont innervés par un cordon annulaire qui accompagne le canal périphérique.

Les organes sexuels consistent en des amas cellulaires développés dans la région orale de la paroi du corps et se transformant en œufs ou en spermatozoïdes. En général, les sexes sont séparés. — La Méduse, comme nous l'avons dit, nage librement : pour cela, elle contracte son ombrelle, chasse l'eau et s'avance ainsi par saccades, le plus souvent dans une position inclinée.

Les Hydroméduses se nourrissent pour la plupart de substances animales. On les rencontre surtout dans les mers chaudes.

3 ordres : *Hydroïdes, Siphonophores, Acalèphes.*

PREMIER ORDRE

HYDROÏDES

Hydroméduses ordinairement réunies en colonies ramifiées ou fixées.

Les Polypes qui représentent la génération agame de ce groupe ne sont presque jamais solitaires (Hydres) ; ils vivent au contraire en petites colonies ramifiées, qui résultent du bourgeonnement d'une larve ciliée issue de la forme sexuée ou médusoïde. Ces colonies sont en général fixées par des sortes de stolons qui rampent sur les corps solides ; au premier abord, elles ressemblent assez bien à de petites plantes. Bientôt elles donnent naissance à des bourgeons médusoïdes, dans lesquels se forment les éléments sexuels, et leur constitution se montre alors très complexe. Souvent elles sont soutenues par des tubes cornés (*périsarque*) que sécrète l'ectoderme.

En somme, une colonie d'Hydroïdes se compose de deux sortes d'individus ou mieux de *zooïdes*, les uns nourriciers, les autres reproducteurs.

Les *zooïdes nourriciers* peuvent varier quant à leur organisation et au rôle qu'ils ont à remplir ; les uns, par exemple, possédant une bouche et des tentacules, sont chargés de nourrir la colonie (*gastrozoïdes*) ; d'autres, privés de ces organes, ont pour office de saisir les proies au passage (*dactylozoïdes*), etc. Il en est même qui sont réduits à l'état d'appendices épineux et constituent de simples organes protecteurs.

Quant aux *zooïdes reproducteurs* (*gonozoïdes*), ils représentent tantôt des Polypes analogues aux précédents, mais portant sur leurs parois des bourgeons sexués ou *gonophores*, tantôt ces bourgeons eux-mêmes développés directement sur les stolons. — Les gonophores, qui parfois demeurent fixés à la colonie (bourgeons médusoïdes), et d'autres fois se détachent pour vivre isolément (Méduses), offrent des degrés divers

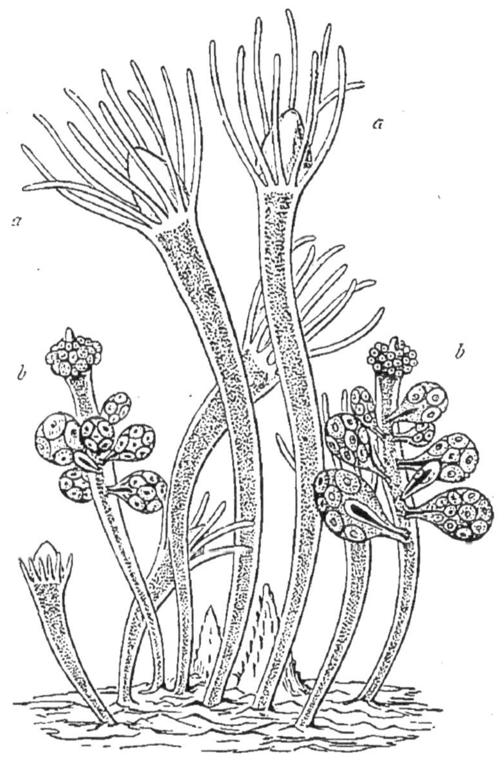

Fig. 87. — Fragment amplifié d'une colonie d'Hydractinie (*Hydractinia echinata*), d'après Hincks. — *a,a*, individus nourriciers ou *gastrozoïdes*. *b*, *b*, individus reproducteurs ou *gonozoïdes*, portant des sacs remplis d'œufs.

dans leur organisation, mais peuvent être ramenés à deux formes principales. La première est celle d'un sac ovoïde clos, ou *sporosac*, renfermant à son intérieur un diverticule de la cavité gastro-vasculaire des Polypes : c'est autour de ce cul-de-sac ou spadice que se développent les éléments sexuels. Dans la seconde forme, le sac est ouvert, et présente la forme d'une cloche: on lui donne le nom de *médusoïde*. Au degré le plus élevé de son organisation, cette médusoïde est pourvue à son centre d'un pédicule creux ou *manubrium* et possède un système de canaux gastro-vasculaires rayonnants ; les produits sexuels se développent dans les parois de l'une ou de l'autre de ces deux parties. Dans ces conditions, les médusoïdes se détachent le plus souvent de la colonie et constituent

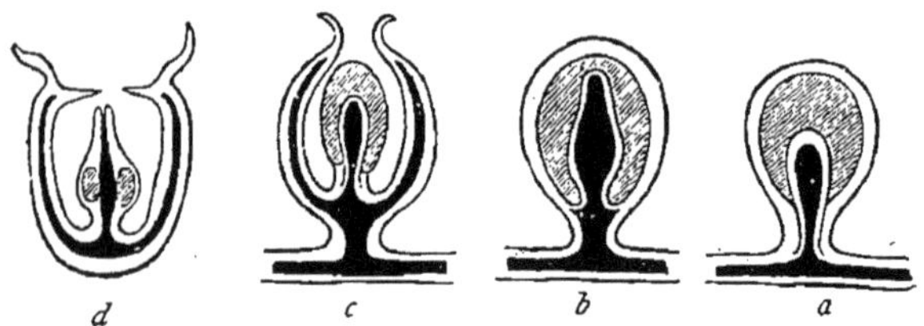

Fig. 88. — Reproduction des Hydroïdes. — *a*, sporosac. *b*, bourgeon médusoïde déguisé. *c*, bourgeon médusoïde. *d*, médusoïde libre. Les parties ombrées indiquent les organes reproducteurs. Les parties noires représentent la cavité du manubrium et les canaux rayonnants (Huxley).

alors de petites Méduses qui nagent librement : on leur donne le nom de *Méduses hydroïdes* pour les distinguer des formes du groupe des Discophores ou *Méduses Ephyra*. L'ouverture de leur ombrelle est rétrécie par un *velum* circulaire et leurs corps marginaux sont à nu.

2 sous-ordres :

1er sous-ordre : Hydraires. — Individus isolés. — Genres *Hydra*, *Protohydra*. Les Hydres, connues surtout depuis les belles recherches de Trem-

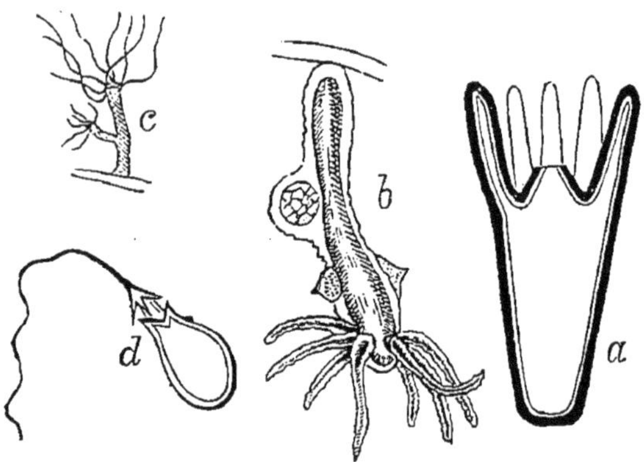

Fig. 89. — Morphologie des Hydroïdes, d'après Huxley. — *a*, coupe schématique d'une Hydre : l'ectoderme est représenté par la ligne épaisse, l'endoderme par la ligne fine et l'espace clair adjacent. *b*, *Hydra viridis*, montrant un œuf isolé contenu dans la paroi du corps, et au-dessous, près de la base des tentacules, deux élévations contenant des spermatozoïdes. *c*, *Hydra vulgaris*, avec un bourgeon non détaché. *d*, nématocyste, fortement grossi, avec le filament déroulé.

bley, comprennent plusieurs espèces, dont trois habitent nos eaux douces : l'Hydre verte (*H. viridis*), l'Hydre brune ou aux longs bras (*H. fusca*) et l'Hydre grise (*H. vulgaris* ou *H. grisea*). Ce sont de petits Polypes allongés, fixés souvent, par exemple, à la face inférieure de nos *Lemna* ou Lentilles d'eau. L'extrémité libre offre un orifice buccal entouré de plusieurs tentacules riches en nématocystes. Ces êtres se reproduisent par bourgeonnement sur les parois latérales (fig. 35 et 89, *c*), mais la reproduction sexuelle s'observe aussi : des spermatozoïdes et des œufs se forment dans des proéminences de la paroi du corps, probablement aux dépens de l'ectoderme. D'ordinaire, les testicules apparaissent au voisinage des tentacules ; les ovaires sont plus rapprochés de la base du corps (fig. 89, *b*). Dans chacun de ces ovaires se forme un œuf qui s'entoure d'une coque épineuse. — Les Hydres ont une remarquable puissance de rédintégration : si on les coupe en plusieurs fragments, chacun de ceux-ci reproduit un animal entier. Enfin, tout le monde connaît la curieuse expérience de Trembley, consistant à retourner ces Polypes à la façon d'un doigt de gant : l'animal retourné continue à vivre et à digérer.

2e sous-ordre : Synhydraires. — Hydroïdes en colonies. — Les uns sont nus : Genres *Cordilophora*, *Hydractinia*, *Tubularia*, etc. Les autres sont revêtus d'un tube chitineux qui s'évase en forme de calice (hydrothèque) autour de chaque polype : Genres *Plumularia*, *Campanularia*, *Sertularia*, etc.

DEUXIÈME ORDRE

SIPHONOPHORES

Hydroméduses libres, en colonies polymorphes soutenues par une tige simple.

Au lieu de posséder, comme ceux du groupe précédent, une base ramifiée et fixée, les zooïdes des Siphonophores sont supportés par une tige contractile simple ou rarement munie de branches latérales ; de plus, cette tige est libre et se montre souvent renflée, à l'une de ses extrémités, en une vésicule aérifère (pneumatophore) qui fait l'office de flotteur. L'axe de la tige est creusé d'un canal qui communique avec la cavité des divers zooïdes.

La division du travail et le polymorphisme sont beaucoup plus accentués encore que chez les Hydroïdes. On voit en effet se développer sur la tige : des zooïdes nourriciers (*gastrozoïdes*) accompagnés de filaments préhensiles garnis de nématocystes ; des *tentacules* privés de bouche, mais pourvus des mêmes filaments ; des *boucliers* foliacés jouant un rôle protecteur ; des *bourgeons sexuels médusoïdes ;* enfin des *vésicules natatoires*, médusoïdes stériles qui ont perdu leur manubrium et dont les contractions de l'ombrelle servent à mouvoir la colonie. Dans tous les cas on observe des gastrozoïdes et des bourgeons médusoïdes ; quant aux autres appendices, ils peuvent faire défaut ou se montrer en proportion variable, d'où résultent des combinaisons multiples donnant naissance à des êtres aussi étonnants par leur forme que par leur délicatesse. Les bourgeons médusoïdes deviennent rarement des Méduses libres ; enfin les colonies sont souvent monoïques.

Genres principaux : *Physophora*, *Physalia*, *Diphyes*, *Velella*.

TROISIÈME ORDRE

ACALÈPHES

Méduses ne dérivant jamais d'une colonie d'hydroïdes.

Les Acalèphes (ἀκαλήφη, ortie), ainsi nommés en raison de l'urtication douloureuse que produit souvent leur contact, sont représentés par des Méduses ordinairement libres, dont la reproduction peut être directe ou débuter par une génération agame, mais dont l'origine ne se rapporte, dans aucun cas, à une forme hydraire, c'est-à-dire à un Polype. L'ombrelle de ces Méduses est dépourvue de voile, sauf chez les Charybdées, et les corps marginaux, situés dans de petites excavations, sont recouverts chacun par un repli membraneux.

2 sous-ordres principaux :

1er sous-ordre : LUCERNAIRES. — Petites Méduses fixées par le pôle

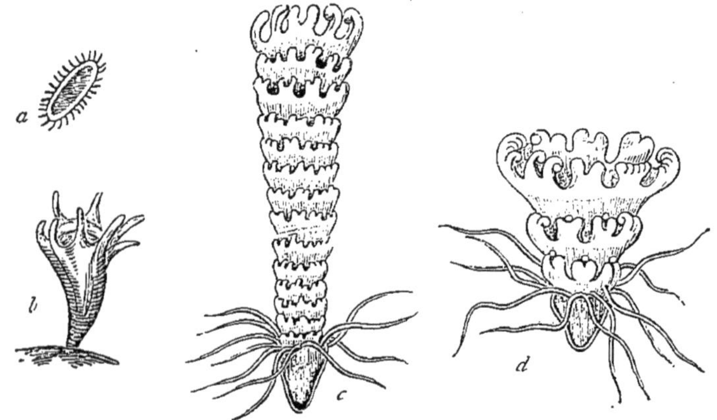

Fig. 90. — Développement d'une Méduse du genre *Aurelia* (Huxley). — *a*, embryon cilié nageant librement ou *planule*. *b*, forme polypoïde ou *Scyphistome* à huit tentacules. *c*, la même parvenue à l'état de *strobile*, c'est-à-dire divisée en segments transversaux. *d*, phase encore plus avancée, dans laquelle beaucoup de segments ou *proglottis* se sont déjà séparés, sous la forme d'*Éphyres*, pour mener une existence indépendante et arriver ultérieurement à l'état de Méduses sexuées.

aboral ou fond de l'ombrelle. Quatre loges gastro-vasculaires peu marquées. Bord de l'ombrelle découpé en huit lobes munis chacun d'un groupe de courts tentacules. Le développement paraît être direct. — Genres *Lucernaria*, *Craterolophus*, etc.

2e sous-ordre : Discophores. — Ce sont les Méduses proprement dites. Toujours libres, elles possèdent une ombrelle dont le bord est en général divisé en huit lobes. Les glandes génitales occupent d'ordinaire quatre cavités creusées dans l'ombrelle.

Le développement des Discophores est souvent signalé comme un des exemples les plus frappants de la génération alternante. De l'œuf fécondé de la Méduse sort une larve ciliée ou *planula*, qui ne tarde pas à se fixer et à perdre ses cils vibratiles. Une bouche apparaît à son extrémité libre, puis une couronne de tentacules, et l'organisme ainsi constitué, qui représente une jeune Méduse et non un Polype, prend le nom de *Scyphistome*. Il survient alors, au-dessous du cercle de tentacules, un étranglement annulaire, suivi d'une série d'autres, qui apparaissent progressivement de haut en bas. Chacun des segments ainsi formés acquiert une couronne de lobes périphériques, tandis que sa partie inférieure non divisée reproduit les tentacules. On a donc une série de petites Méduses qui adhèrent entre elles par le tube buccal, et cet ensemble constitue un *Strobile*. Bientôt cependant ces Méduses se détachent de la colonie, en commençant par la première formée : ce sont les Méduses Éphyres, caractérisées par les huit lobes bifides de leur ombrelle. Elles mènent une existence indépendante et peu à peu acquièrent la forme et l'organisation des Méduses sexuées. — Chez les *Pelagia*, la larve ciliée donne naissance directement à une Méduse.

Fig. 91. — Méduse (*Chrysaora hyocella*) montrant ses quatre bras buccaux et ses filaments marginaux (Gosse).

Beaucoup d'Acalèphes sont phosphorescents.

On distingue dans ce groupe : 1° les *Monostomiens*, ou Méduses à bouche centrale entourée de quatre bras puissants portés à l'extrémité libre du pédoncule buccal. — Genres *Pelagia*, *Chrysaora*, *Discomedusa*, *Cyanea*, *Aurelia*, etc.

2° Les *Rhizostomiens*, Méduses à huit bras buccaux, dont la bouche est fermée et dont les bords plissés des bras sont rapprochés de manière à ne laisser que de petites ouvertures ou suçoirs. — Genres *Rhizostoma*,

Cephea, etc. — *Le Rhizostoma Cuvieri* Pér., de la Manche et de l'océan Atlantique, et le *Rh. pulmo* L., de la Méditerranée, sont très urticants, et les pêcheurs en sont souvent incommodés. Ces Méduses sont enduites d'une mucosité visqueuse, dont le contact avec les muqueuses peut déterminer une inflammation assez vive, accompagnée de prurit.

CLASSE III

CTÉNOPHORES

Cœlentérés nageurs, à symétrie birayonnée ; tube stomacal suspendu dans la cavité du corps, qui communique avec un système de canaux périphériques. En général huit rangées méridiennes de palettes natatoires.

Les Cténophores (κτείς, peigne ; φορός, porteur) sont des animaux marins de consistance gélatineuse, nageant librement, et de forme arrondie, ovoïde, cylindrique ou rubanée. La symétrie est biradiaire et non bilatérale, car si les parties similaires sont disposées de chaque côté d'un plan longitudinal, on ne peut distinguer ni face antérieure ni face postérieure. —La progression est déterminée par l'action de petites *palettes ciliées* disposées à la surface du corps suivant huit méridiens : ces palettes résultent de la soudure partielle de grands cils formant des rangées transversales comme les dents d'un peigne, ce qui a valu à ce groupe son nom particulier. — La bouche, située à l'un des pôles du corps, conduit dans un *tube stomacal* (œsophage) qui s'ouvre dans la cavité du corps ou *entonnoir*. D'ordinaire, cet entonnoir émet, au voisinage du pôle aboral, deux branches qui *débouchent au dehors* par de très petits pores, lesquels, toutefois, ne remplissent jamais le rôle d'anus. Entre ces branches, se trouve un organe cellulaire regardé comme sensoriel et nommé *cténocyste*. D'autre part, il naît de l'entonnoir deux canaux latéraux (radiaires), qui se divisent bientôt en deux, puis ceux-ci en deux autres en se diri-

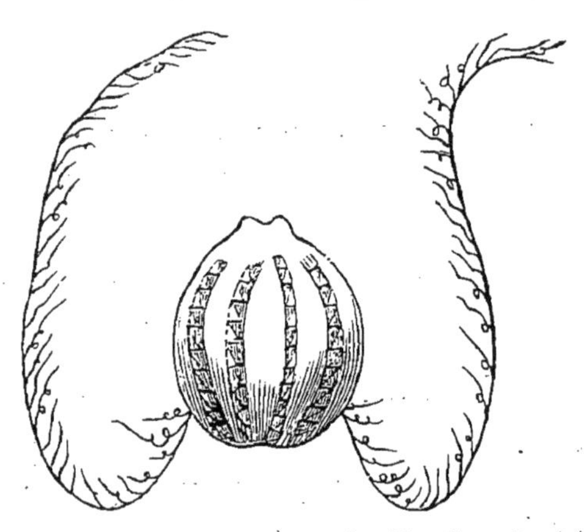

Fig. 92. — Cténophores : *Pleurobrachia pileus*, d'après Huxley.

geant vers la périphérie ; ces huit canaux radiaires pénètrent finalement dans autant de conduits longitudinaux ou *ctènophoriques* situés au-dessous des rangées de rames. En outre, l'entonnoir fournit deux canaux qui remontent vers la bouche et se terminent en cul-de-sac : ce sont les canaux *paragastriques*. Enfin, quand il existe des tentacules, leur cavité communique aussi avec l'infundibulum : ces tentacules sont rétractiles et chargés de nématocystes.

Les sexes sont, en général, réunis sur le même individu. Les œufs et les spermatozoïdes prennent naissance dans les parois latérales des canaux cténophoriques. Le développement paraît direct dans la plupart des cas.

On voit en somme que, sous le rapport de l'organisation, les Cténophores sont assez comparables à des Méduses dont le manubrium se serait soudé avec l'ombrelle.

4 ordres : 1° Les **Eurystomes**. Genre *Beroe* ; 2° Les **Globuleux**. Genres *Pleurobrachia*, *Cydippe*, *Eschscholtzia*, *Callianira*, etc. ; 3° Les **Rubanés**. Genre *Cestum* ; 4° Les **Lobaires**. Genre *Chiaja*, etc.

TROISIÈME EMBRANCHEMENT

ÉCHINODERMES

Animaux à symétrie rayonnée, à squelette dermique incrusté de calcaire et souvent hérissé de piquants ; appareils digestif et circulatoire distincts.

Comme les Cœlentérés, les Échinodermes (ἐχῖνος, hérisson ; δέρμα, peau) résultent du démembrement des Rayonnés de Cuvier. Leur symétrie est en apparence très nettement radiaire, mais en réalité il existe toujours des organes impairs situés en dehors de l'axe, et chez de nombreuses formes supérieures (*Holothuries*), aussi bien qu'à l'état larvaire, la symétrie bilatérale devient évidente.

Les Échinodermes sont d'ordinaire constitués selon le type quinaire, c'est-à-dire que les antimères sont au nombre de 5. Le corps est souvent globuleux ou discoïde ; d'autres fois, il est étoilé, les cinq rayons se détachant sous forme de bras du disque central ; enfin, il peut se montrer vermiforme.

Le *tégument* est assez analogue à celui des Vers, que nous étudierons plus loin : il se compose d'un derme conjonctif, revêtu extérieurement d'une couche cellulaire épidermique qui produit une mince cuticule. Celle-ci est garnie de cils vibratiles, sauf au niveau des piquants. Quant à la couche profonde, de nature musculaire, elle constitue ce qu'on appelle l'*enveloppe musculo-cutanée*. La partie moyenne ou dermique est toujours le siège d'une incrustation calcaire, donnant lieu, soit à des spicules disséminés, soit plus souvent à des plaques polygonales qui forment un véritable squelette dermique. A la surface de ce test, se montrent de nombreux appendices, parmi lesquels on remarque principalement des piquants et des pédicellaires. Les *piquants* sont de simples pointes mobiles articulées sur de petits tubercules du test. Quant aux *pédicellaires*, ils consistent en des sortes de tenailles à deux ou trois branches unies par des fibres musculaires striées, et capables de saisir les corps peu volumineux qui arrivent à leur portée : on admet qu'ils sont destinés à se passer de l'un à l'autre les matières alimentaires pour les porter à la bouche, ainsi que les corps étrangers et les excréments pour les rejeter à l'extérieur.

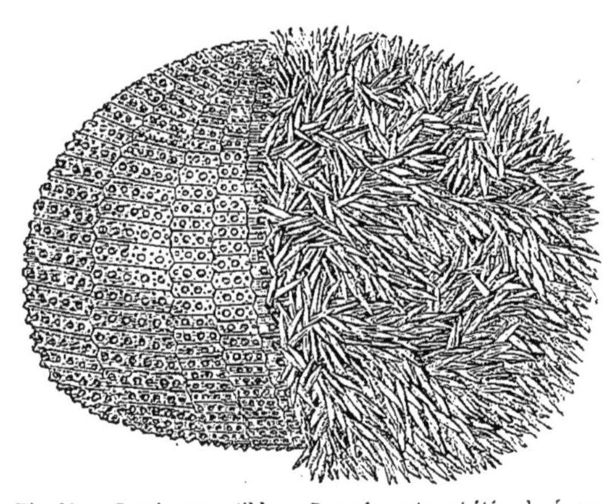

Fig. 93. — Oursin comestible. — Les piquants ont été enlevés sur la moitié gauche, pour mettre le test à découvert.

L'appareil *locomoteur* est représenté par un *système ambulacraire*, qui est une dépendance directe du *système aquifère*. Celui-ci se compose d'un canal annulaire qui entoure l'œsophage et émet dans chacun des rayons du corps un canal cilié contenant un liquide aqueux : ces cinq troncs rayonnants sont appelés *canaux ambulacraires*. Au canal annulaire sont annexés, chez la plupart des Échinodermes, des sortes de poches contractiles appelées *vésicules de Poli*, qui mettent en mouvement le liquide contenu dans tout le système. En outre, il part de ce même anneau un conduit plus ou moins sinueux, le *canal pierreux* ou *canal du sable*, ainsi nommé en raison du dépôt calcaire qui soutient sa paroi : ce conduit aboutit à une plaque calcaire poreuse, la *plaque madréporique*, située en un point variable de la surface du corps, et destinée à établir une communication directe entre le système aquifère et l'eau de mer. Quant aux canaux rayonnants ou ambulacraires, ils émettent de nombreuses petites branches latérales, constituant des tubes grêles qui traversent les rangées de pores dont est percé le test et se renflent en de petites ampoules membraneuses, sortes de ventouses dites *pieds ambulacraires*. Les parties du corps qui correspondent à ces organes portent le nom de *zones ambulacraires;* par suite, on donne celui de *zones interambulacraires* aux intervalles qui les séparent. Les tubes présentent d'ordinaire à leur point d'origine une petite vésicule ovoïde, *vésicule ambulacraire*, destinée à pousser le liquide du système aquifère dans les pieds ambulacraires et à les distendre : à la suite de cette distension se produit une contraction des éléments musculaires contenus dans l'épaisseur de leurs parois, et c'est de la sorte que le corps se déplace lentement.

Le *système nerveux* est constitué en général par cinq troncs radiaux qui se réunissent, dans la région péribuccale, en un anneau pentagonal représentant un ensemble de commissures.

Les *organes des sens* sont peu connus. On a décrit des vésicules auditives chez les Synaptes. Mais on n'a bien étudié que les yeux des Astérides, qui offrent l'aspect de taches pigmentaires rouges situées à la face inférieure de l'extrémité des bras : ce sont des amas d'yeux simples recouverts par une cornée unique, et formés de baguettes cristallines entourées de pigment, qui reposent sur une masse nerveuse.

Il existe toujours un *tube digestif*, à parois propres, suspendu dans la cavité viscérale. La bouche peut être munie d'un appareil masticateur; elle est suivie d'un œsophage qui ne tarde pas à se renfler en une sorte de sac stomacal; enfin, l'intestin s'ouvre le plus souvent au dehors par un anus, mais il peut aussi se terminer en cul-de-sac (Ophiures, *Astropecten*).

On n'est pas encore bien fixé sur la constitution et les rapports de l'*appareil vasculaire*. Il existe en général des vaisseaux ramifiés sur l'intestin : d'après les recherches de Perrier sur les Oursins et d'Apostolidès sur les Ophiures, ces vaisseaux déboucheraient dans le canal annulaire du système aquifère. De plus, le prétendu cœur décrit par les naturalistes de « l'École anglo-germanique » ne serait autre qu'une glande dont le conduit excréteur s'ouvrirait avec le canal du sable sous la plaque madréporique.

La *respiration* s'effectue surtout par l'intermédiaire du système aquifère. Le liquide mélangé d'eau de mer que contient ce système charrie en effet des globules chargés d'hémoglobine, ainsi que l'a reconnu Fœttinger sur l'*Ophiactis virens*. La partie terminale de l'intestin et divers organes spéciaux peuvent aussi servir à cette fonction.

La *reproduction* est généralement sexuelle. A quelques exceptions près, les Échinodermes sont dioïques. Les organes des deux sexes sont des glandes en grappe dont on ne distingue la nature à l'œil nu que par la teinte souvent blanchâtre des spermatozoïdes et rougeâtre des œufs.

Le *développement* s'accompagne presque toujours de métamorphoses complexes : on observe des formes larvaires à symétrie bilatérale, munies de bandes ciliées (*Echinopædium* Huxley); en général, c'est aux dépens d'une partie seulement de ces larves que se forme l'Échinoderme rayonné.

Tous les animaux de ce groupe sont marins ; ils se nourrissent surtout de Mollusques ou de fucus.

4 classes :

Tégument formé de corpuscules calcaires; corps vermiforme....			HOLOTHURIDES.
Squelette dermique formé de plaques polygonales.	Une plaque madréporique.	Corps globuleux ou discoïde	ÉCHINIDES.
		Corps pentagonal ou étoilé.	STELLÉRIDES.
	Pas de plaque madréporique..............		CRINOÏDES.

CLASSE I

CRINOÏDES

Échinodermes en forme de coupe ou de calice, portés, dans le jeune âge ou pendant toute la vie, par une tige calcaire multi-articulée, et pourvus de bras articulés qui sont garnis de petites branches latérales ou pinnules. Squelette dermique composé de plaques calcaires polygonales mobiles. Pas de plaque madréporique.

Les Encrines ou Crinoïdes (κρίνον, lis ; εἶδος, apparence) ont un corps étoilé : la partie centrale ou disque contient le tube digestif, dont les deux orifices sont très apparents et assez rapprochés (bouche centrale; anus excentrique); les organes génitaux sont situés dans les bras. Ces animaux se tiennent la bouche tournée en haut, fixés d'ordinaire aux rochers par une tige articulée qui naît de leur région dorsale. Dans quelques genres cependant, tels que les *Antedon* ou Comatules, ce pédoncule n'existe que pendant le jeune âge; il se rompt ultérieurement, et l'animal mène alors une vie libre.

Les Encrines ont apparu dès l'époque paléozoïque; on en trouve encore un assez grand nombre dans les terrains secondaires. Les *entroques* des paléontologistes ne sont autre chose que les articles dissociés de la tige.

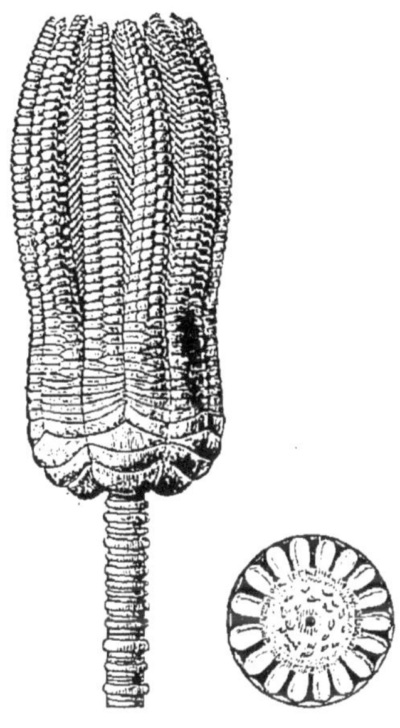

Fig. 94. — *Encrinus liliiformis* du trias (Muschelkalk).

Genres vivants: *Pentacrinus*, *Antedon* (*Comatula*), *Rhizocrinus*, etc. Genres fossiles : *Encrinus* (fig. 94), *Pentremites*, etc.

CLASSE II

STELLÉRIDES

Échinodermes à corps déprimé, pentagonal ou étoilé. Squelette dermique formé de plaques polygonales mobiles. Une ou plusieurs plaques madréporiques.

Comme leur nom l'indique, les Stellérides (*stella*, étoile) ont généralement le corps étoilé, c'est-à-dire muni de bras disposés en rayons. La bouche est située au centre de la face inférieure; l'anus, lorsqu'il existe, s'ouvre au pôle opposé. Les pieds ambulacraires se trouvent limités à la face buccale. Les pédicellaires sont d'ordinaire à deux branches.

2 ordres :

1er ordre : **Astérides.** — Les Étoiles de mer ont les bras épais, peu mobiles, largement unis au disque, et contenant des prolongements cæcaux du tube digestif, ainsi que les organes reproducteurs. L'anus manque rarement (*Astropecten*).

Genres *Asteracanthion*, *Cribrella*, *Astropecten*, etc. Les Étoiles de mer se nourrissent surtout de Mollusques ; aussi sont-elles redoutées des

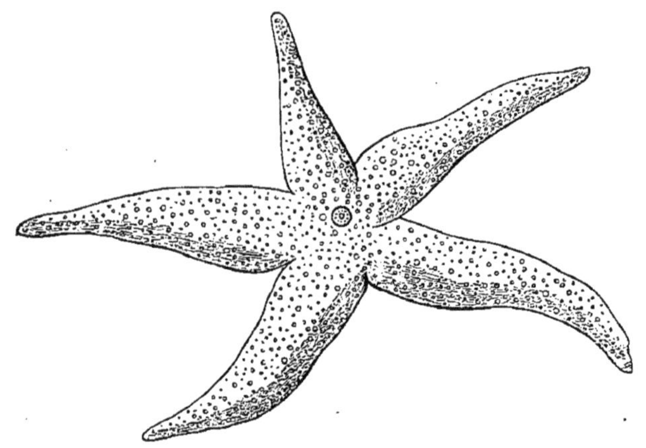

Fig. 95. — Astéride : *Cribrella oculata*, d'après Forbes.

éleveurs de Moules. L'Étoile de mer commune (*Asteracanthion rubens*) existe en si grande abondance sur les côtes de la Manche et de la mer du Nord, qu'on la recueille pour fumer les terres.

2e ordre : **Ophiures.** — Les bras sont allongés, mobiles comme des Serpents ; ils ne renferment pas de prolongements du tube digestif ni de glandes sexuelles. L'anus fait défaut.

Genres *Astrophyton* (*Euryale*), *Ophiura*, *Amphiura*, *Ophiactis*, etc.

CLASSE III

ÉCHINIDES

Échinodermes à corps sphérique, ovoïde, discoïde ou cordiforme. Test formé de plaques polygonales immobiles, et revêtu de piquants mobiles. Plaque madréporique.

Les Échinides (ἐχῖνος, oursin) peuvent être ramenés au type des Étoiles de mer, en supposant que les cinq bras de celles-ci soient réunis en se recourbant vers la face dorsale. La bouche est donc située à la face inférieure, l'anus au pôle aboral. Souvent on constate la présence d'un appareil masticateur (lanterne d'Aristote). Les pédicellaires sont en général à trois branches. En outre, il existe presque toujours, dans le voisinage de la bouche, de petits boutons mobiles, pédiculés et ciliés, les sphéridies, qui paraissent représenter des organes des sens. Les pieds ambulacraires sont disposés en zones verticales.

Les Oursins sont herbivores. — On en trouve déjà des espèces fossiles dans le Silurien, mais leur nombre est beaucoup plus considérable dans les terrains secondaires et tertiaires.

Organisation des Oursins. — Nous croyons utile de donner ici un aperçu sommaire de l'organisation d'un Oursin commun (*Toxopneustes lividus*), espèce qu'on peut se procurer facilement et qui donne une bonne idée de la constitution des Échinodermes.

Le corps est globuleux, un peu déprimé à la face ventrale. Les plaques calcaires du tégument forment un test solide, revêtu d'un grand nombre

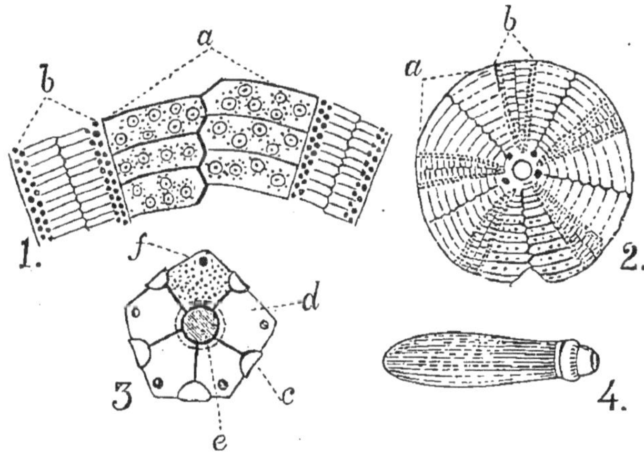

Fig. 96. — Morphologie des Échinides, d'après Forbes. — 1, portion du test du *Galerites hemisphæricus*, grossie, montrant une aire ambulacraire *b*, et une aire interambulacraire *a*. 2, face supérieure du même : lettres correspondant aux mêmes régions. 3, disque génital et ocellaire de l'*Hemicidaris intermedia*, grossi : *c*, plaque ocellaire ; *d*, plaque génitale ; *e*, ouverture anale ; *f*, tubercule madréporiforme. 4, piquant du même. Pour plus de clarté, on a omis la plupart des tubercules dans les figures 2 et 3.

de longs piquants mobiles et de pédicellaires à trois branches. Ces plaques sont disposées avec une grande régularité suivant dix rangées doubles qui s'étendent de l'orifice buccal, situé au milieu de la face inférieure, jusqu'à l'anus, qui occupe le sommet de la face dorsale. Cinq de ces rangées, correspondant aux canaux ambulacraires, ont les plaques perforées (*zones ambulacraires*) ; les cinq autres, alternes avec les premières, et correspondant aux organes génitaux, sont dépourvues de pores (*zones interambulacraires, zones génitales* Lacaze-Duthiers). Autour de l'anus se voient cinq plaques pentagonales qui sont placées au niveau de ces dernières zones et portent les orifices des organes reproducteurs : ce sont les plaques *génitales*. L'une d'elles, plus large et poreuse, située en arrière pendant la marche (Agassiz) est la *plaque madréporique*. Entre les plaques génitales, s'en voient cinq plus petites répondant aux zones ambulacraires et marquées d'un point qu'on avait pris autrefois pour une tache oculaire : aussi avaient-elles reçu le nom de plaques *ocellaires*. — Au pôle opposé, le pourtour de la bouche ou péristome, muni de sphéridies, offre aussi la forme d'un pentagone, dont les angles correspondent aux zones ambulacraires ; au niveau de chacun de ces

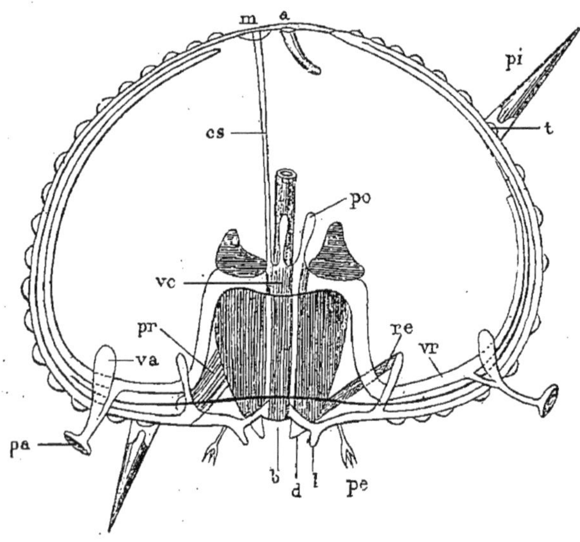

Fig. 97. — Schéma de l'organisation d'un Oursin, d'après Huxley. — *b*, bouche. *d*, dents. *l*, lèvres. *a*, anus. *pe*, pédicellaires. *pr*, propulseur et *re*, rétracteur de la lanterne. *pi*, piquants. *t*, tubercules sur lesquels ils sont implantés. *po*, vésicules de Poli. *vc*, vaisseau annulaire de l'appareil aquifère. *vr*, vaisseau radiaire. *va*, vésicule ambulacraire. *pa*, pieds ambulacraires. *cs*, canal du sable. *m*, plaque madréporique.

angles, on observe une saillie interne du test présentant la forme d'un arceau et désignée sous le nom d'*auricule*. C'est au centre de ce système que s'ouvre la bouche, avec son puissant appareil masticateur connu sous le nom de *lanterne d'Aristote*. Cet appareil consiste essentiellement en cinq pyramides triangulaires dont le sommet est dirigé vers l'orifice buccal, et à l'intérieur desquelles passe une pièce cornée qui vient faire saillie à l'extérieur sous forme de dent. La bouche donne entrée dans un œsophage cylindrique, qui se dilate bientôt : vers le milieu de la hauteur du corps, le tube digestif se porte de côté et décrit des ondulations vers la face interne du test en contournant les glandes génitales, il revient enfin au centre et se termine directement à l'anus.

Nous ne parlerons pas ici de l'appareil circulatoire, dont la constitution est encore discutée. Quant à l'appareil aquifère, il comprend un canal annulaire qui entoure l'œsophage et duquel partent cinq canaux rayonnants, qui passent entre les pyramides de la lanterne et sous les auricules, pour gagner les zones ambulacraires; ils fournissent alors les tubes qui traversent les pores du test pour former les *pieds ambulacraires* renflés en ventouses et munis de vésicules ambulacraires. En arrière, l'anneau émet en outre un canal sinueux, le *canal du sable*, qui va s'ouvrir sous la plaque madréporique. Enfin, le liquide est mis en mouvement dans le système par cinq *vésicules de Poli*.

Le *système nerveux* central est constitué par un anneau pentagonal occupant le fond de la cavité buccale. Les cinq troncs nerveux qui partent des angles de ce pentagone suivent le trajet des canaux ambulacraires.

Les *sexes* sont séparés, mais les glandes génitales offrent beaucoup d'analogie : ce sont des glandes en grappe, situées dans les zones interambulacraires; seulement, les testicules sont blanchâtres, tandis que les ovaires ont une teinte rougeâtre. Les conduits excréteurs débouchent au niveau des pores des plaques génitales.

La larve de l'Oursin, connue sous le nom de *Pluteus*, a la forme d'une pyramide dont les arêtes sont soutenues par de minces baguettes calcaires. C'est aux dépens d'une partie peu étendue de cette larve que se forme l'animal rayonné.

1er ordre : **Oursins réguliers.** — Animaux globuleux ; bouche centrale munie d'un appareil masticateur; anus à peu près central. — Genres vivants : *Cidaris*, *Echinus*, *Toxopneustes*, etc. — Genres fossiles : *Hemicidaris*, *Acrocidaris*, etc. — Sur les côtes de la Méditerranée, on consomme les *Echinus melo*, *esculentus*, *granularis*, etc. On rejette le canal digestif, qui est toujours rempli d'algues et de sable, et on ne mange que les glandes génitales de l'animal vivant.

2e ordre : **Clypéastroïdes.** — Oursins irréguliers, en forme de bouclier ; bouche centrale munie d'un appareil masticateur; anus excentrique. — Genres vivants : *Clypeaster*, *Dendraster*, etc. Genres fossiles : *Scutella*, *Mortonia*, etc.

3e ordre : **Spatangoïdes.** — Oursins irréguliers, cordiformes ; bouche excentrique dépourvue d'appareil masticateur ; anus excentrique ; quatre aires ambulacraires seulement. — Genres vivants : *Echinoneus*, *Spatangus*, *Echinocardium*, etc. Genres fossiles : *Ananchytes*, *Holaster*, etc.

CLASSE IV

HOLOTHURIDES

Échinodermes cylindriques, vermiformes. Tégument incrusté d'une multitude de corpuscules calcaires. Pas de plaque madréporique.

La conformation extérieure des Holothuries (ὅλος, entier; θυρίδιον, petit trou) rappelle assez celle des Vers. Leur tégument est coriace, mais flexible; les plaques calcaires sont remplacées par de nombreux spicules disséminés dans son épaisseur. La bouche, située à la partie antérieure, est entourée d'un cercle de tentacules. L'anus est terminal; dans le cloaque débouchent d'ordinaire, par un orifice commun, deux canaux aquifères ramifiés, qu'on désigne quelquefois sous le nom de poumons.

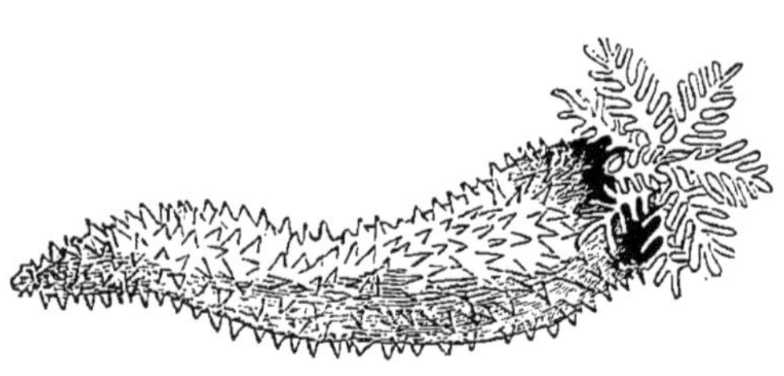

Fig. 98. — Holothurie : *Thyone papillosa*, d'après Forbes.

2 ordres :

1er ordre : **Pédiculés.** — Holothuries pourvues de pieds ambulacraires. — Genres *Holothuria*, *Thyone*, *Cucumaria*, etc. Diverses espèces d'Holothuries sont comestibles. A Naples, par exemple, on mange l'*Holothuria tubulosa;* aux îles Mariannes, l'*H. guamensis*; mais ce sont les Chinois surtout qui recherchent cette sorte d'aliments. Les espèces qu'ils consomment, *H. edulis*, *tremula*, *vagabunda*, etc., sont connues sous le nom vulgaire de Trépang; elles passent pour aphrodisiaques. Les Malais les pêchent à l'aide de longs bambous terminés par un harpon; ils les salent et les font dessécher pour les expédier en Chine.

2e ordre : **Apodes.** — Pas de pieds ambulacraires. Hermaphrodites. — Genres *Molpadia*, *Synapta*, etc.

QUATRIÈME EMBRANCHEMENT

VERS

Animaux à symétrie bilatérale, à corps généralement divisé en nombreux anneaux semblables (homonomes); *jamais de membres articulés.*

Tel qu'il est entendu aujourd'hui par la grande majorité des naturalistes, le groupe des Vers ne comprend qu'une partie des *Vermes* de Linné. Il est représenté par des animaux essentiellement conformés pour vivre dans des milieux humides : leur corps, souvent allongé, plat ou cylindrique, mou et contractile, est toujours dépourvu de membres articulés, et se montre en général composé d'une série linéaire d'anneaux semblables (métamères ou zoonites).

Le *tégument* est constitué par une cuticule d'épaisseur trè variable, formant parfois une sorte de squelette dermique, e reposant sur une couche cellulaire ou tout au moins sur un couche de protoplasma nucléé dont elle tire son origine, et laquelle on donne les noms d'*épiderme* ou d'*hypoderme*, ou plu simplement de *couche sous-cuticulaire*. Pendant la période larvaire on rencontre assez souvent des cils vibratiles. Mais, en outre, il es commun d'observer chez les adultes des productions cuticulaire variées : soies, poils, crochets, etc. Ajoutons que les Vers son susceptibles d'éprouver des *mues* dans leur jeune âge : la résistance de la cuticule opposant un obstacle à l'accroissement, l'animal s'en débarrasse, sauf à reproduire aussitôt après une nouvelle enveloppe protectrice.

Au-dessous de la couche sous-cuticulaire, on découvre une zone musculaire dite *enveloppe musculo-cutanée*, dont la disposition quoique assez variable, comporte d'ordinaire une couche de fibres circulaires et une couche de fibres longitudinales. C'est de cette enveloppe que dépendent les divers organes accessoires adaptés à la fixation ou à la locomotion (ventouses, parapodes).

Le *système nerveux* est représenté, dans les formes les plus élevées du groupe (Annélides), par une chaîne ganglionnaire ventrale, réunie à des ganglions sus-œsophagiens (cerveau) par une sorte d'anneau ou de collier qui entoure l'œsophage. Mais cette disposition tend à se simplifier considérablement à mesure qu'on descend vers les types inférieurs, et la dégradation s'accuse surtout dans les espèces parasites.

Divers *organes des sens* sont à signaler chez les Vers. Les *yeux*, très répandus parmi les formes non parasites, sont constitués par de simples taches de pigment ou *taches oculaires*, en connexion avec des filets nerveux et parfois accompagnées de corps propres à réfracter la lumière, les *baguettes cristallines* ou *cônes cristallins*. — Parfois aussi, on rencontre des vésicules auditives ou *otocystes*, sorte de petits sacs ciliés sur leur face interne et contenant des concrétions solides connues sous le nom d'otolithes. — Quelques Turbellariés paraissent en outre posséder des *organes olfactifs*, sous forme de fossettes ciliées. Enfin, il existe souvent des *organes tactiles* constitués par des soies (baguettes) ou des papilles.

Le *tube digestif*, lorsqu'il est complet, se différencie en trois régions chargées de fonctions distinctes : *intestin buccal*, *moyen* et *terminal.* La bouche est d'ordinaire située à la partie antérieure et toujours sur la face ventrale; elle est en général suivie d'un pharynx ou œsophage musculeux très caractéristique. L'anus s'ouvre vers la partie postérieure, soit sur la face dorsale, soit sur la face ventrale. Quelquefois (Trématodes) l'intestin terminal fait défaut, et le tube digestif forme alors un cul-de-sac. Enfin, la réduction parasitique peut être complète, et, en l'absence de tube digestif, la nutrition s'effectue par endosmose au travers des téguments (Cestodes).

Il n'existe pas d'*appareil circulatoire* spécial dans la plupart des groupes inférieurs : le liquide nourricier s'infiltre directement dans le parenchyme du corps, ou gagne la cavité périviscérale s'il y en a une; ce liquide est incolore et renferme souvent des éléments cellulaires ou globules. Mais chez de nombreux Vers supérieurs (Annélides), on observe deux appareils circulatoires distincts, l'un représenté par la cavité viscérale, l'autre constitué par un système de vaisseaux souvent clos.

Dans la plupart des cas, la *respiration* est cutanée; plus rarement elle s'effectue par des branchies filiformes ou ramifiées.

L'*appareil excréteur* est représenté par les *vaisseaux aquifères :* on entend sous ce nom un système de canaux symétriquement disposés, dont le contenu aqueux tient en suspension quelques fines granulations; ces canaux, souvent ciliés, prennent leur origine, soit par de fins canalicules dans les lacunes interorganiques, soit dans la cavité viscérale, par un orifice en forme d'entonnoir; ils s'ouvrent au dehors par des pores cutanés, de manière à mettre en communication les tissus ou les organes internes avec le monde extérieur. Chez les Vers annelés, ces vaisseaux se répètent par paire dans chacun des somites (organes segmentaires).

La *reproduction* asexuelle est assez fréquente : elle a lieu par scissiparité ou gemmiparité; parfois (larves de Trématodes) il y a formation de germes, dont la signification est encore discutée. Mais la reproduction sexuelle est beaucoup plus répandue, et les sexes sont tantôt réunis, tantôt séparés.

Le *développement* comporte assez souvent des métamorphoses et parfois même une alternance de générations coïncidant avec des migrations plus ou moins complexes et des changements remarquables dans le mode de vie.

Les Vers vivent, soit à l'état de liberté, dans la mer, dans les eaux douces ou dans la terre humide, soit à l'état de parasites temporaires ou permanents. On n'en connaît pas qui soient terrestres, c'est-à-dire qui puissent vivre librement à l'air.

4 classes :

Une chaîne nerveuse ventrale	Segmentation extérieure	ANNÉLIDES.
	Pas de segmentation intérieure	GÉPHYRIENS.
Pas de chaîne nerveuse ventrale	Un appareil rotatoire	ROTATEURS.
	Pas d'appareil rotatoire	HELMINTHES.

CLASSE I

HELMINTHES

Vers cylindriques ou aplatis, dépourvus de chaîne ganglionnaire ventrale et d'appareil rotatoire. En général parasites.

Les Helminthes (ἕλμινς, ver), qu'on désigne encore, dans beaucoup d'ouvrages, sous les noms d'*Entozoaires*, *Vers intestinaux*, etc. (1), ne constituent pas sans doute une classe bien naturelle. Mais, au point de vue spécial où nous étudions les animaux, il nous semble avantageux de réunir dans un même groupe des formes dont l'habitat, les mœurs et l'action offrent tant d'analogie, et d'indiquer brièvement leurs caractères généraux. Aussi bien, la division en sous-classes que nous établissons plus loin suffira-t-elle pour montrer la situation véritable de ces animaux dans le cadre zoologique.

Remarquons tout d'abord que leur forme est tantôt aplatie, et alors rubanée ou foliacée, tantôt cylindrique et plus ou moins allongée : dans le premier cas, on a affaire aux Vers plats ou Plathelminthes, dans le second aux Vers ronds ou Némathelminthes.

La plupart de ces animaux possèdent une enveloppe musculo-

(1) C. A. Rudolphi, *Entozoorum sive vermium intestinalium historia naturalis*, Amstelædami, 1808-1810. — Id., *Entozoorum Synopsis*, Berolini, 1819. — F. Dujardin, *Histoire naturelle des Helminthes ou Vers intestinaux*, Paris, 1845. — C. M. Diesing, *Systema Helminthum*, Vindobonæ, 1850-1851. — E. Blanchard, *Recherches sur l'organisation des Vers*, Ann. des sc. nat. 3e série, vol. VII à XII. — C. Davaine, *Traité des entozoaires et des maladies vermineuses de l'Homme et des anim. domest.* 2e éd. Paris, 1877. — C. Baillet, article HELMINTHES du nouveau *Diction. vétér.*, t. VIII, Paris, 1866. — R. Leuckart, *Die Parasiten des Menschen*, 2e éd. Leipzig, 1879. — T. S. Cobbold, *Parasites*, Londres, 1879.

cutanée puissante et complexe; beaucoup aussi sont pourvus d'organes de fixation, tels que des ventouses et des crochets.

L'existence d'un *système nerveux* paraît être à peu près constante, mais ce système est en général réduit à un petit nombre de ganglions situés vers la partie antérieure du corps, et desquels émanent divers filets dont le nombre et la disposition sont assez variables. Les *organes des sens* sont toujours peu développés ou même font tout à fait défaut, surtout dans les formes parasites.

Souvent les Helminthes sont dépourvus d'*appareil digestif* (Cestodes, Acanthocéphales); quand cet appareil existe, il peut être complet (Nématodes) ou terminé en cul-de-sac (Trématodes). — Dans la plupart des groupes, on ne distingue même pas de cavité générale, et le liquide nutritif pénètre directement au sein des tissus. D'autres fois, au contraire (Nématodes), les viscères sont logés dans une cavité qui contient un liquide plasmatique incolore, chargé de globules. — Quant à la *respiration*, elle est peu active et toujours cutanée. Bunge (1) a reconnu que l'Ascaride du chat peut vivre dans un milieu privé d'oxygène aussi complètement que possible, ce qui porte à supposer que la principale source de la force musculaire réside dans des phénomènes de dédoublement. — Enfin, il existe partout des *vaisseaux aquifères*.

La *reproduction* ne s'effectue par voie asexuelle qu'à l'état larvaire. Chez les individus adultes, les sexes sont tantôt réunis, tantôt séparés. La fécondité des Helminthes est souvent extraordinaire, et cette circonstance explique en partie l'extension considérable de ces animaux malgré les nombreuses chances de destruction auxquelles ils sont soumis. Les uns sont ovipares, les autres ovovivipares; leur développement postembryonnaire comporte, tout au moins chez la plupart des Plathelminthes, des métamorphoses liées à des migrations.

Enfin, au point de vue de l'habitat, on peut dire que les Helminthes sont, en grande majorité, des entozoaires dans le sens propre du mot, c'est-à-dire des parasites internes.

2 sous-classes :

Vers cylindriques, la plupart dioïques..........	NÉMATHELMINTHES.
Vers plats, généralement hermaphrodites.......	PLATHELMINTHES.

(1) G. Bunge, *Ueber das Sauerstoffbedürfniss der Darmparasiten*. Zeitsch. phys. Chemie. Bd VIII, p. 48 (Rev. sc. méd., t. XXV).

SOUS-CLASSE I

PLATHELMINTHES

Les Vers de ce groupe, encore nommés *Platodes* (πλατύς, large, plat), se montrent pourvus, pour la plupart, d'organes de fixation représentés par des crochets ou des ventouses. Presque tous sont hermaphrodites. Très fréquemment ils subissent des métamorphoses accompagnées de migrations.

3 ordres :

Corps couvert de cils ; non parasites		TURBELLARIÉS.
Corps nu à l'état adulte. Parasites	Tube digestif bifurqué, sans anus	TRÉMATODES.
	Pas de tube digestif	CESTODES.

PREMIER ORDRE

CESTODES

Plathelminthes nus, de forme rubanee, presque toujours segmentés, dépourvus de tube digestif et ordinairement munis d'organes de fixation (ventouses, crochets) *à une extrémité. Endoparasites.*

L'ordre des Cestodes ou Cestoïdes (κεστός, ruban ; εἶδος, forme) constitue un des groupes de Vers les plus intéressants et les plus utiles à connaître (1).

Le corps est allongé sous forme de bandelette et très habituellement divisé en articles, bien que ceux-ci soient quelquefois peu distincts à l'extérieur. A l'une des extrémités — qui correspond, comme nous le verrons, à la partie postérieure de l'embryon et qu'on a décrite pourtant comme la tête — existe le plus souvent un appareil de fixation, dont les principaux éléments consistent en ventouses et en crochets.

La masse entière du corps a pour base un *réseau conjonctif* à mailles serrées, formé de cellules pluripolaires dont les prolongements s'anastomosent entre eux. Tous les organes paraissent naître aux dépens de ces cellules. Déjà les corpuscules calcaires, sorte de concrétions réfringentes qui abondent dans les tissus de ces

(1) R. Moniez, *Essai monographique sur les cysticerques*, Paris, 1880. — Id., *Mémoire sur les Cestodes*, Paris, 1881.

Vers, ne sont autre chose que des cellules encroûtées (Moniez). Le réseau se termine à la périphérie par une *couche sous-cuticulaire* très active, formée de grosses cellules contractiles : c'est la partie externe de ces cellules qui se modifie pour constituer la *cuticule*, de telle sorte qu'il est inexact de dire que celle-ci est un produit d'excrétion. Quoique d'apparence anhiste, en effet, elle renferme des fibres qui peuvent, en certains points, la traverser de manière à lui donner un aspect cilié (pseudo-cils).

Au-dessous de la couche sous-cuticulaire, et en connexion intime avec le réseau conjonctif, on trouve des faisceaux de fibres contractiles, qu'on qualifie de *muscles*, « bien que ces éléments n'aient aucun rapport avec les véritables muscles des autres animaux. » Ces muscles comprennent une couche superficielle *longitudinale*, parfois dédoublée, et une couche profonde, dite *circulaire*, mais se perdant, en réalité, vers les bords, dans la couche sous-cuticulaire.

On peut, avec M. Moniez, distinguer sous le nom de *zone centrale* la partie interne du corps circonscrite par les muscles circulaires; mais il ne faut pas perdre de vue que cette distinction est établie pour la seule commodité de l'exposition, et que tous les tissus sont continus entre eux. C'est à l'intérieur de cette zone que naissent tous les éléments qui nous restent à étudier.

Le *système nerveux*, dont l'existence a tour à tour été admise ou niée par les auteurs, consiste en deux cordons longitudinaux qui ne communiquent entre eux qu'au niveau de la tête : ces cordons sont formés de cellules bipolaires ou multipolaires.

L'*appareil digestif* fait défaut : les Cestodes vivant au milieu de liquides nutritifs tout élaborés, ces liquides pénètrent dans leurs tissus par endosmose, ou mieux à la faveur de pores très fins qui traversent la cuticule. Partant, il n'existe pas davantage d'*appareil circulatoire*. Quant à la *respiration*, elle est exclusivement cutanée, et du reste fort peu active.

Mais un système bien développé chez les Cestodes est celui des *vaisseaux aquifères*, qui représentent, comme on le sait, l'*appareil excréteur*. Ce sont des canaux longitudinaux qui suivent les parties latérales du corps et peuvent communiquer entre eux par des anastomoses transversales. Ils s'ouvrent à la partie postérieure du corps par un seul orifice, le *foramen caudale*, qui se reforme chaque fois qu'un anneau s'est détaché. Parfois on observe quelques orifices secondaires à la partie antérieure. Ces canaux sont les collecteurs vers lesquels convergent des systèmes de canalicules qui prennent leur origine, ainsi que l'a démontré Fraipont, dans de petits entonnoirs ciliés (organes segmentaires) situés à la limite des zones centrale et périphérique.

Les *organes reproducteurs* sont assez complexes. Chaque anneau est hermaphrodite, mais les organes mâles se développent avant les organes femelles.

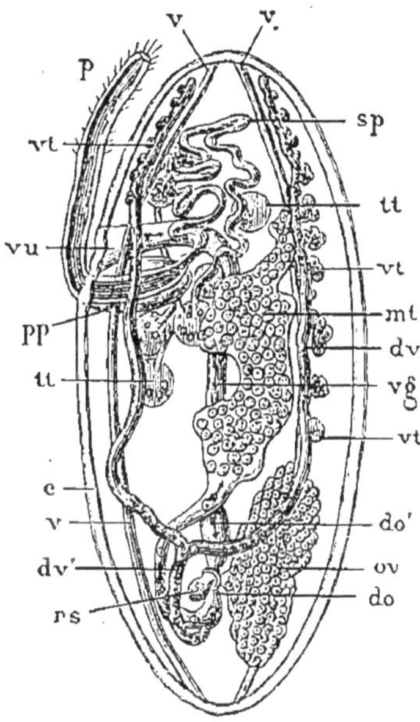

Fig. 99. — Schéma de l'organisation d'un anneau de Cestode, d'après P. J. Van Beneden. — *tt*, testicules. *sp*, canal déférent ou spermiducte. *pp*, sac du cirre ou poche péniale. *p*, cirre ou pénis. *ov*, germigène (ovaire). *do*, germiducte (oviducte). *vt*, vitellogène. *dv*, vitelloducte. *mt*, matrice, montrant le mode de formation des cæcums latéraux. *rs*, réservoir séminal. *vg*, vagin, *vu*, vulve. *v*, vaisseaux excréteurs. *c*, enveloppe tégumentaire.

Les *testicules* sont formés par des amas de spermatozoïdes qui se rendent, suivant un mode variable, dans un canal déférent ou *spermiducte*, aboutissant lui-même à une *poche péniale*, en dehors de laquelle il peut se renverser pour constituer un organe copulateur appelé pénis ou *cirre*.

Les organes femelles comprennent un ou plusieurs *ovaires*. Les œufs sont recueillis par un *pavillon* et passent ainsi dans l'*oviducte*, qui les conduit dans la matrice. A son origine, l'oviducte reçoit le *vagin* : c'est par ce canal, souvent dilaté en *réservoir séminal* sur un point de son trajet, que les spermatozoïdes sont amenés au contact des œufs. Parfois des glandes spéciales sont chargées de sécréter le vitellus : ce sont les *follicules vitellogènes*, dont les produits sont en général recueillis par un collecteur ou *vitelloducte* qui les déverse dans l'oviducte. Ces glandes paraissent manquer chez les Ténias. La *matrice* consiste souvent en un tube qui se distend par l'accumulation des œufs et développe ainsi des ramifications herniaires, en effaçant peu à peu tous les autres organes : les parois finissent quelquefois par se rupturer et les œufs pénètrent alors librement dans la zone centrale; enfin la tension arrive à être telle que la couche corticale elle-même se déchire, et c'est ainsi que les œufs s'échappent au dehors. Il est rare que l'oviducte entier joue le rôle de matrice et s'ouvre à l'extérieur (Bothriocéphale).

Le développement embryonnaire des Cestodes est plus ou moins rapide : souvent l'œuf, au moment de la ponte, contient déjà un embryon pourvu de six crochets (hexacanthe), parfois de quatre ; ou bien cet embryon n'apparaît qu'après un séjour prolongé de l'œuf dans l'eau.

Quant au développement postembryonnaire, qui peut être assez compliqué, il s'accompagne le plus souvent de migrations.

Tous les Cestodes sont endoparasites. Chez un premier hôte, le Ver demeure agame ; puis il est transporté, d'une manière passive, dans le tube digestif d'un second animal (exceptionnellement du même), où il acquiert ses organes sexuels. Parfois, cependant, le développement est direct (*Archigetes*).

Famille des **TÉNIADÉS**. — Les Téniadés se reconnaissent à leur tête munie de quatre ventouses, à leurs anneaux bien séparés et à leurs orifices génitaux situés sur les bords.

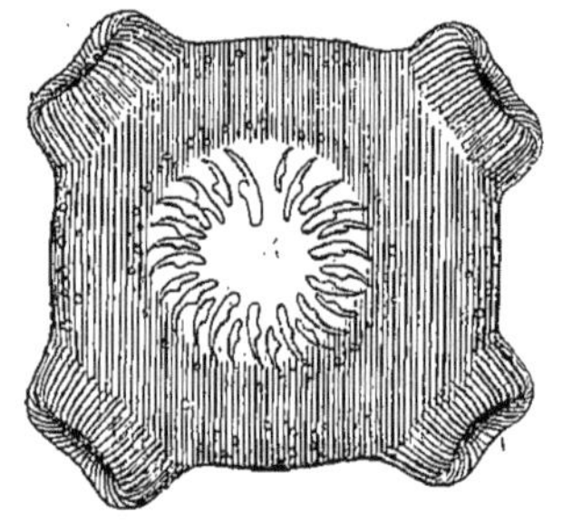

Fig. 100. — Tête du *Tænia solium*, vue de devant, avec les ventouses saillantes (Laboulbène, inéd.).

Genre **Ténia** (*Tænia* L.). — C'est le type des Vers rubanés (ταινία, ruban). Il est caractérisé par la disposition de l'extrémité libre de la tête, qui tantôt est munie d'une trompe, rétractile ou non, nue ou armée de crochets, et tantôt au contraire présente une dépression plus ou moins marquée.

Les diverses phases de l'évolution ne sont connues que pour un petit nombre de Ténias. En ce qui concerne ceux-ci, on a constaté que le développement postembryonnaire comporte des métamorphoses complexes. L'œuf mûr contient un embryon muni de six crochets (hexacanthe). Mis en liberté dans un milieu favorable, cet hexacanthe constitue une première larve (*protoscolex* ou *proscolex*), qui donne naissance, selon divers modes, à une vésicule dite caudale (*cystique*). Celle-ci s'enkyste et bourgeonne, en un ou plusieurs points, une seconde forme larvaire (*deuto-scolex* ou simplement *scolex*), qui se montre toujours invaginée. Pour continuer son évolution, le scolex doit être introduit dans le tube digestif d'un hôte convenable; il produit alors, par bourgeonnement, une série linéaire (*strobile*) d'anneaux qui peu à peu arrivent à l'état sexué et finissent par se séparer de l'ensemble (*proglottis*).

Les Cystiques se développent chez des animaux à sang chaud ou à sang froid, même chez des Invertébrés. Quant aux Ténias parfaits, on ne les rencontre que chez des Vertébrés, et presque exclusivement dans le canal intestinal.

La classification des Ténias n'a pas été, jusqu'à présent, établie sur une base bien rigoureuse, ainsi qu'on peut en juger par les tentatives de Rudolphi, de Dujardin et de Diesing. Toutefois, la plupart des helminthologistes modernes sont d'avis que le groupement des espèces en sections doit être basé sur la constitution des cystiques. Mais comme — à supposer que tous les Ténias passent par cette phase, ce qui n'est pas prouvé — nous ne connaissons encore qu'un petit nombre de Vers vésiculaires, il en résulte qu'on ne peut songer aujourd'hui à établir le groupement définitif dont il s'agit.

Nous suivrons ici, dans ses traits généraux, la classification proposée par Villot (1); mais nous mettrons d'abord à part tous les Ténias des Oiseaux, qui n'ont pour nous qu'une importance secondaire, et nous étudierons spécialement aussi les Ténias inermes des Mammifères, dont l'évolution est jusqu'à présent inconnue.

En outre, comme la généralité des auteurs, nous distinguerons les espèces voisines en nous basant sur les dimensions des Vers, la forme de leurs anneaux, la disposition des organes génitaux et la constitution de l'armature céphalique. On sait que l'examen des crochets, en particulier, fournit d'excellents caractères, bien que, selon la remarque de Krabbe, « le nombre, la grandeur et la forme en varient chez chaque espèce dans certaines limites. »

Remarques historiques. — Les helminthologistes ont longtemps méconnu le lien qui rattache les unes aux autres les diverses phases de l'évolution des Ténias.

Cependant, dès 1781, Abilgaard avait reconnu et démontré expérimentalement que les Schistocéphales des Épinoches achèvent leur développement chez les Canards.

Mais ce fait était demeuré pour ainsi dire isolé, et en 1842, von Siebold, quoique ayant constaté l'identité spécifique du *Cysticercus fascio-*

(1) A. Villot, *Mémoire sur les cystiques des Ténias*. Ann. des sc. nat., 1883.

laris de la Souris et du *Tænia crassicollis* du Chat, ne sut pas reconnaître le rapport génétique de ces deux formes : pour lui, le Ténia du Chat, en quelque sorte égaré dans le foie de la Souris, était devenu malade et hydropique dans ce milieu anormal. Pallas avait professé des idées presque identiques.

Peu de temps après (1850), dans un important travail présenté à l'Académie royale de Belgique, van Beneden démontra que les Tétrarhynques enkystés dans les Poissons osseux ne sont autres que des larves ou *scolex* de Vers qui parviennent à l'état sexué chez les Poissons carnassiers (Raies, Squales) lorsque ceux-ci ont mangé les Poissons osseux.

La voie expérimentale était alors toute tracée. C'est à Küchenmeister que revient l'honneur d'avoir le premier fourni la preuve que les Vers vésiculaires sont appelés à se transformer en Vers rubanés : en 1851, le savant médecin de Zittau fit ingérer à des Chiens des Cysticerques pisiformes du Lapin, et constata que ces Cysticerques avaient donné naissance à des Ténias.

L'année suivante, Siebold et Le Wald répétèrent cette expérience avec le même succès. A leur suite, un grand nombre d'helminthologistes : Van Beneden, Haubner, Leuckart, Humbert, Baillet, etc., et plus récemment Redon, Moniez, Villot, ont multiplié les recherches du même ordre, en élargissant le cadre expérimental et en précisant les résultats obtenus.

1er GROUPE : CYSTOTÆNIÆ. — D'après Villot, ce groupe est caractérisé par des *cystiques dont la vésicule caudale procède du proscolex par simple accroissement et modification de structure, sans qu'il y ait, à proprement parler, production d'une partie nouvelle*. La tête est presque toujours armée, et les crochets, en forme de petits poignards, sont disposés en une double couronne (grands et petits). Les pores génitaux du strobile sont irrégulièrement alternes.

Ceux des Ténias de ce groupe que nous avons à examiner ici vivent chez les Mammifères, aussi bien à l'état adulte que pendant la phase cystique. C'est à eux, en particulier, que s'applique la loi formulée par Van Beneden, et qu'on peut ainsi résumer : les Ténias adultes vivent dans le tube digestif des animaux carnivores; leurs cystiques, dans les tissus ou cavités closes du corps des herbivores; les omnivores seuls peuvent être porteurs de cystiques et de Ténias.

Longtemps même on avait pensé que ces Vers ne pouvaient évoluer que dans un cycle étroitement limité; mais il est aujourd'hui démontré qu'un même cystique, par exemple, peut vivre chez des animaux d'espèces fort différentes. D'autre part, on a avancé que les Ténias dont il s'agit sont susceptibles de suivre une évolution directe, sans passer par la phase cystique ; mais il n'a été fourni, jusqu'à présent, aucune preuve scientifique en faveur de cette manière de voir.

Les *Cystotæniæ* se subdivisent en trois groupes secondaires ou sous-genres : *Cysticercus*, *Cœnurus* et *Echinococcus*.

1° Les CYSTICERQUES (*Cysticercus* Zed.) sont caractérisés par ce fait que leur vésicule caudale donne naissance à un seul corps, contenant une tête unique (cystiques monosomatiques et monocéphales).

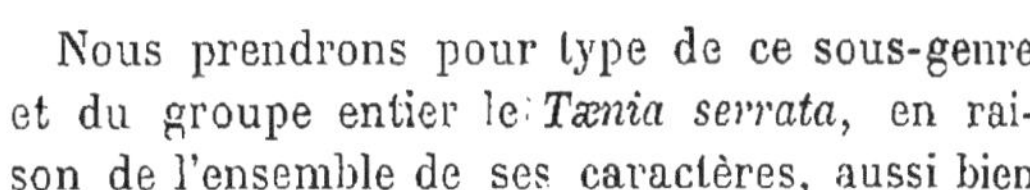

Fig. 101. — Coupe schématique d'un cysticerque.

Nous prendrons pour type de ce sous-genre et du groupe entier le *Tænia serrata*, en raison de l'ensemble de ses caractères, aussi bien que des recherches dont il a été l'objet, et de la facilité qu'on peut avoir de se le procurer sous ses divers états.

Ténia en scie (*T. serrata* Gœze). — Long de 50 à 170 centimètres. Tête arrondie, subtétragone, à peine un peu déprimée dans

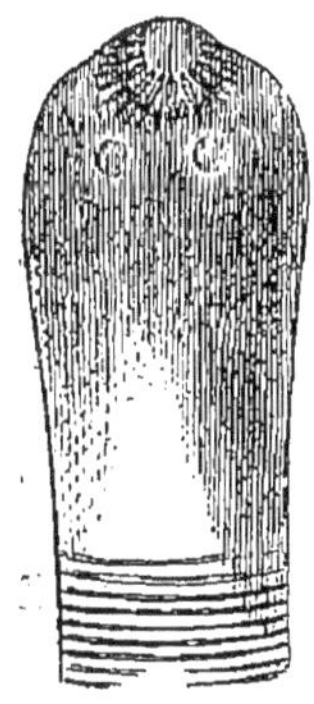

Fig. 102. — Tête du *Tænia serrata*, vue de trois quarts et grossie.

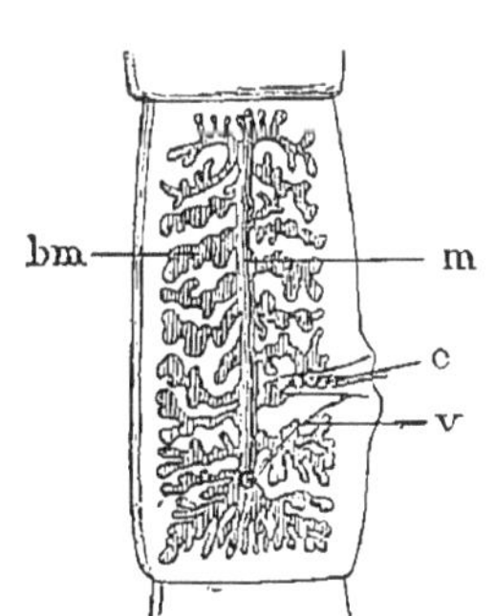

Fig. 103. — Un anneau mûr du *Tænia serrata*, grossi trois fois. — *c*, canal déférent ou spermiducte pelotonné. *v*, vagin. *m*, corps de la matrice. *bm*, branches de la matrice (Orig.).

Fig. 104. — Œufs du *Tænia serrata*. — A, œuf entouré de la membrane vitelline et contenant encore les masses vitellines. B, œuf dégagé de ces parties accessoires (Orig.).

le même sens que les anneaux et un peu plus large que le cou. Double couronne de 34 à 48 crochets, les grands longs de 225 à 250 μ, les petits de 130 à 162 μ. Anneaux devenant carrés à 25 ou 30 centimètres de la tête; bord postérieur rectiligne, à angles saillants (en dents de scie); anneaux mûrs longs de 10 à 17 millimètres, larges de 4 à 6. Matrice formée d'un tube longitudinal médian, à branches latérales disposées transversalement en petit nombre de chaque côté, et irrégulièrement ramifiées. Œufs ovoïdes, longs de 36 à 40 μ, larges de 31 à 36.

Le *T. serrata* se rencontre très souvent dans l'intestin grêle du Chien. Seul ou de concert avec les espèces voisines, il peut déterminer, lorsqu'il est très abondant, et surtout chez les jeunes animaux, des accès épileptiformes passagers. Ce Ver, à l'état cystique, habite le péritoine des Lapins et des Lièvres; on l'a même signalé sur la Souris : c'est le *Cysticercus pisiformis* Zeder, qui se présente sous l'aspect d'une petite ampoule du volume d'un pois, remplie de liquide et entourée d'un kyste. — Le *C. elongatus*, décrit par F. Leuckart, appartient à la même espèce, bien que sa forme soit beaucoup plus allongée. On trouve quelquefois, et plus spécialement chez les Lapins de garenne, des cysticerques pisiformes sortis de leurs kystes, parfois même évaginés et ayant commencé à développer leurs anneaux. M. Mégnin a prétendu que ces Vers, en passant dans l'intestin, s'y transformaient en *T. pectinata*. La preuve de cette assertion reste à faire, d'autant que nos expériences personnelles n'ont pas donné de résultat concordant avec ces indications.

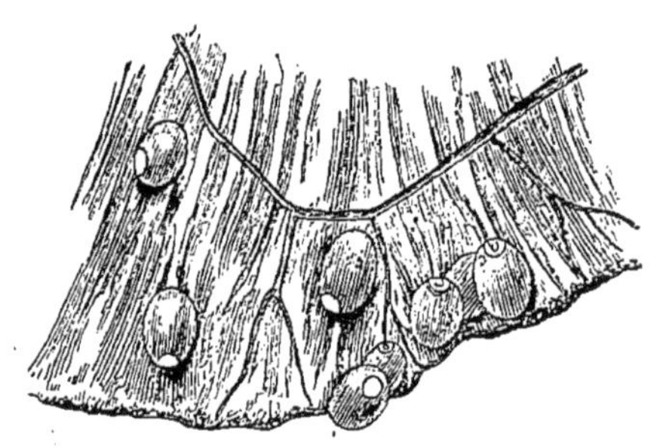

Fig. 105. — Fragment de mésentère du Lapin envahi par des cysticerques pisiformes. Grandeur naturelle (Orig.).

Organisation. Évolution. — Pour étudier rapidement, et sans être obligé à des répétitions, l'organisation du *T. serrata* dans ses divers états, nous adopterons la marche naturelle qui consiste à suivre l'évolution complète de l'individu depuis sa formation dans l'œuf.

Les principaux éléments de cette étude nous seront fournis par les excellents travaux de M. le professeur Moniez (de Lille), le savant qui a le plus contribué, dans ces dernières années, à étendre nos connaissances au sujet des Cestodes.

1° *Embryogénie.* — L'ovule du *T. serrata* ou des espèces du même type est une cellule riche en granulations vitellines. Après la fécondation, il se divise en deux masses qui restent soudées, mais dont les granulations sont inégalement réfringentes (fig. 106, 1). Ces deux masses vitellines renferment dans leur intérieur un gros noyau ou mieux une véritable cellule cachée par les granulations. L'une de ces cellules paraît n'être pas employée à la formation de l'embryon. L'autre se divise en deux éléments : un premier, lui-même inactif, et un second représentant une cellule embryonnaire qui se dégage bientôt, en même temps qu'apparaît la membrane vitelline (2). Puis cette cellule se multiplie (3, 4), et l'ensemble des éléments blastodermiques qui en dérivent constitue une sorte de *morula* dépourvue de membrane propre (5). Pendant ce temps, les masses vitellines diminuent sensiblement de volume : l'une d'elles tend même à se désagréger de bonne heure ; toutes deux, du reste, cessent désormais de prendre part à la vie de l'embryon et

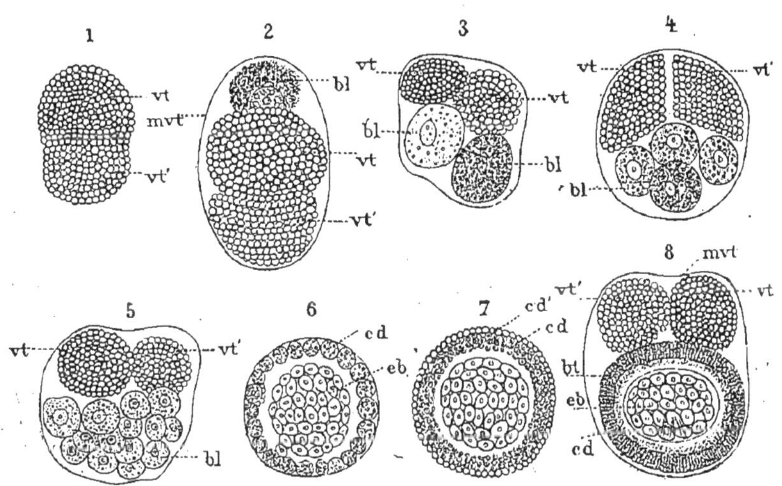

Fig. 106. — Embryogénie des Ténias du type *Tænia serrata*, d'après R. Moniez. — *vt*, *vt'*, les deux masses vitellines. *mvt*, membrane vitelline. *bl*, cellules blastodermiques. *cd*, couche délaminée. *cd'*, couche de granules dérivant de la précédente et se transformant en *bt*, couche de bâtonnets. *eb*, embryon.

n'offrent plus d'intérêt au point de vue de l'embryogénie. — La morula s'arrondit peu à peu, puis sa couche cellulaire périphérique se sépare des éléments sous-jacents, en formant (par délamination) une sorte de membrane cellulaire autour des autres cellules blastodermiques (6, *cd*). Les éléments de cette couche délaminée paraissent ensuite se résoudre en granules (7, *cd*), dont les plus extérieurs se soudent entre eux, deviennent plus réfringents (7, *cd'*), puis se transforment en corps très allongés (8, *bt*) : telle est l'origine de la membrane de bâtonnets qui entoure l'embryon des Ténias du type *T. serrata*. Quant aux granules intérieurs, ils se disposent en une couche persistante (8, *cd*), dont la partie interne prend l'aspect d'une mince lame chitineuse. Enfin, en même temps que la couche de bâtonnets, on voit apparaître, dans la masse cellulaire qui constitue l'embryon, les trois paires de stylets caractéristiques.

En définitive, l'œuf du *T. serrata* se montre formé d'une mince membrane vitelline, qui renferme normalement deux masses vitellines plus ou moins épuisées, et un *embryon hexacanthe* protégé par une épaisse coque de bâtonnets (fig. 104, A et fig. 106, 8).

Une fois sorti de l'intérieur du Ténia, cet œuf ne tarde pas à se débarrasser des masses et de la membrane vitelline, et présente alors l'aspect d'un corps ovoïde, à coque très résistante, mesurant en moyenne 38 μ de long sur 33 μ de large (fig. 104, B).

2° *Phase cystique.* — Parmi les œufs rejetés à l'extérieur, il en est un certain nombre qui s'altèrent et sont perdus. D'autres rencontrent des conditions favorables, et conservent plus ou moins longtemps leur vitalité. Mais il s'en faut de beaucoup encore que tous ceux-ci soient appelés à reproduire l'espèce : ceux seulement qui sont introduits dans l'organisme du Lapin peuvent suivre leur évolution. Cette introduction est d'ailleurs toute passive, et s'effectue par l'intermédiaire des boissons ou des aliments.

Dès qu'ils sont parvenus dans l'intestin, leur coque est dissoute sous l'action du suc gastrique, et l'éclosion a lieu. Les embryons hexacanthes, mis en liberté, se fraient un chemin dans les tissus à l'aide de leurs trois paires de crochets. Probablement même gagnent-ils les vaisseaux pour se faire transporter à la faveur du mouvement circulatoire : Leuckart a pu en recueillir dans la veine porte, et il ne répugne pas d'admettre que ce soit là leur voie normale. En définitive, les embryons parviennent dans le milieu qui convient à leur développement. Nous ne parlons pas de ceux qui s'égarent dans l'organisme même : ceux-là encore sont destinés à périr.

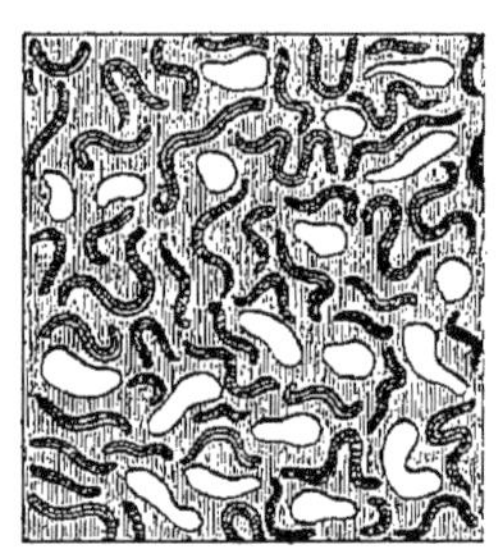

Fig. 107. — Portion de la surface du foie d'un Lapin infecté artificiellement, montrant des traînées vasculaires et des cysticerques pisiformes au douzième jour de leur développement. Vu à la loupe (G. P. Piana).

Quelques jours après l'ingestion des œufs, on trouve, à la surface et dans la profondeur du foie, de petites nodosités et de fines traînées distribuées dans tous les sens. Les premières paraissent être des kystes formés autour des embryons morts ; quant aux traînées, elles représentent des galeries, que M. Laulanié (1) a reconnues pour être toujours des vaisseaux veineux sous-hépatiques. Dans ces galeries, on découvre de petits organismes dérivant de l'embryon hexacanthe, mais ne possédant déjà plus les six crochets de celui-ci : ils sont très étroits, mesurent à peine 1 millimètre de long, et se montrent formés d'un réticulum délicat, enveloppé d'une

(1) F. Laulanié, *Note sur une cirrhose veineuse du lapin, etc.* Comptes rendus de l'Acad. des sc., 12 janvier 1885, p. 128.

mince cuticule. Au bout de douze jours, ils ont déjà 3 millimètres de long et présentent des mouvements obscurs, dus à la contraction des cellules sous-cuticulaires.

Ces jeunes Vers se développent graduellement, s'allongent et élargissent les galeries qui les contiennent. M. Moniez a constaté, sur les individus âgés de vingt-deux jours, un phénomène très intéressant. Ils ont à cette époque 1 centimètre de long sur moins d'un millimètre de large : leur partie moyenne subit alors, sur une certaine étendue, une constriction donnant naissance à une sorte de cordon plus ou moins tordu ; ils se trouvent ainsi divisés en deux parties, creusées chacune d'une dépression dans laquelle s'insère ce cordon (fig. 108) ; puis celui-ci s'atrophie de plus en plus et finit par être résorbé. La séparation des deux moitiés est alors complète : l'une d'elles paraît devoir se détruire ; l'autre ne tarde pas à bourgeonner une tête de Ténia, et constitue, par conséquent, le *cysticerque* définitif. La dépression signalée par Leuckart à l'extrémité postérieure de ce cysticerque, et à laquelle il avait donné le nom de *foramen caudale*, a sans doute pour origine le phénomène que nous venons d'indiquer.

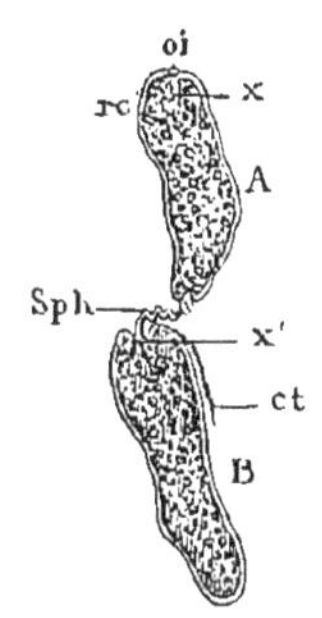

Fig. 108. — Cysticerque pisiforme en voie de division au vingt-deuxième jour. Un cordon *sph* unit les deux parties d'une larve primitivement simple et marque une portion sphacélée du cysticerque. A l'extrémité supérieure du segment A, on voit le rudiment de la tête et du receptaculum (*rc*, *x*) ; il y a quelque chose d'analogue dans la partie B. *ct*, lame de cuticule qui se détache. *oi*, orifice d'invagination. La partie A forme l'animal futur ; la partie B doit se détruire (R. Moniez).

Étudions maintenant le mode de formation de la tête du futur Ténia, à l'intérieur de la vésicule. A l'une des extrémités se produit une invagination, en même temps que se manifeste une prolifération cellulaire active, déjà facile à constater le vingt-deuxième jour. Bientôt, à la partie profonde, légèrement élargie, de cette gaine, un peu sur le côté, on voit se soulever un mamelon cellulaire : c'est le point de départ de la tête, le rudiment céphalique, à la base duquel se forment ensuite quatre protubérances secondaires, rudiments des ventouses. Puis, l'invagination s'accentue, et les crochets se développent. Ils ont d'abord la forme d'aiguillons faiblement courbés, disposés en trois ou quatre rangées irrégulières autour du mamelon céphalique. Plus tard cette disposition se régularise ; il ne reste plus que deux rangées alternes de crochets, et ceux-ci, bientôt chitinisés, acquièrent leur forme définitive. Il est à remarquer que cette partie, à laquelle on donne le nom de *tête*, se forme toujours à l'extrémité de l'embryon opposée aux six crochets, c'est-à-dire à l'extrémité postérieure, puisque les crochets sont à l'avant dans la progression. D'après M. Moniez, cette prétendue tête ne serait donc, morphologiquement, qu'un organe de fixation, développé à la partie postérieure du Ténia et comparable aux armatures que nous aurons à signaler chez les Polystomiens.

Un mois à peine après l'infection, les cysticerques quittent les galeries du foie, qui sont remplacées par des cicatrices. Ils ont alors plus d'un centimètre de long; doués de mouvements énergiques, ils se contractent, rampent ou glissent à la surface des tissus; à l'état de repos,

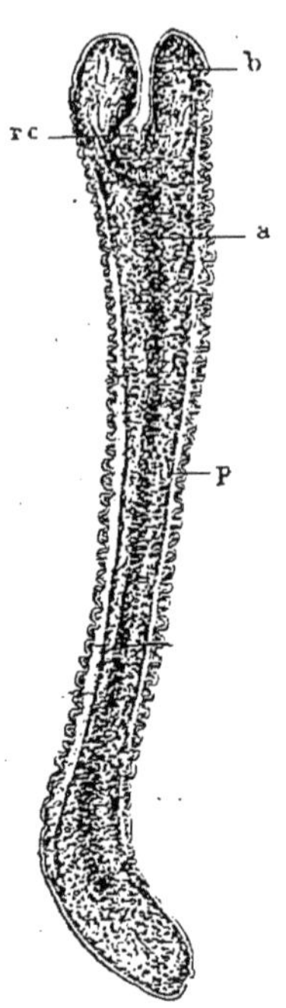

Fig. 109. — Développement du *Cysticercus pisiformis*, d'après R. Moniez. — Larve âgée d'un mois environ, prise dans une galerie superficielle du foie d'un Lapin. Elle est déjà marquée de nombreux plis ou papilles *p* et ne présente encore aucune trace d'hydropisie. — *a*, partie centrale finement grenue, qui marque le point où se fera la déchirure des tissus. La partie marquée *b*, jusqu'au rudiment de la tête *rc*, représente le futur *receptaculum capitis*. Grossissement : 15 diamètres.

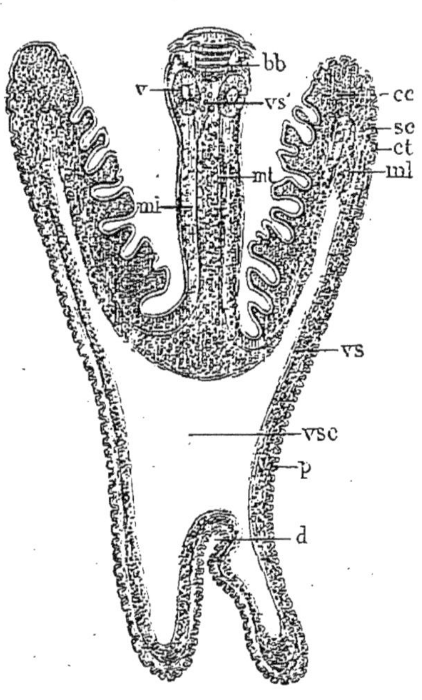

Fig. 110. — Coupe du *Cysticercus pisiformis* complètement développé, d'après R. Moniez. — La tête est évaginée et suivie d'une longue portion qui passera presque entière à l'état adulte. — *d*, dépression constante à la partie postérieure du cysticerque, due à l'atrophie d'une partie du corps à un stade antérieur (représenté fig. 108). *vs*, coupe des vaisseaux dans la vésicule. *vs'*, coupe des vaisseaux au moment où ils s'anastomosent. *vsc*, vésicule. *p*, papilles. *ct*, cuticule. *sc*, couche sous-cuticulaire. *cc*, corpuscules calcaires. *ml*, fibres musculaires longitudinales. *mt*, fibres musculaires transversales. *v*, ventouses. *bb*, bulbe céphalique. Grossissement : 15 diamètres.

ils ont un aspect vermiforme et sont renflés au point où bourgeonne la tête (fig. 109). La partie centrale (*a*) se montre alors grenue et entre en régression; quant à la partie périphérique, elle est garnie de *papilles* ou plis circulaires irréguliers.

Parvenus dans le sac péritonéal, les jeunes cysticerques ne tardent pas à devenir hydropiques, puis ils s'enkystent sur divers points de la séreuse, notamment au niveau de la grande courbure de l'estomac et dans la région du bassin. Le liquide hydropique (qui ne contient pas d'albumine tant que le Ver est vivant) s'accumule dans la partie centrale et postérieure du corps, par suite de la déchirure du tissu granuleux que nous avons vu entrer en régression : ainsi se trouve constituée la vésicule caudale, laquelle, on le voit, dérive directement de l'hexacanthe.

Le cysticerque offre trois parties distinctes : la *tête* ou scolex (Kopf), le *corps* (Wurmleib), qui lui fait suite et forme les parois de la cavité d'invagination; enfin la *vésicule caudale* (Schwanzblase). Quant au *kyste*, que certains auteurs rattachent au Ver lui-même, ce n'est autre chose qu'une enveloppe adventice fournie par les tissus de l'hôte.

L'examen histologique du cysticerque montre d'ailleurs une constitution tout à fait analogue à celle du Ténia adulte, et sur laquelle nous reviendrons plus loin; la tête, en particulier, s'est organisée d'une façon complète : on y distingue les ventouses, les crochets, le bulbe, les masses nerveuses, les vaisseaux.

3° *État rubanaire.* — L'évolution du Ténia est suspendue tant que le cysticerque demeure enkysté chez le Lapin. Ce n'est que dans des cas exceptionnels, comme nous l'avons déjà dit, qu'on trouve des Ténias en voie de développement dans la cavité péritonéale. Le cysticerque doit donc être introduit — encore d'une manière passive — dans l'intestin du Chien. La vésicule caudale ne tarde pas alors à se flétrir et à se détacher, et la chute du corps suit de près. Ces deux parties ne prennent donc aucune part à la formation du Ténia adulte. C'est aux dépens du cou, c'est-à-dire de la partie postérieure de la tête, que se développent par gemmation les productions nouvelles. Celles-ci consistent en une série d'anneaux qui demeurent unis en une chaîne d'aspect rubané : on donne à cette chaîne le nom de *strobile*. Une dizaine de jours après leur introduction dans le tube digestif du Chien, les jeunes Ténias mesurent déjà de 1 à 3 centimètres de long, et au bout de deux mois les premiers anneaux formés sont déjà mûrs et commencent à se détacher.

Le *Tænia serrata* ainsi constitué est donc représenté par un long ruban, dont l'une des extrémités, graduellement atténuée, se termine par un renflement qu'on est convenu d'appeler la *tête*. L'extrémité libre de celle-ci offre un petit prolongement conique appelé trompe ou *rostellum*, qui porte à sa base une double couronne de *crochets* chitineux. Ceux-ci (fig. 111) comprennent une partie libre ou *lame*, recourbée en faucille, un long *manche* obtus, sur lequel viennent se fixer les fibres contractiles du rostellum (bulbe); et enfin, au point de réunion de ces deux parties et du côté de la concavité, une saillie apophysaire ou *garde* (dent, talon, hypomochlion), sur laquelle s'insèrent également des fibres musculaires. Les crochets des deux rangées n'ont pas les mêmes dimensions. Aussi les distingue-t-on en grands et petits. Ces derniers ont la garde bifide. La disposition de ces organes leur permet de basculer autour de leur partie moyenne, sous l'influence de la contraction des muscles du bulbe, et la lame s'enfonce de la sorte dans la muqueuse intestinale. — Au-dessous des crochets, on observe quatre *ventouses*, cupules hémisphériques saillantes, comprenant un système complexe de fibres musculaires (radiales, circulaires et longitudinales); la contraction de ces fibres tend à produire le vide dans la cupule, et il en résulte une adhérence très puissante de la ventouse à la muqueuse intestinale.

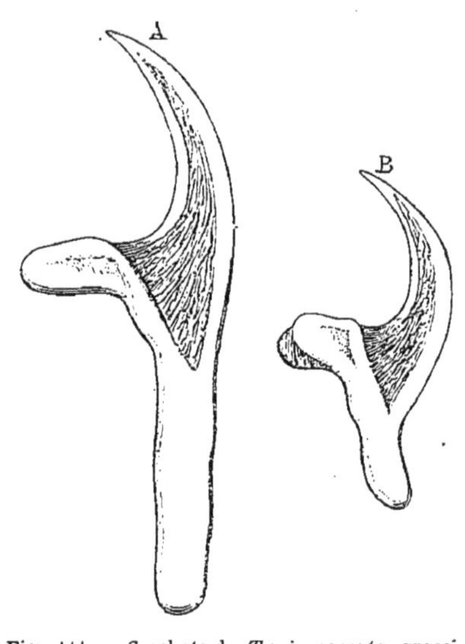

Fig. 111. — Crochets du *Tænia serrata*, grossis 250 fois. A, grand crochet. B, petit crochet (Orig.).

La partie rétrécie, voisine de la tête, reçoit souvent, en zoologie descriptive, le nom de *cou;* à 2 ou 3 millimètres de la tête, on y distingue déjà des stries qui séparent les premiers anneaux, ceux de récente formation. Ces anneaux sont courts et étroits; à 25 centimètres environ de la tête, ils sont carrés et mesurent alors 5 à 6 millimètres de côté; ceux qui viennent ensuite s'allongent de plus en plus, et les derniers ont 10 à 12 millimètres de long sur 4 à 6 de large. Lorsqu'il ne s'en est encore détaché aucun, le dernier porte souvent une échancrure que Siebold a appelée cicatrice terminale, et qui résulte de la séparation de la vésicule caudale.

Dans chacun de ces anneaux, se développent peu à peu des organes génitaux, dont les orifices sont situés sur de petits tubercules saillants, visibles sur la marge (*pores génitaux*), et placés alternativement, quoique d'une façon peu régulière, d'un côté et de l'autre.

Pendant que le bourgeonnement continue à l'extrémité céphalique, les œufs se développent et s'accumulent dans les derniers anneaux; on dit alors que ceux-ci sont parvenus à maturité. Enfin, ces anneaux ovifères mûrs se détachent tour à tour de la colonie, et peuvent vivre librement dans l'intestin. En général, cependant, ils ne tardent pas à être expulsés, et vont répandre au dehors les milliers d'œufs qu'ils contiennent, par des déchirures de leurs tissus ou, comme l'a dit Van Beneden, par une véritable opération césarienne spontanée. Ce sont ces articles séparés qu'on connaît depuis longtemps sous le nom de *cucurbitains*, et qu'on a cru devoir distinguer comme autant d'individus distincts, représentant l'état adulte et définitif du Ténia, sous le nom de *proglottis*.

En résumé, le *Tænia serrata* contenu dans l'intestin du Chien abandonne ses anneaux ou cucurbitains à mesure de leur maturité. Ces anneaux, rejetés avec les excréments, laissent échapper leurs œufs, qui peuvent alors se répandre sur les aliments ou parmi les boissons. Ingérés à l'occasion par les Lièvres ou les Lapins, ces œufs, qui renferment un embryon hexacanthe, donnent naissance à des cysticerques pisiformes, lesquels s'enkystent dans les replis du péritoine. Puis, lorsque les entrailles du Lapin sont dévorées par un Chien, le cysticerque perd sa vésicule, reproduit un *Tænia serrata* dans l'intestin de cet animal, et le cycle recommence.

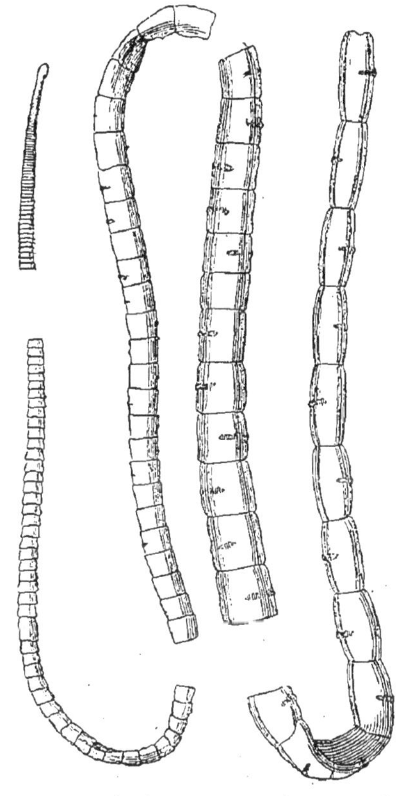

Fig. 112. — *Tænia serrata*, grandeur naturelle.

Il nous reste à étudier l'*organisation* interne du Ténia sous sa forme rubanée ou strobilaire. — Comme chez tous les Cestodes, le corps est revêtu d'une cuticule, au-dessous de laquelle s'étend une couche cellulaire active (fig. 113). En dedans de celle-ci, et au milieu du réseau conjonctif qui forme la masse du corps, on distingue, sur une coupe transversale, deux séries de muscles longitudinaux et une rangée plus profonde de muscles circulaires ou mieux transversaux.

Dans la zone centrale, on trouve d'abord les deux cordons nerveux longitudinaux qui suivent les côtés du corps jusqu'au niveau de la tête, où il existe un système très complexe de ganglions et de commissures, d'où dérivent les filets qui vont innerver les muscles des ventouses et de la trompe. Ce système a été bien étudié par MM. E. Blanchard, Monier et Niemiec (1). En dedans des nerfs, on observe de chaque côté deux vaisseaux longitudinaux, semblables au niveau de la tête, où ils forment une anastomose circulaire, mais prenant à quelque distance des caractères assez différents. Le plus voisin de la face ventrale devient extérieur

(1) J. Niemiec, *Sur le système nerveux des Ténias*. Comptes rendus de l'Acad. des sc., 9 février 1885, p. 385.

s'élargit beaucoup et semble dépourvu de paroi : M. Moniez l'appelle *lacune longitudinale* ou simplement *lacune*. L'autre conserve sa situation, demeure étroit et se montre en général limité par des cellules : on

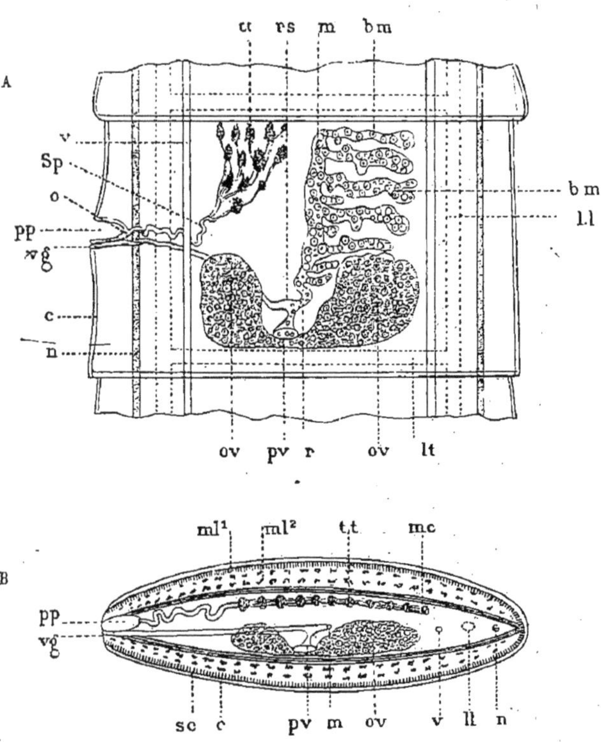

Fig. 113. — Schéma de l'organisation d'un anneau de Ténia du type *Tænia serrata*. — A, coupe horizontale. La moitié gauche de la coupe est prise au voisinage de la face dorsale, pour montrer la disposition des follicules testiculaires ; la moitié droite au niveau de la face ventrale, pour montrer les ramifications de la matrice. B, coupe verticale. *c*, cuticule. *sc*, couche sous-cuticulaire. *ml¹* et *ml²*, faisceaux musculaires longitudinaux. *mc*, fibres musculaires dites circulaires. *n*, cordon nerveux. *ll*, lacune longitudinale. *lt*, lacune transversale. *vs*, vaisseau. *tt*, follicules testiculaires. *sp*, spermiducte. *pp*, poche péniale. *o*, orifice du spermiducte. *ov*, ovaires (pour simplifier la figure, le 3ᵉ ovaire n'a pas été représenté). *pv*, pavillon. *r*, point de rencontre des spermatozoïdes et des œufs. *rs*, réservoir séminal. *vg*, orifice du vagin. *m*, corps de la matrice. *bm*, ses branches latérales (R. Moniez, inéd.).

lui laisse le nom de *vaisseau*. Les lacunes sont reliées entre elles par une large anastomose située à la partie postérieure de chaque anneau ; les vaisseaux ne présentent jamais cette communication.

L'étude des *organes reproducteurs* offre un grand intérêt. Chacun des anneaux est hermaphrodite, mais les organes mâles se développent avant les organes femelles, et ceux-ci persistent seuls en dernier lieu : il y a là un phénomène comparable à ce qu'on appelle, chez les végétaux, la *dichogamie protandrique*.

Les *organes mâles* sont représentés par des amas de spermatozoïdes situés à la partie supérieure de l'anneau, et connus sous le nom de *testicules*. Ces amas sont peu abondants en arrière, au point où se développe l'ovaire. Il ne paraît pas exister de véritables tubes de communication entre ces testicules et le conduit excréteur mâle ou *spermiducte ;* les spermatozoïdes, pourvus d'une petite tête et d'une longue queue, y arrivent en serpentant à travers le réseau conjonctif, et en traçant, dans leur trajet, des voies qu'on a prises pour des tubes. Quant au spermiducte, il consiste en un canal à parois propres, qui s'allonge peu à peu et décrit de nombreuses circonvolutions, à mesure que les spermatozoïdes l'envahissent. Il s'ouvre finalement au fond d'une dilatation dite *poche péniale*, à la partie supérieure de laquelle se fixent des fibres musculaires émanées du plan supérieur des muscles circulaires. L'extrémité du spermiducte peut se renverser et faire saillie à l'extérieur : telle est l'origine de l'organe qu'on a décrit sous le nom de *cirre* ou de *pénis*.

Les *organes femelles* occupent la partie inférieure ou ventrale de l'anneau. Ils sont constitués essentiellement par un *ovaire*, situé dans la moitié postérieure, et composé de deux parties symétriques, droite et gauche (1), réunies par une sorte de tube ou bande ovarienne inférieure; une troisième branche (2) existe, de plus, en arrière de celles-ci. Ces trois parties sont formées par un assemblage de follicules qui donnent naissance aux œufs dont nous avons étudié l'évolution : ce sont donc bien des *ovaires*, dans le sens propre du mot.

Les œufs sont recueillis par un *pavillon* à parois musculaires, ouvert contre le tube qui réunit les deux ovaires latéraux. Ce pavillon se continue par un canal qui rejoint bientôt le vagin ; il offre, à son intérieur, des cils dirigés vers ces canaux, et destinés sans doute à empêcher le refoulement des œufs du côté de l'ovaire. Après avoir rencontré le vagin, l'oviducte remonte vers la face dorsale, décrit plusieurs boucles, puis se renfle en un organe ovoïde (3) (col de la matrice) entouré d'une sorte de bulbe très caractéristique, à fibres entre-croisées : c'est là qu'aboutit aussi le tube collecteur du troisième ovaire, né à la base de celui-ci par un pavillon spécial.

Le *vagin* naît sur la papille génitale immédiatement en arrière de la poche péniale ; il se dirige en arrière et en bas pour gagner le tube qui émane du pavillon ; mais, avant de s'aboucher avec celui-ci, il se dilate en un réservoir destiné à l'accumulation des spermatozoïdes (*receptaculum seminis*). Il est garni, dans toute sa longueur, de cils raides inclinés vers l'extérieur, et dont le rôle paraît être d'empêcher la pénétration des corps étrangers.

(1) Prises par Leuckart pour des vitellogènes.

(2) Regardée comme l'unique ovaire par Leuckart; prise par Sommer pour une glande albuminigène.

(3) Prétendues glandes coquillières de Sommer.

La *matrice* part de la base du col, descend un peu vers la face ventrale, et s'étend parallèlement à celle-ci, sur la ligne médiane, en se dirigeant vers le bord antérieur. Cette matrice, représentée dans le principe par un cylindre plein, se creuse bientôt d'une cavité dans laquelle pénètrent les œufs. L'accumulation progressive de ceux-ci, de même que leur accroissement, détermine la formation de hernies latérales, plus ou moins ramifiées, qui ne tardent pas à se rompre : les œufs se répandent alors dans la zone centrale, où ils se disposent d'une façon assez régulière, quoique n'étant plus maintenus par une membrane propre.

Examinons maintenant comment a pu s'effectuer la fécondation. Et d'abord, il paraît y avoir autofécondation dans chaque anneau. Le pénis pénètre-t-il directement dans le vagin ? C'est un point qui reste à élucider. Pour l'instant, nous sommes tenté de souscrire à l'opinion de Sommer : par la rétraction des organes qui aboutissent à la papille génitale, il se forme au sommet de cette papille une sorte de cloaque (*sinus génital*); les bords de cette cavité, en se resserrant, la transformeraient en une poche fermée, dans laquelle seraient versés les spermatozoïdes. Ceux-ci passeraient alors dans le vagin, pour s'amasser dans le réservoir séminal, en attendant la formation et le passage des œufs. Force est d'admettre en outre qu'une partie des spermatozoïdes doivent suivre l'oviducte jusqu'au col de la matrice, pour aller féconder les œufs émanés du troisième ovaire.

Ce sont tous ces œufs fécondés qui vont s'accumuler dans l'utérus : dans les derniers segments du Ténia, ils constituent des masses telles que tous les organes internes ont disparu pour leur faire place : ils ont alors acquis tout leur développement.

Un dernier point mérite de retenir notre attention : c'est l'*interprétation* à donner de l'évolution des Ténias se rattachant au type dont nous venons de nous occuper.

Dès que cette évolution eut été déterminée, les naturalistes, sous l'empire des idées de Steenstrup, s'empressèrent de la citer comme un des exemples les plus frappants de la génération alternante. Ainsi, pour von Siebold et Leuckart, l'embryon hexacanthe, produit par génération sexuée, représentait une *grand'nourrice;* pour Van Beneden, ce fut un *proto-scolex*. On considéra que cet embryon, parvenu dans le corps d'un premier hôte, engendrait, par voie agame, un nouvel individu qui demeurait invaginé dans sa propre mère, devenue vésiculeuse (hydatide), et on regarda comme une seconde larve ou *nourrice* cet être nouveau, qui prit le nom de *deuto-scolex* dans la nomenclature de Van Beneden. Puis, cet auteur appela *strobile* l'état ultérieur, dans lequel le Ver, parvenu chez son hôte définitif, a acquis par bourgeonnement une série d'articles et pris la forme rubanée. Enfin, chacun de ces anneaux arrivé à maturité et séparé du reste de la chaîne, fut regardé comme un individu distinct, chargé de reproduire, par voie sexuée, l'embryon hexacanthe primitif : cet individu générateur reçut le nom de *proglottis*.

On a contesté, dans ces derniers temps, la justesse de cette manière de voir. Pour M. Moniez, par exemple, le cysticerque, qui est constitué, comme on l'a vu, par une vésicule résultant de l'accroissement de l'embryon hexacanthe, et par un organe de fixation pris à tort pour une tête, ce cysticerque représente un seul être, un jeune Ténia, dont l'individualité n'est pas distincte de celle de l'embryon hexacanthe. Ce Ténia bourgeonne comme la généralité des autres Vers (Annélides), à la partie postérieure du corps, entre la tête et la vésicule. Celle-ci, dont l'auteur ne distingue pas le *corps*, « représente le premier anneau de la chaîne future ; elle tombe dans la plupart des cas, sans rien produire, après avoir servi d'organe de protection. » En se basant sur ces considérations, M. Moniez se refuse à admettre l'existence de la génération spontanée.

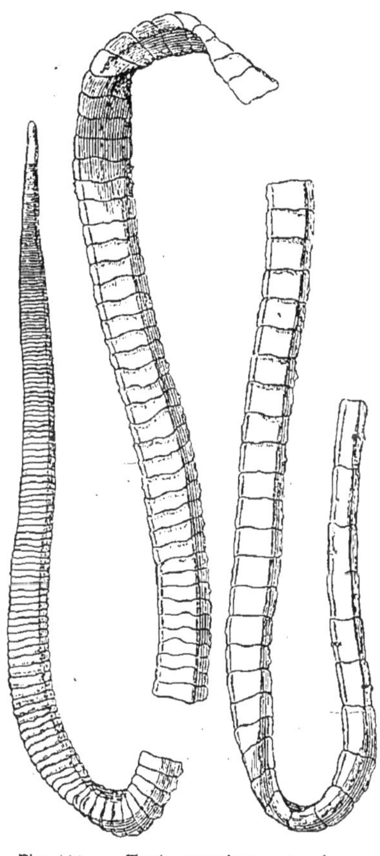

Fig. 114. — *Tænia marginata*, grandeur naturelle.

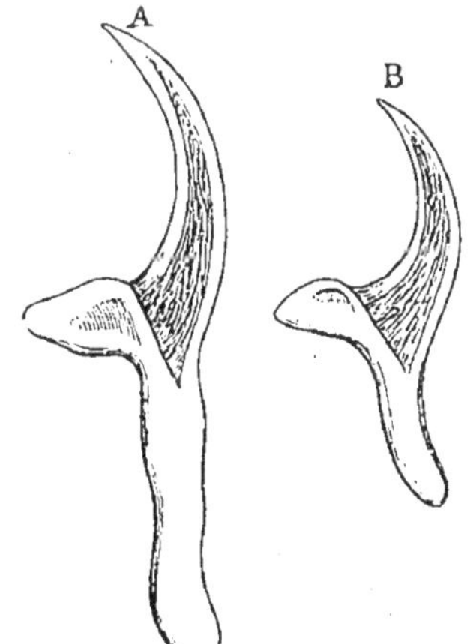

Fig. 115. — Crochets du *Tænia marginata*, grossis 250 fois.

En cette matière, la discussion nous paraît avoir peu de chances d'aboutir, à moins de s'entendre tout d'abord sur la valeur des expressions. Si l'on admet qu'il n'y a de génération que par voie sexuée, et si l'on considère que les cucurbitains sont des organes et non des individus, il est évident qu'il n'y a point de génération alternante. Dans le cas contraire, il faut bien reconnaître chez les Ténias ce mode de génération, qui est, du reste, admis par la majorité des auteurs. Mais nous n'attachons, pour notre part, aucune importance à cette question d'interprétation.

Ténia bordé (*T. marginata* Batsch. *T. cysticerci tenuicollis* Leuck. *T. è cysticerco tenuicolli* Auct.). — Long de 1 à 2 mètres. Tête un peu aplatie dans le même sens que la chaîne, et à peine plus large que le cou. La trompe est longue et mince, de telle sorte qu'il est très difficile de faire une préparation microscopique de la tête vue de face (Chauveau). Double couronne de 30 à 44 crochets : les grands, longs de 193 à 218 μ, les petits de 110 à 160 μ. Anneaux plus larges et plus courts que ceux de l'espèce précédente, ne devenant carrés qu'à 60 centimètres au moins de la tête; bord postérieur irrégulièrement ondulé ou crénelé, à angles saillants; anneaux mûrs longs de 10 à 13 millimètres sur 5 à 7 de large. Branches latérales de la matrice formant un petit nombre de troncs principaux qui s'étendent au loin en avant et en arrière. Œufs à peu près sphériques, de 31 à 36 μ de diamètre.

Ce Ténia habite, en compagnie du Ténia en scie, l'intestin grêle du Chien, mais il est moins commun. — Son cysticerque (*Cysticercus tenuicollis* Rud.) se rencontre dans le péritoine, plus rarement dans la plèvre ou le péricarde de divers animaux. C'est le Ver que les anciens vétérinaires connaissaient sous le nom de *Ténia globuleux*, et que les bouchers qualifient de *boule d'eau;* il acquiert souvent le volume d'un œuf de Pigeon. Il est surtout répandu chez les Ruminants : Mouton, Chèvre, Bœuf, Renne, Chameau, Cerfs, Antilopes, Girafe; mais on l'a trouvé aussi chez le Porc, le Sanglier, des Phacochères, des Ecureuils et de nombreuses espèces de Singes. Schleissner en aurait même observé un cas sur l'Homme, en Islande (*C. visceralis*); mais il certain qu'une méprise a eu lieu (1).

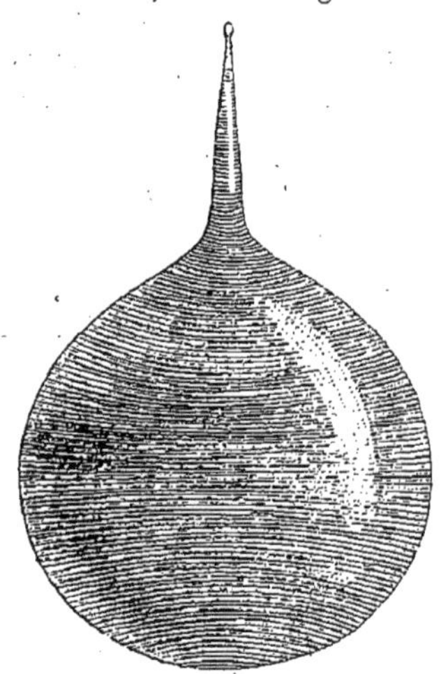

Fig. 116. — *Cysticercus tenuicollis*, grandeur naturelle, avec la tête évaginée (Orig.).

Le cysticerque à cou grêle n'occasionne en général aucun trouble dans la santé de son hôte. M. Baillet, cher-

(1) Voy. Krabbe, *Recherches helminthologiques en Danemarck et en Islande.* Copenhague, 1866, p. 43.

chant à en obtenir le développement expérimental, a cependant vu se produire dans le foie des Moutons des lésions remarquables, parfois mortelles.

Le Mouton n'héberge pas des Cysticerques dans ses seules séreuses splanchniques. Fromage de Feugré en a recueilli dans le foie. D'autre part, Cobbold a trouvé à plusieurs reprises, dans les muscles, un cysticerque armé qu'il a regardé comme une forme nouvelle, et auquel il a donné le nom de *Cysticercus ovis*. D'après lui, ce cysticerque est plus petit que celui du Porc; la tête a $0^m,7$ de large et porte une double couronne de 26 crochets, dont les plus grands mesurent 157 μ. Le savant helminthologiste anglais soupçonnait ce cysticerque d'être la larve d'un Ténia humain décrit par lui sous le nom de *Tænia tenella*. Bien que des essais d'infection du Mouton au moyen des proglottis de ce Ténia n'eussent pas abouti, cette opinion avait été adoptée par un certain nombre de médecins, et la viande de Mouton à l'état cru menaçait ainsi de se trouver condamnée, à l'égal des viandes de Porc et de Bœuf, pour ses propriétés ténigènes. Mais des recherches entreprises récemment par M. J. Chatin ont démontré, d'une façon rigoureuse, que les suppositions de Cobbold n'étaient pas fondées. « De mes observations, dit M. Chatin, je pus conclure que le *T. tenella* ne représentait que des *T. solium* de petite taille; quant aux *C. ovis*, c'étaient de simples *C. tenuicollis;* à plusieurs reprises, j'ingérai, à l'état frais, de ces cysticerques répondant aussi exactement que possible à la diagnose de Cobbold, et jamais je n'ai constaté le moindre indice de la présence d'un Ténia. — Dans ces dernières années, la question a acquis un regain d'actualité, quelques médecins militaires ayant cru pouvoir attribuer à des cysticerques du mouton, divers cas de Ténias observés en Algérie; j'ai facilement montré qu'il s'agissait, d'une part, du *T. solium*, et, de l'autre, du *C. tenuicollis* (1). »

Ténia de Krabbe (*T. Krabbei* Moniez). — Ce Ver, obtenu expérimentalement par M. Moniez, est plus long que les *T. serrata* et *cœnurus;* ses anneaux sont beaucoup plus larges relativement à la longueur; sa tête est plus grêle, plus saillante sur le cou, et garnie de 24 à 26 crochets; il se rapproche davantage du *T. marginata*, mais il est plus gros, et sa tête est plus forte. Enfin, le pore génital, très développé, occupe longtemps toute la longueur du bord de l'anneau et mesure quelquefois 1 millimètre de diamètre.

Peut-être les Chiens des Lapons sont-ils les hôtes habituels de ce parasite. M. Moniez l'a recueilli, en effet, sur des Chiens auxquels il avait administré des cysticerques trouvés en abondance dans les muscles de plusieurs Rennes morts au jardin zoologique de Lille (*Cysticercus tarandi*).

(1) J. Chatin, *in Litter*.

Ténia crassicol (*T. globulata* Gœze. *T. crassicollis* Rud.). — Ver long de 15 à 60 centimètres, pourvu d'une grosse tête qui se continue avec un cou au moins aussi large qu'elle, sans en être séparée par un rétrécissement. Double couronne de 26 à 52 crochets (souvent 34), les grands longs de 380 à 420 μ, les petits longs de 250 à 270 μ. Derniers anneaux mesurant 8 à 10 millimètres de long sur 5 à 6 de large. Œufs globuleux, de 31 à 37 μ de diamètre.

Assez commun dans l'intestin grêle du Chat domestique et de diverses espèces sauvages du même genre. A l'état vésiculaire, il est représenté par le cysticerque fasciolaire (*Cysticercus fasciolaris* Rud.), qui habite le foie des Rats, Surmulots, Souris,

Fig. 117. — *Cysticercus fasciolaris*, d'après Leuckart.

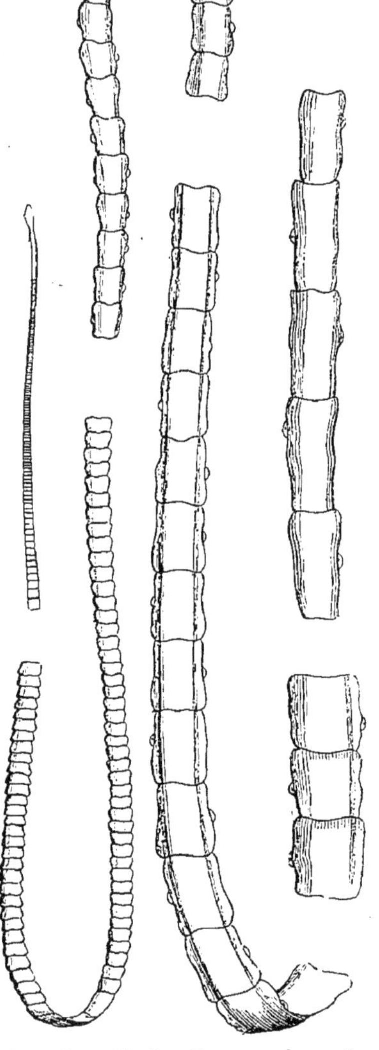

Fig. 118. — *Tænia solium*, grandeur naturelle (Orig.).

Campagnols et Rats d'eau, voire même des Chauves-Souris, d'après Bloch. Ce cysticerque est remarquable par sa forme allongée et le peu de développement de sa vésicule : celle-ci est simplement plissée, mais le reste du corps, contenant la tête invaginée, présente des anneaux très nets, courts et assez larges. Toutefois, on n'y trouve pas trace d'organes génitaux. D'après Leuckart, tous ces anneaux se détruisent quand le cysticerque arrive dans l'intestin du Chat, et il s'en forme de nouveaux.

Le *Tænia semiteres* Baird paraît n'être qu'une forme monstrueuse du *T. crassicollis*.

Ténia armé de l'Homme (*T. solium* L.). — Le *T. solium* ou Ver solitaire a généralement 4 à 8 mètres de long. La tête est souvent

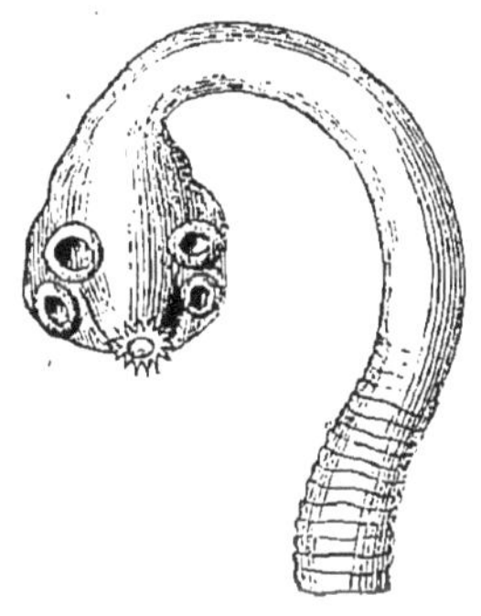

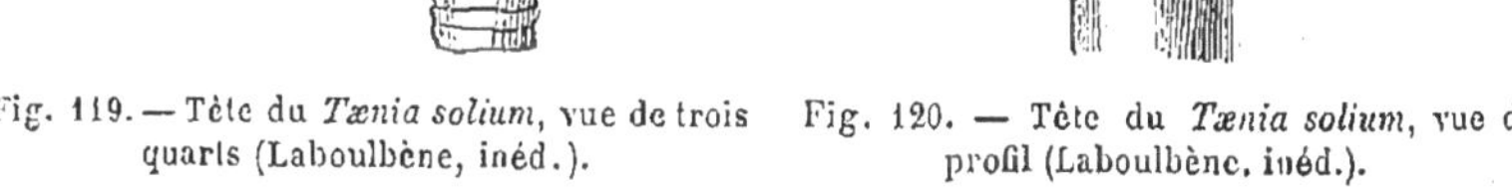

Fig. 119. — Tête du *Tænia solium*, vue de trois quarts (Laboulbène, inéd.).

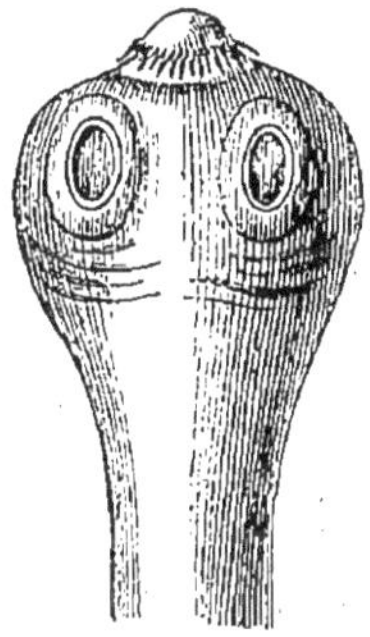

Fig. 120. — Tête du *Tænia solium*, vue de profil (Laboulbène, inéd.).

pigmentée à l'extrémité ; elle est large de $0^{mm},6$ à $0^{mm},8$; le rostellum est court, armé de 24 à 32 crochets, les grands longs de 160 à 180 μ, les petits de 110 à 140 μ. Le cou est long et grêle. Les branches de la matrice sont assez épaisses, peu nombreuses (7 à 10 de chaque côté) et à ramification dendritique. Les proglottis mûrs ont en général 10 à 12 millimètres de long sur 5 à 6 de large. Les œufs sont globuleux ou à peine ovoïdes, du diamètre de 31 à 36 μ.

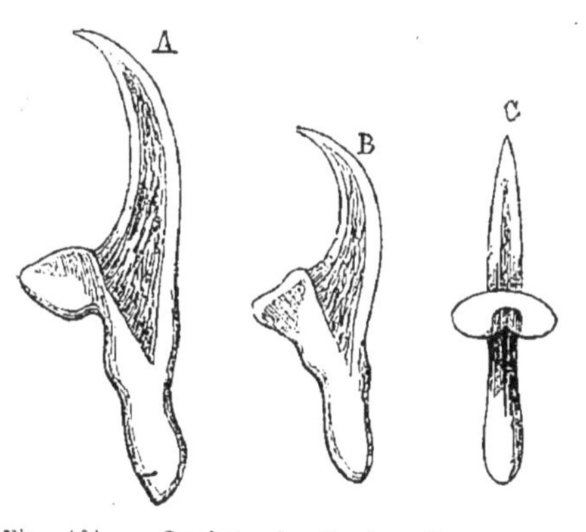

Fig. 121. — Crochets du *Tænia solium*, grossis 250 fois. — A, grand crochet. B et C, petit crochet vu de profil et de face (Orig.).

Ce Ver habite, à l'état rubanaire, l'intestin grêle de l'Homme : ses cucurbitains sont rejetés dans l'acte de la défécation. Son nom vulgaire de Ver solitaire n'implique pas qu'il vive toujours isolé : on en voit souvent deux ou trois chez un seul malade, et Monod en a fait rendre 14 en une seule fois. « Quand ils sont nombreux ou très développés, dit Moquin-Tandon, ils descendent dans les gros intestins. Rarement ils remontent dans l'estomac... La présence des Ténias produit un sentiment de gêne et de pesanteur, des borborygmes et des douleurs abdominales vagues ou fixes, ordinairement légères, surtout dans les commencements. On éprouve des frissons, des anxiétés, un désir immodéré d'aliments ; le corps s'amaigrit... » Quand on traite un malade tourmenté par un Ténia,

Fig. 122. — Cucurbitain du *Tænia solium* : formes successives en quelques minutes (Davaine).

Fig. 123. — Cucurbitain libre du *Tænia solium*, grossi trois fois (Orig.).

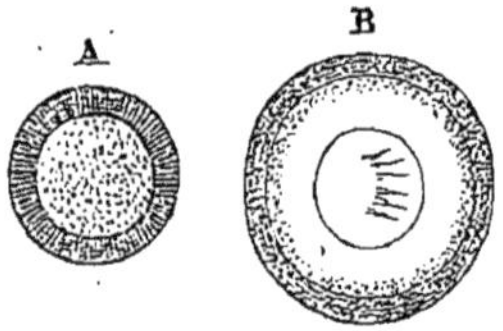

Fig. 124. — OEuf du *Tænia solium*, grossi 350 fois. — A, dans la glycérine. B, même grossissement, après avoir été traité par une solution concentrée de potasse (Laboulbène).

il importe de constater si la tête a été expulsée, puisque c'est dans cette région que se produit le bourgeonnement : cette recherche doit être faite avec la plus grande précaution, et autant que possible dans l'eau, car la partie antérieure du Ver est très petite et pourrait passer inaperçue.

A l'état vésiculaire, ce Ténia est représenté par le *Cysticercus cellulosæ* Rud., qui se montre sous la forme d'une vésicule généralement ellipsoïde, de 6 à 20 millimètres de long sur 5 à 10 de large, offrant vers le milieu de sa longueur une tache blanche qui correspond à la tête invaginée. Lorsque ces vésicules sont anciennes, leur contenu liquide se résorbe, et souvent elles subissent l'infiltration calcaire. L'hôte habituel de ce cysticerque est le Porc domestique ; mais on l'a rencontré aussi chez le Sanglier, l'Homme, le Chien, le Chat, le Chevreuil, le Rat noir, l'Ours brun et divers Singes. Il siège dans le tissu conjonctif de la plupart des organes, principalement des muscles, et sa présence dans l'organisme caractérise la maladie depuis longtemps connue sous le nom de *ladrerie*. Souvent on peut reconnaître l'existence de cette affection sur les animaux vivants, par l'examen de la face inférieure de la langue : ils se développent volontiers en ce point, en faisant saillie sous la muqueuse, et cette remarque a donné lieu à une pratique très répandue sur les marchés de bestiaux, celle du *langueyage*, qui permet d'écarter de la consommation la plupart des porcs ladres. Les premières expériences relatives au développement du *C. cellulosæ* dans l'intestin de l'Homme, sous forme de *T. solium*, sont dues au docteur Küchenmeister, de Zittau, et remontent à 1854. Elles ont été répétées par Leuckart, Humbert et Hollenbach. D'autre part, P. J. Van

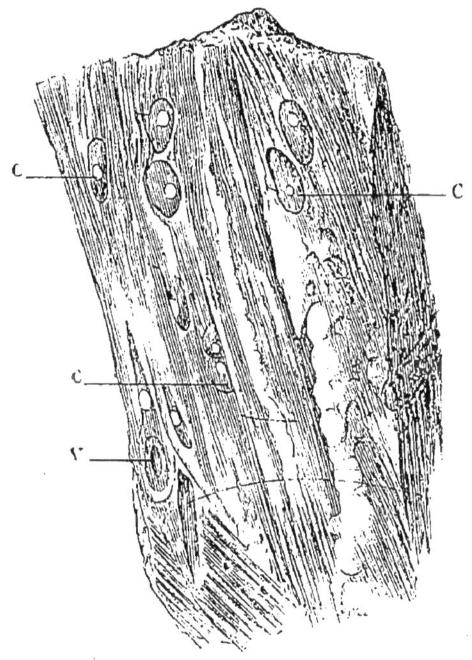

Fig. 125. — Fragment d'un muscle de Porc ladre. — *c*, *c*, cysticerques. *v*, alvéole marquant la place d'un cysticerque enlevé (Orig.).

Beneden, Küchenmeister et Haubner, Mosler, Gerlach, Baillet, etc., ont provoqué la ladrerie chez le Porc, par l'administration des œufs du *T. solium*. — Nous avons dit aussi que l'Homme lui-même peut être porteur des mêmes cysticerques : la pénétration des œufs de Ténia doit alors s'effectuer le plus souvent par les boissons ou les aliments ; mais, d'autres fois, elle doit être plus directe. On a observé, en effet, des cysticerques chez des individus affectés de Ténias, et l'on comprend que l'auto-infection se produise facilement quand les malades ne prennent pas de grands soins de propreté. D'autre part, Redon a démontré sur lui-même que les cysticerques de l'Homme se transforment en *T. solium* aussi bien que ceux du Porc.

Variétés. — Nous ne citons que pour mémoire le Ténia du Cap de Bonne-Espérance, décrit par Küchenmeister, et le *Tænia lophosoma* décrit

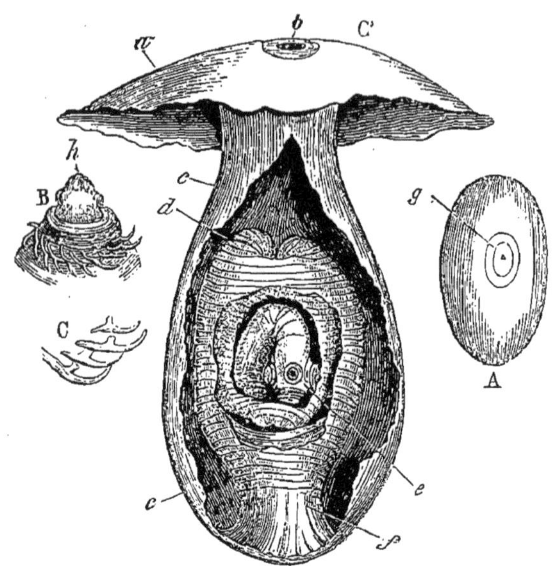

Fig. 126. — Cysticerque ladrique. — A, vésicule entière, un peu grossie. B, trompe portant les crochets à sa base. C, crochets isolés. C', fragment de cysticerque fortement grossi : la vésicule n'est représentée que par un segment *a* correspondant à son orifice d'invagination *b* (Ch. Robin).

par Cobbold, tous deux caractérisés par une crête longitudinale régnant sur toute la longueur du corps. Ce ne sont probablement que des anomalies du *T. solium*.

Nous avons vu plus haut ce qu'il faut penser aussi du Ténia délicat (*T. tenella* Cobb.), prétendue espèce basée sur des spécimens dépourvus de tête. D'après Cobbold, ce Ver devait mesurer plusieurs mètres de long; les pores génitaux étaient irrégulièrement alternes, et les proglottis libres mesuraient environ 8 millimètres de long sur 4 de large. M. J. Chatin a montré qu'il s'agissait là de petits exemplaires de *T. solium*.

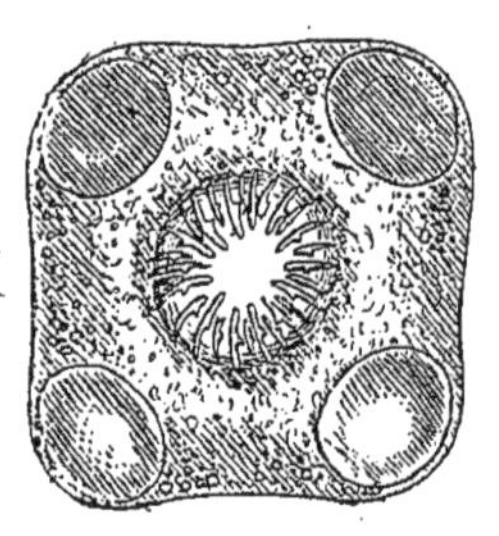

Fig. 127. — Tête du *Cysticercus cellulosæ*, vue de devant, les ventouses non saillantes (Orig.).

De même, le *Cysticercus acanthotrias* de Weinland, dont le rostellum porte trois couronnes de 14 crochets, n'est qu'un *C. cellulosæ* anormal.

Quant au *T. abietina* du même auteur, recueilli sur un Indien Chippewa, c'est plutôt une variété de l'espèce suivante. Les segments postérieurs, seuls observés, étaient longs de 12 millimètres, larges de 4 millimètres. Les œufs étaient ovoïdes et mesuraient 33 μ. de long sur 30 de large.

Le prétendu *Bothriocephalus tropicus* décrit par Schmidtmüller est probablement aussi une variété du *T. saginata :* c'est peut-être le même Ver qu'a observé et figuré L. Colin (1).

Ténia inerme de l'Homme (*T. saginata* Gœze. *T. mediocanellata* Küch.). — Quoique dépourvu de crochets, ce Ténia se rapproche, par tous ses autres caractères, des diverses formes précédentes; il est donc loin d'appartenir, comme on l'a cru,

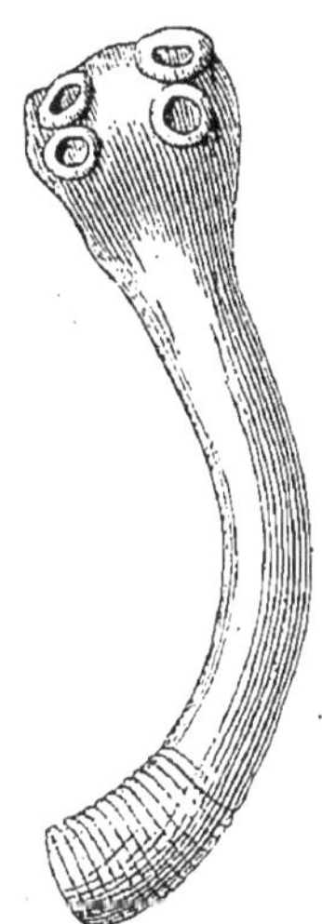

Fig. 28. — Tête de *Tænia saginata*, vue de trois quarts (Laboulbène, inéd.).

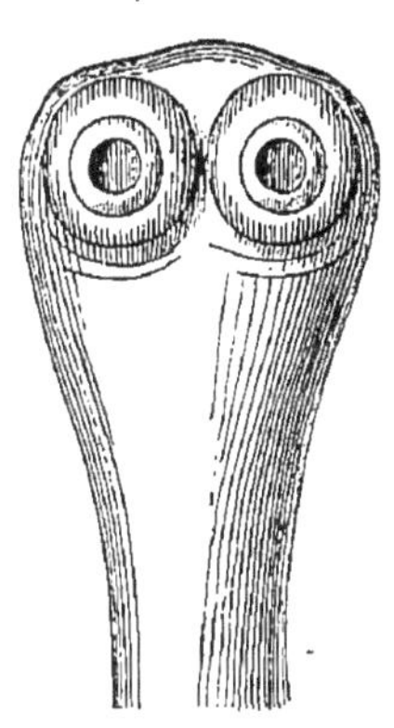

Fig. 129. — Tête de *Tænia saginata*, vue de profil (Laboulbène, inéd.).

au groupe des Inermes, et on doit évidemment le rattacher au type *T. serrata*. Sa longueur est souvent supérieure à celle du *T. solium*. Sa tête est un peu plus volumineuse, large d'environ 2 millimètres, plus chargée de granulations pigmentaires; elle paraît obtuse et comme tronquée ; le rostellum est remplacé par une dépression; les ventouses sont très grandes. Le cou est grêle. Les anneaux postérieurs sont très développés; les proglottis mûrs ont environ 18 à 20 millimètres de long, sur 5 à 7 de large. Les branches latérales de la matrice sont nombreuses (20 à 35 de chaque côté), minces, indivises ou divisées seulement par dichotomie. Les œufs sont plus ovoïdes et plus gros que ceux du *T. solium :* ils mesurent

(1) L. Colin, *Tænia fusa* ou *continua*, etc. Bull. Soc. méd. des hôp. de Paris, 2e série, t. XII, p. 323, fig. 2, 1875. — Voy. aussi A. Laboulbène, *Mém. sur les Ténias*, etc., t. XIII, 1876.

de 30 à 40 μ de long sur 20 à 33 μ de large ; leur coque est moins opaque et laisse mieux voir l'embryon.

C'est aussi dans l'intestin grêle de l'Homme que vit ce Ténia. Les proglottis qui se détachent à maturité sont plus grands que ceux du *T. solium;* ils sont très vivaces et très incommodes, car ils sortent de l'anus non seulement avec les fèces, mais souvent aussi dans l'intervalle des selles.

Ce Ténia est fort commun en France. A Paris, comme en Angleterre et dans l'Allemagne du Sud,

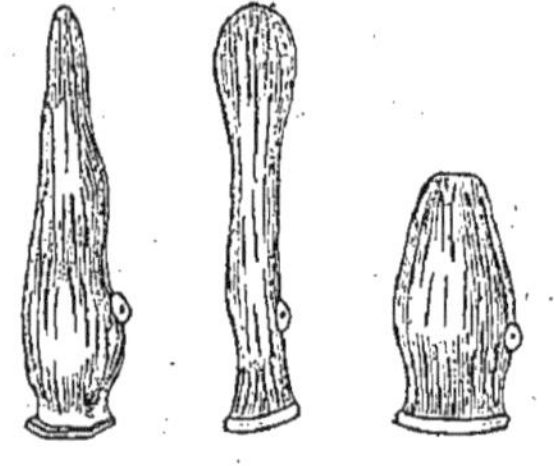

Fig. 130. — Cucurbitain du *Tænia saginata* : formes successives en quelques instants (Laboulbène, inéd.).

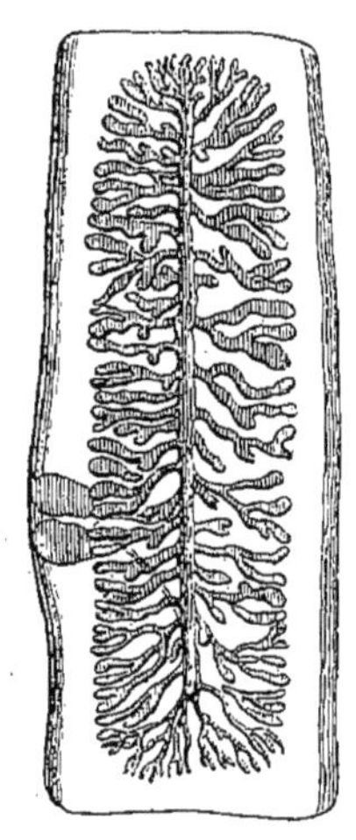

Fig. 131. — Cucurbitain libre du *Tænia saginata*, grossi trois fois (Orig.).

il prédomine même sur le *T. solium*, tandis que le contraire a lieu dans le nord de cette dernière contrée. Ces différences tiennent évidemment aux proportions variables de viande de Porc et de Bœuf consommée dans ces pays, et aux précautions adoptées pour la cuisson.

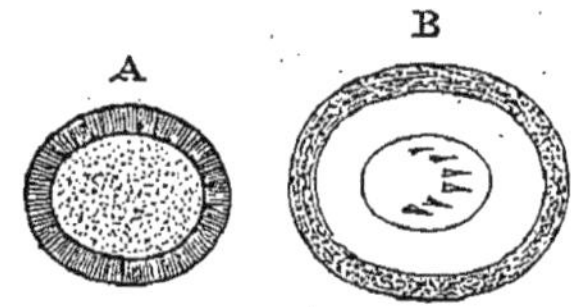

Fig. 132. — Œuf du *Tænia saginata*, grossi 350 fois. — A, vu dans la glycérine. B, après avoir été traité par une solution concentrée de potasse (Laboulbène).

L'état vésiculaire du *T. saginata* est représenté par le *Cysticercus bovis*, qui se développe chez les bêtes bovines et qu'on a même signalé chez la Girafe. De très nombreuses expériences (1), dont les premières sont dues à Leuckart, ont donné la preuve de ce fait. Mais on a constaté aussi, en dehors de toutes conditions expérimentales, la présence du cysticerque dont il s'agit chez les bêtes bovines abattues pour la consommation. Dans l'Inde, la *ladrerie*

(1) Nous ne pouvons indiquer ici que le nom des expérimentateurs : Leuckart, Mosler, Cobbold et Simonds, Roll, Probstmayr, Gerlach, Zenker, Zürn, Saint-Cyr, Jolicœur et Mauclère, Masse et Pourquier, Perroncito, Laboulbène et Colin.

du Bœuf est chose fort commune, aussi bien qu'en Abyssinie, en Tunisie (Alix), en Syrie, en Hongrie. A diverses reprises aussi, on a observé des cysticerques isolés en Russie, en Suisse, en Algérie, en Alsace; mais la raison pour laquelle on ne les trouve pas plus souvent, c'est, comme je l'ai exposé ailleurs, que les vésicules sont peu volumineuses et souvent peu nombreuses. Il en résulte que la chair ladre échappe à l'inspection, et cette particularité, jointe à l'habitude que nous avons de manger la viande de Bœuf saignante, suffit pour expliquer la fréquence croissante du *T. saginata* en France. — Le docteur Oliver, dans l'Inde, et le professeur Perroncito, en Italie, ont développé expérimentalement ce Ténia par l'administration à l'Homme de cysticerques du Bœuf. La température nécessaire pour tuer ces parasites, ainsi que ceux du Porc, est d'environ 50°, d'après Perroncito; mais les parties centrales des viandes rôties sont loin de l'atteindre toujours.

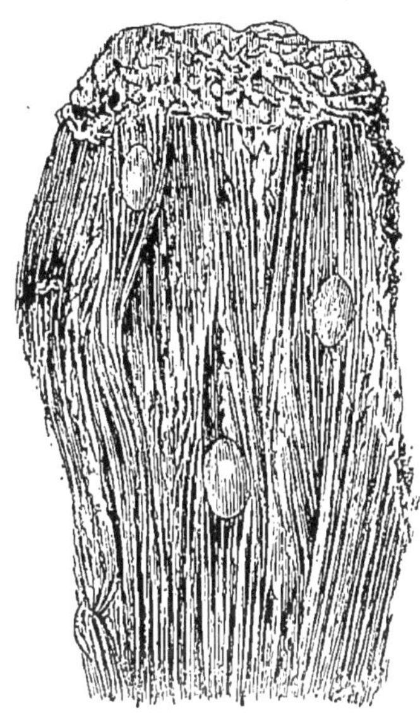

Fig. 133. — Fragment d'un muscle de Génisse contenant des *Cysticercus bovis* (Orig.).

Ténia nègre (*T. nigra* Laboulb.). — « Longueur du strobile 6m,50. Couleur noire ou plutôt d'un noir ardoisé. Tête large de 2 millimètres, très noire ; ventouses blanchâtres; pas de rostellum ni de crochets. Pores génitaux très saillants, blanchâtres. Œufs ovales, longs de 50 μ, larges de 40 μ. »

M. Laboulbène (1) a décrit cette nouvelle espèce d'après l'examen d'un seul exemplaire, rendu en 1875 par un Homme d'une soixantaine d'années, né en France et ayant longtemps habité les États-Unis. Cet individu était affecté de troubles dyspepsiques et avait présenté des accidents nerveux épileptiformes. Son régime avait consisté pendant longtemps en viandes rôties. Après avoir trouvé dans son lit des cucurbitains qui s'étaient échappés pendant son sommeil, il prit une décoction de racine de grenadier et rendit le Ténia entier. Sa femme assura que les négresses rendaient souvent des Vers noirs.

Il est possible que ce soit là une simple variété de l'espèce précédente.

(1) A. Laboulbène, *Observation d'un Ténia remarquable par sa coloration ardoisée*. Bullet. de la Soc. méd. des hôp. de Paris, 2e série, t. XII, p. 298, 1875. — Voy. aussi *Mémoire sur les Ténias*, t. XIII, 1876.

Cysticerques divers. — A la suite de ce groupe de Ténias, nous devons mentionner quelques cysticerques trouvés sur les animaux domestiques et correspondant à des Ténias inconnus.

Cysticerque du Cheval (*Cysticercus fistularis* Rud.). — Le Ver entier est long de 65 à 130 millimètres, épais en arrière de 6 à 15 millimètres. Tête petite, tétragone, armée d'une double couronne de crochets; ventouses peu développées. Corps très court, cylindrique, suivi d'une longue vésicule caudale un peu renflée à la partie postérieure.

Dans le péritoine du Cheval. Trouvé à l'École d'Alfort par Chabert, et

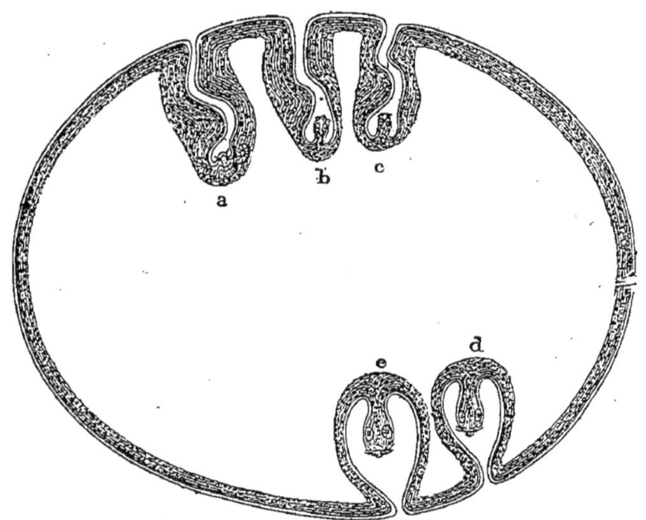

Fig. 134. — Coupe schématique d'un cénure. — *a*, scolex avec sa disposition normale. *b*, *c*, *d*, *e*, disposition de plus en plus schématique, destinée à montrer la conformité des cénures et des cysticerques.

à l'École vétérinaire de Berlin par Reckleben. Aucun exemplaire de ce Ver ne se trouve plus aujourd'hui dans le Musée d'Alfort.

Cysticerque du Chien et du Chat (*Cysticercus Bailleti*). — Ver long de 16 à 105 millimètres, large de 1mm,05 à 2 millimètres en avant et de moins de 1 millimètre en arrière; partie antérieure opaque, plissée, contenant une tête invaginée, tétragone, sans trompe, ni crochets, mais pourvue de quatre ventouses elliptiques; partie postérieure atténuée en queue, demi-transparente et vésiculeuse par place.

M. Baillet avait rencontré ces parasites dans la cavité pleurale ou péritonéale de deux Chats. C. Blumberg, de Kasan, les a trouvés également chez deux Chats et un Chien; il leur a donné le nom de *C. elongatus*, qui doit être rejeté, à cause de son application antérieure à un autre cysticerque.

Cysticerque de la Poule. — Trois exemplaires, de la grosseur d'un grain de millet, trouvés par M. Baillet dans l'abdomen d'une Poule. Tête à quatre ventouses, sans trompe ni crochets.

2° Les **cénures** (*Cœnurus* Rud.) sont des cystiques dont la vésicule caudale donne naissance à des corps multiples, chacun d'eux ne produisant toutefois qu'une seule tête (cystiques polysomatiques et monocéphales).

Ténia cénure (*T. cœnurus* Küch.). — Long de 30 centimètres à 1 mètre et plus. Tête petite, à peine un peu déprimée dans le même sens que la chaîne, mais sensiblement plus large que le cou. 22 à 32 crochets : les grands longs de 150 à 170 μ, les petits

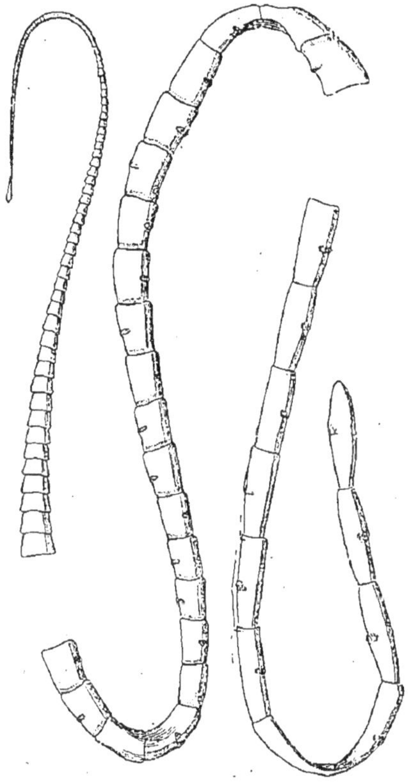

Fig. 135. — *Tænia cœnurus*, grandeur naturelle.

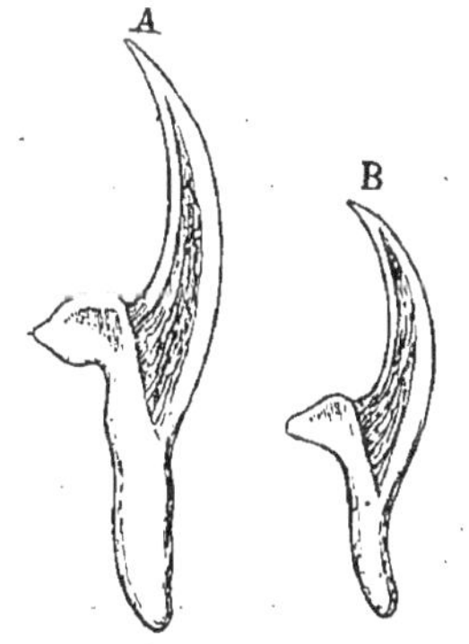

Fig. 136. — Crochets de *Tænia cœnurus*, grossis 250 fois.

de 90 à 130 μ. Anneaux plus étroits que dans les espèces précédentes, devenant carrés à 15 ou 20 centimètres de la tête; bord postérieur rectiligne, à angles saillants; anneaux mûrs de 10 à 12 millimètres de long sur 3 à 4 de large. Branches latérales antérieures de la matrice émettant en avant des divisions longitudinales nombreuses et ressemblant beaucoup, en somme, à celles du *T. serrata*. Œufs à peu près sphériques, de 31 à 36 μ de diamètre.

Le *T. cœnurus* vit, à côté du *T. serrata* et du *T. marginata*, dans l'intestin grêle du Chien, mais il est plus rare.

Sa forme cystique est le Cénure cérébral (*Cœnurus cerebralis* Rud.), qui se développe d'ordinaire dans l'encéphale et quelquefois même dans la moelle épinière du Mouton, en déterminant une affection particulière, le *tournis*. Le Mouton est fort exposé à ingérer avec ses aliments ou ses boissons les œufs répandus par les Chiens dans les pâturages ou les ruisseaux, de même que les Chiens contractent avec facilité le *Tœnia cœnurus*, par suite surtout de la mauvaise habitude qu'ont les bergers de leur donner la tête des Moutons tués pour cause de tournis. Les cénures ne se rencontrent guère que chez les animaux jeunes, dont les tissus se laissent aisément pénétrer par les embryons hexacanthes.

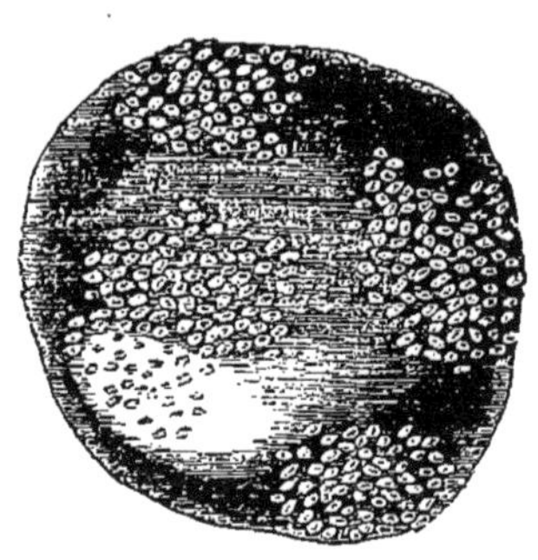

Fig. 137. — Cénure cérébral ayant séjourné dans l'alcool.

Le Bœuf et la Chèvre hébergent moins souvent ces parasites, qu'on a observés aussi chez le Mouflon d'Europe, le Chamois, une Antilope, le Chevreuil, le Renne, le Dromadaire et même le Cheval. Eichler l'a trouvé dans le tissu cellulaire d'un Mouton, Nathusius sous la peau d'un Veau; enfin, Engelmeyer a rencontré dans le foie d'un Chat un cénure d'espèce indéterminée.

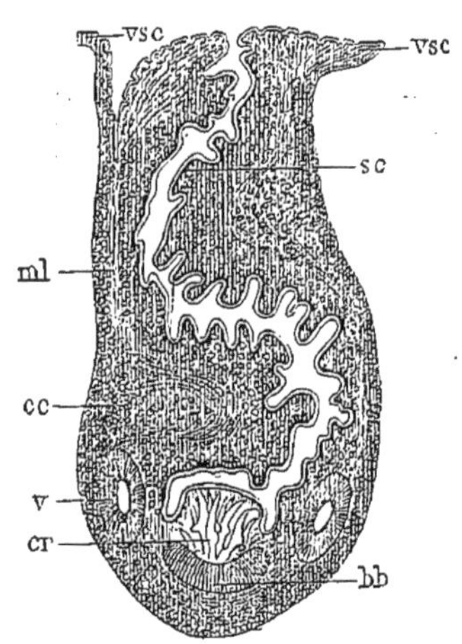

Fig. 138. — Coupe de *Cœnurus cerebralis*, d'après R. Moniez. — Les crochets sont fortement rétractés et le bulbe, changeant sa forme primitive, les entoure à sa base. — *vsc*, vésicule dont un fragment seulement est représenté. *bb*, bulbe. *cr*, crochets. *v*, ventouses. *cc*, corpuscules calcaires. *ml*, fibres musculaires longitudinales. *sc*, couche sous-cuticulaire. Grossissement : 20 diamètres.

Lorsque les embryons hexacanthes parviennent en trop grande quantité dans le cerveau, les cénures ne peuvent acquérir qu'un très faible volume; ils sont constitués par de simples vésicules ayant à peine la grosseur d'une tête d'épingle, situées à l'extrémité de petits sillons. La maladie affecte alors une marche rapide (tournis à forme aiguë) et emporte les animaux en un temps assez court. Si, au contraire, un petit nombre d'embryons seulement arrivent aux centres nerveux, les vésicules qui en dérivent se développent peu à peu. D'après les recherches de M. Baillet, on constate au bout de cinq semaines des invaginations plus ou moins nombreuses sur chacune d'elles; ce sont autant de *corps* identiques au corps unique d'un cysticerque, et produisant comme lui une seule tête. Après trois mois environ, les têtes sont bien formées et propres à évoluer dans l'intestin du Chien. Le cénure peut arriver au volume d'un œuf de Poule et même le dépasser; il offre l'aspect d'une vésicule membraneuse remplie de liquide et présentant, à sa face interne, de nombreuses têtes invaginées. Un cénure n'est donc autre chose qu'un cysticerque à plusieurs corps. Ceux-ci sont répartis par groupes irrégulièrement disposés, mais leurs têtes ne sont pas toutes au même degré de développement; on peut en trouver de rudimentaires, alors que d'autres sont complètes.

Les cénures siègent de préférence au niveau de la séreuse, soit vers les ventricules, soit à la surface de l'encéphale. Ils existent le plus souvent en petit nombre, et c'est alors qu'ils déterminent le *tournis* classique, à marche lente, dont le principal symptôme est le tournoiement de l'animal affecté. Il est rare de les rencontrer dans la moelle épinière : jusqu'à présent, on ne les a signalés que dans la région dorso-lombaire, et leur présence détermine une paralysie du train postérieur, qu'on qualifie de *paraplégie* hydatique.

Ténia sérial (*T. serialis* Baillet). — Cette forme a été décrite par M. Baillet, d'après des exemplaires obtenus expérimentalement. Elle diffère si peu du *T. cœnurus* qu'on est tenté de l'identifier à cette espèce. Le strobile mesure 45 à 72 centimètres. Les crochets sont au nombre de 26 à 32, les grands mesurant 135 à 157 μ, les petits 85 à 112 μ. Les derniers anneaux sont longs de 8 à 16 millimètres, larges de 3 à 4; leur bord postérieur est droit. Les œufs sont presque sphériques, longs de 34 μ, larges de 27.

La forme vésiculaire qui donne naissance à ce Ténia est le *Cœnurus serialis* P. Gerv., qui se développe dans le tissu conjonctif de diverses parties du corps, principalement chez les Lapins de garenne. Mais on a trouvé aussi ce cénure chez le Lièvre et le Lapin domestique; Cobbold l'a rencontré sur un Écureuil américain, P. Cagny (de Senlis) sur un Écureuil commun, Pagenstecher sur un Castor des marais. Les garenniers anglais appellent « bladdery rabbits » les sujets qui en sont affectés; ils ont depuis longtemps l'habitude de crever les vésicules avant d'expédier ces Lapins sur les marchés. M. Baillet a bien étudié ce cénure. Comme il le fait remarquer, « son ampoule peut acquérir le volume d'un œuf de Poule, mais elle porte déjà de nombreux scolex, lorsqu'elle est simplement de la grosseur d'une noix. Elle est en général un peu plus longue que large, et, lorsqu'elle occupe le tissu cellulaire intermusculaire, son grand axe est parallèle à la direction des fibres contractiles. Ses scolex complètement développés sont trois ou quatre fois plus gros que ceux du cœnure cérébral, et leur extrémité libre est souvent contournée en volute. Ils sont quelquefois distribués sans ordre, mais le plus ordinairement, cependant, ils sont en séries linéaires non parallèles entre elles...

L'ampoule vésiculaire du *Cœnurus serialis* offre une particularité que ne présente jamais celle du *C. cerebralis*. C'est celle de produire quelquefois, mais non pas toujours, par voie de bourgeonnement, soit à sa face interne, soit à sa face externe, d'autres ampoules organisées comme elle, et douées de la propriété de faire naître des scolex en tout semblables à ceux de l'ampoule mère. Les vésicules externes restent souvent fixées par une sorte de pédicelle à l'ampoule mère; les vésicules internes au contraire, après un certain temps, flottent dans le liquide albumineux que contient l'ampoule primitive. »

Le *Cœnurus serialis* administré à des Chiens a donné à M. Baillet le Ténia décrit plus haut ; M. Perroncito est arrivé au même résultat. Les œufs de ce Ténia, donnés à des Lapins, ont reproduit le même cénure ; mais les deux expérimentateurs que nous venons de citer n'ont rien obtenu chez le Mouton, ce qui tendrait à faire considérer le *T. serialis* comme réellement distinct du *T. cœnurus*. Ces preuves négatives demandent toutefois à être multipliées.

3° Les ÉCHINOCOQUES (*Echinococcus* Rud.) ont une vésicule caudale fortement cuticularisée, qui donne naissance à de nombreux

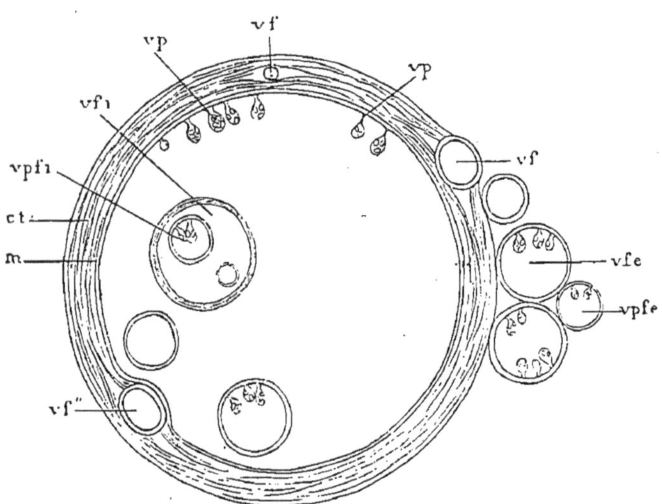

Fig. 139. — *Echinococcus polymorphus :* schéma de la formation des vésicule proligères et des vésicules secondaires. — *ct*, cuticule, dite membrane hydatique. *m*, membrane germinale. *vf*, vésicule secondaire ou vésicule fille, au début de sa formation. *vf'*, vésicule fille gagnant l'intérieur. *vf''*, vésicule fille gagnant l'extérieur. *vfe*, vésicule fille externe ou exogène. *vfi*, vésicule fille interne ou endogène. *vpfi*, vésicule petite-fille interne. *vpfe*, vésicule petite-fille externe, qui paraît se produire dans l'échinocoque multiloculaire.

corps (vésicules proligères), lesquels portent des têtes multiples. Ce sont donc des cystiques polysomatiques et polycéphales.

Ténia échinocoque (*T. echinococcus* Sieb.). — C'est une toute petite espèce, longue de 3 à 4 millimètres au plus, qui a passé longtemps inaperçue. La chaîne ne comprend que trois ou quatre anneaux, le dernier rempli d'œufs à maturité. La tête porte une double couronne de 28 à 50 crochets, de dimensions peu différentes dans les deux rangs et remarquables par le grand développement de la garde ; les grands sont longs de 22 à 29 μ, les petits de 18 à 20 μ. Les œufs sont un peu ovoïdes, de 32 à 36 μ de long sur 25 à 26 μ de large.

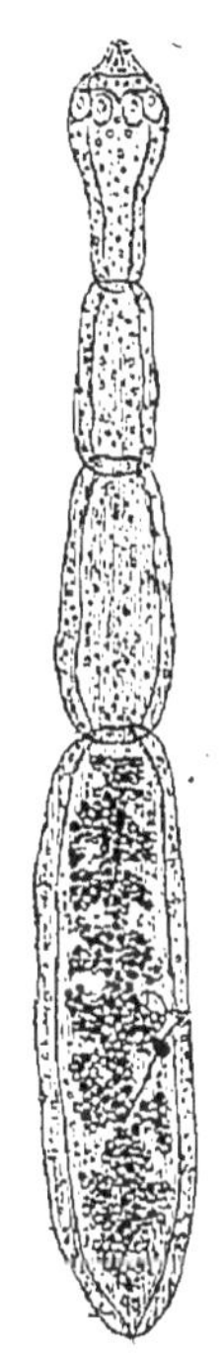

Fig. 140. — *Tænia echinococcus*, grossi (Perroncito).

Ce Ténia habite l'intestin grêle du Chien, où il est assez rare (Chauveau); mais on l'a observé aussi chez le Loup, le Chacal et le Couguar. On le distingue, par un examen attentif, sous la forme de petits filaments rougeâtres, à extrémité postérieure renflée, nageant dans le contenu liquide de l'intestin. Sa présence détermine quelquefois une légère inflammation catarrhale.

L'état larvaire ou hydatique est représenté par l'Échinocoque des bêtes de somme (*Ech. veterinorum* Rud. *E. polymorphus* Dies.), dont l'habitat est des plus variables : on en a signalé, en effet, la présence chez l'Homme, divers Singes, le Lapin, le Porc, le Cheval, le Zèbre, le Tapir américain, le Bœuf, le Mouton, la Chèvre, l'Argali, le Chevreuil, une Antilope, la Girafe, le Chameau, le Dromadaire, un Kangourou. Les échinocoques se développent surtout dans le foie et le poumon, mais ils peuvent affecter aussi la plupart des autres organes, voire les muscles et les os (1). Ils varient beaucoup quant à la forme et aux dimensions : il en est qui dépassent le volume de la tête d'un enfant. Notre figure 141 représente un foie de Porc envahi par des échinocoques si nombreux et si développés, qu'il dépassait le poids énorme de 12 kilogrammes. Les échinocoques croissent lentement, et il en résulte une atrophie graduelle des organes. Toutefois, comme les cysticerques, ils arrivent à subir la dégénérescence granuleuse ou crétacée, et leur contenu liquide est susceptible de se résorber.

Les échinocoques sont assez communs en France et en Algérie ; mais on sait que l'Islande est le pays où ils abondent le plus, aussi bien sur l'Homme que sur les animaux, et cette particularité s'explique par le

(1) Voy. le remarquable travail de Davaine : *Recherches sur les Hydatides, les Échinocoques et le Cœnure et sur leur développement*. Paris, 1856.

mode de vie des habitants de cette contrée. D'après Krabbe, 20 p. 100 des Chiens islandais sont porteurs de *T. echinococcus*, tandis qu'il n'a trouvé que deux fois ce Ver à Copenhague, sur 500 Chiens examinés. L'Australie paraît être aussi riche que l'Islande en ce qui concerne les hydatides de l'espèce humaine. Au contraire, les échinocoques sont rares dans l'Amérique et dans l'Inde.

ORGANISATION ET DÉVELOPPEMENT. — Nous n'avons rien de remarquable à signaler relativement à la transmission du parasite : elle a lieu comme celles des autres Ténias précités, et l'Homme, par exemple, doit son

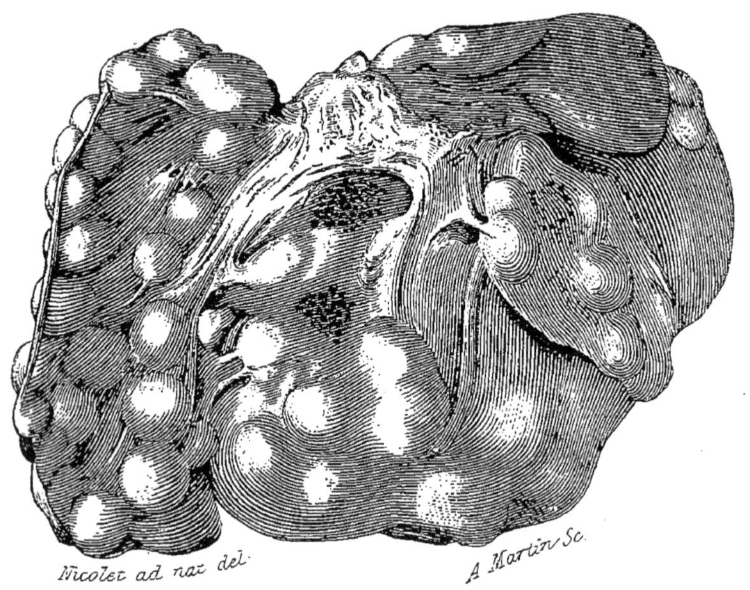

Fig. 141. — Foie de Porc envahi par une énorme quantité d'échinocoques. Ce foie mesurait 0m,56 de large sur 0m,41 de haut, et pesait 12 kil. 500 (Orig.).

infection fréquente à sa promiscuité avec le Chien. Mais l'organisation des échinocoques et leur mode de multiplication sont assez complexes pour mériter une description particulière. C'est encore M. Moniez qui nous fournit, sur ces points, les données les plus rigoureuses.

Le développement de l'hydatide ne s'effectue qu'avec la plus grande lenteur. D'après Leuckart, un mois après l'ingestion des œufs, l'embryon contenu dans le foie mesure à peine 1 millimètre de diamètre ; à un mois et demi, il est hydropique ; à cinq mois, il a acquis le volume d'une noix, et n'offre encore aucune formation à son intérieur.

Un échinocoque entièrement développé, et sorti du *kyste* conjonctif (1)

(1) Voy. C. Davaine, *Traité des entozoaires*, 2e édit. 1877, p. 369, en note.

qui le contient, se montre constitué par une vésicule tremblotante (*vésicule-mère*, Mutterblase) à paroi épaisse, d'aspect blanchâtre. Cette paroi offre deux membranes bien distinctes : l'interne, fort mince, improprement appelée *membrane germinale*, est analogue à la vésicule des cysticerques; l'externe, qualifiée, également à tort, de *membrane hydatique*, n'est autre chose qu'une très épaisse cuticule, disposée en lames concentriques.

A la face interne de la membrane germinale, on trouve des groupes plus ou moins serrés de petites expansions vésiculeuses fournies par elle, et en continuité avec ses propres tissus par un pédicule : ce sont les *vésicules proligères* (Brutkapseln), identiques, en somme, au corps des

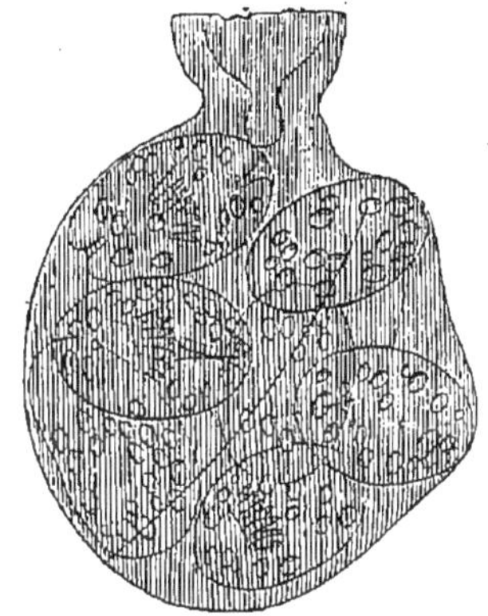

Fig. 142. — Une vésicule proligère, fortement grossie (Orig.).

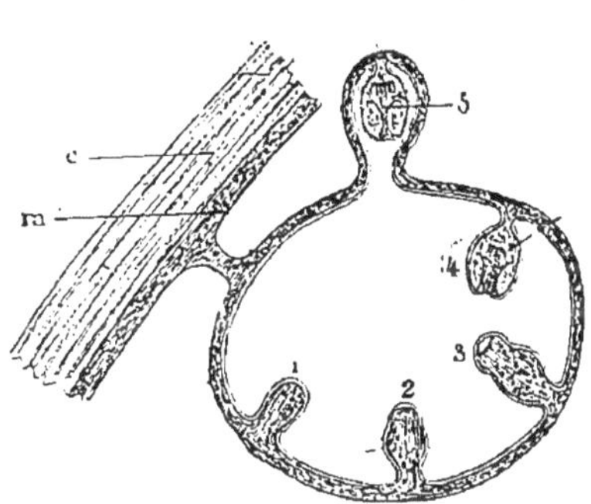

Fig. 143. — Schéma d'une vésicule proligère, pour montrer le mode de formation des têtes de Ténias à son intérieur.

cysticerques et des cénures. Le développement de ces vésicules débute par une prolifération locale de la membrane germinale, donnant naissance à un petit mamelon; puis le centre de celui-ci se creuse d'une cavité qui s'agrandit peu à peu, et qui se montre de bonne heure tapissée d'une mince cuticule. C'est à la face interne de ces vésicules que naissent les jeunes Ténias (1); on en trouve d'ordinaire 5 à 10 dans chacune d'elles : M. Moniez en a compté exceptionnellement jusqu'à 34. Leur mode de formation a été fort discuté; nous nous bornerons à indiquer comment les choses se passent en réalité, d'après M. Moniez. Sur la membrane de la vésicule proligère, se produit un épaississement en disque, d'où résulte un *mamelon qui reste toujours solide*, et qui finit par faire entièrement saillie à l'intérieur de cette vésicule. Ce mamelon, d'abord arrondi, devient ovale, et développe vers son extrémité une

(1) Plusieurs auteurs réservent à ces jeunes Ténias ou scolex le nom d'échinocoques; il nous semble beaucoup plus rationnel de l'appliquer, avec la plupart des helminthologistes, à la vésicule elle-même.

sorte de collerette au-dessous de laquelle apparaissent les crochets : cette extrémité céphalique ne tarde pas à s'invaginer, en même temps que la base du mamelon se pince pour constituer un pédicule ; puis les crochets achèvent leur développement, et le jeune Ténia prend l'aspect indiqué par la figure 144, A. Dans certains cas, on peut voir en outre les têtes bourgeonner au fond de petits diverticules extérieurs de la vésicule proligère ; mais ces formations ne résultent pas, comme le croyait Naunyn, de l'évagination des bourgeons internes sous l'influence du froid.

Les vésicules proligères ne représentent pas le seul élément de multiplication de l'échinocoque : celui-ci peut se reproduire, en outre, par des *vésicules secondaires* ou *vésicules-filles* (Tochterblasen), qui sont

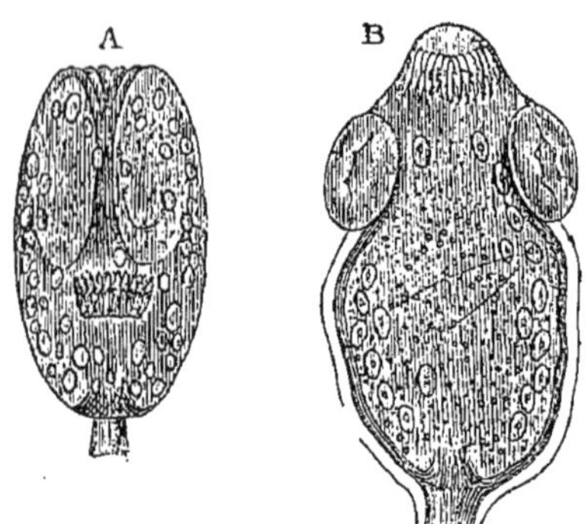

Fig. 144. — *Echinococcus polymorphus*. — A, jeune Tænia détaché de la vésicule proligère, à laquelle il était fixé par son pédicule inférieur : la tête est rétractée à l'intérieur du cou. B, le même, d'après Perroncito, avec la tête évaginée.

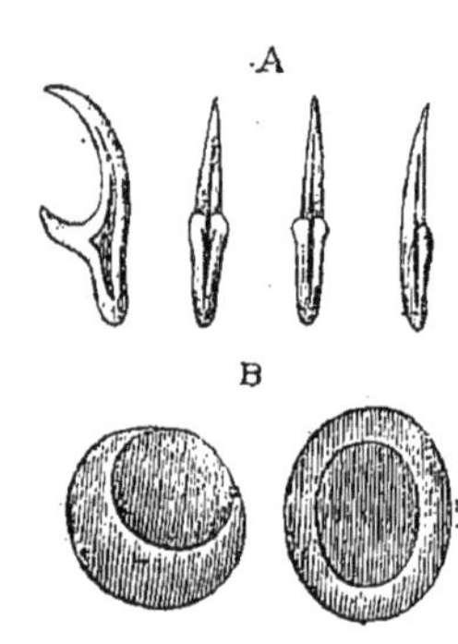

Fig. 145. — *Echinococcus polymorphus*. — A, crochets vus de profil et de face. B, ventouses isolées.

revêtues extérieurement d'une épaisse cuticule et ont en somme tous les caractères de la vésicule-mère. Ces vésicules secondaires prennent naissance dans l'épaisseur même de la cuticule : d'après Leuckart et Moniez, on voit apparaître entre deux lamelles de celle-ci un amas de granules qui s'entourent bientôt d'une couche cuticulaire ; puis cet amas grossit et se creuse d'une cavité qui se remplit de liquide, en même temps que de nouvelles couches cuticulaires se développent : une vésicule secondaire est alors constituée. Pour comprendre cette formation au sein d'une production d'apparence amorphe comme la cuticule, il importe de se rappeler que cette production, chez les Cestodes, n'est pas un produit de sécrétion, mais résulte de la modification directe de la couche cellulaire sous-cuticulaire. On conçoit alors que des éléments vivants aient été conservés dans la cuticule, et qu'ils soient le point de départ des vésicules secondaires. Celles-ci se distendent peu à peu, rompent la cuticule, et sortent tantôt au dehors, tantôt en dedans, « selon les conditions dans lesquelles le développement s'est effectué. » D'après la voie qu'elles suivent, on a donc à distinguer les vésicules secondaires en externes et internes. Leur formation avait été qualifiée, dans le premier cas, de reproduction exogène et, dans le second, de reproduction endogène : on vient de voir que cette distinction n'a rien de fondamental et que le processus est toujours le même.

Les *vésicules secondaires externes* ou exogènes sont surtout communes chez les Ruminants, mais on les a observées aussi chez l'Homme. Elles restent en général fort petites, et doivent souvent passer inaperçues. On a remarqué que ce sont de préférence les échinocoques de dimensions moyennes qui leur donnent naissance. — Quant aux *vésicules secondaires internes*, on les a signalées principalement chez l'Homme, le Porc et le Cheval ; nous en avons vu une seule fois chez le Bœuf. Leur volume dépasse souvent de beaucoup celui des vésicules exogènes, et il n'est pas rare de les voir elles-mêmes produire d'autres vésicules endogènes, d'ordre tertiaire, ou *vésicules petites-filles* (Enkelblasen).

Les vésicules filles et petites-filles, endogènes ou exogènes, sont propres à développer des vésicules proligères et partant des scolex ou jeunes Ténias, aussi bien et mieux que la vésicule mère ; mais, comme elle également, elles peuvent demeurer stériles. On a dit même que les vésicules-filles issues d'une mère stérile sont quelquefois fertiles ; mais le fait n'est pas bien démontré. Les vésicules dépourvues de têtes de Ténias sont désignées sous le nom d'*acéphalocystes* (α privatif ; κεφαλή, tête ; κύστις, vésicule).

Nous devons encore signaler une forme spéciale d'échinocoque, qui a reçu le nom d'*échinocoque multiloculaire*. Dans ce cas, les vésicules demeurent « fort petites, de la grosseur d'un grain de mil ou, tout au plus, d'un pois, tout en s'agglomérant pour former des masses qui peuvent atteindre et même dépasser le volume de la tête d'un enfant. A première vue, les échinocoques ont l'aspect de petites masses molles, gélatineuses, transparentes, fixées dans un tissu en général très dur, formé d'éléments conjonctifs qui se propagent en traînées dans les tissus voisins ; on peut énucléer ces échinocoques, et il reste un stroma formant des sortes d'alvéoles aux contours plus ou moins irréguliers, aux dimensions variables » (Moniez). La tumeur a une tendance très marquée à l'ulcération. Un petit nombre d'entre ces petits échinocoques seulement bourgeonnent des têtes de Ténias, toujours peu abondantes du reste. Le mode de développement n'est pas encore bien connu : il est probable qu'il s'agit là, comme l'a avancé Mayer, d'un bourgeonnement exogène de vésicules-filles et petites-filles, aux dépens d'une seule ou de quelques vésicules-mères.

En résumé, on voit que les échinocoques ne diffèrent pas essentiellement des cénures et des cysticerques. Chaque vésicule proligère correspond à un corps de cysticerque ou de cénure produisant plusieurs têtes.

Echinocoque du Dindon (*Echinococcus gallopavonis* Siebold). — Cette hydatide a été recueillie par von Siebold sur le Dindon, mais on manque de données à son endroit.

2e GROUPE : **CYSTOIDOTÆNIÆ.** — On range dans ce groupe les Ténias dont *les cystiques ont une vésicule caudale formée par bourgeonnement du proscolex, c'est-à-dire par adjonction d'une partie nouvelle.* Comme ceux du premier groupe, ces cystiques ont une vésicule caudale, un corps et une tête; mais ils possèdent en outre une quatrième partie représentant le proscolex lui-même : c'est ce que Villot appelle le *blastogène.* Quant à la vésicule caudale, elle est souvent très réduite et ne contient pas de liquide : d'où le nom de *cysticercoïdes* qui a été donné aux cystiques dont il s'agit.

Les cysticercoïdes sont tous parasites des Invertébrés (Insectes, Mollusques, etc.); mais il est à remarquer qu'ils ne sont pas entourés d'un kyste comme les cystiques du groupe précédent.

Villot divise ce second groupe en deux sections :

La première se rapporte aux cystiques dont la vésicule caudale se forme par bourgeonnement endogène. — Sous-genres : *Polycercus*, *Monocercus*.

La seconde comprend les cystiques dont la vésicule caudale se forme par bourgeonnement exogène. — Sous-genres : *Cercocystis*, *Staphylocystis*, *Urocystis*, *Cryptocystis*.

Les CRYPTOCYSTES (*Cryptocystis*) doivent seuls nous occuper. Ils ont une organisation très simple et se séparent de leur blastogène dès qu'ils arrivent à maturité; mais, contrairement aux Urocystes, ils ne sont pas prolifères.

Ténia cucumérin (*T. canina* L. *T. cucumerina* Gœze). — Ver long de 10 à 40 centimètres en moyenne, ayant 3 millimètres dans sa plus grande largeur. La tête est pourvue d'un rostellum rétractile, armé de quatre rangées de très petits crochets en forme d'aiguillons de rosier; le cou est assez court, étroit. Les premiers anneaux sont étroits et trapézoïdes, les autres sont en forme de graine de melon. Orifices génitaux doubles, s'ouvrant de chaque côté, vers le milieu de l'anneau, sur une saillie peu marquée. Œufs globuleux, d'un diamètre de 37 à 46 μ.

Ce Ver habite l'intestin grêle du Chien. On l'a signalé aussi dans l'intestin de l'Homme et surtout des enfants. Il présente souvent une belle teinte rosée, qui disparaît rapidement dans les liquides conservateurs. Le cysticercoïde (*Cryptocystis trichodectis*) a été découvert dans la cavité du corps d'un Ricin parasite du Chien, le *Trichodectes canis*. Nous devons ajouter, toutefois, que certains helminthologistes doutent de la constance de cette migration.

1° *Embryogénie*. — Aussitôt après la fécondation, l'ovule du Ténia cucumérin se sépare de la couche extérieure de son protoplasma, qui forme une membrane vitelline. En même temps, il expulse un globule polaire d'aspect réfringent. Puis *sa masse entière* se divise en deux éléments égaux, pourvus chacun d'un noyau et d'un nucléole; ce sont les deux premières cellules blastodermiques, qui se segmentent elles-mêmes d'une façon irrégulière jusqu'à la formation d'une *morula* à cellules très petites. La délamination s'effectue alors comme chez le *T. serrata*, et les six

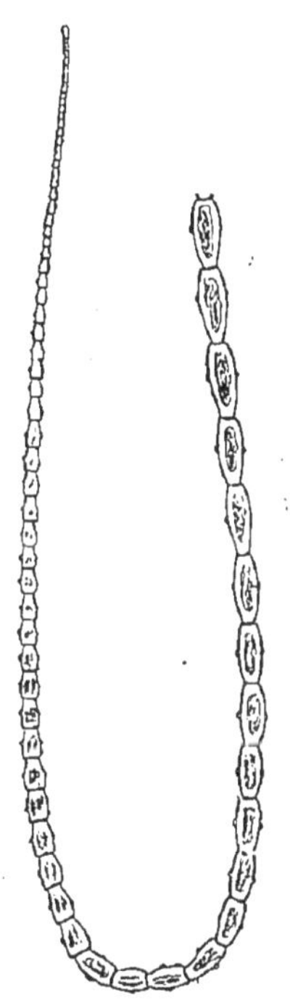

Fig. 146. — *Tænia cucumerina* du Chien, petit exemplaire, grandeur naturelle (Orig.).

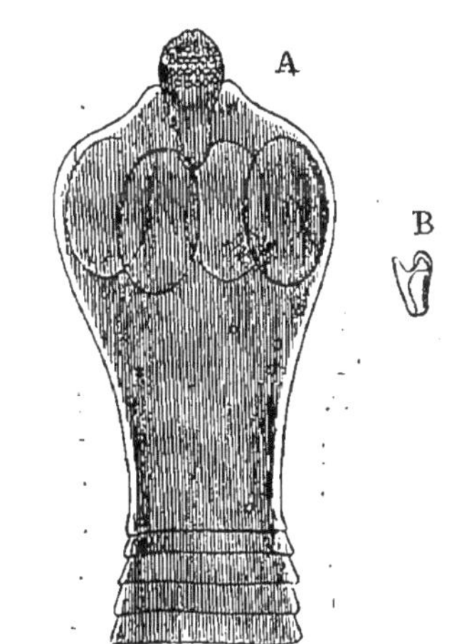

Fig. 147. — *Tænia cucumerina*. — A, tête grossie, avec la trompe sortie en partie. B, un des crochets de la trompe, fortement grossi (Orig.).

crochets apparaissent. Puis, les éléments de la couche délaminée subissent la dégénérescence granuleuse, pendant que l'embryon s'enveloppe d'une couche mince, d'aspect chitineux.

L'œuf complètement développé, de forme globuleuse, n'offre donc que des enveloppes transparentes, qui permettent de distinguer sans difficulté l'embryon hexacanthe s'agitant dans l'intérieur.

2° *Phase cystique*. — On a longtemps ignoré quel était l'hôte du Ténia cucumérin à l'état larvaire. Leuckart avait cependant émis l'idée que ce devait être un Insecte, lorsque Melnikoff, en 1869, découvrit par hasard la larve de ce Ténia dans la cavité du corps du *Trichodectes canis*. Quelque temps après, ce savant parvint à infecter des Trichodectes en plaçant sur la peau du Chien, en un point envahi par ces Insectes, des proglottis mûrs et réduits en bouillie.

« Le développement du cystique du Trichodecte, dit Villot, a été bien observé et interprété par Melnikoff. Le savant russe décrit et figure le proscolex (hexacanthe non encore vésiculisé), puis le blastogène, portant à son extrémité postérieure les crochets du proscolex et à son extrémité antérieure l'ébauche du cystique. La vésicule caudale, le corps et la tête

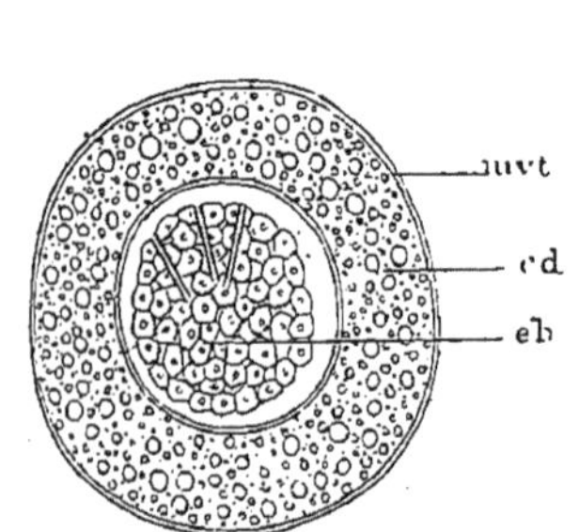

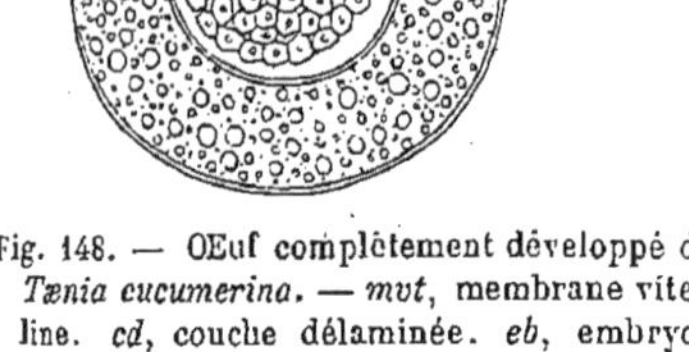

Fig. 148. — Œuf complètement développé du *Tænia cucumerina*. — *mvt*, membrane vitelline. *cd*, couche délaminée. *eb*, embryon (R. Moniez).

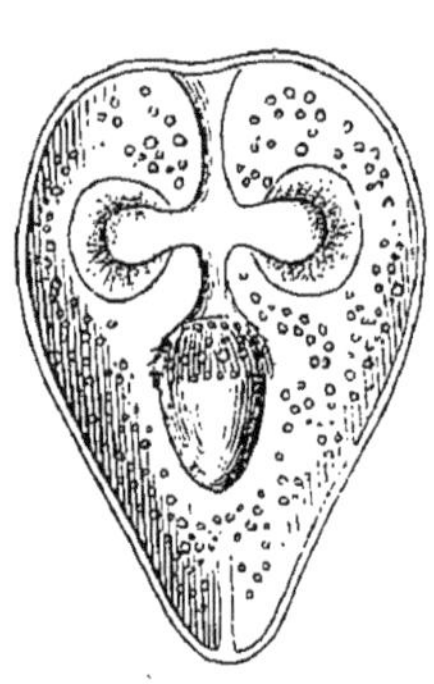

Fig. 149. — Cysticercoïde (*Cryptocystis trichodectis*) du *Tænia cucumerina*, d'après Leuckart).

se différencient, et le cystique entièrement développé se sépare du blastogène. Mais la vésicule caudale conserve à sa partie antérieure, comme preuve de ses connexions primitives avec le blastogène, les traces de la déchirure de son pédicule d'insertion. » D'après cette manière de voir, on ne peut plus assimiler, comme l'ont fait Leuckart et Moniez, le cystique du Trichodecte à une tête d'échinocoque.

3° *État rubanaire*. — On sait comment le Chien fait la chasse aux parasites qui vivent sur sa peau. Or, en avalant les Trichodectes pour s'en débarrasser, il ingère les cysticercoïdes qui hébergent ces Ricins. On conçoit que les enfants puissent quelquefois s'infecter eux-mêmes en jouant avec les Chiens. Le Ténia cucumérin se développe alors dans l'intestin, comme les autres formes que nous avons étudiées plus haut. Nous ne pouvons nous arrêter à décrire ici son organisation anatomique. Notons seulement que les œufs sont amassés en petits groupes dans des poches ou capsules spéciales arrondies et contiguës.

Ténia elliptique (*T. elliptica* Batsch). — Long de 10 à 30 centimètres sur 3 millimètres de largeur maxima. Œufs un peu plus gros que ceux du Ténia cucumérin.

Intestin grêle du Chat. — Malgré la grande ressemblance qu'offre ce Ver avec le précédent, Leuckart le considère comme une espèce distincte, surtout à cause de son développement plus rapide, qui ne lui permet pas, en général, d'acquérir une aussi grande longueur. Krabbe appuie cette manière de voir en faisant remarquer qu'il n'a jamais rencontré, en Islande, le Ténia elliptique sur les Chats, tandis que le Ténia cucumérin y est très commun chez les Chiens.

Les espèces suivantes, encore incomplètement connues, paraissent devoir être rapprochées des *T. cucumerina* et *elliptica* par leurs principaux caractères. On ne sait rien, toutefois, de leur évolution.

Ténia nain (*T. nana* Bilharz). — Ce Ver n'a été trouvé qu'une seule fois, au Caire, en mai 1851, par Bilharz, qui voulait d'abord le nommer *T. ægyptiaca* ; mais von Siebold, supposant qu'il devait être assez répandu, préféra le qualifier d'après sa petite taille. Il ne mesure en effet que 15 à 20 millimètres de long. La tête est assez grosse, à rostellum saillant et rétractile armé d'une couronne simple de 22 à 24 crochets; le cou est assez long; les anneaux vont en se développant progressivement, les derniers arrivant à $0^{mm},5$ de largeur, et demeurant toujours plus larges que longs. Les pores génitaux sont unilatéraux ; les œufs remplissent en entier et sans ramification les anneaux mûrs.

Ces petits Ténias existaient, en nombre considérable, dans l'intestin d'un jeune homme mort de méningite.

Ténia à taches jaunes (*T. flavopunctata* Weinland). — Six spécimens de ce Ténia, recueillis en Amérique par le docteur Ezra Palmer, et donnés en 1842 au musée de Boston, ont été décrits sous ce nom par Weinland. Leur longueur atteint de 20 à 30 centimètres. La tête manque sur tous les fragments. Dans la première moitié du strobile, les anneaux, en voie de développement, sont marqués sur leur partie médiane et postérieure, d'une tache jaune assez grande qui, d'après Weinland, serait formée par le testicule (?). La moitié postérieure est composée d'une série d'anneaux mûrs, de forme trapézoïdale, qui ne montrent plus cette tache. Les pores génitaux sont unilatéraux et les œufs accumulés en masse simple comme dans l'espèce précédente.

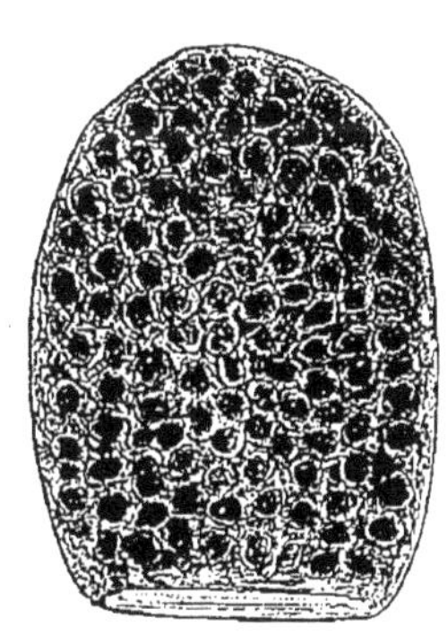

Fig. 150. — Proglottis récemment mis en liberté du *Tænia Madagascariensis*, grossi 10 fois (Davaine).

Ces Vers avaient été rendus par un enfant de dix-neuf mois.

Ténia de Madagascar (*T. Madagascariensis* Dav.). — Davaine a établi cette espèce sur deux spécimens manquant de tête. La taille doit être fort petite. Les premiers anneaux sont courts et larges, les derniers carrés. Les proglottis libres étaient semblables à des pépins de pommes et mesuraient 3 à 4 millimètres de longueur. Enfin, les œufs sont amassés, par groupes de trois à quatre cents, dans des poches spéciales, visibles à l'œil nu et contenant en outre de nombreuses granulations. Les pores génitaux sont unilatéraux.

Ces deux exemplaires, qui se trouvent aujourd'hui dans le musée de la Faculté de médecine de Paris, ont été recueillis à Mayotte (Comores) par le docteur Grenet, sur deux enfants : un petit garçon de dix-huit mois, créole des Antilles, et une petite fille de deux ans, créole de la Réunion.

3ᵉ GROUPE : **ANOPLOTÆNIÆ**. — Nous désignons sous ce nom les *Ténias inermes vrais* (ἄνοπλος, inerme), caractérisés par une tête privée de trompe et de crochets, des anneaux beaucoup plus larges que longs, et enfin un embryon entouré d'un appareil pyriforme. On ne connaît rien de leur évolution.

Tous les Ténias privés de crochets ne rentrent pas dans ce groupe : le *T. saginata*, par exemple, aussi bien que le *T. litterata*, s'en sépare très nettement par divers caractères.

Nous prendrons pour espèce type le *T. expansa*.

Ténia étendu (*T. expansa* Rud.). — Ce Ver a une longueur fort variable, de quelques centimètres à plus de 2 mètres; d'après Rudolphi, il pourrait même acquérir plus de 100 pieds. Sa tête est petite, arrondie, avec les quatre ventouses dirigées en avant, presque contiguës; la trompe est remplacée par une dépression. Le cou est très court ou nul. Les premiers anneaux sont très courts; les autres, quoique plus longs, demeurent cependant rectangulaires; leur bord postérieur, crénelé ou ondulé, déborde un peu l'article suivant. Les orifices génitaux sont doubles, s'ouvrant vers le milieu de chaque bord de l'anneau. Les œufs sont polyédriques.

Le *Tænia expansa* habite l'intestin grêle du Mouton, parfois de la Chèvre, du Bœuf, du Renne, etc. Dans certaines circonstances, il donne lieu à de véritables *épizooties vermineuses* chez les agneaux.

1° *Embryogénie.* — L'ovule du *T. expansa* apparaît au premier abord comme un élément cellulaire chargé de granulations vitellines et pourvu d'une sorte de noyau excentrique nucléolé; en réalité, c'est ce noyau qui constitue la véritable cellule, et les granules vitellins ne sont que des éléments accessoires (fig. 153, 1). — Aussitôt après la fécondation, apparaît une membrane vitelline, et la cellule se segmente : l'un des deux éléments ainsi formés fait en général immédiatement saillie en dehors de la masse vitelline (2), et se multiplie (3 et 4); l'autre reste inclus dans la masse vitelline, devient très réfringent et perd ses granulations (corpuscule polaire). — La masse vitelline se divise ensuite en deux parties (5) qui présentent bientôt chacune un gros élément cellulaire vitreux, pendant que les cellules blastodermiques continuent à se multiplier et arrivent à constituer une *morula* (6) : les faits se passent donc comme chez le *T. serrata*; il n'y a qu'un retard dans la division de la masse vitelline. Plus tard, l'œuf, qui a acquis de grandes dimensions, offre une morula bien régulière et deux grosses masses vitellines en forme de virgules, situées sur les côtés, et tendant à se rejoindre par leurs extrémités; les globules polaires sont

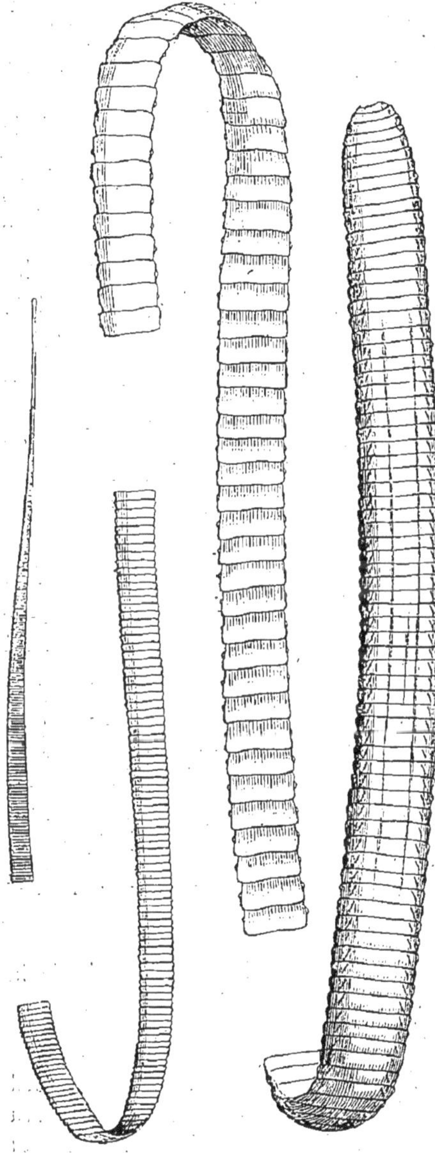

Fig. 151. — *Tænia expansa,* grandeur naturelle (Orig.).

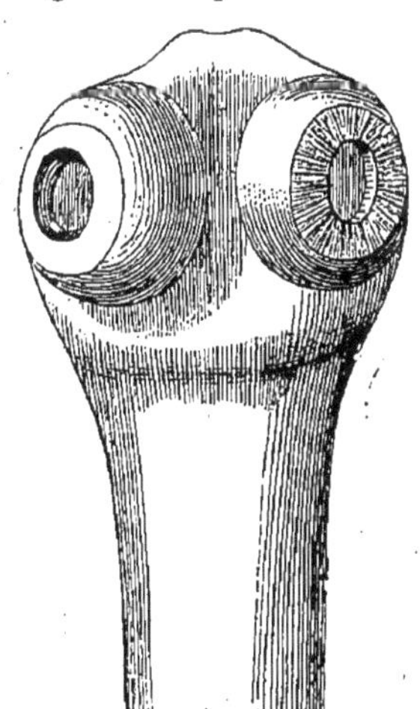

Fig. 152. — Extrémité céphalique du *Tænia expansa*, grossie 55 fois (G. Neumann, inéd.).

alors très nets (7). — Survient ensuite la délamination : une couche de cellules rejetées à la périphérie de la masse embryonnaire forment à celle-ci une membrane d'enveloppe; puis ces cellules se résolvent en granules. Peu après, une seconde couche se détache de la même façon (8); puis la sphère creuse qu'elle constitue s'aplatit sur presque la moitié de son étendue, et aux deux extrémités de la moitié aplatie,

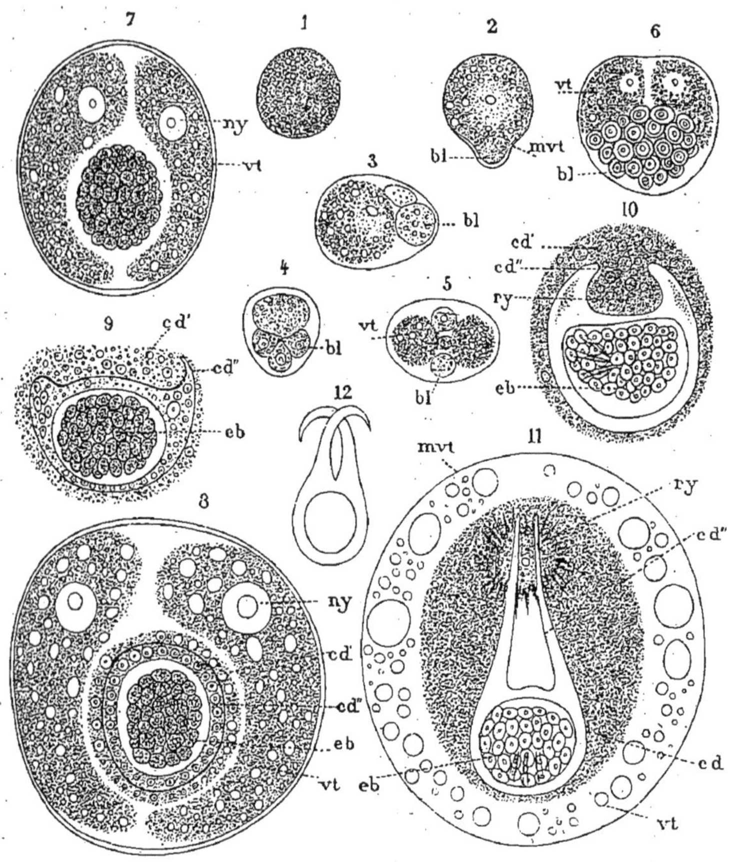

Fig. 153. — Embryogénie des Ténias du type *Tænia expansa*, d'après R. Moniez. — *vt*, masses vitellines. *mvt*, membrane vitelline. *bl*, cellules blastodermiques. *cd'*, première couche délaminée. *cd"*, seconde couche délaminée formant l'appareil pyriforme. *ny*, globules polaires. *ry*, masse granuleuse provenant de *cd'*, et entraînée par les cornes de l'appareil. *eb*, embryon. — 1 à 11, *Tænia expansa*. 12, appareil pyriforme du *Tænia Wimerosa*, pour montrer comment les cornes peuvent s'entre-croiser.

elle pousse deux prolongements qui s'accusent de plus en plus, en s'amincissant à leur extrémité (9), et en se redressant peu à peu (10, 11). En même temps, les granulations qui composaient cette couche disparaissent, de sorte qu'elle forme une enveloppe homogène, réfringente, revêtant l'embryon et munie de deux cornes : c'est là ce qu'on appelle l'*appareil pyriforme* (11, 12). La masse grenue et rayonnée qui s'aperçoit entre les pointes des deux cornes n'a aucune signification morphologique : c'est simplement une portion de la première couche délaminée qui a été entraînée par ces deux prolongements.

Une fois la double délamination effectuée, l'embryon acquiert ses six crochets, et bientôt on le voit entrer en mouvement. Il paraît présenter une cavité à son intérieur. Quant aux masses vitellines, elles se creusent de vacuoles de plus en plus grandes, et fondent entre elles leurs vésicules (11).

2° Les phases *post-embryonnaires* de l'évolution ne sont pas connues. Diesing a émis l'opinion que cette évolution doit être directe, et la plupart des auteurs ont accepté cette manière de voir ; mais les essais expérimentaux tentés dans ce sens n'ont donné jusqu'à présent que des résultats négatifs.

Ténia denticulé (*T. denticulata* Rud.). — Long de 20 à 40 et jusqu'à 80 centimètres. Tête tétragone, pourvue de quatre ventouses dirigées en avant et presque contiguës. Le cou est nul. Les premiers anneaux sont rectangulaires, plus larges que longs; les anneaux suivants sont beaucoup plus larges que longs et très épais; le bord postérieur, crénelé ou ondulé, déborde un peu l'article suivant. Les orifices génitaux sont doubles, peu accusés. Les œufs, deux fois aussi gros que ceux de l'espèce précédente, sont irrégulièrement cuboïdes.

On rencontre quelquefois ce Ténia dans l'intestin grêle des bêtes bovines.

A côté de ces deux formes connues depuis longtemps, nous devons en signaler, chez le Bœuf et chez le Mouton, un certain nombre d'autres qui ont été décrites dans ces dernières années et qui avaient été jusqu'alors confondues avec elles.

Ténia blanc (*T. alba* Perr.). — Ce Ver, long de $0^m,60$ à $2^m,50$, se distinguerait des précédents par sa tête assez grosse, ayant plus d'un millimètre de large, son cou court, mais distinct, ses œufs toujours cuboïdes à maturité et sa couleur plus blanche.

Il a été observé fréquemment en Italie, sur les bêtes bovines et même quelquefois sur les Moutons, par E. Perroncito. Moniez l'a retrouvé à Lille, chez le Bœuf. Enfin je l'ai recueilli une seule fois à Alfort, chez une Vache. Il me paraît, en réalité, bien peu différent du *T. expansa*.

Ténia globiponctué (*T. globipunctata* Rivolta). — Ver long de 45 à 60 centimètres, de teinte blanchâtre ou vert jaunâtre ; tête large de 1 millimètre, à ventouses dirigées en avant ; cou nul. Anneaux mûrs longs de 150 à 170 μ, larges de 2 millimètres. Deux utérus dans chaque anneau, apparaissant sous la forme de deux séries de globules blanchâtres.

Du Mouton (1).

Ténia oviponctué (*T. ovipunctata* Riv.). — Tête tétragone, de 500 à 650 μ de large. Cou nul. Strobile montrant à l'œil nu deux lignes de très petites ponctuations, entre lesquelles s'en voient de plus grosses de forme ovalaire (ponctuations formées par les spermiductes et les utérus). Anneaux mûrs mesurant 80 à 120 μ de long sur 1 millimètre à $2^{mm},5$ de large. Œufs arrondis ou ovoïdes, du diamètre de 20 μ sur 16.

Ces Ténias, observés par Rivolta, avaient la tête enfoncée dans la muqueuse intestinale des Moutons, et leur présence avait donné lieu à la formation de nodules inflammatoires.

Ténia centriponctué (*T. centripunctata* Riv.). — Ver long de $2^{m},75$ à $2^{m},84$, remarquable en ce qu'il est plus large dans sa moitié antérieure que dans sa moitié postérieure. A un décimètre de la tête, les anneaux ont 2 à 4 millimètres de large ; à $1^{m},50$, ils n'ont plus que 1 millimètre ; mais l'épaisseur est plus grande dans ces derniers. Au centre de chaque anneau, à partir de la moitié du strobile, on voit à l'œil nu une tache un peu saillante, constituée par les organes femelles. Les testicules sont latéraux. Le pore génital s'ouvre sur le milieu d'un des bords de l'anneau. Les œufs sont peu nombreux, globuleux, de 21 à 24 μ de diamètre.

Intestin du Mouton (Rivolta et Mattozzi).

Ténia porte-aiguillon (*T. aculeata* Perr. *T. ovilla* Rivolta). — Rivolta (2) a établi cette espèce dès 1878, sous le nom de *T. ovilla*, d'après des échantillons sans tête, mesurant environ $1^{m},50$ de long, à cou assez long ; à anneaux relativement étroits, offrant dans la moitié postérieure de la chaîne 1 millimètre de long sur 7 millimètres de large ; à pores génitaux (un seul sur chaque anneau) irrégulièrement alternes ; à testicules situés vers les bords latéraux des anneaux, qui offrent à ce niveau des stries blanchâtres.

Le *T. ovilla*, recueilli par Rivolta sur un Mouton, me paraît identique à celui décrit par Perroncito sous le nom de *T. aculeata*, et qui possède une tête tétragone, ayant à peine plus d'un demi-millimètre de large, suivie d'un cou d'une largeur moitié moindre. Dans tous les cas, le nom de *T. ovilla*, déjà employé par Gmelin, doit disparaître.

Ténia de Van Beneden (*T. Benedeni* Moniez). — Ver long de 4 mètres et plus ; tête grosse eu égard à la partie très étroite qui suit ; derniers anneaux de plus d'un centimètre de large ; couche musculaire longitudinale de l'une des faces sensiblement moins fournie que l'autre.

M. Moniez (3) a trouvé ce Ténia dans l'intestin du Mouton, à Lille.

Ténia de Vogt (*T. Vogti* Moniez). — Espèce basée sur un échantillon sans tête, mesurant environ 50 centimètres de longueur. Les anneaux

(1) S. Rivolta, *Sopra alcune specie di Tenia della pecora*. Pisa, 1874.

(2) *Giornale d, anat. e fisiol.* Pisa, 1878.

(3) Moniez, *Note sur deux espèces nouvelles de Ténias inermes*, T. Vogti *et* T. Benedeni. Bullet. scient. du Nord, 1879, p. 163.

demeurent étroits sur une grande partie de la longueur totale : les derniers, qui sont parvenus à maturité, sont plus longs que larges, ce qui tend à écarter cette forme des Inermes typiques : ils ont $2^{mm},5$ de large sur près de 5 millimètres de long, et sont très plats. Les muscles sont volumineux, non groupés.

Intestin du Mouton (Lille).

Ténia de la Chèvre (*T. capræ* Rud.). — Espèce douteuse établie par Rudolphi d'après des fragments sans tête, trouvés dans l'iléon d'une Chèvre. Elle devrait être classée, d'après cet auteur, entre le *T. expansa* et le *T. denticulata*.

Ténia pectiné (*T. pectinata* Gœze. *T. leporina* Limbourg). — Long en moyenne de 20 à 25 centimètres, sur une largeur maxima de 9 millimètres ; tête petite ; cou court ; anneaux postérieurs à peine plus longs que ceux du milieu. Orifices génitaux doubles. Testicules situés latéralement. L'œuf est entouré d'une membrane transparente, déprimée en avant et en arrière, et relevée sur les côtés.

Le Ténia pectiné habite l'intestin grêle du Lièvre, du Lapin de garenne, du Lapin domestique, de la Marmotte et de l'Urson coquau (*Erethizon dorsatum*). On le rencontre quelquefois aussi dans la cavité péritonéale.

M. Moniez a signalé en outre, chez le Lapin de garenne, une petite espèce à laquelle il a donné le nom de **Ténia de Wimereux** (*T. Wimerosa*), et qui mesure à peine 1 centimètre de long sur $1^{mm},5$ de large. Son corps épais est formé d'une dizaine d'anneaux seulement, et ses pores génitaux sont unilatéraux.

Fig. 154. — *Tænia plicata*, grandeur naturelle (Orig.).

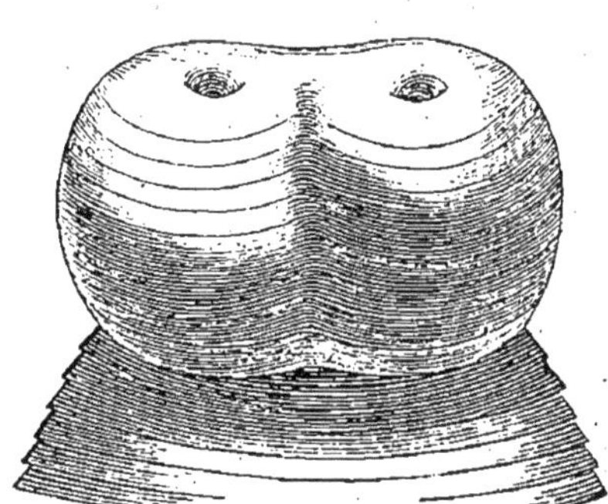

Fig. 155. — Extrémité céphalique du *Tænia plicata*, grossie 10 fois (Orig.).

Ténia plissé (*T. equi* Müll. *T. plicata* Rud.). — Long de 16 à 80 centimètres. Tête courte et large, légèrement déprimée dans le sens des deux faces; ventouses cupuliformes. Cou nul. Anneaux larges de 6 à 20 millimètres (les plus larges occupant à peu près le milieu de la longueur du corps) et de plus en plus longs jusqu'à la partie postérieure, les derniers mesurant de 1 millimètre à 1^{mm},5. Orifices génitaux unilatéraux.

Se rencontre rarement dans l'intestin grêle et plus rarement encore dans l'estomac des Équidés. Nous ne l'avons jamais trouvé à Alfort, et le Musée de l'École n'en possède que quelques exemplaires, dont l'origine nous est inconnue. Les figures 154 et 155 ont été dessinées d'après un échantillon que nous devons à l'amabilité du professeur Perroncito, de Turin.

Ténia perfolié (*T. perfoliata* Gœze nec Duj.). — Long en général de 26 à 28 millimètres, mais pouvant atteindre 80 millimètres; large de 3 à 15 millimètres. Tête assez grosse, tétragone, arrondie, prolongée en arrière par quatre lobes également arron-

Fig. 156. — *Tænia perfoliata*, grandeur naturelle (Orig.).

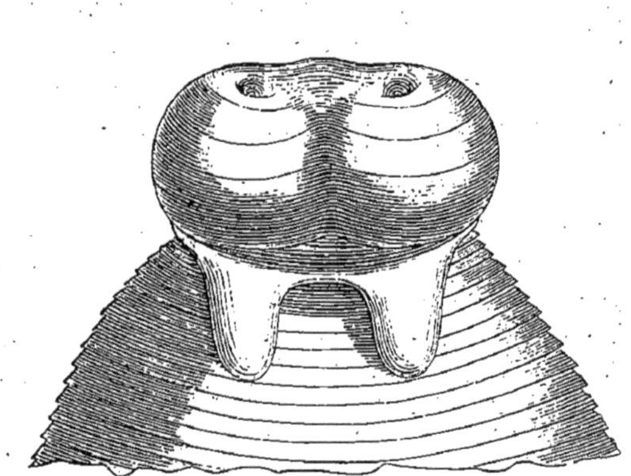

Fig. 157. — Extrémité céphalique du *Tænia perfoliata*, grossie 12 fois (Orig.).

dis; ventouses cupuliformes. Cou nul. Anneaux épais, mais tous très courts, et de plus en plus larges, jusque vers le milieu de la longueur du corps (les derniers souvent jaunâtres), chacun d'eux recouvrant ou mieux emboîtant le suivant, auquel il n'adhère que par sa partie centrale. Orifices génitaux unilatéraux.

Dans le cæcum, plus rarement dans le côlon ou dans l'intestin grêle des Équidés. On l'a souvent confondu avec le suivant, et il vit comme lui en colonies plus ou moins nombreuses.

Ténia mamillan (*T. mamillana* Mehlis. *T. perfoliata* Duj. *pro parte*). — Long de 1 à 5 centimètres, large en moyenne de 4 à 6 millimètres. Tête tétragone, obtuse, beaucoup plus petite que dans l'espèce précédente et ne portant pas de lobes postérieurs; ventouses parcourues en général par un sillon longitudinal. Pas de cou. Les anneaux s'élargissent

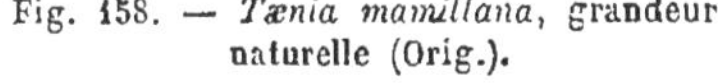

Fig. 158. — *Tænia mamillana*, grandeur naturelle (Orig.).

Fig. 159. — Extrémité céphalique du *Tænia mamillana*, grossie 20 fois (Orig.).

rapidement, de manière à acquérir bientôt leur plus grande largeur; au contraire, leur longueur augmente peu à peu jusqu'à l'extrémité postérieure, de façon à dépasser, chez les derniers, la moitié de leur largeur. Orifices génitaux unilatéraux.

Habite surtout l'intestin grêle, et en particulier l'iléon des Équidés. C'est un petit Ver assez transparent, qui peut échapper à un examen superficiel, bien qu'on en trouve toujours à la fois de nombreux exemplaires. La distinction de cette espèce est due à Mehlis, mais c'est Gurlt qui le premier l'a décrite et figurée. On ne sait trop pourquoi Dujardin et les autres helminthologistes français l'ont indiquée ensuite sous le nom de *T. perfoliata*.

TYPES ABERRANTS. — Nous devons classer provisoirement à part quelques espèces dont les affinités sont pour le moins douteuses et qui exigent de nouvelles études.

Ténia de Giard (*T. Giardi* Mon.). — C'est peut-être une forme aberrante du groupe des Inermes; mais l'embryon ne montre rien qui rappelle l'appareil pyriforme. Les testicules sont situés sur les bords latéraux des anneaux, comme dans le *T. ovilla*. Les œufs sont groupés, au nombre de six à dix, dans des sortes de coques fibrillaires qui donnent un aspect grenu à la cassure des anneaux.

Assez commun chez le Mouton.

Ténia inscrit (*T. litterata* Batsch). — Ce Ver, qui offre quelque ressemblance avec le Ténia cucumérin, est un peu plus transparent, avec une faible teinte rougeâtre le long de la ligne médiane. Il s'en distingue d'ailleurs aisément à sa tête, dépourvue de trompe et de crochets, et à l'absence de pores génitaux saillants sur les bords. Il peut atteindre jusqu'à 2 mètres de longueur. L'organisation de l'appareil génital n'est que très imparfaitement connue. D'après Krabbe, les jeunes articles présentent au milieu de leur zone antérieure une partie oblongue plus transparente, qui renferme un pénis (?) sinueux, se terminant en arrière par un renflement; sur les côtés, on distingue les follicules testiculaires. Dans les articles mûrs que nous avons examinés, nous n'avons trouvé qu'une matrice ayant la forme d'une capsule ovoïde située vers le bord postérieur de l'anneau, et contenant un amas d'œufs de teinte rougeâtre. De chacun des pôles de cette capsule part un conduit flexueux que nous n'avons pu suivre qu'à une courte distance. Les œufs mûrs sont arrondis ou un peu ovoïdes, à enveloppe mince.

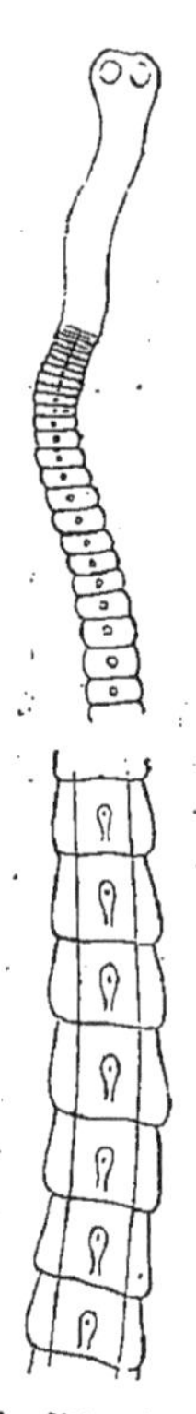

Fig. 160. — *Tænia litterata :* extrémité céphalique et série d'anneaux, d'après Krabbe. Grossissement : 6 diamètres.

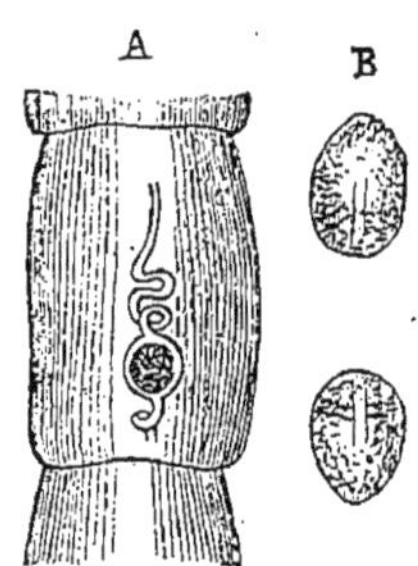

Fig. 161. — *Tænia litterata.* A, anneau mûr, grossi 6 fois. B, œufs, grossis 300 fois (Orig.).

Cette espèce paraît assez commune dans l'intestin du Renard. C'est sans doute la même forme qu'Abilgaard avait rencontrée chez l'Isatis (*Canis lagopus*) et à laquelle Rudolphi appliquait le nom provisoire de *Tænia canis lagopodis.* M. Baillet a le premier signalé sa présence chez nos Carnivores domestiques (1863) : il donnait le nom de *T. pseudo-cucumerina* aux individus trouvés sur le Chien et celui de *T. pseudo-elliptica* aux exemplaires recueillis chez le Chat. Krabbe l'a trouvé sur plus d'un cinquième des Chiens et plus d'un tiers des Chats qu'il a examinés en Islande.

TÉNIAS DES OISEAUX. — Les Ténias sont beaucoup plus communs chez les Oiseaux que dans les autres classes des Vertébrés : sur les 242 espèces de ce genre énumérées par Diesing, 138 sont avicoles. Il est à remarquer, d'ailleurs, que ces Vers sont beaucoup plus communs chez les Oiseaux aquatiques que chez les Oiseaux terrestres, et qu'en outre, parmi ces derniers, ils sont relativement rares chez les Rapaces et les Granivores. Le professeur Krabbe, à qui sont dues ces remarques, en tire cette conclusion que les formes larvaires de ces Ténias doivent vivre surtout chez des animaux aquatiques inférieurs.

Dujardin, Krabbe et Linstow sont les auteurs qui ont le mieux étudié le groupe dont il s'agit, et nous devons en particulier au savant helminthologiste de Copenhague un excellent travail d'ensemble sur ce sujet (1). Toutefois, les matériaux réunis jusqu'à présent ne permettent pas encore d'établir un groupement rationnel et complet des diverses formes étudiées. Quelques groupes seulement se dessinent assez bien, et la plupart des espèces qui vivent chez les Oiseaux domestiques, par exemple, peuvent se rattacher, d'après Krabbe, à deux sections principales.

PREMIÈRE SECTION. — Ténias pourvus d'une simple couronne de crochets uniformes, au nombre de 10 environ; orifices génitaux unilatéraux.

A. Dans un premier groupe, les crochets sont pourvus d'un long manche, et leur pointe se dirige en arrière lorsque la trompe se contracte. — *T. anatina* Krabbe et *T. sinuosa* (2) Zed., à 10 crochets; *T. gracilis* Zed., à 8 crochets, tous trois du Canard domestique ; *T. fasciolaris* Pall. (*T. malleus* Gœze), à 12 crochets; *T. anserum* Frisch (*T. lanceolata* Bloch) et *T. fasciata* Rud., à 8 crochets, tous trois de l'Oie domestique; *T. setigera* Fröl., à 10 crochets, du Cygne domestique.

B. Dans un second groupe, les crochets sont courts, la garde égalant ou surpassant le manche en grandeur. — *T. coronula* Duj., à 21-26 crochets, du Canard domestique. *T. æquabilis* Rud., à 10 crochets, du Cygne domestique.

SECONDE SECTION. — Trompe hémisphérique, garnie de nombreux

(1) H. Krabbe, *Bidrag til Kundskab om Fuglenes Bændelorme*, Kjöbenhavn, 1869.

(2) Le *T. trilineata* Batsch, du Canard domestique, n'est peut-être, d'après Dujardin, qu'une variété du *T. sinuosa*.

petits crochets disposés en général sur deux rangs. Orifices génitaux le plus souvent unilatéraux et, dans ce cas, œufs réunis en petits groupes. — *T. cesticillus* (1) Mol. (*T. infundibuliformis* Duj.), couronne double de 208 crochets, de la Poule. Ici doivent probablement aussi se placer : *T. proglottina* Dav., couronne double de plus de 80 crochets, de la Poule; *T. exilis* Duj., couronne simple d'environ 60 crochets, de la Poule et du Faisan (2); *T. crassula* Rud., environ 60 crochets, du Pigeon. — Le *T. exilis* nous paraît être l'espèce que M. Mégnin a signalée d'abord sous le nom de *T. agama*, puis sous celui de *T. infundibuliformis* var. *phasianorum*, et qui occasionne quelquefois une grande mortalité parmi les jeunes Faisans.

Un groupe qui doit se relier au précédent comprend : *T. infundibulum* Bloch (*T. infundibuliformis* Goeze nec Duj.), couronne simple de 16 à 20 crochets; *T. cuneata* Linst., à 12 crochets, tous deux de la Poule.

Fig. 162. — *Tænia lanceolata*, de l'Oie domestique; grandeur naturelle, dans un état moyen d'extension (Orig.).

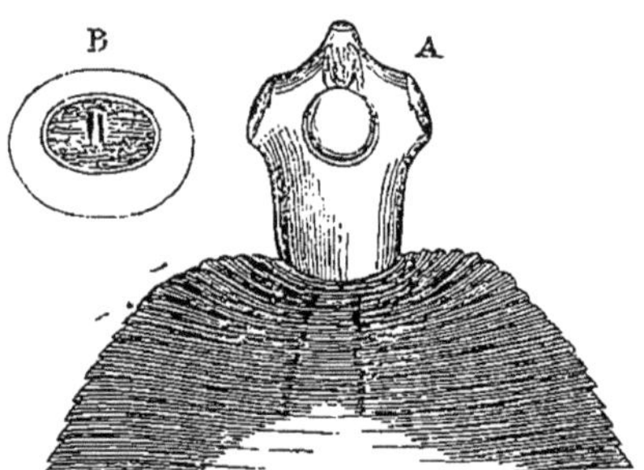

Fig. 163. — *Tænia lanceolata*. — A, extrémité céphalique grossie 100 fois. B, œuf grossi 300 fois (Orig.).

Nous devons signaler encore les espèces suivantes, dont la position n'est pas bien déterminée : *T. Friedbergeri* Linst., du Faisan commun;

(1) Le *T. echinobothrida* Mégn. est une forme tout au moins très voisine de cette espèce.

(2) Il faut rapprocher du *T. exilis* le *T. bothrioplitis* Piana, qui vit dans l'intestin de la Poule, et qui a, comme lui, les orifices génitaux unilatéraux. Piana a trouvé, dans de petits Mollusques du genre *Helix*, un petit cysticerque qui paraît correspondre à cette forme.

T. conica Mol., *T. imbutiformis* Pol. et *T. megalops* Nitzsch, du Canard; *T. tetragona* Pol., de la Poule; *T. cantaniana* Pol., du Dindon et du Faisan. Les quatre derniers sont décrits comme ayant une trompe inerme; mais ils réclament de nouvelles études.

Genre **Ophryocotyle** (*Ophryocotyle* Friis). — Ce nouveau genre, établi par Friis en 1869, est voisin du genre *Tænia*, et offre comme lui les orifices génitaux sur la marge des proglottis; mais la trompe est remplacée par une expansion cupuliforme « dont les bords, festonnés et armés de petits crochets, constituent, en se rapprochant, une série transversale de petites ventouses; au-dessous se trouvent quatre bothridies, dont les bords sont armés aussi de crochets (1). »

O. proteus Friis. Cupule en éventail formant cinq ventouses. Dans l'intestin du Bécasseau variable, du Pluvier à collier, etc. *O. Lacazei* Vill., de la Barge rousse.

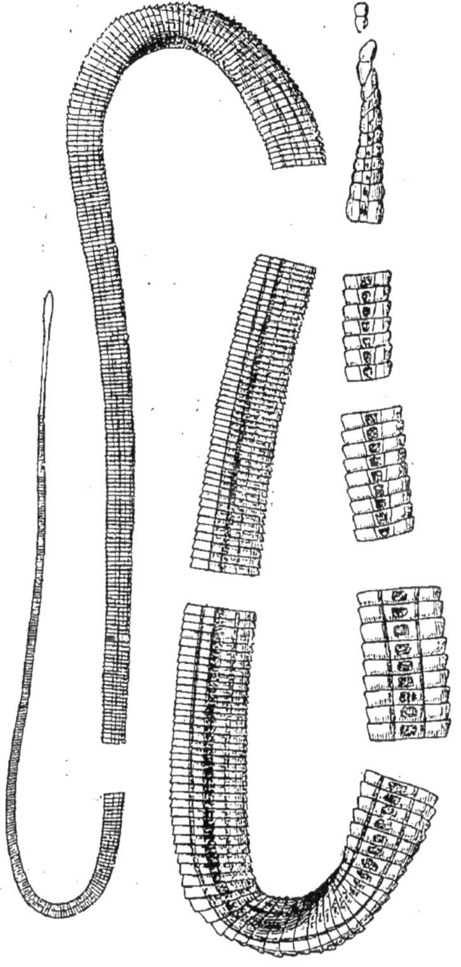

Fig. 164. — Bothriocéphale large, en partie d'après Leuckart.

Fig. 165. — Tête du *Bothriocephalus latus*, montrant les deux ventouses longitudinales ou bothridies.

(1) Villot, *Recherches sur les Helminthes libres ou parasites des côtes de la Bretagne*. Archives de zool. expérim., t. IV, 1875, p. 451.

Famille des **BOTHRIOCÉPHALIDÉS**. — Elle comprend des Vers dont les orifices génitaux sont presque toujours situés sur la ligne médiane ventrale ; l'appareil sexuel est multiple. La tête est en général munie de deux ventouses (βόθριον, fossette ; κεφαλή, tête).

Cette famille peut être divisée en plusieurs tribus :

A. **BOTHRIADÉS**. — Le corps est rubané ; la tête est dépourvue de crochets, et munie seulement de deux ventouses en forme de fentes allongées (bothridies).

Le genre **Bothriocéphale** (*Bothriocephalus* Brems. *Dibothrium* Dies.), qui sert de type à ce groupe, est surtout caractérisé par ses orifices génitaux, situés sur le milieu de la face ventrale. Il renferme de nombreuses espèces, la plupart vivant chez les Poissons. Quelques-unes cependant se rencontrent chez les Oiseaux et les Mammifères et même chez l'Homme.

Bothriocéphale large (*B. latus* Brems.). — D'après les auteurs, ce Ver, qui mesure d'ordinaire de 2 à 7 mètres, peut acquérir jusqu'à 20 mètres de long, sur 27 millimètres de large en arrière. Il est de teinte grisâtre. La tête est oblongue, inerme, creusée de deux fentes latérales ou bothridies qui s'étendent dans presque

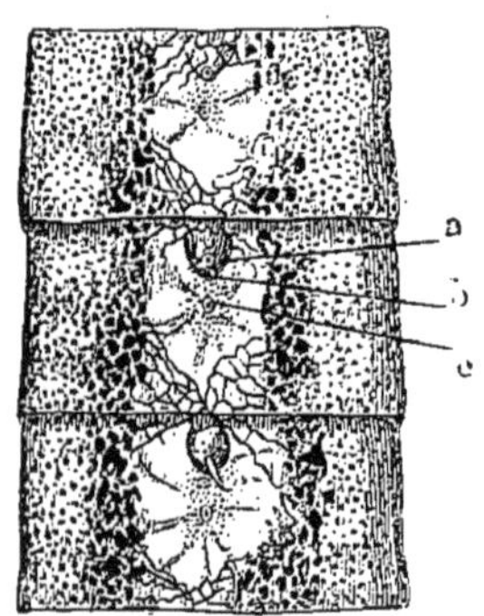

Fig. 166. — Trois anneaux de Bothriocéphale large, grossis et vus par la face ventrale, d'après Eschricht. — Au troisième anneau, le pénis est saillant ; il est rentré dans les autres. *a*, orifice mâle. *b*, orifice du vagin. *c*, orifice de la matrice, par lequel s'effectue la ponte.

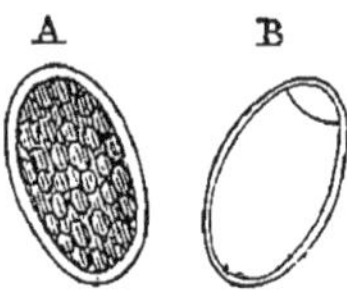

Fig. 167. — Œufs du *Bothriocephalus latus*. — A, vu dans la glycérine. B, après l'action de l'acide sulfurique, qui a fait apparaître l'opercule (Laboulbène, inéd.).

toute sa longueur et fonctionnent à la façon des ventouses. Le cou est à peu près nul. Les premiers anneaux sont à peine marqués ; les suivants s'allongent un peu, mais deviennent surtout très larges. « Les plus grands, dit Davaine, sur 1 centimètre et plus de largeur, ont 4 millimètres de longueur. Après avoir atteint leur maturité complète, ces anneaux (comme le strobila qu'ils forment) décroissent de largeur, mais non pas en s'allongeant, comme le font les proglottis des Ténias; au contraire, ils perdent aussi en longueur et n'ont plus que 3 millimètres de long sur 8 millimètres de large. Ce fait trouve sa raison dans l'atrophie des organes génitaux et dans leur déplétion par la ponte. » Les orifices génitaux sont situés sur la ligne médiane ventrale, ce qui permet de distinguer facilement les anneaux de ce Ver de ceux des Ténias. L'orifice mâle et celui du vagin sont très rapprochés et occupent le sommet d'un petit tubercule, non loin du bord antérieur de l'anneau; un peu en arrière se voit l'ouverture de l'utérus, par laquelle s'effectue la ponte. Les œufs sont ovoïdes, operculés, longs en moyenne de 68 à 71 μ sur 44 à 45 μ.

Les anneaux du Bothriocéphale ne se séparent pas en cucurbitains comme ceux des Ténias, et souvent ils restent fixés au strobile après la ponte : la séparation se fait par fragments assez longs, d'ordinaire ratatinés ou tordus.

Le Bothriocéphale large se rencontre dans l'intestin grêle de l'Homme, plus rarement dans celui du Chien (Pallas, Siebold, etc.) : dans ce dernier cas, on l'a quelquefois regardé comme une espèce particulière (*B. Canis* Ercolani et Bassi). — On ne l'a observé d'une manière certaine qu'en Europe. Il est surtout commun en Suisse, dans le nord de la Russie, en Suède et en Pologne. — Les accidents qu'il détermine sont du même ordre que ceux occasionnés par les Ténias.

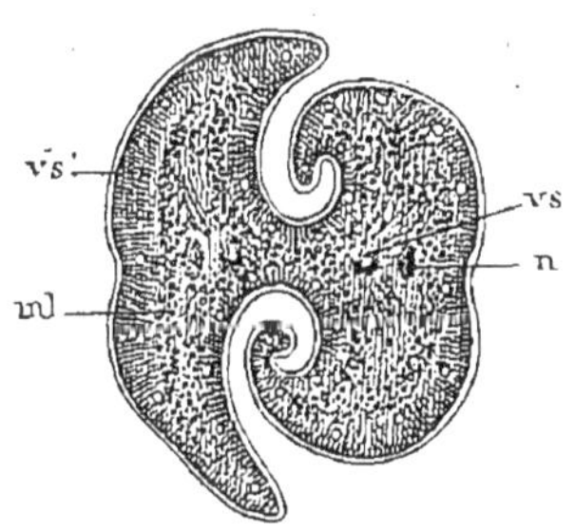

Fig. 168. — Coupe verticale passant par le milieu de la tête du *Bothriocephalus latus*, d'après R. Moniez. — *n*, cordons nerveux. *vs*, vaisseaux de la zone centrale. *vs'*, vaisseaux sous-cuticulaires. *ml*, fibres musculaires longitudinales. Les deux dépressions correspondent aux bothridies.

Organisation. Évolution. — Les détails que nous avons donnés au sujet des Ténias nous permettront d'étudier plus rapidement l'organisation interne du Bothriocéphale.

D'abord, aucune observation importante en ce qui concerne le tissu fondamental, les téguments et les muscles. — Le *système nerveux* est représenté par deux troncs longitudinaux situés au milieu de l'espace qui s'étend entre la ligne médiane et le bord des anneaux; d'après Niemiec, ces deux troncs latéraux, arrivés à l'extrémité de la tête, s'inclinent à la rencontre l'un de l'autre, et, après un renflement insignifiant, se réunissent par une puissante commissure offrant dans son milieu un épaississement qui renferme des cellules ganglionnaires. Les deux troncs se prolongent encore au delà de la commissure et se terminent en émettant une série de filets nerveux courts et grêles. En deçà de la commissure, ils donnent naissance, de chaque côté, à quatre nerfs qui se recourbent en arrière et se perdent dans la tête. — Il n'existe dans la zone centrale qu'un seul *vaisseau* de chaque côté de la ligne médiane, un peu en dedans du cordon nerveux; on a décrit, en outre, des vaisseaux sous-cuticulaires, au sujet desquels les renseignements sont peu précis.

Les *follicules testiculaires* occupent les parties latérales de l'anneau; les spermatozoïdes ont une queue très courte; on ne sait pas bien exactement si ces produits cheminent à travers les tissus ou dans des canaux à parois propres. En tout cas, ils aboutissent à un spermiducte

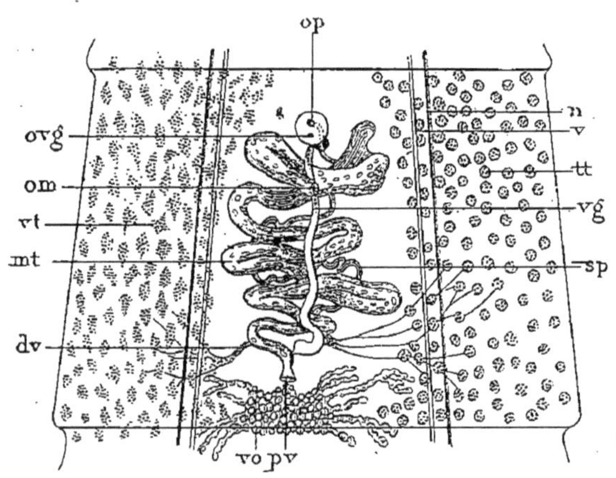

Fig. 169. — Schéma d'un anneau de Bothriocéphale large, vu par sa face ventrale. — *v*, vaisseau. *n*, nerf. *tt*, testicules. *sp*, spermiducte ou canal déférent. *op*, orifice du pénis. *vo*, ovaire. *pv*, pavillon. *mt*, matrice. *om*, orifice de la matrice. *vt*, follicules vitellogènes. *do*, vitelloducte. *vg*, vagin. *ovg*, orifice du vagin.

ou canal déférent très long, replié sur lui-même, qui va s'ouvrir au sommet d'un petit tubercule situé à la partie antérieure de l'anneau, après avoir traversé un bulbe musculeux et une poche péniale pourvue elle-même de fibres musculaires. Les contractions de celles-ci déterminent le renversement du spermiducte, qui fait saillie sous forme de pénis.

Les *organes femelles* sont constitués essentiellement par un ovaire et des vitellogènes. — L'*ovaire* est appliqué contre la couche inférieure des muscles circulaires, dans la partie postérieure de l'anneau, et empiète un peu sur l'anneau suivant. Il présente des traînées d'ovules qui rayonnent vers un point central, où ils vont s'accumuler quand ils sont détachés. Il existe en outre une sorte d'*ovaire central*, dont les éléments ont été regardés comme des glandes unicellulaires destinées à sécréter la coque de l'œuf; ces éléments ou ovules entrent en régression sur les anneaux mûrs et ne paraissent pas donner naissance à des œufs. — Les ovules sont recueillis par un *pavillon* qui s'ouvre contre le point central précité de l'ovaire. Ce pavillon donne entrée dans un oviducte qui rencontre bientôt un petit canal émané du réceptacle séminal, puis se continue par un tube qui deviendra la matrice, et qui lui-même ne tarde pas à recevoir un affluent, le vitelloducte.

Le *vagin* naît immédiatement en arrière de la poche péniale; il se dirige vers la partie postérieure de l'anneau, et s'élargit en un vaste réservoir séminal (*receptaculum seminis*), qui communique avec l'oviducte par un très court canal. Ce vagin est cilié : il amène les spermatozoïdes qui féconderont les ovules au passage.

Les *vitellogènes*, que nous n'avons pas eu à signaler chez les Ténias, sont des glandes représentées par des amas cellulaires ou follicules, ré-

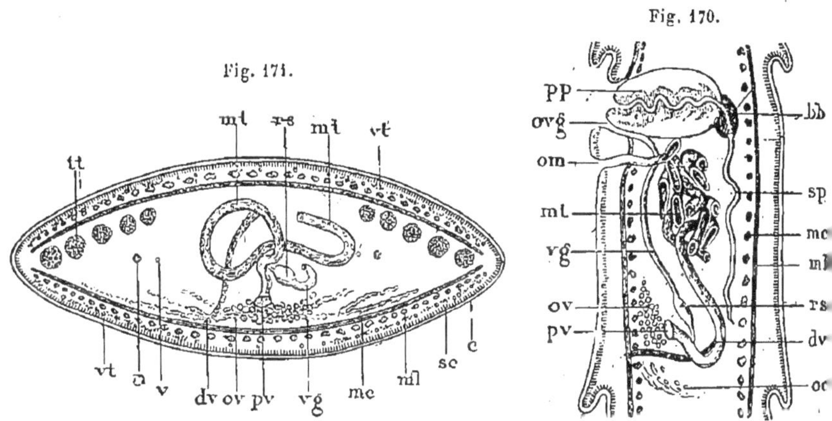

Fig. 170 et 171. — Coupes schématiques longitudinale et transversale d'un anneau de Bothriocéphale large. — *c*, cuticule. *sc*, couche sous-cuticulaire. *ml*, muscles longitudinaux. *mc*, muscles circulaires. *v*, vaisseau. *n*, nerf. *tt*, testicules. *sp*, spermiducte. *bb*, bulbe. *pp*, poche péniale. *ov*, ovaire. *oc*, ovaire central. *pv*, pavillon. *dv*, vitelloducte (les follicules vitellogènes ne sont pas dans le plan de la coupe). *mt*, matrice, avec ses circonvolutions coupées. *om*, orifice de la matrice. *rs*, réservoir séminal. *vg*, vagin. *ovg*, orifice du vagin.

pandus sur les deux faces de l'anneau, sauf dans le champ médian, et situés entre la couche sous-cuticulaire et la couche des muscles longitudinaux. Leurs éléments se résolvent en granulations vitellines, qui cheminent à travers les tissus, sous forme de boyaux, comme les spermatozoïdes, et convergent vers un centre commun; de là s'élève une colonne de vitellus, qui pénètre dans un canal collecteur, le *vitelloducte*, et va bientôt tomber dans la matrice. Par suite de cette disposition, les granules vitellins ne sont adjoints aux ovules qu'après la fécondation.

La *matrice* est constituée par un tube dont la disposition est assez simple sur les anneaux jeunes; mais l'accumulation des œufs dans son intérieur l'oblige bientôt à décrire des circonvolutions nombreuses, qui s'enchevêtrent avec celles du spermiducte, tout en s'écartant à mesure que l'anneau grandit. La portion terminale de ce tube matrice offre des parois épaisses; elle aboutit à un pore ventral, situé à quelque distance en arrière des orifices du spermiducte et du vagin : c'est par cette ouverture que s'effectue la ponte.

D'après les faits qui viennent d'être exposés, on voit que les ovules formés dans les branches rayonnantes de l'ovaire se dirigent vers un point central où ils sont recueillis par le pavillon. Dans le conduit qui émane de cet organe, ils ne tardent pas à rencontrer les spermatozoïdes qui débouchent du réservoir séminal, et la fécondation a lieu. Un peu plus loin, ils se trouvent en contact avec les granules vitellins que le tube vitelloducte déverse dans la matrice; ils s'organisent alors définitivement, et on les voit bientôt entourés d'une coque. L'œuf ainsi formé renferme une cellule-œuf assez volumineuse, pourvue d'un gros noyau nucléolé, et des éléments accessoires plus petits, d'origine vitelline (fausses cellules), dont le noyau n'offre pas de nucléole. La coque paraît n'être autre chose que la membrane vitelline.

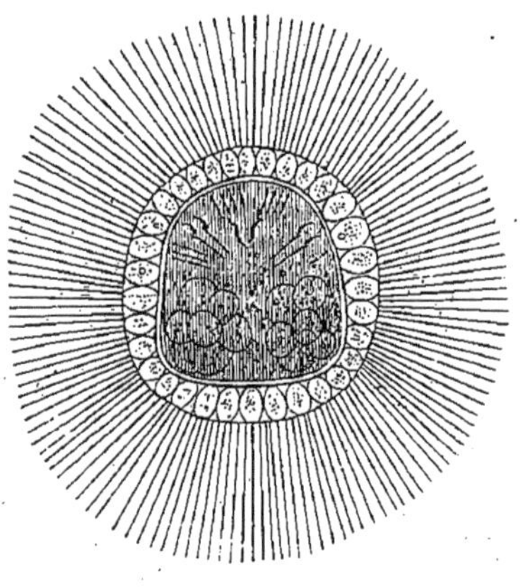

Fig. 172. — Embryon cilié du Bothriocéphale large, d'après Leuckart.

L'embryon se développe après la ponte; l'éclosion a lieu dans l'eau, au bout de plusieurs mois. Cet embryon est revêtu d'une enveloppe ciliée, qui se déchire à un moment donné, et met en liberté un organisme possédant tous les caractères de l'embryon hexacanthe des Ténias.

On n'est pas encore fixé d'une façon absolue sur les phases par lesquelles doit passer cet embryon. Dans diverses expériences, cependant, Knoch dit avoir obtenu des scolex et des Bothriocéphales adultes en faisant ingérer à des Chiens des larves ciliées ou même des œufs; le développement s'effectuerait donc sans l'intermédiaire d'un nouvel hôte. D'autres expérimentateurs sont arrivés, dans les mêmes conditions, à des résultats tout à fait négatifs. La question exige de nouvelles recherches. Ajoutons que, dans ces derniers temps, Braun (1) a publié un important travail tendant à démontrer que les Bothriocéphales non sexués qu'on trouve dans les différents tissus des Brochets et des Lottes, et en particulier dans les muscles, représentent une phase de l'évolution du Bothriocéphale de l'Homme. Ces scolex ne sont entourés d'aucune capsule, et leur partie postérieure arrondie ne porte aucun appendice. En les faisant ingérer à

(1) Braun, *Ueber die Herkunft von Botriocephalus latus*. Saint-Petersb. med. Woch., nº 16, 1882 et *Archiv für pathol. Anat. und Phys.* Bd LXXXVIII, p. 119, 1882.

des Chiens et à des Chats, on fait apparaître sûrement, chez ces animaux, des Vers identiques, comme structure, au Bothriocéphale large.

Bothriocéphale à tête en cœur (*B. cordatus* Leuck.). — La longueur ne dépasse guère un mètre. La tête est courte, large, creusée de deux profondes bothridies situées sur les faces ventrale et dorsale. Le cou est nul, et le corps s'élargit rapidement ; à 3 centimètres de la tête, les anneaux sont déjà mûrs ; 3 centimètres plus loin, ils ont atteint leur plus grande largeur, qui est de 7 à 8 millimètres. Les corpuscules calcaires sont très nombreux.

Ce Ver n'a été rencontré, jusqu'à présent, qu'au Groenland. Leuckart l'a décrit d'après des spécimens recueillis chez l'Homme et surtout chez le Chien. D'après Krabbe, il existe aussi chez un Phoque (*Phoca barbata*) et un Morse (*Trichechus rosmarus*). Pallas et Linné semblent avoir indiqué un Ver semblable.

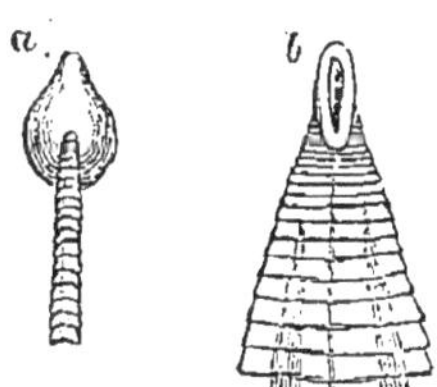

Fig. 173. — Tête du *Bothriocephalus cordatus*, vue de face et de profil, d'après Leuckart.

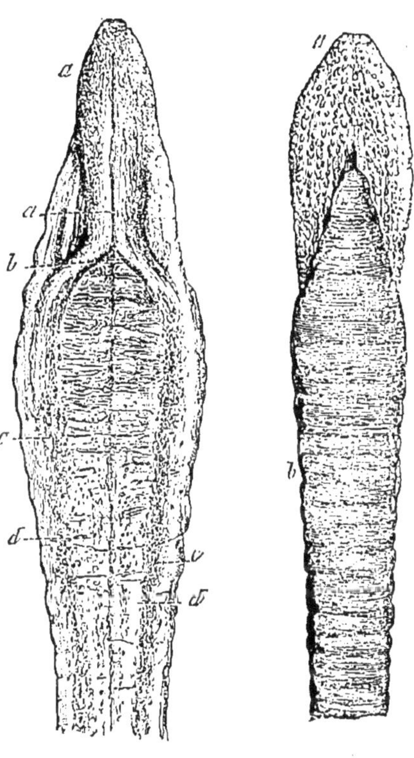

Fig. 174. — Tête du *Bothriocephalus cristatus*, vue de face et de côté. — *a,a*, crête médiane. *b*, son prolongement en arrière. *c*, *c*, traînée externe de corpuscules calcaires. *d,d*, traînée interne (Davaine).

Bothriocéphale à crête (*B. cristatus* Dav.). — Espèce établie par Davaine d'après deux échantillons recueillis, l'un sur un enfant de cinq ans, né et élevé à Paris, l'autre chez un habitant de la Haute-Saône. Longueur, jusqu'à 3 mètres ; largeur maxima, 9 millimètres. La tête est aplatie, obtuse en arrière, pointue à l'extrémité libre, qui offre sur chacune de ses faces planes une crête longitudinale saillante, longue d'un millimètre. Ces deux crêtes se réunissent et se prolongent en une sorte de rostre couvert de papilles.

Bothriocéphale denté (*B. serratus* Dies.). — Ver assez mal connu, trouvé au Brésil par Natterer, dans l'intestin grêle du *Canis Azaræ*, et regardé par Diesing, à tort ou à raison, comme spécifiquement distinct du *B. latus*. Cet auteur avait même cru devoir rapporter à cette nouvelle espèce le Bothriocéphale large observé sur le Chien par von Siebold.

Bothriocéphale noirâtre (*B. fuscus* Krabbe). — Ver long de 8 millimètres à 80 centimètres. Tête comprimée, lancéolée. Premiers articles apparaissant peu distincts, à quelque distance ou immédiatement en arrière de la tête. Anneaux s'accroissant d'une façon régulière depuis $0^{mm},5$ jusqu'à 5 millimètres, puis se rétrécissant, mais en augmentant de longueur, de telle sorte qu'ils arrivent à être plus longs que larges. Matrice formant dix à quinze anses de chaque côté dans les anneaux postérieurs. Œufs ellipsoïdes, longs de 55 à 60 μ.

Krabbe a trouvé ce Ver dans l'intestin du Chien, en Islande. Le même auteur a décrit, sous les noms de *B. reticulatus* et *B. dubius*, deux espèces douteuses ayant la même origine ; ce ne sont peut-être que des variétés de la première.

Bothriocéphale du Chat (*B. felis* Crepl.). — Long de 15 à 22 centimètres. Tête large, aplatie, lancéolée et munie de deux bothridies correspondant aux faces des articles. Œufs ellipsoïdes, operculés, longs de 50 à 60 μ.

Krabbe a recueilli cinq exemplaires encore jeunes de ce Ver, à Copenhague, dans l'intestin grêle de deux Chats domestiques. Déjà Creplin, en 1825, avait trouvé deux Bothriocéphales très jeunes, de 4 à 7 millimètres de long, également dans l'intestin grêle d'un Chat, à Greifswald. Il est probable qu'il s'agissait, dans les deux cas, de la même espèce.

Une forme voisine, le *B. decipiens*, existe fréquemment chez les espèces sauvages du genre *Felis*.

Bothriocéphale à long cou (*B. longicollis* Molin). — De l'intestin de la Poule.

B. **DUTHIERSIÉS**. — Corps rubané, segmenté. Tête en forme d'éventail creux, cloisonné dans son milieu de manière à former deux ventouses capsulaires ou bothridies.

Les *Duthiersia*, décrits par M. Perrier, habitent l'intestin de divers Lézards du genre Varan.

C. **DIPHYLLIDÉS**. — La tête est munie de deux ventouses et de deux trompes armées ; le cou est couvert de piquants.

Echinobothrium typus Van Ben., dans le tube digestif de la Raie.

D. **LIGULIDÉS**. — Le corps, à l'âge adulte, n'offre pas de segmentation extérieure, mais les organes génitaux sont métamérisés, c'est-à-dire multiples comme chez les Ténias. La tête n'a pas de ventouses proprement dites ; parfois il existe des crochets.

Les **Ligules** (*Ligula* Bloch) vivent d'abord dans la cavité abdominale des Poissons osseux, surtout des Cyprinidés. On les trouve d'ordinaire entrelacés avec l'intestin, dont ils atteignent quelquefois les dimensions. Ils sont alors agames, et présentent une organisation des plus simples. Dans quelques cas, cependant, on les a vu sacquérir leur maturité sexuelle. Mais, en général, leurs organes reproducteurs se complètent seulement dans le tube digestif des Oiseaux qui font leur proie des Poissons. Duchamp (1) a montré, par d'intéressantes expériences, que les Ligules asexuées (*Ligula simplicissima* Rud.) offrent un développement très rapide de la matrice et des œufs lorsqu'elles sont parvenues dans le tube digestif du Canard ou d'un Vertébré quelconque, et que les Ligules ainsi produites peuvent appartenir à des espèces bien distinctes (*L. sparsa*, etc.). Cet auteur a même obtenu des résultats identiques en introduisant les Ligules agames dans la cavité péritonéale d'un Chien; en outre, un de ces Vers ayant été divisé en deux parties, chaque fragment s'était développé comme les individus entiers.

Il paraît que, dans certaines localités de l'Italie, on mange les Ligules en friture, sous le nom de *Macaroni piatti*, et qu'on les considère comme un excellent mets (2).

Ligule de l'Homme (*L. Mansoni* Cobb.). — « Strobile plat, marqué de plis transversaux irréguliers, plus large en avant qu'en arrière; tête distincte, offrant des rides disposées régulièrement, terminée par une sorte de papille dont la pointe se rétracte de manière à simuler une ventouse; surface ventrale parcourue par un sillon longitudinal médian; pores génitaux absents. Longueur de l'animal vivant : 30 à 35 centimètres; largeur 3 millimètres; épaisseur $0^{mm},4$. »

Le docteur P. Manson, d'Amoy, a rencontré ce Ver en 1881, à l'autopsie d'un Chinois de 34 ans, atteint d'une hypertrophie éléphantiasique du scrotum et mort de dysenterie 18 jours après l'opération. Une douzaine d'exemplaires occupaient le fascia sous-péritonéal, les uns pelotonnés, les autres allongés ; un seul était libre dans la cavité pleurale droite. Ils étaient animés de faibles mouvements, comparables à ceux des Ténias.

Il s'agit là de Vers n'ayant pas atteint leur maturité sexuelle (3). Il est donc possible, comme le fait remarquer Cobbold, qu'ils se rapportent à une espèce déjà connue à l'état sexué, et dont les embryons se seraient égarés chez l'Homme. Déjà Laurentius Montin avait signalé le fait d'une jeune fille de 25 ans, qui avait rendu parmi des Ténias des fragments de Ligule (*L. cingulum* Rud.). Peut-être, cependant, ces fragments provenaient-ils en réalité des Ténias en question.

Famille des **TÉTRARHYNCHIDÉS**. — Le corps est rubané, nettement divisé en anneaux. Les orifices génitaux sont situés, comme chez

(1) Duchamp, *Recherches anatomiques et physiologiques sur les Ligules*. Paris, 1876.

(2) Rudolphi, *Entoz. Synopsis*, p. 459.

(3) Linnean Society's Journal. Zoology, vol. XVII, p. 78.

les Téniadés, sur la tranche des anneaux. La tête est pourvue de quatre ventouses hémisphériques et de quatre trompes protractiles garnies de crochets. — A l'état larvaire, ils sont enkystés chez les Poissons osseux. Leur développement s'achève dans le tube digestif des Raies et des Squales.

Le Tétrarhynque lingual (*Tetrarhynchus lingualis* Cuv.) se trouve enkysté chez les Plies, et devient adulte dans le tube digestif de la Raie, du *Galeus*, du *Spinax*, etc.

Famille des **TÉTRAPHYLLIDÉS**. — Corps rubané, segmenté. Orifices génitaux latéraux. Tête garnie de quatre ventouses ou bothridies très concaves, sessiles ou pédiculées, toujours extrêmement mobiles. Même habitat que les Tétrarhynchidés.

Deux sous-familles : les **PHYLLOBOTHRINÉS**, à ventouses inermes : *Echeneibothrium*, *Phyllobothrium*, etc. ; et les **PHYLLACANTHINÉS**, à ventouses armées de crochets : *Acanthobothrium*, *Onchobothrium*, etc.

Famille des **CARYOPHYLLIDÉS**. — Le corps est allongé, non segmenté ; la tête est dépourvue de ventouses et de crochets. Il existe un appareil sexuel unique, situé dans la partie postérieure du corps, et dont les orifices occupent la ligne médiane.

La Caryophyllée changeante (*Caryophyllæus mutabilis*), en forme de clou de girofle, habite le canal digestif des Cyprinidés. A l'état larvaire, elle possède un appendice caudal et vit dans le *Tubifex rivulorum*. Ces Vers non segmentés établissent le passage des Cestodes aux Trématodes.

DEUXIÈME ORDRE

TRÉMATODES

Plathelminthes nus, non segmentés, généralement foliacés, pourvus d'un tube digestif incomplet, sans anus, et d'une ou de plusieurs ventouses. Parasites.

Les Trématodes (τρηματώδης, troué) sont des Vers aplatis, présentant d'ordinaire un aspect foliacé, mais toujours sans trace de segmentation.

Le *tégument* est mou, non cilié ; sa couche cuticulaire, d'apparence anhiste, est percée d'une multitude de canalicules servant sans doute, comme chez les Cestodes, à la pénétration des liquides ambiants. La couche chitinogène sous-jacente est à cellules polyédriques. L'enveloppe musculo-cutanée est formée de cellules fusiformes.

Il existe des *organes de fixation*, représentés par des crochets et des ventouses. Celles-ci occupent toujours la face ventrale ; elles offrent une structure analogue à celle des Cestodes.

La zone centrale du corps, ou parenchyme médullaire, est constituée par une sorte de tissu conjonctif dans lequel sont logés les organes de nutrition et de reproduction.

Le *système nerveux* n'a pu être observé jusqu'à présent que chez un petit nombre de formes. Il se compose de deux ganglions susœsophagiens ou cérébroïdes reliés entre eux par une courte commissure transversale ; parfois aussi on rencontre un ganglion impair sous-œsophagien relié aux deux autres par deux commissures verticales. De chacun des ganglions cérébroïdes partent en général, d'après Gaffron : en avant, deux cordons nerveux ; en arrière, six troncs longitudinaux principaux, réunis par une série de commissures transverses et se distinguant en ventraux, latéraux ou externes, et dorsaux.

Les *organes sensoriels* se réduisent à des taches oculaires, qu'on observe surtout pendant la période embryonnaire.

Les Trématodes adultes sont pourvus d'un *tube digestif* incomplet, presque toujours bifurqué, à branches simples ou ramifiées, mais toujours terminées en cul-de-sac ; d'ordinaire, la bouche est terminale et située au fond d'une ventouse qu'on nomme pour cette raison ventouse orale. Il est évident que cette bouche fait aussi fonction d'anus, comme chez les Cœlentérés. La paroi du tube digestif est formée de cellules disposées en membrane et directement unies au tissu conjonctif.

La *circulation* est lacunaire ; il n'existe pas de cavité viscérale.

Le *système excréteur* est très développé ; il a son point de départ dans un réseau de fins canalicules qui prennent leur origine, comme chez les Cestodes, dans des entonnoirs ciliés (organes segmentaires). Ces canalicules se joignent de manière à constituer des vaisseaux de plus en plus larges, ciliés et non contractiles, qui convergent finalement vers un ou plusieurs canaux longitudinaux à parois contractiles non ciliées, communiquant avec l'extérieur ; lorsque ces canaux sont multiples (*Amphistoma*), ils se réunissent en formant un renflement contractile connu sous le nom de vésicule de Laurer.

Sauf de rares exceptions, les Trématodes sont hermaphrodites. Les organes mâles sont souvent très développés : il existe en général deux *testicules*, représentés par des tubes ramifiés et terminés en cul-de-sac, ou par des masses arrondies et mamelonnées.

De ces testicules émanent deux canaux déférents, qui se réunissent avant de déboucher à l'extérieur par un orifice dont la situation est variable. Quant aux organes femelles, ils se composent essentiellement d'un *ovaire*, longtemps appelé *germigène*, parce qu'on le regardait comme donnant naissance seulement à des vésicules germinatives : en réalité, cet organe produit des œufs qui se présentent sous la forme de cellules pourvues d'un gros noyau (vésicule germinative), et d'un vitellus peu abondant. A cet organe sont adjointes deux *glandes albuminigènes*, autrefois appelées *vitellogènes* ; ce sont de petits culs-de-sac glanduleux qui sécrètent, non pas le vitellus, comme on le pensait, mais des cellules qui se résolvent en granulations nageant dans un liquide albumineux. Les collecteurs ou *canaux albuminifères* (anciens *vitelloductes*) qui charrient ce produit se réunissent à l'*oviducte* (ancien *germiducte*), et de leur point de rencontre naît un canal sinueux, l'*utérus*, qui va s'ouvrir à peu de distance de l'orifice mâle.

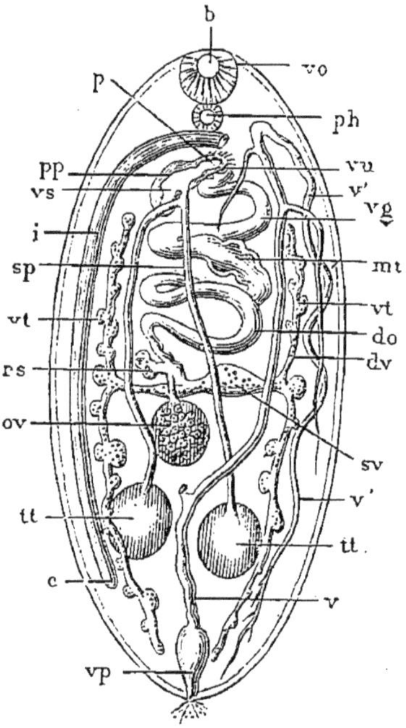

Fig. 175. — Schéma de l'organisation d'un Trématode, d'après P.-J. Van Beneden. — *vo*, ventouse orale. *b*, bouche. *ph*, bulbe pharyngien. *i*, l'un des intestins, se terminant en cul-de-sac en *c*; l'autre intestin est enlevé. *v*,*v'*, vaisseaux excréteurs et leurs divisions. *vp*, vésicule de Laurer; *tt*, testicules. *sp*, canaux déférents ou spermiductes. *pp*, bourse du pénis. *vs*, vésicule séminale. *p*, pénis. *ov*, germigène (ovaire). *vt*, vitellogènes. *dv*, vitelloductes. *sv*, vitellosac ou confluent dilaté des vitelloductes. *rs*, réservoir séminal. *do*, oviducte. *mt*, utérus. *vg*, vagin, montrant son orifice ou vulve *vu* au-dessous du pénis.

La plupart des Trématodes sont ovipares ; dans quelques cas seulement, le développement embryonnaire s'effectue en entier dans l'utérus. Quant aux phases ultérieures, elles varient suivant les formes qu'on étudie. Chez les *Polystomiens*, qui sont ectoparasites, le développement est presque toujours direct ; chez les *Distomiens*, endoparasites, il s'accompagne au contraire de métamorphoses.

Les *affinités* des Trématodes avec les Cestodes sont bien établies par les organes de fixation (Polystomiens), par la constitution des principaux appareils et même, jusqu'à un certain point, par le développement (Distomiens). Mais les Trématodes se relient peut-être mieux encore aux Turbellariés. Enfin, ils ont aussi des relations évidentes avec les Hirudinées.

2 sous-ordres :

Deux ventouses antérieures ; une ou plusieurs postérieures. Ectoparasites............................	Polystomiens.
Deux ventouses au plus, dont une antérieure. Endoparasites....................................	Distomiens.

PREMIER SOUS-ORDRE

DISTOMIENS

Trématodes munis au plus de deux ventouses, sans crochets. Métamorphoses complexes. Endoparasites.

L'œuf des Distomiens est toujours plus petit que celui des Polystomiens. L'embryon qui s'y développe ne va pas, en général, au delà de la phase morula, et, par suite, le développement se complique de métamorphoses, lesquelles sont liées à des phénomènes de génération alternante et à des migrations multiples.

Nous allons exposer rapidement la succession des phases de cette évolution, d'après les belles recherches de Steenstrup, Van Beneden, de Filippi, de la Valette Saint-Georges, Moulinié, Pagenstecher, G. Wagener, Ercolani, etc. Toutefois, comme l'histoire de toutes les formes de ce groupe est loin d'être connue, nous ne pourrons tracer qu'une sorte d'esquisse schématique, sauf à revenir plus loin sur quelques faits particuliers.

Lorsque les œufs des Distomiens sont déposés dans un milieu convenable, et en particulier dans l'eau, ils laissent échapper, au bout d'un certain temps, les embryons qui se sont développés dans leur intérieur. Ces embryons sont tantôt nus, et alors peu actifs, souvent pourvus de piquants à la partie antérieure, tantôt revêtus de cils qui leur permettent de se mouvoir avec rapidité, ce qui leur a valu le nom d'*embryons infusoriformes.*

Après avoir nagé, pendant un temps indéterminé, dans le liquide ambiant, ils doivent pénétrer, par une migration active, dans le corps d'un animal aquatique, le plus souvent d'un Mollusque

(Limnée, Planorbe, Paludine, etc.). — Une fois fixé, l'embryon donne naissance à un organisme plus ou moins complexe, ordinairement muni d'une ventouse, et auquel on donne le nom général de *sac germinatif* ou sac cercarigère. Lorsque cet organisme est dépourvu de bouche et de tube digestif, Van Beneden le distingue par la dénomination de *Sporocyste* (σπορά, graine; κύστις, vésicule); s'il possède, au contraire, ces organes, de Filippi l'appelle *Rédie*.

Ces sacs germinatifs, qui représentent la seconde phase du développement extérieur, peuvent se multiplier soit par scission, soit par bourgeonnement endogène ou exogène; mais, dans les sporocystes ou dans les rédies ainsi produites, aussi bien que dans celles qui leur ont donné naissance, la germination interne aboutit à la formation de nouveaux organismes, appelés cercaires. — Un *Cercaire* peut être comparé, pour la forme, à un têtard de grenouille : il possède un corps plus ou moins ovalaire, terminé en arrière par une queue très mobile, simple ou bifide, d'où lui vient son nom (κέρκος, queue). On a longtemps regardé les cercaires comme des Infusoires : c'est Steenstrup qui le premier a reconnu leur nature et obtenu leur transformation. Ils sont quelquefois munis de taches oculaires; quant à leur organisation interne, elle est tout à fait analogue à celle des Distomiens adultes, dont ils ont déjà les ventouses caractéristiques; mais les organes génitaux font défaut.

En général, au bout d'un certain temps, les cercaires s'échappent du sac qui les contient, et quittent même souvent le corps de leur hôte : c'est à cette période qu'on peut les observer nageant ou rampant en liberté dans l'eau. Ils sont alors à la recherche d'un meilleur gîte : par une nouvelle migration active, sans doute, ils pénètrent dans le corps d'un autre animal aquatique. Ce second hôte est parfois encore un Mollusque; d'autres fois, c'est un Ver, un Crustacé, un Insecte aquatique ou une larve; plus rarement, un Vertébré : Poisson ou Batracien. Ercolani a trouvé aussi des cercaires chez des Mollusques terrestres, et il semble même que ces organismes puissent se fixer à la surface de certaines plantes ou de corps inorganiques divers. Quel que soit du reste leur nouveau séjour, ils perdent leur appendice caudal, se contractent en boule et s'entourent d'un kyste à double paroi qu'ils sécrètent eux-mêmes. Leur organisation subit alors quelque perfectionnement, et parfois les organes sexuels commencent à se développer. Mais là ne doit pas se terminer la vie de ces jeunes *Distomiens agames*.

Une dernière migration a lieu, en effet, celle-là toute passive, quand l'animal porteur de cercaires enkystés devient la proie d'un Vertébré. Cet animal est alors digéré, tandis que le parasite résiste à l'action des sucs digestifs, et gagne l'organe qui représente son habitat définitif. C'est presque toujours une cavité en communication avec le monde extérieur : intestin, canaux biliaires, vessie urinaire, voies aériennes, sinus sous-orbitaires (des Oiseaux), etc. Arrivé en ce point, le jeune Ver acquiert ses organes génitaux et devient ainsi un *Distomien adulte*.

En résumé, on voit que : 1° l'œuf donne naissance à un embryon ordinairement cilié, qui vit en liberté dans l'eau, puis se fixe sur un animal inférieur : Van Beneden compare cet état au *Proscolex* des Cestodes; 2° l'embryon se transforme sur place en un sac cercarigère, correspondant à un *Scolex;* 3° ce sac germinatif engendre des cercaires qui se mettent en liberté pour aller s'enkyster sur un hôte nouveau ; puis ces cercaires, qui ne sont autres que des Distomiens imparfaits, parviennent chez un hôte définitif qui a fait sa proie du précédent ; ils deviennent alors adultes et sexués, comme les *Proglottis* des Cestodes.

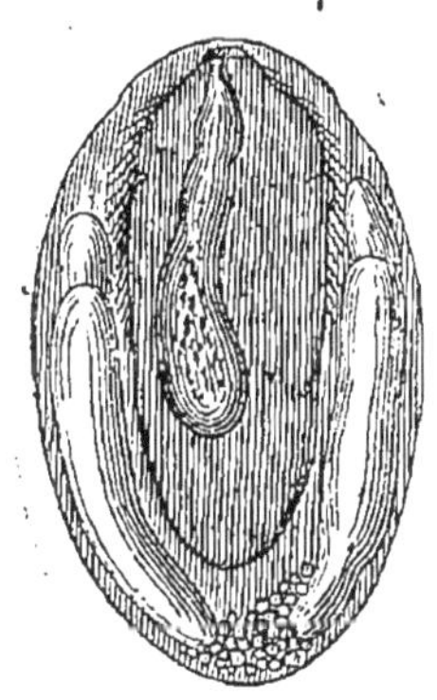

Fig. 176. — Œuf d'*Amphistoma subclavatum*, contenant une jeune rédie (Ercolani).

L'évolution de toutes les espèces de Distomiens ne suit pas d'une façon invariable la voie typique que nous venons d'indiquer; elle est tantôt plus, tantôt moins complexe. D'ailleurs, les recherches de Pagenstecher tendent à prouver que, suivant les conditions climatériques, la succession des phases peut varier dans des limites étendues ou, en d'autres termes, que le processus évolutif est susceptible de se condenser ou de se dilater. Ainsi, dans certains cas, le sac germinatif se montre déjà formé dans l'embryon (*Monostoma mutabile*), ainsi que l'avait constaté von Siebold, qui regardait ce corps vésiculaire comme un « parasite nécessaire ». Ercolani a même vu l'embryon cilié de l'*Amphistoma subclavatum* présenter dans l'œuf la constitution complexe d'une rédie (fig. 176). D'autre part, on constate assez souvent que des sacs germinatifs donnent naissance à des cercaires dépourvus de queue, c'est-à-dire à des Distomiens agames; quelquefois aussi des cercaires complets s'enkystent dans l'intérieur même du sac germinatif. Enfin, il est des cercaires qui se transforment en Distomiens adultes sans passer par la phase asexuée, des Distomiens enkystés qui acquièrent des organes sexuels complets et produisent des œufs, etc. Dans un sens opposé, on a vu, chez des cercaires, l'appendice caudal se transformer en sporocyste.

Ajoutons que les Distomiens peuvent subir d'importantes variations de forme suivant le milieu dans lequel ils se développent. C'est là un fait remarquable, qui a été mis en lumière par les expériences d'Ercolani.

La plupart de ces Vers sont parasites des Poissons, des Amphibiens et des autres Vertébrés plus ou moins aquatiques. En ce qui concerne même les animaux terrestres, on les trouve plus abondamment chez les espèces qui fréquentent les lieux humides.

Famille des **MONOSTOMIDÉS**. — Une seule ventouse, située à la partie antérieure.

Genre Monostome (*Monostoma* Rud.). — Ventouse peu développée et contenant la bouche.

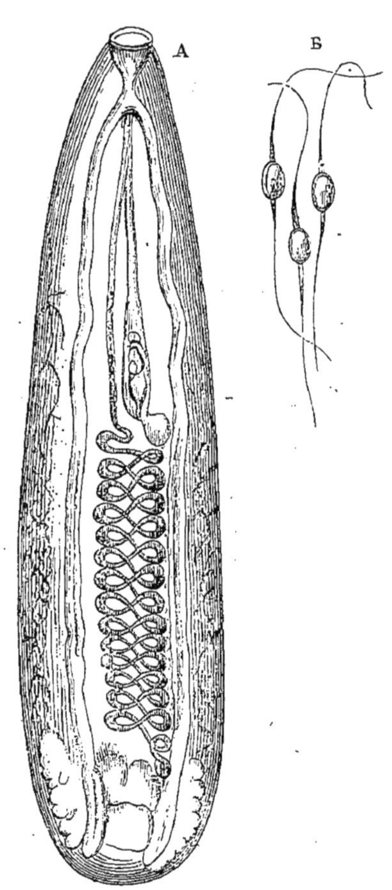

Fig. 177. — A, *Monostoma verrucosum* jeune, grossi 40 fois. B, trois œufs du même, grossis 215 fois (Dujardin).

Monostome jaune (*M. flavum* Mehlis). — Trouvé dans les bronches, la trachée, les fosses nasales et les sinus sous-orbitaires des Canards. Son cercaire (*C. ephemera* Nitzsch) prend naissance dans des sporocystes du *Planorbis corneus*.

Monostome changeant (*M. mutabile* Zeder). — Vit dans les fosses nasales, les sinus sous-orbitaires, les intestins, etc., etc., de l'Oie domestique et d'un grand nombre d'Oiseaux aquatiques.

Monostome verruqueux (*M. verrucosum* Frölich). — Habite les cæcums et le rectum de l'Oie, du Canard et même du Coq.

Monostome caryophyllin (*M. caryophyllinum* Rud.). — Ver incomplètement connu, qui habite les intestins du Canard et ceux de l'Epinoche.

Monostome fève (*M. geminum* Brems., *M. faba* Brems.). — Ces Monostomes ont été rencontrés assez souvent dans des nodules pisiformes de la peau de divers jeunes Passereaux, nodules ouverts à l'extérieur, dans lesquels ils se trouvent deux, appliqués ventre à ventre.

Monostome du Lapin (*M. leporis* Kuhn). Espèce très douteuse, découverte par Kuhn dans le péritoine du Lapin. Ce n'est peut-être qu'un Cysticerque pisiforme en voie d'évagination.

Monostome du cristallin (*M. lentis* Nordm.). — Nous ne citons aussi que pour mémoire cet Helminthe, trouvé une seule fois par Junkens dans le cristallin d'une vieille femme affectée de cataracte.

Genre **Holostome** (*Holostoma* Nitzsch). — L'extrémité antérieure, séparée du reste du corps par un étranglement, se montre dilatée en une large cupule membraneuse faisant fonction de ventouse et ouverte *directement* en avant. La partie postérieure est étroite et plus ou moins arrondie.

Holostome erratique (*H. erraticum* Rud.). — Ce Ver, qui est de couleur blanchâtre, avec une teinte brune partielle due à la présence des œufs, mesure 6 à 8 millimètres en longueur à l'état de développement complet.

Dans les intestins du Canard, du Cygne et de nombreux Oiseaux aquatiques.

On a longtemps ignoré son origine. Récemment, Ercolani l'a vu se développer chez le Canard, à la suite de l'ingestion d'une forme larvaire assez bizarre, que Steenstrup avait observée dès 1842, et à laquelle de Filippi avait donné le nom de *Tetracotyle*. Cette larve offre la curieuse particularité de vivre en parasite dans les sporocystes de diverses espèces de Distomiens ; cependant, on l'a rencontrée aussi, libre ou enkystée, dans les viscères d'un certain nombre de Mollusques et même d'un Poisson. Elle se présente sous l'aspect d'un corps ovoïde ou arrondi, de teinte noirâtre, enveloppé dans une membrane transparente et élastique, qui suit ses mouvements de contraction et lui appartient en propre. A la face inférieure du corps, on voit quatre ventouses : une supérieure ou buccale arrondie, une médiane ou abdominale et deux latérales elliptiques; celles-ci disparaissent d'une façon complète chez le Ver adulte.

Genre **Hémistome** (*Hemistoma* Dies.). — La tête est séparée du corps et développée en cupule comme dans le genre précédent, mais cette cupule est tronquée de manière à s'ouvrir *obliquement* en avant.

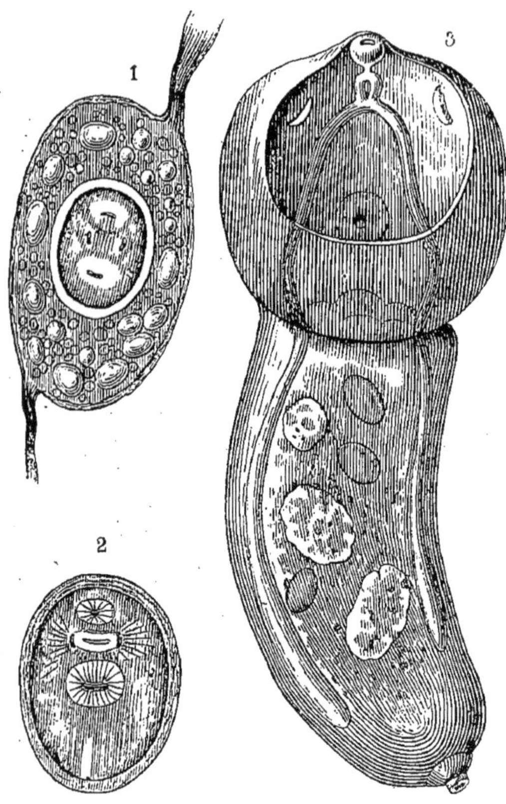

Fig. 178. — Développement de l'Holostome erratique, d'après Ercolani. — 1. Tétracotyle parasite d'une sporocyste. 2, Tétracotyle libre extrait d'une Planorbe. 3, Tétracotyle développé en Holostome erratique dans l'intestin du Canard.

Hémistome ailé (*H. alatum* Gœze). — Ver d'un blanc sale, d'environ 5 millimètres de long, dont la partie antérieure est dilatée en cœur.

On le rencontre rarement dans l'intestin grêle du Chien : il est, au contraire, très commun chez le Renard, le Loup, etc.

Fig. 179. — *Hemistoma alatum*, grandeur naturelle et grossi, d'après Gurlt.

Famille des **DISTOMIDÉS**. — Les Distomidés possèdent, outre la ventouse antérieure ou orale, une seconde ventouse occupant une position variable à la face ventrale.

Genre **Distome** (*Distoma* Retzius. *Fasciola* O. F. Müller). — Ces Vers sont plus connus sous le nom de Douves; on les reconnaît aisément à la position de leur ventouse ventrale, qui se trouve à quelque distance de l'autre, dans le tiers antérieur du corps.

Le Distome hépatique seul a les deux branches de l'intestin ramifiées; chez toutes les autres espèces que nous aurons à décrire, ces branches sont simples.

Distome hépatique (*D. hepaticum* L.). — Ce parasite est désigné par les vétérinaires sous le nom de *Douve du foie*. Son corps, d'aspect foliacé et d'une teinte brun pâle, mesure environ 3 centimètres de long sur 1 de large; la ventouse abdominale est située vers le cinquième antérieur du corps: son ouverture a la forme d'un triangle à base antérieure. Ses œufs mesurent 130 à 145 μ de long, sur 70 à 90 μ de large.

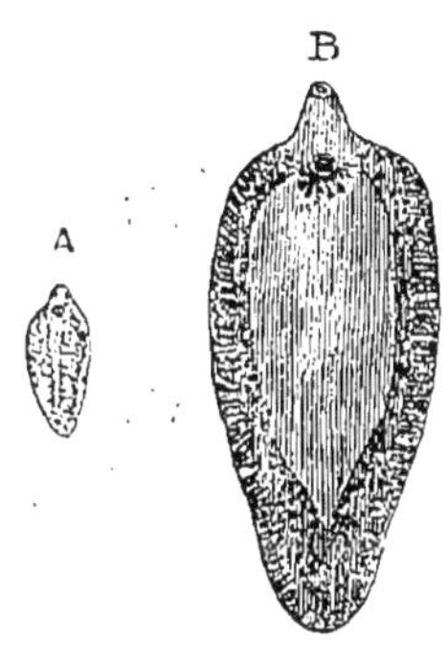

Fig. 180. — *Distoma hepaticum*, grandeur naturelle. — A, jeune. B, adulte (Orig.).

Le Distome hépatique se rencontre surtout dans les canaux biliaires du Mouton; il pénètre jusque dans ceux d'un petit diamètre en se repliant sur lui-même. Sa présence détermine des lésions souvent graves du foie, et consécutivement une affection hydrémique connue sous le nom de *cachexie aqueuse* ou *pourriture*. D'après Küchenmeister, il se nourrirait non de la bile, mais du sang qu'il retirerait de la muqueuse des voies biliaires. Les exemplaires qu'on trouve dans la vésicule biliaire ou dans l'intestin sont presque toujours des individus morts.

On rencontre aussi ce parasite chez d'autres Mammifères, par exemple chez la Chèvre, le Bœuf, le Chameau, le Cheval, l'Ane, le Cochon, le Lièvre, etc., mais beaucoup plus rarement. Dans quelques cas, chez le Bœuf, on l'a vu dans des tumeurs du poumon.

Enfin, on l'a signalé aussi dans l'espèce humaine : Duval, de Rennes, l'a même recueilli dans la veine porte, et divers médecins dans des tumeurs sous-cutanées.

Organisation. Évolution. — La cuticule de la Douve hépatique (1) est revêtue de nombreux petits piquants dirigés en arrière. La couche sous-cuticulaire est formée de cellules polyédriques. En dedans s'observe une enveloppe musculaire à cellules fusiformes, comprenant plusieurs couches: une superficielle, continue, de fibres transversales; une seconde de faisceaux longitudinaux séparés, et même une troisième de faisceaux en diagonale.

La zone centrale du corps a pour base un tissu conjonctif à cellules

(1) Voyez E. Macé, *Recherches anat. sur la grande Douve du foie.* Paris, 1882.

polyédriques; elle est traversée par un système dorso-ventral de faisceaux musculaires, et entoure les différents organes internes.

Le *système nerveux* se compose de deux ganglions dits *sus-œsophagiens*, situés sur les côtés de l'œsophage ou du pharynx, et d'un ganglion *sous-œsophagien* réuni par deux commissures verticales aux précédents, qui sont eux-mêmes reliés entre eux par une commissure transversale passant au-dessus du tube digestif. Chacun des deux ganglions sus-œsophagiens émet deux cordons qui se distribuent dans la partie antérieure du corps, et deux troncs longitudinaux, dirigés en arrière, qui envoient de fins rameaux dans les différents organes. L'un de ces troncs représente le nerf dorsal; il ne s'étend que sur la première moitié du corps; l'autre correspond au nerf ventral et se prolonge jusqu'à la partie postérieure. Quant aux nerfs latéraux, ils manquent tout à fait.

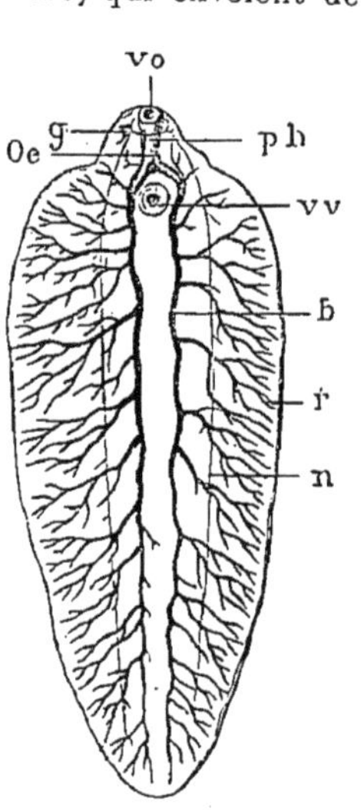

Fig. 181. — Appareil digestif et système nerveux de la Douve hépatique (le système nerveux est schématique). — *vo*, ventouse buccale. *vv*, ventouse ventrale. *ph*, pharynx. *œ*, œsophage. *b*, branches de l'intestin. *r*, leurs ramifications. *g*, ganglions nerveux. *n*, nerf ventral.

L'*appareil digestif* a son orifice antérieur au fond de la ventouse orale; à cette bouche fait suite un pharynx à parois épaisses et musculeuses, propre à aspirer les liquides nutritifs, puis un court œsophage se divisant en deux branches immédiatement en avant de la ventouse ventrale. Ces deux branches offrent un grand nombre de ramifications, qui toutes se terminent en cul-de-sac.

Les canalicules de l'*appareil excréteur* convergent vers un canal longitudinal unique, situé sur la ligne médiane et s'ouvrant à l'extrémité postérieure du corps.

Les deux sexes sont réunis sur le même individu. Les *organes reproducteurs* sont assez complexes : on peut cependant les observer sans difficulté sur des Douves adultes qui ont séjourné quelques heures dans l'eau. Les *testicules* sont représentés par de nombreux tubes ramifiés, terminés en cul-de-sac et occupant un vaste espace à la partie centrale du corps; on en distingue deux superposés, dont les ramifications aboutissent à deux *canaux déférents*. Ceux-ci se confondent, au niveau de la ventouse abdominale, en un conduit unique, qui ne tarde pas à se dilater en une *vésicule séminale* pyriforme. De cette vésicule émane un *canal éjaculateur* étroit et sinueux, qui débouche, comme l'a montré Sommer, au fond d'un sac cylindrique appelé *sinus génital*. Sous une pression même assez modérée, ce sac peut se dégainer et faire ainsi saillie à l'extérieur, en montrant sa surface interne — devenue ainsi externe — hérissée de piquants dirigés d'arrière en avant : c'est là ce qu'on avait appelé le *cirre* ou *pénis*. Toute cette dernière partie de l'appareil (vésicul séminale, canal éjaculateur et sinus génital), ainsi, du reste, que la por tion terminale de l'utérus, se trouve contenue dans une gaine à paroi musculeuses, appelée *poche du cirre*, dont l'orifice extérieur occupe l face ventrale, vers la ligne mé diane et à une petite distance d l'extrémité antérieure. Les sper matozoïdes sont filiformes, ave une tête peu marquée ; ils s'ac cumulent dans la vésicule sémi nale jusqu'au moment de la fé condation.

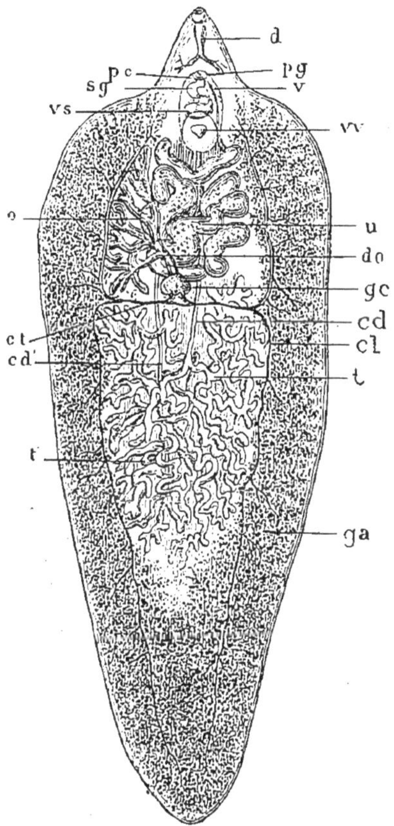

Fig. 182. — Appareil génital de la Douve hépatique. — *d*, tube digestif. *vv*, ventouse ventrale. *t*, testicule antérieur. *cd*, son canal déférent. *t'*, testicule postérieur. *cd'*, son canal déférent. *vs*, vésicule séminale. *sg*, sinus génital. *pg*, pore génital. *pc*, poche du cirre. *o*, ovaire. *do*, oviducte. *gc*, glandes de la coque. *ga*, glandes albuminigènes. *cl*, canal albuminifère longitudinal. *ct*, canal albuminifère transversal. *u*, utérus. *v*, vagin (Orig.).

L'*ovaire* est une glande tubu leuse ramifiée, située par côté et dont les divisions se rassem blent en un *oviducte* simple. — Sur les parties latérales du corps on observe en outre de nom breux petits culs-de-sac glandu leux : ce sont les *glandes albu minigènes*, dont les conduits excréteurs se jettent dans deux collecteurs latéraux ou *canaux albuminifères* longitudinaux, réu nis eux-mêmes par un canal transversal. Celui-ci se dilate, vers la ligne médiane, en une *vésicule albuminifère*, de laquelle part un conduit sinueux qui s'a bouche bientôt avec le canal excréteur de l'ovaire ou *oviducte*. C'est à ce niveau que se trou vent les *glandes de la coque*, glandes unicellulaires dont le nom indique suffisamment le rôle. De la jonction de ces deux conduits résulte un canal unique large et formant un certain nombre de circonvolutions : c'est l'*utérus*, qui aboutit à l'orifice génital externe (vulve), situé à côté de l'orifice mâle ou un peu en arrière.

On rencontre encore un autre organe, dont nous n'avons pas fait men tion, et auquel on a donné le nom de troisième canal déférent ou de vési cule séminale interne : Siebold l'avait décrit comme un conduit se rendant d'un testicule à l'appareil femelle, et permettant ainsi une fécondation directe sans accouplement. Mais Stieda a montré que cette prétendue communication n'existe pas ; le conduit dont il s'agit est fort court ; il prend naissance dans le canal qui émane de la vésicule albuminifère un peu avant sa réunion à l'oviducte, et va s'ouvrir à l'extérieur sur la face dorsale : on le désigne sous le nom de *canal de Laurer*, et Stieda le regardait comme un vagin.

D'après ces données, on voit que les œufs formés dans l'ovaire arrivent à la naissance de l'utérus, où ils rencontrent le produit de la sécrétion des glandes albuminifères, destiné à leur nutrition et à leur accroissement. A ce niveau, ils se trouvent en contact avec les spermatozoïdes, et l'imprégnation a lieu. Puis le liquide sécrété par les glandes unicellulaires s'amasse à leur périphérie, et se durcit en formant une coque résistante. Les œufs ainsi constitués s'accumulent dans les circonvolutions de l'utérus ; ils en sortent par l'ouverture située près du sinus génital.

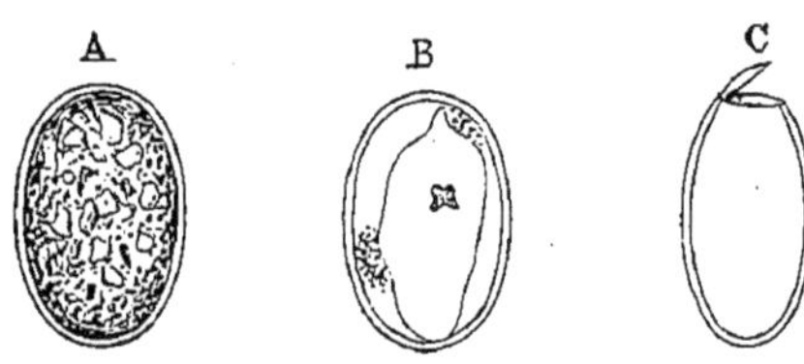

Fig. 183. — Œufs du *Distoma hepaticum*, grossis 130 fois. — A, œuf pris dans les conduits biliaires d'un Mouton. B, œuf contenant un embryon développé. C, œuf après l'éclosion.

Le mode suivant lequel s'accomplit la fécondation n'a pas encore été bien exactement déterminé. On a supposé d'abord que la fécondation devait être réciproque, deux individus s'appliquant ventre à ventre, comme chez les Annélides et les Gastéropodes. D'autres ont admis que la copulation avait lieu par le canal de Laurer : l'individu jouant le rôle de mâle serait alors placé sur le dos de l'autre. Enfin, Sommer a émis à cet égard une opinion analogue à celle qu'il professe pour les Ténias, et qui nous paraît la plus fondée : d'après lui, les lèvres du sinus génital pourraient se rapprocher en comprenant entre elles l'ouverture de l'appareil femelle, dans lequel les spermatozoïdes passeraient ainsi facilement. Il y aurait donc auto-fécondation sans copulation.

L'*évolution* de la Douve hépatique a été étudiée avec soin dans ces dernières années, par Leuckart, Weinland et Thomas. Nous résumerons d'abord les données fournies par Leuckart (1).

Les œufs sont émis par les Douves pendant la plus grande partie de l'année ; cependant Ercolani a constaté que cette émission cesse, ainsi que la production même des œufs, pendant la période hivernale : l'infec-

(1) *Zoologischer Anzeiger*, 12 décembre 1881. *Arch. de zool. expérim.*, n° 2, 1882. *Arch. vét.*, 1882, p. 887.

tion des pâturages n'est donc pas à craindre pendant cette période. Le développement embryonnaire est également suspendu en hiver; en été, au contraire, il s'effectue en trois à six semaines (Leuckart, Baillet, Ercolani, etc.). L'embryon sort de l'œuf en soulevant un opercule qui occupe l'un des pôles; il a l'aspect d'un corps allongé, couvert de cils vibratiles, aminci en arrière et plus large à la partie antérieure, où existe une petite éminence papilliforme paraissant jouer le rôle d'appareil perforateur. A quelque distance de celle-ci on remarque une tache pigmentaire opaque, formée de deux lobes dessinant un x, et qu'on regarde comme une tache oculaire. Selon Leuckart, cet embryon, dès sa sortie de l'œuf, a la moitié antérieure du corps remplie par une masse granuleuse correspondant à un intestin rudimentaire, tandis qu'il montre déjà des cellules germinatives dans la seconde moitié : il peut donc être assimilé à une rédie. De plus, à la partie moyenne, on observe de chaque côté, dans la profondeur de la paroi du corps, un entonnoir vibratile.

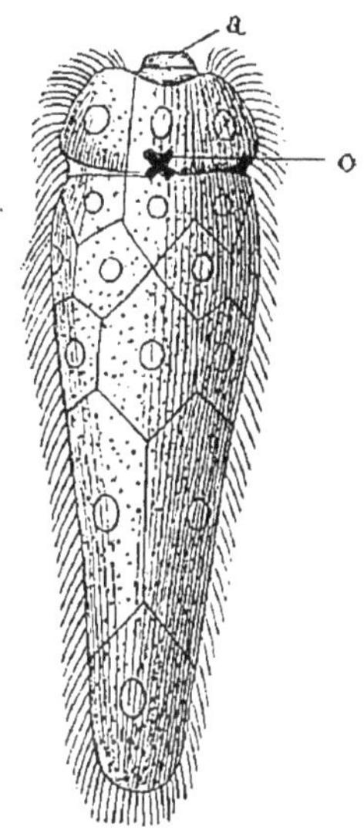

Fig. 184. — Embryon cilié et libre du *Distoma hepaticum*, d'après Leuckart. — *a*, appareil perforateur. *o*, tache oculaire.

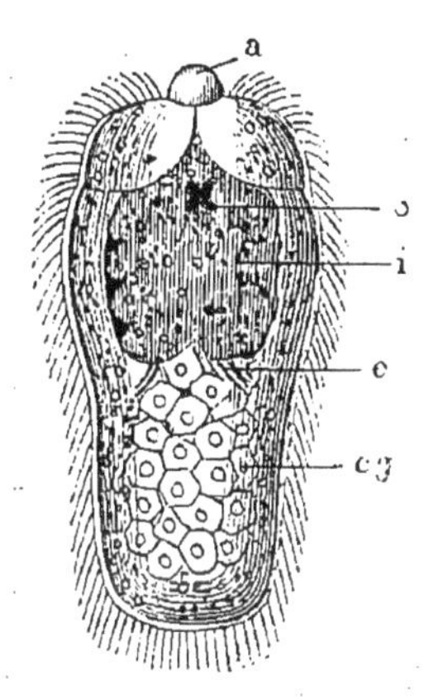

Fig. 185. — Le même, contracté, avec l'ébauche du tube digestif et un amas de cellules germinatives, d'après Leuckart. — *a*, appareil perforateur. *o*, tache oculaire. *i*, tube digestif. *e*, entonnoir cilié. *cg*, cellules germinatives.

Cet embryon nage avec une grande rapidité dans l'eau. Depuis longtemps on avait en vain cherché à le faire pénétrer dans le corps de divers Mollusques. Cependant Weinland avait trouvé le foie du *Limnæus truncatulus* (ou *minutus*) rempli de rédies qui contenaient des Cercaires à revêtement épineux, ce qui est, comme on l'a vu, un des caractères du Distome hépatique. Sur les indications de cet auteur, Leuckart est enfin parvenu à obtenir l'enkystement de l'embryon chez des individus de cette espèce, où il se fixe surtout dans le fond de la cavité respiratoire. — Une fois enkysté, il se contracte en une masse ovalaire et grossit rapidement; les deux lobes de la tache oculaire se séparent, et les cellules germinatives, repoussant l'intestin et envahissant toute la cavité du corps, donnent naissance à des rédies (cinq à huit) qui font éclosion une à une en brisant le sac maternel.

Ces rédies sont cylindriques et présentent, comme la plupart des rédies, à l'origine de l'extrémité postérieure amincie, deux courts prolongements latéraux servant à la locomotion. La ventouse céphalique est reportée vers le milieu du corps par

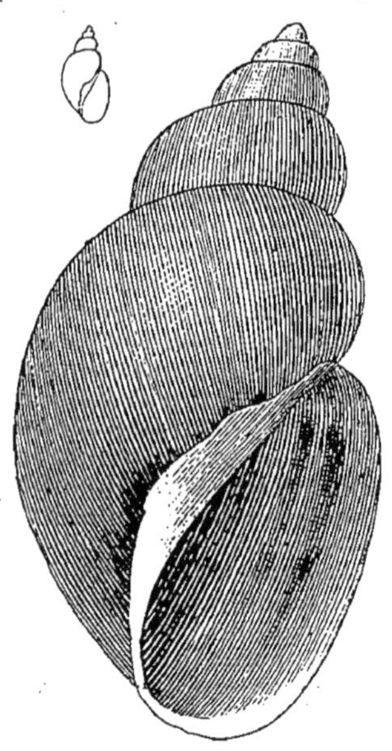

Fig. 186. — *Limnæus truncatulus*, grandeur naturelle et grossi (Orig.).

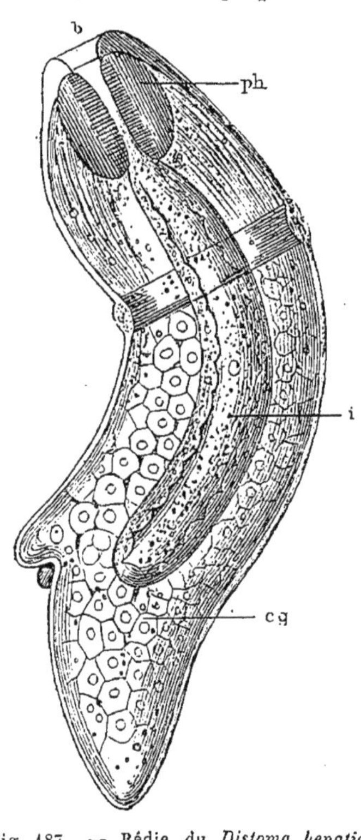

Fig. 187. — Rédie du *Distoma hepaticum*. d'après Leuckart. — *b*, bouche. *ph*, pharynx. *i*, tube digestif. *c*, cellules dites germinatives, destinées à produire des cercaires.

un épaississement en ceinture de la cuticule. Quant à l'organisation interne, elle rappelle celle des embryons, mais l'appareil digestif est plus parfait, et il existe au-dessous du pharynx un ganglion bilobé.

Ces rédies peuvent acquérir 2 millimètres de longueur; leurs cellules germinatives produisent 15 à 20 Cercaires qui sont évacués successivement par un orifice impair situé sous le cou de la rédie. « Le Cercaire rappelle fort peu l'aspect de la Douve, dont le revêtement de bâtonnets si caractéristique lui manque. Il possède en revanche un organe granuleux qui joue un rôle dans l'enkystement. En effet, après un certain temps de vie active, le cercaire perd sa queue et s'enkyste. Si par des manipulations soigneuses on l'extrait de son kyste, on trouve l'aspect bien changé : l'organe granuleux a disparu, le parenchyme du corps est transparent, l'intestin et l'appareil excréteur sont reconnaissables... Dans cet état, la larve ressemble beaucoup plus à la forme parfaite; mais il n'a pas encore été possible à l'auteur de suivre les dernières transformations. En effet, autant il est facile d'infecter les Limnées, autant il est difficile, dans les aquariums les mieux entretenus, de les conserver vivants et en bonne santé pendant des semaines et des mois (1). »

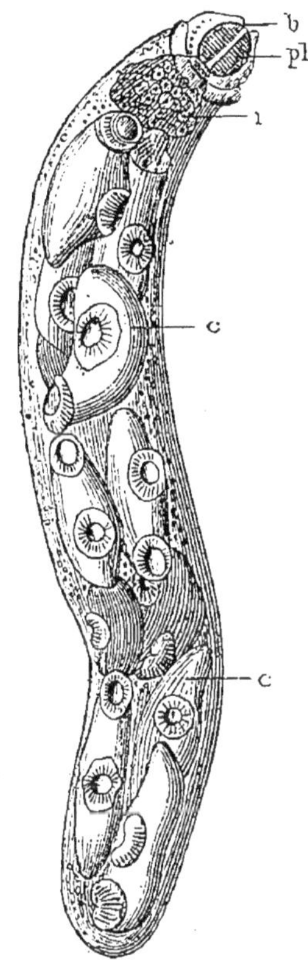

Fig. 188. — Rédie contenant des cercaires, d'après Leuckart. — *b*, bouche. *ph*, pharynx. *i*, tube digestif, *c*, cercaires.

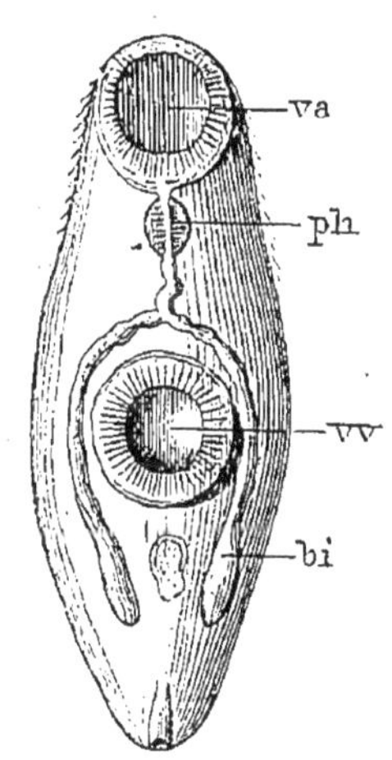

Fig. 189. — Cercaire extrait de son kyste, d'après Leuckart. — *va*, ventouse antérieure. *vv*, ventouse ventrale. *ph*, pharynx. *bi*, branches de l'intestin terminées en cæcum.

Leuckart a d'ailleurs fait ingérer des Cercaires à des Lapins sans aucun résultat. On ne sait donc pas encore, d'une manière précise, comment le Mouton arrive à s'infecter.

Ajoutons que, dans un Mémoire récent, Thomas (2) a décrit l'évolution

(1) *Zoologischer Anzeiger* du 9 octobre 1882, résumé in *Arch. de zool. expérim.*, 1883, p. xxv et in *Arch. vét.*, 1883, p. 627.

(2) A.-P. Thomas, *The life history of the liver fluke.* Quarterly Journal of microcopical science. January 1883. Reprod. *in* The Veterinarian, 1883, p. 469 (avec figures dans le texte).

de la Douve d'une façon quelque peu différente de celle indiquée par Leuckart. Pour l'auteur anglais, l'*embryon*, après avoir pénétré chez le *Limnæus truncatulus*, se transforme en une *sporocyste*. Celle-ci, qui est susceptible de se segmenter, produit à son intérieur des *rédies*, lesquelles présentent bientôt des mouvements très actifs et finissent par rompre la sporocyste sur un point, de manière à s'échapper. Elles quittent alors la cavité pulmonaire de la Limnée, traversent les tissus et vont se loger de préférence dans le foie. Leurs cellules germinatives donnent naissance soit à des *rédies-filles*, soit à des *Cercaires* : les premières se développent surtout pendant l'été, les autres pendant la saison froide. Les Cercaires sortent de la rédie par l'orifice situé au-dessous de l'épaississement en ceinture de celle-ci. Une fois en liberté, ils se contractent et s'agitent en tous sens; au repos, ils montrent un corps ovalaire à revêtement épineux en avant, long de 280 μ, large de 230 μ; leur queue, très mobile, est deux fois aussi longue que le corps. Ces Cercaires ne tardent pas à s'enkyster sur les feuilles des plantes aquatiques : les petits kystes blancs dans lesquels ils s'enferment sont formés par une sorte de mucus accompagné de granulations spéciales. La queue se détache avant l'enkystement ou dès qu'il se produit. On sait que le *Limnæus truncatulus* s'éloigne souvent des ruisseaux : il est facile de comprendre, par suite, que les Cercaires, en s'échappant de leur hôte, puissent s'enkyster sur l'herbe des prairies. C'est donc en consommant cette herbe que les animaux doivent s'infecter : le kyste, parvenu dans l'estomac, se dissout et met en liberté le Ver, qui probablement pénètre dans le foie par le canal cholédoque.

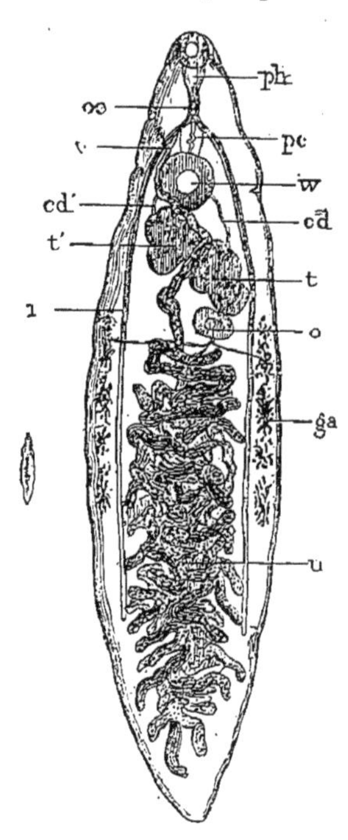

Fig. 190. — *Distoma lanceolatum*, grandeur naturelle et grossi 10 fois. — *ph*, pharynx. *œ*, œsophage. *i*, branches de l'intestin non ramifiées et terminées en cul-de-sac. *vv*, ventouse ventrale. *t*, *t'*, testicules. *cd*, *cd'*, canaux déférents. *pc*, poche du cirre. *o*, ovaire. *ga*, glandes albuminigènes. *u*, utérus. *v*, vagin (Orig.).

Les Douves ne demeureraient dans le foie de leur hôte que neuf mois (Pech, Friedlander) ou au plus quinze mois (Gerlach), après quoi ils seraient évacués par l'intestin.

D'après Thomas, le meilleur prophylactique de la cachexie aqueuse serait le sel qui, répandu en abondance sur les prairies suspectes, tuerait non seulement le Cercaire, mais encore la Limnée qui l'héberge.

Distome lancéolé (*D. lanceolatum* Mehlis). — Cette espèce es beaucoup plus petite que la précédente. Elle mesure au plus 9 millimètres de long sur $2^{mm},5$ de large. Le corps est lancéolé, atténué en avant obtus en arrière, taché en brun plus ou moins foncé par les œufs, qui sont longs de 37 à 40 μ.

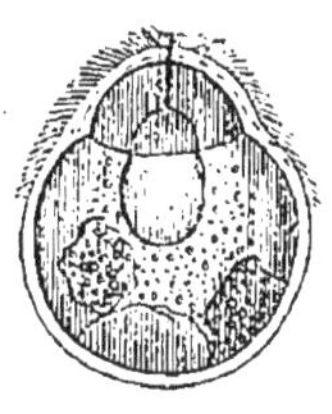

Fig. 191. — Embryon du *Distoma lanceolatum*, d'après Leuckart.

On rencontre le Distome lancéolé avec son congénère dans les conduits biliaires du Mouton et de nombreux autres herbivores : Bœuf, Chèvre, Porc, Lapin, etc. Buchholz, Chabert et Kirchner l'ont trouvé dans l'espèce humaine. Rudolphi et Siebold disent l'avoir vu dans les canaux biliaires du Chat.

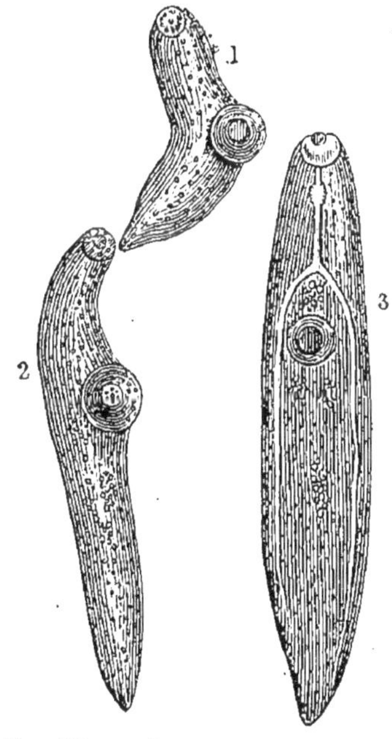

Fig. 192. — Développement du *Distoma lanceolatum* dans les conduits biliaires du Mouton, d'après Ercolani. — 1, première phase : pas d'appareil digestif. 2, phase ultérieure : quelques groupes cellulaires représentant les futurs testicules. 3, phase plus avancée : testicules plus nets ; au-dessus de la ventouse ventrale, un groupe cellulaire annonçant la poche du cirre.

L'Organisation de ce Distome diffère un peu de celle du Distome hépatique. La ventouse buccale est plus large, subterminale. Les deux branches de l'intestin, au lieu d'être ramifiées, sont simples. Les testicules ont la forme de deux grosses masses mamelonnées placées l'une au devant de l'autre, sur la ligne médiane, en arrière de la ventouse ventrale. L'ovaire, qui a été pris quelquefois pour un troisième testicule, est situé un peu en arrière des testicules. Les glandes albuminigènes sont peu étendues et occupent les côtés du corps. L'utérus constitue un canal très long, décrivant de nombreuses sinuosités dans la partie centrale et postérieure du corps. Les œufs sont colorés en fauve ou en brun plus ou moins foncé, et toujours pourvus d'un très grand opercule. Les derniers formés sont émis vers le mois d'avril.

L'Évolution de cet Helminthe n'est pas encore connue. L'embryon se développe dès que les œufs sont passés dans l'intestin. Une fois en liberté dans l'eau, il se montre globuleux, armé d'un aiguillon céphalique, et cilié seulement dans le tiers antérieur du corps ; ses mouvements sont moins rapides que ceux de l'embryon de la Douve hépatique. — Willemoes-Suhm avait cru obtenir son enkystement chez une Planorbe (*Planorbis marginatus*). De nombreux exemplaires de ce Mollusque, placés dans un aquarium avec des œufs de D. lancéolé, avaient été trouvés, au bout de quelques mois, porteurs d'un Cercaire (*Cercaria cystophora*) précédemment décrit par G. Wagener et remarquable en ce qu'il possède deux queues inégales et qu'il dérive d'une rédie provenant elle-même d'une sporocyste. Mais la preuve de la transformation n'avait pas été, de la sorte, fournie rigoureusement, bien que Leuckart crût avoir développé le *D. lanceolatum* chez un Mouton auquel il avait fait avaler de ces Cercaires. Dans ces derniers temps, Ercolani (1) a même démontré qu'il y avait eu erreur : les très jeunes Distomes lancéolés n'offrent pas trace d'appareil digestif, et, par suite, ne doivent pas dériver du *C. cystophora*, qui en possède un. C'est seulement sur les individus mesurant 1 millimètre de long que commence à apparaître cet appareil digestif; on voit auparavant se différencier des groupes d'éléments cellulaires qui représentent les futurs testicules, puis le pénis et en dernier lieu l'ovaire. Enfin, Piana vient de découvrir, dans plusieurs espèces d'*Helix*, des Cercaires (*C. longicaudata*) qu'il suppose représenter l'état larvaire du *D. lanceolatum*.

Distome ophthalmobie (*D. ophthalmobium* Dies.). — Petit Ver trouvé par Gescheid et Von Ammon (2) dans l'œil d'un enfant de cinq mois affecté de cataracte dès sa naissance. Les plus grands exemplaires mesuraient 1 millimètre de long. C'est un Ver non sexué, appartenant probablement, comme le pense Leuckart, à l'espèce *D. lanceolatum*.

Distome de Busk (*D. Buski* Lank. *D. crassum* Busk). — C'est une grande espèce, mesurant 35 à 75 millimètres de long sur 14 millimètres au plus de large ; elle est, en outre, remarquable par son épaisseur.

Busk, le premier, a recueilli ce Distome dans le duodénum d'un Lascar mort au Seamen's Hospital en 1843. Johnson et Cobbold l'ont retrouvé en 1873 sur un missionnaire et sa femme, revenus de Chine en Angleterre et dont la nourriture habituelle se composait de substances végétales fraîches, d'huîtres et de poisson.

Distome de Chine (*D. sinense* Cobb. *D. spatulatum* Leuck.). — Corps lancéolé, de 17 millimètres de long sur $3^{mm},5$ de large. Testicules dans la partie postérieure du corps.

Trouvé par Mc Connel, en 1874, dans les conduits biliaires d'un Chinois. On l'a rencontré, depuis cette époque, à plusieurs reprises et dans diverses contrées, mais toujours sur des Chinois. C'est probablement le même qui a été recueilli chez des Japonais et auquel Baelz a donné le nom de *D. innocuum hepatis*.

(1) Ercolani, *Dell' adattamento della specie all' ambiente*. Memoria II, Bologna, 1882.

(2) Gescheid, in *Zeitsch. f. Ophth.* de Von Ammon, t. III.

Distome endémique (*D. endemicum hepatis* seu *perniciosum* Balez). — « Ce Ver est de couleur jaune rougeâtre, un peu transparent, oblong, de forme aplatie. Il est long de 8 à 10 millimètres et large de 3 à 4. La ventouse abdominale est plus large que la buccale... Les œufs sont de couleur jaune pâle, acuminés à une extrémité, pourvus d'un fin opercule; leur longueur est de 20 μ, leur largeur de 6 μ... »

Trouvé en grande quantité dans la vésicule biliaire des Japonais, par le docteur Baelz (1). On a remarqué que, dans les districts infectés, les eaux sont très mauvaises et que leur écoulement se fait mal. Les individus atteints meurent souvent de cachexie au bout de plusieurs années.

Distome de Ringer (*D. Ringeri* P. Manson. *D. pulmonale* Balez). — Ver long de 8 à 10 millimètres, large de 5 à 6, cylindrique, rouge pendant la vie, gris mat après la mort. Œufs brunâtres, operculés, de 80 à 100 μ de long.

Découvert en 1879 par le docteur Ringer, de Tamsui (Formose), dans le poumon d'un Portugais. Des œufs semblables à ceux de ce Distome ont été trouvés en 1881 dans les crachats d'un Chinois hémoptysique. On suppose que l'hémoptysie, qui est commune à Formose en dehors de toute affection pulmonaire ou cardiaque, est produite dans ce pays par le Distome de Ringer. Le docteur Baelz a aussi observé fréquemment ce Ver au Japon.

Distome hétérophye (*D. heterophyes* Sieb.). — Corps ovale, étroit en avant, élargi en arrière, de 1 millimètre à $1^{mm},5$ de long, sur $0^{mm},5$ de large; cuticule garnie de nombreuses petites épines visibles surtout en avant. Le pore génital est situé en arrière de la large ventouse abdominale, et se montre entouré par un bourrelet qui simule une ventouse accessoire.

Ce petit parasite a été découvert au Caire, par Bilharz, en 1851, dans l'intestin d'un jeune homme. Le même observateur en a retrouvé, dans un second cas, des centaines d'exemplaires.

Distome conique (*D. truncatum* Rud. *D. conus* Creplin). — Corps lancéolé ou presque ovalaire, long de 3 à 7 millimètres environ, sur 1 à 3 millimètres de large; partie antérieure (cou) plus ou moins allongée, conique; tégument lisse. Deux testicules mamelonnés, occupant la région postérieure du corps.

Otto et Rudolphi avaient trouvé ce Ver dans le foie et l'intestin du Phoque; Rudolphi, qui avait pris pour une ventouse l'orifice du canal excréteur, situé à l'extrémité postérieure, l'avait décrit sous le nom d'*Amphistoma truncatum*. Creplin le retrouva dans les conduits et la vésicule biliaires du Chat domestique et du Renard, et le reconnut pour un Distome. Enfin, Rivolta a récemment rencontré le même parasite à Pise,

(1) Ch. Remy, *Notes médicales sur le Japon*. Arch. gén. de médecine, mai 1883, p. 525. Voyez aussi Revue des sc. méd., t. XXV, p. 602.

dans les conduits biliaires d'un certain nombre de Chiens et de Chats, et l'a étudié comme une espèce nouvelle, sous le nom de *D. felineum*. En comparant la description et les figures de cet auteur à celles de Gurlt, on ne peut guère conserver de doutes sur l'identité des deux formes. D'après Rivolta, la présence du Ver dans les conduits biliaires est la cause d'une irritation légère.

Distome social (*D. conjunctum* Cobb.). — Corps lancéolé, obtus en arrière, revêtu de petites épines; longueur moyenne 6 à 9 millimètres; largeur 1 à 2 millimètres. Ventouse ventrale un peu plus petite que l'autre. Testicules représentés par deux masses arrondies situées dans la région postérieure du corps.

Cobbold a découvert ce Distome, qui est très voisin du précédent, dans les conduits biliaires d'un Renard américain. Lewis l'a retrouvé, en 1872, chez les Chiens parias de l'Inde, et Mc Connel, en 1874 et 1876, chez l'Homme, également dans l'Inde. Il vit souvent en colonies, produisant des sortes de petits kystes ou de tumeurs.

Distome campanulé (*D. campanulatum* Ercolani). — Corps pyriforme, long de 1mm,5, large de 0mm,3 en avant et de 0mm,5 en arrière; extrémité postérieure tronquée et entourée par un gros bourrelet musculaire en forme de cloche ou d'entonnoir. Testicules arrondis, situés dans la partie postérieure du corps.

Ercolani a recueilli ce Distome à Bologne, en 1875, dans le foie d'un Chien qui offrait des lésions analogues à celles produites par le *Distoma conjunctum*.

Le même auteur avait déjà trouvé, en 1846, dans la vésicule biliaire d'un Chien, un Ver de 2 à 3 millimètres de long, qu'il nommait *D. truncatum* et qui, par sa forme générale, se rapprochait beaucoup du *D. campanulatum*.

Ces deux formes sont insuffisamment déterminées et réclament de nouvelles études.

Distome hérissé (*D. conoideum* Bloch. *D. echinatum* Zeder). — Nous décrivons cette espèce (fig. 193) avec quelques détails, à cause des recherches complètes qui ont été faites en ce qui a trait à son évolution, et dont les résultats ont été rectifiés par Ercolani (1). Elle doit être confondue avec le *D. echiniferum* La Val. et probablement aussi avec le *D. militare* Rud. — D'après Dujardin, le corps est rosé ou rougeâtre, long de 4 à 15 millimètres, et sept fois moins large, lancéolé, prolongé en avant par un cou très court terminé par une sorte de tête ou de dilatation réniforme échancrée en dessous et entourée d'épines droites sur tout le reste de son contour. Le tégument est parsemé de petites épines ou lamelles aiguës en avant et obtuses sur la partie pos-

(1) Ercolani, *Dell' adattemento della specie all'ambiente*, Memoria I, Bologna, 1881.

térieure. La ventouse ventrale est beaucoup plus grande que la buc-

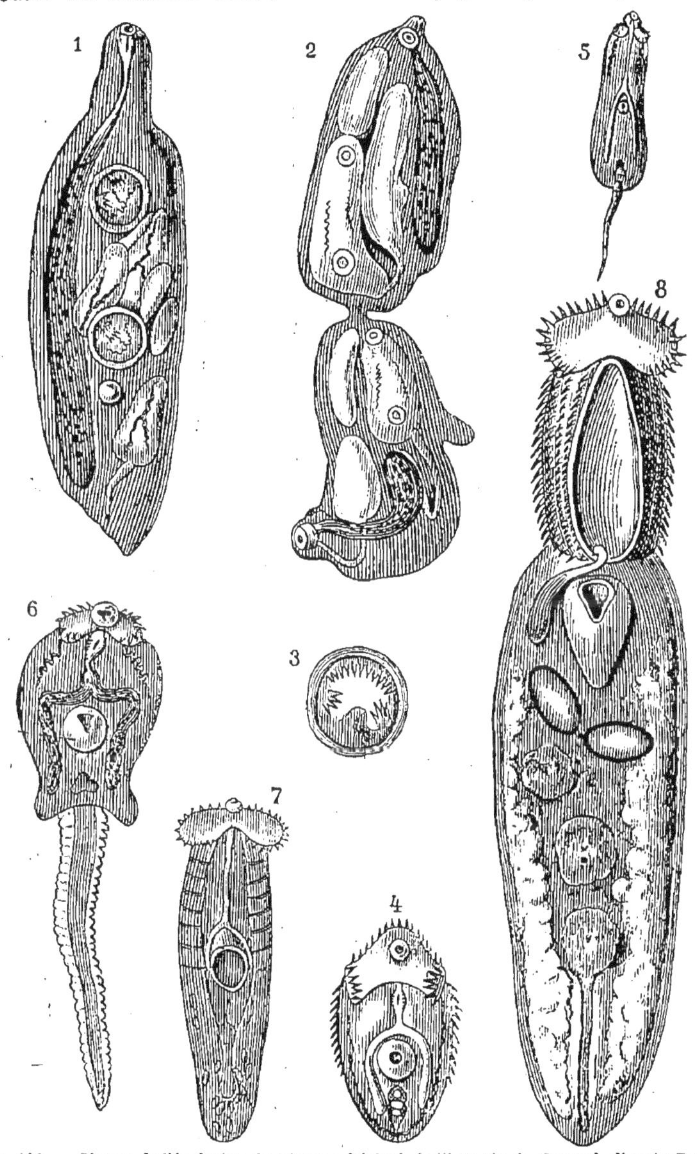

Fig. 193. — Phases de l'évolution du Distome hérissé, de l'intestin du Canard, d'après Ercolani. — 1, rédie contenant des Cercaires libres et des Cercaires enkystés. 2, multiplication de la rédie par scission. 3, *Cercaria echinata* enkysté, du cœur de la Paludine vivipare. 4, le même sorti de son kyste. 5, une des petites formes à queue du même Cercaire. 6, une des grandes formes. 7, Distome hérissé développé dans l'intestin du Surmulot. 8, le même développé dans l'intestin du Canard.

cale. Les œufs sont jaune brunâtre, longs de 94 à 110 μ, larges de 75 μ.

Ver assez commun chez le Canard domestique, le Canard musqué, l'Oie, le Cygne à bec noir, etc.

Les formes larvaires de ce Distome sont celles qui s'observent le plus communément chez les Mollusques aquatiques. On les rencontre surtout chez des Limnées, Planorbes et Paludines, mais dans des organes très divers, et, dans ces conditions, leurs caractères sont si variables qu'on avait cru devoir admettre l'existence de plusieurs formes spécifiques distinctes. Telle est l'origine du *Cercaria echinutoides* Fil., identique au *C. echinifera* La Val., et du *C. spinifera* La Val.

Les sacs germinatifs de cette espèce sont des rédies (fig. 193, n° 1), qui développent par gemmation, dans leur intérieur, d'autres rédies ou des Cercaires, et qui se reproduisent même quelquefois par bourgeonnement externe ou par scission (n° 2). — Les cercaires qui ont pris naissance dans ces rédies sont, comme celles-ci, très variables quant à leur forme, du moins lorsqu'ils sont libres, mais paraissent offrir des caractères semblables dès qu'ils sont enkystés. Dans certains cas, ils quittent le corps du Mollusque qui hébergeait la rédie, pour aller s'enkyster dans la peau ou autour du cœur des Paludines, tandis que d'autres fois ils s'enkystent à peine sortis de la rédie ou même dans son intérieur (n° 1). — En administrant à des animaux à sang froid — Grenouilles, Crapauds ou Couleuvres — ces Cercaires enkystés, on n'obtient aucun résultat; ils se transforment, au contraire, en Distomes, lorsqu'on les fait ingérer à des animaux à sang chaud. Les expériences d'Ercolani ont porté en particulier sur les Canards, et, chez ces animaux, les diverses formes de Cercaires sus-indiquées ont toutes donné le *D. echinatum* (1). Chez les Moineaux, Souris, Rats, Taupes et Chiens, le même Distome a été obtenu, mais avec des variations morphologiques très remarquables (n°s 7 et 8).

Ce parasite a, du reste, été trouvé, en dehors de toutes conditions expérimentales, dans le duodénum d'un Chien, par le professeur Generali, de l'École vétérinaire de Modène (1880). Mais son habitat normal est l'intestin des Canards domestiques et de divers autres Oiseaux aquatiques.

A côté de cette espèce, nous nous bornerons à citer : — *D. oxycephalum* Rud., intestin du Canard et de la Poule. — *D. ovatum* Rud., bourse de Fabricius d'un grand nombre d'Oiseaux, et en particulier des Gallinacés et des Palmipèdes domestiques. Ce Ver remonte dans l'oviducte et pénètre quelquefois dans l'œuf de la Poule avant la formation de la coquille. — *D. pellucidum* Linstow, œsophage des Poules. — *D. dilatatum* Miram, *D. lineare* Rud., *D. armatum* Molin et *D. commutatum* Dies.,

(1) C'est probablement par erreur que P. Gervais et Van Beneden disent avoir obtenu cette espèce avec le *Cercaria brunnea* Dies.

gros intestin des mêmes Oiseaux. — *D. cuneatum* Rud., oviducte du Paon. — *D. clavigerum* Rud., rectum des Grenouilles. Des individus jeunes ressemblant à cette espèce ont été observés dans les muscles du Porc. — Enfin, nous devons signaler les *D. cirrigerum* Baer et *D. isostomum* Rud., qu'on trouve à l'état agame, libres ou enkystés dans le tissu musculaire, chez les Écrevisses : on les a regardés à tort comme la cause déterminante de la grave maladie qui sévit depuis quelque temps à l'état épizootique sur ces Crustacés et qu'on a décrite sous les noms de « peste » ou « distomatose » des Écrevisses. L'hôte définitif de ces deux Distomes est probablement un Oiseau aquatique.

Genre **Bilharzie** (*Bilharzia* Cobb., *Gynæcophorus* Dies., *Schistosoma* Weinland, *Thecosoma* Moq. Tand.). — Les Bilharzies ont tous les caractères des Distomes, mais les sexes sont séparés ; on peut donc les définir des Distomes dioïques.

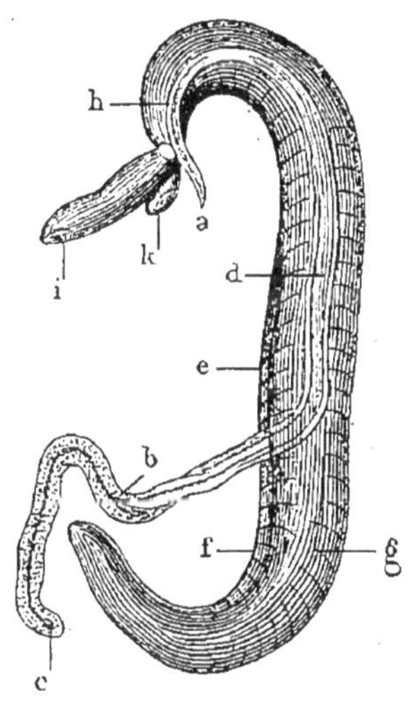

Fig. 194. — *Bilharzia hæmatobia*, mâle et femelle, fortement grossis, d'après Bilharz. — *abc*, femelle contenue en partie dans le canal gynécophore. *a*, extrémité antérieure. *c*, extrémité postérieure. *d*, corps vu par transparence dans le canal. *ig*, mâle. *e*, *f*, canal gynécophore, entr'ouvert en avant et en arrière de la femelle, qui en a été extraite en partie. *g*,*h*, limite vers le dos de la dépression ventrale qui constitue le canal. *i*, ventouse buccale. *k*, ventouse ventrale.

Bilharzie hématobie (*B. hæmatobia* Cobbold). — Le *mâle* est blanchâtre, mou, cylindroïde, atténué aux extrémités ; il mesure 7 à 9 millimètres ; les deux ventouses orale et ventrale sont assez voisines l'une de l'autre ; en arrière de celle-ci, la face ventrale forme une dépression longitudinale qui devient un canal par le rapprochement des deux bords latéraux : c'est le *gynécophore*, destiné à loger la femelle. L'intestin est représenté par deux tubes simples. La *femelle* est filiforme, plus longue et beaucoup plus étroite que le mâle ; elle est renfermée dans le gynécophore de celui-ci, ses extrémités antérieure et postérieure demeurant libres. Les deux branches de l'intestin se réunissent en arrière. — Les orifices génitaux des deux individus se correspondent : ils sont situés immédiatement en arrière de la ventouse ventrale. Les œufs ont un pôle très étroit et terminé par un prolongement épineux, qui devient quelquefois un peu latéral.

La larve qui en sort est ciliée et munie d'une ébauche d'appareil digestif (1).

Le dangereux Ver dont il s'agit a été découvert en 1851 par Bilharz, en Égypte, dans la veine porte de l'Homme. Plus tard, et dans la même contrée, Griesinger l'a trouvé 117 fois sur 363 autopsies. D'autres l'ont vu aussi dans le sud de l'Afrique, au Cap et à Natal, et on assure même qu'il se rencontre sur toute l'étendue de la côte orientale africaine. Il abonde surtout dans les vaisseaux du système porte, du mésentère, dans les veines hémorrhoïdales et vésicales. Les œufs s'infiltrent sous la muqueuse de la vessie ou de l'intestin et se répandent dans ces organes : d'après Zancarol, ceux qui tombent dans la vessie forment souvent le noyau d'un calcul. Mais la présence des Bilharzies dans l'organisme se traduit principalement par une hématurie ou une entérocolite dysentéroïde des plus graves. Les Égyptiens paraissent contracter ces parasites en buvant l'eau du Nil non filtrée. — Cobbold a rencontré un exemplaire de la même espèce chez un *Cercopithecus fuliginosus*.

Bilharzie du Bœuf (*B. Bovis* Sons.). — En 1876, à Zagazig (Égypte), Sonsino recueillit, dans la veine porte d'un Taureau de trois ans, trente-cinq exemplaires d'une espèce de Bilharzie fort analogue à celle de l'Homme, dont elle diffère cependant par ses dimensions un peu plus considérables, ainsi que par ses œufs, qui sont notablement rétrécis aux deux pôles. — Des altérations particulières, qui existaient dans la vessie, avaient engagé Sonsino à rechercher le Ver dans le foie.

D'après Cobbold, le même auteur aurait rencontré un parasite semblable chez le Mouton.

Genre **Amphistome** (*Amphistoma* Rud.). — Les Amphistomes se reconnaissent au premier abord à leur corps épais et à leur ventouse ventrale, qui est très grande et placée tout à fait à l'extrémité postérieure. Les branches de l'intestin ne sont pas ramifiées.

Amphistome conique (*A. conicum* Zed.). — Le corps est de teinte rosée, ovoïde, aminci en avant, plus large, obtus et recourbé en arrière; longueur 10 à 13 millimètres, largeur 2 à 3. Œufs longs de 150 à 160 μ.

Daubenton, le premier, a trouvé ce Ver dans la panse du Bœuf. Il se rencontre aussi chez le Mouton et la Chèvre, ainsi que chez de nombreux Ruminants sauvages. Il se fixe par la ventouse postérieure entre les papilles du rumen, et de préférence aux abords de la gouttière œsophagienne.

(1) J. Chatin, in *Ann. des sc. nat.*, 1881.

A côté de cette espèce, Creplin en a décrit deux autres qui se rencontreraient chez le Zébu : *A. explanatum* et *A. crumeniferum*. En outre, Cobbold en a signalé une troisième (*A. tuberculatum*), de l'intestin des bœufs de l'Inde.

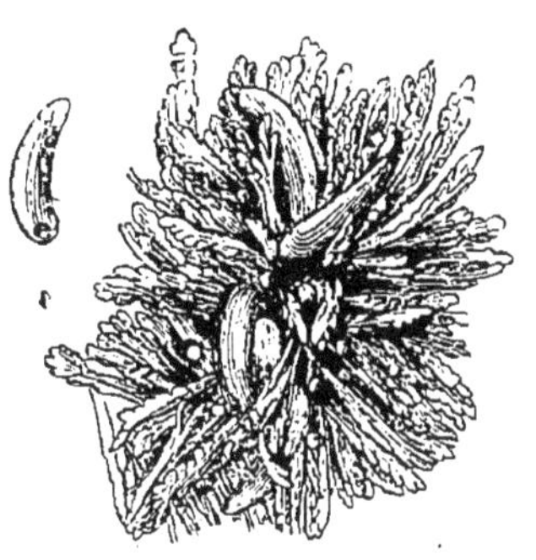

Fig. 195. — Fragment de rumen de Vache, montrant des Amphistomes coniques fixés entre les papilles par leur grosse ventouse postérieure. On distingue les tubercules d'insertion de plusieurs individus qui ont été enlevés. A gauche, un individu isolé. Grandeur naturelle (Orig.).

Ajoutons encore que le Cheval lui-même, dans cette dernière contrée, héberge des Amphistomes qui paraissent capables de produire une grave irritation intestinale. Cobbold en a décrit deux formes : *A. Collinsi* et *A. C.* var. *Stanleyi*, qui vivent dans le côlon. Ces Vers, de couleur rouge brique, étaient connus depuis longtemps des indigènes, sous le nom de *Masuri*.

Amphistome de l'Homme (*A. Hominis* Lewis). — Ver de couleur rouge, large en arrière, atténué en pointe mousse à la partie antérieure, mesurant 5 à 8 millimètres de long sur 3 à 4 de large. La face ventrale forme en arrière une sorte de concavité ou de poche (gastric pouch).

De nombreux exemplaires de ce parasite ont été recueillis dans l'Inde, chez des individus morts de diverses maladies. Ils étaient fixés à la muqueuse intestinale, particulièrement dans le cæcum et dans le côlon ascendant.

Genre Gastrodisque (*Gastrodiscus* Leuck.). — Ce genre mérite d'être rapproché des Amphistomes par suite de la présence d'une grande ventouse à l'extrémité postérieure du corps ; mais il s'en distingue par les nombreuses papilles-ventouses qui couvrent sa face ventrale.

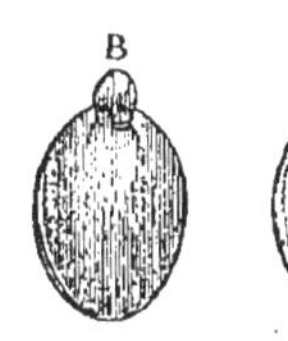

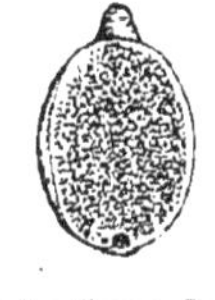

Fig. 196. — *Gastrodiscus Sonsinoi*, grandeur naturelle. — A, vu par la face ventrale. B, par la face dorsale (Orig.).

Gastrodisque de Sonsino (*G. Sonsinoi* Cobb.). — Corps aplati, orbiculaire; face dorsale convexe ; face ventrale plane ; ventouse buccale située à l'extrémité d'un cou cylindro-conique.

Ce parasite fut découvert en Égypte, en 1876, par un vétérinaire italien, et transmis au docteur Sonsino, qui le communiqua aux helminthologistes européens. Il existait en grand nombre dans l'intestin de Chevaux morts à la suite d'une grave épizootie. Cousin a rencontré le même

Ver à la Guadeloupe en 1880, sur des Mulets dont il paraissait avoir occasionné la mort : il s'en trouvait une quantité innombrable sur toute la longueur du tube digestif, depuis le pharynx jusqu'à l'anus.

Parasites douteux. — Il est à peine utile de faire mention de quelques espèces fort douteuses de Trématodes signalées chez l'Homme. — Delle Chiaje a décrit sous le nom de *Tetrastoma renale* un Ver trouvé à Naples, par Lucarelli, dans les urines d'une femme, et caractérisé par un corps oblong, une bouche ventrale, en arrière de laquelle était situé l'orifice génital; enfin, quatre ventouses à l'extrémité postérieure. Il s'agirait alors d'un Polystomien. — Deux autres Vers ont été signalés par Treutler sous le nom d'*Hexathyridium*, et considérés par divers auteurs comme des Monostomes ou des Distomes. Le premier, *H. pinguicola*, recueilli dans un nodule de l'ovaire, chez une femme de vingt-six ans, morte à la suite d'un accouchement laborieux, n'était autre probablement qu'une Linguatule enkystée. L'autre, *H. venarum*, est indiqué comme provenant de la veine tibiale antérieure d'un jeune homme, rompue au moment où il se baignait : ce n'est peut-être qu'une Planaire, à moins qu'il ne s'agisse, comme le pense Davaine, du Distome lancéolé ou du Distome hépatique jeune.

DEUXIÈME SOUS-ORDRE

POLYSTOMIENS

Trématodes munis de deux petites ventouses antérieures et d'une ou de plusieurs ventouses postérieures, souvent accompagnées de crochets, surtout les postérieures. Développement presque toujours direct. Généralement ectoparasites.

Les œufs sont très développés et à coque souvent ornée d'appendices chitineux. L'embryon qui s'y trouve contenu présente d'ordinaire la forme et l'organisation des parents.

Famille des **TRISTOMIDÉS**. — Une seule ventouse postérieure. — Genres *Tristoma, Udonella*, etc. Les Udonelles vivent toujours sur des Crustacés de la famille des Caligidés (*Caligus*), qui sont eux-mêmes parasites des Flétans.

Famille des **POLYSTOMIDÉS**. — Plusieurs ventouses postérieures, munies de crochets. — Genres *Octostoma, Polystoma, Diplozoon*, etc. Les *Polystoma* présentent des métamorphoses. *P. integerrimum* Rud., dans la vessie urinaire des Grenouilles rousses, etc. Œufs pondus dans l'eau ; embryons ciliés, émigrant dans la cavité viscérale des têtards, pour passer ensuite, avant ou après une métamorphose, dans leur habitat définitif. Le *Diplozoon paradoxum* Nordm. est un singulier Trématode à double corps, qui vit sur les branchies de divers Poissons d'eau douce, entre autres des Brêmes, et qui résulte de l'association de deux individus : ceux-ci sont isolés dans le jeune âge et ont été décrits par Dujardin sous le nom de *Diporpa;* ils n'acquièrent leurs organes sexuels complets qu'après leur union.

Famille des **GYRODACTYLIDÉS**. — Très petits Polystomiens pourvus à la partie postérieure d'une expansion membraneuse discoïdale ou concave (disque caudal), soutenue par de forts crochets. Parasites pour la plupart sur les Poissons d'eau douce : on les trouve en grattant les branchies avec un scalpel, et en examinant au microscope le produit du grattage. — Genres *Gyrodactylus*, *Dactylogyrus*, etc.

TROISIÈME ORDRE

TURBELLARIÉS

Plathelminthes ciliés, foliacés ou rubanés, pourvus d'un tube digestif, mais ne possédant en général ni crochets ni ventouses. Non parasites.

Nous devons nous borner à une mention sommaire des Turbellariés (*turbellæ*, agitation, sous-entendu ciliaire) ou Térétulaires, dont les espèces, non parasites, ne nous intéressent pas directement.

Ce sont des Vers plats, quelquefois annelés, dont le *tégument* est revêtu, dans toute son étendue, de cils vibratiles. Ce tégument renferme en outre, chez beaucoup d'espèces, des corpuscules en forme de bâtonnets, auxquels on accorde la valeur morphologique des organes urticants ou nématocystes des Cœlentérés.

Le *système nerveux* se compose de deux ganglions sus-œsophagiens unis par une commissure ou même fusionnés, et desquels partent divers filets nerveux, en particulier deux latéraux, dirigés en arrière. Assez souvent on observe des taches oculaires, plus rarement des vésicules auditives.

Il n'existe presque jamais de cavité viscérale : le *tube digestif*, est uni au tégument par un tissu conjonctif épais. — Les Némertes possèdent un système clos de *vaisseaux* contractiles dits *pseudo-sanguins*, dont le contenu est incolore ou quelquefois de teinte rouge. Le *système aquifère* est représenté par deux troncs latéraux plus ou moins ramifiés.

La *reproduction* s'effectue quelquefois par scissiparité, mais elle est en général sexuelle. La plupart des espèces sont hermaphrodites. Le développement est direct ou s'accompagne de métamorphoses; parfois les larves ressemblent à celles des Échinodermes.

Les Turbellariés vivent dans les eaux douces ou salées, dans la terre humide, etc.

3 sous-ordres :

RHABDOCŒLES. — Tube digestif simple, rectiligne (ῥάβδος, bâton ; κοιλία, intestin), presque toujours dépourvu d'anus. — Genres *Monocelis*, *Macrostoma*, *Microstoma* (un anus), etc.

DENDROCŒLES. — Cavité digestive plus ou moins ramifiée (δένδρον, arbre) ; pas d'anus. — Genres *Planaria*, *Dendrocœlum*, *Leptoplana*, etc.

RHYNCHOCŒLES. — Tube digestif muni d'une trompe protractile (ῥύγχος, bec) ; un anus. Sexes séparés. — Genres *Borlasia*, *Nemertes*, etc.

SOUS-CLASSE II

NÉMATHELMINTHES

Les Némathelminthes (νῆμα, fil ; ἕλμινς, ver) ou Vers ronds sont ainsi nommés en raison de leur forme cylindroïde et allongée ; souvent même ils sont en réalité filiformes. Les sexes sont presque toujours séparés. La plupart de ces Vers sont endoparasites.

2 ordres :

Un tube digestif..........................	NÉMATODES.
Pas de tube digestif ; une trompe........	ACANTHOCÉPHALES.

PREMIER ORDRE

ACANTHOCÉPHALES

Némathelminthes sans tube digestif, pourvus d'une trompe protractile munie de crochets.

Les Échinorhynques, qui sont les seuls représentants de cet ordre, ont à l'âge adulte un corps allongé, cylindroïde, souvent irrégulier, ridé en travers, et dont l'extrémité antérieure porte une trompe garnie de crochets recourbés. Cette trompe sert à fixer le parasite à son hôte ; elle est rétractile à l'intérieur d'une gaine spéciale (*réceptacle de la trompe*), qui se rattache aux parois du corps par l'intermédiaire des muscles insérés à sa partie postérieure ; du fond de cette gaine naît en outre un *ligament suspenseur* qui se dirige en arrière pour aller supporter l'appareil génital.

Le corps est protégé par une cuticule percée de pores, reposant sur une zone granuleuse épaisse et souvent jaunâtre. Au-dessous de celle-ci, se trouve une puissante enveloppe musculo-cutanée, composée d'une couche externe de fibres circulaires et d'une couche interne de fibres longitudinales, cette dernière limitant la cavité viscérale.

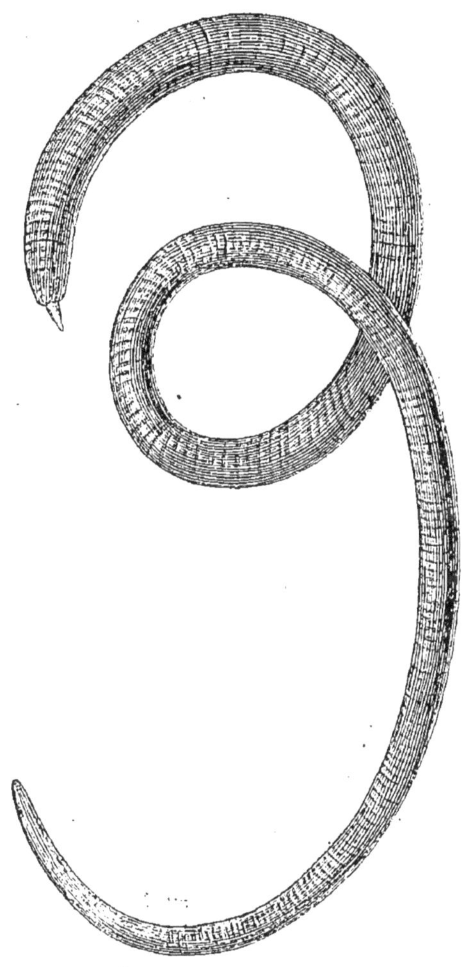

Fig. 197. — Échinorhynque géant, femelle. Grandeur naturelle (Orig.).

Le *système nerveux* est représenté par un ganglion qui occupe le fond de la gaine et émet des nerfs antérieurs destinés à la trompe, ainsi que deux troncs latéraux se rendant aux parois du corps. Il n'existe pas d'*organes des sens.*

Le *tube digestif* fait aussi défaut: l'absorption des liquides nutritifs s'effectue par endosmose, à travers les téguments.

Entre la couche sous-cuticulaire et l'enveloppe musculo-cutanée, on voit régner un système de *vaisseaux* anastomosés, se réunissant en deux troncs longitudinaux principaux. Ces vaisseaux, non ciliés, dépourvus de parois propres, contiennent un liquide transparent, chargé de fines granulations; on les regarde habituellement comme un appareil spécial de nutrition. — D'autre part, on voit flotter, dans la partie antérieure de la cavité viscérale, deux corps particuliers, pyriformes, opaques, auxquels on donne, depuis Rudolphi, le nom de *lemnisques;* ces corps se montrent eux-mêmes parcourus par des vaisseaux en communication avec ceux de la région céphalique et débouchant à la base de cette région dans un canal annulaire. En dehors de ces vaisseaux, ils ne comprennent aucune cavité interne. M. Mégnin avait cru démontrer qu'ils représentent un état régressif des deux branches d'un intestin bifurqué existant chez les larves et comparable à celui des Trématodes ; mais A. Villot a fait voir que cette opinion n'est pas fondée. On a supposé avec plus de raison que les lemnisques fonctionnent comme appareil d'excrétion.

La cavité viscérale renferme un liquide clair, au sein duquel flottent les *organes sexuels*. Tous les Échinorhynques sont dioïques. Les mâles possèdent le plus souvent deux testicules ovoïdes, sacciformes, dont les conduits excréteurs se réunissent en un canal déférent commun, souvent muni de vésicules glanduleuses accessoires ; ce canal aboutit à la partie postérieure du corps, au niveau d'un pénis conique occupant en général le fond d'une poche campanuliforme susceptible de se renverser à l'extérieur (*appareil copulateur*). — Quant aux organes femelles, ils se composent essentiellement d'un ovaire contenu dans le ligament, et donnant naissance à plusieurs masses ovulaires. L'accroissement progressif de celles-ci amène la déchirure du ligament, et les œufs, tombant dans la cavité viscérale, ne tardent pas à la remplir. Ils sont alors recueillis par un utérus en forme de cloche, dont la large ouverture effectue des mouvements alternatifs de contraction et de dilatation ; puis ils passent dans un court vagin qui aboutit à l'extrémité postérieure.

Les œufs sont d'ordinaire ellipsoïdes ; ils sont pourvus de membranes protectrices épaisses, le plus souvent au nombre de trois, la moyenne étant la plus puissante. Les embryons s'y développent de bonne heure par segmentation totale et inégale, et prennent l'aspect de petits corps fusiformes, munis antérieurement de crochets caducs. Pour arriver à l'état adulte, ils doivent subir une métamorphose assez complexe, accompagnée de migrations.

A l'état de larves, les Échinorhynques habitent la cavité viscérale ou les muscles de divers Crustacés, Insectes, Poissons, etc. Ils acquièrent leur maturité sexuelle dans le tube digestif des Vertébrés : Poissons, Oiseaux, Mammifères, qui se nourrissent de leur premier hôte.

On n'est pas encore arrivé à déterminer d'une manière bien satisfaisante les rapports des Acanthocéphales avec les autres groupes de Vers ; néanmoins, il ressort de ce qui précède qu'ils offrent d'assez grandes affinités avec les Nématodes et les Trématodes.

L'ordre des Acanthocéphales ne comprend qu'une seule famille, celle des **ÉCHINORHYNCHIDÉS**, dont les espèces assez nombreuses sont rapportées à un seul genre.

Genre **Échinorhynque** (*Echinorhynchus* O.-F. Müller). — Quelques espèces seulement nous intéressent.

Échinorhynque géant (*E. hirudinaceus* Pallas. *E. gigas* Gœze). — Ver cylindroïde, souvent renflé en divers points de sa longueur et atténué en arrière, de couleur blanchâtre ou légèrement bleuâtre;

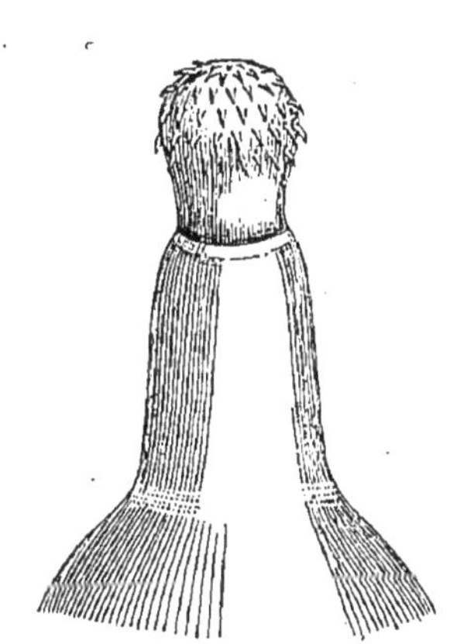

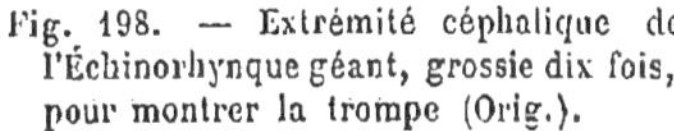

Fig. 198. — Extrémité céphalique de l'Échinorhynque géant, grossie dix fois, pour montrer la trompe (Orig.).

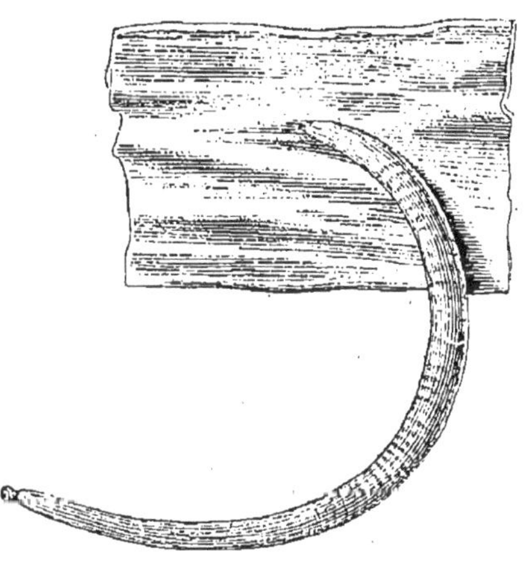

Fig. 199. — Échinorhynque géant, mâle, fixé à l'intestin du Porc. Grandeur naturelle (Orig.).

rides transversales irrégulières. Trompe presque globuleuse, garnie de cinq ou six rangées de crochets disposés en quinconce. *Mâle* long de 6 à 10 centimètres, à bourse caudale pyriforme. *Femelle* longue de 20 à 32 centimètres; partie postérieure obtuse. Œufs oblongs, presque cylindriques, pourvus de trois enveloppes.

Ce Ver habite à l'état adulte l'intestin du Porc, du Sanglier, du Pécari, etc. Il est assez commun en France. Il se fixe, à l'aide de sa trompe, aux parois de l'intestin, qu'il arrive même à perforer en entier, de manière à pénétrer dans le sac péritonéal. Les lésions qu'il détermine amènent souvent le dépérissement des animaux, rarement la mort.

L'embryon présente la forme d'un cône tronqué; il est plus long que l'œuf, de sorte que l'extrémité effilée est repliée dans la coque; la partie antérieure montre quatre crochets analogues à ceux des Ténias adultes, et un certain nombre d'autres plus petits ou même en forme de simples épines. D'après Schneider, l'hôte de cet embryon serait le *Ver blanc*, c'est-à-dire la larve du Hanneton. Le Porc s'infecterait donc en mangeant cette larve.

Échinorhynque de l'Homme. — Lambl a trouvé dans l'intestin grêle d'un enfant de 9 ans qui mourut de leucémie à Prague, en 1857 (1), un Échinorhynque femelle, dont les œufs étaient incomplètement développés, et qu'il décrivit comme une espèce particulière, sous le nom d'*Echinorhynchus hominis*. Selon Leuckart, il s'agit d'un parasite accidentel, qu'il faut rapporter à l'*E. angustatus* Rud. des Poissons d'eau douce, ou à l'*E. spirula* de certains Singes.

En 1872 (2) Welch annonçait aussi la découverte d'un petit Échinorhynque enkysté sous la muqueuse du jéjunum d'un soldat de 34 ans mort en Angleterre, mais ayant longtemps séjourné dans l'Inde. Cobbold, après avoir étudié les figures données par Welch, croit pouvoir rapporter le parasite en question aux Linguatulidés.

Échinorhynque du Chien. — Lewis, et après lui Davaine, décrivent sous ce nom un parasite trouvé dans les parois de l'estomac du Chien paria, à Calcutta. Cobbold a prouvé qu'il s'agit d'un Nématode, le *Gnathostoma robustum*.

Échinorhynque polymorphe (*E. polymorphus* Brems). — Corps rouge, de forme extrêmement variable, mesurant 20 à 25 millimètres de longueur.

Dans l'intestin des Canards, Oies, Cygnes, Poules d'eau, etc. Pendant la période larvaire, chez la Crevette d'eau douce (*Gammarus pulex*) : on lui a donné, à cet état, le nom d'*E. miliaris*.

La forme décrite sous le nom d'*E. filicollis* Rud. paraît être identique à l'espèce précédente.

L'intestin du Canard loge en outre l'*E. sphærocephalus* Brems.

Enfin, nous nous bornons à signaler un **Échinorhynque du Lapin** (*E. cuniculi* Bell.), trouvé par Bellingham dans l'intestin grêle du Lapin domestique.

SECOND ORDRE

NÉMATODES

Némathelminthes pourvus d'un tube digestif.

Ainsi que l'indique leur nom, les Nématodes (3) ou Néma-

(1) Lambl, *Prager Vierteljahrschrift*, 1er fév. 1859.

(2) Dr Welch, *The presence of an encysted Echinorhynchus in Man.* Lancet, 16 nov. 1872.

(3) Diesing, *Revision der Nematoden*. Sitzungsber. d. Wien. Akad., 1860, t. 42. — Anton Schneider, *Monographie der Nematoden*, Berlin, 1866.

toïdes (νῆμα, fil; εἶδος, forme) sont des Vers cylindriques, allongés, souvent grêles et même filiformes; mais ils ne sont pas segmentés: les organes reproducteurs ne se répètent jamais plusieurs fois sur la longueur du corps.

La cuticule chitineuse est transparente, ferme, élastique, et divisible en plusieurs couches : l'externe, presque toujours finement striée en travers, enveloppe le corps comme un fourreau, et recouvre une double ou triple couche fibrillaire souvent très épaisse. Il n'existe nulle part de cils vibratiles, mais on peut observer à la surface du corps diverses productions cuticulaires, telles que tubercules, épines, poils, etc. Parfois même la cuticule se détache sur les côtés du corps, à l'extrémité antérieure ou postérieure, de manière à constituer des expansions aliformes. Pendant le jeune âge, il se produit des mues, qui consistent dans la chute et le renouvellement périodiques d'une partie des strates cuticulaires.

Au-dessous de la cuticule, se trouve une couche molle, granuleuse, nucléée (hypoderme ou épiderme), qui lui a donné naissance, et qui représente le tégument propre ou ectoderme.

Puis, en dedans de cette couche sous-cuticulaire, on observe une puissante *enveloppe musculo-cutanée*, formée de « cellules musculaires » dirigées surtout dans le sens longitudinal, et souvent groupées en séries distinctes. Lorsque ces séries sont nombreuses, les Nématodes sont dits *Polymyaires;* on distingue en outre des *Méromyaires*, qui ne possèdent que huit séries longitudinales, et enfin des *Holomyaires*, chez lesquels les muscles ne sont pas disposés en séries (Schneider).

D'ailleurs, à de rares exceptions près (*Gordius*, *Trichocephalus*), l'enveloppe musculo-cutanée des Nématodes est interrompue le long de quatre lignes longitudinales équidistantes. Les deux plus importantes sont les *lignes latérales* — ou mieux *champs latéraux* — parfois aussi larges que les champs musculaires : elles montrent deux puissants bourrelets longitudinaux, situés de chaque côté du corps, bourrelets formés par un épaississement de la couche sous-cuticulaire. — Les deux autres lignes, moins larges que les premières, reçoivent, en raison de leur situation, le nom de *lignes médianes* (*dorsale* et *ventrale*). Quelquefois même il existe des lignes accessoires, occupant l'intervalle des précédentes.

En dedans de l'enveloppe musculo-cutanée, on trouve une sorte de tissu conjonctif de consistance spongieuse, qui représente avec elle le mésoderme.

Le *système nerveux* a pour base un anneau qui entoure l'œsophage et envoie des filets en avant et en arrière. A ce collier œsophagien sont annexés des groupes de cellules ganglionnaires qui correspondent à l'origine même des nerfs, et qu'on distingue en ganglions dorsal, ventral et latéraux. Les nerfs antérieurs sont au nombre de six : deux situés dans les lignes latérales et quatre dans l'espace intermédiaire aux lignes latérales et médianes ; ces nerfs se rendent dans les papilles buccales. Les nerfs postérieurs suivent les lignes médianes, ventrale et dorsale, jusqu'à l'extrémité postérieure, et émettent des fibres qui vont aux téguments. Quelques auteurs ont vu également des nerfs postérieurs dans les champs latéraux. Enfin on rencontre quelques amas ganglionnaires dans la région anale.

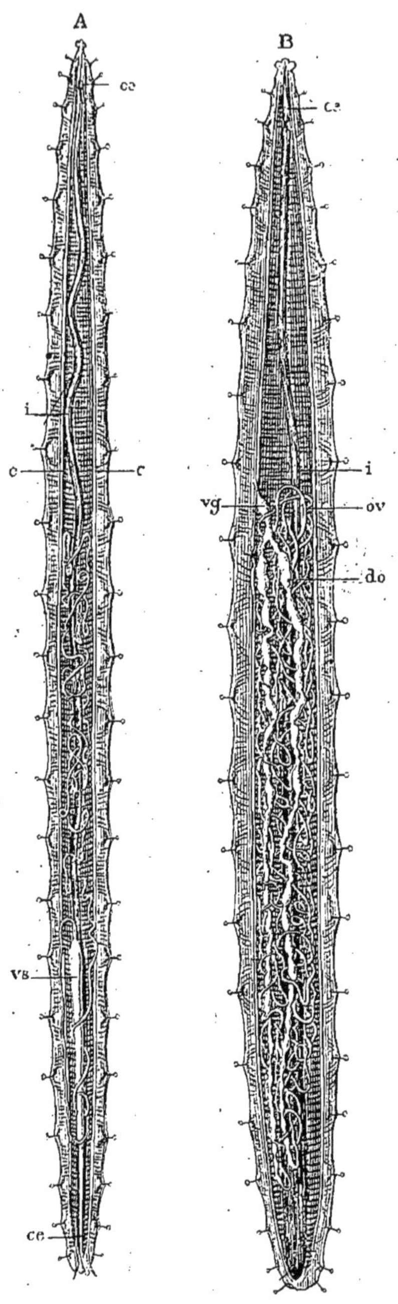

Fig. 200. — Anatomie de l'Ascaride du Porc. — A, mâle. B, femelle. *c*, champs latéraux. *œ*, œsophage. *i*, intestin. *vs*, vésicule séminale. *ce*, canal éjaculateur. *ov*, ovaires. *do*, partie renflée de l'oviducte, ou utérus. *vg*, vagin (Delafond, inéd.)

Les Nématodes ne possèdent, en fait d'*organes sensoriels*, que des *papilles tactiles* et quelquefois des *taches oculaires*. Ces dernières, placées sur l'anneau œsophagien, n'ont d'ailleurs été observées que sur des espèces non parasites. Quant aux papilles, elles sont très répandues et consistent en de petites saillies cutanées, souvent coniques, à la base desquelles se rendent habituellement des nerfs. Leur nombre, qui varie beaucoup, fournit de bons caractères pour la classification. Il est rare qu'elles soient disséminées sur toute la surface du corps (*Nematoxys*) ou disposées en rangées le long des champs latéraux (Eustrongle géant); le plus souvent, elles sont localisées au pourtour de la bouche et au voisinage de l'anus : ces dernières sont parfois très nombreuses chez les mâles, mais les femelles en possèdent rarement plus d'une paire (1).

Le tube digestif est en général complet, à deux ouvertures. La bouche, orbiculaire ou elliptique, est située à l'extrémité antérieure du corps; quelquefois, cependant, par suite du relèvement de cette extrémité, elle paraît n'être plus tout à fait terminale (Dochmies). Elle est ordinairement pourvue de trois ou de six lèvres molles ou cornées presque toujours papillifères. Dans certains cas aussi, elle porte une armature chitineuse munie de piquants, de crochets, etc., armature qui peut se renouveler, en se modifiant, au moment des mues (*Sclerostoma equinum*). Elle s'ouvre directement, ou par l'intermédiaire d'un infundibulum de conformation variable (*capsule buccale*, pharynx de quelques auteurs), dans un œsophage étroit, cylindrique ou triquètre, souvent dilaté « en massue » dans sa partie postérieure. Ce conduit, bien distinct du reste du tube digestif, est caractérisé par la présence, à sa partie externe, d'une épaisse couche de « fibres musculaires » rayonnantes qui servent à le dilater et en font un organe de succion, destiné à l'aspiration des liquides alimentaires. Il présente quelquefois (*Oxyuris*) un étranglement plus ou moins marqué, suivi d'une dilatation à laquelle on donne souvent le nom de *ventricule*. Là se termine l'intestin buccal, dont la paroi (endoderme) est tapissée par une cuticule chitineuse continue avec celle du tégument et offrant dans quelques cas des saillies longitudinales ou des éminences dentiformes. — L'intestin moyen, séparé lui-même de l'œsophage par un étranglement, est un tube large et droit, rarement ondulé ou moniliforme (*Trichocephalus*), dont la paroi est formée d'une simple couche de cellules épithéliales, revêtue aussi d'une cuticule à sa face interne. Il est fixé par des cordons fibreux à la paroi du corps, presque toujours le long des

(1) Dans le système de Schneider, que nous avons adopté, les papilles caudales se comptent d'arrière en avant : ainsi, n° 1 représente la papille postérieure de chaque côté, n° 2 celle qui précède, etc. Celles qui se trouvent au niveau de la fente anale sont comptées parmi les préanales.

lignes latérales. — L'intestin terminal ou rectum, qui peut présenter des fibres musculaires à sa face externe, est un court canal se distinguant des autres parties par son étroitesse. Il aboutit à l'anus, qui s'ouvre soit à une petite distance de l'extrémité caudale, soit à cette extrémité même, mais toujours à la face ventrale.

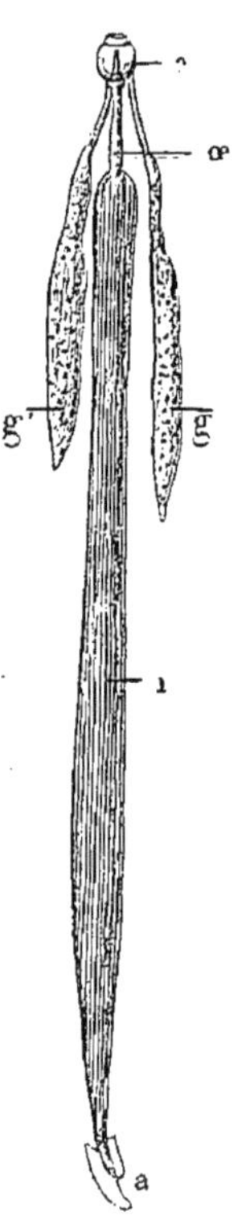

Fig. 201. — Tube digestif d'une femelle de *Sclerostoma equinum*. — *c*, capsule buccale. *œ*, œsophage. *i*, intestin. *a*, anus. *g*, *g'*, glandes dites salivaires (Delafond, inéd.).

Telle est la disposition de l'appareil digestif complet des Nématodes typiques. On peut ajouter que, dans certaines espèces, des glandes y sont annexées : c'est ainsi que M. Baillet décrit des vésicules qu'il compare à des glandes salivaires; elles sont situées vers la partie postérieure de l'œsophage et se continuent en avant par un fin canal excréteur qui va déverser leur produit dans la bouche. Ajoutons qu'il est des Nématodes dépourvus d'anus (*Mermis*) et dont l'intestin se termine par conséquent en cul-de-sac. Enfin, il en est aussi chez lesquels, par l'effet d'une métamorphose régressive, la bouche et la partie antérieure du tube digestif sont oblitérés à l'âge adulte (*Gordius*).

Il n'existe pas d'appareil circulatoire. Toutefois, comme le canal intestinal n'est pas en connexion immédiate avec l'enveloppe musculo-cutanée, il en résulte une cavité viscérale remplie de *liquide plasmatique* contenant même parfois des globules. La distribution de ce liquide dans le corps a lieu par le fait des contractions de l'enveloppe musculo-cutanée.

Le *système excréteur* se compose de canaux (vaisseaux aquifères) situés dans les champs latéraux; il s'en trouve quelquefois deux (*Spiroptera*) et peut-être même trois (*Sclerostoma*) de chaque côté. Leur contenu est transparent, sans granulations. Au niveau de la terminaison de l'œsophage, ces canaux latéraux s'infléchissent en dedans et en bas et forment un court canal impair qui va s'ouvrir sur la ligne médiane de la face ventrale, par un très petit orifice appelé *pore excréteur*.

A de très rares exceptions près (*Rhabdonema nigrovenosum*), les Nématodes sont dioïques. Les *organes sexuels* consistent en des tubes situés dans la cavité viscérale et débouchant à l'extérieur; l'extrémité cæcale de ces tubes fonctionne comme testicule ou comme ovaire, le reste comme appareil conducteur et récepteur: il n'existe d'organes accessoires qu'à l'ouverture extérieure. — Les individus *mâles* se reconnaissent en général à leur taille plus petite et à leur queue recourbée. Ils ne possèdent d'ordinaire qu'un seul tube sexuel, qui décrit des circonvolutions plus ou moins nombreuses, et qu'en zoologie descriptive on qualifie de testicule, mais qu'on doit distinguer en testicule proprement dit et en canal déférent. Celui-ci présente quelquefois, avant sa terminaison, une dilatation regardée comme une vésicule séminale; la portion terminale, ou conduit éjaculateur, vient déboucher en arrière, avec le tube digestif, dans un cloaque. Au voisinage de ce

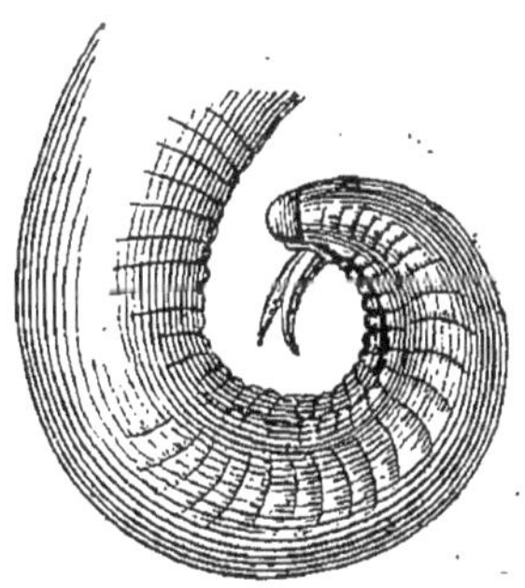

Fig. 202. — Extrémité caudale de l'Ascaride du Porc, vue de côté (les spicules sont figurés un peu trop épais) (Delafond, inéd.).

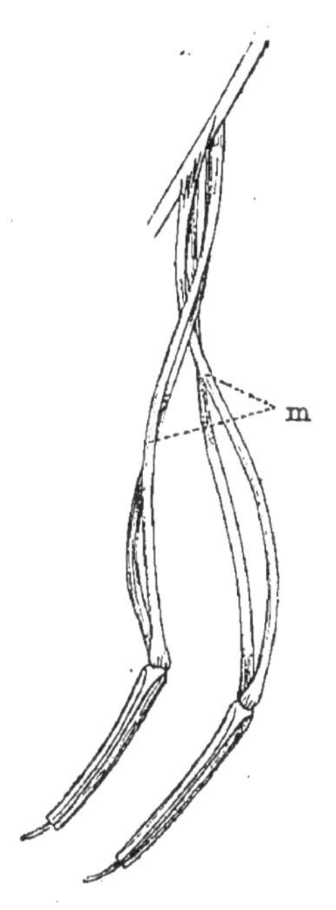

Fig. 203. — Spicules de l'Ascaride mégalocéphale. — *m*, muscles rétracteurs (Delafond, inéd.).

cloaque, on observe souvent une ou deux pièces de chitine, auxquelles on donne le nom de spicules, et qui ne sont autres que des organes de copulation. Effectivement, ces spicules, qui peuvent être projetés au dehors par des muscles spéciaux, pénètrent dans la vulve de la femelle et la distendent de manière à permettre l'introduction du sperme dans le vagin. Dans certains cas (*Strongylidés*), la copulation est en outre favorisée par la présence d'une bourse caudale, expansion campanuliforme qui maintient le mâle étroitement fixé à la femelle.

D'autres fois enfin, ces divers organes copulateurs font défaut, mais le cloaque peut se renverser en dehors et jouer ainsi le rôle de pénis (*Trichina*). Les spermatozoïdes sont sphériques ou coniques; ils offrent cette particularité remarquable de présenter des mouvements amœboïdes. — Les *femelles* possèdent quelquefois un seul, plus souvent deux tubes sexuels, dits ovaires, décrivant plus ou moins de circonvolutions suivant leur longueur. Nous savons déjà qu'en réalité l'ovaire est représenté seulement par la portion cæcale du tube, laquelle se continue par une section ordinairement plus large ou oviducte, aboutissant en général à une dilatation de forme variable désignée sous le nom d'utérus; à celui-ci fait suite un canal plus ou moins étroit, le vagin, qui débouche à l'extérieur par la vulve. Lorsqu'il existe deux tubes sexuels, ils sont presque toujours distincts jusqu'à la naissance du vagin, quelquefois même plus loin. Quant à la vulve, sa situation est variable; mais, dans tous les cas, elle occupe la face ventrale. Par exception, chez les *Gordius*, le vagin s'unit au rectum, comme dans les mâles. — On admet généralement que les œufs, comme les spermatozoïdes, naissent par gemmation aux dépens d'une masse protoplasmique nu-

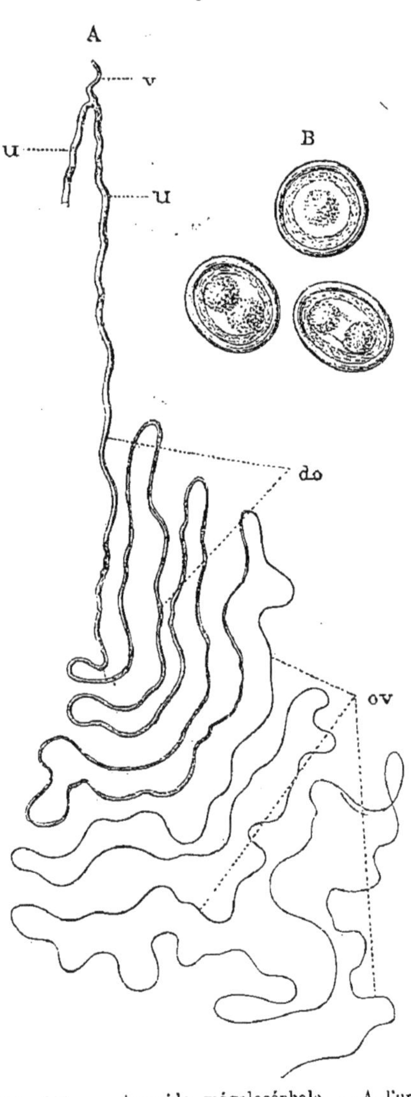

Fig. 204. — Ascaride mégalocéphale. — A, l'un des tubes sexuels de la femelle (l'autre a été sectionné à peu de distance du vagin). *ov*, ovaire. *do*, oviducte. *u*, utérus. *v*, vagin. B, œufs grossis environ 130 fois (Delafond, inéd.).

cléée disposée sous forme de cordon (*rachis*) dans l'axe des tubes germinatifs : ils se présenteraient tout d'abord sous l'aspect de cellules à noyaux, renflées en massue et groupées autour de ce cordon.

Les Nématodes sont ovipares ou ovovivipares. Dans le premier cas, les œufs, de forme ovoïde ou sphérique, sont d'ordinaire pourvus d'une coque très résistante. Le plus souvent, le développement embryonnaire ne commence qu'après et même longtemps après la ponte ; du reste, les circonstances extérieures le font varier : la chaleur l'active, et tantôt il exige de l'humidité, tantôt de la sécheresse : il débute par une segmentation totale dont le résultat est la formation d'une *morula* souvent ovalaire. Celle-ci « s'échancre d'un côté, et l'embryon, à mesure qu'il croît, se replie dans le sens de cette échancrure. Les cellules centrales de la morule pleine se différencient du reste du corps pour former l'endoderme, qui naît ainsi par un procédé de délamination. » L'embryon prend peu à peu un aspect vermiforme et se montre enroulé dans l'intérieur de l'œuf. Les phénomènes se passent de la même façon chez les espèces ovovivipares, mais l'éclosion s'effectue dans l'utérus.

Les phases ultérieures du développement comprennent une grande diversité de manifestations ; on peut, avec Leuckart, les classer pour la plupart sous les chefs suivants, en ce qui a trait du moins aux espèces parasites :

A. *Développement avec hôte intermédiaire.* — 1er TYPE : les parasites passent, avant ou après leur éclosion, dans un premier hôte intermédiaire, sous la forme de larve (*Spiroptera obtusa* de la Souris ; *Cucullanus elegans* de la Perche). — 2e TYPE : les embryons libres envahissent non seulement un hôte intermédiaire, mais aussi l'hôte même chez lequel ils éclosent (*Ollulanus tricuspis*). — 3e TYPE : les embryons envahissent les tissus de l'hôte qui héberge leur mère et chez lequel ils sont éclos (*Trichina spiralis*) ; ils arrivent à l'état adulte chez un second hôte. — 4e TYPE : l'embryon atteint un hôte intermédiaire, mais ne subit chez celui-ci que peu ou point de changements : les métamorphoses complètes ne s'accomplissent que dans l'hôte définitif (*Ascaris acus*...).

B. *Développement sans hôte intermédiaire.* — 5e TYPE : l'embryon se développe dans l'œuf évacué et passe dans son hôte définitif pendant qu'il se trouve encore dans sa coque (*Oxyuris vermicularis*, *Trichocephalus affinis*). — 6e TYPE : les embryons abandonnent leur coque et se rendent, sous la forme de petits Rhabditis (à double renflement œsophagien), dans l'eau ou dans la terre humide, où ils se nourrissent et s'accroissent; mais ils ne prennent leurs organes sexuels qu'après introduction dans le corps de leur hôte (Dochmie trigonocéphale). — 7e TYPE : les embryons deviennent sexués à l'état de liberté, sous la forme de Rhabditis; puis ceux-ci donnent naissance à une génération également sexuée, qui retourne à la vie parasitique (*Rhabdonema nigrovenosum*) : nous avons déjà signalé cette succession de générations sexuées différentes sous le nom d'*hétérogonie*.

Les variations morphologiques en relation avec le mode de vie (*dimorphobiose*), telles qu'on les observe dans ces deux derniers types, ont même été constatées chez des Nématodes libres (*Leptodera, Pelodera*), sous la seule influence d'une alimentation abondante ou précaire.

Remarquons, d'autre part, que beaucoup de petits Nématodes, et plus spécialement des larves, résistent à la dessiccation, et reprennent leur activité en présence de l'humidité.

La plupart des Nématodes sont parasites et se nourrissent des substances liquides contenues dans l'organisme de leur hôte. Il en est qui jouent le rôle de simples commensaux; d'autres, par contre, attaquent les tissus au moyen de leur armature buccale. Leur présence peut déterminer, suivant les cas, des accidents d'une gravité variable. Nous aurons, en outre, à signaler quelques formes qui vivent aux dépens des plantes.

Schneider a proposé, comme nous l'avons vu plus haut, de diviser les Nématodes en trois groupes, d'après la disposition de leur musculature. Ces groupes étaient ainsi composés :

POLYMYAIRES. — Genres *Ascaris*, *Eustrongylus*, *Enoplus*, *Physaloptera*, *Heterakis*, *Filaria*, *Ancyracanthus*, *Hedruris*, *Ceratospira*, *Cucullanus*.

MÉROMYAIRES. — Genres *Nematoxys*, *Oxysoma*, *Oxyuris*, *Labiduris*, *Dermatoxys*, *Atractis*, *Spiroxys*, *Strongylus*, *Pelodera*, *Leptodera*.

HOLOMYAIRES. — *Anguillula*, *Trichina*, *Trichosoma*, *Trichocephalus*, *Pseudalius*, *Ichthyonema*, *Mermis*, *Gordius*, *Sphærularia*.

Cette classification, qui a eu quelque succès malgré son caractère artificiel, est aujourd'hui en grande partie abandonnée. Le groupement des genres en familles, tel que nous l'exposons ci-après, tient, à coup sûr, beaucoup mieux compte des affinités.

1. Famille des **ASCARIDÉS**. — Les Ascaridés ont le corps cylindroïde. *La bouche est entourée de trois lèvres* souvent papilli-

fères (valves céphaliques ou buccales) : une dorsale et deux ventrales. Ces lèvres offrent de puissantes masses musculaires qui se dessinent par leur teinte sombre à travers la cuticule. L'œsophage est long, musculeux, renflé en massue dans sa partie postérieure. *Les mâles sont pourvus de deux spicules.* Les femelles ont un ovaire double; la vulve est située en avant du milieu du corps. Ovipares.

Genre **Ascaride** (*Ascaris* L.). — Les Ascarides ont le bord des lèvres généralement denté. Les mâles ont deux spicules égaux et de nombreuses papilles au voisinage de l'anus. D'après Schneider, les meilleurs caractères spécifiques sont fournis par les papilles post-anales. Les œufs sont globuleux ou ellipsoïdes.

Ascaride lombricoïde (*A. lumbricoides* L.). — Le corps est d'un blanc laiteux, raide et élastique, atténué aux deux extrémités. La tête est petite ; les trois lèvres ont leurs bords finement denticulés : la supérieure porte à sa base deux papilles ; chacune des deux autres n'en possède qu'une. Le *mâle* mesure 15 à 17 centimètres de longueur sur 3 à $3^{mm},2$ d'épaisseur; son extrémité caudale, conique et courbée vers la face ventrale, montre deux spicules courts, un peu arqués, cylindriques à la base, claviformes et aplatis dans leur moitié libre. Sur cette face ventrale, règnent de chaque côté 69 à 75 papilles, dont 7 (paires) post-anales : n° 2 rapprochée de la ligne médiane; 4-5 et 6-7 géminées; les suivantes disposées sur un seul, puis sur deux rangs; une papille impaire en avant de l'anus. La *femelle* est longue de 20 à 25 centimètres sur 5 millimètres à $5^{mm},5$ d'épaisseur ; son extrémité caudale est conique et droite ; la vulve est située vers le tiers antérieur du corps, dans un espace annulaire légèrement rétréci. Les œufs sont ellipsoïdes et mesurent 50 à 75 μ de long sur 40 à 45 μ de large ; leur coque lisse est entourée d'une couche claire, comme gélatineuse, susceptible de se gonfler par endosmose, de manière à prendre un aspect irrégulièrement ciselé.

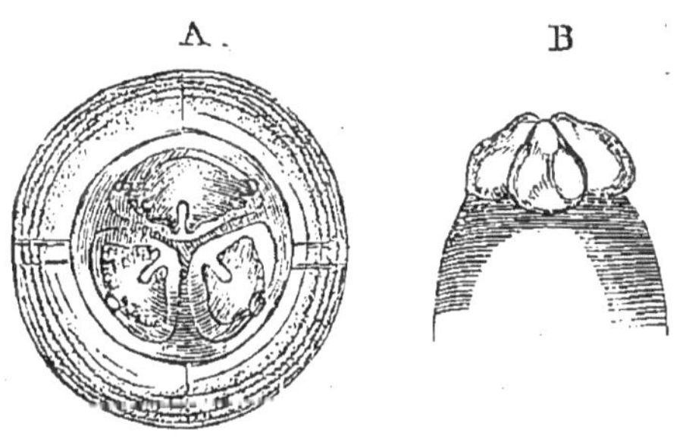

Fig. 205. — Extrémité antérieure de l'Ascaride lombricoïde. — A, vue de devant. B, vue par la face dorsale.

L'Ascaride lombricoïde, longtemps confondu avec le Strongle géant et même avec les Lombrics ou Vers de terre, habite l'intestin grêle de l'Homme, où il est assez commun. On le trouve parfois aussi dans d'autres parties du tube digestif ou même dans d'autres organes; mais ce n'est pas là son séjour normal.

L'enfance est surtout affectée par ces Vers. Ils peuvent exister en quantité considérable chez un même sujet. Leur présence dans l'intestin n'est point révélée par des symptômes bien caractéristiques, mais on peut la reconnaître par la découverte des œufs dans les déjections. Dans certains cas, heureusement rares, on a signalé cependant des accidents sérieux et même mortels produits par les Ascarides. Il importe donc d'expulser ces Vers : on y parvient d'ordinaire sans difficultés, au moyen de divers anthelminthiques, et en particulier du semen-contra et de la santonine.

On a calculé qu'une seule femelle est capable d'émettre par an jusqu'à 60 millions d'œufs. Ces œufs sont déposés dans l'intestin, sans avoir subi aucune segmentation; ils n'éclosent point sur place et sont évacués avec les fèces.

Nous ne pouvons entrer ici dans tous les détails que comporte la formation de l'embryon; disons seulement que la segmentation est égale, et qu'elle a lieu avec plus ou moins de rapidité suivant l'élévation de

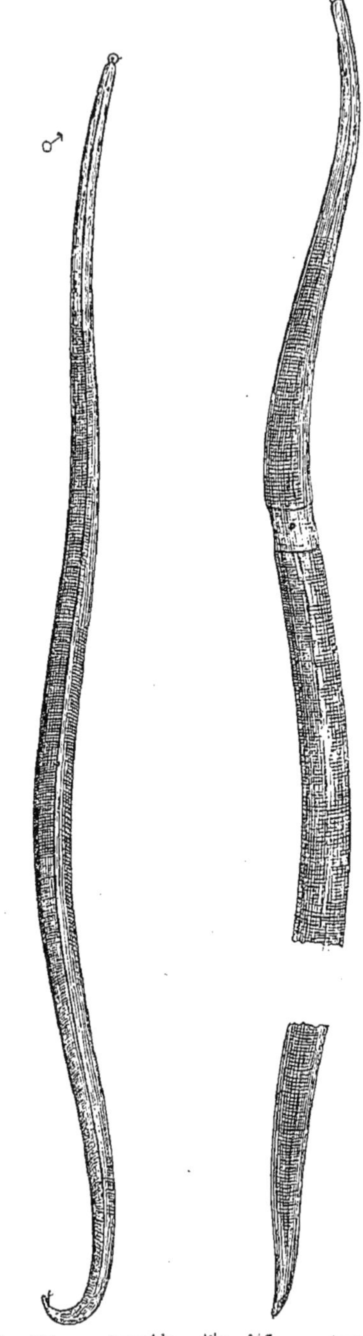

Fig. 206. — Ascaride lombricoïde, mâle, vu de côté. Grandeur naturelle (Orig.).

Fig. 207. — Ascaride lombricoïde, femelle, face ventrale. Grandeur naturelle (Orig.).

la température ambiante. Dans la règle, l'embryon est constitué au bout de 30 à 40 jours; il est cylindroïde, à tête obtuse dépourvue de lèvres, à queue aiguë, mais non effilée. Il ne sort point de la coque tant que l'œuf demeure dans le monde extérieur : d'après Davaine, il peut y prolonger son existence pendant 5 ans dans un milieu humide.

Dans quel milieu s'effectue l'éclosion? Leuckart, ayant ingéré sans succès des œufs contenant un embryon bien développé, admet que cet embryon doit évoluer chez un hôte différent de celui qui héberge l'adulte. Davaine, au contraire, est parvenu à faire éclore ces œufs dans l'intestin du Rat, et croit que l'embryon sort de la coque chez l'individu dans lequel il doit devenir adulte. Cette dernière opinion est corroborée par une récente expérience de Grassi : un mois après l'ingestion d'œufs mûrs, cet auteur a reconnu dans ses fèces la présence d'Ascarides. M. Baillet était arrivé aux mêmes conclusions en expérimentant avec les Ascarides du Porc, du Chien et du Chat.

L'infection spontanée se produit sans doute par l'intermédiaire des eaux impures et des aliments végétaux. On s'explique de la sorte la fréquence des Ascarides dans les campagnes, et leur rareté dans les grandes villes, où les eaux sont filtrées.

Ascaride du Porc (*A. suilla* Duj.). — D'après Dujardin, cet Ascaride différerait de celui de l'Homme par une plus faible épaisseur, un tégument à stries plus étroites, des spicules moins aigus et plus aplatis, des utérus plus longs et des œufs plus petits (66 μ de diamètre). — Pour Leuckart, la différence tirée de la longueur des utérus est tout à fait illusoire; et si l'Ascaride du Porc a en réalité une taille moindre et des œufs plus petits que celui de l'Homme, ces caractères sont insuffisants pour justifier à ses yeux l'établissement d'une espèce nouvelle.

Le Ver dont il s'agit habite l'intestin grêle du Porc ; il ne se rencontre jamais en bien grand nombre et paraît peu dangereux.

Ascaride du Mouton (*A. ovis* M. C. V. (1). — Espèce très rare, paraissant représenter une forme réduite de l'Ascaride lombricoïde. Les papilles sont moins rapprochées de la base des lèvres que dans cette dernière espèce. — Le *mâle* est long de 7 à 10 centimètres, large de 2 millimètres; son extrémité caudale est garnie, sur la face ventrale, de deux rangées de 45 à 50 papilles chacune, La *femelle* est longue de 8 à 12 centimètres; sa vulve s'ouvre vers le tiers antérieur du corps.

(1) Musée impérial de Vienne (*Museum Cæsareum Vindebonense*).

On ne connaissait jusqu'à présent l'Ascaride du Mouton que par un exemplaire femelle conservé au Musée de Vienne, cité par Rudolphi qui ne l'avait pas vu, puis décrit par Diesing et par Drasche (1). M. Neumann (2) en a retrouvé plusieurs exemplaires à Toulouse et en a donné une bonne description; mais il est à remarquer que les femelles qu'il a eues à sa disposition ne contenaient pas d'œufs développés. Ce Ver habite l'intestin grêle.

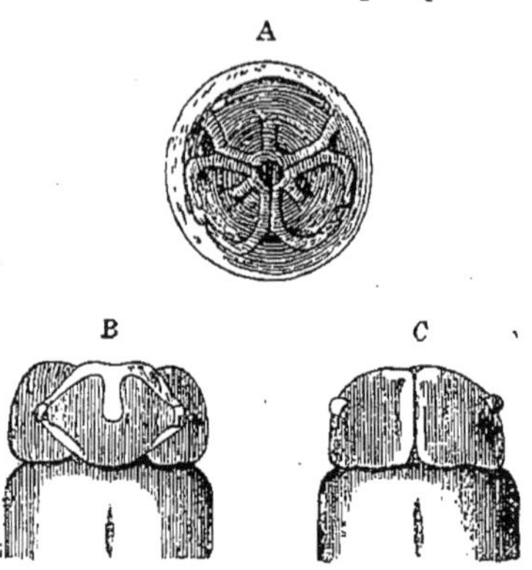

Fig. 208. — Extrémité antérieure de l'Ascaride du Mouton, d'après G. Neumann. — A, vue de devant. B, par la face dorsale. C, par la face ventrale. Grossissement : 30 diamètres.

Drasche a examiné, d'autre part, deux individus du même genre, trouvés chez le Mouton par Köbl, et qui lui ont paru ne pas appartenir à la même espèce que la femelle du Musée de Vienne. Toutefois, il est bon de faire observer que ces divers spécimens étaient mal conservés.

Ascaride du Veau (*A vituli* Gœze). — Cette espèce, souvent confondue avec l'*A. lumbricoides*, en a été nettement distinguée par M. Neumann (3). Le corps est un peu plus grêle, la tête plus petite, les valves céphaliques non papillifères, la queue terminée par un appendice plus distinct. L'œsophage est suivi d'un rudiment de ventricule. Le *mâle* est long de 15 à 20 et jusqu'à 26 centimètres, large de 3 millimètres; la concavité de l'extrémité caudale ne montre que 10 à 15 papilles. La *femelle* mesure 22 à 30 centimètres de long sur 5 millimètres de large;

A

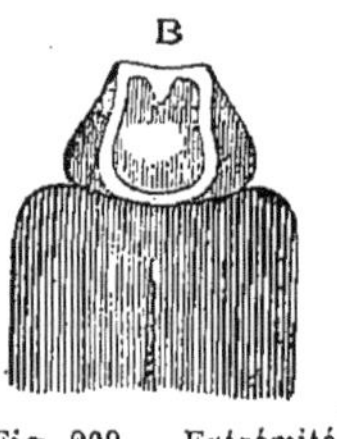

Fig. 209. — Extrémité antérieure de l'Ascaride du Veau, d'après G. Neumann. — A, vue de devant et grossie 20 fois. B, vue par la face dorsale et C, par la face ventrale, grossie 13 fois.

(1) Drasche, *Helminthologische Notizen*, Verhandl. d. k. k. zool.-bot. Gesellschaft. Wien, 1882, p. 141.

(2) G. Neumann, *Sur l'Ascaride du Mouton*. Rev. vétér., 1884, p. 382 (avec une pl.).

(3) G. Neumann, *Sur l'Ascaride des bêtes bovines*. Revue vétér., 1883, p. 362 (avec deux planches).

la vulve est située vers le sixième antérieur du corps. Les œufs ont un diamètre de 75 à 80 μ.

Intestin grêle des bêtes bovines. Rare chez les adultes, assez commun chez les Veaux, surtout dans le midi de la France. On en trouve quelquefois un grand nombre, disposés en faisceaux serrés et pouvant occasionner une inflammation localisée de la muqueuse intestinale (Neumann); mais ce n'est qu'exceptionnellement que leur présence détermine des accidents mortels (Descorps).

Ascaride mégalocéphale (*A. equi* Gmelin, *A. megalocephala* J. Cloquet). — Le corps de cette grande espèce est d'un blanc jaunâtre uniforme ; il est très raide, élastique. La tête est plus grande que celle de l'Ascaride lombricoïde, mieux détachée du corps; les lèvres sont étranglées dans leur milieu. Le *mâle* est long de 15 à 25 centimètres; sa queue porte deux petites ailes latérales et des papilles ventrales au nombre de 79 à 105 de chaque côté, dont 7 préanales: n° 2 conique; 4-5 et 6-7 géminées; les suivantes disposées en une seule, puis en plusieurs rangées; une papille impaire devant l'anus. La *femelle* est longue de 18 à 37 centimètres; sa vulve est située vers le quart antérieur du corps. Les œufs sont à peu près globuleux, du diamètre de 90 à 100 μ.

Gœze considérait cette forme comme une simple variété de l'Ascaride lombricoïde. C'est surtout J. Cloquet qui l'en a spécifiquement séparée. On l'observe souvent dans l'intestin grêle du Cheval, de l'Ane, du Mulet; il se rencontre aussi chez le Zèbre. Quelquefois, on trouve un nombre énorme de ces parasites rassemblés en faisceaux : sur un seul Cheval, M. Colin en a compté plus de 1600. En pareil cas, ils peuvent gêner la circulation des matières alimentaires et déterminer des accidents graves; toutefois, ces accidents sont assez rares, à cause de l'impossibilité dans laquelle sont ces Vers de s'enrouler sur eux-mêmes et de se pelotonner. On peut trouver des Ascarides erratiques chez le Cheval comme chez l'Homme. Nous ne croyons pas aux prétendus cas de perforation de l'intestin par les Ascarides.

Ascaride à moustaches (*A. mystax* Zeder, *A. felis* Gmelin). — La tête est ordinairement recourbée; elle est pourvue de deux ailes membraneuses latérales qui lui donnent un peu l'aspect d'une pointe de flèche. La bouche est entourée de lèvres entières, peu développées et portant chacune une papille saillante. Le *mâle* est long de 4 à 6 centimètres; sa queue est recourbée et munie de deux petites ailes membraneuses et de 26 papilles de chaque côté, dont 5 post-anales : 1 et 2 ainsi que 3 et 4 placées côte à côte ; 5 sur un bourrelet cutané. La *femelle* est longue de 4 à 10 centimètres ; queue obtuse ; vulve située vers le quart antérieur. Œufs presque globuleux, de 65 à 75 μ de diamètre.

Les Ascarides à moustaches habitent l'intestin grêle du Chat domestique et d'un grand nombre d'espèces sauvages du genre *Felis*. Contrai-

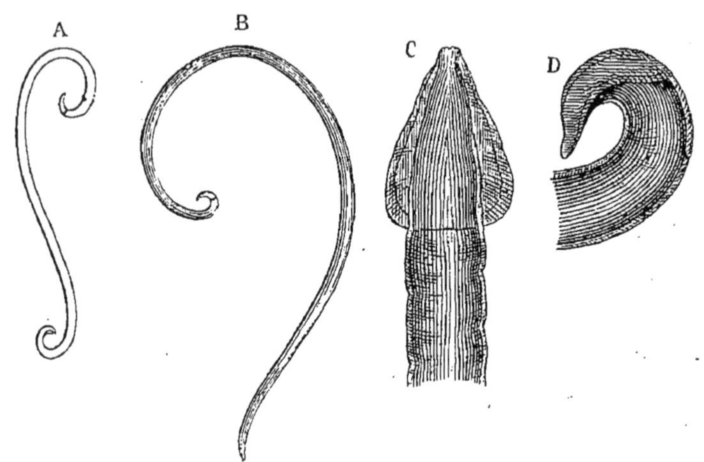

Fig. 210. — *Ascaris mystax* du Chat. — A, mâle et B, femelle, grandeur naturelle, vus de côté. C, extrémité antérieure grossie et vue de face pour montrer les ailes latérales. D, vue de profil (Orig.).

rement aux grandes formes dont nous nous sommes occupé ci-dessus, ils peuvent se pelotonner et obstruer de la sorte la lumière de l'intestin. Parfois, en outre, ils remontent dans l'estomac et déterminent alors des vomissements fréquents.

La plupart des helminthologistes rapportent à l'*Ascaris mystax* les Vers humains recueillis par Pickells, Bellingham, Scattergood, Leuckart, Steenstrup, Heller, etc. Bellingham avait décrit les individus observés par lui sous le nom d'*Ascaris alata*.

L'*Ascaris maritima* Leuck., des Groenlendais, trouvé par Krabbe et décrit par Leuckart, offre également de nombreux rapports avec cette espèce.

Ascaride bordé (*A. marginata* Rud., *A. canis* Werner). — On a souvent regardé cette forme comme une simple variété de l'*A. mystax*, dont elle ne diffère guère que par des dimensions un peu plus grandes. Les œufs ont un diamètre de 75 à 80 μ.

Elle habite l'intestin grêle du Chien et de quelques Carnivores sauvages. Même action sur l'organisme. Fréquente surtout chez les jeunes Chiens.

A côté de ces espèces, nous devons indiquer les suivantes, qui sont propres aux Oiseaux : *Ascaris gibbosa* Rud., de l'intestin de la Poule. *A. crassa* Desl., du Canard domestique et du Canard musqué.

Genre **Hétérakis** (*Heterakis* Duj.). — Les espèces qu'on fait actuellement rentrer dans ce genre se distinguent des Ascarides par la présence, chez les mâles, d'une *ventouse préanale* et de deux spicules souvent inégaux. Au moins 3 papilles préanales de chaque côté.

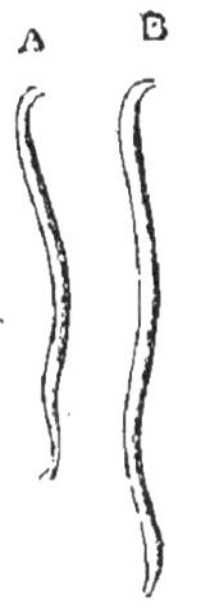

Fig. 211. — *Heterakis maculosa*, du Pigeon. — A, mâle. B, femelle. Grandeur naturelle.

H. papillosa Bloch (*Ascaris vesicularis* Fröl.), du cæcum des Poules, Faisans, Dindons, Paons, Pintades, etc. — *H. inflexa* Zed., de l'intestin de la Poule et du Canard ; c'est à cette espèce qu'il faut rapporter aussi l'*Ascaris perspicillum* Rud., de l'intestin grêle du Dindon. — *H. compressa* Schn., de l'intestin de la Poule. — *H. colombæ* Gmel. (*Ascaris maculosa* Rud.), de l'intestin du Pigeon (fig. 211). — *H. dispar* Schrank, du cæcum de l'Oie.

2. Famille des **OXYURIDÉS**. — Le corps est cylindroïde. La bouche est nue ou entourée de trois lèvres peu saillantes. L'œsophage est long, avec un *bulbe* ou *ventricule bien distinct. Les mâles ont un seul spicule.* Deux paires de papilles préanales, dont une occupant en général les côtés mêmes de l'anus. Les femelles, dont l'extrémité caudale est allongée, subulée, possèdent presque toujours deux ovaires, et leur vulve s'ouvre d'ordinaire vers la partie antérieure du corps. Ovipares ou ovovivipares. Œufs ovoïdes, à coque très résistante.

Le genre **Oxyure** (*Oxyuris* Rud.) comprend plusieurs espèces parasites de l'homme et des animaux domestiques.

Oxyure vermiculaire (*O. vermicularis* Brems.). — Ce petit Ver, très anciennement connu, paraît ailé à son extrémité antérieure, ce qui tient à la présence d'un renflement cutané vésiculeux, qui fait saillie sur les parties latérales. La bouche est ronde quand elle est en repos, mais en protraction elle devient triangulaire et se montre pourvue de trois lèvres. Le *mâle*, long de 2 à 3 millimètres, a la queue enroulée en spirale et munie de plusieurs papilles (six paires, d'après Leuckart), dont les plus longues soutiennent des ailes cuticulaires simulant une bourse caudale ; le spicule est recourbé en hameçon vers le sommet. La *femelle* est longue de 9 à 10 millimètres ; sa queue est droite, subulée ; sa vulve transversale, à lèvres saillantes, est située un peu en avant du quart antérieur du corps. Les œufs sont lisses, oblongs, non symétriques, longs de 53 à 54 μ, larges de 26 à 28 μ.

Les Oxyures vermiculaires habitent le gros intestin de l'Homme, et surtout le rectum, au voisinage de l'anus. Ils sont plus fréquents chez les enfants, mais les adultes et les vieillards ne sont pas à l'abri de leurs atteintes. Leur présence se traduit par un violent prurit à l'anus, du ténesme, l'inflammation de la région, etc. Chez les petites filles, ils s'introduisent quelquefois de l'anus dans le vagin, et peuvent alors provoquer l'onanisme et même des accès de nymphomanie.

Fig. 212. — Oxyure vermiculaire, mâle, de grandeur naturelle et grossi.

Fig. 213. — Oxyure vermiculaire, femelle, grandeur naturelle et grossie.

Selon P. Gervais et Van Beneden, « le remède le plus simple et en même temps le plus efficace est d'expulser les Vers au moyen d'un lavement à l'eau froide, qui les emmène en grand nombre lorsqu'il est rejeté de l'intestin. » Les lavements à l'eau salée ou à l'absinthe sont encore plus efficaces. On recommande en outre des frictions de pommade mercurielle et l'administration de divers anthelminthiques.

On a cru longtemps que les œufs des Oxyures éclosaient pour la plupart dans le tube digestif et que les embryons subissaient alors, très rapidement, toutes les phases de leur développement chez le même individu; c'est ainsi qu'on expliquait l'extrême multiplication de ces parasites, observée dans certains cas. Depuis les recherches de Leuckart, il paraît démontré que les œufs ou embryons de ces Vers doivent toujours être expulsés de l'intestin pour rentrer ensuite dans le tube digestif avec les boissons ou les aliments.

Exceptionnellement, d'après Zürn, l'*O. vermicularis* se trouverait chez le Chien. Peut-être s'agit-il de l'espèce suivante.

Oxyure du Chat (*O. compar* Leidy). — Corps fusiforme; tête amincie, pourvue d'un renflement vésiculeux. Bouche sans lèvres. La *femelle* seule est connue et mesure 8 à 15 millimètres de longueur; son extrémité caudale est longuement subulée, contournée en spirale; la vulve est située au niveau du cinquième antérieur du corps.

Ce Ver a été trouvé dans l'intestin grêle du Chat, en compagnie du *Tænia crassicollis*, à Philadelphie, par Leidy.

Oxyure du Cheval (*O. equi* Gœze, *O. curvula* Rud.). — Tête dépourvue d'ailes latérales; bouche à six mamelons enveloppés

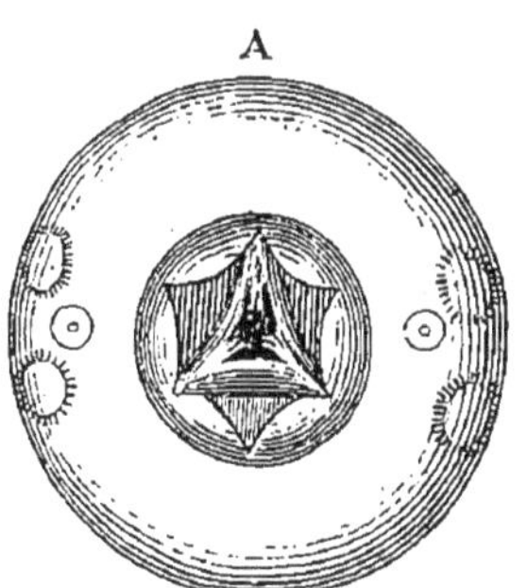

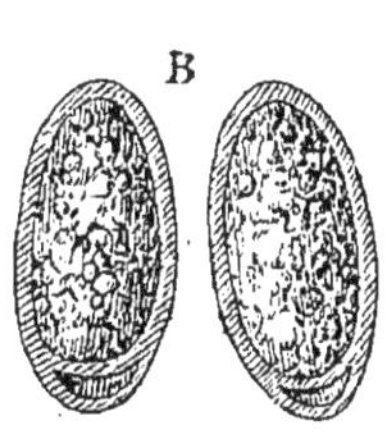

Fig. 214. — Oxyure du Cheval. — A, extrémité antérieure, vue de devant. B, œufs, grossis environ 200 fois.

extérieurement par trois grandes lèvres arrondies; ventricule non brusquement séparé du reste de l'œsophage; 6 papilles buccales : deux latérales faibles, quatre submédianes à stries radiées péri-

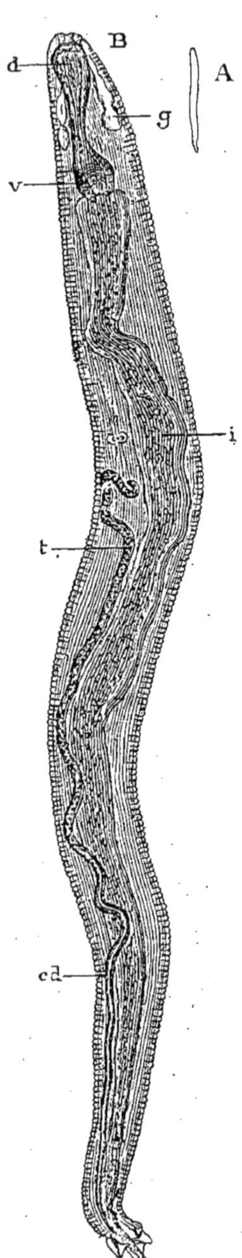

Fig. 215. — Oxyure du Cheval, mâle. — A, grandeur naturelle. B, grossi. *d*, bulbe antérieur. *v*, bulbe postérieur ou ventricule. *g*, glandes dites salivaires. *i*, intestin. *t*, testicule. *cd*, canal déférent (Orig.).

phériques. Le *mâle* est long de 9 à 12 millimètres ; son extrémité caudale, obtuse, est munie de plusieurs papilles dont les plus longues soutiennent une sorte de bourse caudale très développée ; le spicule est droit, grêle, très aigu. La *femelle* mesure 40 à 50 millimètres de longueur ; son corps est arqué en avant, plus ou moins subulé en arrière ; la vulve est située à 7 ou 8 millimètres de la bouche. Les œufs sont ovoïdes et recouverts d'un opercule à l'un des pôles ; ils sont longs de 88 à 94 μ., larges de 41 à 45 μ.

L'Oxyure courbé peut se rencontrer dans toute la longueur du gros intestin du Cheval, mais son habitat normal, comme l'a montré M. Colin, est la courbure diaphragmatique du

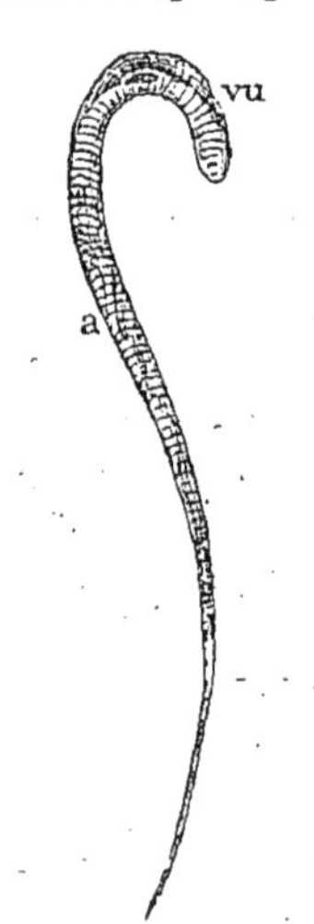

Fig. 216. — Oxyure du Cheval, emelle, grandeur naturelle. — *vu*, vulve. *a*, anus.

gros côlon. Le mâle est très rare ; nous croyons l'avoir décrit et figuré le premier (1).

Probstmayr a trouvé, dans le cæcum du Cheval, de jeunes femelles d'Oxyures dont l'utérus contenait des embryons éclos; il les a décrites

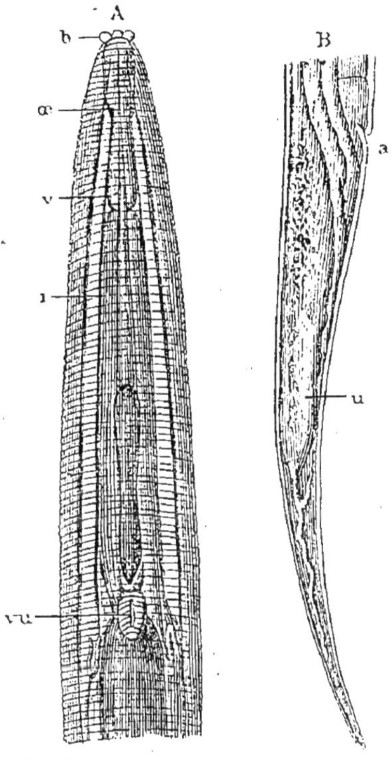

Fig. 217. — Oxyure du Cheval, femelle. — A, extrémité antérieure, incisée sur un point de sa longueur. B, extrémité caudale. *b*, bouche, avec les lèvres étalées. *œ*, partie antérieure de l'œsophage, ou bulbe antérieur. *v*, ventricule ou bulbe postérieur. *i*, intestin. *a*, anus. *u*, utérus. *vu*, vulve (Delafond).

sous le nom d'*O. vivipara*, mais nous ne pensons pas qu'il s'agisse là d'une espèce distincte. Perroncito a fait la même observation à Turin.

Tous ces Vers sont inoffensifs; ils ne se fixent jamais à la muqueuse, et ce sont en somme de véritables commensaux.

Oxyure à longue queue (*O. mastigodes* Nitzsch). — Corps brun noirâtre, bouche ronde, nue. Tégument finement strié en travers. La *femelle*, seule connue, mesure plus de 13 centimètres de long; elle est remarquable par sa queue mince, lisse, deux à quatre fois aussi longue que le tronc; sa vulve est située vers l'extrémité

(1) A. Railliet, *Note sur le mâle de l'Oxyure du Cheval*. Bulletin de la Soc. zool. de France, 1883, p. 211 (avec une planche).

antérieure. Un seul ovaire (?). Les œufs, englobés dans une masse gélatineuse, sont réunis par 5 à 8 en groupes étoilés (Nitzsch) ou irrégulièrement globuleux (Friedberger).

Cette grande espèce a été rencontrée par Nitzsch (1) et par Friedberger (2) dans le gros intestin du Cheval. Nous possédons des dessins de Delafond où se trouve déjà établie la différence entre les Oxyures à courte

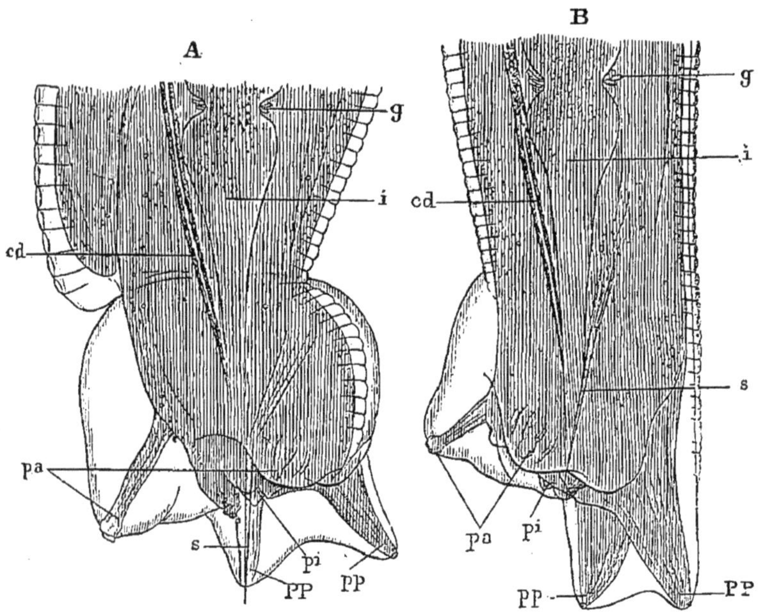

Fig. 218. — Extrémité caudale du mâle de l'Oxyure du Cheval. — A, vue par la face ventrale. B, par le côté gauche. *i*, intestin. *g*, glandes rectales. *cd*, canal déférent. *s*, spicule. *pa*, papilles antérieures. *pp*, papilles postérieures. *pi*, papilles intermédiaires ou cloacales (Orig.).

queue et les Oxyures à longue queue; mais ceux-ci ont deux ovaires.

Oxyure ambigu (*O. ambigua* Rud. *Passalurus ambiguus* Duj.). — Petite espèce dont Dujardin avait cru devoir faire un genre à part, et qui habite le gros intestin et surtout le cæcum du Lapin et du Lièvre. Nous l'avons souvent observée à Alfort sur le Lapin domestique. Elle paraît du reste commune en France.

3. Famille des **STRONGYLIDÉS**. — Le corps est cylindroïde, rarement filiforme. *La bouche est tantôt nue, tantôt munie de papilles, et parfois pourvue d'une armature chitineuse.* L'œsophage

(1) *Zeitschrift für die gesammten Naturwissenschaften*, 1866, t. XXVIII, p. 270 (cité par Friedberger).

(2) *Jahresbericht der k. cent. Thierarzneischule in München*, 1884, p. 81.

est plus ou moins renflé dans sa partie postérieure. *Les mâles possèdent une bourse caudale* entière ou divisée, avec un spicule ou deux spicules égaux. Les femelles ont un ou deux ovaires ; la vulve est située tantôt en avant, tantôt en arrière du milieu du corps. Les Strongylidés sont ovipares ou ovovivipares.

Les principaux éléments de la classification de ces Vers sont fournis par l'armature buccale et par la bourse caudale des mâles, qui est généralement soutenue par des côtes ou rayons.

D'après Schneider, on peut distinguer ces côtes de la façon suivante, en prenant pour type la bourse caudale du *Strongylus dentatus* (fig. 219).

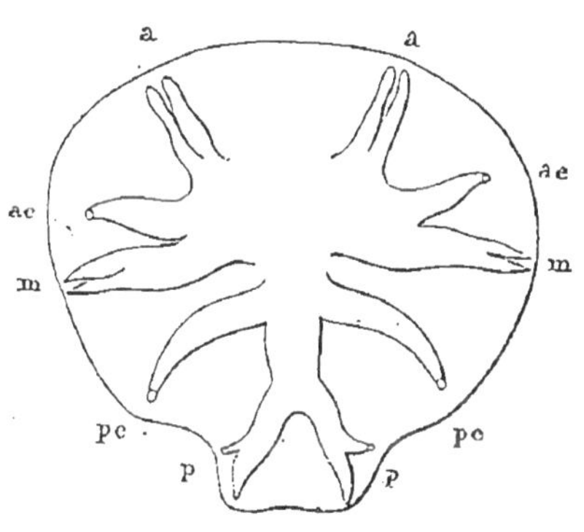

Fig. 219. — Bourse caudale de l'*Œsophagostoma dentatum*, grossie 93 fois, d'après Schneider. — *p*, côtes postérieures. *pe*, côtes postérieures externes. *m*, côtes moyennes. *ae*, côtes antérieures externes. *a*, côtes antérieures.

1° *Côtes postérieures*, s'étendant de l'intérieur de la bourse jusqu'au bord : le plus souvent à deux branches.

2° *Côtes postérieures externes*, n'atteignant pas le bord de la bourse : presque toujours simples.

3° *Côtes moyennes*, aboutissant au bord : d'ordinaire à deux branches, soit réunies (côte fendue), soit séparées (côte dédoublée).

4° *Côtes antérieures externes*, n'atteignant pas le bord : toujours simples.

5° *Côtes antérieures*, se terminant au bord : toujours à deux branches réunies ou séparées.

Les espèces que nous allons étudier pourraient être réparties dans trois sous-familles ou tribus assez distinctes : 1° EUSTRONGYLINÆ, polymyaires à bouche dépourvue d'armature chitineuse, à bourse caudale sans côtes (*Eustrongylus*) ; 2° SRONGYLINÆ, méromyaires à bouche également inerme, à bourse caudale soutenue par des côtes (*Strongylus*) ; 3° SCLEROSTOMINÆ, méromyaires à bouche munie d'une armature chitineuse plus ou moins complexe, à bourse caudale pourvue de côtes (*Œsophagostoma, Syngamus, Globocephalus, Sclerostoma, Stephanurus, Uncinaria, Ollulanus*). Nous classons à part le genre aberrant *Physaloptera*.

Genre **Eustrongle** (*Eustrongylus* Dies.). — C'est Diesing qui le premier a séparé des Strongles les espèces qui constituent ce genre. Elles sont caractérisées surtout par la bourse caudale des mâles, qui est toujours entière, non soutenue par des rayons, et par le spicule unique, privé de gaine. Les femelles ne possèdent qu'un seul ovaire.

Eustrongle géant (*E. visceralis* Gmel. *Strongylus gigas* Rud.). — Le corps est en général d'un rouge sanguin, légèrement atténué aux extrémités. La bouche est triangulaire, entourée de six petites papilles. Le *mâle* est long de 14 à 40 centimètres; sa queue est obtuse, avec une bourse membraneuse entière, sans rayons, et un spicule très grêle. La *femelle* mesure de 20 centimètres jusqu'à 1 mètre de long; sa queue est obtuse, à peine recourbée; il existe un seul ovaire; la vulve est située vers la partie antérieure du corps. Ovipare : les œufs sont ovoïdes, brunâtres, longs de 68 à 80 μ, larges de 40 à 43 μ.

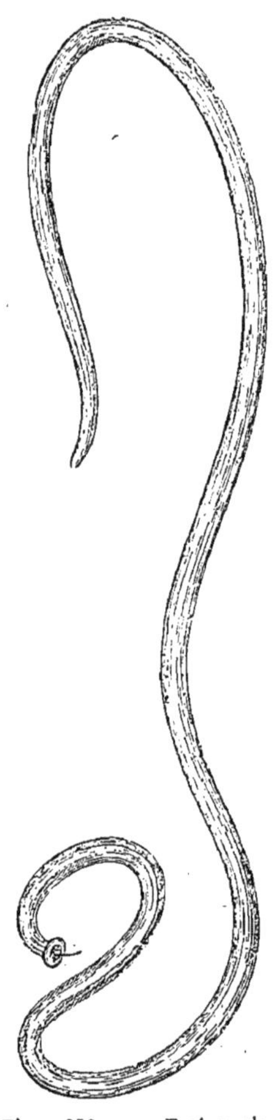

Fig. 220. — Eustrongle géant, mâle, grandeur naturelle.

Le Strongle géant est un parasite des reins. On l'a rencontré chez l'Homme, le Cheval, le Bœuf, le Chien, le Loup, le Putois, la Marte, la Loutre, le Phoque, etc. Il atrophie et détruit ordinairement, d'une façon plus ou moins complète, le rein dans lequel il est logé. Dans certains cas, il peut même rompre l'organe et tomber dans la cavité péritonéale. D'autres fois, il s'engage dans l'uretère, gagne la vessie et le canal de l'urèthre, et peut être rejeté à l'extérieur. Cependant, chez le Chien, qui est son hôte le plus habituel, il est souvent arrêté par l'os pénien, et s'introduit dans le tissu cellulaire environnant, où il provoque la formation d'un abcès (U. Leblanc). Il existe quelquefois plusieurs Strongles chez le même animal. Enfin, ce Ver peut se rencontrer, par exception, en dehors des organes urinaires.

Les phases de l'évolution de ce Nématode ne sont pas encore connues. Schneider a trouvé, chez quelques Poissons exotiques, des Nématodes enkystés que Rudolphi avait déjà décrits sous le nom de *Filaria cystica*, et qui ne sont autres que des larves d'un *Eustrongylus* : cet auteur suppose qu'il s'agit de l'*E. gigas*, mais Leuckart est d'un avis différent. Dans tous les cas, il est fort possible que le Strongle géant vive dans son jeune âge chez des Poissons, et cette opinion est même rendue probable par le fait de la fréquence de ce Ver chez les Mammifères ichtyophages. Balbiani a tenté quelques expériences dans le but de résoudre cette question. Il a reconnu d'abord que le développement de l'œuf commence dans l'utérus de la femelle, mais s'arrête bientôt pour ne s'achever qu'au bout de plusieurs mois, dans l'eau ou dans la terre humide. L'embryon, une fois formé, peut rester pendant un an au moins dans l'œuf sans éclore et sans périr; si on

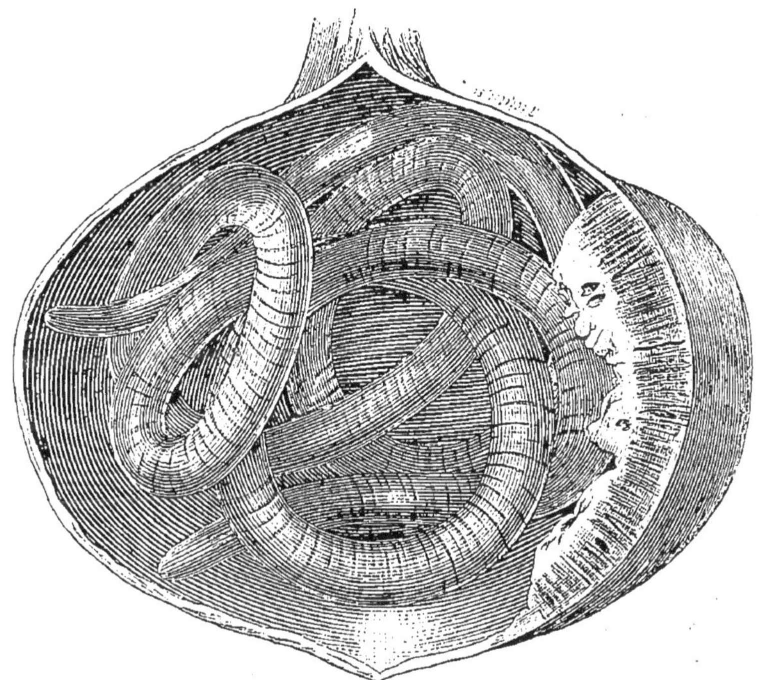

Fig. 221. — Eustrongle géant, femelle, dans le rein d'un Chien. La face supérieure du rein a été excisée. Grandeur naturelle (Orig.).

l'en extrait, il s'altère rapidement dans l'eau pure, et ne vit bien que dans les liquides albumineux. Il meurt même dans l'œuf, après une dessiccation de quelques jours. Enfin, Balbiani n'est pas parvenu à le faire éclore dans le tube digestif du Chien, de divers Poissons, de la Couleuvre et du Triton.

Genre **Strongle** (*Strongylus* Müller). — Les Strongles ou Strongyles (στρογγύλος, cylindrique) ont la bouche nue ou entourée de papilles et l'œsophage plus ou moins renflé en massue dans sa partie postérieure. Les mâles ont une bourse caudale entière ou excisée sur la face ventrale, parfois même bi, tri ou multilobée, toujours soutenue par des côtes; deux spicules égaux, accompagnés en général d'un organe de soutien impair. La vulve est située dans la partie postérieure du corps.

Il y a lieu de penser, contrairement à l'opinion de Leuckart, que tous les Strongles ont un développement direct. Cependant, cet auteur fait remarquer que les uns (*Str. contortus*) (1) ont un embryon rhabditiforme pourvu d'un bulbe œsophagien bien développé, à trois dents chitineuses, embryon qui se nourrit et s'accroît aux dépens des matières organiques contenues dans l'eau fangeuse; tandis que les autres (Strongles des voies respiratoires) produisent des larves à bulbe œsophagien faible, sans dents, qui ne prennent pas les matières en suspension dans l'eau, ne s'y accroissent pas et vivent aux dépens des matériaux emmagasinés dans leurs tissus.

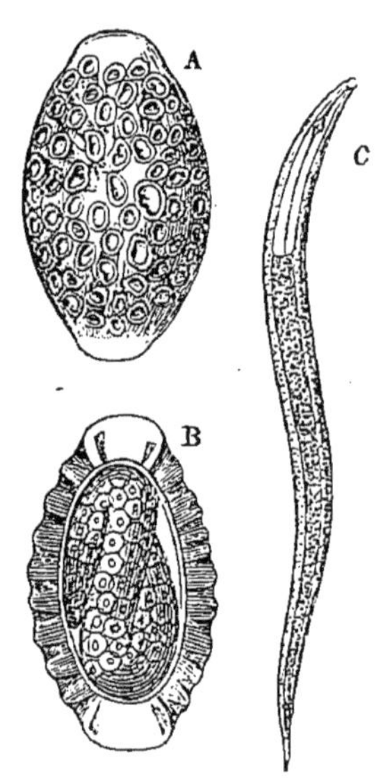

Fig. 222. — Œufs et embryon de l'Eustrongle géant, d'après Balbiani. — A, œuf mûr, extrait de l'utérus d'une femelle fécondée, grossi 400 fois (on remarque à sa surface les orifices des canaux nombreux qui traversent la coque de part en part). B, œuf renfermant un embryon encore celluleux. C, embryon extrait de la coque, grossi 250 fois.

Strongle filaire (*Str. filaria* Rud.). — C'est un Ver filiforme, très long, un peu atténué aux extrémités, et de teinte blanchâtre. La tête est obtuse, non ailée, la bouche circulaire et nue. — Le *mâle* est long de 3 à 8 centimètres; sa bourse caudale est excisée en avant; les côtes postérieures sont trilobées, les moyennes bilobées, les antérieures dédoublées. — La *femelle* mesure de 5 à 10 centimètres; son extrémité caudale est droite, conique; sa vulve est située en arrière du milieu du corps, vers les trois cinquièmes de la longueur. Ovovivipare.

Le Strongle filaire se trouve dans les bronches du Mouton, de la Chèvre, du Dromadaire, du Chameau et de divers Ruminants sauvages (Chevreuil, Daim, Argali, Gazelle). Il y existe parfois en grand nombre, du moins chez les jeunes animaux, et peut alors déterminer l'affection qu'on a décrite sous le nom de bronchite vermineuse, affection qui sévit souvent à l'état épizootique.

(1) A ce groupe se rattachent aussi les Sclérostomes et les Dochmies.

Organisation. Évolution. — Le tégument du Strongle filaire ne montre pas de stries transversales. La bouche s'ouvre dans un œsophage légèrement renflé en massue à sa partie postérieure; l'intestin, qui en est séparé par un étranglement peu accusé, s'étend directement jusqu'à l'anus, situé un peu en avant de l'extrémité caudale. Sur les côtés de l'œsophage et de la partie antérieure de l'intestin, se trouvent deux glandes dites salivaires, donnant naissance chacune à un canal excréteur qui va s'ouvrir dans la bouche. L'appareil reproducteur mâle est représenté par *un seul tube testiculaire*, qui commence en arrière de l'ori-

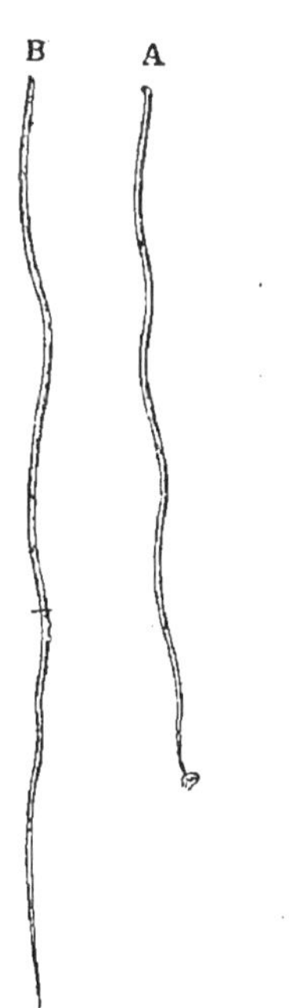

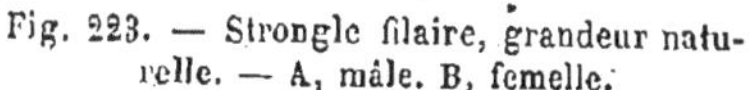
Fig. 223. — Strongle filaire, grandeur naturelle. — A, mâle. B, femelle.

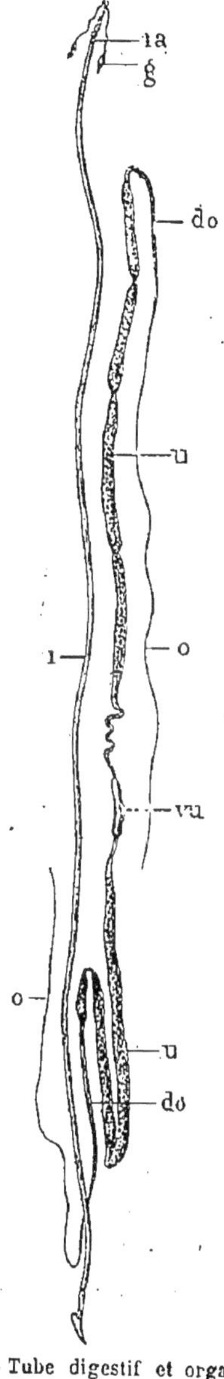

Fig. 224. — Tube digestif et organes sexuels d'une femelle de Strongle filaire. — *ia*, œsophage. *i*, intestin. *o*, ovaires. *do*, oviductes. *u*, leur partie renflée ou utérus. *vu*, vulve. *g*, glandes dites salivaires (Delafond, inéd.).

gine de l'intestin et s'étend jusqu'à l'extrémité postérieure, en décrivant à peine quelques sinuosités. A sa portion terminale sont annexés deux spicules courts, un peu arqués, de teinte brun rougeâtre et bordés chacun d'une aile membraneuse qui s'élargit en avant de la pointe. En outre, la copulation est favorisée par une *bourse caudale*, expansion membraneuse campanulée excisée en avant et offrant de chaque côté, en arrière, une légère échancrure. Cette bourse est allongée et soutenue de part et d'autre par cinq côtes : la postérieure trilobée, la postérieure externe simple, la moyenne bilobée, l'antérieure externe simple, l'antérieure dédoublée. — La femelle possède *deux tubes ovariens symétriques* formant chacun une anse, l'un en avant, l'autre en arrière, et se dilatant bientôt en une longue poche oviductale ou utérine, souvent étranglée de distance en distance. Cette poche se rétrécit ensuite de manière à constituer enfin un court vagin, et les deux tubes vaginaux aboutissent à une sorte de vestibule oblong, au centre duquel est percée une vulve à deux lèvres saillantes.

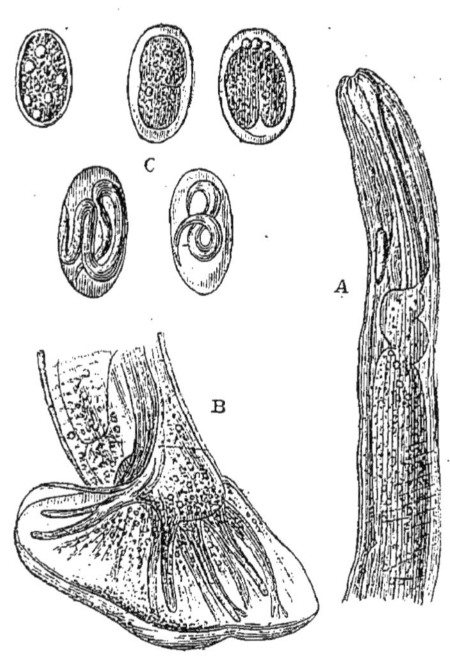

Fig. 225. — Strongle filaire. — A, extrémité antérieure, montrant l'œsophage, les glandes salivaires et l'origine de l'intestin. B, bourse caudale du mâle. C, œufs à différents degrés de développement, grossis 120 fois (Delafond, inéd.).

Les œufs sont ellipsoïdes ; ils s'entassent en quantité considérable dans l'oviducte, où l'on peut suivre les diverses phases du développement embryonnaire. Vers la portion terminale de cet oviducte, on distingue l'embryon disposé en anse, en spirale ou en 8 dans l'intérieur de la coque, où il s'agite continuellement ; puis cet embryon se débarrasse de son enveloppe avant de quitter le corps de la mère, car le Strongle filaire est ovovivipare.

Les embryons mis en liberté dans les bronches ne s'y développent pas comme on l'a dit : ils sont rejetés à l'extérieur avec les mucosités bronchiques. S'ils parviennent dans l'eau, ils peuvent s'y conserver vivants pendant des mois entiers (Colin, Baillet). S'ils se dessèchent, ils ne perdent pas pour cela leur vitalité : Ercolani a démontré qu'au bout d'un an ils sont susceptibles de reprendre vie lorsqu'on les plonge dans l'eau. Ces faits sont très significatifs : ils nous expliquent comment des agneaux arrivent à s'infecter sans avoir aucun rapport direct avec des animaux atteints de bronchite vermineuse. C'est évidemment par l'intermédiaire des boissons ou des fourrages que les embryons rentrent dans l'organisme. Leuckart, n'ayant pu réussir à infecter un Mouton en lui faisant ingérer du mucus bronchique contenant des embryons, a émis l'hypothèse que ceux-ci — et en général tous les embryons des Strongles qui habitent les voies respiratoires — doivent passer au préalable dans le corps d'un hôte intermédiaire (Insecte, Mollusque, etc.) ; mais il est peu probable que cette supposition soit fondée. Dans tous les cas, une fois revenus dans les bronches, ils y achèvent leur évolution, en provoquant tous les symptômes et toutes les lésions de la bronchite vermineuse.

Strongle roussâtre (*Str. rufescens* Leuck. *Pseudalius ovis pulmonalis* A. Koch). — Corps très grêle, de teinte brun rougeâtre.

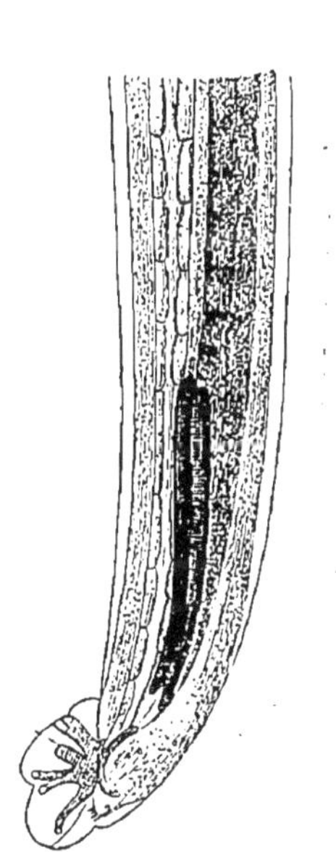

Fig. 226. — *Strongylus rufescens*, extrémité caudale du mâle, grossie 100 fois (Orig.).

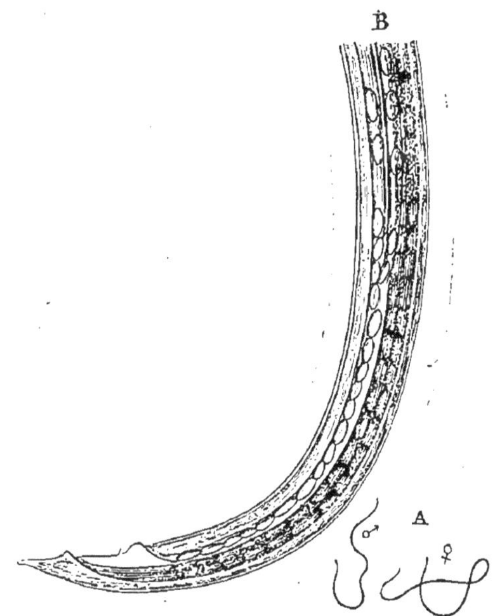

Fig. 227. — *Strongylus rufescens*. — A, mâle et femelle, grandeur naturelle. B, extrémité caudale de la femelle, grossie 50 fois (Orig.).

Tête non ailée; bouche entourée de trois lèvres papilliformes. Le *mâle* est long de 18 à 28 millimètres; sa bourse caudale est excisée en arrière et offre deux légères échancrures latérales en avant; les côtes postérieures sont courtes et peu distinctes, les moyennes sont dédoublées et les antérieures fendues. Les spicules sont arqués et striés en travers. — La *femelle* est longue de 25 à 35 millimètres; sa queue est terminée en pointe mousse; sa vulve est située immédiatement en avant de l'anus, à la base d'une petite éminence. Ovipare : œufs ellipsoïdes, de 75 à 120 μ de long sur 45 à 82 μ de large.

Le Strongle roussâtre (1) vit dans les bronches du Mouton et de la Chèvre. Les œufs sont déposés dans les alvéoles pulmonaires, où ils parcourent toutes les phases de leur développement et donnent lieu à la formation de foyers inflammatoires localisés. Dans les points où s'accumulent les œufs (2), les parois alvéolaires subissent une infiltration abondante d'éléments embryonnaires, de manière à acquérir une très grande épaisseur, et cette infiltration s'étend jusqu'à une faible distance du foyer. L'ensemble de ce foyer figure par suite un réseau dont chaque maille renferme un œuf à un degré variable de son développement. La part de l'épithélium dans ces productions inflammatoires est donc à peu près nulle : dans quelques cas exceptionnels, cependant, l'œuf ne suffit pas à remplir l'alvéole, et l'espace laissé libre est alors comblé par des cellules épithélioïdes. Dès que les embryons sont dégagés de la coque, ils provoquent une irritation beaucoup plus vive, qui amène une abondante diapédèse des leucocytes dans les alvéoles, et développe ainsi des foyers de pneumonie purulente miliaire. Contrairement à ce qu'a avancé M. Colin, il n'y a donc rien là qui ressemble à de la tuberculose. Les productions inflammatoires dont il s'agit se présentent à l'œil nu sous l'aspect de petites tumeurs de teinte grisâtre, qui demeurent longtemps perméables à l'air. Ces tumeurs occupent surtout la surface et les bords du poumon ; dans les produits de râclage obtenus sur leur section, on trouve d'emblée un grand nombre d'œufs et d'em-

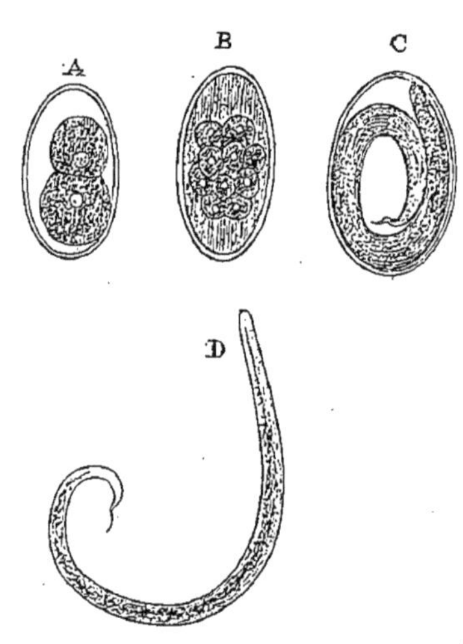

Fig. 228. — Œufs et embryons du *Strongylus rufescens*, grossis 150 fois. — A, B, œufs en voie de segmentation. C, œuf contenant un embryon. D, embryon libre (Orig.).

(1) A. Railliet, *Sur le Ver qui détermine la pneumonie vermineuse des Moutons, en France.* Bullet. de la Soc. centr. de méd. vét., 1884, p. 157.

(2) F. Laulanié, *Sur quelques affections parasitaires du poumon et leur rapport avec la tuberculose.* Archives de physiol., 3e série, t. IV, 1884, p. 519.

bryons, ceux-ci remarquables par leur extrémité caudale recourbée en pointe ondulée. Tous ces foyers peuvent d'ailleurs, à un certain moment, affecter le caractère caséeux et même subir l'infiltration crétacée ; enfin, ils finissent quelquefois par se résorber plus ou moins complètement. En somme, l'affection produite par le Strongle roussâtre est une pneumonie vermineuse et non pas une phtisie vermineuse.

Strongle minuscule (*Str. minutissimus* Mégn.). — Petite forme plus courte, mais plus épaisse que la précédente. Le *mâle* est long de 10 millimètres; sa bourse caudale est excisée en arrière et soutenue par six côtes (?) ; ses spicules n'offrent pas d'expansion aliforme. La *femelle* est longue de 15 millimètres, sa queue est très courte et obtuse; sa vulve est située un peu en arrière du milieu du corps. Ovipare : œufs ellipsoïdes, de 80 à 100 μ de long sur 40 μ de large.

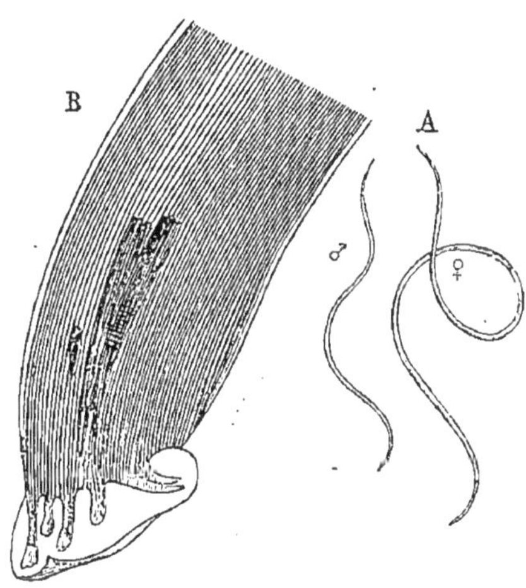

Fig. 229. — Strongle micrure. — A, mâle et femelle, grandeur naturelle. B, extrémité caudale du mâle, grossie 100 fois (Orig.).

Trouvé par M. Mégnin (1) dans le poumon des Moutons d'Afrique sacrifiés à l'abattoir militaire de Vincennes. Détermine une « pneumonie vermineuse » analogue à celle produite par le Strongle roussâtre chez nos Moutons indigènes. Peut-être même ne s'agit-il que de petits exemplaires de cette dernière espèce.

Strongle micrure (*Str. viviparus* Bloch. *Str. micrurus* Mehl.). — Espèce analogue au Strongle filaire, mais plus petite. Le *mâle* mesure environ 4 centimètres de long; sa bourse caudale est petite, entière et soutenue de chaque côté par 5 côtes: la postérieure trilobée, l'antérieure dédoublée, les autres simples; spicules courts et forts. La *femelle* est longue de 6 à 8 centimètres; sa queue est pointue, mais assez courte; sa vulve s'ouvre vers le sixième postérieur du corps. Ovovivipare.

Le Strongle micrure habite les bronches des bêtes bovines; on l'a signalé quelquefois aussi chez les Daims, le Cheval et l'Ane, mais il est

(1) *Recueil de méd. vét.*, 1878, p. 636 et 1174.

probable qu'il s'agissait, dans ce dernier cas, du *Strongylus Arnfieldi*. On le trouve surtout chez les animaux jeunes, et souvent en quantité considérable : il détermine alors une bronchite vermineuse fort grave, souvent épizootique et dont les symptômes ressemblent beaucoup à ceux de la péripneumonie contagieuse. — Gurlt aurait rencontré cette espèce dans des anévrysmes (artériels) de la Vache.

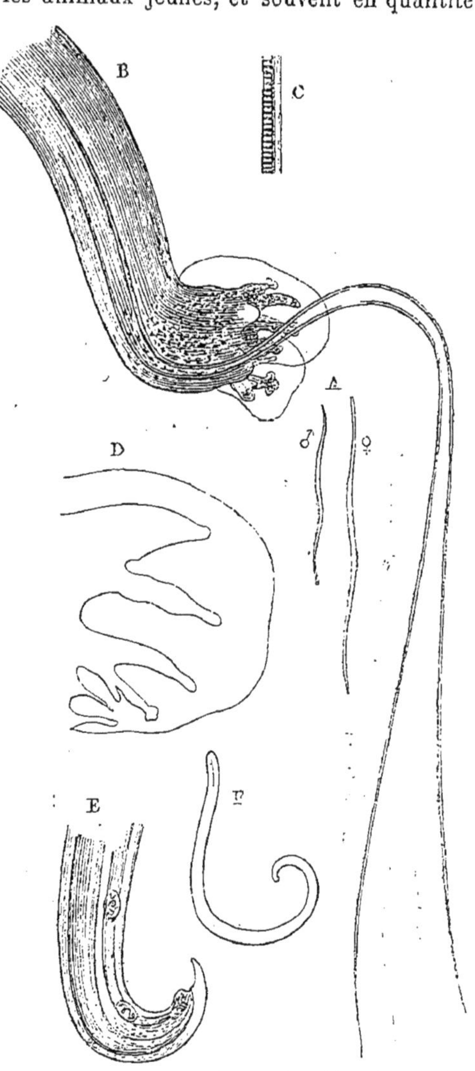

Fig. 230. — Strongle paradoxal. — A, mâle et femelle, grandeur naturelle. B, extrémité caudale du mâle, grossie 50 fois. C, fragment d'un spicule, très fortement grossi. D, un des lobes de la bourse caudale, grossi 100 fois. E, extrémité caudale de la femelle, grossie 50 fois. F, embryon libre, grossi 150 fois (Orig.).

Strongle pulmonaire (*Str. pulmonaris* Ercol.). — Encore plus petit que le précédent : 10 à 40 millimètres de longueur. La bouche est entourée d'une couronne de petites papilles subsphériques. Le *mâle* possède une bourse caudale semi-campanulée et soutenue par sept rayons. La *femelle* a l'extrémité caudale assez mince, oblique, mucronée ; elle est ovovivipare.

Cette espèce a été décrite par Ercolani, qui en avait trouvé un grand nombre d'exemplaires dans les bronches d'un Veau. Le même auteur avait reçu de Prangé des Vers identiques recueillis en France, également sur des Veaux.

Strongle d'Arnfield (*Str. Arnfieldi* Cobb.). — Bouche nue. *Mâle* long de 38 millimètres; bourse caudale trilobée, à rayons médians relativement petits, les latéraux longs et étroits; spicules égaux. *Femelle* longue de 90 millimètres; queue terminée en pointe aiguë. Ovovivipare.

Trouvé en 1882, au collège vétérinaire de Londres, dans la trachée et les bronches de l'Ane.

Strongle paradoxal (*St. suis* Rud. *Str. paradoxus* Mehl. *Str. elongatus* Duj.). — Bouche entourée de six lèvres, les deux latérales plus grandes. *Mâle* long de 16 à 25 millimètres; bourse caudale bilobée, chaque lobe soutenu par cinq côtes : la moyenne et l'antérieure dédoublées, les autres simples; spicules grêles et très allongés. *Femelle* longue de 20 à 40 millimètres, à queue terminée en un mucron crochu; vulve située en avant de l'anus, au niveau d'une éminence arrondie. Les œufs contiennent un embryon tout à fait développé au moment de la ponte.

Ce Ver habite les voies respiratoires du Porc. Il provoque quelquefois la formation de foyers inflammatoires analogues à ceux qui constituent la pneumonie vermineuse du Mouton. On l'a observé aussi chez le Sanglier.

Strongle à long fourreau (*Str. longevaginatus* Dies.). — Espèce très voisine du Strongle paradoxal, auquel on devrait peut-être l'assimiler, selon Leuckart. La bouche est entourée de quatre à six papilles. Le *mâle* est long de 13 à 15 millimètres; sa bourse caudale est à deux lobes triradiés : le rayon médian est bipartit, les autres simples; les spicules sont très longs, linéaires. La *femelle* atteint 21 millimètres de longueur; elle n'aurait qu'un seul ovaire (?); sa vulve est située en avant de l'anus, au sommet d'une éminence hémisphérique.

Trouvé en 1845 à Klausenbourg (Transylvanie), par le médecin militaire P. Jortsits, dans le poumon d'un enfant de six ans, mort de maladie inconnue.

Strongle des Léporidés (*Str. commutatus* Dies.). — Bouche entourée de trois papilles à peine visibles. *Mâle* long de 18 à 30 millimètres; bourse caudale bilobée; côte postérieure paraissant manquer, moyenne et antérieure dédoublées. *Femelle* longue de 28 à 32 millimètres, à vulve située en avant de l'anus.

Assez commune dans les bronches des Lièvres et des Lapins sauvages, cette espèce n'a été que rarement signalée chez le Lapin domestique. D'après Cobbold, sa présence occasionne quelquefois la mort d'un grand nombre de Lièvres. Une épizootie de ce genre a sévi dans la Thuringe en 1864.

Strongle du Chat (*Str.* sp?). — On trouve souvent, dans le poumon du Chat, et en particulier des sujets galeux, des foyers de pneumonie vermineuse qui ont une ressemblance extérieure assez marquée avec ceux que nous avons signalés chez le Mouton. Le Ver qui détermine ces lésions nous est encore inconnu sous sa forme adulte, bien que nous croyions l'avoir surpris, avec M. Laulanié, au milieu des petites bronches, sur des coupes du tissu enflammé. Pendant quelque temps, nous avons pensé avoir affaire à l'*Ollulanus tricuspis* Leuck.; mais celui-ci est vivipare, et nous ne l'avons jamais trouvé dans l'estomac des Chats que nous avons observés; de plus, les lésions signalées par Leuckart sont toutes différentes de celles que nous avons rencontrées, et qui ont été bien étudiées par M. Laulanié.

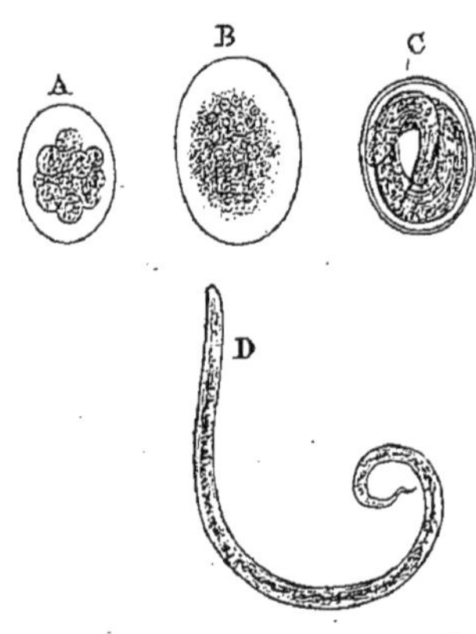

Fig. 231. — Œufs et embryons du Strongle pulmonaire du Chat, grossis 150 fois. — A, B, œufs en voie de segmentation. C, œuf contenant un embryon. D, embryon libre (Orig.).

« Sur des préparations faites après durcissement et colorées au picrocarminate d'ammoniaque, on surprend, sans beaucoup chercher, les œufs ou les embryons dans les alvéoles pulmonaires. Les œufs sont accumulés par centaines sur de grandes étendues et forment des amas tellement compacts que le réseau formé par les parois alvéolaires est entouré sur plusieurs points et réduit à quelques travées amincies. Cette disposition est telle que, sans déplacer la préparation, on peut étudier toutes les phases de la segmentation et du développement, qui se déroulent ici avec une clarté saisissante et pourraient servir de type aux embryologistes. Chose singulière, les œufs ne déterminent pas, dans les points où ils sont accumulés, d'autre lésion que cette atrophie par compression des parois alvéolaires que j'ai déjà indiquée. Par contre, les embryons qui en proviennent déterminent dans leur migration une diapédèse très abondante des leucocytes qui remplissent les alvéoles et produisent des foyers de pneumonie purulente miliaire qui n'ont aucune espèce de ressemblance avec les tubercules (1). »

Strongle des vaisseaux (*Str. vasorum* Baillet). — Tête bordée de deux petites ailes (peut-être formées après la mort) qui se rejoignent en avant; bouche nue. *Mâle* long de 14 à 15 millimètres; bourse caudale à deux lobes soutenus chacun par quatre côtes (la

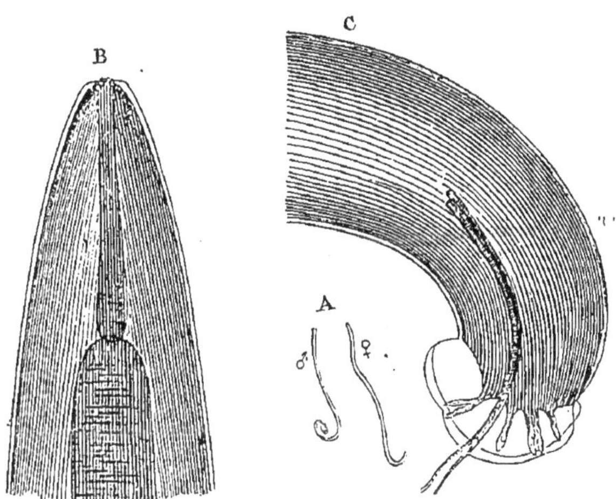

Fig. 232. — *Strongylus vasorum*. — A, mâle et femelle, grandeur naturelle. B, extrémité céphalique. C, extrémité caudale du mâle. Grossissement : 100 diamètres (Orig.).

postérieure paraît manquer) : la moyenne et l'antérieure sont dédoublées. *Femelle* longue de 18 à 21 millimètres; vulve située en avant de l'anus. Œufs allongés, obtus aux deux pôles, longs de 70 à 80 μ, larges de 40 à 50 μ.

Serres a le premier trouvé ces Vers dans le cœur droit et les divisions de l'artère pulmonaire, chez le Chien. Leur présence détermine souvent une endartérite dont les végétations affectent la forme de bourgeons, de lames ou de cordons résistants et anastomosés; d'autres fois, on trouve de la thrombose des petites divisions artérielles. D'après M. Laulanié (2), qui a fait une étude complète de ces parasites au point de vue de leurs migrations et de leur influence pathogène, les femelles, fécondées sur place, pondent des œufs qui vont s'arrêter dans les plus fines artérioles et y parcourir toutes les phases de leur développement. De là, les embryons émigrent dans les bronches de petit calibre et sont finalement

(1) *Loc. cit.*, p. 518.
(2) *Loc. cit.*, p. 489.

rejetés au dehors. Ingérés alors par d'autres Chiens, ils subissent dans l'appareil digestif et le système veineux de ces derniers les modifications qui les amènent à l'état adulte dans le cœur droit.

M. Laulanié a démontré, en outre, que les œufs arrêtés dans les artérioles sont généralement « le point de départ d'une artérite noduleuse réunissant, dans sa structure, tous les caractères que l'on assigne, depuis Koster, aux follicules élémentaires de la tuberculose. » Les pseudo-follicules ainsi produits offrent, en effet : 1° une zone centrale re-

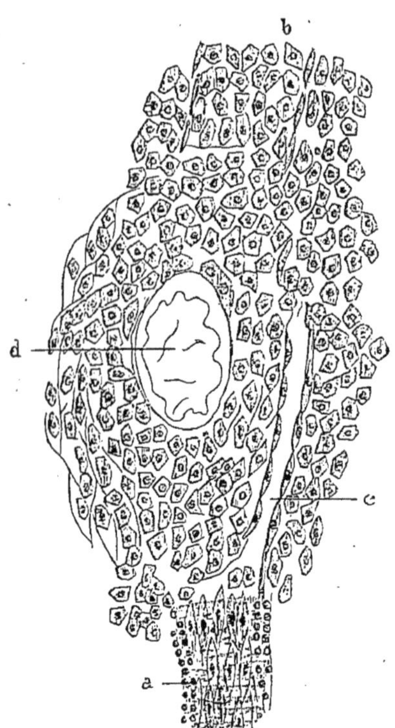

Fig. 233. — Pseudo-follicule en voie de formation sur le trajet d'une artériole *a*, à deux couches de fibres musculaires, dont la direction reste indiquée en *b* par un cordon de cellules épithélioïdes. *c*, fissure et revêtement épithélial assurant la continuité de la circulation. *d*, cavité ovulaire (Laulanié).

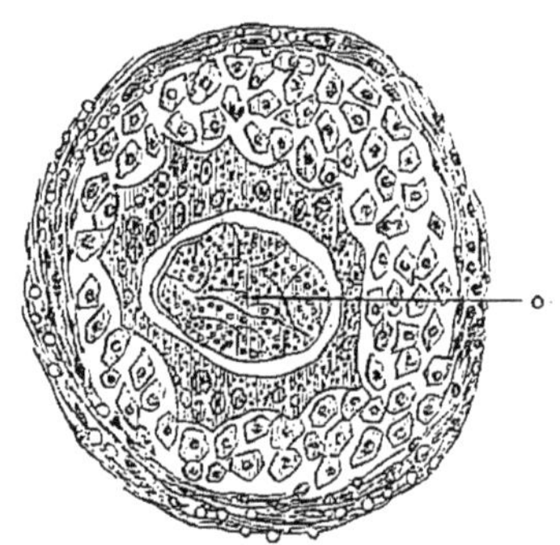

Fig. 234. — Pseudo-follicule de strongylose pulmonaire du Chien, montrant la cellule géante ovigère : l'œuf de *Strongylus vasorum* (*o*) contenu dans cette cellule est segmenté (Laulanié).

présentée par une cellule géante creusée d'une cavité renfermant un œuf ou un embryon ; 2° une zone moyenne formée de cellules épithélioïdes parfois accompagnées de cellules embryonnaires ; 3° une zone périphérique composée d'éléments embryonnaires.

Strongle subulé (*Str. subulatus* Leis.). — Corps filiforme, blanchâtre, transparent, atténué en avant ; extrémité caudale se terminant en une pointe fine et allongée. Bouche entourée de très petits nodules. Le *mâle* est long de $1^{mm},20$ à $1^{mm},50$, sur 70 à 80 μ d'épaisseur ; il possède deux spicules à peu près égaux, en arrière desquels se voit en outre une pièce accessoire recourbée en crochet. La *femelle* mesure $1^{mm},50$ à 2 millimètres, sur 85 à 90 μ; sa vulve est située en arrière du milieu du corps.

Leisering (1) a trouvé ces Vers dans les veines du Chien et leur a donné le nom d'*Hæmatozoon subulatum*. Cobbold les regarde comme des Strongles. Les femelles adultes contiennent 30 à 40 œufs qui éclosent probablement dans l'utérus. Les embryons, qui sont longs de 200 à 250 μ et larges de 13 à 14 μ, se répandent dans le torrent circulatoire.

Strongle ventru (*Str. ventricosus* Rud.). — Tête un peu ailée; bouche nue. Tégument rayé par 14 lignes longitudinales saillantes, dont cinq plus fortes sur chacune des faces supérieure et inférieure, et deux moins accusées de chaque côté. *Mâle* long de 6 à 8 millimètres; bourse caudale large, obscurément trilobée, le lobe médian étant soutenu par deux courtes côtes bilobées, parfois munies d'un rameau latéral; côtes moyennes et antérieures dédoublées. *Femelle* longue de 11 à 12 millimètres; vulve située en arrière du milieu du corps, et entourée d'un gonflement cuticulaire, de telle sorte que le corps paraît dilaté (ventru) à ce niveau.

Habite l'intestin grêle des bêtes bovines et du Cerf d'Europe. — Dujardin avait mis en doute l'authenticité de cette espèce.

Strongle filicol (*Str. filicollis* Rud.). — Le corps est filiforme, parcouru par 18 arêtes longitudinales; la tête, très petite, porte sur les côtés deux petites ailes membraneuses. Le *mâle* est long de 8 à 13 millimètres, à bourse caudale bilobée, chaque lobe étant soutenu par 5 côtes, la moyenne et l'antérieure plus ou moins fendues. La *femelle*, qui mesure de 16 à 24 millimètres, est longuement effilée dans sa partie antérieure, ainsi que l'indique le nom spécifique; la vulve est située un peu en arrière du milieu du corps. Œufs ellipsoïdes, longs de 110 à 113 μ, larges de 64 à 70 μ.

Ce Ver habite l'intestin grêle du Mouton et de la Chèvre; on l'a trouvé aussi chez le Chevreuil et chez le Daim. Il est plus commun chez les jeunes animaux.

Strongle contourné (*Str. contortus* Rud.). — Le corps est rouge ou blanchâtre, atténué surtout vers l'extrémité antérieure. Le tégu-

(1) Leisering, *Ueber Hämatozoen der Haussaugethiere*. Virchow's Archiv, 1865 (Cité par Zürn).

ment offre 18 arêtes longitudinales. La bouche est nue. Le *mâle* est long de 10 à 20 millimètres; sa bourse caudale est bilobée, chaque lobe étant soutenu par quatre côtes, la moyenne et l'antérieure dédoublées; l'un des deux lobes porte en outre un lobule accessoire soutenu par les deux courtes côtes postérieures, légèrement fendues. La *femelle* mesure de 18 à 30 millimètres; sa queue est pointue; sa vulve, située vers le sixième postérieur du corps, est surmontée par un tubercule et limitée latéralement par deux ailes membraneuses. Les œufs, ovoïdes, paraissent éclore dans l'utérus; ils mesurent 70 à 97 μ sur 43 à 54.

Vit dans la caillette du Mouton et de la Chèvre. Il occasionne quelquefois des troubles assez graves, et Gerlach l'a signalé comme causant des épizooties vermineuses, de concert avec le Strongle filaire des bronches. Nous avions cru retrouver la même affection en France, avec M. Rossignol (de Melun), sous la forme d'une sorte d'anémie pernicieuse, mais il nous a paru ensuite qu'il n'y avait, chez les Moutons observés par nous, qu'une simple coïncidence entre la présence des parasites et le développement de la maladie.

Strongle d'Axe (*Str. Axei* Cobb.). — Corps filiforme, graduellement épaissi en arrière. Bouche nue. *Mâle* long de 6 millimètres; bourse caudale bilobée, plus large que longue; trois (?) spicules inégaux. *Femelle* longue de 8 millimètres; queue brusquement contractée en une pointe étroite et conique; vulve située dans le sixième postérieur du corps.

Ce petit Ver a été trouvé, au collège vétérinaire de Londres, dans la muqueuse stomacale de l'Ane.

Strongle rayé (*Str. strigosus* Duj.). — Tête non ailée; bouche entourée de papilles. Tégument rayé en long par environ 50 lignes saillantes, qui sont finement denticulées par les stries transversales. *Mâle* long de 13 à 16 millimètres, pourvu de longs spicules; bourse caudale trilobée à lobe médian échancré; côtes postérieures à peine bifurquées, moyennes et antérieures dédoublées. *Femelle* longue de 13 à 20 millimètres; vulve assez rapprochée de l'extrémité caudale.

Ce Strongle n'avait été rencontré jusqu'à présent que dans le cæcum et le côlon du Lapin de garenne. Nous l'avons trouvé, à Alfort, dans l'estomac d'un Lapin domestique. Perroncito l'a observé de même à Turin.

Il ne faut pas le confondre avec le *Str. retortæformis* Zed., à spicules courts et tordus, qui habite l'intestin grêle du Lièvre et du Lapin de garenne.

Nous devons signaler encore, parmi les Strongles : *Str. nodularis* Rud. : œsophage, gésier et duodénun de l'Oie domestique. *Str. tenuis* Eberth. : cæcum de l'Oie.

Genre **Œsophagostome** (*Œsophagostoma* Mol.). — Ce genre commence la série des Sclérostomiens. Il se compose, en effet, d'espèces qui ont la bouche munie d'un anneau corné; mais, contrairement à ce que nous observerons dans les genres suivants, cette bouche n'est pas suivie d'une cavité ou capsule buccale : elle conduit directement dans l'œsophage.

Œsophagostome denté (*Œs. dentatum* Rud. *Œs. subulatum* Mol.). — Bouche circulaire, munie d'un anneau corné qui porte une couronne de soies, et entourée d'un bourrelet cutané transparent, sur lequel se voient six papilles aiguës. Ce bourrelet est séparé du corps par un étranglement, en arrière duquel le tégument forme un renflement ovoïde, bien délimité en arrière, au niveau d'une fente qui occupe toute la largeur de la face ventrale. Pas de membrane latérale. Deux papilles opposées, au niveau du quart postérieur de l'œsophage. Le *mâle* est long de 8 à 12 millimètres; sa bourse caudale est obscurément trilobée, le lobe médian étant soutenu par deux côtes bifurquées, les deux latéraux chacun par quatre côtes, dont deux, la moyenne et l'antérieure, dédoublées. La *femelle* est longue de 12 à 15 millimètres; son extrémité caudale est subulée; sa vulve, située un peu en avant de l'anus, est limitée par un rebord saillant.

Dans l'intestin du Porc, du Sanglier et du Pécari à lèvres blanches. Diesing classait cette espèce parmi les Sclérostomes, mais à tort, car elle ne possède pas de capsule buccale.

Œsophagostome à cou gonflé (*Œs. inflatum* Schn. *Strongylus dilatatus* Rail.). — Bouche circulaire à bourrelet saillant muni de six papilles. Extrémité antérieure pourvue d'un ample renflement cutané transparent, immédiatement suivi de deux ailes membraneuses latérales. Deux papilles traversant les ailes. Le *mâle*, long de 14 à 15 millimètres, a une bourse caudale obscurément trilobée, le lobe médian étant soutenu par deux côtes bifurquées, les lobes latéraux chacun par quatre côtes, la moyenne et l'antérieure fendues. La *femelle* mesure 16 à 20 millimètres ; elle a la vulve située un peu en avant de l'anus et entourée d'un bourrelet. Œufs ovoïdes.

Gros intestin du Bœuf. — Schneider, qui a trouvé cette espèce dans la collection de Rudolphi, sous l'étiquette *Str. radiatus*, lui avait appliqué le nom de *Str. inflatus*. Nous l'avons reconnue dans les mêmes conditions au musée d'Alfort. Nous l'avions d'abord regardée comme un

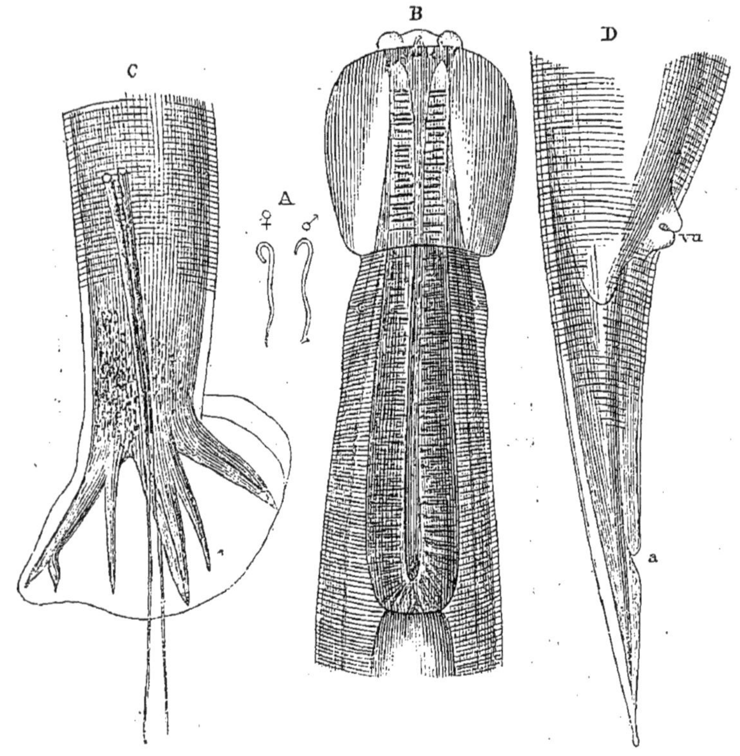

Fig. 235. — *Œsophagostoma inflatum*. — A, mâle et femelle, grandeur naturelle. B, extrémité antérieure. C, extrémité caudale du mâle. D, extrémité caudale de la femelle. Grossissement : 100 diamètres (Orig.).

Strongle, et nous avions dû par suite changer le nom spécifique de Schneider, qui avait été donné antérieurement, par Molin, à un Strongle tout différent, de l'estomac du *Myrmecophaga jubata*. Nous n'hésitons pas, aujourd'hui, à classer ce Ver parmi les *Œsophagostoma*.

Œsophagostome veineux (*Œs. venulosum* Rud.). — Bouche circulaire, à bourrelet saillant, muni de six papilles. Cou à renflement ovoïde. Deux papilles latérales à une assez grande distance de ce renflement. Deux ailes membraneuses peu accusées, commençant en arrière de ces papilles. *Mâle* long de 15 à 16 millimètres; bourse caudale à peine trilobée, à lobe médian soutenu par deux côtes bifurquées, à lobes latéraux munis de quatre côtes, la moyenne et l'antérieure légèrement dédoublées. *Femelle* longue de 23 à 24 millimètres; vulve située un peu en avant de l'anus.

Dans l'intestin de la Chèvre. — Cette espèce, qui n'est autre que le *Strongylus venulosus* de Rudolphi, paraît être assez rare. Nous en avons trouvé, au musée d'Alfort, des spécimens assez bien conservés. C'est probablement la même que Molin a décrite sous le nom d'*Œsophagostomum acutum*, établissant une confusion fâcheuse avec le *Strongylus contortus*.

Genre **Syngame** (*Syngamus* Sieb.). — Les Syngames ont la tête épaissie, la bouche large, suivie d'une capsule chitineuse qui la maintient béante. Les mâles, de taille relativement petite, ont deux spicules. Les femelles ont un double ovaire; la vulve est située dans la partie antérieure du corps. L'accouplement, qui est quelquefois permanent (σὺν, γάμος, mariage), a lieu à angle aigu, de telle sorte qu'on a pu prendre les individus ainsi réunis pour des Vers à deux têtes.

Les Syngames habitent la trachée et les bronches des Oiseaux et des Mammifères.

Syngame trachéal (*S. trachealis* Sieb. *S. primitivus* Mol.). — Corps cylindrique, de couleur rouge. Tête élargie et tronquée. Bouche orbiculaire, soutenue par une capsule chitineuse hémisphérique dont le fond présente six ou sept éminences chitineuses tranchantes, et dont le bord épais et retroussé est découpé en six festons symétriques qu'entourent quatre lèvres membraneuses (Mégnin). *Mâle* long de 2 à 6 millimètres, à bourse caudale obliquement tronquée, soutenue par douze (?) rayons et soudée autour de la vulve. *Femelle* longue de 5 à 20 millimètres, amincie en avant, irrégulièrement renflée quand elle est remplie d'œufs; vulve saillante vers le quart antérieur du corps. Œufs ellipsoïdes, operculés.

Les Syngames trachéaux sont remarquables par leur accouplement, qui est permanent et si intime, qu'on ne peut séparer le mâle et la femelle sans déchirer les téguments. Ils habitent la trachée des Faisans, Poules, Dindons, Perdrix, etc. Leur présence détermine souvent, chez les jeunes Gallinacés, une affection grave, mortelle même, qui sévit d'habitude à l'état épizootique, et que les Anglais désignent depuis longtemps sous le nom de *gape*, qui exprime le symptôme prédominant (*to gape*, bâiller). M. Mégnin (1) a étudié récemment cette affection sur les Faisans élevés dans les environs de Paris, où elle paraît être commune. Les faisandiers connaissent le parasite sous le nom de *Ver rouge* ou de *Ver fourchu*. Un traitement fort simple et très efficace, paraît-il, consiste à mélanger à la pâtée des Faisandeaux de l'ail pilé et de l'asa fœtida.

D'après M. Mégnin, les œufs s'échappent du corps de la mère par la décomposition cadavérique de celle-ci; rejetés à l'extérieur dans les accès de toux, ils seraient repris directement par les Oiseaux sains avec les aliments ou les boissons. Les Faisans s'infecteraient même en avalant les Vers remplis d'œufs qui sont souvent expulsés en entier.

Syngame bronchial (*S. bronchialis* Mühlig). — Corps cylindrique, un peu atténué en avant. *Mâle* long de 10 millimètres, à bourse caudale sphérique, soutenue par neuf paires (?) de rayons; spicules filiformes, recourbés en crochet à leur extrémité et frangés sur le bord interne. *Femelle* longue de 25 millimètres, à extrémité postérieure terminée en pointe conique; vulve au premier tiers de la longueur du corps. Œufs ellipsoïdes, non operculés.

La copulation n'est pas constante, et les Vers qu'on trouve accouplés peuvent être séparés sans

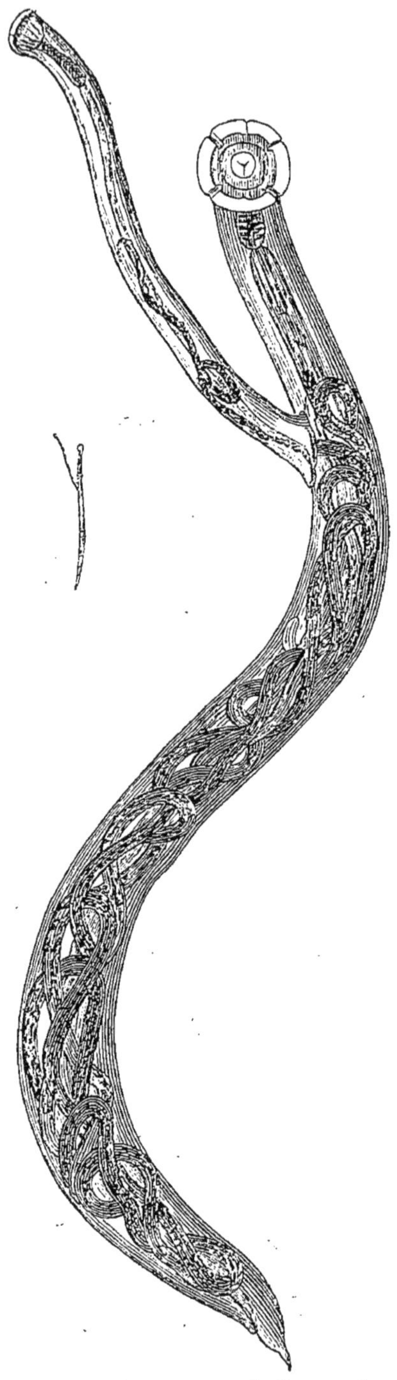

Fig. 236. — *Syngamus trachealis*, grandeur naturelle et grossi 10 fois (Orig.).

(1) P. Mégnin, *Épizootie vermineuse des faisanderies*, etc. Recueil de méd. vét., 1882, p. 990.

déchirure par la traction. Cette espèce a été trouvée par Mühlig (1) chez des Oies japonaises. Elle vit dans le larynx, la trachée, les bronches, jusque dans les petites divisions : sa présence détermine une inflammation pulmonaire.

Elle paraît se rapprocher de l'espèce qui vit chez la Cigogne noire, et que Diesing a décrite il y a longtemps sous le nom de *Sclerostomum tracheale* (*Syngamus Sclerostomum* Mol.).

Genre **Globocéphale** (*Globocephalus* Mol.). — Ce genre, créé par Molin, est caractérisé par une tête sphéroïde, diaphane, et une capsule buccale soutenue par deux anneaux cornés, l'un situé au fond, l'autre à l'entrée, tous deux réunis par quatre méridiens cornés; l'orifice buccal est terminal, orbiculaire, à limbe annulaire entier, non denté.

Globocéphale mucroné (*Gl. longemucronatus* Mol.). — *Mâle* long de 7 millimètres ; bourse caudale légèrement trilobée : côtes postérieures tridigitées, moyennes dédoublées, ainsi que les antérieures. Deux spicules. *Femelle* longue de 8 millimètres; extrémité caudale en pointe conique, terminée par un mucron allongé.

Trouvé par Wedl dans l'intestin grêle du Porc, à Vienne.

Genre **Sclérostome** (*Sclerostoma* Blainv.). — Les Sclérostomes ont la tête tronquée, droite ou un peu recourbée vers la face ventrale, la bouche entourée de dents aiguës souvent nombreuses et

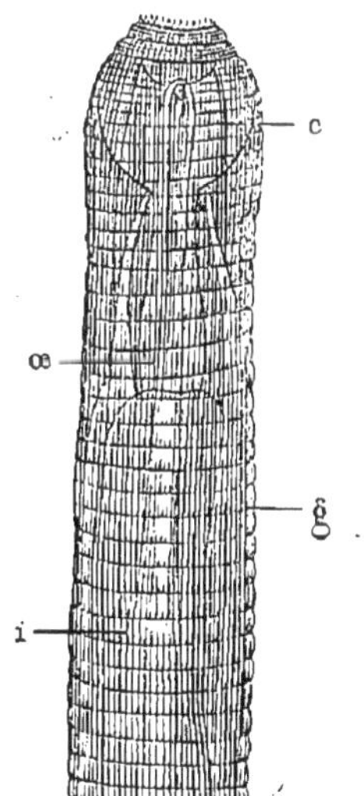

Fig. 237. — Extrémité antérieure de *Sclerostoma equinum*. — c, capsule buccale. œ, œsophage. g, une des glandes dites salivaires. i, intestin (Delafond).

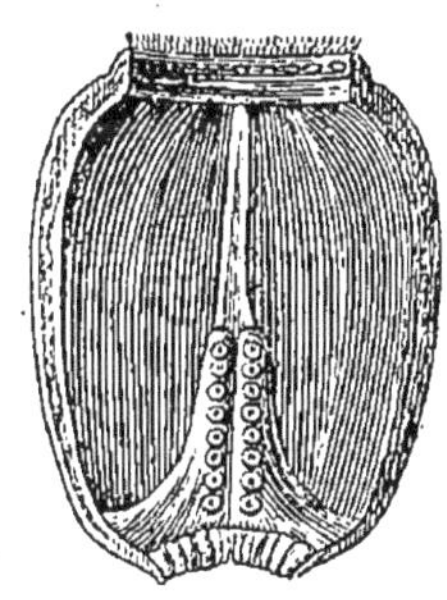

Fig. 238. — Moitié dorsale de la capsule buccale du *Sclerostoma equinum*, vue par la face interne (Delafond).

(1) *Deutsche Zeitschrift für Thiermedicin*, Bd X, 1884, p. 265 (avec une planche).

suivie d'une cavité ou *capsule buccale* de forme variable. Les mâles possèdent deux spicules et une bourse caudale souvent trilobée. Les femelles ont un double ovaire, et la vulve s'ouvre dans la partie postérieure du corps.

Sclérostome armé (*Scl. equinum* Müll. *Strongylus armatus* Rud.). — C'est le Strongle armé des vétérinaires. Il est de teinte rougeâtre. Le corps est droit, raide, la partie antérieure assez large. La bouche est orbiculaire, tendue par plusieurs anneaux chitineux concentriques, dont les plus intérieurs sont garnis de dentelures, tandis que le plus extérieur porte six papilles : deux latérales faibles et quatre submédianes assez saillantes. La capsule buccale est soutenue par une seule côte longitudinale dorsale, et porte vers son fond deux plaques tranchantes arrondies. La longueur du *mâle* est tantôt de 18 à 20 millimètres, tantôt de 26 à 35; la bourse caudale est presque trilobée, les côtes postérieures sont tridigitées, les moyennes dédoublées, les antérieures fendues. La *femelle* mesure tantôt de 20 à 26 millimètres, tantôt de 35 à 55 millimètres; sa queue est obtuse, et l'ouverture vulvaire est située en arrière du milieu du corps. Œufs ovoïdes, de 92 µ sur 54.

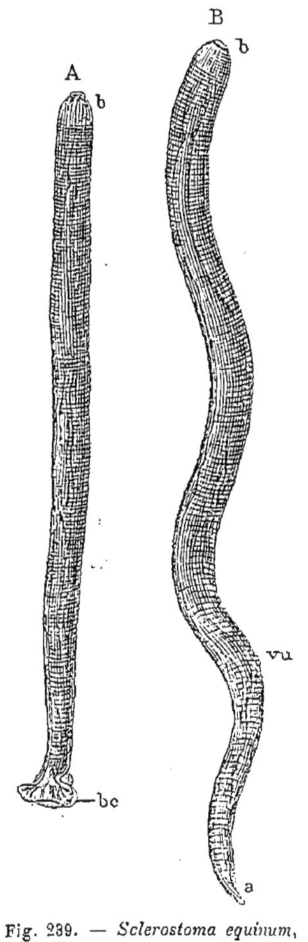

Fig. 239. — *Sclerostoma equinum*, individus agames du pancréas, grossis 3 fois. — A, mâle. B, femelle. *b*, bouche. *a*, anus. *vu*, vulve. *bc*, bourse caudale (Delafond).

Le Sclérostome armé est très commun chez le Cheval et les autres Équidés; il habite le cæcum, rarement le gros côlon, et se fixe à la muqueuse à l'aide de son armature buccale. L'irritation qu'il détermine de la sorte est assez vive, mais ne paraît jamais se traduire par des symptômes sérieux.

Les œufs des Sclérostomes sont rejetés à l'extérieur avec les excréments. Ils éclosent au bout de quelques jours dans l'eau ou dans les crottins humides. Les embryons qui en sortent ont l'aspect de petits *Rhabditis;* ils s'accroissent lorsque le milieu est favorable, puis leur tégument se plisse et constitue une sorte d'étui dans lequel on voit le Ver se mouvoir (encapsulement). On a pu les conserver dans cet état pendant plusieurs mois (Baillet). Réintroduits dans l'organisme du Cheval par l'intermédiaire des boissons, ils se débarrassent de cette enveloppe et passent — tout au moins est-ce le cas pour un certain nombre d'entre eux — dans le système circulatoire, où ils peuvent séjourner plus ou moins longtemps. On les observe principalement dans la grande mésen-

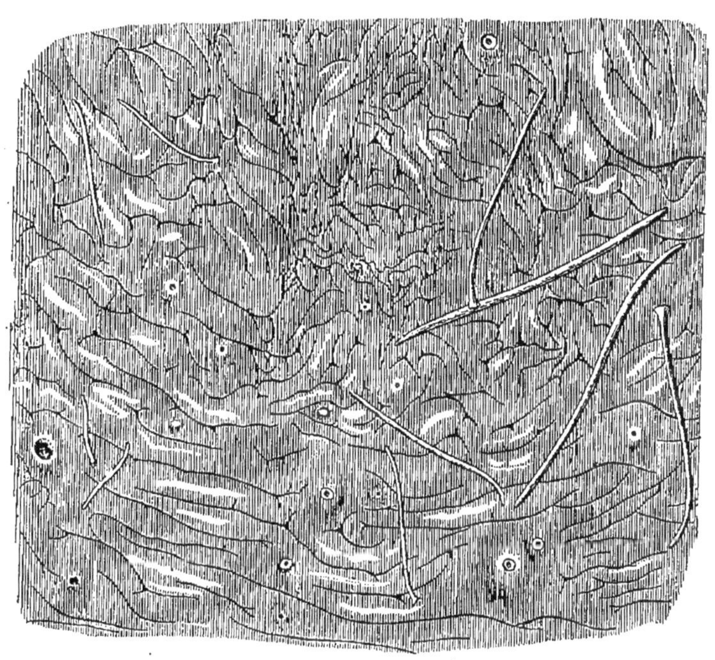

Fig. 240. — Fragment de cæcum de Cheval, montrant des tumeurs à Sclérostomes, de différentes grosseurs, et des Sclérostomes fixés à la muqueuse. A droite, les deux variétés du *S. equinum*; à gauche, celles du *S. tetracanthum*. Grandeur naturelle (Orig.).

térique, où ils déterminent des « anévrysmes vermineux » connus depuis Malpighi ; mais ils peuvent siéger aussi dans beaucoup d'autres branches viscérales de l'aorte postérieure (artères hépatique, rénales, testiculaires, etc.), plus rarement dans d'autres vaisseaux (artère occipitale (1). Au niveau de l'anévrysme, se développe un caillot adhérent à la paroi du vaisseau, et offrant à sa surface des anfractuosités dans lesquelles se logent les Helminthes. Ceux-ci sont d'ordinaire en petit nombre ; ils ont le corps de teinte rosée, et mesurent en moyenne de 1 à 3 centimètres de longueur ; leurs caractères sexuels sont déjà bien accusés,

(1) H. Le Bihan (de Brest), *in litt.*

mais leurs organes génitaux demeurent néanmoins rudimentaires. Ils subissent sur place une mue à la suite de laquelle leur armature buccale prend les caractères que nous avons indiqués plus haut.

Les anévrysmes vermineux sont fort communs. Ils se rupturent assez rarement, car leurs parois s'épaississent et subissent même l'infiltration

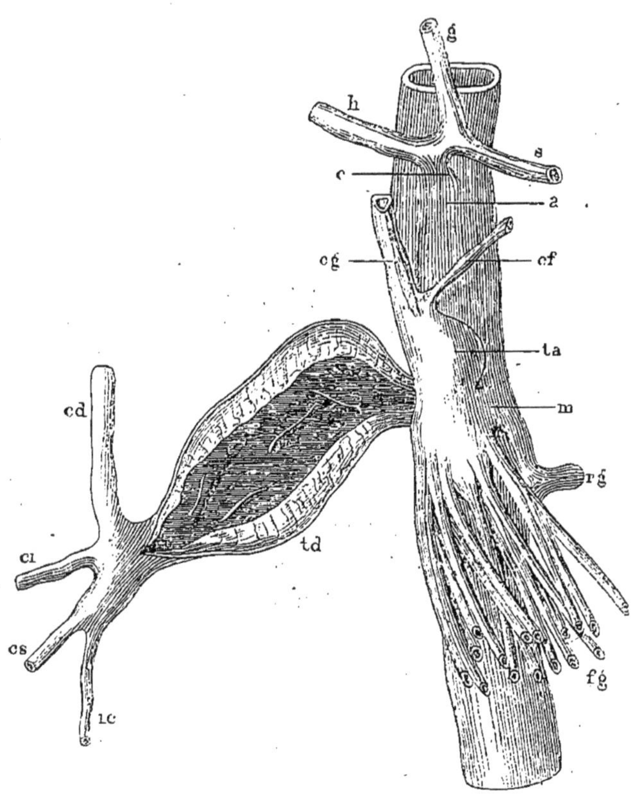

Fig. 241. — Anévrysme vermineux de la grande mésentérique, 1/2 de grandeur naturelle. — *a*, aorte. *c*, tronc cœliaque. *h*, artère hépatique. *g*, artère gastrique. *s*, artère splénique. *m*, tronc de la grande mésentérique. *ta*, tronc du faisceau antérieur, siège d'un petit anévrysme. *cg*, artère colique gauche ou rétrograde. *cf*, première artère du côlon flottant. *fg*, artères du faisceau gauche ou de l'intestin grêle. *td*, tronc du faisceau droit, siège d'un anévrysme : la paroi supérieure du vaisseau a été excisée pour montrer l'épaississement de la membrane moyenne de l'artère, les caillots internes et les Sclérostomes qui y sont fixés. *cd*, artère colique droite ou directe. *ci*, artère cæcale inférieure. *cs*, artère cæcale supérieure. *ic*, artère iléo-cæcale. *rg*, artère rénale gauche (Orig.).

calcaire ; mais le caillot interne est souvent le point de départ d'embolies qui déterminent des congestions intestinales d'une haute gravité. Ces accidents ont été surtout signalés par Bollinger. Le séjour ou tout au moins le passage des Sclérostomes dans les artères nous paraît un fait normal : P. Cagny et moi avons publié des observations qui donnent un appui sérieux à cette manière de voir. Il est d'ailleurs remarquable que les anévrysmes vermineux siègent de préférence sur le tronc du faisceau droit de la grande mésentérique, tronc qui fournit les artères cæcales. Nous sommes porté à admettre que les Vers reviennent définitivement dans l'intestin, après avoir formé ces petits kystes sous-muqueux si communs dans le cæcum. Peut-être cependant ceux-ci dérivent-ils en partie, comme le pense M. Colin, d'embryons qui ont traversé la muqueuse pour s'abriter d'une façon temporaire dans le tissu conjonctif sous-jacent. Dans tous les cas, les kystes dont il s'agit contiennent chacun une jeune larve de Sclérostome enroulée sur elle-même; celle-ci s'accroît peu à peu, de même que celle des anévrysmes, et finalement redevient libre dans l'intestin, où elle acquiert sa maturité sexuelle. — Quant aux Sclérostomes agames qui se rencontrent parfois dans la substance du pancréas, où leur présence a été signalée d'abord par M. Goubaux, ce sont, sans doute, des larves égarées.

Sclérostome quadrispinulé (*Scl. tetracanthum* Dies.). — La bouche est circulaire et munie d'un rebord saillant qui porte une rangée de dents triangulaires; en dehors de ce cercle existent six papilles: deux latérales faibles et quatre submédianes coniques et très saillantes. La capsule buccale est cylindroïde. Deux papilles latérales un peu avant la terminaison de l'œsophage. Le *mâle* a tantôt 8 à 10 millimètres, tantôt 12 à 15 millimètres de long; sa bourse caudale est simplement excisée sur la face ventrale: les côtes postérieures sont à trois branches chacune, la première souvent appendiculée; les moyennes sont dédoublées, les antérieures fendues. La *femelle* a tantôt 10 à 12 millimètres, tantôt 14 à 17 millimètres; sa queue est terminée par un mucron aigu; sa vulve est très rapprochée de l'anus. Œufs ellipsoïdes, de 100 μ sur 48.

A

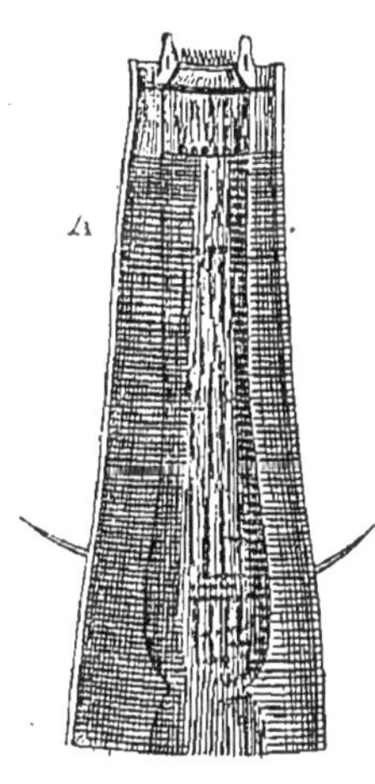

B

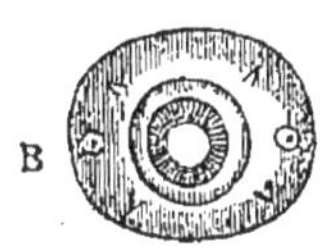

Fig. 242. — Extrémité antérieure du *Sclerostoma tetracanthum*, d'après Schneider. — A, vue par la face dorsale. B, vue de devant. Grossissement : 93 diamètres.

Quelques auteurs ont confondu cette espèce avec la précédente. Molin, au contraire, en faisait le type d'un genre à part (*Cyathostomum*). On voit qu'elle présente aussi deux variétés de taille différente : la plus petite offre d'ailleurs, chez le mâle, un lobe dorsal bien découpé dans la bourse caudale. Même habitat. C'est à tort que Probstmayr, Leuckart et Cobbold rapportent exclusivement à ce Sclérostome les jeunes Vers qu'on trouve enkystés sous la muqueuse du cæcum.

Sclérostome hypostome (*Scl. hypostomum* Rud.). — Tête globuleuse, recourbée vers la face ventrale; bouche orbiculaire, tronquée obliquement, munie d'une double rangée de dents étroites et aiguës. 6 papilles. *Mâle* long de 10 à 20 millimètres; bourse caudale courte, obliquement coupée; côtes postérieures bifurquées, les moyennes fendues, les antérieures dédoublées. *Femelle* longue de 13 à 23 millimètres; queue presque toujours encroûtée d'une substance jaune noirâtre, et terminée par une pointe courte, qui se recourbe vers la surface dorsale; vulve située un peu en avant de l'anus. Œufs ellipsoïdes, de 100 μ sur 55.

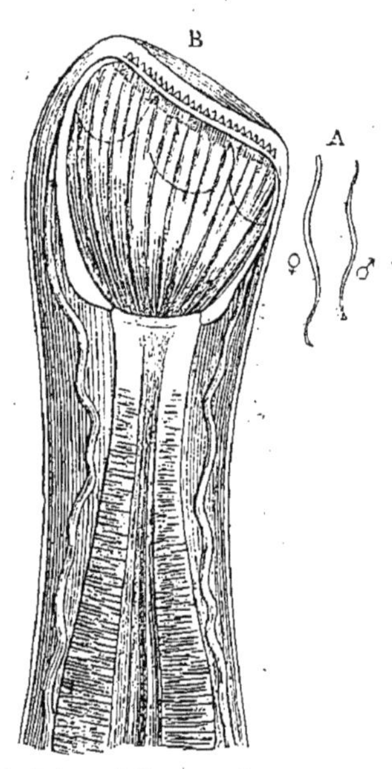

Fig. 243. — Sclérostome hypostome. — A, mâle et femelle, grandeur naturelle. B, extrémité céphalique, vue de côté, grossie 50 fois (Orig.).

Ce Ver est assez commun dans l'intestin grêle et le gros intestin du Mouton et de la Chèvre, ainsi que de divers Ruminants sauvages : Cerf, Chevreuil, Daim, Argali, Antilopes. Diesing le classait à tort dans le genre *Dochmius :* il s'agit d'un véritable Sclérostome.

Genre **Stéphanure** (*Stephanurus* Dies.). — Comme les Sclérostomes, les Stéphanures ont la tête tronquée et la bouche dentée, mais leur corps est atténué en avant, et les mâles, dont la bourse caudale est multilobée, ne possèdent qu'un seul spicule.

Stéphanure denté (*St. dentatus* Dies.). — La bouche est terminale, orbiculaire, munie de six dents, dont deux opposées plus fortes. Le *mâle* est long de 22 à 28 millimètres; sa bourse caudale est formée par cinq languettes que réunit une membrane; son spicule est entouré de trois papilles coniques. La *femelle* mesure 33 à 40 millimètres; sa queue est obtuse, prolongée par une petite pointe, et pourvue de chaque côté d'un court processus obtus; sa vulve est située dans la partie postérieure du corps.

Natterer le premier a trouvé ce Ver au Brésil, dans des kystes du mésentère d'un Cochon de race chinoise. White l'a retrouvé aux États-Unis, où il paraît être très commun, et Verril l'a décrit alors sous le nom de *Sclerostoma pinguicola*. Cobbold le signale aussi en Australie; d'après lui, ce parasite siège dans les viscères abdominaux, et en particulier dans le tissu adipeux qui entoure ces organes. On lui a attribué un rôle sans doute plus qu'exagéré dans le développement des maladies qui ont détruit tant de Porcs aux États-Unis dans ces dernières années, et que les Américains ont qualifiées de « mysterious disease » ou de « hog cholera ».

Genre **Uncinaire** (*Uncinaria* Frölich. *Ankylostoma* Dubini. *Dochmius* Duj.). — Les Uncinaires, Dochmies ou Ankylostomes ont la tête recourbée vers la face dorsale; elles possèdent une capsule buc-

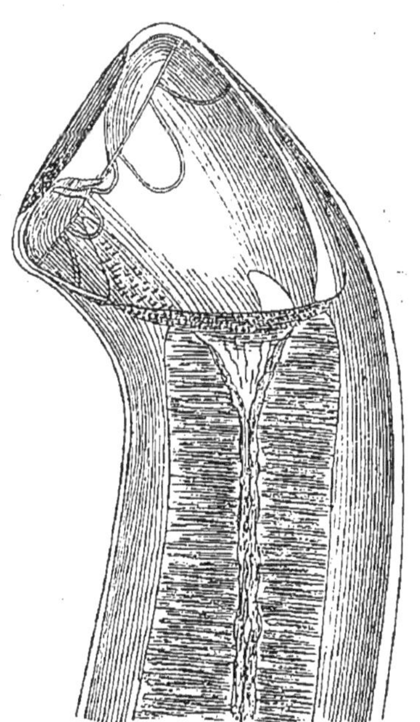

Fig. 244. — Dochmie courbée : extrémité antérieure, vue de côté, grossie 150 fois (Orig.).

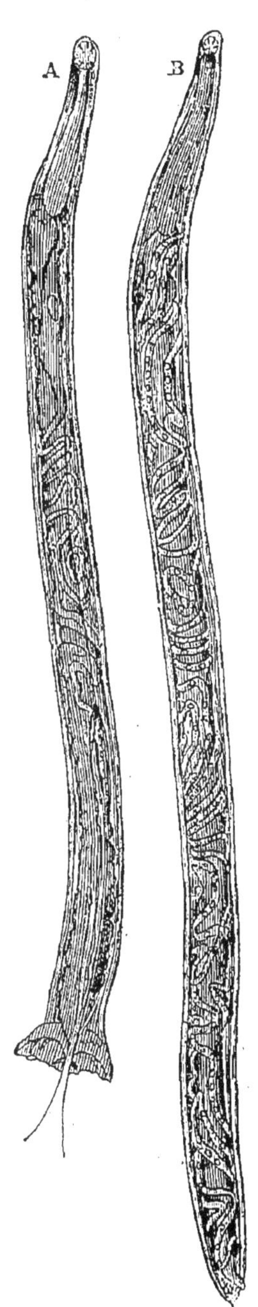

Fig. 245. — Ankylostome duodénal, grossi, d'après E. Perroncito. — A, mâle. B, femelle.

cale cornée dont la paroi dorsale, plus courte que la ventrale, est soutenue par une côte conique dont la pointe fait quelquefois saillie à l'intérieur de la cavité. Au fond de la capsule, existent sur la paroi ventrale deux dents ou lancettes tranchantes; vers le bord libre, cette même paroi porte, de chaque côté de la ligne médiane, des lames chitineuses ou dents souvent recourbées en crochet à l'extrémité ; le bord dorsal peut être également denté.

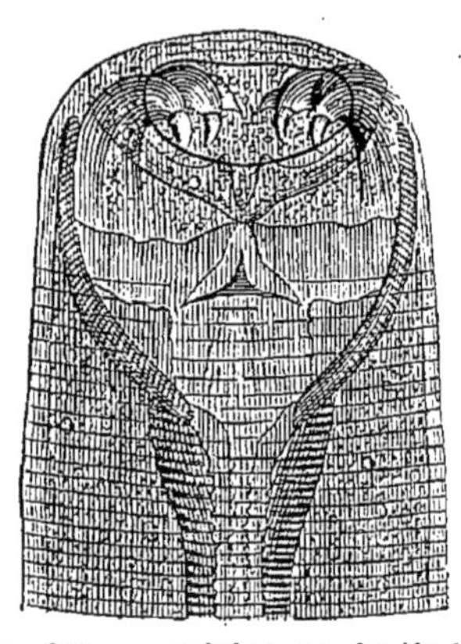

Fig. 246. — Ankylostome duodénal : extrémité céphalique vue par la face dorsale, fortement grossie, d'après E. Perroncito.

Ankylostome duodénal (*Unc. duodenalis* Dub.). — Corps cylindrique, un peu atténué en avant. Orifice buccal ovalaire; capsule buccale un peu renflée, à paroi ventrale portant, de chaque côté de la ligne médiane, une lame chitineuse complexe ou « mâchoire » dont l'extrémité libre se termine par deux dents recourbées en crochet vers l'intérieur de la bouche; sur le bord dorsal, existent en outre deux petites dents non recourbées, assez faibles, séparées par une dépression médiane arrondie. Côte dorsale non saillante dans la cavité. Lancettes ventrales tranchantes. Deux papilles opposées vers le premier sixième de la longueur du corps. *Mâle* long de 8 à 11 millimètres; bourse caudale trilobée : lobe médian faible, soutenu par les deux côtes postérieures tridigitées, naissant d'un tronc qui offre à peu près le double de leur longueur; digitation externe se détachant à un niveau plus élevé que l'interne; côtes moyennes largement dédoublées, antérieures fendues. *Femelle* longue de 10 à 18 millimètres; queue en pointe obtuse, prolongée par un mucron aigu; vulve située

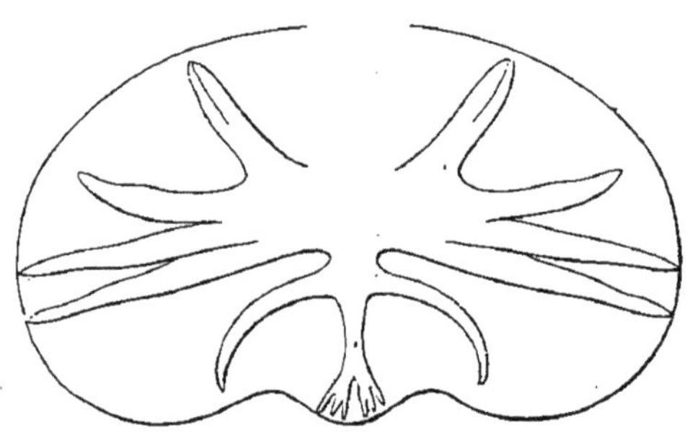

Fig. 247. — Bourse caudale de l'Ankylostome duodénal, grossie 50 fois (demi-schématique).

vers le quart postérieur du corps. Œufs ovoïdes, à coque mince, de 44 à 52 μ sur 23 à 32 μ.

Cet Helminthe habite l'intestin grêle de l'Homme. Il a été observé pour la première fois en 1838, à Milan, par Dubini, qui lui donna le nom d'*Ankylostome* (ἀγκύλος, crochu ; στόμα, bouche). On l'a retrouvé ensuite en Égypte, où il détermine la maladie très commune connue sous le nom de *chlorose égyptienne;* en Amérique, où il cause l'*anémie intertropicale*, etc. Dans ces dernières années, on l'a trouvé très fréquemment en Italie, chez les mineurs et les paysans qui fréquentent les rizières. C'est au professeur E. Perroncito que revient l'honneur d'avoir démontré que l'*anémie des mineurs* est sous la dépendance des attaques de ce Ver; notre savant collègue a même étendu sa démonstration aux mines de Saint-Étienne et d'Anzin.

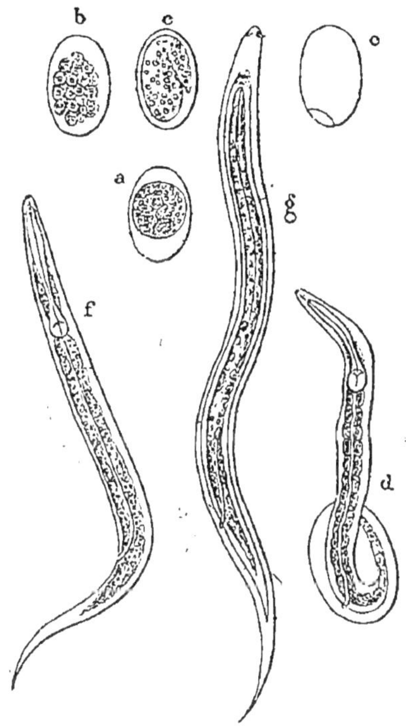

Fig. 248. — Développement de l'Ankylostome duodénal, d'après E. Perroncito. — *a*, œuf non segmenté. *b*, formation de la morula. *c*, apparition de l'embryon. *d*, éclosion. *e*, coque vide. *f*, larve dans la première phase de sa vie libre. *g*, phase ultime : larve encapsulée.

Il résulte des recherches de Leuckart et de Perroncito, que l'évolution de l'Ankylostome duodénal et celle de la Dochmie trigonocéphale sont semblables dans leurs traits généraux. Nous nous bornerons donc à décrire la première.

Évolution. — Les œufs de l'Ankylostome sont ovoïdes (fig. 248, *a*), pourvus d'une coque mince, transparente. La segmentation commence dans l'oviducte de la mère, mais se continue tout au plus jusqu'au stade *morula* (*b*). Ces œufs n'évoluent pas complètement dans l'intestin de l'Homme; ils doivent sortir de l'organisme, et sont évacués avec les fèces. Mis en incubation dans un milieu et à une température convenables (1), ils ne tardent pas à montrer un embryon dans

(1) Ces œufs n'éclosent que dans des substances demi-solides; les larves elles-mêmes meurent dans l'eau tant qu'elles ne sont pas entourées d'une capsule. Perroncito a suivi leur développement sur des morceaux de viande. Au contraire, les œufs de la Dochmie trigonocéphale évoluent très bien dans l'eau.

leur intérieur (*c*), et au bout de deux jours la plupart sont éclos (*d*, *c*).

Les larves qui en sortent ont 210 μ de long sur 14 μ de large ; leur extrémité postérieure est allongée en une queue effilée (*f*). Elles possèdent une tête trilobée ; la cavité buccale tubuleuse conduit dans un œsophage épais, musculeux, offrant un renflement antérieur atténué en arrière et un renflement postérieur ou bulbe, muni de dents chitineuses (larve rhabditiforme). L'intestin aboutit à un anus situé vers la naissance de la queue. Ces larves s'accroissent très vite ; à une température maxima de 25°, elles s'allongent de 50 μ par jour ; mais cette croissance est encore plus marquée à une température supérieure. Contrairement à celles de la Dochmie trigonocéphale, elles ne subiraient pas de mues. Au bout de 4 à 8 jours, elles ont acquis leurs dimensions maxima : 560 μ de longueur sur 24 μ d'épaisseur ; mais leur œsophage a subi alors une importante modification. Le renflement postérieur a perdu ses dents chitineuses, puis est devenu confus, et enfin l'œsophage a pris l'aspect d'un canal d'épaisseur uniforme (*g*).

A ce degré de développement, le tégument sécrète une capsule chitinoïde transparente, qui enveloppe la larve d'une manière plus ou moins étroite (*g*). Celle-ci continue toutefois à se mouvoir avec vivacité, et, dans l'intérieur de la capsule, on voit sa bouche se modifier, de façon à montrer les rudiments des crochets de l'adulte sous forme de points brillants. Le reste de l'organisation se perfectionne de même. Puis la capsule s'imprègne de sels calcaires et devient en général rigide. La phase de l'*encapsulement*, dit Perroncito, « marque évidemment le degré ultime du développement de la larve en dehors du corps humain ; elle paraît correspondre à la phase d'enkystement des Vers à transmigration et, comme dans ce dernier cas, la larve doit infailliblement mourir si elle n'est introduite dans l'organisme de l'hôte qui lui convient. J'ai constaté en outre que ces larves peuvent, après leur encapsulement, résister à la dessiccation pendant vingt-quatre heures au moins ; cette résistance démontre qu'elles sont susceptibles d'être transportées à distance par le vent, en vertu de leur ténuité, avec les poussières en suspension dans l'air, et d'infecter des localités jusqu'alors saines. Enfin, ces larves encapsulées vivent très activement dans les eaux, et l'on conçoit qu'elles puissent ainsi produire l'infection, même à des distances considérables, s'il s'agit d'eaux courantes.

Il est probable que, dans les conditions naturelles, les larves subissent les premières phases de leur développement au milieu des fèces, puis qu'une fois entourées de leur capsule, elles sont entraînées tôt ou tard dans les eaux, de façon que l'Homme les absorbe avec les boissons.

Dochmie trigonocéphale (*Unc. trigonocephala* Rud. *Unc. vulpis* Frölich). — Corps blanchâtre. Capsule buccale assez semblable à celle de l'Ankylostome, mais pourvue de deux « mâchoires » terminées chacune par trois dents recourbées en crochet, dont les dimensions vont en décroissant de la face dorsale vers la face ventrale. Deux papilles latérales opposées, au niveau du tiers postérieur de l'œsophage. *Mâle* long de 9 à 12 millimètres ; bourse caudale trilobée ; lobe médian faible, à deux côtes tridigitées, naissant d'un tronc trois fois aussi long qu'elles ; digitation externe se détachant à un niveau plus élevé que les deux internes ; côtes moyennes largement dédoublées, antérieures fendues. *Femelle* longue de 9 à 21 millimètres, le plus souvent de 15 à 20 ; queue obtuse, prolongée par un mucron aigu ; vulve vers le tiers postérieur du corps. Œufs ovoïdes, de 74 à 84 μ sur 48 à 54.

La Dochmie trigonocéphale habite l'intestin grêle du Chien et du Renard. Comme l'Ankylostome de l'Homme, elle se nourrit de sang, et dès 1879 nous l'avons signalée, M. Trasbot et moi, comme produisant l' « anémie des Chiens de meute ».

Fig. 249. — Dochmie trigonocéphale, mâle et femelle accouplés. Grandeur naturelle.

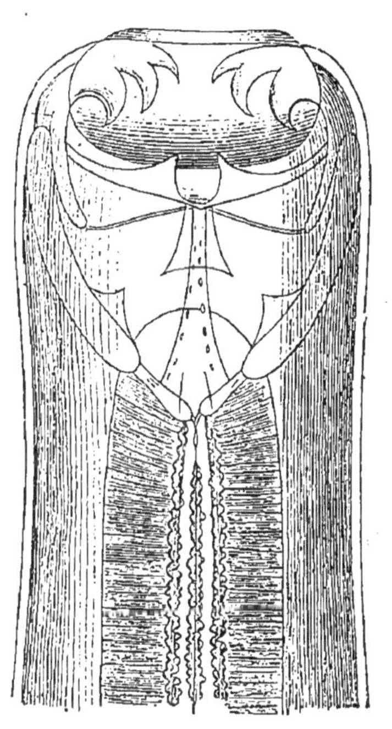

Fig. 250. — Dochmie trigonocéphale : extrémité céphalique vue par la face dorsale, grossie 150 fois (Orig.).

Les larves se développent dans les flaques d'eau, et les chiens s'infectent en buvant dans ces flaques.

On a trouvé en outre, dans l'intestin du Chat domestique et de diverses espèces sauvages du genre *Felis*, un Ver du même genre qu'on a décrit sous le nom de *Strongylus tubæformis* Zed. ; toutefois, les descriptions des auteurs qui ont étudié ce parasite sont absolument dissemblables, et il est devenu nécessaire de rayer ce nom de la nomenclature. — Quant au Ver que C. Parona et B. Grassi ont fait connaître sous le nom de *Dochmius Balsami*, j'ai pu m'assurer *de visu*, grâce à l'obligeance de

M. le professeur Parona, qu'il ne diffère pas sensiblement de la Dochmie trigonocéphale. Ce Ver occasionne, chez le Chat, une affection de nature anémique connue en Italie sous le nom de *tifo dei gatti*.

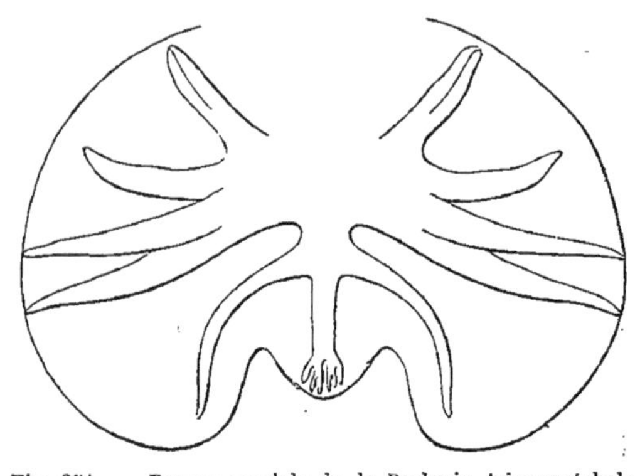

Fig. 251. — Bourse caudale de la Dochmie trigonocéphale, grossie 50 fois (demi-schématique).

Dochmie sténocéphale (*Unc. stenocephala* Rail.). — Corps plus grêle que dans l'espèce précédente. Tête assez étroite. Capsule buccale portant de chaque côté de sa paroi ventrale une lame chitineuse à tranchant arrondi, au-dessous de laquelle on distingue une dent recourbée en crochet. Le bord dorsal offre une dépression médiane, mais pas de dents saillantes. *Mâle* long de 6 à 8 millimètres; bourse caudale trilobée, à lobe médian faible : côtes postérieures tridigitées, naissant d'un tronc de même longueur qu'elles ; digitation externe se détachant à un niveau plus élevé que les deux internes ; côtes moyennes largement dédoublées, antérieures fendues. *Femelle* longue de 8 à 10 millimètres ; queue prolongée par un mucron aigu ; vulve située vers le tiers postérieur du corps. Œufs ovoïdes, de 63 à 76 μ sur 32 à 38.

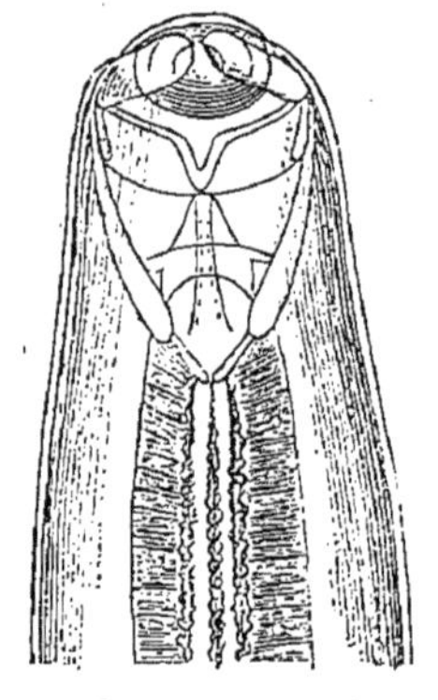

Fig. 252. — Dochmie sténocéphale : extrémité céphalique vue par la face dorsale, grossie 150 fois (Orig.).

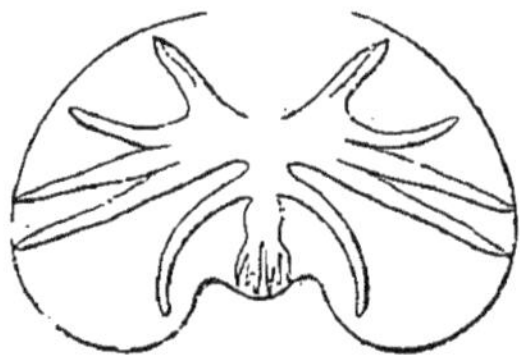

Fig. 253. — Bourse caudale de la Dochmie sténocéphale, grossie 50 fois (demi-schématique).

Nous avons presque toujours rencontré cette espèce en compagnie de la précédente, et en grande abondance, dans l'intestin des Chiens anémiques du vautrait de M. Servant, de Villers-Cotterets.

Dochmie courbée (*Unc. cernua* Crepl.). — Corps souvent rougeâtre, atténué aux extrémités, surtout en avant. Tête mince, relevée en arrière. Bouche circulaire, conduisant dans une capsule buccale ovoïde, et armée de quatre dents, deux de chaque côté, dont la base est enfoncée dans la capsule et dont l'extrémité libre se recourbe en crochet vers l'intérieur de la cavité. Les deux dents ventrales sont fortes et très réfringentes, les dorsales étroites et peu distinctes. La côte dorsale enfonce également dans la capsule sa pointe conique. Enfin, l'armature est complétée par les deux lancettes ventrales profondes. Six papilles buccales non saillantes. *Mâle* long de 15 à 18 millimètres; bourse caudale profonde, infundibuliforme, ne se laissant pas étendre sans se déchirer: côtes asymétriques, celles d'un côté toujours plus longues que celles de l'autre. Côtes postérieures bilobées, moyennes dédoublées, antérieures fendues. *Femelle* longue de 20 à 28 millimètres ; vulve située un peu en avant du milieu du corps. Œufs ovoïdes, de 80 à 83 μ sur 43 à 48.

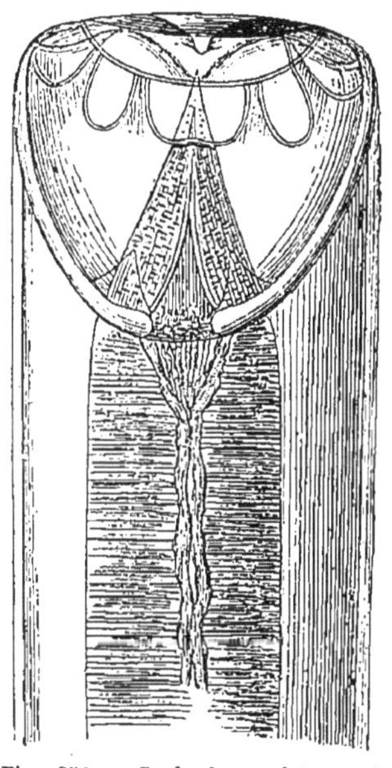

Fig. 254. — Dochmie courbée : extrémité antérieure, vue par la face dorsale, grossie 150 fois (Orig.).

Intestin grêle et quelquefois gros intestin du Mouton et de la Chèvre. Mehlis, Dujardin et Diesing avaient à tort mis en doute l'existence de cette espèce : elle est tout à fait différente du *Sclerostoma hypostomum*. Molin en avait fait, non sans quelque raison, le type d'un genre à part (*Monodontus*), caractérisé par la puissante dent conique qui naît du fond de la capsule buccale et se dirige obliquement de la paroi dorsale vers l'intérieur de la bouche. Il donnait à cette espèce le nom de *M. Wedlii*.

Dochmie radiée (*Unc. radiata* Rud.). — Tête et capsule buccale comme dans la Dochmie courbée. A l'orifice postérieur de la capsule buccale, six dents recourbées en forme de crochets. *Mâle* long de 10 à 16 millimètres ; bourse caudale comme dans l'espèce précédente. *Femelle* longue de 24 à 28 millimètres ; vulve située un peu en avant du milieu du corps.

Cette espèce, trouvée par Rudolphi dans le duodénum du Veau, n'a guère été étudiée que par Schneider. Elle a besoin d'être examinée à nouveau.

Genre **Ollulan** (*Ollulanus* Leuck.). — Dans ce genre, la capsule buccale est cyathiforme (*olla*, urne), l'œsophage peu musculeux. Les mâles ont une bourse caudale bilobée contenant deux courts spicules.

Ollulan à trois pointes (*O. tricuspis* Leuck.). — La *femelle* adulte ne mesure pas plus de 1 millimètre de long et offre trois pointes à l'extrémité caudale. La vulve est située en avant de l'anus. Ovovivipare.

Ce Ver habite, à l'état adulte, dans l'épaisseur de la muqueuse stomacale du Chat, qui se montre alors ramollie, rouge et ecchymosée. Ses embryons, qui acquièrent des dimensions relativement énormes (320 μ de long sur 25 μ d'épaisseur), peuvent émigrer dans le poumon, le diaphragme et le foie du Chat, où ils s'enkystent en produisant de petites tumeurs analogues à des tubercules miliaires.

Cependant, une partie des embryons sont expulsés du tube digestif avec les excréments ; ils peuvent être alors ingérés par les petits Rongeurs, et s'enkystent dans leurs muscles, à la façon des Trichines. Les Chats s'infectent donc en mangeant les Souris, comme l'a démontré expérimentalement Leuckart. Toutefois, comme celles des Trichines, ces larves ne sont aptes à devenir adultes dans l'estomac du Chat, qu'autant qu'elles ont acquis dans leur kyste un degré convenable de développement.

Genre **Physaloptère** (*Physaloptera* Rud.). — Dujardin avait cru devoir réunir ce genre aux Spiroptères : les helminthologistes modernes l'ont rétabli à juste titre, et finalement l'ont séparé des Filariadés. — Il est remarquable par sa bouche à deux lèvres latérales très développées, munies chacune de trois papilles en dehors et armées de dents à l'extrémité et du côté interne. Deux spicules inégaux. La bourse caudale du mâle est close, cordiforme, embrassant la pointe de la queue. Une papille impaire en avant de l'anus ; dix papilles de chaque côté : les unes, externes (*côtes*) soutenant la bourse caudale et toujours situées au voisinage de l'anus; les autres, internes, rapprochées de la ligne médiane. Les femelles ont deux ovaires ; la vulve s'ouvre vers la partie antérieure du corps. Ovipares.

Physaloptera clausa Rud. : estomac du Hérisson. *Ph. truncata* Schn. : gésier de la Poule.

4. Famille des **TRICHOCÉPHALIDÉS**. — Ce sont des Vers à *corps très allongé, offrant une partie antérieure longue et mince, et une partie postérieure plus ou moins renflée* (contenant les organes génitaux). La bouche est arrondie, nue. L'œsophage est très long; point de ventricule. *Les mâles sont pourvus d'un spicule vaginé*, c'est-à-dire entouré d'une gaine, laquelle se retourne en doigt de gant lorsque le spicule fait saillie au dehors. Les femelles possèdent un ovaire simple; la vulve est située à l'origine de la partie renflée. Ces Vers sont ovipares : les œufs présentent un rétrécissement en forme de goulot translucide à chacun des deux pôles.

Genre **Trichocéphale** (*Trichocephalus* Gœze. *Trichuris* Auct.). — Les Trichocéphales ont la partie antérieure du corps capillaire et très longue; la partie postérieure est brusquement renflée, assez épaisse, cylindroïde. Les mâles ont l'extrémité caudale enroulée.

Ces Helminthes sont dépourvus de champs latéraux, mais les lignes médianes existent. On remarque, en outre, une bande papilleuse longitudinale sur la face ventrale de la portion antérieure.

On trouve les Trichocéphales dans le gros intestin, et surtout dans le cæcum des Mammifères. — Leur développement (1) s'effectue sans hôte intermédiaire. Les œufs sont rejetés à l'extérieur avant d'avoir subi aucune modification. La formation de l'embryon, qui a lieu dans l'eau, exige plusieurs mois; elle n'est que suspendue par la dessiccation. Lorsqu'elle est achevée, et que les œufs sont introduits dans le tube digestif de l'hôte naturel, l'embryon sort de la coque, vit un certain temps en liberté dans l'intestin, s'accroît, puis s'accouple et enfin se fixe dans la muqueuse par son extrémité antérieure filiforme. En moins de trois mois, les Trichocéphales sont parvenus à cet état.

(1) A. Railliet, *Développement expérimental du Trichocéphale du Chien*. Bull. de la Soc. centr. de méd. vét., 1884, p. 449.

Trichocéphale de l'Homme (*Tr. dispar* Rud., *Tr. hominis* Gœze. *Ascaris trichiura* Werner). — La tête est nue. Le *mâle* est long de 35 à 37 millimètres ; sa partie postérieure est fortement enroulée en spirale. La gaine du spicule est cylindrique, ou dilatée en entonnoir, ou renflée et vésiculeuse à l'extrémité ; elle se montre hérissée de petites pointes aiguës et serrées. La *femelle* est longue de 35 à 50 millimètres ; sa partie postérieure est un peu arquée, terminée en pointe mousse. Les œufs sont longs de 51 à 53 μ, larges de 21 à 23 μ.

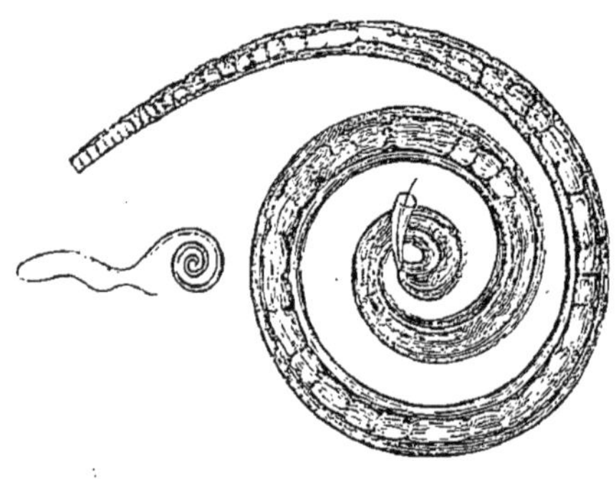

Fig. 255. — Trichocéphale de l'Homme, mâle, grandeur naturelle et partie postérieure grossie.

Ce Ver, qui habite le cæcum de l'Homme, rarement le côlon et plus rarement encore l'intestin grêle, n'a été découvert que dans la seconde moitié du siècle dernier, par Morgagni. Il est cependant très commun dans la plupart des contrées du globe : à Paris, Davaine en a trouvé chez la moitié au moins des individus ; en Italie, Dubini ne l'a vu manquer que sur un petit nombre de sujets. Pruner en Égypte, Leidy aux États-Unis, ont fait des observations analogues. — La même espèce a d'ailleurs été rencontrée chez divers Singes et Lémuriens.

Bien que le Trichocéphale ait d'ordinaire la tête enfoncée dans la muqueuse, sa présence ne détermine pas d'accidents sérieux.

Trichocéphale voisin (*T. affinis* Rud.). — Comme son nom l'indique, cette espèce se rapproche de l'espèce précédente. La tête est munie parfois de deux renflements vésiculeux latéraux offrant l'aspect d'ailes transparentes ; les papilles de la bande longitudinale sont plus fortes sur les bords. Le *mâle* est long de 50 à 80 millimètres, et pourvu d'un *spicule très long*, enfermé dans une *gaine également fort longue*, cylindrique, hérissée d'épines aiguës développées surtout en arrière. La *femelle* mesure de 50 à 70 millimètres. Les œufs sont longs de 68 à 72 μ, larges de 33 à 36 μ.

Le Trichocéphale voisin habite le gros intestin, et particulièrement le cæcum d'un grand nombre de Ruminants. Il est assez commun chez le Mouton et la Chèvre, mais plus rare chez le Bœuf. C'est aussi à cette espèce qu'il faut rapporter les Trichocéphales du Chameau et du Dromadaire. Enfin, on en a indiqué la présence chez le Porc-épic d'Europe (*Hystrix cristata*). — Leuckart a constaté que les œufs de cette espèce

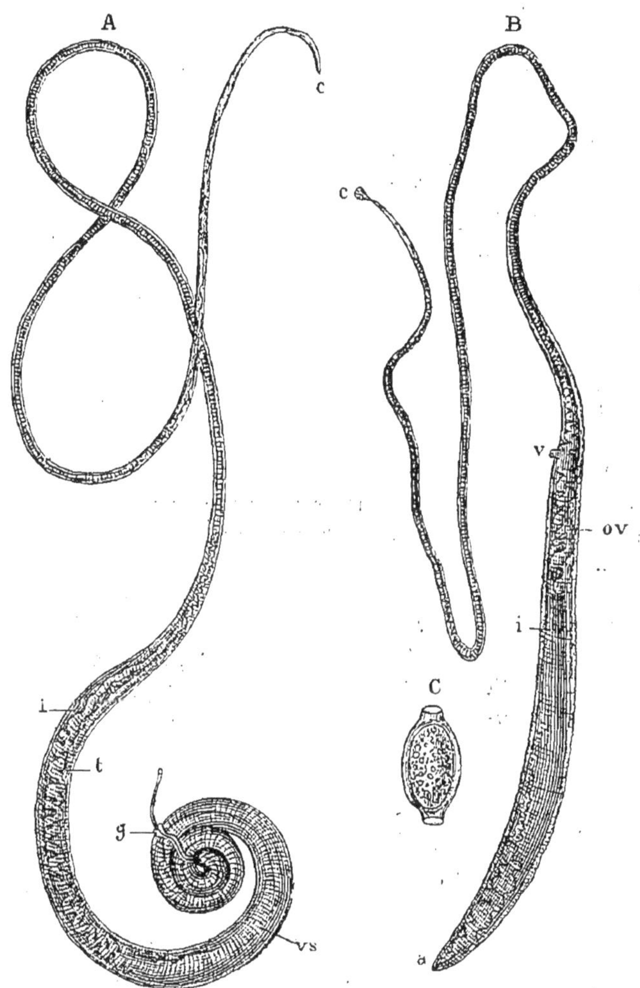

Fig. 256. — *Trichocephalus affinis*, individus fortement grossis. — A, mâle. B, femelle. *c*, extrémité céphalique. *i*, intestin. *a*, anus. *t*, testicule. *vs*, vésicule séminale. *g*, gaine du spicule. *ov*, ovaire. *v*, vulve. *c*, œuf grossi environ 200 fois (Delafond, inéd.).

contenant des embryons, ingérés par les animaux, donnaient en quatre semaines des individus presque adultes.

Trichocéphale crénelé (*Tr. crenatus* Rud. *Tr. suis* Schrank). — Espèce souvent confondue avec le *Tr. dispar*. Le *mâle* est long de 40 millimètres environ ; la gaine du spicule est garnie d'épines courtes, mousses, clairsemées surtout en arrière, où elles finissent par disparaître. La *femelle* acquiert jusqu'à 45 millimètres de long (Schneider).

Dans le gros intestin du Porc, du Sanglier, du Pécari à lèvres blanches et du Phacochère africain. — Comme pour l'espèce précédente, Leuckart a observé que les embryons encore contenus dans l'œuf, introduits dans le tube digestif du Porc, s'y développaient directement. Dans les conditions ordinaires, l'infection doit avoir lieu par l'intermédiaire des boissons.

Trichocéphale déprimé (*T. depressiusculus* Rud. *T. vulpis* Fröl.). — Diffère peu du Trichocéphale de l'Homme. La longueur indiquée pour les deux sexes est de 45 à 75 millimètres. Le *mâle* possède un spicule encore plus long que celui du Trichocéphale voisin, et entouré d'une gaine tubuleuse, dont la moitié la plus rapprochée du cloaque est seule revêtue d'épines mousses, tandis que le reste est lisse. Les œufs sont longs de 70 à 75 μ, larges de 32 à 34 μ.

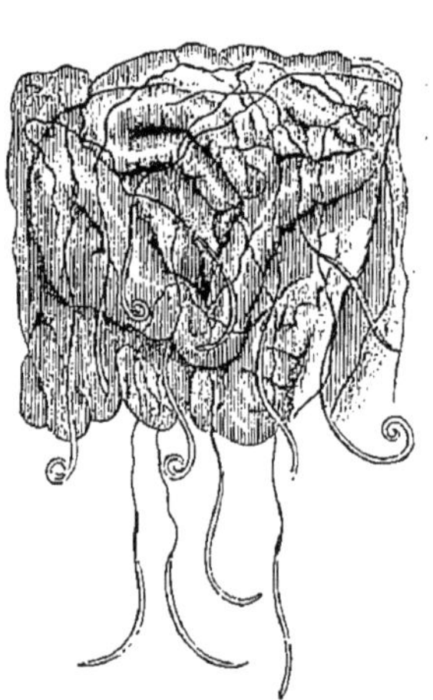

Fig. 257. — Fragment de cæcum du Chien, dans lequel sont fixés des *Trichocephalus depressiusculus*. Grand. nat. (Orig.).

Dans le cæcum du Chien et du Renard. Très commun chez les Chiens affectés de l'anémie des meutes, mais ne paraissant jouer aucun rôle dans le développement de cette maladie.

Trichocéphale onguiculé (*T. unguiculatus* Rud.). — Caractérisé surtout par la ténuité du spicule et de sa gaine; celle-ci est lisse.

Habite le gros intestin et surtout le cæcum de diverses espèces du genre *Lepus*, y compris le Lapin domestique.

Genre **Trichosome** (*Trichosoma* Rud.). — Ces Vers, comme l'indique leur nom, ont le corps très grêle, capillaire. Ils diffèrent d'ailleurs des Trichocéphales en ce que la partie postérieure n'est que légèrement et progressivement renflée. Le mâle est pourvu d'une petite bourse caudale, qui entoure l'orifice génital à la façon d'un bourrelet cutané; la gaine du spicule est striée ou plissée en travers. Les champs latéraux existent, aussi bien que les lignes médianes.

Trichosome Plique (*T. Plica* Rud.). — La bouche est orbiculaire, petite, latérale. Le *mâle* est long de 13 à 30 millimètres; son extrémité caudale est à peine atténuée, obliquement tronquée, mucronée ; la bourse caudale embrasse l'orifice génital en avant et se termine en pointe en arrière; le spicule, très long, arrondi à son extrémité, est enveloppé d'une gaine lisse, plissée en travers. La *femelle*, longue de 30 à 60 millimètres, a la queue obtuse, l'anus terminal, la vulve située vers la partie antérieure du corps.

Ce Trichosome, que Dujardin plaçait dans son genre *Calodium*, habite la vessie urinaire du Renard. Rudolphi l'a aussi trouvé en Allemagne, chez le Loup, et Bellingham en Irlande, chez le Chien, toujours dans le même organe.

Trichosome du Mouton (*T. papillosum* Wedl). — La femelle seule est connue. La longueur totale est de 5 millimètres. L'extrémité antérieure, très mince, est munie de quatre papilles; la queue se termine en une pointe mousse et conique. L'ovaire est double ; la vulve s'ouvre au niveau du tiers postérieur du corps. Les œufs sont elliptiques.

Wedl a trouvé ce parasite, en assez grande abondance, dans l'intestin d'un Mouton, en compagnie du *Tænia expansa*.

Trichosome du Chat (*T. Felis-Cati* Bellingh.). — Le corps est filiforme et mesure au plus 14 à 16 millimètres. La bouche est limitée par deux lèvres saillantes. L'extrémité postérieure est à peine atténuée et obliquement tronquée. La cuticule est lisse. Il n'a pas été possible de distinguer la vulve. Les œufs sont elliptiques.

Ce petit Ver, souvent enroulé en spirale et difficilement perceptible sans le secours de la loupe, a été découvert par Bellingham dans la vessie d'un Chat sauvage. Wedl, à qui nous avons emprunté la description ci-dessus, l'a retrouvé sur un Chat domestique. Il n'existait que des femelles.

Trichosome à queue épaisse (*T. crassicauda* Bellingh.). — C'est un curieux Ver, qui se rencontre dans la vessie urinaire du Rat. D'après Leuckart, le mâle, qui est fort petit, vit dans l'utérus de la femelle : on trouve d'ordinaire deux ou trois mâles dans chaque femelle.

Nous devons signaler, en outre :

T. longicolle Rud., dans le gros intestin et surtout dans le cæcum des Poules, Faisans, Perdrix, etc. *T. annulatum* Mol. et *T. collare* Linst., dans l'intestin de la Poule. *T. columbæ* C. E. V. (*Calodium tenue* Duj. *T. tenuissimum* Dies.), dans le gros intestin du Pigeon. *T. brevicolle* Rud., dans le cæcum des Oies et des Canards.

5. Famille des **TRICHINIDÉS**. — Cette famille, assez étroitement unie à la précédente, est représentée par de petits Vers à *corps capillaire, progressivement renflé en arrière. La bouche est*

arrondie, nue. L'œsophage est très long. La queue est obtuse, l'anus terminal. *Les mâles sont pourvus de deux papilles caudales coniques, sans spicules.* Les femelles possèdent un seul ovaire. La vulve est située vers le quart antérieur du corps. Ovovivipares.

Le genre **Trichine** (*Trichina* Owen), qui à lui seul constitue cette famille, ne comprend qu'une seule espèce bien authentique (1).

Trichine spirale (*T. spiralis* Owen). — Le corps de la Trichine adulte est à peine visible à l'œil nu. A peu près cylindrique dans sa moitié postérieure, il s'atténue graduellement d'arrière en avant

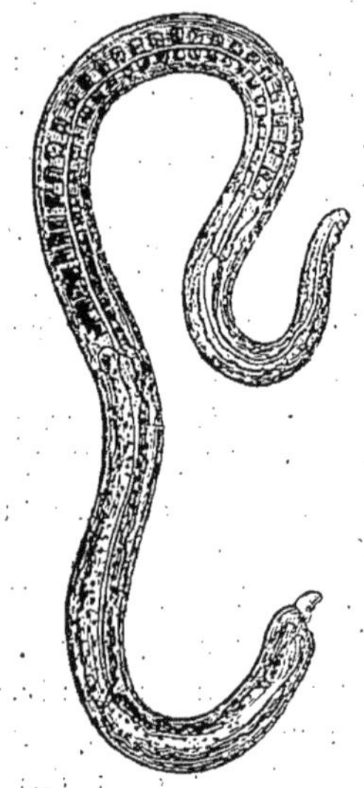

Fig. 258. — Trichine intestinale, mâle (G. Colin, inéd.).

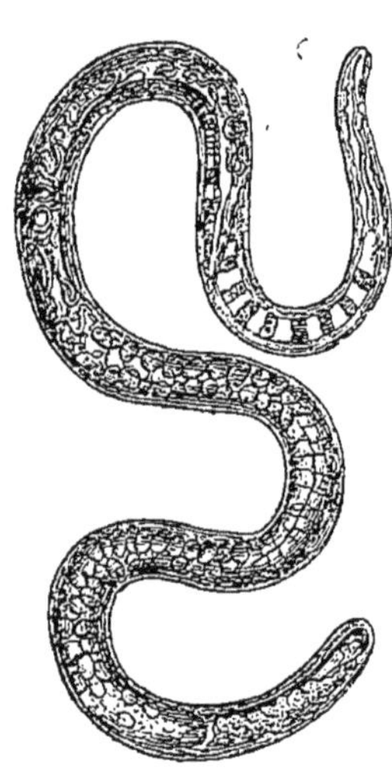

Fig. 259. — Trichine intestinale, femelle (G. Colin, inéd.).

dans sa moitié antérieure. Le *mâle* est long en moyenne de $1^{mm},5$, épais de 40 μ. La *femelle* mesure de 3 à 4 millimètres de longueur et 60 μ d'épaisseur.

Les Trichines arrivent à l'état adulte, sexué (*Trichines intestinales*), dans l'intestin grêle des Mammifères et des Oiseaux : elles se montrent alors comme de très petits Vers blanchâtres, capillaires, qui s'agitent dans le mucus, à la surface même des parois de l'intestin, et qu'on ne distingue bien qu'avec une certaine habitude.

Les larves (*Trichines musculaires*) émigrent dans les muscles de l'hôte, où elles s'enroulent en spirale et s'enkystent. Elles ne peuvent arriver à l'état adulte qu'autant qu'elles sont ingérées, après avoir acquis un

(1) J. Chatin, *La Trichine et la trichinose*, Paris, 1883.

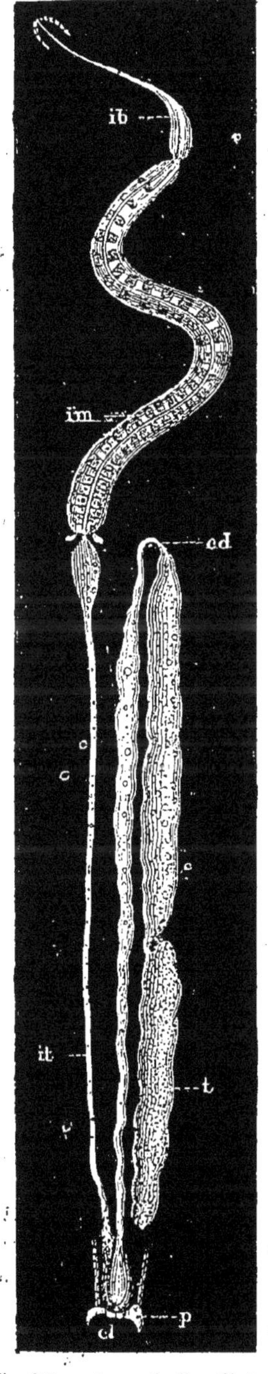

Fig. 200. — Appareils digestif et sexuel de la Trichine mâle. — *ib*, intestin buccal ou œsophage. *im*, intestin moyen. *it*, intestin terminal ou rectum. *t*, testicule. *cd*, canal déférent. *cl*, cloaque. *p*, appendices copulateurs (G. Colin, inéd.).

certain développement, par un autre animal à sang chaud.

On est parvenu à infecter expérimentalement les muscles d'un grand nombre de Mammifères; mais l'infection spontanée n'a été constatée jusqu'à présent que chez l'Homme, le Porc, le Sanglier, l'Hippopotame, le Hamster, le Rat, le Surmulot, la Souris, le Chien, le Chat, le Renard, la Marte et le Putois. L'Homme tire presque toujours ses Trichines du Porc, et celui-ci des petits Rongeurs. Les Rats et surtout les Surmulots paraissent être les hôtes normaux de ces parasites, qu'ils contractent en s'entre-dévorant.

D'après les recherches du professeur G. Colin, les Trichines deviennent adultes dans l'intestin des Oiseaux, mais ceux-ci ne présentent jamais de larves dans les muscles. D'autre part, ces Vers passent dans le tube digestif des Vertébrés à sang froid et des Invertébrés, et en sont rejetés sans avoir éprouvé aucun changement; mais ils conservent la faculté d'évoluer chez les animaux à sang chaud. Il est curieux toutefois de noter que Legros et Goujon ont obtenu le développement des Trichines musculaires chez des Salamandres maintenues à la température d'environ 30° C.

Organisation. Évolution. — Lorsqu'on fait ingérer à un Mammifère — un Lapin, par exemple — des fragments de muscles contenant des Trichines enkystées, celles-ci ne tardent pas à être mises en liberté par suite de l'action dissolvante qu'exerce le suc gastrique sur la chair et sur la paroi des kystes. Les larves se déroulent alors; leurs organes génitaux se développent et, au bout de quarante-huit heures, elles ont acquis leur maturité sexuelle.

Le *tégument* de ces Vers ne présente pas de stries transversales, mais il existe des champs latéraux et des lignes médianes.

La bouche est terminale, petite, orbiculaire, dépourvue de papilles. Le *tube digestif* offre plusieurs régions bien distinctes. — La première, à parois minces, est à peine un peu élargie d'avant n arrière, et présente une section triquètre : on la regarde souvent comme un œsophage (intestin buccal). La deuxième portion continue sans interruption la première, dont elle se distingue en ce que ses parois musculaires sont revêtues de grosses cellules nucléées et très apparentes, qui jouent probablement le rôle de glandes digestives, et s'atrophient à mesure que les organes génitaux prennent de l'extension. Cette région, qu'on peut regarder comme l'intestin moyen, se termine par deux cellules un peu opaques, étendues latéralement et souvent décrites comme un appareil spécial. Elle est suivie d'un renflement dit stomacal, dont les parois transparentes sont tapissées, à l'intérieur, d'une simple couche de petites cellules aplaties. L'intestin terminal ou rectum continue ce renflement; il possède comme l'œsophage des parois musculeuses, et se dilate encore avant sa terminaison au cloaque, lequel est situé à l'extrémité postérieure du corps.

L'*appareil reproducteur* du mâle consiste en un seul tube testiculaire, qui prend naissance en cul-de-sac vers l'extrémité postérieure du corps, remonte le long de l'intestin jusqu'au voisinage de l'estomac, se rétrécit alors, se recourbe et descend parallèlement à lui-même, en formant un long canal déférent, qui se réunit enfin à l'intestin pour constituer le cloaque. Il n'y a pas de spicule : le cloaque se renverse au moment de l'accouplement et joue le rôle d'organe copulateur. Sur les côtés de l'ouverture, existent en outre deux appendices digitiformes ou papilles dont le rôle n'est pas bien déterminé.

Chez la femelle, l'ovaire unique se compose d'un tube cæcal qui naît au voisinage de l'anus et se rétrécit au niveau de l'estomac en un très court oviducte. Celui-ci se dilate bientôt en un long et large utérus, qui se resserre enfin pour

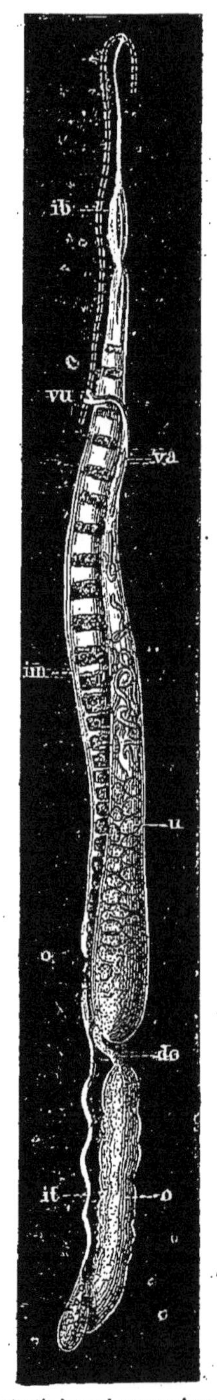

Fig. 261. — Appareils digestif et sexuel de la Trichine femelle. — *ib*, intestin buccal ou œsophage. *im*, intestin moyen. *it*, intestin terminal ou rectum. *o*, ovaire. *do*, oviducte. *u*, renflement utérin. *va*, vagin. *vu*, vulve (G. Colin, inéd.).

former une sorte de vagin, aboutissant à la vulve, située en avant du quart antérieur du corps.

Les œufs fécondés subissent leur complet développement dans l'utérus; ils ont à maturité 20 μ de diamètre. Bientôt l'éclosion a lieu, et l'on trouve dans le vagin de petits embryons libres, qui s'échappent par la vulve : ces embryons mesurent 120 μ de long sur 7 μ d'épaisseur dans leur partie moyenne. La ponte dure un mois environ, et l'on estime à 10 ou 15,000 le nombre d'embryons auxquels chaque femelle peut donner naissance. Au bout de cette période, et même plus tôt si les animaux sont affectés de diarrhée, les Trichines intestinales sont peu à peu évacuées avec les excréments, et c'est à peine si on en trouve encore quelques-unes dans le tube digestif au bout de six semaines à deux mois.

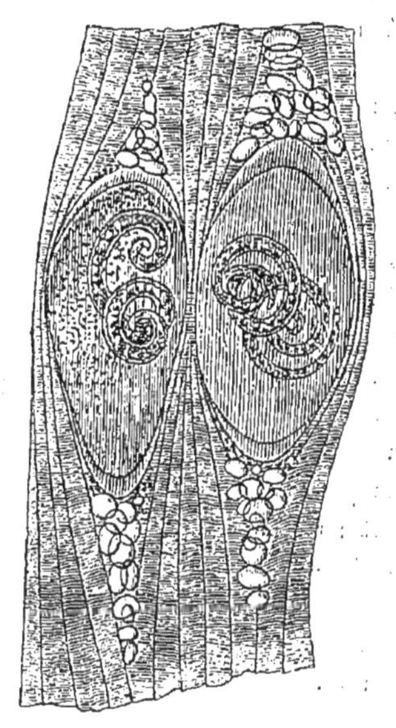

Fig. 262. — Trichines enkystées dans le tissu musculaire. — Le kyste de droite contient deux trichines (G. Colin, inéd.).

Les embryons sortis du corps de la mère commencent immédiatement leurs migrations : ils perforent les parois intestinales, traversent le mésentère ou le péritoine, et gagnent les muscles en suivant le tissu conjonctif interorganique; peut-être même sont-ils transportés en partie par le torrent circulatoire. Ils s'arrêtent dans les faisceaux musculaires primitifs, où ils ne tardent pas à s'enkyster, et l'on remarque que leur accumulation est surtout considérable au voisinage des os ou des tendons, qui opposent un obstacle insurmontable à leur migration. Dans ces derniers temps, J. Chatin a démontré que les Trichines peuvent s'enkyster aussi dans le tissu adipeux et dans les parois intestinales. Le même auteur a bien étudié le mode de formation du kyste, qui se développe aux dépens du tissu conjonctif interfasciculaire et comprime les faisceaux primitifs, lesquels subissent de ce fait des modifications atrophiques plus ou moins profondes. Pendant que ce kyste s'organise, la larve, qui subit encore un certain accroissement, s'enroule en spirale, puis devient peu à peu immobile et passe à l'état de vie latente. On trouve quelquefois deux ou trois Trichines dans le même kyste. Celui-ci, de forme globuleuse ou plus souvent ellipsoïde, constitue évidemment pour l'Helminthe une enveloppe protectrice.

La larve enkystée, ou Trichine musculaire, acquiert son complet développement en quatorze jours, d'après Leuckart. Elle mesure alors à peu près 1 millimètre de longueur et 40 μ d'épaisseur. Son corps est capillaire, atténué aux extrémités, surtout en avant. Le tube digestif rappelle celui de l'adulte. En outre, on distingue, vers les deux tiers postérieurs, un corps sacciforme qui n'est autre que le rudiment de l'appareil génital.

Au bout d'une année environ, des modifications régressives commencent souvent à se manifester dans le kyste. Des vésicules graisseuses s'amassent d'abord aux deux pôles; puis survient une infiltration calcaire qui s'étend peu à peu à tout le kyste : quelquefois cette crétification n'est pas encore complète après plusieurs années. Enfin, la Trichine elle-même peut subir la dégénérescence granuleuse et se détruire.

La propagation des Trichines qui envahissent les muscles est des plus variables. Dans des cas exceptionnels, on a évalué le nombre de ces Helminthes à un million par kilogramme. On n'en trouve guère que

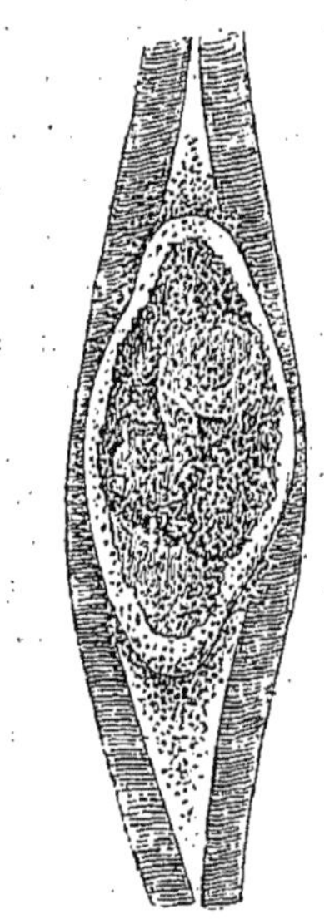

Fig. 264. — Kyste trichineux très ancien, profondément altéré (G. Colin, inéd.).

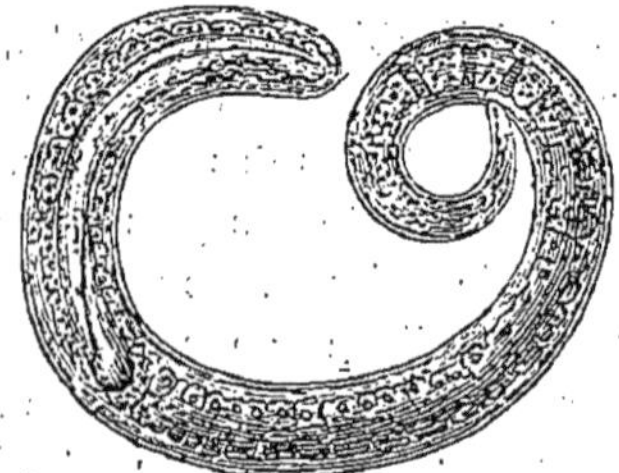

Fig. 263. — Trichine larvaire libre (G. Colin, inéd.).

dans les muscles striés à contraction volontaire. Cependant, Harrisson et Virchow en ont trouvé dans le cœur de l'Homme. J. Chatin en a observé, d'autre part, dans le tissu adipeux et les parois intestinales du Porc. Ce sont les muscles du tronc (notamment le diaphragme) et de la partie antérieure du corps qui sont de préférence envahis. — Tous les animaux ne s'infectent pas non plus avec la même facilité : le Rat, la Souris, le Cobaye, le Lapin et en particulier le Porc peuvent être, à cet égard, placés au premier rang, d'après G. Colin; les herbivores, Mouton, Chèvre, Bœuf, constituent un terrain moins favorable; enfin, le Chien, le Chat, le Blaireau, ne sont que difficilement infectés, surtout s'ils sont un peu âgés, et ne présentent jamais qu'un petit nombre de Trichines dans leurs muscles.

L'affection déterminée par la présence des Trichines dans l'organisme a reçu le nom de *trichinose*. Les symptômes en sont assez vagues, et se rapportent d'abord à une irritation gastro-intestinale, voire à une péritonite, lors de l'immigration des embryons. Leur installation dans les muscles se traduit souvent par l'émaciation de ceux-ci et par un épuisement général, accompagnés de douleurs rhumatoïdes très violentes et parfois de symptômes typhoïdes de la plus haute gravité. Si l'infection a été un peu considérable, la mort peut même survenir, surtout dans la dernière période de la maladie.

Chez les animaux, les symptômes sont à peu près identiques, mais souvent plus difficiles à constater. Les petits Rongeurs succombent facilement; le Porc, au contraire, offre une résistance remarquable.

Un traitement anthelminthique est indiqué si la maladie débute, afin de chasser les Trichines de l'intestin ; il n'a plus de raison d'être lorsque les larves se sont fixées dans les muscles, ce qu'on reconnaît sans difficulté par l'examen d'un fragment enlevé au biceps du malade. Il convient donc surtout d'établir la prophylaxie de cette redoutable affection, que l'Homme contracte presque toujours par l'ingestion de la viande de Porc trichinée. Les larves enkystées ont une vitalité considérable, car elles résistent longtemps à la dessiccation, au fumage, et même à la putréfaction. La salaison, toutefois, les tue à la longue. Mais la cuisson paraît être le meilleur élément de la prophylaxie.

Les recherches de Küchenmeister, Fjord et Krabbe, G. Colin, etc., ont démontré qu'une température de 70° environ est nécessaire pour faire périr les larves enkystées; mais les parties centrales des morceaux de viande n'atteignent cette température qu'après un temps plus ou moins long, variant avec leur volume et le mode de cuisson. Pour les pièces bouillies, par exemple, il faut prolonger l'*ébullition* pendant une demi-heure au moins par chaque kilogramme. Mais les viandes rôties sont plus dangereuses, car la couche extérieure *saisie* par la cuisson retarde la pénétration de la chaleur dans les parties profondes. M. G. Colin a employé un excellent procédé pour reconnaître si les Trichines sont encore vivantes. Il consiste à faire avaler à des Oiseaux, des Moineaux, par exemple, « deux ou trois petits morceaux de muscles, après les avoir malaxés un instant dans l'eau pour les dessaler. On tue l'animal six, huit ou dix heures après le repas, et on étale sur une lame de verre le contenu de l'intestin grêle pour l'examiner au microscope à un faible grossissement. Comme on n'a que deux ou trois gouttes de matières, qu'on délaie s'il le faut, l'examen porte sur la totalité et se fait en quelques minutes. Si les Trichines sont mortes, elles se trouvent digérées avec leurs kystes, et on en voit à peine des traces sous forme de tronçons irréguliers, pointillés. Si, au contraire, elles sont vivantes, on les aperçoit très vite, les unes encore roulées en spirale et dégagées de leurs enveloppes, les autres déroulées et exécutant les évolutions les plus variées au milieu des matières qui les entourent. » — Dans la pratique, on juge que la cuisson est suffisante lorsque la viande a perdu sa couleur rouge, et qu'il ne s'écoule plus de jus saignant sur une coupe.

La trichinose a souvent sévi d'une manière épidémique en Allemagne, ce qui tient surtout à la consommation habituelle, dans ce pays, de viande de Porc crue. Dans ces derniers temps on s'est beaucoup effrayé de la constatation des Trichines dans les jambons importés d'Amérique en Europe; mais nos habitudes culinaires nous mettent presque complètement à l'abri de cette maladie. Le danger résulterait plutôt des saucissons, qui sont mangés crus. Peut-être pourrait-on d'ailleurs le faire disparaître au moyen de la réfrigération : H. Bouley et Gibier ont reconnu qu'une température de — 12 à — 15° était suffisante pour détruire les Trichines. En France, on a constaté à diverses reprises la présence de ces Helminthes dans les muscles de l'Homme et du Rat; mais une seule épidémie a été signalée jusqu'à présent : elle a été observée en 1878, à Crépy-en-Valois (Oise), et décrite par le professeur Laboulbène.

L'examen des viandes suspectes est des plus simples. On prélève, à l'aide de ciseaux fins et en suivant le sens des fibrilles, de préférence au voisinage des os ou des tendons, de minces tranches de muscles, qu'on étale sur une plaque de verre. On dépose à la surface une goutte d'eau ou une solution de potasse au dixième, on dilacère quelque peu à l'aide d'aiguilles fines et on recouvre d'une lamelle qu'on comprime légèrement. En examinant toute l'étendue de la préparation à un grossissement de 30 à 100 diamètres, on découvre les kystes avec la plus grande facilité.

Famille des **FILARIADÉS**. — Le corps est long, filiforme. La bouche est de forme variable, parfois entourée de lèvres et même suivie d'une capsule buccale; elle est souvent munie de papilles. L'œsophage est grêle et ne forme pas de ventricule distinct. Les mâles, dont la queue est généralement enroulée, ont *un seul spicule ou deux spicules inégaux*. Les femelles ont un ovaire double; *la vulve est située d'ordinaire vers la partie antérieure du corps*. Un grand nombre de ces Helminthes sont ovovivipares.

Genre **Filaire** (*Filaria* Müller). — Les Filaires sont remarquables par leur corps grêle et très allongé (80 à 100 fois plus long que large, selon Dujardin). Les mâles ont la queue recourbée ou spiralée, parfois munie d'ailes membraneuses latérales; presque toujours ils possèdent quatre papilles préanales et un nombre variable de postanales. Chez les femelles, la vulve s'ouvre très près de la bouche.

Les Filaires habitent surtout les séreuses et le tissu cellulaire sous-cutané. — Le développement n'est pas encore connu pour toutes les espèces: en thèse générale, il paraît comporter le passage par un hôte intermédiaire.

Il est à remarquer que, pour les médecins, ce genre est une sorte de capharnaüm où l'on range tous les Vers ronds, anciens ou nouveaux, dont l'organisation est mal connue.

Filaire de Médine (*F. Medinensis* L., *Dracunculus Persarum* Kæmpfer). — Cette Filaire est souvent désignée sous le nom de *Ver de Médine;* on lui a donné aussi, mais à tort, celui de *Dragonneau.* On ne connaît que la femelle adulte, et quelques auteurs ont émis l'hypothèse qu'il s'agit là d'une espèce hermaphrodite à la façon du *Rhabdonema nigrovenosum.* Le corps est blanc, à peu près de même calibre dans toute son étendue; il mesure de 40 à 80 centimètres de long, et on prétend qu'il peut atteindre jusqu'à 4 mètres; sa largeur est souvent supérieure à 1 millimètre. L'extrémité antérieure est mousse; la postérieure s'effile en une pointe qui se recourbe en crochet vers la face ventrale. La bouche est très petite, triangulaire, entourée d'un épaississement cuticulaire qui porte deux papilles latérales, en arrière desquelles s'en trouvent quatre autres. L'appareil digestif est atrophié; il est réduit à une sorte de ruban étroit, à peine visible et affaissé aux extrémités; il n'offre pas d'anus et ne communique pas avec la bouche. Par contre, l'utérus acquiert un développement tel que la Filaire adulte semble n'être plus qu'une gaine destinée à loger et à protéger les œufs et les embryons. Ces derniers, qu'on trouve éclos par myriades dans les organes maternels, sont longs de 840 μ et épais de 25 μ en moyenne; ils sont cylindriques, à extrémité antérieure à peine atténuée et à extrémité postérieure effilée en une longue queue.

La Filaire de Médine, qui est un parasite de l'Homme, est propre aux pays chauds. Elle est très commune sur la côte occidentale de l'Afrique, au Sénégal, au Gabon, dans la Guinée, ainsi que dans la Haute-Égypte, l'Abyssinie, sur les rives du golfe Persique et de la mer Caspienne, dans l'Arabie Pétrée et sur les bords du Gange. On l'a même signalée dans les Indes occidentales.

On la trouve en général dans le tissu conjonctif sous-cutané des jambes et des pieds, mais elle se rencontre aussi parfois sous la peau de la tête, du cou, du tronc ou des mains, et même dans des organes plus ou moins profondément situés. Elle est d'ordinaire roulée en spirale. Sa présence détermine la formation de tumeurs sous-cutanées, quelquefois très douloureuses, qui s'abcèdent le plus souvent. Il faut alors chercher le Ver au milieu du pus : les indigènes l'enroulent peu à peu et avec précaution autour d'un bâton, de façon à l'extraire en entier; les fragments restés dans les chairs constitueraient, en effet, des corps étrangers capables de produire des accidents graves.

Doérssel aurait rencontré ce Ver chez le Chien, à Buénos-Ayres et à Curaçao; d'autre part, Rivolta (1) a observé, dans la peau d'un animal de cette espèce atteint d'une sorte d'affection herpétique, des embryons se rapprochant beaucoup de ceux de la Filaire de Médine.

On ne sait rien de précis relativement à l'évolution de cette Filaire et à son mode d'introduction dans l'organisme. D'après Fedschenko et Leuckart, les embryons devraient subir une partie de leur évolution dans le corps de petits Crustacés d'eau douce appartenant au genre *Cyclops*, et seraient ensuite repris par l'Homme, avec les boissons, en même temps que leur hôte intermédiaire. D'autres auteurs pensent qu'ils s'introduisent sous la peau en pénétrant dans les conduits sudorifères ou dans les follicules pileux. Cette dernière opinion est assez vraisemblable : on a remarqué, en effet, dans la Haute-Égypte, que les individus qui vont à l'eau avec les jambes et les pieds nus ont surtout ces parties attaquées. Les indigènes de l'Inde, qui ont l'habitude de porter l'eau dans des sacs de cuir placés sur le dos, offrent souvent les tumeurs parasitaires dans cette région. Enfin, ces tumeurs se montrent sur des points variés du corps chez les individus qui se baignent dans certaines eaux.

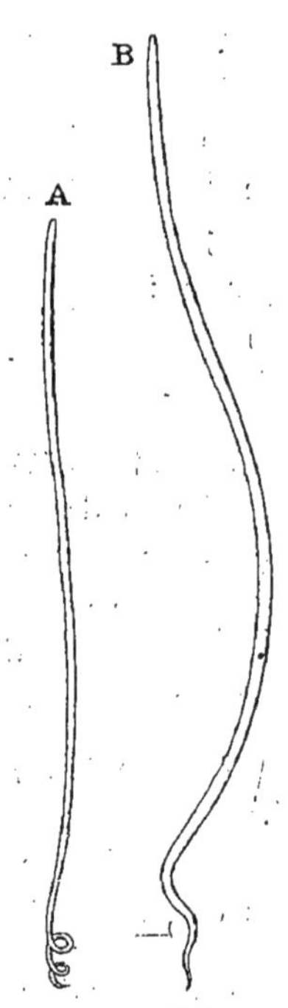

Fig. 265. — Filaire papilleuse du cheval. — A, mâle. B, femelle. Grand. nat.

Filaire équine (*F. equina* Abilg., *F. papillosa* Rud.). — Corps blanchâtre, atténué vers les extrémités, surtout en arrière. Bouche petite, munie d'un anneau chitineux et entourée de quatre dents ou papilles arrondies et saillantes : à quelque distance en arrière, la tête porte en outre quatre papilles (submédianes) en forme de spinules. *Mâle* long de 6 à 7 centimètres, à queue contournée en spirale lâche, offrant de chaque côté, dans la concavité, quatre papilles préanales et quatre postanales : n° 1 conique, un peu saillante sur le bord. Deux spicules inégaux, enveloppés d'une gaine transparente. *Femelle* longue de 9 à 12 centimètres; queue à peine spiralée, terminée par un prolongement arrondi, précédé de deux papilles coniques latérales. Ovovivipare.

(1) *Il medico veterinario*, 1868, p. 300 (Zürn).

Dans la cavité péritonéale, plus rarement dans la plèvre et l'arachnoïde du Cheval, de l'Ane et du Mulet. On l'a même signalée dans le tissu conjonctif sous-péritonéal et intermusculaire, ainsi que dans l'intestin (Rudolphi). Nous trouvons assez souvent cette Filaire à Alfort, dans la cavité péritonéale des chevaux; d'après Krabbe, elle est rare à Copenhague. Menges assure en avoir recueilli, dans la cavité thoracique d'un Cheval, de quoi remplir un panier: le poumon était transformé en un vaste foyer purulent (Zürn). C'est aussi à cette espèce qu'il faut rapporter les Vers trouvés quelquefois dans l'intérieur du globe oculaire : la « Filaire de l'œil du Cheval », décrite par Davaine, n'en est elle-même qu'une forme jeune.

Filaire bovine (*F. terebra* Dies., *F. cervina* Duj.). — Cette espèce ressemble beaucoup à la précédente; elle s'en distingue surtout par l'absence des quatre papilles céphaliques submédianes. Le tégument est dépourvu de stries. *Mâle* long de 5 à 6 centimètres; huit papilles caudales. *Femelle* longue de 6 à 10 centimètres; queue terminée par un faisceau de petites pointes mousses, en avant duquel se tiennent deux grosses papilles coniques latérales. Ovovivipare.

Habite la cavité péritonéale du Cerf commun (*Cervus elaphus*) et de la femelle du Cerf à queue noire (*C. columbianus*). M. Baillet a le premier reconnu que la Filaire des séreuses des bêtes bovines appartient à cette espèce. Il est fort probable que les Filaires signalées par quelques vétérinaires dans le globe oculaire du Bœuf se rapportent aussi à la Filaire bovine.

Filaire lacrymale du Bœuf (*F. lacrymalis* Gurlt). — Corps atténué aux extrémités. Bouche nue. Mâle de 10 à 14 millimètres, à queue simplement recourbée en arc ; un seul spicule. Femelle de 15 à 24 millimètres. Ovovivipare.

Habite sous les paupières et dans les conduits excréteurs de la glande lacrymale, chez le Bœuf.

Filaire lacrymale du Cheval. (*F.* sp?) — M. Baillet tend à distinguer de l'espèce précédente les Filaires qui siègent dans les mêmes points, chez le Cheval, et qui offriraient des dimensions moindres, un tégument sans stries et deux spicules chez les mâles. Nous n'avons observé jusqu'à présent que des femelles de 15 à 16 millimètres de longueur, mais le tégument était bien strié (1). Nous avons déposé une de

(1) A. Railliet, *Note pour servir à l'histoire des affections vermineuses de l'appareil de la vision chez le Cheval*. Arch. vét., 1877, p. 161.

ces femelles, remplie d'embryons, à la surface de l'œil d'un Cheval sain; comme il y avait lieu de s'y attendre, ces embryons ne se sont pas développés en Vers adultes.

Les lésions produites par ces deux espèces de Filaires sont en général insignifiantes. M. Gouhaux a trouvé les conduits excréteurs de la glande lacrymale dilatés par leur présence. Nous avons signalé en outre une légère décortication de la cornée.

Filaire des boutons hémorrhagiques (*F. hæmorrhagica* Rail., *F. multipapillosa* Condamine et Drouilly). — La *femelle* seule de ce Ver est connue. Elle est blanche, longue de 6 à 7 centimètres, large de 350 μ dans son milieu et graduellement atténuée dans son tiers postérieur. La bouche est nue. L'extrémité antérieure du corps est couverte d'un grand nombre de petites verrues coniques, entre lesquelles s'ouvre la vulve. Ovovivipare.

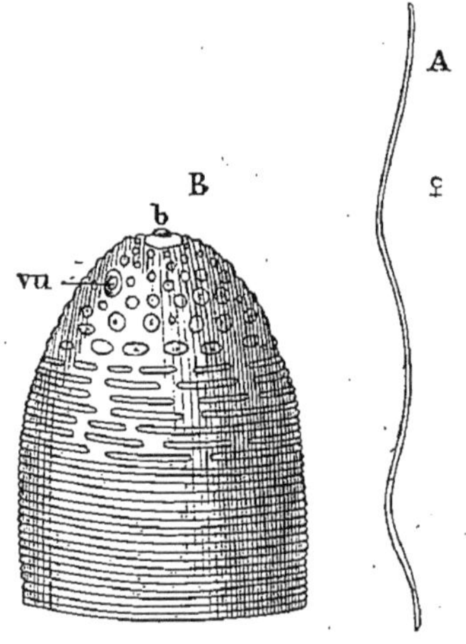

Fig. 266. — Filaire des boutons hémorrhagiques. — A, femelle adulte, grand. nat. B, extrémité céphalique avec ses verrues, grossie 100 fois, d'après Condamine. *b*, bouche. *vu*, vulve.

Cette Filaire, dont la découverte est due à M. Drouilly (1), vétérinaire militaire, n'a guère été rencontrée jusqu'à présent que sur les Chevaux hongrois, lesquels sont importés en France sur une assez grande échelle depuis quelques années. Sa présence se traduit par la formation de boutons, de la grosseur d'une noisette ou d'une noix, situés principalement sur les côtes, le dos, le garrot, les épaules et les côtés de l'encolure. Ces boutons, un peu œdémateux à la périphérie, s'ouvrent quelques heures après leur apparition, et il se produit alors un écoulement de sang plus ou moins abondant.

On ne connaît rien des migrations de cette Filaire; son habitat réel n'a même pas encore été déterminé. On la trouve dans le tissu cellulaire sous-cutané quand on incise les boutons récemment formés; quelques heures après la production de l'hémorrhagie, elle a disparu, mais le

(1) Condamine et Drouilly, *Description de la Filaire femelle* (*cause déterminante des boutons hémorrhagiques*). Recueil de méd. vét., 1878, p. 1144 (avec deux planches). — Nous avons dû changer le nom spécifique adopté par ces deux auteurs, le même qualificatif ayant été appliqué antérieurement, par Molin, à une autre Filaire.

lendemain ou le surlendemain, un nouveau bouton apparaît à quelques centimètres du premier. Il est probable que les embryons doivent subir une évolution en dehors de l'organisme : au mois de mars 1877, nous avons injecté sans résultat, dans le tissu conjonctif sous-cutané d'une vieille jument, un assez grand nombre de ces embryons extraits du corps de la Filaire.

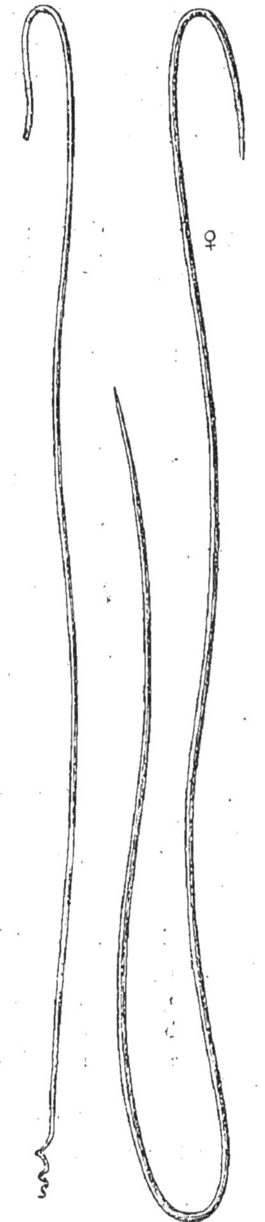

Fig. 267. — *Filaria immitis*, mâle et femelle, grand. nat. (Orig.).

Les animaux ne paraissent pas incommodés par les morsures de ces Vers. Les boutons hémorrhagiques disparaissent en hiver et se reproduisent au printemps; mais, au bout de trois ou quatre ans, l'affection se guérit spontanément et d'une façon définitive, la source d'infection étant étrangère à notre pays.

Filaire hématique (*F. immitis* Leidy, *F. papillosa hæmatica* Delaf. et Gruby). — Corps blanchâtre, un peu obtus aux extrémités. Bouche entourée de six papilles petites et peu distinctes. *Mâle* long de 12 à 18 centimètres; queue effilée, contournée en spirale serrée, et munie de deux ailes latérales soutenues chacune par

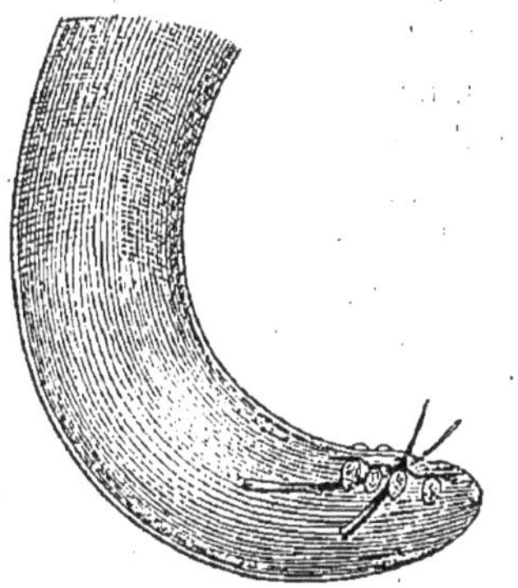

Fig. 268. — *Filaria immitis* : extrémité caudale du mâle, grossie 50 fois (Orig.).

quatre grosses papilles, trois préanales et une postanale; de plus, d'après Schneider, il y a une papille préanale impaire et six autres postanales paires, très petites (1, 2, 3, 4, 6 et 7); deux spicules inégaux. *Femelle* longue de 25 à 30 centimètres sur 1 millimètre de large environ. Ovovivipare.

Cette Filaire habite le cœur droit et les artères pulmonaires du Chien; mais Rivolta l'a trouvée aussi dans le tissu conjonctif sous-cutané et intermusculaire de diverses régions du corps. Souvent il n'en existe qu'un petit nombre dans le cœur, et la santé peut n'être pas troublée. Mais elles s'amassent parfois en pelotons assez volumineux, et peuvent alors déterminer des accidents graves, mortels même, par le mécanisme des embolies.

Les milliers d'embryons émis par les femelles se répandent dans le torrent circulatoire, ainsi que l'ont démontré Gruby et Delafond. Cependant, on rencontre quelquefois ces hématozoaires microscopiques en l'absence de Filaires adultes dans le cœur : Ercolani a fait voir qu'elles existent en pareil cas dans le tissu conjonctif sous-cutané. La présence de ces embryons dans le sang est parfois compatible avec la santé; d'autres fois, il survient des accès épileptiformes et même des symptômes analogues à ceux de la rage mue (Rivolta); enfin, on a constaté dans certains cas la formation de véritables embolies. D'après Gruby et Delafond, le nombre total des embryons peut varier, pour un seul Chien, de 11,000 à 224,000.

Galeb et Pourquier ont reconnu que ces embryons sont capables de passer du système circulatoire de la mère dans celui du fœtus; resterait à savoir si cette infection congénitale est suivie du développement des embryons en Filaires adultes, ce qui est peu probable. On ignore le mode d'évolution de ces Vers. Bancroft dit avoir trouvé des embryons dans l'intestin de Trichodectes qui avaient sucé le sang du Chien, et suppose que cet Insecte joue le rôle d'hôte intermédiaire dans le développement de la Filaire. Je voudrais bien savoir d'abord jusqu'à quel point il est vrai que le Trichodecte suce le sang.

Filaire du sang de l'Homme (*F. sanguinis hominis* Lewis, *F. Bancrofti* Cobb.). — La *femelle* seule est connue à l'état adulte. Elle a le corps capillaire, lisse, long de 9 centimètres au plus sur 280 μ de large. La bouche est nue; la queue est terminée en pointe obtuse. Ovipare.

Cette Filaire, dont on s'est beaucoup occupé dans ces dernières années, n'est connue à l'état adulte que depuis 1876. Les embryons avaient été découverts au Brésil, en 1866, par le docteur Wucherer, dans l'urine chyleuse d'une femme affectée d'hématurie. Salisbury les retrouva plus tard dans les mêmes conditions et les prit pour des Trichines (*Trichina cystica*). Cobbold en reçut des exemplaires de Natal; Crevaux en recueillit à la Guadeloupe, etc. Enfin, en 1878, Lewis reconnut leur présence constante dans l'urine et le sang des individus hématuriques, et leur donna le nom de *Filaria sanguinis hominis;* il calcula que la masse totale du sang pouvait dans un cas contenir 140,000 individus. — Ces embryons ont 125 à 200 μ de long sur 8 à 11 μ de large; leur extrémité postérieure s'allonge en pointe.

Sur les indications de Cobbold, le docteur Bancroft, qui avait aussi observé les mêmes parasites en Australie, dans le sang d'individus affectés de chylurie, réussit à découvrir le Ver adulte dans un abcès du bras (décembre 1876). Peu de temps après, Lewis et d'autres le trouvaient également.

Enfin, Patrick Manson, médecin à Hong-Kong, reconnut que les embryons passent dans le tube digestif d'un Cousin (*Culex mosquito*), où ils subissent certaines transformations. La femelle de ce Cousin, en se gorgeant du sang de l'Homme, ingère une grande quantité de ces embryons; ceux-ci se modifient dans l'estomac de l'Insecte; la queue se raccourcit, la partie antérieure du corps se développe, et les organes sexuels apparaissent. Au bout de cinq jours, ces transformations sont complètes, et la Filaire mesure 1 millimètre. Pendant ce temps, les Cousins ont gagné les eaux stagnantes, où ils pondent et meurent. Les Filaires s'échappent alors dans l'eau, où elles vivent en liberté. C'est en buvant cette eau que l'Homme s'infecte : les jeunes Filaires passent dans le sang, où elles deviennent sexuées, s'accouplent et produisent ces milliers d'embryons que nous avons signalés. Pour éviter l'infection, il importerait donc de ne boire que de l'eau parfaitement filtrée.

La présence des Filaires dans le sang de l'Homme s'accompagne de maladies très diverses, parmi lesquelles nous citerons : l'hématurie endémique des pays chauds, la chylurie, l'éléphantiasis des Arabes, etc., etc.

Manson (1) a publié, il y a quelque temps, un très important travail relatif aux rapports de la Filaire du sang avec l'éléphantiasis. En voici les conclusions :

« 1° La Filaire mère vit dans les lymphatiques, ce qui est prouvé par la présence des embryons et des œufs dans ce système alors même qu'on n'en trouve pas dans le sang. 2° Elle ne vit pas dans les ganglions, mais dans les troncs en amont de ceux-ci; Lewis et Bancroft l'ont trouvée dans les tissus à une notable distance des ganglions. 3° Elle est ovipare. 4° Les œufs sont portés dans les ganglions, et leurs dimensions étant trop fortes pour leur permettre de passer outre, ils sont arrêtés là jusqu'à leur éclosion. 5° Après l'éclosion, l'embryon libre suit les

(1) Patrick Manson, *Notes on* Filaria sanguinis hominis *and Filaria disease.* Chinese med. Reports, t. XVIII et The Lancet, 1880. *Art. additionnel in* The Lancet, 1er janvier 1881. — V. Revue des sc. méd., 15 janvier 1883, p. 183.

vaisseaux lymphatiques et pénètre dans le torrent sanguin. 6° Au repos dans certains organes pendant le jour, il entre en migration avec le sang durant la nuit (début vers sept heures et demie ; maximum à minuit ; cessation vers neuf ou dix heures du matin). 7° Les Moustiques le puisent dans le liquide sanguin et lui fournissent un asile temporaire. 8° Dans certains cas les œufs ou les embryons produisent l'obstruction de la circulation lymphatique dans les ganglions, soit directement par leur volume, soit indirectement en produisant de l'inflammation. 9° Si l'obstruction est partielle, il en résulte des varicosités des glandes et des lymphatiques afférents, mais par voie anastomotique la circulation de la lymphe continue et les embryons sont charriés dans le sang. Le scrotum lymphatique (lymph-scrotum), la chylurie, les varicosités des ganglions inguinaux, avec embryons dans le sang, sont les symptômes de l'obstruction partielle des lymphatiques. 10° Si l'obstruction est complète, deux cas peuvent se présenter. *a.* L'accumulation de la lymphe distend les vaisseaux jusqu'à en amener la rupture, et une lymphorrhagie, plus ou moins permanente, en résulte. Dans ce cas, la lymphe ne stagne pas absolument, et comme elle est capable de circuler, bien qu'en sens rétrograde, elle reste fluide. Les symptômes de cette forme d'obstruction sont donc la lymphorrhagie du scrotum ou de la jambe, les ganglions variqueux, avec embryons de Filaires dans les glandes et peut-être dans la lymphe épanchée, mais *non dans le sang*. *b.* Si les lymphatiques ne se rompent pas, il y a stase complète et accumulation excessive de la lymphe dans les vaisseaux en amont des ganglions ; la solidification des ganglions et des tissus en est le résultat, et par conséquent l'éléphantiasis. On ne trouve pas d'embryons dans le sang, car pas un ne peut dépasser le crible ganglionnaire, et la Filaire mère meurt probablement étouffée, pour ainsi dire, par la lymphe stagnante et par la masse des embryons. Par conséquent, dans l'éléphantiasis vrai, aucun embryon ne peut être trouvé, ni dans le sang, ni dans les ganglions. »

? **Filaire du sang du cheval** (*F. sanguinis equi* Sons.). — Sonsino (1) a appliqué provisoirement ce nom à des larves microscopiques rencontrées dans le sang d'un Cheval, en Égypte. Ces larves étaient semblables à celles du *F. sanguinis hominis*, mais plus petites. Il faut remarquer qu'à l'autopsie du Cheval en question, on trouva des *F. papillosa*, qui peut-être étaient la source des hématozoaires.

Déjà Wedl avait observé des embryons dans le sang du Cheval, et les avait rapportés au *F. papillosa*.

En 1881, on en a retrouvé à Kasan (2) dans le sang d'un Cheval hématurique.

(1) Cobbold, *Parasites*, 1879, p. 384.

(2) Lange, *Nachtrag zur Mittheilung über Filarien im Pferdeblute*. Deutsche Zeitschrift f. Thiermedicin, 1882, S. 228.

Mentionnons, en outre, des Vers trouvés par Burke (1) dans le sang et l'urine de Chevaux affectés d'influenza (?), Vers ronds mesurant environ 6 centimètres de long, et auxquels il donne le nom d'*Hæmatobium equi*.

Filaire des plaies d'été (*F. irritans* Riv.). — En 1868 (2), Rivolta a découvert, dans les granulations des « plaies d'été » ou de la « dermite granuleuse » du cheval, une larve de Nématode qu'il propose aujourd'hui (3) de dénommer *Dermofilaria irritans*. Cette larve très grêle, mesurait presque 3 millimètres de long; la tête était parfois un peu distincte du corps; la queue était atténuée, terminée en pointe obtuse et dentelée. La bouche était orbiculaire paraissant munie de lèvres. A peu de distance de la tête se voyait une ouverture. L'anus s'ouvrait au point où le corps s'atténuait pour former la queue. Le tégument était très délicatement strié en travers.

M. Laulanié (4) a récemment retrouvé le même parasite, qui peut-être avait déjà été vu par Ercolani et Semmer (5). M. Laulanié incline à croire que les embryons sont introduits dans la plaie par les voies digestives et la circulation, tandis que Rivolta suppose que ces vers pénètrent directement dans la peau.

Filaire de l'orbite (*F. Loa* Guyot, *Dracunculus oculi* Dies.). — Ver peu connu, long de 30 à 32 millimètres, pointu à l'une des extrémités, obtus à l'autre; bouche nue.

Habite sous la conjonctive des nègres, au Congo et au Gabon. Guyot apprit des indigènes « que ces Vers, après avoir disparu pendant un ou deux mois, reparaissaient et faisaient renaître l'inflammation et le larmoiement, et qu'après plusieurs années de semblables alternatives, ils sortent de l'œil sans qu'on s'en aperçoive et sans faire de remèdes. »

Filaire du cristallin (*F. lentis* Dies.). — On a donné ce nom à des Vers ronds, fort mal connus, trouvés à plusieurs reprises dans le cristallin de l'Homme.

D'autres Nématodes, non décrits, ont été découverts dans le corps vitré

(1) Burke, *Febris hæmatobiæ equorum*, The veterinary Journal, mai 1882, p. 319

(2) *Natura parassitaria di alcuni fibromi e della psoriasi estiva e* Lafosse *pellicelli o moscajole* Toggia *delle specie del genere* Equus. Il medico veterinario, 1868, p. 241. Journal des vét. du Midi, 1868, p. 578.

(3) *La natura parassitica delle piaghe estive o gli effetti morbosi di una specie di filaria che si può denominare :* Dermofilaria irritans. Giornale d'Anat. Fis e Pat. degli Animali, 1884.

(4) *Bullet. de la Soc. centr. de méd. vét.*, 1884, p. 72.

(5) Siedamgrotzky et Hofmeister, *Eléments d'anal. chim. et microgr.* Paris, 1881 p. 216.

Il est peu probable que tous ces Vers constituent des espèces distinctes ; ce sont plutôt des parasites égarés, ou erratiques. Nous en dirons autant des quelques formes suivantes.

Filaire de l'œil du Chien (*F. trispinulosa* Gesch.). — La *femelle* seule a été vue ; elle mesurait 8 millimètres et avait la bouche armée de trois spinules noduliformes.

Ce Ver a été trouvé une seule fois, par Gescheidt, dans le corps vitré d'un Chien. Cobbold soupçonne qu'il s'agissait d'une larve.

Haselbach (1) a observé aussi un Ver filiforme dans l'œil d'un Bélier.

Filaire de la lèvre (*F. labialis* Pane). — C'est une femelle de Ver indéterminé, longue de 3 centimètres, à bouche munie de quatre papilles. La vulve est située près de l'extrémité caudale, ce qui est en contradiction avec les caractères que nous avons donnés du genre *Filaria*.

Trouvée à Naples, en 1864, dans la lèvre supérieure d'un étudiant en médecine.

Le docteur Pace, de Palerme, a signalé aussi, sous le nom de *Filaire des paupières*, un Ver filiforme quelconque recueilli dans un kyste de la paupière supérieure, chez un jeune garçon.

De son côté, Leidy a appelé *Filaria hominis oris* un ver retiré de la bouche d'un enfant.

Bristowe et Rainey ont décrit un *Filaria trachealis*, qui est un jeune Nématode d'espèce indéterminée.

Enfin, Babesiu a fait connaître, sous le nom de *Filaria peritonæi hominis*, un Ver trouvé par hasard, pendant une autopsie médico-légale, chez une femme de 30 à 40 ans. Ce Ver était contenu dans une capsule cellulaire, entre les lames de l'épiploon gastro-splénique.

Filaire bronchiale (*F. Hominis bronchialis* Rud. *Hamularia lymphatica* Treutler). — Ver long d'un pouce environ (26 millimètres), brunâtre, tacheté de blanc, presque transparent en arrière.

a

Fig. 269. — *Hamularia lymphatica*, tel que l'avait figuré Treutler.

Trouvé dans les ganglions bronchiques d'un Homme, par Treutler, qui avait pris la queue pour la tête et décrit les spicules du mâle comme des crochets buccaux. C'est encore, on le voit, une espèce fort douteuse.

Filaire d'Osler (*F. Osleri* Cobbold). — Vers de très petites dimensions : les plus grands *mâles* mesurent à peine plus de 4 millimètres et les *femelles* plus de 6 millimètres. Le docteur Osler (2) les avait décrits

(1) Haselbach, *Ein Fadenwurm im Augen eines Schafbocks*. Monatschrift des Vereins der Thierärzte in Oesterreich, S. 152, 1883.

(2) W. Osler, *Verminous bronchitis in dogs*. The Veterinarian, 1877, p. 387 (Cobbold).

sous le nom de *Strongylus bronchialis canis;* Cobbold ne les a pas reconnus pour des Strongles, et les classe parmi les Filaires.

Ces parasites occasionnent une bronchite vermineuse très grave qui sévit quelquefois à l'état épizootique sur les Chiens.

? Filaire des bronches du chien. — Corps filiforme. *Mâle* long de 5 millimètres, à extrémité postérieure arrondie; deux spicules inégaux, courbés. *Femelle* longue de 9 à 15 millimètres, atténuée aux deux extrémités; bouche entourée de trois lèvres; anus presque terminal; vulve située immédiatement en avant de l'anus.

Blumberg, de Kasan et Rabe, de Hanovre (1), ont observé, dans la trachée et les bronches du chien, des sortes de tubercules occasionnés par ce parasite, qu'ils rattachent avec doute au genre Filaire.

M. le Dr Courtin, de Bordeaux, a aussi rencontré des Vers dans les bronches et les vésicules pulmonaires du Chien, mais il s'agissait d'embryons, dont l'origine ne put être déterminée.

Filaire hépatique (*F. hepatica* Cobbold). — Cobbold donne ce nom à des Vers trouvés par Mather (2) enkystés dans la muqueuse intestinale et les conduits biliaires d'un Chien. Il ne s'agit probablement que d'une forme larvaire.

Dans le genre *Filaria* sont encore rangées les espèces suivantes : *F. anatis* Rud., Helminthe filiforme, trouvé par Paullinus, enroulé autour du cœur d'un Canard. *F. cygni* Gmel. : intestin et cavité abdominale du Cygne domestique. *F. clava* Wedl, Ver recueilli à Vienne, chez un Pigeon, dans le tissu conjonctif, au voisinage de la trachée.

Genre **Spiroptère** (*Spiroptera* Rud., *Acuaria* C. E. V.). — On a voulu distinguer les Spiroptères des Filaires par leur corps en général moins allongé relativement à la largeur, par la queue des mâles enroulée en spirale et pourvue d'ailes latérales membraneuses, par les spicules non tordus, enfin par la vulve moins rapprochée de la bouche.

En somme, il n'y a dans tout cela aucun caractère différentiel sérieux, et si nous conservons ce genre, ce n'est qu'à titre provisoire et dans un but d'utilité pratique, en raison du genre de vie tout spécial des Spiroptères : la plupart de ces Vers, en effet, se rencontrent dans des tumeurs de l'œsophage, de l'estomac ou de l'intestin (rarement en d'autres points), chez les animaux vertébrés.

Spiroptère mégastome (*Sp. megastoma* Rud.). — Petit Ver blan-

(1) Voy. G. Neumann, *in* Revue vétérinaire, 1884, p. 143.

(2) Mather, *Filariæ found in the intestines of a dog.* The Veterinarian, 1843, p. 434 (Cobbold).

châtre. Bouche munie de quatre lèvres épaisses et cornées : une

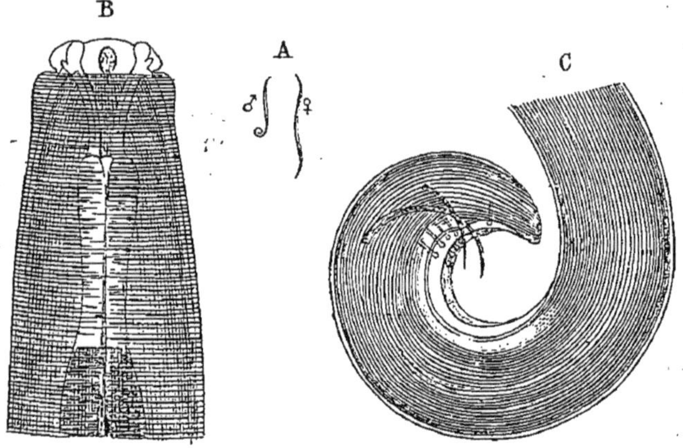

Fig. 270. — Spiroptère mégastome. — A, mâle et femelle, grand. nat. B, extrémité céphalique vue de côté, grossie 100 fois. C, extrémité caudale du mâle, vue de côté, grossie 50 fois (Orig.).

dorsale et une ventrale plus larges portant une papille vers chacun

Fig. 271. — Spiroptères et larves d'Œstres dans l'estomac du Cheval. — *Sp*, tumeurs à *Spiroptera megastoma* développées dans le sac droit. O, orifices de ces tumeurs. L, larves de *Gastrophilus equi* fixées sur la muqueuse du sac gauche. A, alvéoles d'insertion des larves du *Gastrophilus hæmorrhoidalis*, qui ont abandonné l'estomac. 1/2 de grand. nat. (Orig.).

de leurs bords latéraux, et deux latérales plus petites. Le bord interne des lèvres se prolonge de manière à simuler une capsule buccale infundibuliforme (pharynx). Ces lèvres constituent une sorte de renflement céphalique séparé, par un étranglement, du reste du corps, qui offre aussitôt après une partie élargie limitée par deux petites ailes latérales. *Mâle* long de 7 à 10 millimètres; queue obtuse, contournée en spirale et garnie de deux ailes latérales membraneuses : celles-ci sont soutenues chacune par quatre papilles préanales et une postanale. Deux spicules inégaux. *Femelle* longue de 10 à 13 millimètres; queue droite, à pointe mousse; vulve située vers le tiers antérieur du corps. Œufs très allongés, éclosant en général dans le corps de la mère.

Les Spiroptères mégastomes se trouvent dans des tumeurs du sac droit de l'estomac du Cheval. Ces tumeurs, résultant de l'irritation du tissu conjonctif sous-muqueux, varient du volume d'une noisette à celui d'un œuf de Poule; elles sont creusées de petites cavités qui communiquent entre elles et renferment une matière purulente grisâtre au milieu de laquelle vivent les Vers. Une légère compression en fait sortir le contenu par un ou plusieurs pertuis qui établissent une communication avec l'intérieur du sac gastrique. Autrefois prises pour des cancers, ces tumeurs vermineuses paraissent n'exercer aucun trouble sur l'économie; toutefois, elles arriveraient sans doute à gêner la circulation des matières alimentaires, si elles se trouvaient situées aux abords de l'orifice pylorique.

Spiroptère microstome (*Sp. microstoma* Schn.). — Espèce plus grande que la précédente. Tête non séparée du reste du corps. Bouche presque quadrangulaire, à bords ventral et dorsal munis chacun d'une forte dent. Deux lèvres latérales, rétrécies à la base en forme de hache. Pharynx cylindrique ou en entonnoir. *Mâle* long de 10 à 22 millimètres; queue enroulée en spirale et garnie d'ailes membraneuses; six papilles de chaque côté, dont 1 et 2 postanales, non symétriques; deux spicules inégaux. *Femelle* longue de 12 à 27 millimètres; queue un peu incurvée, à pointe mousse; vulve vers le tiers antérieur du corps. Œufs allongés, éclosant dans l'utérus.

On trouve souvent ces Spiroptères en liberté dans l'estomac des Équidés, surtout au contact de la muqueuse du sac droit. Ils ont parfois la tête engagée dans les glandes de cette région. Nous avons observé plusieurs fois, en été, des ulcérations étendues sur la muqueuse gastrique des Anes sacrifiés au service de chirurgie d'Alfort et porteurs d'un grand nombre de ces parasites.

Spiroptère ensanglanté (*Sp. sanguinolenta* Rud. *Strongylus lupi* Rud.). — Le corps, à peine atténué aux extrémités, offre une coloration rouge de sang. La tête est continue avec le corps. La bouche est hexagonale, suivie d'une courte capsule buccale en entonnoir, dans laquelle font saillie six dents. Six papilles en avant de l'orifice buccal. *Mâle* long de 3 à 5 centimètres; queue obtuse, enroulée en spirale, à deux ailes latérales soutenues chacune par

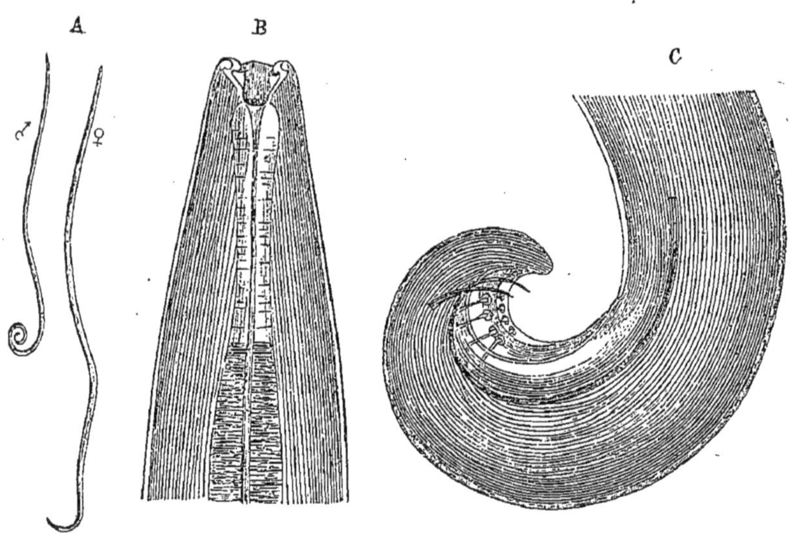

Fig. 272. — Spiroptère ensanglanté. — A, mâle et femelle, grand. nat. B, extrémité céphalique, montrant l'intérieur de la capsule buccale, grossie 50 fois. C, extrémité caudale du mâle, vue de côté, grossie 25 fois (Orig.).

six papilles, dont deux postanales; deux spicules inégaux. *Femelle* longue de 6 à 8 centimètres; queue obtuse, à peine recourbée; vulve peu éloignée de la bouche. Œufs ellipsoïdes, à coque épaisse, longs de 30 μ, larges de 9.

Le Spiroptère ensanglanté se rencontre chez le Chien, le Loup et le Renard, dans des tumeurs de l'œsophage, de l'estomac et même de l'aorte. Sa présence dans l'œsophage se traduit d'ordinaire par des vomissements répétés. Quand il siège dans l'aorte, il peut occasionner, d'après M. Mégnin, la formation d'anévrysmes vermineux, dont la rupture est suivie d'une hémorrhagie mortelle. Lewis a reconnu, en outre, que ses embryons se répandent quelquefois dans le torrent circulatoire. — M. Le Moine, de Dinan, nous a communiqué récemment un poumon de Chien qui offrait une tumeur contenant plusieurs de ces Vers. — Ajoutons, enfin, que le musée d'Alfort possède des spécimens de cette espèce indiqués comme provenant de l'intestin du Chat.

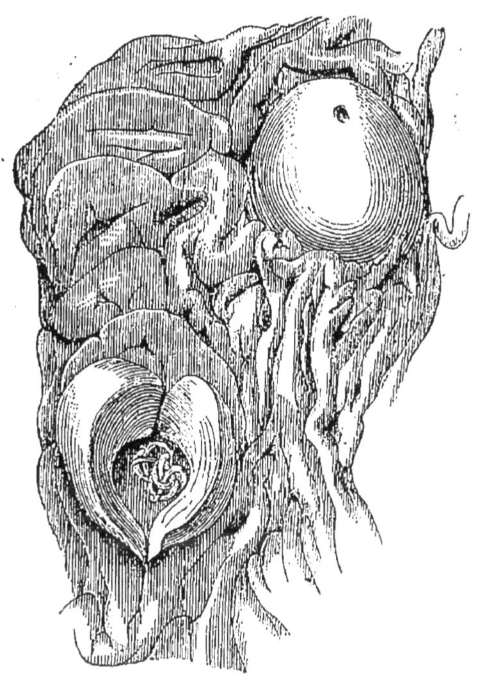

Fig. 273. — Tumeurs à *Spiroptera sanguinolenta* dans l'estomac du Chien, grand. nat. L'une d'elles a été incisée pour montrer la cavité intérieure et les Vers qui y sont contenus (Orig.).

Spiroptère strongylin (*Sp. strongylina* Rud.). — Corps blanchâtre, grêle, souvent contourné en demi-cercle. Tête non distincte du reste du corps. Bouche sans lèvres ni papilles, suivie d'un pharynx. Une aile latérale très étroite, d'un seul côté. *Mâle* long de 10 à 13 millimètres; queue simplement contournée, munie de deux ailes larges et inégales; six papilles de chaque côté, irrégulièrement disposées : 1 et 2 postanales; un seul spicule, grêle et allongé. *Femelle* longue de 12 à 20 millimètres; extrémité caudale un peu déprimée; vulve située en avant de l'anus. Œufs ellipsoïdes, à coque épaisse.

Ce Ver, qui paraît être assez rare, habite de petites tumeurs de l'estomac du Porc. On l'a signalé aussi chez le Sanglier et chez le Pécari à lèvres blanches (*Dicotyles labiatus*).

Spiroptère à écussons (*Sp. scutata* Müller). — Ver de coloration jaunâtre. Extrémité antérieure entourée, sur 1 millimètre de longueur, de plaques chitineuses de grosseur variée, en forme d'écussons. *Mâle* long de 4 à 5 centimètres ; queue enroulée en spirale et munie de deux ailes, entre lesquelles fait saillie le double spicule. *Femelle* longue de 8 à 10 centimètres. Vulve située en avant de l'anus. Ovovivipare.

Trouvé par Müller, de Vienne, dans des tumeurs de la muqueuse œsophagienne des Bœufs hongrois et polonais. — D'après Zürn, de semblables parasites auraient été recueillis dans l'œsophage d'un vieux Cheval.

Spiroptère réticulé (*Sp. reticulata* Creplin, *Sp. cincinnata* Ercol., *Onchocerca reticulata* Dies.). — Le corps est filiforme, très allongé et disposé en une spirale circonscrivant un espace cylindrique. La tête n'est pas séparée du reste du corps ; la bouche est orbiculaire. Le *mâle* forme une spirale lâche ; sa queue est excavée en dessous et bordée de deux lobes verticaux dont la base porte de petits crochets et le bord supérieur une papille ; le spicule unique passe entre les deux lobes. La *femelle* paraît mesurer 40 à 50 centimètres, mais on n'est pas encore parvenu à l'obtenir entière, car elle est enroulée en spirale très serrée autour des fibres musculaires ou tendineuses ; le corps est aminci en arrière ; la vulve est située à peu de distance de la tête. Ovovivipare.

Ce Ver, propre aux Equidés, a été découvert, en 1840, par le docteur Bleiweiss, de l'institut vétérinaire de Vienne. Il a été retrouvé ensuite en Allemagne, en Autriche et en Italie par Gurlt, Baumgarten, Ercolani, Zürn, Bassi, Gotti, Baruchello et Berto.

On l'a observé quelquefois dans le ligament cervical ou dans le tissu des artères voisines ; mais le plus souvent il se rencontre dans les tendons des fléchisseurs du pied, dans le ligament suspenseur du boulet et dans les parois de l'artère collatérale du canon ; enfin, on l'a signalé aussi entre les fibres musculaires et dans des nodules sous-cutanés. — Sa présence détermine une irritation du tissu conjonctif et la formation d'une tumeur fibreuse de volume variable, d'où peuvent résulter des boiteries chroniques dont le diagnostic est parfois assez difficile.

Spiroptère de l'homme. — Sous le nom de *Spiroptera hominis*, Rudolphi rangeait, parmi ses espèces douteuses, un Helminthe qui avait été signalé par Lawrence et Barnett, comme ayant été expulsé avec les urines d'une fille de vingt-quatre ans, affectée de rétention d'urine. Le Dr Barnett lui avait envoyé de Londres quelques-uns de ces Helminthes : il en avait été rejeté plus d'un millier dans l'espace d'un an et demi. En 1862, Ant. Schneider put faire l'examen des trois flacons adressés à Rudolphi et conservés au musée de Berlin : dans l'un d'eux, il trouva des Ascarides enkystés de Poissons (le prétendu *Filaria piscium*), dans un autre des œufs de Poissons, et dans le troisième des fragments d'intestin. Schneider conclut à une supercherie de la fille, qui avait mystifié son médecin en s'introduisant des Vers dans la vessie.

A côté de ces espèces, nous devons signaler encore : *Sp. uncinata* Rud., trouvé dans des tubercules de l'œsophage, chez l'Oie, et *Sp. hamulosa* Dies., du gésier de la Poule.

Genre **Dispharage** (*Dispharagus* Duj. et Mol.). — Sous ce nom, Dujardin a voulu séparer du genre *Spiroptera* les espèces qui ont un œsophage formé de deux parties distinctes (δίς, deux; σφάραγος, gosier) et suivi en outre d'un ventricule cylindrique; la bouche est bilabiée, à lèvres papilliformes; le corps offre de chaque côté un cordon flexueux. *Mâle* à queue souvent spiralée et ailée. *Femelle* à ovaire simple. Ovipares.

Presque toutes les espèces de ce genre se trouvent entre les tuniques de l'estomac ou du gésier des Oiseaux. — *D. nasutus* Rud. : gésier du Moineau et de la Poule. *D. spiralis* Molin : œsophage de la Poule. C'est probablement cette dernière espèce que Rivolta et Delprato ont décrite sous le nom de *Trichina papillosa*.

Genre **Hystrichis** (*Hystrichis* Duj. et Mol.). — Vers filiformes, dont la partie antérieure est hérissée de piquants (ὕστριχις, fouet armé de piquants). Tête parfois distincte. *Mâle* inconnu. *Femelle* à ovaire simple; vulve au voisinage de l'anus. Ovipares. Les œufs sont tronqués aux deux pôles.

Habitent entre les tuniques du tube digestif des Oiseaux. — *H. tricolor* Dies. : ventricule succenturié du Canard domestique. *H. pachycephalus* Mol. : ventricule succenturié du Cygne domestique.

Genre **Tropidocerque** (*Tropidocerca* Dies. *Tetrameres* Crepl.). — Tête séparée du corps par un cou conique, vers la base duquel se voient deux spinules. *Mâle* à corps cylindrique, grêle, à extrémité caudale droite, aiguë, excavée en dessous; un spicule. *Femelle* à corps subglobuleux, marqué de quatre bandes longitudinales équidistantes; queue courte, conique, vulve antérieure. Ovipares (Diesing).

Tr. fissipina Dies. : ventricule succenturié du Canard domestique. *Tr. inflata* Mehlis, chez l'Oie sauvage.

7. Famille des **GNATHOSTOMIDÉS**. — Cette famille est établie d'après le seul genre Gnathostome (*Gnathostoma* Owen, *Cheiracanthus* Dies.), représenté par des Vers polymyaires (1) dont le corps cylindroïde est revêtu en avant de lamelles ou palmes chitineuses à bord postérieur découpé en spinules (χείρ, main; ἄκανθα, épine); dans la région moyenne, les lames se montrent simples et coniques; la partie postérieure du corps est inerme. Tête distincte, globuleuse, hérissée d'épines simples. Bouche à deux lèvres, une dorsale et une ventrale. *Mâles* à queue spiralée et garnie de papilles en dessous. *Femelles* à queue droite; ovaire double; vulve postérieure. Ovipares.

Gnathostome robuste (*Gn. robustum* Dies.). — Corps atténué en arrière; lamelles antérieures à 5-4-3 dents, les suivantes 2-1 dentées. *Mâle* de 11 à 25 millimètres; queue munie d'une expansion cuticulaire simulant une bourse; quatre grosses papilles en forme de côtes de chaque côté, l'antérieure préanale; trois petites papilles situées entre les précédentes, ce qui porte le nombre total à sept pour chaque côté. Deux spicules très inégaux. *Femelle* pouvant atteindre 34 millimètres; queue infléchie.

On a trouvé le Gnathostome ou Chiracanthe robuste dans l'estomac de diverses espèces sauvages du genre Chat : *Felis Catus*, *F. concolor*, *F. tigris*. Lewis l'a retrouvé, dans l'Inde, chez le Chien paria. Il siège dans de petites tumeurs du volume d'un marron, communiquant, par une étroite ouverture, avec la cavité de l'estomac. Lewis, qui l'avait pris pour un Échinorhynque, n'a observé que des mâles.

Gnathostome hispide (*Gn. hispidum* Fedsch.). — L'extrémité antérieure du corps est munie de douze rangées de lamelles chitineuses dont le sommet est garni de crochets aigus dirigés en arrière. Le *mâle* est long de 25 millimètres; sa queue forme une sorte de bourse arrondie. La *femelle* mesure 31 millimètres; son corps s'atténue graduellement en arrière, où il se termine en pointe conique.

Cet Helminthe a été trouvé par le voyageur russe Fedschenko dans les parois de l'estomac du Porc. Csokor l'a retrouvé à Vienne, où il est connu des charcutiers sous le nom de Ver tricolore. Il s'implante dans la muqueuse au moyen de ses crochets et suce le sang.

(1) Dr Rich. v. Drasche, *Revision der Nematoden, etc.*, Verhandl. d. k. k. zool. bot. Gesellschaft in Wien, 1882, XXXII, S. 126.

8. Famille des **ANGUILLULIDÉS**. — Cette famille, assez mal caractérisée, comprend des Nématodes à corps filiforme, dont la bouche est petite et suivie d'un *œsophage offrant presque toujours un double renflement*. Les mâles ont deux spicules égaux.

Genre **Tylenchus** (*Tylenchus* Bast. *Anguillula* Ehr. *Anguillulina* Gerv. et Ben.). — Bastian a créé ce genre pour de petits Vers qui vivent en parasites sur les végétaux, et qui sont caractérisés par une cavité buccale étroite contenant un aiguillon, deux spicules égaux chez les mâles, avec une bourse arrondie en avant et terminée en pointe en arrière ; la vulve est située à l'extrémité postérieure.

L'**Anguillule du blé** (*T. tritici* Needham, *Anguillula scandens* Schn.) est le Ver qui détermine la maladie du blé connue sous le nom de *nielle*. Le mâle a 2 millimètres de long ; la femelle 4 à 5 millimètres.

Un grain niellé peut renfermer cinq à dix mille larves d'Anguillules. Davaine a bien étudié le développement de ces parasites. Quand les grains sont semés, les larves desséchées et en état de vie latente se ré-

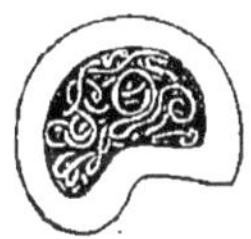

Fig. 274. — Coupe d'un grain de blé niellé (Davaine).

Fig. 275. — Blé niellé (Davaine).

veillent sous l'influence de l'humidité ; elles rampent dans la terre et pénètrent dans les tiges issues de grains non altérés. Au moment de la formation de l'épi, elles gagnent l'ovaire, y acquièrent leur maturité sexuelle, s'accouplent et pondent des œufs d'où sortent des embryons qui occupent bientôt tout l'intérieur du grain. Le blé niellé vient mal ; on le qualifie de *blé rachitique*. Les épis mûrissent difficilement, et les grains attaqués restent petits, irréguliers, de teinte foncée : leur coque, épaisse et dure, renferme une poussière blanche constituée par les larves desséchées. Davaine a reconnu que le meilleur moyen de se débarrasser de ces parasites consiste à laisser tremper la semence pendant 24 heures dans l'acide sulfurique étendu de 200 parties d'eau.

On a aussi trouvé des Anguillulidés, appartenant à des espèces ou à des genres voisins, dans les fleurs de diverses Graminées, Composées, etc., ainsi que dans les racines du Blé, de l'Orge, des Betteraves.

Genre **Rhabditis** (*Rhabditis* Duj.). — Les Rhabditis ont une bouche petite et un double renflement œsophagien; les mâles possèdent souvent une sorte de bourse caudale, et leurs deux courts spicules sont accompagnés d'une pièce accessoire.

Schneider avait, sans motif suffisant, divisé ce genre en deux : *Pelodera*, à bourse enveloppant toujours la pointe de la queue; quatre ou cinq papilles préanales. *Leptodera*, à bourse n'embrassant pas la pointe de la queue, ou parfois nulle ; trois papilles préanales.

Dans la première de ces sections se placent : *Rh. strongyloides* Schn., dans la terre humide et les substances en putréfaction. *Rh. appendiculata* Schn., de l'*Arion empiricorum;* génération libre dans la terre humide ; etc.

Dans le groupe des Leptodères : *Rh. flexilis* Duj., des glandes salivaires du *Limax cinereus*, etc.

Cobbold a décrit, sous le nom de *Pelodera Axei*, un Ver trouvé par le professeur Axe dans les sabots des Chevaux affectés de fourmilière (*seedy-toe*); nous pensons que ce sont des Anguillules du fumier, n'ayant aucun rapport avec la maladie.

Quant au *Rhabditis nigrovenosa* des auteurs, ce n'est autre chose que la génération libre du *Rhabdonema nigrovenosum* ou *Ascaris nigrovenosa* (hétérogonie).

A l'occasion des *Rhabditis*, nous devons mentionner ici l'observation faite en 1879, à bord du *Cornwall*, le vaisseau-école des mousses anglais, d'une épidémie à forme typhoïde, qui sur 280 élèves en atteignit 43. Un seul succomba après dix-huit jours de maladie; on exhuma son cadavre deux mois après, et on trouva les muscles farcis de petits Vers non enkystés, qu'on prit d'abord pour des Trichines. Bastian reconnut au contraire qu'il s'agissait de *Rhabditis* ou *Pelodera*. Le savant anglais estime que cette infection parasitaire s'est produite par l'intermédiaire des aliments ou des boissons (1).

Les Anguillulidés sont malheureusement encore trop peu connus pour qu'on puisse tirer de faits semblables des conclusions sérieuses au point de vue de l'hygiène et de la prophylaxie. L'insuffisance de nos connaissances est d'ailleurs non moins manifeste en ce qui concerne les espèces suivantes.

Rhabditis génital (*Rh. genitalis* Schr.). — Corps arrondi, fusiforme,

(1) Voy. Vallin, *in* Revue d'hygiène, 1881, p. 1018.

long de $0^{mm},54$ à $1^{mm},32$. *Mâle* capillaire. *Femelle* plus grosse; vulve vers le milieu de la longueur; un à trois œufs ovales dans l'utérus.

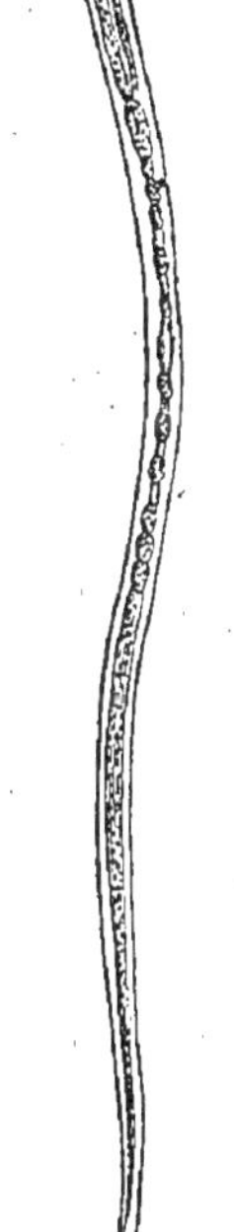

Fig. 276. — Anguillule intestinale, femelle adulte, d'après Grassi et Parona.

Schreiber (1) a trouvé ce Ver dans l'urine trouble, albumineuse et purulente d'une femme de trente-cinq ans, affectée de pleuropneumonie, de catarrhe gastro-intestinal et de néphrite. Est-ce bien un Rhabditis? Jouait-il un rôle quelconque dans la maladie?

Rhabditis des muscles du porc. — Zürn (2) a observé plusieurs fois, dans la viande de Porc, de petits Nématodes qu'il rapporte aux Anguillulidés; mais il s'agit peut-être de Vers introduits d'une façon accidentelle dans l'échantillon examiné.

C'est ici, pensons-nous, qu'il convient de placer provisoirement de petits Nématodes parasites, dont la situation taxinomique n'est pas encore bien définie, et auxquels on a cru devoir appliquer le nom générique d'*Anguillula* (*sensu latiori*).

Anguillule intestinale (*Anguillula intestinalis* Bavay). — La femelle seule est connue. A son complet développement, elle mesure $2^{mm},2$ de long sur 34 μ d'épaisseur. Le corps, un peu atténué en avant, se termine en arrière par une queue conique, dont l'extrémité est arrondie et même un peu dilatée. La bouche est triangulaire, limitée par trois petites lèvres. Elle donne accès dans un œsophage à peu près cylindrique, assez long, qui se continue avec l'intestin sans transition brusque. La vulve est située au tiers postérieur du corps; dans son voisinage, l'utérus contient cinq à neuf œufs assez allongés.

Ce n'est qu'à titre provisoire que Bavay a classé ce Ver parmi les Anguillules; Cobbold l'appelle *Leptodera intestinalis;* Grassi et Perroncito ont pensé qu'il s'agissait d'un Strongle.

Ce parasite a été trouvé par le docteur Normand, à côté de l'Anguillule stercorale dont il sera question plus loin, dans

(1) Schreiber, *Ein Fall von mikroskopik Kleinen Rundwürmern. Rhabditis genitalis im Urin einer Kranken*. Virch. Arch., Bd. LXXXII, S. 161 (Perroncito).

(2) Zürn, *Nematoden im Schweinefleisch*. Deutsche Zeit. für Thierm., VII, S. 168.

l'intestin grêle de plusieurs individus qui avaient succombé à « la diarrhée de Cochinchine ». Il n'en existait toutefois qu'un petit nombre, de telle sorte qu'on ne lui a attribué d'abord qu'un rôle de second ordre dans le développement de la maladie.

Grassi et Parona ont retrouvé le même Ver à Pavie, chez des individus affectés de cachexie palustre. Enfin, Perroncito a observé des larves qu'il rattache à cette espèce, dans les selles des ouvriers occupés au percement du Saint-Gothard et affectés d'anémie pernicieuse.

Les œufs émis en petit nombre par cette Anguillule fournissent en effet des larves qui ressemblent assez à celles des Ankylostomes, mais qui évoluent bien dans l'eau. Elles évoluent aussi très rapidement dans l'intestin, et peuvent être évacuées avec les fèces à différents degrés de développement. Parfois même elles sont entourées d'une capsule chitinoïde transparente : elles ont alors la queue obtuse et souvent comme bifurquée.

Anguillule stercorale (*Anguillula stercoralis* Bavay). — Le corps est cylindrique, lisse, atténué aux extrémités, surtout en arrière. La bouche est munie de trois lèvres peu distinctes. L'œsophage offre deux renflements séparés par une partie rétrécie : le renflement antérieur est allongé, musculeux, le postérieur pyriforme, muni d'un appareil triturateur de nature chitineuse, en forme d'Y. L'intestin est un peu dilaté à sa naissance. Le *mâle* est long de $0^{mm},7$, épais de 35 μ; sa queue est recourbée sur elle-même; il possède deux spicules. La *femelle* est longue de 1 millimètre et large de 50 μ; son extrémité caudale est conique, allongée, un peu ondulée; sa vulve est située à très peu de distance en arrière du milieu du corps. Les œufs, de teinte jaunâtre, éclosent parfois dans l'utérus.

D'après Bavay, ce Ver se rapproche beaucoup du *Rhabditis terricola* Duj., lequel appartient au genre *Leptodera* Schn. Aussi Cobbold n'hésite-t-il pas à l'appeler *Leptodera stercoralis*. Perroncito en faisait, au contraire, le type d'un genre nouveau (*Pseudo-rhabditis*).

L'Anguillule stercorale a été découverte en 1876, par le docteur Normand, dans les matières fécales de soldats malades envoyés de Cochinchine sous le coup de l'affection diarrhéique propre à cette contrée. A l'autopsie, d'après ce médecin, on rencontre des quantités énormes de ces petits Nématodes dans toute la longueur du tube digestif, depuis le cardia jusqu'au rectum ; on en a même trouvé jusque dans le canal pancréatique, ainsi que dans les conduits et la vésicule biliaires. Aussi assure-t-on qu'un seul malade peut en expulser des centaines de mille dans l'espace de vingt-quatre heures. La maladie dont il s'agit est donc une diarrhée vermineuse, dans le développement de laquelle ces Anguillules jouent un rôle essentiel.

Perroncito a retrouvé le même parasite, en compagnie de l'Anguillule intestinale et de l'Ankylostome duodénal, chez les ouvriers anémiques du Saint-Gothard.

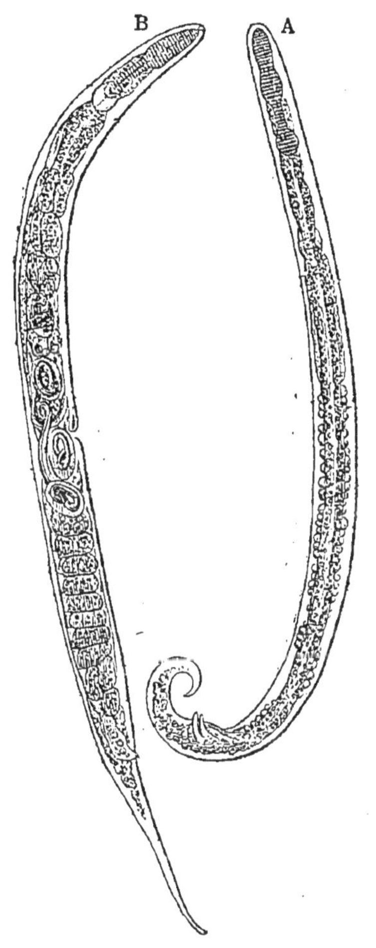

Fig. 277. — Anguillule stercorale, d'après Perroncito. — A, mâle. B, femelle.

D'après Grassi et Leuckart, l'Anguillule stercorale et l'Anguillule intestinale ne sont que deux générations distinctes appartenant au cycle d'évolution d'une seule et même espèce, pour laquelle le dernier de ces auteurs propose le nom de *Rhabdonema strongyloides*. A leur avis, l'Anguillule intestinale, qui est dite forme *strongyloïde* à cause de sa ressemblance avec certains Strongles, est la génération véritablement parasite. L'intestin de l'Homme vivant n'héberge que cette forme avec les embryons qui en sont issus (sans doute par génération hermaphrodite, puisqu'on ne trouve jamais que des femelles). L'Anguillule stercorale, ou forme *rhabditoïde*, représente une génération libre, qui résulte du développement de ces embryons dans l'intestin du cadavre ou dans les selles. A la température de 26 à 28°, dans les matières fécales, ceux-ci acquièrent en trente heures leur maturité sexuelle. Mâles et femelles s'accouplent ; après vingt-quatre heures, les nouveaux embryons commencent à percer les parois de l'utérus, et, au bout de deux jours, on les trouve en grande abondance. Lorsqu'ils ont acquis un demi-millimètre de long, ils subissent une mue qui leur fait échanger leurs caractères de Rhabditis contre une apparence strongyloïde ; mais leurs organes génitaux demeurent rudimentaires. Leur développement ne se prolonge pas au delà de cette phase, et ils ne tardent pas à périr. Il est donc probable qu'ils doivent pénétrer dans l'intestin de l'Homme pour parvenir à l'état adulte.

Deux observations récentes de Golgi et Monti (1) viennent appuyer sérieusement cette manière de voir. Ces auteurs ont trouvé les fèces remplies de larves d'Anguillules chez deux malades dont l'intestin ne contenait que des Anguillules intestinales. Or, en cultivant ces larves dans les fèces, à la température de 20 à 22°, ils les ont vues se transformer, dans l'espace de trois jours, en Anguillules stercorales adultes.

Le docteur Dounon a décrit quelques autres Vers observés dans les fèces des individus affectés de la diarrhée de Cochinchine (*Ankylostoma dysenterica*, *Strongylus sanguisuga*), mais les descriptions et surtout les dessins de cet auteur sont tellement anormaux, que nous croyons devoir nous borner à cette simple mention.

Anguillule du Lapin. — La femelle seule paraît connue; elle est longue en moyenne de 0mm,37. Œsophage très long, triquètre, graduellement renflé en arrière, sans armature chitineuse. Ovaire double; vulve située vers le tiers postérieur du corps, entourée de papilles. Œufs ellipsoïdes, ressemblant, ainsi que les embryons, à ceux de l'Anguillule intestinale de l'Homme.

Assez commune dans l'intestin grêle du Lapin, d'après Grassi et Perroncito.

ANGUILLULE DU CHIEN. — Siedamgrotzky a publié récemment une observation relative à une éruption cutanée pustuleuse causée chez un Chien par des Nématoïdes (2). Il s'agirait, d'après cet auteur, d'Anguillules vivant dans la litière du Chien, où elles ont pu être retrouvées.

Genre **Anguillule** (*Anguillula* Ehr. *s. str.*). — Ce genre, autrefois très étendu, a été considérablement réduit par les auteurs modernes. Claus le caractérise ainsi : « Cavité buccale petite, œsophage avec un bulbe postérieur et un appareil valvulaire. Mâle sans bourse. Le plus souvent deux organes latéraux circulaires. Pas de glande anale. »

L'Anguillule du vinaigre (*A. aceti* Müller) en est le représentant le plus connu. Dans le vinaigre de vin, la colle de farine aigre.

9. Famille des **MERMIDÉS**. — Ces Vers sont filiformes, allongés; ils ont la *bouche entourée de six papilles*, mais sont *dépourvus d'anus*. Les mâles ont l'extrémité caudale élargie, portant deux spicules et de nombreuses papilles disposées sur trois rangs. — Les Mermis sont parasites, pendant leur jeune âge, dans la cavité viscérale des Insectes ; ils sont alors asexués. Arrivés à un certain degré de développement, ils quittent le corps de leur hôte, acquièrent leurs organes sexuels et s'accouplent. De leurs œufs naissent des embryons qui pénètrent à leur tour dans le corps des Insectes. Pendant les fortes chaleurs de l'été, on voit souvent apparaître sur le sol ou même sur les arbustes, surtout après

(1) *Archives ital. de biologie*, t. V, p. 395, 1884.
(2) *Bericht über d. Veter. im König. Sachsen*, 1883.

une pluie d'orage, de longs Vers fort ténus, qui se tortillent en tous sens : ce sont des Mermis, qui émigrent en masse hors des Insectes sous l'influence de conditions atmosphériques convenables. Leur grande abondance et leur brusque apparition dans de telles circonstances avaient donné naissance à la fable des pluies de Vers. — *Mermis nigrescens* Duj. *M. albicans* Sieb.

On rapproche souvent des Mermis le curieux Nématode décrit sous le nom de *Sphærularia bombi* L. Duf., dont on pourrait faire le type d'une nouvelle famille. Il vit dans la cavité viscérale des femelles de Bourdons et de Guêpes. D'après Schneider, le corps de la femelle est très petit, mais porte une masse tubuleuse relativement énorme, qui n'est autre que l'utérus renversé. Le mâle n'a été découvert que depuis peu.

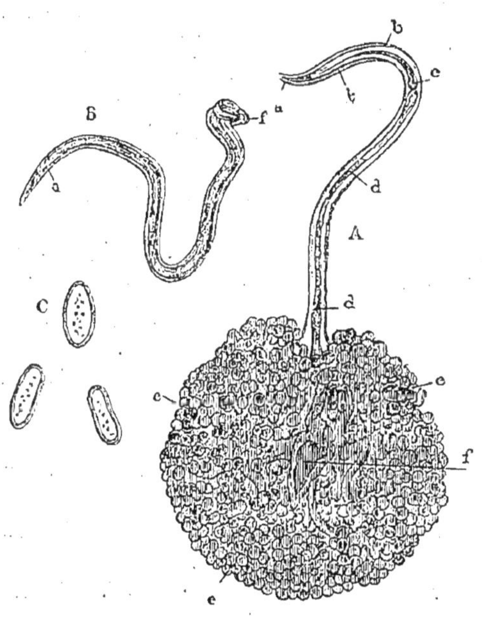

Fig. 278. — *Simondsia paradoxa*, d'après Cobbold. — A, femelle extraite de son kyste. *a*, extrémité céphalique. *b,b*, ailes latérales. *c*, extrémité postérieure de l'œsophage. *d,d*, intestin. *e,e,e*, cæcums de la rosette utérine. *f*, queue. Grossissement : 5 diamètres. — B, mâle. *a*, extrémité céphalique. *f*, extrémité caudale. Même grossissement. — C, groupe d'œufs extraits des cornes utérines. Grossissement : 250 diamètres.

Un parasite du Porc, dont Cobbold fait le type d'un nouveau genre, paraît offrir avec ce Ver certaines affinités.

Le genre Simondsie (*Simondsia* Cobb.) est en effet représenté par des Nématodes endoparasites dont les femelles sont munies d'un utérus extérieur, très développé, émettant de nombreuses branches terminées en cul-de-sac. Ces femelles sont enkystées; les mâles sont libres.

La **Simondsie paradoxale** (*S. paradoxa* Cobb.) a le corps cylindroïde, atténué vers l'extrémité antérieure, qui est munie de deux ailes latérales étroites. La bouche offre deux papilles proéminentes. Le *mâle* mesure 12 millimètres ; il a la queue contournée en spirale et possède deux spicules longs et grêles. La *femelle* est longue de 15 millimètres; elle porte vers la partie postérieure du corps un organe en rosette formé par l'utérus renversé et offrant un développement considérable; la queue est deux fois aussi épaisse que le corps; elle est conique et présente trois spinules à large base, immédiatement au-dessus de l'anus. Il est probable que la vulve s'ouvre à la base de la rosette.

Ce remarquable parasite a été découvert, au mois de mars 1852, par le professeur Simonds, dans les parois de l'estomac d'un Porc allemand appartenant à la ménagerie de la Société zoologique de Londres. Les mâles étaient libres, les femelles enfermées dans de petites tumeurs ou kystes, d'où elles projetaient leur tête, par un étroit orifice, dans la cavité de l'estomac.

Dans la première description qu'il avait donnée de ce Ver, Cobbold avait pris la tête pour la queue.

10. Famille des **GORDIIDÉS**. — Les Gordius ou Dragonneaux sont des Nématodes à corps filiforme, très long, sans champs latéraux; *la bouche est nue, mais oblitérée à l'état adulte*, ainsi que la partie antérieure du tube digestif. *Les mâles ont l'extrémité caudale bifurquée, sans spicules*; ils sont pourvus de deux testicules. L'ouverture des organes femelles est cloacale, aussi bien que celle des organes mâles.

On peut souvent observer en été, dans les fontaines, les rivières et surtout les flaques d'eau, des Vers bruns ou noirâtres, très longs et « fins comme une corde de violon », qui se tortillent à la façon des Mermis : ce sont des *Gordius*, auxquels Linné a donné ce nom précisément par suite des nœuds qu'ils forment en se tortillant. Ils sont libres à l'état adulte, mais vivent en parasites dans leur jeune âge. Les embryons, qui diffèrent des adultes par la couronne d'aiguillons dont se trouve ornée leur extrémité céphalique, pénètrent, à la faveur de cette armature, dans les larves aquatiques des Insectes Tipulidés et Ephémeridés, où ils s'enkystent. Ils sont avalés avec ces larves par les Insectes carnassiers aquatiques, et se développent dans la cavité viscérale de ceux-ci; puis ils émigrent pour aller vivre dans l'eau. D'après Villot, ils peuvent aussi passer, avec les larves d'Insectes, dans l'intestin des Poissons, et s'enkyster dans la muqueuse; au bout de cinq à six mois, ils quittent leurs kystes et vont achever leur développement dans l'eau. Les Dragonneaux acquièrent parfois une longueur de 30 à 40 centimètres et même davantage. — *Gordius aquaticus* Duj.

On a signalé la présence accidentelle de Gordius dans l'organisme humain. Il est même fort probable que le Ver décrit par H. Cloquet sous le nom d'*Ophiostoma Ponticri* n'était autre qu'un *Gordius aquaticus*.

11. Famille des **ÉNOPLIDÉS**. — Ce sont de petits Vers dont la bouche est tantôt armée d'une ou de plusieurs dents (ἔνοπλος, armé), tantôt entourée de soies ou de papilles. Ils possèdent fréquemment des yeux.

Les mâles ont d'ordinaire deux spicules; parfois aussi ils possèdent deux tubes testiculaires. — Vivent dans les eaux douces ou salées, surtout dans la vase et sur les algues, quelquefois dans la terre. On peut les rencontrer dans le tube digestif des animaux qui cherchent leur nourriture dans la vase. — Genres *Dorylaimus* Duj., *Enchelidium* Ehr., *Oncholaimus* Duj., etc., etc. D'après Carter, le *Dorylaimus* (*Urolabes*) *palustris* Cart., petit Ver qu'on trouve dans l'eau saumâtre, dans l'Inde, représenterait la phase de vie libre de la *Filaria Medinensis*.

TYPES ABERRANTS. — Nous devons nous borner à signaler l'existence de quelques formes aberrantes qui relient les Némathelminthes aux autres groupes de Vers.

Les Desmoscolécidés possèdent un corps annelé, armé de soies ventrales semblables aux parapodes des Annélides. Il existe une tête distincte et un tube digestif complet. — Genre *Desmoscolex*.

Les Chétosomidés ont le corps recouvert de poils très fins, une tête distincte, un intestin complet. Ils se meuvent dans la mer au moyen d'une double rangée de pièces ventrales cylindriques. — Genres *Rhabdogaster*, *Chætosoma*.

Les Chétognathes sont des Vers en forme de flèche, à tête distincte, à nageoires pectinées, pourvus d'un tube digestif complet et d'une bouche armée de soies recourbées en griffes, lesquelles agissent latéralement comme mâchoires. Animaux marins, libres, hermaphrodites. — Genre *Sagitta*.

CLASSE II

ROTATEURS

Vers le plus souvent microscopiques, à segmentation extérieure ne correspondant pas à une division des organes internes (hétéronome); *extrémité antérieure munie d'un appareil ciliaire* (appareil rotatoire).

Les Rotateurs ou Rotifères, encore appelés *Systolides*, ont été longtemps confondus avec les Infusoires. Divers auteurs les ont ensuite classés parmi les Arthropodes; mais l'ensemble de leurs caractères ne permet pas ce rapprochement.

Leur corps, de très petites dimensions, offre deux parties distinctes : l'antérieure, qui contient les organes internes, est souvent dépourvue de toute trace de segmentation; la postérieure, au contraire, qui joue le rôle de pied mobile, est d'ordinaire annelée et terminée par deux appendices semblables aux mors d'une pince, servant à fixer l'animal ou à le faire progresser.

A l'extrémité antérieure existe un appareil ciliaire, le plus souvent rétractile, connu sous le nom d'*appareil rotatoire*. L'orifice buccal est situé sur la face ventrale de cet appareil, qui sert à attirer les particules alimentaires. Cet orifice conduit dans un pharynx musculeux, muni d'épaississements chitineux propres à broyer les aliments, et suivi d'un œsophage étroit, qui s'ouvre dans un estomac cilié. L'intestin est également cilié. L'anus, qui peut manquer, s'ouvre sur la face ventrale, au point de réunion des deux parties du corps.

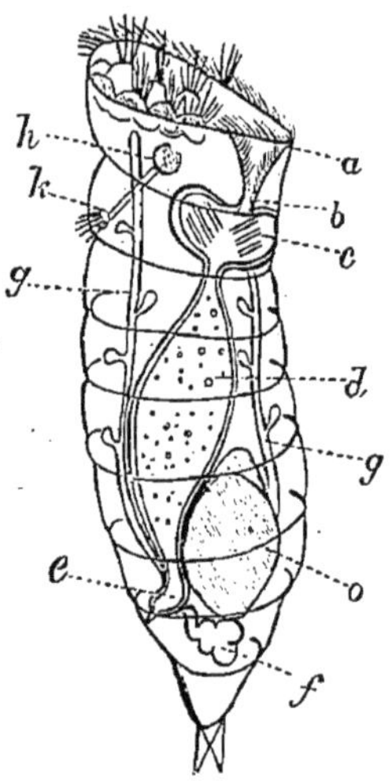

Fig. 279. — Schéma d'un Rotateur (*Hydatina senta*), d'après Pritchard. — *a*, vestibule cilié du tube digestif. *b*, bouche. *c*, pharynx, avec son appareil masticateur. *d*, estomac. *e*, cloaque. *f*, vésicule contractile. *g*, canaux excréteurs. *h*, ganglion nerveux envoyant un filet nerveux à la fossette ciliée *k*. *o*, ovaire.

Il n'existe pas d'appareil circulatoire, et la respiration est cutanée. — Les *organes excréteurs* consistent en deux canaux sinueux qui communiquent avec la cavité viscérale par des entonnoirs ciliés et débouchent dans le cloaque directement ou par l'intermédiaire d'une *vésicule contractile*.

Le *système nerveux* est représenté par un ganglion sus-œsophagien souvent bilobé, émettant des nerfs qui se rendent aux muscles et aux organes des sens. Parmi ceux-ci, on distingue une ou deux taches oculaires, une fossette ciliée et des éminences tactiles cutanées.

Les *sexes* sont séparés. Les mâles sont rares, de petite taille, et de forme souvent bien différente de celle de la femelle; de plus, leur tube digestif est avorté. Ils sont déjà bien formés au sortir de l'œuf, ne prennent aucune nourriture et vivent peu de temps. Leurs organes sexuels se réduisent à une poche remplie de spermatozoïdes et s'ouvrant au voisinage de l'anus. — Les organes femelles possèdent un seul ovaire dont l'oviducte débouche dans le cloaque. Elles sont presque toutes ovipares et produisent deux sortes d'œufs : des *œufs d'été* à coque mince, se développant sans avoir été fécondés, et des *œufs d'hiver* à coque dure, pondus en automne et fécondés. Les mâles sont issus des œufs d'été et ne se montrent qu'à la fin de cette saison.

Les Rotateurs vivent en grande partie dans l'eau douce; ils sont libres ou adhérents, mais jamais absolument fixes. Un grand nombre de ces êtres peuvent résister pendant un certain temps à la dessiccation, et reprendre leur activité sous l'influence de l'humidité. Toutefois M. de Fromentel a montré que la réviviscence cesse de se produire si la dessiccation a été poussée trop loin.

Genres principaux : *Floscularia :* corps enfoncé dans un étui gélatineux transparent. *Rotifer :* animaux libres, à pied formé d'articles susceptibles de s'invaginer les uns dans les autres, comme les pièces d'une lunette d'approche. *Brachionus. Hydatina. Asplanchna*, etc.

CLASSE III

GÉPHYRIENS

Vers ordinairement cylindriques, sans segmentation extérieure, pourvus d'une trompe protractile, d'une chaîne nerveuse ventrale non ganglionnaire, d'un collier œsophagien et souvent d'un cerveau. Sexes séparés. Marins.

Les Géphyriens (γέφυρα, pont : groupe de transition) se divisent en deux sections basées sur la présence ou l'absence de soies rigides à la surface du corps.

1° **Géphyriens inermes.** — Corps dépourvu de soies; bouche à l'extrémité de la trompe. — Les uns sont libres : Genres *Priapulus, Syrinx* (*Sipunculus*), etc. Les autres sont tubicoles : Genre *Phoronis*.

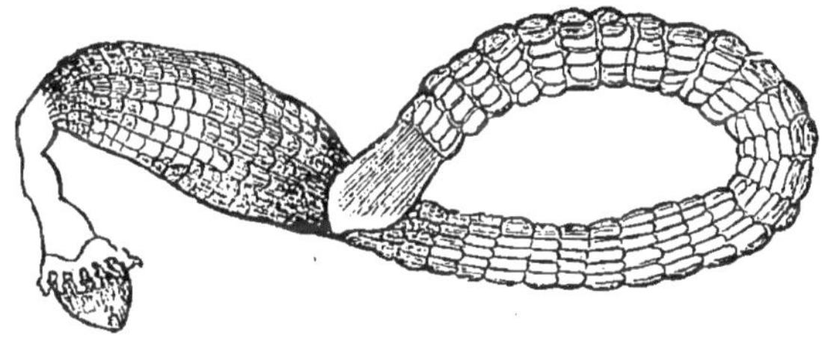

Fig. 280. — Géphyrien : *Syrinx nudus*, d'après Forbes.

2° **Géphyriens armés.** — Corps armé de soies, au moins en avant. Bouche à la base de la trompe. — Genres *Echiurus, Thalassema, Bonellia.*

CLASSE IV

ANNÉLIDES

Vers cylindriques ou aplatis, à corps nettement annelé, pourvus d'une chaîne ganglionnaire ventrale, d'un collier œsophagien, d'un cerveau et d'un système vasculaire sanguin.

Par leurs caractères extérieurs et par leur organisation interne, les Annélides (*annellus*, anneau) rappellent d'une part les Némathelminthes, de l'autre les Plathelminthes. Toutefois, le corps est toujours divisé en anneaux plus ou moins marqués, semblables entre eux (segmentation homonome) et disposés de telle sorte que les segments internes correspondent soit aux divisions extérieures elles-mêmes, soit à un certain nombre de ces divisions. Les organes se répètent dans les segments, mais en réalité l'homonomie n'est jamais complète.

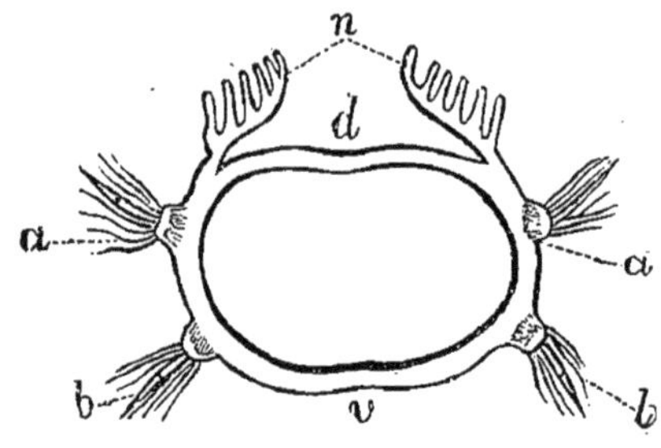

Fig. 281. — Coupe schématique transversale d'une Annélide. — *d*, arc dorsal. *v*, arc ventral. *n*, branchies. *a*, parapode dorsal. *b*, parapode ventral (Huxley).

La *locomotion* s'effectue le plus souvent au moyen de soies fixées sur des appendices latéraux ou *parapodes*. Parfois il existe des ventouses.

Le *système nerveux* est représenté par une chaîne ganglionnaire ventrale dont les deux moitiés sont plus ou moins rapprochées sur la ligne médiane. A la partie antérieure, les deux cordons nerveux s'écartent pour former un collier entourant l'œsophage, et se trouvent réunis au-dessus de cet organe par des ganglions dits cérébroïdes (cerveau).

La cavité viscérale renferme un *liquide plasmatique* incolore, dans lequel flottent des globules animés parfois de mouvements amiboïdes. En outre, il existe un autre appareil circulatoire constitué par des vaisseaux clos (*appareil hématique*) et contenant un liquide souvent rouge, mais presque jamais chargé de globules (Voy. p. 29). La substance colorante paraît être de l'hémoglobine. Chez quelques Annélides marines dont le sang est d'un beau vert, c'est de la chlorocruorine. L'appareil hématique comprend des vaisseaux longitudinaux, principalement un dorsal et un ventral, réunis par des anastomoses transversales. Tantôt l'une, tantôt l'autre de ces parties jouit de propriétés contractiles et met le sang en mouvement.

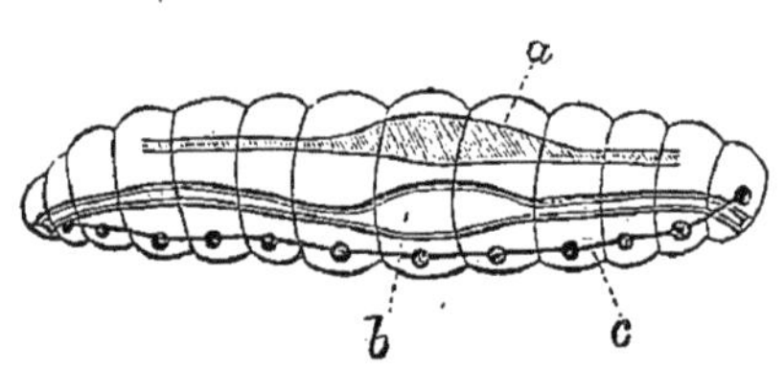

Fig. 282. — Diagramme d'une Annélide. — *a*, système vasculaire sanguin. — *b*, système digestif. *c*, système nerveux (Huxley).

Les *organes excréteurs* se montrent d'ordinaire sous la forme de canaux enroulés, dits canaux en lacet, disposés par paire dans chaque segment (*organes segmentaires*), prenant souvent leur origine à l'intérieur du corps par un entonnoir cilié et communiquant d'autre part avec le dehors.

On observe quelquefois une *reproduction* asexuelle par scission et bourgeonnement suivant l'axe longitudinal. En ce qui concerne la reproduction sexuelle, beaucoup d'Annélides sont monoïques; d'autres ont les sexes séparés.

Un grand nombre de ces Vers naissent sous la forme de *Trochosphère*, petite larve ovoïde, munie d'une ceinture équatoriale de cils, au-dessous de laquelle sont situés la bouche et l'anus. Cette larve ne tarde pas à produire à sa partie postérieure un anneau, en avant duquel se formeront successivement les autres.

Les Annélides vivent dans la terre et dans l'eau; certaines espèces vivent en parasites à l'occasion.

2 sous-classes :

Des soies. Pas de ventouses....................	CHÉTOPODES.
Pas de soies. Au moins une ventouse..........	HIRUDINÉES.

SOUS-CLASSE I

HIRUDINÉES

Annélides pourvues au moins d'une ventouse, mais ne possédant jamais de pieds et presque jamais de soies.

Les Hirudinées (*Bdellaires*, *Discophores*), qui se rapprochent beaucoup des Trématodes, ont comme eux le corps plus ou moins aplati. Les segments internes, incomplètement séparés par des cloisons transversales, sont moins nombreux que les anneaux extérieurs et correspondent chacun à plusieurs de ceux-ci. Ces Vers sont à peu près toujours dépourvus de pieds et de soies. Les organes de fixation sont représentés par une grande ventouse postérieure et ventrale, souvent avec une petite ventouse antérieure située autour ou en avant de la bouche. Les premiers anneaux ne se différencient pas pour constituer une tête distincte. Il n'existe presque jamais de branchies. Les deux cordons de la chaîne ganglionnaire sont réunis sur la ligne médiane, sauf chez les Malacobdelles, où ils demeurent très écartés. Enfin, la plupart des Hirudinées sont hermaphrodites. Elles se nourrissent de substances animales, et un grand nombre vivent même en parasites sur la peau et les branchies des animaux aquatiques, Poissons, Écrevisses, etc.

Famille des **GNATHOBDELLIDÉS**. — Les Sangsues qui composent cette famille ont, comme leur nom l'indique, la bouche armée de mâchoires. Leur ventouse anale est circulaire; celle de la partie antérieure est bilabiée. Les segments internes comprennent d'ordinaire quatre ou cinq anneaux. Le sang est presque toujours rouge. Les œufs sont rassemblés, lors de la ponte, dans des cocons d'aspect spongieux.

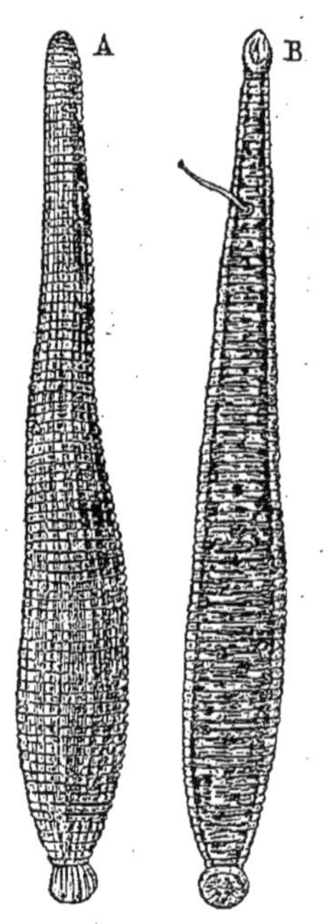

Fig. 283. — Sangsue médicinale. — A, vue par la face dorsale. B, par la face ventrale.

Genre **Sangsue** (*Hirudo* partim L.). — Les espèces de ce genre prennent une forme olivaire en se contractant. Le corps est le plus souvent formé de quatre-vingt-quinze anneaux. A l'extrémité antérieure de la face dorsale, existent cinq paires d'yeux disposés suivant une ligne courbe à convexité antérieure. La bouche est munie de trois grandes mâchoires demi-ovalaires, comprimées et denticulées sur leur bord libre.

Ce sont des Vers lacustres : on les rencontre dans les étangs, les mares et les fossés.

Sangsue médicinale (*H. medicinalis* L.). — Corps gris olivâtre; dos garni de six bandes rousses longitudinales; bords olivâtres; ventre maculé de noir.

Cette espèce, encore appelée *Sangsue grise*, habite l'Europe et quelques parties de l'Afrique septentrionale.

Elle offre plusieurs variétés, dont la plus connue est la SANGSUE VERTE, décrite comme une espèce distincte par Moquin-Tandon, sous le nom de *H. officinalis*. Elle se distingue à sa teinte verdâtre et à son ventre non maculé.

Sangsue truite (*H. troctina* Johnson). — Corps verdâtre; dos garni de six rangées de petites taches noires ou roussâtres; ventre maculé ou non, à bandes marginales en zigzag.

Cette Sangsue se trouve en Algérie et dans presque toute la Barbarie;

elle est connue dans le commerce sous le nom de *Dragon d'Alger*. Elle est aussi bonne que la Sangsue grise pour l'usage de la médecine.

Ces deux espèces sont à peu près les seules qui soient employées en France. Nous signalerons cependant, à côté d'elles : — *H. mysomelas* Henry, petite espèce du Sénégal, dont le corps est vert olivâtre très foncé, le dos présentant trois bandes jaunâtres bordées de noir. — *H. granulosa* Sav., à corps vert brun, avec trois bandes plus obscures sur le dos; anneaux revêtus de petits tubercules. Cette Sangsue, plus grosse que les nôtres, se trouve dans l'Inde : son emploi donne lieu à des hémorrhagies qu'il est parfois assez difficile d'arrêter, surtout chez les enfants.

Organisation des Sangsues. — Le corps est demi-cylindrique, aplati sur la face ventrale, plus large au milieu qu'aux extrémités. A l'extrémité antérieure existe une ventouse en forme de cuiller, à lèvre supérieure saillante, à lèvre inférieure courte. L'extrémité postérieure est aussi terminée par une ventouse, mais celle-ci est plus grande, circulaire et séparée du corps par un étranglement.

Le tégument offre à l'extérieur une cuticule anhiste, qui se renouvelle de temps à autre. A la face profonde de celle-ci adhère une couche de cellules en palissade, dont l'extrémité superficielle s'étale en forme de marteau. Plus profondément encore, se trouve une couche pigmentaire, de teinte variable. Le *système musculaire* qui se trouve annexé à cette enveloppe comprend une couche externe de faisceaux annulaires et une couche interne de faisceaux longitudinaux; de plus, on rencontre dans tout le corps de nombreux muscles obliques, transversaux et dorso-ventraux. Sous le tégument, ainsi qu'entre les faisceaux musculaires, existent de nombreuses glandes cellulaires dont le conduit excréteur va déverser à la surface du corps un liquide visqueux : ce sont les *glandes mucipares*. — Toutes ces parties sont unies par une sorte de tissu conjonctif, qui fournit de distance en distance des cloisons incomplètes divisant l'intérieur du corps en un nombre déterminé de segments.

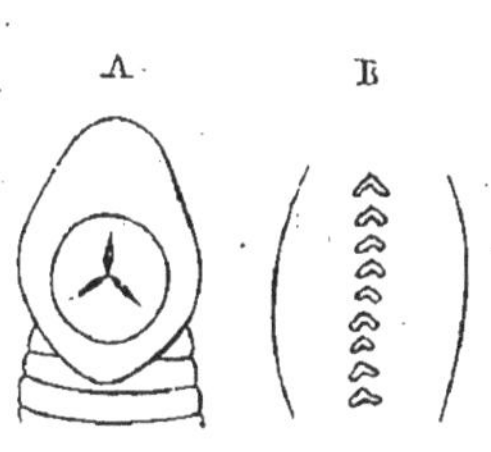

Fig. 264. — A, ventouse orale de la Sangsue. B, quelques denticules d'une mâchoire (Carlet).

L'*appareil digestif* présente une disposition qui le rend propre à la succion. La bouche est située au fond de la ventouse antérieure; elle a l'aspect d'une ouverture étoilée, à trois branches, chacune de celles-ci donnant passage à une mâchoire. En fendant la ventouse orale, on voit ces organes rapprochés en arrière et divergeant par leur extrémité antérieure. Ce sont des corps demi-lenticulaires, offrant un bord rectiligne qui se continue par une sorte de petit manche fixé dans l'enveloppe musculo-cutanée, et un bord libre, convexe, qui porte une série de denticules, au nombre de soixante et plus. Des faisceaux musculaires, implantés d'un côté dans la paroi du corps, vont s'insérer d'autre part sur le bord rectiligne de chaque mâchoire : les uns impriment à la mâchoire un mouvement de dehors en dedans, les autres la ramènent de dedans en dehors.

A la bouche fait suite un court pharynx ou œsophage musculeux entouré de glandes salivaires et terminé par un sphincter. L'estomac, très développé, comprend onze chambres successives, incomplètement séparées par des étranglements et des replis de la paroi interne, et formées chacune de deux poches latérales. Ces poches sont d'autant plus grandes qu'elles se trouvent plus en arrière, et les deux dernières se prolongent sous forme de cæcums jusqu'au voisinage de l'anus. L'intestin se continue entre ces deux cæcums et aboutit à un anus très petit, à peine visible, situé au-dessus de la ventouse postérieure.

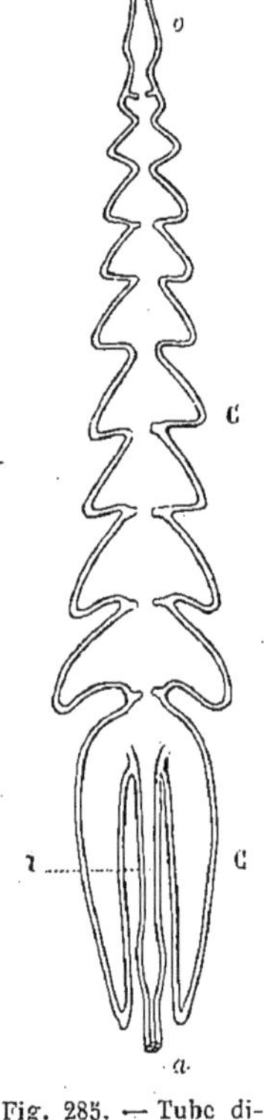

Fig. 285. — Tube digestif de la Sangsue. — *o*, œsophage. C,C, chambres stomacales et cæcums. I, intestin terminal. *a*, anus (Carlet).

Quand la Sangsue veut mordre, elle se fixe par cette ventouse postérieure, et porte la tête au point qu'elle choisit. La ventouse orale soulève un mamelon cutané, puis les mâchoires sont tirées d'avant en arrière, et agissent à la façon de petites scies pour diviser ce mamelon suivant trois lignes qui aboutissent au même point. La blessure offre par suite l'aspect d'une petite étoile à trois branches, à bords un peu sinueux. « La personne mordue, dit Moquin-Tandon, éprouve d'abord un sentiment de pression à l'endroit où l'Annélide s'est fixée. Le tiraillement devient bientôt un peu plus fort ; puis on ressent une douleur vive, pénétrante, qui ressemble à la fois à celle des piqûres et à celle des déchirures. » Dans un travail récent, G. Carlet a établi les trois points suivants : 1° les mâchoires de la Sangsue sont les agents essentiels de la succion et de la déglutition ; 2° pour effectuer la succion, les mâchoires, en s'abaissant, s'écartent et rendent béante l'entrée de l'œsophage, où le sang s'élance ; 3° pour effectuer la déglutition, les mâchoires se rapprochent et remontent dans l'œsophage où, à la façon d'un piston, elles lancent le sang dans la direction de l'estomac. On croyait autrefois que l'ensemble du tube digestif servait à attirer le sang ; la preuve qu'il n'en est rien, c'est qu'une Sangsue coupée en deux continue souvent à sucer : le sang s'écoule par la partie sectionnée du tronçon antérieur. Piégu avait même proposé de blesser les Sangsues au moment où elles étaient gorgées, pour que la succion continuât plus longtemps : cette opération, connue sous le nom de *bdellatomie*, ne paraît pas offrir de bien grands avantages, et n'est pas entrée dans le domaine de la pratique. — La quantité de sang sucée varie avec la taille des Sangsues. En opérant sur des individus non gorgés de l'espèce officinale, Moquin-Tandon est arrivé aux résultats suivants : les petites Sangsues absorbent 2 gr. 70 de sang, c'est-à-dire 2 fois 1/2 leur poids; les petites moyennes 4 fois; les grosses moyennes 5 fois 1/2 ; les grosses 5 fois 1/11. Il faut du reste ajouter à cette somme la quantité de sang qui s'écoule après leur chute, soit 10 grammes environ. — La digestion des Sangsues dure en moyenne de six mois à un an; le sang reste fluide dans leur estomac.

L'*appareil circulatoire* n'est guère représenté que par le système vasculaire clos : la cavité viscérale, en effet, se trouve extrêmement réduite; elle ne contient qu'une petite quantité de liquide incolore. L'appareil vasculaire sanguin, par contre, est très développé : il comprend quatre troncs longitudinaux : deux médians, situés l'un au-dessus, l'autre au-dessous du tube digestif, et deux latéraux. Les premiers se bifurquent en avant, et leurs branches se rejoignent en formant un collier qui entoure l'œsophage. Le vaisseau sus-intestinal fournit des branches transversales, les unes destinées au tube digestif et s'anastomosant avec le tronc sous-intestinal, les autres se rendant aux vaisseaux latéraux. Ceux-ci communiquent entre eux aux deux extrémités du corps; ils sont en outre réunis dans chaque segment par des branches transversales, et envoient un rameau à chacun des organes segmentaires. Ajoutons que le vaisseau sous-intestinal renferme, à son intérieur, la chaîne nerveuse ganglionnaire. — Le sang contenu dans ce système vasculaire a une coloration rouge qui est propre au plasma et ne tient nullement aux globules. La circulation est déterminée par des contractions rythmiques des troncs longitudinaux; mais le sens du courant est soumis à des variations.

Outre le système vasculaire vrai, on rencontre dans le parenchyme du corps un réseau de canalicules renfermant un pigment brun ou vert, en partie soluble dans l'alcool. On est mal fixé sur la signification de ce système, que Ray-Lankaster regarde comme une modification du tissu conjonctif (tissu vaso-fibreux).

Au-dessous du tube digestif, entre les poches stomacales et de chaque côté du vaisseau sous-intestinal, il existe des *organes segmentaires*, au nombre de dix-sept paires. Chacun de ces organes comprend deux parties : une *glande* en forme de fer à cheval, dont la convexité est tournée du côté du dos, et une *vésicule* située un peu en arrière et en dedans de la glande; un conduit cylindrique (*conduit vésiculaire*) amène dans la vésicule la substance blanchâtre et granuleuse sécrétée par la glande, et ce produit est définitivement expulsé par un court canal qui débouche sur la face ventrale. On sait que les organes segmentaires constituent un appareil d'excrétion : on les a même regardés comme jouant un certain rôle dans la *respiration*. Quoi qu'il en soit, cette dernière fonction est très peu active chez les Sangsues, car ces animaux peuvent vivre plusieurs jours dans un gaz inerte et même dans le vide.

Le *système nerveux* se compose d'un ganglion sus-œsophagien ou cérébroïde (cerveau) et d'une chaîne ganglionnaire ventrale logée, comme nous l'avons dit, dans l'intérieur du vaisseau sous-intestinal. La chaîne, comme le cerveau, se compose de deux parties symétriques, mais si étroitement rapprochées sur la ligne médiane qu'elles se trouvent confondues. Cependant, le ganglion cérébroïde est nettement bilobé. Il fournit de petits filets dirigés en avant et destinés surtout aux taches oculaires. Le point de départ de la chaîne ventrale est le ganglion sous-œsophagien. Celui-ci est réuni au cerveau par deux connectifs qui s'écartent de manière à embrasser l'œsophage en lui formant un véritable collier. Les différents ganglions de la chaîne, au nombre de 23 chez l'individu adulte, sont eux-mêmes réunis par un double cordon ; les filets qui en émanent se rendent aux parois du corps.

On a signalé en outre, chez la Sangsue, un *système nerveux viscéral*, analogue au sympathique des Vertébrés, et représenté par un double filet dont les rameaux se distribuent à l'intestin, mais dont les rapports avec le système nerveux de la vie de relation sont peu connus.

Les *organes des sens* sont fort imparfaits. — Le *tact* s'effectue surtout par la lèvre supérieure de la ventouse orale. — On ne connaît pas le siège du *goût*, mais il est certain que ce sens est assez développé, puisqu'on détermine les Sangsues à attaquer la peau en l'humectant de lait et d'eau sucrée. — Il en est à peu près de même en ce qui concerne l'*ouïe* ou l'*odorat* : ces animaux sont sensibles au bruit et refusent de sucer les parties recouvertes de substances odorantes. Leidy a d'ailleurs trouvé, dans le tégument céphalique, des organes cupuliformes, qui servent peut-être, d'après J. Chatin, à la fois au toucher, au goût et à l'odorat. — Enfin, les *yeux* sont des fossettes cupuliformes tapissées de pigment et munies de corps réfractant la lumière. — Quant à la sensibilité générale, elle est très développée.

Les Sangsues sont androgynes. Les *organes mâles* comprennent neuf paires de testicules disposées au-dessous du tube digestif, dans autant de segments de la région moyenne du corps ; les conduits excréteurs de ces testicules débouchent de chaque côté dans un canal déférent longitudinal. A l'extrémité antérieure, celui-ci s'enroule en épididyme et donne naissance à un canal éjaculateur, qui se réunit à son congénère pour constituer une vésicule pyriforme, à laquelle se trouve annexée une glande (prostate). La sécrétion de cette glande sert à enfermer les spermatozoïdes dans une enveloppe commune (*spermatophore*). Enfin, de la vésicule part un canal assez étroit qui aboutit à l'extérieur, sur la ligne médiane, entre le 24e et le 25e anneau, et peut faire saillie sous forme de pénis.

Les *organes femelles* se composent de deux ovaires arrondis pourvus chacun d'un oviducte. Le canal qui fait suite à ces oviductes décrit des sinuosités au milieu d'une glande ovoïde, dite albuminigène, dont le produit sert à agglutiner les œufs; puis il se dilate en un large utérus dont la partie antérieure ou vagin s'ouvre au dehors par une vulve située en arrière de l'orifice mâle, entre le 29e et le 30e anneau.

Les Sangsues ne peuvent se reproduire que par *fécondation réciproque.* La copulation s'effectue par un rapprochement des deux individus ventre à ventre et en sens opposé; elle dure plusieurs heures. La ponte a lieu au bout de 25 à 40 jours. Dans cet intervalle, il se forme, autour de la partie du corps qui comprend les orifices sexuels, un renflement olivaire qui a reçu le nom de *ceinture*. Au moment de la ponte, les Sangsues sortent de l'eau et se creusent une galerie dans la terre humide. Alors, les nombreuses glandes que renferme la ceinture sécrètent un liquide visqueux et spumeux, qui peu à peu se concrète et forme une sorte de fourreau membraneux. La Sangsue en sort à reculons, après y avoir pondu en moyenne 10 à 18 petits œufs agglutinés par l'albumine. Puis, les deux ouvertures de cette bourse se ferment, sa substance se dessèche, brunit, et bientôt lui donne l'aspect d'un cocon spongieux. Chaque Sangsue produit un ou deux cocons, rarement trois.

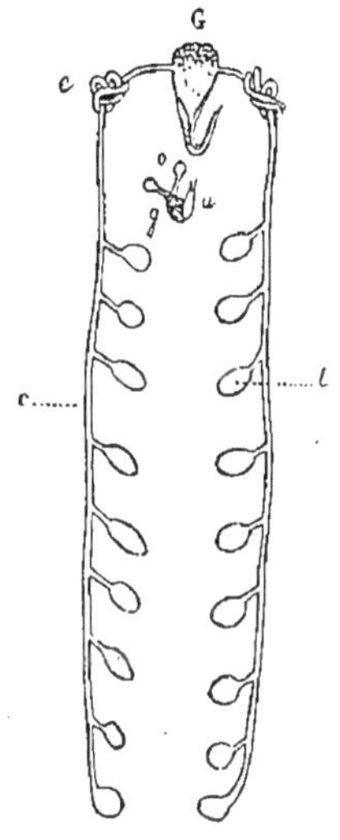

Fig. 286. — Appareil génital de la Sangsue. — *t*, testicules. *c*, canal déférent. *e*, épididyme. G, vésicule pyriforme. *o*, ovaires. *g*, glande albuminigène. *u*, utérus (Carlet).

On connaît peu le développement embryonnaire de ces animaux. L'éclosion a lieu 25 à 28 jours après la ponte. Les jeunes Sangsues traversent le cocon et en sortent par différents points; elles sont alors filiformes, cendrées, transparentes et mesurent environ 2 centimètres de longueur. Si quelque danger les menace, elles se réfugient encore dans le cocon. Elles ne subissent pas de métamorphose.

Hirudiniculture. — Le commerce des Sangsues est certes moins important aujourd'hui que dans la première moitié de ce siècle; néanmoins il est utile de connaître les moyens de les conserver et de les multiplier. La France demande encore un trop grand nombre de Sangsues à l'étranger.

Dans le commerce, on les distingue sous divers noms suivant leur grosseur : *germement* lorsqu'elles viennent de naître, *filets* ou *petites*, *petites moyennes*, *grosses moyennes*, *grosses* ou *mères*, et enfin *vaches* lorsqu'elles ont acquis leurs plus grandes dimensions. Les petites pèsent en moyenne 400 grammes le mille et les grosses 3 kilogrammes. Une bonne Sangsue pèse environ deux grammes ; quand on la comprime dans la main, elle doit se contracter en olive et ne pas laisser échapper de sang rouge par la bouche. Cette dernière remarque surtout a son importance, car il est une fraude assez commune qui consiste à gorger les Sangsues avec du sang de Bœuf ou de Mouton pour augmenter leur grosseur ; or, les Sangsues gorgées sont impropres à la succion ou du moins sont loin de valoir les Sangsues vierges.

Souvent on jette les Sangsues après qu'elles ont servi ; mais il est possible de les faire dégorger, soit avec du sel, des cendres, de l'eau vinaigrée, etc., soit en les soumettant à une douce pression d'arrière en avant. On les conserve ensuite dans des vases à moitié remplis d'eau qu'on renouvelle tous les jours.

Pour conserver, multiplier et même transporter une petite quantité de Sangsues, on a souvent recours à un petit appareil imaginé par Vayson de Bordeaux et désigné, pour ce motif, sous le nom de *vaysonier*. C'est un vase de terre cuite, en forme de tronc de cône renversé, percé à sa base de trous très étroits. On y dépose les Sangsues et on le remplit de terre tourbeuse, puis on ferme l'orifice supérieur avec une toile grossière. Pour conserver les animaux sur place, on fait tremper le fond dans une couche d'eau peu épaisse : il se forme alors dans la terre des zones offrant divers degrés d'humidité, de sorte que les Sangsues peuvent s'installer à leur guise et même se reproduire. S'il s'agit simplement de transporter ces animaux, il suffit d'humecter la terre et d'emballer le vase dans une caisse ou dans un panier.

Pour élever les Sangsues en grand, on établit des marais artificiels à fond d'argile et à niveau constant, traversés par un courant modéré. Les plantes aquatiques sont utiles pour purifier l'eau et abriter les Vers. Outre les *bassins de nourriture*, où l'on entretient les Sangsues en leur donnant des Grenouilles, Salamandres, etc., ou en leur faisant sucer le sang de vieux chevaux qu'on y promène, il importe d'avoir aussi des *bassins de dégorgement*, dans lesquels on soumet les Sangsues au jeûne avant de les livrer au commerce. L'hirudiniculture a pris un assez grand développement dans le midi de la France, et en particulier dans la Gironde.

Emploi médical. — Pour appliquer les Sangsues sur une région déterminée, il convient souvent d'assouplir la peau en la bassinant avec de l'eau tiède ; on la nettoie et on la rase s'il y a lieu, et au besoin on y étend un peu de lait, d'eau sucrée ou de sang. Enfin, on peut exciter les Sangsues en les touchant avec un peu de vin ou de vinaigre. Si l'on tient à en fixer une seule sur un point précis, on la place dans un tube de verre ou mieux dans une carte enroulée, qu'on enlève si l'on veut dès que la Sangsue a mordu. S'il s'agit au contraire d'en appliquer plusieurs à la fois, on les réunit dans un verre ou dans le creux de la main garni d'une compresse. Au bout de trois quarts d'heure à deux heures, les Sangsues se détachent et tombent. On maintient l'écoulement du sang au moyen de compresses imbibées d'eau tiède ou de cataplasmes. Il est rare qu'on ait besoin d'arrêter cet écoulement : on a recours alors à divers hémostatiques.

Genre **Hémopis** (*Hæmopis* Sav.). — Le corps est moins aplati que dans les Sangsues, et les anneaux sont moins marqués. Les mâchoires sont moins fortes, moins comprimées, et présentent des denticules moins aiguës et moins nombreuses. Les yeux sont au nombre de dix.

Hémopis sanguisugue (*H. sanguisuga* L.). — Le corps est mollasse, non susceptible de se contracter en amande. Le dos est brun roussâtre ou verdâtre, le plus souvent parcouru par plusieurs (6, 4, 2) rangées longitudinales de très petits points noirs. Les bords sont peu saillants avec une étroite bande jaune ; le ventre est noirâtre, en général plus foncé que le dos.

Cette espèce est connue sous le nom vulgaire de *Sangsue de Cheval*. Elle habite les mares, les fossés, les petites sources de l'Europe et du nord de l'Afrique. Les adultes s'enfoncent d'ordinaire dans la vase, tandis que les jeunes se tiennent à fleur d'eau.

Contrairement à ce qu'ont dit les auteurs anciens, les mâchoires de l'Hémopis ne sont pas assez puissantes pour attaquer la peau du Cheval ni même celle de l'homme : elles ne peuvent inciser que les muqueuses.

Aussi ces Annélides pénètrent-elles dans les cavités naturelles. En Algérie, on en observe très souvent dans la bouche, l'arrière-bouche et les cavités nasales des Bœufs sacrifiés pour la consommation. Elles s'introduisent jusque dans le larynx et la trachée.

Ajoutons que les autres animaux, et en particulier le Cheval, le Mulet, le Dromadaire, sont aussi tourmentés par les Hémopis, et que l'Homme n'est pas toujours à l'abri de leurs attaques. En Espagne, en Algérie, en Égypte, de nombreux soldats ou voyageurs ont eu à en souffrir. Le docteur Guyon en a vu sur la conjonctive et jusque dans le vagin. Les piqûres de ces Vers ne sont pas très douloureuses, mais leur présence dans les voies aériennes est fort incommode et détermine même dans certains cas des accès de suffocation. Aussi doit-on prendre de grandes précautions lorsqu'on boit dans les sources et surtout dans les mares où ils abondent.

Pour en débarrasser les sujets attaqués, on a recommandé l'avulsion avec des pinces, la section à l'aide de ciseaux, etc. Lorsqu'ils sont fixés dans la bouche du Cheval, par exemple, le plus simple est de les enleyer à l'aide de la main entourée d'un linge sec (Bizard). L'injection d'eau salée et les fumigations de tabac n'ont guère donné de bons résultats chez les grands Mammifères domestiques. Rappelons que Lemichel avait fait disparaître les Hémopis des eaux de Mustapha en introduisant quelques Anguilles dans les réservoirs. D'autres Poissons pourraient rendre le même service.

Genre **Aulastome** (*Aulastoma* Moq.). — Le corps offre les mêmes caractères que dans le genre précédent, mais les denticules des mâchoires sont moins nombreuses et émoussées. Dix yeux.

Aulastome vorace (*A. gulo* Moq.). — Espèce commune aux environs de Paris, où on lui donne souvent à tort le nom de Sangsue de Cheval. Les poches stomacales sont à peu près nulles, sauf les deux cæcums terminaux. Vit de Mollusques.

Genre **Trochète** (*Trocheta* Dutroch.). — Petites mâchoires très comprimées, tranchantes et sans denticules. Huit yeux.

Trochète verdâtre (*T. subviridis* Dutr.). — Des lieux humides de France et d'Algérie ; sort de l'eau pour poursuivre les Lombrics, dont elle se nourrit.

Genre **Néphélis** (*Nephelis* Sav. *Huello* Oken.). — Bouche grande ; pas de mâchoires distinctes ; trois plis longitudinaux sur l'œsophage.

Néphélis octoculée (*N. octoculata* Berg.). — Commune en Europe ; se nourrit de Mollusques, Vers et Infusoires.

Genre **Hémadipse** (*Hæmadipsa* Schm.). — Denticules des mâchoires terminées par une pointe acérée. Dix yeux.

Hémadipse de Ceylan (*H. zeylanica* Knox.). — Corps noirâtre, de la grosseur d'une épingle, atteignant le diamètre d'une plume d'oie lorsque l'animal est gorgé.

Cette espèce, plus connue sous le nom de Sangsue de Ceylan, habite l'île de ce nom, où elle constitue un véritable fléau. Elle vit dans les prairies et les bois humides, dans l'herbe, sous les feuilles mortes et sous les pierres, sur les arbres et sur les buissons. Des milliers de ces petits Vers se jettent sur les voyageurs ou sur leurs montures. Ils attaquent surtout les jambes, pénètrent jusqu'à la peau par les moindres ouvertures des vêtements, traversent même ceux-ci et grimpent parfois jusqu'au cou. Pour se préserver de leurs atteintes, Schmarda recommande de fixer, par dessus les vêtements qui couvrent les jambes, des bas de cuir ou de laine très épais, qu'on serre au-dessus du genou.

Famille des **RHYNCHOBDELLIDÉS**. — Les Hirudinées qui composent ce groupe ont le corps allongé et cylindrique ou large et aplati, avec deux ventouses, comme les Sangsues ; mais elles possèdent une trompe exsertile au lieu de mâchoires. Il existe deux yeux sur la ventouse antérieure.

Genre **Hémentérie** (*Hæmenteria* Fil.). — Le corps est acuminé en avant; la ventouse orale est bilabiée. La trompe est longue, raide et pointue.

De Filippi en a décrit trois espèces: *H. Ghiliani*, du rio des Amazones; *H. mexicana* et *H. officinalis*, du Mexique.

Ces Annélides ont été employées en médecine, notamment la dernière. Elles offrent l'avantage de ne produire qu'une blessure insignifiante.

SOUS-CLASSE II

CHÉTOPODES

Annélides dépourvues de ventouses, mais possédant des faisceaux de soies pairs implantés dans des cryptes ou sur des pieds inarticulés (parapodes).

Les Chétopodes (χαίτη, soie; ποῦς, pied) représentent le type le plus complet des Annélides. Ils ont le corps cylindrique ou aplati, divisé en un certain nombre d'anneaux qui correspondent soit à autant de segments internes, soit à un nombre moindre de ces segments. Les anneaux sont à peu près semblables entre eux, sauf ceux de la région antérieure.

Il n'existe pas de ventouses comme chez les Hirudinées, mais les anneaux portent toujours des soies, qui sont tantôt implantées dans des refoulements de l'enveloppe tégumentaire, tantôt portées par des pieds saillants non articulés, ou parapodes. Dans tous les cas, ces soies, de nature cuticulaire, sont réunies en faisceaux qui occupent les parties latérales des anneaux.

Presque tous les Chétopodes vivent en liberté dans l'eau, surtout dans la mer, ou dans les fonds vaseux, plus rarement dans le sol humide.

2 ordres :

Des parapodes. Des métamorphoses	Polychètes.
Pas de parapodes. Pas de métamorphoses......	Oligochètes.

PREMIER ORDRE

OLIGOCHÈTES

Annélides à soies peu nombreuses fixées dans des cryptes. Jamais de parapodes, de tentacules, de cirres ni de branchies. Monoïques. Développement sans métamorphoses.

Les Oligochètes (ὀλίγος, peu nombreux; χαίτη, soie) vivent dans la terre ou dans l'eau douce. On les divise en deux sous-ordres: les *Terricoles* et les *Limicoles*.

PREMIER SOUS-ORDRE

OLIGOCHÈTES TERRICOLES

La plupart de ces Vers sont terrestres ; ils sont caractérisés principalement par la présence de canaux déférents et d'oviductes spéciaux disposés au voisinage des organes segmentaires.

Famille des **LOMBRICIDÉS.** — Ce sont des Annélides terrestres, à corps cylindrique, atténué aux extrémités, à cuticule résistante, à sang rouge. Ils sont dépourvus d'yeux.

Genre **Lombric** (*Lumbricus* L.). — Les Lombrics ou *Vers de terre* ont le corps formé de nombreux anneaux, et muni d'ordinaire de quatre séries longitudinales de soies géminées, dont deux sur la face ventrale et une sur chaque face latérale. La ceinture se présente sous l'aspect d'un manchon incomplet, situé bien en arrière des orifices génitaux.

L'accouplement est réciproque, comme chez les Sangsues ; il s'effectue la nuit, à la surface du sol, pendant les mois de juin et de juillet (1). Les Lombrics pondent aussi leurs œufs dans des cocons, mais la plupart de ces œufs ne sont pas fécondés et en général il ne se développe qu'un seul embryon par capsule. La larve qui en provient avale non seulement la provision d'albumine contenue dans le cocon, mais encore le vitellus des œufs non fécondés. Le développement est direct.

Le genre *Lumbricus* ne comprend qu'un petit nombre d'espèces, mais celles-ci sont représentées par un nombre immense d'individus. Nous citerons en particulier le **Lombric terrestre** (*L. agricola* Hoffm. *L. terrestris* L.), une des plus grandes espèces, et le **Lombric commun** (*L. communis* Hoffm.), de plus petites dimensions.

Darwin a mis en lumière l'importance du rôle que jouent ces Vers dans les phénomènes géologiques actuels. Ils vivent pendant le jour dans les trous qu'ils se sont creusés dans la terre, mais ils en sortent la nuit. Ils mangent des feuilles, de la viande, de la graisse et même les cadavres de leurs semblables. Ils ingurgitent aussi en partie la terre qui leur fait obstacle lorsqu'ils creusent leurs galeries. La nuit venue, ils gagnent la surface du sol, où ils expulsent cette terre par l'anus : c'est ce qui constitue ces tortillons si abondants parfois dans les jardins. Darwin a reconnu que, de ce chef, il se forme annuellement à la surface de la terre une couche épaisse de 3 à 5 millimètres. D'autre part, les Vers attirent les feuilles dans le sol, non seulement pour s'en nourrir, mais aussi pour tapisser leur tanière ; ils concourent de la sorte à leur décomposition et à la formation de la terre végétale.

(1) Perrier a observé que le *L. fœtidus* Sav. s'accouple en plein jour dans le fumier : les deux individus sont disposés tête-bêche et engagés chacun sous la cuticule de la ceinture de l'autre.

Enfin, dans ces derniers temps, M. Pasteur a fait jouer à ces animaux un rôle des plus importants dans l'étiologie du charbon. Il a reconnu, en effet, que les tortillons excrémentitiels recueillis à la surface des fosses d'enfouissement des cadavres charbonneux possèdent des propriétés virulentes. Les Lombrics contribueraient donc à ramener à la surface du sol les spores du *Bacillus anthracis*.

Ces Vers ont une grande puissance de rédintégration.

SECOND SOUS-ORDRE

OLIGOCHÈTES LIMICOLES

Annélides dont les organes segmentaires, dans les anneaux génitaux, remplissent le rôle de spermiductes et d'oviductes.

La plupart sont aquatiques.

Genres *Tubifex*, *Lumbriculus*, *Nais*, etc.

SECOND ORDRE

POLYCHÈTES

Annélides munies de parapodes qui portent de nombreuses soies et en général des tentacules, des cirres et des branchies. Ordinairement dioïques. Développement avec métamorphoses.

Les Polychètes (πολύς, nombreux ; χαίτη, soie) sont des Vers marins doués d'une organisation élevée. On en distingue deux groupes : les *Sédentaires* et les *Errantes*.

PREMIER SOUS-ORDRE

POLYCHÈTES SÉDENTAIRES

Tête peu distincte ; trompe courte ; pas de mâchoires. Les branchies, quand elles existent, sont le plus souvent limitées aux anneaux qui suivent la tête. — Vivent dans les tubes qu'elles se construisent elles-mêmes, ce qui les a fait souvent appeler *tubicoles*.

Genres *Arenicola*, *Terebella*, *Hermella*, *Sabella*, *Serpula*, etc.

SECOND SOUS-ORDRE

POLYCHÈTES ERRANTES

Encore appelées *Néréides*. Tête distincte, portant des yeux, des tentacules et souvent des cirres tentaculaires. Le pharynx est protractile et joue le rôle de trompe. Les branchies, qui manquent quelquefois, consis-

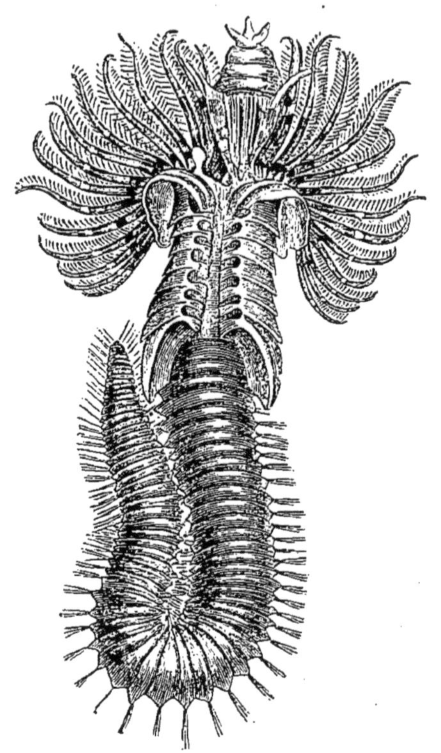

Fig. 287. — Serpule commune (*Serpula contortuplicata*).

tent en des tubes pectinés ou arborescents situés dans la région dorsale

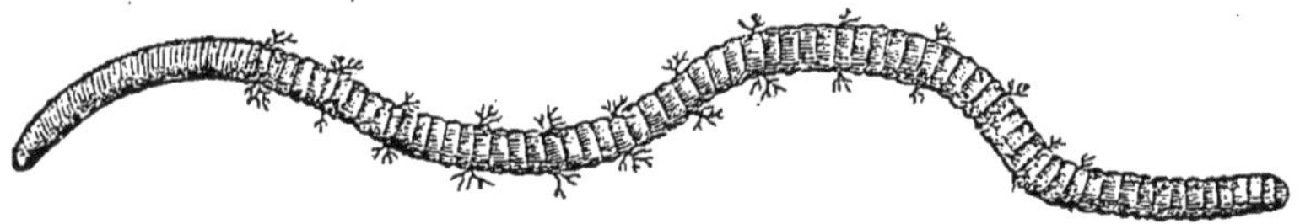

Fig. 288. — Arénicole des pêcheurs.

(Dorsibranches). — Vivent en liberté dans la mer ou habitent temporairement des tubes membraneux.

Genres *Aphrodite*, *Polynoe*, *Amphinome*, *Eunice*, *Nereis*, etc.

CLASSE ANNEXE

ENTÉROPNEUSTES

Vers cylindriques ciliés, munis d'une trompe céphalique; poches branchiales soutenues par un squelette chitineux; sexes séparés.

Cette classe ne comprend que le seul genre *Balanoglossus*, dont la place dans la classification n'est pas nettement déterminée. Les larves de ces animaux (*Tornaria*) tendent à les faire rapprocher des Annélides et surtout des Échinodermes. Les Balanoglosses vivent dans le sable de la Méditerranée. Leur découverte est due à Delle Chiaje.

CINQUIÈME EMBRANCHEMENT

ARTHROPODES

Animaux à symétrie bilatérale, à corps formé d'articles dissemblables (hétéronomes), *pourvus de membres articulés.*

Les Arthropodes (ἄρθρον, articulation ; ποῦς, pied) ou Articulés condylopodes (κόνδυλος, articulation) étaient autrefois réunis aux Vers pour constituer le grand groupe des Annelés ou Articulés. De même que certains Vers, en effet, ils sont tous formés d'une succession d'articles; mais ils possèdent, de plus, des appendices ou membres articulés. — La partie de la zoologie qui traite des Arthropodes porte le nom d'entomologie (ἔντομον, insecte; λόγος, discours); toutefois, on emploie les termes de carcinologie, arachnologie et myriologie, lorsqu'il s'agit de l'étude spéciale des Crustacés, des Arachnides ou des Myriapodes.

La conformation générale des Arthropodes se rattache à la symétrie bilatérale. En outre, on peut toujours distinguer, dans le corps de ces animaux, une face dorsale ou *hémale*, vers laquelle se trouve situé le cœur, et une face ventrale ou *neurale*, caractérisée par la position du système nerveux. A l'extérieur, le corps se montre divisé, aussi bien chez les individus adultes que dans les formes embryonnaires, en un nombre variable de segments annulaires solides.

Le *tégument* offre une couche cuticulaire de nature chitineuse, parfois incrustée de sels calcaires et constituant un véritable squelette externe ou exosquelette. Cette enveloppe est produite, comme la cuticule des Vers, par une couche sous-cuticulaire, formée de cellules juxtaposées. — La résistance de ce revêtement s'opposerait, on le conçoit, à la croissance des animaux; aussi se détache-t-il, de temps à autre, pour être remplacé par un plus ample : ces changements de peau ou *mues* se renouvellent à des époques déterminées, soit dans l'état larvaire seulement, soit même, comme chez les Crustacés, durant une grande partie de l'existence.

Les segments chitineux annulaires sont unis entre eux par des portions plus souples du tégument. Chacun de ces anneaux, lorsqu'il offre une organisation complète, porte dans sa zone ventrale une paire d'appendices articulés; plus rarement, on observe des appendices dans la région dorsale : telles sont cependant les ailes des Insectes. On donne à ces articles du corps, y compris la partie correspondante des organes internes, le nom de *métamères* ou *zoonites*, chacun de ceux-ci se composant d'une partie centrale ou *somite* et en général d'une paire d'*appendices*. Un des principaux caractères des Arthropodes est tiré de l'hétéronomie (ἕτερος, différent; νομος, loi) ou dissemblance des métamères.

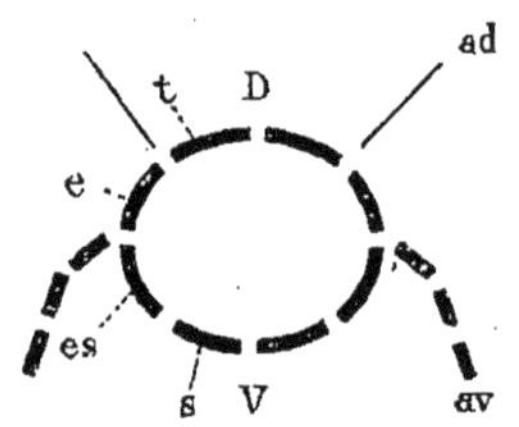

Fig. 289. — Schéma de la constitution squelettique d'un métamère d'Arthropode. — D, arceau dorsal. V, arceau ventral. *t*, tergitte. *e*, épimérite. *es*. épisternite. *s*, sternite, *ad*, appendice dorsal. *av*, appendice ventral.

L'anneau qui constitue l'exosquelette d'un somite est formé de pièces tantôt assez distinctes, tantôt unies sans traces de séparation, et qui reçoivent le nom de tegmites (*tegmen*, enveloppe). Ces pièces, symétriquement disposées par rapport à un plan médian, constituent deux arceaux : l'un supérieur ou *tergal*, l'autre ventral ou *sternal*. D'après M. H. Milne Edwards, chacun de ces arceaux présente, comme composition typique, deux paires de tegmites (fig. 289) : dans l'arceau tergal, les deux supérieures sont nommées *tergites*, et les deux latérales, *épimères* ou épimérites; de même, les pièces médianes de l'arceau inférieur sont appelées *sternites* et les autres *épisternites*. Beaucoup d'auteurs, toutefois, considérant que l'arceau ventral est plus étendu que l'arceau dorsal, y rattachent les épimères. De cette façon, l'arceau dorsal ne comprend que les deux tergites, dont la réunion forme le *tergum* ou *notum*, tandis que l'arceau ventral (*pectus*) offre, d'une part, deux sternites constituant le *sternum*, et d'autre part, deux épisternums et deux épimères, représentant les flancs (*pleuræ*).

Quant aux appendices, ils s'insèrent entre l'épisternum et l'épimère : c'est du moins ce qui a lieu pour les membres proprement dits. Les ailes appartiennent à l'arceau tergal et prennent leur insertion entre le tergum et l'épimère.

De même que les tegmites, les anneaux peuvent se grouper, se souder entre eux, et leur division virtuelle n'est souvent indiquée que par la présence des appendices, qui existent dans tout anneau complet. Par suite de ce groupement et des modifications corrélatives que présentent les appendices, le corps des Arthropodes se trouve généralement divisé en trois régions : la *tête*, le *thorax* et l'*abdomen*. Chez la plupart des Arachnides, cependant, et chez un certain nombre de Crustacés, la tête se soude au thorax pour former une région complexe appelée *céphalothorax*. L'abdomen peut même participer à cette fusion, comme on le voit chez les Acariens. Les Myriapodes, enfin, ont la tête distincte du reste du corps; mais on n'observe dans ce *tronc* aucune division en thorax et en abdomen. — Les appendices de la région céphalique sont affectés soit aux sensations (tiges oculifères, antennes), soit à la préhension ou à la mastication des aliments (appendices buccaux ou gnathites) ; plus rarement, ce sont des organes de fixation ou de locomotion. Les appendices thoraciques servent surtout à la locomotion. Enfin, ceux de l'abdomen, qui manquent souvent, d'ailleurs, sont employés à la locomotion ou à la respiration, ou destinés à porter les œufs, ou bien encore représentent des organes copulateurs.

Les *muscles* des Arthropodes ne s'unissent pas au tégument comme ceux des Vers, pour former une enveloppe musculo-cutanée. Ils offrent des faisceaux distincts de fibres, qui s'insèrent à la face interne des anneaux ou sur des sortes d'apophyses internes connues sous le nom d'*apodèmes*. Les fibres musculaires sont striées transversalement.

Dans ses traits généraux, le *système nerveux* concorde avec celui des Annélides. Il comprend, en effet : 1° un *cerveau*, constitué par une paire de ganglions sus-œsophagiens accolés, fusionnés parfois en une masse unique, et fournissant des nerfs aux appendices sensoriels de la tête (yeux, antennes, etc.) ; 2° une *chaîne ganglionnaire ventrale*, composée de deux cordons longitudinaux plus ou moins rapprochés et souvent même confondus sur la ligne médiane, au-dessous du tube digestif. Les premiers ganglions de la chaîne ventrale, ou ganglions sous-œsophagiens, sont réunis au cerveau par un double connectif qui embrasse l'œsophage et forme un *collier œsophagien*. D'ordinaire, chaque somite possède une paire de ganglions ; mais, si les segments se fusionnent, on observe une concentration analogue des masses ganglionnaires correspondantes. — Le cerveau est le siège de la volonté et de la coordination des mouvements ; il joue en outre le rôle de centre moteur et sensitif à l'égard des appendices sensoriels céphaliques, comme la masse sous-œsophagienne à l'égard des gnathites. Les ganglions de la chaîne ventrale fournissent des nerfs mixtes aux somites qui les renferment ; mais les racines sensitives ne tirent pas spécialement leur origine de la face inférieure de la chaîne, et les racines motrices, de la face supérieure (E. Yung).

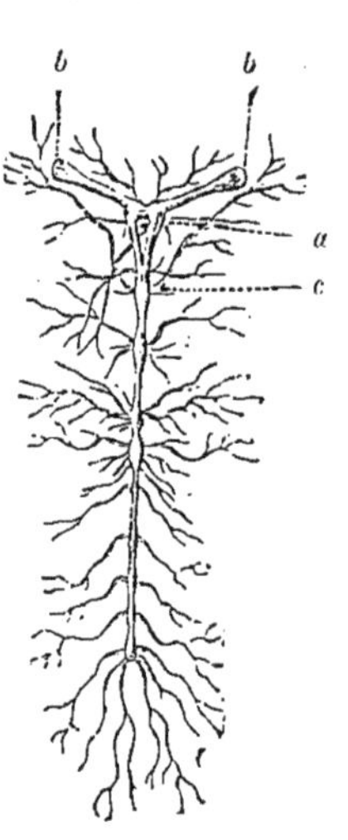

Fig. 290. — Système nerveux de la vie de relation d'un Insecte. — *a*, collier œsophagien. *b*, *b*, nerfs optiques. *c*, chaîne ganglionnaire ventrale.

Outre le système nerveux de la vie de relation, il existe un *système nerveux viscéral* ou de la vie organique, composé de deux groupes de petits ganglions et de filets nerveux très délicats : 1° Le groupe antérieur ou *système stomato-gastrique* naît du cerveau et consiste en un plexus muni de ganglions accompagnant l'intestin buccal et distribuant des filets aux appareils digestif, circulatoire et respiratoire : on l'a comparé au nerf pneumogastrique des Vertébrés. 2° Le groupe postérieur émane de la chaîne ventrale ; les plexus qu'il forme se distribuent surtout au tube intestinal et aux organes génitaux : aussi l'assimile-t-on au *grand sympathique* des Vertébrés.

Les *organes sensoriels* sont en général bien développés. La plupart des Arthropodes sont pourvus d'une ou de deux paires d'appendices céphaliques, les antennes, qui sont surtout destinées au *tact*, mais paraissent aussi porter, dans certains cas, des organes *olfactifs*. Le toucher s'effectue également par les palpes, appendices secondaires annexés aux gnathites, et même par les extrémités des pattes, parties munies, comme les antennes, de baguettes tactiles analogues à celles des Vers. — Les *organes auditifs* n'ont guère été reconnus que chez les Crustacés : ce sont des *otocystes*, vésicules formées par une invagination du tégument, et tantôt ouvertes, tantôt fermées. Elles renferment des corps solides ou *otolithes*, et la cuticule qui les tapisse est garnie de « poils auditifs » en relation par leur base avec des terminaisons nerveuses. On a trouvé chez quelques Insectes des organes analogues.

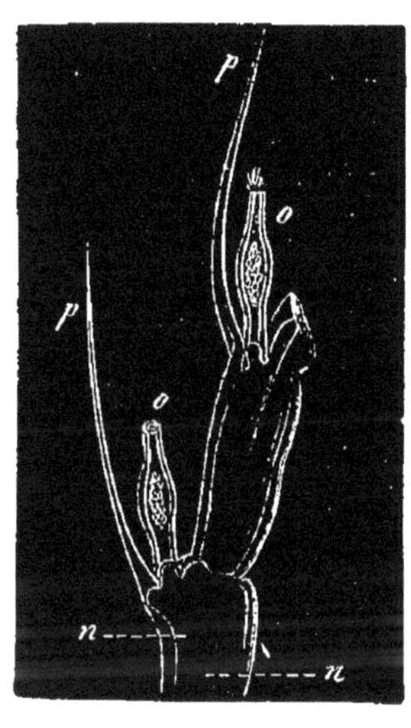

Fig. 291. — Portion d'une antennule d'*Asellus aquaticus*, montrant l'appareil olfactif, d'après Leydig et Nuhn. — *nn*, trajet des filets nerveux. *p p*, soies protectrices. *o*, cônes olfactifs.

Les *yeux*, placés d'ordinaire sur la tête, font rarement défaut. Parfois, ce sont de simples taches de pigment situées sur le cerveau : on leur donne alors le nom d'*yeux pigmentaires*. Mais d'ordinaire l'appareil percepteur, plus complexe, consiste en des pièces allongées en forme de pyramides, les *bâtonnets optiques*. Ces pièces, entourées d'une gaine pigmentaire, se composent de deux parties placées bout à bout : 1° une portion profonde ou *bâtonnet* proprement dit (*rétinule* des auteurs allemands), en connexion par sa partie effilée profonde avec les éléments du nerf optique : c'est surtout cette partie dont la gaine est chargée de pigment, et c'est elle, par suite, qui représente plus spécialement l'élément percepteur ; 2° une portion externe, d'apparence hyaline, appelée *cône cristallin* : on la regarde comme un appareil destiné à produire la convergence des rayons lumineux. Il faut ajouter que la surface externe de ces pyramides visuelles est revêtue par la cuticule, qui souvent devient transparente et constitue ainsi une cornée. Tous ces yeux à bâtonnets sont appelés *yeux rétiniens*. Lorsqu'ils sont recouverts par le tégument non modifié, comme chez beaucoup de Crustacés inférieurs, on les qualifie d'*yeux rétiniens internes*, et on les distingue en *yeux simples* et *yeux composés* suivant qu'ils comprennent un seul ou plusieurs bâtonnets. Lorsqu'ils sont au contraire revêtus d'une cornée, ce sont des *yeux rétiniens externes*, divisibles également en *yeux simples*, à un seul bâtonnet recouvert par une cornée lenticulaire (Corycæidés) et *yeux composés*, formés par la réunion de plusieurs bâtonnets. Ces derniers sont parfois recouverts par une cornée simple, commune : on les appelle alors *stemmates* ou *ocelles*. Mais le plus souvent ils sont pourvus de cornées multiples, tantôt distinctes seulement à l'intérieur, comme dans les *yeux à cornée lisse* des Daphnies, tantôt reconnaissables même à l'extérieur, comme dans les *yeux réticulés* ou à *facettes* si communs chez les Insectes. Dans les ouvrages d'entomologie, c'est en général à ces seuls yeux à facettes qu'on donne le nom d'yeux composés. — D'après P. Bert, les Arthropodes ne percevraient pas de rayons du spectre solaire autres que ceux que nous voyons; cependant, sir John Lubbock a fait des expériences desquelles il conclut que les Fourmis perçoivent les rayons ultraviolets, qui, pour nous, ne sont pas visibles.

L'*appareil digestif* est toujours complet dans les formes adultes; on peut y reconnaître, dans tous les cas, les trois divisions que nous avons signalées chez les Vers : intestin buccal, moyen et terminal. Il est situé entre la chaîne nerveuse et le cœur. La bouche, qui s'ouvre à la face inférieure de la tête, est entourée d'appendices particuliers ou *gnathites* propres à broyer, à lécher, à sucer ou à piquer; mais il est à remarquer que ces pièces buccales, au lieu de se mouvoir de haut en bas, comme les mâchoires des Vertébrés, agissent dans le sens latéral. L'intestin buccal comprend un œsophage étroit, offrant parfois des dilatations ou poches plus ou moins complexes; des glandes salivaires y sont annexées. L'intestin moyen est parfois dilaté sur toute sa longueur et reçoit alors le nom « d'intestin chylifique » ; d'autres fois, il présente seulement, à sa naissance, une dilatation restreinte, le « ventricule ou estomac chylifique »; il se distingue par la présence d'appendices cæcaux ou de glandes variées (prétendus appendices hépatiques, hépatopancréas). Quant à l'intestin terminal, d'ordinaire assez court, il porte souvent à son origine, surtout chez les Trachéates, des organes excréteurs sous forme d'appendices tubuleux, appelés *tubes de Malpighi ;* il peut en outre offrir, à son extrémité postérieure, diverses autres glandes.

La *circulation*, lacunaire dans les formes inférieures, s'effectue ailleurs sous l'influence d'un organe contractile central, toujours artériel, le *cœur* ou *vaisseau dorsal*. C'est une ampoule ou un tube allongé, divisé en chambres, qui se trouve plongé dans une cavité péricardique, au sein de laquelle le sang fait retour après son passage dans l'appareil respiratoire. Des orifices en forme de boutonnière permettent l'entrée du sang dans le cœur; de là, il est lancé en avant et répandu dans les lacunes interorganiques et dans la cavité générale ; le retour a lieu par des lacunes veineuses sans parois spéciales. Le système vasculaire peut se compliquer par suite de la localisation de la fonction respiratoire, mais il n'est jamais complètement clos. Par suite, le *sang* est moins différencié que chez les Annélides ; il est quelquefois chargé de globules, mais la coloration qu'il peut offrir exceptionnellement est toujours propre au plasma, qui joue à la fois le rôle de véhicule des substances nutritives et de véhicule de l'oxygène.

La *respiration* est parfois cutanée, surtout dans les formes aquatiques. Mais, le plus souvent, elle s'accomplit à l'aide d'organes spéciaux, variables suivant le mode de vie des animaux. Les Crustacés (Branchiés) respirent par des *branchies*, expansions

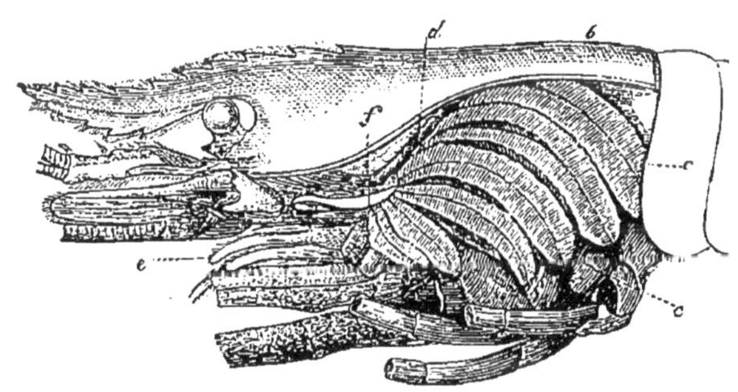

Fig. 292. — Appareil respiratoire du Palémon porte-scie (*Palæmon serratus*). — *b*, partie supérieure du céphalothorax. *c*, *c*, branchies. *d*, canal afférent de l'eau. *e*, pattes-mâchoires.

membraneuses ou filamenteuses dans lesquelles arrive le sang veineux, qui en sort artérialisé par l'action de l'air dissous dans l'eau. Les Arachnides, Myriapodes et Insectes (Trachéates) ont, au contraire, une respiration aérienne, s'accomplissant à l'aide de *trachées*. Ce sont des tubes aérifères qui se ramifient à l'intérieur par des orifices appelés *stigmates*, presque toujours disposés symétriquement sur les côtés du corps, et entourés d'un épaississement chitineux annulaire, ou *péritrème*. Chacun des tubes trachéens représente une sorte d'invagination des téguments; il est donc formé par deux tuniques principales : l'externe cellulaire, continue avec la couche sous-cuticulaire ; l'interne chitineuse, continue avec le revêtement chitineux du corps. De plus, cette tunique interne est renforcée par des épaississements qui forment, dans la lumière du tube, comme un fil spiral saillant, destiné à la maintenir béante. Ces épaississements font toutefois défaut dans les renflements vésiculeux que présentent les trachées de certains Insectes plongeurs (Hydrophiles) ou à vol soutenu (Hanneton). Le mécanisme de la respiration trachéenne est fort simple :

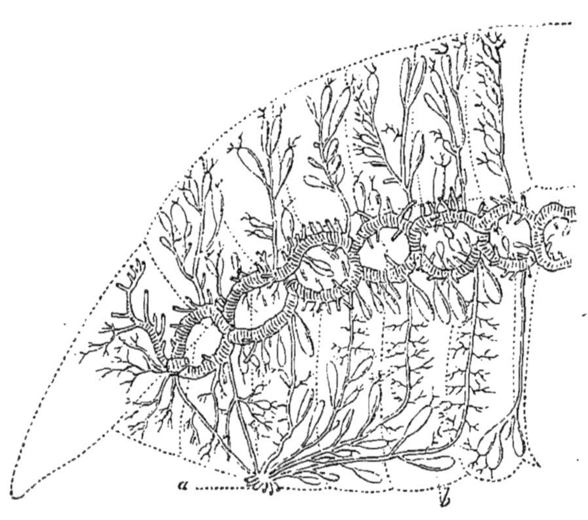

Fig. 293. — Moitié droite de l'abdomen d'un Hanneton, grossie huit fois pour montrer, par sa face interne, la première couche de trachées. — *a*, faisceau de trachées vésiculaires. *b*, vésicule (Straus-Durckheim).

l'animal, dilatant son corps, et surtout son abdomen, introduit l'air dans les trachées, puis il l'expulse par un mouvement de contraction. Les stigmates se ferment à la volonté de l'animal : c'est ce qui explique comment des Insectes peuvent, pendant un certain temps, continuer à vivre dans des gaz très délétères, ou résister à la submersion, comme on le constate pour les Chenilles et les Phylloxéras. On sait d'autre part, depuis Malpighi, que l'obstruction des stigmates par des corps gras détermine rapidement l'asphyxie (Poux).

Un certain nombre d'Arthropodes aquatiques respirent au moyen d'un système trachéen ouvert, en venant chercher l'air à la surface : telles sont les larves de Cousins. Chez la plupart, cependant, les trachées sont dépourvues de stigmates (larves d'Éphémères) et reçoivent alors le nom de *trachées astigmatiques :* elles sont d'ordinaire ramifiées dans des appendices membraneux (trachées branchiales) situés sur les anneaux de l'abdomen ; l'air dissous dans l'eau se sépare du liquide en traversant la membrane et arrive à l'état de gaz dans les trachées, de sorte qu'en réalité la respiration est encore aérienne.

Chez les Aranéides et les Scorpionides, le système trachéen subit une transformation toute particulière. Les trachées provenant d'un tronc commun parti d'un stigmate prennent la forme de lamelles creuses, larges et courtes, réunies à la façon des feuillets d'un livre : ces organes reçoivent le nom de *poumons* (poumons trachéens ou pseudo-poumons).

Autour des intestins, dans la cavité viscérale des Arthropodes, on trouve souvent une masse cellulaire connue sous le nom de *corps adipeux*. Ces cellules, qui se remplissent presque toujours de gouttelettes graisseuses, représentent les matériaux non utilisés dans le développement de l'animal ; chez les Insectes, elles sont en partie consommées pendant la phase nymphale. Tous les Trachéates offrent d'ailleurs de nombreuses ramifications trachéennes parmi ces dépôts de graisse, auxquels on a attribué un rôle important dans les échanges respiratoires. On sait que certains Arthropodes consomment une quantité considérable d'oxygène et développent beaucoup de *chaleur*. Il en est aussi qui produisent de la *lumière*, et l'on a constaté que les organes phosphorescents des Lampyridés et des Élatéridés ne sont pas sans offrir beaucoup de rapports avec le corps adipeux.

Nous avons déjà signalé, comme organes d'*excrétion*, les vaisseaux de Malpighi qui s'ouvrent dans l'intestin terminal de beaucoup de Trachéates. Chez les Crustacés, au contraire, on observe des glandes tubuleuses indépendantes du tube digestif et s'ouvrant à l'extérieur, comme les *organes segmentaires* des Vers. Le liquide produit par les organes excréteurs renferme de l'acide urique et des urates chez les Insectes et les Myriapodes ; il contient de la guanine chez les Arachnides et les Crustacés.

La *reproduction* est toujours sexuelle ; de plus, la séparation des sexes est la règle, et les différences qu'ils présentent sont quelquefois très accusées. Les Cirripèdes et les Tardigrades seuls sont hermaphrodites. Dans quelques cas, comme nous le verrons chez les Pucerons et les Phylloxéras, par exemple, la reproduction a lieu par *parthénogenèse*. Les organes sexuels sont plus parfaitement organisés que chez les Vers, et surtout plus centralisés :

on trouve toujours des *glandes génitales* distinctes, paires ou impaires, avec des conduits excréteurs plus ou moins compliqués. Dans l'appareil femelle, une partie de l'oviducte est dilatée et fonctionne comme utérus : c'est là que les œufs s'enveloppent d'une coque; de plus, il y est annexé une cavité destinée à recevoir le sperme lors de l'accouplement : c'est le *réceptacle séminal*, ou *poche copulatrice*. L'appareil mâle, de son côté, présente une dilatation du canal déférent, la vésicule séminale, qui sert de réservoir pour le sperme. Des glandes annexées à ce canal fournissent des produits divers, dont le plus remarquable sert à l'agglutination des spermatozoïdes en petites masses entourées d'une enveloppe spéciale (*spermatophores*). Tantôt l'extrémité du canal déférent constitue une sorte de pénis, tantôt il existe des organes copulateurs spéciaux, résultant de la modification de certains appendices ou même de segments entiers du corps.

Les Arthropodes sont surtout ovipares, mais on constate aussi de nombreux cas d'ovoviviparité. Le développement de l'embryon débute par une segmentation totale ou partielle du vitellus. Chez les Araignées et les Insectes, on admettait, jusqu'à ces derniers temps, l'absence complète de segmentation ; mais les noyaux des éléments cellulaires primordiaux de l'embryon résultent fort probablement, là comme dans les autres groupes, d'un fractionnement du premier noyau embryonnaire.

En même temps, les éléments du vitellus (voy. p. 64) se séparent en deux zones : l'une, formée par le protoplasma proprement dit, se groupe autour des noyaux de segmentation, en se portant avec eux à la surface, pour produire le *blastoderme;* l'autre, constituée par les substances albuminoïdes et graisseuses mélangées d'abord au protoplasma, se rassemble en une masse centrale, souvent fractionnée en grosses sphères colorées : c'est le *vitellus nutritif* ou *deutoplasma*, qui est destiné à l'alimentation de l'embryon. Le développement de celui-ci débute en général par l'apparition d'une *bandelette primitive*. On appelle ainsi une bande cellulaire épaisse résultant d'une multiplication active des cellules blastodermiques sur la face qui deviendra ventrale. Cette bande montre bientôt un sillon médian, premier indice de la symétrie bilatérale; puis elle se divise en un certain nombre de segments ou *somites primitifs*, qui représentent la portion ventrale des anneaux. Sur les parties latérales de ces segments, on voit apparaître des mamelons qui s'allongent peu à peu et se replient vers la ligne médiane de la face ventrale : ce sont les appendices. Les somites se différencient dans les diverses régions du corps; ils se complètent, en outre, du côté dorsal, en enveloppant le vitellus nutritif : c'est cette disposition que Van Beneden qualifie d'*épicotylée* ou *notocotylée* (ἐπὶ, sur, ou νῶτος, dos; κοτύλη, cavité). L'embryon achève alors de se constituer; les feuillets blastodermiques ébauchent les tissus et les organes auxquels ils doivent donner naissance. 1° L'*ectoderme* produit la couche subcuticulaire et la chaîne ventrale; en s'invaginant, il forme la bouche et le revêtement interne de l'intestin buccal, l'anus et le revêtement de l'intestin terminal, les stigmates et les trachées. 2° L'*endoderme* donne naissance aux éléments sécréteurs de l'intestin moyen et à certaines glandes annexes. 3° Enfin, le *mésoderme* produit les muscles de l'exosquelette et ceux du tube digestif, ainsi que le système circulatoire.

L'embryon, non plus que l'adulte, ne se montre jamais revêtu de cils vibratiles. Au moment de l'éclosion, le jeune animal présente quelquefois la forme de ses parents (Écrevisses, Araignées, Poux). Mais, le plus souvent, le développement s'accompagne de métamorphoses plus ou moins compliquées, dont nous nous occuperons spécialement à propos des Insectes. Ces métamorphoses sont d'ordinaire progressives; parfois cependant, sous l'influence du parasitisme, elles offrent des phénomènes de régression bien marqués, ainsi qu'on le verra chez les Linguatules.

4 classes :

Respiration aérienne : **Trachéates.**	Trois paires de pattes (Hexapodes)......	INSECTES.
	Nombreuses paires de pattes............	MYRIAPODES.
	Quatre paires de pattes (Octopodes).....	ARACHNIDES.
Respiration aquatique :	**Branchiés**..........................	CRUSTACÉS.

CLASSE I

CRUSTACÉS

Arthropodes à respiration aquatique, soit branchiale, soit cutanée; tête habituellement soudée au thorax et munie de deux paires d'antennes; nombreuses paires de pattes au thorax et souvent aussi à l'abdomen.

Les Crustacés, autrefois classés, comme les Arachnides et les Myriapodes, parmi les Insectes aptères, doivent leur nom à la consistance de leurs téguments. Souvent, en effet, ceux-ci acquièrent une dureté pierreuse (*crusta*, croûte) par suite du dépôt de matière calcaire dans leur cuticule. On sait d'ailleurs que celle-ci se détache et se renouvelle à certaines époques, pour permettre le développement des organes internes, et que ces mues se répètent pendant toute la période de croissance. La nouvelle cuticule n'acquiert qu'au bout de quelques jours sa solidité normale, et dans cet intervalle les animaux se montrent souvent très craintifs. Les Crustacés supérieurs ou Malacostracés possèdent, pour la plupart, le nombre typique de somites, qui est de vingt et un, soit six pour la tête, huit pour le thorax et sept pour l'abdomen. Chez les Entomostracés, qui ont les téguments plus minces, le nombre des somites est très variable; quelquefois, le corps est revêtu d'une coquille calcaire bivalve ou multivalve. Les Lernées sont vermiformes et n'offrent même pas d'anneaux distincts.

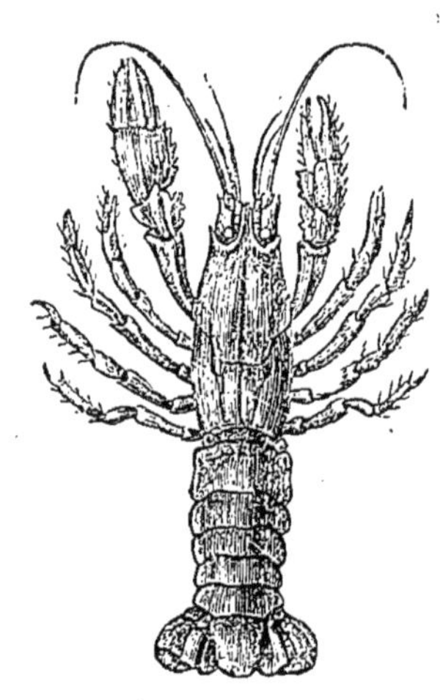

Fig. 294. — Écrevisse commune (*Astacus fluviatilis*).

La tête est, dans certains cas, mobile et distincte; mais le plus souvent elle se soude avec un ou plusieurs segments thoraciques pour former une carapace ou céphalothorax. Elle porte d'ordinaire deux yeux et deux paires d'antennes : les antérieures ou internes sont dites *antennules;* les autres sont les *antennes* proprement dites. Les appendices suivants, placés autour de la bouche, servent à la préhension ou à la division des aliments : ils comprennent une paire de *mandibules* et en général deux paires de *mâchoires*.

Les premiers appendices de la région thoracique fonctionnent aussi comme pièces buccales ou gnathites : ils constituent les *pattes-mâchoires*, souvent au nombre de trois paires. Les autres servent surtout d'organes locomoteurs (pattes ambulatoires).

Fig. 295. — Appareil masticateur du Homard, vu par sa face inférieure. — En avant, se voient les antennules et les antennes. — *c*, mandibules, suivies de deux paires de mâchoires et de trois paires de pattes-mâchoires, dont la dernière est en *d*.

Quant aux appendices abdominaux, ils peuvent être également propres à la locomotion, mais ils se modifient parfois pour constituer des organes respiratoires, copulateurs ou ovifères.

Le *système nerveux* se compose d'un fort cerveau et d'une chaîne ventrale dont les paires ganglionnaires sont plus ou moins coalescentes.

Chez les formes inférieures, on ne trouve plus qu'une masse ganglionnaire commune, donnant naissance à tous les nerfs. Souvent on constate la présence d'un système nerveux viscéral ou stomato-gastrique assez complexe. — Tous les *organes des sens* n'ont pas encore pu être déterminés d'une façon bien exacte. Le *tact* paraît s'effectuer par les antennes et sans doute aussi par les palpes qui sont d'ordinaire annexées aux gnathites. Les *yeux* sont tantôt simples, tantôt composés (à cornée lisse ou à facettes), et alors sessiles ou portés par des pédoncules mobiles. Des *vésicules auditives* existent dans beaucoup d'espèces : elles sont presque toujours situées sur l'article basilaire des antennules. Ces mêmes appendices portent également les *organes olfactifs*.

Le *tube digestif* est à peu près rectiligne. La bouche s'ouvre sur la face ventrale. Nous avons indiqué plus haut la constitution de l'appareil masticateur qui s'y trouve annexé. Chez les Crustacés suceurs, les gnathites se modifient pour former une sorte de trompe munie à son intérieur de stylets aigus. L'intestin buccal offre un court œsophage, qui se dilate bientôt en une large poche digestive (estomac masticateur ou gésier) en général armée à l'intérieur de puissantes dents chitineuses. L'intestin moyen ou chilifique est long, à peu près droit. Il aboutit à un intestin terminal ou rectum large et court, qui s'ouvre sur le dernier segment de l'abdomen. Les Crustacés ne possèdent jamais de glandes salivaires. A l'intestin moyen sont parfois annexés de simples tubes glanduleux ; mais, chez les formes supérieures, il existe une volumineuse glande digestive dont les conduits excréteurs s'ouvrent un peu en arrière de l'estomac masticateur (hépatopancréas).

L'*appareil circulatoire* est très complexe chez les Crustacés supérieurs. Il comprend un cœur artériel logé dans un péricarde, à la région dorsale, et des artères qui distribuent le sang à toutes les parties du corps. Les voies de retour sont représentées par les lacunes interorganiques et aboutissent à la base des pattes. De là, le sang aborde les organes respiratoires, puis retourne au cœur par des vaisseaux distincts, appelés canaux branchio-cardiaques. Cet appareil se simplifie beaucoup dans les formes inférieures, et le cœur lui-même peut disparaître. Le sang est d'ordinaire incolore ; cependant, le *plasma* (et non les globules) renferme une substance analogue à l'hémoglobine, mais contenant du cuivre au lieu de fer : cette substance forme avec l'oxygène une combinaison *bleue*, peu stable, et, pour cette raison, a été nommée *hémocyanine* (Frédéricq). Dans quelques cas, le sang est teinté en rouge par de l'hémoglobine également dissoute dans le plasma (E. Van Beneden, Regnard et Blanchard).

Les *organes respiratoires* affectent une forme et une disposition très variables. Les *branchies* proprement dites n'existent guère que chez les Podophtalmes. Elles sont parfois (fig. 292) fixées aux membres thoraciques, et alors enfermées dans une chambre située de chaque côté du thorax, sous la carapace. D'autres fois (fig. 296), elles sont portées par les pattes abdominales et flottent librement dans l'eau. Chez les autres Crustacés, les branchies sont quelquefois remplacées par des vésicules membraneuses fixées à la base des pattes thoraciques (Crevette des ruis-

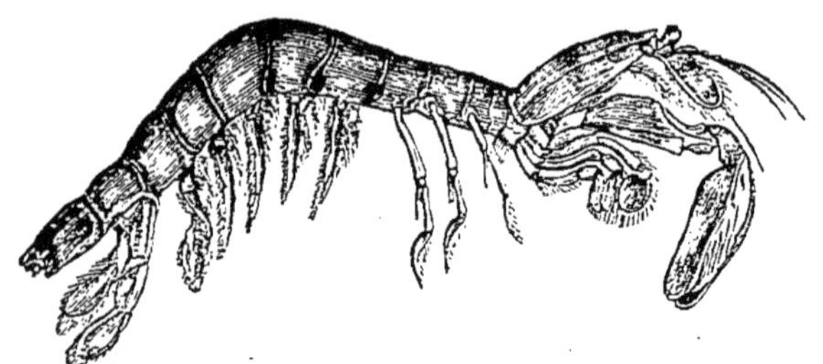

Fig. 296. — Squille maculée (*Lysiosquilla maculata*).

seaux); ou bien la respiration s'effectue par la peau de certaines régions du corps, et en particulier des pattes : c'est ainsi que les *pattes branchiales* foliacées des Branchiopodes servent à la fois à la locomotion et à la respiration. — Quelques Crustacés, tels que les Cloportes, quoique vivant à l'air libre, possèdent cependant des branchies : celles-ci sont toujours maintenues dans un état convenable d'humidité. Enfin, les Crabes terrestres, les Armadilles, les Porcellions, etc., sont beaucoup mieux adaptés encore à la vie terrestre : leurs organes respiratoires reçoivent directement le contact de l'air et fonctionnent à la façon des pseudo-poumons des Arachnides.

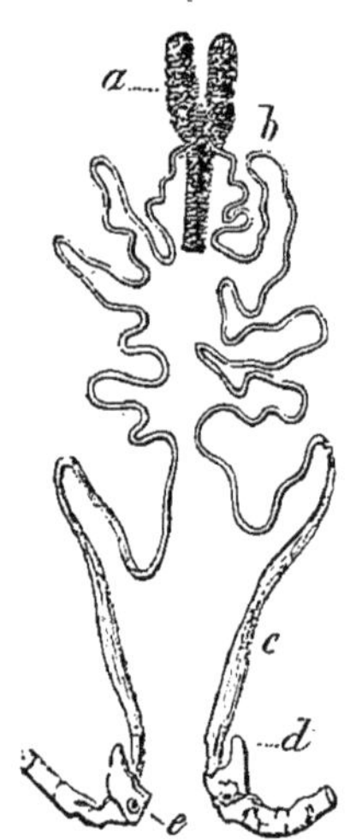

Fig. 297. — Organes mâles de l'Écrevisse. — *a*, testicules. *b*, *c*. canal déférent. *d*, article basilaire des pattes thoraciques de la cinquième paire. *e*, orifice génital.

Les *organes excréteurs* sont représentés par des tubes enroulés, indépendants du tube digestif et s'ouvrant à l'extérieur comme les organes segmentaires des Vers. Telles sont les *glandes vertes* situées dans la cavité céphalique de l'Écrevisse, et dont le canal excréteur débouche sur l'article basilaire de l'antenne externe. Le liquide sécrété par ces glandes contient de la guanine.

La séparation des sexes est la règle chez les Crustacés. Cependant, les Cirripèdes sont monoïques. Les *organes sexuels* sont habituellement pairs ; leurs conduits excréteurs débouchent à la partie postérieure du thorax ou à la partie antérieure de l'abdomen, tantôt sur le somite lui-même, tantôt sur l'article basilaire d'une paire de pattes. Les mâles sont petits, quelquefois nains, et, dans ce dernier cas, ils vivent en parasites sur les femelles. Celles-ci, toujours ovipares, portent souvent leurs œufs fixés aux appendices abdominaux ou renfermés dans des chambres incubatrices. Quelques formes (*Apus*, Daphnies) présentent des phénomènes de parthénogenèse.

Le *développement* comporte presque toujours une métamorphose complexe. Chez les Crustacés inférieurs, la larve qui sort de l'œuf est munie de deux ou trois paires d'appendices et d'un œil frontal impair : on lui donne le nom de *Nauplius* (fig. 298, *a*). La larve des Crustacés supérieurs ou Podophtalmes naît d'ordinaire dans un

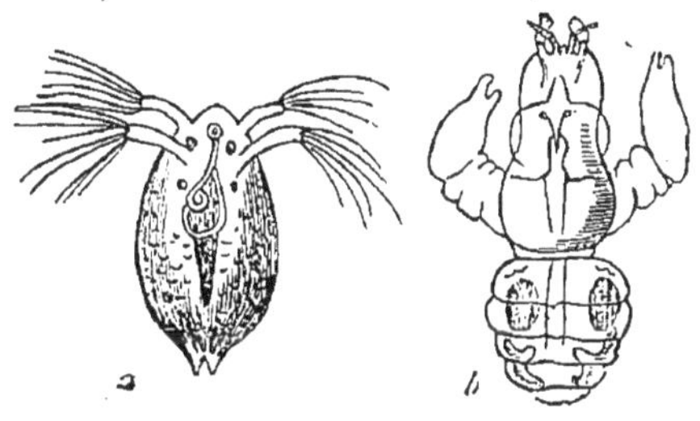

Fig. 298. — *Achtheres percarum*, grossi, d'après Owen. — *a*, larve *Nauplius*, nageant librement. *b*, mâle adulte, nain.

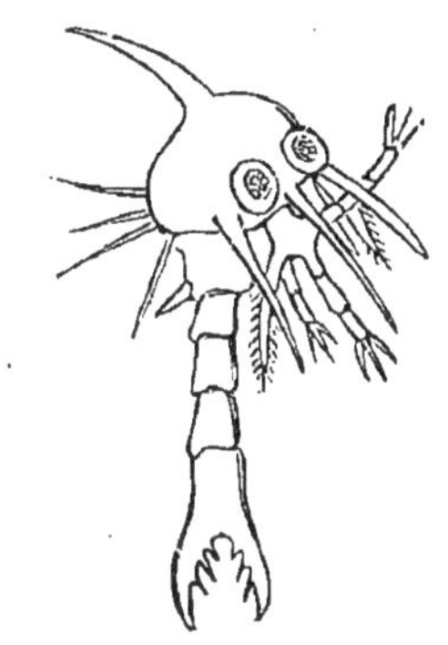

Fig. 299. — Larve *Zoea* de Crabe (*Pirimela denticulata*), amplifiée, d'après Kinahan.

état d'organisation plus avancé : elle possède déjà sept paires de membres et reçoit le nom de *Zoea* (fig. 299). Dans quelques cas, les jeunes offrent la forme des parents : c'est ce qu'on observe chez l'Écrevisse. Enfin, les espèces parasites subissent une métamorphose régressive.

La plupart des Crustacés sont carnassiers. Les uns se nourrissent de substances animales en décomposition ; les autres sucent les humeurs des animaux sur lesquels ils vivent en parasites. Un certain nombre d'entre eux, appartenant à l'ordre des Décapodes, sont recherchés pour l'alimentation de l'Homme. Leur chair est généralement ferme, nutritive, mais d'une digestion laborieuse.

8 ordres :

21 somites : MALACOSTRACÉS	Yeux pédonculés : *Podophtalmes.*	Branchies thoraciques et intérieures	DÉCAPODES.
		Branchies extérieures, sur les pattes abdominales..	STOMAPODES.
	Yeux sessiles : *Edriophtalmes.*	Vésicules respiratoires abdominales	ISOPODES.
		Vésicules respiratoires thoraciques........	AMPHIPODES.
Nombre variable de somites : ENTOMOSTRACÉS	Pattes respiratoires, foliacées.............		BRANCHIOPODES.
	Pattes non respiratoires.	Une carapace bivalve.....	OSTRACODES.
		Pas de carapace ni de manteau..............	COPÉPODES.
		Un manteau à plaques calcaires	CIRRIPÈDES.

PREMIER ORDRE

CIRRIPÈDES

Crustacés marins, fixés à l'âge adulte, ordinairement hermaphrodites; corps en général inarticulé, entouré d'un repli cutané, encroûté de plaques calcaires; pieds en forme de cirres.

Les Cirripèdes (*cirrus*, cirre; *pes*, pied) établissent le passage des Arthropodes aux Mollusques. — Principaux genres : les Anatifes (*Lepas*), les Balanes ou Glands de mer (*Balanus*).

On y rattache aussi les Rhizocéphales, qui subissent une métamorphose régressive si profonde, que leur corps est finalement dépourvu de membres et de tube digestif. Delage en fait un ordre à part, celui des *Kentrogonides*. — Genre *Sacculina*, parasite des Crabes.

DEUXIÈME ORDRE

COPÉPODES

Crustacés à corps allongé, en général nettement articulé, sans repli cutané; pattes thoraciques natatoires terminées chacune par une ou deux rames.

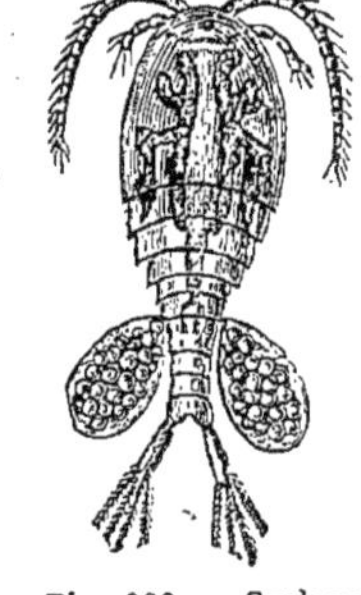

Fig. 300. — Cyclope commun (*Cyclops quadricornis*).

Les Copépodes (κώπη, rame; πούς, pied) se divisent en deux groupes :

1° Les Siphonostomes ou Épizoaires comprennent un assez grand nombre d'espèces parasites et souvent très dégradées. On les trouve principalement sur la peau et les branchies des Poissons. — Genres Corycée (*Corycæus*), Calige (*Caligus*), Achthère (*Achtheres*), Lernée (*Lernæa*), Argule (*Argulus*), etc.

2° Les Gnathostomes vivent en liberté dans les eaux douces ou dans la mer. — Genres Cyclope ou Monocle (*Cyclops*), Notodelphe (*Notodelphys*), etc.

TROISIÈME ORDRE

OSTRACODES

Petits Crustacés à corps comprimé latéralement, sans segmentation nette, et complètement enfermé dans une carapace bivalve, conchiforme; pattes servant à la natation et à la reptation.

Le nom de ces animaux tient à ce que leur carapace bivalve, souvent incrustée de calcaire, ressemble à une coquille de Mollusque lamellibranche (ὄστρακον, coquille). — Genres *Cypridina*, *Cythere*, *Cypris*.

QUATRIÈME ORDRE

BRANCHIOPODES

Crustacés à corps allongé, en général nettement segmenté, nu ou couvert soit d'un bouclier, soit d'une carapace bivalve ; pattes lamelleuses (branchiales) servant à la natation et à la respiration.

On divise les Branchiopodes (βράγχια, branchies; πούς, pied) en deux sous-ordres :

Les Cladocères ont de grandes antennes natatoires et de quatre à six paires de pattes : telles sont les Daphnies ou Puces d'eau (*Daphnia*), les Polyphèmes (*Polyphemus*), etc.

Les Phyllopodes ont de dix à quarante paires de pattes. — Genres *Apus*, *Branchipus*, *Artemia*.

CINQUIÈME ORDRE

AMPHIPODES

Crustacés à yeux latéraux sessiles, à corps comprimé latéralement, présentant sept ou six paires de pattes thoraciques ambulatoires qui portent les vésicules respiratoires.

Les Amphipodes (ἀμφὶ, des deux côtés; πούς, pied) forment avec les Isopodes la sous-classe des Édriophtalmes (ἑδριὸς, stable ; ὀφθαλμὸς, œil) de Milne-Edwards. — Ils comprennent la Crevette des ruisseaux (*Gammarus pulex* L.), la Puce de mer (*Talitrus locusta* Latr.), etc.

On y rattache souvent les Lémodipodes, auxquels appartiennent les Chevrolles (*Caprella*) et les Poux de Baleines (*Cyamus*).

SIXIÈME ORDRE

ISOPODES

Crustacés à yeux latéraux sessiles, à corps large et bombé, présentant sept paires de pattes thoraciques ambulatoires et cinq paires de pattes abdominales fonctionnant comme branchies.

Nous citerons, parmi les principaux genres des Isopodes (ἴσος, égal; πούς, pied), les Tanaïs (*Tanais*), les Cymothoés (*Cymothoa*), les Aselles (*Asellus*), les Cloportes (*Oniscus*), les Porcellions (*Porcellio*), les Armadilles (*Armadillo*), etc.

Fig. 301. — Cloporte commun.

Le Cloporte commun (*Oniscus asellus* L.) et l'Armadille officinal (*Armadillo officinalis* Cuv.) faisaient partie de l'ancienne matière médicale : on les administrait, tantôt vivants, tantôt secs et pulvérisés, comme diurétiques, lithontriptiques et antiscrofuleux. Leur faible propriété diurétique est due à la petite quantité de nitrate de potasse qu'ils renferment et qu'ils ont puisée sur les murs salpêtrés.

SEPTIEME ORDRE

STOMAPODES

Crustacés pourvus d'yeux pédonculés mobiles, de trois paires de pattes thoraciques ambulatoires et d'une courte carapace qui ne recouvre que les premiers anneaux thoraciques; branchies libres, portées par les pattes abdominales.

Les Stomapodes (στόμα, bouche; πούς, pied), ainsi appelés en raison du grand nombre de leurs pattes-mâchoires, composent avec les Décapodes la sous-classe des Podophtalmes (πούς, pied; ὀφθαλμός, œil) ou Crustacés à yeux pédonculés. — Genres *Squilla*, *Lysiosquilla* (fig. 296), *Coronis*, etc.

On peut y rattacher les Schizopodes, dont quelques auteurs font un groupe distinct. — Genre *Mysis*.

HUITIÈME ORDRE

DÉCAPODES

Crustacés pourvus d'yeux pédonculés mobiles, de cinq paires de pattes thoraciques ambulatoires et d'une grande carapace céphalothoracique; branchies thoraciques et intérieures.

Les pattes de la première paire sont souvent terminées par une pince didactyle et fonctionnent alors comme organes de préhension. — Un certain nombre de Décapodes (δέκα, dix; πούς, pied) sont recherchés pour leur chair. — 2 sous-ordres : les *Macroures* et les *Brachyures*.

1er sous-ordre : Macroures. — Ce sont les bons nageurs : ils ont l'abdomen allongé et terminé par une large nageoire transversale.

On rattache souvent à ce groupe les Cumacés, dont Claus fait un ordre distinct. — Genres *Diastylis*, *Leucon*, etc.

La famille des **CARIDIDÉS** comprend les Crustacés que nous consommons sous le nom de *Crevettes de table*, *Chevrettes*, *Salicoques*, *Bouquets*, *Civades*, etc., et qui appartiennent aux genres *Palæmon*, *Crangon*, *Nika*, *Penæus*, etc.

Les principales espèces sont : le Palémon porte-scie (*Palæmon serratus* Fabr.) ou Salicoque proprement dite, très estimée ; le Crangon commun (*Crangon vulgaris* Fabr.), connu plus particulièrement sous le nom de

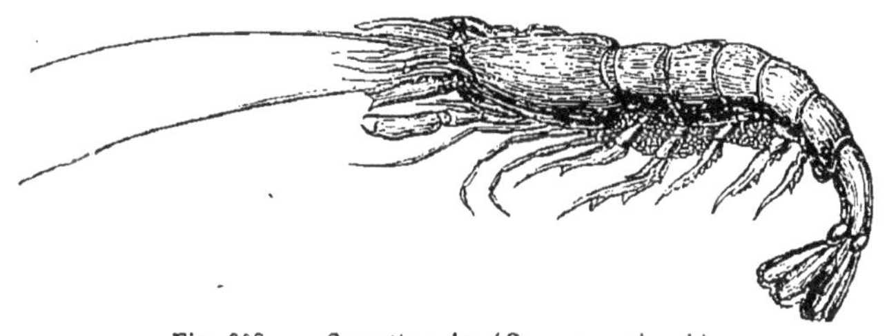

Fig. 302. — Crevette grise (*Crangon vulgaris*).

Crevette grise : il est moins délicat que le Palémon et ne devient pas rouge comme lui par la cuisson ; le Nika comestible (*Nika edulis* Risso), de la Manche, de l'Océan et de la Méditerranée.

La digestion de ces animaux est assez facile, du moins lorsqu'ils sont mangés frais. Cependant, on les a vus quelquefois produire des accidents, alors même qu'ils ne paraissaient avoir subi aucune altération : c'est ainsi qu'à Amiens, en 1857, des Crevettes envoyées de Boulogne dans les conditions ordinaires produisirent de violents troubles intestinaux dans plus de trois cent cinquante familles. — Une fraude grave, signalée en 1876 par le Dr Réveil, consiste à colorer la Crevette grise avec du minium ou de la mine orange (mélange de protoxyde et de bioxyde de plomb) pour la vendre comme Crevette rouge ou Bouquet, le prix de celle-ci étant beaucoup plus élevé.

Aux **ASTACIDÉS** appartiennent les Écrevisses (*Astacus*) et les Homards (*Homarus*). Les Écrevisses sont toutes fluviatiles. L'espèce européenne (*A. fluviatilis* Rond.) constitue pour nous un aliment léger et très agréable ; malheureusement, elle est aujourd'hui ravagée dans l'Europe centrale par une grave affection qui paraît être de nature parasitaire. On employait dans l'ancienne médecine les concrétions calcaires qu'on trouve dans la poche digestive des Écrevisses avant l'époque de la mue. Ces concrétions sont destinées à reproduire les nouveaux téguments aussitôt après la chute des anciens : elles tombent en effet dans l'estomac et ne tardent pas à se dissoudre. Ce sont des sortes de petits boutons blanchâtres, convexes sur une face, légèrement excavés sur l'autre. On les prescrivait surtout comme absorbants et antiacides, sous le nom d'*yeux d'Écrevisses* (*lapides seu oculi Cancri Astaci*). — Les Écrevisses, comme beaucoup d'autres Crustacés, doivent leur coloration normale à deux substances pigmentaires, l'une rouge, l'autre bleuâtre. Cette dernière est soluble dans l'eau chaude, l'alcool et les acides, ce qui explique la coloration rouge que prennent ces animaux, soit par la cuisson, soit par un lavage dans l'eau acidulée ou alcoolisée.

Les Homards possèdent, comme les Écrevisses, des pinces didactyles. Leur chair, quoique très nourrissante, est moins digeste. L'espèce que nous consommons est le *Homarus vulgaris* Bel.

Les **PALINURIDÉS** ou Langoustes ont les pattes de la première paire monodactyles. Leurs larves ont été longtemps décrites comme des espèces d'un groupe à part, sous le nom de Phyllosomes. La chair de la Langouste commune (*Palinurus vulgaris* Latr.), de l'Océan et de la Méditerranée, est presque aussi estimée que celle du Homard.

Les **PAGURIDÉS** sont remarquables par leur abdomen mou et contourné sur lui-même ; en raison de ce défaut de consistance, ils s'abritent dans des coquilles de Gastéropodes. On les connaît surtout sous les noms de *Bernard l'Ermite* et de *Soldat*.

2e sous-ordre : Brachyures. — Ils ont le corps ramassé, l'abdomen court, replié en avant et dépourvu de nageoire caudale.

Un grand nombre de ces Crustacés, auxquels on peut appliquer le nom général de Crabes, sont employés comme aliment. Leur chair est blanche et passe pour aphrodisiaque. Les espèces les plus recherchées dans nos pays sont : 1° le Maïa squinado (*Maia squinado* Rond.), vulgairement *Araignée de mer*, de la Manche, de l'Océan et de la Méditerranée ; 2° le Crabe tourteau (*Cancer pagurus* L.), encore appelé *Poupart*, *Houvet*, etc., une des plus grosses espèces de nos côtes ; 3° le Carcin ménade (*Carcinus mænas* L.), appelé *Cranque* par les pêcheurs languedociens et provençaux, *Crabe enragé* par les Normands ; moins délicat que le précédent, mais plus commun.

On mange encore les Portunes (*Portunus*) ou Étrilles, les Telphuses (*Telphusa*) ou Crabes fluviatiles, etc.

Les Pinnothères (*Pinnotheres*) sont des Crabes minuscules qu'on trouve souvent dans certains Mollusques bivalves, et en particulier dans les Moules, dont ils sont les commensaux.

Les Gécarcins (*Gecarcinus*) sont terrestres ; on les connaît aux Antilles sous les noms de *Tourlourous*, *Crabes voyageurs*, *Crabes violets*. L'espèce commune (*G. ruricola* L.) a une chair succulente, mais pouvant devenir accidentellement vénéneuse : on attribue le fait à ce que ces Crabes mangent quelquefois le fruit du Mancenillier.

Ces mêmes qualités vénéneuses se retrouveraient d'habitude dans la chair des Dromies (*Dromia*).

Annexe : XIPHOSURES

Animaux revêtus d'un grand bouclier céphalothoracique, suivi d'un bouclier abdominal aplati qui se termine par un stylet caudal mobile.

Les Xiphosures (ξίφος, épée ; οὐρά, queue) ou Pœcilopodes constituent un groupe spécial, étroitement lié aux Crustacés, mais offrant aussi des affinités avec les Arachnides.

Ces animaux ne possèdent pas les antennules ni les antennes des Crustacés vrais ; toutefois, le céphalothorax porte six paires de membres, dont la première est regardée comme représentant des antennes. Les paires suivantes agissent comme mâchoires par leur article basilaire et peuvent être considérées comme des gnathites. L'abdomen, articulé avec le bouclier céphalothoracique, offre, à sa face ventrale, cinq paires de pattes lamelleuses qui servent à la natation et portent des lamelles branchiales.

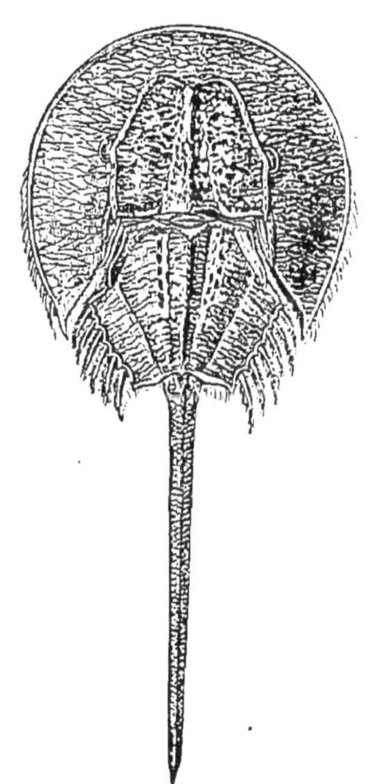

Fig. 303. — Limule des Moluques, vu par la face dorsale.

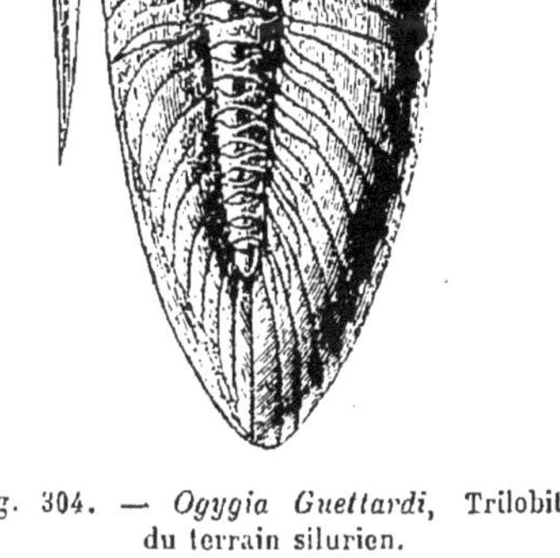

Fig. 304. — *Ogygia Guettardi*, Trilobite du terrain silurien.

Les Xiphosures, au sortir de l'œuf, sont dépourvus du stylet caudal et des trois dernières paires de pattes branchiales; ils ressemblent alors beaucoup aux Trilobites.

Ils ne sont plus représentés, à l'époque actuelle, que par un seul genre, celui des Limules (*Limulus*). — Limule ou Crabe des Moluques (*L. moluccanus* Clus.), de Batavia : œufs et chair comestibles.

Les **Euryptérides** sont des formes fossiles très voisines des précédentes, auxquelles A. Milne Edwards les réunit pour former la classe des Mérostomes. Ils s'en distinguent surtout par leur abdomen allongé et formé d'anneaux libres. — Genres *Eurypterus*, *Pterygotus*, etc., du Dévonien et du Silurien.

Les **Trilobites** composent un groupe également éteint, plus important encore, mais dont la place n'est pas bien fixée. Ils ont le corps divisé en trois régions : tête, thorax, pygidium, et parcouru par deux sillons longitudinaux qui le partagent en trois lobes parallèles. Ce sont des fossiles primaires. — Genres principaux : *Calymene*, *Ogygia*, *Paradoxides*, *Agnostus*, etc.

CLASSE II

ARACHNIDES

Arthropodes à respiration aérienne, s'effectuant par des trachées, par des poumons ou par la surface cutanée; tête habituellement soudée au thorax; une paire d'antennes-pinces ou chélicères; quatre paires de pattes ambulatoires.

Les Arachnides ont presque toujours le corps divisé en deux régions seulement : le céphalothorax, résultant de la fusion de la tête et du thorax, et l'abdomen. Parfois même ces deux régions sont réunies en une seule masse, comme on le voit chez les Acariens.

A la partie antérieure de la région céphalothoracique, on trouve d'abord deux paires d'*appendices* fonctionnant comme pièces buccales. Ceux de la première paire, qui reçoivent leurs nerfs des ganglions cérébroïdes, sont en général assimilés aux antennes des Insectes et méritent par suite le nom d'*antennes-pinces* ou de *chélicères;* quelques auteurs continuent toutefois à les regarder comme des *mandibules*. Leur forme est variable : ce sont tantôt des *pinces didactyles*, tantôt des *griffes*, tantôt de simples *stylets*. Quant aux appendices de la seconde paire, ils comprennent un article basilaire ou *mâchoire* et un *palpe maxillaire* plus ou moins développé : ce sont ces palpes qui forment, par exemple, les deux grands bras à pince didactyle des Scorpions. Les quatre paires suivantes de membres articulés présentent nettement l'aspect de pattes ambulatoires; cependant la première concourt encore à la mastication, par suite d'une modification de l'article basilaire, chez les Scorpions et les Pédipalpes; et même, dans ces derniers animaux, la partie terminale est flagelliforme. Les trois dernières paires correspondent aux pattes des Insectes.

Fig. 305. — Appareil buccal d'une Araignée, la Sphase transalpine, vu en dessous. — *c*, chélicères. *b*, palpes maxillaires. *a*, mâchoires, réunies à leur base par une lèvre ou mentonnière.

Le *système nerveux*, très réduit chez les Linguatules et surtout chez les Acariens, comprend d'ordinaire deux ganglions cérébroïdes bien développés; la chaîne ventrale offre presque toujours une concentration remarquable dans la région céphalothoracique. Les Araignées et les Scorpions possèdent un système nerveux viscéral ou stomato-gastrique. — Les *organes des sens* sont peu développés. Les *yeux* sont simples, au nombre de deux à douze, et disposés symétriquement à la face supérieure du céphalothorax. Le *tact* s'effectue par les palpes, l'extrémité des pattes, et sans doute aussi par les poils répartis à la surface du corps.

L'*appareil digestif* s'étend en droite ligne de la bouche à l'extrémité postérieure du corps; il comprend un œsophage ou intestin buccal étroit, suivi d'un intestin moyen dont la région antérieure ou estomac émet en général des cæcums rayonnants, qui souvent pénètrent jusque dans les membres; enfin, un intestin terminal ou rectum, toujours dilaté. — A l'intestin antérieur sont annexées des glandes salivaires; à l'intestin moyen, des appendices qu'on a longtemps regardés comme hépatiques; à l'intestin terminal, des tubes de Malpighi.

L'*appareil circulatoire* fait défaut dans les types inférieurs; quand il existe, il comprend un cœur, en forme de vaisseau dorsal, situé dans l'abdomen; un système artériel complet; enfin, des sinus veineux nettement circonscrits.

La *respiration* est parfois cutanée; le plus souvent, elle s'effectue par des trachées en tubes arborescents; mais, chez les Scorpions et les Araignées, les organes respiratoires consistent surtout en *poumons*, composés de vésicules membraneuses comprimées, appliquées les unes contre les autres, et s'ouvrant en commun à la face inférieure de l'abdomen.

Nous aurons à parler plus loin de quelques *sécrétions* spéciales : telles sont celles qui donnent naissance au venin des Scorpions ou des Araignées, et à la soie dont se servent ces dernières pour construire leur toile.

Sauf les Tardigrades, qui sont monoïques, tous les Arachnides ont les *sexes* séparés. Les mâles se distinguent souvent des femelles par certains caractères sexuels secondaires ; leurs organes génitaux consistent en des testicules tubuleux pairs, se continuant par des canaux déférents qui reçoivent le produit de diverses glandes accessoires et débouchent en commun ou séparément à la base de l'abdomen. Les ovaires, également pairs, sont d'ordinaire des glandes en grappe, dont les conduits vecteurs ou oviductes offrent aussi des glandes accessoires et se renflent en réceptacle séminal.

Les Arachnides sont ovipares, à l'exception des Scorpions et de quelques Acariens. Le développement est presque toujours direct ; nous n'aurons à signaler de métamorphoses que chez les Linguatules et les Acariens.

10 ordres :

Tête distincte					GALÉODES.
Tête soudée au thorax.	Des poumons.	Abdomen inarticulé			ARANÉIDES.
		Abdomen articulé.	Quatre paires de poumons		SCORPIONIDES.
			Deux paires de poumons		PÉDIPALPES.
	Pas de poumons.	Abdomen développé.	Gnathites à l'âge adulte.	Abdomen articulé. Palpes didactyles.	PSEUDOSCORPIONS.
				Abdomen articulé. Palpes filiformes.	PHALANGIDES.
				Abdomen inarticulé	ACARIENS.
			Pas de gnathites à l'âge adulte		LINGUATULES.
		Abdomen rudimentaire.	Dioïques		PYCNOGONIDES.
			Hermaphrodites		TARDIGRADES.

PREMIER ORDRE

TARDIGRADES

Arachnides hermaphrodites; abdomen non distinct; pattes très courtes; pas de cœur; respiration cutanée.

Les Tardigrades (*tardus*, lent; *gradi*, marcher) ont beaucoup d'analogie avec les Acariens, dont ils paraissent représenter un état dégradé, au point qu'on les a regardés quelquefois comme une simple famille de cet ordre, les *Arctisconidés*. Ce sont de petits êtres vermiformes, dont le rostre est propre à piquer et à sucer. Leurs chélicères sont styliformes. Leurs pattes sont triarticulées et terminées par des griffes. — Ils se nourrissent d'autres petits animaux, par exemple de Rotifères. On les trouve en quantité dans la mousse des toits, ou dans l'eau, parmi les Algues, etc. — Ils sont *réviviscents* : soumis à la dessiccation, ils tombent en état de mort apparente, pour reprendre leur activité vitale dès qu'on les replace dans l'humidité. — Genres *Macrobiotus*, *Arctiscon* (*Milnesium*), etc.

DEUXIÈME ORDRE

PYCNOGONIDES

Arachnides dioïques; abdomen rudimentaire; pattes très développées, multiarticulées, contenant une partie des organes internes; un cœur; respiration cutanée.

Les Pycnogonides ou Pantopodes sont de petits animaux qui vivent dans la mer, sous les pierres, dans les Algues, parfois même sur d'autres animaux. — Genres *Pycnogonum*, *Nymphon*, etc.

TROISIÈME ORDRE

LINGUATULES

Arachnides endoparasites, vermiformes, à corps plus ou moins nettement annelé; bouche dépourvue de gnathites à l'état adulte; deux paires de pattes rudimentaires représentées par des crochets péribuccaux; pas de cœur; respiration cutanée.

Le corps de ces animaux (1) est toujours allongé, et tantôt déprimé, tantôt cylindroïde. Le céphalothorax est, dans toute sa largeur, soudé à l'abdomen, dont il est souvent peu distinct. C'est le développement de l'abdomen en longueur qui donne au corps son aspect vermiforme.

La cuticule est marquée de nombreux sillons transversaux, qui limitent des anneaux parfois à peine perceptibles. La disposition des muscles rappelle l'enveloppe musculo-cutanée des Vers : on peut reconnaître une couche superficielle à fibres longitudinales, et une couche profonde à fibres circulaires.

A l'état adulte, la bouche est dépourvue de gnathites, mais elle est entourée d'un anneau corné qui la maintient béante. Chez l'embryon, au contraire, on observe des pièces buccales rappelant quelque peu le rostre des Acariens.

De chaque côté de l'ouverture buccale, et sur les segments céphalothoraciques, se voient deux *crochets*, qui peuvent se retirer chacun dans une petite gaine ou fossette. Ces crochets, formés de deux ou trois articles, sont mus par des cordons musculaires disposés en divers sens. On tend à les regarder comme les vestiges des deux dernières paires de pattes de l'Arachnide : quant aux deux premières, qui existent seules chez l'embryon, elles ont disparu sous l'influence d'une métamorphose régressive.

Le *système nerveux* est réduit à un simple collier œsophagien, offrant à sa partie inférieure un renflement ganglionnaire assez épais, d'où partent des troncs nerveux qui ont été bien décrits par R. Owen et P. J. Van Beneden. De part et d'autre naissent d'abord trois ou quatre filets qui se rendent au pourtour de la bouche et à l'appareil musculaire des crochets, après s'être subdivisés à une certaine distance de leur point d'émergence ; mais il faut noter surtout deux longs cordons qui partent des angles postérieurs du ganglion et suivent les côtés de l'intestin, pour aller se perdre en arrière. Enfin, Van Beneden a décrit aussi un système nerveux viscéral, composé de petits ganglions unis par de fines commissures à la portion sus-œsophagienne du collier et émettant des filets qui pénètrent dans les parois du tube digestif.

Les *organes des sens* font à peu près défaut ; cependant, Leuckart décrit comme des organes tactiles de petits appendices à peine visibles qui occupent l'extrémité antérieure du céphalothorax.

(1) R. Leuckart, *Bau und Entwicklungsgeschichte der Pentastomen*. Leipzig u. Heidelberg, 1860.

La *circulation* est lacunaire; quant à la *respiration*, elle s'effectue peut-être par l'intermédiaire de nombreux pores ou oscules qui se montrent disposés en rangées transversales à la surface du tégument.

Les *sexes* sont séparés. Les mâles sont plus petits que les femelles; leur appareil génital se compose parfois d'un seul, plus souvent de deux testicules situés le long de l'intestin et dont les canaux déférents aboutissent à une vésicule séminale impaire. L'extrémité antérieure de celle-ci se divise en deux branches qui traversent des amas glandulaires et se terminent chacune dans une poche située en avant, sur la face ventrale, en formant un long pénis contourné sur lui-même. L'appareil femelle comprend un seul tube ovarien qui se divise, à son extrémité antérieure, en deux petits oviductes. Ceux-ci se réunissent, en embrassant la portion terminale de l'œsophage, en un point où débouchent les conduits de deux vésicules copulatrices. De là part un canal qui suit à peu près le trajet de l'intestin et aboutit à la partie postérieure du corps, un peu en avant de l'anus. On donne à ce canal les noms d'oviducte vaginal, de vagin ou d'utérus.

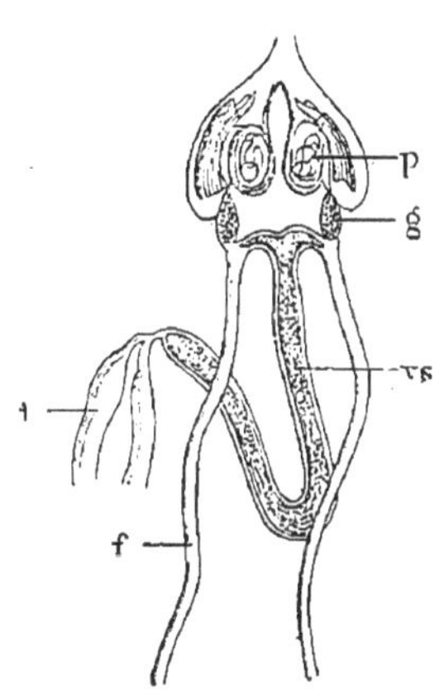

Fig. 306. — Appareil génital de la Linguatule ténioïde mâle, d'après Leuckart. — *t*, testicules. *vs*, vésicule séminale. *g*, partie glanduleuse des canaux déférents. *f*, flagellum. *p*, pénis enroulé.

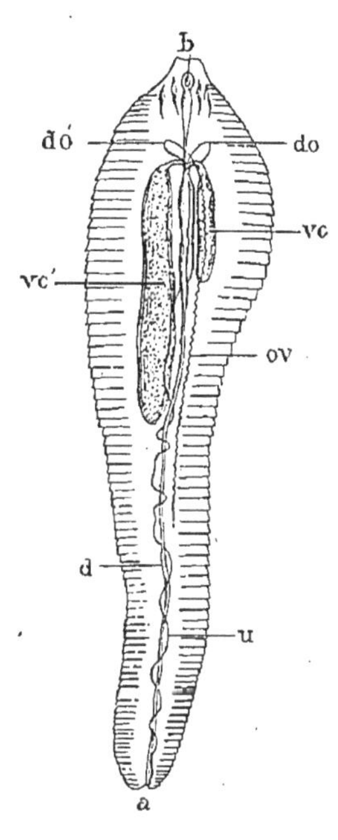

Fig. 307. — Anatomie de la Linguatule ténioïde femelle, d'après Leuckart. — *b*, bouche. *d*, tube digestif. *a*, anus. *ov*, ovaire. *do*, *do'*, oviductes. *vc*, *vc'*, poches copulatrices. *u*, vagin ou utérus.

L'accouplement doit s'effectuer par l'introduction des deux longs pénis du mâle dans ce vagin. Le sperme est déposé dans les poches copulatrices, de manière à féconder les œufs au passage. Ces œufs s'accumulent alors dans l'utérus, qui prend une extension de plus en plus considérable et décrit de nombreuses circonvolutions autour de l'intestin. De la sorte, tout accouplement ultérieur est rendu impossible.

Les Linguatules sont ovipares. Leur *développement* comporte une métamorphose assez complexe, qui s'accomplit avec le concours d'une migration. Les embryons sont acariformes, acuminés en arrière, pourvus de quatre ou six (?) pieds ambulatoires et de pièces buccales. Ils pénètrent dans les organes internes des Mammifères, des Reptiles et des Poissons, et subissent là certaines transformations qui les amènent à l'état de larves; celles-ci diffèrent des individus adultes en ce qu'elles ne possèdent que des organes génitaux rudimentaires, que leurs anneaux sont dentelés ou frangés et leurs crochets géminés. Elles émigrent dans les voies aériennes des Mammifères ou des Reptiles, et c'est là enfin qu'elles acquièrent leur développement complet.

La famille des **LINGUATULIDÉS**, qui à elle seule compose cet ordre, comprend les deux genres *Linguatula* et *Pentastoma*, déjà indiqués par Leuckart à titre de sections (1).

Genre **Linguatule** (*Linguatula* Frölich). — Corps déprimé, à face dorsale arrondie, à bords crénelés. Cavité du corps formant des diverticules dans les parties latérales des anneaux (pectinée).

Linguatule ténioïde (*L. rhinaria* Pilger, 1802. *Pentastoma tænioides* Rud.). — Corps blanchâtre, lancéolé, très allongé, déprimé de dessus en dessous; extrémité postérieure atténuée; bords nettement crénelés. Tégument montrant environ 90 anneaux. Crochets péribuccaux acuminés, biarticulés, à article basilaire atténué dans sa partie profonde. Bouche subquadrangulaire, arrondie aux angles. — *Mâle* blanc, long de 18 à 20 millimètres, pourvu de deux testicules qui remplissent la cavité du corps jusqu'au quart antérieur. *Femelle* gris blanchâtre, souvent rendue brunâtre dans la partie moyenne, où le tégument est mince et demi-transparent, longue de 8 à 10 centimètres. Œufs ovoïdes, longs de 90 μ, larges de 70 μ.

(1) A. Railliet, *Article* Linguatule *du Nouveau diction. vétér.* Paris, 1883.

La Linguatule rhinaire ou ténioïde habite, à l'état adulte, les cavités nasales du Chien et du Loup ; on la trouve surtout en abondance sur les Chiens de boucher ou de berger. Sur 630 animaux de l'espèce canine ouverts à Alfort dans l'espace de deux ans, 64 en ont offert à M. Colin de 1 à 11 chacun, en tout 146. Cette proportion de 10 pour 100 est souvent même dépassée d'une façon notable. Divers observateurs ont en outre rencontré cette Linguatule dans les cavités nasales du Cheval, du

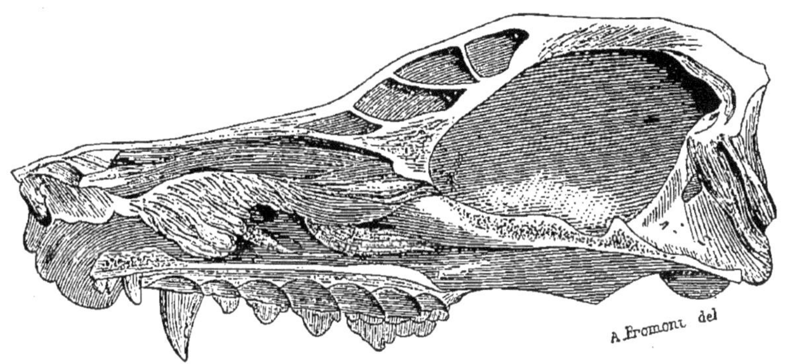

Fig. 308. — Tête de Chien fendue par le milieu, montrant trois Linguatules ténioïdes (dont deux placées côte à côte) dans les cavités nasales (G. Colin, inéd.).

Mulet, du Mouton, de la Chèvre et même de l'Homme. — Sa présence se traduit par des éternuements brusques, saccadés, irréguliers, souvent accompagnés de ronflements sonores et de la projection des pattes sur le nez. Il est rare qu'il survienne des épistaxis : cependant Landon en a vu se produire chez l'Homme, et a constaté leur cessation après l'expulsion du parasite. — On débarrasse les Chiens par des injections parasiticides lancées avec soin dans les cavités nasales.

A l'état larvaire, on a observé cette même espèce dans les viscères et en particulier dans les ganglions mésentériques, le foie et le poumon d'un grand nombre de Mammifères : Mouton, Bœuf, Chèvre, Dromadaire, Cheval, Chat, Lapin, Lièvre, Cobaye, Surmulot, etc., etc. Zenker à Dresde, Wagner à Leipzig, Heschl à Vienne, Frerichs à Breslau, ont signalé même la présence de ces larves dans les viscères abdominaux de l'Homme. Toutefois, on a longtemps méconnu les relations qui existent entre elles et la forme adulte, de telle sorte qu'on les décrivait comme des espèces particulières, sous les noms de *Linguatula* ou *Pentastoma serratum*, *emarginatum*, *fera*, *denticulatum*. C'est Leuckart (1) qui, le premier, a donné la preuve expérimentale de ces relations, dont M. Colin (2) a confirmé l'exactitude.

(1) *Loc. cit.*

(2) G. Colin, *Recherches sur une maladie vermineuse du mouton due à la pré-*

Évolution. — Le développement de l'embryon commence avant la ponte. Déposés en nombre immense dans les cavités nasales, les œufs sont expulsés avec le mucus, surtout par le fait des éternûments de l'hôte. Ils peuvent se trouver rejetés sur l'herbe des prairies et en général sur les aliments des herbivores : repris par ces animaux, ils arrivent dans l'estomac, où leur coque se trouve dissoute sous l'influence du suc gastrique. L'embryon est ainsi mis en liberté. Cet embryon a tout à fait l'apparence d'un Acarien : il a le corps ovoïde, arrondi en dessus, aplati à la face ventrale, et porte deux paires de pattes articulées, biongulées; son extrémité postérieure est rétrécie et dentelée; à la partie antérieure, il est muni d'un appareil perforateur formé d'un stylet impair et de deux crochets latéraux.

Au moyen de cette sorte de rostre, il traverse la muqueuse intestinale et gagne les viscères, notamment le foie, ou mieux encore pénètre dans les ganglions mésentériques. Dès lors, son appareil perforateur lui devient inutile, aussi bien que ses pattes : aussi, comme l'a reconnu Leuckart, il ne tarde pas à perdre tous ces appendices et à se transformer

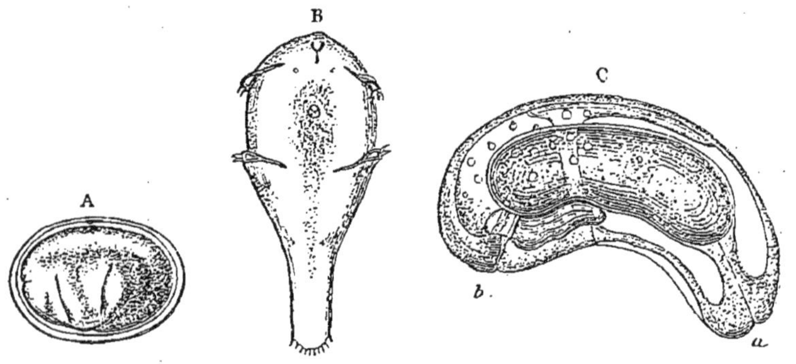

Fig. 309. — Premières phases de l'évolution de la Linguatule ténioïde, d'après Leuckart. — A, œuf grossi 200 fois, contenant un embryon. B, embryon acariforme, tétrapode, libre. C, nymphe ou pupe âgée de 9 semaines : *b*, bouche. *a*, anus.

en une pupe immobile, enroulée, sans trace de segments, ni de crochets, ni de soies. La face ventrale est un peu aplatie; la face dorsale, arrondie, est garnie d'oscules. Il existe, en outre, un tube digestif complet. Ces nymphes sont si délicates que Leuckart n'a pu les étudier qu'à dater de la huitième semaine après l'infection. On trouve dans leur kyste les débris de deux cuticules, ce qui semble indiquer qu'elles ont subi deux mues.

sence d'une linguatule dans les ganglions mésentériques. Recueil de méd. vét. 1861, p. 676. — Id., *Sur le développement de la linguatule des ganglions mésentériques,* ibid., 1862, p. 342. — Id., *Recherches sur le pentastome ténioïde,* etc., ibid., 1863, p. 721. — Voy. aussi Comptes rendus Acad. sc., t. LII, 1861, p. 1311.

A ce second stade de développement, fait bientôt suite une troisième phase qui correspond à un second état larvaire. Une troisième mue survient en effet, et on voit apparaître le collier œsophagien et les rudiments des organes génitaux. Après trois autres mues, le corps se montre allongé et présente de quatre-vingts à quatre-vingt-dix anneaux garnis de fins piquants sur les bords et d'oscules dans leur milieu; la bouche est elliptique et entourée déjà des quatre crochets caractéristiques, auxquels sont adjoints des crochets accessoires. Le tube digestif est large, et cette larve est très vorace. Les organes génitaux se présentent sous l'aspect d'une petite masse granuleuse située dans la partie postérieure. Au bout de six mois environ, et après une série de nouvelles mues, la larve a acquis son complet développement; elle mesure 4 à 6 millimètres et répond à la forme autrefois connue sous le nom de *Linguatule denticulée*.

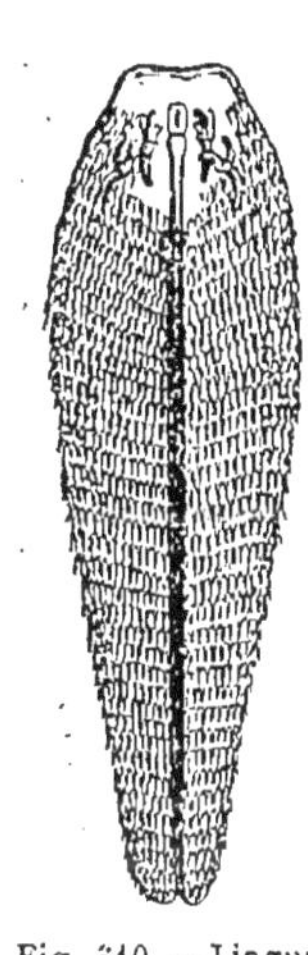

Fig. 310. — Linguatule denticulée, larve de la Linguatule ténioïde, grossie 10 fois (Orig.).

Ces larves mûres ne restent pas toujours enkystées dans le même point : elles peuvent quitter leur séjour primitif, devenir libres dans la cavité abdominale et aller s'enkyster ensuite sur un autre point, par exemple dans le poumon : M. Colin a trouvé, sur des animaux d'expériences, des traces évidentes de ces migrations intérieures.

Il n'est même pas impossible que ces larves arrivent quelquefois, en traversant les bronches, à gagner les cavités nasales de leur hôte : Gurlt a trouvé, en effet, des larves libres dans la trachée d'un Lièvre et d'une Chèvre. En général, cependant, la migration définitive s'effectue d'une façon quasi-passive, et les larves sont condamnées à périr si les viscères de leur hôte ne sont pas dévorés, en temps voulu, par un carnassier. Mais que ces viscères soient abandonnés à un Chien, par exemple : les larves, mises en liberté par la déchirure des tissus, tendront à gagner immédiatement les cavités nasales, par la voie des narines ou des orifices gutturaux.

Dans ce milieu nouveau, leurs organes sexuels se développent. Au bout de six à sept semaines, l'accouplement peut s'effectuer. Le mâle introduit sans doute ses deux longs pénis dans le vagin rectiligne de la femelle, et va déposer son sperme dans les poches copulatrices (fig. 306 et 307). Cet accouplement paraît être de courte durée; de plus, il ne peut avoir lieu qu'une seule fois, car le vagin fait l'office d'un véritable utérus, se remplit d'œufs et prend un développement considérable en décrivant de nombreuses sinuosités autour de l'intestin. Les œufs sont fécondés à leur passage au niveau des orifices des poches copulatrices. Le sperme paraît se conserver fort longtemps dans ces cavités : au bout d'une année,

M. Colin y a trouvé encore de nombreux spermatozoïdes doués d'une extrême vivacité.

Les Linguatules installées dans les cavités nasales n'en occupent pas indifféremment tous les points. A cet égard, M. Colin a rectifié, d'une façon précise, les indications des anciens auteurs. Il a reconnu qu'on ne rencontre guère ces parasites que dans les cavités nasales proprement dites, au fond des méats, entre les cornets et dans les interstices des volutes ethmoïdales. Par exception, cependant, elles peuvent pénétrer dans les sinus frontaux, et parfois on les y trouve à demi engagées. Mais ce n'est guère qu'après la mort de leurs hôtes qu'elles pénètrent, en cherchant à gagner les parties moins refroidies, dans le pharynx et jusque dans le larynx. Enfin, contrairement à l'assertion de Chabert, on ne les voit jamais dans les cellules ethmoïdales.

Mâles et femelles mènent d'ailleurs une vie toute différente, du moins après l'accouplement. Les premiers sont nomades et visitent les différentes régions des cavités nasales, gagnant même l'arrière-bouche et l'entrée du larynx, en quête sans doute de nouvelles amours, mais ayant soin, le plus souvent, de se mettre à l'abri dans les anfractuosités. Quant aux femelles, leur séjour favori est un diverticule assez large et régulier qui constitue le cul-de-sac du méat moyen. Dans cet *antre*, elles sont à l'abri des courants respiratoires; de plus, elles paraissent trouver une alimentation abondante dans la sécrétion d'une couche glanduleuse dont la muqueuse est doublée à ce niveau. Les femelles logées dans ce diverticule s'y tiennent en petit nombre, enroulées sur elles-mêmes. Mais on les trouve encore entre cette excavation et la grande volute qui tient la place du cornet supérieur, entre la masse des volutes ethmoïdales et celle des cornets; enfin, mais très rarement, dans le méat inférieur.

Les femelles, peu développées à l'époque de l'accouplement, ne tardent pas à s'accroître d'une façon notable; les œufs s'accumulent dans l'oviducte vaginal et prennent, en se développant, une teinte jaunâtre. Vers l'âge de six mois, commence la ponte, qui se continue pendant une période non définie, mais qui donne évidemment une énorme quantité d'œufs, puisque Leuckart a calculé qu'une seule femelle en peut contenir jusqu'à 500 000.

Ainsi finit le cycle évolutif de la Linguatule ténioïde, qui comprend, on le voit, quatre stades distincts et successifs : 1° état d'embryon acariforme, qui est mis en liberté dans le tube digestif et s'introduit dans les tissus; 2° état de nymphe immobile enkystée; 3° état de larve enkystée ou libre dans les tissus ou dans une cavité close; 4° état adulte, dans les cavités nasales. Il y a là une sorte d'hypermétamorphose analogue à celle qui s'observe chez les Méloïdés.

Linguatule courbée (*L. recurvata* Dies.). — Recueillie au Brésil dans le sinus frontal et la trachée du Jaguar (*Felis Onca*).

Linguatule subtriquètre (*L. subtriquetra* Dies.). — Trouvée dans le gosier d'un Caïman à lunettes (*Crocodilus sclerops*).

Genre **Pentastome** (*Pentastoma* Rud.) — Corps cylindroïde. Cavité du corps continue.

Pentastome moniliforme (*P. moniliforme* Dies.). — « Corps claviforme, atténué en arrière, pourvu d'étranglements successifs qui lui donnent un aspect moniliforme ; extrémité caudale acuminée; partie antérieure arrondie. Bouche orbiculaire, située entre les crochets, qui sont disposés en arc. Longueur de la femelle $49^{mm},5$; largeur en avant $4^{mm},5$, en arrière $2^{mm},2$. »

Trouvé dans le poumon du Python tigré (*Python molurus* L.). Bruckmüller, de Vienne, a trouvé des larves de cette espèce dans les viscères d'une Lionne, et Bassi, de Turin, dans ceux d'une Panthère. Peut-être sont-ce ces mêmes larves que le docteur Bochefontaine a recueillies chez un Chien, à Paris.

Pentastome à trompe (*P. proboscideum* Rud.). — Trouvé dans les poumons de plusieurs Serpents américains. L'état larvaire paraît être représenté, selon Leuckart, par le *P. subcylindricum* Dies., qui a été rencontré, libre ou enkysté, chez de nombreux Mammifères, également en Amérique.

Pentastome étreint (*P. constrictum* Sieb.). — Cette forme n'est connue jusqu'à présent qu'à l'état larvaire. Elle est ainsi caractérisée : « Corps allongé, cylindrique, divisé en anneaux par une suite de constrictions assez régulièrement espacées; extrémité antérieure arrondie; extrémité caudale terminée en cône obtus; dos convexe, ventre aplati; pas d'épines au bord postérieur des segments. Longueur $13^{mm},4$, largeur $2^{mm},25$. » D'après Siebold, le nombre des anneaux de l'abdomen est de 23.

Ce parasite a été découvert en Égypte, par Pruner, dans le foie de deux Nègres et de la Girafe. Le même auteur en retrouva plus tard deux échantillons, provenant du foie de l'Homme, au musée de Bologne. Puis Bilharz en observa de nouveaux, à diverses reprises, dans des autopsies de Nègres, au Caire. Enfin, Aitken en a rapporté deux cas observés par les docteurs Crawford et Kearney sur des soldats des colonies anglaises; les larves siégeaient dans les poumons et dans le foie, et paraissaient avoir déterminé la mort par le développement d'une pneumonie et d'une péritonite.

QUATRIÈME ORDRE

ACARIENS

Arachnides à corps ramassé; abdomen inarticulé, soudé au céphalothorax; chélicères propres à mordre ou à sucer; pas de cœur; respiration trachéenne ou cutanée.

L'ordre des *Acariens* (Walckenaer), qu'on connaît aussi sous les noms d'*Acarides*, *Acares*, *Mites*, etc., comprend tous les animaux qui constituaient le genre *Acarus* de Linné, ainsi qu'un grand nombre d'espèces nouvelles. Le type de cet ancien genre était le Ciron du fromage, auquel Aristote avait donné, en raison de sa petitesse, le nom d'ἄκαρι (de ἀκαρής, insécable).

La plupart des Acariens sont de petites dimensions. Le corps est convexe sur la face dorsale; il est aplati, au contraire, sur la face ventrale. Le céphalotorax, qui montre rarement des traces de segmentation, est uni dans toute sa largeur à l'abdomen, lequel est lui-même inarticulé. Les deux parties sont ainsi confondues en une seule masse. La séparation est parfois indiquée par un sillon; plus souvent, la limite de la tête est marquée de la même manière.

Le tégument est chitineux, et offre en général de fins sillons parallèles qui limitent des plis très délicats; par places se montrent en outre des épaississements d'aspect et de dimensions variables; enfin, le tégument peut porter des appendices divers, tels que soies, poils, piquants, spinules, etc.

A la partie antérieure du céphalothorax, se trouve un enfoncement destiné à loger les pièces buccales, et auquel on donne, pour cette raison, le nom de *camérostome*. La paroi supérieure de cette chambre est appelée *épistome* (nuque ou vertex), et le bord antérieur de l'épistome reçoit le nom de *bandeau* (labre).

Les pièces buccales sont disposées tantôt pour mordre, tantôt pour sucer; mais, dans la règle, elles sont séparées; ce n'est que dans des cas exceptionnels (*Cytodites*) qu'elles se soudent pour former une sorte de suçoir. En tout cas, elles constituent, par leur réunion, l'appareil connu sous le nom de *rostre*, qui tantôt fait saillie à l'extérieur du camérostome, tantôt, au contraire, est caché sous l'épistome. Les *chélicères* ou *mandibules* offrent des formes assez variées, suivant l'office qu'elles sont appelées à remplir : ce sont parfois de simples stylets protractiles; d'autres fois, elles représentent des griffes plus ou moins complexes; enfin, elles peuvent former des pinces didactyles. Ces chélicères sont les pièces buccales essentielles. Au-dessous et en arrière, se trouvent les *mâchoires* ou *maxilles*, réunies et prolongées en avant par une pièce membraneuse, considérée comme une *lèvre inférieure* ou

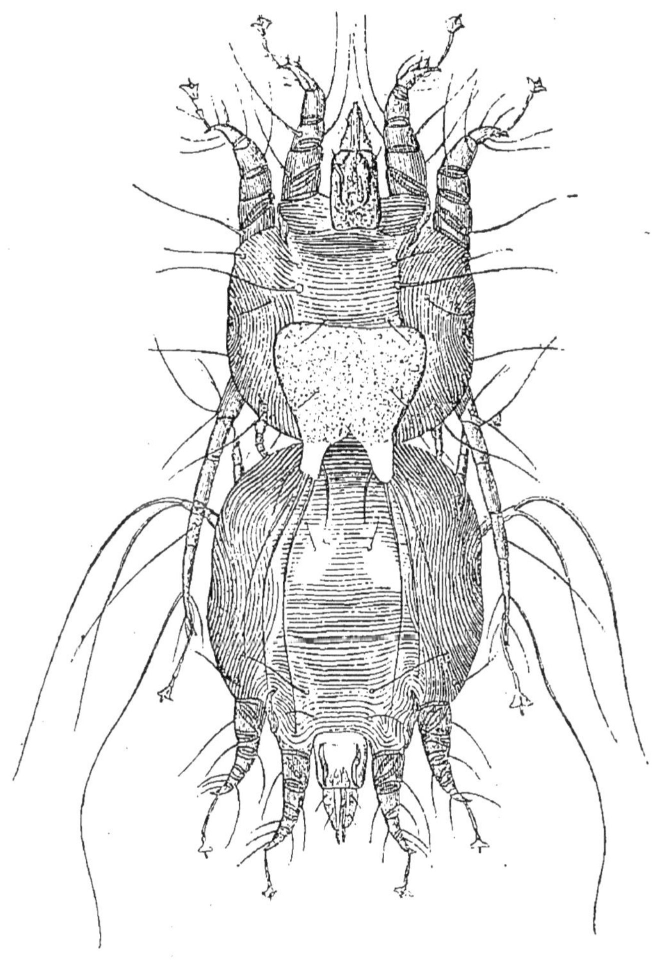

Fig. 311. — *Psoroptes communis* var. *equi*, mâle et femelle pubère accouplés, vus par la face dorsale. Grossissement : 100 diamètres (Delafond, inéd.).

sternale, et qui se dispose en cuiller ou en étui (*thécastome*) pour supporter ou envelopper les chélicères. Les mâchoires portent latéralement des *palpes maxillaires*, dont la forme et les dimensions sont assez variables ; enfin, on peut voir parfois une *languette* lancéolée à la face supérieure de la lèvre inférieure.

Dugès, le premier, a fait ressortir l'importance de la configuration des palpes pour la classification ; aussi croyons-nous utile de rappeler ici les différents noms qu'il leur a donnés (1). Ainsi : 1° les palpes *ravisseurs* sont « ceux qui, renflés par leur milieu, ont l'avant-dernier article armé d'un ou de plusieurs crochets, et le dernier mousse et plus ou moins piriforme ; 2° les palpes *ancreurs* ont une forme assez analogue à celle des précédents, mais le dernier article même est aigu ou armé de pointes ; ils appartiennent toujours d'ailleurs à des espèces aquatiques, comme leur nom l'indique assez ; les palpes *fusiformes* sont renflés comme les précédents, obtus au bout comme les premiers, mais sans griffe au pénultième article ; 4° les palpes *filiformes* ne diffèrent guère des fusiformes que parce qu'ils ne sont pas sensiblement renflés ; ils sont toujours parallèles ; 5° les palpes *antenniformes* sont filiformes aussi, mais à articles très variés dans leur longueur ; ils sont d'ailleurs généralement divariqués, redressés ou rejetés en arrière ; 6° les palpes *valvés* sont aplatis, excavés, engaînants ; 7° enfin, les palpes *adhérents* sont soudés à la lèvre par la majeure partie de leur longueur et toujours peu développés. »

Les quatre paires de pattes ambulatoires présentent également une conformation variable adaptée à leur destination ; elles sont composées de 6, 5, parfois 3 articles seulement, et sont terminées par des organes divers, des poils, par exemple, ou une paire de griffes ; quelquefois en même temps par une sorte de lobe vésiculaire ou de caroncule membraneuse qui sert à l'adhésion ; enfin, chez la plupart des espèces parasites, par une petite ventouse pédiculée (*ambulacre à ventouse* de Raspail).

Suivant les modifications qu'ils présentent, les pieds ont reçu, de même que les palpes, des noms particuliers, qui leur ont été appliqués par Dugès (2). Cet auteur appelle pieds *palpeurs*, ceux dont le dernier article est renflé ; « *marcheurs*, ceux dont ce dernier article s'écarte peu, pour les dimensions en épaisseur et en longueur, de ceux qui le précèdent ; *nageurs*, ceux qui, avec les mêmes dispositions, sont ciliés ; *coureurs*, ceux dont le dernier article est très long et très effilé ; *tisseurs*, ceux dont les crochets sont très courts et très courbés, et dont l'avant-dernier article est garni de soies raides, ordinairement au nombre de quatre, qui dépassent l'extrémité du membre ; enfin, pieds *parasitiques* ou *caronculés*, ceux dont les griffes sont en grande partie engagées dans une caroncule, ou une membrane qui sert à fixer l'animal sur les corps les plus polis, comme le fait la ventouse d'une sangsue. »

(1) Ant. Dugès, *Recherches sur l'ordre des Acariens*, etc. Ann. des sc. nat., 2e série, t. I, 1834, p. 11.
(2) *Loc. cit.*, p. 12.

Le *système nerveux* des Acariens est peu développé; il se réduit à une simple masse ganglionnaire qui répond à la fois au cerveau et à la chaîne ventrale; il paraît même manquer dans les types inférieurs. Les organes de la *vision* sont représentés par une ou deux paires d'yeux simples, qui, d'ailleurs, font souvent défaut. Quant au *tact*, il s'effectue par les palpes maxillaires, ainsi que par les poils ou les soies qui garnissent le corps ou les pattes.

Les *organes digestifs* sont parfois difficiles à distinguer : à la partie antérieure, il existe une cavité buccale prismatique, limitée sur les côtés par les mandibules et en dessous par la lèvre inférieure. Le tube digestif, qui continue cette cavité, est souvent pourvu, dès sa naissance, de glandes salivaires; il montre dans certains cas une sorte de dilatation stomacale émettant des appendices en cul-de-sac plus ou moins étendus. Le rectum, assez large, aboutit à une fente anale longitudinale, qui se trouve située tantôt sur la face ventrale, tantôt sur la face dorsale (notogastre) de l'abdomen, tantôt enfin à la partie postérieure du corps.

La *circulation* est lacunaire; la substance fluide et granuleuse qui représente le sang baigne directement les organes.

Chez un grand nombre d'Acariens terrestres ou aquatiques, la *respiration* s'effectue par des trachées, qui sont disposées en un système ramifié aboutissant à une ou deux paires de stigmates, dont la situation est variable. Chez la plupart des formes parasites, la respiration est cutanée.

L'existence d'un *système excréteur* particulier est douteuse. Cependant, Pagenstecher décrit et figure un organe urinaire chez les Ixodes. D'ailleurs, il existe, chez un certain nombre d'Acariens, des glandes de nature et de situation variables, en particulier des glandes cutanées, dont le rôle du produit n'a pas encore été déterminé.

Les *sexes* sont séparés chez tous les Acariens. En général, les mâles se distinguent des femelles par leur petite taille, leur conformation, la présence d'organes spéciaux de copulation, etc.; souvent aussi, leur genre de vie, voire leur régime, sont différents. Ils possèdent une ou plusieurs paires de *vésicules testiculaires*, versant leur produit dans un canal déférent unique, qui aboutit à un pénis. Les organes femelles, d'autre part, sont constitués par des *ovaires* également pairs, pourvus de courts conduits excréteurs qui se réunissent en un oviducte commun. Celui-ci vient déboucher vers la partie antérieure de la face ventrale, par une ouverture située entre les paires de pattes, et à laquelle on donne d'habitude les noms de vulve sous-thoracique ou de vulve de ponte, noms qui méritent d'être remplacés par celui de *tocostome* (τόκος, accouchement ; στόμα, orifice). C'est par là, en effet, que sortent les œufs ou les larves ; mais ce n'est pas, en général, un organe de copulation. L'accouplement a lieu par la pénétration

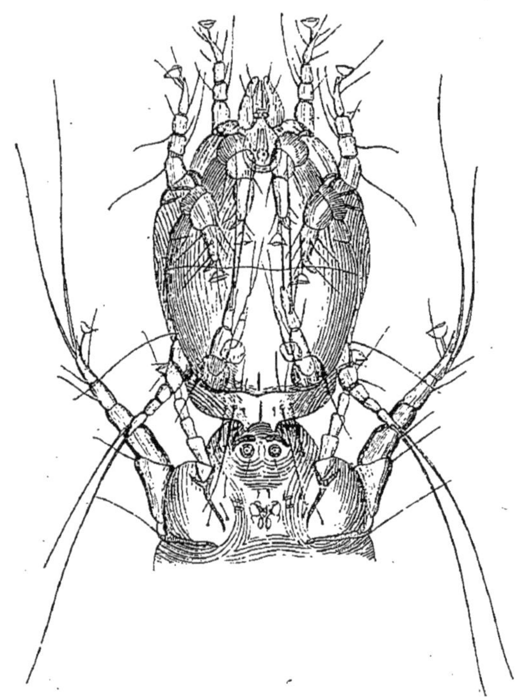

Fig. 312. — *Chorioptes ecaudatus*, femelle pubère se transformant en femelle ovigère pendant l'accouplement. Grossissement : 100 diamètres. Le mâle a été un peu séparé par la compression de la préparation (Orig.).

du pénis dans la fente anale, laquelle représente ainsi un organe complexe, et doit porter le nom de *vulve d'accouplement* ou mieux de fente vulvo-anale. Chez les Ixodes, cependant, la copulation s'effectue par la vulve sous-thoracique, qui est aussi l'organe de la ponte. Les Acariens sont ovipares, quelquefois ovovivipares.

Le *développement* des Acariens a été surtout étudié par Claparède. Nous y reviendrons en traitant des Sarcoptidés. Disons seulement ici que les Acares subissent, après leur sortie de l'œuf, des *métamorphoses* qui sont remarquables en ce que chacune d'elles comporte, aussi bien d'ailleurs que toutes les *mues*, une sorte de retour à l'état embryonnaire, une fonte de l'individu, et sa rénovation complète. Au moment où il quitte l'œuf, le jeune animal est désigné sous le nom de *larve*, et se montre pourvu de trois paires de pattes, exceptionnellement de quatre (larve hexapode ou octopode). Mais, le plus souvent, dès qu'il possède toutes ses pattes, on le considère comme une *nymphe*. Celle-ci acquiert ensuite des organes génitaux et devient ainsi mâle ou femelle *pubère*. Enfin, après l'accouplement, la femelle subit une dernière transformation, et arrive à l'état de femelle *ovigère*.

Les *mœurs* et l'*habitat* des Acariens sont assez variés. D'aucuns sont aquatiques, d'autres sont terrestres ; ils se nourrissent d'autres petits animaux, ou du suc des plantes : on les trouve souvent parmi les substances organiques en décomposition ; la plupart enfin sont parasites, soit pendant la totalité, soit pendant une certaine période de leur existence, ou même d'une manière accidentelle.

Division. — Dugès est un des premiers auteurs qui aient tenté de grouper les Acariens en familles ; plus tard, P. Gervais a modifié certains points de cette classification ; enfin, M. Mégnin, tout en conservant les principaux groupes établis par ces auteurs, les a distribués dans un ordre plus rationnel, en prenant pour base les modifications du squelette.

Nous adopterons, dans ses traits généraux, ce dernier mode de groupement, qui se trouve indiqué dans le tableau suivant.

Division des Acariens en familles.

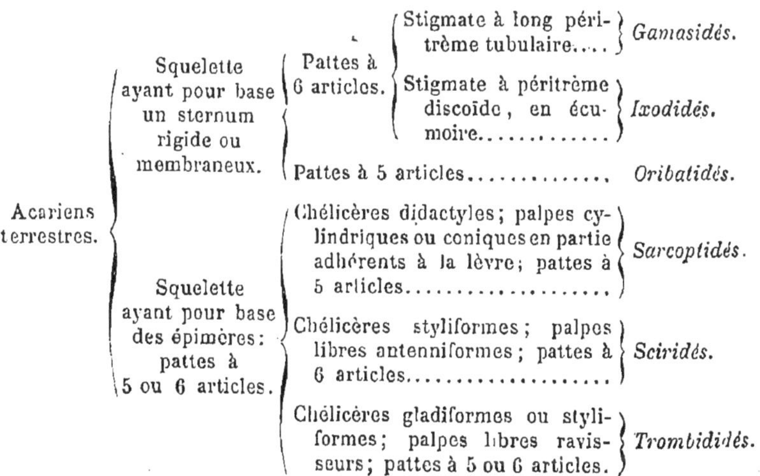

Acariens terrestres.
- Squelette ayant pour base un sternum rigide ou membraneux.
  - Pattes à 6 articles.
    - Stigmate à long péritrème tubulaire..... *Gamasidés.*
    - Stigmate à péritrème discoïde, en écumoire............. *Ixodidés.*
  - Pattes à 5 articles............. *Oribatidés.*
- Squelette ayant pour base des épimères : pattes à 5 ou 6 articles.
  - Chélicères didactyles ; palpes cylindriques ou coniques en partie adhérents à la lèvre ; pattes à 5 articles.................. *Sarcoptidés.*
  - Chélicères styliformes ; palpes libres antenniformes ; pattes à 6 articles.................. *Sciridés.*
  - Chélicères gladiformes ou styliformes ; palpes libres ravisseurs ; pattes à 5 ou 6 articles. *Trombididés.*

Acariens aquatiques ou puricoles.	Pattes à 6 articles.	Chélicères soudées à la trompe...	*Limnocharidés.*
		Chélicères en stylets............	*Hydrachnidés.*
		Chélicères à crochets...........	*Hygrobatidés.*
	Pattes à 3 articles.	Sans prolongement caudal (1)....	*Arctisconidés.*
		A prolongement caudal vermiforme......................	*Démodicidés.*

Famille des **DÉMODICIDÉS**. — Les Démodicidés ou Dermatophiles, par leur aspect général, rappellent les Linguatules : ils sont vermiformes, glabres et possèdent un abdomen assez distinct, allongé, conique. Leurs pattes sont composées de trois articles : la hanche, la jambe et le tarse. Contrairement à l'affirmation de M. Mégnin (2), ils sont ovipares. Les jeunes subissent des métamorphoses.

Ces Acariens, qui ne composent jusqu'à présent qu'un seul genre, vivent en parasites dans les follicules sébacés et pileux, parfois dans le pus dont leur présence provoque la formation.

Genre **Démodex** (*Demodex* Owen). — Comme la généralité des Acariens, les Démodex (δέμας, corps; δήξ, ver du bois) ont le céphalothorax plan à la face inférieure, convexe à la face supérieure, finement strié en divers sens; l'abdomen est strié en travers. — Le rostre est saillant, recouvert à sa base par l'épistome, qui se prolonge lui-même par un processus membraneux assez analogue aux joues que nous aurons à signaler chez les Sarcoptes. Les chélicères ou mandibules sont disposées en stylets aplatis, lamelleux. Les mâchoires, écartées à la base, sont rapprochées en avant. Les palpes maxillaires sont obscurément articulés. Enfin, il existe une étroite languette entre les mâchoires et à leur face supérieure. — L'anus est représenté par

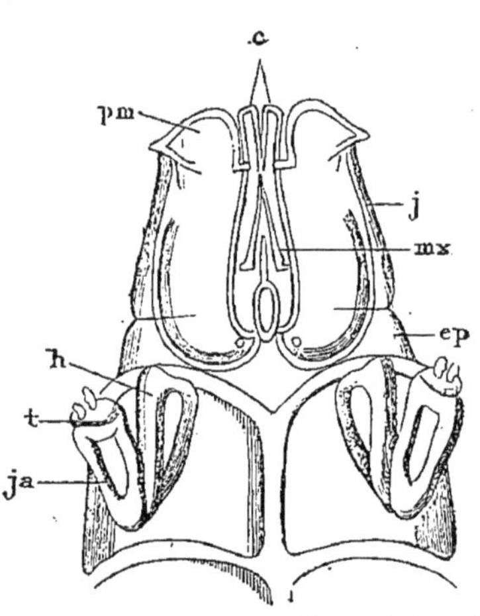

Fig. 313. — Extrémité antérieure, fortement grossie, du *Demodex folliculorum* du Chien. — *c*, chélicères. *mx*, mâchoires. *pm*, palpes maxillaires. *j*, joues. *ep*, épistome. *h*, hanche. *ja*, jambe. *t*, tarse.

(1) Les Artisconidés ont été étudiés plus haut sous le nom de Tardigrades.
(2) Voy. *Journal de l'Anat. et de la Physiol.* 1877.

une fente longitudinale située à la partie antérieure de l'abdomen, sur la face ventrale. — Les mâles ont l'abdomen moins développé que les femelles; ils possèdent une armure génitale préanale. Les femelles sont un peu plus grandes. Il est probable que la copulation et la ponte s'effectuent par la fente anale.

Le développement n'est pas encore très bien connu. De l'*œuf*, qui possède une coque mince, mais très nette, sort une larve munie de trois paires de tubercules, rudiments de pattes, et d'organes buccaux très incomplets. A la suite d'une mue, cette

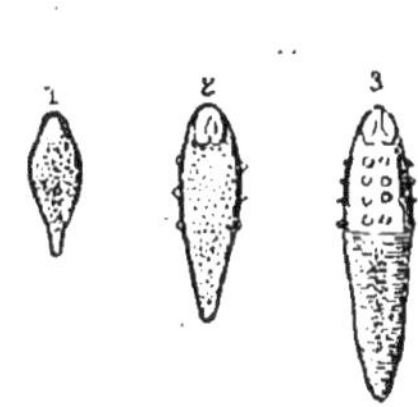

Fig. 314. — Évolution du *Demodex folliculorum* du Chien. — 1, œuf. 2, larve hexapode. 3, larve octopode. Grossissement : 100 diamètres (Orig.).

Fig. 315. — *Demodex folliculorum* mâle, du Chien, grossi 100 fois (Orig.).

larve hexapode acquiert une quatrième paire de pattes et devient ainsi *larve octopode*, puis une seconde mue l'amène à l'état de *nymphe :* celle-ci est pourvue de pattes et d'organes buccaux bien développés, et n'a plus qu'à acquérir ses organes sexuels pour arriver à l'*état parfait*.

Le genre Démodex a pour type le **Démodex des follicules** (*D. folliculorum* Owen), qui offre plusieurs variétés.

Démodex de l'Homme (*D. folliculorum* var. *hominis*). — Le *mâle* a 300 μ de long sur 40 μ de large au niveau du thorax. La *femelle* mesure environ 380 μ sur 45. Le rostre est assez court, large; la longueur du rostre et du céphalothorax réunis égale environ le tiers de la longueur totale du corps. Les œufs sont cordiformes ou fusiformes, de 60 à 80 μ de long sur 40 à 50 μ de large.

Le Démodex de l'Homme a reçu des noms très variés : Simonée ou Simonide, Acare des follicules, etc. (1). Il a été découvert à peu près en même temps (1842) par Simon, de Berlin, et Henle, de Zurich, dans la

(1) *Macrogaster platypus* Miescher. *Entozoon folliculorum*, puis *Steatozoon* E. Wilson. *Simonea folliculorum* P. Gerv.

matière des comédons de la face. Il se rencontre aussi dans des pustules d'acné, mais il ne paraît avoir, dans ce cas, aucune influence étiologique. On peut le trouver, d'ailleurs, à l'état physiologique, dans les glandes sébacées. Gruby assure que, sur 60 personnes examinées par lui, 40 présentaient de ces Acariens. Les enfants très jeunes n'en ont jamais. Il est facile de découvrir ces parasites dans le sébum qui apparaît quand on exerce une pression sur les ailes du nez, les lèvres, les joues, le front, etc.

Démodex du Chien (*D. folliculorum* var. *canis*). — Le *mâle* mesure 220 à 250 µ de long sur 45 µ de large. La *femelle* est longue de 250 à 300 µ et à peine plus large que le mâle. Le rostre est à peu près aussi long que large ; la longueur du rostre et du céphalothorax réunis est inférieure à la moitié de la longueur totale. Les œufs sont fusiformes, de 70 à 90 µ de long sur 25 µ de large.

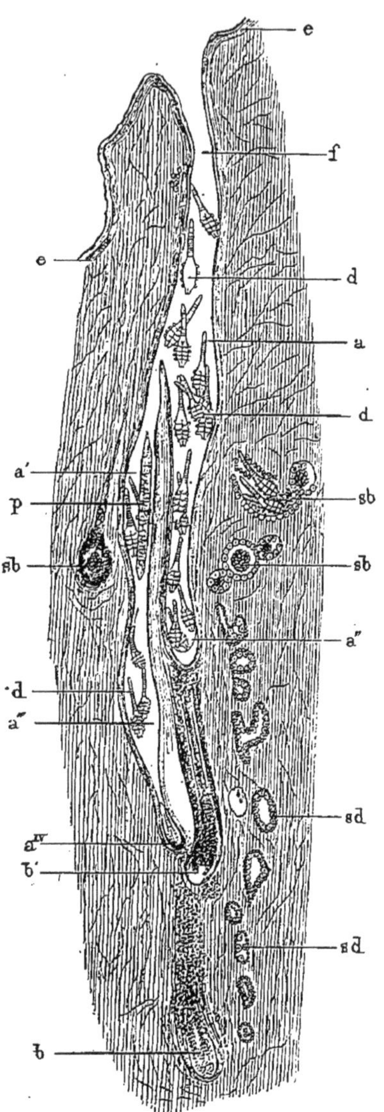

Fig. 316. — Coupe de la peau d'un Chien affecté de gale folliculaire. — *e*, épiderme, se continuant pour former les gaines dans le follicule *f*, lequel, sinueux et bifide à son extrémité profonde, renfermait deux poils *p*, dont on voit les bulbes en *b*, *b'*. En *a*, *a'*, *a''*, *a'''*, *a^IV*, ce follicule présente des dilatations dues à l'accumulation des Démodex *d*. *sb*, glandes sébacées, dont une (*sb'*) contient des Démodex. *sd*, glandes sudoripares. Grossiss. : 40 diamètres (Dessin inédit de G. Neumann, d'après une préparation de F. Laulanié).

Le Démodex du Chien a été découvert, en 1843, par Topping, et décrit par Tulk. Il vit dans les follicules sébacés et pileux, et détermine une très grave affection cutanée, connue sous le nom de *gale folliculaire*. Cette affection débute le plus souvent par la tête, pour s'étendre peu à peu sur les autres régions du corps, et se traduit par la formation de pustules acnéiques, s'accompagnant d'une dépilation plus ou moins marquée. Parfois, cette sorte de gale affecte la forme circinée. Les follicules pileux sont dilatés et contiennent souvent une grande quantité de Démodex, qui ont la tête dirigée du côté de la racine du poil et la face dorsale tournée contre la paroi du follicule. Gruby en a compté jusqu'à deux cents dans un même follicule. Le même auteur dit avoir transmis avec succès les Démodex de l'Homme au Chien, mais la démonstration du fait manque de netteté. D'autre part, Zürn a constaté la transmission de la gale folliculaire du Chien à l'Homme, ce qui paraît être un fait extrêmement rare.

Démodex du Chat (*D. folliculorum* var. *cati*). — D'un quart plus petit que le précédent.

Trouvé par Mégnin et par Leydig dans l'oreille et sur le nez du Chat. Paraît inoffensif.

Démodex de la Chèvre (*D. folliculorum* var. *capræ*). — Le *mâle* est long de 220 à 230 μ, large de 50 à 55 μ. La *femelle* est longue de 230 μ à 250 μ, large de 60 à 65 μ. Le rostre et le céphalothorax réunis égalent presque la moitié de la longueur totale. Les œufs sont ellipsoïdes, longs de 68 à 80 μ, larges de 32 à 45 μ.

Niederhœusern a le premier observé des Démodex sur la Chèvre, mais les boutons qu'il avait examinés ne contenaient que des larves. Au mois de mai 1885, nous avons retrouvé, avec M. Nocard, le même parasite sur un jeune Bouc de deux ans, né et élevé à l'école d'Alfort. Les Démodex existaient en abondance dans des sortes de pustules de grosseur variable occupant surtout la région des côtes et les flancs.

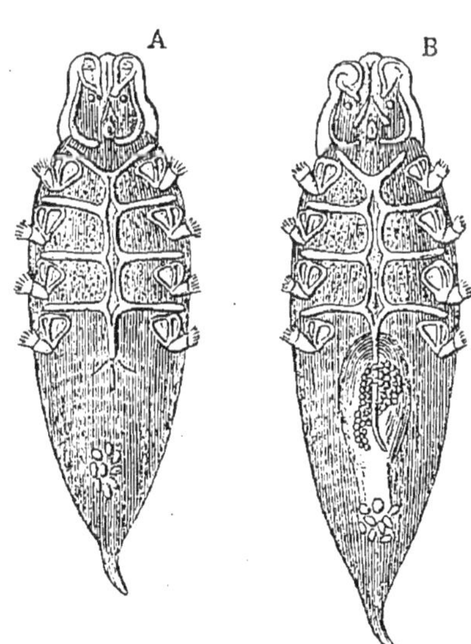

Fig. 317. — Démodex du Porc, grossi 250 fois, d'après Csokor.

Démodex du Porc (*D. folliculorum* var. *suis*. *D. phylloides* Csokor). — Le *mâle* est long de 220 μ, large de 50 à 57 μ. La *femelle* est longue de 240 à 260 μ, large de 60 à 66 μ. Le rostre est très développé, plus long que large; la longueur du rostre et du céphalothorax réunis est à peu près égale à celle de l'abdomen. Les œufs sont ovales, un peu rétrécis et allongés aux extrémités; ils mesurent 100 à 110 μ de long sur 30 à 34 de large.

Cette nouvelle forme, relativement fort large et dont l'aspect général rappelle la forme d'une feuille de laurier, a été découverte en 1878, par Csokor. Elle détermine chez le Porc une affection ulcéro-pustuleuse. « Le mal est caractérisé par de petites tumeurs dont les dimensions varient entre celles d'un grain de sable et celles d'une noisette. Le siège en est surtout au groin, au cou, à la partie inférieure de la poitrine, dans l'aine, sur le flanc, sur le ventre. Ces tumeurs augmentent peu à peu de volume et finalement se transforment en gros abcès. Dans ceux-ci comme dans les tumeurs, on trouve des Démodex. »

DÉMODEX DU MOUTON (*D. folliculorum* var. *ovis*). — Cette variété diffère surtout de celle de l'Homme par sa très grande largeur.

Elle a été trouvée par Oschatz dans les glandes de Meibomius du Mouton.

D'après Zürn et Claus, on aurait, en outre, rencontré des Démodex chez le Bœuf, le Cheval et le Renard. Enfin, Leydig a décrit, sous le nom de *Demodex phyllostomatis*, une nouvelle forme qui vit en parasite sur la Chauve-Souris de Surinam.

Famille des **TROMBIDIDÉS**. — Acariens presque toujours mous, plus ou moins velus, et en général colorés de teintes vives. Rostre en suçoir conique formé par les maxilles et contenant une paire de chélicères styliformes ou en griffes, rarement en pinces didactyles; palpes ravisseurs. Pattes à 5 ou 6 articles, à tarses onguiculés et parfois caronçulés. Squelette composé d'épimères; respiration trachéenne ; souvent deux yeux.

Cette famille se divise en de nombreuses sous-familles : *Cheylétinés*, *Tétranycinés*, *Geckobinés*, *Trombidinés*, *Pachygnathinés*, etc. Nous en étudierons deux seulement.

A. Sous-famille des **TROMBIDINÉS**. — Dans ce groupe, se rangent les Trombididés à téguments mous, à chélicères terminées en griffe; à palpes composés de cinq articles dont le quatrième, en apparence le dernier, se termine en crochet, tandis que le cinquième, claviforme, s'articule à sa base; à tarses munis de deux ongles et d'un appendice sétacé; pattes à 6 articles; deux yeux.

Les **Trombidions** (*Trombidium* Latr.), qui sont les principaux représentants de cette tribu, se distinguent à leurs yeux pédonculés et à leur tégument revêtu de poils barbelés.

Trombidion soyeux (*Tr. holosericeum* L.). — P. Gervais le caractérise ainsi : « Abdomen presque carré, rétréci en arrière et un peu échancré ; d'un beau rouge, satiné ; yeux pédiculés ; poils et papilles cylindriques, arrondis au sommet ou obtus sur le dessus du corps, barbus sur le ventre et les pattes. »

C'est une espèce très commune, qu'on rencontre, au commencement de l'été, dans le gazon des prairies, les talus sablon-

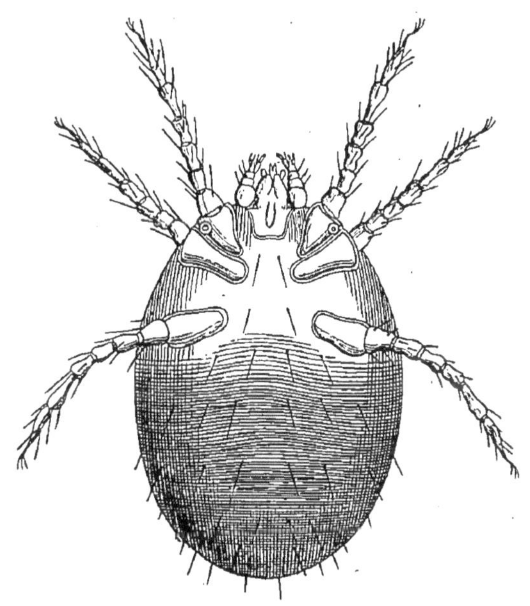

Fig. 318. — Rouget ou larve du Trombidion soyeux, vu par la face ventrale. Grossissement : 100 diamètres (Orig.).

neux, etc. (rarement dans les jardins). On la connaît, ainsi que les espèces voisines, sous le nom vulgaire de *Mite rouge*. A l'état adulte, elle est phytophage.

D'après M. Mégnin, la larve hexapode de cet Acarien ne serait autre que le petit parasite connu depuis longtemps sous le nom de *Rouget*, *Acare des regains*, *bête rouge*, *bête d'août*, *vendangeur*, etc., et que les anciens auteurs qualifiaient de Lepte automnal (*Leptus autumnalis*). La ponte du Trombidion soyeux a lieu au mois de juillet. La larve récemment éclose a le corps orbiculaire, revêtu d'un petit nombre de poils courts ; elle possède deux yeux, deux stigmates et six longues pattes cylindriques, chacune à six articles. Cette larve se met à la recherche d'un animal quelconque pour se fixer sur son corps et y vivre en parasite. Elle implante ses mandibules dans le tégument de sa victime, et son abdomen, se gonflant peu à peu, s'allonge et arrive à des dimensions relativement considérables : c'est alors qu'elle répond à la forme connue sous le nom de *Rouget*.

Ce sont de préférence les Vertébrés, et en particulier les petits Mammifères, qui sont sujets aux attaques des Rougets : les Taupes et les Lièvres, par exemple, en sont souvent couverts, et il est facile de les recueillir, car ils abandonnent le cadavre à mesure qu'il se refroidit.

Sur l'Homme, le Rouget attaque surtout les jambes, la partie interne des cuisses et le bas ventre. D'ordinaire, la ceinture les arrête, et ils se fixent à ce niveau. « La blessure du *Rouget*, dit Moquin-Tandon, occasionne des démangeaisons vives, brûlantes, insupportables, qui empêchent de dormir. Latreille les compare à celles de la gale. La peau se gonfle et devient rouge, quelquefois même violacée..... John a observé un exanthème déterminé par cette cause. Moses cite aussi un cas d'inflammation papuleuse et vésiculeuse, avec des démangeaisons insupportables, produite par le même animal. » — Cet Acarien pullule aux Antilles; c'est en général aux jambes qu'il produit l'éruption connue dans les colonies sous le nom de *feux sauvages*.

Le prurigo du Rouget est très commun sur les Chiens de chasse : les parasites siègent surtout aux pattes, au ventre et à la tête. Les Chats qui fréquentent les jardins peuvent être affectés de la même manière. Enfin, J. Csokor a observé une éruption du même ordre chez des Poules. Dans tous les cas, la teinte rouge de l'Acarien le dénonce d'emblée, et on s'en débarrasse promptement au moyen de quelques frictions de glycérine benzinée.

B. Sous-famille des CHEYLÉTINÉS. — Trombididés à téguments mous, sans yeux, à chélicères styliformes, mobiles dans une gaine conique formée par la soudure des maxilles et de la lèvre; à palpes 3-articulés, le deuxième article portant un ou plusieurs crochets; à tarses ordinairement munis de deux ongles et d'un appendice sétacé; pattes à 5 articles; pas d'yeux.

Les **Cheylètes** (*Cheyletus* Latr.) sont bien reconnaissables à leurs palpes maxillaires énormes, dont le deuxième article est muni d'un grand crochet falciforme dépassant le troisième article.

Le **Cheylète érudit** (*Ch. eruditus* Schrank) tire son nom de ce qu'on le trouve souvent dans les vieux livres; il abonde aussi dans les chiffons, les fourrages altérés, etc. C'est donc une espèce vagabonde, qui peut se rencontrer par occasion sur le corps de l'Homme ou des animaux.

Leroy de Méricourt a recueilli à Terre-Neuve, sur un officier de marine revenant de la Havane et affecté d'exanthème, trois Acariens qui se trouvaient au milieu du pus s'écoulant de l'oreille. Le Dr Laboulbène a décrit et figuré ces Acariens sous le nom de *Tyroglyphus Mericourti* et Moquin-Tandon sous celui d'*Acaropsis Mericourti;* mais il est évident qu'il s'agissait d'un Cheylète, peut-être même du Cheylète érudit, venant du dehors et n'ayant aucun rapport avec l'affection.

Le *Ch. parasitivorax* Mégn. vit dans la fourrure des Lapins, où il fait la chasse aux parasites mous, principalement aux Listrophores.

Les **Harpirhynques** (*Harpirhynchus* Mégn., *Sarcopterus* (1) Nitzsch 1818) ont aussi des palpes puissants; mais le deuxième article, qui dépasse encore le troisième, est muni à son extrémité de trois crochets recourbés en arrière et en haut.

Le **Harpirhynque nidulant** (*H. nidulans* Nitzsch) vit en nombreuses colonies dans des sortes de tumeurs cutanées, surtout chez les Passereaux. Cependant M. Trouessart nous assure l'avoir trouvé (ou d'autres espèces du même genre) sur une foule d'Oiseaux appartenant à des ordres divers. M. Mégnin, de son côté, dit avoir rencontré la nymphe pubère vagabonde dans les plumes des Pigeons et de quelques autres Oiseaux.

Les **Myobies** (*Myobia* Heyden) ont des palpes grêles, dont le deuxième article est terminé par un petit crochet qui dépasse le troisième; à première vue, on les prendrait volontiers pour des animaux hexapodes, car les pattes de la première paire sont adossées au rostre et transformées de manière à simuler de gros palpes à crampon.

La Myobie des Souris (*M. musculi* Schrank) vit dans les poils de la tête et du museau de la Souris commune (*Mus musculus*).

Enfin, nous devons encore signaler le genre **Syringophile** (*Syringophilus* Nörner), qui représente dans la sous-famille des Cheylétinés un type dégradé, remarquable par la forme allongée, quasi-vermiculaire du corps et la réduction très accusée des palpes.

« On trouve les Syringophiles dans le tuyau des pennes de l'aile et de

(1) Nom déjà attribué par Rafinesque à un Mollusque (1814).

la queue et souvent dans celui des tectrices alaires. Sur les plumes atteintes, ce tuyau a perdu sa transparence : au lieu des cônes réguliers, formés par le retrait de la *pulpe*, qu'on y voit à l'état normal, on n'y distingue plus qu'une matière opaque et pulvérulente. Si l'on fend la plume et qu'on examine cette matière au microscope, on voit qu'elle est formée de Syringophiles vivants, mais presque inertes, à tous les âges, entourés de leurs peaux de mues, de leurs fèces noirâtres et des débris des cônes qu'ils ont détruits pour se nourrir.

« Accidentellement, on rencontre des individus isolés en dehors des plumes. Il est donc probable que tous en sortent à l'automne, quand les plumes desséchées sont près de tomber, et vont chercher un nouveau logement dans les plumes récemment poussées (1). » M. Trouessart admet qu'ils y pénètrent par l'ombilic supérieur : ils en sortiraient, au contraire, par l'ombilic inférieur, mais seulement après le dessèchement et la mort de la plume, à la mue d'automne, époque où cet orifice devient libre.

Le professeur Heller, de Kiel, qui a le premier observé ces parasites, en 1879, en a signalé deux espèces : *Syringophilus bipectinatus*, des Poules et des Pigeons, et *S. uncinatus*, des Paons.

Le genre **Picobie** (*Picobia* Haller), décrit en 1877 par le Dr G. Haller, d'après une seule femelle trouvée dans le tissu cellulaire sous-cutané d'un Pic cendré (*Picus canus*), est très voisin du précédent et a probablement les mêmes mœurs.

Famille des **SARCOPTIDÉS**. — Les Sarcoptidés sont de petits Acariens mous, blanchâtres ou roussâtres, dépourvus d'yeux et de trachées; ils possèdent un rostre muni de chélicères didactyles et de palpes maxillaires à trois articles ; le squelette a pour base des épimères ; les pattes, à cinq articles, sont disposées en deux groupes, et leurs tarses se terminent par des crochets souvent accompagnés d'une ventouse campanulée ou d'une caroncule vésiculeuse. Ovipares ou ovovivipares. Larves hexapodes. En général, parasites.

On peut, avec M. Mégnin, diviser provisoirement cette famille en cinq tribus ou sous-familles : S. psoriques (*Sarcoptinæ*), S. plumicoles (*Analgesinæ*), S. cysticoles (*Cytoleichinæ*); S. gliricoles (*Listrophorinæ*), et S. détriticoles (*Tyroglyphinæ*). Peut-être même conviendrait-il de créer une sixième tribu pour les Sarcoptidés insecticoles étudiés dans ces derniers temps par Berlese.

(1) Dr E. L. Trouessart, *Sur les Acariens qui vivent dans le tuyau des plumes des Oiseaux*. Comptes rendus de l'Acad. des sciences, 22 décembre 1884, p. 1130.

A. Sous-famille des **SARCOPTINÉS**. — Le groupe des *Sarcoptidés* psoriques ou *Sarcoptinés* (1) comprend les espèces qui nous intéressent le plus directement, celles dont la multiplication sur la peau de l'Homme ou des animaux détermine les affections connues sous le nom de *gale* ou de *psore*.

Ces parasites constituent trois genres bien distincts : *Sarcoptes*, *Psoroptes*, *Chorioptes*.

Genre **Sarcopte** (*Sarcoptes* Latr.). — On reconnaît les Sarcoptes (σάρξ, chair; κόπτειν, couper) à leur corps arrondi ou à peine ovalaire, dépassé en avant par un rostre court, lequel est muni de joues membraneuses qui bordent les palpes, et à leurs pattes courtes, épaisses, coniques, dont le tarse porte souvent une ventouse à pédicule simple et assez long.

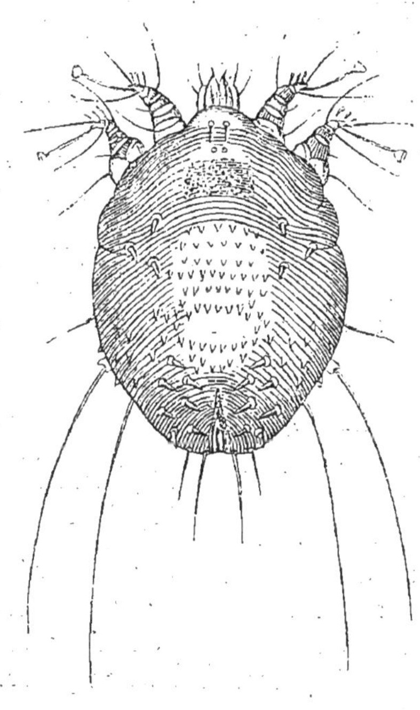

Fig. 319. — *Sarcoptes scabiei* var. *equi* : femelle ovigère, grossie 100 fois, vue par la face dorsale.

Sarcopte de la gale (*S. scabiei* Degeer, *S. communis* Del. et Bourg.). — Corps légèrement ovalaire, marqué de plis parallèles interrompus sur la face dorsale et jusque sur les côtés par des saillies triangulaires aiguës ; face dorsale offrant de chaque côté, au niveau du céphalothorax (notothorax), mais fort en arrière, trois spinules, et au niveau de l'abdomen (notogastre) sept spinules disposées en deux rangées. Anus rétrodorsal.

Le *Sarcoptes scabiei* offre un assez grand nombre de variétés, que beaucoup d'auteurs décrivent comme autant d'espèces et qui ne diffèrent que par leur habitat ou par de légères variations dans des organes secondaires. Ces diverses formes vivent sur les Mammifères ; elles tracent

(1) Voy. en particulier Delafond et Bourguignon, *Traité de la Psore*, Paris, 1862, et les travaux divers de Raspail, P. Gervais, Gerlach, Fürstenberg, Ch. Robin, P. Mégnin, etc.

des galeries sous-épidermiques, dans lesquelles sont déposés les œufs, et leur pullulation donne lieu à une gale généralement assez difficile à guérir.

Les dimensions fournissent, assure-t-on, un des éléments les plus caractéristiques des variétés. Voici, d'après M. Mégnin, quelles sont les principales d'entre elles, par ordre de dimensions décroissantes : *suis, equi, vulpis, lupi, capræ, cameli, ovis, hydrochæri, hominis.*

Évolution. Organisation. — Pour donner des notions aussi exactes que possible sur l'organisation et l'évolution des Sarcoptidés psoriques, sans être obligé à de nombreuses répétitions, nous allons faire une étude spéciale du *Sarcoptes scabiei* pris comme type, et nous nous bornerons à présenter ensuite de simples remarques en ce qui concerne les autres espèces et les autres genres.

Embryogénie. — Les œufs sont pondus par la femelle dans des galeries sous-épidermiques qu'elle creuse elle-même au moyen de ses mandibules. Ce sont des œufs ovoïdes, à contenu granuleux, munis d'une coque transparente. On n'a pu jusqu'à présent constater le fractionnement du vitellus, mais on voit, à un moment donné, apparaître à sa périphérie une couche simple de cellules entourant une masse vitelline centrale et constituant le blastoderme (Claparède). Celui-ci s'épaissit pour former une plaque ventrale, laquelle ne tarde pas à présenter, vers l'un de ses pôles, un certain nombre de bourgeons d'où dérivent le rostre et les pattes antérieures ; puis, un peu plus tard, un double bourgeon donne naissance à l'unique paire de pattes postérieures de la larve. On distingue alors l'embryon avec ses trois paires de pattes bien développées et repliées sous le ventre, toutes convergeant vers le centre.

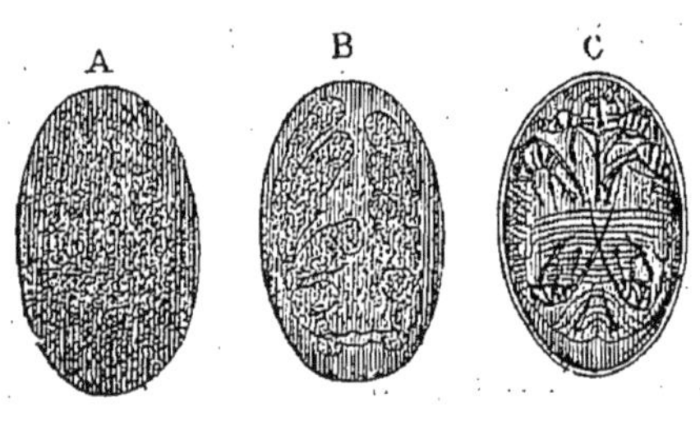

Fig. 320. — Œuf de *Sarcoptes scabiei*, grossi 150 fois, à divers stades de développement.

La durée de l'incubation, encore mal déterminée, paraît être seulement de quelques jours. Aussitôt après l'éclosion, les larves percent le plafond de la galerie et gagnent la surface de la peau, où elles doivent vivre en liberté. Pour arriver à l'état adulte, ces larves ont à subir certaines métamorphoses. Nous exposerons celles-ci d'après les travaux spéciaux de Delafond et Bourguignon, complétés par ceux de M. Mégnin.

1er *âge : Larve.* — Le petit Acarien qui sort de l'œuf ne se distingue essentiellement des Sarcoptes adultes que par l'absence des organes génitaux et de la quatrième paire de pattes. Les deux paires antérieures portent des ambulacres à ventouse; les deux pattes postérieures sont terminées chacune par une longue soie, et à l'arrière de l'abdomen il existe une paire de soies analogues. Avant de passer à l'état de nymphe, cette larve doit subir deux ou trois mues, qui lui permettent de prendre un certain accroissement : au moment de chacune de ces crises, elle devient inerte, et tous ses organes se réduisent en une masse cellulaire molle aux dépens de laquelle se produisent des organes nouveaux; selon l'expression de Claparède, l'animal retourne à l'état d'œuf; et les formations nouvelles sont tout à fait comparables à celles que nous avons signalées à propos de l'embryogénie.

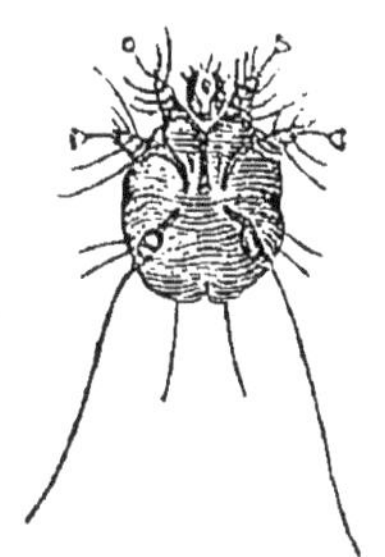

Fig. 321. — *Sarcoptes scabiei* var. *equi* : larve hexapode, grossie 100 fois, vue par la face ventrale.

2e *âge : Nymphe.* — A la suite d'une dernière mue, la larve donne naissance à une nouvelle forme encore dépourvue d'organes sexuels, mais possédant une quatrième paire de pattes, pattes terminées chacune par une soie plus courte et plus grêle que celles de la troisième paire. Cette forme reçoit le nom de *nymphe;* elle ne paraît subir que peu ou point de mues; mais M. Mégnin a constaté qu'il y a des nymphes de deux tailles différentes, les plus petites donnant des mâles, les plus grandes des femelles. Comme les larves, les nymphes vivent toujours à la surface de la peau.

3e *âge : Mâle. Femelle pubère.* — Cet âge est celui de l'accouplement; c'est le dernier pour les mâles. Ceux-ci ont une taille à peine plus grande

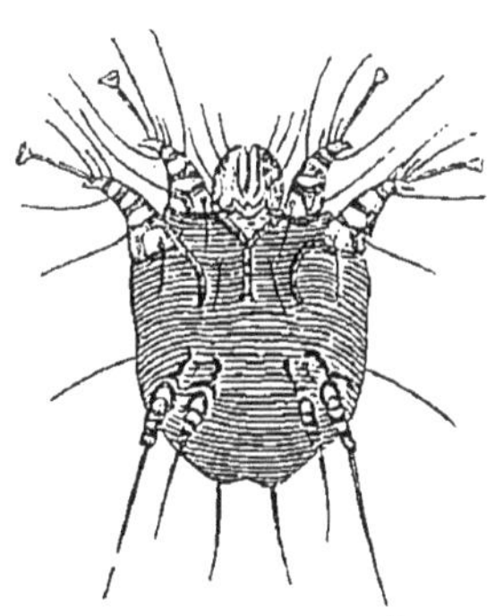

Fig. 322. — *Sarcoptes scabiei* var. *equi* : nymphe octopode, grossie 100 fois, vue par la face ventrale.

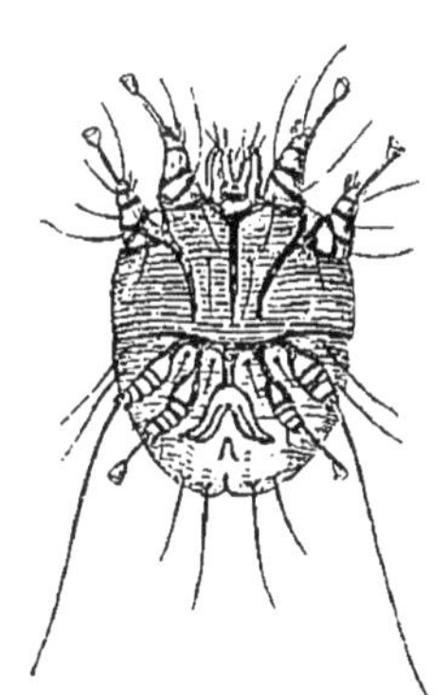

Fig. 323. — *Sarcoptes scabiei* var. *equi* : mâle, grossi 100 fois, vu par la face ventrale.

que celle de la nymphe; la quatrième paire de pattes, au lieu d'être terminée par une soie comme la troisième, est pourvue d'un ambulacre à ventouse; enfin, il existe une armure génitale complexe, formée de pièces chitineuses résistantes, qui s'articulent avec les épimères des pattes postérieures et limitent un espace dans lequel est logé le *pénis*, « formé de deux pièces courbes se regardant par leur convexité. »

Les femelles, qui proviennent, comme nous l'avons vu, des grandes nymphes, sont d'une taille un peu supérieure à celle des mâles ; elles ont le corps plus ovalaire, et leurs pattes postérieures sont toutes terminées par de longues soies. D'autre part, l'orifice anal offre d'assez grandes dimensions, et comme il sert en même temps d'organe d'accouplement, on lui donne le nom de fente vulvo-anale.

Les mâles et les femelles s'accouplent sans doute à la surface de la peau; mais cet accouplement n'a jamais été constaté dans l'espèce qui nous occupe ; il doit être très fugace, car les mâles sont en nombre beaucoup moins considérable que les femelles. Ces mâles sont d'ailleurs essentiellement nomades; leur existence se passe à rechercher les jeunes femelles pubères pour les féconder. Ils se nourrissent, paraît-il, de la sérosité qu'ils font sourdre en déchirant et soulevant des pellicules épidermiques sous lesquelles ils se blottissent. L'irritation ainsi produite donne naissance à des boutons épars et peu caractéristiques.

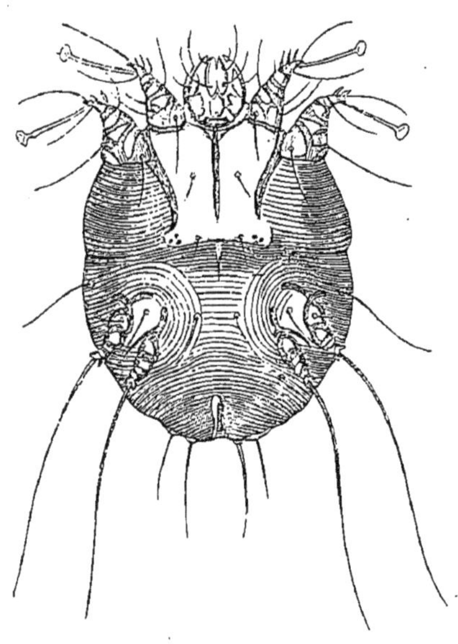

Fig. 324. — *Sarcoptes scabiei* var. *equi :* femelle ovigère, grossie 100 fois, vue par la face ventrale.

Quant aux femelles, elles ne sont pas encore arrivées au terme de leur existence. Il leur reste à assurer le sort de leur progéniture : aussi subissent-elles une dernière mue, qui les fait passer à l'état de *femelles ovigères* ou mieux de *femelles pondeuses*.

4ᵉ *âge : Femelle ovigère.* — A la suite de cette dernière mue, elles acquièrent, en effet, outre une plus grande taille et des soies plus longues, un organe spécial pour la ponte. La fécondation et la ponte ne s'effectuent donc pas par le même organe : c'est un fait qu'ont démontré, il y a longtemps, Bourguignon et Delafond. Le *tocostome* consiste en une fente transversale à lèvres plissées, située à la face inférieure du céphalothorax, en arrière des épimères des pattes antérieures, dans le sillon qui sépare le deuxième et le troisième anneau : c'est l'aboutissant d'un tube cylindrique qui représente l'oviducte.

Dans l'abdomen des femelles fécondées, on voit apparaître, parfois même avant la dernière mue, un ou plusieurs œufs qui sont destinés à sortir par cet orifice. Mais la femelle ne dépose pas ses œufs à la surface de la peau : elle creuse, dans l'épaisseur de l'épiderme, une petite galerie (*cuniculus*) que les dermatologistes qualifient du nom impropre de *sillon*. Pour accomplir ce travail, comme l'a vu Bourguignon, elle s'arc-boute sur les soies de ses pattes postérieures et, par des mouvements latéraux, déchire l'épiderme à l'aide de ses mandibules, de manière à soulever une lamelle, sous laquelle elle s'engage. Une fois entrée dans la galerie, ses lamelles et spinules dorsales s'opposent à ce qu'elle puisse rétrograder. Les sillons, qu'on distingue sur la peau de l'Homme sous l'aspect de petites lignes blanchâtres, peuvent mesurer plusieurs millimètres de longueur; ils sont droits ou diversement courbés. Chez les animaux à peau épaisse, on ne parvient pas à les découvrir. Dans leur intérieur, on trouve de petits points noirs qui ne sont autres que des excréments, de petits amas d'œufs ou de coques vides, et parfois une dépouille tégumentaire indiquant que la dernière mue s'est effectuée tardivement; de distance en distance, la paroi supérieure est percée de petits

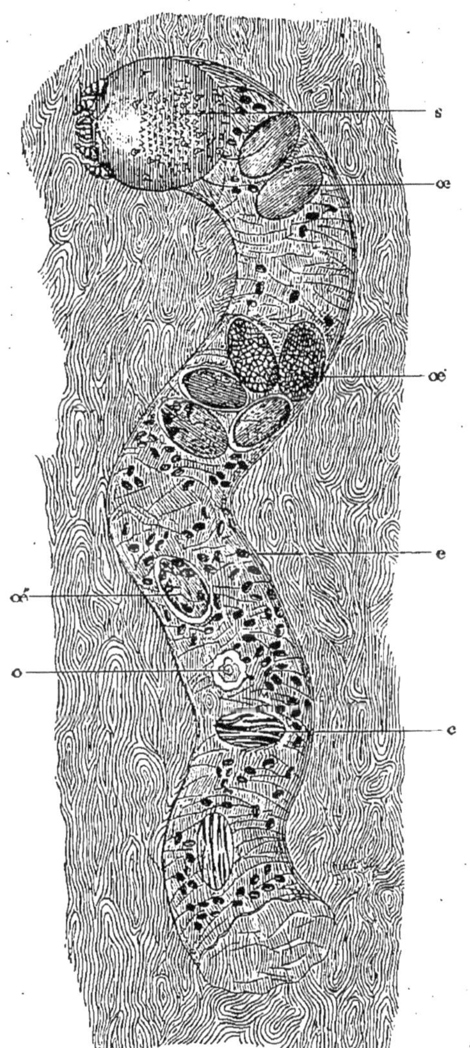

Fig. 325. — *Sarcopte* de l'Homme : femelle fécondée (*s*) creusant sa galerie (*sillon*). Figure demi-schématique, en partie d'après Gerlach. — On voit, d'avant en arrière, les œufs de plus en plus anciens *œ*, *œ'*, *œ''*, puis des coques vides *c*. *o*, cheminée ou orifice d'échappement des larves. *e*, excréments.

trous : ce sont les ouvertures par lesquelles se sont échappées les larves. A l'une des extrémités du sillon, on distingue un petit point blanc assez net : c'est la femelle ovigère, qu'il est possible d'enlever à la pointe d'une aiguille ; à l'autre extrémité, se trouve souvent une vésicule, dont l'apparition a été provoquée par la morsure venimeuse de l'Acare ; mais on rencontre aussi des vésicules qui n'ont aucun rapport avec les sillons, et qui sont le fait, comme nous l'avons dit, des mâles, des nymphes et des larves, dont l'existence est plus ou moins vagabonde. Les vésicules peuvent, du reste, subir diverses modifications, et les éruptions symptomatiques de la gale sont parfois assez compliquées.

Il nous reste à faire un examen rapide de l'organisation des Sarcoptes adultes. Nous savons que ces Acariens ont le corps testudiniforme, c'est-à-dire convexe en dessus, plat en dessous ; muni de quatre paires de pattes, dont deux rapprochées du rostre et les deux autres situées en arrière ; enfin, creusé à sa partie antérieure d'une cavité (*camérostome*) incisée en dessous et destinée à loger la base du rostre : la paroi supérieure de cette chambre s'appelle épistome.

Le *tégument* est formé par une cuticule transparente, marquée de plis parallèles plus ou moins nombreux, interrompus, dans le milieu de la région dorsale du céphalothorax, par un plastron chitineux grenu et, plus en arrière, par de petites saillies coniques assez nombreuses. Il existe en outre de nombreux appendices tégumentaires, sous forme de soies, de piquants aigus et rigides et de spinules à pointe mousse : nous ne pouvons entrer ici dans le détail de toutes ces parties, et nous nous bornons à rappeler la présence de deux groupes de trois spinules sur le notothorax et de deux groupes de sept spinules sur le notogastre.

Le squelette dermique a pour base des épimères, en nombre égal à celui des pattes, et chacun des cinq articles de celles-ci comprend une pièce solide ; si l'on ajoute à cela les pièces du rostre et celles de l'armure génitale du mâle, on aura une idée complète des formations squelettiques du Sarcopte de la gale. La pièce solide de la *hanche* est articulée à l'épimère correspondant ; celles du *trochanter*, de la *cuisse*, de la *jambe* et du *tarse* s'articulent de même entre elles ; mais ces articulations sont plus ou moins obliques et disposées en sens divers, de manière à permettre des mouvements variés à l'aide de simples muscles fléchisseurs et extenseurs. Le tarse se termine par une longue soie ou par un ambulacre composé d'un pédicule transparent et d'une expansion campanulée ou ventouse, grâce aux contractions de laquelle l'adhérence est obtenue, même sur les corps les plus lisses.

Le *rostre*, logé par sa base dans le camérostome, et à peine caché par l'épistome, est légèrement conique, avec l'extrémité libre obtuse, arrondie. Il se compose des pièces suivantes : deux chélicères ou mandibules, deux maxilles avec leurs palpes, une lèvre inférieure et deux joues.

Les *chélicères* occupent le plan supérieur et sont rapprochées vers la ligne médiane par leur bord supérieur; chacune d'elles est constituée à la façon d'une pince d'écrevisse : l'un des mors, le supérieur, continue la tige qui le porte; l'autre est articulé sur cette tige; tous deux sont dentés. Les *mâchoires* ou maxilles, situées en dessous et en arrière des mandibules, consistent en deux pièces courbées en S et réunies en arrière à une pièce médiane ou *menton*, de telle sorte que l'ensemble offre assez l'aspect d'un fer à cheval. Les *palpes maxillaires*, relevés à peu près sur le même plan que les chélicères qu'ils contournent, sont coniques et un peu courbés, à convexité extérieure; ils se composent de trois articles, dont le basilaire, très large, s'articule avec la mâchoire. La *lèvre* est représentée par une simple membrane cuticulaire qui joint en arrière les deux mâchoires, se prolonge assez loin en avant et adhère par côté au bord interne des palpes; elle porte une petite *languette* à sa face supérieure. Enfin, en dehors des palpes, on aperçoit deux expansions cuticulaires transparentes, carénées, auxquelles M. Robin donne le nom de *joues;* elles partent des bords du camérostome et suivent la courbure des palpes, sur lesquels elles s'appliquent.

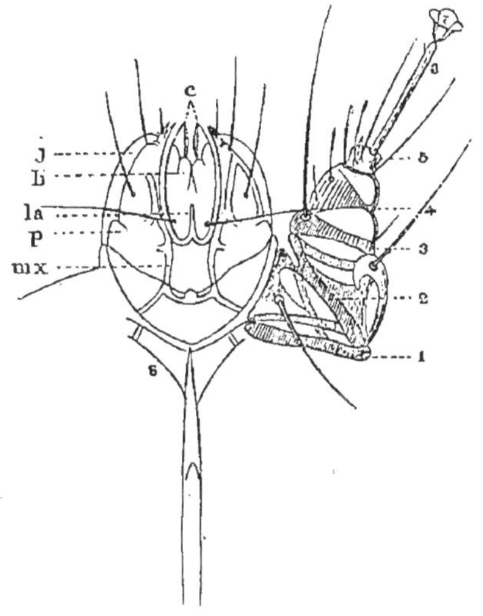

Fig. 326. — Rostre et patte de la 1re paire du *Sarcoptes scabiei* var. *equi*, au grossissement de 300 diamètres. — *c*, chélicères ou mandibules. *mx*, maxilles. *la*, languette. *li*, lèvre inférieure. *j*, joues. *p*, palpes maxillaires. *s*, sternum. 1, 2, 3, 4, 5, articles de la patte. *a*, ambulacre à ventouse (Orig.).

La bouche est une cavité prismatique à trois faces : l'une inférieure limitée par la lèvre, les deux autres supéro-latérales formées par les chélicères. Les parties internes de l'*appareil digestif* sont tout au moins très difficiles à étudier; l'anus s'ouvre tout à fait à la partie postérieure du corps. Les Sarcoptes paraissent se nourrir de sérosité; leur morsure doit s'accompagner du dépôt d'un liquide irritant.

La *circulation* est sans doute purement lacunaire; quant à la *respiration*, elle s'effectue par la surface du corps.

Bien qu'on ne distingue aucune trace de *système nerveux*, il est constant que les Sarcoptes ont certains *sens* assez développés. Le *tact* s'opère surtout à l'aide des soies qui garnissent le corps, peut-être aussi à l'aide des palpes. On a attribué en outre à ces derniers la perception des sensations *gustatives*, dont la réalité nous est démontrée, ainsi que celle des sensations *olfactives*, par la préférence des Sarcoptes pour telles espèces déterminées de Mammifères. Enfin, malgré l'absence d'*yeux*, ces Acariens sont susceptibles de percevoir la lumière, car on les voit toujours se diriger du côté de l'obscurité.

Quant aux *organes sexuels*, on ne connaît guère que leurs parties accessoires et extérieures, et nous n'avons pas à y revenir.

MŒURS. HABITAT. — Toutes les variétés de *Sarcoptes scabiei* n'habitent pas la même région du corps des animaux sur lesquels ils vivent, mais c'est un fait général que ces Acariens sont peu sociables et que, par suite, ils se disséminent rapidement. Leur fécondité est d'ailleurs considérable : Gerlach a calculé qu'un seul couple, dans l'espace de trois mois, peut fournir six générations, donnant lieu à un million de femelles et à 500000 mâles. On ne doit donc pas être étonné de voir avec quelle rapidité se propagent quelquefois les affections psoriques.

Nous passons maintenant à l'étude des principales variétés de *Sarcoptes scabiei*, que nous signalons d'après l'ordre de leurs dimensions décroissantes.

SARCOPTE DU PORC (*S. scabiei* var. *suis; S. squamiferus* Fürst.). — Grande variété observée en France et en Allemagne sur le Sanglier et sur le Porc. Gurlt et Fürstenberg disent l'avoir observée également sur le Chien. On trouve du reste, sur ce dernier animal, des formes assez variables du *S. scabiei.*

SARCOPTE DU CHEVAL (*S. scabiei* var. *equi; S. equi* Gerl.). — Détermine une gale qui sévit parfois chez les Chevaux sous la forme épizootique et se reconnaît à la présence de petites dépilations arrondies, disséminées à la surface du corps. L'Acare est assez difficile à trouver : pour le chercher avec succès, il faut placer le Cheval au soleil, gratter la peau jusqu'au sang dans les points récemment envahis, et faire l'examen microscopique de préférence dans une pièce chauffée, car la chaleur active les mouvements des Sarcoptes et les fait découvrir avec plus de facilité. La gale sarcoptique est la plus grave des trois gales du Cheval.

SARCOPTE DU LOUP (*S. scabiei* var. *lupi; S. sc. crustosæ* Fürst.). — Trouvé par Fürstenberg dans les croûtes de la *gale norvégienne* de l'Homme, et par M. Mégnin sur des Loups atteints d'une affection analogue. Il y a quelque temps, nous avons eu l'occasion d'étudier des Acares assez voisins de celui-ci, recueillis par M. Cadiot sur un Chien affecté également de gale croûteuse.

SARCOPTE DE LA CHÈVRE (*S. scabiei* var. *capræ; S. capræ* Fürst.). — Variété recueillie par Müller, de Vienne, sur des Chèvres naines d'Égypte.

SARCOPTE DU DROMADAIRE (*S. scabiei* var. *cameli*). — Trouvé par P. Gervais sur le Dromadaire et le Lama, par P. Mégnin sur des Girafes et par nous sur une Antilope Bubale.

Sarcopte du Mouton (*S. scabiei* var. *ovis*). — Observé par M. Mégnin sur des Mouflons et des Gazelles. C'est peut-être cette variété que Delafond a recueillie sur des Moutons affectés d'une sorte de gale assez rare, siégeant sur la tête et les pattes (noir-museau).

Sarcopte du Chien (*S. scabiei* var. *canis*). — A diverses reprises, nous avons, avec M. Cadiot, rencontré chez le Chien des Sarcoptes un peu plus grands que ceux de l'Homme. Ces Sarcoptes sont en général peu nombreux et assez difficiles à découvrir.

Sarcopte de l'Homme (*S. scabiei* var. *hominis*). — Très petite variété, déterminant la gale commune de l'Homme. Chez l'Homme, selon la remarque de Lanquetin, les Sarcoptes « se rencontrent particulièrement aux mains, dans l'intervalle des doigts, à la face antérieure du poignet, au pénis, aux avant-bras dans le sens de la flexion, aux seins et au ventre chez la femme, aux malléoles, et enfin plus rarement aux autres parties du corps, la figure presque toujours exceptée ».

D'une manière générale, on peut dire que toutes les formes de psore dues au *Sarcoptes scabiei* sont assez graves; leur traitement exige de vigoureuses frictions acaricides, renouvelées à de courts intervalles. Nous devons ajouter que la plupart des variétés que nous venons de signaler sont aptes à passer d'une espèce animale sur l'autre et à déterminer alors des éruptions psoriques plus ou moins sérieuses.

Sarcopte notoèdre (*S. notoedres* Del. et Bourg.; *S. cati* Her.). — Corps orbiculaire; plis du tégument se confondant sur le noto-

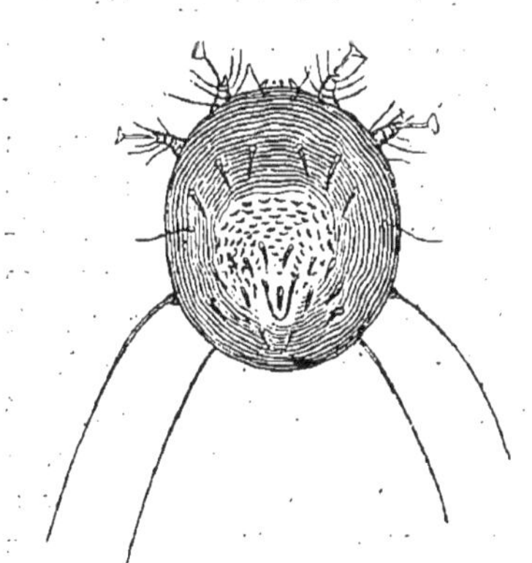

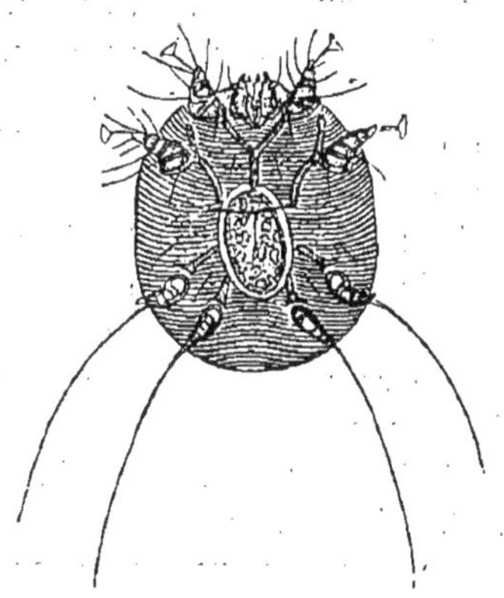

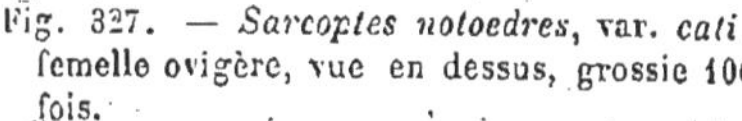

Fig. 327. — *Sarcoptes notoedres*, var. *cati* : femelle ovigère, vue en dessus, grossie 100 fois.

Fig. 328. — *Sarcoptes notoedres*, var. *cati* : femelle ovigère, vue en dessous, grossie 100 fois.

gastre avec des saillies larges et mousses; trois spinules de chaque côté du notothorax, et seulement six spinules en deux rangées, de chaque côté de l'anus, lequel est situé sur le milieu du notogastre. — La répartition des ambulacres à ventouse dans les deux sexes est la même que chez l'espèce précédente.

Le Sarcopte notoèdre (νῶτος, dos ; ἕδρα, anus) comprend plusieurs variétés de dimensions différentes. D'après M. Mégnin, la femelle fécondée ne creuse pas une galerie linéaire, mais un véritable nid sous-épidermique.

Sarcopte du Rat (*S. notoedres* var. *muris*). — Grande variété, commune sur les Surmulots aux environs de Paris. M. Colin l'a observée aussi sur le Coati.

Sarcopte du Chat (*S. notoedres* var. *cati*). — Détermine chez le Chat une psore très grave, très difficile à guérir et siégeant surtout sur la tête, les oreilles et le cou. On a vu aussi cette variété sur le Lapin. Elle peut vivre et se multiplier pendant quelque temps sur la peau du Cheval.

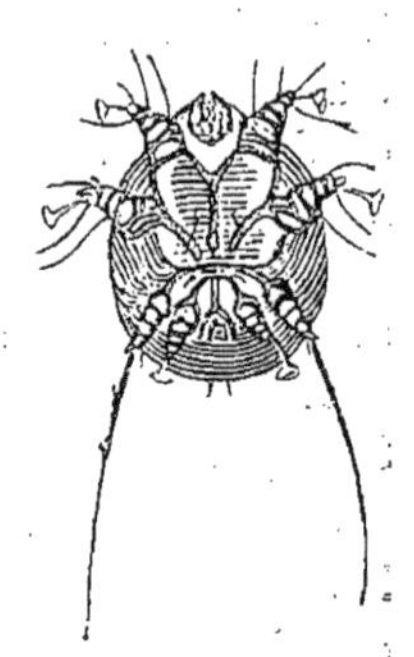

Fig. 329. — *Sarcoptes notoedres* var. *cati* : mâle, vu en dessous, grossi 100 fois.

Les espèces suivantes, en raison de leurs caractères extérieurs, de leur viviparité et de leur habitat, nous paraissent mériter de constituer, sinon un genre à part (*Knemidokoptes* Fürst., *Dermatoryktes* Ehlers), du moins une section dans le genre Sarcopte (*Sarcoptes avicoles*).

Sarcopte changeant (*S. mutans* Rob., *Knemidokoptes viviparus* Fürst.). — Corps orbiculaire, n'offrant ni saillies squamiformes ni spinules sur le notogastre. Épimères de la première paire de pattes envoyant chacun sur le dos un prolongement qui se réunit en arrière à son congénère. Anus situé à la partie postérieure du notogastre.

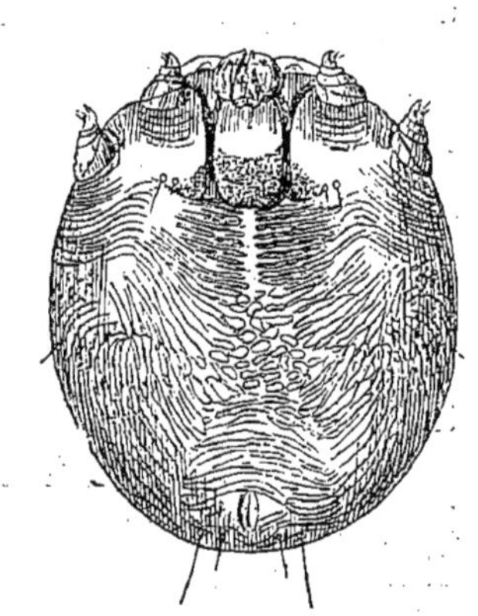

Fig. 330. — *Sarcoptes mutans*, de la Poule : femelle ovigère, vue par la face dorsale, grossie 100 fois (Orig.).

Les mâles, nymphes et larves sont pourvus, à toutes les pattes, des ambulacres à ventouse caractéristiques du genre Sarcopte ; mais ces ambulacres sont caducs chez les femelles. Celles-ci sont presque glabres ; elles ne possèdent plus que de très courtes pattes coniques, terminées par deux crochets inégaux ; enfin, leur surface dorsale est recouverte de saillies tégumentaires mamelonnées.

Le Sarcopte changeant, que Delafond et Bourguignon nommaient *anacanthe* (ἀ, privatif; ἄκανθα, épine) en raison de l'absence des spinules dorsales, est une espèce ovovivipare. Il vit sous les écailles épidermiques des pattes (1), chez les Poules. La gale qu'il détermine peut être transmise aux autres Oiseaux élevés dans les basses-cours ou les volières, mais on la guérit assez facilement. En détachant les croûtes tout entières, on découvre sur leur face interne, à un faible grossissement, de nombreuses femelles ovigères dont le corps nacré ne tranche guère sur le fond, mais qu'on reconnaît bientôt à leur aspect régulier et à la teinte de rouille de leur squelette.

On a décrit comme une espèce à part (*Dermatoryktes fossor* Ehlers) le Sarcopte changeant trouvé sous les pattes des Passereaux.

Sarcopte à dos uni (*S. lævis* Rail.). — Cette espèce offre les mêmes caractères généraux et suit la même évolution que la précédente; mais la femelle ne présente aucune saillie tégumentaire dans la région dorsale, qui est marquée de plis parallèles très fins et très réguliers; le mâle possède deux ventouses copulatrices; enfin, les dimensions sont plus petites.

Nous avons trouvé cette forme nouvelle, avec M. Cadiot, à la base des plumes d'un Pigeon messager. Les Acares avaient provoqué une irritation assez vive, accompagnée d'une abondante production de furfures épidermiques et de la chute des plumes. Celles-ci se brisaient au niveau de la surface cutanée, et la partie engagée dans le follicule se désagrégeait en une masse pulvérulente, que la moindre pression suffisait à faire sortir.

Genre **Psoropte** (*Psoroptes* P. Gerv., *Dermatodectes* Gerl., *Dermatokoptes* Fürst.). — Les Psoroptes (ψώρα, gale; πτήσσειν, se cacher) ont le corps ovalaire, muni en arrière, chez le mâle, de deux prolongements ou lobes abdominaux, et dépassé en avant par un rostre conique, allongé, sans joues. Les pattes sont longues, épaisses, et leurs ventouses sont portées par un long pédicule tri-articulé.

Psoropte commun (*Ps. communis* Fürst.). — L'unique espèce, jusqu'à présent connue, du genre Psoropte, se reconnaîtra sans difficulté aux caractères que nous venons d'indiquer, d'autant mieux qu'il s'agit d'Acares beaucoup plus grands que les Sarcoptes et très visibles à l'œil nu. — Le *mâle*, plus petit que la femelle, possède des lobes abdominaux terminés par de grandes soies, une paire de ventouses copulatrices en avant de ces lobes,

(1) G. Neumann, *Sur le siège de la gale sarcoptique des Poules*, Revue vétér., juin 1885, p. 489.

sur la face ventrale, et un organe génital complexe en avant des ventouses ; les trois paires de pattes antérieures sont complètes, la dernière est rudimentaire. — La *femelle ovigère* porte un ambulacre à ventouse à toutes les pattes, sauf à celles de la troisième paire, qui se terminent par deux longues soies ; tocostome

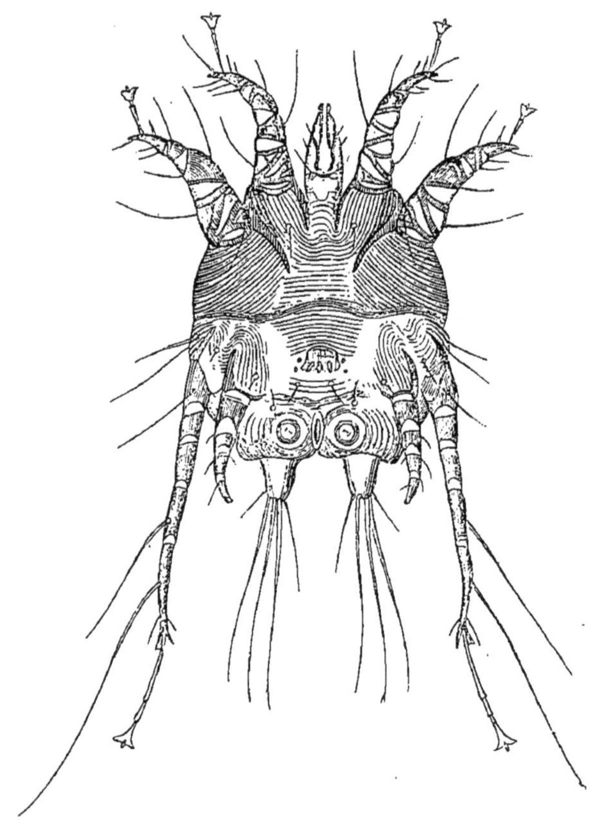

Fig. 331. — *Psoroptes communis* var. *equi* : mâle, vu par la face ventrale, grossi 100 fois.

à lèvres plissées. — La *jeune femelle pubère*, outre sa petite taille, sa large fente vulvo-anale et l'absence de tocostome, a les pattes de la quatrième paire incomplètes et parfois dépourvues d'ambulacre ; de plus, elle montre, sur la partie postérieure de la face dorsale, deux saillies hémisphériques (tubercules copulateurs) qui s'emboîtent dans les ventouses copulatrices du mâle. — La *nymphe* ne possède pas ces tubercules. — La *larve* a les pattes de la troisième et dernière paire terminées par deux soies.

Le Psoropte commun ne creuse pas de galeries sous-épidermiques; il habite au milieu des croûtes dont il provoque la formation en excisant l'épiderme. Il vit toujours en société, de telle sorte que la psore qu'il

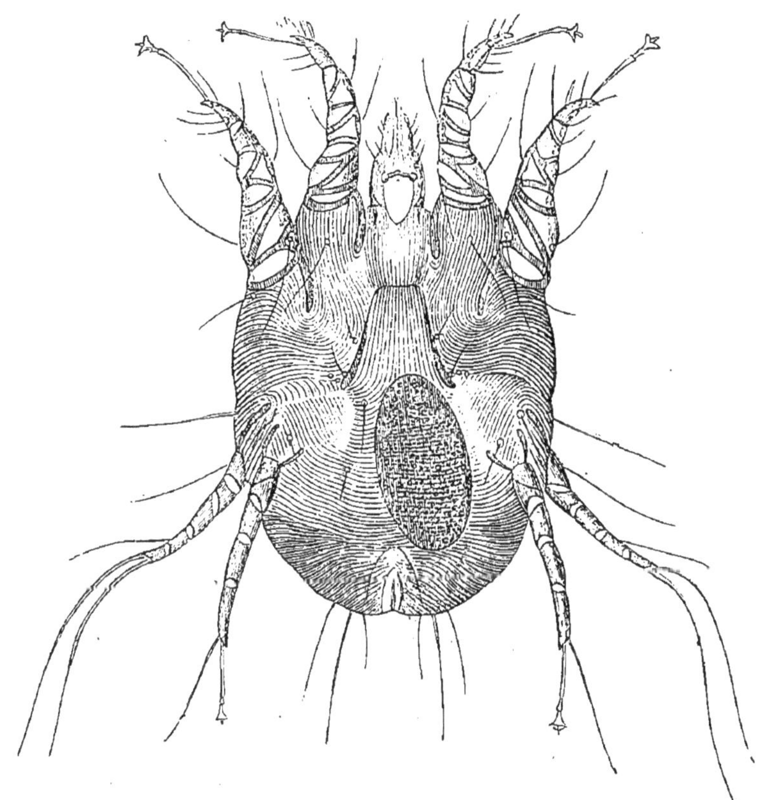

Fig. 332. — *Psoroptes communis* var. *equi :* femelle ovigère, vue par la face ventrale, grossie 100 fois.

produit ne se développe que peu à peu. Cette espèce comprend plusieurs variétés à peine différentes les unes des autres par la taille et quelques particularités insignifiantes : *equi, cuniculi, bovis, ovis.*

Psoropte du Cheval (*Ps. communis* var. *equi; Acarus equi* Saint-Didier). — Détermine sur le Cheval une gale peu dangereuse, siégeant d'abord dans les régions couvertes de crins, au bord supérieur de l'encolure et à la base de la queue. La gale commune ou psoroptique progresse très lentement et, selon la comparaison classique, elle s'étend « à la façon d'une tache d'huile sur un vêtement de drap ».

Psoropte du Bœuf (*Ps. communis* var. *bovis*). — Recherche aussi de préférence la partie supérieure de l'encolure, du garrot et surtout la base de la queue.

Psoropte du Mouton (*Ps. communis* var. *ovis*). — Vit sur les parties du corps couvertes de laine, notamment sur la croupe, le dos, les reins et le cou, en provoquant des dépilations plus ou moins étendues. Dans la partie générale de cet ouvrage, nous avons signalé les expériences de Delafond démontrant que ces Acares ne se multiplient bien que sur les animaux faibles, débiles ou mal nourris.

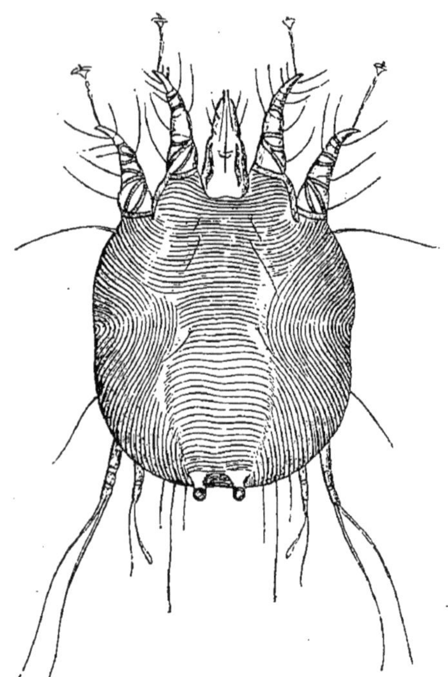

Fig. 333. — *Psoroptes communis* var. *equi* : femelle pubère, vue par la face ventrale, grossie 100 fois.

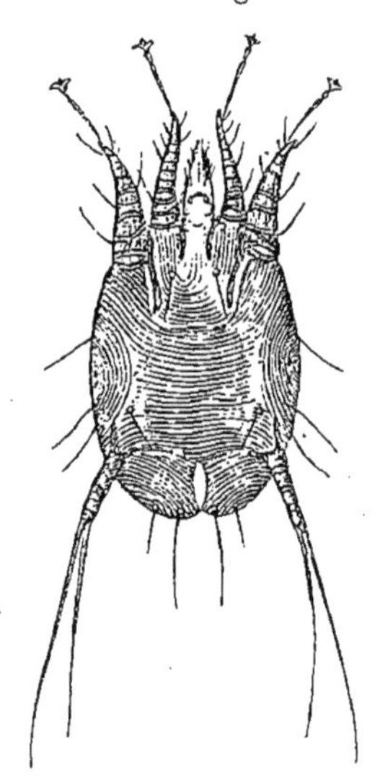

Fig. 334. — *Psoroptes communis* var. *equi* : larve hexapode, vue par la face ventrale, grossie 100 fois.

Psoropte du Lapin (*Ps. communis* var. *cuniculi*). — Habite la conque auriculaire du Lapin : l'inflammation qu'il détermine peut s'étendre à l'oreille interne et entraîner même des troubles cérébraux assez graves. Nous avons vu des Lapins chez lesquels cette forme de gale avait provoqué une torsion de la tête sur le cou tellement accusée que la mâchoire inférieure était devenue supérieure : ces animaux ont pu vivre ainsi pendant de longs mois.

Genre **Choriopte** (*Chorioptes* P. Gerv., *Symbiotes* Gerl., *Dermatophagus* Fürst.). — Corps ovalaire, pourvu en arrière, chez le mâle, de deux prolongements plus ou moins accusés, et dépassé en avant par un rostre légèrement conique, aussi long que large, sans joues. Les pattes sont longues, épaisses; leurs ventouses, fort larges, sont portées par un pédicule simple et très court.

Le nom de *Chorioptes* (χορίον et πτήσσειν) doit être substitué à celui de *Symbiotes*, adopté en Allemagne, mais employé avant le travail de Gerlach, pour désigner un genre d'Insectes. Delafond et Bourguignon donnaient à ces Acariens le nom de Sarco-Dermatodectes.

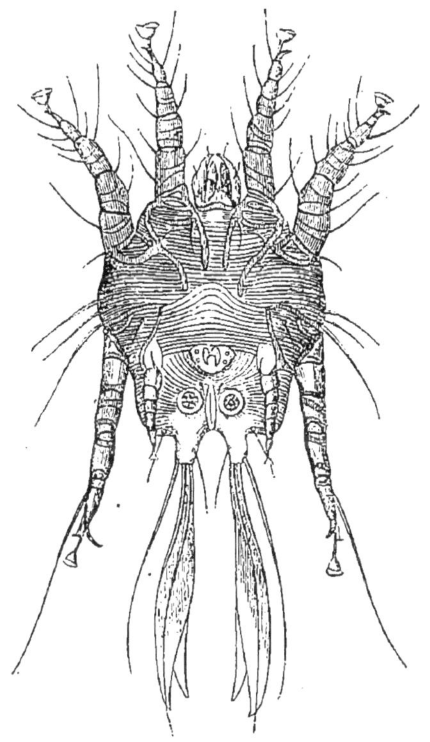

Fig. 335. — *Chorioptes symbiotes* var. *equi* : mâle, vu par la face ventrale, grossi 100 fois.

Choriopte symbiote (*Ch. symbiotes* Verhey en 1862, *Ch. spathifer* Mégn.). — Dans cette espèce, la plus anciennement connue du genre, le *mâle* possède, comme celui des Psoroptes, deux ventouses copulatrices en arrière de l'armure génitale et deux lobes abdominaux terminés par des soies : la plus externe de ces soies est libre; les trois autres sont réunies en faisceau, et deux d'entre elles, accolées et superposées, sont élargies en une mince membrane foliacée. Les quatre paires de pattes sont pourvues d'ambulacres à ventouse. — La *femelle pondeuse* montre son tocostome sous le troisième anneau céphalothoracique. Pattes de la troisième paire terminées par deux soies. — La *jeune femelle pubère* possède deux tubercules copulateurs ; pattes des deux dernières

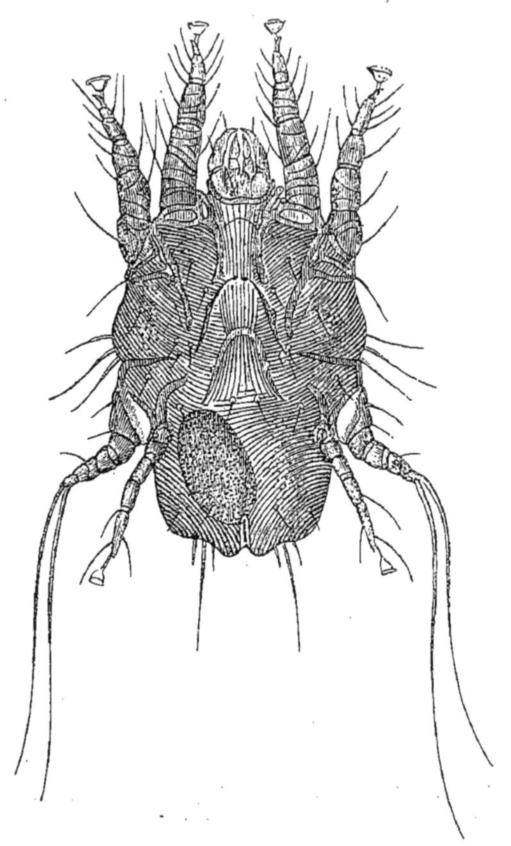

Fig. 336. — *Chorioptes symbiotes* var. *equi* : femelle ovigère, vue par la face ventrale, grossie 100 fois.

paires terminées par deux soies. — *Nymphe* facile à distinguer de celle-ci par l'absence de tubercules copulateurs. — *Larve* hexapode ; troisième paire de pattes à deux soies.

Le Choriopte symbiote a des dimensions inférieures à celles du Psoropte commun ; il vit, comme lui, en colonies qui s'étendent lentement ; comme lui encore, il ne creuse pas de sillons, et son habitat est tout superficiel.

Chorioptes du Cheval (*Ch. symbiotes* var. *equi*). — Produit chez le Cheval une sorte de gale assez bénigne, d'ordinaire limitée à la partie inférieure des membres et connue sous le nom de gale du pied ou du paturon, gale chorioptique ou symbiotique. Cette affection s'amende d'une manière remarquable pendant l'été, ainsi que l'a observé Delafond.

Chorioptes du Bœuf (*Ch. symbiotes* var. *bovis*). — S'établit de préférence à la face supérieure de la base de la queue et envahit ensuite peu

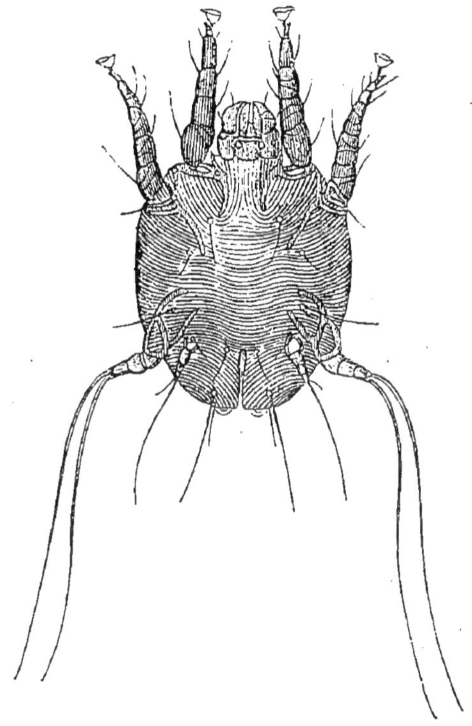

Fig. 337. — *Chorioptes symbiotes*, var. *equi* : femelle pubère, vue par la face ventrale, grossie 100 fois.

à peu la croupe, les reins et le dos. La gale symbiotique du Bœuf s'atténue en été comme celle du Cheval.

Chorioptes de la Chèvre (*Ch. symbiotes* var. *capræ*.). — Nous avons pu constater, sur les préparations mêmes de Delafond, que cette variété possède bien les soies foliacées du Symbiote. Attaque les parties supérieures du corps et produit des dépilations plus ou moins étendues.

Chorioptes du Mouton (*Ch. symbiotes* (?) var. *ovis*). — Il est probable que c'est bien à l'espèce dont nous nous occupons qu'appartiennent les Chorioptes trouvés par Zürn dans les paturons des Moutons. La gale qu'ils développent se comporte à peu près comme celle du pied du Cheval.

Chorioptе du Lapin (*Ch. symbiotes* (?) var. *cuniculi*). — Découvert aussi par Zürn dans la conque auriculaire du Lapin. Détermine des accidents moins graves que ceux produits par le Psoropte.

Chorioptе sétifère (*Ch. setifer* Mégn.). — Diffère surtout de l'espèce précédente en ce que le *mâle* a la quatrième paire de pattes plus développée et les lobes abdominaux dépourvus de soies foliacées ; la *femelle ovigère* ne porte pas de ventouses aux deux paires de pattes postérieures.

Une variété rencontrée sur l'Hyène, une autre sur le Renard.

Chorioptе auriculaire (*Ch. ecaudatus* Mégn., *Sarcoptes cynotis*

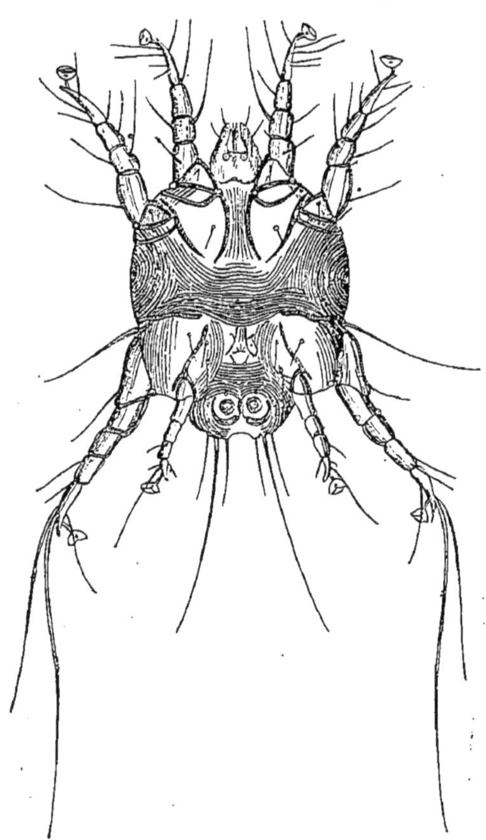

Fig. 338. — *Chorioptes ecaudatus*, du Chien : mâle, vu par la face ventrale, grossi 100 fois (Orig.).

Her.). — Les lobes abdominaux du *mâle* sont tellement réduits qu'ils forment à peine à la partie postérieure du corps deux légères saillies arrondies portant des soies ; ambulacre à ventouse à toutes les pattes. — La *femelle ovigère* ne porte pas de ventouses aux deux paires de pattes postérieures ; la quatrième paire est rudimentaire. — La *jeune femelle pubère* a deux tubercules copulateurs ; les pattes de la quatrième paire sont réduites à l'état de simples

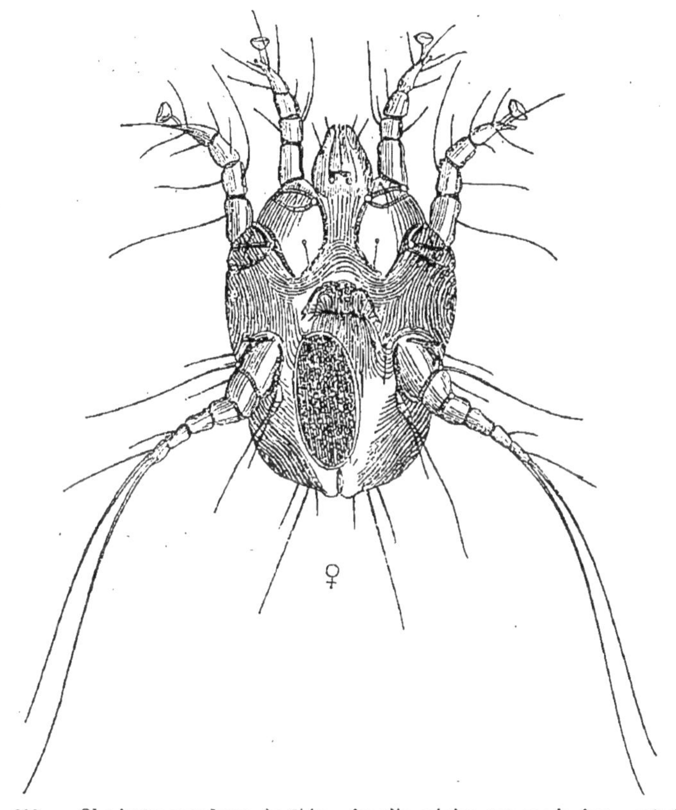

Fig. 339. — *Chorioptes ecaudatus*, du Chien : femelle ovigère, vue par la face ventrale, grossie 100 fois (Orig.).

mamelons portant chacun un seul poil. — La *nymphe* est dépourvue de tubercules copulateurs. — La *larve* est hexapode ; troisième paire de pattes à deux soies.

Cette espèce vit en colonies dans la conque auriculaire du Chien, du Chat et du Furet. Les Chorioptes provoquent par leurs mouvements un prurit tellement intense, que les animaux se roulent, se secouent, se grattent avec frénésie et poussent des hurlements prolongés. Ces accidents se manifestent parfois brusquement, en pleine chasse, sur les Chiens d'une meute, ainsi que l'ont vu M. Mégnin et M. Nocard.

Ajoutons que Bogdanof a décrit, en 1874, une forme acarienne découverte à Moscou, par Scheremetensky, sur des individus galeux ou herpétiques, et assez voisine des Chorioptes ou Dermatophages. Il lui a donné le nom de *Dermatophagoides Scheremetenskyi*. Il est probable, comme le dit M. Mégnin, qu'il s'agit là de parasites accidentels provenant des animaux.

B. Sous-famille des CYTODITINÉS. — Ce sont les *Sarcoptidés cysticoles* (1). On réunit un peu arbitrairement, dans ce groupe, deux genres de Sarcoptidés qui offrent quelques affinités avec les Acariens psoriques, mais auxquels leur haut degré de parasitisme a imprimé des modifications régressives bien accentuées.

Genre **Cytodite** (*Cytodites* Mégn. 1876, *Cytoleichus* Mégn. 1877). — Corps arrondi, dépassé en avant par un rostre conique, sans

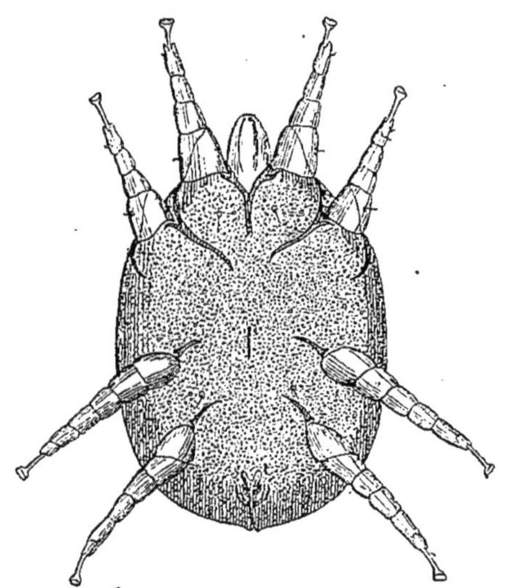

Fig. 340. — *Cytodites nudus*, de la Poule : mâle, vu par la face ventrale, grossi 100 fois (Orig.).

joues, formant un suçoir tubuleux. Pattes coniques, allongées, à cinq articles, disposées comme chez les Sarcoptes et toutes terminées par une ventouse à pédicule simple. Ovovivipares (?).

Il est facile de voir que les Cytodites (κύτος, cavité) sont des Sarcoptes modifiés pour s'adapter à un mode de vie spécial.

Cytodite nu (*C. nudus* Vizioli. — Syn. : *Sarcoptes* sp. ?

(1) Miescher, *Verhandl. d. naturf. Ges. zu Basel*, 1843, p. 183 (Heusinger).

Gerlach. *Cytodites glaber* Mégn., *Cytoleichus sarcoptoides* Mégn., *Sarcoptes Gerlachi* Rivolta). — Corps blanchâtre, presque complètement glabre. *Mâle* pourvu d'un pénis conique préanal. *Femelle ovigère* à tocostome longitudinal situé entre les deux paires de pattes postérieures.

Ces Acariens (1) vivent en colonies dans les réservoirs aériens des Gallinacés, où on peut souvent les apercevoir à l'œil nu, car la femelle ovigère mesure environ $0^{mm},56$ de long et le mâle $0^{mm},45$. On les rencontre

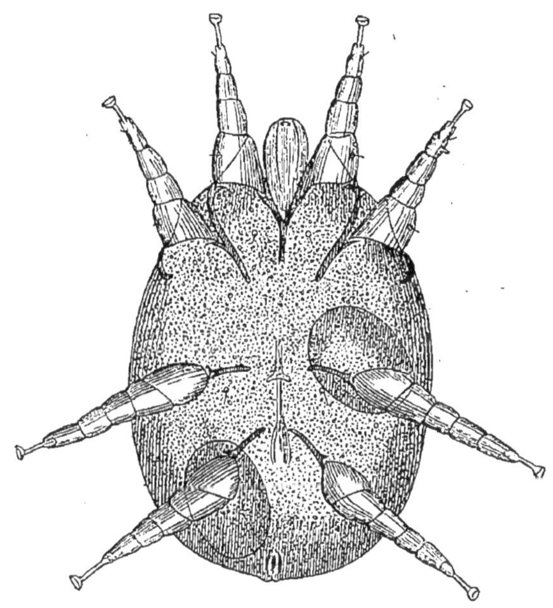

Fig. 341. — *Cytodites nudus*, de la Poule : femelle ovigère, vue par la face ventrale, grossie 100 fois (Orig.).

parfois jusque dans les moindres diverticules des réservoirs, ainsi que dans les bronches. Rarement ils se multiplient au point de déterminer une irritation sérieuse ou des phénomènes asphyxiques.

Genre **Symplectopte** (*Symplectoptes* (2) Mégn.). — Corps oblong ; pattes courtes, glabres, munies d'ambulacres à ventouse

(1) Gerlach, *Magazin* de Gurlt, XXV, p. 223. — Mégnin. *Recueil vétér.*, 1877, p. 954.

(2) Rectification du mot hybride *Laminosioptes* (συμπλεκτὸν, tissu ; πτήσσειν, se cacher).

caducs aux deux paires antérieures, persistants aux paires postérieures. Anus sous-abdominal. Rostre analogue à celui des Sarcoptes. Ovovivipares (?).

Plus encore que les précédents, ces Acariens se rapprochent des Sarcoptes, et beaucoup d'auteurs ne les en distinguent pas.

Symplectopte cysticole (*S. cysticola* Vizioli 1868, *Epidermoptes cysticola* Rivolta, *Laminosioptes gallinarum* Mégnin). — Corps

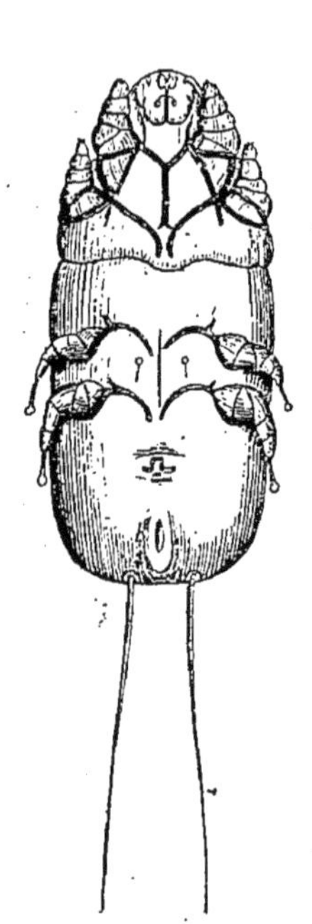

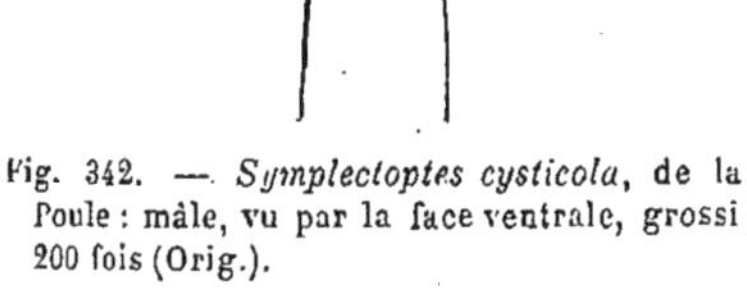

Fig. 342. — *Symplectoptes cysticola*, de la Poule : mâle, vu par la face ventrale, grossi 200 fois (Orig.).

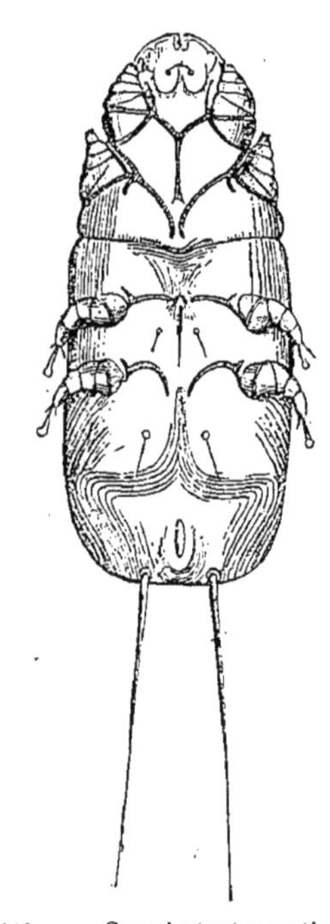

Fig. 343. — *Symplectoptes cysticola*, de la Poule : femelle ovigère, vue par la face ventrale, grossie 200 fois (Orig.).

grisâtre. Mâle long de $0^{mm},22$, large de $0^{mm},10$; femelle ovigère longue de $0^{mm},25$, large de $0^{mm},11$: tocostome situé entre les pattes postérieures.

Vit dans le tissu cellulaire sous-cutané des Gallinacés, dont il ne paraît nullement altérer la santé. Lorsqu'un de ces Acariens meurt, son cadavre agit comme corps étranger et provoque la formation d'un nodule miliaire qui ne tarde pas à subir l'infiltration calcaire : telle est l'origine de ces concrétions qu'on rencontre souvent en grand nombre sous la peau des Poules, des Faisans et des Dindons. Le tissu cellulaire n'est pas, d'ailleurs, son unique habitat : Rivolta dit l'avoir aussi trouvé dans les furfures épidermiques.

C. Sous-famille des **LISTROPHORINÉS**. — Groupe peu important d'Acariens qui vivent dans les poils des Rongeurs (*Sarcoptidés gliricoles*), mais sans développer aucune lésion cutanée. Comprend deux genres assez dissemblables :

Les **Listrophores** (*Listrophorus* Pagenst.) ont le corps ovoïde et la lèvre transformée en une sorte de pince destinée à étreindre les poils. — *L. gibbus* Pag., se trouve souvent en abondance dans les poils des Lièvres et des Lapins sauvages ou domestiques.

Les **Myocoptes** (*Myocoptes* Clap.) ont le corps déprimé, élargi, et les pattes de la troisième paire chez le mâle, des deux dernières paires chez la femelle, disposées pour saisir les poils. — *M. musculinus* Koch, sur les Souris et les Rats.

D. Sous-famille des **ANALGÉSINÉS**. — Les nombreuses espèces qui constituent le groupe des Analgésinés ou *Sarcoptidés plumicoles* ne représentent pas de véritables parasites, mais bien des mutualistes, comme les Ricins, à côté desquels ils vivent.

Ces Acariens vivent entre les barbules des plumes, principalement des pennes alaires et caudales et des tectrices. D'après M. Trouessart, le dessèchement de la plume, en arrêtant l'afflux des liquides gras dont ces animaux se nourrissent, les amène à émigrer vers la racine. Ce dessèchement peut être produit par la mort de l'oiseau, par l'influence du froid ou par la mue. Ainsi, en hiver, on trouve très peu d'Acariens entre les barbules des pennes de l'aile, mais on rencontre de nombreuses nymphes et même des adultes agglomérés au niveau de l'ombilic supérieur. Parfois même, au moment de la mue, ils cherchent à gagner le tissu conjonctif sous-cutané en pénétrant, par l'ombilic supérieur, dans l'intérieur du tuyau, d'où ils sortent par l'ombilic inférieur. Plus rarement ils hivernent dans le tuyau même.

Depuis quelque temps, on a multiplié, dans cette tribu, les coupes génériques. Le tableau ci-après indique les principales divisions adoptées par M. Trouessart, dans ses plus récents travaux (1).

(1) Dr E.-L. Trouessart, *Les Sarcoptides plumicoles*, Journ. de micrographie 1884-1885 (en partie avec P. Mégnin). — Id., *Note sur la classif. des Analgésiens*, Bullet. de la Soc. d'études scientif. d'Angers, 1885.

- Mâles toujours pourvus de ventouses copulatrices.
  - Femelles adultes ayant toujours l'abdomen entier et sétifère.
    - Mâles peu différents des femelles par le développement des pattes postérieur. : *Pterolichæ*.
      - Des ambulacres à toutes les pattes.
        - Les deux paires postérieures sous-abdominales. — *Freyana*.
        - Les 2 paires postérieures latérales.
          - Mâles tous semblables. — *Pterolichus*.
          - Mâles dimorphes. — *Falciger*.
        - 4e paire des mâles très réduite, sous-abdominale.
          - Mâles dimorphes. — *Bdellorhynchus*.
          - Mâles tous semblables. — *Paralges*.
      - 3e paire des mâles, grêle; 4e paire grosse, sans ambulacres........... *Xoloptes*.
    - Mâles ayant les pattes postérieures beaucoup plus développées que les femelles : *Analgesæ*.
      - Pattes antérieures inermes; celles de la 3e paire plus grandes............ *Pteronyssus*.
      - Pattes antérieures épineuses.
        - 3e paire plus grande.
          - Avec ambulacre. — *Megninia*.
          - Sans ambulacre. — *Analges*.
        - 3e et 4e paires très développées............... *Protalges*.
        - 4e paire plus grande.
          - Avec ambulacre. — *Pteralloptes*.
          - Sans ambulacre. — *Xolalges*.
  - Femelles adultes ayant l'abdomen bilobé et portant des appendices gladiformes ou sétiformes : *Proctophyllodæ*.
    - 4e paire de pattes plus développée. — *Alloptes*.
    - Pattes subégales; abdomen du mâle
      - rétréci et se prolongeant en un appendice uni ou bilobé................ *Pterocolus*.
      - tronqué et portant des appendices foliacés.... *Proctophyllodes*.
      - tronqué ou bilobé, avec des aiguillons ou des soies................. *Pterodectes*.
      - légèrement bilobé; femelles à lobes renflés portant de simples poils. — *Pterophagus*.
- Mâles privés de ventouses copulatrices : *Dermoglyphæ*........................
  - Palpes ordinaires....... *Cheylabis*.
  - Palpes dilatés en palette. *Dermoglyphus*.

Remarquons que, pour M. Trouessart, le groupe des Proctophyllodés présente une assez grande uniformité pour qu'on puisse réunir toutes les espèces qu'il renferme dans le seul genre *Proctophyllodes* Rob., de telle sorte que les subdivisions indiquées dans le tableau ne correspondraient plus qu'à des sous-genres. D'autre part, le genre *Freyana* se subdivise en quatre sous-genres : *Freyana*, *Halleria*, *Michaelicus*, *Microspalax*, et le genre *Pterolichus* en cinq sous-genres : *Crameria*, *Pterolichus* s. str., *Protolichus*, *Pseudalloptes*, *Oustaletia* (1).

Nous ne pouvons que citer ici les espèces qui vivent sur les Oiseaux domestiques.

Freyana anatina Koch, des Canards et des Harles. *F. Chanayi* Trt., du Dindon.

Pterolichus obtusus Rob., des Poules, Faisans et Perdrix. *P. uncinatus* Mégn., des Faisans.

Falciger rostratus Buchholz, des Pigeons.

Pteronyssus (?) minor (*Analges minor* Nörner), trouvé par Nörner dans le tuyau des plumes de la Poule.

Megninia gynglymura Mégn., des Faisans. *M. cubitalis* M., des Poules, *M. asternalis* M., des Gallinacés et des Pigeons. *M. velata* M., des Canards.

Proctophyllodes (Pterophagus) strictus M., des Pigeons.

Une de ces espèces mérite une mention particulière : c'est le *Falciger rostratus*, qui vit dans les plumes des Pigeons, et dont les nymphes, au moment de la mue de ces Oiseaux, subissent un singulier changement de forme et d'habitat, afin d'échapper à la destruction. Au lieu de donner naissance à des mâles ou à des femelles pubères, destinés à vivre eux-mêmes dans les plumes, ces nymphes pénètrent dans le tissu cellulaire sous-cutané, s'allongent, perdent leurs organes masticateurs et se nourrissent sur place. Dès 1866, Robertson avait observé ces Acariens vermiformes et avait reconnu leur identité avec les espèces du genre *Hypodectes* de Filippi. En 1872, Slosarski en avait fait l'espèce *H. columbæ*. C'est M. Mégnin qui a démontré que les Hypodectes ne sont pas des formes adultes : comme on vient de le voir, ce sont des *nymphes* modifiées, auxquelles on peut appliquer la qualification d'*hypopiales* ou d'*adventives*; lorsque les conditions normales d'existence sont rétablies, elles reviennent à l'extérieur et reprennent leur forme première, pour suivre ensuite leur évolution régulière.

Nous devons aussi mentionner un groupe de Sarcoptidés que Rivolta et Delprato (2) ont établi sous le nom d'ÉPIDERMICOLES, mais qui est loin d'être bien déterminé. Le genre *Epidermoptes* de ces auteurs comprend des formes très disparates. L'une d'elles n'est autre que le *Symplectoptes cysticola* dont nous avons parlé plus haut. Quant aux *Epidermoptes bilo-*

(1) Le nom de *Cheylabis* remplace celui d'*Anoplites*, qui a dû être changé comme ayant été déjà employé. M. Trouessart propose en outre de substituer le nom d'*Analloptes* à celui de *Pteralloptes ;* mais nous ne pouvons adopter cette transformation, qui est contraire aux règles de nomenclature exposées plus haut.

(2) *L'Ornitojatria*. Pisa, 1881, p. 300.

batus et *bifurcatus* Riv., nous les soupçonnons fort de se rattacher aux genres ci-dessus mentionnés de Sarcoptidés plumicoles. Le premier a été

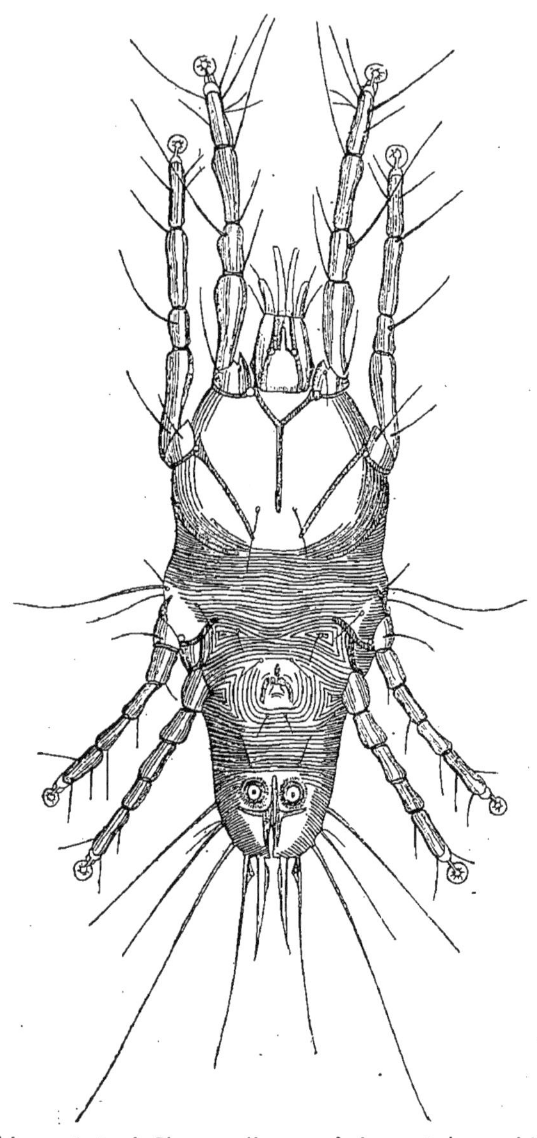

Fig. 344. — *Falciger rostratus*, du Pigeon : mâle, vu par la face ventrale, grossi 100 fois (Orig.).

décrit d'autre part comme un Choriopte (*Dermatophagus gallinarum* Caperrini). Ces Acariens se multiplieraient quelquefois d'une façon excessive à la surface de la peau des Poules et détermineraient une abondante production de furfures ou de croûtes légères. Or, on sait qu'après la mort de leur hôte, les Analgésinés quittent souvent les plumes pour gagner la surface de la peau.

E. Sous-famille des **TYROGLYPHINÉS**. — Ce sont des Acariens qui vivent dans les substances organiques en voie de décomposition, dans les fourrages, dans la poussière des granges et des écuries (*Sarcoptidés détricoles*). Il faut éviter de les confondre avec les Sarcoptidés parasites, car on peut les rencontrer sur le corps de l'Homme et des animaux.

Citons, parmi les quelques genres de cette tribu :

Les **Glyciphages** (*Glyciphagus* Her.), qui portent des poils barbelés ou foliacés. — G. *cursor* Gerv., espèce vagabonde, vivant dans les poussières, sur les cadavres, les pièces anatomiques, etc. C'est probablement cette espèce que Hering avait observée sur le pied d'un Cheval affecté de crapaud et mort depuis peu.

Les **Carpoglyphes** (*Carpoglyphus* Rob.), à poils lisses et à tarses pourvus d'une caroncule. — *C. passularum* Her., à la surface des fruits secs, figues, pruneaux, etc.

Les **Tyroglyphes** (*Tyroglyphus* Latr.), qui se distinguent des précédents par la présence de ventouses copulatrices chez les mâles. — *T. siro* Latr. : c'est l'Acare du fromage de gruyère, de la farine, etc. *T. longior* Gerv., même habitat. *T. entomophagus* Laboulb. et Rob., dévore les Insectes dans les collections.

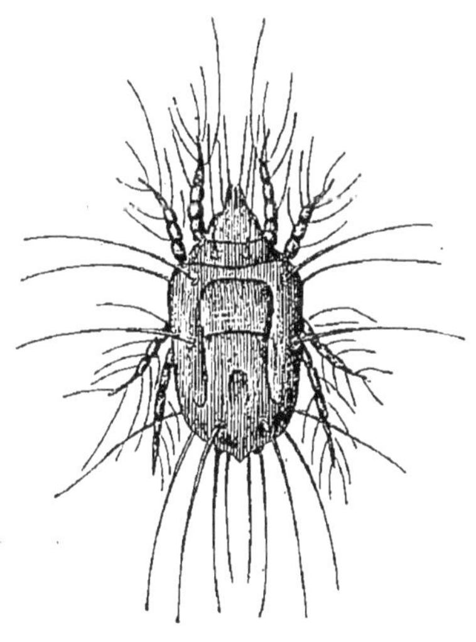

Fig. 345. — *Tyroglyphus longior.*

Ce sont les Tyroglyphes et quelques genres voisins formés à leurs dépens qui ont permis à M. Mégnin de constater les curieuses transformations que nous avons déjà indiquées à propos des *Falciger*. Lorsque la matière organique sur laquelle vivent ces Acariens vient à disparaître, les adultes et les larves périssent, « mais les nymphes, dit l'auteur, se transforment, deviennent cuirassées, se munissent d'organes d'adhérence sous forme d'un groupe de ventouses sous-abdominales, ont des pattes armées de solides crochets, n'ont plus d'ouverture buccale, anale ou vulvaire, prennent la forme *hypopiale* enfin, et se mettent en quête d'un animal quel qu'il soit, pourvu qu'il soit plus ingambe qu'elles, s'attachent à lui et le quittent lorsqu'il est arrivé dans un milieu convenable où existent de nouvelles ressources ; là elles quittent leur habit de voyage, leur enveloppe hypopiale, reprennent leur forme première, deviennent sexuées et fondent une nouvelle colonie. » — Ce nom de nymphes *hypopiales* vient de ce que ces formes acariennes avaient été décrites autrefois sous les noms d'*Hypopus*, *Homopus*, etc.

Les nymphes hypopiales ou adventives des Tyroglyphes, principalement du *T. siro*, se rencontrent assez souvent sur le corps des animaux domestiques, et ont été prises quelquefois pour de véritables parasites.

Famille des **IXODIDÉS**. — Les Ixodes et les Argas, seuls représentants de ce groupe, sont des Acariens assez volumineux, aplatis à jeun, et plus ou moins bombés lorsqu'ils sont repus. Leur rostre se compose de deux *chélicères* allongées, terminées par un article pluridenté, et d'un appareil ou *dard maxillo-labial*, garni en dessous et quelquefois sur les bords de plusieurs rangées de dents dirigées en arrière. Comme l'indique son nom, ce dard est constitué par les deux maxilles soudées entre elles, ainsi qu'avec la lèvre et la languette : il porte sur les côtés deux palpes valvés, aplatis ou antenniformes, quadri-articulés. Les pattes, qui sont à six articles, s'insèrent directement sur le tégument coriace et se terminent par un ambulacre formé d'une caroncule plissée et d'une paire de crochets. La respiration est trachéenne, et le réseau aérifère aboutit à deux stigmates dont le péritrème discoïde est percé en écumoire. Certaines espèces possèdent des yeux.

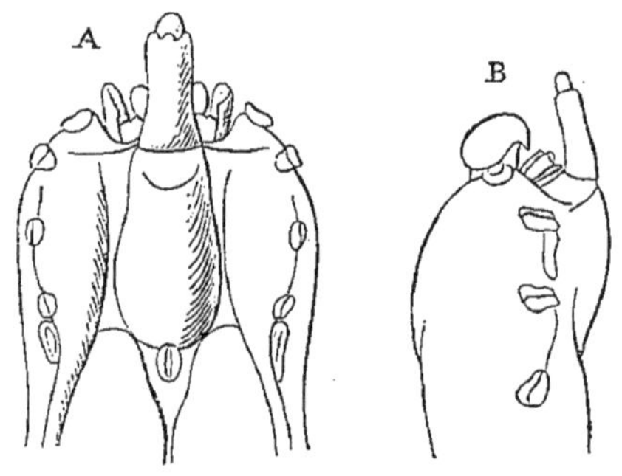

Fig. 346. — Oviducte de l'Ixode ricin. — A, vu de dessous. B, de profil (Delafond, inéd.).

L'orifice des organes sexuels mâles ou femelles est situé entre les hanches des premières paires de pattes.

Les Ixodidés sont ovipares. On en distingue deux tribus : les *Ixodinés* et les *Argasinés*.

Tribu des **Ixodinés**. — Le rostre est terminal, c'est-à-dire placé sur le bord même de la partie antérieure du céphalothorax, qui est garni à ce niveau d'un écusson; les palpes maxillaires sont valvés ou simplement aplatis.

Un seul genre.

Genre **Ixode** (*Ixodes* Latr., *Cynorhæstes* Herm.). — Les Ixodes (Ἰξώδης, collant, tenace) sont vulgairement connus sous le nom de *Tiques* ou de *Ricins*; mais ce dernier nom doit être rejeté, car il appartient à des Insectes aptères que nous étudierons plus loin. Les espèces qui s'attaquent au Chien étaient déjà connues d'Aristote, qui leur avait donné le nom de Κυνοραιστής, pour exprimer qu'ils tourmentent ces animaux. C'est ce mot qu'Hermann a traduit par *Cynorhæstes*.

Les Ixodes fréquentent les lieux boisés, les taillis peu élevés, ce qui explique pourquoi les Chiens de chasse en sont souvent porteurs. Latreille les signale comme étant accrochés aux végétaux par les pattes antérieures, et tenant les autres étendues : ils se jettent sur les animaux qui passent et s'attachent à leur peau. Tous les Vertébrés terrestres peuvent leur servir d'hôtes, et ils les choisissent assez indifféremment, surtout en ce qui concerne les larves, les nymphes et les mâles. Quant aux femelles, dont le parasitisme est beaucoup plus accusé, elles paraissent souvent se fixer de préférence sur une espèce déterminée, en particulier sur les Mammifères et parfois même sur l'Homme. Ce sont, en effet, les femelles fécondées qui, après avoir implanté leur rostre dans la peau, se gorgent de sang et deviennent informes. Pour mordre, elles redressent leur rostre et enfoncent leurs chélicères d'abord, puis leur dard maxillo-labial; les dents de celui-ci s'opposent au retrait de l'appareil, et dès qu'il a pénétré assez profondément, les articles terminaux des chélicères s'écartent et s'ancrent de chaque côté, pendant que les palpes maxillaires s'appliquent à la surface de la peau. La succion s'opère alors dans d'excellentes conditions, et bientôt l'abdomen de l'Ixode se dilate jusqu'à acquérir des dimensions énormes : à cet état, on a pu comparer l'Acarien à une graine de Ricin.

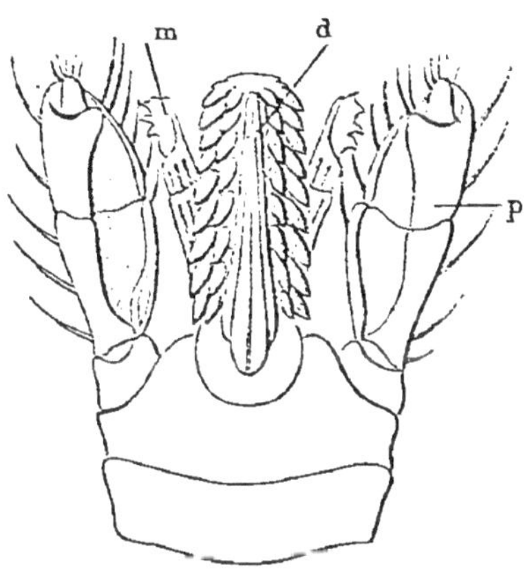

Fig. 347. — Rostre de l'Ixode ricin, vu en dessous, grossi environ 50 fois. — *m*, chélicères. *p*, palpes maxillaires. *d*, dard maxillo-labial (Delafond, inéd.).

Une fois repues, les femelles dont il s'agit se laissent tomber sur le sol et pondent une quantité considérable d'œufs, après quoi elles meurent. La ponte peut durer plusieurs semaines. De ces œufs sortent, au bout de quelques jours, de petites larves hexapodes, qui peuvent vivre plusieurs mois sans manger, mais ne tardent pas en général à se jeter sur les animaux, dont elles sucent le sang. Elles s'accroissent peu à peu, quelquefois en changeant de teinte, puis se transforment en nymphes octopodes. Les nymphes donnent naissance à des mâles et à des femelles. Les premiers, toujours très petits, se mettent à la recherche de celles-ci; ils se fixent sur leur face ventrale, la tête tournée vers l'extrémité postérieure, comme l'avait vu Degeer, de manière à introduire le pénis dans la vulve, les orifices des deux sexes étant situés vers la partie antérieure du corps (Pagenstecher).

Les différentes espèces d'Ixodes sont fort difficiles à distinguer les unes des autres, et les caractères indiqués par les auteurs peuvent souvent se rapporter à plusieurs d'entre elles. M. Mégnin a entrepris dans ces derniers temps la révision de ce groupe, et nous signalerons d'après lui les principales formes qui attaquent dans notre région l'Homme et les animaux domestiques.

Ixode Ricin (*I. Ricinus* L.). — Cette espèce est remarquable par la dissemblance qui existe entre les deux sexes dans la consti-

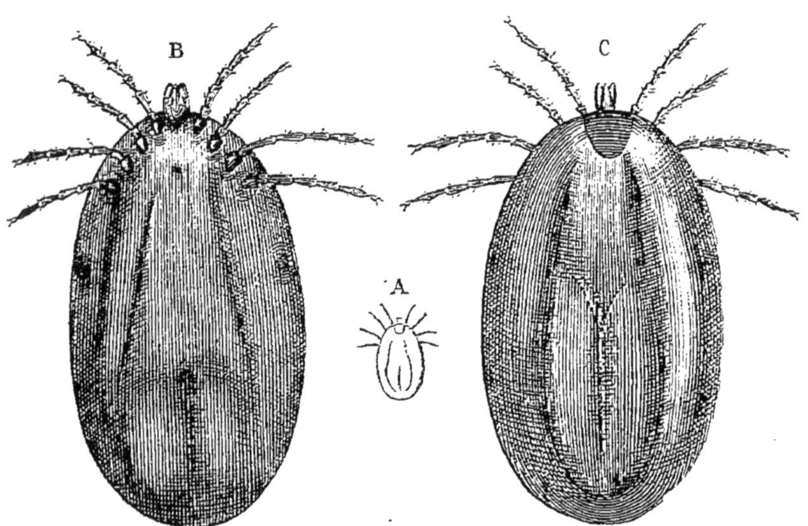

Fig. 348. — Ixode Ricin, du Chien, femelle fécondée et repue. — A, grandeur naturelle. B, grossie, vue par la face ventrale. C, par la face dorsale (Orig.).

tution du rostre. — La *femelle à jeun* a le corps ovale, aplati, jaunâtre, long de 4 millimètres et large de 3. *Fécondée et repue*, elle a l'aspect d'une graine de ricin, une teinte plombée, et mesure 10 à 11 millimètres de long sur 6 à 7 de large. Écusson cordiforme, brun, lisse, sans yeux. Rostre court, carré, à dard rectangulaire muni inférieurement de deux rangées de huit dents chacune, à chélicères terminées par un harpon à trois dents, à palpes larges et courts, en forme de couperets. — Le *mâle* est long de $2^{mm},65$, large de $1^{mm},50$; il a le corps rétréci en avant, large et anguleux en arrière, à face supérieure recouverte entièrement par un écusson brun mat; son rostre, plus petit que celui de la femelle, offre un dard ne présentant de chaque côté qu'une seule rangée de cinq dents, et des chélicères terminées par un harpon à quatre dents. — Les *nymphes* et les *larves* ont un rostre semblable à celui de la femelle. — Les œufs sont ovoïdes, de teinte fauve.

L'Ixode Ricin est surtout commun sur les Chiens de chasse, mais il attaque aussi les autres animaux, notamment les Moutons et les Bœufs. Il se fixe même quelquefois sur la peau de l'Homme. Une fois le rostre implanté, les dents récurrentes du dard l'empêchent de sortir; aussi ne l'arrache-t-on qu'avec une certaine difficulté, ou le laisse-t-on dans la peau en n'arrachant que le corps. Les animaux ne paraissent guère s'apercevoir, en général, de la présence du parasite; l'Homme éprouve cependant des démangeaisons ou une douleur assez vive. On enlève les Ixodes à la main, et le rostre s'élimine ensuite par un travail de suppuration; ou, ce qui est plus simple, on les force à se détacher d'eux-mêmes à l'aide de lotions de benzine ou d'essence de térébenthine. Il importe de les détruire immédiatement, afin d'empêcher la ponte et, par suite, l'envahissement des chenils. On rencontre souvent les larves, voire les nymphes, en abondance sur le corps des petits Mammifères, tels que Lièvres, Lapins, Furets, etc.

Ixode Réduve (*I. reduvius* Degeer). — Le rostre est semblable dans les deux sexes : il est beaucoup plus long que large; le dard est lancéolé, à pointe anguleuse, à deux rangées de dents, plus une petite rangée interrompue en dedans de l'interne; les chélicères sont terminées par un harpon à cinq dents; les palpes sont en lames de rasoir. — La *femelle*, de mêmes dimensions que dans l'espèce précédente, est roux jaunâtre à jeun, plombée quand elle est repue; son écusson est ovale, noir, bordé de blanc en avant, semé de poils rares; pas d'yeux. — Le *mâle*, long de 3 millimètres, large de 2 millimètres, est triangulaire, arrondi en arrière, recouvert supérieurement par un écusson noir. — *Nymphes* et *larves* reconnaissables aux caractères du rostre.

L'Ixode réduve attaque de préférence les Moutons et les Bœufs, plus rarement les Chiens ou l'Homme. Son action est la même que celle de l'espèce précédente. Les nymphes de cette espèce s'introduisent quelquefois sous la peau et déterminent une inflammation furonculeuse assez grave.

Plusieurs autres espèces (*Ixodes Fabricii* Aud., *I. scapulatus* Mégn., *I. marmoratus* Risso) ne diffèrent de l'Ixode réduve que par quelques détails du rostre ou de l'écusson.

L'**Ixode de Dugès** (*I. Dugesi* Gerv.) se distingue surtout à son rostre petit, peu saillant, dont le dard est muni de huit rangées de dents; les chélicères entourées d'une gaine chagrinée et terminées par un harpon à quatre dents; les palpes courts, peu valvés. Cette espèce est un peu plus grande que les précédentes.

Elle est assez commune dans le Midi de la France, en Italie, en Algérie. On la trouve principalement sur les Moutons et les Bœufs.

Nous devons nous borner à signaler ensuite deux grandes espèces africaines : l'**Ixode égyptien** (*I. ægyptius* Aud.), dont le dard porte quatre rangées de dents, et l'**Ixode algérien** (*I. algeriensis* Mégn.), à six rangées. Ces Acariens énormes attaquent surtout les Bœufs, qu'ils épuisent et font périr dans certains cas. Le bétail algérien introduit en France en est quelquefois porteur.

Quant à l'**Ixode américain** (*I. Nigua* Guér., *Acarus americanus* L.?), connu sous le nom vulgaire de *Garapate*, c'est une petite espèce qui attaque souvent l'Homme et les animaux dans l'Amérique du Sud. Il est d'ailleurs certain que plusieurs espèces d'Ixodes et même d'Argas sont confondues sous ce nom de *Garapatos*, qui n'a guère que la valeur du mot français *Tique*.

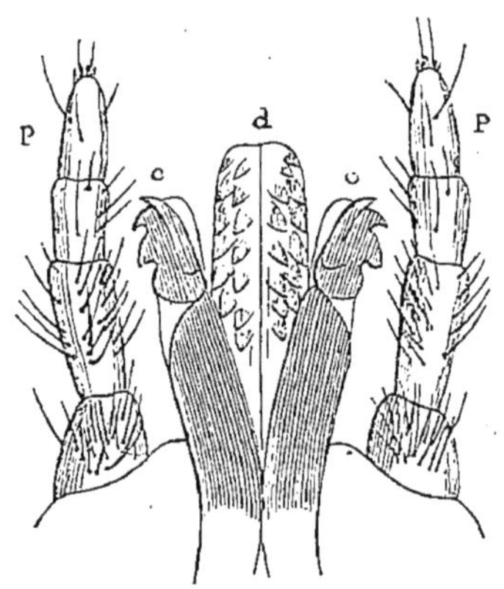

Fig. 349. — Rostre d'*Argas marginatus*, vu en dessus, grossi 50 fois. — *c*, chélicères. *p*, palpes maxillaires. *d*, dard maxillo-labial. On distingue, par transparence, les dents de la face inférieure du dard (Orig.).

Tribu des ARGASINÉS. — Cette tribu se distingue de la première par la situation du rostre, qui occupe la face inférieure du céphalothorax (au moins à l'état adulte), et par l'aspect des palpes maxillaires, qui sont antenniformes. Elle ne comprend aussi qu'un seul genre.

Genre **Argas** (*Argas* Latr., *Rynchoprion* Herm.). — Ce sont des animaux fort plats lorsqu'ils ont été longtemps privés de nourriture, mais leurs téguments sont assez extensibles, quoique coriaces. Le corps est ovalaire, et leur aspect général leur donne quelque ressemblance avec les Punaises. Comme les Ixodes, ils aiment beaucoup le sang.

Argas bordé (*Argas marginatus* Fabr., *Argas reflexus* Latr., *Rynchoprion columbæ* Herm.). — Nous représentons dans la figure 350 une *femelle fécondée* de cette espèce. La partie centrale du corps, de teinte noirâtre, correspond à l'appareil digestif, qui envoie ses digitations vers la périphérie, tandis que le

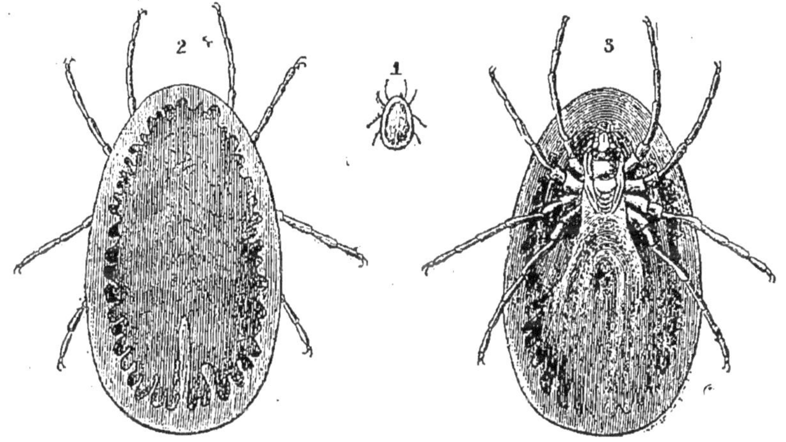

Fig. 350. — *Argas marginatus*, femelle fécondée et repue. — 1, grandeur naturelle. 2, grossie, vue par la face dorsale. 3, par la face ventrale (Orig.).

bord reste transparent, ce qui justifie la dénomination de Fabricius. La vulve est située à la base du rostre. — Le *mâle* est un peu plus petit que la femelle; son orifice sexuel se trouve au niveau de la troisième paire de pattes. — La *nymphe* est de la taille du mâle, dont elle se distingue par l'absence de pore génital. — La *larve* est hexapode, et son rostre est terminal.

Cet Argas vit dans les colombiers, et se répand en plus ou moins grand nombre sur les Pigeons, dont il suce le sang. Les larves sont souvent fixées à demeure sur le corps des Pigeons; les adultes ne paraissent les attaquer qu'à de certains moments, et on les découvre d'ordinaire dans les fissures des boiseries. L'Argas bordé est actuellement très commun dans certaines régions de la France. Une fois repu, il peut vivre fort longtemps sans manger. Nous en avons conservé de très « maigres » pendant quatorze mois dans un flacon. Le Dr Chatelin, de Charleville, a observé sur un enfant des piqûres douloureuses et un œdème assez persistant, dus à des Argas d'un colombier évacué depuis plusieurs années. Les Acariens avaient envahi le premier étage et le rez-de-chaussée de l'habitation dans laquelle était situé le colombier. Diverses personnes avaient été atteintes en même temps que cet enfant. Aucune ne présenta de symptômes généraux.

Nous devons signaler, en outre, plusieurs espèces exotiques intéressantes :

Argas de Maurice (*A. mauritianus* Guér.). — Ressemble beaucoup au précédent. D'après Guérin-Menneville, on le rencontre en grande quantité dans certaines parties de l'île Maurice, où il inquiète les Poules et même les fait quelquefois périr.

Argas de Perse (*A. persicus* Fischer). — Se distingue de l'Argas bordé par son tégument garni de petits cercles déprimés et bordés.

Cet Argas est commun en Perse ; il est désigné sous les noms de *Punaise de Miana* ou *Miané*, *Punaise de Chahroud-Bastam*, *Guérib-Guez*. Les voyageurs ont raconté que sa piqûre est venimeuse et parfois même mortelle ; de plus, comme l'indique son nom de *Garib-Guez*, il ne toucherait qu'aux étrangers. Quoique ces récits aient été traités de fables, des observations récentes de M. Tholozan démontrent que les morsures de cet Argas sont souvent suivies d'accidents locaux et généraux fort graves.

Argas de Tholozan (*A. Tholozani* Lab. et Mégn.). — Le corps est étroit, à bords latéraux parallèles, anguleux et terminé en pointe mousse à sa partie antérieure ; le tégument est très finement gaufré.

Cette espèce, connue sous le nom de *Punaise du Mouton* ou *Kéné*, a été recueillie par le Dr Tholozan, médecin du shah de Perse, à Djemalabad, au sud de Miané. Elle passe, comme la précédente, pour très dangereuse ; cependant, M. Mégnin a pu se faire piquer volontairement sans ressentir la moindre conséquence fâcheuse.

Argas de Savigny (*A. Savignyi* Aud.). — Il est assez difficile de reconnaître si cet Argas, qui a été décrit et figuré par Savigny et qui habite l'Égypte et l'Asie Mineure, est réellement distinct des espèces précédentes. On peut en dire autant de l'Argas de Fischer (*A. Fischeri* Aud.), que Savigny a rencontré de même en Égypte.

Argas Talaje (*A. Talaje* Guér.-Men.). — De l'Amérique centrale ; cause à l'Homme de douloureuses piqûres, d'après Sallé.

Argas Chinche (*A. Chinche* P. Gerv.). — Observé par Justin Goudot en Colombie, où il tourmente beaucoup les habitants.

Ajoutons que M. Dugès, professeur à Mexico, a décrit récemment deux espèces d'Argas qui attaquent l'Homme et les animaux et qui sont connues au Mexique sous le nom de Garapates (*Garapatas*). L'une de ces espèces, *A. turicata*, est peut-être identique à l'*A. Talaje*; l'autre reçoit le nom d'*A. Megnini*. La piqûre de l'*A. turicata* (1) occasionne en général des frissons, de la fièvre, de la céphalalgie et de la courbature pendant quelques jours; si le malade se gratte, il se forme une plaie qui peut dégénérer en gangrène étendue; parfois même il survient des ulcérations rebelles, se prolongeant cinq, six mois et plus, et accompagnées de cuissons intolérables. Il y a des individus réfractaires à cette piqûre. L'*A. turicata* infeste aussi les Porcs.

Famille des **GAMASIDÉS**. — Les Gamasidés (2) ont des téguments plus ou moins coriaces, offrant deux plastrons chitineux scutiformes : un supérieur (bouclier dorsal), un inférieur (sternum), celui-ci donnant attache aux pattes. Le rostre est complexe, disposé pour piquer et pour sucer : les maxilles sont soudées en un tube qui se trouve complété supérieurement par un labre festonné; les palpes maxillaires antenniformes, à cinq articles, sont accompagnés de *galea* ou palpes secondaires : les chélicères sont généralement en pinces didactyles. Les pattes, à six articles, sont terminées par deux crochets et par une caroncule membraneuse trilobée. Deux stigmates à péritrème tubulaire, s'ouvrant près des pattes postérieures. Pas d'yeux.

Ces Acariens sont en grande partie ovovivipares; les larves sont quelquefois octopodes.

On comprend dans cette famille les 4 genres : *Uropoda*, *Gamasus*, *Dermanyssus*, *Pteroptus*.

Les **Gamases** (*Gamasus* Latr.) ont les deux plastrons scutiformes bien développés, les pattes rapprochées en un seul groupe et les stigmates s'ouvrant entre les deux dernières paires; leurs larves sont hexapodes.

Le **Gamase ptéroptoïde** (*G. pteroptoides* Mégn.) vit en parasite sur les petits Rongeurs, Mulots, Lapins et même sur quelques Chauves-Souris.

Leidy a décrit en 1872, sous le nom de GAMASE DE L'OREILLE (*G. auris*), un Acare trouvé par Turnbull dans le conduit auditif externe d'un Bœuf. Reste à savoir s'il s'agit d'un parasite vrai : il n'est pas impossible, comme on l'a pensé, que cet Acarien soit un simple Rouget.

On trouve du reste beaucoup de Gamases à l'état libre, dans les fourrages.

(1) *Bullet. de la Soc. biol.*, séance du 28 mars 1885.
(2) P. Mégnin, *Journ. de l'anat. et de la physiol.*, 1876, p. 288.

Les **Dermanysses** (*Dermanyssus* Dugès) se distinguent des Gamases par leurs téguments mous, n'offrant que deux petits plastrons lyriformes, et par leurs chélicères différentes dans les deux sexes : elles sont ensiformes chez la femelle, subdidactyles chez le mâle. Ovipares.

Le **Dermanysse des volailles** (*D. gallinæ* Degeer) a le corps ovoïde, légèrement panduriforme, déprimé; sa teinte est grisâtre à jeun, rouge noirâtre quand le tube digestif est rempli de sang. La femelle mesure $0^{mm},70$ de longueur, le mâle $0^{mm},60$.

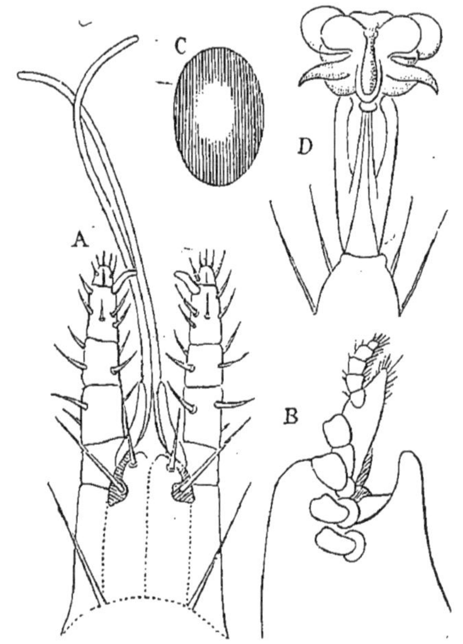

Fig. 351. — *Dermanyssus gallinæ*. — A, rostre de la femelle, vu de dessous. B, vu de profil. C, œuf. D, tarse (Delafond, inéd.).

Ces Acariens, dont les allures sont très rapides, sont noctambules : ils se tiennent pendant le jour dans les fissures des poulaillers et des colombiers, ou même au milieu du guano, et, la nuit venue, se jettent sur les Oiseaux dont ils sucent le sang; ce n'est qu'exceptionnellement qu'ils se fixent à demeure sur ces animaux. Sous les attaques de cette vermine, on voit les Oiseaux s'agiter, se secouer dans la poussière; leurs plumes se hérissent, ils maigrissent et cessent de pondre. On les débarrasse des parasites par des insufflations de poudres insecticides entre les plumes et surtout par le nettoyage et le badigeonnage à la chaux du poulailler.

Quand ils sont très abondants, les Dermanysses se jettent même sur les Mammifères qui se trouvent à leur portée. Chez le Cheval, ils déterminent une affection ayant quelque analogie avec la gale sarcoptique, et connue sous le nom de *phtiriase aviaire* ou mieux de *prurigo dermanyssique*. On avait beaucoup discuté sur la nature de cette affection : nous avons pu voir en 1875, dans le service de M. Trasbot, à Alfort, un Cheval offrant les petites dépilations bien connues, et porteur de nombreux Dermanysses : ceux-ci étaient cachés sous la couverture qu'on avait laissée la nuit à l'animal, et s'enfonçaient rapidement sous les poils à mesure qu'on soulevait cette couverture.

L'espèce humaine n'est pas non plus à l'abri des attaques de ces Acariens. Simon rapporte le cas d'une femme de Berlin qui en était littéralement couverte : on reconnut que cette femme passait chaque jour sous un poulailler pour se rendre à sa cave. Raspail dit avoir vu au Petit-

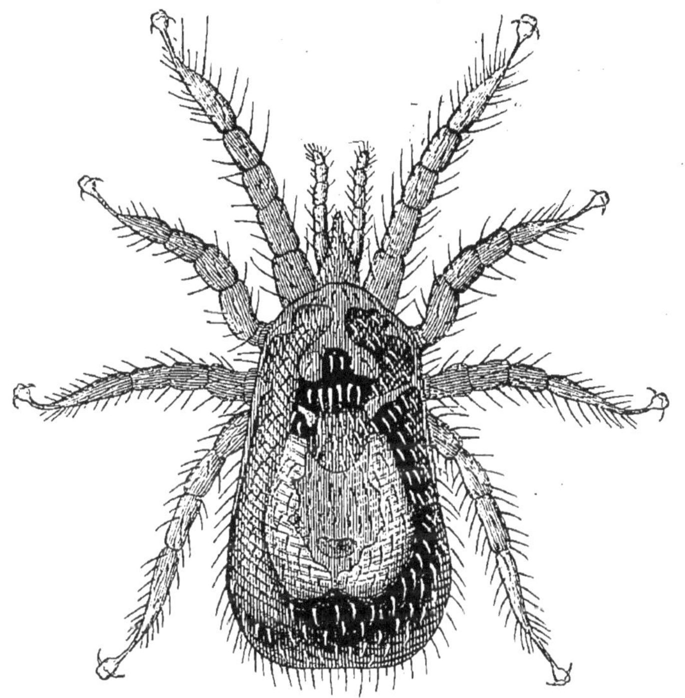

Fig. 352. — *Dermanyssus gallinæ*, femelle ovigère, vue par la face dorsale, grossie environ 80 fois (Delafond, inéd.).

Montrouge, en 1839, beaucoup d'enfants et d'adultes couverts de pustules aux pieds et aux jambes chaque fois qu'ils pénétraient dans les jardins : c'est que ces jardins avaient été fumés avec de la colombine, dans laquelle pullulaient les Dermanysses.

Il ne faut pas confondre le *Dermanyssus gallinæ* avec les espèces voisines, de plus grande taille : *D. avium* Degeer, qui habite surtout, pendant le jour, les roseaux creux qui servent de perchoirs aux petits Oiseaux dans les cages ; *D. hirundinis* Degeer, des nids d'Hirondelles. P. Gervais a décrit en outre un *D. gallopavonis*, qui « vit dans les plumes du Dindon domestique et se nourrit de sang. »

Parmi les **Ptéroptes** (*Pteroptus* L. Duf.), nous citerons le *Pt. vespertilionis* Herm., qui vit en colonies dans les plis des membranes alaires des Chauves-Souris.

CINQUIÈME ORDRE

PHALANGIDES

Arachnides à chélicères en forme de pinces didactyles; pattes longues et grêles; abdomen articulé, largement uni au céphalothorax; un cœur; respiration trachéenne.

Les Phalangides ou Opiliones sont ces Arachnides à longues pattes que tout le monde connaît sous le nom de Faucheurs. — Genres *Phalangium* (*Opilio*), *Gonyleptus*, etc.

SIXIÈME ORDRE

PSEUDOSCORPIONIDES

Chélicères en pinces didactyles; abdomen articulé, non pédiculé, sans aiguillon venimeux; palpes maxillaires en grandes pinces; respiration trachéenne.

On a longtemps rattaché aux Scorpions ces petits animaux, qui ont en effet la même conformation des chélicères et des palpes. Ils s'en distinguent cependant à première vue par leurs dimensions et par l'absence d'un postabdomen à aiguillon. Quant à leur organisation interne, elle est beaucoup plus simple et les rapproche des Acariens et des Phalangides. Ils possèdent des filières comme les Araignées. — Genres *Chelifer*, *Obisium*. La Pince ou Faux-Scorpion des livres (*Ch. cancroides*) abonde dans les vieux livres, les herbiers, les pigeonniers, les niches des poulaillers, où elle fait la chasse aux Acariens et aux Insectes nuisibles.

SEPTIÈME ORDRE

PÉDIPALPES

Chélicères en griffes; palpes en griffes ou en pinces didactyles; pattes antérieures antenniformes; abdomen articulé, uni au céphalothorax par un pédicule; deux paires de poumons.

Ce groupe est représenté par les Phrynes (*Phrynus*) et par les Télyphones (*Telyphonus*). Ces derniers ressemblent beaucoup aux Scorpions, car ils possèdent un court postabdomen suivi d'une queue; ils ont probablement les chélicères munies de glandes à venin, car leur morsure est très redoutée. Les Pédipalpes habitent les régions chaudes de l'Asie et de l'Amérique.

HUITIÈME ORDRE

SCORPIONIDES

Arachnides à chélicères en petites pinces didactyles; palpes maxillaires en grandes pinces; abdomen long, articulé, non pédiculé, terminé par un aiguillon venimeux; quatre paires de poumons.

Les Scorpions sont remarquables par leurs téguments coriacés, leurs longs palpes maxillaires terminés par de puissantes pinces didactyles, et leur abdomen allongé, divisé en deux parties : un préabdomen cylindrique, de sept anneaux, et un postabdomen en forme de queue noueuse, composé de six anneaux dont le dernier est prolongé par un aiguillon recourbé.

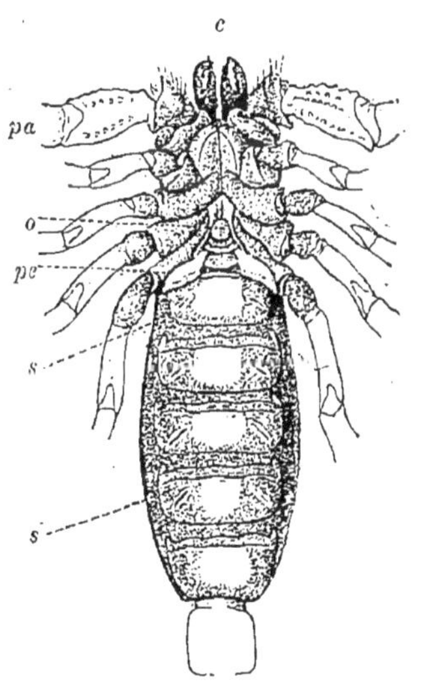

Fig. 353. — Céphalothorax et préabdomen de Scorpion, vus en dessous. — c, chélicères. *pa*, palpes maxillaires. *o*, orifice de l'oviducte. *pe*, peignes. *s*, *s*, stigmates.

Le céphalothorax porte, à sa face supérieure, trois à six paires d'yeux. La paire principale, facile à distinguer, est voisine de la ligne médiane et représente ce qu'on appelle les yeux du vertex. D'autres yeux, plus petits, situés à droite et à gauche sur le bord frontal, sont appelés yeux latéraux principaux, par opposition aux yeux accessoires, qui occupent une position variable. A la face ventrale du premier segment de l'abdomen se trouvent, en avant et au milieu, les orifices génitaux, recouverts d'un opercule; en arrière, deux organes particuliers, connus sous le nom de *peignes*. Ce sont deux plaques étroites, articulées, portant sur leur bord postérieur une série de dents uniformes. On n'est pas encore fixé sur leur usage : ils servent probablement d'organes de titillation pendant l'accouplement, ou contribuent à maintenir le corps le long des parois lisses et abruptes. En arrière des peignes, on voit sur chacun des quatre anneaux suivants deux ouvertures latérales ou stigmates, qui donnent entrée dans autant de poches pulmonaires.

Les Scorpions sont vivipares. Ils se tiennent volontiers sous les pierres, dans les crevasses des murs, dans les celliers et jusque dans les maisons. Ils sont noctambules. On ne les trouve que dans les pays chauds. Plusieurs espèces vivent dans les régions circumméditerranéennes. Ils se nourrissent d'Insectes, de Cloportes, d'Araignées. Lorsqu'ils aperçoivent une proie ou un ennemi, ils s'avancent hardiment, la queue recourbée en arc sur le dos, saisissent la victime à l'aide de leurs palpes-pinces, la frappent de leur aiguillon, puis la sucent ou la dévorent.

L'APPAREIL VENIMEUX est contenu dans le dernier segment du post-abdomen. Il se compose de deux glandes ovalaires, appliquées l'une contre l'autre, atténuées en col vers l'extrémité postérieure et terminées chacune par un canal excréteur qui s'unit à son congénère pour s'ouvrir par un double orifice à peine perceptible, à la pointe de l'aiguillon.

Le venin que sécrètent ces glandes est expulsé par la contraction de fibres musculaires longitudinales dont elles sont pourvues. Ce venin est un liquide transparent, visqueux, acide, se desséchant facilement; il est soluble dans l'eau, insoluble dans l'éther et l'alcool absolu. Son action a été bien étudiée par MM. E. Blanchard, Paul Bert, Jousset de Bellesme, Joyeux-Laffuie. C'est un poison du système nerveux. Entraîné dans tout l'organisme par la circulation, il va, d'une part, irriter les centres nerveux et provoquer des convulsions, et d'autre part, à la façon du curare, il paralyse l'action des nerfs moteurs sur les muscles striés; et cette double action se traduit toujours par une période d'excitation suivie d'une période de paralysie. La gravité des accidents varie d'ailleurs suivant la quantité de venin introduite dans l'économie et suivant la résistance des individus piqués. « Une goutte de venin, dit M. Joyeux-Laffuie (1), soit pure, soit mélangée à une petite quantité d'eau distillée et injectée dans le tissu cellulaire d'un Lapin, amène rapidement la mort. Les Oiseaux sont aussi facilement tués que les Mammifères. Avec une seule goutte de venin, on peut faire périr sept ou huit Grenouilles. Les Poissons et les Mollusques sont beaucoup plus réfractaires; mais, en revanche, les Articulés sont d'une susceptibilité surprenante : la centième partie d'une

(1) Joyeux-Laffuie, *Sur l'appareil venimeux et le venin du Scorpion* (*Sc. occitanus*). Comptes rendus de l'Acad. des sc., 1882, t. XCV, p. 866.

goutte de venin suffit pour tuer immédiatement un Crabe de forte taille. Les Mouches, les Araignées et les Insectes dont le Scorpion fait sa nourriture sont, pour ainsi dire, foudroyés par la piqûre de cet animal. »

La piqûre des Scorpions est très douloureuse. Elle est suivie d'une inflammation locale souvent accompagnée de fièvre et de vomissements. Les grandes espèces seules produisent des accidents plus graves et sont capables de donner la mort à l'Homme. On combat les accidents locaux à l'aide d'ammoniaque, de cataplasmes ou d'embrocations huileuses opiacées. S'il survient des nausées, on peut administrer une dose faible d'ipécacuanha. Du reste, comme dans la plupart des blessures venimeuses, il est possible d'enrayer l'absorption du venin par la succion du point piqué ou l'application d'une ventouse.

On a divisé la famille des **SCORPIONIDÉS** en quatre à six sous-familles ou tribus (1).

Les BUTHINÉS ont le sternum atténué en avant, presque triangulaire; sur chaque bord du céphalothorax existent trois yeux latéraux principaux et deux accessoires.

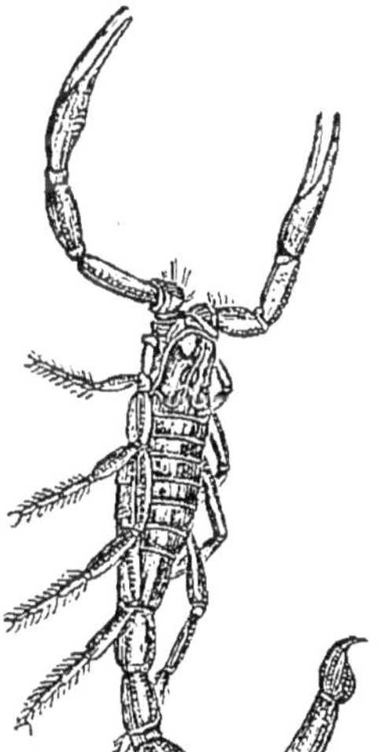

Les Buthus (*Buthus* Leach) ont la branche mobile des chélicères garnie de deux rangées de deux dents.

Le **Scorpion européen** (*Buthus* seu *Androctonus europæus* L., *Sc. occitanus* Amor., *Sc. tunetanus* Herbst) est fauve rougeâtre, avec les pattes jaune pâle; la longueur totale est de 85 millimètres, dont 45 pour la queue; les peignes ont 25 à 30 dents, ordinairement 27.

Fig. 354. — Scorpion européen.

Cette espèce est commune dans le Midi de la France, du moins à l'est du Rhône; elle est aussi répandue en Espagne, en Grèce et en Algérie. La piqûre est caractérisée par une petite tache rouge qui s'agrandit, devient plus foncée au centre et persiste pendant sept à huit jours, rarement jusqu'à quinze (Laboulbène). Ce n'est que très exceptionnellement que la mort en a été la conséquence.

Le Scorpion Énée (*Buthus* seu *Androctonus Æneas* Ch. Koch) de teinte noirâtre, se trouve en Algérie, dans les chotts, près de la région saharienne.

(1) Voy. E. Simon, *Les Arachnides de France. Scorpiones*, 1879. — Laboulbène, article SCORPIONS du *Diction. encyclop. des sc. médicales*, 1880.

Les **Androctones** vrais (*Androctonus* Ehr.) diffèrent surtout des Buthus par le 5e segment caudal, qui est caréné. A ce genre appartient le Scorpion funeste (*A. australis* L., *A. funestus* Auct.), jaune avec l'extrémité de la queue brunâtre, du sud de l'Algérie. Guyon dit avoir vu mourir des enfants qui avaient été piqués à la tête par ce Scorpion.

Les SCORPIONINES sont caractérisés par un sternum tétragonal ou pentagonal, deux ou trois yeux latéraux principaux et un ou deux yeux accessoires.

Le genre **Scorpion** (*Scorpio* L.), renferme les plus grandes espèces connues : *Sc. africanus* L., de l'Afrique centrale; *Sc. imperator* Ch. Koch, du Gabon, etc.

Les **Euscorpions** (*Euscorpius*) ont seulement deux yeux latéraux, le front droit, la queue faible. Ce genre comprend quatre espèces françaises très voisines.

Le **Scorpion commun** (*Eusc. flavicaudis* Degeer) est long de 30 à 36 millimètres; il est brun foncé en dessus, avec un reflet rougeâtre; les pattes, ainsi que la vésicule située sous l'aiguillon, sont fauve rougeâtre; le dessous de la pince ou main présente une rangée oblique de quatre points pilifères. La queue est pourvue de fortes carènes, les latérales irrégulièrement granulées. Les peignes ont huit à dix dents.

Le Scorpion flavicaude se trouve dans tout le Midi de la France, jusqu'à Valence et Bordeaux; il est aussi répandu en Corse et en Algérie. Sa piqûre n'est guère plus dangereuse que celle d'une Abeille.

Le **Scorpion italien** (*E. italicus* Herbst) mesure 42 millimètres de long; il est brun noirâtre en dessus, avec des pattes brun rouge clair et une vésicule caudale brune plus foncée que les pattes; il diffère surtout du précédent par sa queue dépourvue de carènes latérales granulifères et par le dessous de la main garni d'une série de huit points pilifères.

On le rencontre à Nice, à Monaco, dans le Nord de l'Italie.

Le **Scorpion des Carpathes** (*E. carpathicus* L.) est long de 27 millimètres, brunâtre ou fauve en dessus, avec les pattes jaune rougeâtre et la vésicule plus claire ; il se distingue d'ailleurs des deux formes précédentes par le quatrième segment caudal, qui est lisse en dessous, sans carène médiane, et par le dessous de la main à trois points pilifères.

Ce Scorpion ne se trouve, en France, qu'à l'ouest du Rhône; au lieu de rechercher les plaines comme le Scorpion flavicaude, il remonte assez haut dans les montagnes.

Quant au **Scorpion de Fanzago** (*E. Fanzagoi* E. Sim.), c'est une espèce dont on ne connaît jusqu'à présent que la femelle. Celle-ci, qui mesure 27 millimètres et demi, est d'un brun rougeâtre foncé en dessus, avec les pattes et surtout les tarses plus clairs. Elle se rapproche beaucoup de l'espèce précédente, dont on la distingue cependant par le fémur de la patte-mâchoire dépourvu de granulations en dessous dans la seconde moitié, et par le quatrième segment caudal muni inférieurement d'une côte faible et lisse.

Cette espèce se trouve en Espagne; elle a été rencontrée dans les Pyrénées-Orientales.

Les **Hétéromètres** (*Heterometrus* Ehr.) ont trois yeux latéraux éloignés du bord. C'est à ce genre qu'appartient le Scorpion palmé (*H. maurus* L., *Scorpio palmatus* Ehr.) brun chocolat, si commun en Algérie, où il s'avance jusqu'à la côte.

Le genre **Bélisaire** (*Belisarius* E. Sim.) a été établi par Simon pour une espèce nouvelle, le **Bélisaire de Xambeu** (*B. Xambeui* E. S.), qui est aveugle et possède un peigne à quatre dents seulement.

Cette forme, qui ressemble à première vue au Scorpion des Carpathes et mesure 26 millimètres et demi, a été trouvée par Xambeu sous les pierres, dans les Pyrénées-Orientales.

Quant aux sous-familles des **TÉLÉGONINÉS** et des **VÉJOVINÉS**, elles ne comprennent que des espèces américaines et australiennes.

NEUVIÈME ORDRE

ARANÉIDES

Arachnides à chélicères en griffes, munies de glandes venimeuses; abdomen inarticulé, uni au céphalothorax par un pédicule, et terminé par des filières; respiration pulmonaire ou trachéo-pulmonaire.

Les Aranéides, plus connues sous le nom vulgaire d'Araignées, sont surtout reconnaissables à leur abdomen mou et globuleux, uni au céphalothorax par un mince pédicule. — Les yeux sont d'ordinaire au nombre de 8 ou de 6, et sont répartis diversement à la face supérieure du céphalothorax. — Les chélicères (fig. 305) sont terminées chacune par un onglet mobile, percé d'un orifice par lequel s'écoule le venin dont se sert l'animal pour tuer ou engourdir sa proie. Le venin est sécrété par deux glandes situées dans le céphalothorax. Les palpes maxillaires, composés de six articles, sont en général terminés, chez les mâles, par un renflement creusé en cupule, destiné à porter le sperme au contact des organes femelles. Au-dessous des mâchoires se trouve une lamelle impaire formant une sorte de lèvre inférieure. — L'appareil respiratoire se compose de deux ou quatre sacs pulmonaires, et quelquefois en même temps de poumons et de trachées. — A la partie postérieure de l'abdomen, au-dessous de l'anus, se trouvent quatre ou six mamelons articulés et percés de petits orifices : ce sont les filières, par lesquelles sort le produit de sécrétion des glandes séricigènes. Ce produit, d'abord visqueux, se concrète rapidement à l'air et constitue les fils à l'aide desquels les Araignées tissent leurs toiles. — Les mâles sont souvent plus petits que les femelles; dans beaucoup de cas, ils vivent à l'écart, et doivent même prendre les plus grandes précautions, avant et après l'accouplement, pour ne pas se laisser dévorer par elles.

On a beaucoup exagéré l'action du venin des Araignées sur l'Homme. Walckenaer et Dugès se sont fait mordre par les plus grosses Araignées du Nord et du Midi de la France : le résultat a toujours été moindre que s'il se fût agi d'une piqûre d'Abeille. De même H. Lucas n'a ressenti aucun trouble sérieux à la suite des morsures de Malmignattes, réputées si venimeuses.

2 sous-ordres :

1er sous-ordre : Tétrapneumones. — Les Araignées quadripulmonées sont représentées par les Mygales, qui habitent les contrées chaudes de l'ancien et du nouveau monde. — Genres *Mygale*, *Cteniza*, *Nemesia*, etc.

2e sous-ordre : Dipneumones. — Ces Araignées, outre leurs deux sacs pulmonaires, possèdent quelquefois deux trachées.

Les unes sont *vagabondes*, c'est-à-dire qu'elles ne tendent pas de fils et poursuivent leur proie, soit en bondissant, comme les Saltiques (*Salticus*), soit en courant, comme les Lycoses (*Lycosa*). C'est à ce dernier genre qu'appartient la fameuse Tarentule (*Lycosa tarentula*), au sujet de laquelle on a discuté beaucoup plus peut-être qu'il ne convenait. Cette espèce se rencontre dans toute l'Italie centrale et méridionale, mais surtout dans la Pouille ou ancienne Apulie, aux environs de Tarente. On raconte que les individus tarentulés (*tarentulati*), c'est-à-dire mordus par la Tarentule, éprouvent des phénomènes nerveux singuliers, constituant ce qu'on a appellé le *tarentisme*. Ces individus, qui sont presque toujours des gens du peuple, font mille extravagances qui témoignent d'une grande excitation mentale : les uns chantent, rient, soupirent, gémissent; d'autres ont des insomnies, des tremblements, des palpitations; d'autres encore ne peuvent supporter les couleurs noire ou bleue, tandis que le rouge et le vert leur causent des sensations agréables. Pour guérir ces malheureux, on leur joue, sur un instrument quelconque, certains airs, dont les plus actifs sont la *Pastorale* et la *Tarentelle*. Le malade se met alors à danser, et, quand il tombe de fatigue, on le porte sur un lit, où il s'endort. A son réveil, il est guéri. Des rechutes peuvent se produire, se répéter pendant des années et même pendant toute la vie du sujet.

Il est à peine besoin de faire remarquer aujourd'hui le rôle essentiel que jouent l'imagination et les préjugés dans le développement de cette maladie, dont les relations avec l'hystérie ne paraissent guère douteuses. Léon Dufour a d'ailleurs constaté sur lui-même l'innocuité de la morsure des Tarentules.

D'autres Dipneumones sont *sédentaires*. Telles sont les Thomises (*Thomisus*), qui marchent de côté et à reculons; l'Araignée domestique (*Tegeneria domestica*); l'Argyronète aquatique (*Argyroneta aquatica*), qui vit sous l'eau dans une cloche pleine d'air; la Ségestrie des caves (*Segestria cellaria*); la Malmignatte (*Latrodectus Malmignatus*); l'Araignée porte-croix (*Epeira diadema*); etc.

DIXIÈME ORDRE

GALÉODES

Arachnides à tête, thorax et abdomen distincts; chélicères en pinces didactyles; respiration trachéenne.

Les Galéodes (γαλεώδης, semblable à une Belette) ou Solifuges sont des animaux de forte taille, qui tiennent le milieu entre les Arachnides et les Insectes. Le céphalothorax est divisé en deux segments, dont l'antérieur, comparé à une tête, porte des chélicères didactyles, des palpes maxillaires transformés en pattes ambulatoires, et la première paire de pattes proprement dites. Le second tronçon ou thorax est formé de trois anneaux munis chacun d'une paire de pattes armées de griffes. L'abdomen est globuleux, articulé. — Les Galéodes habitent les régions chaudes du globe. Tous sont nocturnes ou crépusculaires. Bien qu'on ne leur ait pas encore reconnu avec certitude de glandes à venin, on les regarde communément comme venimeux, et leur morsure est redoutée.

Ils forment la seule famille des **SOLPUGIDÉS**, dont le type est fourni par le genre **Galéode** (*Galeodes* Oliv., *Solpuga* Herbst). — Le Galéode araignée (*G. araneoides* Pallas) est très répandu dans la Russie méridionale, en Perse, en Égypte; Pallas a rapporté des faits tendant à prouver que son venin peut être mortel. Les Chameaux et les Moutons qui se couchent en plein air seraient souvent mordus par cet Arachnide, que les Kalmouks appellent « Ver ensorcelé ». Le Galéode intrépide (*Gluvia dorsalis* Latr.) habite l'Espagne. Le *Galeodes barbarus* Lucas est commun en Algérie : le Dr Dours a observé un cas assez grave de blessure venimeuse produite par cette espèce.

CLASSE III

MYRIAPODES

Arthropodes à respiration aérienne, s'effectuant par des trachées; tête distincte du tronc, qui ne montre pas de démarcation entre le thorax et l'abdomen; une paire d'antennes; nombreuses paires de pattes.

Les Myriapodes ou Myriopodes (μυρίοι, dix mille; πούς, pied) sont les animaux connus sous le nom vulgaire de Mille-pieds. Leur corps, souvent allongé et vermiforme, offre une tête distincte, mais ne comporte pas de division en thorax et abdomen. La tête porte deux antennes filiformes, des yeux simples ou plus rarement composés, et des pièces buccales plus ou moins complexes. Celles-ci comprennent un labre ou lèvre supérieure, une paire de mandibules crochues, et une valve quadrilobée que beaucoup d'auteurs considèrent comme résultant de la soudure des mâchoires et de la lèvre inférieure. En outre, chez les Chilopodes, les deux premières paires de pattes font l'office de pattes-mâchoires. Quelquefois l'appareil buccal se transforme en suçoir.

Sous le rapport des organes internes, les Myriapodes se rapprochent beaucoup des Insectes. Le *système nerveux* offre la disposition typique que nous avons signalée chez les Annélides.

Le *tube digestif*, presque toujours rectiligne, présente un intestin buccal ou œsophage muni de glandes salivaires et parfois dilaté en jabot; un estomac cylindrique pourvu de nombreux cæcums glandulaires; enfin, un court intestin dans lequel débouchent deux à six canaux urinaires ou tubes de Malpighi, et qui s'élargit dans sa portion terminale ou rectum, pour aboutir à l'anus, situé sur le dernier anneau de l'abdomen.

L'*appareil circulatoire* est tout à fait analogue à celui des Insectes, et comprend un long vaisseau dorsal divisé en autant de chambres qu'il y a d'anneaux.

Les *organes respiratoires* sont représentés par des trachées formant deux longs tubes latéraux et recevant l'air par des stigmates dont la situation est variable.

Quelques Myriapodes offrent des phénomènes de phosphorescence. Les Chilognathes possèdent des glandes cutanées sécrétant une substance corrosive, et les Chilopodes ont des glandes à venin annexées aux forcipules ou pattes-mâchoires.

Chez tous, les sexes sont séparés. Les *organes reproducteurs* se composent généralement d'un long tube impair, suivi d'un conduit excréteur simple ou plus souvent double, accompagné de glandes accessoires et parfois, chez les femelles, d'un réservoir séminal.

Les petits naissent tantôt apodes, tantôt pourvus de six ou de huit paires de pattes. Ils subissent des mues successives dans lesquelles se développent progressivement les anneaux, les pattes et même les yeux. On peut, en somme, comparer cette évolution aux demi-métamorphoses des Insectes.

Les Myriapodes sont tous des animaux terrestres ; ils vivent sous les pierres, sous la mousse et dans tous les endroits sombres et humides.

2 ordres :

Une paire de pattes à chaque anneau..................	CHILOPODES.
Deux paires de pattes sur la plupart des anneaux......	CHILOGNATHES.

PREMIER ORDRE

CHILOGNATHES

Myriapodes à corps plus ou moins cylindrique, pourvus de deux paires de pattes sur chacun des anneaux moyens et postérieurs.

La présence de deux paires de pattes sur chaque segment, à partir du 5e ou du 6e, tient à ce que ces téguments résultent de la fusion de deux somites : aussi P. Gervais avait-il proposé pour ce groupe le nom de Diplopodes. — Les antennes sont courtes, à 7 articles. —

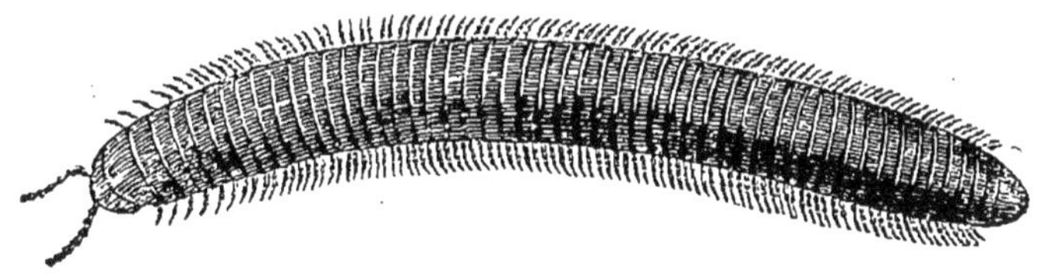

Fig. 355. — Iule.

L'appareil buccal comprend un labre, des mandibules fortes et dentées, et une seule lèvre inférieure ou valve quadrilobée (χεῖλος, lèvre ; γνάθος, mâchoire). Les Polyzonidés possèdent un suçoir. — Les stigmates s'ouvrent à la face ventrale, au-dessous de la base des hanches. De chaque côté de la région dorsale, se trouvent des pores par lesquels suinte une sécrétion acide, d'odeur infecte, servant probablement de moyen de défense. — Il existe deux orifices génitaux, situés sur la hanche ou derrière la hanche de la deuxième paire de pattes. — Beaucoup de Chilognathes peuvent se rouler en spirale.

Genres *Iulus*, *Blaniulus*, *Polydesmus*, *Polyzonium*, *Glomeris*, etc. Ces animaux se nourrissent surtout de substances végétales ; il en est qui nuisent beaucoup à l'agriculture, en rongeant les semences au moment de la germination. Tels sont : l'*Iulus terrestris*, le *Blaniulus guttulatus*, le *Polydesmus complanatus*, etc.

SECOND ORDRE

CHILOPODES

Myriapodes à corps déprimé, pourvus d'une seule paire de pattes à chaque anneau.

Les antennes sont longues, à 14 articles au moins. — L'appareil buccal se compose d'un labre, de deux mandibules médiocres et d'une valve quadrilobée représentant les mâchoires et la lèvre inférieure. En outre, la première paire de pattes a les hanches soudées de manière à simuler une seconde lèvre inférieure (χεῖλος, lèvre ; πούς, pied), et la seconde paire, à hanches très larges et également soudées, constitue une pince puissante dont les mors en forme de crochets (*forcipules*) offrent à leur extrémité un étroit orifice : c'est là que débouche le canal excréteur d'une glande à venin qui occupe leur base. — Les stigmates s'ouvrent sur les côtés des anneaux. — Il n'existe qu'un seul orifice génital, situé à l'extrémité postérieure du corps, au-dessous de l'anus. — Les jeunes naissent avec 6 ou 8 paires de pattes et même, chez les Scolopendres, avec toutes les pattes.

Genres *Scolopendra*, *Lithobius*, *Geophilus*, *Scutigera*, etc. Ces animaux se nourrissent surtout d'Araignées et de petits Insectes.

La morsure des Scolopendres est douloureuse. Les forcipules pressent horizontalement la peau et produisent deux piqûres latérales dans chacune desquelles est déversée une goutte de venin. La Scolopendre cingulée (*Scolopendra cingulata* Latr.), qui est l'espèce commune du midi de la France, peut provoquer, par sa morsure, un gonflement local, parfois accompagné d'un mouvement fébrile passager. Aux Antilles, à la Guyane, au Sénégal, d'autres espèces font des blessures beaucoup plus sérieuses encore. On peut adopter le même traitement que nous avons indiqué à propos des piqûres de Scorpions.

Divers auteurs ont signalé, d'autre part, l'introduction, dans les fosses nasales et dans les sinus frontaux de l'Homme, de petites espèces du même groupe, notamment de Géophiles. La présence de ces hôtes incommodes se traduit par de violentes douleurs, persistant quelquefois pendant des années.

Annexe : PÉRIPATIDES.

On peut rapprocher des Myriapodes le groupe des Péripatides (περιπατεῖν, se promener), qui établit la transition des Arthropodes aux Annélides, et dont certains auteurs font une classe particulière, sous le nom d'Onychophores ou de Prototrachéates.

Ce sont des animaux à corps mou, vermiforme, composé d'un nombre variable de segments, dont chacun porte une paire de pattes obscurément articulées et terminées par deux griffes. La région antérieure constitue une tête munie de deux antennes et de deux yeux simples. La bouche est entourée d'une lèvre saillante, en dedans de laquelle se trouvent deux mandibules pédiformes. Un peu en arrière, existent deux appendices, sur lesquels débouchent les conduits excréteurs de deux glandes dont le produit sert à filer une sorte de toile. Le tube digestif comprend un pharynx, un court œsophage, un long estomac intestiniforme et un rectum qui s'ouvre à la partie postérieure du corps. — La respiration est trachéenne; les stigmates sont épars à la surface du corps. — Le système nerveux se compose d'un ganglion cérébroïde pair et d'un double cordon ventral offrant des commissures transversales, mais pas de renflements ganglionnaires. — Sexes séparés ; ovovivipares.

Les Péripates forment un seul genre (*Peripatus* Guilding); ce sont des animaux terrestres, vivant à la façon des Myriapodes. Ils habitent l'Amérique du Sud, la Nouvelle-Zélande, le cap de Bonne-Espérance.

CLASSE IV

INSECTES

Arthropodes à respiration aérienne, s'effectuant par des trachées; tête, thorax et abdomen distincts; une paire d'antennes; thorax portant trois paires de pattes et souvent des ailes.

Pour les anciens auteurs, y compris Linné et Fabricius, le nom d'*Insectes* s'appliquait à la généralité des Arthropodes. Au point de vue étymologique, en effet, il exprime l'état articulé du corps, puisqu'il est la traduction littérale du mot latin *insectum* (dérivé par syncope d'*intersectum*, entrecoupé). Mais les progrès de la science en ont restreint l'application aux seuls Articulés hexapodes.

Le *corps* est toujours divisé en trois régions : la tête, le thorax, et l'abdomen, et le nombre d'anneaux appartenant à chacune de ces régions est à peu près constant, aussi bien que celui de leurs appendices.

La *tête* est en apparence formée d'un seul tronçon, mais on la regarde comme composée de quatre somites, en raison des quatre

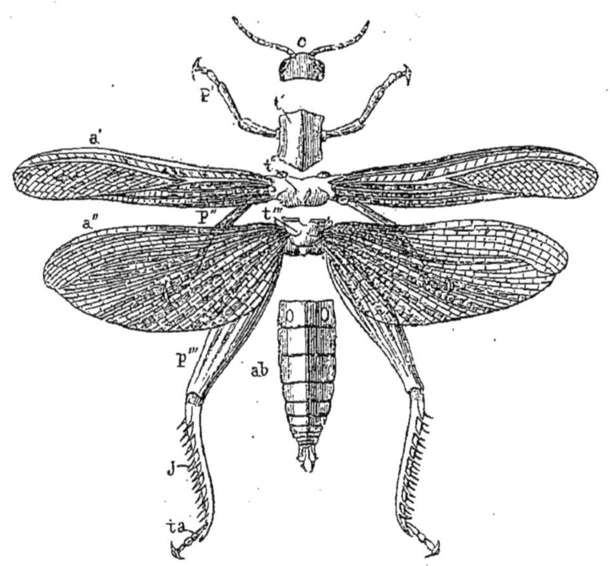

Fig. 356. — Parties constitutives du corps d'un Insecte. — *c*, la tête, portant les yeux et les antennes. *t'*, prothorax, portant la première paire de pattes *p'*. *t"*, mésothorax, portant la 2e paire de pattes *p"* et la 1re paire d'ailes *a'*. *t'''*, métathorax, portant la 3e paire de pattes *p'''* et la seconde paire d'ailes *a"*. *j*, jambe. *ta*, tarse. *ab*, abdomen.

paires d'appendices mobiles dont elle est pourvue : une paire d'antennes et trois paires de gnathites (1).

Les antennes sont situées sur le sommet ou sur les côtés de la tête; elles sont formées d'articles peu mobiles et offrent une remarquable variation de formes. Quant aux pièces buccales, qui sont insérées à la partie inférieure de la tête, nous en donnerons la description en traitant des organes digestifs.

Le *thorax*, réuni à la tête par une partie étroite, comprend trois somites : le *prothorax*, le *mésothorax* et le *métathorax*. Le

(1) Les yeux des Insectes ne paraissent pas avoir de rapports morphologiques avec les appendices.

premier est tantôt libre, mobile et bien développé, tantôt plus ou moins réduit et soudé au mésothorax. Le nom de *corselet* désigne le seul prothorax lorsque celui-ci est libre, et le thorax entier, lorsque les anneaux sont soudés. Sur la face ventrale de chacun des trois somites, s'articule une paire de pattes. Chaque patte est composée de cinq parties : la *hanche*, article basilaire enclavé dans une cavité de l'épimère correspondant; le *trochanter*, tronçon très court qui parfois se divise en deux pièces et d'autres fois se soude à l'article suivant ; la *cuisse*, allongée et souvent fort épaisse; la *jambe*, également longue, mais grêle ; enfin, le tarse, offrant de un à cinq articles, dont le dernier porte d'ordinaire un ou deux crochets ou d'autres appendices.

Les ailes, qui n'existent que chez les Insectes à l'état parfait, représentent un type spécial d'organes appendiculaires, et ne peuvent être comparées aux membres proprement dits. Elles s'insèrent sur la partie dorsale du mésothorax et du métathorax, entre le tergum et l'épimère, au moyen de pièces courtes, de forme variable, auxquelles on donne le nom d'*apodèmes articulaires* ou d'*osselets*. Chacune des ailes consiste en une lame mince, formée de deux membranes étroitement appliquées l'une contre l'autre et soutenues par une charpente de tubes chitineux appelés *nervures*. Ces tubes sont destinés à livrer passage aux nerfs, aux trachées et au sang ; ce sont eux qui déterminent la forme et le contour de l'aile. On distingue des *nervures* proprement dites : ce sont les principales, surtout celles qui partent de la base ou point d'insertion de l'aile; et des *nervules*, lignes intermédiaires, de moindres dimensions, longitudinales ou transversales. Toutes ces lignes laissent entre elles des espaces appelés *cellules*, qui fournissent de bons caractères de classification. — La consistance des ailes est variable. Le plus souvent elles sont *membraneuses* et nues, ainsi qu'on le voit chez les Hyménoptères, par exemple. Celles des Lépidoptères sont membraneuses et couvertes d'écailles. Les ailes antérieures des Coléoptères sont, au contraire, cornées et forment des boucliers solides, servant peu au vol et remplissant surtout un rôle protecteur : on les nomme *élytres* (ἔγυτρον, enveloppe). Chez beaucoup d'Orthoptères, ces ailes antérieures sont simplement parcheminées (*tegmina*). Enfin, chez les Hémiptères hétéroptères, elles sont cornées à la base et membraneuses vers l'extrémité libre: ce sont des *hémélytres*. — Le nombre des ailes n'est pas constant. La plupart des Insectes en possèdent deux paires, l'antérieure appartenant au mésothorax, la postérieure au métathorax : on les dit alors *tétraptères* (τετράς, quatre ; πτερόν, aile). Mais la paire postérieure manque quelquefois. Ainsi, chez les Diptères (δὶς, deux), qui constituent un ordre naturel, elle est représentée par deux organes appelés *balanciers*, formés d'une petite tige ou *style* terminée par un bouton ou *capitule*. Enfin, il existe des groupes importants d'Insectes tout à fait dépourvus d'ailes ou *aptères*, comme les Poux et les Ricins, et tous les ordres comprennent des espèces dont les deux sexes, ou les femelles seules, sont dans le même cas.

L'*abdomen* s'articule largement avec le thorax. On n'est pas toujours fixé sur le nombre de segments qui le composent, en raison de l'atrophie fréquente, de la fusion ou de l'invagination des deux derniers. Cette région est dépourvue de pattes chez l'adulte, mais elle porte quelquefois, chez les larves, des appendices transitoires connus sous le nom de *fausses pattes*. Sur les derniers anneaux, il existe souvent des appendices qui jouent un certain rôle dans les fonctions de reproduction et constituent ce qu'on appelle l'*armure génitale*.

Le *système nerveux* des Insectes offre un degré de coalescence assez variable, mais s'accusant toujours à mesure que l'individu évolue vers l'état parfait. Le cerveau, souvent bilobé, envoie des nerfs aux yeux, aux antennes et à la lèvre supérieure. Le ganglion sous-œsophagien distribue ses filets aux trois paires d'appendices buccaux. Viennent ensuite trois ganglions thoraciques peu distincts, innervant les organes de la région, ainsi que les appendices. Quant aux ganglions abdominaux, ils sont d'ordinaire étroitement groupés, parfois même réunis en une seule masse, et la coalescence peut aller jusqu'à la fusion totale des groupes ganglionnaires de l'abdomen et du thorax.

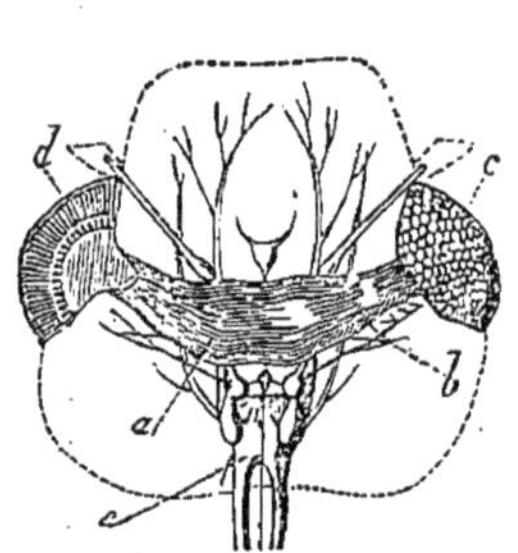

Fig. 357. — Yeux à facettes du Hanneton. — *a*, cerveau. *b*, nerfs optiques. *c*, œil entier. *d*, œil coupé longitudinalement.

Les *sens* sont fort délicats. Le *tact* s'exerce surtout au moyen des antennes et des pièces buccales. L'*odorat* a son siège dans les antennes. Les organes *auditifs* peuvent s'observer sur divers points. Les sensations *gustatives* paraissent être perçues par certaines régions de la bouche. Enfin, les organes de la *vision* sont, soit des *ocelles*, qui se rencontrent chez les larves, ainsi que sur le vertex ou sommet de la tête de beaucoup d'adultes ; soit des *yeux à facettes*, propres aux Insectes parfaits et situés sur les côtés de la tête.

La conformation des *organes digestifs* varie avec le régime des Insectes. En première ligne, l'armature buccale offre un aspect tout différent chez les Insectes *broyeurs*, *lécheurs* et *suceurs*. Dans tous les cas, cependant, on observe les mêmes parties fondamentales, mais diversement modifiées suivant le genre de vie, ainsi que Savigny l'a depuis longtemps établi. Nous exposerons ici la disposition typique que présentent les broyeurs, et nous renverrons à l'étude des différents ordres d'Insectes pour la connaissance des modifications que subissent les pièces buccales, ainsi que pour la démonstration de leurs homologies.

Les Insectes broyeurs, Coléoptères, Orthoptères et Névroptères, ont les pièces buccales insérées à peu près séparément sur le cadre qui limite la bouche. Elles comprennent deux organes impairs, la lèvre supérieure ou labre et la lèvre inférieure ; deux organes pairs, les mandibules et les mâchoires. Le *labre*, qui n'est pas de nature appendiculaire, est inséré au bord supérieur du cadre buccal, sur l'épistome ou chaperon (*clypeus*). Au-dessous, se trouve la première paire d'appendices masticateurs, les *mandibules*, articulées à droite et à gauche de la bouche, et souvent pourvues de dents à leur bord interne : ces pièces, toujours solides, se meuvent avec force d'un côté à l'autre, et sont bien propres à diviser les aliments ; elles ne portent jamais d'appendice latéral. — Les *mâchoires* ou *maxilles*, situées au-dessous des mandibules et insérées un peu en arrière, représentent la seconde paire de gnathites et offrent une organisation complexe. Chacune d'elles présente un article basilaire ou *gond*, suivi d'une *tige* qui porte, d'une part, à son côté externe, par l'intermédiaire d'un petit article écailleux, un appendice pluriarticulé ou *palpe maxillaire ;* d'autre part, à sa partie interne et terminale, deux branches ou *lobes*, l'un externe, l'autre interne. Celui-ci, souvent garni en dedans d'épines, de denticules, de cils, etc.,

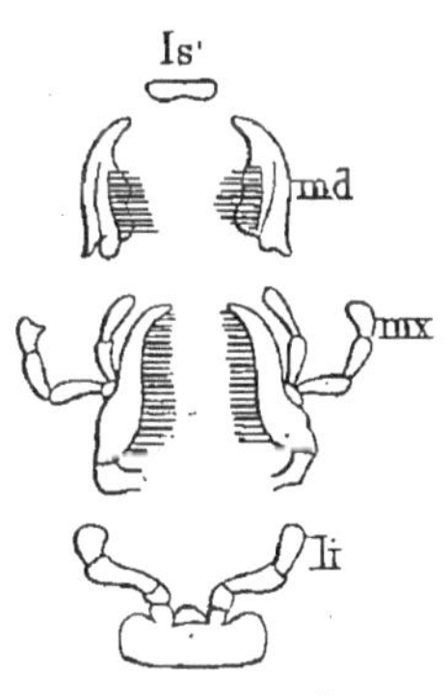

Fig. 358. — Appareil masticateur du Carabe doré. — *ls*, lèvre supérieure. — *md*, mandibules. *mx*, maxilles. *li*, lèvre inférieure.

représente surtout la partie préhensile de la mâchoire. Quant au lobe externe, il est parfois composé de plusieurs articles et palpiforme : on l'appelle alors *palpe maxillaire interne;* d'autres fois, il surmonte le lobe interne et le recouvre à la façon d'un casque, ce qui lui vaut le nom de *galea* (Orthoptères). Les mâchoires, et en particulier leur lobe interne, forment en se rapprochant une sorte de pince qui maintient les aliments entre les mandibules, puis achève la trituration grossièrement commencée par ces appendices. Une troisième et dernière paire de gnathites sert à former la *lèvre inférieure.* Celle-ci est en effet constituée par deux appendices analogues aux mâchoires, mais rapprochés et soudés sur la ligne médiane. Elle présente d'abord une pièce basilaire toujours bilobée, le *menton.* Sur les parties latérales du menton se trouvent deux *palpes maxillaires,* et sur sa face supérieure, une pièce terminale, la *languette,* simple ou bifurquée, qui offre en général deux appendices appelés *paraglosses.* Il est facile de voir que le menton répond aux gonds et aux tiges des mâchoires, les palpes labiaux aux palpes maxillaires, la languette aux lobes internes et les paraglosses aux lobes externes. Le rôle de la lèvre inférieure est de retenir contre la cavité buccale les aliments que divisent les mâchoires; elle concourt en outre, surtout par ses palpes, à la préhension de ces aliments.

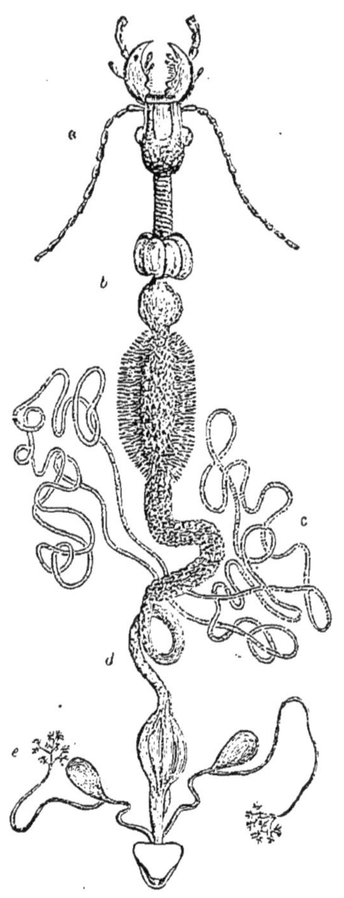

Fig. 359. — Appareil digestif d'un Insecte, d'après H. Milne Edwards. — *a*, tête portant les antennes, les mandibules, etc. *b*, jabot et gésier, suivis du ventricule chylifique. *c*, canaux de Malpighi. *d*, intestin. *e*, organes sécréteurs.

La bouche est suivie d'un *pharynx* chitineux ; d'un *œsophage,* souvent dilaté en *jabot;* d'un *gésier* ou proventricule, appareil triturant, parfois fort réduit ; d'un *ventricule chylifique* ou estomac proprement dit, dilaté en avant et atténué en arrière ; d'un *intestin*, séparé de l'estomac par un étranglement valvulaire et terminé par un rectum assez large qui aboutit à l'anus, situé dans le dernier anneau. — Des glandes en nombre variable peuvent être annexées au tube digestif : telles sont les *glandes salivaires*, qui débouchent dans le pharynx ; les *glandes gastriques*, qui affectent d'ordinaire la forme de villosités garnissant la surface extérieure du ventricule chylifique ; les *canaux de Malpighi*, qui s'insèrent au point de jonction de l'estomac et de l'intestin ; enfin, les *glandes rectales* et les *glandes anales*.

L'*appareil circulatoire* se réduit à un simple *vaisseau dorsal* contractile ou cœur, fixé à la paroi supérieure de l'abdomen par des muscles aliformes et divisé en un certain nombre de chambres ou ventriculites. Ces chambres sont séparées par des replis membraneux offrant chacun deux

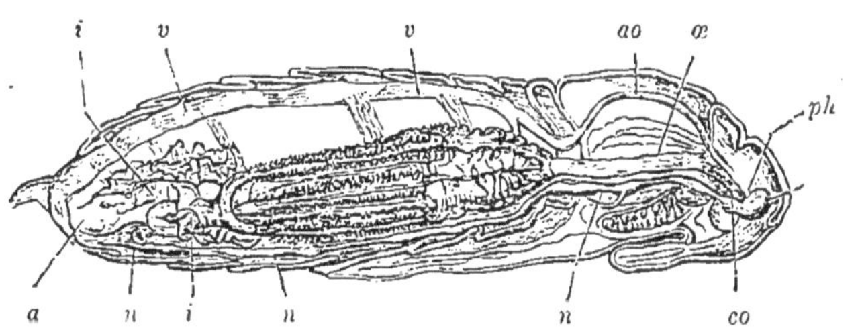

Fig. 360. — Section longitudinale d'une chrysalide de Papillon, montrant les organes intérieurs. — *v, v*, vaisseau dorsal. *ao*, aorte. *c*, cerveau. *co*, collier œsophagien. *n, n, n*, chaîne ganglionnaire ventrale. *ph*, pharynx. *œ*, œsophage, se continuant avec un estomac très large. *i, i*, intestin. *a*, anus.

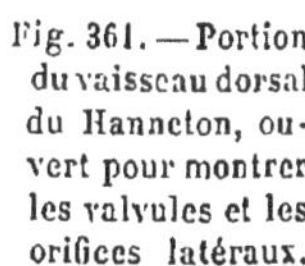

Fig. 361. — Portion du vaisseau dorsal du Hanneton, ouvert pour montrer les valvules et les orifices latéraux.

orifices latéraux, par lesquels le sang pénètre du sinus péricardique dans le cœur. La systole s'effectue progressivement du ventriculite postérieur vers l'antérieur, et les replis fonctionnent comme valvules pour empêcher la sortie du sang et son retour en arrière. La chambre antérieure se prolonge en un vaisseau aortique qui conduit le sang dans les lacunes interorganiques, et des courants réguliers le distribuent dans les différentes régions du corps.

L'*appareil respiratoire* est toujours trachéen. Les stigmates s'ouvrent sur les parties latérales du corps ; mais on n'en trouve jamais plus d'une paire sur le même anneau, et les Insectes adultes n'en possèdent pas à la tête ni sur le dernier anneau de l'abdomen. Chez les larves de la plupart des Diptères, ils ne se rencontrent que sur le deuxième et le dernier segment. Certains Insectes aquatiques (Nèpes, larves de Cousins) ont même l'abdomen prolongé par une sorte de tube respiratoire, qu'ils amènent par moments à la surface de l'eau.

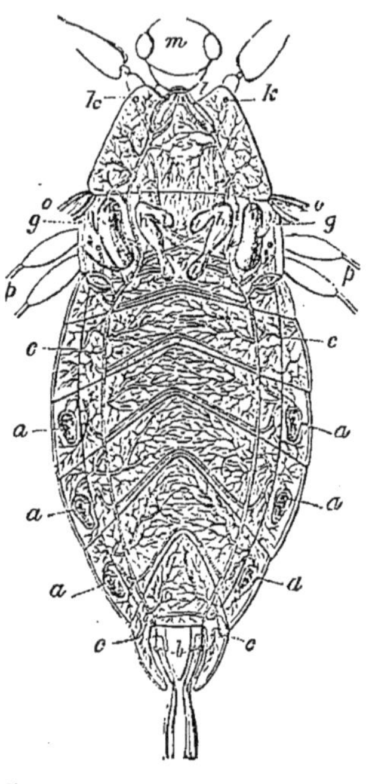

Fig. 362. — Appareil respiratoire de la Nèpe cendrée, amplifié, d'après L. Dufour. — *a, a, a*, les faux stigmates, vus par leur face interne. *b*, stigmates du siphon respiratoire, auxquels aboutissent les deux troncs trachéens principaux. *c*, insertion borgne de certains troncs trachéens. *g, h, i*, vésicules trachéennes. *k*, trachée destinée aux membres antérieurs. *l*, faisceau de trachées destinées à la tête. *m*, portion de la tête. *o*, portion d'hémélytre. *p*, portion des pattes moyennes et postérieures.

On observe chez les Insectes des *organes sécréteurs* assez variés : nous signalerons, en particulier, les *glandes séricigènes*, qui paraissent être des glandes salivaires modifiées et qui fournissent la soie avec laquelle beaucoup de larves se tissent un cocon ; les *glandes cirières*, diversement réparties suivant les espèces ; les *glandes odorifères* ; les *glandes venimeuses* des Hyménoptères porte-aiguillon ; etc.

Les *sexes* sont toujours séparés ; souvent les mâles diffèrent des femelles par une taille plus petite, des couleurs plus vives, etc. Divers Insectes offrent des cas de parthénogenèse et même de pédogenèse.

L'appareil génital *mâle* se compose de deux *testicules*, simples ou multilobés, auxquels font suite deux *canaux déférents* sinueux généralement dilatés en *vésicules séminales* à leur partie inférieure ; des glandes accessoires peuvent être annexées à ces conduits pour fournir l'enveloppe des spermatophores. Les deux canaux déférents se réunissent en un *canal éjaculateur* commun, dont l'extrémité terminale est susceptible de se projeter au dehors sous forme de *pénis* tubuleux. Des pièces cornées entourent ce pénis et constituent ce qu'on appelle l'*armure copulatrice*.

L'appareil *femelle* comprend deux *ovaires* symétriques, formés d'un nombre variable de tubes ou vésicules ovigènes, qui débouchent de chaque côté dans un canal excréteur ou *trompe*. Les deux trompes se réunissent pour former un *oviducte* impair, dont la portion terminale représente le *vagin*. Des *glandes sébifiques* sont annexées à l'oviducte ou au vagin; en outre, ces parties sont presque toujours pourvues d'une *poche copulatrice*, qui reçoit le sperme

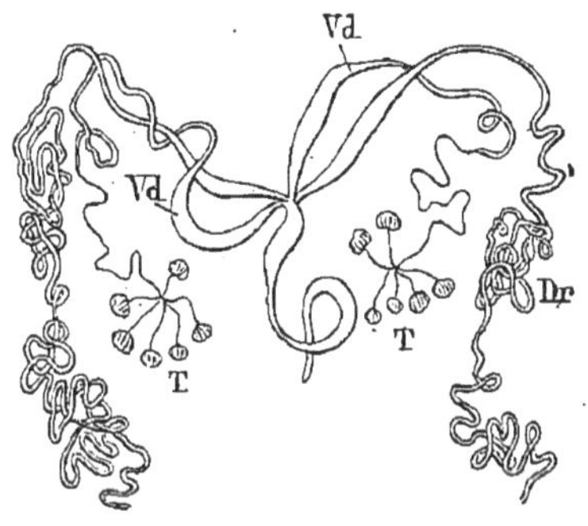

Fig. 363. — Organes génitaux mâles du Hanneton, d'après Gegenbaur. — *T*, testicules. *Vd*, portion renflée des canaux déférents. *Dr*, glandes annexes.

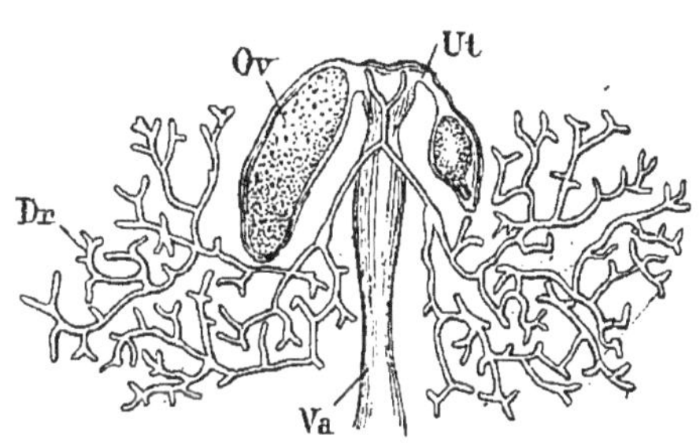

Fig. 364. — Organes génitaux femelles du *Melophagus ovinus*, d'après Leuckart. — *Ov*, tube ovarien renfermant un œuf. *Ut*, utérus. *Dr*, glandes annexes. *Va*, vagin.

lors de l'accouplement, et d'un réservoir secondaire ou *réceptacle séminal*, qui emmagasine ultérieurement la semence. On observe aussi une armure génitale, qui sert à la ponte (oviscapte, tarière) ou se transforme en organe de défense (aiguillon).

La plupart des Insectes sont ovipares. Les œufs sont fécondés, au moment de leur passage devant le réceptable séminal, par la pénétration des spermatozoïdes à travers une petite ouverture ou micropyle située à un de leurs pôles. Le développement de l'embryon est assez rapide; le jeune brise bientôt la coque de l'œuf et se présente sous la forme d'une larve en général bien différente de ses parents, larve qui doit, par suite, subir certaines transformations ou *métamorphoses* pour acquérir les caractères de l'état adulte. On peut, à ce point de vue, distinguer trois groupes parmi les Insectes : 1° Quelques-uns naissent avec la forme des adultes; ils ne subissent pas de métamorphoses proprement dites et sont, pour cette raison, appelés *amétaboliens* (Poux, Podures); 2° d'autres présentent des demi-métamorphoses ou métamorphoses incomplètes; il ne leur manque, pour arriver à l'état parfait, que des ailes et parfois quelques articles aux antennes ou aux membres : ce sont les *hémimétaboliens* (Sauterelles, Pentatomes); 3° enfin, un grand nombre sont appelés à subir une métamorphose complète;

ils apparaissent sous l'état de *larves* vermiformes et doivent passer par une période de repos (*nymphe*) avant de revêtir la forme d'*Insecte parfait* ou *imago :* on les qualifie alors de *métaboliens* (Coléoptères, Hyménoptères, Lépidoptères, Diptères, etc.). Nous verrons même que, chez certains Insectes (Méloïdés), la métamorphose se complique et mérite le nom d'*hypermétamorphose*, qui lui a été appliqué par Fabre, d'Avignon, dès 1857.

La classe des Insectes renferme un nombre immense d'espèces, présentant une infinie variété de formes, de mœurs, et souvent remarquables par le développement de leurs facultés. Ces animaux sont répandus dans toutes les régions du globe. A l'état fossile, on les rencontre pour la première fois dans le terrain dévonien.

On a proposé, pour ce groupe, des classifications assez variées. Swammerdam se basait sur les métamorphoses, Linné sur la constitution des ailes et Fabricius sur celle des organes buccaux. On fait aujourd'hui entrer en ligne de compte ces trois éléments. Toutefois, il a fallu reconnaître que l'absence des ailes n'offrait aucune importance au point de vue taxinomique, et les Insectes aptères, dont les anciens auteurs formaient des ordres spéciaux, ont été rattachés comme groupes secondaires aux autres ordres.

D'après ces principes, nous adopterons la classification suivante :

Appareil buccal.	Ailes.	Métamorphoses.	Ordres.
Broyeur.....	Quatre : antérieures en élytres, postérieures membraneuses....	Complètes...	COLÉOPTÈRES.
	Quatre ; antérieures chitinisées, postérieures membraneuses....	Incomplètes.	ORTHOPTÈRES.
	Quatre : toutes membraneuses, finement réticulées............	Complètes ou incomplètes.	NÉVROPTÈRES.
Lécheur.....	Quatre, toutes membraneuses....	Complètes...	HYMÉNOPTÈRES.
Suceur.. ..	Quatre : toutes membraneuses, recouvertes d'écailles..........	Complètes...	LÉPIDOPTÈRES.
	Quatre : antérieures variables, postérieures membraneuses....	Incomplètes.	HÉMIPTÈRES.
	Deux (les postérieures étant transformées en balanciers).........	Complètes...	DIPTÈRES.

PREMIER ORDRE

DIPTÈRES

Insectes suceurs, pourvus de deux ailes seulement; métamorphoses complètes.

Comme leur nom l'indique (δίς, deux; πτερόν, aile), les Diptères (1) ne possèdent que deux ailes, les antérieures, nues et membraneuses; mais, en arrière de chacune d'elles, on observe souvent une petite écaille (*cuilleron*) recouvrant elle-même une sorte de bouton pédiculé connu sous le nom de *balancier*. On est d'accord aujourd'hui pour voir, dans les balanciers, les ailes de la seconde paire transformées : ce sont, en tout cas, des organes très importants, car leur disparition entraîne la perte de l'équilibre et aboutit, par suite, à l'abolition du vol.

L'appareil buccal est propre à sucer et souvent à piquer : c'est une *trompe* ou un suçoir assez complexe et variable. La partie essentielle est représentée par la lèvre inférieure, qui replie ses bords en dessus, de manière à constituer un canal. Dans l'intérieur de cette gaine, existent des stylets sétiformes, qui jouent le rôle d'appareil perforant; le nombre maximum de ces soies est de six, savoir: une pièce impaire, dite *épipharynx*, correspondant au labre, mais prolongeant la face dorsale du pharynx; une autre pièce opposée à celle-ci, l'*hypopharynx*, qui continue la face ventrale du même organe; enfin, les deux *mandibules* et les deux *mâchoires*, celles-ci pourvues de palpes qui semblent annexés à la base de la trompe. Mais souvent une partie de ces soies s'atrophient, et dans certains cas (Muscidés), il ne reste que l'épipharynx et l'hypopharynx, propres ou non à perforer.

Les pieds se terminent par un tarse à cinq articles, dont le dernier est muni de deux griffes, accompagnées en général de deux ou trois coussinets en forme de semelles, dits *pelotes* ou *pulvilles;* la face inférieure de ces pelotes est garnie de poils à extrémité cupuliforme produisant une adhérence à la façon de petites ventouses. Les Diptères ont des métamorphoses complètes. Leurs larves se présentent sous deux formes distinctes : les unes sont munies d'une tête

(1) Macquart, *Hist. nat. des Insectes Diptères*, Paris, 1834-1835. — R. Schiner, *Fauna austriaca* (*Diptera*), Wien, 1860. — Künckel, *Les Insectes* (Brehm), Paris, 1884.

où les pièces buccales sont assez nettes, ainsi que les antennes et les yeux ; les autres, beaucoup plus communes, sont acéphales, et leur extrémité antérieure est tout à fait charnue ou présente seulement deux crochets cornés. — Les larves céphalées donnent, en subissant leur dernière mue, des nymphes mobiles (Cousins) ou immobiles (Taons) ; mais les larves acéphales ne changent pas de peau au moment de la nymphose : cette peau se durcit et donne lieu à une *pupe en tonnelet*, dans laquelle se trouve cachée la véritable nymphe (Muscidés, Œstridés).

Le genre de vie des Diptères, tant à l'état de larves que sous la forme d'Insectes parfaits, offre à notre point de vue un grand intérêt.

On divise ce groupe en deux sous-ordres : les *Brachycères* et les *Némocères*, auxquels il convient d'adjoindre les Puces ou *Aphanipières*.

PREMIER SOUS-ORDRE

BRACHYCÈRES

Les Brachocères ou Brachycères (βραχύς, court ; κέρας, corne ou antenne) sont caractérisés par leurs antennes courtes, à trois articles, dont le dernier, plus fort et d'aspect parfois annelé, est d'ordinaire muni d'un style simple ou articulé. Le corps est ramassé ; le port est celui des Mouches.

On distingue dans ce groupe les familles suivantes : *Nyctéribidés, Hippoboscidés, Œstridés, Phoridés, Muscidés, Conopidés, Syrphidés, Stratiomyidés, Bombylidés, Empidés, Leptidés, Asilidés, Tabanidés.*

Famille des **HIPPOBOSCIDÉS**. — Encore nommés *Coriacés*, ces Insectes sont reconnaissables à leur corps aplati, large, élastique, à leur tête petite, et à leurs tarses munis de griffes puissantes, à deux ou trois pointes. Contrairement à la généralité des Diptères, ils ne possèdent pas de trompe labiale, mais un appareil perforateur formé par l'épipharynx et l'hypopharynx, et engainé par la moitié des mâchoires. La lèvre inférieure est très courte, et les palpes font défaut.

Les Hippoboscidés, avec quelques groupes voisins, sont connus depuis longtemps sous le nom de *Pupipares* ou *Nymphipares*. On croyait, en effet, jusqu'à ces derniers temps, que la femelle donnait naissance à ses petits sous la forme de pupes ; mais Leuckart a montré que la larve, bien qu'effectuant son entière évolution dans l'utérus de la mère, se transforme en nymphe seulement après la ponte : ces Insectes sont donc en réalité *larvipares*.

Genre **Hippobosque** (*Hippobosca* L.). — Caractérisé par des antennes munies d'un style apical nu, un prothorax distinct et des tarses à ongles bilobés ; les ailes sont obtuses.

Fig. 365. — Hippobosque du Cheval, grossi deux fois.

L'**Hippobosque du Cheval** (*H. equi* L.) est vulgairement connu sous le nom de Mouche-araignée que lui a donné Réaumur, et qu'il doit en particulier à ses pattes longues et écartées.

Il attaque surtout les Chevaux, courant avec rapidité à la surface du corps, et enfonçant son suçoir dans les points où la peau est fine et peu velue. On le trouve aussi sur les autres Équidés, plus rarement sur le Bœuf, le Chien et le Porc ; l'Homme lui-même n'est pas toujours à l'abri de ses atteintes. Sous l'influence de ses piqûres, les Chevaux irritables entrent en fureur.

On éloigne les Hippobosques, comme la plupart des autres Mouches, en frictionnant le corps des animaux à l'aide de feuilles de noyer. Quand il n'en existe qu'un petit nombre, on peut chercher à les prendre à la main, mais leur agilité les rend difficiles à saisir, et l'élasticité de leur tégument, ainsi que la forme aplatie de leur surface, les rend presque invulnérables : il est nécessaire, pour les détruire, de leur arracher la tête.

On signale encore : *H. nigra* Perty, du Brésil, sur les Chevaux ; *H. camelina* Sav., d'Égypte, sur les Chameaux ; etc.

Genre **Mélophage** (*Melophagus* Latr.). — Les ailes ont disparu ; les antennes sont nues, en forme de tubercules ; les pieds sont velus, les ongles des tarses bidentés.

Le **Mélophage du Mouton** (*M. ovinus* L.), connu des bergers sous le nom inexact de « Pou de Mouton », mesure 3 à 5 millimètres de long ; il est de teinte ferrugineuse, avec l'abdomen brun grisâtre et irrégulièrement tacheté. La femelle pond chaque année quatre ou cinq larves ovoïdes, blanchâtres, lisses et un peu aplaties, qui se fixent aux brins de laine par une de leurs extrémités, et ne tardent pas à se transformer en pupes, en passant au rouge cuivré, puis au noir.

Les Mélophages vivent sur la peau du Mouton, dont ils sucent le sang. Leurs piqûres paraissent peu douloureuses; cependant, quand elles sont très multipliées, elles font maigrir les agneaux. La tonte débarrasse les animaux de ces parasites : en exposant les Moutons au soleil pendant quelques instants, on voit tomber tous les Mélophages qui n'ont pas été enlevés avec la toison ou n'ont pas été coupés par les ciseaux.

A côté de ces deux genres se placent les Lipoptènes (*Lipoptena* Nitzsch), remarquables par le changement de leur mode de vie. Le *L. cervi* L., qui

Fig. 366. — Mélophage du Mouton, grossi. Le trait placé à gauche indique la grandeur naturelle.

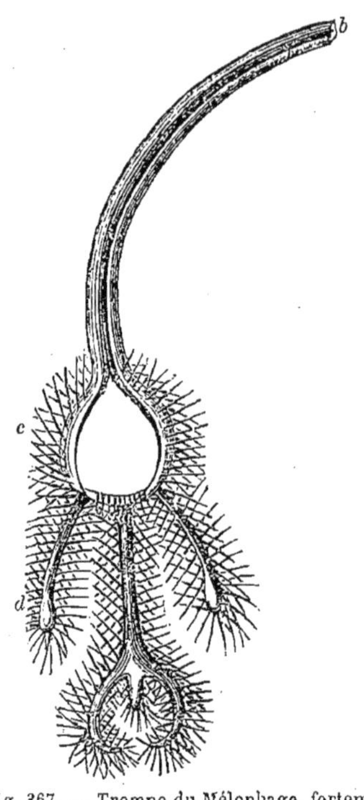

Fig. 367. — Trompe du Mélophage, fortement grossie, d'après L. Dufour. — *a*, trompe. *b*, son extrémité libre. *c*, renflement basilaire, avec les muscles qui s'y insèrent. *d*, tiges cornées également garnies de muscles.

est quasi-aptère, vit en parasite sur le Cerf, le Chevreuil, etc.; mais il est d'abord ailé et vit alors sur les Oiseaux : dans cet état, on en avait fait une espèce et même un genre à part, sous le nom d'*Ornithobia pallida* Meig.

Fig. 368. — Pupe du Mélophage du Mouton, fixée à l'extrémité d'une mèche de laine.

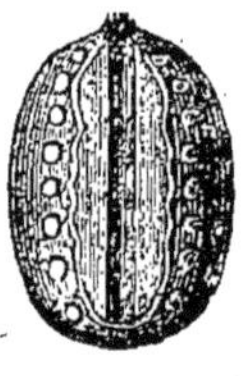

Fig. 369. — Pupe grossie, du Mélophage du Mouton, vue par la face dorsale et montrant deux séries de sept points ombiliqués.

On peut en rapprocher aussi la Braula aveugle (*Braula cæca* Nitzsch), vulgairement « Pou des Abeilles », Diptère tout à fait dégradé, dépourvu d'yeux, d'ailes et de balanciers, qui vit en parasite sur les Abeilles.

Famille des **ŒSTRIDÉS.** — Les Œstridés n'ont qu'une trompe rudimentaire, souvent réduite à de petits mamelons à peine saillants.

Les femelles, pourvues en général d'un *oviscapte*, sont connues depuis fort longtemps pour l'instinct qui les porte à déposer leurs œufs — ou leurs larves lorsqu'il s'agit d'espèces ovovivipares — en des points déterminés du corps des Mammifères. De là, ces larves gagnent leur habitat spécial, y vivent en parasites et y acquièrent leur complet développement : ce sont elles qu'on désigne quelquefois sous le nom impropre de *taons*.

Depuis Vallisneri et Réaumur, de très importants travaux ont été publiés sur les Œstres : nous citerons en particulier ceux de Bracy Clark, Numann, Joly, G. Colin et Brauer (1).

Clark divisait la famille des Œstres en trois tribus, basées sur l'habitat des larves : 1° les *Gastricoles*, chylivores; 2° les *Cuticoles*, purivores ; 3° les *Cavicoles*, lymphivores. Brauer a établi une classification beaucoup plus rationnelle, mais assez compliquée; il répartit toutes les espèces connues dans 14 genres, dont quelques-uns seulement nous occuperont.

Genre **Gastrophile** (*Gastrophilus* Leach 1817, *Gastrus* Meig. 1824). — Ce genre, qui résulte du dédoublement du genre *Œstrus* de Latreille, est caractérisé, d'après Brauer, par des ailes sans nervure transversale terminale, des cuillerons petits et longuement ciliés et le style des antennes nu. — Les larves ont deux paires d'appendices maxillaires : des mandibules recourbées en crochets et, entre celles-ci, des maxilles épineuses droites.

Brauer décrit huit espèces de Gastres; la plupart ont été trouvées à l'état de larves dans l'estomac (gastricoles) des Équidés.

Gastrophile du Cheval (*G. equi* Fabr.). — On reconnaît à première vue cet Insecte à ses ailes, marquées dans leur milieu d'une bande transversale enfumée, et de deux points de même teinte vers leur extrémité libre. Le thorax et l'abdomen sont hérissés de poils jaunâtres ou noirs en quelques points. L'extrémité postérieure du mâle est obtuse; l'abdomen de la femelle se pro-

(1) Fr. Brauer, *Monographie der Œstriden*, Wien, 1863.

longe, au contraire, en un long oviscapte qui se replie sur le ventre.

Dans le courant de l'été, notamment vers le mois d'août, la femelle voltige en bourdonnant autour des Chevaux, Anes ou Mulets : elle se balance, l'oviscapte dirigé en avant et en bas, et dépose ainsi ses œufs, un

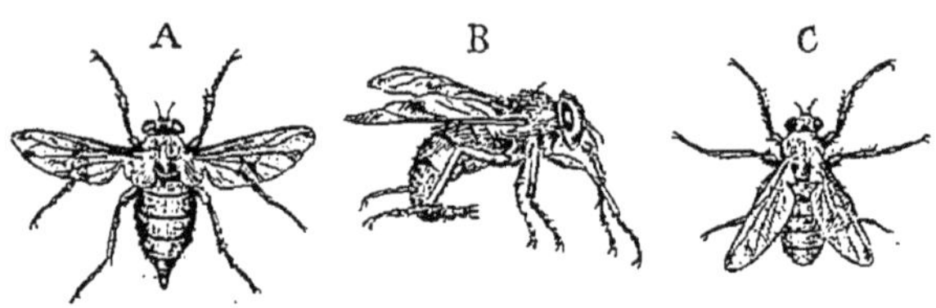

Fig. 370. — *Gastrophilus equi*, grandeur naturelle. — A, femelle vue en dessus. B, la même vue de profil. C, mâle vu en dessus.

à un, sur les poils des membres antérieurs, surtout au niveau des genoux, du canon, etc., ou même sur des points très variés de la surface du corps. Ces œufs, blanc jaunâtre, pyriformes, sont fixés sur les poils (fig. 371) par l'extrémité effilée, à la façon des lentes de Poux. Au bout de quelques jours, l'éclosion a lieu : un opercule se détache à l'extrémité inférieure tronquée, et laisse échapper une larvule (fig. 371, B) allongée, très vivace, qui rampe à la surface de la peau et détermine un léger prurit. Le Cheval, porté de la sorte à se lécher, ingère les larves; le plus souvent, celles-ci gagnent d'emblée l'estomac, mais elles peuvent s'arrêter aussi dans l'arrière-bouche et s'y fixer un certain temps, ou même séjourner à l'extrémité inférieure de l'œsophage, au-dessus du cardia. Dans l'estomac, elles occupent d'ailleurs presque exclusivement le sac gauche : elles se fixent à la muqueuse blanche, au voisinage du rebord frangé de la muqueuse veloutée, au moyen de leurs crochets mandibulaires, et déterminent une irritation locale se traduisant par la formation d'une alvéole de plus en plus profonde. Leur nourriture est constituée par les produits inflammatoires résultant de cette irritation.

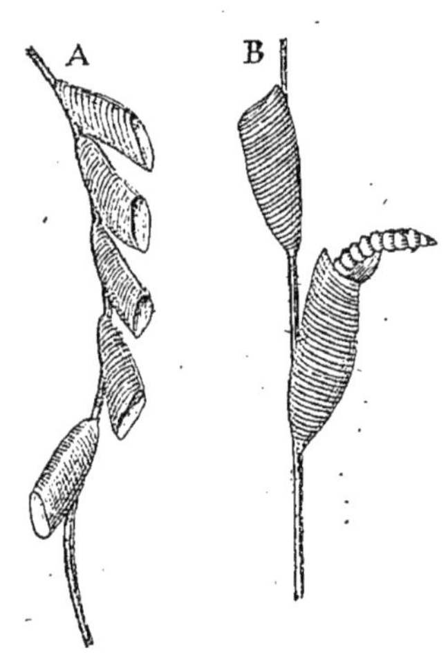

Fig. 371. — Œufs de *Gastrophilus equi*, fixés aux poils. — On voit en B l'éclosion d'une larvule.

Ces larves, très petites à leur sortie de l'œuf, blanchâtres, allongées, avec les anneaux garnis d'un petit nombre de dentelures spinescentes, sont appelées à subir deux mues avant d'acquérir leur entier développement.

Après la seconde mue, le corps, atténué en avant, épais et tronqué en arrière, mesure 18 à 20 millimètres de long sur 8 de large; il est d'un rouge de plus en plus pâle, tirant enfin sur le jaune; les anneaux sont au nombre de onze : du deuxième au huitième inclusivement, chacun d'eux porte, sur son bord antérieur, une double rangée d'épines dirigées

Fig. 372. — Spiroptères et larves d'Œstres dans l'estomac du Cheval. — *Sp*, tumeurs à *Spiroptera megastoma* développées dans le sac droit. C, orifices de ces tumeurs. L, larves de *Gastrophilus equi* fixées sur la muqueuse du sac gauche. A, alvéoles d'insertion des larves du *Gastrophilus hæmorrhoidalis*, qui ont abandonné l'estomac. 1/2 de grand. nat. (Orig.)

en arrière; le neuvième n'en porte plus que sur les côtés; le dixième en est presque dépourvu. Les stigmates du dernier anneau, cachés par instants entre les lèvres de la fente respiratoire, sont représentés chacun par une plaque réniforme, de teinte noire, comprenant trois arcs concentriques, creux et percés de petites fentes opposées par paires.

Au bout d'une dizaine de mois, de mai à août, ces larves se détachent d'elles-mêmes, sont entraînées avec les matières alimentaires et stercorales, et tombent sur le sol : selon la remarque de Numann, c'est surtout la nuit ou vers le matin que s'effectue cette sortie du tube digestif. Les épines dont sont revêtus les anneaux se montrent alors noires à la pointe et brunâtres à la base. Les larves, d'abord très vivaces, ralentissent leurs mouvements, et ne tardent pas à devenir raides et immobiles. Après quarante-huit heures environ, leur teinte passe au brun clair, puis au brun foncé et au noir, et la peau se durcit pour constituer une coque luisante et solide (pupe en barillet), dans laquelle est enfermée la véritable nymphe : dans l'espace de quatre à six jours, cette transformation de la larve en pupe est complète.

La durée de la nymphose est en moyenne de trente à quarante jours. Au bout de ce temps, l'Insecte doit briser les parois de sa prison. Pour cela, il contracte ses muscles thoraciques et abdominaux, et refoule ainsi le sang dans la tête : le tégument de la région frontale se dilate alors

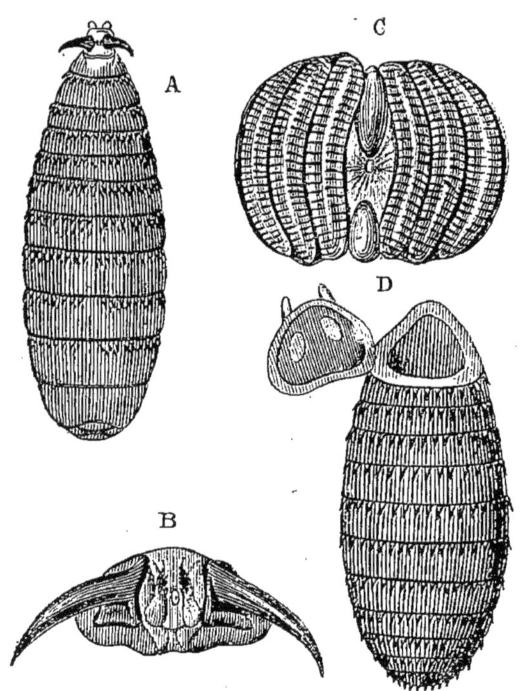

Fig. 373. — *Gastrophilus equi.* — A, larve au 3e stade, grossie deux fois et demie. B, son appareil buccal. C, ses stigmates postérieurs. D, pupe avec son opercule, grossie trois fois (Delafond, inéd.).

en une vésicule blanchâtre, demi-transparente, qui exerce une pression sur les premiers anneaux ; un bruit sec se fait entendre : la partie supérieure de ces anneaux cède jusqu'au niveau du quatrième, et l'ensemble se détache sous la forme d'une demi-calotte (fig. 373, D). L'Insecte fait quelques efforts pour sortir et conserve un certain temps encore sa vésicule frontale ; puis celle-ci se resserre, et la tête a acquis dès lors son aspect définitif ; enfin, les ailes se déplissent et l'animal prend son vol. Après bien d'autres auteurs, nous avons vu la sortie hors de la coque s'effectuer presque toujours entre six et huit heures du matin.

Les Insectes parfaits ne prennent pas de nourriture : leur vie, qui parait être limitée à quelques jours, a pour unique objet d'assurer l'avenir de l'espèce. Après l'accouplement, la femelle va déposer ses œufs sur le corps des Chevaux, et ainsi recommence le cycle que nous venons d'esquisser.

Les Larves des Gastrophiles du Cheval existent parfois en nombre considérable dans l'estomac d'un même animal. Daubenton en a compté dans un cas plus de six cents. Toutefois, leur présence s'accompagne rarement de troubles marqués, et ce n'est que dans des circonstances exceptionnelles qu'on a vu des animaux succomber à la suite de l'ulcération complète des tuniques de l'estomac, ou de la destruction des parois d'un vaisseau.

Les larves égarées dans le pharynx, l'œsophage et surtout le larynx, peuvent au contraire provoquer des accidents plus ou moins graves.

On a trouvé quelquefois ces larves dans l'estomac de certains animaux carnassiers (Chien, Hyène rayée), qui les avaient probablement avalées en dévorant un estomac de Cheval.

La résistance extraordinaire de ces larves aux agents les plus actifs fait qu'il est presque impossible d'en débarrasser l'animal.

Gastrophile hémorroïdal (*G. hæmorrhoidalis* L.). — Espèce un peu plus petite que la précédente; ailes hyalines sans taches; thorax couvert de poils gris olivâtre en avant de la suture, et offrant une bande transversale noire en arrière; abdomen velu, blanc en avant, noir au milieu, et de teinte orangée en arrière.

Fig. 374. — Gastrophile hémorrhoïdal, femelle, grandeur naturelle.

Le Gastrophile ou Œstre hémorrhoïdal présente à peu près les mêmes mœurs que l'Œstre du Cheval. La femelle pond, sur les lèvres des Chevaux, des œufs noirs, coniques, comprimés, d'où sortent des larves qui gagnent l'estomac et vivent en compagnie des précédentes. Après la deuxième mue, on peut les distinguer de celles-ci à leur taille plus faible, à leur teinte d'un rouge plus foncé, à leurs épines plus petites, interrompues sur le neuvième anneau et nulles sur les dixième et onzième.

Ces larves quittent l'estomac avant celles de l'Œstre du Cheval, pour se fixer quelque temps dans le duodénum (Colin); elles font même un dernier séjour dans le rectum, et semblent n'abandonner qu'à regret le tube digestif, car on les voit souvent s'attacher à la marge de l'anus, avant de se laisser tomber à terre. Dans la dernière période de leur développement, elles prennent une teinte verdâtre caractéristique; quant à la nymphose et à la sortie de l'Insecte parfait, elles n'offrent rien de particulier.

La présence des larves d'Œstres dans le duodénum peut déterminer des contractions énergiques du pylore, capables de gêner la circulation des matières alimentaires. On a signalé en outre la perforation de cette partie de l'intestin. Enfin, leur séjour dans le rectum ou à la marge de l'anus

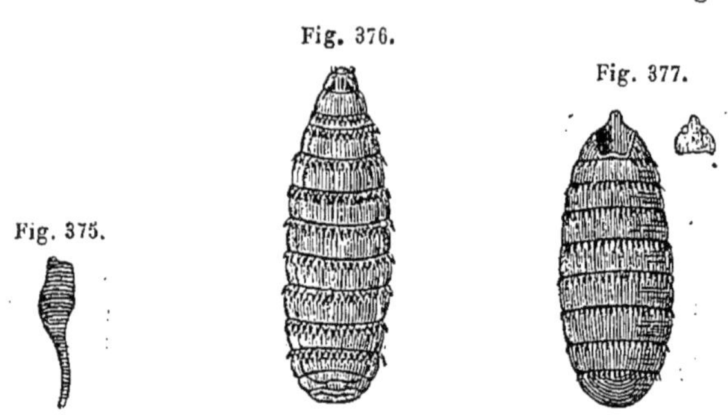

Fig. 375 à 377. — Gastrophile hémorrhoïdal. — Fig. 375 : œuf grossi 10 fois. — Fig. 376 : larve au 3e stade, grossie 2 fois. — Fig. 377 : pupe avec son opercule, grossie 2 fois.

rend parfois le Cheval indocile, et Hertwig dit avoir observé en pareil cas un renversement du rectum dû à de violents efforts de défécation. Ajoutons que rien n'est moins démontré que la prétendue frayeur produite chez les chevaux par le bourdonnement des femelles d'Œstres au moment où elles vont déposer leurs œufs.

Les *Gastrophilus equi* et *hæmorrhoidalis* sont les deux seules espèces qu'on rencontre d'habitude en France. Nous signalerons cependant encore : *G. pecorum* Fabr., Europe centrale et occidentale; vu par M. Mégnin sur des Chevaux russes importés en France. *G. nasalis* L., Europe et Amérique septentrionales. *G. flavipes* Oliv., estomac des Anes, dans l'Europe méridionale.

Genre **Œstre** (*Œstrus* L.). — Meigen a rétabli ce genre linnéen pour les espèces qui offrent les caractères typiques de l'Œstre du Mouton. Ces espèces sont petites, à poils courts et peu abondants, à pattes courtes et grêles; les ailes sont munies d'une nervure transversale terminale, appendiculée et oblique sur le bord postérieur; la première cellule de ce bord postérieur est fermée, longuement pédiculée. — Les larves n'ont qu'une paire de mâchoires et possèdent de petites antennes membraneuses portant des sortes d'ocelles; les plaques stigmatiques du dernier anneau sont irrégulièrement pentagonales. Ces larves sont cavicoles : elles vivent dans les sinus céphaliques de divers Ruminants.

Œstre du Mouton (*Œ. ovis L.*, *Cephalomyia ovis* Macq.). — Œstre de petite taille, à ailes hyalines, sans taches; thorax grisâtre garni de petits tubercules noirs; abdomen tacheté de jaune, de blanc et de noir, à extrémité garnie de soies fines.

Il est difficile de suivre la ponte de ces petits Insectes; cependant on a assuré que la femelle va se poser sur le nez des Moutons, lesquels

Fig. 378. — Œstre du Mouton, grandeur naturelle.

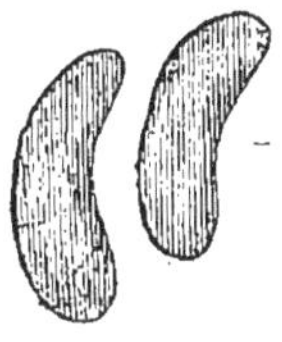

Fig. 379. — Œufs fortement grossis de l'Œstre du Mouton.

secouent alors la tête, se frottent contre les corps étrangers, cherchent à se cacher ou s'enfuient. Les œufs non fécondés sont réniformes (fig. 379); Brauer suppose qu'ils éclosent dans le corps même de la femelle. Dans tous les cas, les larves s'introduisent dans les cavités nasales et gagnent les sinus frontaux, où elles se développent. D'abord blanches, avec les crochets buccaux et les plaques stigmatiques de teinte brune, elles offrent,

Fig. 380. — Pupe ouverte de l'Œstre du Mouton, grossie 3 fois.

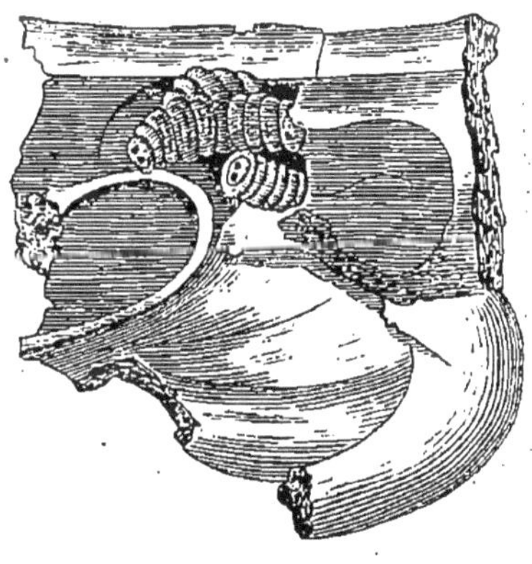

Fig. 381. — Larves d'Œstres dans les sinus frontaux du Mouton (Delafond, inéd.)

à l'état de complet développement, des stries transversales noirâtres à la face supérieure des anneaux; elles ont alors 2 à 3 centimètres de longueur; la face ventrale est plane, la face supérieure convexe, l'extrémité postérieure obtuse. — Nous avons trouvé de semblables larves dans les sinus frontaux de la Chèvre. — Kirschmann a même signalé la présence de l'*Œ. ovis* chez l'Homme (1).

De mai à juillet, ces larves sortent des sinus par l'ouverture arrondie

(1) *Wiener med. Woch.*, nº 49, 1881.

et assez large qui communique avec le méat moyen; elles tombent sur le sol et subissent la nymphose, qui dure six à huit semaines.

Les larves d'Œstres ne se trouvent jamais en nombre bien considérable dans les sinus du Mouton; néanmoins, leur présence donne lieu quelquefois à une irritation assez grave de la muqueuse, se traduisant par un jetage mucoso-purulent et des symptômes qui simulent plus ou moins ceux du tournis. La terminaison est rarement mortelle; d'ordinaire tous les troubles disparaissent après le départ des larves, à moins que celles-ci ne soient aussitôt remplacées par de nouvelles.

Brauer cite quelques autres espèces : *Œ. purpureus* Brauer, sur les Moutons à grosse queue du Caucase; *Œ. variolosus* Low, *Œ. Clarki* Shuck., d'Afrique.

Un genre voisin des Œstres est constitué par les **Céphalomyies** (*Cephalomyia* Brauer), qui ont pour représentant le *C. maculata* Wied., des sinus frontaux du Buffle et du Dromadaire.

Genre **Hypoderme** (*Hypoderma* Latr.). — Ailes à nervure transversale terminale; antennes courtes, à deuxième article discoïde, à style nu, profondément situées dans deux fossettes séparées; trompe membraneuse rudimentaire; palpes nuls; corps velu, pattes longues et grêles. — Les larves complètement développées sont dépourvues d'appendices maxillaires; la face supérieure du corps est garnie d'épines plus nombreuses qu'à la face inférieure. Ces larves sont cuticoles : elles vivent sous la peau de divers grands Mammifères.

Hypoderme du Bœuf (*H. bovis* Degeer). — Espèce noire, très

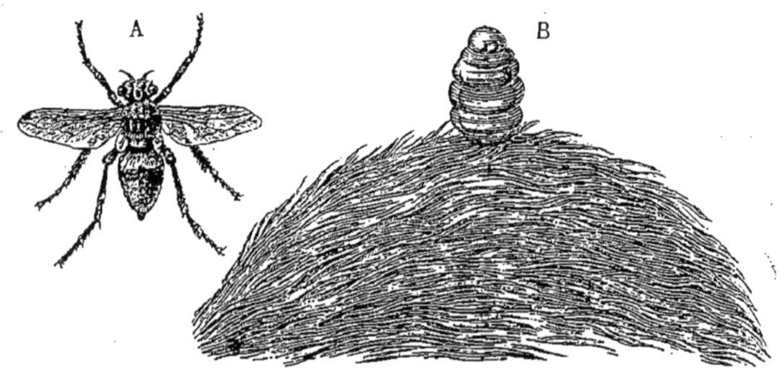

Fig. 382. — Hypoderme du Bœuf. — A, femelle, grandeur naturelle. B, larve sortant d'une tumeur (Delafond, inéd.).

velue; ailes un peu enfumées, sans taches; face supérieure du thorax parcourue par des bandes longitudinales noires, et revêtue de poils blanc jaunâtre en avant de la suture, noirs en arrière;

abdomen velu, blanc jaunâtre à sa base, noir au milieu, rouge orangé en arrière.

La femelle possède une tarière assez longue (fig. 383) à quatre articles s'invaginant les uns dans les autres à la façon d'une lunette d'approche; l'extrémité du dernier article présente trois appendices cornés légèrement recourbés en dedans, et constituant une sorte de pince destinée à porter les œufs dans le point choisi. On n'a pas encore trouvé d'œufs sur le corps du Bœuf; on suppose néanmoins que la femelle les dépose à la surface

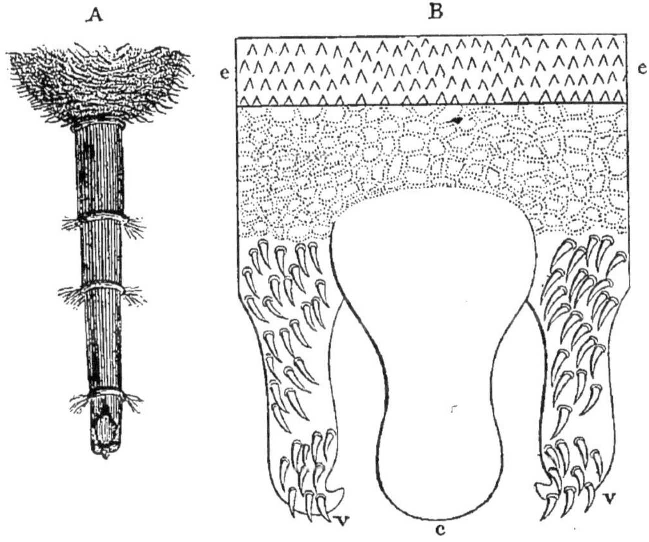

Fig. 383. — Hypoderme du Bœuf. — A, tarière développée, grossie. B, extrémité de cette tarière, fortement grossie : *e*, épines qui revêtent la surface externe de l'avant-dernier tube de la tarière. *v*, tentacules valvaires. *c*, pièce médiane ou cuiller (Delafond, inéd.).

de la peau ou sur les poils : selon la remarque d'Hertwig, la tarière n'est pas assez puissante pour perforer le cuir du Bœuf. Les larves s'introduisent ensuite dans la peau et jusque dans le tissu conjonctif sous-cutané qui doit leur donner asile. Leur présence détermine bientôt la formation d'une petite tumeur qui croît en même temps qu'elles et acquiert finalement les dimensions d'un œuf de pigeon, en présentant tous les caractères d'un abcès superficiel. La matière purulente sert à l'alimentation des larves, qui se tiennent la tête fixée dans la profondeur et les plaques stigmatiques postérieures dirigées vers l'orifice dont la tumeur est percée en son milieu. D'abord blanchâtres et munies de crochets buccaux, ces larves, après la deuxième mue, ont perdu leurs appendices maxillaires ; elles sont épaisses, pyriformes, et passent peu à peu au brun, puis au noir. Dans le cours de l'été, elles sortent à reculons de leur demeure, tombent à terre et se transforment en nymphes; celles-ci sont assez longues, en forme de nacelle; au bout d'une trentaine de jours, il en sort un Insecte parfait.

Les larves d'Hypodermes se trouvent principalement sur la partie supérieure du corps des Bœufs; mais elles ne paraissent faire souffrir ces animaux que lorsqu'elles sont en très grand nombre. Le plus grave inconvénient qu'elles présentent, comme le fait observer M. Peuch, c'est de détériorer les cuirs. Quant à la frayeur produite sur les animaux par le bourdonnement de l'Insecte, nous ne pouvons que répéter ce que nous avons dit à propos des autres Œstridés. — Peut-être empêcherait-on le dépôt des œufs sur la peau en la frictionnant à l'aide de feuilles de noyer ou d'huile de cade; d'ailleurs, il est souvent possible de débarrasser les animaux de leurs larves par la compression ou le débridement de la tumeur. En Afrique, les pâtres sont aidés dans ces soins par un Oiseau, le Pique-Bœuf (*Buphaga africana*), qui se nourrit de ces larves.

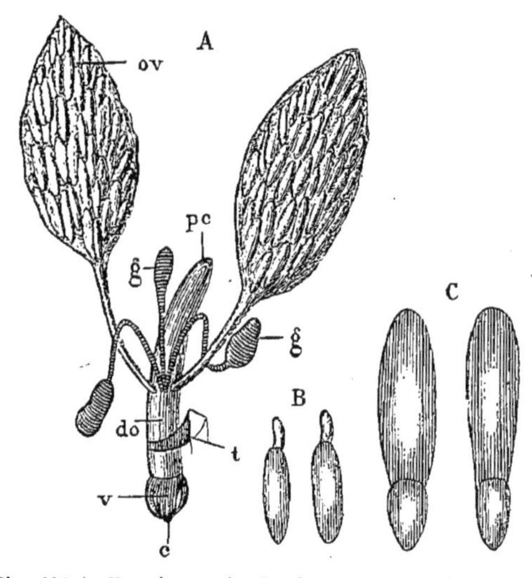

Fig. 384. — Hypoderme du Bœuf. — A, appareil génital femelle: *ov*, ovaires. *pc*, poche copulatrice. *do*, oviducte. *g*, glandes annexes. *t*, portion de l'avant-dernier tube de l'oviscapte. *v*, tentacules valvaires. *c*, pièce médiane ou cuiller. — B, œufs pris dans l'ovaire. C, œufs recueillis hors de l'ovaire (Delafond, inéd.).

On a trouvé quelquefois aussi des larves d'Hypodermes sur le Cheval; il est fort probable qu'il s'agit de la même espèce. Spring en a même observé sur la tête d'une petite fille, en Belgique, et Beretta derrière l'oreille d'un enfant de quatre ans, fils d'un bouvier, en Sicile.

Citons encore l'*H. lineata* Villers, autre espèce trouvée sur le Bœuf, l'*H. silenus* Brauer, qui peut-être attaque l'Ane, l'*H. Diana* Br., l'*H. Acteon* Br., dont les larves vivent sous la peau des Cerfs, Daims, Chevreuils, etc. Il y a quelques années, Vœlkel (1) a recueilli, sous la peau du cou, de la joue et du sinciput d'un enfant de treize ans, des larves que Leuckart et Brauer ont reconnues pour appartenir à un Œstridé, et vraisemblablement à l'*Hypoderma Diana*.

(1) Vœlkel, *Fall von* Œstrus hominis. Berl. klin. Woch., avril 1883, p. 209. Revue des sc. méd., 15 avril 1885.

A la rigueur, on devrait aussi faire rentrer dans le genre *Hypoderma* les **Œdémagènes** (*Œdemagena* Clk.), qui ne s'en distinguent que par la présence de deux petits palpes globuleux, et dont l'unique espèce (*Œ. Tarandi*) vit à l'état de larve sous la peau du Renne.

Genre **Cutérèbre** (*Cuterebra* Clk.). — Ailes avec une nervure transversale terminale; trompe très petite, coudée à la base et cachée dans une cavité étroite et triangulaire; troisième article des antennes ovoïde; style plumeux en dessus; première cellule postérieure entr'ouverte à l'extrémité. — Larves ovoïdes, convexes en dessus, concaves en dessous dans le sens de la longueur; munies d'une paire d'appendices maxillaires ; anneaux garnis d'épines, à l'exception du premier et du dernier. Cuticoles.

Parmi les nombreuses espèces, toutes américaines, de ce genre, nous ne citerons que la **Cutérèbre des Lapins** (*C. cuniculi* Clk.), dont la larve est signalée comme très commune sur les Lièvres et les Lapins, dans la Géorgie (États-Unis).

Le genre **Dermatobie** (*Dermatobia* Br.) a été établi par Brauer aux dépens du précédent, dont il se distingue surtout par le troisième article des antennes, très allongé, ses tarses minces et son abdomen aplati, ainsi que par ses larves pyriformes, munies seulement de quelques rangées transversales d'épines.

Comprend deux espèces également américaines. La plus importante est la **Dermatobie nuisible** (*D. noxialis* Goudot), dont la larve vit sous la peau des Bœufs, des Chèvres, des Chiens et parfois même de l'Homme. Cette larve est connue sous le nom de *Ver Macaque* dans la Guyane, de *Ver Moyoquil* dans la Nouvelle-Grenade et au Mexique. Du moins il est probable que c'est à cette espèce qu'il faut rapporter les larves d'Œstridés recueillies assez souvent, en Amérique, sous la peau de l'Homme. Dans ces dernières années, on a trouvé en France, à diverses reprises, des larves de cette Dermatobie sur des personnes récemment arrivées d'Amérique.

Famille des **MUSCIDÉS**. — Cette famille comprend toutes les *Mouches proprement dites*, dont Linné avait fait son genre *Musca*. Les ailes ont une nervation assez caractéristique, sur laquelle nous ne pouvons insister ici. Les antennes ont le troisième article lenticulaire et munie à sa base d'une soie dorsale, articulée ou non, velue ou nue. La trompe, infléchie, est constituée essentiellement par la lèvre inférieure : le plus souvent, elle est courte et terminée par des paraglosses qui forment un renflement mou (*Musca*); d'autres fois, elle est assez longue, cornée et piquante (*Stomoxys*); mais elle ne contient ni mandibules ni mâchoires, celles-ci étant représentées cependant par deux palpes; il reste deux pièces seulement, parfois acérées, qui répondent à l'hypopharynx et à l'épipharynx.

Beaucoup de Muscidés — du moins les femelles — fréquentent les animaux et s'abreuvent, soit de leur sang, soit des humeurs excrétées.

On divise, d'une façon un peu arbitraire, cette famille en deux groupes: *Calyptérés* et *Acalyptérés*.

1er groupe: Acalyptérés. — Cuillerons nuls ou très petits, laissant les balanciers à découvert.

Ce groupe comprend plusieurs sous-familles ou tribus, dont les principales sont: *Oscininés*, *Chloropinés*, *Piophylinés*, *Trypétinés* et *Anthomyinés*.

Parmi les **OSCININÉS**, nous signalerons l'Oscine frit (*Oscinis frit*), qui détruit les semences printanières, les grains d'avoine mûrs et les semences d'hiver, et l'*O. pumilionis*, dont la larve vit dans les tiges du seigle.

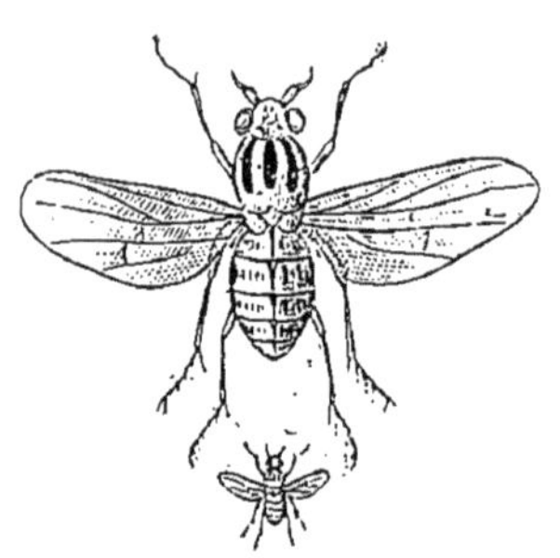

Fig. 385. — *Oscinis pumilionis*, grandeur naturelle et grossi.

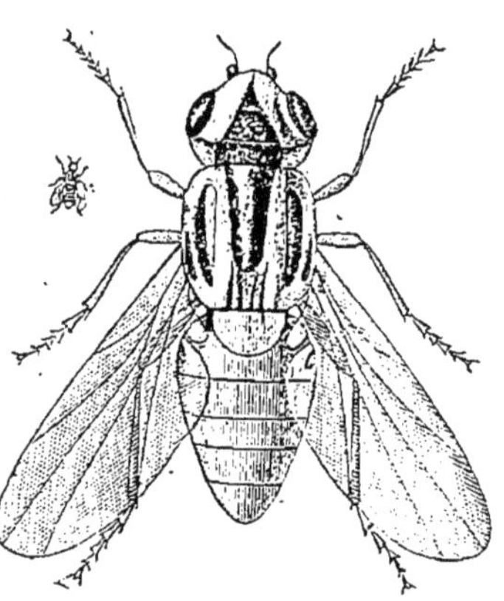

Fig. 386. — *Chlorops lineata*, grandeur naturelle et grossi.

Les **CHLOROPINÉS** comprennent les *Chlorops*, qui vivent dans les tiges et les épis des céréales et empêchent souvent leur développement.

Dans les **PIOPHILINÉS**, nous trouvons la Mouche du fromage (*Piophila casei* L.), dont la larve bien connue, blanche et ferme, saute en se détendant comme un ressort. Une mention est due aussi à la Teichomyze obscure (*Teichomyza fusca* Macq., *Scatella urinaria* R.-D.), qui est très commune dans les urinoirs des grandes villes. Il arrive souvent que des malades trouvent les larves de cette espèce dans les cuvettes des latrines et croient les avoir rendues avec leurs excréments. D'après Pruvot, ces larves peuvent vivre jusqu'à trois jours dans l'estomac du Rat, où elles se fixent à l'aide des épines dont leur corps est revêtu.

Dans les **TRYPÉTINÉS**, nous avons à signaler surtout le Dacus des olives (*Dacus oleæ*), petit Moucheron qui dépose ses œufs dans les olives et compromet souvent la récolte; les *Ceratitis*, qui nuisent aux oranges; etc.

Enfin, les **ANTHOMYINÉS**, qui se distinguent par la présence de très petits cuillerons, se rapprochent beaucoup des Mouches proprement dites par leurs mœurs et leur constitution. Elles ont, comme celles-ci, une trompe molle et incapable de perforer la peau. C'est à cette tribu qu'appartiennent les Aricies (*Aricia* Macq.), les Hydrophories (*Hydrophoria* Macq.) et les Hydrotées (*Hydrotæa* R.-D.), dont les femelles se jettent souvent sur les bestiaux pour sucer leurs humeurs. On signale surtout les attaques de l'Hydrotée ou Anthomyie météorique (*H. meteorica*), qui importune particulièrement les Chevaux par les temps orageux. — D'autre part, les larves d'un grand nombre d'Anthomyies détruisent les plantes cultivées. Citons, par exemple, celles de la Mouche du chou (*Anthomyia brassicæ*), qui perforent les racines du chou; celles de la Mouche des betteraves (*A. conformis*), qui criblent les feuilles des jeunes betteraves, etc. Quelques larves appartenant au même genre auraient été rendues vivantes, assure-t-on, par des malades, après avoir traversé le tube digestif : *Anthomyia scalaris* Meig. (*Fannia saltatrix* R.-D.), *A. canicularis* Meig. De même, l'*A. pluvialis* Meig. aurait été rencontré à l'état larvaire dans des plaies cutanées.

Fig. 387. — *Anthomyia brassicæ*, grossie.

2e groupe : CALYPTÉRÉS. — Balanciers recouverts par des cuillerons bien développés.

Souvent désignés aussi sous le nom de *Créophiles*, les Calyptérés comprennent un grand nombre de Mouches dont la plupart vivent du suc des fleurs, quelques-unes des humeurs ou du sang des animaux. Beaucoup effectuent leur ponte sur des corps en décomposition, par exemple sur les cadavres. Les larves, blanchâtres, coniques, obtuses en arrière, se nourrissent aux dépens de ces corps, dont elles semblent hâter la putréfaction. Dans des conditions favorables, elles peuvent être appelées à subir la nymphose au bout de huit à quatorze jours : souvent alors cachées sous la terre, elles conservent l'enveloppe larvaire et forment des *pupes en barillets*. L'éclosion de l'Insecte parfait a lieu d'après le mode que nous avons exposé en traitant des Œstridés.

A. Sous-famille des **MUSCINÉS**. — Style des antennes plumeux jusqu'à l'extrémité; abdomen court, dépourvu de soies.

Genre **Mouche** (*Musca* L.). — Actuellement, le genre *Musca* est réduit aux seules formes qui ont pour principaux caractères : épistome peu saillant; antennes atteignant presque l'épistome; troisième article triple du deuxième; trompe molle, disposée pour la succion.

La **Mouche commune** (*M. domestica* L.), qui constitue le type de ce genre, est connue de tout le monde. A côté d'elle se rangent beaucoup d'autres espèces qui ne s'en distinguent que par des caractères de minime importance : M. bovine (*M. bovina*), M. corvine (*M. corvina*), M. vitripenne (*M. vitripennis*), M. bourreau (*M. carnifex*), M. importune (*M. stimulans*), etc.

Ces Mouches, d'aspect cendré ou grisâtre, vivent dans nos habitations, dans celles des animaux, dans les prairies, etc. Elles paraissent sucer de préférence les substances sucrées ; mais elles se jettent aussi sur l'Homme et sur les animaux. Munies d'une trompe molle, incapable de traverser la peau, elles se nourrissent des produits liquides exhalés naturellement (sueur, larmes, mucus nasal, etc.) ou développés à la surface des plaies. Certaines d'entre elles fréquentent aussi les cadavres. On les a accusées d'être parfois des porte-virus. Elles peuvent en effet souiller leurs pattes et leur trompe de produits virulents ou septiques, mais il ne leur est possible d'inoculer ces produits aux animaux sains que lorsqu'il existe au préalable des plaies sur le corps de ceux-ci. Leur rôle dans la contagion paraît donc insignifiant, sauf lorsqu'il s'agit de maladies à virus volatil, comme la fièvre aphtheuse, par exemple.

Les Mouches dont il s'agit ont surtout pour inconvénient d'importuner l'Homme ou les animaux par les démangeaisons qu'elles provoquent.

Pour éviter leurs attaques, ainsi que celles de tous les Muscidés en général, on a recours à divers moyens, dont la connaissance est devenue vulgaire. On peut d'abord tuer les Mouches au moyen de substances empoisonnées (décoction sucrée de quassia, à 3 p. 100), ou les prendre à l'aide de pièges divers. Un des procédés les plus simples pour s'en emparer consiste à suspendre dans les appartements ou les écuries quelques branches garnies de feuilles : les Mouches vont se poser sur ces feuilles et, la nuit venue, on peut aisément les flamber. D'autre part, on les empêche de pénétrer dans les habitations en suspendant un filet à la fenêtre, les mailles fussent-elles même fort larges. Pour garantir les animaux, et en particulier les Chevaux, on emploie des filets spéciaux, des oreillères, des émouchoirs de crins, etc. Enfin, certaines substances éloignent d'emblée les Mouches; telles sont: le suc de feuilles de noyer, obtenu par décoction ou par le simple froissement des feuilles sur le corps des animaux; l'huile de laurier; l'huile de cade ou l'huile empyreumatique, dont le principal inconvénient est de salir la robe du Cheval et les harnais; enfin, l'huile de Poisson (huile de Baleine).

Genre **Calliphore** (*Calliphora* Rob.-Desv.). — Les Calliphores ont une trompe molle comme les Mouches vraies; elles s'en distinguent par leur épistome un peu saillant et le troisième article des antennes quadruple du deuxième. Elles ont en général une teinte azurée, mais peu brillante.

Calliphore de la viande (*C. vomitoria* L.). — C'est l'espèce la plus commune du genre, tout au moins en France, où on la désigne sous le nom de *Mouche bleue de la viande*. Elle se reconnaît aisément à ses joues testacées, à son thorax marqué de quatre raies noires un peu confuses, à son abdomen bleu offrant des reflets blanchâtres.

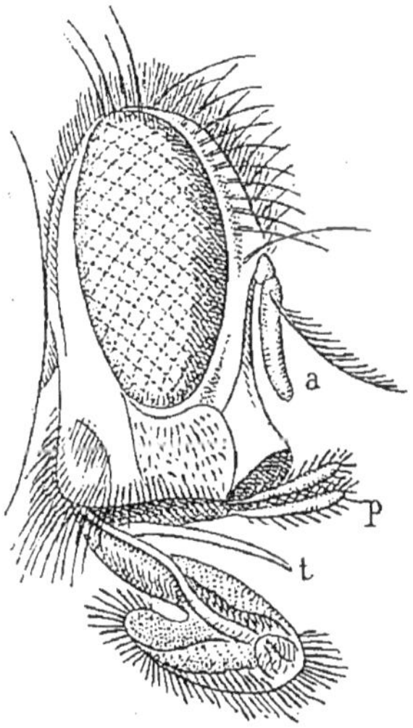

Fig. 388. — Tête de la Mouche bleue de la viande, fortement grossie. — *a*, antenne. *p*, palpes maxillaires. *t*, trompe (Delafond, inéd.).

Fig. 389. — Mouche bleue de la viande, grandeur naturelle.

Cette Mouche dépose de préférence ses œufs sur la viande. Elle en pond environ deux cents, distribués en plusieurs tas. Les larves grandissent très vite et dévorent la chair avec avidité, en même temps qu'elles en hâtent la corruption. Heureusement, les Guêpes sont des ennemis redoutables pour la Mouche bleue. On a souvent assuré, à tort ou à raison, que des larves de cette espèce avaient été recueillies dans des plaies du corps de l'Homme.

Genre **Lucilie** (*Lucilia* R.-D). — Mouches à trompe molle; épistome non saillant; antennes à troisième article quadruple du deuxième et à style très plumeux; face un peu oblique; abdomen court et arrondi, d'un beau vert à reflets métalliques.

Lucilie César (*L. Cæsar* L.). — Type du genre, la *Mouche verte* ou *Mouche César* a pour caractères, d'après Macquart : « Longueur 3-4 lignes (7 à 9 millimètres). D'un vert doré. Palpes ferrugineux. Face et côtés du front blancs, à reflets noirâtres; épistome d'un rougeâtre pâle. Bande frontale noirâtre. Antennes brunes. Pieds noirs dans les deux sexes ».

Elle dépose ses œufs sur les matières organiques en voie de décomposition, en particulier sur les cadavres; les larves, qui éclosent rapidement, se nourrissent de chair corrompue. On sait qu'il existe des « Verminières » artificielles, pour la production industrielle des *asticots* ou guillots, dont les Oiseaux, comme les Poissons, se montrent très friands : les Lucilies, avec les Calliphores, jouent le principal rôle dans cette production.

Comme les Calliphores aussi, elles passent pour faire quelquefois des plaies superficielles de l'Homme ou des animaux le berceau de leurs larves.

Lucilie soyeuse (*L. sericata* Meig.). — Macquart la décrit ainsi : « Longueur 3 1/2-4 lignes (8 à 9 millimètres). Semblable à la *Cæsar*. Verte, à reflets bleus. Épistome blanc comme la face. Vertex vert chez la femelle. Premier segment de l'abdomen noirâtre dans les deux sexes. »

Nous avons lieu de penser que c'est cette espèce qu'on trouve indiquée dans plusieurs traités de parasitologie sous les noms de *L. serinata* et *L. ferinata*, comme déterminant une affection assez grave chez les Moutons hollandais. D'après Gerlach, les Lucilies dont il s'agit, fort communes en Hollande, déposent leurs œufs dans les points où la peau est fine, surtout au voisinage de l'anus. Les larves percent la peau comme une écumoire et s'étendent jusque sur la croupe. La prédisposition spéciale des Moutons hollandais tient sans doute à ce que leur longue laine, mouillée par l'humidité des pâturages et par une diarrhée fréquente, forme un feutrage protecteur pour ces larves.

Lucilie bouchère (*L.* (*Compsomyia*) *macellaria* Fabr.). — Cette espèce, qui mesure 9 à 10 millimètres, se reconnaît surtout, d'après Künckel, à son thorax parcouru par trois lignes noires longitudinales; elle offrirait un grand nombre de variétés, dont la coloration varierait du bleu au vert à reflets métalliques cuivreux ou pourprés.

On rencontre cette Mouche dans une grande partie de l'Amérique, depuis le nord des États-Unis jusqu'à la République Argentine. D'après quelques auteurs, on devrait confondre avec cette espèce la *Lucilia hominivorax* Coquerel et la *Calliphora anthropophaga* Aug. Conil; toutefois, cette manière de voir n'a pas été, jusqu'à ce jour, suffisamment justifiée.

En tout cas, la Lucilie bouchère est une Mouche redoutable. Elle dépose ses œufs dans les plaies des animaux domestiques et de l'Homme, ou bien les introduit dans les oreilles, dans les cavités nasales et jusque dans les sinus frontaux. Les larves qui naissent de ces œufs ont reçu des Américains le nom de *Screw-Worms* ou Vers-Vis, à cause des replis de leurs anneaux, qui simulent le filet d'une vis. A l'aide de leurs crochets buccaux, elles déchirent les tissus et déterminent en peu de temps des ravages intenses. Souvent le palais est perforé, et les larves sont rejetées par la bouche. En pareil cas, la mort met presque toujours fin à d'intolérables souffrances. Pour faire périr ou tout au moins déloger ces larves, on conseille surtout des injections de chloroforme, de benzine ou d'acide phénique étendu d'eau. Dans les Républiques Argentine et de Venezuela, on a recours à l'infusion de basilic, qui donne, paraît-il, d'excellents résultats.

Genre **Ochromyie** (*Ochromyia* Macq.). — Diffère surtout du précédent par la face verticale et la coloration jaunâtre.

Fig. 390. — Mouche du Cayor, grossie deux fois (Orig.).

Ochromyie anthropophage (*O. anthropophaga* Blanch.). — Mouche de teinte gris jaunâtre, connue sous le nom de *Mouche du Cayor*. Elle mesure 8 à 10 millimètres de long; la tête est testacée, revêtue de petits poils noirs; le style des antennes est plumeux. Le thorax offre en avant deux bandes noires longitudinales; les ailes sont un peu enfumées. L'abdomen est couvert de taches noires assez étendues, surtout en arrière.

Cette espèce est propre au Sénégal et ne se rencontre même que dans la région située au sud de Saint-Louis, principalement dans le Cayor, d'où lui est venu son nom (1). La femelle paraît déposer ses œufs dans le sable; mais la larve, dite *Ver du Cayor*, pénètre souvent sous la peau des Hommes ou des animaux (Chien, Chat, Chèvre) qui se reposent sur ce sable, et s'y développe dans l'espace d'un septénaire. La nymphose a lieu à l'extérieur. Les caractères qui décèlent la présence des larves dans le tissu conjonctif sous-cutané sont analogues à ceux que nous avons indiqués à propos de l'*Hypoderma bovis*. Les Chiens, et en particulier les jeunes, sont parfois tellement envahis qu'ils succombent.

Genre **Stomoxe** (*Stomoxys* Geoff.). — Trompe solide, allongée, piquante, coudée près de la base et dirigée horizontalement; palpes ne dépassant pas l'épistome; troisième article des antennes triple du deuxième ; style plumeux en dessus.

Ce genre commence une série dont on a fait quelquefois une tribu ou une famille à part, et qui est caractérisée surtout par la constitution de la trompe : *Stomoxyidés*. Les Stomoxes, au

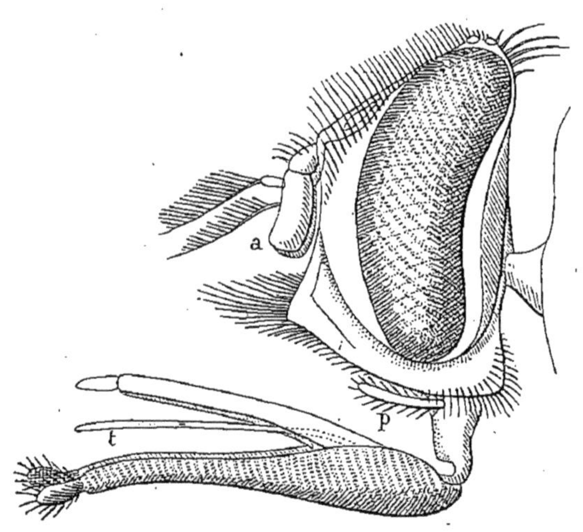

Fig. 391. — Tête du Stomoxe mutin, fortement grossie et vue de profil. — *a*, antennes. *p*, palpe maxillaire. *t*, trompe (Delafond, inéd.).

premier abord, ont tout à fait l'aspect des Mouches domestiques, mais la trompe suffit pour les différencier. Cette trompe, qui dépasse la tête en avant, est constituée par la lèvre inférieure formant gaine et renfermant deux stylets acérés : hypopharynx

(1) Voyez Bérenger Féraud, *Traité clinique des maladies des Européens au Sénégal*, t. I, 1875. — V. Lenoir et A. Railliet, *Mouche et Ver du Cayor*. Arch. vétér., 1884, p. 207. Bull. Soc. centr. vét., 1884, p. 77.

et épipharynx. Comme celles de ces Mouches, les larves des Stomoxes vivent dans les excréments frais du Cheval, dans les fumiers; mais leur développement est plus lent.

Le **Stomoxe piquant** (*St. calcitrans* Geoff.) ou *Stomoxe mutin* est très commun dans nos contrées vers la fin de l'été : il se rencontre même dans nos habitations, surtout s'il existe des écuries dans le voisinage. Au repos, on le distingue de la Mouche domestique en ce qu'il s'installe la tête en haut, tandis que celle-ci prend la position opposée.

Fig. 392. — Stomoxe mutin, grandeur naturelle.

On donne souvent à ces Insectes le nom de *Mouches piquantes d'automne*. Ils se posent volontiers sur les animaux et sur l'Homme. Leur piqûre, quoique peu douloureuse, incommode beaucoup les Chevaux : sur les sujets à peau fine et sensible, elle détermine même une légère inflammation locale, avec soulèvement des poils. En outre, les Stomoxes peuvent être considérés comme de dangereux agents de la propagation des maladies virulentes. On conçoit, en effet, que leur trompe pénétrante puisse être souillée par des substances septiques ou virulentes (puisées sur des cadavres ou sur des animaux malades), de façon à inoculer ensuite ces produits à des sujets sains. Toutefois, aucune preuve directe n'a été donnée, jusqu'à présent, en faveur de cette manière de voir : l'inoculation artificielle de trompes souillées à dessein ne peut évidemment donner des indications de sérieuse valeur.

Genre **Hématobie** (*Hæmatobia* R.-D.). — Diffère du précédent par les palpes, qui sont aussi longs que la trompe; le troisième article des antennes est double du deuxième; le style est plumeux en dessus et très peu en dessous.

Les Hématobies sont de très petites Mouches qui vivent dans les prairies et ne pénètrent guère dans les étables. Comme leur nom l'indique, elles sont au moins aussi avides de sang que les Stomoxes. Elles attaquent les animaux au pâturage, surtout les bêtes bovines, et on les voit souvent en grand nombre sur un même sujet, les ailes écartées, s'introduisant entre les poils pour aller percer la peau. L'**Hématobie stimulante** (*H. stimulans* Meig.) et l'**Hématobie féroce** (*H. ferox* R.-D.) sont les principales espèces de notre région.

Genre **Glossine** (*Glossina* Wied.). — Trompe très longue; palpes de même longueur, lui servant de gaine; antennes à troisième article quadruple du deuxième; style pectiné en dessus.

Glossine mordante ou **Tsétsé** (*G. morsitans* Westwood). — Un peu plus grande que la Mouche domestique, la Tsétsé se reconnaît à sa trompe grêle, deux fois aussi longue que la tête, à son thorax châtain parcouru par quatre raies noires longitudinales, enfin à son abdomen blanc jaunâtre, formé de cinq segments dont les quatre derniers portent de larges taches noires interrompues sur la ligne médiane. Les ailes sont un peu enfumées.

Fig. 393. — Tsétsé, grandeur naturelle.

La Tsétsé se rencontre à peu près dans toute l'Afrique centrale. Elle paraît se tenir de préférence au bord des marais, sur les buissons et les roseaux. Elle fait entendre un bourdonnement particulier, très élevé. De nombreux voyageurs, entre autres Livingstone et Oswald, nous ont fait connaître cette Mouche comme un des fléaux les plus redoutés de la zone torride africaine. Toutefois, les récits publiés à son endroit ont un caractère qui nous semble tenir beaucoup de la légende. Comme les Stomoxes, la Tsétsé attaque l'Homme et les animaux. Elle s'élance sur ceux-ci, disent les voyageurs, avec la rapidité d'une flèche, et les mord de préférence sur le plat des cuisses et sous le ventre. Les animaux sauvages : Zèbres, Buffles, Antilopes, non plus que la Chèvre domestique, ne souffriraient de ces piqûres ; l'Homme lui-même en serait rarement affecté d'une façon sérieuse. Mais le Cheval, l'Ane, le Bœuf, le Mouton, le Chameau et le Chien, au contraire, seraient condamnés à une mort fatale, parfois soudaine, mais survenant plutôt au bout de quelques semaines ou de quelques mois. Des Européens ont ainsi, en peu de temps, perdu soixante, quatre-vingts et cent bœufs, et l'on conçoit que cet Insecte soit regardé comme un des obstacles les plus sérieux à la civilisation de l'Afrique australe. En ce qui concerne les lésions trouvées à l'autopsie des animaux piqués, nous aurions à relever les plus grandes contradictions. Nous passons sur ces points, et nous laissons également de côté nombre de particularités bizarres ou invraisemblables signalées par les voyageurs. De plus amples informations sont sans doute nécessaires pour formuler une opinion décisive sur le rôle de la Tsétsé ; toutefois, il paraît certain que cette Mouche, pas plus que les Stomoxes, n'a aucune action venimeuse, et que les effets de sa piqûre se rapportent à l'inoculation de produits virulents dont peut être souillée sa trompe. La nature de la maladie inoculée reste à déterminer : contrairement à ce qui a été dit, le charbon ne peut pas être incriminé, du moins dans la généralité des cas. Avec M. Nocard, nous avons inoculé à un Mouton la tête tout entière, avec la trompe, d'une Tsétsé rapportée du Zanguebar ; le résultat a été négatif.

B. Sous-famille des SARCOPHAGINÉS. — Style des antennes velu, à extrémité nue; abdomen allongé, pourvu de soies au bord des segments.

Genre **Sarcophage** (*Sarcophaga* Meig.). — Espèces modérément velues, à thorax allongé, parcouru d'ordinaire par trois bandes noires longitudinales, à abdomen tacheté. Le troisième article des antennes est en général triple du deuxième; le style est à poils également longs en dessus et en dessous.

La **Sarcophage carnivore** (*S. carnaria* L.) est une assez grande Mouche, qu'on reconnaît à sa tête jaunâtre, à son thorax rayé de gris jaunâtre, enfin à son abdomen marqueté régulièrement de cendré.

Elle vit en plein air et recherche les substances organiques en décomposition. Comme toutes les espèces du genre, elle est vivipare; on a calculé que son oviducte enroulé contient environ vingt mille larves. Lorsque ces larves sont déposées sur les cadavres, elles se comportent à peu près comme celles des Calliphores et des Lucilies. De même que celles-ci, d'ailleurs, on les a signalées comme susceptibles de se développer dans les plaies de l'Homme et des animaux.

La **Sarcophage magnifique** (*S. magnifica* Schiner, *S. Wohlfarti* Portch.) a été quelquefois rangée dans un genre à part (*Sarcophila*). Les Sarcophiles ne diffèrent toutefois des Sarcophages vraies que par des caractères de médiocre valeur, notamment par la longueur du troisième article des antennes, qui est double au plus de celle du deuxième. Le style est très courtement velu, le front large, aussi concave chez le mâle que chez la femelle, l'abdomen souvent ponctué, avec de longues soies au bord postérieur ou en dehors du dernier anneau.

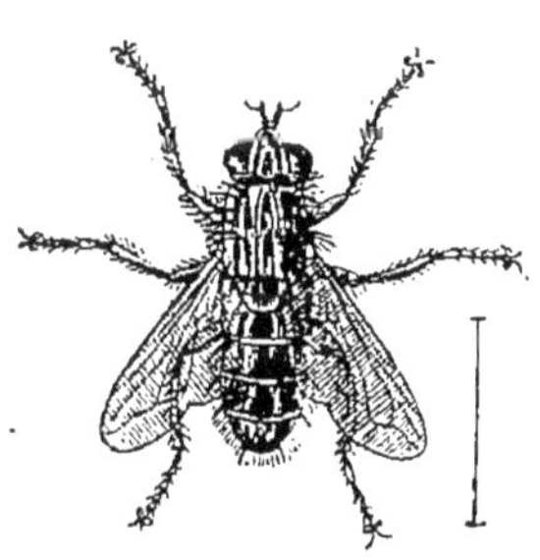

Fig. 394. — *Sarcophaga magnificata*, mâle (Laboulbène).

D'après M. Laboulbène, la Sarcophile magnifique est d'un cendré grisâtre. La tête est un peu plus large que le thorax, avec le front et l'épistome peu proéminents; le vertex et le front sont noirâtres, la face et les côtés d'un blanc d'argent satiné, les antennes et les palpes noirs. Le thorax est gris cendré avec trois lignes longitudinales noirâtres; l'abdomen est gris blanchâtre, à trois taches noires sur chaque segment. Les ailes sont hyalines, à base jaunâtre. Les pattes sont noires. Longueur 10 à 13 millimètres.

Cette Muscide est bien connue depuis les travaux de Portchinsky (1). D'après cet auteur, elle ne pénètre point dans les maisons, mais vit en plein air. Elle dépose ses larves dans les plaies de l'Homme ou des animaux, ou même dans des cavités naturelles, et ces larves peuvent produire en peu de temps de très graves désordres. On voit éclore cette Mouche, à l'exclusion de toute autre, des larves recueillies sur les bêtes bovines, les Chevaux, les Porcs, les Moutons, les Chiens et même les Oiseaux domestiques, les Oies en particulier. Chez les Vaches, ces larves se rencontrent surtout dans les organes génitaux; chez les Chiens, on les trouve souvent dans les oreilles; chez l'Homme, enfin, elles vivent dans les oreilles, le nez, le palais, en produisant des douleurs intolérables et de sérieuses hémorragies. Dans le gouvernement de Mohilew, cette myiasis est très commune.

En France, M. Mégnin n'a trouvé également que les larves de cette espèce dans les plaies des animaux domestiques, et M. Laboulbène a obtenu la même Sarcophile par l'éclosion de larves provenant des cavités nasales d'un cultivateur de l'Hérault affecté d'ozène. En Algérie, les Dromadaires sont attaqués par une espèce tout au moins très voisine.

En résumé, la Sarcophile magnifique est la Mouche des plaies par excellence, et il est probable que, dans les nombreux cas de larves des plaies signalés jusqu'à présent, bien des erreurs de détermination ont été commises à son détriment.

Genre **Cynomyie** (*Cynomyia* R.-D.). — Le troisième article des antennes est quadruple du deuxième; le style est à poils plus longs en dessus qu'en dessous. Couleurs métalliques.

La **Cynomyie des morts** (*C. mortuorum* Meig.) a la tête d'un jaune doré, le thorax d'un noir bleuâtre et l'abdomen d'un beau bleu violet.

On la rencontre dès le premier printemps, sur les cadavres des Chiens, plus rarement des autres animaux.

C. La sous-famille des **TACHININÉS** est caractérisée par le style des antennes nu ou seulement pubescent, et un abdomen ovale ou conique, pourvu de soies.

Les larves de ces Diptères vivent en parasites, comme celles des Ichneumons, aux dépens d'autres larves d'Insectes, en particulier des Chenilles. — Genres *Echinomyia* Dumér., *Tachina* Meig., etc.

Remarques. — Kirby et Spence ont donné le nom de *scolechiasis* à la

(1) *Travaux de la Société entomologique russe de Saint-Pétersbourg*, 1875. Voyez A. Laboulbène, *Observations de myiasis due à la* Sarcophaga magnifica. Annales de la Soc. entom. de France, 25 juillet 1883.

présence de larves d'Insectes dans le corps de l'Homme ou des animaux, ainsi qu'aux accidents qui en résultent; dans un sens plus restreint, ce fait pathologique est qualifié de *myiasis* ou de *myiase*, lorsqu'il s'agit de larves de Diptères.

De nombreux cas de myiasis ont été publiés jusqu'à présent, mais le plus souvent d'une façon incomplète, de sorte que nous demeurons presque toujours dans le doute à l'égard des espèces observées. C'est que, pour déterminer ces espèces avec quelque précision, il est souvent indispensable d'élever les larves pour étudier l'Insecte parfait, ce qui exige des soins et du temps, aussi bien que des connaissances spéciales.

Les larves se logent dans des points très variés, notamment dans le tissu conjonctif sous-cutané, les fosses nasales, les sinus, le pharynx, l'estomac, l'intestin, etc. Elles appartiennent à la famille des Œstridés ou à celle des Muscidés.

On a vu que la *myiasis* cutanée est surtout produite par des Œstridés. C'est dans des conditions moins normales, en quelque sorte, qu'elle est le fait des Muscidés. Règle générale, les larves de Muscidés ne sont pas parasites, du moins à l'égard des animaux supérieurs; mais elles vivent dans les substances organiques en décomposition, et l'on conçoit par suite qu'elles pondent parfois à la surface des corps malpropres, des plaies mal tenues, ou dans des cavités naturelles, telles que les oreilles, le vagin, le fourreau de certains animaux, voire les cavités nasales des individus punais. Les observations de ce genre publiées jusqu'à présent, en ce qui concerne l'espèce humaine, se rapportent, avec plus ou moins de certitude, aux espèces suivantes : *Lucilia macellaria*, *Lucilia Cæsar*, *Calliphora vomitoria*, *Sarcophaga carnaria*, *Sarcophila Wohlfarti*, *Anthomyia pluvialis;* et l'on remarquera que la plupart de ces espèces se développent normalement sur les cadavres.

Quant à la myiase du tube digestif, elle est beaucoup plus discutée, et Davaine a même été jusqu'à déclarer que tous les faits signalés comme s'y rapportant tenaient à des erreurs d'observation ou à la supercherie des malades. Disons cependant que quelques-uns de ces faits paraissent très sérieux, et que certaines expériences récentes ont fourni des arguments à l'appui de leur authenticité. Les Mouches incriminées jusqu'à ce jour sont : *Musca domestica*, *M. cibaria*, *M. nigra*, *Calliphora vomitoria*, *Lucilia Cæsar*, *Sarcophaga carnaria*, *Teichomyza fusca*, *Anthomyia canicularis*, *A. scalaris*, *Mydæa vomiturationis*, *Helophilus pendulus* (1).

(1) Voyez F.-W. Hope, *On insects and their larvæ occasionally found in the human body.* Transact. of the Entom. Soc. of London, vol. II, part 4th, p. 256, pl. 22. — G. Pruvot, *Contribution à l'étude des larves de Diptères trouvées dans le corps humain.* Thèse Paris, 1882. — Ch. J. Jacobs, *De la présence des larves d'Œstrides et de Muscides dans le corps de l'homme.* Soc. entom. de Belgique, 1882.

La famille des **SYRPHIDÉS**, qui n'offre, à notre point de vue, qu'un intérêt médiocre, comprend des Diptères de grande taille, aux couleurs vives, métalliques, rehaussées par des taches ou bandes jaunes ou blanches. Les larves sont carnassières, ou se nourrissent de matières organiques en décomposition.

Genres *Syrphus*, *Volucella*, *Eristalis*, *Helophilus*, etc.

Les **Éristales** (*Eristalis* Latr.) ont les antennes courtes, insérées sur une saillie du front; le troisième article est orbiculaire, muni d'une soie nue ou velue.

L'espèce la plus commune est l'**Éristale gluante** (*E. tenax* Fabr.). Au premier abord, on prendrait volontiers pour une Abeille l'Insecte parfait, qui vit sur les fleurs. La femelle dépose ses œufs, tout en voltigeant, dans les eaux croupissantes. Les larves qui sortent de ces œufs portent, à leur extrémité postérieure, un tube respiratoire rétractile, qu'elles amènent à la surface pour respirer. Ces larves, bien connues sous le nom de *Vers* ou *Asticots à queue de rat*, se rencontrent dans tous les endroits malpropres : latrines mal lavées, écuries et étables où séjourne le purin, etc. Elles sortent des eaux pour subir la nymphose.

Les **Hélophiles** (*Helophilus* Meig.), peu différents des Eristales, ont à peu près le même mode de vie et fournissent également des Vers à queue de rat. L'**Hélophile suspendu** (*H. pendulus* Meig.) est de beaucoup l'espèce la plus répandue.

Les **ASILIDÉS** méritent à peine une simple mention : ce sont des Insectes à corps allongé, à pattes puissantes, à trompe courte et pointue, qui font la chasse aux autres insectes ; on les qualifie quelquefois de « Mouches de proie »

On peut reconnaître les **Asiles** (*Asilus* L.) à leurs antennes, dont le troisième article, effilé, est surmonté d'un style nu à deux articles. L'**Asile frelon** (*A. crabroniformis* L.) est réputé, à tort ou à raison, s'attaquer parfois à l'Homme et aux grands animaux, pour se repaître de leur sang.

Famille des **TABANIDÉS**. — Ce sont de gros Diptères à corps assez large et un peu déprimé. La tête est elle-même déprimée d'avant en arrière; les yeux sont contigus chez les mâles; les antennes ont le troisième article annelé, mais dépourvu de style. La trompe, ordinairement saillante, constitue chez les femelles un appareil puissant et complexe : la lèvre inférieure, membraneuse, forme une gaine qui cache dans son intérieur six pièces acérées (soies des anciens auteurs), représentant les mandibules, les mâchoires, l'épipharynx et l'hypopharynx. Chez les mâles, on ne trouve plus que quatre pièces, par suite de l'atrophie des mandibules. Les tarses sont munis de trois pelotes.

Les Tabanidés fréquentent surtout les bois et les pâturages ; les mâles vivent du suc des fleurs; quelques femelles sont dans le même cas, mais, en général, celles-ci manifestent une extrême avidité pour le sang des

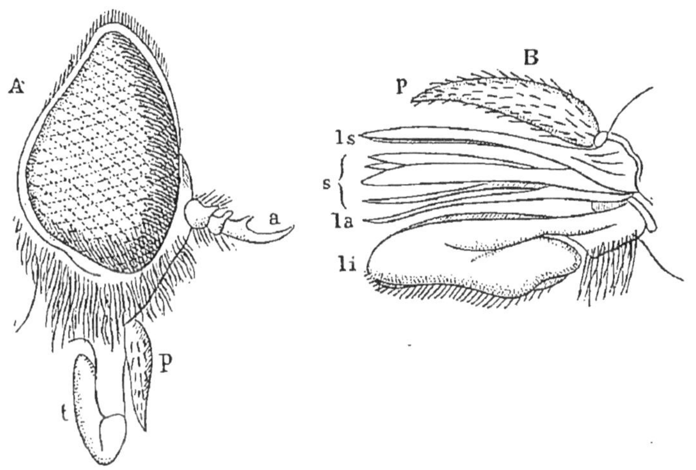

Fig. 395. — Taon automnal, femelle. — A, tête grossie, vue de profil : *a*, antennes. *p*, palpe maxillaire. *t*, trompe. B, détail de la trompe : *p*, palpe. *ls*, épipharynx. *s*, mandibules et maxilles. *la*, hypopharynx. *li*, lèvre inférieure, formant la gaine de la trompe (Delafond, inéd.).

animaux : leur puissant suçoir leur permet, en effet, de percer le cuir le plus épais. C'est l'été, pendant les heures les plus chaudes de la journée, qu'elles sont le plus redoutables. Elles peuvent devenir, à l'occasion, des agents propagateurs des maladies virulentes.

Genre **Pangonie** (*Pangonia* Latr.). — La trompe est longue, grêle, horizontale; le troisième article des antennes paraît formé de huit segments.

Les Pangonies femelles sont réputées se nourrir, comme les mâles, du suc des fleurs. Cependant, d'après sir L. Baker, la « seroot-fly » ou *zimb* de Bruce, si importune pour les voyageurs qui parcourent l'Abyssinie, ne serait autre chose qu'une Pangonie.

D'autre part, un vétérinaire militaire français, M. Germain, a rapporté de la Nouvelle-Calédonie des Insectes femelles du même genre qui attaquaient les Bœufs à la façon des autres Tabanidés, et qu'il supposait avoir concouru à la propagation d'une épizootie charbonneuse ayant sévi dans l'île des Pins. Ces Insectes appartiendraient à une espèce non encore décrite, à laquelle M. Mégnin donne le nom de *P. Neo-Caledonica*.

Genre **Taon** (*Tabanus* L.). — La trompe est courte, épaisse, inclinée chez le mâle, verticale chez la femelle; les antennes ont leur troisième article échancré en croissant et paraissant formé de cinq segments.

Taon automnal (*T. autumnalis* L.). — Cette espèce mesure 18 à 20 millimètres de long. Sa teinte générale est noirâtre. Le thorax est revêtu de poils gris et parcouru par quatre bandes longitudinales. L'abdomen offre trois rangées de taches blanches. Le bord extérieur des ailes est brunâtre.

Fig. 396. — Taon automnal, grandeur naturelle.

Le Taon automnal est commun dans nos régions, et abonde en particulier, comme la généralité des Taons, au voisinage des lieux boisés. Il se jette de préférence sur nos grands animaux, Chevaux et Bœufs. Sa morsure, assez douloureuse, est suivie d'un écoulement de sang et donne lieu d'ordinaire à la formation d'une petite tumeur qui persiste plus ou moins longtemps.

La plupart des larves de Taons se développent dans la terre : par exception, celle du Taon automnal vit dans l'eau.

Beaucoup d'autres espèces du même genre se rencontrent en France. Telles sont : le Taon noir (*T. morio* Lat.), d'un noir luisant, et dont la dent située à la base du troisième article des antennes est prolongée en avant; le Taon des Bœufs (*T. bovinus* L.), de très grande taille, avec une seule bande médiane de taches le long de l'abdomen; le Taon bruyant (*T. bromius* L.) et le Taon rustique (*T. rusticus* Fab.), ces deux derniers marqués, comme le Taon automnal, de deux ou trois rangs de taches blanches le long de l'abdomen; etc., etc.

Genre **Hématopote** (*Hæmatopota* Meig.). — La trompe est disposée à peu près comme celle des Taons; mais le troisième article des antennes n'est pas échancré et offre quatre segments. Les ailes sont couchées en toit.

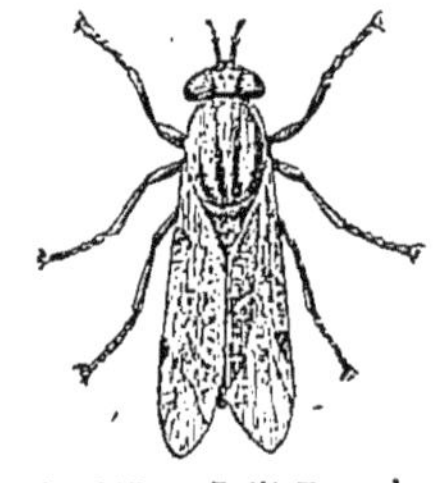

Fig. 397. — Petit Taon des pluies, grossi deux fois (Orig.).

Petit Taon des pluies (*H. pluvialis* Meig.). — Plus petit et surtout plus élancé que les Taons proprement dits, il est bien reconnaissable à ses ailes d'un gris brunâtre, tachetées de blanchâtre, et à ses yeux verdâtres offrant des reflets pourpres. Le thorax est à trois lignes blanchâtres; l'abdomen offre diverses taches de même teinte.

Très commun vers la fin de l'été ; est extrêmement importun par les temps orageux ; n'épargne pas l'Homme à l'occasion. On le rencontre, assure-t-on, jusqu'en Laponie, où il fait beaucoup souffrir les Rennes. — Les espèces voisines : *H. tenuicornis*, *H. grandis*, etc., partagent son mode de vie.

Genre Chrysops (*Chrysops* Meig.). — Les Chrysops se distinguent des genres précédents par la présence de trois yeux accessoires ou ocelles bien visibles ; les antennes sont allongées, avec le troisième article à cinq divisions ; les yeux sont d'un vert doré, à taches et lignes pourpres ; les ailes sont fort écartées.

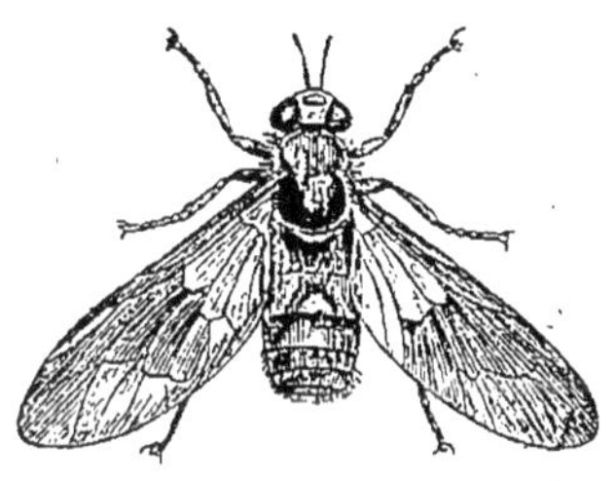

Fig. 398. — Petit Taon aveuglant, grossi deux fois (Orig.).

Petit Taon aveuglant (*C. cæcutiens* Meig.). — C'est un Insecte de 8 millimètres de long seulement, un peu aplati, avec l'abdomen arrondi. On reconnaît la femelle à ses ailes noires, offrant une tache hyaline vers le milieu et une autre près de l'extrémité ; à son thorax, marqué de deux bandes grises en avant ; à son abdomen, dont les premiers segments sont de teinte jaune.

Commun en été. Son nom spécifique vient de ce qu'il attaque de préférence les grands animaux autour des yeux. Il les harcèle surtout pendant les temps orageux, et, comme les précédents, s'adresse parfois à l'Homme. — On trouve encore, en France : *Ch. relictus*, *Ch. quadratus*, *Ch. marmoratus*.

DEUXIÈME SOUS-ORDRE

NÉMOCÈRES

On reconnaît les Némocères (νῆμα, fil ; κέρας, antenne) à leurs antennes filiformes ou sétacées, formées de six articles au moins, de sorte que leur longueur est d'ordinaire égale ou supérieure à celle de la tête et du thorax réunis. Le corps est généralement allongé ; les pattes sont longues et grêles, les ailes grandes et étroites.

Ces Insectes sont connus sous le nom de *Moucherons ;* on les voit souvent, en troupes immenses, surtout au voisinage des lieux marécageux, se livrer dans les airs à d'interminables évolutions amoureuses. Les premières phases du développement ont presque toujours lieu dans l'eau.

Les Némocères comprennent les familles suivantes : *Chironomidés*, *Bibionidés*, *Cécidomyidés*, *Mycétophilidés*, *Tipulidés*, *Culicidés*.

Famille des **BIBIONIDÉS**. — Ce sont les Tipulaires *Musciformes* de Meigen : ils doivent cette qualification à leur corps épais, qui rappelle celui des Mouches. Les antennes, plus courtes que la tête et le thorax réunis, ont en général de neuf à seize articles. La trompe est courte, épaisse, et ne contient que deux pièces : l'épipharynx et l'hypopharynx. Les pieds sont assez courts; les ailes sont larges et couchées.

Genre **Simulie** (*Simulium* Latr., *Rhagio* Fabr.). Les Simulies sont de tout petits Diptères reconnaissables à leur thorax bossu, à leurs antennes cylindriques, à onze articles, à leurs palpes formés de quatre articles, dont le dernier est allongé, à leurs ailes larges et courtes, parfois irisées, à l'absence d'yeux accessoires. Les deux pièces contenues dans la trompe sont styliformes; par suite, cette trompe est propre à piquer (1).

Fig. 399. — *Simulium reptans*, d'après Westwood.

Les Simulies se tiennent d'ordinaire parmi les buissons ombreux et se nourrissent de sucs végétaux; mais parfois aussi les femelles se jettent sur l'Homme et sur les animaux, dont elles sucent le sang avec avidité. Bon nombre des Insectes connus et redoutés dans les pays chauds sous le nom de *Moustiques* ou *Mosquitos* appartiennent à ce genre. Il est plus que probable que les Simulies versent, dans la blessure produite par leur trompe, une salive irritante. Elles peuvent, d'ailleurs, jouer le rôle de porte-virus.

Simulie de Kolumbacz (*S. columbatschense* Fabr.). — Cette espèce, très redoutée dans l'Europe centrale, tire son nom d'un vieux château situé en Serbie, sur la rive droite du Danube, où elle se montre en abondance; elle est également commune en Hongrie, et s'étend même jusqu'en Autriche et en Allemagne. Le corps de la femelle mesure $3^{mm},5$ à 4 millimètres de long; il est de teinte noirâtre et recouvert d'une poussière blanchâtre et de poils jaunâtres; les ailes sont transparentes.

(1) A. Laboulbène, article Simulies du *Dictionn. encyclop. des sc. méd.* Paris, 1881.

Dès le mois d'avril, les Simulies apparaissent en nombre tellement considérable, que leurs essaims simulent des nuages, et qu'on peut à peine respirer sans en avaler une grande quantité. Elles attaquent surtout les bestiaux dans les points où la peau est fine, au voisinage des yeux, des naseaux, de la bouche, de l'anus et des organes génitaux, et pénètrent même par myriades dans les voies respiratoires. Chaque piqûre donne lieu à une petite tumeur, dure et douloureuse, qui ne disparaît qu'au bout de huit à dix jours. Mais souvent les animaux périssent par suite de l'inflammation et de l'oblitération des bronches. En 1783, d'après Schönbauer, il n'y eut pas moins de 20 Chevaux, 32 Poulains, 60 Vaches, 71 Veaux, 310 Moutons et 130 Porcs, qui succombèrent aux piqûres des Simulies dans le district serbe de Passarowitz.

La **Simulie cendrée** (*S. cinereum* Macq.) mesure un peu plus de 3 millimètres; elle est d'un gris foncé, avec le thorax marqué de trois lignes noires peu distinctes et l'abdomen rayé aussi de noir, mais en travers.

Elle est commune en été, dit M. Mégnin, dans les grandes forêts du centre et du nord-est de la France. D'après cet auteur, elle attaque les Chevaux aux parties où la peau est fine, par exemple, à la face interne des cuisses et dans l'intérieur de la conque auriculaire. Les piqûres, ordinairement très nombreuses sur un espace restreint, donnent lieu à une inflammation assez vive, qui aboutit à une exfoliation épidermique abondante, accompagnée de la chute des poils. Parfois, on voit survenir dans la conque auriculaire de certains Chevaux, à la suite des piqûres de ces Simulies, « un véritable *psoriasis guttata*, caractérisé par de petites surfaces lenticulaires, isolées ou confluentes, couvertes d'une stratification épidermique blanche nacrée, sous laquelle le pigment a disparu comme dans le *vitiligo*. »

La **Simulie tachetée** (*S. maculatum* Meig.), qu'on a souvent confondue, mais à tort, avec la Mouche de Kolumbacz, est plus petite que les deux espèces précédentes : sa longueur varie de 2 millimètres à $2^{mm},5$. « Le mâle est d'un noir de velours avec les côtés du thorax en avant d'un jaune soyeux et la base de l'abdomen également jaune de chaque côté. La femelle est grisâtre, avec trois lignes noirâtres sur le thorax » (Laboulbène).

Également commune en été dans les lieux boisés et marécageux, elle attaque les animaux à peu près comme la précédente.

En mars et avril 1863, on observa une multiplication extraordinaire de ces Moucherons dans le canton de Condrieu (Rhône), sur le plateau qui sépare la vallée du Rhône de celle du Gier. Tisserant constata que ces Simulies s'attaquaient à l'Homme aussi bien qu'aux Bœufs, Chevaux, Anes et Mulets. Les Chèvres et les Moutons étaient moins tourmentés. Huit ou dix animaux de l'espèce bovine étaient morts après quatre à douze heures de souffrance. On a voulu, depuis quelque temps, ne voir dans ces faits qu'une épizootie charbonneuse, dans laquelle les Insectes auraient joué le simple rôle de porte-virus. C'est là une supposition toute gratuite.

En Suède, on redoute surtout la Simulie rampante (*S. reptans* L.) (fig. 399), que M. Laboulbène dit être l'espèce la plus commune aux environs de Paris.

Il ne faut pas confondre avec les Simulies ou les Cousins, les Chironomes (*Chironomus* Meig.), dont l'espèce la plus commune est le *Ch. plumosus* Meïg. Ces Moucherons inoffensifs voltigent le soir en troupes immenses au bord des eaux. Leurs larves sont connues des pêcheurs sous le nom de *Vers de vase.*

Famille des **CÉCIDOMYIDÉS**. — Cette famille, qui répond aux Tipulaires gallicoles de Meigen, comprend de petits Némocères dont la tête, assez petite, porte une trompe épaisse et des antennes moniliformes à poils verticillés; les ailes sont arrondies, souvent velues, à bords ciliés.

Ces Insectes déposent leurs œufs sur les plantes, et les larves qui en sortent déterminent, pour la plupart, la formation de *galles*, dans lesquelles elles se développent.

C'est à cette famille qu'appartient le fameux *Miastor metraloas*, sur lequel N. Wagner a constaté le curieux phénomène de pédogenèse dont nous avons parlé plus haut.

Les **Cécidomyies** (*Cecidomyia* Meig.) sont reconnaissables à leurs ailes horizontales, à bords ciliés, parcourues par trois nervures longitudinales.

La **Cécidomyie destructrice** (*C. destructor* Wied.) est très redoutée aux États-Unis, où on la connaît sous le nom de *Mouche de Hesse*: on suppose, en effet, sans beaucoup de vraisemblance, qu'elle a été importée, vers 1776, avec les bagages des troupes hessoises. Dès le mois de mai, la femelle dépose ses œufs entre les nervures des feuilles du froment ; les larves glissent entre la gaine et la tige, et s'installent au niveau des nœuds : le chaume, rongé peu à peu, devient incapable de porter l'épi qui se forme, et s'affaisse au premier coup de vent.

Un certain nombre de ces larves éclosent vers le mois de septembre. Les Insectes parfaits qui en proviennent pondent sur les jeunes plantes de semailles, que les nouvelles larves dévorent. D'importants dégâts de cette nature ont été constatés récemment en Allemagne.

La **Cécidomyie du froment** (*C.* seu *Diplosis tritici* Kirby), quoique moins redoutée que la précédente, cause cependant quelquefois des pertes assez sérieuses dans nos pays. Il n'y a qu'une seule ponte par an, et les larves se développent dans les fleurs, dont elles dévorent l'ovaire.

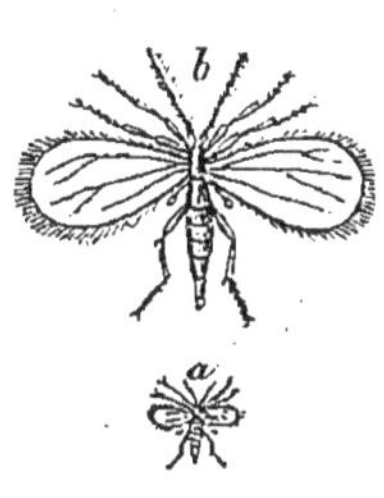

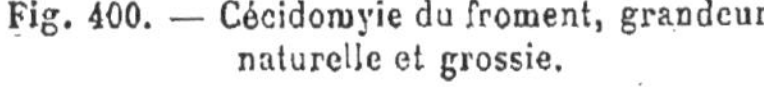

Fig. 400. — Cécidomyie du froment, grandeur naturelle et grossie.

Fig. 401. — Larves de la Cécidomyie du froment. — *a*, au milieu de la fleur. *b*, larve isolée. *c*, la même, grossie.

Comme ces larves hivernent dans le sol, au pied de la tige, on a proposé de brûler les chaumes pour les détruire.

Famille des **CULICIDÉS**. — Les Culicidés ont une trompe longue et grêle, renfermant six soies ou pièces buccales disposées en lancettes et propres à piquer, du moins chez les femelles. Les palpes maxillaires sont à cinq articles. Les antennes, à quatorze articles, sont garnies chez les mâles de poils en panache. Les ailes sont couchées pendant le repos, et leurs nervures sont revêtues d'écailles serrées.

Genre **Cousin** (*Culex* L.). — Les palpes sont plus longs que la trompe chez les mâles; ils sont très courts chez les femelles.

Le **Cousin commun** (*C. pipiens* L.) peut être pris pour type du genre. Il mesure 5 à 6 millimètres et se reconnaît à son thorax brun jaunâtre, marqué de deux lignes brunes, à son abdomen gris pâle annelé de brun et à ses pieds allongés et brunâtres.

Il est très commun au voisinage des eaux stagnantes, où il subit les premières phases de son développement. La femelle, en effet, dépose ses œufs, au nombre de 250 à 350, à la surface de l'eau. Les larves qui en sortent au bout de deux jours ont l'abdomen allongé et terminé par un tube respiratoire; elles se suspendent à la surface, la tête en bas, en laissant émerger ce tube. Après quatre mues, elles se transforment en nymphes mobiles : celles-ci sont pourvues de deux tubes trachéens qui émergent de derrière la tête; elles se tiennent, par suite, dans une position opposée à celle des larves. En trois ou quatre semaines, toutes les métamorphoses sont accomplies, et les Insectes parfaits prennent leur vol.

Les femelles s'attaquent à l'Homme, surtout le soir. Elles s'annoncent par une sorte de piaulement aigu et continu. On connaît en principe leur appareil buccal; remarquons toutefois que la lèvre inférieure forme un tube cylindrique ouvert en dessus, sauf à l'extrémité terminale; que les maxilles sont denticulées en dehors, et que l'épipharynx et l'hypopharynx sont sétacés. Le mécanisme de la piqûre est assez curieux : pendant que les aiguillons s'enfoncent dans la peau, en glissant dans le tube terminal de la trompe labiale, la partie moyenne de ce tube, fendue en dessus, se courbe et forme un pli latéral. La piqûre détermine une inflammation locale, accompagnée d'une douleur prurigineuse assez vive. Il y a sans doute dépôt, dans la plaie, d'une salive irritante.

Les Cousins ne paraissent pas, en général, attaquer nos animaux domestiques, bien que Cobbold signale un *Culex equinus* qui tourmenterait particulièrement les Chevaux.

Une autre espèce commune dans nos pays, en automne, est le Cousin annelé (*C. annulatus*).

Au genre *Culex* paraissent se rattacher, en outre, les Insectes des pays chauds désignés par les voyageurs sous le nom de *Maringouins*, et une partie peut-être de ceux auxquels on applique la dénomination vague de *Moustiques*.

Au surplus, nous possédons, en Europe, des espèces de quelques genres voisins, par exemple *Anopheles maculipennis*, *Ceratopogon pulicaris* (?), dont les attaques sont aussi insupportables que celles des Cousins proprement dits.

TROISIÈME SOUS-ORDRE

APHANIPTÈRES

La plupart des auteurs modernes s'accordent à rapprocher des Diptères les Puces et genres voisins (1), dont on avait longtemps fait un ordre à part sous le nom d'*Aphaniptères* Kirby, *Siphonaptères* Lat. ou *Suceurs* Degeer. Ce sont, comme le dit M. Künckel, des Diptères sauteurs et parasites.

A l'état adulte, ces Insectes ont les pièces buccales disposées pour la succion; le thorax, formé de trois anneaux distincts, ne porte pas d'ailes véritables; les métamorphoses sont complètes. Les larves ont une tête distincte, et les pièces de la bouche sont conformées pour la mastication. Les nymphes s'enveloppent d'une coque soyeuse.

(1) Dr O. Taschenberg, *Die Flöhe*. Halle, 1880.

La famille des **PULICIDÉS** est la seule que comprenne ce groupe important. Toutes les espèces qui la constituent ont le corps aplati d'un côté à l'autre. L'appareil buccal se compose des pièces suivantes : 1° deux *mâchoires* libres, en forme de larges plaques foliacées, portant chacune un palpe maxillaire à quatre articles; 2° deux *mandibules* spadiformes, à bords tranchants et denticulés; 3° un *stylet* rigide, compris entre ces mandibules, et qui est le principal agent perforateur : les uns le regardent comme le labre, les autres comme la languette; 4° une *lèvre inférieure* courte, terminée par deux palpes labiaux et formant une gaine qui loge la base des mandibules et du piquant impair. — Les antennes sont toujours à trois articles, dont le dernier, de forme olivaire, est lui-même ordinairement annelé ; au repos, elles se logent dans une fossette ou rainure dirigée en arrière et en bas. — Les deux derniers anneaux du thorax portent de petites plaques qui représentent les ailes. Les pattes, notamment les postérieures, sont puissantes et disposées pour le saut. L'abdomen est à neuf segments formés chacun de deux arceaux non soudés, ce qui permet une distension parfois énorme de cette région.

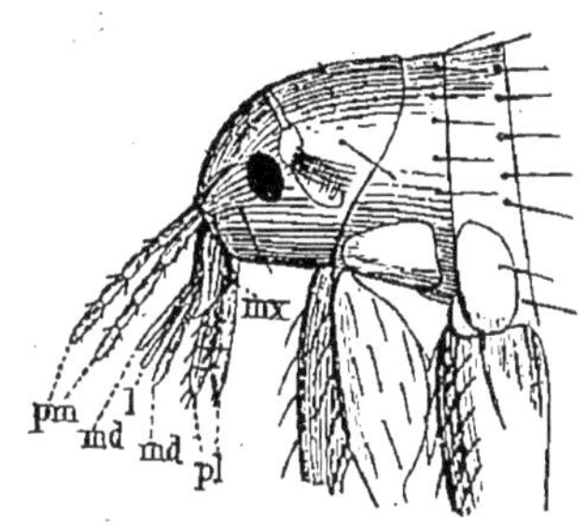

Fig. 402. — Tête de la Puce de l'Homme, grossie 30 fois. — *md*, mandibules. *mx*, mâchoires. *pm*, palpes maxillaires. *l*, stylet impair. *pl*, palpes labiaux (Orig.).

2 sous-familles.

A. Les PULICINÉS ont une tête petite, une lèvre inférieure entière, des palpes labiaux à quatre articles, et des antennes dont le troisième article est tantôt disposé en pomme de pin, tantôt découpé en lamelles unilatérales. L'abdomen ne se dilate jamais jusqu'à devenir informe. — 3 genres.

Les **Puces** proprement dites (*Pulex* L.) se distinguent des genres voisins par leurs yeux (ocelles) bien développés.

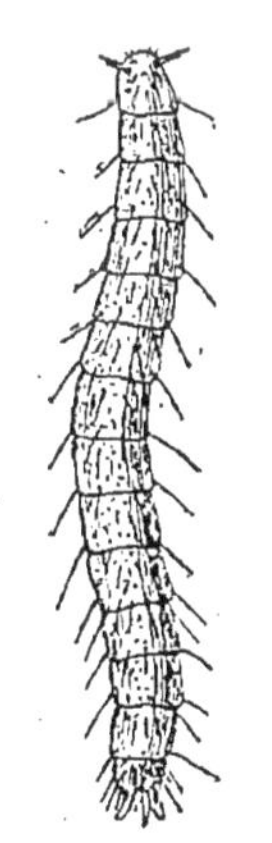
Fig. 403. — Larve de la Puce des Poules, grossie 20 fois (Orig.).

Elles vivent en parasites, comme d'ailleurs la plupart des Pulicidés, sur les animaux à sang chaud, dont elles sucent le sang. Elles ne fixent pas leurs œufs aux poils ou à la peau, mais les pondent au hasard et le plus souvent les laissent tomber à terre. Leurs larves sont vermiformes ; elles possèdent une tête distincte suivie de treize anneaux, dont le dernier est terminé par une double pointe. La tête est dépourvue d'yeux, mais elle offre deux antennes et une armature buccale complète. Les anneaux du corps sont munis de poils, principalement vers leur bord postérieur.

On a dit et répété que les Puces avaient un instinct maternel très développé, et qu'après avoir sucé le sang d'un animal, elles allaient retrouver leurs larves pour leur dégorger une partie de ce sang dans la bouche ou le déposer à leur portée. Cette légende doit disparaître. Les grains noirs desséchés qui tombent çà et là avec les œufs sont les excréments des Puces, et les larves les dévorent comme elles se repaissent des autres matières animales, notamment des cadavres d'Insectes.

Arrivées au terme de leur croissance, ces larves s'enferment dans une coque soyeuse, et se transforment en nymphes.

Les Insectes parfaits s'accouplent ventre à ventre, le mâle dessous.

La **Puce irritante** (*P. irritans* L.), qui est propre à l'espèce humaine, a le corps ovale, d'un brun marron luisant; la tête est arrondie en dessus et forme un chaperon dépourvu de spinules à son bord inférieur. Le mâle est long de 2 à $2^{mm},5$, la femelle de 3 à 4^{mm}.

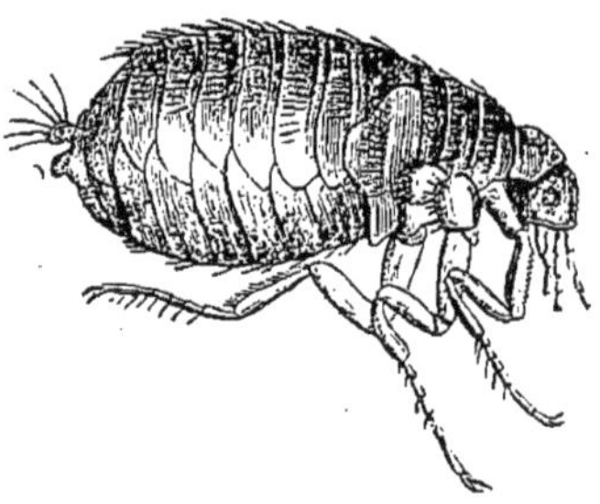

Fig. 404. — Puce de l'Homme, mâle.

Celle-ci pond, dans les fentes des parquets, dans le linge sale, etc., huit à douze œufs blanchâtres et ovoïdes. En été, les larves éclosent au bout de quatre à six jours; onze jours après, elles se transforment en nymphes, auxquelles il faut encore douze jours environ pour devenir Insectes parfaits. L'évolution totale dure donc quatre semaines; en hiver, et dans une chambre chauffée, elle exige près de six semaines.

La Puce est cosmopolite. Elle est surtout importune dans les pays chauds et dans les saisons chaudes. Sa piqûre, fort désagréable, s'accompagne du dépôt d'une salive irritante et donne lieu à une petite tache rouge au milieu de laquelle se voit un point plus foncé : cette tache persiste sous la pression du doigt. Chez les femmes, les enfants et, en général, chez les sujets à peau délicate, elle s'entoure d'une aréole tuméfiée plus ou moins étendue.

Contrairement à ce qui a lieu pour les Poux, les personnes les plus propres peuvent être attaquées par les Puces, qui d'ailleurs recherchent de préférence certains tempéraments. Il est assez difficile d'atteindre ces Insectes, à moins qu'ils ne soient très abondants; mais certaines substances jouissent de la propriété de les éloigner. Il est de connaissance vulgaire, par exemple, qu'elles ne s'accommodent pas de l'odeur du Cheval, et que les palefreniers, les hommes qui couchent dans les écuries, etc., sont à l'abri de leurs atteintes.

La **Puce canine** (*P. serraticeps* P. Gerv., *P. canis* Curtis) est d'une teinte un peu plus foncée que la précédente; elle possède une tête arrondie, munie inférieurement d'une série d'épines noirâtres rapprochées en peigne; le bord postérieur du prothorax, dans sa moitié supérieure (pronotum), est armé de la même manière : chacun de ces deux peignes comprend sept à neuf épines de chaque côté.

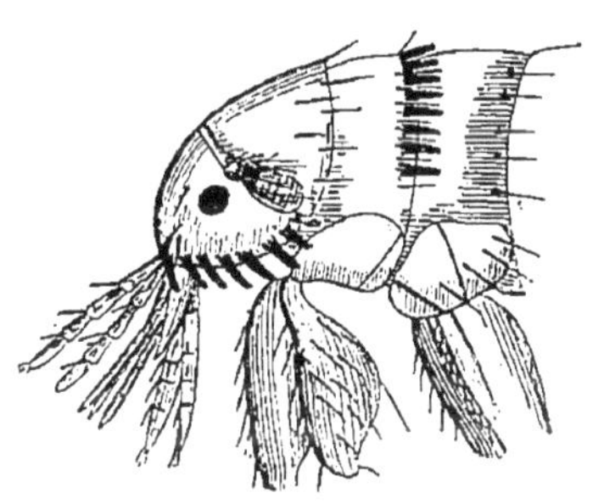

Fig. 405. — Tête de la Puce du Chien, grossie 30 fois (Orig.).

Cette Puce vit sur de nombreux Carnassiers domestiques ou sauvages, en particulier sur les Canidés et les Félidés. La variété qu'on rencontre chez le Chat domestique est un peu plus petite que celle qui attaque le Chien : on l'a quelquefois regardée comme une espèce à part (*P. felis* Bouché). La Puce canine est surtout abondante sur les animaux sédentaires, sur les jeunes, sur les mères pendant la période de l'allaitement, parce que ces conditions favorisent la ponte et l'évolution des parasites. Elle ne pique pas l'Homme, non plus que les espèces suivantes.

Pour débarrasser les animaux de ces parasites, on place dans les niches des copeaux de sapin très résineux ou du tabac en poudre.

La **Puce des Léporidés** (*P. goniocephalus* Tasch., *Ceratopsyllus leporis* Leach) diffère de la Puce canine par sa tête anguleuse, à cinq ou six dents de chaque côté, et son prothorax à six dents également de chaque côté.

Elle vit sur les Lièvres et les Lapins (1). Ritsema l'a aussi rencontrée sur le Bouquetin des Alpes et le Renard.

La **Puce des oiseaux** (*P. avium* Tasch.) a le corps allongé; la tête

(1) Verhall, *Proceed. entomological Society*. London, 1875, p. 3 (Cobbold).

ne porte pas d'épines, mais on en trouve douze ou treize de chaque côté au bord postérieur du prothorax.

Cette espèce attaque un grand nombre d'Oiseaux. Nous l'avons surtout trouvée en abondance dans les poulaillers; elle fréquente également les colombiers. C'est à tort qu'on a voulu en distinguer plusieurs espèces, sous les noms de *P. gallinæ*, *columbæ*, *hirundinis*, etc.

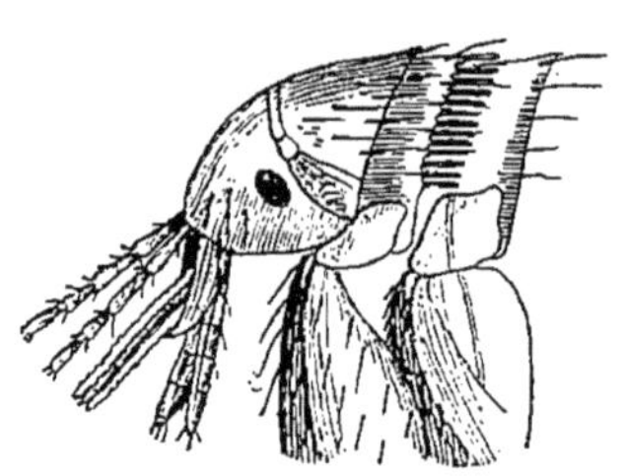

Fig. 406. — Tête de la Puce des Poules, grossie 30 fois (Orig.).

Les **Hystrichopsylles** (*Hystrichopsylla* Tasch.) sont dépourvues d'yeux; leur tête est tronquée en avant et porte autour de la bouche une couronne de longues épines; leur corps est garni de soies et d'épines nombreuses.

Une seule espèce (*H. obtusiceps* Tasch.), de la Taupe et du Campagnol des champs.

Les **Typhlopsylles** (*Typhlopsylla* Tasch.) ont les yeux rudimentaires ou absents; leur tête est arrondie en avant et munie au plus de quatre épines de chaque côté; leur corps est svelte.

A ce genre se rapportent un assez grand nombre d'espèces qui vivent sur les Taupes, les Rats, les Chauves-Souris, etc.

B. La sous-famille des **SARCOPSYLLINÉS** se compose de petites Puces à tête assez grosse suivie d'un thorax très grêle et d'un abdomen variable. La lèvre inférieure porte deux palpes labiaux non distinctement articulés. Le troisième article des antennes n'est pas annelé. — 3 genres.

Les **Sarcopsylles** (*Sarcopsylla* Westw., *Dermatophilus* Guér., *Rhynchoprion* Karsten) (1) ont un front anguleux et crénelé, des yeux petits, des maxilles très petites, à peine saillantes, une languette allongée, des mandibules fortement dentées en scie sur les côtés. L'abdomen des femelles fécondées se dilate en une masse arrondie, sans trace d'articles dans sa partie moyenne.

La **Sarcopsylle pénétrante** (*S. penetrans* L.), vulgairement *Puce pénétrante* ou *Chique*, est un Insecte qui mesure environ la moitié de la longueur de la Puce commune de l'Homme, soit $1^{mm},3$ en moyenne pour le mâle; la femelle à jeun et non fécondée est plus petite et n'atteint guère que 1 millimètre. Le corps est ovale,

(1) Le nom de *Rhynchoprion*, quoique ayant la priorité, ne saurait être conservé, Hermann l'ayant appliqué déjà aux Argas.

comprimé d'un côté à l'autre, de teinte fauve, avec la tête un peu plus foncée.

L'accouplement n'a pas lieu ventre à ventre, comme chez les Puces, mais anus contre anus.

La Chique se rencontre à peu près dans toute l'Amérique intertropicale, depuis le nord du Mexique jusqu'au sud du Brésil. Elle se tient sur les herbes sèches, dans les bois et au voisinage des habitations. De là, elle se jette sur l'Homme ainsi que sur certains Mammifères domestiques ou sauvages. « Les Porcs, les Chiens, les Chats, les Brebis et les Chèvres, dit G. Bonnet, en souffrent beaucoup; il en est de même des Chevaux, des Mulets, des Anes et des Bœufs. » Les Oiseaux mêmes n'en sont pas exempts. Le mâle et la femelle non fécondée sont à peine plus importuns que la Puce commune; mais la femelle fécondée, qui a besoin d'absorber une grande quantité de sang pour le développement de sa progéniture, s'introduit sous la peau pour s'en gorger plus facilement. Chez l'Homme, elle se fixe d'ordinaire sous les ongles des orteils ou dans d'autres régions du pied; chez les animaux (Porc, Chien, etc.), c'est également à la partie inférieure des membres qu'elle s'adresse de préférence. Une fois implantée entre le derme et l'épiderme, elle suce le sang, et son abdomen se gonfle jusqu'à acquérir le volume d'un pois; ce sac informe, qui a pris une teinte blanchâtre, soulève alors la peau, et sur la tumeur ainsi formée, on n'observe qu'un étroit orifice laissant à peine apercevoir les deux ou trois derniers anneaux du corps. Dans cet abdomen gonflé se développent une centaine d'œufs ovoïdes, allongés, qui sont rejetés à l'extérieur par l'orifice dont il s'agit. Après la ponte, la femelle meurt, et son cadavre est expulsé comme un corps étranger quelconque.

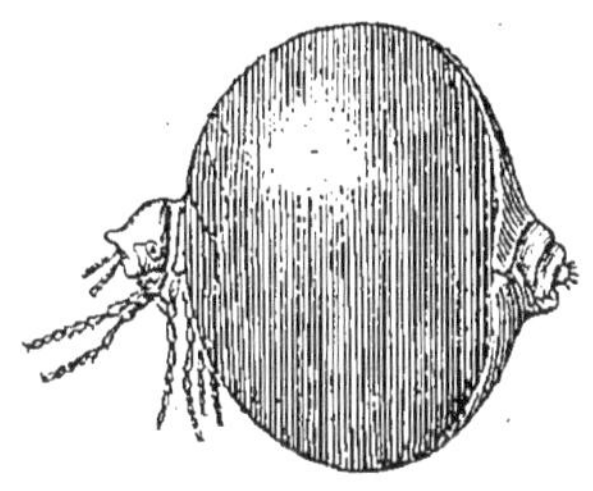

Fig. 407. — Chique gorgée, grossie, d'après Karsten.

Mais il arrive que les choses ne se passent pas d'une façon aussi régulière. La présence de l'Insecte dans la peau détermine une démangeaison de plus en plus vive, qui porte souvent le patient à se gratter sans mesure, et une inflammation violente peut en résulter. Si plusieurs femelles s'implantent sur un même point, il survient parfois de graves désordres qui nécessitent l'ablation des orteils.

Il importe donc d'extraire le parasite sans tarder. Cette opération, qui s'appelle *échiquage*, est en général effectuée avec dextérité par les nègres. On doit éviter de lacérer le corps de l'Insecte, car les œufs répandus dans la plaie ne pourraient qu'augmenter l'inflammation.

Comme moyen préventif, les nègres s'enduisent le corps d'infusion de tabac, de teinture de rocou, d'huile de carapa. Pour les Européens, on ne peut que recommander de grands soins de propreté et l'usage de bonnes chaussures. — La Chique peut vivre hors de sa patrie d'origine : M. Laboulbène en a vu deux à Paris, sur le pied d'une personne qui les avait contractées à Fernambouc.

La **Sarcopsylle galline** (*S. gallinacea* Westw.) a été rencontrée sur le Coq domestique de Ceylan, par Moseley, lors de l'expédition du *Challenger*. Elle se fixe principalement sur le cou et autour des yeux.

Les **Rhynchopsylles** (*Rhynchopsylla* Haller., *Hectopsylla* v. Frauenfeld) ont le front arrondi et les maxilles recourbées en crochet, faisant saillie en arrière. L'abdomen des femelles fécondées est vermiforme, distinctement articulé.

Une seule espèce (*Rh. pulex* Hal.) trouvée sur un Perroquet et un Chiroptère.

Les **Helminthopsylles** (*Helminthopsylla* Schimk.) (1) ont le front arrondi, les yeux assez grands et les maxilles triangulaires, en forme de lancettes pointues, mais à pointe non recourbée en arrière. Les femelles fécondées ont l'abdomen vermiforme et articulé, comme dans le genre précédent.

L'**Helminthopsylle Alakurt** (*H. Alakurt* Schimk.), dont la femelle seule est connue, mesure 6 millimètres à l'état de complet développement : elle est alors devenue d'un blanc laiteux, de noire qu'elle était primitivement.

Cette espèce, connue des Kirghiz sous le nom d'*Alakurt*, paraît être, jusqu'à présent, limitée au Turkestan. Elle vit en parasite sur les Bœufs, les Chevaux, les Moutons et les Chameaux. D'après Majew, elle provoquerait un affaiblissement considérable de l'organisme et pourrait même faire périr les Poulains. Elle apparaît en automne, alors que la neige se montre déjà sur les montagnes, et abonde surtout au moment des grands froids.

DEUXIÈME ORDRE

HÉMIPTÈRES

Insectes suceurs; ailes antérieures de consistance variable; ailes postérieures toujours membraneuses; métamorphoses incomplètes.

(1) Rectification du mot hybride *Vermipsylla*. Voyez Wladimir Schimkewitsch, *Ueber eine neue Gattung der Sarcopsyllidæ Familie*. Zoologischer Anzeiger, 9 février 1885, p. 76.

Les Hémiptères (ἥμισυς, demi; πτερόν, aile) ou Rynchotes (ῥύγχος, bec) ont la bouche disposée en un rostre propre à piquer et à sucer. Ce rostre a pour base une gaine constituée par la lèvre inférieure articulée, et fermée à la base et en dessus par la lèvre supérieure triangulaire; dans cette gaine sont renfermés quatre longs stylets qui représentent les mandibules et les mâchoires. Au repos, le rostre est presque toujours replié sous le thorax, entre les pattes.

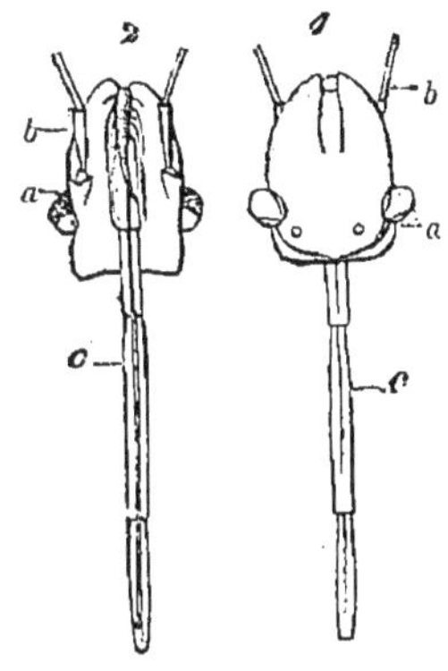

Fig. 408. — Tête grossie d'un Hémiptère (*Pentatoma grisea*). — 1, vue par la face supérieure. 2, vue par la face inférieure. *a*, yeux. *b*, antennes. *c*, rostre replié en dessous.

Il existe d'ordinaire quatre ailes, tantôt toutes membraneuses, tantôt les antérieures coriaces à la base et membraneuses vers l'extrémité (hémélytres).

Les métamorphoses sont incomplètes: les larves ne diffèrent guère de l'Insecte parfait que par l'absence d'ailes; dans certains cas mêmes, les femelles ou les deux sexes sont aptères, et par suite les métamorphoses sont nulles.

2 sous-ordres : *Homoptères* et *Hétéroptères*, auxquels on adjoint les *Aptères* ou *Anoploures*.

PREMIER SOUS-ORDRE

HOMOPTÈRES

Les ailes antérieures ont la même consistance dans toute leur étendue et sont presque toujours membraneuses comme les postérieures (ὁμός, semblable); le rostre est inséré à la partie inférieure de la tête. Ces Insectes se nourrissent du suc des plantes; les femelles sont munies d'une tarière ou oviscapte.

On peut diviser ce sous-ordre en deux groupes : les *Phytophtires* et les *Cicadaires*.

1° Phytophtires.

Ces petits Insectes, que leur nom assimile à des Poux, sont parasites des végétaux. Ils comprennent trois familles principales: *Coccidés*, *Aphidés*, *Psyllidés*.

Les **COCCIDÉS** ou Cochenilles (1) offrent un dimorphisme sexuel très accusé. Les femelles demeurent toujours aptères; elles se fixent sur les végétaux en y implantant leur rostre, deviennent informes, s'entourent en général d'une matière cireuse et déposent leurs œufs sous elles. Les mâles, au contraire, sont ailés, et, par une exception remarquable, ils subissent une métamorphose *complète*.

La Cochenille proprement dite (*Coccus cacti* L.) est originaire du Mexique, où elle vit sur les raquettes des cactus connus sous le nom de nopals (*Opuntia coccinellifera*). Elle a été importée aux Antilles, en Espagne, en Algérie, etc. La Cochenille du commerce est constituée par les corps desséchés des femelles. C'est d'elle qu'on extrait, par des procédés spéciaux, la belle couleur rouge vif connue sous le nom de *carmin*, qui joue aujourd'hui un si grand rôle dans la technique histologique (Gerlach, 1858). Le Dr Larcher recommande la Cochenille broyée et administrée en potion dans le traitement de l'asthme et de la coqueluche.

Fig. 409. — Cochenille du nopal, femelle.

La Cochenille de la laque (*Carteria lacca* L.) appartient aux Indes orientales. Les femelles se fixent sur le *Ficus religiosa* et sur quelques autres arbres, et, à la suite de leurs piqûres, il s'écoule de ces arbres une substance résineuse connue sous le nom de *laque* ou de *gomme-laque*. On a employé cette substance comme tonique et astringente, sous forme de teinture alcoolique.

Le Kermès des teinturiers (*Kermes baphica*), qui vit sur le chêne kermès (*Quercus coccifera*), des régions circum méditerranéennes, a longtemps fourni à la médecine le *kermès animal*, constitué par les corps desséchés des femelles, et préconisé contre l'avortement. On en faisait aussi un sirop qu'on regardait comme stomachique et astringent.

Un grand nombre de Coccidés sont nuisibles aux végétaux ; nous devons nous borner à en citer quelques-uns : Cochenilles des serres (*Dactylopius adonidum*), des figuiers (*Ceroplastes caricæ*), des orangers (*Lecanium hesperidum*), etc., etc.

Les **APHIDÉS** ou Pucerons sont de tout petits Insectes pourvus d'antennes à 3-7 articles et d'un rostre triarticulé souvent très long; la plupart des individus sexués ont quatre ailes transparentes fort minces. Pattes longues, tarses presque toujours biarticulés, armés de deux griffes.

(1) R. Blanchard, *Les Coccidés utiles*. Bull. de la Soc. zool. de France, 1883.

Les Pucerons proprement dits ou **Aphis** (*Aphis* L.) ont de très longues antennes à sept articles; le sixième segment de l'abdomen porte, sur sa face dorsale, deux appendices ou *cornicules* cylindriques, qui sécrètent une liqueur spéciale. Ce qu'il y a de plus remarquable dans l'histoire de ces Insectes, c'est leur polyphormisme et leur reproduction parthénogenésique. Durant tout l'été et l'automne, on observe une succession de générations composées exclusivement de femelles qui se reproduisent sans le secours de mâles; puis, à l'approche de la mauvaise saison, ces femelles parthénogenésiques et vivipares donnent naissance à des mâles et à des femelles qui s'accouplent; ces dernières, une fois fécondées, pondent des œufs qui se conservent tout l'hiver et reproduisent l'espèce au printemps suivant.

Beaucoup de Pucerons nuisent aux végétaux dont ils sucent les bourgeons ou les feuilles. Citons, par exemple : *Aphis mali* Fab., sur le poirier, le pommier, l'épine noire; *A. sorbi* Kalt., Puceron rouge du pommier et du sorbier; *A. pisi* Kalt., sur le pois et la gesse; *A. rosæ* L., sur le rosier; *A. brassicæ*, sur le chou; etc.

Les piqûres des Pucerons provoquent parfois sur les végétaux la formation de galles. Ainsi, la *galle de Chine*, qu'on emploie dans l'extrême Orient comme astringent et comme substance tinctoriale, est produite par la piqûre de l'*Aphis chinensis* Bell. sur les feuilles de divers arbres. La *galle du pistachier* ou caroube de Judée est déterminée par la piqûre de l'*Aphis pistaciæ* L. sur plusieurs espèces de pistachiers.

Parmi les genres voisins, nous nous bornerons à signaler : le Puceron lanigère (*Schizoneura lanigera* Hartg.), qu'on regarde comme l'ennemi le plus dangereux des pommiers, et qui passe pour avoir été importé d'Amérique au commencement de ce siècle; le Puceron des galles du peuplier (*Pemphigus bursarius* L.); etc.

Un des groupes les plus intéressants des Aphidés est représenté par la tribu des PHYLLOXÉRINÉS. Les Pucerons qui composent cette tribu se distinguent au premier coup d'œil par leurs ailes qui, au lieu d'être en toit comme chez les autres Aphidés, sont à plat sur le dos comme chez les mâles des Coccidés.

Les **Phylloxéras** (*Phylloxera* Boyer de Fonscolombe), types du groupe, sont caractérisés par leurs antennes à trois articles. Chez les jeunes et les nymphes, le troisième article offre, près de son extrémité, un organe spécial formé d'un cadre chitineux supportant une membrane bombée : cet organe, connu sous le nom de *chaton*, paraît servir à l'odorat. Chez les individus ailés, on observe en outre un second chaton à la base du même article.

Le **Phylloxéra de la vigne** (*Ph. vastatrix* Planchon) a acquis une triste célébrité, par suite des ravages effrayants qu'il a produits parmi les vignobles français. Son histoire mérite d'être tracée ici avec quelque détail. A MM. Dumas, Balbiani, Planchon, Lichtenstein, Duclaux, M. Cornu, M. Girard, P. Boiteau, etc., revient le mérite de l'avoir élucidée.

Si, dans le courant de la belle saison, on examine les radicelles d'une vigne attaquée par le Phylloxéra, on les voit couvertes d'une foule de points jaunâtres ou brunâtres, qui représentent autant d'individus *aptères parthénogenésiques*. Chacun d'eux, en effet, ne tarde pas à pondre, sans accouplement préalable, trois à dix œufs par jour, soit en tout trente à quarante œufs ou *pseudova*, d'un jaune de soufre au début, et prenant peu à peu une teinte brune. De ces œufs sortent, au bout d'une huitaine de jours en moyenne, de petits Insectes également jaunes, puis verdâtres et enfin bruns, d'abord très agiles et errants. Trois ou quatre jours après l'éclosion, ces larves ont choisi une place convenable; elles enfoncent leur rostre dans la racine et, dès lors, demeurent stationnaires. Elles s'accroissent rapidement, subissent trois mues, et, douze à dix-huit jours après leur naissance, sont capables de pondre comme leurs mères. Quatre à six générations semblables se succèdent ainsi jusqu'au retour de la saison rigoureuse.

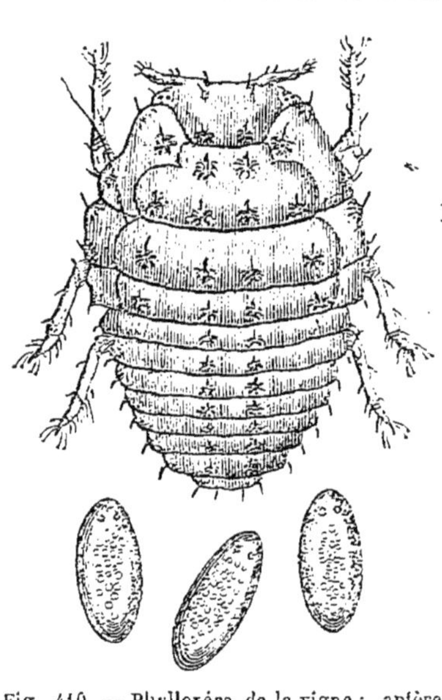

Fig. 410. — Phylloxéra de la vigne : aptère radicicole, face dorsale, grossi 50 fois. Au-dessous, ses œufs (M. Cornu et Delamotte).

A compter du mois de juillet, on voit apparaître, parmi ces Insectes radicicoles, des individus qui prennent, en grossissant, une forme plus allongée, et subissent une quatrième mue, laquelle les amène à l'état de *nymphes*. Ces nymphes sont surtout reconnaissables à leur thorax muni de rudiments d'ailes.

Elles ne tardent pas à quitter les radicelles, pour se rapprocher peu à peu de la surface du sol, et, après une cinquième et dernière mue, elles se montrent pourvues de quatre ailes. Le *Phylloxéra ailé* a été comparé à une microscopique Cigale; il ne possède plus, sur la face dorsale, les tubercules qui existaient chez l'aptère et la nymphe; son rostre est plus court que celui des individus radicicoles. C'est d'ordinaire vers la mi-juillet, époque à laquelle se détruisent les radicelles attaquées, que se montrent les premiers ailés, et leur production se continue jusque vers le mois de novembre. Ils se fixent à la face inférieure des feuilles, dans lesquelles ils enfoncent leur suçoir. Quoique volant assez mal, ils sont facilement emportés par le vent, et vont ainsi former au loin de nouvelles colonies. On a reconnu cependant que les progrès de la maladie ne dépassent pas 20 à 25 kilomètres par an. Les ailés sont, comme les aptères radicicoles, des femelles parthénogenésiques : c'est M. P. Boiteau, vétérinaire à Villegouge (Gironde), qui a le premier, en 1875, aperçu ces Insectes pondant sur la face inférieure des feuilles ou sous l'écorce exfoliée des ceps. Les œufs des ailés, au nombre de trois à six, sont de deux tailles différentes : les petits donnent nais-

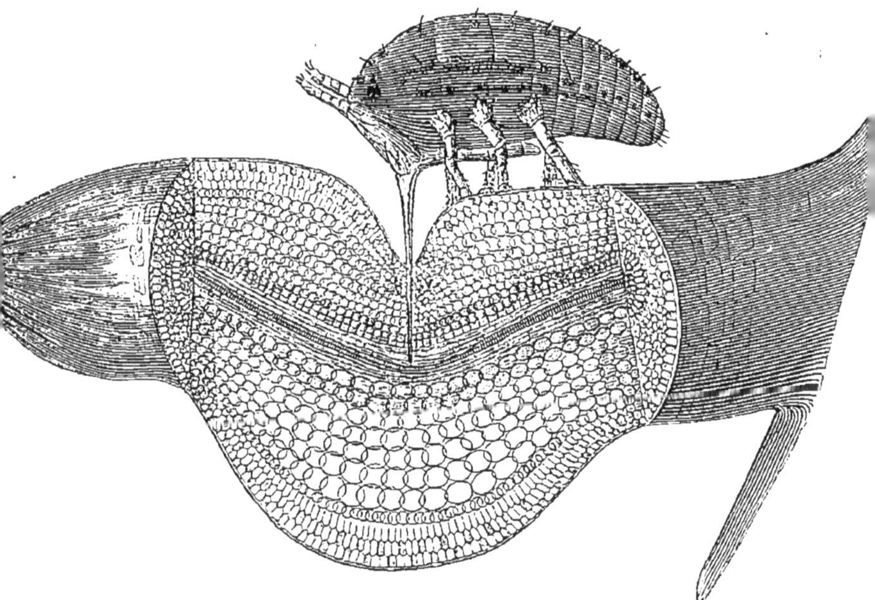

g. 411. — Phylloxéra de la vigne : aptère radicicole suçant la sève d'une radicelle de vigne européen. Grossissement : 50 diamètres (M. Cornu et Delamotte).

sance à des mâles aptères, les gros à des femelles également aptères, mais propres à la fécondation. Ces œufs éclosent au bout de huit à dix jours.

Les *Phylloxéras sexués* s'observent en général du 15 juillet au 15 novembre ; ils sont petits, dépourvus d'ailes, de rostre et d'appareil digestif : les organes de la génération seuls sont bien développés. Ils ne subissent pas de mues. Les mâles sont plus petits et moins nombreux que les femelles. Aussitôt après l'éclosion, ces Insectes se rendent sous l'écorce de la tige, peut-être aussi dans le sol, et s'accouplent. L'abdomen de la femelle contient un seul œuf, qui le remplit en entier : c'est l'*œuf d'hiver*, qu'elle va pondre dans les interstices de l'écorce de la tige et des vieux sarments. L'œuf d'hiver tient le milieu, par son volume, entre les deux sortes d'œufs de l'ailé; il se fait remarquer par la présence d'un pédicule qui sert à le fixer à l'écorce; sa teinte définitive est d'un vert olive marbré de taches brunes. Cet œuf résiste très bien à un froid de — 10° C. Le développement embryonnaire est suspendu jusqu'au printemps suivant, mais, au retour de la belle saison, chaque œuf donne naissance à

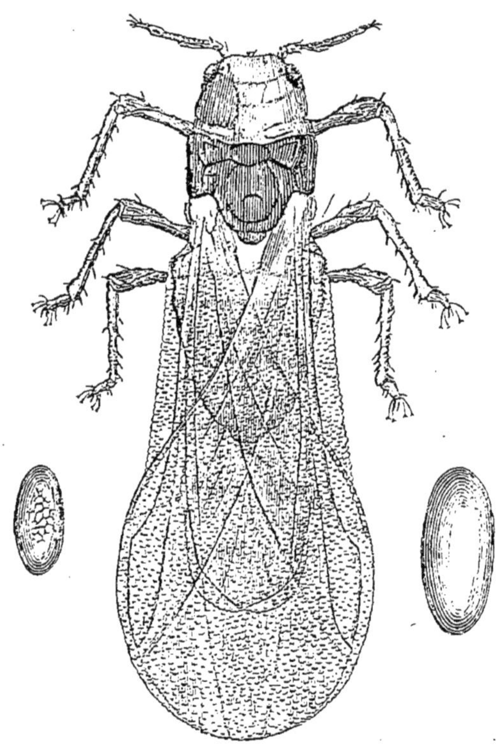

Fig. 412. — Phylloxéra de la vigne : insecte ailé, face dorsale, grossi 50 fois. A gauche, un œuf mâle. A droite, un œuf femelle (M. Cornu et Delamotte).

un Phylloxéra aptère et parthénogenésique identique à ceux que nous avons signalés au début. Ainsi se trouve fermé le cycle évolutif du *Phylloxera vastatrix*.

Ajoutons cependant que tous les aptères agames ne tirent pas leur origine de l'œuf d'hiver. Un certain nombre de jeunes aptères persistent pendant l'hiver; leur développement s'arrête pour reprendre au printemps : on donne à ces individus le nom d'*hibernants*.

Nous n'avons d'ailleurs parlé, jusqu'à présent, que des Phylloxéras qui vivent sur les racines; mais, dans quelques régions de la France, aussi bien qu'en Amérique, on voit, à la face inférieure des feuilles des ceps malades, de petites galles qui renferment chacune un Phylloxéra aptère avec ses œufs ou ses jeunes. On donne à ce Phylloxéra le nom de *gallicole;* il est un peu plus grand que le radicicole, dont il diffère en outre par l'absence des tubercules de la région dorsale. Or, de nombreuses expériences démontrent que ce sont là deux formes du même animal, modifiées par la seule action du milieu : les Phylloxéras transportés des galles sur les racines, et réciproquement, s'adaptent très bien à ce changement de séjour. Les gallicoles proviennent eux-mêmes des œufs d'hiver; ils se multiplient comme les radicicoles et subissent la même évolution. Les hibernants qui en dérivent gagnent les racines.

Fig. 413. — Phylloxéra de la vigne, mâle, face ventrale, grossi 50 fois (M. Girard).

Quoiqu'on ne connaisse pas bien les causes de cette dualité biologique, il est certain que l'option des Insectes pour l'un ou l'autre séjour tient en grande partie à la nature du cépage. Ainsi, en thèse générale, on constate que, sur les ceps américains, le Phylloxéra préfère les feuilles, tandis que, sur les ceps européens, il s'attaque surtout aux racines. C'est là précisément ce qui fait que le plant européen succombe.

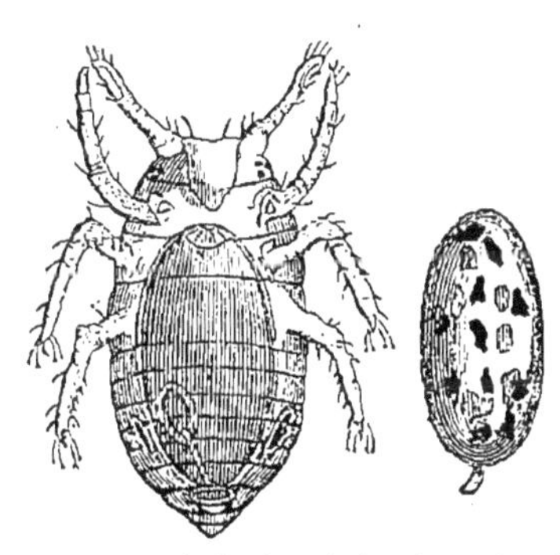

Fig. 414. — Phylloxéra de la vigne, femelle, face ventrale, et son œuf (œuf d'hiver), grossis 50 fois (M. Girard).

Les *dégâts* causés par le Phylloxéra se reconnaissent tout d'abord à ce qu'on appelle la *tache phylloxérique.* C'est un ensemble de ceps rabougris dont la végétation forme tache, en effet, sur le reste; et comme les ceps les plus malades occupent le centre, tandis que les zones périphériques sont de plus en plus vigoureuses, il se dessine une sorte de concavité, qu'on distingue à distance et qui fait donner parfois à la tache le nom de *cuvette phylloxérique.* Mais les ceps, sains en apparence, sont d'ordinaire attaqués à une assez grande distance des bords de la cuvette. La propagation du mal s'effectue d'ailleurs, non seulement par continuité, à la façon d'une tache d'huile, mais aussi à distance, par l'intermédiaire de l'Insecte ailé ou même par le fait de l'Homme.

On s'assure de la présence du Phylloxéra en arrachant les racines; si l'invasion date de loin, le chevelu a disparu, mais si elle est au contraire de date récente, on remarque, à l'extrémité ou sur la longueur des radicelles, des renflements ou nodosités plus ou moins allongées et tout à fait caractéristiques : c'est le résultat de la succion et peut-être aussi du dépôt d'une salive irritante. Les Phylloxéras s'observent à la surface, sous l'aspect de nombreuses petites taches jaunes ou brunes.

C'est vers 1863 que le Phylloxéra a été introduit en France, dans le Gard, par l'importation de plants de vignes américaines. Dès 1866, des taches phylloxériques se montraient dans Vaucluse et dans les Bouches-du-Rhône. Peu à peu, les départements du Midi ont été envahis, et le mal s'est avancé vers le nord, les régions couvertes dessinant un triangle dont la base était formée par la Méditerranée. En 1884, on comptait cinquante-trois départements atteints; la perte de notre vignoble (1) était d'un million d'hectares! Et le fléau progresse toujours, et toutes les contrées de l'Europe sont menacées. L'Algérie même est aujourd'hui envahie (juillet 1885).

On voit que le Phylloxéra est un ennemi terrible: et le danger de ses attaques est d'autant plus redoutable que sa petitesse même le rend difficilement accessible à nos moyens d'action. Jusqu'à présent, les meilleurs résultats ont été obtenus par l'emploi de deux puissants insecticides : le sulfure de carbone et le sulfo-carbonate de potassium. On a proposé aussi de poursuivre la destruction de l'œuf d'hiver, par la décortication superficielle des souches, le flambage des écorces et le badigeonnage avec des substances insecticides. D'autre part, la submersion et la plantation dans les sables sont des moyens pratiques qui méritent d'être absolument recommandés dans toutes les régions où les conditions locales en permettent l'application. Enfin, l'observation de la résistance spéciale des vignes américaines a conduit à tenter la culture de ces vignes sur notre sol; on a fait à Montpellier, en particulier, l'essai de diverses variétés, et on a été amené à reconnaître qu'un certain nombre jouissent en effet d'une sorte d'immunité à l'égard du Phylloxéra ; seulement, la plupart ne fournissent pas un vin susceptible d'être utilisé, et on ne s'en sert que comme porte-greffes. On a déjà reconstitué de la sorte une faible partie des vignobles détruits.

2° Cicadaires.

Les principaux représentants de ce groupe sont les Cicadellidés, les Fulgoridés et les Cicadidés. A cette dernière famille appartiennent les Cigales (*Cicada* L.), célèbres par leur chant, qui n'a cependant rien de remarquable. On trouve, dans le midi de la France, la Cigale du frêne (*C. plebeja*), la Cigale de l'orne (*C. orni* L.). Cette dernière vit sur le *Fraxinus Ornus* et le *F. excelsior :* en piquant l'écorce pour y puiser sa nourriture,

(1) Eug. Tisserand, *Rapport à la commission supérieure du Phylloxera*, 1885 (V. Journal de l'Agriculture, 25 avril 1885).

elle provoque l'écoulement de la substance sucrée et laxative connue sous le nom de *manne*. On sait, toutefois, que l'on récolte surtout la manne en pratiquant des incisions transversales sur l'écorce. C'est de Sicile que nous vient aujourd'hui ce produit.

DEUXIÈME SOUS-ORDRE

HÉTÉROPTÈRES

Les Hétéroptères (ἕτερος, différent) ou Hémiptères proprement dits ont les ailes antérieures en hémélytres et les postérieures membraneuses; le rostre est inséré sur le front. Beaucoup d'entre eux répandent une odeur forte, due à la sécrétion d'une glande qui s'ouvre, du moins chez les adultes, à la face inférieure du métathorax, au niveau de la dernière paire de pattes. Chez les jeunes individus, d'après J. Künckel, l'appareil occupe la région dorsale de l'abdomen.

2 sections : *Hydrocorises* et *Géocorises*.

1° Hydrocorises.

Les Punaises d'eau ont des antennes courtes, à trois ou quatre articles, dissimulées au-dessous des yeux; elles vivent d'ordinaire dans la vase et se nourrissent de proies vivantes.

Les **NOTONECTIDÉS** ont une grosse tête, un rostre court et épais, des pattes antérieures courtes, des pattes postérieures longues, aplaties en rames et ciliées.

Nous signalerons d'abord, dans cette famille, les **Notonectes** (*Notonecta* L.), qui ont des tarses à deux articles apparents, un corps très convexe, et qui nagent sur le dos. — La **Notonecte commune** (*N. glauca* L.), vulgairement Punaise aquatique, Punaise à avirons, vit dans les eaux dormantes, où elle se tient d'ordinaire à la surface ; dès qu'on l'approche, elle plonge. Cet Insecte pique quand on cherche à le prendre ou qu'on introduit sans précautions la main dans l'eau : la douleur ressentie est souvent assez vive.

Les **Corises** (*Corisa* Geoff.) sont le type d'un groupe dont le bec est caché, et dont les tarses antérieurs n'ont qu'un seul article apparent; ces Insectes nagent sur le ventre. — Comme les Notonectes, les Corises fixent leurs œufs sur les plantes aquatiques. Au Mexique, on recherche les œufs de deux espèces de ce genre, *C. mercenaria* Say et *C. femorata* Guér., qui abondent dans certains lacs, notamment dans le lac de Texcoco. Les naturels placent dans l'eau des faisceaux de joncs sur lesquels les Insectes en question vont déposer leurs œufs : ceux-ci sont recueillis et consommés sous le nom d'*hautle* (haoutle), après avoir été convertis en galettes qui se vendent sur les marchés de Mexico. Ce produit a un goût de Poisson assez prononcé.

Les **NÉPIDÉS** sont caractérisés par leur tête petite et leurs pattes antérieures disposées pour la préhension.

On reconnaît les **Nèpes** (*Nepa* Fabr.) à leurs courtes antennes tri-articulées, à leur corps aplati, à leur abdomen muni de deux tiges qui constituent par leur juxtaposition un siphon respiratoire. La **Nèpe cendrée** (*N. cinerea* L.) ou Scorpion d'eau nage ou marche avec lenteur au bord des mares ; elle pique douloureusement qui veut la saisir.

Les **Ranâtres** (*Ranatra* Fabr.), dont la forme est beaucoup plus allongée, ont à peu près les mêmes mœurs. *R. linearis* L.

2° Géocorises.

Ce sont les Punaises terrestres : elles ont des antennes longues et découvertes, à quatre ou cinq articles. Elles comprennent les familles suivantes : *Hydrométridés, Réduvidés, Acanthiadés, Capsidés, Lygéidés, Coréidés, Pentatomidés.*

Les **RÉDUVIDÉS** ont la tête rétrécie en forme de cou derrière les yeux, et le prothorax divisé en deux par un étranglement.

Nous nous bornerons à signaler le **Réduve masqué** (*Reduvius personatus* L.) ou Punaise-Mouche, qui se tient dans les maisons, où il fait la chasse aux autres Insectes, les suçant à l'aide de son rostre pointu. La larve se cache dans les coins poudreux, au milieu des balayures, et s'entoure même d'une couche de poussière qui masque son aspect naturel et dissimule sa présence. Cette larve vit aussi de rapine ; Linné, Degeer, Fabricius assurent même qu'elle poursuit les Punaises de lit, sans doute pour sucer le sang que celles-ci ont absorbé. Mais le Réduve peut aussi piquer l'Homme, et la blessure est très douloureuse. Latreille, atteint à l'épaule, eut le bras entier engourdi pendant plusieurs heures.

On cite encore quelques autres espèces de Réduves qui attaquent l'Homme : le *R. cruentus* Fabr. ; le *R. amœnus*, de Bornéo et Java ; le *R. serratus*, de l'Inde, qui produirait de petites commotions électriques.

C'est près des Réduves que se place le Benchucha des pampas (*Conorhinus nigrovarius*) dont parle Darwin dans son « Voyage ». En moins de dix minutes, cet Insecte, d'abord très plat, se gorge de sang et devient globuleux.

Les **ACANTHIADÉS** ou Punaises membraneuses ont le corps aplati, des antennes à quatre articles et une gouttière le long du cou pour loger la gaine du rostre; les tarses, à deux articles, se terminent par des griffes sans pelotes.

Genre **Punaise** (*Cimex* L., *Acanthia* Fabr.). — Ce genre représente la tribu des *Acanthianés*, qui comprend les formes dont la tête est peu rétrécie en arrière, et dont les antennes ont le premier article court et les deux derniers grêles. Le corps est aplati, ovalaire; les élytres sont rudimentaires; les ailes manquent.

La **Punaise des lits** (*Cimex lectularius* L.), que tout le monde connaît, est un Insecte de 4 à 5 millimètres de long, d'un brun rougeâtre; le corps est finement ponctué et pubescent; les yeux sont noirs et arrondis; les antennes, velues, ont leur dernier article un peu élargi vers l'extrémité; le prothorax est échancré en avant et dilaté sur les côtés; l'abdomen est subarrondi, très déprimé, à huit segments; les pattes, noires à l'extrémité, ont des tarses courts, à trois articles.

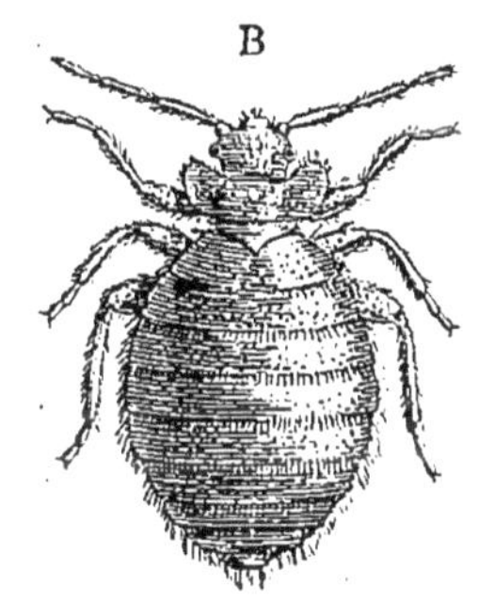

Fig. 415. — Punaise des lits. — A, grandeur naturelle. B, grossie (Orig.).

La femelle pond en mars, en mai, en juillet et en septembre, dans les fissures des boiseries ou sous les papiers de tenture des appartements; elle dépose chaque fois une cinquantaine d'œufs blanchâtres, oblongs, munis d'un opercule à l'un des pôles. Le développement des Punaises exige environ 11 mois et comporte quatre mues; la dernière ponte est souvent détruite par le froid de l'hiver.

Ces Insectes n'attaquent pas seulement l'Homme; on en a trouvé aussi dans les colombiers, dans les nids d'Hirondelles et les repaires des Chauves-Souris, et on les a décrites, probablement à tort, comme des espèces distinctes, sous les noms de *Cimex columbarius*, *hirundinis*, *pipistrellæ*. Nous en avons nous-même recueilli dans des poulaillers (fig. 415); elles nous ont paru identiques à celles des lits.

Les Punaises sont nocturnes: elles fuient la lumière et se cachent pendant le jour dans les moindres fissures; elles répandent une odeur très désagréable. L'odeur de l'Homme les attire, mais certaines personnes sont particulièrement atteintes : nous avons vu, dans des dortoirs, les mêmes enfants poursuivis sans relâche par ces Insectes, malgré tous les changements de lits effectués, tandis que d'autres, venant habiter le lit infesté, étaient toujours épargnés. La piqûre est assez douloureuse, ce qui tient sans doute au dépôt d'une salive irritante : elle donne lieu à une tache rougeâtre, offrant au centre un point plus foncé ; souvent même, il survient une petite ampoule. Quand les piqûres sont confluentes, ces vésicules peuvent simuler une véritable éruption.

Les Poules couveuses tourmentées par les Punaises finissent par abandonner leurs œufs, sur lesquels on remarque alors de petites taches formées par les excréments de l'Insecte.

En absorbant le sang, celui-ci se gonfle. Il peut ensuite, du moins lorsqu'il est adulte, demeurer longtemps sans prendre de nourriture. Nous en avons ainsi conservé plusieurs mois dans un flacon de verre. Audouin en a gardé une pendant deux ans dans une boîte.

Il est souvent difficile de se débarrasser des Punaises ; on recommande surtout l'essence de térébenthine, la pommade mercurielle, les fumigations d'acide sulfureux. M. Gassend préconise d'une façon toute particulière le sulfure de carbone. « Lorsqu'on veut l'employer à cet usage, dit-il, il s'agit de fermer le mieux possible les portes, les fenêtres, les cheminées des pièces à sulfurer et de mettre au milieu de ces pièces un récipient à large surface contenant environ 1 litre de sulfure de carbone ; on laisse le sulfure de carbone agir toute la journée et, le soir, on aère la pièce pendant quelques instants avant d'y entrer avec un corps en ignition, car il ne faut pas oublier que le sulfure est très inflammable et forme, lorsqu'il est mélangé avec l'air, un gaz détonnant. Un traitement suffit généralement ; la dépense est de 45 à 50 centimes. Il n'y a rien à redouter pour la couleur des tentures, les vapeurs de sulfure n'agissant pas sur les couleurs (1). » Un autre moyen consiste à insuffler dans leurs retraites de la poudre de pyrèthre du Caucase très fraîche, ou à y lancer, à l'aide d'un pulvérisateur, une solution de sublimé corrosif (1 pour 1000). On assure aussi que la Passerage des décombres (*Lepidium ruderale*) attire les Punaises et les enivre de telle sorte qu'il suffit alors de jeter la plante au feu pour les détruire.

On a décrit encore deux autres espèces de Punaises qui diffèrent à peine de l'espèce commune.

La **Punaise arrondie** (*C. rotundatus* Signoret), qui vit à la Réunion, est un peu plus petite que la Punaise ordinaire, moins orbiculaire, moins pubescente et plus rougeâtre.

La **Punaise ciliée** (*C. ciliatus* Eversmann) est aussi de petites dimensions ; elle est revêtue de poils gris ou jaunâtres, plus longs sur les bords. Cette espèce a été observée dans les maisons de Kazan ; elle se promène lentement sur les murs et sur les couvertures. Sa piqûre est fort douloureuse, ce qui paraît tenir à la grande longueur du rostre.

(1) Gassend, *Destruction des mulots*, etc. Compte rendu des travaux des conseils d'hygiène de Seine-et-Marne en 1883, p. 30.

Les **PENTATOMIDÉS**, plus connus sous le nom de Punaises des bois ou de Punaises à bouclier, sont caractérisés par leur écusson, qui dépasse le milieu de l'abdomen ou le recouvre en entier.

Fig. 416. — Pentatome ornée (*Eurydema ornata*).

Diverses espèces nuisent aux végétaux, surtout aux Crucifères. Telles sont : la Pentatome potagère (*Pentatoma* seu *Eurydema oleracea* Oliv.), la Pentatome ornée (*Eur. ornata* L.) (fig. 416), etc.

TROISIÈME SOUS-ORDRE

APTÈRES

A l'exemple de divers auteurs, nous réunissons dans un même groupe les Poux et les Ricins (1), quoique les premiers seuls se rattachent d'une façon bien nette aux Hémiptères. On les confond vulgairement sous le nom de Poux, et les entomologistes leur ont appliqué les appellations diverses d'*Aptères*, *Parasites*, *Anoploures*, *Zoophtires*, *Insectes épizoïques*.

Tous sont dépourvus d'ailes, et leur développement ne comporte aucune métamorphose. Ils vivent en parasites sur les animaux à sang chaud.

2 familles : *Pédiculidés* et *Ricinidés*.

Appareil buccal masticateur; tête ordinairement large.......... RICINIDÉS.
Appareil buccal en suçoir; tête ordinairement allongée......... PÉDICULIDÉS.

Famille des **PÉDICULIDÉS**. — Les Poux ou Pédiculidés sont

(1) Piaget, *Les Pédiculines*. Leyde, 1880.

caractérisés essentiellement par leur appareil buccal disposé en suçoir.

Ce suçoir est rétractile et n'est visible que quand il fonctionne; il se compose d'une gaine tubuleuse molle formée par la lèvre supérieure et la lèvre inférieure réunies, et pourvue à son extrémité de crochets recourbés en dehors; cette gaine contient un aiguillon creux qui paraît constitué par les mandibules et les mâchoires soudées ensemble : l'Insecte fait saillir cet aiguillon hors de la gaine pour l'enfoncer dans la peau et sucer le sang. Les antennes sont à cinq, plus rarement à trois ou quatre articles, le premier plus développé. Deux yeux simples, distincts seulement

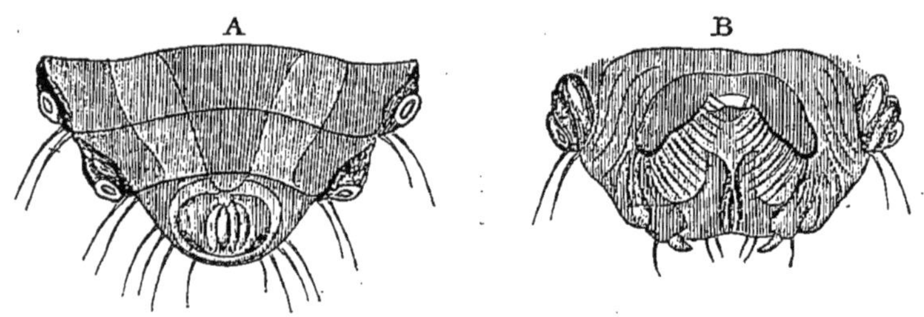

Fig. 417. — Extrémité postérieure grossie de l'Hématopinus du Porc. — A, mâle, face dorsale. B, femelle, face ventrale (Delafond, inéd.).

dans quelques genres. Le thorax est petit, à peine annelé, et porte un stigmate. L'abdomen présente six à neuf segments, le dernier arrondi chez les mâles et percé en dessus d'un large orifice cloacal par lequel émerge le pénis; échancré chez les femelles, dont la vulve s'ouvre à la face ventrale entre les deux derniers segments : cette disposition exige que, dans l'accouplement, la femelle se place sur le dos du mâle. Le premier et le dernier anneau n'ont jamais de stigmates. Les tarses sont à deux articles, le dernier représenté par un ongle robuste (rarement deux) qui se replie et forme pince avec une saillie de l'angle interne de l'extrémité inférieure de la jambe, saillie nue ou armée d'un ou de deux ardillons.

Les œufs des Poux, connus sous le nom de *lentes,* sont pyriformes et fixés à la base des poils par leur petit pôle, au moyen d'une substance agglutinative. Les jeunes sortent en soulevant un opercule situé au pôle opposé; ils deviennent bientôt aptes à la procréation.

Tous les Poux vivent sur les Mammifères, dont ils sucent le sang. On en distingue actuellement six genres :

Antennes à 3 articles				*Pedicinus.*
Antennes à 4 articles				*Echinophthirius.*
Antennes à 5 articles.	Pattes à deux griffes inégales			*Hæmatomyzus.*
	Pattes à une seule griffe.	Abdomen à 6 segments		*Phthirius.*
		Abdomen à 7-9 segments.	Tête rétrécie en avant du thorax	*Pediculus.*
			Tête rétrécie jusque dans le thorax	*Hæmatopinus.*

Genre **Pou** (*Pediculus* L.). — Caractérisé par la tête rétrécie en cou avant son insertion dans le thorax, qui a le double de sa largeur ; par l'abdomen à sept ou huit segments ; par l'extrémité inférieure de la jambe munie d'une saillie interne bien distincte (*pouce*), armée d'un fort ardillon et de quelques spinules. Le tarse porte un seul ongle ; les antennes sont à cinq articles.

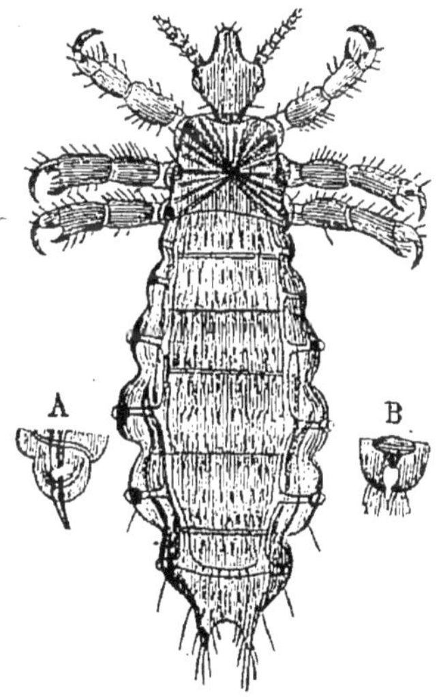

Fig. 418. — Pou de tête, femelle, de l'Homme. Grossissement : 20 diamètres. — A, extrémité postérieure du mâle, face ventrale. B, région correspondante de la femelle (Piaget).

Le **Pou de tête** (*P. capitis* Deg.), long de $1^{mm},8$ à $2^{mm},7$, est d'un cendré grisâtre, avec l'abdomen à sept segments, un peu plus foncé sur les côtés. Il vit sur la tête des individus malpropres, surtout des enfants et des vieillards.

La femelle pond une cinquantaine d'œufs dans l'espace de six jours. Les petits éclosent au bout de cinq à six jours, et dix-huit jours après ils sont aptes à se reproduire. D'après ces données, la deuxième génération d'un Pou, survenant au bout de huit semaines environ, représenterait 2500 individus, et la troisième, après douze semaines, 125 000 ; mais ces calculs sont heureusement trompeurs, car ils ne tiennent pas compte des nombreuses chances de destruction que court la postérité de cette vermine.

Les Poux qui vivent sur les différentes races humaines offrent souvent quelques caractères spéciaux de minime importance, et en particulier prennent une coloration correspondante à celle de leur hôte. Ainsi, d'après Murray, « ceux du Nègre de l'Afrique occidentale et de l'Australie sont presque noirs; ceux de l'Hindou, foncés; ceux des Hottentots, orange; ceux des Chinois et des Japonais, jaune brun; ceux des Indiens des Andes, brun foncé; ceux des Indiens de Californie, olivâtres; ceux des Indiens du Nord, voisins des Esquimaux, pâles, à peu près comme ceux des Européens. » Le même auteur a vu d'ailleurs un Pou de Nègre, transporté sur la tête d'un Européen, prendre la teinte livide du parasite de la race blanche, ce qui démontre bien l'influence de l'alimentation.

On a préconisé divers moyens, parfois dangereux, pour détruire les Poux; le plus simple et le plus inoffensif consiste dans l'emploi d'huiles grasses, qui asphyxient les Insectes en obstruant leurs stigmates.

Le **Pou du corps** (*P. vestimenti* Nitzsch, *P. corporis* Deg.) est plus grand que le précédent et présente d'ordinaire une teinte uniforme d'un blanc sale; la tête, moins arrondie en avant, porte des antennes plus longues; le thorax est moins concave sur l'abdomen, qui est à huit segments. Mâle, 3mm; femelle, 3mm,3.

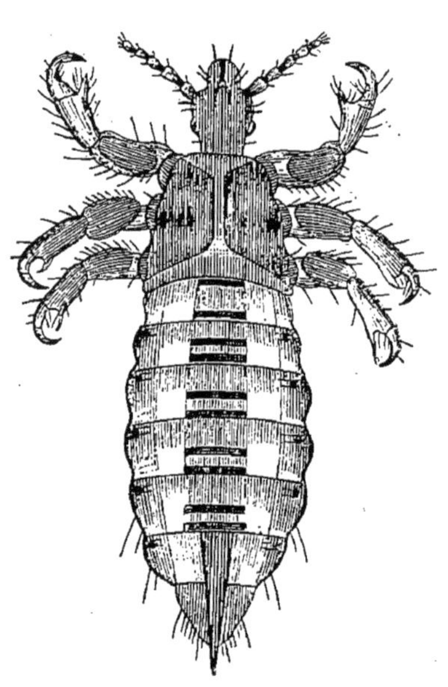

Fig. 419. — Pou de corps, mâle, de l'Homme, grossi 20 fois (Piaget).

Comme son nom l'indique, ce Pou vit sur le corps de l'Homme, notamment sur le dos et la poitrine, et se dissimule dans ses vêtements. La femelle dépose ses œufs dans les coutures de ces vêtements, de telle sorte que les personnes malpropres, telles que les mendiants, qui changent trop rarement de linge, sont infestées de ces parasites.

On en trouve une variété noirâtre sur le corps des Éthiopiens, et une autre, d'un brun rouge, sur celui des Groenlandais.

On a signalé, sous le nom de *P. tabescentium* Burm., une prétendue espèce dont la ponte s'effectuerait sous des pellicules épidermiques. Il semble aujourd'hui bien prouvé qu'il s'agit là du *P. vestimenti*, dont la multiplication augmente sous certaines influences et détermine parfois une phtiriase fort grave (1). On trouve, dans les auteurs anciens, de nombreux exemples de cette dégoûtante affection : à les en croire, Hérode, Antiochus, le philosophe Phérécyde, le dictateur Sylla, Agrippa, Valère-Maxime, l'empereur Arnould, le cardinal Duprat, Philippe II d'Espagne, Foucquau, évêque de Noyon, auraient succombé à l'envahissement de la vermine pédiculaire.

La phtiriase est rare en France ; elle paraît commune, au contraire, en Galice et dans les Asturies ; en Pologne, elle accompagne souvent la plique.

Pour se débarrasser des Poux du corps, il convient de recourir à des bains sulfureux, et de soumettre les vêtements à une haute température, soit à l'étuve, soit au four.

Un fait curieux à noter, c'est que certains Sauvages, à l'exemple des Chiens et des Singes, mangent les Poux qu'ils se prennent sur le corps. Les Aléoutiens, les Hottentots, diverses peuplades australiennes sont dans ce cas.

Piaget a rencontré une autre espèce de Pou (*P. consobrinus*) sur un Singe d'Amérique (*Ateles*). Quant aux Singes de l'Ancien Continent, ils sont attaqués par des *Pedicinus*.

Les **Phtirius** (*Phthirius* Leach) ont le thorax large, non distinct de l'abdomen ; celui-ci, un peu moins large, offre sur les côtés des saillies coniques munies de soies. Les pattes antérieures, plus grêles que les autres, ont le pouce de la jambe moins développé et la griffe plus fine.

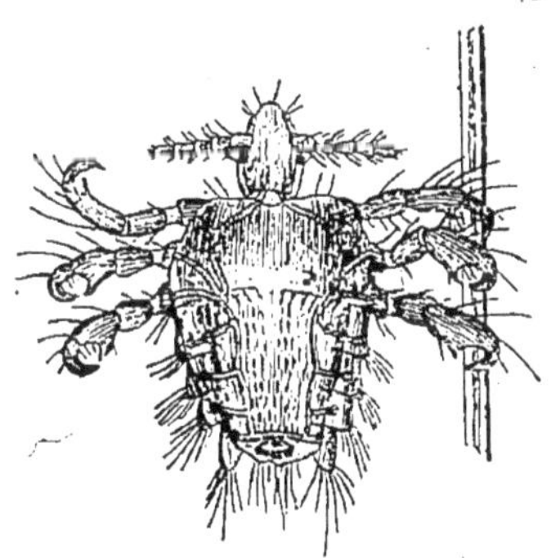

Fig. 420. — *Phthirius inguinalis*, mâle, de l'Homme, grossi 20 fois (Orig.).

L'unique espèce du genre est le **Phtirius du pubis** (*Phth. inguinalis* Redi, *Pediculus pubis* L.), vulgairement connu sous le nom de *Morpion*. C'est un Insecte de teinte blanchâtre, avec la partie moyenne du corps brun rougeâtre et les tarses d'un roussâtre clair ; sa longueur est un peu inférieure à celle du Pou de tête : mâle $1^{mm},3$, femelle $1^{mm},5$.

Il vit sur l'Homme ; chez les adultes, on le trouve dans les poils du pubis ou des aisselles, dans la barbe, dans les sourcils ; chez les enfants,

(1) De même, nous avons vu dans un cas l'Hématopinus du Cheval former des sortes de petits nids sous-épidermiques. (A. Railliet, *Sur le Trichodecte du Mouton*. Recueil de médecine vét. 1883, p. 107.)

il se fixe dans les sourcils et à la base des cils (*phthiriasis palpebrarum*). Il n'attaque pas le cuir chevelu. La transmission de ce parasite s'effectue surtout par les rapports vénériens, mais elle peut avoir lieu aussi par le linge, les habits, les sièges de water-closet, etc.

Le Pou du pubis pique assez fortement; cette piqûre donne lieu à la formation de taches rougeâtres et parfois même à l'écoulement de petites gouttelettes de sang. Dans un grand nombre de cas, il se forme, en outre, des *taches bleues* ombrées, que depuis longtemps les médecins regardaient comme une des manifestations de la fièvre typhoïde ou de la fièvre synoque (!). C'est un médecin de la marine, M. Mourson, qui a démontré le premier, en 1878, que ces taches se rencontraient dans des maladies diverses, mais qu'elles coïncidaient toujours avec la présence des Morpions. Depuis cette époque, tout le monde a pu vérifier l'exactitude de cette assertion, et M. Duguet a même démontré que les taches sont dues à une sorte de venin, car il les a développées par l'inoculation sous-cutanée du corps broyé de l'Insecte. On a toutefois remarqué que certains individus porteurs de Morpions sont réfractaires à ce venin et n'offrent jamais de taches bleues.

On se débarrasse des Poux du pubis au moyen de frictions de pommade mercurielle. Les bains sulfureux, l'eau phagédénique, l'eau de Cologne même, fournissent aussi de bons résultats.

Les **Hématopinus** (*Hæmatopinus* Leach) ne possèdent aucun caractère sérieux qui permette de les distinguer génériquement des Poux véritables, et si nous en faisons un genre distinct, c'est pour nous conformer à l'usage. Ils diffèrent des Poux par leur tête, qui se rétrécit d'une façon insensible jusque dans le thorax; par leur abdomen à huit ou neuf segments; par leurs jambes, dont l'angle terminal interne n'offre pas de pouce véritable, mais est simplement relevé, avec un ardillon coloré.

Nous ne signalerons ici que les espèces propres aux animaux domestiques.

L'**Hématopinus macrocéphale** (*H. macrocephalus* Burm.) a le corps châtain, avec la tête et le thorax plus foncés; la tête est étroite, beaucoup plus longue que le thorax, et offre sur les côtés une profonde échancrure, limitée en dehors par la tempe, qui s'avance en corne. L'abdomen est ovale, aplati, et montre ses six stigmates saillants dans des protubérances latérales. La femelle est longue de $3^{mm},5$, le mâle de $2^{mm},5$.

Cet Insecte vit au fond de la fourrure du Cheval, sur le garrot, sur les côtes, rarement sur les membres. Il se fixe toujours au contact de la peau, ses griffes embrassant la base des poils. Les piqûres déterminent une irritation parfois intense, accompagnée de prurit et souvent suivie de dépilations. Ce parasite se transmet et se multiplie avec une grande rapidité, surtout parmi les animaux mal entretenus.

D'après Piaget, l'Hématopinus de l'Ane constitue tout au moins une variété (*coloratus*) caractérisée par sa teinte plus foncée et quelques détails secondaires.

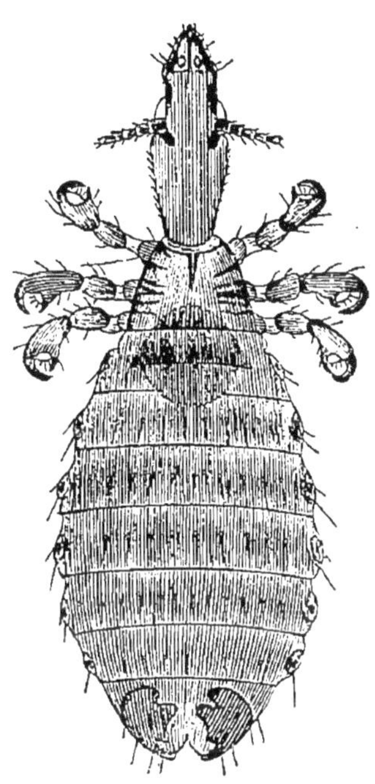

Fig. 421. — *Hæmatopinus macrocephalus*, femelle, du Cheval. Grossissement : 20 diamètres (Orig.).

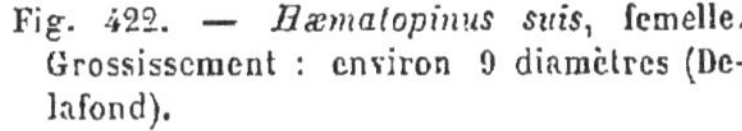

Fig. 422. — *Hæmatopinus suis*, femelle. Grossissement : environ 9 diamètres (Delafond).

L'**Hématopinus du Porc** (*H. suis* L., *H. urius* Nitzsch), qu'on prend d'habitude pour type du genre, est la plus grande espèce connue jusqu'à présent : le mâle mesure 4 millimètres, la femelle 5 millimètres. Il diffère surtout du précédent par sa tête dépourvue d'échancrure sur les côtés.

On le rencontre chez le Porc domestique et chez le Sanglier.

L'**Hématopinus eurysterne** (*H. eurysternus* N.) a la tête moins longue que les deux espèces précédentes ; le thorax est même un peu plus long et beaucoup plus large ; l'abdomen, outre des protubérances stigmatifères, porte deux séries latérales de tubercules à peine marqués, en dedans desquelles se voient quatre séries de doubles petites crêtes parallèles. Mâle, 2 millimètres ; femelle, 3 millimètres.

Ce Pou est assez commun chez les bêtes bovines. Il se loge de préférence dans les régions que les animaux ne peuvent atteindre avec leur langue, et qui portent des poils longs et fourrés : base et bord des oreilles, encolure, garrot, reins et base de la queue. Quand les parasites sont nombreux, ils se réunissent en groupes occupant de petites surfaces arrondies. L'affection qu'ils déterminent s'aggrave en hiver; elle s'atténue ou disparaît quand les animaux vont au pâturage.

Depuis Linné, la plupart des auteurs ont parlé d'une autre espèce qui vivrait sur les veaux de lait (*Pediculis vituli* L.). Nitzsch donna à cette prétendue espèce le nom d'*oxyrhynchus*, que Burmeister transforma en *tenuirostris*. Mais il est fort probable, comme le fait remarquer Piaget, que l'*H. tenuirostris* n'est autre que la femelle de l'*H. eurysternus*, à moins qu'il ne s'agisse de l'*H. macrocephalus* égaré sur le Veau.

L'**Hématopinus sténops** (*H. stenopsis* Burm.) a la tête allongée, conique, sans échancrure latérale marquée; l'abdomen est ovale allongé, avec deux appendices terminaux.

Cette petite espèce (2^{mm},5) vit sur la Chèvre domestique et sur le Chamois.

L'**Hématopinus pilifère** (*H. pilifer* Burm.) se reconnaît aisément à sa tête courte, à peine plus longue que large; son abdomen offre sur chaque segment deux séries transversales de soies, l'antérieure moins serrée et moins régulière que l'autre. C'est aussi une petite espèce femelle : 2^{mm}, mâle 1^{mm},5.

Cet Hématopinus tourmente beaucoup les Chiens à poils longs ou frisés.

Nous pouvons encore citer ; *H. bicolor* Lucas, trouvé sur un Chien de la Louisiane ; *H. Cameli* Redi, du Chameau ; *H. tuberculatus* Burm., du Buffle d'Italie ; *H. phthiriopsis* P. Gerv., du Buffle du Cap, peut-être identique au précédent ; *H. saccatus* P. Gerv., du Bouc d'Egypte ; *H. ventricosus* D., du Lapin ; etc.

L'affection déterminée par les Hématopinus (maladie pédiculaire, pédiculose, phtiriase, etc.) peut être combattue dans une certaine mesure par une bonne alimentation et des soins hygiéniques; quant à la destruction des parasites, elle s'obtient à l'aide de substances diverses : huile et autres corps gras, pommade mercurielle, décoction de tabac ou de staphisaigre, poudre de cévadille, de pyrèthre, etc. Il ne faut pas négliger de détruire aussi les Insectes et les œufs qui tombent sur le sol ou dans la litière.

Famille des **RICINIDÉS**. — Les Ricinidés, *Ricins* ou *Mallophages* (μαλλός, toison; φαγεῖν, manger) ont été rapprochés des Orthoptères par Degeer et Burmeister, en raison de la constitution de leur appareil buccal; cependant, la plupart des auteurs les réunissent aux Pédiculidés, avec lesquels ils offrent sans contredit de nombreuses affinités. Nous adopterons cette dernière classification, non toutefois sans avoir fait remarquer que les affinités dont il s'agit pourraient bien n'être que le simple résultat d'une adaptation convergente.

La tête, déprimée, est plus large que le prothorax, ce qui permet souvent de distinguer à première vue les Ricins des Poux, puisque ceux-ci ont, au contraire, une tête étroite et plus ou moins allongée. La bouche est pourvue de mandibules en forme de crochets courts et presque toujours dentés à la pointe; de mâchoires avec ou sans palpes visibles; d'une lèvre supérieure; d'une lèvre inférieure avec ses palpes labiaux. Le prothorax est bien distinct. L'abdomen comprend cinq segments. La jambe est munie à son extrémité inférieure de deux excroissances cornées ou ardillons. Les tarses sont à deux articles, le dernier offrant une ou deux griffes qui forment pince en se repliant entre les ardillons. L'accouplement a lieu comme chez les Poux.

Ces Insectes vivent dans le pelage des Mammifères ou dans le plumage des Oiseaux. Ils se déplacent beaucoup plus vite que les Poux, et cette remarque s'applique surtout aux Liothéinés. On a prétendu qu'ils peuvent sucer le sang à la façon des Pédiculidés, mais il est certain que ce n'est pas là leur nourriture habituelle. Ce ne sont pas des Parasites véritables, mais des Mutualistes, qui se nourrissent de produits épidermiques et enlèvent, soit aux poils (pilivores), soit aux plumes (pennivores), les débris de cette nature qui les encombrent.

2 sous-familles :

Antennes à 3 ou 5 articles; palpes maxillaires invisibles....... PHILOPTÉRINÉS.
Antennes à 4 articles; palpes maxillaires visibles............ LIOTHÉINÉS.

A. Sous-famille des PHILOPTÉRINÉS. — Cette sous-famille correspond aux deux anciens genres *Trichodectes* et *Philopterus;* mais ce dernier a été subdivisé, de telle sorte que le groupe comprend aujourd'hui les neuf genres suivants : *Trichodectes*, *Akidoproctus*, *Docophorus*, *Nirmus*, *Goniodes*, *Goniocotes*, *Ornithobius*, *Lipeurus* et *Onchophorus*. Le tableau ci-après expose les caractères différentiels de ceux de ces genres qui renferment des espèces parasites des animaux domestiques.

Antennes à trois articles; tarses à une seule griffe : *Pilivores*... *Trichodectes*.

Antennes à 5 articles; tarses à 2 griffes : *Pennivores*.	Antennes semblables dans dans les deux sexes...	Corps large...........		*Docophorus*.
		Corps étroit..........		*Nirmus*.
	Antennes différentes dans les deux sexes.	Corps large.	Antennes à 3e article appendiculé.........	*Goniodes*.
			Antennes sans appendice.................	*Goniocotes*.
		Corps étroit.	Antennes à 3e article appendiculé.........	*Lipeurus*.
			Antennes à 3e article sans appendice......	*Ornithobius*.

Les **Trichodectes** (*Trichodectes* N.) ont des antennes à trois articles, tantôt conformes dans les deux sexes, tantôt avec le premier article fortement grossi chez le mâle; les tarses n'ont qu'une seule griffe; le huitième ou avant-dernier anneau de l'abdomen porte, chez les femelles, deux appendices latéraux arqués (*Raife* des Allemands).

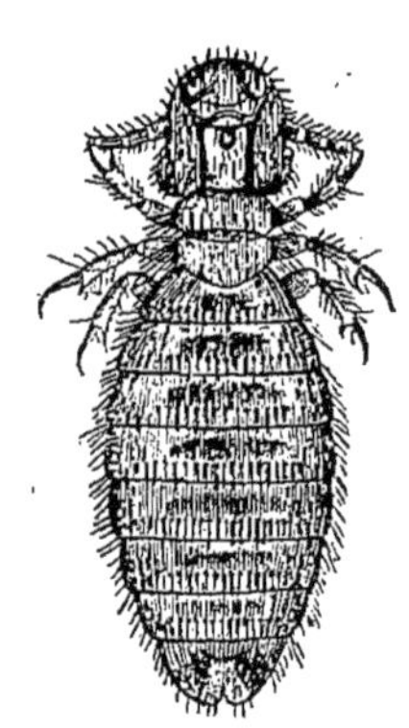

Fig. 423. — *Trichodectes pilosus*, femelle, du Cheval. Grossissement : 20 diamètres (Orig.).

Le **Trichodecte poilu** (*T. pilosus* Giebel) est de teinte jaunâtre; la tête, ferrugineuse, est arrondie en avant, couverte de poils en dessus et en dessous; les antennes, également poilues, sont situées fort en avant; chez les mâles, le prothorax est aussi large que le métathorax; l'abdomen est garni de poils pour la plupart irréguliers, et porte sur chaque segment une tache transversale ferrugineuse. La femelle est longue de 2 millimètres, le mâle de $1^{mm},6$.

Sur le Cheval et l'Ane.

Le **Trichodecte pubescent** (*T. parumpilosus* Piaget) est un peu plus petit que le précédent; sa tête, également arrondie en avant, ne présente guère de poils que sur les bords; les antennes sont moins poilues, situées plus en arrière et à peu près conformes dans les deux sexes, de même que le prothorax; l'abdomen blanchâtre offre sur chaque segment deux séries régulières de poils courts, serrés, accompagnant les taches transversales noirâtres et trapéziformes. Femelle, $1^{mm},7$; mâle, $1^{mm},5$.

Sur le Cheval.

Ces deux espèces habitent surtout les régions supérieures du corps. Les Trichodectes ne se tiennent pas d'ordinaire, comme les Hématopinus, au contact de la peau, mais ils voyagent sur les poils, auxquels ils se cramponnent. Les démangeaisons qu'ils provoquent sont par suite moins vives.

Le **Trichodecte du Mouton** (*T. ovis* L., *T. sphærocephalus* N.) ressemble assez au Trichodecte pubescent, dont il a à peu près les dimensions ; mais il a la tête moins arrondie en avant et comme tronquée ; les antennes sont poilues, plus longues chez les mâles ; les taches de l'abdomen sont subquadrangulaires.

D'après les observations de Delafond, ce parasite « est beaucoup plus commun sur les bêtes à laine maigres, débiles et mal nourries, que sur les bêtes vigoureuses et bien alimentées. » Un troupeau est rapidement envahi par les Trichodectes, qui occasionnent quelquefois des pertes considérables par suite de la détérioration profonde des toisons (E. Thierry).

Le **Trichodecte échelle** (*T. climax* N.) est presque aussi grand que le Trichodecte pubescent ; sa tête, plus large que longue, offre en avant une échancrure peu profonde ; les antennes sont à peine plus longues chez les mâles ; le thorax est plus long que chez le Trichodecte du Mouton ; les bandes transversales de l'abdomen sont assez étendues.

Cette espèce vit sur la Chèvre ; elle se fixe de préférence au milieu des poils de la région dorsale.

Le **Trichodecte scalaire** (*T. scalaris* N.) tire son nom, comme le précédent, de la présence des bandes transversales de l'abdomen, bien que cette particularité, comme on l'a vu, ne leur soit pas propre. Il a la tête arrondie en avant, munie de fausses trabécules et couverte de poils ; les antennes sont relativement courtes ; le prothorax est moins large que le métathorax ; l'abdomen est garni de poils pour la plupart irréguliers, comme chez le Trichodecte poilu.

Ce parasite est propre au Bœuf; il se rencontre particulièrement sur le bord supérieur de l'encolure, le dos, la croupe et vers la base de la queue.

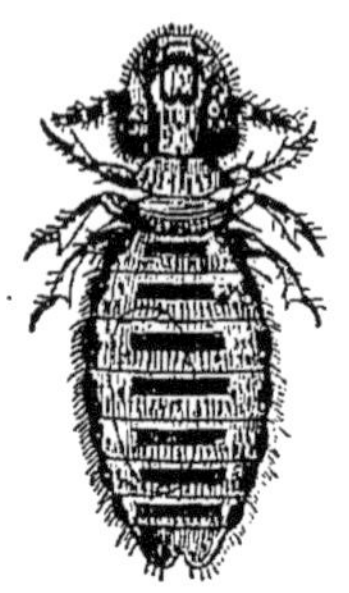

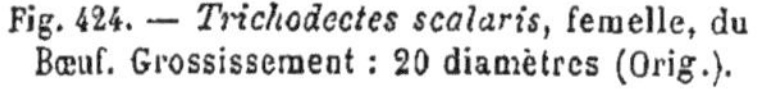

Fig. 424. — *Trichodectes scalaris*, femelle, du Bœuf. Grossissement : 20 diamètres (Orig.).

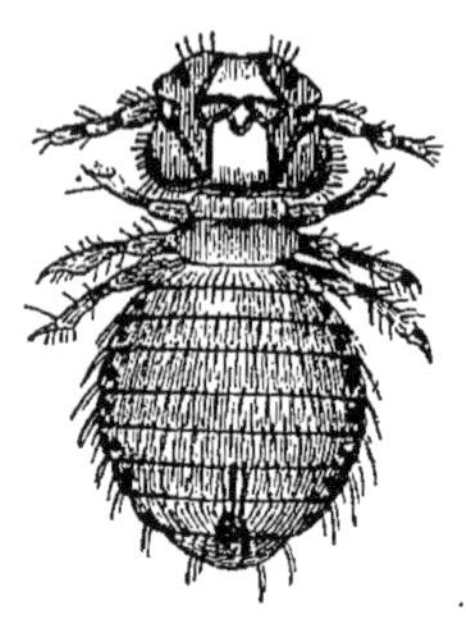

Fig. 425. — Trichodecte du Chien, mâle, grossi 20 fois (Orig.).

Le **Trichodecte du Chien** (*T. canis* Deg., *T. latus* N.) a la tête tronquée en avant, les antennes assez longues, différentes dans les deux sexes, l'abdomen sans taches médianes. Le mâle est long de $1^{mm},5$, la femme de $1^{mm},8$.

Dans les poils du Chien. Il tourmente peu les animaux.

Le **Trichodecte subrostré** (*T. subrostratus* N.) se reconnaît à sa tête plus longue que large et rétrécie en avant, où elle offre une échancrure peu profonde; l'abdomen est marqué de bandes transversales à peine teintées. Femelle, $1^{mm},18$; mâle, $1^{mm},16$.

Il vit dans les poils des Chats, et abonde principalement chez les sujets jeunes et misérables.

Les Trichodectes sont, en général, moins importuns et plus faciles à détruire que les Hématopinus. On les combat, du reste, par les mêmes moyens.

Les **Docophores** (*Docophorus* N.) ont un corps large et une tête assez forte; l'angle extérieur de l'enfoncement dans lequel s'insère l'antenne (*sinus antennal*) est prolongé, par un appendice mobile, la *trabécule* ou le fléau. — *D. icterodes* D., sur les Canards. Le *D. adustus* N., de l'Oie domestique, en est une simple variété. *D. cygni* D., sur un *Cygnus musicus*.

Les **Nirmes** (*Nirmus* N.), beaucoup plus étroits que les Docophores, ont parfois encore de petites trabécules, mais celles-ci ne sont presque jamais mobiles. Ce genre devrait reprendre le nom de *Philopterus*. —

N. clavæformis, sur le Pigeon. — Le *N. numidæ* D. appartient au genre *Lipeurus*.

Les **Goniodes** (*Goniodes* N.), à corps large, ont le premier article de l'antenne très développé chez les mâles; le troisième article est muni d'un appendice. — *G. minor* Piaget, du Pigeon. *G. stylifer* N., du Dindon. *G. dissimilis* N. et *G. Burnetti* Packard, de la Poule. *G. numidianus* D., de la Pintade. *G. colchicus* D., du Faisan commun.

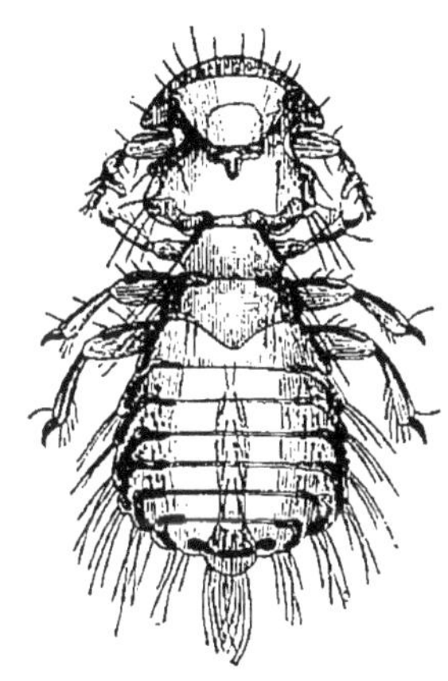

Fig. 426. — *Goniodes dissmilis*, mâle, de la Poule, grossi 20 fois (Piaget).

Les **Goniocotes** (*Goniocotes* Burm.) se distinguent des Goniodes par l'absence d'un appendice au troisième article des antennes. — *G. hologaster* N. (*Ricinus gallinæ* Deg.), des Poules et des Faisans. *G. chrysocephalus* Gieb., des Faisans. *G. compar*, du Pigeon. *G. abdominalis* P., de la Poule. *G. gigas* Mégn., de la Poule.

Les **Lipeurus** (*Lipeurus*) ont, comme les Goniodes, le troisième article de l'antenne muni d'un appendice; mais leur corps est étroit; les pattes et les antennes sont très développées. — *L. baculus* N., commun sur les Pigeons domestiques. *L. squalidus* N. (*Pediculus anatis* Fabr.), des Canards. — *L. jejumus* N. et *L. anseris* Gurlt, de l'Oie. L. *variabilis* N. et *L. heterographus* D., des Poules. *L. polytrapozius* N., du Dindon.

Enfin les **Ornithobies** (*Ornithobius* D.), qui ont aussi le corps étroit, n'ont pas d'appendice au troisième article de l'antenne. — *O. bucephalus* Gieb. (*O. cygni* D.) sur les *Cygnus musicus* et *olor*. *O. minor* Schilling, sur le *Cygnus musicus*. *O. goniopleurus* D., sur le *Cygnus olor*.

B. Sous-famille des LIOTHÉINÉS. — Ce groupe est constitué par les anciens genres *Gyropus* et *Liotheum*; par suite de la subdivision de ce dernier, il compte actuellement neuf genres distincts : *Gyropus*, *Colpocephalum*, *Boopia*, *Trinoton*, *Læmobothrium*, *Physostomum*, *Eureum*, *Nitzschia*, *Menopon*. Voici le tableau des genres qui ont des représentants parmi les parasites des animaux domestiques.

Tarses à une seule griffe : *Pilivores*		*Gyropus*.
Tarses à deux griffes : *Pennivores*.	Tête large; sinus orbital profond; antennes dépassant le bord de la tête	*Colpocephalum*.
	Tête triangulaire; sinus orbital faible; antennes cachées	*Trinoton*.
	Tête large; sinus orbital nul; antennes cachées	*Menopon*.

Les **Gyropes** (*Gyropus* N.), suffisamment caractérisés par leurs antennes à 4 articles et leurs tarses à une seule griffe, vivent sur les Rongeurs. — *G. gracilis* N. et *G. ovalis* G., sur le Cochon d'Inde.

Les **Colpocéphales** (*Colpocephalum* N.) ont une tête large, arrondie, et offrant de chaque côté une profonde échancrure (*sinus orbital*) en arrière des antennes; celles-ci dépassent le bord de la tête. — *C. longicaudum* N. (*C. turbinatum* D.), des Pigeons. *C. minutum* Rudow, du *Cygnus musicus*.

Les **Trinotons** (*Trinoton* N.) ont la tête quasi-triangulaire, avec les tempes et le front arrondis; le sinus orbital est peu profond; les antennes sont cachées; le mésothorax est séparé du métathorax par une suture. Ce genre paraît devoir reprendre le nom de *Liotheum*. — *T. conspurcatum* N. (*Pediculus anseris* Sulzer), sur les Cygnes; une variété (*continuum* P.) vit sur l'Oie domestique. *T. luridum* N., des Canards.

Les **Ménopons** (*Menopon* N.) ont une tête large, à côtés sinueux; les antennes sont cachées; le sinus orbital est à peine indiqué ou manque complètement; le corps est assez allongé. — *M. latum* P., du Pigeon domestique : c'est peut-être le *M. giganteum* de Denny. *M. pallidum* N., des Poules, Pigeons et Canards. *M. triseriatum* P., du *Gallus bankiva*. *M. productum* P., des Faisans : c'est peut-être le *M. fulvomaculatum* D. *M. phæostomum* N., des Paons. *M. numidæ* G., de la Pintade. *M. biseriatum* P., sur le Coq, le Paon, le Faisan, le Dindon. *M. stramineum* N., du Dindon. *M. brevithoracicum* P., du *Cygnus musicus*. Enfin, le *M. extraneum* P. a été recueilli sur des Cobayes, vivant et prospérant comme dans son milieu naturel. C'est le deuxième exemple de Ménopon vivant sur des Mammifères : ce qui prouve qu'il ne faut pas attacher une importance absolue à la distinction établie entre les Pilivores et les Pennivores.

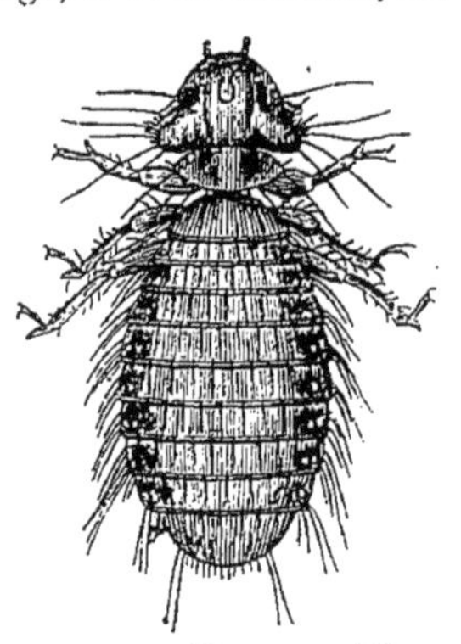

Fig. 427. — *Menopon pallidum*, femelle. Grossissement : 20 diamètres (Orig.).

Les Oiseaux sont parfois sérieusement importunés par tous ces parasites. On les en débarrasse par des soins de propreté, par l'insufflation de poudre de pyrèthre dans leurs plumes, par des onctions de pommade de staphisaigre, etc.

TROISIÈME ORDRE

LÉPIDOPTÈRES

Insectes suceurs; quatre ailes membraneuses revêtues de petites écailles; métamorphoses complètes.

La bouche des Lépidoptères ou Papillons est destinée à la succion : aussi, les pièces buccales sont-elles profondément modifiées. L'organe le plus apparent est une trompe qui, au repos, est presque toujours roulée en spirale, ce qui l'a fait appeler *spiritrompe*. Elle est constituée par deux mâchoires très allongées et accolées, comme le démontrent les deux tubercules ou palpes rudimentaires situés à la base. Une très petite pièce membraneuse qui repose sur l'origine de la trompe représente le labre ; une autre pièce triangulaire, placée au-dessous, figure la lèvre inférieure et porte deux longs palpes latéraux.

Fig. 428. — Trompe de Papillon. — *e*, partie de la tête. *f*, œil. *g*, base d'une antenne. *d*, trompe. *a*, *b*, *c*, coupe de la trompe.

Les quatre ailes, membraneuses, sont recouvertes d'une poussière farineuse formée de poils raccourcis et élargis en écailles colorées et brillantes (λεπίς, écaille ; πτερόν, aile). Souvent, chez les Papillons crépusculaires et nocturnes, l'aile postérieure est reliée à l'antérieure par un appareil désigné sous le nom de *frein*, ce qui assure leur solidarité pendant le vol.

Les métamorphoses sont complètes. Les larves, connues sous le nom de *chenilles*, ont les organes buccaux des Insectes broyeurs ; la lèvre inférieure présente en outre un mamelon percé d'un minuscule orifice ou *filière*, par où s'échappe la soie que toutes ces chenilles sont aptes à filer. Indépendamment de la tête, le corps comprend douze anneaux, dont les trois premiers portent chacun une paire de pattes articulées ou *écailleuses*, destinées à devenir les pattes de l'adulte ; les autres anneaux ne peuvent offrir que des *pattes membraneuses* ou fausses pattes. — Les nymphes présentent d'ordinaire des colorations métalliques brillantes, qui leur ont fait donner le nom de *chrysalides* ; elles se renferment parfois dans un cocon soyeux. — Les Insectes parfaits, peu après leur naissance, rendent par l'anus un liquide rougeâtre : c'est là l'origine des prétendues *pluies de sang* qui ont causé autrefois tant de terreur.

Les chenilles font souvent d'énormes dégâts parmi nos récoltes ou nos plantations ; aussi leur destruction est-elle l'objet de dispositions légales. En France, nous possédons une loi sur l'échenillage, qui date du 26 ventôse an IV, mais qui, malheureusement, ne peut atteindre qu'un petit nombre de chenilles.

La division des Papillons en *Diurnes*, *Crépusculaires* et *Nocturnes*, adoptée en France depuis Latreille, a dû être abandonnée, aussi bien que la distinction de M. Blanchard en *Chalinoptères* (χαλινός, frein) et *Achalinoptères*. Les antennes sont aujourd'hui prises pour base de la classification, et on reconnaît deux sous-ordres : les *Rhopalocères* et les *Hétérocères*.

PREMIER SOUS-ORDRE

HÉTÉROCÈRES

Boisduval réunit sous ce nom tous les Papillons dont les antennes, quoique conformées très diversement, n'offrent jamais de massue arrondie à l'extrémité. Ce groupe répond assez bien aux *Chalinoptères* de M. Blanchard, aux *Crépusculaires* et aux *Nocturnes* des anciens auteurs.

On a subdivisé les Hétérocères en un certain nombre de familles plus ou moins naturelles, dont nous ne citerons que les principales : les *Alucitidés*, *Ptérophoridés*, *Tinéidés*, *Pyralidés*, *Tortricidés*, qu'on réunit souvent sous la dénomination commune de MICROLÉPIDOPTÈRES ; puis, les *Phalénidés*, *Noctuélidés*, *Bombycidés*, *Sphingidés*, etc.

Les **TINÉIDÉS** comprennent un assez grand nombre d'espèces nuisibles.

En premier lieu, il faut citer la Teigne des grains (*Tinea granella* L.), petit Papillon nocturne dont la femelle pénètre, dès le mois de juin, dans les greniers à grains, pour pondre sur le blé ou sur le seigle. Au bout d'une quinzaine de jours éclosent les larves, connues sous le nom de « Vers blancs du blé »; chacune d'elles réunit, à l'aide de fils soyeux, un certain nombre de grains, de manière à former un abri dans lequel elle se loge, pour ronger les grains extérieurement. Ces larves subissent la nymphose dans les grains évidés ou dans les fentes des planchers. On s'en débarrasse par des pelletages répétés, qui les écrasent.

Au même genre appartiennent : la Teigne des vêtements (*T. pellionella* L.), dont les larves, souvent appelées *Mites*, passent l'hiver dans de petits fourreaux qu'elles se construisent aux dépens des étoffes ; la Teigne des fourrures (*T. tapezella* L.), etc.

On range dans une tribu voisine la Sitotrogue des céréales (*Sitotroga cerealella* Oliv.), plus connue sous le nom impropre d'*Alucite*. Ce Papillon fréquente les greniers à grains, comme la Teigne dont nous venons de parler ; on le trouve même parfois dans les champs de céréales. La femelle fécondée dépose ses œufs rouges sur les grains ou sur les glumes et glumelles des épis de blé, seigle, orge ou avoine. Après quatre à huit jours, les larves gagnent le milieu du sillon qui existe souvent sur l'une des faces du grain, puis pénètrent dans l'intérieur et dévorent l'albumen, sans attaquer l'écorce. Elles se filent un cocon sur place pour subir la nymphose. — L'Alucite fut introduite en France, dans la Saintonge, vers 1750 ; elle s'est étendue dans tout le centre et le sud-ouest de la France. Pour détruire ces In-

Fig. 429. — Alucite des céréales (*Sitotroga cerealella*).

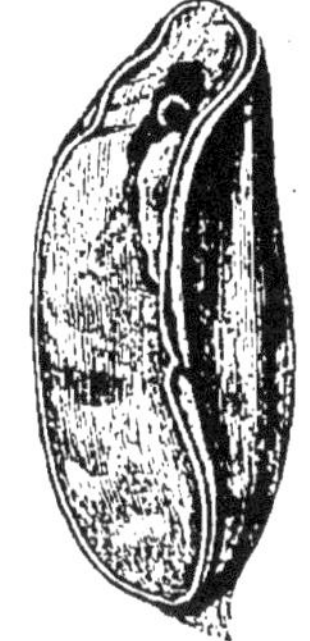

Fig. 430. — Chenille de l'Alucite commençant à ronger le grain.

sectes, dont les ravages sont considérables, le Dr Herpin a proposé, soit l'emploi de gaz délétères ou la privation d'air, de façon à les asphyxier, soit l'action de la chaleur, soit l'usage d'instruments, tels que le *tue-teigne* de Doyère, dans lesquels le grain est soumis à des chocs mécaniques.

Parmi les **PYRALIDÉS**, nous devons une mention aux Galléries ou Fausses-Teignes de la cire, qui pénètrent dans les ruches, dont les chenilles rongent les rayons. On en reconnaît deux espèces : la plus commune et la plus redoutable est la grande Teigne (*Galleria mellonella* L.) l'autre est assez rare (*G. grisella* Fabr.). — La larve de la Teigne des graisses (*Aglossa pinguinalis*) vit de graisse, de beurre, de lard. Elle pénètre quelquefois dans le tube digestif de l'Homme, ainsi qu'on l'a constaté plusieurs fois depuis Linné.

Les **TORTRICIDÉS** comprennent aussi quelques espèces intéressantes. Telle est la Tordeuse de la vigne (*Tortrix vitana*), plus connue sous le nom de *Pyrale*. Le Papillon vole au mois de juillet dans les vignes; la femelle dépose ses œufs, réunis par plaques verdâtres, à la face supérieure des feuilles; les chenilles, qui éclosent au bout de huit à dix jours, cherchent aussitôt un gîte où elles se filent un cocon pour s'abriter et passer l'hiver. Au mois de mai suivant, elles grimpent sur les bourgeons, qu'elles rongent, ainsi que les feuilles et les fleurs qui en naissent. La Pyrale est donc pour les vignes un ravageur assez dangereux. Le moyen de destruction réputé le meilleur jusqu'à ce jour est l'*échaudage*, qui consiste à asperger les ceps avec de l'eau bouillante ou tout autre ingrédient capable de tuer les chenilles. — Le « Ver des fruits », qu'on trouve assez communément dans les pommes, n'est autre que la chenille tordeuse des pommes (*Carpocapsa pomonana* Dup.) : on conçoit qu'il puisse passer parfois dans le tube digestif de l'Homme.

Les **PHALÉNIDÉS** sont remarquables par le singulier mode de progression de leurs chenilles, qui a valu à celles-ci le nom de *Géomètres* ou *Chenilles arpenteuses*.

Fig. 431. — Noctuelle des moissons (*Agrotis segetum*).

Les **NOCTUÉLIDÉS** comprennent beaucoup d'espèces nuisibles aux végétaux ; les larves d'un grand nombre d'entre elles sont redoutées des cultivateurs et des jardiniers sous le nom de *Vers gris*. — Citons : la Noctuelle du chou (*Mamestra brassicæ*), la Noctuelle du gramen (*Chareas graminis*), la Noctuelle des moissons (*Agrotis segetum*), très commune et très dangereuse, son Ver gris attaquant les betteraves, choux, semailles d'automne, etc.

Les **BOMBYCIDÉS** ont un corps épais et velu ; la spiritrompe est rudimentaire ou nulle ; les antennes sont pectinées chez les mâles ; les ailes sont en toit au repos. Toutes les chenilles filent un cocon pour subir la nymphose.

C'est à une tribu de cette famille, celle des **LIPARINÉS**, qu'appartient le Bombyx cul-brun ou Liparis chrysorrhée (*Liparis chrysorrhæa*) dont la chenille est le principal ravageur de nos arbres fruitiers. Il est très facile d'en détruire les nids pendant l'hiver, et c'est surtout cette espèce que vise la loi sur l'échenillage. Cette chenille est urticante, ainsi que celles de quelques espèces voisines (*L. auriflua, dispar*, etc.).

Les Processionnaires (*Cnethocampa*) sont ainsi nommées parce que leurs chenilles, qui vivent en société dans des nids, vont en file ou mieux en procession chercher leur nourriture. Ces chenilles sont revêtues de poils très fins qui se détachent facilement et déterminent une violente urtication en pénétrant dans la peau de l'Homme ou des animaux. Dioscoride avait déjà signalé les chenilles urticantes, qu'il appelait εὔτωμα ; Pline les indique aussi sous le nom d'*erucæ*. Réaumur, Ch. Bonnet, Ch. Morren et Goossens ont étudié l'action de ces poils. On a dit depuis longtemps qu'ils contiennent de l'acide formique. Goossens a reconnu que chaque segment du corps de la chenille est muni, dans sa région dorsale, de boursouflures glanduleuses dont le produit de sécrétion se résout en une poussière brune impalpable qui s'attache aux poils voisins. Ayant déposé un peu de cette poussière sur sa main qu'il avait humectée d'avance, cet auteur ne tarda pas à ressentir des démangeaisons intolérables aux mains, aux bras et aux jambes, en même temps que survenait un gonflement douloureux de la face. — On a cité des cas où des Chevaux ont été affectés d'éruptions très étendues (1) et où des Taureaux ont été rendus furieux par l'action de ces poils. Les désordres sont beaucoup plus violents encore lorsque les muqueuses sont atteintes.

On accuse surtout la Processionnaire du chêne (*Cnethocampa processionnea*) et la Processionnaire du pin (*C. pityocampa*).

Dans la tribu des ENDROMINÉS, les antennes sont pectinées chez les mâles et chez les femelles, mais les dentelures sont beaucoup moins accusées dans ces dernières. Les ailes sont étendues, marquées d'une tache discoïdale.

Au genre **Bombyx** ou **Séricaire** appartient le **Ver à soie du mûrier** (*Bombyx* seu *Sericaria mori* L.), dont tout le monde connaît le papillon d'un blanc jaunâtre, à ailes faibles, peu propres

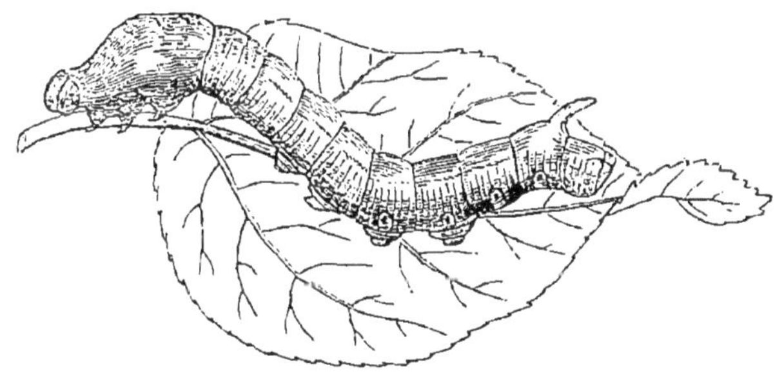

Fig. 432. — Ver à soie du mûrier.

au vol. La chenille, ou Ver à soie proprement dit, est glabre et blanchâtre à maturité ; elle porte sur l'avant-dernier anneau une corne étroite, recourbée en arrière.

Elle possède une paire de glandes séricigènes, en forme de tubes pelotonnés, occupant une grande partie de la longueur du corps, sur les côtés du tube digestif. Chacune de ces glandes se continue en avant par un tube plus grêle (*filière*) qui se réunit bientôt à son congénère. Le canal unique ainsi formé aboutit à un orifice très étroit percé dans la lèvre inférieure : c'est par cet orifice que sort le fil de soie avec lequel la chenille construit son cocon.

(1) Pourquier, *Urticaire du Cheval produite par les poils du Bombyx processionnaire du pin.* Recueil vétér., 1877, p. 51.

Nous ne connaissons le Ver à soie du mûrier qu'à l'état domestique. Cependant, l'abbé David assure qu'il existe encore à l'état sauvage dans certaines forêts de l'intérieur de la Chine, où croît spontanément le mûrier blanc.

L'ensemble des opérations qui ont pour but la production de la soie constitue l'industrie séricicole ou *sériciculture* (*sericum*, soie). L'étude spéciale des questions qui s'y rattachent est souvent appelée *bacologie*, du nom italien du Ver à soie (*baco da seta*). Dans le midi de la France, cet Insecte reçoit le nom de *magnan*, et l'on appelle *magnaneries* les établissements où on l'élève, *magnaniers* les industriels qui en dirigent l'exploitation. — On sait d'ailleurs que l'éducation du Ver à soie est liée à la culture du mûrier, et en particulier du mûrier blanc (*Morus alba*).

Les *œufs*, qui portent dans le commerce le nom de *graine de Ver à soie*, ont été pondus sur de petits carrés de laine, de toile ou de fort papier auxquels ils demeurent adhérents. On les conserve à une température assez basse, de manière à retarder l'éclosion jusqu'à ce que les feuilles de mûrier soient bien développées. Au moment convenable, on les soumet à une incubation artificielle. La petite chenille qui sort de l'œuf est noirâtre ; elle mesure environ deux millimètres de longueur. Elle doit subir, en général, quatre mues : les périodes de l'existence séparées par des mues reçoivent le nom d'*âges*. A la température de 19°, le développement de la larve exigeant trente-deux jours, le premier âge comprend cinq jours, le deuxième quatre, le troisième six, le quatrième sept, le cinquième dix. Chaque mue dure environ vingt-quatre heures : pendant qu'elle s'effectue, la larve perd l'appétit et le mouvement. Au contraire, dans la période qui précède, la faim paraît insatiable : c'est ce qu'on appelle la *frèze* ou *fringale*. Au septième jour du cinquième âge, cette voracité devient extraordinaire (grande frèze ou briffe) : c'est à cette époque surtout que s'élabore dans les glandes séricigènes la substance destinée à fournir la soie. A la fin de cet âge, le Ver à soie est blanc jaunâtre, translucide ; il cesse de manger, dresse la tête et cherche à grimper sur les corps placés à sa portée (*montée*). Il commence alors à déposer en quelques points des fils grossiers, destinés à former la charpente de son cocon. La construction de celui-ci exige trois ou quatre jours, au bout desquels le Ver à soie subit sa première métamorphose (5e mue) et passe au sixième âge, représenté par l'état de chrysalide.

La phase chrysalidaire dure quinze à vingt jours ; puis, survient la seconde métamorphose, qui s'accomplit lors de la cinquième mue et fait passer l'Insecte au septième âge, c'est-à-dire à l'état de papillon. Celui-ci ramollit la soie à une extrémité du cocon, au moyen d'une sécrétion particulière, puis il en écarte les brins et se fraie un passage. L'accouplement et la ponte s'effectuent peu de temps après. Il peut arriver que les œufs des femelles vierges soient féconds.

Les cocons dont l'Insecte s'est échappé ne sont plus guère utilisables, à cause de la faiblesse du fil dans les points mouillés. Aussi cherche-t-on à faire périr au préalable les chrysalides : on les *étouffe* d'ordinaire au moyen d'un courant d'air-chaud. Dès lors, le cocon appartient à l'industrie, qui en tire la soie pour la fabrication des tissus.

Les Vers à soie sont exposés dans nos pays à diverses maladies, qui sévissent souvent à l'état épizootique. Sans parler de la *touffe*, accident de nature asphyxique qui se manifeste pendant les grandes chaleurs, on a décrit un grand nombre de ces maladies, que M. Pasteur ramène à quatre principales : la grasserie, la muscardine, la pébrine et la flacherie.

La *grasserie* ou *jaunisse* consiste dans une sorte d'infiltration huileuse du corps, survenant en général pendant le troisième âge et attribuée aux émanations putrides. Il faut éviter de laisser manger les cadavres des Vers par les Poules, car celles-ci seraient empoisonnées. — On rapproche de cette affection la *luizette* ou clairène, dans laquelle les Vers filent sans coconner et sont appelés pour cela « tapissiers ». On les utilise alors en les faisant macérer dans du vinaigre, pour étirer ensuite le liquide des glandes séricigènes, ce qui donne les « crins marins » ou « fils de Florence ».

La *muscardine* est une affection plus grave, de nature parasitaire. Les Vers atteints filent leurs cocons, mais périssent dans l'intérieur, sans se putréfier toutefois. Le parasite est un champignon (*Botrytis bassiana* Balbis), qui, après la mort de l'Insecte, se fait jour à travers les stigmates et forme une efflorescence blanchâtre à la surface du corps. On se débarrasse de cette maladie par une désinfection sérieuse de la magnanerie.

Deux autres maladies beaucoup plus graves ont commencé à se manifester avec un caractère épidémique, vers l'année 1840. On les confondait d'abord sous le nom de *maladie* des Vers à soie, et c'est en 1867 seulement que M. Pasteur a démontré qu'il s'agissait de deux affections distinctes, la pébrine et la flacherie (1). — La *pébrine* ou *gattine* se traduit à l'extérieur par des taches couleur de bitume, qui s'étendent peu à peu sur le dos, le ventre et les flancs. Les Vers perdent leur activité et leur appétit, puis s'atrophient et souvent finissent par mourir, même avant de s'être transformés en chrysalides. Les cadavres se momifient, mais ne présentent pas d'efflorescence. Lorsque des Vers malades produisent des papillons, ceux-ci sont eux-mêmes tachés et se montrent toujours faibles. Cette maladie est due à la présence, dans le sang et dans tous les tissus, de corpuscules ovoïdes, brillants, d'une extrême petitesse (4 μ de long sur 2 de large), découverts en 1859 par Guérin-Menneville et connus sous le nom de *corpuscules de Cornalia*. Balbiani a démontré

(1) L. Pasteur, *Études sur la maladie des Vers à soie*, Paris, 1870. — H. Bouley, *Le progrès en médecine par l'expérimentation*, Paris, 1882, p. 539 et suiv.

que ces corpuscules ne sont autres que des Psorospermies (Voy. p. 168). Ces dangereux parasites se transmettent des Vers malades aux Vers sains, par le simple contact ou même à distance ; de plus, ils passent du corps de la mère dans les œufs, de sorte que l'embryon est infecté dès sa formation. — Pour combattre cette redoutable maladie, M. Pasteur a imaginé une méthode dite *grainage cellulaire*, qui a donné d'excellents résultats. On fait accoupler les papillons sur les carrés de toile, puis on laisse la ponte s'effectuer sur place, et on enferme ensuite la femelle dans un coin du carré replié et maintenu à l'aide d'une épingle. L'hiver, alors que la suspension des travaux le permet, on examine au microscope, à un grossissement de 300 diamètres environ, le corps de ces papillons, broyé avec un peu d'eau. Cet examen est des plus simples et souvent confié à des femmes ou à des enfants. On rejette ou l'on met à part les pontes des individus corpusculeux.

La *flacherie* est beaucoup plus difficile à vaincre. Elle se manifeste d'une façon brusque, au moment de la montée. Les Vers perdent l'appétit, demeurent immobiles et ne tardent pas à mourir : peu après, leur corps devient mou, flasque et se pourrit en prenant une teinte noirâtre. Lorsque la maladie est peu accusée, elle permet cependant la métamorphose. Cette maladie consiste dans un trouble digestif dû à la fermentation de la feuille de mûrier : on retrouve, en effet, dans le canal intestinal, les mêmes organismes que dans un liquide où l'on a fait macérer cette feuille. Ce sont des bactéries de diverses sortes, et en particulier un « ferment en chapelet » auquel on a donné le nom de *Micrococcus bombycis* Cohn. Ce Micrococcus apparaît de bonne heure et semble jouer un rôle essentiel dans le développement de la maladie. — Pour éviter cette affection, M. Pasteur conseille d'examiner les Vers au moment de la montée et d'exclure de la reproduction la graine de ceux qui manquent de vigueur à ce moment. On a constaté, en effet, que l'affaiblissement causé par la flacherie se transmet par hérédité et constitue par suite une cause prédisposante : « le Ver flat engendre des Vers prédestinés à la flacherie. »

La tribu des **SATURNINÉS** comprend les plus grandes et les plus belles espèces de papillons; leurs larges ailes sont étendues à plat dans le repos, et chacune d'elles offre vers le milieu une tache vitrée, entourée de diverses colorations.

Les **Saturnies** (*Saturnia* Schrank, *Attacus* L.) offrent un intérêt particulier au point de vue de l'industrie, en ce sens qu'un certain nombre de leurs espèces, provenant de l'extrême Orient, ont été importées en France dans le but de fournir de la soie et de compenser en partie les pertes résultant des maladies du Ver à soie commun.

Telle est d'abord la **Saturnie du chêne du Japon** (*S. Yama-maï* Guér.-Men.), espèce rustique et univoltine (une seule génération par an), dont le cocon se rapproche beaucoup de celui du *Bombyx mori;* on a pu l'élever en plein air, dans des taillis de chêne, aux environs de Paris.

La **Saturnie du chêne de la Chine** (*S. Pernyi* Guér.-Men.) ressemble beaucoup à la précédente, mais elle donne deux générations par an, ce qui est un grave inconvénient pour notre pays, car il est très difficile de mener à bien la génération d'automne.

La **Saturnie du chêne de l'Inde** (*S. Mylitta* Drury) est encore une espèce du même sous-genre; elle appartient malheureusement à une région trop chaude pour que son acclimatation puisse offrir quelques chances de succès.

On a voulu encore introduire en France deux espèces d'un autre type : l'une, la **Saturnie de l'ailante** (*S. Cynthia* Drury), propre à la Chine; l'autre, la **Saturnie du ricin** (*S. Arrindia* Edw.), originaire de l'Hindoustan ; pour divers motifs, leur éducation a dû être abandonnée, et elles n'ont plus pour nous qu'un intérêt historique.

Nous pourrions allonger cette liste, mais il nous semble sans intérêt de signaler tous les Bombycidés séricigènes qu'on a tenté d'introduire chez nous, alors que ces tentatives ne laissent prévoir aucune application pratique.

Au même genre appartiennent les beaux Papillons connus sous le nom de *Paons de nuit* : le Grand Paon (*S. Pavonia major* L. ou *S. pyri* Borkh.) et le Petit Paon (*S. P. minor* L. ou *S. carpini* Borkh.).

Les **SPHINGIDÉS** ont été longtemps nommés *Papillons crépusculaires*, quoique certains d'entre eux voltigent aussi pendant le jour. Ils sont remarquables par leur trompe énormément développée.

Signalons, dans ce groupe, les Macroglosses (*Macroglossa*), les Sphinx (*Sphynx*), les Achéronties (*Acherontia*). Le fameux Sphinx Tête-de-mort (*Acherontia Atropos* L.), dont le corps est si volumineux, est muni d'une trompe fort courte, et offre sur le thorax un dessin qui représente assez bien un crâne humain. Sa chenille est la plus forte que nous ayons en Europe ; elle s'attaque surtout aux feuilles des Solanées, et en particulier à celles de la pomme de terre. Le papillon nuit aux ruches, dans lesquelles il pénètre pour se gorger de miel.

SECOND SOUS-ORDRE

RHOPALOCÈRES

Duméril a établi ce groupe pour toutes les espèces dont les antennes sont plus ou moins renflées à leur extrémité (ῥόπαλον, massue). Ces Insectes ne volent que le jour, et leurs ailes affectent, au repos, une position verticale. Ce sont les *Achalinoptères* de M. Blanchard, les *Diurnes* des anciens auteurs.

Les principales familles de ce sous-ordre sont les *Hespéridés*, les *Nymphalidés*, les *Lycénidés* et les *Papilionidés*.

Nous signalerons seulement, parmi les **PAPILIONIDÉS**, les **Piérides** (*Pieris* Latr.), dont plusieurs ont des chenilles redoutées des agriculteurs : Piéride du chou (*P. brassicæ* L.) ou grand Papillon blanc du chou ; Piéride de la rave (*P. rapæ* L.) ou petit Papillon blanc du chou ; Piéride du navet (*P. napi* L.), ou petit Papillon blanc veiné de vert ; les chenilles de ces diverses espèces dévorent les feuilles des Crucifères. — Les **Papillons** proprement dits (*Papilio* L.) offrent plusieurs espèces remarquables : grand Porte-queue (*P. Machaon* L.), et grand Flambé (*P. Podalirius* L.), de nos pays ; P. Memnon (*P. Memnon* L.), de la région indo-malaise : ce dernier est remarquable en ce qu'il présente trois formes dictinctes de femelles, qu'on prenait autrefois pour autant d'espèces.

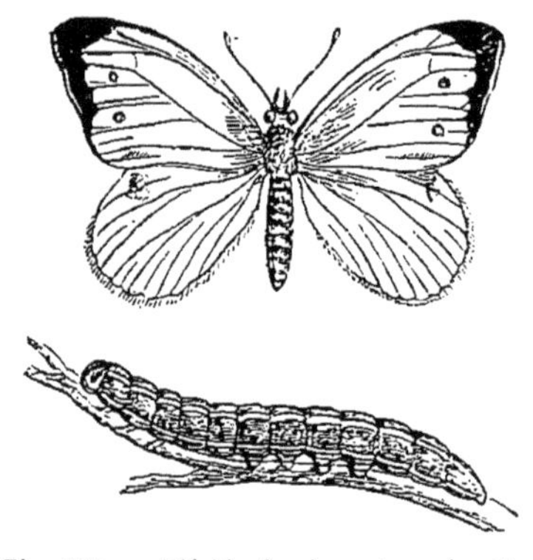

Fig. 433. — Piéride du chou et sa chenille.

QUATRIÈME ORDRE

HYMÉNOPTÈRES

Insectes lécheurs ; quatre ailes membraneuses ; métamorphoses complètes.

L'appareil buccal de ces Insectes offre une constitution intermédiaire entre celui des broyeurs et celui des suceurs : il est propre à lécher. La lèvre supérieure et les mandibules sont conformées comme celles des broyeurs ; au-dessous, se trouve un organe mobile, pouvant se replier sous la tête : c'est la trompe, formée par les mâchoires aplaties qui engainent la lèvre inférieure. Celle-ci offre une languette souvent très longue, divisée en trois lobes, dont les deux latéraux ou paraglosses sont d'ordinaire beaucoup plus courts que le médian ou languette proprement dite. Les palpes maxillaires ont un aspect variable ; les palpes labiaux sont longs et aplatis. Par suite de cette organisation de la bouche, on conçoit que les Hyménoptères puissent, au moyen de leurs mandibules, entamer des corps durs (Guêpes), et, à l'aide de leur languette, lécher les liquides sucrés au fond des fleurs (Abeilles) ou sur des surfaces planes (Fourmis).

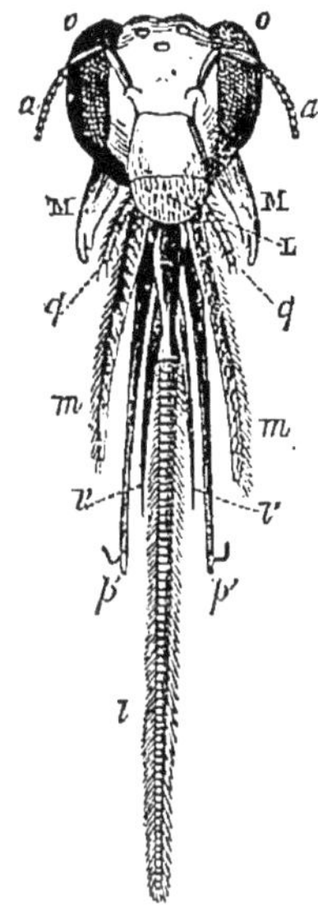

Fig. 434. — Tête d'un Hyménoptère (Anthophore). — *a*, antennes. *o*, yeux à facettes, entre lesquels on voit trois ocelles. L, labre. M, mandibules. *m*, mâchoires avec leurs palpes *q*. *l*, languette, avec ses lobes latéraux ou paraglosses *l'*. *p'*, palpes labiaux.

Les ailes sont au nombre de quatre, membraneuses (ὑμήν, membrane; πτερόν, aile), à nervures peu nombreuses; pendant le vol, les postérieures, plus petites, sont réunies aux antérieures par de fins crochets.

Les métamorphoses sont complètes. Rarement les larves vivent en liberté: elles possèdent, en pareil cas, outre les pattes thoraciques écailleuses, six ou huit paires de pattes abdominales, ce qui leur a valu le nom de *fausses-chenilles*. La plupart, au contraire, sont apodes et vivent enfermées dans des galles, dans le corps d'autres Insectes ou dans des sortes de nids. Les nymphes sont inactives, presque toujours cachées dans des cocons soyeux ou papyracés.

Les Hyménoptères occupent sans contredit le premier rang parmi les Insectes, quant à l'élévation des facultés intellectuelles. Nous aurons du reste à citer quelques faits à cet égard, et à montrer, en particulier, l'admirable prévoyance dont témoignent les femelles dans l'éducation des larves.

2 sous-ordres :

Femelles à aiguillon venimeux................	PORTE-AIGUILLONS.
Femelles pourvues d'une tarière..............	TÉRÉBRANTS.

PREMIER SOUS-ORDRE

TÉRÉBRANTS

Chez les femelles de ce groupe, l'oviducte est prolongé par un oviscapte saillant ou rétractile, qui sert à déposer les œufs en lieu convenable. On a partagé les Térébrants en trois grandes sections.

1° Les Phytophages ou *Porte-Scie* sont les seuls Hyménoptères qui aient l'abdomen sessile, c'est-à-dire non rétréci en avant. Leurs larves ou fausses-chenilles vivent en liberté sur les feuilles ou dans les tiges. Deux familles : *Tenthrédonidés* et *Siricidés*. Principaux genres : *Tenthredo*, *Hylotoma*, *Sirex*, *Cephus*. Certains *Sirex* perforent le plomb et d'autres métaux. La femelle du Céphus du chaume (*C. pygmæus* Latr.) perce la tige des céréales à l'aide de sa tarière et y dépose un œuf, duquel sort une larve qui dévore la paroi interne. L'épi se flétrit alors et souvent reste stérile.

2° Les Gallicoles ne comprennent que la seule famille des *Cynipidés*. Les femelles de ces Insectes perforent les végétaux pour y déposer leurs œufs; après l'éclosion de la larve, il se manifeste au point piqué une irritation qui détermine un afflux de sucs végétaux et aboutit à la formation d'une excroissance à laquelle on donne le nom de *galle*.

On connaît de nombreuses sortes de Galles, car celles-ci peuvent varier suivant l'espèce d'Insecte qui les produit, le végétal qui les nourrit et même l'organe sur lequel elles se développent.

Les plus importantes sont les *Galles de chêne* ou *Noix de galle*, qui résultent de la piqûre du *Cynips gallæ tinctoriæ* Oliv. sur les bourgeons d'un chêne de l'Asie Mineure, le *Quercus infectoria* Oliv. La larve se nourrit surtout de l'amidon contenu au sein de la galle; au bout de cinq à six mois, l'Insecte parfait se creuse un chemin cylindrique jusqu'à la surface et s'envole. Ces galles se trouvent dans le commerce sous la forme de corps globuleux ou pyriformes, recouverts d'aspérités vers la partie supérieure. Elles sont lourdes et d'un vert foncé (galles vertes ou noires) quand la larve, incomplètement développée, est encore contenue dans leur intérieur; elles sont, au contraire, beaucoup plus légères et de teinte pâle (galles blanches) quand l'Insecte s'en est échappé : dans ce dernier cas, elles ont perdu de leur astringence et sont moins estimées. — On en distingue deux sortes commerciales : 1° les *Galles d'Alep*, de la grosseur d'une noisette, lourdes, vert foncé, avec très peu de galles blanches; 2° les *Galles de Smyrne*, plus grosses, pâles, légères, comprenant beaucoup de galles blanches, et, par suite, de qualité inférieure. Les Noix de galle doivent leur emploi si répandu, en médecine et dans l'industrie, à la proportion considérable de tannin (acide gallotannique) qu'elles renferment : 60 à 70 pour 100 suivant les sortes.

Nous pouvons citer encore : la *petite Galle couronnée d'Alep*, souvent mêlée aux Galles d'Alep et provenant de la piqûre des jeunes bourgeons par le *Cynips polycera* Gir.; la *Galle de Hongrie*, résultant de la pipûre du *Cynips calicis* sur la cupule du gland du chêne commun; etc.

Quant aux *Bédegars*, ce sont ces galles moussues et chevelues, vertes et rouges, qui se développent sur les rosiers, et en particulier sur l'églantier (*Rosa canina*), à la suite de la piqûre du *Rhodites rosæ* L. On a longtemps attribué à ces productions d'importantes propriétés médicinales; elles sont simplement un peu astringentes.

3° Les Entomophages sont remarquables en ce que les femelles déposent leurs œufs dans le corps d'autres Insectes, et, en général, des chenilles ou des fausses-chenilles. Les larves qui sortent de ces œufs dévorent leur hôte lambeau par lambeau, en ménageant sa vie le plus longtemps possible. Ce sont donc des animaux essentiellement utiles à l'agriculture. On a divisé ce groupe en plusieurs familles: *Ichneumonidés*, *Braconidés*, *Chalcididés*, etc. Parmi les principaux genres, on peut citer les *Ichneumon*, *Ophion*, *Pimpla*, *Microgaster*, *Bracon*, *Chalcis*, etc. D'après Mariage, l'*Ichneumon Panzeri* Grav. détruit un cinquième environ des chenilles de la Noctuelle des moissons (*Agrotis segetum*). M. Blanchard a vu le *Microgaster glomeratus* détruire 197 chenilles de Piérides du chou sur 200 qu'il avait recueillies. Le *Pachymerus calcitrador* Grav. (fig. 436) est parasite du Céphus du chaume.

Fig. 435. — Cynips des Bédegars (*Rhodites rosæ*).

Fig. 436. — *Pachymerus calcitrator*.

SECOND SOUS-ORDRE

PORTE-AIGUILLONS

Au lieu d'un oviscapte, les femelles de ce sous-ordre possèdent un aiguillon, qui est toujours caché au repos et accompagné de glandes vénénifiques : c'est une arme souvent offensive, quelquefois seulement défensive. L'abdomen est pédiculé, c'est-à-dire rétréci au niveau du deuxième anneau. Les larves sont vermiformes, sans anus.

Principales familles : *Chrysidés*, *Formicidés*, *Hétérogynidés*, *Sphégidés*, *Vespidés*, *Apidés*.

Les **FORMICIDÉS** sont des Hyménoptères sociaux dont les colonies, connues sous le nom de *fourmilières*, se composent de *mâles* et de *femelles* ailés, puis d'*ouvrières* aptères ou femelles avortées. Dans certaines espèces, pour la plupart exotiques, ces dernières se divisent même en deux formes distinctes, les *ouvrières* proprement dites, et les *soldats*, reconnaissables à leur tête volumineuse : ces noms indiquent suffisamment leur rôle. Les femelles et les ouvrières sont quelquefois (*Myrmicinés*) munies d'un aiguillon à l'aide duquel elles se défendent. D'autres fois, l'aiguillon fait défaut (*Formicinés*), mais l'animal mord avec ses mandibules et recourbe en avant son extrémité abdominale pour déverser le liquide venimeux dans la blessure. Dans tous les cas, ce liquide n'est autre que de l'acide formique.

Les larves, toujours apodes, éclosent au printemps et sont nourries par les ouvrières. Au moment de la nymphose, elles se tissent souvent un cocon dans lequel elles passent à l'état de nymphes : c'est ce qu'on appelle vulgairement des *œufs de Fourmis*. La plupart des nymphes donnent des ouvrières ; les autres deviennent des femelles et des mâles ailés, qui s'élèvent dans les airs pour s'accoupler. Revenus à terre, les mâles périssent, tandis que les femelles perdent leurs ailes et tantôt sont ramenées par les ouvrières dans la fourmilière, où elles déposent leurs œufs, tantôt vont avec une partie de ces ouvrières fonder de nouvelles colonies.

Les mœurs de ces Insectes, qui témoignent de facultés intellectuelles très développées, ont été étudiées avec soin par d'illustres naturalistes ; mais il nous est impossible d'en tracer même une simple esquisse.

On a divisé les Formicidés en plusieurs tribus, qui comprennent de nombreux genres : *Formica*, *Polyergus*, *Tetramorium*, *Myrmica*, etc.

Les **SPHÉGIDÉS** ou Fouisseurs sont des sortes de Guêpes solitaires, dont les femelles creusent dans le sol des nids destinés à abriter leur progéniture. Ces femelles ont soin, en outre, de déposer près des larves qui éclosent la nourriture qui leur convient, et qui consiste en Insectes d'espèces déterminées. Mais il importe que la provende se conserve sans s'altérer : pour cela, la Guêpe paralyse les seuls organes de la vie de relation, en perçant de son aiguillon les ganglions antérieurs de la chaîne ventrale. On produit le même effet lorsqu'on amène une gouttelette de quelque liquide corrosif sur les centres médullaires thoraciques. Fabre (d'Avignon) a publié sur ce sujet d'admirables études. — Genres *Sphex*, *Ammophila*, *Bembex*, *Philanthus*, *Cerceris*, *Crabro*, etc.

Fig. 437. — *Philanthus apivorus*.

Les **VESPIDÉS** ou Guêpes sont surtout caractérisées par la disposition de leurs ailes antérieures qui, au repos, se plient suivant leur longueur et se placent sur les côtés de l'abdomen, sans en recouvrir la face supérieure. Les femelles sont armées d'un aiguillon défensif. Ces Insectes vivent de matières sucrées, mais nourrissent leurs larves d'autres Insectes.

Trois tribus : *Masarinés*, *Euméninés*, *Vespinés*.

Les deux premiers groupes se composent de Guêpes solitaires qui se comportent, les unes en parasites (*Masaris*), les autres à la façon des Fouisseurs (*Eumenes*, *Odynerus*, etc.).

Quant aux **VESPINÉS**, ce sont des Guêpes sociales, comprenant des mâles, des femelles et des ouvrières ou femelles inféconde, tous ailés. Leurs nids ou *guêpiers* sont formés de substances végétales mâchées et imprégnées d'une salive riche en chitine; ils se composent de rayons disposés horizontalement et offrant chacun un seul rang d'alvéoles, ouvertes en bas. Les sociétés de Guêpes ne durent qu'une année. Les femelles fécondées seules passent l'hiver en s'abritant dans des trous; au printemps suivant, elles fondent une nouvelle colonie.

Les Guêpes proprement dites (*Vespa* L.) sont souvent redoutées, tant à cause de leur piqûre que de l'avidité qu'elles manifestent pour les fruits. Leur aiguillon n'est pas barbelé comme celui des Abeilles; il fléchit en s'enfonçant dans la peau et détermine une douleur cuisante.

Le **Frelon** ou Guêpe Frelon (*V. Crabro* L.) est la plus grosse espèce du genre; il mesure 27 millimètres de long et se distingue assez facilement à la teinte rougeâtre qu'offre la moitié antérieure du corps. Il établit son nid dans les arbres creux, dans les greniers non fréquentés. Sa piqûre est parfois sérieuse, même chez les grands animaux.

La **Guêpe commune** (*V. vulgaris* L.) n'a que 18 millimètres de long; elle nidifie sous terre. Malgré sa petite taille, elle est aussi fort redoutable. Sa piqûre est suivie parfois d'une enflure considérable, et les accidents sont naturellement beaucoup

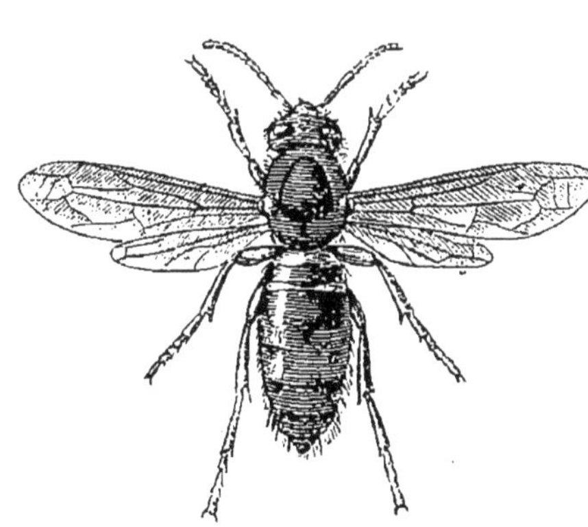

Fig. 438. — Frelon.

Fig. 439. — Guêpe.

plus graves lorsqu'il s'agit de piqûres multiples. Cloquet cite des mulets qui, attachés près d'un guêpier, furent assaillis par l'essaim tout entier et succombèrent. On a observé aussi des cas mortels sur l'espèce humaine, mais la plupart résultent de piqûres faites dans l'arrière-bouche : la tuméfaction des tissus peut alors amener rapidement l'asphyxie.

On confond en général avec la Guêpe commune les autres espèces du genre *Vespa* : *V. germanica*, *V. rufa*, *V. sylvestris*, *V. media*; ces deux dernières établissent leur nid sur les arbres. Souvent même on prend pour des Guêpes les Polistes (*Polistes* Lat.), dont une espèce bien commune est la *P. gallica*.

Lorsqu'on a été piqué par l'une quelconque de ces Guêpes, il convient d'enlever d'abord l'aiguillon avec soin et d'appliquer ensuite sur la partie blessée des substances émollientes et calmantes.

Les **APIDÉS** ou Abeilles sont faciles à distinguer des Guêpes : leur corps est presque toujours velu ; leurs ailes antérieures sont étendues et non pliées pendant le repos; les pattes postérieures des femelles ont en général la jambe et le tarse élargis et conformés pour la récolte du pollen. Presque tous construisent des nids, et nourrissent leurs larves non seulement avec ce pollen, mais aussi avec du miel, ce qui les fait appeler quelquefois *Mellifères*. Comme chez les Vespidés, il en est qui vivent solitaires, d'autres qui forment des sociétés.

Les Apidés solitaires vivent par groupes qui ne comprennent que deux sortes d'individus, des mâles et des femelles. Ils ne produisent pas de cire.

Les uns (*Apidés parasites* ou *Nomadinés*), dépourvus de poils collecteurs du pollen, déposent leurs œufs dans les cellules d'espèces voisines, auxquelles elles ressemblent le plus souvent (*mimétisme*), et leurs larves se nourrissent aux dépens de la provision qui s'y trouve amassée : *Nomada*, *Melecta*, etc.

Les autres ont les poils collecteurs diversement répartis, et sont divisés d'après cela en trois groupes. — Chez les *Gastrolégínés*, c'est l'abdomen qui porte des poils courts, propres à brosser et à retenir le pollen : *Chalicodoma*, *Osmia*, *Megachile*. — Les *Mérilégínés* ont l'appareil collecteur reporté sur la cuisse, la hanche et les côtés de l'abdomen : *Andrena*, *Halyctus*, *Colletes*. — Enfin, les *Podilégínés* ont la jambe et le tarse élargis, surtout aux pattes postérieures, et disposés à peu près comme chez les Abeilles sociales, sauf l'absence de la pince tibio-tarsienne : *Anthophora*, *Eucera*, *Xylocopa*.

Les Apidés sociaux comprennent trois sortes d'individus, tous ailés : mâles, femelles et ouvrières ou femelles avortées. Ces dernières ont le tibia des pattes postérieures (fig. 440) élargi en triangle allongé (palette), et creusé, sur sa face externe, d'une faible cavité nommée *corbeille*, destinée à loger une boulette de pollen que retiennent de longs poils implantés sur les bords et constituant le *rateau*. Le premier article du tarse, très développé

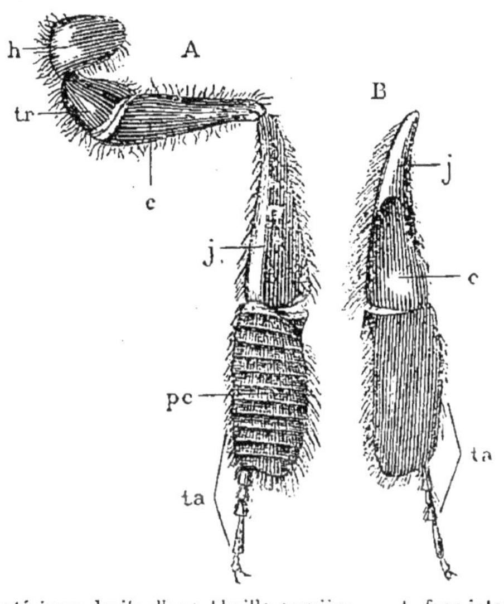

Fig. 440. — Patte postérieure droite d'une Abeille ouvrière. — A, face interne. B, face externe. *h*, hanche. *tr*, trochanter. *c*, cuisse. *j*, jambe avec sa corbeille *c*. *ta*, tarse, dont le premier article ou pièce carrée *pc* montre les rangées de poils constituant la brosse.

(pièce carrée), est muni à sa face interne de rangées transversales de poils courts formant une sorte de *brosse* qui sert à rassembler le pollen. De plus, ce premier article du tarse est articulé avec l'angle interne du bord inférieur de la jambe, de manière à former avec celle-ci une pince destinée à saisir les lamelles de cire qui exsudent sous l'abdomen.

Les Sociétés formées par ces Hyménoptères sont parfois limitées à une année et d'autres fois ont une durée indéfinie. Les sociétaires annuels constituent la tribu des *Bombinés*; les sociétaires pérennes sont représentés par les *Méliponinés* et les *Apinés*.

Les BOMBINÉS ou **Bourdons** (*Bombus* Latr.) ont le corps lourd et velu; leurs jambes postérieures sont armées de deux épines terminales.

Ils établissent leurs nids dans la terre. Leur miel est doux, très fin, mais peu abondant. Les femelles et les ouvrières sont pourvues d'un fort aiguillon, dont la piqûre est très douloureuse. *B. muscorum* L. *B. hortorum* L. *B. terrestris* L.

Les **MÉLIPONINÉS** sont de petites Abeilles d'Amérique et d'Océanie, dont les femelles ne possèdent qu'un aiguillon tout à fait rudimentaire : elles se défendent à l'aide de leurs puissantes mandibules.

Leur miel est souvent agréable, mais il peut être vénéneux. — Genres *Melipona*, *Trigona*.

Enfin, les **APINÉS** ou **Abeilles** proprement dites (*Apis* L.), qui, comme les Mélipones, ont les tibias postérieurs dépourvus des deux épines terminales signalées chez les Bourdons, sont propres à l'ancien continent et représentent des Insectes mellifères par excellence. La femelle et les ouvrières sont munies d'un aiguillon.

L'**Abeille commune** (*A. mellifica* L.), que tout le monde connaît, constitue pour nous un Insecte des plus précieux, puisque, en raison de l'état de semi-domesticité dans lequel elle s'entretient, nous pouvons exploiter la cire dont elle fait son nid et le miel qu'elle amasse pour sa progéniture. Aussi devons-nous consacrer quelques pages à l'étude de ses mœurs et de son éducation.

A l'état sauvage, les Abeilles s'établissent dans les creux des arbres ou des rochers ; quand elles sont domestiquées, on les loge dans des *ruches* dont la disposition est variable. Une colonie comprend 30000 à 50000 individus ; la plupart sont des *ouvrières :* il n'existe guère que 2000 à 3000 mâles dits *Faux-Bourdons* et une seule femelle sexuée, connue sous le nom de *reine* ou de *mère.*

Les mâles sont plus gros que les ouvrières, moins longs que la reine. Ils se reconnaissent tout d'abord à leur grosse tête circulaire, portant des yeux contigus supérieurement. Leur languette est courte ; ils n'ont pas d'aiguillon. Leur seul rôle est de féconder la femelle.

La reine, un peu plus grosse et beaucoup plus longue que les ouvrières, est de teinte plus fauve ; elle n'a pas de corbeille et ses brosses sont peu marquées ; ses ailes sont plus courtes que l'abdomen ; sa languette est fine et peu allongée ; enfin, elle possède un aiguillon très fort et courbé, dont elle ne se sert que contre ses rivales. Elle est uniquement chargée de la ponte.

Quant aux ouvrières, qui sont d'un brun noirâtre, avec des poils cendré roussâtre clairsemés, elles ont l'appareil collecteur des pattes complet et des ailes antérieures dépassant l'abdomen. L'aiguillon est droit et moins fort que chez la reine. Ces ouvrières se partagent les travaux de la ruche : les unes remplissent les fonctions de récolteuses ; les autres, celles d'architectes et de nourrices.

Lorsqu'on examine une ruche, on y voit des rayons qui descendent verticalement du sommet et sont d'ordinaire parallèles entre eux, séparés par des espaces libres, d'un centimètre environ. Ce sont des ouvrières qui construisent ces rayons, avec la cire qu'elles sécrètent. Les rayons sont formés de deux couches de cellules hexagonales ou *alvéoles*, adossées par le fond, de manière à économiser le plus possible et l'espace et les maté-

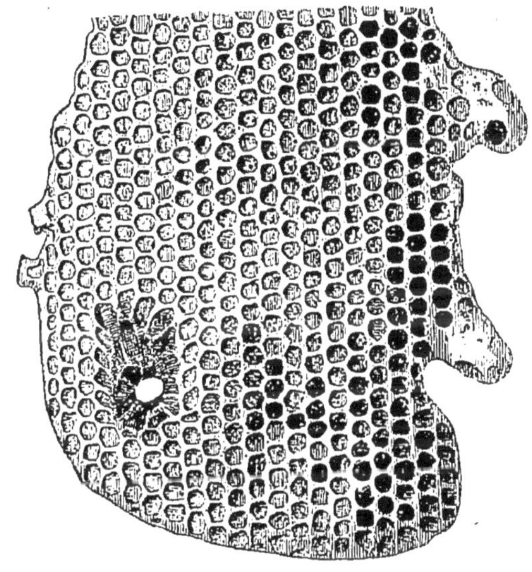

Fig. 441. — Fragment de rayon, montrant à droite deux cellules royales, à gauche des points d'attache à base de propolis, et un orifice de communication entre les deux faces du rayon.

riaux de construction. On distingue trois sortes d'alvéoles. Les plus petites contiennent, les unes du miel et du pollen, les autres des œufs ou des larves (*couvain*) d'ouvrières : ces cellules, de beaucoup les plus nombreuses, occupent le centre de la ruche. D'autres alvéoles plus grandes sont destinées à l'élevage des mâles. Enfin, les cellules qui doivent donner des femelles, ou *cellules royales*, en très petit nombre, très grandes et cupuliformes, sont généralement établies au bord des rayons.

La reine et les ouvrières passent seules l'hiver, en se nourrissant du miel emmagasiné dans la ruche. Au retour du printemps, la reine se met à pondre. Or, elle peut à volonté déverser ou non du sperme sur les œufs, au moment de leur passage devant le réceptacle séminal. Les œufs non fécondés donnent naissance, par parthénogenèse (arrhénotocie), à des Faux-Bourdons; ceux, au contraire, qui ont subi le contact du sperme, produisent des femelles. De plus, celles-ci restent incomplètes (ouvrières) ou deviennent sexuées (reines) suivant la grandeur de la cellule et la nature des aliments. Les larves éclosent au bout de quelques jours : les ouvrières leur apportent d'abord une bouillie composée de miel, de pollen et d'eau, et préalablement élaborée dans leur tube digestif; puis les larves d'ouvrières et de mâles ne reçoivent bientôt plus que du miel et du pollen en nature, tandis que celles contenues dans les cellules royales sont toujours pourvues d'une bouillie très nutritive et très abondante (pâtée royale). Dès que les larves sont parvenues à maturité, les ouvrières ferment leurs cellules au moyen d'un opercule de cire plus ou moins bombé, ce qui les distingue des cellules à miel, dont le couvercle est plat. Chaque larve se file alors une coque soyeuse et se transforme en nymphe. Enfin, vingt jours après l'éclosion, l'Insecte parfait (ouvrière) sort de la coque, ronge le couvercle avec ses mandibules et s'échappe. Pour les mâles, l'évolution totale est de vingt-quatre jours; pour les mères, de seize seulement.

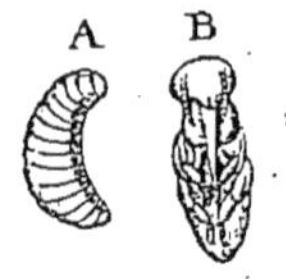

Fig. 442. — *Apis mellifica*. — A, larve. B, nymphe.

Avant que l'une quelconque de ces dernières ait achevé sa métamorphose, la reine de la ruche quitte l'habitation avec une partie des ouvrières et des Faux-Bourdons : c'est ce groupe émigrant qui constitue l'*essaim primaire*. Il s'élève en tourbillonnant dans l'air et va d'ordinaire se suspendre en grappe à une branche d'arbre. On le recueille dans une ruche renversée et enduite de miel, en secouant la branche ; dès que la mère est tombée dans cette ruche, les ouvrières s'y amassent. (La loi française autorise le propriétaire d'un essaim à le rechercher partout où il s'est posé).

Peu après le départ de l'essaim, la première jeune mère qui a atteint son entier développement sort de sa cellule. Si la population de la ruche est peu nombreuse, ou si le temps est froid et pluvieux, elle met à mort, sans opposition et en les perçant de son aiguillon, les rivales qui sortent des autres cellules royales ou qui sont sur le point d'en sortir.

Si, par contre, les circonstances sont favorables à un nouvel essaimage, les ouvrières s'opposent à ces meurtres, mais retiennent captives les jeunes reines arrivées à l'état parfait et les nourrissent par un petit trou qu'elles percent de temps à autre dans l'opercule. Au premier beau jour, la reine libre part avec un groupe d'ouvrières : c'est l'*essaim secondaire*. Il est rare qu'il se produise un *essaim tertiaire*. D'ailleurs, on cherche d'ordinaire à prévenir ces essaimages multiples, qui nuisent à la ruche en l'affaiblissant.

Il peut arriver, au contraire, qu'une ruche perde accidentellement sa reine ; en pareil cas, les ouvrières se hâtent d'agrandir une cellule contenant un œuf ou une larve d'ouvrière, et d'apporter à cette larve la pâtée royale : elles en font ainsi une *reine* ou *mère de sauveté*.

La jeune mère établie dans une ruche doit être fécondée; elle s'élève dans les airs suivie d'un certain nombre de mâles, et fait choix de l'un d'eux. L'accouplement dure à peine quelques minutes; il se termine par la mort de l'élu, suite d'un arrachement brusque du pénis, que la femelle garde dans son vagin pour le rapporter à la ruche : c'est le signe auquel les ouvrières constatent que la fécondation est opérée. Le sperme est emmagasiné pour le reste de la vie, soit quatre à cinq ans, dans le réservoir séminal.

Lorsqu'il n'y a plus aucune tendance à l'essaimage, et que la reine est fécondée, les ouvrières entrent dans une sorte de fureur contre les mâles, qui ne sont plus désormais que des bouches inutiles; elles les pourchassent, les condamnent à mourir de faim, ou même les massacrent en les transperçant de leur aiguillon. La vie de ces Faux-Bourdons n'est guère que de deux ou trois mois. Quant aux ouvrières, elles vivent environ six semaines en été, de telle sorte que la population de la ruche se renouvelle deux ou trois fois dans le cours de la belle saison.

Quarante-six heures après son retour, la reine commence à pondre, en parcourant une à une les cellules vides des rayons : les cellules des rangées supérieures renferment du miel et sont fermées. Dzierzon admet qu'une reine vigoureuse, dans des conditions favorables, peut pondre 3000 œufs par jour, soit près de 300 000 par an. En outre, il peut se trouver accidentellement, dans les ruches, de véritables ouvrières qui pondent des œufs mâles dans les cellules vides qu'elles rencontrent.

Apiculture. — Nous ne pouvons qu'esquisser à grands traits les principes généraux sur lesquels repose la culture des Abeilles. L'enseignement des plus simples notions pratiques exigerait des développements dans lesquels il ne nous est pas permis d'entrer.

Les *ruches* qui nous servent à entretenir les Abeilles en semi-domesticité sont d'ordinaire construites en paille, en osier ou en bois. On en distingue deux types : les ruches à rayons *fixes* et les ruches à rayons *mobiles* (1). — Les premières sont plus en rapport avec les conditions naturelles dans lesquelles vivent les Abeilles; elles permettent en effet à celles-ci de construire leurs rayons verticaux comme il leur convient, en les suspendant à une partie supérieure immobile. Les plus simples consistent en un panier en forme de cloche : elles ont de nombreux inconvénients, entre autres celui de rendre difficile la récolte du miel. On les a perfectionnées en y ajoutant une calotte ou des hausses, qui communiquent avec le corps principal de la ruche par un simple trou : les Abeilles, qui tendent toujours à construire dans les régions supérieures établissent de nouveaux gâteaux dans la partie surajoutée, et l'on peut

(1) M. Girard, *Les Abeilles, organes et fonctions, éducation et produits, miel et cire*. Paris, 1878.

mettre à profit cette circonstance avantageuse, que ces gâteaux élevés sont précisément des réservoirs de miel. — Quant aux ruches mobiles, elles se composent de traverses ou cadres distincts, sur lesquels on oblige les Abeilles à construire leurs rayons, de façon à pouvoir enlever séparément chacun d'eux. On peut, de la sorte, récolter le miel en ne supprimant qu'une partie restreinte des gâteaux, ce qui économise aux Insectes tout le travail de la reconstruction. On arrive même à laisser ces gâteaux intacts par l'emploi d'un *mello-extracteur* à force centrifuge, d'invention assez récente. En somme, le système mobiliste sacrifie la production de la cire pour obtenir un miel plus abondant et plus choisi; il offre sur le système fixiste d'incontestables avantages, au premier rang desquels se place la faculté d'observer les travaux des Abeilles et de diriger la ruche en connaissance de cause.

L'emplacement qui reçoit les ruches porte le nom de *rucher*. Souvent il comporte un bâtiment léger, destiné à les garantir des intempéries. On recherche, autant que possible, un endroit calme, à l'abri des grands vents et de l'humidité; la meilleure exposition est celle du sud-est.

Quant aux soins à donner aux Abeilles, ils varient suivant l'époque de l'année et suivant une foule de circonstances; nous n'avons pas à entrer dans ces détails, que la pratique seule peut enseigner d'une façon sérieuse. Nous dirons seulement quelques mots des *maladies* qui sévissent parfois dans les ruches et des ennemis qui peuvent s'y introduire.

Une des affections les plus communes est la *dysenterie*, qui est toujours le résultat de l'hivernage; tantôt elle tient au renouvellement insuffisant de l'air de la ruche, et à la viciation de cet air par l'humidité et l'acide carbonique; tantôt elle est due à la mauvaise qualité du miel récolté; elle est, en tout cas, plus fréquente parmi les colonies faibles. On y remédie en évitant de calfeutrer les ruches en hiver, et en nourrissant les Abeilles, à la fin de cette saison, avec du sirop de sucre.

La *loque*, ou *pourriture du couvain*, est une maladie beaucoup plus grave et très contagieuse; elle paraît avoir beaucoup d'analogie avec la flacherie des Vers à soie. « Les larves et nymphes atteintes de loque, dit M. Girard, deviennent molles et de couleur café au lait, leur peau se déchirant au moindre effort; bientôt leurs corps sanieux et décomposés ne forment plus avec la cire qu'une masse brunâtre ressemblant à de la pulpe d'abricot pourri. » C'est l'apiculteur lui-même qui, par des manipulations faites sans soins, transmet la maladie d'une ruche à l'autre. La prophylaxie a donc une base fort simple. Une fois le mal communiqué, on ne peut guère s'en rendre maître, d'après M. Saunier, que par le fer et le feu, appliqués dès le début à tous les points attaqués.

Parmi les *ennemis* des Abeilles, les plus redoutables sont deux Microlépidoptères de la famille des Pyralidés, vulgairement appelés *fausses Teignes de la cire*. L'un, le plus nuisible, est dit grande Teigne (*Galleria mellonella* L.), à cause de sa taille; l'autre est la petite Teigne (*G. grisella*

Fabr.). Ces papillons vont déposer leurs œufs sur les rayons, en évitant avec soin la piqûre des Abeilles ; leurs chenilles ne touchent pas au miel, mais dévorent la cire. Dans les colonies puissantes, les ouvrières tuent ces chenilles à mesure qu'elles éclosent ; aussi les ravages ne sont-ils jamais sérieux que dans les ruches faibles. Pour s'opposer à ces ravages, il est donc indiqué, après avoir enlevé les parties atteintes, de fortifier la colonie d'après les procédés qu'enseigne la pratique (mariage).

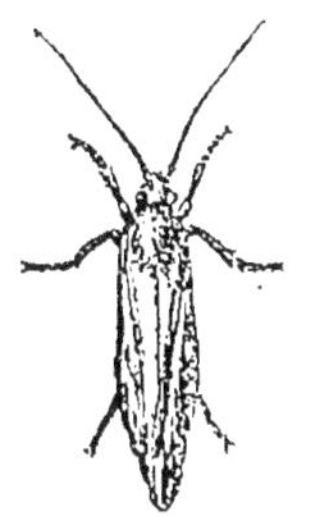

Fig. 443. — Grande Teigne de la cire (*Galleria cerella*).

Fig. 444. — Petite Teigne de la cire (*Galleria grisella*).

Le Sphinx Tête-de-mort (*Acherontia Atropos*) entre aussi dans les ruches, mais c'est pour se gorger de miel ; son épaisse fourrure le protège contre les piqûres. Toutefois, il ne paraît pas ordinairement bien dangereux. La Cétoine du chardon (*Cetonia cardui* Sch.) recherche également le miel ; on a vu quelquefois ces Insectes, en grand nombre, piller les ruches et en faire mourir de faim les habitants.

Le Clairon des Abeilles (*Trichodes apiarius*) est un Coléoptère qu'on regarde à tort comme un ennemi sérieux. Sa larve, connue sous le nom de *Ver rouge*, ne vit, d'après M. Hamet, que de miel altéré, de débris d'Abeilles et de larves ; elle ne touche pas aux produits des ruches saines et n'établit guère son cocon que dans les rayons altérés par l'humidité.

Les Asiles, les Guêpes, les Frelons, le Philante apivore (fig. 437) attaquent directement les Abeilles ; les Couleuvres, les Lézards, les Crapauds même, assure-t-on, les happent à l'entrée de la ruche, quand celle-ci est trop près de terre ; enfin, divers Oiseaux leur font aussi la chasse, notamment le Guêpier commun (*Merops apiaster*) dans l'Europe méridionale, et les Mésanges (*Parus*) dans nos régions.

Produits des Abeilles. — En butinant sur les végétaux, les Abeilles recueillent trois substances distinctes : le nectar, le pollen et la propolis. Cette dernière est employée directement ; les autres subissent une élaboration dont le résultat est la production du miel et de la cire.

1° La **propolis** est une sorte de résine que les Abeilles vont récolter sur les bourgeons de divers arbres, tels que peupliers, saules, sapins, etc. Elles s'en servent pour obturer les fentes de la ruche, pour fixer les gâteaux aux parois et même pour enduire les cadavres des animaux (Limaces, Mulots, etc.) qui se sont introduits dans la ruche et qu'il serait trop difficile d'expulser. C'est une substance brune ou gris jaunâtre, d'odeur un peu aromatique, dure à froid, mais se ramollissant par la chaleur. On l'a quelquefois prescrite comme résolutive.

2° Le **miel** provient du *nectar* sécrété dans les fleurs par les organes spéciaux connus sous le nom de nectaires; il peut aussi tirer son origine des exsudations sucrées qui se produisent à la surface de divers végétaux. Ces matières subissent une élaboration dans le jabot des Abeilles, qui les dégorgent ensuite dans leurs alvéoles, sous forme de miel, pour servir à leur nourriture ou à celle des larves. Dans la plupart des localités, on a coutume de récolter le miel vers la fin de l'été; quant au mode suivant lequel on procède à cette récolte, il varie suivant la constitution de la ruche. Lorsqu'il s'agit de ruches à rayons fixes, de beaucoup les plus communes en France, on détache les gâteaux et on les place sur des claies, disposées elles-mêmes au-dessus de vases convenables. Suivant les manipulations auxquelles on a recours, on obtient alors du miel de différentes qualités. — 1° Après avoir choisi les gâteaux récents, ne contenant que du miel sans pollen, on les expose simplement au soleil ou on les soumet à une chaleur très modérée, et on enlève les opercules à l'aide d'un couteau : le produit très pur qui s'écoule de la sorte est le *miel vierge* ou de première qualité, encore appelé *miel blanc surfin.* — 2° On brise ensuite ces gâteaux, ainsi que ceux qui contiennent du miel mélangé de pollen, et on les soumet à une température un peu plus élevée : ainsi est obtenu le *miel blanc fin.* — 3° Les marcs qui résultent de cette opération renferment encore du miel, qu'on retire au moyen d'une presse : c'est le *miel jaune* ou *ordinaire*, qui contient toujours de la cire. — 4° Enfin, une dernière pression fournit le *miel brun*, plus ou moins chargé d'impuretés. — Lorsqu'on a recours aux extracteurs à force centrifuge, qui ne s'appliquent guère qu'aux rayons mobiles, on évite tout à fait le mélange de cire, et on a l'avantage de ne recueillir que des miels surfin et fin.

Le miel varie aussi de qualité suivant sa provenance. En thèse générale, celui qu'on récolte dans les régions chaudes et sèches ou sur les coteaux est supérieur à celui recueilli dans les conditions opposées. Mais l'élément dont l'influence se fait le plus directement sentir est représenté par les fleurs sur lesquelles vont butiner les Abeilles, et dont l'arome se transmet au miel sans modifications sensibles. C'est ainsi que le miel du mont Hymette doit sa haute et antique renommée aux Labiées qui abondent sur cette montagne, ceux de Cuba et de Valence à la fleur d'oranger. En France, on distingue, quant à la provenance, quatre sortes principales de miel (M. Girard) : 1° le *miel de Narbonne*, assez compact, blanc, grenu, odorant, à saveur aromatique très prononcée ; il se récolte dans tout le Roussillon ; son arome est dû principalement au romarin. On place à peu près sur la même ligne le miel de Provence, dont l'odeur et la saveur, variables suivant la saison, sont encore plus marquées ; 2° le *miel du Gâti-*

nais, moins grenu, souvent moins blanc, moins aromatique que celui de Narbonne; il provient du sud de Seine-et-Marne et d'une partie de l'Orléanais; c'est sur le sainfoin et le trèfle qu'il est en grande partie recueilli; 3° le *miel de Normandie* ou d'Argences, analogue aux précédents, presque exclusivement réservé pour la table et vendu en petits pots de grès dits « canettes »; 4° le *miel de Bretagne*, rouge brunâtre, à odeur de pain d'épice, à saveur un peu âcre; il doit sa médiocre qualité aux fleurs du sarrasin. Les miels de la Champagne et de diverses autres régions, recueillis sur la même plante, sont fréquemment vendus sous le même nom. Cette sorte est employée à la fabrication du pain d'épice; on en fait aussi usage dans la médecine vétérinaire.

L'influence des fleurs sur le miel ne porte pas seulement sur l'arome; les anciens avaient déjà reconnu que certaines plantes communiquent à ce produit des propriétés vénéneuses. Xénophon rapporte que les soldats de l'armée des Dix-Mille, cantonnés dans la Colchide, y trouvèrent de nombreuses ruches, et que tous ceux qui mangèrent du miel vomirent, furent purgés violemment et éprouvèrent une sorte de délire; aucun d'eux, cependant, ne succomba. Tournefort et d'autres auteurs modernes ont attribué ces accidents aux fleurs de l'*Azalea pontica* et même à celles du *Rhododendron ponticum*. De nos jours, Barton a reconnu que le miel récolté en Pensylvanie sur des plantes de la même famille, telles que des *Kalmia* et des *Andromeda*, occasionne des maux d'estomac, des vomissements, des convulsions, et que ces accidents peuvent être mortels. Haller et Seringe rapportent aussi des cas graves d'empoisonnement observés dans les Alpes et dus à l'ingestion du miel recueilli sur les *Aconitum Napellus* et *Lycoctonum*. Notons d'ailleurs que le miel produit par les Bourdons et les autres Mellifères peut être aussi dangereux à l'occasion que celui des Abeilles.

Le miel est un mélange, en proportions variables, de plusieurs composés organiques définis, étendus d'eau. On y trouve d'abord des matières sucrées : du *glucose*, déviant à droite le plan de polarisation et cristallisant en petits grains blancs agglomérés qui forment les granulations du miel; de la *mellose*, lévogyre, liquide et incristallisable; une petite quantité de *saccharose*, qui disparaît même à mesure que le miel vieillit; enfin, une certaine proportion de *mannite*. De plus, le miel contient un acide libre, une substance colorante jaune, des principes aromatiques et des matières azotées, lesquelles proviennent sans doute du pollen.

Avec quelque soin, on peut conserver le miel pendant plusieurs années; il suffit pour cela de l'enfermer dans des barils ou de le tenir dans des vases de terre, qu'on place dans un endroit frais, mais à l'abri de l'humidité; sans ces précautions, il serait exposé à fermenter et à aigrir. On doit éviter surtout le transvasement, car les altérations sont beaucoup plus rapides lorsqu'on a détruit l'arrangement pris par les molécules.

Un bon miel doit posséder une odeur suave et aromatique, une saveur douce et sucrée, et être soluble en totalité dans l'eau. En France, on recherche plus particulièrement les miels solides, grenus et blancs. Mais il ne faut pas oublier que diverses fraudes ont pour but d'obtenir une apparence de bonne qualité. C'est ainsi qu'on y ajoute de l'amidon, de la farine, de la craie, etc. L'insolubilité de ces substances décèle leur présence. L'addition de glucose solidifié est plus commune encore; le glucose est soluble dans l'eau; mais l'alcool trouble la solution, et l'iodure ioduré de potassium le colore en violet. Une fraude moins grave consiste à verser du miel commun sur des branches de romarin, pour lui donner l'arome du miel de Narbonne; on la reconnaît d'ordinaire à la présence de feuilles ou de fragments qui se sont détachés.

Le miel est souvent employé en médecine. A dose faible, on s'en sert comme émollient ou comme édulcorant; à haute dose, il devient laxatif, surtout s'il s'agit de miel commun : on l'administre de préférence en lavements. Il sert de base aux mellites et aux oxymellites; de plus, il entre à titre d'excipient dans des préparations très diverses. Délayé dans cinq fois son poids d'eau et mis en fermentation, il donne l'*hydromel vineux*, boisson autrefois très recherchée et employée encore de nos jours par quelques peuples du Nord.

3° La **cire** est la substance grasse complexe qui forme les rayons. Elle est sécrétée par quatre paires de glandes cirières, situées sous les segments de l'abdomen des ouvrières, à la face ventrale, et se dépose dans dans les *aires cirières* qui occupent l'intervalle de ces segments. Prise en ce point, la cire est toujours fragile; l'ouvrière l'enlève à l'aide de la pince tibio-tarsienne des pattes postérieures, puis, avec les crochets des tarses antérieurs, la porte entre ses mandibules, la pétrit, l'imprègne de salive et la rend malléable. La cire provient du miel absorbé par les Abeilles et transformé en matière grasse dans leur organisme. Huber, le premier, démontra que des Abeilles nourries exclusivement de miel ou de sucre continuaient à construire leurs rayons, tandis que chez celles qui recevaient seulement du pollen, la sécrétion ne tardait pas à cesser. Toutefois, on pouvait supposer que la cire était formée aux dépens de la graisse contenue dans le miel alimentaire ou emmagasinée dans le corps; Dumas et Milne Edwards reprirent l'expérience en dosant au préalable les matières grasses contenues en moyenne dans le corps des ouvrières d'un essaim séquestré, qui fut nourri de miel dont la matière grasse était également dosée. Ils reconnurent alors que le poids de la cire produite et des matières grasses restant dans le corps à la fin de l'expérience était notablement supérieur au poids obtenu dans le dosage primitif. La cire était donc produite aux dépens du miel absorbé.

Pour préparer la cire, on fait fondre dans l'eau le marc qui résulte de la dernière pression du miel; la plupart des impuretés tombent au fond, tandis que la cire surnage. Après une seconde fusion, on l'exprime à travers un sac en toile forte et on la verse dans des moules : c'est ainsi qu'on obtient des pains de *cire jaune*.

Pour la décolorer, on l'aplatit en rubans ou on la fait fondre pour la verser sur un cylindre de bois qui se meut horizontalement dans l'eau et la réduit en grumeaux. On dispose les rubans et les grumeaux en couche mince sur des toiles étendues dans les prés ; sous l'influence de l'ozone, la matière colorante se détruit peu à peu. Comme ce procédé est trop long, on lui substitue souvent le blanchiment au chlore. La cire décolorée est dite *cire blanche* ou *vierge*. On y ajoute d'ordinaire un peu de suif pour lui rendre le liant qu'elle a perdu, et on la coule en petites plaques rondes. Elle est solide, opaque, cassante, et fond vers 65°.

La cire est insoluble dans l'eau, soluble dans les huiles grasses, la benzine, l'essence de térébenthine, le sulfure de carbone. En la traitant par l'alcool bouillant, on y reconnaît la présence de trois principes immédiats. L'un est la *myricine* ou *palmitate de myricile*, éther composé qui reste à peu près insoluble. Un autre cristallise en petites aiguilles par le refroidissement : c'est la *cérine* ou *acide cérotique*. Le troisième est la *céroléine*, qui reste dissoute. Quant à la matière colorante de la cire jaune, elle est peu connue.

La cire subit de nombreuses falsifications. On l'additionne surtout de suif, d'acide stéarique, de paraffine, de résines, et de matières inertes telles que sciure de bois, plâtre, kaolin, farine, fécule. Ces dernières substances se reconnaissent à leur insolubilité dans la benzine, qui dissout la cire. Les substances résineuses, telles que la colophane ou la poix de Bourgogne, se dissolvent dans l'alcool froid et peuvent se séparer ensuite par évaporation. La paraffine se découvre à l'aide de l'acide sulfurique fumant et chaud : celui-ci carbonise la cire sans attaquer la paraffine, qui surnage. Pour déceler l'acide stéarique, on réduit la cire en grumeaux et on traite par l'eau de chaux, qui donne un trouble granuleux de stéarate de chaux. Le suif, lorsqu'il est en proportion un peu considérable, dénonce sa présence par son odeur, sa saveur et la facilité avec laquelle la cire se réduit en grumeaux adhérents aux doigts, quand on la malaxe. Quant aux cires végétales ou minérales, elles se distinguent par leur densité et leur point de fusion différents ; toutefois, on fabrique depuis quelque temps des mélanges de cire d'Abeilles, de cire minérale et de stéarine dans lesquels cette différence est effacée, de telle sorte que la fraude est assez difficile à déceler.

La cire forme la base des cérats ; elle entre aussi dans la composition d'une foule d'onguents ou d'emplâtres, de la toile de mai ou sparadrap de cire, des bougies employées pour la dilatation de l'urètre, etc.

Piqûre des Abeilles. — Comme la plupart des Hyménoptères supérieurs, les Abeilles sont pourvues d'un *appareil pongitif*, qui leur sert presque toujours à se défendre, rarement à attaquer.

Cet appareil se compose de plusieurs parties : les organes vénénifiques et leur réservoir, l'aiguillon chargé d'inoculer le venin et les muscles qui mettent cet aiguillon en mouvement.

Les organes sécréteurs consistent en deux tubes un peu renflés à leur origine, situés au voisinage du rectum et se réunissant en un canal excréteur commun, qui s'ouvre dans un réservoir pyriforme ; l'extrémité postérieure de ce réservoir s'atténue en un court canal aboutissant à l'aiguillon.

Celui-ci est formé par des appendices du neuvième anneau de l'abdomen. De la région sternale de cet anneau émanent deux valves en gouttière, soudées à leur bord inférieur, juxtaposées à leur bord supérieur et constituant un étui aigu et résistant : c'est le *gorgeret*. Quant à la partie dorsale, elle fournit deux stylets grêles, très aigus, munis vers leur extrémité libre et en dehors de dix fines pointes rabattues en avant, et creusées en canal à leur face interne : ces stylets forment par leur accolement un dard acéré et canaliculé qui glisse dans le gorgeret et dans lequel coule le venin. Le gorgeret se montre toujours plus ou moins saillant à la pointe de l'abdomen, mais le dard est rétracté à l'intérieur et ne sort qu'au gré de l'Insecte ; les deux organes peuvent du reste se mouvoir séparément, au moyen de certains muscles abdominaux que nous n'avons pas à décrire ici.

Lorsqu'une Abeille veut piquer, elle fait saillir à la fois les stylets et le gorgeret ; les stylets s'enfoncent dans la peau comme le poinçon d'un trocart, fraient la voie au gorgeret, et le venin coule dans la blessure, par suite de la compression du réservoir. L'appareil fonctionne comme une seringue aspirante et foulante (Carlet). Si c'est un Insecte qu'a attaqué l'Abeille, la plaie produite dans le tégument chitineux reste béante, et l'aiguillon en sort sans difficulté. S'agit-il, au contraire, d'un animal supérieur ou de l'Homme, la chair élastique se resserre au contact de l'aiguillon, que ses pointes barbelées retiennent souvent dans la plaie, et qui est arraché du corps de l'Abeille quand celle-ci veut fuir : une pareille mutilation entraîne la mort de l'Insecte.

La piqûre s'accompagne du dépôt dans la plaie d'une certaine quantité de venin, qui n'est autre que de l'acide formique concentré. L'irritation, du reste, est toujours plus accusée quand l'aiguillon est resté dans la plaie. Inutile d'ajouter que les accidents sont en général d'autant plus sérieux que les piqûres sont plus nombreuses.

Delpech (1) distingue trois degrés dans les accidents consécutifs aux

(1) Delpech, *Les dépôts de ruches d'Abeilles*. Ann. d'hyg. publ., 1880, t. III, p. 308.

piqûres d'Abeilles. 1° Dans les cas bénins, on constate simplement une douleur aigüe, une tuméfaction locale, surtout accusée si la piqûre a eu lieu sur la face, et parfois même, chez les enfants, des nausées, un léger mouvement fébrile, une éruption d'urticaire, quelques ecchymoses cutanées. 2° Dans les cas intenses, les symptômes, d'abord analogues à ceux des accidents légers, ne tardent pas à devenir menaçants et prennent d'ordinaire la forme syncopale : on observe une faiblesse profonde, des vertiges, des nausées, de l'anxiété épigastrique ou précordiale, le refroidissement des extrémités, des sueurs visqueuses et froides, une céphalalgie insupportable, souvent de l'urticaire, des picotements intenses à la surface cutanée, etc. Toutefois, ces symptômes peuvent s'amender en peu de temps, parfois même au bout de quelques heures seulement. 3° Mais, dans d'autres circonstances, ils s'exagèrent avec plus de rapidité encore, et aboutissent à une terminaison fatale. La mort peut être le résultat d'un œdème des premières voies respiratoires, consécutif à une piqûre de l'arrière-gorge ; ou bien elle paraît due à l'action toxique du venin introduit dans la circulation : presque toujours, dans ce dernier cas, la mort survient en moins d'une demi-heure. Les grands animaux, tels que le Cheval, ne résistent guère plus longtemps à des piqûres multiples ; on trouve à l'autopsie des lésions analogues à celles d'un empoisonnement septique (Clichy).

Heureusement, des accidents aussi graves sont très rares, et le traitement des piqûres d'Abeilles est en général fort simple ; il est même beaucoup de personnes qui le négligent tout à fait. Lorsque l'aiguillon est resté engagé dans la plaie, il convient tout d'abord de l'extraire avec précaution, et même d'exciser au préalable le réservoir à venin, s'il y est resté adhérent. On a recours ensuite à des lotions d'eau fraîche, d'ammoniaque étendue ou d'eau blanche, avec addition de quelques gouttes de laudanum si la douleur est intense.

En dehors de l'Abeille commune du nord (*Apis mellifica* L.), qui a été transportée dans l'Europe méridionale, l'Asie Mineure, l'Algérie et l'Amérique tempérée, on connaît une dizaine d'autres espèces du même genre. Parmi les principales, nous pouvons signaler : l'Abeille italienne ou ligurienne (*A. ligustica* Spin.), de l'Europe méridionale ; l'Abeille fasciée (*A. fasciata* Latr.), de l'Egypte ; l'Abeille unicolore (*A. unicolor* Latr.), de Madagascar, transportée à l'île Maurice, à la Réunion et aux Canaries ; etc.

CINQUIÈME ORDRE

NÉVROPTÈRES

Insectes broyeurs ; quatre ailes membraneuses ; métamorphoses complètes ou incomplètes.

Nous conservons à cet ordre l'extension que lui donnent en général les auteurs français, en y comprenant les formes à métamorphoses incomplètes.

Dans ces conditions, les Névroptères représentent des Insectes dont les pièces buccales, lorsqu'elles ne sont pas en partie atrophiées, sont broyeuses et ressemblent assez à celles des Orthoptères.

Le prothorax est distinct. Les ailes antérieures et postérieures sont semblables, membraneuses et réticulées, c'est-à-dire parcourues par de nombreuses nervules transversales (νεῦρον, nerf: πτερόν, aile).

PREMIER SOUS-ORDRE

NÉVROPTÈRES VRAIS

Ce sont les Névroptères à métamorphoses complètes. Leurs nymphes sont immobiles et n'ont que des pièces buccales atrophiées. Latreille les a divisés en *Plicipennes*, dont les ailes postérieures sont plissées dans

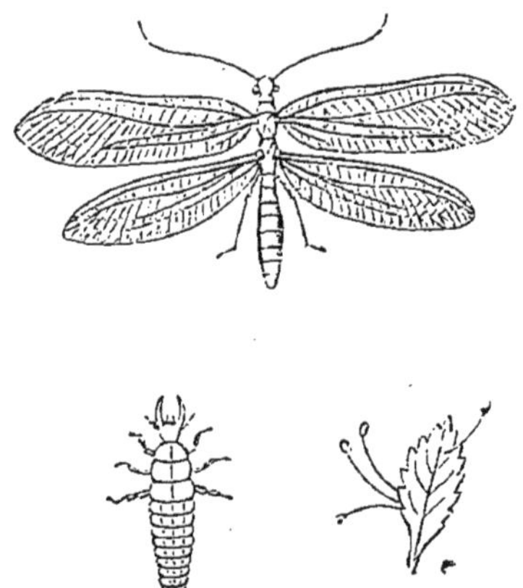

Fig. 445. — Chrysopa vulgaire : Insecte parfait, larve (Lion des Pucerons) et œufs.

leur longueur (G. *Phryganea*), et en *Planipennes*, dont les ailes postérieures ne se replient jamais (G. *Sialis*, *Panorpa*, *Hemerobius*, *Myrmeleo*). Les larves des Hémérobes, ou Demoiselles terrestres, dévorent les Pucerons; celle du *Chrysopa vulgaris*, en particulier, mérite le nom de *Lion des Pucerons* que lui a donné Réaumur.

DEUXIÈME SOUS-ORDRE

PSEUDO-NÉVROPTÈRES

Erichson a rattaché aux Orthoptères, non sans raison, les Insectes à ailes réticulées et à métamorphoses incomplètes; mais il nous semble préférable, dans un ouvrage élémentaire, de conserver à l'ordre que nous étudions son ancienne délimitation. On partage les Pseudo-Névroptères en deux groupes.

Les Amphibiotiques ont des larves aquatiques, pourvues d'ordinaire de branchies trachéennes. Ils comprennent les Perles (*Perla* Geoffr.), les Éphémères (*Ephemera* L.), les Libellules (*Libellula* L.), les Æschnes (*Æschna* Fabr.), les Agrions (*Agrion* Fabr.), les Caloptéryx (*Calopteryx* Charp.), etc. — Les Libellules, ainsi que les espèces des genres suivants, avec lesquelles on les confond vulgairement sous le nom de Demoiselles, vivent dans le voisinage des eaux; elles sont carnassières, et, à ce titre, rendent de grands services à l'agriculture. Leurs larves elles-mêmes donnent la chasse aux Insectes; à cet effet, elles sont pourvues d'un *masque*, appareil formé par la lèvre inférieure modifiée, qu'elles lancent avec rapidité sur leur proie, et qui agit à la façon d'une pince. — Les Éphémères, comme leur nom l'indique, ne vivent qu'un temps très court à l'état adulte. Elles sont toujours aussi abondantes, dans le voisinage d'Alfort, qu'à l'époque de Réaumur.

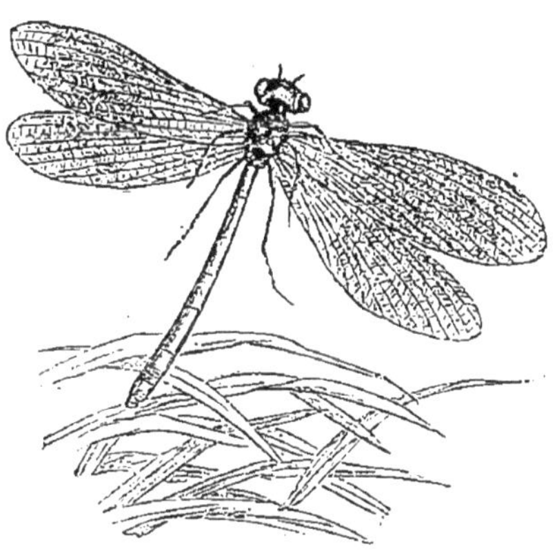

Fig. 446. — *Agrion virgo.*

Les Corrodants ont des larves terrestres. — A ce groupe appartiennent les *Termites* ou *Fourmis blanches*, qui vivent en colonies formées de plusieurs sortes d'individus. Le Termite lucifuge (*Termes lucifugus* Ross.) abonde dans le sud-ouest de la France, où il cause quelquefois de grands dégâts, en creusant des galeries dans les bois de charpente : l'extérieur est toujours respecté, de telle sorte qu'une maison peut s'effondrer sans qu'on en soit prévenu. — Les Psoques composent une famille voisine. Une espèce aptère (*Troctes pulsatorius* L.), connue sous le nom de Pou des poussières, vit parmi les vieux papiers et dans les collections d'Insectes; on la trouve aussi dans le foin poudreux, dans les niches des poulaillers; malgré son nom, elle ne produit aucun choc ou battement.

TROISIÈME SOUS-ORDRE

THYSANOPTÈRES

Les Insectes à ailes frangées (θύσανοι, franges; πτερόν, aile) constituent un petit groupe de transition entre les Névroptères et les Orthoptères. Leurs métamorphoses sont incomplètes. Ils se nourrissent de sucs végétaux, à l'aide d'une bouche disposée en trompe. — Le Thrips des céréales (*Thrips cerealium* Kirby) suce les feuilles ou les épis du seigle et du froment, et fait souvent avorter un grand nombre de grains.

QUATRIÈME SOUS-ORDRE

RHIPIPTÈRES

Les Névroptères constituent un « ordre de résidu » dans lequel on fait rentrer les formes qui ne trouvent pas place ailleurs. C'est ainsi qu'on y rattache le petit groupe des Rhipiptères ou Strepsiptères, dont certains entomologistes font un ordre à part, et que d'autres rapprochent des Coléoptères.

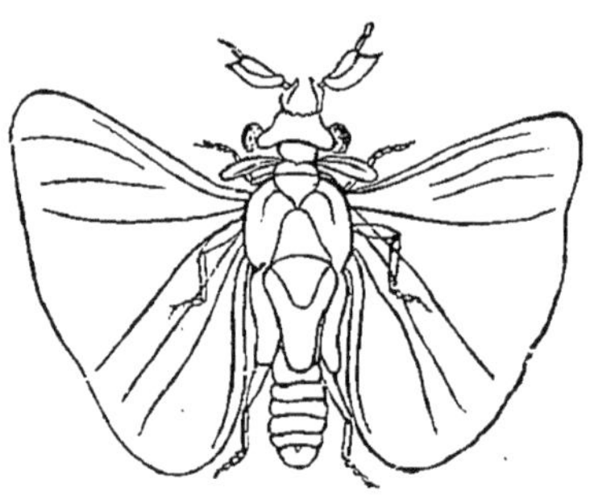

Fig. 447. — *Stylops Spencii*, fortement grossi, d'après Westwood.

Ces Insectes offrent un dimorphisme sexuel très accusé. Les mâles possèdent de petits élytres atrophiés, souvent même recroquevillés après la mort (σρέψις, enroulement), et des ailes postérieures membraneuses, très grandes, se repliant en éventail (ῥιπίς, éventail). Les femelles sont aptères, apodes et aveugles. Les larves ont trois paires de pattes bien conformées. — Les Rhipiptères sont parasites des Hyménoptères porte-aiguillons. Les larves se fixent dans le corps des larves de Guêpes, par exemple, et suivent à peu près la même évolution que leur hôte. Les femelles restent parasites sur place, passant leur tête au dehors, entre deux segments de l'abdomen. Les mâles sont libres, mais vivent peu de temps. — Genres *Xenos*, *Stylops*.

SIXIÈME ORDRE

ORTHOPTÈRES

Insectes broyeurs; ailes antérieures chitinisées, mais souples (tegmina), *se croisant l'une sur l'autre; ailes postérieures membraneuses, plissées en éventail; métamorphoses incomplètes.*

Le nom de l'ordre est tiré de la disposition des ailes postérieures, qui sont droites (ὀρθός, droit; πτερόν, aile), plissées en éventail. Les ailes antérieures ont une consistance intermédiaire entre celle des élytres et celle des ailes membraneuses. Certaines formes sont aptères. Le prothorax est libre.

Les pièces buccales sont propres à broyer; elles sont bien distinctes et offrent quelques particularités caractéristiques. Ainsi, le lobe externe de chaque mâchoire est fort développé, excavé en dedans et recouvre le lobe interne à la façon d'un casque, d'où le nom de *galea* qui lui a été donné. De plus, la languette est formée de deux lobes internes étroits et distincts, et de deux lobes externes plus épais, correspondant aux *galea* des mâchoires.

Les larves ne se distinguent extérieurement des adultes que par l'absence d'ailes et le nombre moindre des articles antennaires.

PREMIER SOUS-ORDRE

THYSANOURES

Burmeister a le premier démontré qu'on doit associer aux Orthoptères les Insectes aptères dont Latreille faisait un ordre spécial sous le nom de Thysanoures (θύσανοι, franges; οὐρά, queue), Insectes qui sont tous munis d'appendices sétiformes à l'extrémité de l'abdomen. — 2 familles principales.

Les **PODURIDÉS** ont le corps ramassé, terminé par un appendice bifurqué qui se replie sous l'abdomen et leur permet de sauter avec agilité. — Citons la Desorie ou Puce des glaciers (*Desoria glacialis*), qui vit dans les glaciers des Alpes, et sur laquelle Nicolet père a fait des expériences très intéressantes; la Podure velue (*Podura villosa*), partout répandue; le Podurhippe pityriasique (*Podurhippus pityriasicus* Mégn.), que M. Mégnin a trouvé en abondance dans des croûtes recueillies sur la peau d'un Cheval, mais qui se trouvait sans doute là d'une façon tout accidentelle; etc.

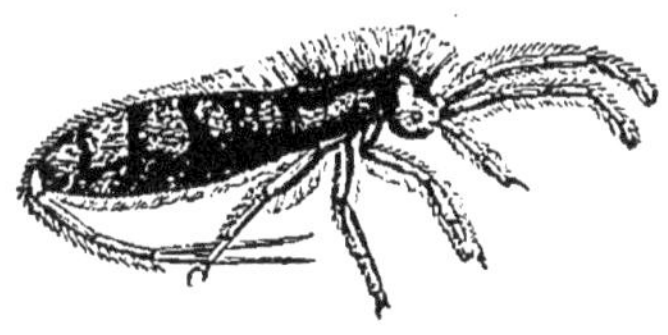

Fig. 448. — *Podura villosa.*

Les **LÉPISMIDÉS** ont le corps allongé, couvert d'écailles, et l'abdomen terminé par trois soies, dont une médiane plus longue. — Genres *Lepisma, Nicoletia, Machilis.* Tout le monde connaît le Lépisme du sucre (*Lepisma saccharina* L.) ou petit Poisson d'argent, qui habite dans nos armoires et attaque non seulement les substances sucrées, mais aussi les papiers, les tissus, etc.

SECOND SOUS-ORDRE

ORTHOPTÈRES VRAIS

Ce sont les Orthoptères ailés, qui se divisent en deux groupes.

1° Les COUREURS ont les pattes, tout au moins les postérieures, simplement ambulatoires, c'est-à-dire propres à la marche ou à la course.

3 familles : *Forficulidés, Blattidés, Mantidés, Phasmidés.*

Les **FORFICULIDÉS**, dont on fait quelquefois un ordre des *Dermaptères*, se reconnaissent à leurs forcipules, appendices en forme de pince qui terminent leur abdomen. Ils possèdent en outre deux élytres disposés comme ceux des Coléoptères, et deux ailes postérieures membraneuses deux fois repliées en travers pour se loger sous ces élytres. Contrairement à la croyance populaire, les Forficules ou Perce-oreilles (*Forficula* L.) sont inoffensifs et incapables de perforer la membrane du tympan. Ils peuvent cependant s'introduire dans les cavités naturelles du corps de l'homme. D'après de Geer, la femelle veille sur ses petits avec une sollicitude égale à celle que montrent les Poules pour leurs poussins.

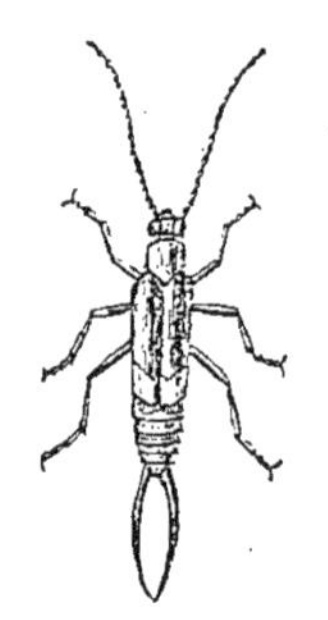

Fig. 449. — Perce-oreille commun (*Forficula auricularia*).

Les **BLATTIDÉS**, vulgairement *Cafards, Cancrelats, Mange-pain*, etc., sont des Insectes nocturnes fort désagréables, qui abondent dans les cuisines, dans les boulangeries et sur les navires. Ils attaquent la plupart de nos denrées alimentaires, auxquelles ils communiquent en outre une odeur repoussante. La Blatte germanique (*Blatta germanica* Fabr.) habite surtout l'Europe centrale; chez nous, l'espèce commune est la Blatte orientale (*Periplaneta orientalis* L.).

Les **MANTIDÉS** ont les pattes antérieures ravisseuses : les jambes dentées sont repliées sur les cuisses également épineuses, ce qui constitue un puissant instrument de préhension. Ces Insectes sont carnassiers et guettent leur proie dans une attitude méditative fort trompeuse, qui leur a fait donner dans le midi de la France le nom de *Prega-Diou* ou *Prie-Dieu.* — *Mantis religiosa, sancta,* etc.

2° Les SAUTEURS ont les pattes postérieures fortes et disposées pour le saut.

3 familles.

Les **ACRIDIDÉS** ou Criquets, que l'on confond à première vue avec les Sauterelles, se distinguent de celles-ci par leurs antennes, qui ne dépassent pas la moitié de la longueur du corps; par leurs tarses à trois articles; par la tarière des femelles, qui ne dépasse jamais l'extrémité de l'abdomen. — Genres *Acridium*, *Œdipoda*, *Tettix*, etc. Le Criquet voyageur (*Œdipoda* (*Pachytylus*) *migratoria* L.) s'est attiré une fâcheuse renommée par ses migrations et les ravages qu'il commet sur son passage. Il est originaire des plaines de l'Asie et de l'Afrique, et même des steppes de la Russie méridionale. C'est de là qu'il s'élance en bandes innombrables pour gagner les régions où règne une plus riche végétation. Ces nuées s'abattent sur les prairies comme sur les cultures, et souvent, après leur passage, toute trace de végétation a disparu. De plus, la ponte peut avoir lieu sur place, et les contrées envahies sont menacées pour la saison suivante. Enfin, l'accumulation des cadavres de ces Insectes développe des émanations pestilentielles, capables d'altérer la santé des habitants. Les invasions de Criquets constituent donc de véritables fléaux. On en constate de temps à autre dans l'Europe méridionale : la dernière qui ait été signalée en Provence date de 1849; Vogt assure, cependant, qu'il est commun d'observer de petits essaims de Criquets dans le Valais. Mais c'est surtout en Algérie que ces Insectes se montrent redoutables. On estime que l'invasion de 1866, dans cette colonie, a occasionné une perte de 50 millions, et qu'il faut en outre lui imputer la famine de l'année suivante, pendant laquelle 200 000 indigènes sont morts de faim et de misère. Il est à remarquer que certaines peuplades de l'Afrique, qu'on qualifie pour cette raison d'*acridiphages*, se nourrissent de ces Criquets : tels sont les Hottentots et les Maures. Pour détruire ces Insectes, on ne peut songer à s'attaquer aux individus ailés: on poursuit et on écrase les jeunes, et on enfouit profondément les œufs par un labour effectué en temps convenable.

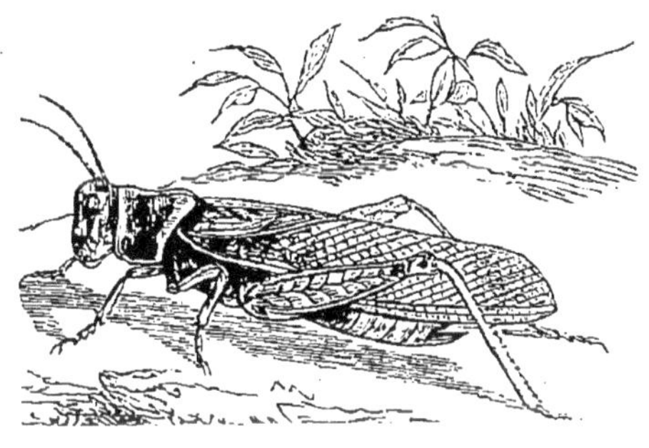

Fig. 450. — Criquet voyageur.

Les **LOCUSTIDÉS** sont les véritables Sauterelles ou « Sauterelles à sabre ». Ce dernier nom leur vient de ce que, chez la femelle, l'abdomen est prolongé par une tarière ensiforme plus ou moins longue. Leurs antennes sont d'ordinaire plus longues que le corps; leurs tarses sont à quatre articles. — Genres *Locusta*, *Decticus*, *Ephippigera*, etc. L'espèce typique est la grande Sauterelle verte (*Locusta viridissima* L.), qui se nourrit à la fois de plantes et d'Insectes. La Sauterelle verrucivore (*Decticus verrucivorus* L.) laisse couler, quand elle mord, un suc brun qu'on dit âcre et corrosif, et qui passe, en Suède, pour avoir la propriété de détruire les verrues.

Les **GRYLLIDÉS** ou Grillons ont le corps massif, les élytres courts, disposés à plat sur le dos et dépassés par les ailes postérieures; les femelles possèdent un long oviscapte. — Le Grillon des champs (*Gryllus campestris* L.) habite les prairies et se creuse des galeries dans la terre. Le Grillon domestique ou Cri-cri (*G. domesticus* L.) vit dans les maisons; il s'abrite dans les crevasses des murailles, et de préférence au voisinage des endroits chauds. — La Courtilière ou Taupe-Grillon (*Gryllotalpa vulgaris* Latr.) (fig. 451) est un des plus dangereux destructeurs de nos

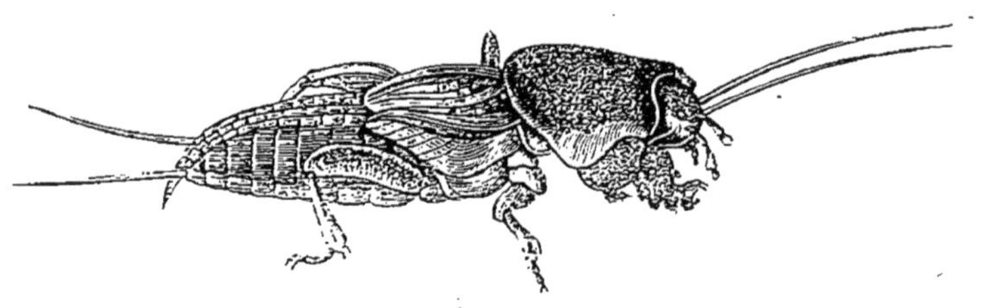

Fig. 451. — Courtilière des jardins.

jardins. Avec ses pattes antérieures fouisseuses, elle creuse dans le sol des galeries peu profondes, ayant quelque analogie avec celles de la Taupe. C'est une bête vorace, qui attaque les Vers blancs et d'autres larves nuisibles, voire celles de sa propre espèce; elle cause néanmoins beaucoup de dégâts, car non seulement elle ronge les racines, mais elle déchausse aussi les plantes en creusant ses chemins de chasse. On la détruit en enlevant les nids, ou bien en introduisant un peu d'huile grasse dans sa galerie; on y verse ensuite de l'eau en grande quantité: l'Insecte cherche à fuir et vient périr sur le sol, asphyxié par l'huile qui obstrue ses stigmates (Vogt).

SEPTIÈME ORDRE

COLÉOPTÈRES

Insectes broyeurs; ailes antérieures cornées (élytres), non croisées; ailes postérieures membraneuses, se repliant transversalement; métamorphoses complètes.

Les Coléoptères sont caractérisés en premier lieu par leurs ailes, dont les antérieures ou *élytres* jouent le simple rôle d'un étui protecteur (κολεός, étui; πτερόν, aile), tandis que les postérieures, membraneuses, servent au vol. Les élytres ne se croisent pas, mais se mettent en contact l'un avec l'autre par leur bord interne; les ailes postérieures se replient transversalement sous les élytres. Le prothorax est libre, très développé (*corselet*).

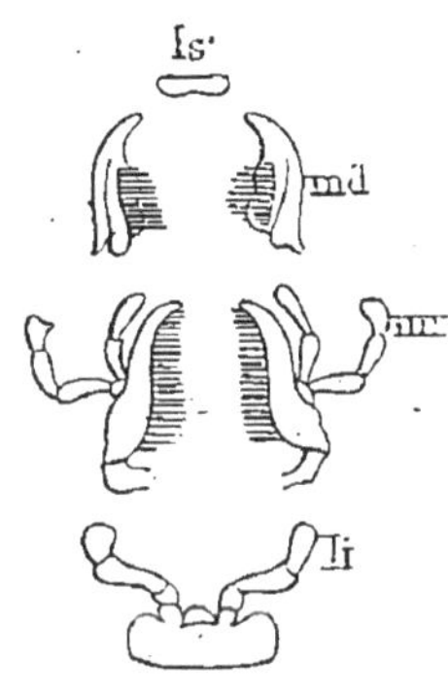

Fig. 452. — Appareil buccal d'un Coléoptère, le Carabe doré. — *ls*, lèvre supérieure. *md*, mandibules. *mx*, maxilles. *li*, lèvre inférieure.

Les pièces de la bouche sont broyeuses et très nettes : labre, mandibules, mâchoires avec palpes maxillaires, lèvre inférieure avec palpes.

Ces Insectes ont des métamorphoses complètes. Les larves ont une tête distincte et sont elles-mêmes pourvues d'appendices buccaux broyeurs; elles possèdent le plus souvent trois paires de pattes thoraciques et même des fausses pattes abdominales; d'autres fois, elles sont vermiformes et apodes. Les nymphes, qui ont l'apparence de momies, sont immobiles et montrent leurs membres repliés et emmaillottés dans un mince tégument.

La classification des Coléoptères a beaucoup varié suivant les auteurs. Au siècle dernier, Geoffroy avait établi un système fort commode, basé sur le nombre des articles des tarses. Malheureusement, ce système, dit tarsal ou tarsien, a dû être abandonné, parce qu'il éloigne souvent des formes voisines et qu'il ne tient pas compte, en somme, des affinités naturelles. Toutefois, le caractère de cet ouvrage nous permettra de le conserver dans ses traits généraux, et de mettre à profit sa grande simplicité. D'après cela, nous diviserons l'ordre des Coléoptères en quatre grands groupes : *Trimères*, *Tétramères*, *Hétéromères* et *Pentamères*.

1er GROUPE : **TRIMÈRES**. — Les tarses ont trois articles distincts et un quatrième rudimentaire (*Cryptotétramères*). — 2 familles : *Coccinellidés* et *Endomychidés*.

Les **COCCINELLIDÉS**, vulgairement Bêtes à bon Dieu, comptent au nombre des Insectes les plus utiles, car ils se nourrissent de Pucerons. Leurs larves sont encore plus voraces et en détruisent une quantité énorme. La Coccinelle à sept points (*Coccinella septempunctata* L.) est une des espèces les plus communes.

2e GROUPE : **TÉTRAMÈRES**. — Les tarses ont quatre articles distincts et un rudimentaire (*Cryptopentamères*).

Les **CHRYSOMÉLIDÉS** sont souvent, comme leur nom l'indique, revêtus de teintes brillantes. Leurs très nombreuses espèces ont été réparties entre plusieurs tribus.

Parmi les **CASSIDINÉS**, nous avons à citer le *Cassida nebulosa* Latr., qui détruit les jeunes plants de betteraves en dévorant les feuilles.

Dans les **ALTICINÉS** ou Altises, nous trouvons un grand nombre d'espèces dont les adultes, comme les larves, attaquent des plantes diverses, mais en particulier les Crucifères. Ce sont ces petits Insectes sauteurs connus sous les noms de *Puces de terre*, *Tiquets*, etc. L'ancien genre *Altica* a été subdivisé par divers auteurs. Signalons, parmi les principales espèces : l'Altise bleue (*A. oleracea* L.), très nuisible, commune toute l'année sur les choux, les haricots, les luzernes, etc.; l'Altise verte (*A. ampelophaga* G. Men.), qui attaque la vigne dans le midi de la France; l'Altise à points rouges (*A. brassicæ* Fab.), l'Altise à raies jaunes (*A. nemorum* L.), cette dernière très répandue dans les potagers; l'Altise à tête dorée (*Psylliodes chrysocephala*), qui attaque le colza, etc. — La destruction des Altises offre beaucoup de difficultés. Dans la culture potagère, on saupoudre les jeunes plants de cendres ou de poussières, ou bien on les arrose avec des infusions de plantes amères; dans la grande culture, E. Pelouze a obtenu de bons résultats par l'emploi de sable fin imprégné de naphtaline; enfin, on doit à M. Bella une *puceronnière* assez simple, à l'aide de laquelle on englue à la fois un grand nombre d'Insectes sur une toile enduite de goudron.

Fig. 453. — *Altica nemorum*, grand. nat. et grossi.

Les **CHRYSOMÉLINÉS** sont aussi fort riches en espèces nuisibles. — Le Colaspidème noir (*Colaspidema ater*), vulgairement *Négril* ou *Cuc*, ravage les luzernes dans nos départements méridionaux. — Le **Leptinotarse du Colorado** (*Leptinotarsa decemlineata* Say) s'est acquis dans ces derniers temps une fâcheuse célébrité dans l'Amérique du Nord et s'est même fait craindre jusqu'en Europe. C'est l'Insecte que les Américains appellent le Scarabée du Colorado (*Colorado Beetle*), et que les documents officiels ont fait connaître en France sous le nom de *Doryphora*. Sa patrie est l'ouest des États-Unis, où une Solanée sauvage lui servait de nourriture; mais la Pomme de terre l'a bientôt attiré et multiplié dans les régions de l'Est et du Nord-Est, qui l'ont ensuite expédié en Europe.

En 1877, on l'observait en Allemagne, sur plusieurs points. Elle se montra ensuite en Hollande, en Suède, en Angleterre. Heureusement, on n'hésita pas à recourir d'emblée à des moyens radicaux, et la destruction de l'Insecte fut complète. En même temps, les gouvernements prenaient de sérieuses mesures préventives, qui réussirent à préserver l'Europe. La Chrysomèle ou Leptinotarse de la Pomme de terre est d'une teinte jaunâtre, et tire son nom spécifique de la présence, à la surface de chacun de ses élytres, de cinq lignes noires longitudinales bordées chacune de deux rangées irrégulières de ponctuations. L'Insecte parfait hiverne sous

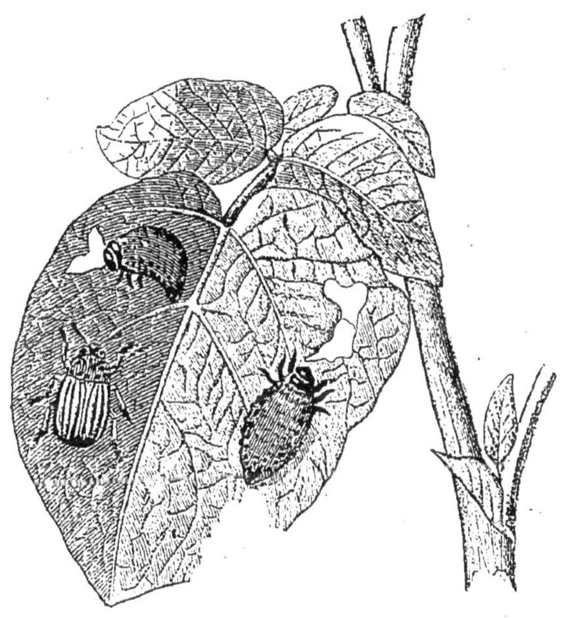

Fig. 454. — Leptinotarse ou Doryphora du Colorado : larves entièrement développées et Insecte parfait.

terre; il apparaît dès le printemps sur les feuilles, qu'il dévore; la femelle pond, à la face inférieure de ces feuilles, des œufs jaunes réunis par plaques de 35 à 40. Les larves, d'abord rougeâtres, puis jaunes, avec des taches noires, mangent les feuilles comme leurs parents. Au bout de quinze à vingt jours, elles s'enfoncent dans la terre pour subir la nymphose. Une dizaine de jours après, a lieu l'éclosion des adultes, qui fournissent eux-mêmes une seconde génération, suivie d'une troisième. Ce sont les Insectes appartenant à cette dernière qui sont appelés à hiverner. On voit, en somme, que la Chrysomèle américaine attaque seulement les parties aériennes de la plante; mais celle-ci ne produit plus alors que peu ou point de tubercules. Pour détruire cet Insecte, on a préconisé l'emploi du vert de Scheele (arsénite de cuivre) mélangé avec de la farine, ou des aspersions d'eau phéniquée au centième. Au surplus, les documents officiels indiquent la voie à suivre dans le cas d'une invasion sur le territoire français.

Aux **EUMOLPINÉS** appartient l'Eumolpe de la Vigne (*Bromius vitis*), connu sous le nom d'*Écrivain* à cause des sortes de caractères qu'il dessine sur les feuilles en les rongeant. Il nuit beaucoup à la Vigne, et ses larves sont encore plus dangereuses, car elles perforent les racines.

Dans la famille des **CÉRAMBYCIDÉS**, appelés aussi *Longicornes* en raison des dimensions de leurs antennes, nous devons mentionner une espèce de la tribu des **ACANTHOCINÉS**, le Calamobie linéaire (*Calamobius gracilis*), dont la larve ronge la tige du blé au-dessous de l'épi, de sorte que celui-ci tombe au moindre vent : les tiges ressemblent alors à des aiguillons, d'où le nom d'*Aiguillonnier* que les habitants de l'ouest et du midi de la France donnent à cet Insecte.

Les **SCOLYTIDÉS** sont, pour la plupart, de petite taille ; ils rongent le bois (xylophages) et causent par suite beaucoup de dommages aux arbres. — Genres *Scolytus*, *Tomicus* (*Bostrichus*), *Hylesinus*, *Hylastes*, etc. La larve de l'*Hylastes trifolii* ronge les racines du trèfle.

Fig. 455. — Aiguillonnier, grandeur naturelle.

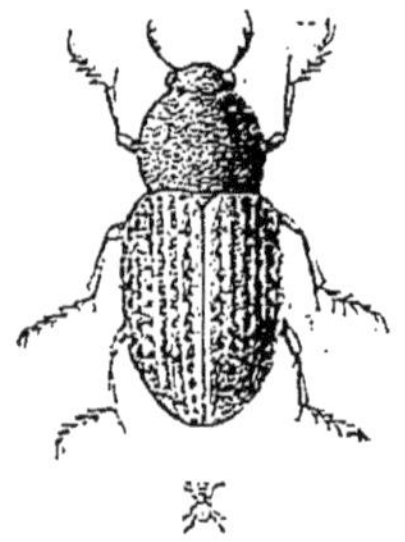

Fig. 456. — Hylaste du trèfle, grandeur naturelle et grossi.

Les **CURCULIONIDÉS** ou Charançons se reconnaissent d'emblée à leur tête prolongée en une sorte de bec portant l'appareil buccal à son extrémité. Ils percent les végétaux à l'aide de leurs mandibules, qui leur servent ensuite à porter les œufs dans les tissus où la larve doit se développer. Cette famille est immense et ses espèces causent beaucoup de dégâts. — Les Calandres (*Calandra*) comprennent deux espèces minuscules partout répandues. L'une est le Charançon du Blé (*C. granaria* L.) (fig. 457), dont la larve dévore les grains conservés dans les greniers et subit la nymphose à l'intérieur même de ces grains. L'autre est le *C. oryzæ*. On combat ces dangereux Insectes par la propreté et la ventilation. — Les Baridius (*Baridius*) et les Ceutorynques (*Ceutorhynchus*) nuisent surtout aux Crucifères : tel est le Charançon du chou (*Ceut. sulcicollis* G.) (fig. 458). — Divers Apions (*Apion*) attaquent le trèfle : *A. apri-*

cans, etc. — Les Larins (*Larinus*) vivent sur les Composées. Les larves d'une espèce orientale (*L. nidificans* Guib.) produisent sur les tiges d'un

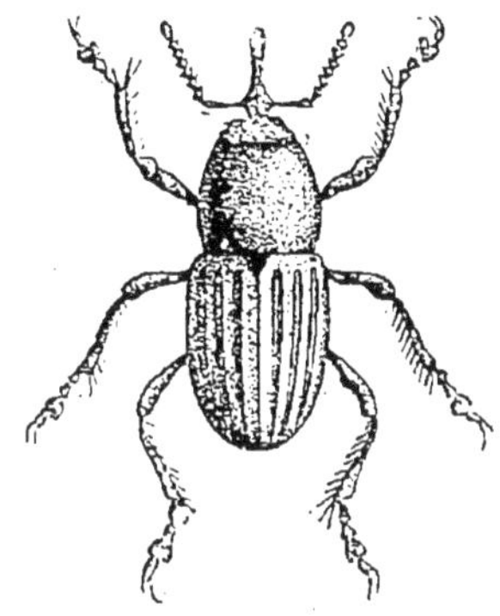

Fig. 457. — Charançon du blé, fortement grossi.

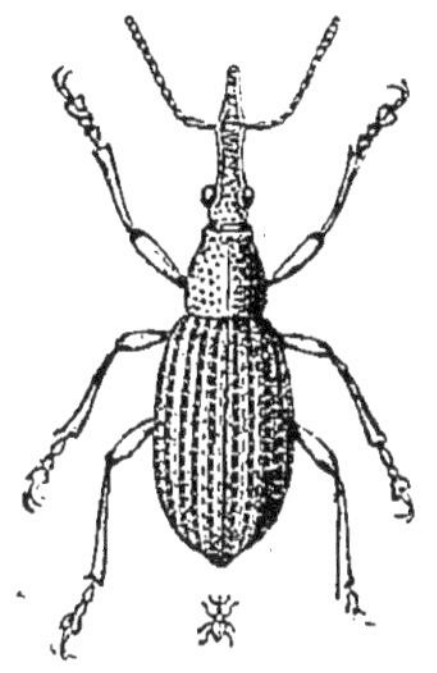

Fig. 458. — Charançon du chou, grandeur naturelle et grossi.

Onopordon des coques dans lesquelles elles se transforment en nymphes. Ces coques sont détachées avant la sortie de l'Insecte; on les exploite surtout en Syrie. A Constantinople, elles sont connues sous le nom de *Tréhala* ou *Tricala*. Du volume d'une olive, elles sont blanc grisâtre et rugueuses. Elles contiennent de la fécule, un peu de gomme, des sels et un sucre spécial que M. Berthelot a appelé *tréhalose*. En Turquie, on emploie le Tréhala en décoction, contre les catarrhes bronchiques et même comme aliment, en guise de tapioca.

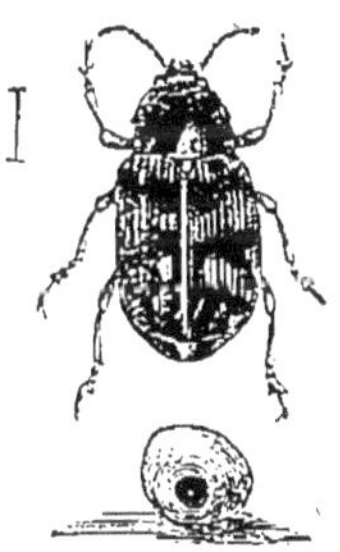

Fig. 459. — Bruche du pois, grossi, et pois percé par le Bruche.

Les **BRUCHIDÉS** se rapprochent beaucoup des Charançons, mais leur rostre est court et large, et leurs antennes ne sont jamais coudées. Leurs larves se développent dans les graines, surtout dans celles des Légumineuses. Les espèces qui causent le plus de dégâts sont : le Bruche du pois (*Bruchus pisi* L.); le Bruche commun (*B. granarius* L.), qui attaque les fèves; le Bruche à antennes pâles (*B. pallidicornis* Dej.), des vesces et des lentilles; le Bruche rufimane (*B. rufimanus* Sch.), des fèves et des lentilles ; etc.

3ᵉ GROUPE : **HÉTÉROMÈRES**. — Les tarses des deux paires de pattes antérieures sont à cinq articles, ceux de la troisième paire à quatre articles.

Les **MÉLOIDÉS** ou *Cantharides* offrent un intérêt tout particulier, tant à cause de leur évolution complexe, qualifiée à juste titre d'*hyper-*

métamorphose, que par suite des propriétés vésicantes d'un certain nombre d'entre eux.

Les **Sitaris** (*Sitaris* Latr.) sont devenus célèbres par les belles observations de Fabre, auxquelles il faut joindre celles, plus récentes, de M. Valéry Mayet.

Les recherches de Fabre ont porté sur le **Sitaris mural** (*S. muralis* Forst. *S. humeralis* Fab.). Les Insectes adultes ne vivent que peu de temps et sans prendre de nourriture. Vers la fin de l'été, la femelle dépose ses œufs à l'entrée des nids souterrains d'une Abeille solitaire, l'*Anthophora pilipes*. De ces œufs sortent, au bout d'un mois, de petites larves agiles, munies de pattes robustes, qui passent l'hiver sur place, entassées sans ordre. Au printemps suivant, ces larves affamées se mettent en mouvement et se jettent sur les Anthophores mâles, qui apparaissent les premiers; cependant, c'est sur les femelles qu'elles doivent finalement s'établir : le passage de l'un à l'autre a lieu lors de l'accouplement. A cet état, les jeunes Sitaris avaient été longtemps pris pour des sortes de Poux et décrits sous le nom de *Triongulins :* Fabre les désigne sous celui de *larves primitives*. Lorsque la femelle de l'Anthophore va effectuer sa ponte dans les cellules qu'elle a préalablement remplies de miel, la larve parasite, toujours à jeun, se laisse tomber sur l'œuf, l'ouvre avec ses mandibules acérées, en avale le contenu, et se sert de la coque comme d'un radeau pour flotter sur le miel. Au bout de huit jours, elle subit une mue et apparaît sous une nouvelle forme : cette *seconde larve* est molle, blanche, aveugle, ne possède que des pattes atrophiées et des pièces buccales rudimentaires. Elle emploie quatre à cinq semaines à consommer le miel de la cellule, puis se transforme en un corps inerte et segmenté, nommé *pseudo-chrysalide*. Le plus souvent, cette phase est de longue durée, et les dernières métamorphoses ne s'achèvent qu'au commencement de l'été de la seconde année. A la pseudo-chrysalide fait alors suite une *troisième larve*, assez semblable à la seconde, mais demeurant immobile et sans prendre de nourriture. Elle vit à peu près aussi longtemps que celle-ci, puis passe à l'état de *nymphe* véritable. Un mois après, a lieu l'éclosion de l'*adulte*.

Les Insectes *vésicants* ou *épispastiques* composent les genres suivants : *Meloe*, *Horia*, *Cerocoma*, *Mylabris*, *Coryna*, *Œnas*, *Tetraonyx*, *Cantharis*, *Epicauta* et *Spastica*. Nous ne nous occuperons que des plus importants.

Les **Cantharides** (*Cantharis* Geoff., *Lytta* Fab.) sont caractérisées par leurs antennes à onze articles, assez longues et n'offrant jamais de partie renflée ; par leurs tarses allongés, à crochets bifides, mais non pectinés; enfin, par leurs élytres à couleurs métalliques.

La **Cantharide officinale** (*C. vesicatoria* L.), vulgairement *Mouche d'Espagne*, est l'Insecte vésicant par excellence. Elle mesure en moyenne 18 à 20 millimètres de long sur 4 à 6 de large. Le mâle est plus petit que la femelle. La tête est cordiforme, le corselet presque carré. Les élytres sont vert doré, avec reflets métalliques, granuleux, et parcourus vers leur bord interne par deux fines nervures longitudinales. Les antennes et les tarses sont noirs.

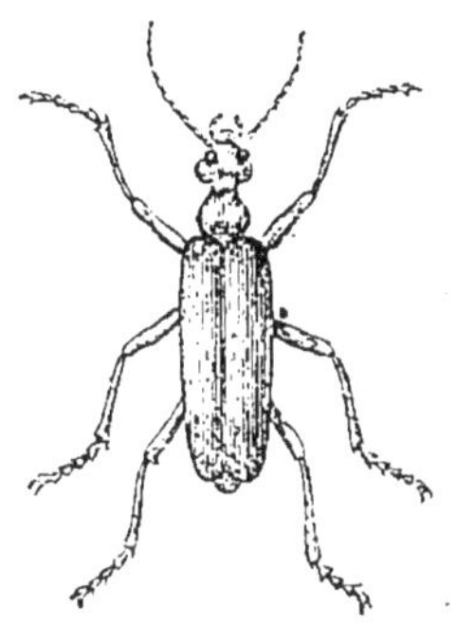

Fig. 460. — Cantharide officinale.

Les Cantharides abondent surtout dans l'Europe méridionale, mais on les rencontre jusqu'en Suède. Aux environs de Paris, on ne les observe guère que tous les quatre ou cinq ans, au commencement de juin. Elles se jettent sur les frênes, dont elles dévorent les feuilles, puis sur les lilas, les troènes et autres Oléacées; rarement elles attaquent d'autres plantes. Une odeur forte et désagréable décèle leur présence, et on peut les voir voler autour des arbres pendant les heures chaudes de la journée. L'évolution des Cantharides est analogue à celle des Sitaris : M. Lichtenstein (de Montpellier) avait déjà réussi à en suivre *expérimentalement* toutes les phases, mais il restait à en déterminer les conditions naturelles. Après trois ans de recherches, M. Beauregard (1) est parvenu à ce résultat. Il a reconnu la présence des pseudo-chrysalides de la Cantharide au milieu des cellules de divers Hyménoptères du genre *Colletes*. Les pseudo-chrysalides n'étaient pas cependant renfermées dans les cellules, mais gisaient au voisinage, dans le sable. On s'explique cette particularité en examinant l'armature buccale des larves, qui est assez puissante pour leur permettre, après avoir épuisé la provision de miel, de perforer la paroi très mince des cellules de *Colletes* pour s'enfouir dans le sol à quelque distance.

Actuellement, le commerce de la droguerie tire en grande partie les Cantharides de la Russie méridionale.

Pour les recueillir, on choisit le matin, parce que la fraîcheur de la nuit les a engourdies. On étend des draps sous les frênes envahis, et on secoue les branches de ces arbres. Puis on tue les Insectes en les plaçant sur des tamis de crin, au-dessous desquels on fait arriver des vapeurs de vinaigre chaud, ou bien en les soumettant à une température élevée. On les dessèche ensuite au soleil, ou mieux au four ou à l'étuve. Leur poids

(1) H. Beauregard, *Sur le mode de développement naturel de la Cantharide.* Comptes rendus de l'Ac. des sc., 8 juin 1885, t. C, p. 1472.

diminue alors à ce point qu'il en faut 13 pour 1 gramme. Lorsqu'on veut les réduire en poudre, il y a quelques précautions à prendre pour éviter une irritation assez vive de la conjonctive et de la pituitaire. La poudre est d'un gris verdâtre et toujours parsemée de points brillants; elle a une odeur nauséeuse et une saveur âcre.

Il importe de conserver les Cantharides dans des endroits secs et dans des flacons bien bouchés. L'humidité, en effet, détruit leur principe actif. D'autre part, elles sont susceptibles d'être attaquées par des Insectes : Anthrènes, Ptines, Dermestes, Attagènes, etc., et par des Acariens : Tyroglyphes, Glyciphages, Cheylètes ; mais l'altération qui résulte de ce chef n'est pas très importante, car on a reconnu que les Cantharides rongées et vermoulues sont encore vésicantes, la proportion de la cantharidine ayant diminué tout au plus des deux cinquièmes.

On trouve quelquefois, mélangés aux Cantharides, des Cétoines dorées et quelques autres Coléoptères, mais il s'agit là d'un accident de récolte plutôt que d'une véritable fraude. Une falsification de premier ordre, qui se pratique quelquefois en Allemagne, consiste à enlever tout ou partie du principe actif par l'immersion dans l'alcool ou l'essence de térébenthine et à livrer de nouveau les Cantharides au commerce : en pareil cas, on ne peut déceler la fraude que par le dosage. Parfois aussi, pour augmenter leur poids, on plonge les Insectes dans l'huile, ce qui se reconnait au toucher. Enfin, les sophistications les plus répandues portent sur la poudre, à laquelle on mélange de l'euphorbe ou d'autres substances : un simple examen au microscope ou à la loupe permet souvent de reconnaître la présence des poudres étrangères.

Le principe actif de la Cantharide a été isolé en 1810 par Bretonneau et Robiquet père ; il est connu sous le nom de *cantharidine* et a pour formule, d'après Robiquet, $C^{10}H^6O^4$, d'après Liebig, $C^6H^7AzO^6$. C'est une substance blanche, inodore, âcre, cristallisable, à peine soluble dans l'eau, un peu plus dans l'alcool, très soluble dans l'éther, le chloroforme, l'acétone, les huiles grasses et les essences. Elle existe presque exclusivement dans les parties molles. Ses propriétés sont les mêmes que celles de l'Insecte entier, mais beaucoup plus énergiques.

On employait autrefois la Cantharide à l'intérieur, à titre d'aphrodisiaque. C'est un médicament très dangereux, qui produit, à dose un peu élevée, une vive irritation des voies génito-urinaires. A l'extérieur, on l'utilise pour ses propriétés vésicantes, sous forme de pommade, d'huile, de teinture, etc. On peut ajouter que, d'une manière générale, elle constitue la base des principaux vésicatoires usités dans la médecine de l'Homme et des animaux.

D'autres espèces du même genre, qui se rencontrent en Algérie, en Grèce, en Italie, peuvent être employées comme succédanés.

Il en est de même des espèces du genre voisin *Epicauta* Dej. ou *Lytta*

Fabr., la plupart américaines. La plus importante est la Cantharide pointillée (*L. adspersa* Klug.), commune aux environs de Montevideo, où elle dévore les feuilles de la Bette-Carde et de la Betterave. D'après le Dr Courbon, non seulement elle possède la propriété vésicante à un plus haut degré que la Cantharide officinale, mais elle ne produit aucune irritation des organes génito-urinaires. Dans l'Amérique du Nord, on emploie le *Lytta atomaria* Germar ou *L. punctata* Klug., qui vit sur les plants de pomme de terre et se rencontre jusque dans la Guyane et le Brésil.

Les **Mylabres** (*Mylabris* Fabr.) ont ordinairement le corps velu; leurs élytres, élargis et arrondis en arrière, sont souvent de teinte noire, avec des bandes ou des taches jaunes ou rouges; les antennes, dans les espèces d'Europe, sont à onze articles et un peu renflées en massue à l'extrémité, avec le dernier article plus grand que les autres.

Ces Insectes vivent en petites troupes sur les Graminées et les plantes basses; ils sont très timides, et lorsqu'on veut les saisir, ils se laissent tomber et « font les morts ». L'espèce la plus importante est le Mylabre variable (*M. variabilis* Pallas), de l'Europe méridionale, trouvé exceptionnellement aux environs de Paris, et dont Robiquet a retiré de la cantharidine. Le Mylabre bleuâtre (*M. cyanescens* Illig.), qui habite aussi le Midi de la France, a été recommandé par Farines, de Perpignan, comme plus vésicant encore que le précédent. Le Mylabre de la chicorée (*M. cichorii* L.) et le Mylabre du sida (*M. sidæ* Fabr.) sont originaires de la Chine. Le Mylabre indien (*M. indica* Füssl.) s'emploie à Pondichéry, etc. Ces différentes espèces et beaucoup d'autres sans doute sont des succédanés des Cantharides. On ne les utilise guère en France.

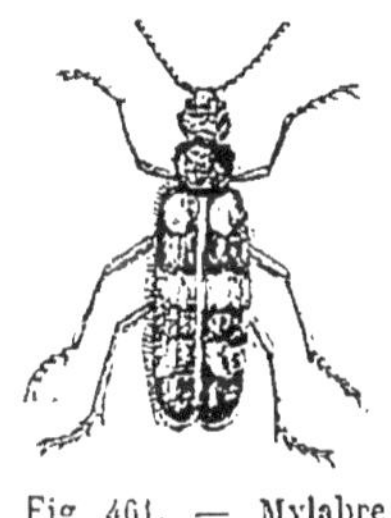

Fig. 461. — Mylabre variable.

Une simple mention est due aux **Cérocomes** (*Cerocoma* Geoffr.), dont les espèces, méditerranéennes ou asiatiques, vivent principalement sur les fleurs des Composées. On rencontre quelquefois, aux environs de Paris, le *C. Schefferi* L., Insecte d'un vert doré, pubescent, à antennes courtes, de 9 articles.

Les **Méloés** (*Meloe* L.) sont faciles à reconnaître à leurs élytres imbriqués à la base et plus courts que l'abdomen, surtout chez les femelles, qui ont l'abdomen très gonflé; les ailes membraneuses font défaut; enfin, les antennes sont moniliformes, à onze articles.

Ce sont des Insectes de forte taille, de teinte noire ou bleuâtre, qui apparaissent au printemps dans les gazons; ils se nourrissent d'herbes et en général de plantes basses. Quand on les saisit, ils deviennent immobiles et laissent suinter un liquide jaunâtre ou blanchâtre, répandant une odeur à la fois fade et pénétrante. Newport et Fabre ont fait connaître leur évolution. — L'espèce la plus commune dans notre région est le Méloé proscarabée (*M. proscarabeus.* L.), que les vétérinaires espagnols ont longtemps employé comme vésicant. On trouve encore, aux environs de Paris, le Méloé de mai (*M. majalis* L.), le Méloé automnal

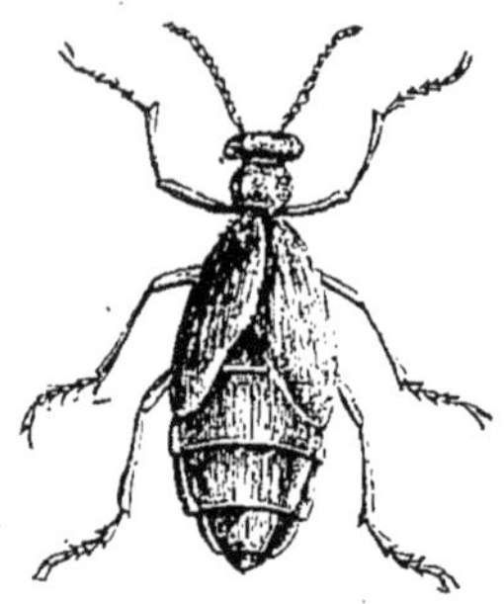

Fig. 462. — Méloé de mai.

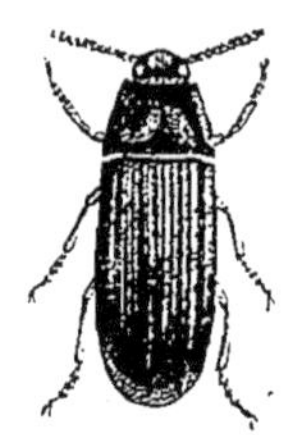

Fig. 463. — *Tenebrio molitor.*

(*M. autumnalis* Oliv.), etc. D'après Fleming, on utilise dans l'Hindoustan les propriétés vésicantes du *M. trianthemæ*, qui vit sur les fleurs de certaines Cucurbitacées.

Dans la famille des **TÉNÉBRIONIDÉS** ou *Mélasomes*, ainsi nommés à cause de leur couleur noire, nous avons à citer le Ténébrion de la farine (*Tenebrio molitor* L.), qui vit souvent, à l'état adulte, dans les fourrages, et dont la larve, connue sous le nom de *Ver de la farine*, se rencontre surtout dans la farine et dans le son. Lorsque ces larves sont très multipliées, elles remplissent ces substances de leurs excréments et de leurs dépouilles, à tel point qu'il n'est plus possible de les faire consommer même aux animaux. — A la même famille appartiennent les Blaps (*Blaps* Fabr.), qui habitent les coins sombres et humides de nos habitations. L'espèce commune de nos pays est le Blaps Présage-Mort (*B. mortisaga* L.).

4ᵉ GROUPE : **PENTAMÈRES.** — Il existe d'ordinaire cinq articles à tous les tarses.

Les **PTINIDÉS** sont reconnaissables à leur tête, qui est rétractile à l'intérieur du prothorax; ce sont des Insectes ennemis de la lumière, et dont les larves dévorent le bois (xylophages) ou d'autres substances organiques. — Citons les Ptines, et en particulier le Ptine voleur (*Ptinus fur* L.), qui vit dans les maisons et dans les fenils, et dont la larve attaque les fourrages, les herbiers, les collections d'Insectes. Les Vrillettes (*Anobium* Fabr.) sont bien connues sous le nom d'Horloges de la mort.

On peut rapprocher de cette famille le genre *Apate* Fabr., dont les espèces attaquent, même à l'état adulte, les arbres et les bois de construction récemment abattus. M. V. Lenoir nous a envoyé du

Cayor (Sénégal) des échantillons de bois indigènes (servant à la construction des gourbis de paille destinés à nos soldats) criblés de galeries et rongés de toutes parts deux mois après leur emploi ; les Insectes qui avaient occasionné ces dégâts appartenaient à deux espèces : *Apate senegalensis* et *A. terebrans*, celle-ci de grande taille.

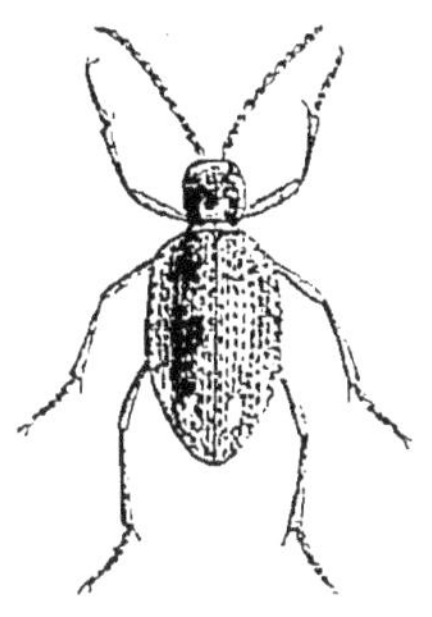

Fig. 464. — Ptine voleur.

Fig. 465. — *Trichodes alvearius.*

Aux **CLÉRIDÉS** appartient le Clairon des Abeilles (*Trichodes apiarius* L.), dont la larve vit dans les ruches. Celle du *T. alvearius* Fabr. (fig. 465) habite le nid des Mellifères sauvages.

Parmi les **MALACODERMES**, nous devons signaler les Lampyres (*Lampyris* Geoffr.), remarquables par leurs organes phosphorescents, situés à la face ventrale des derniers segments de l'abdomen (fig. 466). La femelle, aptère, est bien connue sous le nom de *Ver luisant*. Le mâle est ailé et faiblement lumineux. On trouve en France le *L. splendidula* L. et le *L. noctiluca* L. Chez les Lucioles (*Luciola* Lap.), les deux sexes sont ailés et phosphorescents. Une espèce, le *Luciola lusitanica* L. se rencontre en France, dans le Var et les Alpes-Maritimes. Citons en outre quelques genres non phosphorescents : *Telephorus*, *Malachius*, etc., qui sont, comme les précédents, chasseurs à l'état adulte aussi bien qu'à l'état de larves.

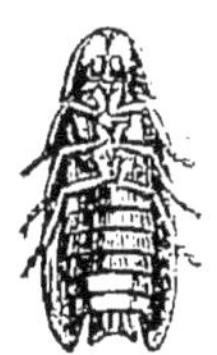

Fig. 466. — *Lampyris splendidula*, mâle, vu par la face ventrale.

Fig. 467. — Taupin des moissons.

Les **ELATÉRIDÉS** sont remarquables par la façon dont ils reprennent leur position normale lorsqu'ils ont été renversés sur le dos. Le prothorax, fort mobile, offre en dessous un prolongement qui peut se loger dans une fossette du bord antérieur du mésothorax. L'Insecte, auquel ses courtes pattes ne permettraient pas de se retourner, se cambre en s'appuyant par la tête et l'extrémité de l'abdomen; la pointe sternale se dégage alors de sa cavité; puis, par un brusque effort musculaire, le corps se redresse et la pointe rentre dans sa loge en faisant ressort, de telle sorte que le dos heurte violemment le plan d'appui : l'animal est lancé en l'air, et il recommence cette manœuvre jusqu'à ce qu'il retombe sur ses pattes. On donne à ces Insectes les noms vulgaires de *Taupins*, *Maréchaux*, etc., à cause du bruit sec que produit, selon les uns, la rentrée du prolongement sternal dans sa fossette, selon les autres, le choc du corselet sur le sol. Les larves vivent souvent plusieurs années dans la terre, rongent les racines et sont très préjudiciables à l'agriculture. Le principal genre est celui des Agriotes (*Agriotes* Esch.); il comprend, comme espèces très répandues : le Taupin des moissons (*A. lineatus* L.), le Taupin cracheur (*A. sputator* L.). le Taupin obscur (*A. obscurus* L.), etc.

Les **SCARABÉIDÉS** ou *Lamellicornes* sont nettement caractérisés par leurs antennes, dont les 3 à 7 articles terminaux constituent des sortes de lamelles ou de feuillets mobiles, susceptibles de s'écarter en éventail. Les diverses tribus de cette famille peuvent se répartir, suivant leur régime, entre les deux groupes des *Coprophages* et des *Phytophages*.

Parmi les *Coprophages*, nous citerons les Scarabées (*Scarabeus* L., *Ateuchus* Web.), qui fabriquent des sortes de boules ou de pilules avec les excréments des animaux, les Copris (*Copris*), les Aphodies (*Aphodius*), les Géotrupes (*Geotrupes*).

Dans le groupe des *Phytophages*, se rangent les Hannetons (*Melolontha* Fabr.), les Rhizotrogues (*Rhizotrogus*), les Anisoplies (*Anisoplia*), les Oryctes (*Oryctes*), les Cétoines (*Cetonia*), etc.

Nous devons signaler rapidement l'évolution du Hanneton commun (*Melolontha vulgaris* Fabr.). Les Insectes parfaits volent surtout dans le mois de mai. Ils se jettent sur les arbres et même sur les plantes basses, dont ils dévorent les feuilles. La femelle fécondée pond dans le sol, à une profondeur de 5 à 7 centimètres, une trentaine d'œufs de la grosseur d'un grain de chènevis, puis elle meurt, ainsi que le mâle. Les larves éclosent au bout d'un mois à six semaines et se mettent bientôt à ronger les plantes voisines : ce sont ces larves qu'on connaît sous le nom de *Vers blancs*; mais leurs dégâts ne sont guère sensibles dans le courant de la première année. Vers la fin d'octobre, elles s'enfoncent à 40 ou 50 centimètres, et se forment une petite cellule ronde dans laquelle elles hivernent. Au printemps de la deuxième année, elles remontent vers la surface et se dispersent de tous côtés pour aller ronger les racines des végétaux. Une nouvelle hibernation a lieu à la même époque que l'année précédente, puis les ravages recommencent, beaucoup plus sérieux encore, au printemps de la troisième année. Bientôt ces larves complètement développées prennent une teinte jaune terne ; elles s'enfoncent en terre, à une grande profondeur (1 mètre et plus), se construisent une coque en terre gâchée mélangée de salive et passent à l'état de nymphes au mois d'août ou de septembre. Au bout de quatre à six semaines, c'est-à-dire avant l'hiver, l'Insecte parfait se débarrasse de la pellicule nymphale. Il remonte plus ou moins tôt vers la surface du sol, mais n'en sort qu'en avril ou en mai. La durée de cette évolution explique pourquoi l'apparition des Hannetons en grandes masses ne se reproduit, dans nos pays, que tous les *trois* ans. Dans la plupart des provinces de l'Allemagne, l'évolution exige quatre années. Les ravages causés par les larves de Hannetons sont quelquefois énormes ; aussi a-t-on cherché les moyens pratiques de leur faire la chasse. La Taupe et certains Oiseaux insectivores en détruisent un grand nombre ; mais ce concours est insuffisant. On ramasse parfois les Vers blancs derrière la charrue ; on a aussi proposé de les faire ramasser par les Oiseaux de basse-cour ; malheureusement, cette alimentation communique aux œufs une saveur repoussante. Le meilleur moyen préventif consiste, jusqu'à présent, dans le *hannetonnage*, c'est-à-dire dans la destruction méthodique et pratiquée en grand des Insectes parfaits.

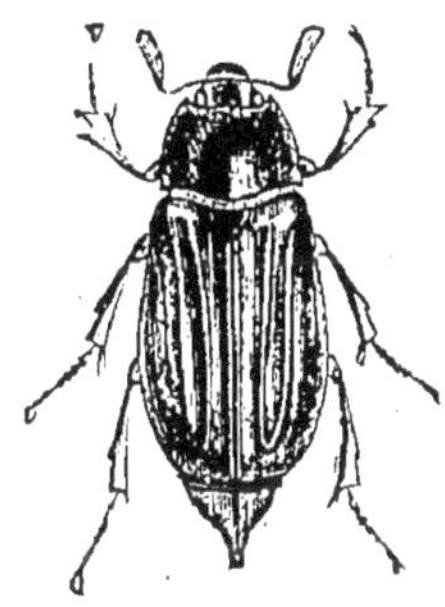

Fig. 468. — Hanneton commun.

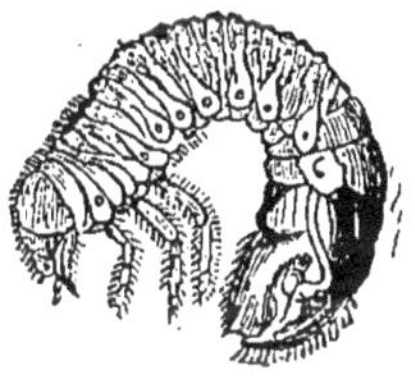

Fig. 469. — Larve du Hanneton vers la fin de la deuxième année.

Le petit Hanneton de la Saint-Jean (*Rhizotrogus solstitialis* L.), ainsi que ses congénères, fournit aussi des larves qui causent des dégâts dans les cultures. On peut en dire autant des Anisoplies.

Les **DERMESTIDÉS** ont les antennes renflées en massue à leur extrémité, et à ce titre appartiennent à l'ancien groupe des *Clavicornes* Latr. Les larves sont poilues ; comme les adultes, elles se nourrissent de matières animales desséchées. — Les Dermestes (*Dermestes* L.) et en particulier le Dermeste du lard (*D. lardarius* L.) se rencontrent dans les maisons, dans les colombiers, dans les musées, sous les cadavres ;

ils sont redoutés des collectionneurs. Les Attagènes et les Anthrènes sont dans le même cas : les espèces les plus communes sont l'*Attagenus pellio* L. et l'*Anthrenus museorum* L.

Les **SILPHIDÉS,** qui sont aussi des Clavicornes, ont un mode de vie analogue; certaines espèces se nourrissent de matières végétales. Tel est le Silphe des betteraves (*Silpha opaca*), dont la larve dévore les

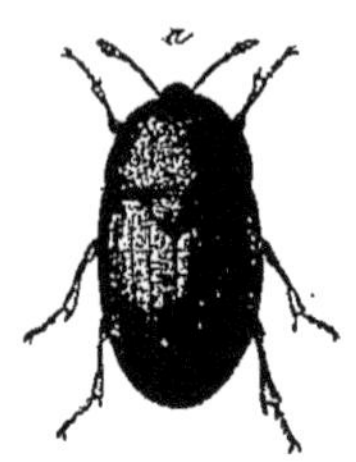

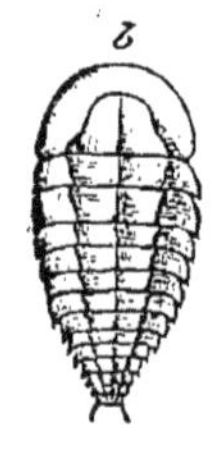

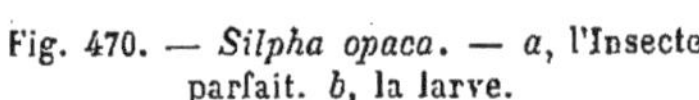

Fig. 470. — *Silpha opaca*. — *a*, l'Insecte parfait. *b*, la larve.

Fig. 471. — *Atomaria linearis*. — *a*, grandeur naturelle. *b*, grossi.

feuilles de ces plantes. A cette famille appartiennent aussi les Nécrophores (*Necrophorus* Fabr.) ou Fossoyeurs, qui ont l'habitude d'enfouir dans la terre les cadavres des petits animaux, pour alimenter leurs larves.

On rapporte aux **CRYPTOPHAGIDÉS** l'Atomaria linéaire (*Atomaria linearis* Steph.) qui détruit les feuilles de betteraves à la façon du Silphe.

C'est à une petite famille voisine des précédentes, celle des **TROGOSITIDÉS**, qu'appartient l'Insecte connu dans le Midi de la France sous le nom de *Cadelle* (*Trogosita mauritanica* L.), et qu'on rencontre parmi les tas de blé ; contrairemen à l'opinion vulgaire, on doit le regarder comme très utile, car il mange les larves des Teignes, des Charançons et des autres Insectes granivores.

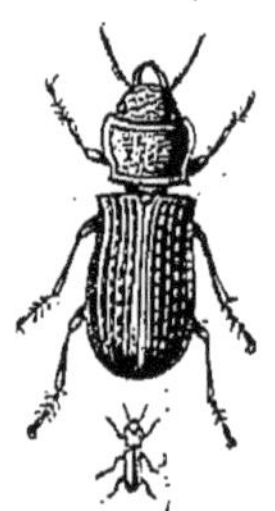

Fig. 472. — *Trogosita mauritanica*, grandeur naturelle et grossi.

Fig. 473. — Larve du *Trogosita mauritanica*.

Les Hydrophiles (*Hydrophilus*), qui sont phytophages à l'état adulte et carnassiers à l'état larvaire, les Dytiques (*Dytiscus*) et les Gyrins (*Gyrinus*), qui vivent de proies vivantes à tous les âges, sont des Insectes aquatiques appartenant à autant de familles spéciales.

Enfin, les **CARABIDÉS** sont aussi des Insectes carnassiers, mais ils sont tous terrestres. Ils nous rendent de grands services en détruisant

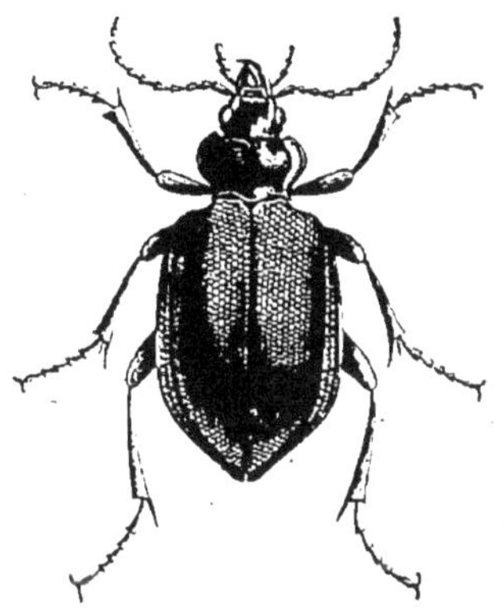

Fig. 474. — Calosome sycophante.

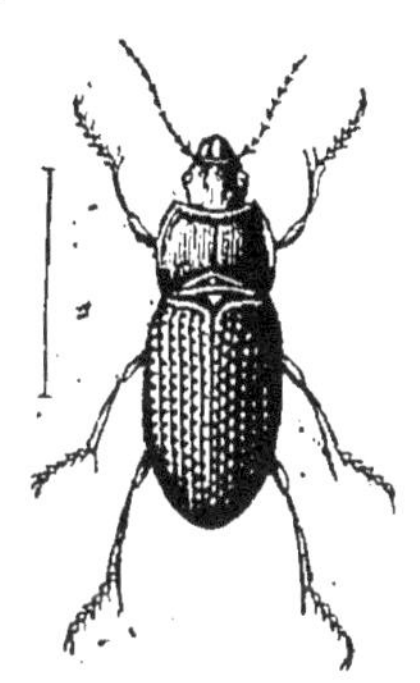

Fig. 475. — Zabre bossu, grossi.

les Insectes nuisibles. — Les Carabes (*Carabus* L.) sont dépourvus d'ailes membraneuses. Le plus connu est le Carabe doré (*C. auratus* L.), aux élytres d'un vert bronzé, vulgairement appelé Jardinier. Les Calosomes (*Calosoma* Web.) sont ailés; le *C. sycophanta* L. détruit beaucoup de Chenilles. Par une singulière exception, les Amares (*Amara*) et les Zabres (*Zabrus*) ont un régime à la fois animal et végétal. Ainsi, la larve du Zabre bossu (*Z. gibbus* Fabr.) a plus d'une fois dévasté les champs de céréales. — Quant aux Cicindèles (*Cicindela*), elles sont essentiellement carnassières. La Cicindèle champêtre (*C. campestris* L.) est l'espèce la plus commune aux environs de Paris.

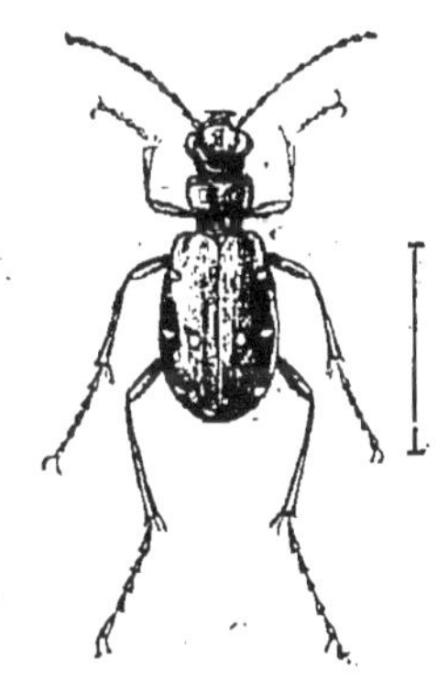

Fig. 476. — Cicindèle champêtre.

Canthariasis. — Nous savons déjà qu'on a employé le nom de *scholechiasis* pour désigner les accidents qui peuvent résulter de la présence des Insectes dans le corps de l'homme et des animaux; W. Hope a proposé spécialement celui de *canthariasis* pour les cas où il s'agit de Coléoptères. Ces accidents sont en général de peu d'importance; ils se rapportent à des larves ou même à des Insectes parfaits de Carabes, Dytiques, Staphylins, Dermestes, Géotrupes, Hannetons, Blaps, Ténébrions, Mordelles, Méloés, Charançons, etc. Ce sont pour la plupart des Insectes qui vivent au voisinage de l'Homme ou sur les végétaux dont il fait sa nourriture.

SIXIÈME EMBRANCHEMENT

MOLLUSQUES

Animaux à symétrie bilatérale, à corps mou, inarticulé, dépourvu de squelette locomoteur et de membres articulés; système nerveux central composé de trois groupes ganglionnaires.

En mettant de côté les formes de passage représentées par les Brachiopodes, les Bryozoaires et les Tuniciers, l'embranchement des Mollusques (*mollusca*, noix à coque tendre) ou Malacozoaires (μαλακός, mou ; ζῶον, animal), constitue un groupe homogène, comprenant encore un grand nombre d'animaux dont le corps mou ne se montre jamais divisé en segments et ne possède ni squelette locomoteur ni appendices articulés.

La symétrie est toujours bilatérale à l'origine; mais, dans certains groupes, le corps devient asymétrique « par le développement inégal des organes et l'accroissement plus considérable d'un côté du corps ». — De même que chez les Arthropodes, on peut distinguer une face dorsale ou *hémale*, caractérisée par la présence du cœur, et une face ventrale ou *neurale*, correspondant au système nerveux.

La partie du corps qui porte la bouche et les principaux organes des sens, bien que n'étant jamais nettement délimitée, forme parfois une *tête* assez distincte, ainsi qu'on le voit chez les Céphalopodes et les Gastéropodes (*Céphalophores*); d'autres fois, comme chez les Lamellibranches (*Acéphales*), elle ne se montre pas différenciée. Quant au tronc, tantôt il présente une forme aplatie ou cylindroïde, tantôt il prend dans sa partie postérieure, qui renferme les viscères, une disposition spiralée en raison de laquelle la symétrie extérieure disparaît tout à fait.

Le tégument est mou, visqueux; au niveau de la face dorsale, il fournit un repli destiné à recouvrir le corps en partie ou en totalité, repli auquel on donne pour ce motif le nom de manteau (*pallium*). La surface et les bords du manteau sécrètent une enveloppe composée de matière organique (*conchyoline*) et surtout de calcaire riche en pigment : c'est la *coquille*, qui sert à protéger le corps de l'animal, et dont la forme et l'aspect sont fort variables.

— Entre le corps et la surface interne du manteau, existe un espace libre, constituant la *chambre palléale :* c'est aux dépens des parois de cette chambre que se développent les organes respiratoires.

Les muscles sont d'ordinaire étroitement unis à la face profonde du tégument, de manière à constituer une *enveloppe musculo-cutanée.* Au niveau de la face ventrale, ils forment une expansion plus ou moins saillante, entière ou divisée, qui sert à la locomotion : c'est ce qu'on nomme le *pied.*

Le *système nerveux* comprend trois groupes principaux de ganglions, à chacun desquels est dévolu un rôle spécial. On distingue : 1° une paire de ganglions sus-œsophagiens ou *cerébroïdes* (cerveau) situés sur les côtés de la bouche et réunis entre eux par une commissure qui surmonte celle-ci : les nerfs qui en émanent se rendent aux organes des sens; 2° une paire de ganglions *pédieux*, moteurs, émettant surtout des rameaux destinés aux muscles du pied; ils sont également réunis entre eux par une commissure transversale et se joignent aux précédents par un double connectif qui embrasse l'œsophage (*collier œsophagien antérieur*); 3° enfin, un groupe variable de ganglions *pariéto-splanchniques*, fournissant des filets destinés à innerver le manteau, les branchies et les organes génitaux ; ils offrent, du reste, les mêmes connexions que les ganglions pédieux, et les cordons qui les unissent au cerveau forment un *collier œsophagien postérieur.* Outre ces trois groupes ganglionnaires, il existe souvent aussi un *système nerveux viscéral* ou stomato-gastrique, analogue au sympathique des Vertébrés.

Quant aux *organes des sens*, ils peuvent être représentés : 1° par des *yeux* de structure plus ou moins complexe, qui existent dans tous les groupes jouissant de la locomotion libre ; 2° par des *otocystes*, ou vésicules auditives closes, ciliées, contenant des concrétions solides ou otolithes ; souvent ces vésicules, au nombre de deux, sont appliquées sur les ganglions pédieux, mais, ainsi que l'a montré M. de Lacaze-Duthiers, ils n'en reçoivent pas moins leurs nerfs du cerveau ; 3° par des *fossettes olfactives* ciliées, comme on en observe chez les Céphalopodes ; 4° enfin, par des *organes tactiles* divers.

Il existe toujours un *canal digestif* à parois propres, qui s'étend de la bouche, située à la partie antérieure, jusqu'à l'anus, dont la position est variable. On y distingue un intestin antérieur (œsophage et estomac), un intestin moyen et un intestin terminal ou rectum. La cavité buccale est souvent armée de mâchoires et d'une sorte de langue revêtue de dents (*radula*). D'autre part, à l'origine de l'intestin moyen se trouve généralement déversé le produit d'une volumineuse *glande digestive*, désignée sous le nom de foie, mais répondant plutôt au pancréas des Vertébrés (*hépato-pancréas*). Le liquide sécrété par cette glande dissout les matières albuminoïdes et contient un ferment qui transforme la fécule en glycose (Frédéricq).

L'*appareil circulatoire* comprend toujours un organe central ou *cœur*, situé sur le trajet du sang artériel, et divisé au moins en deux cavités, une oreillette et un ventricule. Le sang est lancé dans des artères, mais revient rarement par des capillaires et des veines ; dans tous les cas, il traverse un système de lacunes. En général, il existe des ouvertures qui mettent en communication le système circulatoire avec l'extérieur. — Comme chez les Arthropodes, le plasma sanguin est chargé d'hémocyanine et sert de véhicule à la fois pour les matières nutritives et pour l'oxygène.

La vie aquatique de la plupart des Mollusques indique que leur *appareil respiratoire* est constitué le plus souvent par des *branchies*, expansions du tégument qui sont revêtues de cils vibratiles, sauf chez les Céphalopodes. Dans quelques cas il se modifie cependant pour servir à la respiration aérienne : le *poumon* des Mollusques est une cavité remplie d'air et tapissée par une membrane qui soutient un réseau de vaisseaux sanguins ; la communication avec l'extérieur est établie au moyen d'un orifice étroit dit pneumostome.

Les *organes excréteurs* sont représentés, chez les Lamellibranches et même chez les Gastéropodes, par une sorte de poche glandulaire parfois double dite *organe de Bojanus*. Chez les Céphalopodes, les reins sont remplacés par des glandes spongieuses qui garnissent les troncs veineux.

La *reproduction* est toujours sexuelle. La plupart des Gastéropodes sont monoïques, ainsi que les Ptéropodes ; mais les sexes sont séparés chez le plus grand nombre des Lamellibranches et chez tous les Céphalopodes et Scaphopodes.

Le *développement* de l'embryon débute par une segmentation totale ou partielle, donnant lieu d'ordinaire à la formation d'une larve assez semblable à la *trochosphère* des Annélides. Souvent la ceinture ciliée de cette larve s'étale en un disque membraneux ou *voile* qui sert à la natation, et l'animal doit subir alors une métamorphose plus ou moins complexe pour arriver à l'état adulte.

D'une manière générale, les Mollusques sont organisés pour vivre dans l'eau ; le petit nombre de ceux qui sont terrestres recherche même les endroits humides. Beaucoup d'espèces sont comestibles ou employées en médecine. Enfin, on sait le rôle important que jouent les coquilles des Mollusques dans les formations géologiques.

5 classes :

Pas de coquille bivalve; des dents (*Odontophores*).	Une tête distincte; un cœur (*Céphalés*).	Une couronne de bras péribuccaux................		CÉPHALOPODES.
		Pas de bras péribuccaux.	pied ventral simple....	GASTÉROPODES.
			pied formant 2 nageoires.	PTÉROPODES.
	Pas de tête ni de cœur.............			SCAPHOPODES.
Une coquille bivalve; pas de dents ni de tête distincte (*Acéphales*)..				LAMELLIBRANCHES.

CLASSE I

LAMELLIBRANCHES

Mollusques sans tête distincte et sans dents; coquille bivalve, à valves latérales; branchies lamellaires.

Les Lamellibranches (*lamella*, lamelle; *branchiæ*, branchies), encore appelés Acéphales (ἀ privatif; κεφαλή, tête) ou Bivalves, ont le corps symétrique, comprimé d'un côté à l'autre. Le *manteau*, qui naît à la face dorsale, se divise en deux lobes, l'un droit, l'autre gauche. Ces deux lobes palléaux enveloppent le corps tout entier et sécrètent chacun une des valves de la coquille. Celles-ci sont réunies entre elles par une *charnière*, comprenant des *dents* qui s'enclavent réciproquement et un *ligament* élastique dont l'action tend à ouvrir la coquille quand les muscles adducteurs ne se contractent pas : au contraire de ce qui s'observe chez les Brachiopodes, l'ouverture de la coquille est donc passive. Les deux valves peuvent être sensiblement égales entre elles, et la coquille est dite alors *équivalve* (Moule), ou bien elles diffèrent d'une façon bien accusée, et on la dit *inéquivalve* (Huître); ce dernier cas tient en général à ce que l'animal est fixé : comme il se repose d'ordinaire sur le côté, la valve qui se trouve être inférieure devient plus bombée. La coquille est encore qualifiée d'*équilatérale* quand les bords antérieur ou buccal et postérieur ou anal sont égaux, et d'*inéquilatérale* dans le cas contraire. La surface externe de cette coquille peut offrir des reliefs variés; la surface interne, lisse et nacrée, ne montre que des *impressions musculaires* peu marquées servant à l'insertion des muscles adducteurs, et une ligne répondant au bord du

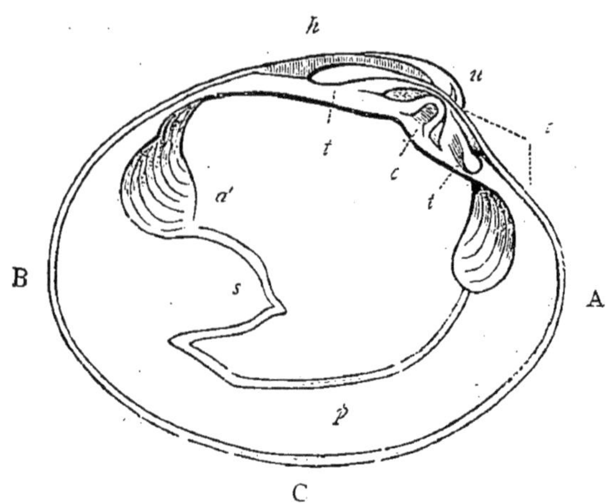

Fig. 477. — Valve gauche de la coquille du *Cytherea chione*, d'après Woodward. — A, bord antérieur. B, bord postérieur. C. bord ventral ou base. *v*, umbo. *h*, ligament. *l*, lunule. *c*, dent cardinale. *t*,*t*, dents latérales. *a*, adducteur antérieur. *a'*, adducteur postérieur, *p*, ligne palléale. *s*, sinus palléal, déterminé par les muscles rétracteurs des siphons.

manteau (*impression palléale*) ; quand il existe un siphon puissant, cette ligne décrit souvent un angle rentrant (*sinus palléal*). Les muscles adducteurs sont au nombre de deux; mais, chez les inéquivalves, l'adducteur antérieur s'atrophie de bonne heure et disparaît, tandis que le postérieur s'avance vers le milieu de la coquille.

La *locomotion* s'effectue quelquefois (*Pecten, Lima*) par le simple jeu des valves, qui battent l'eau. Le plus souvent, elle est déterminée par le *pied*, qui peut être organisé pour ramper (*Anodonta*) et qui s'atrophie chez les animaux sédentaires (*Ostrea*). Assez souvent (*Pecten, Mytilus*), le pied contient une glande spéciale, qui sécrète une matière analogue à la soie, se solidifiant au contact de l'eau : il se forme ainsi un paquet de filaments adhésifs, appelé *byssus*, au moyen duquel l'animal se fixe et même se déplace. Enfin, le jeu des siphons aide quelquefois à l'action du pied (*Solen*).

Les trois groupes de ganglions *nerveux* sont pairs.

On peut rencontrer divers organes sensoriels : 1° des vésicules auditives (*otocystes*) paires, situées au-dessous de l'œsophage; 2° des *yeux* distribués sur les bords du manteau et quelquefois à l'extrémité des tubes du siphon; 3° des organes du *tact*, représentés par les palpes labiaux, par des papilles ou tubercules situés sur les bords du manteau, etc.

La *bouche* s'ouvre en arrière du muscle adducteur antérieur ; elle est entourée par deux paires de *palpes labiaux*, membraneux et couverts de cils vibratiles qui servent à attirer les particules alimentaires. Un court œsophage conduit dans un estomac renflé, souvent pourvu d'un long cæcum contenant une sorte de baguette transparente, le *style cristallin*. L'intestin décrit de nombreuses circonvolutions entre les lobes de la *glande digestive* et traverse ordinairement le cœur avant de se terminer à l'anus, qui est situé en arrière du muscle adducteur postérieur et sur le trajet du courant d'eau expiratoire.

En général, le *cœur*, inclus dans un péricarde, se compose de deux oreillettes et d'un ventricule ; il occupe la région dorsale et entoure le rectum, comme on vient de le voir. Deux troncs aortiques, l'un antérieur, l'autre postérieur, partent du ventricule et vont distribuer le sang au corps ; ils se divisent en rameaux multiples, qui se résolvent finalement en un réseau de lacunes ou sinus veineux dépourvus de parois propres. Chez la Moule commune, ces lacunes sont précédées de vaisseaux capillaires véritables (Sabatier). Des sinus veineux, le sang se rend — presque toujours après avoir traversé les parois des organes de Bojanus, — dans les branchies, où il s'artérialise, et enfin rentre dans les deux oreillettes latérales. Le péricarde communique d'une part avec le système veineux, et d'autre part avec les organes de Bojanus : de telle façon que ces derniers organes permettent l'introduction de l'eau dans le sang et le rejet du sang à l'extérieur.

La *respiration* s'effectue par la face interne du manteau et par des *branchies*. Celles-ci sont au nombre de quatre : il en existe deux à gauche et deux à droite du plan médian, insérées au fond de l'angle dièdre formé par les parois du corps et les lobes du manteau. Chacune d'elles se compose de deux feuillets, l'un direct, l'autre réfléchi, affectant entre eux et avec les parties voisines des adhérences variables ; ces deux feuillets sont constitués par des filaments recouverts de cils vibratiles. Le courant respiratoire est déterminé par l'action de ces cils : le plus souvent, l'eau peut entrer largement dans la cavité palléale, mais dans certains cas (Moule), les bords du manteau se soudent en ne laissant que deux fentes, l'une pour l'entrée, l'autre pour la sortie de l'eau et des substances qu'elle contient. Parfois même les lobes du manteau se prolongent au niveau de ces deux orifices, en deux tubes désignés sous le nom de *siphons*.

L'*appareil excréteur* est représenté par les *organes de Bojanus*, sacs glanduleux situés de chaque côté du péricarde et parfois réunis sur la ligne médiane ; ces glandes spongieuses font l'office de véritables reins, et nous avons vu qu'une partie du sang y passe pour subir une dépuration avant de pénétrer dans les branchies. Les sacs de Bojanus communiquent avec le péricarde et s'ouvrent à l'extérieur sur les parties latérales de la base du pied.

Au point de vue de la reproduction, les Lamellibranches se divisent nettement en deux groupes (Lacaze-Duthiers); — 1° La plupart sont *dioïques*. Les ovaires et les testicules sont des glandes en grappe occupant les côtés du prétendu foie; dans certains cas, une grande partie de la glande pénètre dans le manteau (Moule). La structure est semblable dans les deux sexes, mais on peut cependant en distinguer la nature, même à l'œil nu, car le sperme est d'ordinaire lactescent ou jaunâtre, tandis que les œufs sont rougeâtres. Les produits génitaux sont tantôt déversés dans les sacs de Bojanus (Peigne varié), tantôt évacués par deux orifices communs avec ceux de cet organe (Moule) ou situés à côté de ceux-ci (Anodonte). — 2° Dans les formes *monoïques*, les glandes des deux sexes sont parfois distinctes, et débouchent à l'extérieur par des conduits séparés (Pandore) ou par un orifice commun (Peigne); d'autres fois elles sont entièrement confondues de manière à former une glande dite hermaphrodite (Huître).

Les embryons des Lamellibranches sont remarquables par la présence, à leur extrémité céphalique, d'un voile ou disque circulaire, dont les bords sont garnis de cils vibratiles : c'est un organe de natation, d'où dériveront plus tard les palpes labiaux. Le tégument se soulève sur la face dorsale pour constituer le manteau. Quant au pied, il apparaît sous la forme d'une saillie médiane de la face ventrale, en arrière de la bouche.

Les Mollusques de cette classe vivent pour la plupart dans la mer. Ils ont laissé une quantité énorme de coquilles dans les couches géologiques.

SOUS-CLASSE I

ASIPHONIDÉS

I. Les uns possèdent un seul muscle adducteur : MONOMYAIRES.

Famille des **OSTRÉIDÉS**. — Coquille inéquivalve, écailleuse; un gros muscle adducteur au milieu du corps; cœur ne recouvrant pas le rectum, pied nul ou rudimentaire; pas de byssus.

Cette famille a pour type le genre *Ostrea*, auquel on peut rapporter les formes fossiles connues sous les noms de Gryphées et d'Exogyres; elle comprend en outre les genres *Anomia* et *Placuna*.

Genre **Huître** (*Ostrea* L.). — Les Huîtres proprement dites se fixent aux fonds marins par leur valve gauche, qui est la plus excavée; l'autre est aplatie et forme une sorte de couvercle.

Les Huîtres comestibles constituent sans aucun doute plusieurs espèces distinctes, comprenant elles-mêmes de nombreuses variétés, mais on n'est encore que très incomplètement fixé à l'égard de ces déterminations. Il est incontestable d'ailleurs que l'habitat, aussi bien que le mode de culture, peut imprimer à une même forme des caractères et surtout des qualités variables; et les gourmets arrivent à reconnaître l'origine des Huîtres avec la même précision que le cru des vins. Quoi qu'il en soit, les espèces d'Huîtres qu'on mange en France sont, d'après Moquin-Tandon : sur les côtes de la Manche et de l'Océan, l'Huître commune (*O. edulis* L.) et l'Huître Pied-de-cheval (*O. Hippopus* L.); sur les côtes de la Méditerranée, l'Huître méditerranéenne (*O. rosacea* Fav.) et le Péloustiou (*O. lacteola* Moq.); en Corse, l'Huître lamelleuse (*O. lamellosa* Brocchi). On trouve en outre, dans la Méditerranée, l'Huître en crête (*O. cristata* Born.), l'Huître plissée (*O. plicata* Ch.), etc.

Sur nos marchés, on rencontre surtout des variétés de l'Huître commune ou comestible, provenant des côtes de la Manche et de l'Océan. Les *Huîtres de Cancale* sont conservées dans les parcs de Grandville, Courseulles, le Havre, etc., avant d'être livrées à la consommation. Les *Marennes*, principalement les vertes, sont des plus estimées à Paris. On distingue encore les *Arcachon*, les *Armoricaines*, les *Sainte-Anne*, etc. Les *Portugaises* sont les plus communes; on les reconnaît à leur coquille rugueuse et tourmentée ; leur chair est fade. Ajoutons que l'*Huître d'Ostende* ou anglaise est aussi consommée en France, où elle jouit d'une haute réputation.

ORGANISATION. — Nous nous bornerons à donner ici un aperçu élémentaire de l'organisation de l'Huître comestible.

Quand on ouvre une Huître, on doit rompre le gros muscle qui relie les deux valves, après avoir forcé la charnière pour détruire le ligament situé à la petite extrémité. Si l'on pose alors devant soi, et de préférence dans l'eau, la valve concave (gauche) qui contient l'animal, de façon que cette petite extrémité soit dirigée en avant, on voit d'abord que le corps est enveloppé d'une membrane transparente, correspondant aux valves de la coquille : c'est le manteau, dont les bords garnis de franges sont libres, sauf à l'extrémité antérieure, où les deux lobes se réunissent en formant une sorte de capuchon au-dessus de la bouche. Inutile de faire remarquer que l'un de ces lobes adhérait à la valve droite et a dû en être détaché. — Le muscle adducteur, offrant deux moitiés inégalement transparentes, peut servir de point de repère. Le manteau est attaché à sa base. Immédiatement en avant, on remarque une cavité dans laquelle, sur l'animal vivant, on voit battre le cœur; celui-ci se distingue du reste sans difficulté à l'aspect membraneux et noirâtre de sa région auriculaire. Les branchies sont représentées par quatre lamelles striées, superposées, qui partent de la partie postérieure du muscle et le contournent à droite pour se diriger vers l'extrémité antérieure. Au point où elles se terminent, se montrent deux autres paires de lamelles également striées, mais plus petites : ce sont les palpes labiaux, qui partent d'un orifice transversal situé à l'extrémité antérieure. Cet orifice n'est autre que la bouche, qui conduit, par un très court œsophage, dans une poche stomacale ovoïde, entourée d'une masse jaune brunâtre, la glande digestive (foie des auteurs), avec laquelle elle communique directement. L'intestin descend dans l'épaisseur de cette glande, décrit une anse et vient passer à gauche du muscle adducteur, pour se terminer vers sa partie postérieure. Autour de la glande digestive se trouvent les glandes sexuelles, qui sont partie mâles et partie femelles, l'un des sexes prédominant souvent sur l'autre. On ne trouve qu'un seul orifice de chaque côté du corps ; il est situé entre deux cordons nerveux qui partent du ganglion branchial pour se rendre, l'un au cerveau, l'autre à la branchie. « Jamais on ne manque d'arriver dans le canal si l'on fait glisser d'arrière en avant, entre les deux nerfs, une épingle fine en présentant la tête la première » (Lacaze-Duthiers). Le frai commence vers la mi-juin et se termine dans le courant d'août. Les milliers d'embryons qui sortent des œufs restent d'abord logés dans le manteau de la mère ; ils nagent à l'aide de leur voile cilié et sortent bientôt au voisinage de la coquille, mais pour rentrer au plus vite en cas de danger : ils sont alors blancs et rendent l'eau laiteuse. Puis ces jeunes Huîtres s'entourent d'une coquille et vont se fixer ; mais un grand nombre deviennent la proie des animaux marins et en particulier des Polypes, ou même périssent naturellement si elles n'ont pu se fixer à temps.

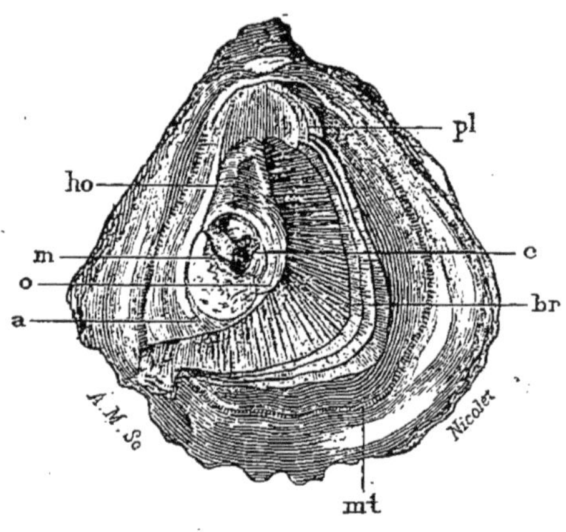

Fig. 478. — Huître comestible, vue dans sa valve gauche. — *m*, muscle adducteur. *pl*, palpes labiaux. *br*, branchies. *mt*, manteau. *a*, anus. *c*, cœur. *ho*, glande digestive recouverte par la glande hermaphrodite. *o*, orifice sexuel.

On trouve des Huîtres dans toutes les mers, et partout elles sont recherchées pour la nourriture de l'homme. Elles vivent à une faible profondeur, quoique toujours au-dessous du niveau des plus basses marées, et forment des amas considérables, désignés sous le nom de *bancs*, soit sur les rochers, soit plus rarement sur les fonds vaseux ; souvent même elles s'attachent les unes aux autres. Leur nourriture se compose de ces myriades d'organismes microscopiques qui peuplent l'eau de la mer (Algues, Foraminifères, Infusoires, Crustacés, etc.). On attribue en général la couleur verte des Huîtres de Marennes aux matières dont elles se nourrissent. Elles sont, en effet, transportées de bonne heure dans des réservoirs particuliers, appelés *claires*, où l'eau n'est renouvelée qu'à l'époque des grandes marées : dans cette eau se développent des végétaux microscopiques qui lui donnent une teinte bleuâtre et qui constituent le principal aliment des Huîtres ; la matière colorante se trouve assimilée et se répand dans les branchies ; la respiration et la circulation se trouvent gênées, l'animal s'infiltre de liquide et son tissu devient tendre et délicat.

De dangereux ennemis des Huîtres sont les Huîtriers (*Hæmatopus*), les Étoiles de mer, les Homards, des Vers et même de petites Éponges (*Cliona celata*) qui perforent les coquilles. Les Moules leur sont également nuisibles, car le développement rapide de ces petits Mollusques s'oppose bientôt à l'accroissement et même à la nutrition des Huîtres. Enfin, ces animaux hébergent un certain nombre de commensaux et de parasites.

Ostréiculture. — De nombreuses chances de destruction menacent donc les Huîtres, tant dans leur jeune âge qu'à l'état adulte. Il faut y ajouter encore le danger qui pourrait résulter d'une pêche inconsidérée. Aussi le gouvernement a-t-il dû réglementer cette pêche : la vente des Huîtres est interdite en France du 15 juin au 1er septembre (1). Mais, pour assurer le repeuplement de nos côtes, il faut surtout compter sur une culture rationnelle, basée sur des données scientifiques.

Les Romains, qui estimaient beaucoup les Huîtres, s'étaient déjà occupés d'établir des *parcs* ou bancs artificiels. Divers essais du même genre paraissent avoir été tentés dans les deux derniers siècles ; mais on peut dire que l'ostréiculture est en réalité d'origine récente. Coste en a été un des plus ardents et des plus sérieux promoteurs. — Les jeunes Huîtres qui frétillent autour des individus mères et rendent l'eau laiteuse constituent le *naissain*. On les recueille sur des fascines formées de branchages entre-croisés, sur des tuiles creuses ou même sur de simples pavés ; puis, lorsqu'elles ont acquis un certain volume, on les transporte dans les *parcs*, sortes de grands bassins creusés par la mer et dans lesquels pénètrent les eaux des grandes marées, en y apportant une quantité considérable de nourriture. C'est aussi dans ces parcs qu'on dépose les Huîtres recueillies à la pêche, afin de leur faire perdre le goût de vase qu'elles offrent le plus souvent. Ajoutons que les bancs artificiels, comme les bancs naturels, sont divisés en plusieurs zones qu'on exploite à tour de rôle, de manière à permettre le repeuplement pendant les périodes de repos. Tel est le principe des procédés d'ostréiculture employés sur nos côtes de l'Océan. — Au bout de trois à cinq ans, les Huîtres ont acquis le développement que nous leur voyons habituellement. Si on les laisse plus longtemps fixées au rocher, elles prennent des dimensions plus considérables et deviennent coriaces : ainsi serait constituée, au dire de quelques auteurs, la forme que les zoologistes ont désignée sous le nom d'Huître Pied-de-Cheval.

(1) Voyez *Journal officiel*, 17 janvier 1882.

Emploi. — On mange les Huîtres vivantes et entières. L'eau salée qu'elles contiennent et l'abondance du suc sécrété par la glande digestive en font un aliment facile à digérer. Elles conviennent par suite aux estomacs délicats, et on les a souvent recommandées dans beaucoup d'affections chroniques, ainsi que dans la convalescence des maladies aiguës. La digestibilité est encore augmentée sous l'influence des acides faibles, ce qui justifie l'addition de jus de citron ou l'usage de vins blancs légèrement acidulés. Les Huîtres cuites sont au contraire réputées indigestes. On en préparait autrefois un bouillon qui passait pour analeptique et aphrodisiaque. Les coquilles pulvérisées étaient employées comme absorbantes, antiacides, lithontriptiques, etc. Enfin, l'eau salée contenue dans les valves était préconisée, à la dose de deux ou trois cuillerées par jour, dans le traitement des affections chroniques de l'estomac. — Depuis quelque temps, on prépare sur nos côtes de la Manche des Huîtres marinées.

L'ingestion des Huîtres est rarement suivie d'*accidents* semblables à ceux que déterminent parfois les Moules (1). Quelquefois, cependant, elle donne lieu à des coliques et à une purgation plus ou moins sérieuse. C'est à tort qu'on a attribué de semblables troubles à la présence du frai ou au doublage de cuivre des vaisseaux; ils sont plutôt imputables à l'eau corrompue dans laquelle ont séjourné les Mollusques (Gervais et Ben.). On conçoit d'ailleurs que cette altération de l'eau soit plus rapide en été, et c'est ce qui a donné lieu sans doute à ce préjugé d'après lequel on devrait s'abstenir de manger des Huîtres pendant les mois dont le nom ne contient pas la lettre *r*, préjugé utile, si l'on remarque qu'il concourt à favoriser la propagation de ces animaux. — L'estime dans laquelle les amateurs tiennent les Huîtres vertes a engagé certains industriels à leur communiquer une viridité artificielle par l'addition d'un sel de cuivre : cette fraude, susceptible de déterminer certains troubles dans la santé, se reconnaît, d'après le Dr Jaillard, de la façon suivante : « Versez, sur le sujet soupçonné et débarrassé de son eau, une cuillerée de vinaigre; percez-le avec une aiguille ; abandonnez le tout pendant quelques heures; retirez ensuite la susdite aiguille, qui sera couverte d'une couche rougeâtre s'il a été l'objet de la fraude dont il est question ici. »

On reconnaît que les Huîtres sont vivantes, soit aux mouvements du cœur, soit à la contraction des franges du manteau.

Les Anomies (*Anomia*), pourvues d'un byssus, sont mangées à Cette; leur saveur est très amère.

Famille des **PECTINIDÉS**. — Genres principaux : *Pecten*, *Spondylus*, *Lima*, etc. Le Peigne de Saint-Jacques (*Pecten Jacobæus*) plus connu sous les noms de *Coquille de Saint-Jacques*, *Coquille pèlerine*, *Ricardeau* ou

(1) Chevallier et Duchesne, *Mémoire sur les empoisonnements par les huîtres, les moules, les crabes et par certains poissons de mer et de rivière*. Ann. d'hyg. publ., 1851, t. XLV, p. 387 et t. XLVI, p. 108.

Ricardot, abonde dans la Méditerranée; on le mange sur place et on l'expédie même sur nos marchés.

II. Dimyaires : coquille munie de deux muscles adducteurs.

Famille des **AVICULIDÉS**. — Nous avons à signaler en particulier dans cette famille l'Avicule margaritifère, Pintadine ou Aronde perlière (*Meleagrina margaritifera* L.), dont la large et épaisse coquille présente à l'intérieur une nacre très fine, à reflets chatoyants et irisés. D'après Jouan, elle ne se trouve plus guère aujourd'hui qu'aux environs de Ceylan, où elle forme de grands bancs, dans le golfe Persique et dans la zone tropicale de l'Océan pacifique; la plupart des autres gisements sont épuisés. On pêche cette espèce pour les perles et pour la nacre. Les Perles se déposent quelquefois dans les organes de l'animal; elles sont produites par une irritation locale du manteau, due à la présence d'un corps étranger : des grains de sable, de petits œufs, etc. constituent souvent le noyau de ces globules brillants, qui acquièrent un si grand prix dans le commerce de la bijouterie, sous le nom de *perles fines* ou perles d'Orient. On peut du reste en provoquer artificiellement la formation en introduisant un corps étranger sous le manteau. Ce sont des plongeurs qui vont chercher les Avicules au fond de la mer, parfois à 25 ou 30 brasses de profondeur. Il serait préférable de soumettre ces animaux à une culture rationnelle.

Les autres Lamellibranches et en particulier les Anodontes des étangs et les Mulettes de nos rivières peuvent aussi produire des perles.

Famille des **MYTILIDÉS**. — Coquille équivalve; bords du manteau ordinairement soudés en arrière; muscle adducteur postérieur plus fort que l'antérieur; pied mobile en forme de languette, produisant un byssus.

Nous signalerons dans cette famille : les Pinnes ou Jambonneaux (*Pinna*), dont une espèce (*P. nobilis*) est commune dans la Méditerranée; en Sicile et en Calabre, on fabrique avec son byssus des tissus assez grossiers; les Dreissènes (*Dreissena*), assez communes dans nos eaux douces, et s'accommodant aussi de l'eau de mer; les Lithodomes (*Lithodomus*), qui pratiquent des galeries dans la pierre; enfin les **Moules** (*Mytilus*).

La **Moule comestible** (*M. edulis* L.) est très commune sur les côtes de France. Elle se trouve souvent en quantité considérable sur les rochers, où elle se fixe à l'aide de son byssus; mais contrairement à l'Huître, elle se déplace à volonté. Pour cela, elle file de nouveaux filaments au devant des anciens et coupe progressivement ceux-ci, en se hissant comme à l'aide d'un câble.

Mytiliculture. — En Normandie et en Bretagne, on se contente ordinairement d'aller recueillir les Moules qui sont émergées à marée basse; mais, aux environs de la Rochelle, où le fond est vaseux, on les soumet à un système suivi d'élevage. On enfonce dans la vase de longs pieux disposés en allées régulières ou *bouchots*. Les plus éloignés du rivage sont formés de pieux séparés, sur lesquels se fixent les jeunes Moules; dans les autres, les pieux sont réunis par des branchages, de manière à former une sorte de claie. C'est sur ces derniers qu'on amène définitivement les Moules, qui ont acquis au bout de deux ans la taille voulue pour être livrées à la consommation. Les pêcheurs vont les cueillir à marée basse sur ces bouchots clayonnés, en glissant sur la surface unie de la vase au moyen d'une sorte de petite pirogue à fond plat connue sous le nom d'*acon*. Quand le vent est favorable, on hisse une voile; dans le cas contraire, le pêcheur se tient sur un genou au bord de la nacelle et rame avec sa jambe libre.

Les Moules sont susceptibles de déterminer des accidents assez sérieux chez les personnes qui les consomment; mais on connaît encore peu la cause de cette action. On a accusé sans raison leur séjour contre la coque doublée de cuivre de certains navires, la présence entre leurs valves de petits Crabes — les Pinnothères — qui s'y logent en commensaux, le frai des Étoiles de mer qu'elles auraient mangé, les phases de la lune (!), etc. Il est probable que l'empoisonnement dont il s'agit tient à un état particulier de la Moule, et surtout à une prédisposition des personnes qui en font usage. — Voici, d'après P. Gervais et Van Beneden, les symptômes qu'on observe le plus souvent en pareil cas : « Malaise ou engourdissement deux ou trois heures après le repas, puis constriction à la gorge et gonflement de toute la tête; ensuite une grande soif, des nausées et souvent des vomissements; gonflement du visage, des yeux, des lèvres et de la langue au point qu'on ne peut parler; la peau devient rouge comme si elle était excoriée. L'éruption de la peau est un des signes caractéristiques de cet empoisonnement; elle est ordinairement accompagnée d'une démangeaison insupportable. Quelquefois, à la difficulté de respirer se joint de la raideur des membres, et des phénomènes nerveux, comme des spasmes et des convulsions, se déclarent en même temps. — Le traitement est très simple : après avoir fait vomir le malade, on lui fait boire en grande quantité une boisson légèrement acidulée. Le vinaigre est considéré par quelques médecins comme l'antidote de cet empoisonnement. » En tout cas, il est indispensable de faire dégorger les Moules pendant plusieurs heures dans l'eau douce avant de les faire cuire, et même d'ajouter à cette eau un filet de vinaigre.

Citons encore les **ARCADÉS**, comprenant les Arches (*Arca*), les Pétoncles (*Pectunculus*) et les Trigonies (*Trigonia*); et les **UNIONIDÉS**, représentés par les Mulettes (*Unio*), les Anodontes (*Anodonta*), etc. L'Anodonte des étangs (*A. cygnea*) est le plus grand Mollusque de nos contrées; elle constitue un excellent type pour l'étude des Lamellibranches. On la mange à Paris sous le nom de *Moule des étangs*.

SOUS-CLASSE II

SIPHONIDÉS

I. INTÉGROPALLÉALES. — *Siphons courts ; impression palléale simple.*

On range dans ce groupe les Cames (*Chama*), les Bénitiers (*Tridacna*), les Bucardes (*Cardium*), les Cyclades (*Cyclas*), etc., ainsi que les familles fossiles des Rudistes et des Hippurites. On mange sur nos côtes la Bucarde comestible (*Cardium edule* L.), qui se pêche surtout dans les étangs saumâtres.

II. SINUPALLÉALES. — *Siphons longs; impression palléale formant un sinus qui est occupé par les muscles rétracteurs des siphons.*

2 groupes :

1er groupe : OUVERTS. — Bords du manteau ouverts en avant pour livrer passage au pied. — C'est à ce groupe qu'appartiennent les Vénus (*Venus*), les Cythérées (*Cytherea*), les Mactres (*Mactra*), les Tellines (*Tellina*), les Donaces (*Donax*). On mange en France différentes espèces de Vénus qui vivent dans les étangs saumâtres du littoral de la Méditerranée, particulièrement la Vénus croisée (*V. decussata* L.) ou *Clovisse*, et la Vénus virginale (*V. virginea* L.), connue dans le bas Languedoc sous le nom d'*Arcéli*.

2e groupe : ENFERMÉS. — Les bords du manteau sont réunis, et ne laissent qu'une petite ouverture en face de laquelle se trouvent le pied et la bouche. — Comprennent les Couteaux (*Solen*), les Myes (*Mya*), les

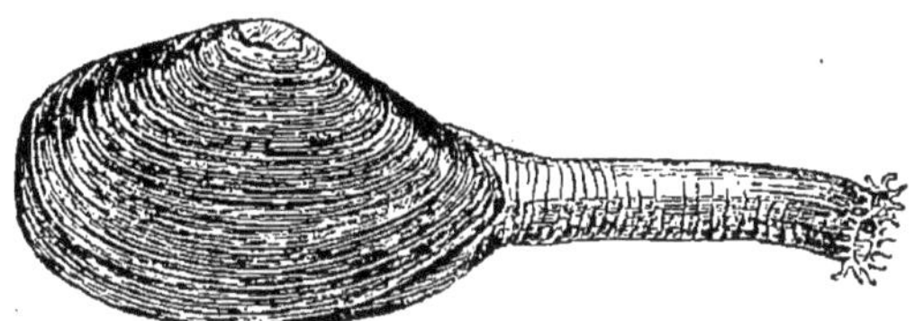

Fig. 479. — Mye des sables (*Mya arenaria* L.).

Pandores (*Pandora*), les Arrosoirs (*Aspergillum*), les Saxicaves (*Saxicava*), le Pholades (*Pholas*), les Tarets (*Teredo*), etc. Les Pholades, comme les Saxicaves, perforent souvent les rochers. Le Taret ordinaire (*Teredo navalis* L.) ou *Ver de mer* se creuse, dans le bois immergé, des galeries qu'il revêt d'une couche calcaire; souvent il détruit de la sorte les pilotis ou les pieux qui soutiennent les digues, et c'est un des animaux les plus redoutés sur le littoral.

CLASSE II

SCAPHOPODES

Mollusques dépourvus de tête, d'yeux, de cœur et de bronchies; pied trilobé; coquille tubuleuse ouverte aux deux extrémités; dioïques.

Cette classe est représentée par l'ordre unique des Solénoconques (σωλήν, tuyau; κόγχη, coquille), établi par M. de Lacaze-Duthiers pour le seul genre Dentale (*Dentalium* L.). C'est un intéressant groupe de passage entre les Acéphales et les Gastéropodes; mais le cadre de cet ouvrage nous oblige à renvoyer le lecteur au remarquable mémoire de l'auteur que nous venons de citer (1). Les Dentales vivent dans le sable des mers, la tête tournée vers le fond.

CLASSE III

PTÉROPODES

Mollusques à tête peu distincte; pied formant deux nageoires aliformes latérales; corps nu ou revêtu d'une coquille univalve; monoïques.

Les Ptéropodes (πτερόν, aile; πούς, pied) sont pour la plupart des animaux de haute mer, se déplaçant très vite à l'aide de leurs nageoires, qu'ils agitent comme des ailes. C'est surtout la nuit ou au crépuscule qu'ils apparaissent à la surface.

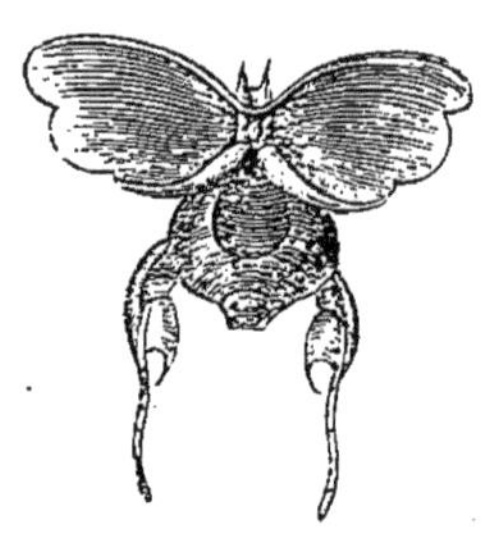

Fig. 480. — Ptéropodes : Hyale (*Hyalea cornea* L.).

2 ordres :

1er ordre : **Thécosomes.** — Le corps est recouvert par une coquille externe (θήκη, étui; σῶμα, corps). Le lobe impair du pied, rudimentaire, reste uni aux nageoires, qui en représentent les lobes pairs ou épipodes. — Genres principaux : *Hyalea, Cleodora, Limacina, Cymbulia.*

2e ordre : **Gymnosomes.** — Le corps est nu (γυμνός, nu; σῶμα, corps); le lobe impair du pied est séparé des nageoires. — Genres principaux : *Clio, Pneumodermon.* — Le Clio boréal (*Clio borealis* Pall.) est un petit animal de 2 à 3 centimètres de long, qui vit en grande

(1) H. Lacaze-Duthiers, *Histoire de l'organisation et du développement du Dentale*. Ann. sc. nat., 4e série, VI, 1856; VII et VIII 1857.

abondance sur les côtes du Groenland et du Spitzberg, ainsi que la Limacine arctique (*Limacina arctica* Fabr.), et qui forme avec elle la principale nourriture des Baleines propres à ces parages.

CLASSE IV

GASTÉROPODES

Mollusques à tête bien développée; pied ventral simple; presque toujours une coquille univalve, en spirale ou en bouclier.

Le nom de Gastéropodes (γαστήρ, ventre; πούς, pied), donné à cette classe, se rapporte à la présence d'un pied large, en forme de disque, placé sous l'abdomen et servant en général à la reptation; chez les Hétéropodes, cependant, ce pied est étroit, vertical, et constitue une sorte de nageoire.

La tête de ces Mollusques porte deux ou quatre tentacules; le corps est revêtu d'un manteau qui sécrète une coquille, parfois interne et rudimentaire (Limace), le plus souvent bien développée, univalve, enroulée en hélice, mais non cloisonnée. Dans ces coquilles spirales, on distingue : le *sommet* ou la pointe; l'*ouverture*, par laquelle sort l'animal; le pourtour de cette ouverture ou *péristome*, correspondant au bord du manteau. L'axe autour duquel se font les tours de spire constitue la la *columelle* : il est quelquefois creux et son orifice extérieur est alors appelé *ombilic*. Enfin, on nomme *suture* le sillon formé entre les tours de spire successifs quand ils sont réunis les uns aux autres. Au lieu d'être spiralée, la coquille est parfois simplement excavée, conique (Patelle); rarement elle est multivalve (Oscabrion).

Le *système nerveux* n'offre plus la disposition symétrique qu'il affecte chez les Acéphales. Il existe bien deux *ganglions cérébroïdes*, situés au-dessus du tube digestif, et deux *ganglions pédieux*, qui se ramifient dans le pied : mais les *ganglions pariéto-splanchniques* sont au nombre de cinq et forment une chaîne plus ou moins étendue (groupe *asymétrique* Lac.-Duth.) En outre, on observe quelquefois, vers l'origine de l'œsophage, deux petites masses ganglionnaires communiquant avec le cerveau; on les a regardées comme un système nerveux viscéral ou *stomato-gastrique*.

Comme *organes des sens*, il faut signaler : des *yeux*, situés habituellement au sommet ou à la base des tentacules; des *otocystes*, presque toujours placés sur les ganglions pédieux, mais innervés par le cerveau; d'après Moquin-Tandon, l'*odorat* aurait son siège (Colimaçons) dans le bouton terminal des tentacules oculifères; enfin, le *toucher* s'effectue aussi à l'aide des tentacules.

La *bouche*, souvent pourvue d'une trompe protractile, s'ouvre à l'extrémité antérieure de la face ventrale, et donne accès dans une cavité à parois musculeuses, le *bulbe buccal* ou *pharyngien*. Sur le plafond de cette cavité, en arrière de la lèvre supérieure, se trouve une mâchoire cornée; par contre, la paroi inférieure porte une saillie cartilagineuse, la *langue*, revêtue d'une lame cornée et transparente, appelée *radula* (racloir). Cette dernière est recouverte de rangées transversales de petites dents, dont le nombre et la forme sont très variables et fournissent des caractères importants pour la classification. Cet appareil masticateur jouit souvent d'une grande puissance. — Dans la cavité buccale débouchent les canaux excréteurs de deux glandes dites salivaires, mais dont le produit n'offre nullement les caractères de la salive des Vertébrés (L. Frédéricq). L'intestin antérieur comprend, outre la masse buccale, un long œsophage, qui se dilate en un estomac simple ou multiple. L'intestin moyen est très long et décrit de nombreuses circonvolutions; il est entouré par une énorme *glande digestive*, dont le contenu est versé à son origine et parfois même dans l'estomac. L'intestin terminal ou rectum est étroit et aboutit à un anus situé d'ordinaire sur le dos ou sur le côté droit de la région cervicale.

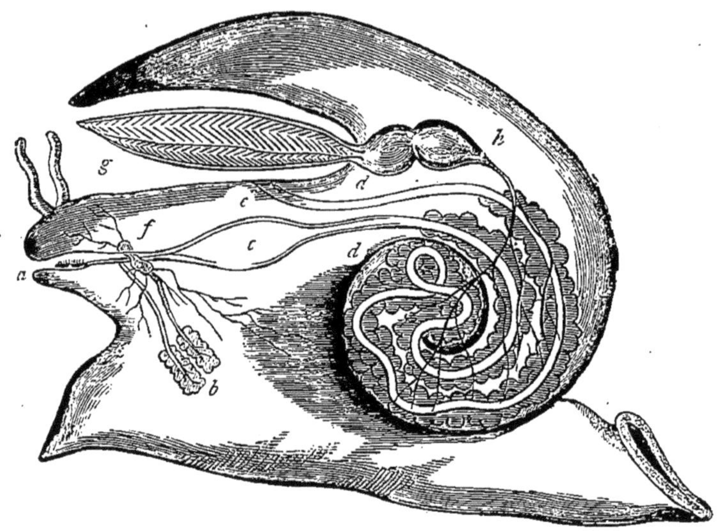

Fig. 481. — Coupe schématique d'un Buccin. — *a*, bouche, montrant la radula. *b*, glandes salivaires. *c*, estomac. *d*,*d*, intestin entouré par la glande digestive, et se terminant en *e*, à l'anus. *g*, branchie. *h*, cœur. *f*, ganglion nerveux (Huxley).

L'*appareil circulatoire* est assez variable. En général, le *cœur*, entouré d'un péricarde, se compose d'un ventricule et d'une oreillette, celle-ci tournée vers l'organe de la respiration. Dans certains cas cependant, les branchies étant doubles, il existe deux oreillettes, et le ventricule est, comme chez les Lamellibranches, traversé par le rectum (Haliotides). Du ventricule part une aorte, qui se divise d'habitude en deux troncs artériels, l'un se dirigeant vers la tête et le pied, l'autre se rendant en arrière pour se ramifier dans la masse viscérale. Les veines sont peu nombreuses; le sang revient plutôt par des sinus ou lacunes interorganiques.

Chez un petit nombre de Gastéropodes, la *respiration* est cutanée, et s'effectue alors par des appendices dorsaux qui renferment des prolongements cæcaux du tube digestif (*Æolis*). Le plus souvent, elle a lieu par des *branchies*, qui peuvent être parfois aussi nues et dorsales, mais qui, dans la règle, se trouvent contenues dans une cavité palléale, entre le manteau et le pied. Cette cavité respiratoire communique alors avec l'extérieur au moyen d'une simple fente située vers la partie antérieure du corps; ou bien les bords de cet orifice se prolongent en un siphon protractile (*Turbo*). Leur forme et leur disposition sont des plus variables; elles sont rarement symétriques, et peuvent se trouver réduites à une seule. Le renouvellement de l'eau autour des branchies est déterminé par l'action des cils vibratiles qui les garnissent. — Enfin, divers Gastéropodes terrestres et même aquatiques ont une respiration aérienne : le *poumon* résulte en pareil cas d'une simple transformation de la cavité branchiale dont il vient d'être question : le plafond de cette cavité est formé par une membrane mince ou par des cloisons entre-croisées, parcourues par de nombreux vaisseaux sanguins qui dessinent un réseau à mailles serrées. La communication est établie avec le dehors par l'intermédiaire d'un conduit sinueux, qui débouche au voisinage de l'anus, presque toujours sur le côté droit de la partie antérieure du corps. Le renouvellement de l'air paraît être déterminé par les mouvements alternatifs d'abaissement et d'élévation du plancher de la cavité. — Il est rare que la respiration soit à la fois branchiale et pulmonaire (*Ampullaria*, *Oncidium*).

Le *rein* des Gastéropodes correspond bien aux organes de Bojanus des Lamellibranches, mais c'est ici un sac impair, de teinte fauve ou brun jaunâtre, à paroi spongieuse, situé dans le voisinage du cœur et communiquant avec le péricarde. Le canal excréteur débouche à côté de l'anus. — A l'occasion des organes d'excrétion, nous devons signaler aussi la présence de diverses glandes dont le rôle n'est pas bien connu : telle est la glande muqueuse qui occupe la voûte de la cavité respiratoire; la glande pédieuse des Limacidés et des Hélicidés; la glande de la pourpre des *Murex*, *Purpura*, etc. Celle-ci se trouve aussi dans la chambre branchiale : son produit, d'abord incolore, passe par diverses teintes et donne enfin une belle couleur violette quand on l'expose aux rayons solaires.

Les Gastéropodes sont les uns dioïques, les autres monoïques. — 1° Aux *Gastéropodes dioïques* appartiennent presque tous les Prosobranches et les Cyclostomes. Les *mâles* possèdent un testicule ordinairement caché entre les lobes de la glande digestive, un canal déférent, une vésicule séminale et un conduit éjaculateur. Souvent à ce canal fait suite un pénis tubuleux ou simplement creusé d'un sillon; d'autres fois (Haliotides), il n'existe pas d'organe copulateur. Chez les *femelles*, l'ovaire occupe la situation que nous avons indiquée pour le testicule; viennent ensuite un oviducte accompagné d'une glande albuminigène et dilaté dans certains cas en une sorte d'utérus, un vagin et une poche copulatrice. — 2° Les *Gastéropodes monoïques* comprennent les Opisthobranches et presque tous les Pulmonés. Le testicule et l'ovaire sont étroitement unis, et parfois confondus à ce point que deux acini de sexe différent peuvent être situés côte à côte et déboucher dans le même conduit excréteur, ou même qu'un seul cul-de-sac est en partie mâle, en partie femelle (glande hermaphrodite, *ovotestis*), ainsi qu'on le voit chez les Limacidés et les Hélicidés. Cependant, malgré cette fusion, les produits sexuels peuvent se séparer. Chez le Colimaçon (*Helix pomatia*), qu'on étudie d'habitude comme type des Gastéropodes, on observe la disposition suivante : les produits de la glande hermaphrodite passent d'abord dans un canal commun, le *canal efférent*, qui aboutit à un conduit plus large, à l'origine duquel se trouve une glande albuminipare. Cette partie élargie se compose en quelque sorte de deux canaux accolés et communiquant entre eux, l'un assez ample, l'*oviducte*, l'autre plus petit, la *gouttière efférente*. Cette gouttière continue directement le canal efférent; elle transporte les spermatozoïdes, puis se transforme en un tube complet et distinct ou *canal déférent*, dont la portion terminale est susceptible de s'évaginer de manière à jouer le rôle de pénis : cette portion est munie en outre d'un long *flagellum* et d'un muscle rétracteur du pénis. Les œufs, au sortir du canal efférent, écartent les lèvres de la gouttière et passent dans l'oviducte; celui-ci ne tarde pas aussi à former un canal distinct ou *vagin*, auquel sont annexées : 1° une *poche copulatrice*, destinée à emmagasiner le sperme; 2° une paire de glandes divisées en nombreux culs-de-sac tubuleux, les *vésicules multifides*, dont le rôle n'est pas connu; 3° une *poche du dard*, à parois musculeuses, contenant un stylet calcaire ou *dard* qui paraît être un organe excitateur. Les conduits mâle et femelle se confondent enfin en un *vestibule génital* qui débouche à l'extérieur par un orifice situé sur le côté droit du cou. — Les Gastéropodes monoïques ne se comportent jamais comme de véritables hermaphrodites; le plus souvent, l'accouplement est réciproque, chaque individu fonctionnant à la fois comme mâle et comme femelle (Escargots); d'autres fois, l'un des deux individus accouplés joue le rôle de mâle et l'autre celui de femelle (Aplysies); ou mieux encore, il arrive que les animaux se réunissent en chaînes et que chacun d'eux fasse l'office de mâle relativement à l'individu qui précède et de femelle à l'égard du suivant (Limnées).

La plupart des Gastéropodes sont ovipares; chez quelques-uns seulement, le développement embryonnaire a lieu dans l'utérus (*Paludina vivipara*). Les Pulmonés naissent avec leur forme définitive; cependant les Limnées ont un voile cilié incomplet. Quant aux Gastéropodes branchiés, ils subissent des métamorphoses; leur larve est munie, à la partie antérieure, d'un voile divisé en deux grands lobes membraneux couverts de cils vibratiles, à l'aide desquels elle se déplace dans l'eau.

La plupart des Gastéropodes sont marins; on en trouve aussi dans l'eau saumâtre ou dans l'eau douce; enfin, quelques-uns sont terrestres. Leur régime est variable : il en est qui se nourrissent de matières animales; d'autres sont herbivores. Ces animaux nous intéressent en particulier par suite de l'habitat qu'ils fournissent aux larves de Trématodes. On trouve surtout celles-ci en grand nombre chez les Gastéropodes d'eau douce, mais Ercolani a montré que les Pulmonés terrestres sont eux-mêmes susceptibles d'en héberger un certain nombre.

4 ordres : *Pulmonés*, *Prosobranches*, *Opisthobranches*, *Hétéropodes*.

PREMIER ORDRE

HÉTÉROPODES

Gastéropodes nus ou testacés, à respiration branchiale, à pied vertical disposé en nageoire : dioïques.

Les Hétéropodes nagent en haute mer, la face ventrale tournée en haut. Ce sont des animaux à corps très transparent. — Ce groupe comprend

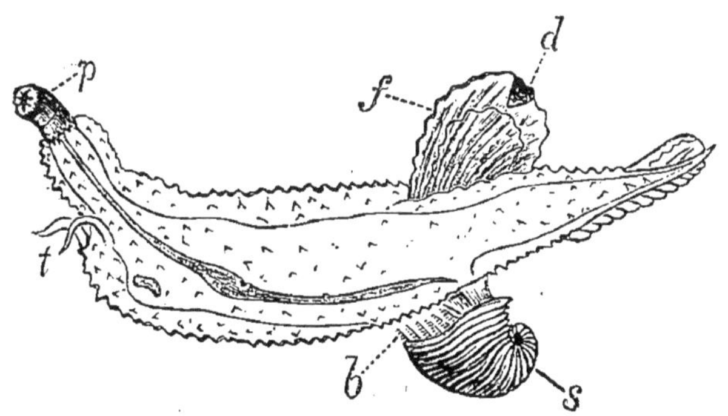

Fig. 482. — Hétéropodes : *Carinaria cymbium*, d'après Woodward. — *p*, proboscide. *t*, tentacules. *b*, branchies. *s*, coquille. *f*, pied. *d*, disque.

les Carinaires (*Carinaria*), les Firoles (*Pterotrachea* Forsk., *Firola* Péron), les Atlantes (*Atlanta*).

DEUXIEME ORDRE

OPISTHOBRANCHES

Gastéropodes à coquille nulle ou rudimentaire, à respiration branchiale; branchies et oreillettes situées en arrière du ventricule; pied horizontal; monoïques.

2 sous-ordres :

1er sous-ordre : Nudibranches. — Les larves possèdent une coquille qui disparaît à l'état adulte. La respiration s'effectue par des appendices cutanés ou par de véritables branchies situées sur la face dorsale. — Comprennent les Éolides (*Æolis*), les Doris (*Doris*), etc.

Fig. 483. — Nudibranches : *Doris Johnstoni*, d'après Huxley.

2e sous-ordre : Tectibranches. — En général, il existe une coquille rudimentaire, souvent même interne. Branchies situées au-dessous du manteau. — Genres principaux : les Aplysies (*Aplysia*), les Bulles (*Bulla*), etc. — L'Aplysie dépilante (*A. depilans* L.), vulgairement appelée *Liévre de mer* ou *Bœuf de mer*, est une fort grande espèce qui vit sur les bords de la Méditerranée; elle répand une odeur nauséabonde qui l'a de tout temps fait regarder comme vénéneuse; cependant, on assure que certaines personnes mangent des Aplysies cuites sans s'en trouver incommodées.

TROISIÈME ORDRE

PROSOBRANCHES

Gastéropodes à coquille bien développée, à respiration branchiale; branchies et oreillettes situées en avant du ventricule; pied horizontal; dioïques.

2 sous-ordres :

1er sous-ordre : Holostomes. — L'ouverture de la coquille a ses bords entiers; le siphon respiratoire est rudimentaire ou nul. — Genres principaux : les Patelles (*Patella*), les Haliotides (*Haliotis*), les Sabots (*Turbo*), les Toupies (*Trochus*), les Nérites (*Nerita*), les Cadrans (*Solarium*), les Cérithes (*Cerithium*), les Littorines (*Littorina*), les Paludines (*Paludina*), les Ampullaires (*Ampullaria*), etc. — On mange assez communément les Haliotides, vulgairement appelées *Ormiers* ou *Oreilles de mer*, *Oreilles de Saint-Pierre;* les habitants des côtes consomment même des Patelles, des Littorines, des Vignots (*Turbo littoralis*), etc.

Les Oscabrions ou Chitons (*Chiton* L.) constituent un groupe aberrant qu'on rapproche quelquefois des Patelles. Les branchies forment, dans

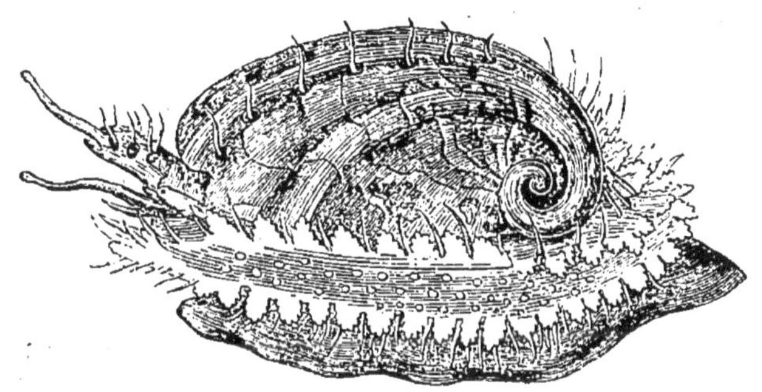

Fig. 484. — Haliotide (*Haliotis tuberculata* L.).

ces deux types, un cercle autour de la base du pied. Mais, tandis que la coquille des Patelles est univalve, celle des Oscabrions est multivalve, composée de huit plaques transversales imbriquées.

2e sous-ordre : Siphonostomes. — L'ouverture de la coquille est échancrée ou prolongée en canal, pour le passage d'un siphon respiratoire. — Genres principaux : les Porcelaines (*Cypræa*), les Volutes (*Voluta*), les Cônes (*Conus*), les Pleurotomes (*Pleurotoma*), les Buccins (*Buccinum*), les Pourpres (*Purpura*), les Rochers (*Murex*), les Strombes (*Strombus*), les Cassidaires (*Cassidaria*), les Tonnes (*Dolium*), etc. Presque tous ces genres fournissent des aliments aux populations du littoral. Selon Gervais et Van Beneden, les blessures que font les Cônes et les Pleurotomes « s'enflamment et paraissent devenir réellement dangereuses, ce qui tient à un poison que l'animal distille dans la plaie au moment de la morsure. »

QUATRIÈME ORDRE

PULMONÉS

Gastéropodes nus ou testacés, à respiration pulmonaire; cœur situé en arrière du poumon; pied horizontal; monoïques.

2 sous-ordres :

1er sous-ordre : Operculés. — Genres principaux : Cyclostome (*Cyclostoma*), Acicule (*Acicula*). En dehors de leur mode de respiration, les animaux de ce groupe ont une organisation qui les rapproche beaucoup des Prosobranches.

2e sous-ordre : Inoperculés. — Genres principaux : *Limnæus*, *Auricula*, *Onchidium*, *Testacella*, *Limax*, *Helix*, etc.

Nous devons une mention particulière à quelques familles de ce groupe.

Famille des **LIMNÆIDÉS**. — Les Limnæidés ne possèdent que deux tentacules, qui portent les yeux au côté interne de leur base. Leur coquille est toujours mince, à péristome tranchant. — Ces animaux vivent dans les eaux douces ; ils servent à la nourriture des Oiseaux aquatiques et des Poissons. Ce sont eux surtout qui hébergent les larves des Distomiens.

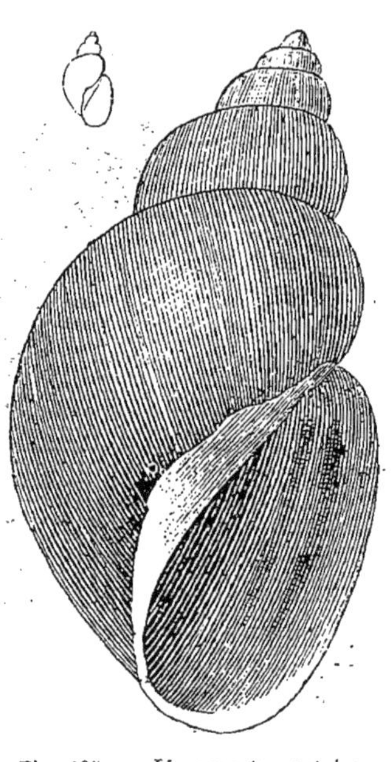

Fig. 485. — *Limnæus truncatulus*, grandeur naturelle et grossi.

Les **Limnées** (*Limnæus* Cuv.) se distinguent à leur coquille diaphane à spire pointue, le dernier tour étant plus grand que tous les autres; les deux tentacules sont triangulaires et aplatis, très contractiles. — Elles se nourrissent de substances végétales, et principalement de feuilles. La reproduction a lieu vers la fin du printemps; les individus s'accouplent en chaînes. Les œufs sont agglomérés en petites masses glaireuses et transparentes. Pendant la période de l'hiver, les Limnées s'enfoncent dans la vase.

L'espèce la plus commune est la Limnée stagnale (*L. stagnalis* Müll.), qu'on rencontre dans la plupart des étangs; mais celle qui nous intéresse le plus est la Limnée tronquée (*L. truncatulus* Müll., *L. minutus* Drap.). On sait, en effet, que cet animal est l'hôte de la Douve hépatique à l'état larvaire (Voy. p. 290).

Les Planorbes (*Planorbis* L.) ont leur coquille enroulée presque sur un seul plan, de manière à prendre un aspect discoïde; leurs deux tentacules sont très longs. Les principales espèces sont : Planorbe corné (*Pl. corneus* L.), Pl. caréné (*Pl. carinatus* Müll.), Planorbe bordé (*Pl. marginatus* Drap.), etc.

On peut citer encore, dans la même famille, les Physes (*Physa*) et les Ancyles (*Ancylus*).

Famille des **LIMACIDÉS**. — Ce sont des Mollusques nus : le manteau forme sur le dos un bouclier assez épais, coriace, contenant un rudiment de coquille.

Les Arions (*Arion* Fér.) ont l'orifice respiratoire situé en avant du milieu du bouclier dorsal. Tout le monde connaît la Limace rouge (*Arion empiricorum*), qui est répandue dans toute l'Europe et qui servait autrefois à préparer un « sirop de limace » employé contre la phtisie. Cette espèce et quelques autres du même genre attaquent les plantes de nos jardins, mais ne se multiplient pas assez pour produire des dommages sensibles.

Les Limaces (*Limax* L.), dont l'orifice respiratoire est en arrière du milieu du bouclier, comprennent diverses espèces nuisibles, dont la plus

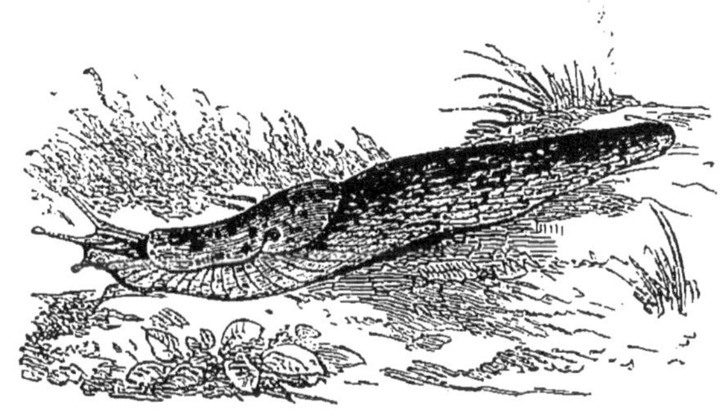

Fig. 486. — *Limax agrestis* L.

dangereuse est la *petite Limace grise* ou Lochette (*L. agrestis* L.), qui dévore avec avidité les céréales, les prairies artificielles et les plantes potagères, surtout dans les années humides (fig. 486).

Famille des **HÉLICIDÉS**. — Comme les Limacidés, ce sont des Mollusques terrestres, mais ils possèdent une coquille bien développée, spiralée, contenant la masse viscérale, qui forme un tortillon.

Les Hélices (*Helix* L.), connues sous le nom d'*Escargots* ou de *Colimaçons*, ont une coquille capable de renfermer complètement l'animal; ils ne possèdent pas d'opercule, mais, à l'approche de l'hiver ou pendant les grandes sécheresses, ils se retirent à l'intérieur de la coquille et sécrètent une pellicule calcaire, l'*épiphragme*, qui en ferme l'ouverture et les préserve des excès de température.

On mange, en France, diverses espèces d'Escargots. D'après Moquin-Tandon, on recherche surtout dans le Nord : l'Hélice vigneronne (*H. pomatia* L.), l'H. némorale (*H. nemoralis* L.) et l'H. sylvatique (*H. sylvatica* Drap.); dans le Midi, où la consommation en est beaucoup plus considérable : l'H. chagrinée (*H. aspersa* Müll.), l'H. vermiculée (*H. vermiculata* Müll.), l'H. rhodostome (*H. Pisana* Müll.), l'H. naticoïde (*H. aperta* Born.), etc. Cette dernière passe pour la plus délicate; vient ensuite, au dire des gourmets, l'H. vermiculée; quant à l'H. vigneronne, si renommée sous le nom d'Escargot de Bourgogne, ce serait la plus dure. La saveur de ces animaux varie du reste avec la nourriture qu'ils ont prise, et on a même observé des empoisonnements produits par des

Escargots recueillis sur la Belladone, le Redoul, le Laurier-rose, etc. (1). Mais, en général, on ne mange ces animaux qu'après les avoir soumis à un jeûne prolongé, ou mieux encore on les recueille au sortir de l'hiver, alors qu'ils n'ont pas encore pris de nourriture. En somme, les Escargots ont une chair coriace, difficile à digérer et peu sapide : c'est pourquoi on les prépare avec des assaisonnements très relevés.

Il y a lieu de se méfier des Escargots qu'on achète tout préparés : il est une fraude, signalée par Bourrier et par le Dr Bougon, qui consiste à remplir les coquilles ayant déjà servi, d'un mélange de poumon ou mou de bœuf ou de mouton, de sel, de farine de moutarde et de graisse de rebut.

On a cherché quelquefois à multiplier ces Mollusques. Les Romains pratiquaient l'*héliciculture*, et Pline nous a transmis le nom de l'inventeur des escargotières : il s'appelait Fulvius Hirpinus. Ces *cochlearia* ou *cochlearum vivaria* étaient des parcs humides, ombragés et entourés par un fossé ou par un mur. — Actuellement, le marché de Paris est approvisionné par les escargotières du département de l'Aube.

Les Escargots sont aussi quelquefois employés en médecine. Le *bouillon* fait avec leur chair jouit encore d'une certaine réputation, bien que sa valeur nutritive soit insignifiante. De même, on continue à recommander le *sirop*, la *pâte*, les *pastilles* d'Escargots dans le traitement des bronchites chroniques. Oscar Figuier a reconnu la présence, chez ces animaux, d'une huile odorante sulfurée, à laquelle il a donné le nom d'*hélicine* : c'est en partie à ce principe qu'il attribue leurs propriétés. D'après Gobley, l'hélicine est une substance complexe, et ne contient pas de soufre.

Les Ambrettes (*Succinea*), les Maillots (*Pupa*), les Bulimes (*Bulimus*) appartiennent aussi à la famille des Hélicidés.

CLASSE V

CÉPHALOPODES

Mollusques à tête distincte; pied découpé en lanières qui forment une couronne de bras autour de la bouche; corps nu ou revêtu d'une coquille univalve.

La tête des Céphalopodes (κεφαλή, tête ; ποῦς, pied) est séparée du tronc par un étranglement, et porte huit ou dix tentacules ou bras de forme variable, qui servent à la locomotion et à la préhension des aliments. Ces bras offrent d'ordinaire, à leur face interne, de nombreuses ventouses disposées en séries longitudinales.

(1) Ad. Dumas, *Empoisonnements par les escargots*, Montpellier médical, mai 1873. Ann. d'hyg. publ., 1874.

Le manteau est soudé en dessus au tégument, mais laisse à la face inférieure, — qui représente morphologiquement la face hématique ou dorsale, — une cavité palléale en forme de sac, ouverte en avant. Au niveau de cette fente palléale, existe un appareil particulier, l'*entonnoir* : c'est un tube rétréci en avant et fort évasé à sa base, par laquelle il communique largement avec la cavité palléale. C'est par cet entonnoir que se trouve expulsée l'eau qui a été introduite par la fente palléale pour les besoins de la respiration ; et le jet ainsi produit peut servir en même temps à la locomotion, en projetant l'animal en arrière. — Souvent il existe, sur les parois latérales du corps, des expansions du manteau en forme de nageoires (Seiche, Calmar). — Il faut ajouter, enfin, que le derme offre un grand nombre de cellules chargées de pigment ou *chromatophores :* d'après les recherches de R. Blanchard et de P. Girod, ce sont des cellules amœboïdes, placées sous l'influence directe du système nerveux.

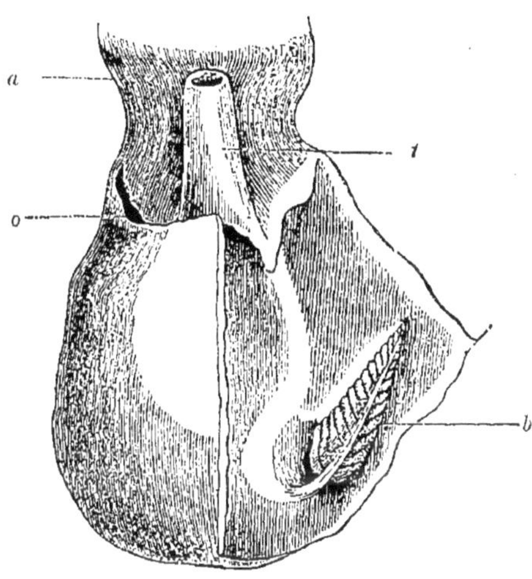

Fig. 487. — Corps d'un Poulpe, vu par la face inférieure (le manteau est fendu sur la ligne médiane, et, d'un côté, rejeté en dehors pour montrer l'intérieur de la cavité respiratoire). — *a*, base de la tête. *o*, l'une des deux ouvertures latérales par lesquelles l'eau pénètre dans la cavité respiratoire. *t*, le tube (*entonnoir*) par lequel l'eau sort de cette cavité. *b*, l'une des branchies (Milne Edwards).

Quelques Céphalopodes sont pourvus d'une *coquille* externe bien développée (Nautile, Argonaute) ; d'autres ont une coquille interne rudimentaire (Seiche); enfin, beaucoup en sont complètement privés (Poulpe). — Outre cette coquille palléale, il faut noter l'existence d'un *squelette cartilagineux interne*, formé de différentes pièces qui servent à la protection des centres nerveux et des organes des sens, à l'insertion des muscles, etc.

Le *système nerveux* est disposé sur le même type que dans les groupes précédents ; mais il offre un haut degré de concentration. Les trois groupes ganglionnaires sont groupés en une sorte d'anneau œsophagien qui est contenu dans un cartilage céphalique; on y distingue pourtant une portion dorsale représentant le cerveau et deux masses ventrales, dont l'antérieure correspond aux ganglions pédieux, la postérieure aux ganglions pariéto-splanchniques. On rencontre aussi un système nerveux viscéral (sympathique ou stomato-gastrique), et divers ganglions placés sur le trajet des nerfs qui se rendent à des organes importants.

Les bras et les tentacules servent comme organes du *tact.* — De chaque côté de la tête existe un *œil* très complexe, dont la constitution rappelle de fort près celle de l'œil des Vertébrés. — Les organes auditifs consistent en une paire d'*otocystes* placés dans le cartilage céphalique. — Enfin, l'*olfaction* paraît s'effectuer par deux fossettes ciliées situées derrière les yeux.

Le *tube digestif* décrit une anse profonde. La bouche possède deux mâchoires cornées, l'une supérieure, l'autre inférieure, celle-ci étant plus développée, de telle façon que l'ensemble représente assez bien un bec de Perroquet renversé. La cavité buccale contient une radula semblable à celle des Gastéropodes. L'œsophage est grêle, parfois dilaté en jabot (Poulpe), avant d'aboutir à l'estomac. Celui-ci possède une paroi épaisse, musculaire, et un revêtement cuticulaire interne; près de la naissance de l'intestin, il présente un diverticule en cul-de-sac, dit *appendice pylorique*, qui reçoit les canaux excréteurs d'une volumineuse glande digestive. L'intestin est court et forme peu de circonvolutions; l'anus s'ouvre dans la cavité palléale, à la base de l'entonnoir.

L'*appareil circulatoire* arrive dans cette classe à un haut degré de développement. Le *cœur* est situé entre les branchies, vers la partie postérieure du corps; il est constitué par un ventricule arrondi auquel aboutissent autant de veines branchiales qu'il y a de branchies : ces veines offrent avant leur insertion une dilatation bien accusée qu'on regarde comme une oreillette. De ce cœur partent deux troncs artériels : une aorte céphalique et une aorte abdominale. Le sang passe ensuite dans un riche réseau capillaire, et de là se rend en partie dans les sinus veineux, en partie dans les veines, pour gagner finalement un gros tronc médian, la *veine-cave*. Celle-ci se divise en deux ou quatre rameaux qui portent le sang aux branchies, et qui constituent des artères branchiales. Chez les Dibranches, chacun de ces vaisseaux offre, avant son entrée dans les branchies, une dilatation contractile, désignée sous le nom de *cœur branchial*. — Le sang est tantôt incolore, tantôt coloré en bleu, en violet ou en vert.

Les *branchies*, logées dans la cavité palléale, sont au nombre de deux ou de quatre; elles ont la forme de pyramides dont le sommet est dirigé en dehors et en haut, et se montrent composées de lamelles ou de plis serrés, disposés de part et d'autre d'un axe médian. L'eau pénètre dans la cavité palléale par la fente antérieure; après avoir baigné les branchies, elle est expulsée par la contraction du manteau; mais la fente palléale se ferme à ce moment, et la sortie ne peut s'effectuer que par l'entonnoir.

On regarde comme *appareil d'excrétion* des « corps spongieux » qui occupent les rameaux de la veine cave ou des artères branchiales et paraissent être des appendices glanduliformes de ces vaisseaux.

Un autre organe d'excrétion, très répandu chez les Dibranches, est la *poche à encre*, sac allongé dont le canal excréteur suit l'intestin terminal pour s'ouvrir, soit dans le rectum un peu avant sa terminaison, soit au dehors, en arrière de l'anus. Le produit de sa sécrétion est un liquide noir, qui se trouve expulsé par l'entonnoir et dérobe l'animal à la poursuite de ses ennemis; ce liquide, appelé *encre*, est employé par les aquarellistes sous le nom de *sépia*.

Tous les Céphalopodes sont *dioïques*. Les organes des deux sexes sont constitués sur le même type et sont remarquables en ce que les glandes génitales ne se continuent pas directement avec les canaux excréteurs. — L'*ovaire* est impair, lobé et renfermé dans un sac spécial qui reçoit les œufs. Ce sac communique avec un oviducte simple, plus rarement double (Octopodes), dont l'orifice se trouve d'ordinaire à la base de l'entonnoir. Sur le trajet de l'oviducte s'observe un revêtement glandulaire; de plus, les Décapodes et les Nautiles possèdent une paire de glandes spéciales qui s'ouvrent, par un court conduit, près de l'orifice génital, et qui sont nommées *glandes nidamentaires* : leur sécrétion sert à agglutiner les œufs. — Les organes mâles consistent en un *testicule* impair, formé de cæcums ramifiés et logé, comme l'ovaire, dans un sac où tombent les spermatozoïdes. Le canal déférent est un tube sinueux, souvent dilaté dans sa partie terminale, qui joue le rôle de vésicule séminale, et muni de glandes dont le produit se mélange aux spermatozoïdes et les agglutine sous forme de petits tubes appelés *spermatophores*. Ce canal déférent présente en outre une expansion latérale ou *poche de Needham*, dans lequel s'accumulent les spermatophores, puis il se continue régulièrement par un canal éjaculateur qui débouche au sommet ou à la base d'une papille située à gauche dans la cavité du manteau.

La *fécondation* s'effectue selon un mode caractéristique et fort curieux : c'est l'un des bras du mâle qui se transforme en organe copulateur (*hectocotyle*). Les modifications qu'il subit à cet effet sont du reste très variables quant à leur forme et à leur degré. Dans quelques cas (Argonaute, Tremoctopus), il se détache même complètement pour porter les spermatophores dans la cavité palléale des femelles : il y conserve longtemps encore sa vitalité, et Cuvier l'avait pris pour un parasite voisin des Trématodes. C'est Steenstrup qui le premier a reconnu que l'hectocotylisation est un phénomène général chez les Céphalopodes.

Les Céphalopodes sont ovipares. Le *développement* de l'embryon débute par une segmentation partielle. Les jeunes naissent avec leur forme définitive.

Tous les animaux de cette classe sont marins; les uns vivent sur le littoral, les autres en haute mer. Ils sont très voraces, et se nourrissent en particulier de Poissons et de Crustacés. Les grandes espèces peuvent même être dangereuses pour l'Homme, en s'attachant par leurs ventouses aux membres des nageurs. Dans ces derniers temps, on a acquis la certitude que quelques-uns de ces Mollusques arrivent à une taille colossale. — Les Céphalopodes sont apparus sur le globe dès la période paléozoïque; mais c'est surtout dans les terrains secondaires qu'ils se sont montrés abondants, sous la forme d'Ammonites et de Bélemnites.

2 ordres : *Dibranches* et *Tétrabranches*.

PREMIER ORDRE

TÉTRABRANCHES

Céphalopodes à quatre branchies, à tentacules multiples rétractiles et dépourvus de ventouses, à entonnoir fendu en dessous et à coquille spiralée multiloculaire.

Les Tétrabranches ou Inacétabulés ne sont plus représentés actuellement que par le genre Nautile (*Nautilus* L.), type de la famille des **NAUTILIDÉS.** Les Nautiles fig. 488) sont pourvus d'une coquille contournée en spirale et divisée par des cloisons transversales en un certain nombre de chambres dont la dernière, plus vaste, est seule occupée par l'animal. Les autres chambres, successivement abandonnées à mesure de la croissance, sont remplies d'air, mais communiquent avec la dernière au moyen d'un tube central ou *siphon* qui contient un prolongement du corps du Mollusque. L'espèce la plus

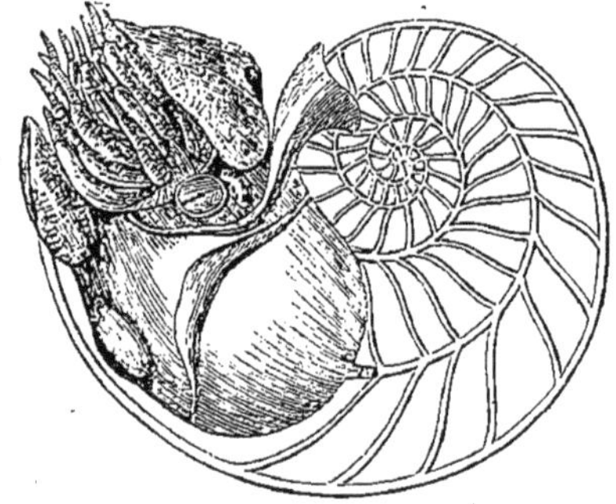

Fig. 488. — Nautile flambé (*Nautilus Pompilius* L.).

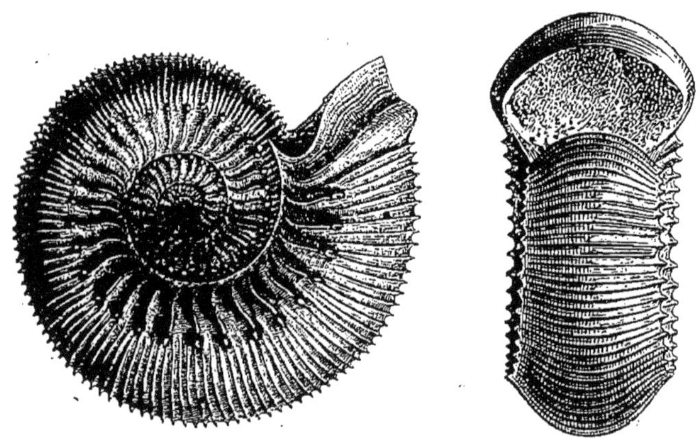

Fig. 489. — *Ammonites Humphriesianus*, de l'oolithe inférieure.

connue est le Nautile flambé (*N. pompilius* L.), qui habite l'archipel

Indien. — Les *Orthoceras, Lituites*, etc., sont des genres fossiles de la même famille.

Les **AMMONITIDÉS** se distinguent par la position du siphon, qui, au lieu d'être central, est situé du côté externe ou dorsal de la coquille, et par les cloisons, qui sont très irrégulières. — Genres *Goniatites, Ceratites, Baculites, Ammonites* (fig. 489), tous fossiles.

SECOND ORDRE

DIBRANCHES

Céphalopodes pourvus de deux branchies, de huit ou dix bras garnis de ventouses, d'un entonnoir entier et d'une poche à encre.

La présence de ventouses sur les bras a fait aussi donner quelquefois aux Mollusques de ce groupe le nom d'*Acétabulifères*. — 2 sous-ordres : *Octopodes* et *Décapodes*.

1er sous-ordre : Décapodes. — Les Décapodes sont caractérisés par la présence de dix bras, dont huit d'égale longueur et deux autres plus longs, souvent préhensiles, en forme de tentacules, ne portant de ventouses qu'à leur extrémité. Les ventouses sont pédiculées ; le corps est muni de deux nageoires latérales et d'une coquille interne.

Famille des **MYOPSIDÉS**. — Nous devons mentionner ici quelques genres bien connus de cette famille.

Les Seiches (*Sepia* L.) ont le corps ovale, muni de deux nageoires latérales qui le bordent sur toute sa longueur, et d'une épaisse coquille interne, ovale et bombée, friable, principalement formée de matière calcaire. On mange ces animaux dans beaucoup de ports de mer. — La Seiche commune (*S. officinalis* L.) est très répandue sur nos côtes. La coquille, connue sous le nom d'*os de Seiche* ou de *sépiostaire*, a été longtemps employée en médecine, à titre d'absorbant ; elle entre encore aujourd'hui dans la composition de quelques poudres dentifrices. C'est aussi cette coquille qu'on donne aux Oiseaux captifs pour aiguiser leur bec. Les Seiches fixent d'ordinaire leurs œufs aux plantes marines ; ces œufs sont connus des pêcheurs sous le nom de *raisins de mer*.

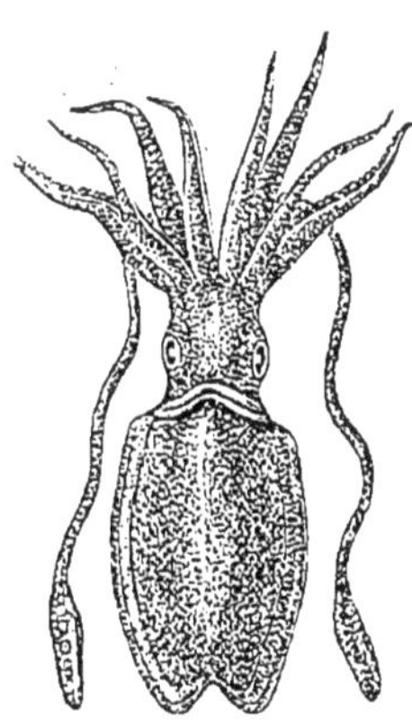

Fig. 490. — Seiche officinale.

Les Calmars (*Loligo* Lamk.) ont le corps plus allongé et pourvu en arrière de deux nageoires triangulaires. Leur coquille est cornée, très longue, et affecte la forme d'une plume à écrire. — Le Calmar commun

(*L. vulgaris* Lamk.), des mers d'Europe, est comestible : sa chair « est estimée à l'égal du Poisson le plus délicat. »

Citons encore les Sépioles (*Sepiola* Rond.), « Céphalopodes en miniature » qui vivent en bandes et qu'on mange sur nos côtes.

Les **SPIRULIDÉS** sont pourvus d'une coquille interne, cachée dans la partie postérieure du corps et formant une spirale dont les tours ne se touchent pas. Une seule espèce vivante : la Spirule de Péron (*Sp. Peroni* Lamk.), qui habite les mers chaudes.

Les **BÉLEMNITIDÉS** ne comprennent que des débris fossiles. Ces animaux ressemblaient aux Calmars, mais la coquille interne, disposée en cornet, se prolongeait postérieurement en un cylindre calcaire terminé en pointe et connu sous le nom de *rostre;* d'ordinaire, cette pièce est la seule partie qui soit conservée (fig. 491). — Genre *Belemnites, Belemnitella*, etc.

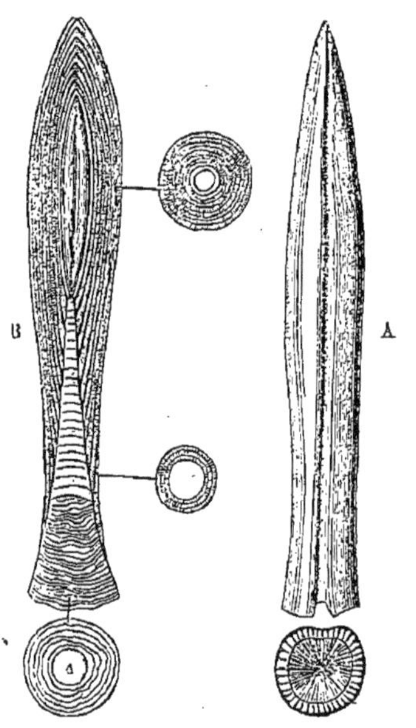

Fig. 491. — Bélemnites. — A, *Belemnites acutus*, du lias. B, *Belemnites hastatus*, de l'oolithe moyenne.

2e sous ordre : Octopodes. — Les bras sont au nombre de huit seulement, par suite de l'absence des bras tentaculaires; ils portent des ventouses sessiles. Le corps est court, dépourvu de nageoires et de coquille interne.

Les **OCTOPIDÉS** sont des Céphalopodes rampants, qui habitent les côtes.

Les Poulpes (*Octopus* Lamk.), aujourd'hui connus de tout le monde sous le nom de *Pieuvres*, se distinguent à leurs bras longs, portant deux rangées de ventouses et unis à leur base par un repli de la peau; ils ont le corps arrondi, en forme de bourse. — Le Poulpe commun (*O. vulgaris* Lamk.) abonde dans la Méditerranée, et détruit beaucoup de Poissons et de Crustacés.

Les Éledones (*Eledone* Leach) n'ont qu'une seule rangée de ventouses sur les bras. — Une espèce qui habite la Méditerranée, l'Élédone musquée (*E. moschata* Lamk.), possède une forte odeur musquée; comme elle sert de nourriture aux Cachalots, on lui a attribué la production de l'ambre gris.

Dans la famille des **PHILONEXIDÉS** sont compris les genres *Philonexis, Tremoctopus, Argonauta,* dont les représentants sont de bons nageurs. Les Argonautes sont remarquables en ce que les mâles sont petits, dépourvus de coquille, tandis que les femelles, de plus grandes dimensions, possèdent une coquille en forme de nacelle enveloppée et comme maintenue par les deux bras supérieurs fort élargis. Ces ani-

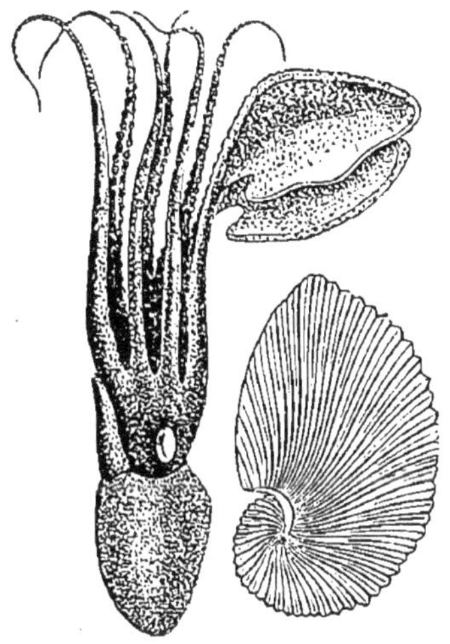

Fig. 492. — Argonaute papyracé, femelle.

maux sont pélagiques. L'Argonaute papyracé (*A. argo* L.) habite la Méditerranée (fig. 492).

Annexe : MOLLUSCOÏDES

On réunit dans ce groupe des animaux divers, dont la position dans le cadre zoologique n'a pu être fixée, jusqu'à présent, d'une façon précise, mais dont les relations avec les Mollusques paraissent toutefois incontestables.

Ce sont les *Brachiopodes* et les *Bryozoaires*, qui sont des formes de passage entre les Mollusques et les Vers, et les *Tuniciers* qui établissent la transition entre les Mollusques et les Vertébrés.

Il est assez difficile de reconnaître à ces animaux des traits communs de quelque importance. Néanmoins, on peut faire remarquer que leur système nerveux, plus restreint que celui des Mollusques vrais, ne présente souvent qu'un seul ganglion, que leur tube digestif est toujours recourbé en anse, et qu'ils ont le corps inarticulé.

Division des Molluscoïdes en classes.

Pas de test calcaire bivalve	Bouche non entourée de tentacules.....	TUNICIERS.
	Bouche entourée de tentacules.........	BRYOZOAIRES.
Un test calcaire bivalve....................................		BRACHIOPODES.

CLASSE I

BRACHIOPODES

Animaux à corps déprimé, munis d'une coquille bivalve, à valves dorsale et ventrale, et de deux bras en spirale. Marins.

Longtemps classés parmi les Mollusques proprement dits, les Brachiopodes (βραχίων, bras ; πούς, pied) ressemblent beaucoup aux Lamellibranches ; mais ils s'en éloignent par divers détails de structure et surtout par leur développement embryonnaire, qui tend à les faire rapprocher des Vers.

Ils possèdent un tégument qui se replie de manière à former un manteau à deux lobes, l'un ventral, l'autre dorsal, enveloppant le corps, et se revêtant d'une coquille bivalve. Cette coquille ne s'ouvre que par la contraction de muscles spéciaux.

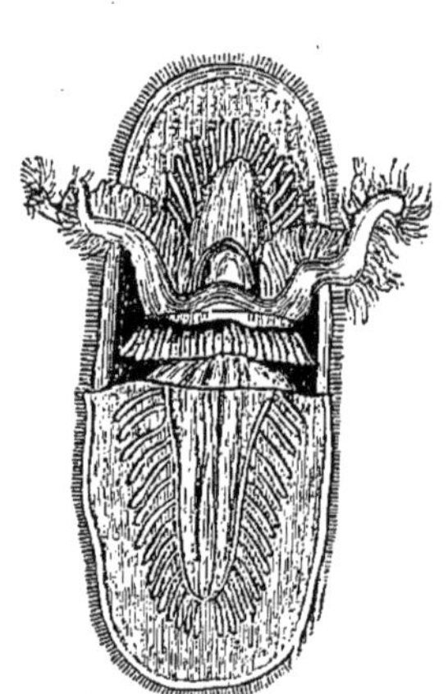

Fig. 493. — *Lingula anatina.*

Le corps est peu développé et ne remplit qu'une petite partie de la cavité formée par le manteau (cavité palléale). La bouche est percée au milieu d'un disque qui se prolonge de chaque côté en un long bras frangé de tentacules et enroulé en spirale. Ces deux bras servent à la respiration et à la préhension des matières alimentaires. Le *tube digestif* est suspendu dans la cavité viscérale ; il se termine en cæcum ou se recourbe pour aboutir à un anus voisin de la bouche. — Il existe un *appareil circulatoire* distinct, comprenant des canaux anastomosés, qui offrent par place des dilatations vésiculaires. — Le *système nerveux* est assez analogue à celui des Mollusques Lamellibranches. — La *reproduction* est encore peu connue. Les sexes sont tantôt réunis, tantôt séparés. Les larves ressemblent d'une façon frappante à celles des Bryozoaires et des Annélides.

Deux groupes : les *Inarticulés* ou *Écardines* (*e*, sans ; *cardo*, charnière, et les *Articulés* ou *Testicardines* (*testis*, témoin ; *cardo*, charnière).

Écardines. — Coquille dépourvue de charnière. Pas de squelette brachial. Anus latéral. — Genres *Lingula*, *Crania*, etc.

Testicardines. — Coquille munie d'une charnière. Bras supportés par

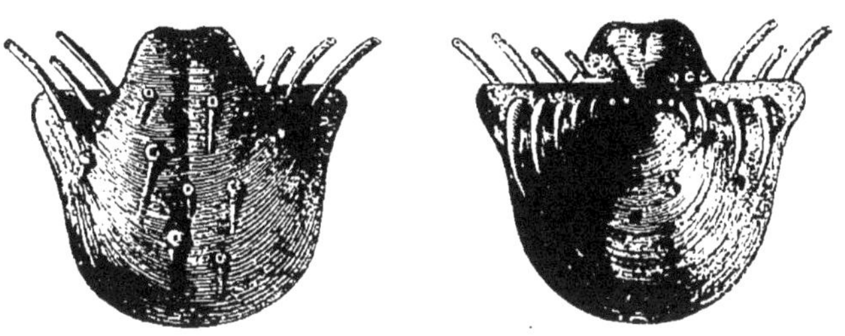

Fig. 494. — *Productus horridus*, du terrain pénéen.

un squelette calcaire. Tube digestif en cul-de-sac. — Genres vivants : *Terebratula*, *Thecidium*, etc. — Genres fossiles : *Spirifera*, *Orthis*, *Productus*, etc.

CLASSE II

BRYOZOAIRES

Animaux de petites dimensions, ordinairement groupés en colonies ramifiées ou lamelleuses, à extrémité antérieure garnie de tentacules ciliés qui entourent la bouche. Aquatiques.

Le nom de Bryozoaires (βρύον, mousse; ζῶον, animal) ou de Polyzoaires, appliqué à ce groupe, tient à ce que la plupart des espèces qui le représentent forment des colonies ramifiées et en général fixées, simulant des mousses ou d'autres plantes. L'ensemble de la colonie possède un exosquelette chitineux ou calcifié, délimitant un grand nombre de petites loges qui renferment chacune les parties molles d'un individu. Ces loges sont souvent pourvues d'un couvercle mobile, qui se ferme sur l'animal rétracté.

Chacun des individus offre un *tube digestif* à parois propres, flottant dans la cavité viscérale. La bouche, située au niveau de l'ouverture de la loge, est limitée par un disque ou *lophophore* dont les bords se prolongent en un nombre variable de tentacules ciliés. Le tube digestif décrit une anse assez profonde; l'anus s'ouvre à peu distance de la bouche. L'estomac est relié à la paroi du corps par une sorte de ligament ou *funicule*, et on observe en outre des muscles rétracteurs chargés de ramener le disque tentaculaire à l'intérieur de la loge. Les tentacules représentent des organes respiratoires et servent en même temps à diriger vers la bouche les particules alimentaires.

Dans de nombreuses espèces de Bryozoaires marins, il existe d'ailleurs divers appendices qu'on a regardés aussi comme concourant à la préhension des aliments : les uns, en forme de tête d'Oiseau (*aviculaires*), sont portés sur des pédoncules flexibles et offrent une mandibule qui happe

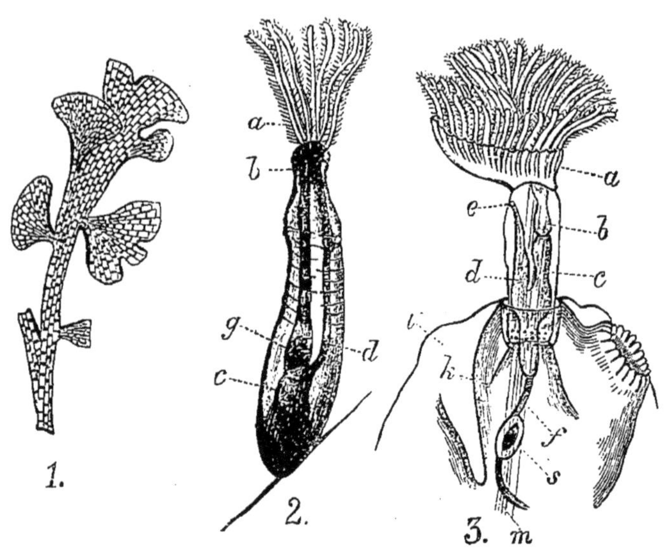

Fig. 495. — Morphologie des Bryozoaires, d'après Huxley. — 1, fragment de *Flustra truncata*, grandeur naturelle. 2, polypide isolé de *Vesicularia*, grossi, montrant la couronne orbiculaire de tentacules. 3, un polypide du *Lophopus crystallinus*, Bryozoaire d'eau douce, fortement grossi, montrant les tentacules disposés en fer à cheval : *a*, couronne tentaculaire. *b*, œsophage. *c*, estomac. *d*, intestin. *e*, anus. *g*, gésier. *k*, endocyste. *l*, ectocyste. *f*, funicule.

incessamment. D'autres constituent des sortes de longs fouets qui battent l'eau (*vibraculaires*). On a prétendu que ces appendices sont de simples loges avortées ; la mandibule mobile de l'aviculaire, aussi bien que le flagellum vibraculaire, correspondrait alors à un opercule modifié : en réalité, l'origine de ces parties reste à déterminer.

On n'observe pas d'*appareil circulatoire* spécial : le fluide nourricier circule dans la cavité viscérale sous l'influence des cils vibratiles qui la tapissent.

Le *système nerveux* est représenté par un ganglion unique, situé entre les ouvertures buccale et anale. D'après Joliet, il n'existe pas, comme on l'avait cru, de *système nerveux colonial* : les cordons signalés sous cette dénomination ne sont autres que des funicules.

Les Bryozoaires se multiplient par bourgeonnement, et Joliet a fait connaître une particularité curieuse de ce mode de *reproduction*. Les animaux (polypides) contenus dans les loges ont une existence assez limitée ; chacun d'eux finit par se flétrir et par se résoudre en un *corps brun* granuleux.

Un bourgeon se forme alors dans la loge, et le plus souvent expulse ce corps brun, après l'avoir introduit dans son tube digestif et digéré en partie. La reproduction s'effectue aussi par voie sexuelle, et les organes mâles et femelles sont presque toujours réunis sur le même individu. Les larves sont ciliées.

Ces animaux vivent dans la mer, rarement dans les eaux douces.

On a longtemps confondu les Bryozoaires avec les Polypes; H. Milne Edwards les en a séparés pour les rapprocher des Tuniciers. Cependant, quelques naturalistes préfèrent aujourd'hui tenir compte de leurs relations avec les Annélides et les Rotifères, et les classent parmi les Vers. J. Barrois a caractérisé leurs principales affinités en les considérant comme « fils des Rotifères et frères des Brachiopodes. »

On peut, avec Nitsche, les diviser en deux groupes : *Entoproctes* et *Ectoproctes*.

1° **Entoproctes.** — Anus situé à l'intérieur du cercle des tentacules. — Genres principaux : *Loxosoma*, individus solitaires. *Pedicellina*, *Urnatella*.

2° **Ectoproctes.** — Anus situé en dehors des tentacules. — On en distingue deux ordres : — A. Les *Gymnolèmes*, dont le disque tentaculifère ou lophophore est en forme d'anneau et la bouche dépourvue d'épistome : Genres *Flustra*, *Membranipora*, *Serialaria*, *Vesicularia*, etc. — B. Les *Phylactolèmes*, à lophophore en fer à cheval, à bouche surmontée d'une languette mobile ou épistome : Genres *Cristatella*, *Lophopus*, *Alcyonella*, *Plumatella*, etc.

CLASSE III

TUNICIERS

Animaux à symétrie bilatérale, à corps inarticulé, en forme de sac ou de tonneau, offrant toujours deux orifices; pas de squelette locomoteur ni de membres articulés. Solitaires ou agrégés. Marins.

Les Tuniciers, que beaucoup d'auteurs regardent, non sans raison, comme un type distinct, marquent le passage entre les Mollusques et les Vertébrés.

Le corps a tantôt la forme d'un sac, comme chez les Ascidies, tantôt celle d'un tonneau, comme chez les Salpes; il est constamment muni de deux orifices assez analogues aux siphons des Lamellibranches. L'orifice afférent ou buccal sert à l'introduction des substances alimentaires et de l'eau qui doit baigner les branchies. L'autre orifice fait, par suite, fonction d'ouverture cloacale, et porte à ce titre, le nom d'orifice atrial (fig. 496).

L'enveloppe extérieure du corps, à laquelle on donne souvent le nom de manteau externe ou de *tunique* — d'où est dérivée l'expression de Tuniciers — est un test, une couche sécrétée, qu'on regarde comme l'équivalent de la coquille des Lamellibranches; elle est formée d'une substance à peu près identique à la cellulose, la *tunicine*. En dessous de cette enveloppe s'en trouve une seconde, le manteau ou la tunique interne, qui limite la cavité viscérale et se replie en dedans au niveau des orifices; elle est de nature conjonctive.

Les muscles se développent surtout autour de la chambre branchiale et des ouvertures extérieures : ils servent à produire la contraction ou la dilatation de ces diverses parties. Le *système nerveux* se réduit en général à une simple masse ganglionnaire située entre les deux orifices, et marquant la face neurale ou dorsale. De ce ganglion partent des filets qui se rendent aux muscles, aux viscères et aux divers organes des sens.

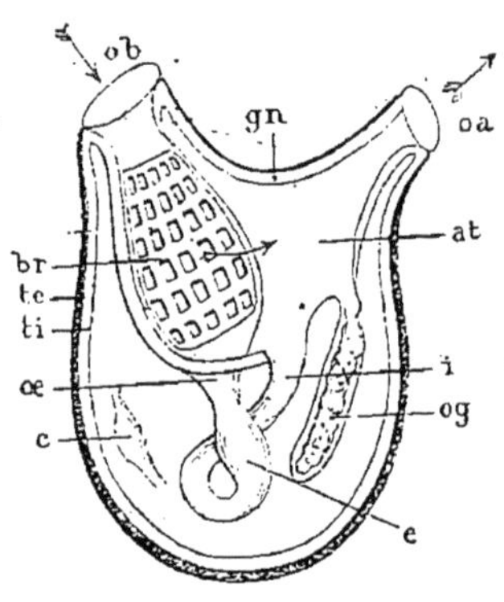

Fig. 496. — Schéma de l'organisation d'une Ascidie, en partie d'après Allmann. — *te*, tunique externe. *ti*, tunique interne. *ob*, orifice buccal. *br*, chambre branchiale. *œ*, œsophage. *e*, estomac. *i*, intestin. *at*, atrium. *oa*, orifice atrial. *gn*, ganglion nerveux. *c*, cœur. *og*, organes génitaux.

L'orifice buccal conduit dans la chambre respiratoire, au fond de laquelle s'ouvre un œsophage cilié; mais, entre ces deux ouvertures, se trouve, du côté de la face ventrale, un sillon également cilié, destiné à faciliter la marche des matières alimentaires. L'œsophage, en forme d'entonnoir, débouche dans l'estomac, auquel fait suite un intestin qui aboutit, soit dans la cavité respiratoire, soit dans un cloaque ou atrium, ouvert en général non loin de l'orifice afférent. Chez beaucoup d'Ascidies composées, cette cavité cloacale est commune à plusieurs individus.

La *circulation* est lacunaire, mais il existe, du côté opposé au ganglion nerveux — face ventrale ou hématique — un organe central ou cœur simple, qui présente un phénomène remarquable : à de courts intervalles, ses contractions, qui sont rapides et régulières, changent de sens, et le sang se trouve ainsi chassé dans deux directions opposées.

L'*appareil respiratoire*, chez les Ascidies, est représenté par un sac branchial treillissé et cilié, suspendu dans la cavité respiratoire et parcouru par des courants sanguins. L'eau pénètre par la bouche, passe dans les mailles du treillis branchial et sort par l'orifice atrial. — Chez les Salpes, la branchie a le plus souvent la forme d'un ruban creux sans orifices et rempli de sang. — Enfin, chez les Appendiculaires, c'est un sac rudimentaire, n'offrant que deux fentes branchiales.

Les Tuniciers sont hermaphrodites, et souvent les éléments femelles arrivent à maturité avant les éléments mâles (*dichogamie protogynique*).

Les organes sexuels occupent la partie postérieure du corps : les ovaires sont des sortes de glandes en grappe qui, chez les Ascidies, sont enveloppées par les tubes testiculaires. Les conduits excréteurs débouchent dans la cavité respiratoire ou dans le cloaque, où s'effectuent même d'ordinaire la fécondation et le développement embryonnaire. — On peut en outre observer, dans certains cas, une reproduction asexuelle par *gemmiparité*. Les individus résultant de ce bourgeonnement forment des colonies variées.

Chez les Salpes et même chez quelques Ascidies, on constate une alternance régulière entre ces deux modes de reproduction (*génération alternante*). Ainsi, la reproduction sexuelle donne naissance à des *Salpes solitaires*, individus isolés d'assez grande taille, mais ne possédant pas d'organes sexuels : ces individus produisent à leur intérieur, par gemmiparité, des Salpes qui demeurent unies en chaîne, ou *Salpes agrégées;* mais celles-ci, au lieu de se reproduire par bourgeonnement, développent chacune un œuf, qui sera fécondé par des spermatozoïdes pour donner des *Salpes solitaires* agames.

Nous avons dit que les Tuniciers offrent d'étroites relations avec les Vertébrés : c'est dans les diverses phases du *développement* qu'il faut les chercher. On constate, en effet, qu'il y a là de remarquables analogies avec ce qui s'observe chez le plus inférieur des Vertébrés, l'*Amphioxus*. A la suite de la segmentation, il se développe par invagination un corps sacciforme à deux feuillets cellulaires, ou *gastrula :* le feuillet interne ou endoderme est destiné à former le tube digestif et les parois de la cavité respiratoire. Quant au feuillet externe ou ectoderme, il montre bientôt à sa surface un sillon longitudinal dont les bords se rapprochent en s'incurvant, de manière à produire un canal fusiforme ; les cellules qui tapissent intérieurement ce canal se transforment en cellules nerveuses, et ainsi se trouve constitué le cordon nerveux central, selon un mode qui rappelle ce qu'on observe chez les Vertébrés. De plus, il se développe dans l'axe du corps et du prolongement caudal, aux dépens d'une double série de cellules (hypoblaste), un axe celluleux tout à fait analogue à la corde dorsale que nous étudierons plus loin. Sur une coupe longitudinale et verticale passant par le plan médian d'une larve ainsi organisée, on rencontre donc, de haut en bas : le système nerveux central, la corde dorsale, enfin la cavité viscérale qui renferme le tube digestif. Ce sont exactement les rapports de position qui s'observent chez les Vertébrés.

Le développement post-embryonnaire consiste dans une métamorphose régressive : la larve perd sa queue, le système nerveux s'atrophie, puis l'animal acquiert peu à peu son organisation définitive. Toutefois, les Appendiculariés conservent toujours leur queue, avec la corde dorsale et le cordon nerveux.

Les Tuniciers sont tous des animaux marins ; les uns sont fixés à l'état adulte, les autres nagent librement; ils peuvent d'ailleurs être isolés ou réunis en colonies.

3 ordres :

Pas de queue à l'état adulte	Corps en forme de sac.....	SALPES.
	Corps en forme de tonnelet.	ASCIDIACÉS.
Queue à l'état adulte....................................		APPENDICULARIÉS.

I. **Appendiculariés.** — Ce sont des Tuniciers libres, nageurs, munis d'un appendice caudal pendant toute la vie; ils représentent en quelque sorte des Ascidies demeurées à l'état larvaire. — Genre *Appendicularia.*

II. **Ascidiacés.** — Les Ascidiacés sont ordinairement fixés; ils ont un un corps sacciforme, muni de deux orifices plus ou moins rapprochés l'un de l'autre. — On en distingue trois groupes :

1° Les ASCIDIES SIMPLES ou AGRÉGÉES, représentées les unes par des individus solitaires, le autres par des colonies ramifiées, mais dans lesquelles chaque individu possède un manteau particulier. — *Ascidia* L. (*Phallusia* Sav.), *Cynthia*, Ascidies solitaires. — *Clavellina*, *Perophora*, Ascidies sociales.

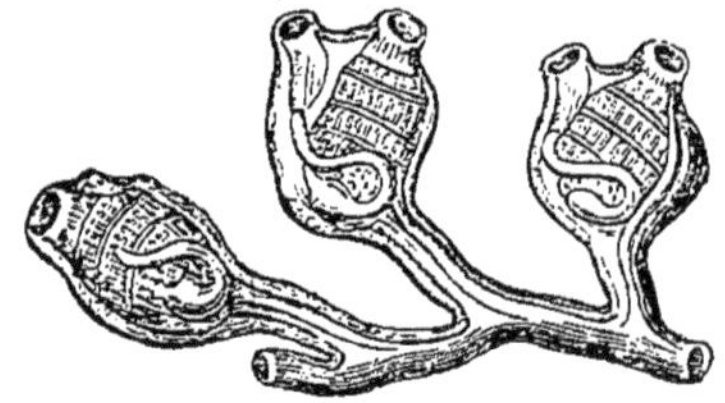
Fig. 497. — Ascidies sociales.

2° Les ASCIDIES COMPOSÉES ou SYNASCIDIES, formant des colonies le plus souvent étoilées, enveloppées d'une tunique commune. — *Botryllus.*

3° Les ASCIDIES SALPIFORMES, constituant des colonies flottantes, enveloppées d'un manteau commun; les orifices buccal et atrial sont ouverts aux deux extrémités du corps. Animaux phosphorescents. — *Pyrosoma.*

Salpes. — Les Thaliacés ou Salpes sont des animaux nageurs, isolés ou agrégés, en forme de petits cylindres ou de tonnelets transparents, dont les deux orifices d'entrée et de sortie sont opposés et terminaux. — *Salpa* (Salpes ou Biphores), *Doliolum.*

SEPTIÈME EMBRANCHEMENT

VERTÉBRÉS

Animaux à symétrie bilatérale, pourvus d'un squelette interne cartilagineux ou osseux, dont l'axe sépare deux cavités : l'une dorsale (neurale), *logeant le système nerveux central;*

l'autre ventrale (viscérale) *renfermant les organes de nutrition et de reproduction.*

La caractéristique des Vertébrés ne repose pas, comme on pourrait le croire d'après l'étymologie (*vertebra*, vertèbre), sur l'existence d'une colonne vertébrale, qui dans certains cas ne se développe pas, mais bien sur la division du corps en deux cavités distinctes : d'une part, le canal qui abrite les parties centrales du système nerveux, d'autre part, la cavité *viscérale*, qui renferme le cœur, le tube digestif et les organes reproducteurs.

Tous les animaux de cet embranchement pendant la période embryonnaire, et les formes inférieures (*Amphioxus*) durant toute la vie, présentent une symétrie bilatérale bien accusée; mais cette symétrie tend à disparaître à mesure que l'organisation se complique, ce qui tient surtout à un accroissement inégal des parties.

Les Vertébrés sont pourvus d'un *squelette interne*, contrairement à ce que nous ont montré la plupart des Invertébrés. Ce squelette est divisible en deux parties : l'une *axiale*, à laquelle se rattachent la tête et le tronc; l'autre *appendiculaire*, constituant la base des membres.

C'est la partie centrale du *squelette axial* qui forme la cloison de séparation des cavités neurale et viscérale. Pendant l'état embryonnaire, elle est représentée par un cordon cellulaire cylindrique, analogue à celui que nous avons signalé dans l'embryon des Ascidies, et auquel on donne le nom de *notochorde* (νῶτος, dos; χορδή, boyau, corde) ou *corde dorsale*. Ce cordon est entouré d'une gaine anhiste dite « étui de la corde », et d'une « couche squelettogène » de nature conjonctive, émettant deux arcs dorsaux qui forment un canal à la moelle épinière, et deux replis ventraux qui protègent la cavité viscérale. Chez quelques Vertébrés inférieurs, l'*Amphioxus* en particulier, cette organisation persiste toute la vie; mais, chez le plus grand nombre, la corde dorsale est remplacée plus ou moins complètement par une masse fibreuse, cartilagineuse et osseuse : c'est ce qui constitue, au moins dans la plus grande partie, la *colonne vertébrale*, encore appelée rachis ou épine dorsale. Celle-ci est formée de pièces cartilagineuses ou osseuses, dérivant de la couche squelletogène et articulées entre elles par l'intermédiaire de couches plus souples, de façon à donner à l'ensemble la mobilité nécessaire au déplacement des animaux. Chacun de ces articles, avec ses dépendances, constitue ce qu'on appelle une *vertèbre* en anatomie comparée. Leur ensemble représente une segmentation comparable à celle que nous avons signalée chez les Articulés.

Une *vertèbre-type* comprend (fig. 498) : 1° une pièce centrale, le *corps* de la vertèbre, encore nommé *cycléal* ou *centrum;* 2° un arc dorsal, dont l'existence est constante, et qui reçoit le nom de *neural* (νεῦρον, nerf), parce qu'il entoure la moelle épinière ; 3° un arc ventral, moins constant, destiné à abriter les viscères, et appelé *hémal* (αἷμα, sang) en raison de la protection qu'il fournit au système vasculaire. — Le *centrum* est parfois concave à ses deux extrémités : les vertèbres sont alors appelées *biconcaves* ou *amphicœliques* (ἀμφί, des deux côtés; κοῖλος, creux); lorsqu'il existe une cavité en avant et une convexité en arrière, elles sont procœliques (πρό, en avant); enfin, on les dit opisthocœliques (ὄπισθεν, en arrière) dans le cas contraire. Les corps sont souvent unis entre eux par des pièces élastiques appelées fibro-cartilages intervertébraux. — L'*arc neural* a pour base deux lames auxquelles, d'après la nomenclature d'Owen, on donne le nom de *neurapophyses;* l'espace qu'elles laissent entre elles pour loger la moelle s'appelle le *canal neural*, et le long conduit formé par ces canaux élémentaires porte le nom de *canal rachidien.* L'arc neural est d'ailleurs complété en dessus par une pièce impaire dite *apophyse épineuse* ou *neurépine.* Souvent même il se complique par le développement d'autres prolongements ou apophyses, telles que les apophyses articulaires ou *zygapophyses*, qui servent à l'articulation des vertèbres entre elles, et les apophyses transverses antérieures et postérieures (*parapophyses* et *diapophyses*). — L'*arc hémal*, moins constant que le neural, est comme lui constitué par deux lames, les *hémapophyses*, destinées en général à abriter les viscères et, dans tous les cas, protégeant des parties essentielles du système vasculaire. On distingue trois formes parmi ces hémapo-

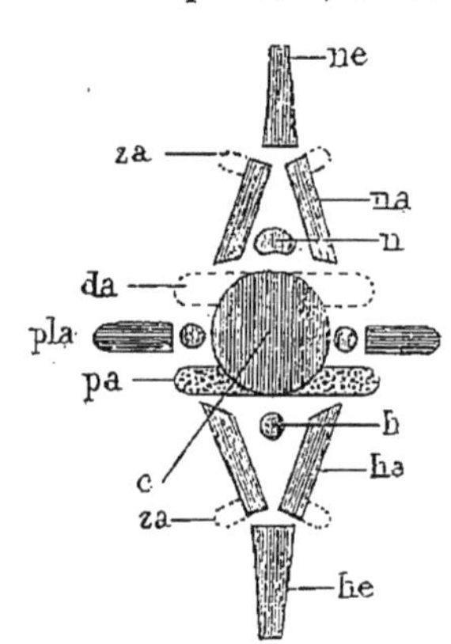

Fig. 498. — Schéma de la composition d'une vertèbre, d'après R. Owen. — *c*, centrum. *na*, neurapophyses. *ne*, neurépine. *n*, coupe de la moelle épinière. *ha*, hémapophyses. *he*, hémépine. *h*, coupe du vaisseau sanguin. *pla*, pleurapophyses. *da*, diapophyses. *pa*, parapophyses. *za*, zygapophyses.

physes : 1° les côtes de la région caudale des Poissons Ganoïdes et Sélaciens, qui se fixent au centrum et se réunissent à leur partie inférieure pour former un canal caudal prolongeant la cavité du corps ; 2° les os en V qui, chez les animaux à queue bien développée, donnent lieu aussi à une sorte de canal caudal; 3° les côtes de la plupart des Poissons et des autres Vertébrés, qui sont tantôt fixées au corps de la vertèbre, tantôt articulées avec des apophyses transverses. Le nombre et la situation de ces côtes sont très variables. Ajoutons que divers auteurs regardent la partie vertébrale des côtes thoraciques comme une pleurapophyse, l'hémapophyse étant représentée par leur pièce sternale. La pièce impaire qui complète parfois l'arc hémal reçoit le nom d'*hémépine;* le sternum, qui se montre déjà chez les Amphibiens, a pour base un ensemble d'hémépines.

La colonne vertébrale comprend un nombre variable de vertèbres; on y distingue cinq régions chez les Vertébrés supérieurs qui sont pourvus de membres postérieurs bien développés : régions *cervicale*, *dorsale*, *lombaire*, *sacrée* ou pelvienne et *coccygienne* ou caudale.

A son extrémité antérieure, le canal rachidien subit, sauf chez l'Amphioxus, une dilatation destinée à loger le cerveau, et le squelette axial forme, par suite, un renflement qui n'est autre que la tête. Depuis Gœthe, on regarde la tête comme composée d'un certain nombre de vertèbres; mais, si les naturalistes sont d'accord en principe sur la constitution vertébrale du squelette céphalique, ils sont loin de s'entendre sur le nombre des segments vertébraux qu'il comporte (1). Les arcs neuraux de ces vertèbres servent à la protection du cerveau et forment le *crâne*, qui s'articule en arrière avec la première vertèbre cervicale, tantôt par un seul, tantôt par deux *condyles occipitaux;* quant aux arcs inférieurs, les uns entourent l'entrée du tube digestif et protègent les organes de la vision, de l'odorat et du goût : ils constituent la *face*, et en particulier l'*appareil maxillo-palatin;* les autres, situés en arrière, servent de support à l'appareil respiratoire : Gegenbaur leur donne le nom de *squelette viscéral*. Ces derniers sont en nombre variable : l'antérieur (*hyoïde*) est seul constant; les autres (*arcs branchiaux*) ne se montrent que chez les animaux aquatiques, dont ils supportent les branchies; on en compte le plus souvent cinq

(1) Voyez Lavocat, *Nouvelles études sur le système cérébral*, 1860. — Gegenbaur, *Manuel d'anat. comparée*, 1874 ;e

paires; chez les Vertébrés à respiration aérienne, ils n'apparaissent que transitoirement, dans les premières périodes du développement, et ont disparu à l'état adulte.

Les *membres* des Vertébrés peuvent se distinguer en *pairs* et *impairs*. Ces derniers, qui n'existent que chez les Vertébrés inférieurs ou anallantoïdiens, sont représentés par des nageoires médianes; les autres, ou membres proprement dits, composent au

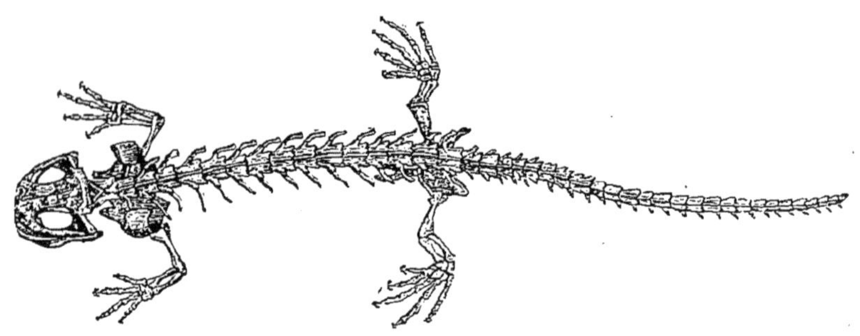

Fig. 499. — Squelette de Salamandre.

maximum deux paires, qui offrent entre elles un parallélisme de structure très net. Chacune de ces paires est reliée au squelette axial par un certain nombre de pièces constituant ce qu'on appelle une ceinture : *ceinture scapulaire* pour les membres antérieurs, *ceinture pelvienne* pour les membres postérieurs.

La ceinture scapulaire comprend, de chaque côté, l'*omoplate*, le *coracoïde* et le *procoracoïde;* celui-ci, toutefois, manque chez les Crocodiles, les Oiseaux et les Mammifères, et le coracoïde lui-même se réduit chez ces derniers à une simple apophyse de l'omoplate. Quant à la *clavicule*, qui complète souvent la ceinture scapulaire, ce n'est qu'une pièce surajoutée, d'origine dermique.

La partie mobile des membres subit diverses modifications de forme suivant le rôle qu'elle est appelée à remplir (marche, vol, natation, etc.). Dans le membre antérieur, elle offre toujours trois segments principaux : le *bras*, l'*avant-bras* et la *main*. Le bras a pour base un seul os, l'*humérus*. L'avant-bras en comprend deux : le *radius* et le *cubitus*. La main complète se divise en trois régions secondaires : le *carpe*, composé de deux rangées principales de petits os courts, peu mobiles; le *métacarpe*, formé d'os longs; enfin les *doigts*, divisés chacun en plusieurs segments ou *phalanges*.

Dans les membres postérieurs, la portion basilaire (ceinture pelvienne ou bassin) est plus étroitement unie à l'axe que dans les membres thoraciques. Elle est constituée aussi, de chaque côté, par trois pièces : l'*ilium*, l'*ischion* et le *pubis*.

La portion mobile comprend trois segments qui correspondent à ceux des membres antérieurs : la *cuisse*, la *jambe* et le *pied*, ayant pour base, respectivement, le *fémur*, puis le *tibia* et le *péroné*, enfin le *tarse*, le *métatarse* et les *orteils*.

En outre, chez quelques Vertébrés, l'articulation du coude est protégée par un petit osselet développé dans les tendons des muscles extenseurs, et d'ordinaire l'articulation de la cuisse et de la jambe est complétée et protégée également par une pièce de même nature, la *rotule*.

Il est à remarquer que, chez les Poissons, les membres se terminent par un grand nombre de rayons, tandis que, chez les autres Vertébrés vivants, il n'existe pas plus de cinq doigts. « Les Poissons sont polydactyles, les Amphibiens, Reptiles, Oiseaux et Mammifères sont pentadactyles. Le nombre des doigts peut être réduit par régression ultérieure, mais primitivement un membre des classes ci-dessus nommées aura toujours cinq doigts. C'est là un fait de première importance; il en résulte la conclusion que les Vertébrés ayant un nombre moindre de doigts, doivent descendre d'ancêtres pentadactyles, et que ceux qui présentent cinq doigts à chaque membre n'ont subi, quant à ces organes, aucune métamorphose importante, et ont conservé le type primitif » (1).

Les différentes parties du squelette sont mises en mouvement par des *muscles* nombreux; mais, en outre, il existe souvent d'autres muscles unis à l'enveloppe tégumentaire, et particulièrement développés chez les Vertébrés supérieurs.

La *peau* des Vertébrés se compose de deux couches principales : une profonde, le *derme*, et une superficielle, l'*épiderme*. Le derme est formé de fibres conjonctives auxquelles se joignent des éléments musculaires épars, des nerfs, des vaisseaux et des glandes; il contient parfois des cellules pigmentaires contractiles ou *chromoblastes* ; enfin, on trouve à sa surface des éminences ou *papilles* qui renferment des corpuscules du tact. L'épiderme, de nature cellulaire, se subdivise en deux zones : les strates inférieures, formées de cellules jeunes, sphéroïdales ou polyédriques, souvent

(1) C. Vogt, *Les Mammifères*, Paris, 1884.

pigmentées, constituent le *réseau muqueux de Malpighi ;* les assises supérieures, comprenant les cellules anciennes, devenues lamelleuses, qui tombent par desquamation, méritent le nom de *couche cornée.* — Les divers appendices cutanés ou *phanères* tirent leur origine tantôt de l'épiderme (plumes, poils, ongles, etc.), tantôt du derme, notamment par ossification des papilles (écailles des Poissons, carapace des Tortues ou des Tatous).

La partie centrale du *système nerveux* est représentée chez les Vertébrés par l'axe cérébro-spinal (*encéphale* et *moelle épinière*) ; l'Amphioxus seul est dépourvu de renflement encéphalique. Les parois de l'étui cranio-rachidien qui loge cet axe nerveux sont tapissées par une membrane fibreuse (*dure-mère*) ; l'encéphale et la moelle épinière sont eux-mêmes revêtus d'une membrane très vasculaire qui pénètre jusque dans leurs cavités (*pie-mère*) ; enfin, chez les Vertébrés supérieurs, il existe une membrane séreuse (*arachnoïde*) dont un feuillet tapisse la dure-mère, tandis que l'autre recouvre la pie-mère, mais sans la suivre dans les anfractuosités de la masse centrale : un liquide plus ou moins abondant s'amasse dans ces espaces sous-arachnoïdiens et porte le nom de *liquide céphalo-rachidien.* Quant aux faces libres de l'arachnoïde, elles sont humectées, comme celles de toutes les séreuses, par une sécrétion propre (liquide arachnoïdien).

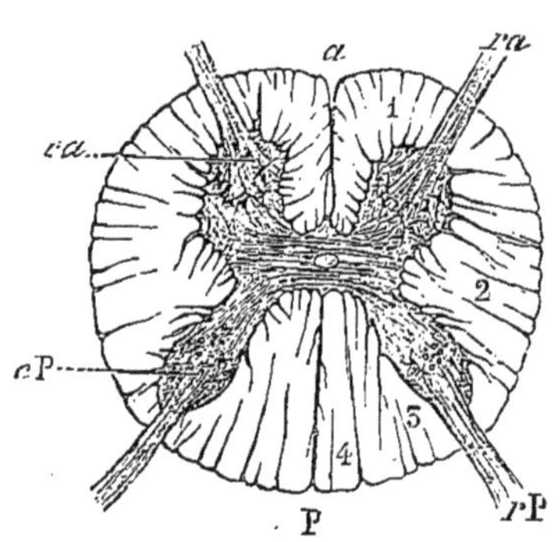

Fig. 500. — Coupe de la moelle cervicale de l'Homme. — *a*, sillon médian antérieur. *p*, sillon médian postérieur. *ca*, corne antérieure de la substance grise. *cp*, corne postérieure. *ra*, racine antérieure d'un nerf rachidien. *rp*, racine postérieure. 1, faisceau ou cordon antérieur de la moelle. 2, cordon latéral. 3, cordon postérieur (portion externe). 4, cordon postérieur (portion interne ou cordon de Goll).

Le tissu de l'axe cérébro-spinal se montre composé de deux substances d'aspect différent : une *substance blanche*, formée surtout de fibres nerveuses, et une *substance grise*, constituée essentiellement par les cellules dont émanent les fibres. Ajoutons que la moelle épinière possède un *canal central* qui la parcourt dans toute sa longueur et se transforme dans l'encéphale en larges cavités connues sous le nom de *ventricules* et communiquant les unes avec les autres.

L'encéphale, malgré ses variations extérieures, offre chez tous les Vertébrés les mêmes parties fondamentales. Chez l'embryon, ces parties se montrent sous la forme de renflements vésiculaires, au nombre de trois : ce sont les vésicules cérébrales antérieure, moyenne et postérieure. Chacune d'elles donne naissance à des régions déterminées de l'encéphale, de sorte que, chez l'adulte, celui-ci peut se partager en trois parties. Le *cerveau antérieur* comprend les hémisphères cérébraux, avec les ventricules laté-

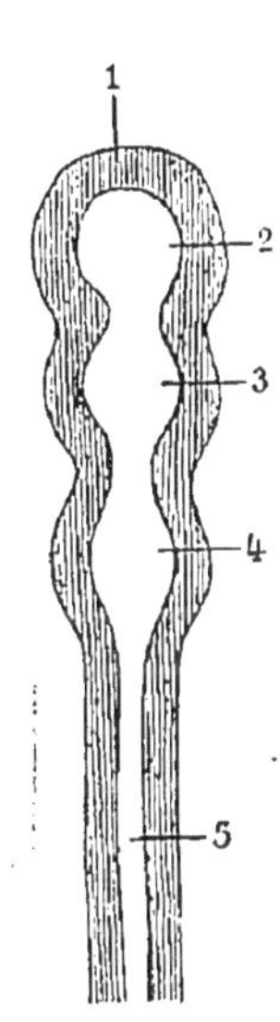

Fig. 501. — Coupe schématique des trois vésicules cérébrales primitives. — 1, 2, vésicule cérébrale antérieure. 3, vésicule cérébrale moyenne. 4, vésicule cérébrale postérieure. 5, moelle épinière.

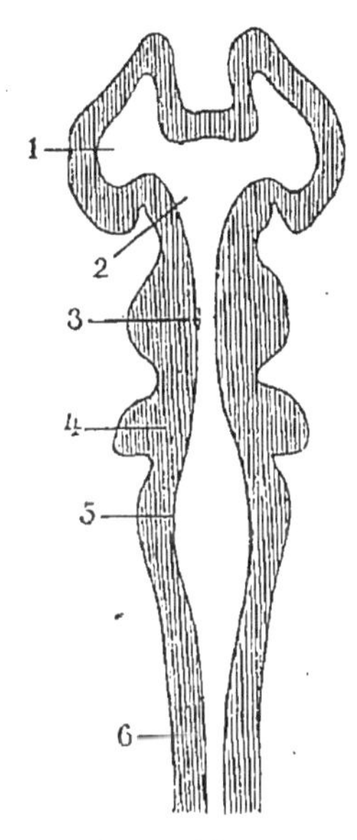

Fig. 502. — Coupe schématique des cinq vésicules cérébrales secondaires. — *Cerveau antérieur :* 1, vésicule d'hémisphère cérébral. 2, vésicule des couches optiques. — *Cerveau moyen :* 3, vésicule des tubercules quadrijumeaux. — *Cerveau postérieur :* 4, vésicule du cervelet. 5, vésicule du bulbe. 6, moelle épinière.

raux, les lobes olfactifs et le troisième ventricule. Le *cerveau moyen* correspond aux lobes optiques (tubercules quadrijumeaux des Mammifères); la cavité de sa vésicule n'est représentée que par l'aqueduc de Sylvius, qui met en communication le troisième et le quatrième ventricules. Enfin, le *cerveau postérieur* se compose du pont de Varole, du cervelet et de la moelle allongée, celle-ci creusée d'un quatrième ventricule qui se continue en arrière avec le canal central de la moelle. — Il est à remarquer que, chez les Vertébrés inférieurs, les hémisphères sont relativement petits et laissent à découvert les autres divisions du cerveau; mais ils se développent progressivement, et, chez les Mammifères les plus élevés, ils arrivent à couvrir les lobes olfactifs en avant, les lobes optiques et le cervelet en arrière.

Le système nerveux périphérique comprend de nombreux cordons qui naissent par paires de l'axe cérébro-spinal et se distinguent, d'après leur origine, en nerfs *craniens* et nerfs *rachidiens*. La plupart de ces nerfs sont mixtes, c'est-à-dire composés de fibres motrices et de fibres sensitives; tous les nerfs rachidiens, en particulier, sont dans ce cas; ils naissent distinctement par deux racines, une ventrale *motrice* et une dorsale *sensitive*.

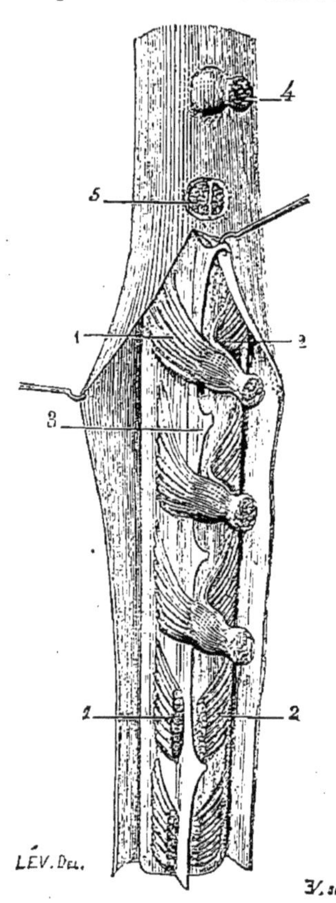

Fig. 503. — Fragment de la moelle épinière de l'Homme, avec les racines spinales, d'après L. Hirschfeld. — 1, 1, racines postérieures. 2, 2, racines antérieures. 3, ligament dentelé. 4, gaine que la dure-mère fournit aux nerfs rachidiens. 5, section de cette gaine.

Quant au système nerveux de la vie végétative *(grand sympathique)*, il ne fait défaut que dans quelques formes inférieures. Il a pour base de nombreux ganglions réunis entre eux et communiquant avec le système cérébro-spinal; les filets qui en partent pour se rendre aux viscères constituent en général des plexus pourvus de glanglions secondaires.

Les *organes des sens* présentent tous des parties différenciées du tégument, qui sont en rapport avec des nerfs. — L'*appareil olfactif* se compose d'ordinaire de deux cavités formées par les os de la face et tapissées par une muqueuse dans laquelle vient se distribuer le nerf olfactif. — Les *yeux* sont toujours au nombre de deux : simplement pigmentaires chez l'Amphioxus, ils se compliquent chez les Vertébrés plus élevés. Le nerf optique fournit alors une expansion membraneuse, la rétine, au-devant de laquelle se placent divers milieux réfringents (cornée, humeur aqueuse, cristallin, humeur vitrée), le tout accompagné de certains appareils protecteurs ou moteurs, etc. — L'*organe de l'ouïe*

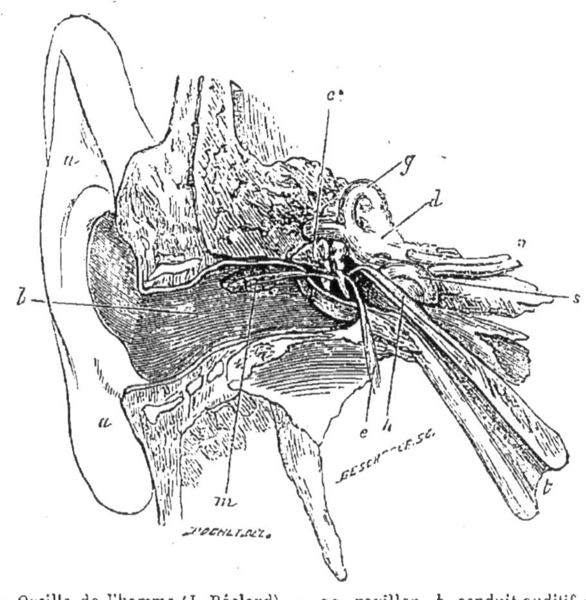

Fig. 504. — Oreille de l'homme (J. Béclard). — *aa*, pavillon. *b*, conduit auditif externe. *c*, la chaîne des osselets. *d*, vestibule. *e*, muscle antérieur du marteau. *g*, canaux semi-circulaires. *h*, muscle interne du marteau. *s*, limaçon. *m*, muscle externe du marteau. *n*, nerf acoustique. *t*, trompe d'Eustache.

ne fait défaut que chez l'*Amphioxus*. Il se compose essentiellement d'une vésicule développée de chaque côté de la tête et recevant les divisions du nerf acoustique. Cette vésicule (vestibule) se complique en général par la formation, dans sa partie postérieure (utricule), de trois canaux semi-circulaires, et dans sa partie antérieure (saccule), d'un diverticule spiroïde ou limaçon : l'ensemble de ces éléments constitue le labyrinthe ou oreille interne. On peut en outre observer des organes secondaires formant ce qu'on appelle l'oreille externe. — Le *goût* a son siège principal dans la muqueuse de la langue, qui offre à cet effet des papilles spéciales, dans lesquelles viennent aboutir des filets nerveux émanés du glosso-pharyngien et du lingual. — Le *tact* s'effectue

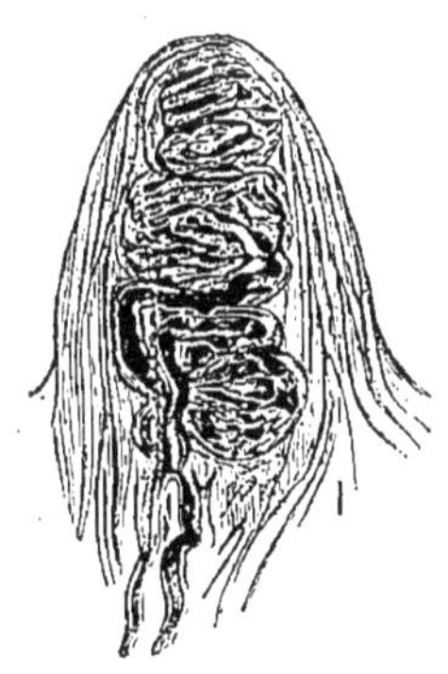

Fig. 505. — Papille cutanée pourvue de nerfs, avec corpuscule du tact ou de Meissner, d'après Ranvier.

par la surface cutanée, au moyen de certaines papilles dans lesquelles les fibres nerveuses aboutissent à des corpuscules particuliers (corpuscules du tact, corpuscules de Pacini). — Enfin, certains naturalistes admettent l'existence d'un *sixième sens*, auquel seraient affectés, chez les Poissons et les Batraciens, des organes spéciaux (ligne latérale); mais il ne paraît y avoir là qu'une simple modification du tact.

La *bouche* est située sur la face ventrale et souvent armée de dents; il y est annexé le plus souvent des *glandes salivaires*. — On distingue dans le *tube digestif* trois régions principales : intestin antérieur, moyen et terminal. — L'*intestin antérieur* comprend : le *pharynx* ou arrière-bouche, l'*œsophage*, parfois dilaté en *jabot*, et l'*estomac*. — L'*intestin moyen*, encore appelé, en raison de son diamètre, intestin grêle, est parfois divisible en plusieurs portions (duodénum, jéjunum et iléon); il reçoit en général le produit de deux glandes importantes, le *foie* et le *pancréas*, sans parler de celles qui sont logées dans l'épaisseur de sa paroi. — Quant à l'*intestin terminal* ou gros intestin, dans lequel on peut souvent encore distinguer plusieurs parties (cæcum, côlon, rectum), il se termine par un orifice ventral ou anus tantôt isolé, tantôt commun avec la terminaison des organes génito-urinaires (cloaque).

Chez les Vertébrés, l'*appareil circulatoire* forme un système clos et offre, sauf chez l'*Amphioxus*, un cœur médian occupant la région antérieure de la cavité viscérale et entouré d'une double enveloppe, ou péricarde. On peut reconnaître à ce cœur trois dispositions principales, entre lesquelles il existe d'ailleurs des degrés intermédiaires. 1° Chez les Poissons, le cœur, situé sur le trajet du sang veineux, présente seulement une oreillette et un ventricule ; il n'est traversé qu'une seule fois par le sang, et la circulation est dite alors *simple*. 2° Chez les Batraciens et les Reptiles, il y a deux oreillettes et un ventricule : la circulation est *double* (générale et pulmonaire), mais *incomplète*, car le sang veineux se mélange au sang artériel dans le ventricule

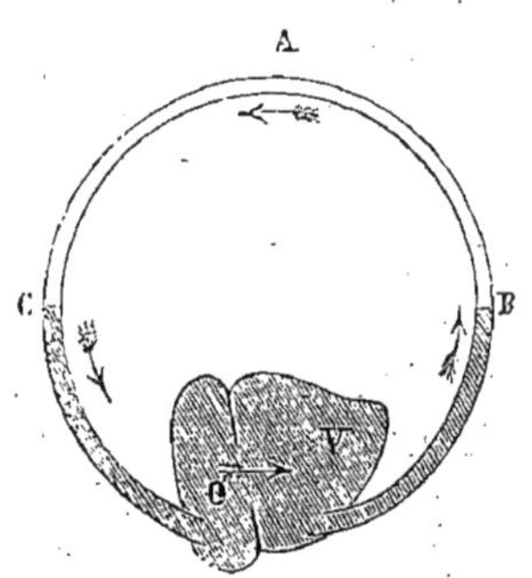

Fig. 506. — Schéma de la circulation des Poissons. — O, oreillette. V, ventricule. B, branchies. C, capillaires du corps. A, aorte descendante ou dorsale.

unique. 3° Enfin, les Oiseaux et les Mammifères ont un cœur à quatre cavités (deux oreillettes et deux ventricules), celles de droite ne recevant que du sang veineux, celles de gauche que du sang artériel : leur circulation est *double et incomplète*.

Toutefois, les dispositions variées que présente l'appareil circulatoire ne sont que les dérivés d'un type primitif unique. Dans les premières phases du développement embryonnaire, le cœur est toujours simple, et de sa région ventriculaire naît un tronc vasculaire (*aorte ascendante*), qui se divise bientôt en deux séries

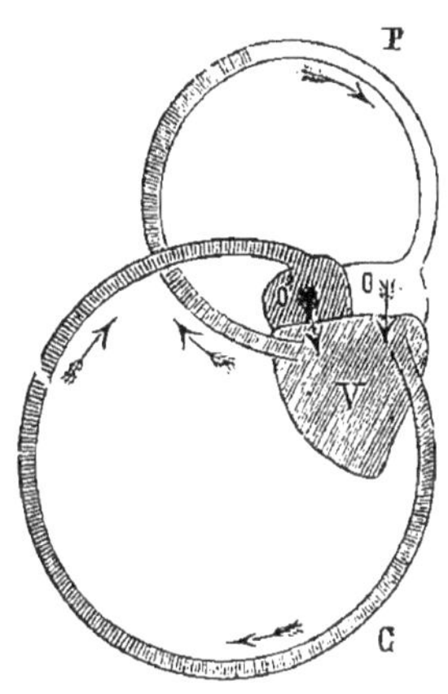

Fig. 507. — Schéma de la circulation des Batraciens et des Reptiles. — O, oreillette gauche. O', oreillette droite. V, ventricule unique. P, poumon. C, capillaires du corps.

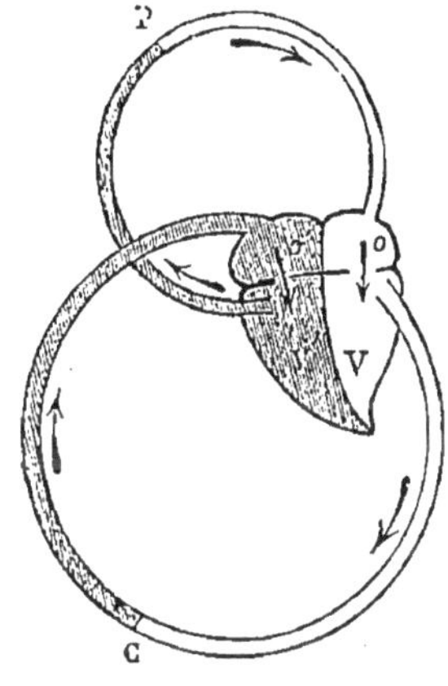

Fig. 508. — Schéma de la circulation des Oiseaux et des Mammifères. — O, oreillette gauche. V, ventricule gauche. O', oreillette droite. V', ventricule droit. P, poumon. C, capillaires du corps.

d'*arcs aortiques* latéraux ; puis ceux-ci se réunissent dans un vaisseau descendant (*aorte dorsale*) qui fournit sur son trajet de nombreuses divisions latérales. Mais il survient ultérieurement diverses modifications en rapport avec la nature des organes respiratoires. Chez les Vertébrés à respiration aquatique, les arcs aortiques forment les vaisseaux branchiaux afférents et efférents. Lorsque les poumons se développent, ce qui entraîne une division du cœur, les artères pulmonaires tirent leur origine de la paire postérieure d'arcs aortiques ; les autres arcs disparaissent pour la plupart, et souvent il n'en reste plus qu'un seul (aorte) se continuant avec l'aorte dorsale.

Le sang charrié par les artères se distribue dans les tissus à la faveur d'un important réseau capillaire : il est ramené au cœur par des troncs veineux qui sont primitivement au nombre de quatre : deux antérieurs ou veines jugulaires, et deux postérieurs ou veines cardinales. De chaque côté, la veine jugulaire s'unit à la cardinale pour former un canal commun (*canal de Cuvier*), lequel débouche, avec son congénère, dans un sinus qui précède l'oreillette. Mais cette disposition ne persiste pas, à l'état adulte, chez les Vertébrés supérieurs. Les veines jugulaires s'unissent aux troncs veineux des membres thoraciques, et ainsi sont constituées les veines caves antérieures ; les veines cardinales se réduisent (veines azygos), et le sang de la région postérieure du corps est en majeure partie ramené au cœur par un tronc particulier, la veine cave postérieure. — Ajoutons que les veines du tube intestinal, avant d'aborder au cœur, se réunissent en un tronc commun (veine porte) qui se ramifie dans le foie. Parfois même il existe un système porte rénal (Vertébrés ovipares).

Presque tous les Vertébrés ont le *sang* rouge, coloration qu'ils doivent à des globules rouges ou hématies, tenus en suspension dans le plasma, en même temps qu'un petit nombre de globules blancs ou leucocytes. Les globules rouges sont elliptiques et nucléés, sauf chez les Mammifères, où ils sont privés de noyau et presque toujours discoïdes. Le plasma est chargé du transport des substances nutritives ; les hématies sont les véhicules de l'oxygène.

En dehors du système sanguin, les Vertébrés craniotes sont munis de cavités et de vaisseaux spéciaux débouchant en définitive dans les gros troncs veineux : c'est ce qui constitue le *système lymphatique*. Les vaisseaux lymphatiques ramènent dans le torrent circulatoire le plasma exsudé à travers les capillaires et chargé de produits de désassimilation ; le liquide qu'ils renferment (*lymphe*) charrie des leucocytes. En outre, une partie des matériaux élaborés dans l'intestin sont emportés par des lymphatiques particuliers ou *chylifères*. Les *ganglions lymphatiques*, placés sur le trajet de ces divers ordres de vaisseaux, paraissent avoir pour rôle la formation des globules blancs ; on en rapproche d'ordinaire la *rate* et les autres glandes vasculaires sanguines.

La *respiration* peut, dans une certaine mesure, s'effectuer par la peau, lorsque celle-ci demeure molle et nue ; mais il existe toujours des organes respiratoires, branchies ou poumons. Les *branchies* consistent en des lamelles membraneuses portées par le bord externe des arcs branchiaux : parfois, comme chez les jeunes têtards, elles sont extérieures. Quant aux *poumons*, ce sont, en principe, deux sacs membraneux, renfermant dans leurs parois de nombreux vaisseaux capillaires. Souvent ils n'occupent que la région thoracique de la cavité viscérale, et se trouvent séparés de la région abdominale par un diaphragme plus ou moins développé. Le tube qui conduit l'air dans les poumons est la *trachée*, dont les ramifications constituent les *bronches*. La trachée aboutit dans l'arrière-bouche ; à cette extrémité, elle se modifie d'ordinaire pour former l'organe de la voix ou *larynx*.

Chez les Mammifères et les Oiseaux, les échanges respiratoires sont toujours très actifs, et le sang possède une température propre, relativement élevée (36 à 43°), qui se maintient à peu près constante, malgré de sérieuses modifications du milieu ambiant. Aussi leur corps donne-t-il, au toucher, une sensation de chaleur qui leur a valu le nom vulgaire d'*animaux à sang chaud*, auquel il serait préférable de substituer celui d'*animaux à température constante*. Tous les autres Vertébrés, ainsi que les Invertébrés, développent une chaleur animale beaucoup plus faible, et leur température propre oscille dans des limites assez étendues, suivant celle du milieu ambiant : de là, la sensation de froid que nous éprouvons à leur contact, et le nom d'*animaux à sang froid* ou *à température variable* qui leur a été appliqué.

Les organes d'*excrétion urinaire* apparaissent chez tous les embryons de Vertébrés sous la forme de glandes paires (*reins primitifs* ou *corps de Wolff*) situées sur les côtés de la colonne vertébrale et débouchant, soit dans l'extrémité terminale de l'intestin, soi dans le pédicule de la vésicule allantoïde. Les reins des Poissons, même à l'état adulte, sont constitués par ces organes mêmes; ceux des Batraciens dérivent de leur partie postérieure; mais, chez tous les autres Vertébrés, les corps de Wolff n'ont qu'une existence temporaire et sont remplacés de bonne heure par des *reins secondaires* ou reins proprement dits. Ceux-ci se développent sur les canaux excréteurs des corps de Wolff. Ce sont des glandes tubuleuses composées, dont chacun des canalicules se dilate, vers son extrémité cæcale, en une petite capsule enveloppant un peloton vasculaire (*glomérule de Malpighi*). Les canaux excréteurs des reins, ou *uretères*, peuvent déboucher séparément à l'extérieur; mais, le plus souvent, ils se réunissent au préalable ou même s'ouvrent dans un réservoir spécial (*vessie urinaire*).

La *reproduction* est toujours sexuelle et, sauf chez quelques

Poissons (Serrans), les sexes sont séparés. Les testicules et les ovaires sont presque toujours pairs et logés dans la cavité viscérale. Chez beaucoup de Poissons, les produits sexuels tombent dans la cavité viscérale pour être évacués par un pore abdominal. Mais, en général, ces produits sont expulsés par des conduits particuliers (canal déférent, oviducte), formés par les canaux excréteurs des corps de Wolff. Ces conduits peuvent d'ailleurs s'ouvrir isolément ou en commun dans un cloaque, ou se réunir entre eux pour déboucher, avec les organes urinaires, au voisinage de l'anus.

La plupart des Vertébrés sont ovipares. Parfois, cependant, l'éclosion de l'œuf a lieu dans l'oviducte même, et il y a ovoviviparité (Vipère). Enfin, chez presque tous les Mammifères et chez quelques Poissons, l'œuf fécondé séjourne dans une partie différenciée de l'oviducte (*matrice* ou *utérus*), à laquelle il adhère au moyen d'une zone vasculaire ou placenta, permettant des échanges actifs entre le sang de la mère et celui du jeune : ces animaux sont donc franchement vivipares.

Le *développement* commence par une segmentation totale ou partielle. Aussitôt après sa formation, la vésicule blastodermique (voy. p. 68) s'obscurcit sur un point de sa surface : il se produit une sorte de tache due à une multiplication de cellules (*tache embryonnaire* ou *aire germinative*). Au milieu de cette zone, apparaît une ligne sombre (*ligne primitive*) qui marque le fond d'un sillon (*gouttière primitive*) formé aux dépens du feuillet blastodermique externe et limité par deux bourrelets ou *lames dorsales*. Celles-ci se réunissent bientôt et convertissent la gouttière en un tube : c'est le point de départ des centres nerveux. D'autre part, il se développe de bonne heure, entre les deux feuillets primitifs, une nouvelle couche cellulaire qui constitue le feuillet moyen ou mésoderme. Puis, au-dessous de la gouttière, on voit se former un cylindre cellulaire : c'est la *corde dorsale*, dont la division ultérieure donnera lieu aux vertèbres. En même temps, les parties latérales et les extrémités de l'aire germinative se recourbent en dessous, c'est-à-dire vers le centre de l'œuf, de manière que le corps de l'embryon ressemble à une petite *nacelle*. L'intérieur de cette nacelle est tapissé par le feuillet interne du blastoderme, et ses flancs, auxquels on donne le nom de *lames ventrales*, se rapprochent peu à peu de façon à circonscrire finalement une étroite ouverture, qui n'est autre que l'ombilic. Ainsi se trouve constituée la cavité digestive, qui attire peu à peu le vitellus dans son intérieur. On voit donc que, contrairement à ce qui a lieu chez les Arthropodes et les Céphalopodes, l'embryon est en rapport avec le vitellus par sa face *ventrale*. P. J. Van Beneden a qualifié cette disposition d'*hypocotylée* (ὑπὸ, sous ; κοτύλη, cavité).

On observe, dans le cours du développement, certains organes transitoires que nous devons signaler en raison de leur importance physiologique : nous voulons parler de la *vésicule ombilicale*, de l'*amnios* et de l'*allantoïde*. La première se montre, d'une façon plus ou moins distincte, chez la généralité des Vertébrés ; mais l'amnios et l'allantoïde sont propres aux Vertébrés supérieurs : les Batraciens, les Poissons et les Leptocardes en sont dépourvus.

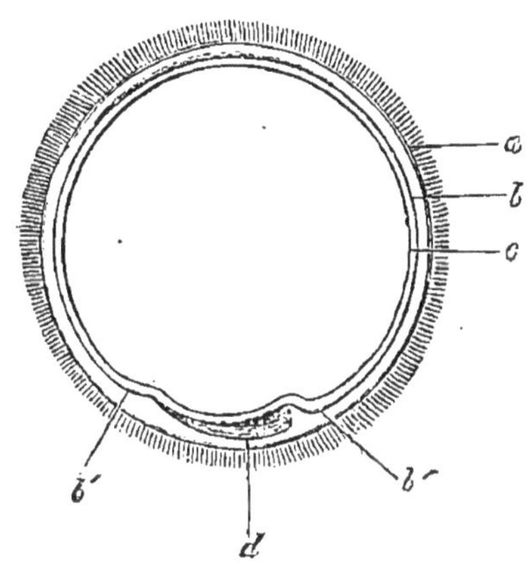

Fig. 509. — Œuf de Mammifère, au début de son développement. — *a*, membrane vitelline avec ses villosités naissantes. *b*, feuillet externe du blastoderme. *b'*,*b'*, premier soulèvement céphalique et caudal de ce feuillet. *c*, feuillet interne. *d*, corps de l'embryon (J. Béclard).

La *vésicule ombilicale* est formée par le feuillet interne du blastoderme. Par suite de la convergence des lames ventrales, ce feuillet subit un étranglement, et la cavité se trouve par suite divisée en deux parties, l'une intra-embryonnaire, l'autre extra-embryonnaire : c'est cette dernière qui constitue la vésicule ombilicale ou sac vitellin, dont le contenu fournit à l'embryon les premiers éléments de sa nutrition. Quant à la partie étranglée, elle reçoit le nom de *conduit omphalo-mésentérique* ou *vitello-intestinal*. La vésicule dont il s'agit disparaît en général de bonne heure ; cependant, on la voit souvent encore suspendue à la face ventrale des jeunes Poissons.

A mesure que l'embryon s'incurve en nacelle, le feuillet externe du blastoderme se soulève autour de lui, surtout du côté de la tête et de la queue. De là résulte la formation de replis qui se portent sur la partie convexe de l'embryon et marchent à la rencontre l'un de l'autre. Bientôt ces replis se rejoignent et se confondent, la cloison qui les sépare ne tardant pas à disparaître. Leur feuillet externe s'accole dès lors à la membrane vitelline ; quant au feuillet interne, il forme l'*amnios*. Appliqué d'abord sur le dos de l'embryon, il s'en sépare peu à peu : un liquide spécial (*eaux de l'amnios*) s'amasse dans cet intervalle, et la cavité de l'amnios se trouve constituée. Cette poche s'étend à mesure que les lames ventrales se rapprochent : en définitive, l'amnios arrive à entourer complètement l'embryon, sauf au niveau de l'ombilic.

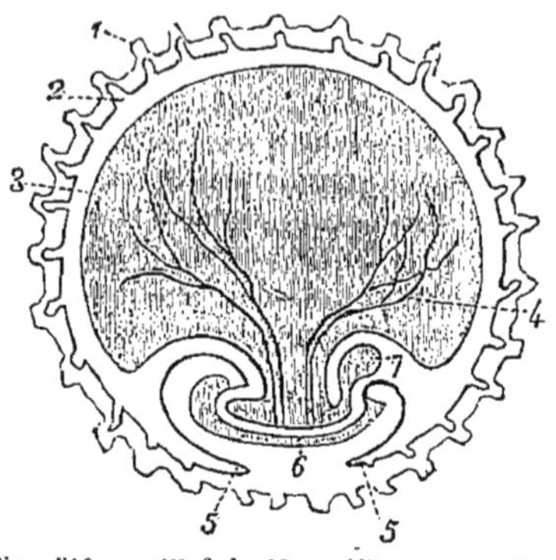

Fig. 510. — Œuf de Mammifère. — 1, villosités de la membrane vitelline. 2, feuillet externe du blastoderme, constituant le second chorion, avec ses villosités. 3, vésicule ombilicale. 4, vaisseaux de cette vésicule. 5, capuchons céphalique et caudal formés par les replis du feuillet externe du blastoderme. 6, embryon. 7, vésicule allantoïde (J. Béclard).

La *vésicule allantoïde* se développe aux dépens du feuillet blastodermique interne. Elle naît sur la portion de ce feuillet emprisonné par le fœtus, ous l'apparence d'un petit mamelon qui ne tarde pas à se creuser d'une cavité. Cette vésicule se développe rapidement;

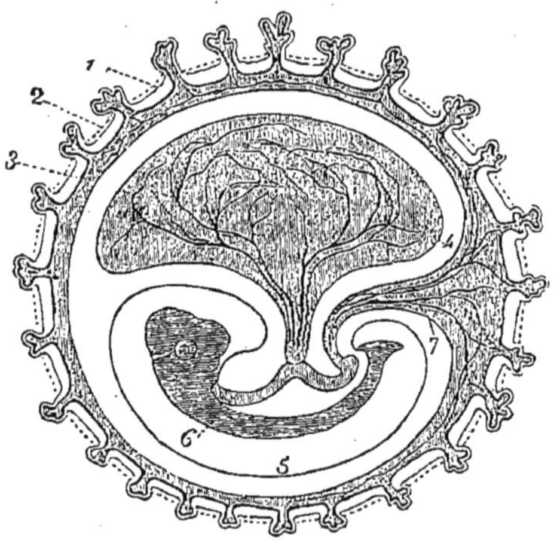

Fig. 511. — Œuf de Mammifère. — 1, membrane vitelline ou premier chorion presque disparu. 2, feuillet externe du blastoderme, second chorion. 3, allantoïde, qui a pénétré dans les villosités. 4, vésicule ombilicale. 5, les capuchons céphalique et caudal se sont fusionnés : la cavité de l'amnios est formée. 6, embryon. 7, allantoïde (J. Béclard).

mais l'étranglement ombilical la divise bientôt en deux parties : l'une, comprise dans l'abdomen du fœtus, doit former plus tard la vessie urinaire des Mammifères, tandis qu'elle se détruit chez les Oiseaux et les Reptiles; la seconde, extérieure au fœtus, très riche en vaisseaux, constitue l'allantoïde proprement dite. Celle-ci représente une sorte de séreuse tapissant le feuillet blastodermique externe qui double la membrane vitelline, et se repliant au niveau de l'ombilic pour s'étendre sur toute la face extérieure de l'amnios.

Les vaisseaux de l'allantoïde, chez les Reptiles et les Oiseaux, demeurent étalés dans cette membrane, où ils forment un réseau capillaire. Il en est de même chez les Monotrèmes et les Marsupiaux; mais, dans le reste des Mammifères, la membrane vitelline et son revêtement ectodermique concourent à la formation d'un *chorion* garni de villosités dans lesquelles s'introduisent des houppes vasculaires d'origine allantoïdienne : tel est le point de départ du *placenta*, qui permet au jeune de puiser dans l'organisme maternel les éléments de sa nutrition. Nous étudierons cet organe d'une façon plus complète en traitant des Mammifères.

En se basant sur la présence ou l'absence de l'allantoïde, H. Milne Edwards a divisé l'embranchement des Vertébrés en deux groupes : *Allantoïdiens* et *Anallantoïdiens*. Mais, si l'on accorde une importance primordiale à la constitution du squelette axial, on est amené à établir la classification suivante :

Un crâne : **Craniotes.**	Une allantoïde : *Allantoïdiens.*	A sang chaud.	Des poils et des mamelles.....	MAMMIFÈRES.
			Des plumes.....	OISEAUX.
		A sang froid.	Des écailles.....	REPTILES.
	Pas d'allantoïde : *Anallantoïdiens.*	Deux condyles occipitaux........		BATRACIENS.
		Un seul condyle occipital........		POISSONS.
Pas de crâne : **Acraniens.**	Pas de cœur..........			LEPTOCARDES.

SOUS-EMBRANCHEMENT I

ACRANIENS

CLASSE I

LEPTOCARDIENS

Vertébrés à sang froid, à corde dorsale persistante; canal neural non dilaté en cavité cranienne; pas de cœur; troncs vasculaires pul-

satiles, sang incolore; respiration branchiale persistante; embryons dépourvus d'amnios et d'allantoïde.

Ce groupe est constitué par le seul genre *Amphioxus*, dont il n'existe probablement qu'une espèce (*A. lanceolatus*), assez commune sur les côtes de la mer du Nord et de la Méditerranée.

Le corps de cet animal est comprimé d'un côté à l'autre et atténué à ses deux extrémités; il est muni seulement d'une nageoire caudale, qui se prolonge sur les faces dorsale et ventrale par un léger repli du tégument.

Le squelette axial est représenté par la corde dorsale, décomposable en une série de disques. Il n'y a pas de capsule crânienne. Partant, la moelle épinière, logée dans une gaine squelettogène fibreuse, n'offre pas de renflement cérébral.

Les *organes des sens* consistent en une fossette ciliée servant à l'olfaction, et en une simple tache de pigment représentant un œil impair.

La bouche a la forme d'une fente longitudinale maintenue béante par un cadre cartilagineux qui porte des cirres mobiles. Elle donne accès dans une cavité *branchio-pharyngienne* fort analogue à celle des Ascidies. Ses parois, perforées en effet par de nombreuses fentes latérales et pa-

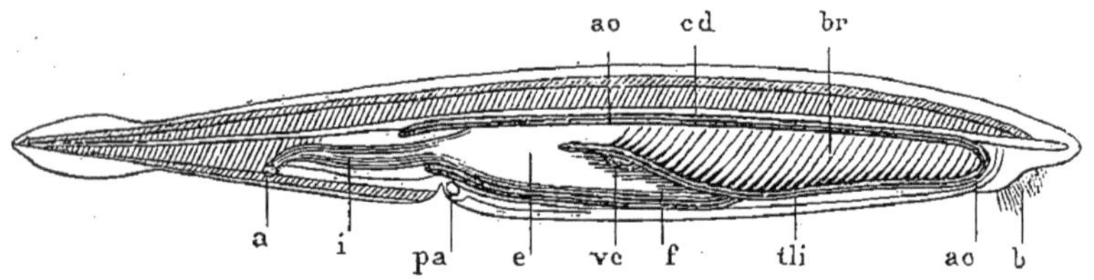

Fig. 512. — *Amphioxus lanceolatus*. — *b*, bouche. *br*, chambre branchiale. *e*, portion renflée du tube digestif. *i*, portion grêle. *f*, cæcum hépatique. *a*, anus. *pa*, pore abdominal. *cd*, corde dorsale. *tli*, tronc longitudinal inférieur (contractile). *ac*, arc aortique contractile. *ao*, aorte. *vc*, veine cave (de Quatrefages).

rallèles, et couvertes de cils vibratiles, constituent de véritables branchies. L'eau qui les a baignées s'échappe par un pore abdominal. A ce sac branchial fait suite un *tube digestif* rectiligne, qui débouche vers le tiers postérieur de la face ventrale. On n'observe qu'une seule glande accessoire : c'est un foie rudimentaire, représenté par un diverticule cæcal et glandulaire de la portion renflée ou stomacale de l'intestin.

L'*appareil circulatoire* ne comprend pas de cœur proprement dit; le sang est mis en mouvement par des vaisseaux contractiles. Ce sang est incolore.

L'existence des *reins* n'a pas été nettement prouvée.

Les *sexes* sont séparés. Les glandes génitales, situées sur la paroi supérieure de la cavité viscérale, n'ont pas de conduits excréteurs : les produits sexuels sont expulsés par la bouche ou par le pore abdominal.

Les œufs subissent une segmentation totale. L'embryon est mis en liberté sous forme de larve ciliée et doit, par suite, subir des métamorphoses pour arriver à l'état adulte.

SOUS-EMBRANCHEMENT II

CRANIOTES

CLASSE I

POISSONS

Vertébrés à sang froid, à peau généralement écailleuse; un seul condyle occipital; cœur presque toujours simple et veineux; respiration branchiale persistante, rarement branchiale et pulmonaire. Ovipares ou ovovivipares; embryons dépourvus d'amnios et d'allantoïde.

Les animaux de cette classe sont remarquablement adaptés à la vie aquatique. Le corps, de forme variable, est le plus souvent comprimé d'un côté à l'autre de manière à fendre l'eau avec facilité; la tête se continue directement avec le tronc, et la queue elle-même n'est pas bien limitée.

La *peau*, toujours revêtue d'un épiderme visqueux, renferme en général de nombreuses écailles, produites par les papilles dermiques. Parfois, ces écailles sont très petites et cachées sous la peau (Anguilles); dans certains cas elles font tout à fait défaut (Lamproies). Lorsqu'elles sont bien développées, on leur applique des noms variables suivant leur constitution. Ainsi, on appelle *cténoïdes* (κτείς, κτενός, peigne; εἶδος, apparence), celles qui sont cornées, minces et flexibles, à bord libre garni de petites pointes (Perche); *cycloïdes* (κύκλος, cercle), celles qui, également souples, ont le bord lisse (Carpe): ces deux sortes sont imbriquées; *ganoïdes* (γάνος, éclat), celles qui représentent des plaques osseuses recouvertes d'émail (Esturgeon); enfin, *placoïdes* (πλάξ, plaque), celles qui forment des nodules osseux rendant la peau chagrinée (Squales) ou des plaques surmontées d'épines (Raies).

Le *squelette* est cartilagineux ou osseux. Chez les Cyclostomes, la corde dorsale persiste en entier et s'entoure simplement d'une enveloppe cartilagineuse ; mais en général le rachis est divisé en vertèbres biconcaves, dont le centre et les interstices sont remplis par les restes de la corde. Le nombre de ces vertèbres est des plus variables. Les côtes manquent et restent rudimentaires chez les Cyclostomes et les Sélaciens ; elles sont souvent bien dé-

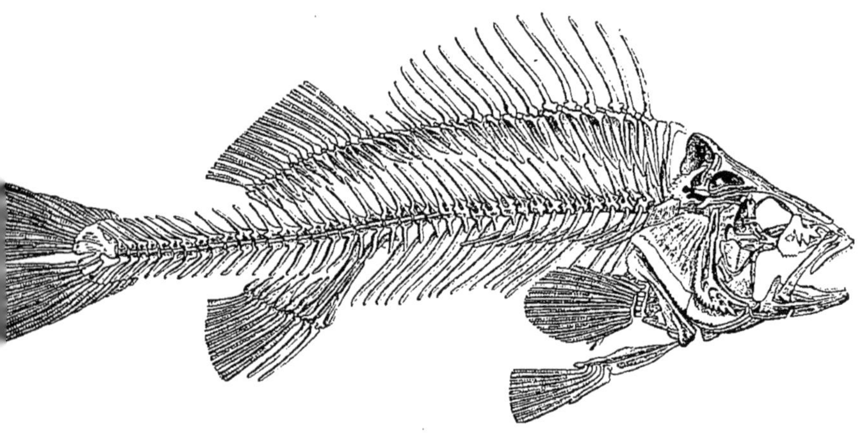

Fig. 513. — Squelette de Perche fluviatile.

veloppées, au contraire, chez les Poissons osseux, mais demeurent écartées à leur partie inférieure : dans le cas où elles sont réunies, c'est par l'intermédiaire de pièces osseuses dermiques, car le sternum fait toujours défaut. Quant aux organes costiformes, souvent bifurqués, qu'on rencontre entre les muscles (*arêtes*), ils résultent de l'ossification partielle des expansions aponévrotiques.

A son extrémité antérieure, le canal rachidien se dilate en une *boîte cranienne*. Chez les Cyclostomes et les Sélaciens, celle-ci est constituée par une simple capsule cartilagineuse non divisible en pièces distinctes. Elle se complique, chez les Ganoïdes, par l'apparition de pièces osseuses, et finalement se montre composée, chez les Téléostéens, d'un très grand nombre d'os dans le détail desquels nous ne pouvons entrer ici. Le crâne s'articule avec le rachis par une surface occipitale simple, qu'on désigne souvent sous le nom de condyle, bien qu'elle se présente en général sous l'aspect d'une excavation conique. — La mâchoire inférieure est réunie au crâne par un appareil *suspenseur*, lequel est assez compliqué chez les Poissons osseux : c'est une sorte de cloison verticale formée d'une série de pièces dont l'inférieure, portant la cavité articulaire, est appelée *os carré*. En arrière de ce suspenseur, des plaques osseuses, au nombre de quatre, constituent une sorte de couvercle mobile qui protège les branchies et reçoit le nom d'*opercule*.

Le *squelette viscéral* a pour base une série d'arcs parallèles. Le premier est l'*hyoïde*, composé de deux cornes ou branches latérales très développées, qui s'articulent d'ordinaire avec l'os carré et sont réunies inférieurement par un corps ou *copule* ; ces branches portent à leur bord inférieur une série de tiges grêles et recourbées (*rayons branchiostèges*) supportant une membrane qui sert à compléter le rôle des opercules. La copule se continue en avant avec l'os de la langue, et en arrière avec les copules des arcs suivants. Ceux-ci, désignés sous le nom d'*arcs branchiaux*, sont en général au nombre de cinq paires, dont les quatre (ou trois) premières seulement portent des branchies; ils se fixent au crâne par l'intermédiaire de petits os appelés *pharyngiens supérieurs*. La dernière paire demeure incomplète et représente les *os pharyngiens inférieurs*.

Les Poissons sont pourvus de *nageoires* paires et impaires. Celles-ci ont pour base des stylets osseux ou rayons qui s'articu-

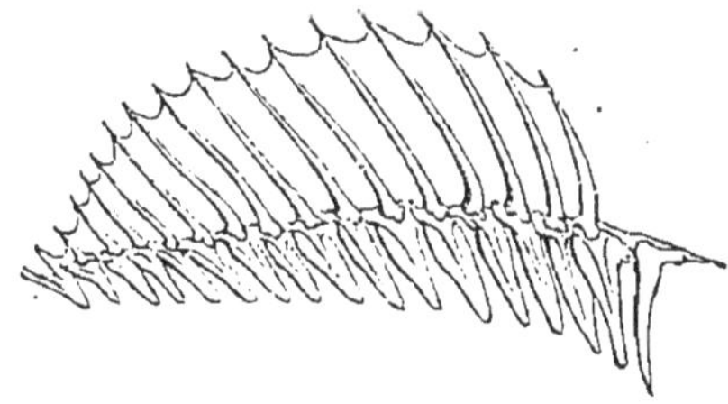

Fig. 514. — Nageoire dorsale d'un Acanthoptérygien (rayons épineux, articulés inférieurement avec les os interépineux).

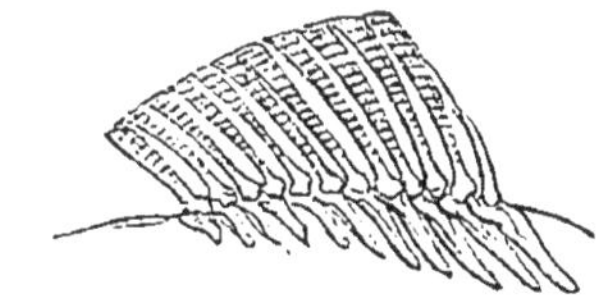

Fig. 515. — Nageoire dorsale d'un Malacoptérygien (rayons mous, articulés inférieurement avec les os interépineux).

lent avec de petits os plats, dits *interépineux*, reliés d'autre part à l'extrémité des apophyses épineuses supérieures ou inférieures des vertèbres. Les rayons sont constitués, tantôt par de simples stylets durs et pointus : on leur donne alors le nom de *rayons épineux* (Perche) ; tantôt par une série d'osselets articulés entre eux et ramifiés à l'extrémité : ce sont les *rayons mous* (Carpe). On distingue les nageoires impaires en *dorsale*, *anale* et *caudale*. Les deux premières se divisent quelquefois de manière à former chacune plusieurs nageoires; en outre, il peut exister une petite nageoire dorsale postérieure dépourvue de rayons : on l'appelle *nageoire adipeuse*. La nageoire caudale est dite *homocerque* lorsque ses deux lobes sont égaux et symétriques, et *hétérocerque* dans le cas contraire.

Les nageoires paires, *pectorales* et *ventrales*, correspondent aux membres des autres Vertébrés. Les premières sont suspendues à la tête et au tronc par une ceinture scapulaire incomplète; elles-mêmes ont pour base un squelette d'une grande complication, et terminé par des rayons. Quant aux nageoires ventrales, qui sont supportées par une sorte de bassin rudimentaire, elles ont une situation très variable. Tantôt elles sont reportées en arrière sous l'abdomen, ce qui fait qualifier les Poissons d'*abdominaux* (fig. 527), tantôt elles s'avancent au-dessous des pectorales (*thoraciques*), ou même en avant, sous la gorge (*jugulaires* ou *subbrachiens*, fig. 528); enfin, elles peuvent disparaître (*apodes*, fig. 526), ainsi que les pectorales elles-mêmes (fig. 520).

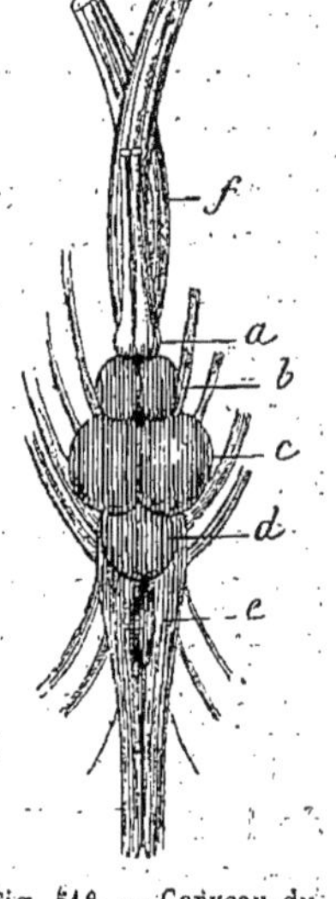

Fig. 516. — Cerveau du Brochet. — *a*, lobes olfactifs. *b*, hémisphères cérébraux. *c*, lobes optiques. *d*, cervelet. *e*, moelle allongée.

Le *système nerveux* est fort simple. L'encéphale ne remplit pas la cavité crânienne; il représente en général une double série de tubercules placés à la suite les uns des autres : lobes olfactifs, hémisphères cérébraux, lobes optiques, cervelet et moelle allongée.

Les *organes des sens* sont également peu développés. Le *tact* s'exerce au moyen des lèvres, des barbillons ou même des nageoires. La plupart des Poissons sont d'ailleurs pourvus, de chaque côté du corps, d'une série de petits canaux qui s'ouvrent à l'extérieur et constituent ce qu'on appelle la *ligne latérale*. Les parois de ces canaux reçoivent des terminaisons nerveuses libres ou épanouies en boutons tactiles et provenant d'un nerf latéral assez important. D'après les recherches de P. de Sède, la ligne latérale n'est autre qu'un organe du tact, permettant au Poisson d'apprécier les courants, les remous, les mouvements faibles de l'eau, et de se diriger par suite en connaissance de cause. Elle ne mérite donc pas, à proprement parler, la qualification que lui ont donnée quelques auteurs, d'*organe du sixième sens*. — L'*appareil olfactif* comprend une ou plus souvent deux fossettes céphaliques terminées d'ordinaire en cul-de-sac. — Les *yeux* sont grands, peu mobiles, presque toujours dépourvus de paupières. La cornée est aplatie, la pupille large, le cristallin volumineux et sphérique. Il existe en outre un repli particulier de la choroïde, analogue au peigne des Oiseaux et des Reptiles, et connu sous le nom de *ligament falciforme*. — Le sens du *goût* paraît peu développé. L'*organe auditif* ne présente ni oreille externe, ni oreille moyenne, ni limaçon; il est formé simplement par le vestibule et les trois canaux semi-circulaires, parfois réduits à deux (Lamproie) ou même à un seul (Myxine).

Nous devons signaler ici les *organes électriques* dont sont munis certains Poissons (Torpilles, Gymnotes, Malaptérures, etc.), qui s'en servent pour paralyser leur proie ou se défendre contre leurs ennemis. Ces organes, dont le siège et l'aspect sont assez variables, se composent, en thèse générale, de nombreux prismes verticaux limités par une membrane conjonctive et serrés les uns contre les autres. Ces prismes sont divisés, par des cloisons horizontales, en alvéoles superposées. Chaque alvéole renferme une couche de substance gélatineuse, et la cloison horizontale supporte un riche réseau nerveux ou plaque électrique. On a comparé, en effet, cet appareil à une pile de Volta, dans laquelle la rondelle de drap serait remplacée par la substance gélatineuse, et les rondelles de zinc et de cuivre par la lame électrique. Les décharges de cet appareil ont les plus grandes analogies avec l'acte musculaire.

Contrairement à l'opinion vulgaire, divers Poissons jouissent de la faculté d'émettre des sons : l'*appareil phonateur* paraît être représenté par la vessie aérienne.

L'*appareil digestif* est assez complexe. Chez les Cyclostomes, qui sont suceurs, la bouche est circulaire, dépourvue de mâchoires et munie de papilles cornées. Chez les Sélaciens, qui, comme tous les autres Poissons, possèdent des mâchoires, elle a l'aspect d'une fente transversale située à la face inférieure de la tête. Partout ailleurs, elle est terminale. Elle est souvent garnie de dents nombreuses, portées par des pièces osseuses très diverses. Ces dents, coniques ou en crochets, ne servent guère qu'à retenir ou à briser la proie ; elles sont presque toujours formées exclusivement de dentine, privées de racines et soudées à l'os qui les porte. Elles se renouvellent pendant toute la vie. La langue est

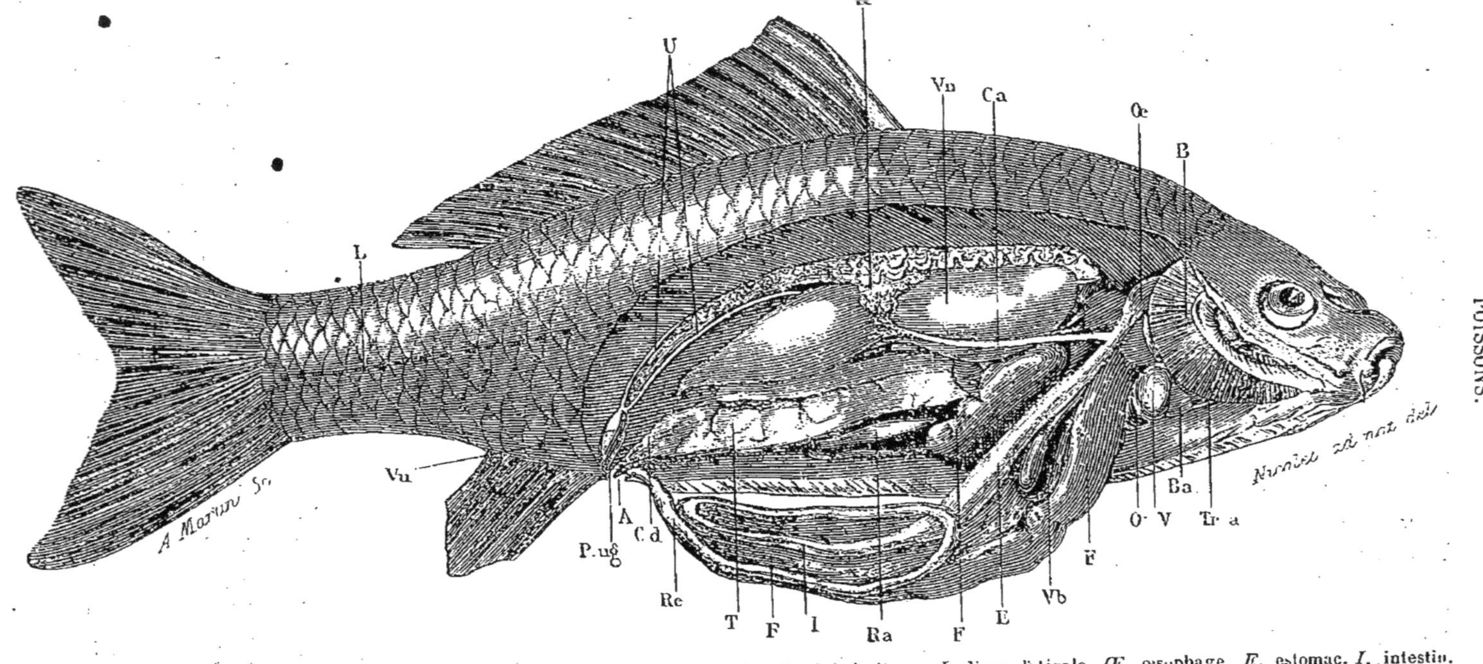

Fig. 517. — Organisation de la Carpe (*Cyprinus carpio*) : individu mâle, ouvert par le côté droit. — *L*, ligne latérale. *Œ*, œsophage. *E*, estomac. *I*, intestin. *Re*, rectum. *A*, anus. *F*, foie. *Vb*, vésicule biliaire. *Ra*, rate. *B*, branchies. *Vu*, vessie aérienne. *Ca*, canal aérifère. *O*, oreillette. *V*, ventricule. *Ba*, bulbe artériel. *Tra*, tronc aortique ascendant. *R*, reins. *U*, uretères. *Vu*, vessie urinaire. *T*, testicule gauche (le droit a été enlevé). *Cd*, parcours terminal du canal déférent. *Pug*, papille uro-génitale (Orig.).

rudimentaire. L'œsophage est court et se continue avec un estomac peu distinct, séparé de l'intestin par une valvule pylorique. A l'origine de l'intestin, se trouvent souvent des organes tubuleux (*appendices pyloriques*) qui jouissent de la faculté de digérer l'a-

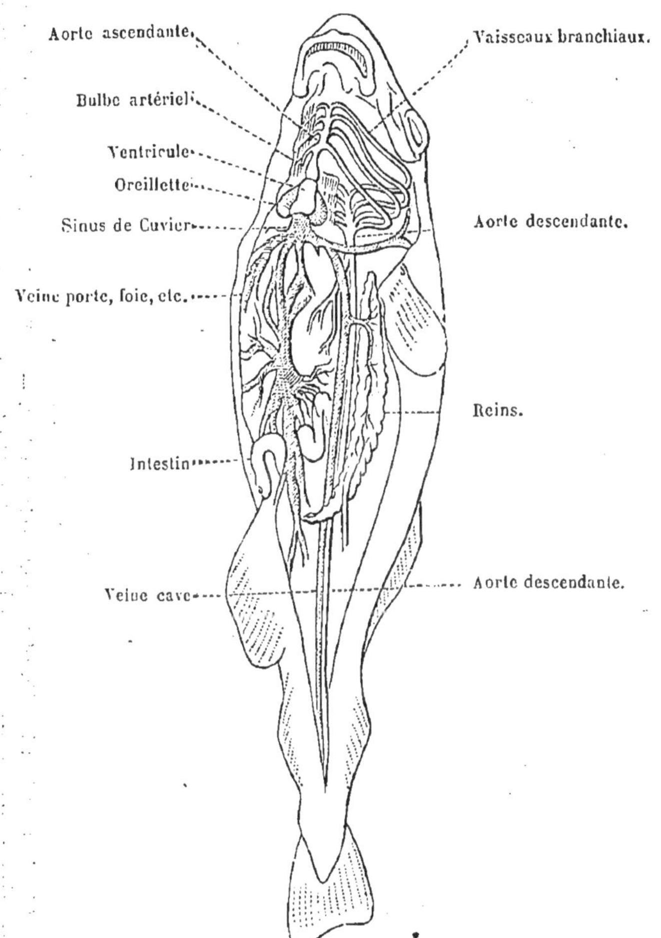

Fig. 518. — Appareil circulatoire d'un Poisson, d'après Milne Edwards.

midon et de transformer les substances albuminoïdes (R. Blanchard). L'intestin grêle décrit souvent des circonvolutions; sa muqueuse forme, sauf chez les Téléostéens, un repli contourné en hélice et appelé *valvule spirale*. Le rectum est court; il s'ouvre dans un cloaque chez les Sélaciens, mais débouche isolément chez tous les autres Poissons. — Les glandes salivaires font à peu près constamment défaut. Le foie est volumineux, indivis ou lobé, et presque toujours pourvu d'une vésicule biliaire. Le pancréas n'est jamais bien développé ; il peut même manquer.

Chez la très grande majorité des Poissons, la *circulation* est simple. Le cœur, situé au-dessous des branchies, se compose d'une oreillette et d'un ventricule placés sur le trajet du sang veineux. Les veines qui ramènent ce sang débouchent dans un sinus communiquant avec l'oreillette. Chez les seuls Dipnoïques, celle-ci est divisée en deux loges par une cloison incomplète, et la circulation s'effectue alors comme chez les Batraciens. Le ventricule est suivi d'un renflement élastique (*bulbe artériel*), muni de valvules propres à empêcher le retour du sang. De ce bulbe part un tronc médian, nommé *aorte ascendante*, qui fournit des rameaux latéraux destinés aux branchies (*artères branchiales*). Le sang hématosé dans les branchies est repris par des veines dites *artères épibranchiales*, qui se réunissent pour former l'*aorte descendante* ou dorsale, laquelle distribue le sang à la plupart des organes. — Les veines offrent la disposition que nous avons signalée pour les embryons de Vertébrés supérieurs (Voy. p. 695). Outre la veine porte hépatique, il existe un système porte rénal.

La plupart des Poissons respirent exclusivement à l'aide de *branchies*, dont la disposition est assez variable. Chez les Téléostéens et les Ganoïdes, les lamelles branchiales sont insérées sur les lèvres d'une gouttière dont est creusé le bord convexe des arcs branchiaux ; elles sont presque toujours libres jusqu'à la base. L'eau nécessaire à la respiration pénètre dans la bouche, puis est poussée entre les arcs branchiaux, baigne les branchies et s'échappe par l'orifice sous-operculaire ou des *ouïes*. Dans certains cas, les branchies sont très réduites ; d'autres fois, elles sont complétées par une branchie accessoire placée à la face interne de l'opercule. — Chez les Sélaciens et les Cyclostomes, le bord extérieur des branchies n'est plus libre, mais adhère à la paroi latérale de la chambre respiratoire (branchies fixes) : en pareil cas, l'ouverture des ouïes, au lieu d'être simple, devient nécessairement multiple ; c'est ainsi qu'on en compte cinq paires chez les Sélaciens et jusqu'à sept paires chez les Lamproies. Dans ces derniers animaux, d'ailleurs, l'eau est amenée de la bouche dans la cavité respiratoire par une sorte de canal trachéen situé au-dessous de l'œsophage.

Quelques Poissons sont pourvus d'organes accessoires de la respiration. Les uns, nommés *Pharyngiens labyrinthiformes* par Cuvier, montrent des réservoirs formés aux dépens des os pharyngiens supérieurs, et offrant des saillies spongieuses qui retiennent une certaine quantité d'eau destinée à humecter les branchies. Les *Anabas*, qui sont munis d'un semblable appareil, peuvent demeurer assez longtemps hors de l'eau. — D'autres Poissons, tels que le Saccobranche et l'Amphipnoüs, possèdent des sacs remplis d'air, qui reçoivent du sang des artères branchiales ; ces sacs servent évidemment à la respiration.

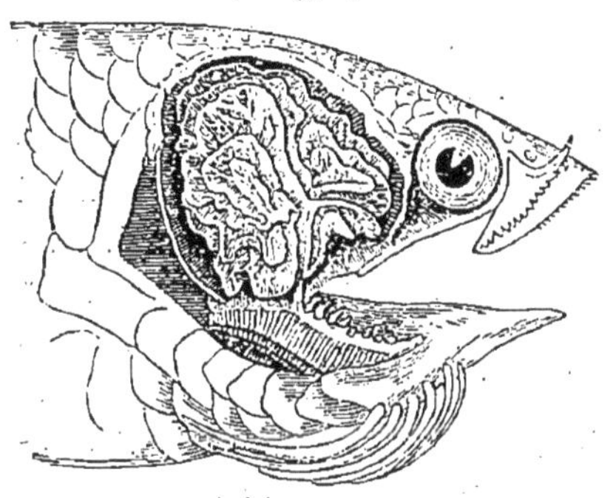

Fig. 519. — Appareil respiratoire de l'Anabas, d'après Milne Edwards.

Il existe souvent, dans la cavité viscérale et au-dessous de la colonne vertébrale, une poche remplie d'air, à laquelle on donne le nom de *vessie aérienne* ou de *vessie natatoire*. Elle est tantôt close, tantôt pourvue d'un canal aérien qui s'ouvre dans la partie antérieure du tube digestif. On a longtemps regardé cette poche comme un appareil hydrostatique, dont les Poissons se serviraient pour faire varier le poids spécifique de leur corps et déplacer leur centre de gravité, de manière à favoriser les mouvements d'ascension ou de descente. En réalité, les changements de volume que subit la vessie aérienne sont passifs et tiennent à la pression que supporte l'animal. Cet organe semble plutôt défavorable à la natation. Beaucoup de Poissons bons nageurs en sont d'ailleurs dépourvus. — La vessie aérienne est, dans une certaine mesure, un organe de respiration, et on doit la regarder comme l'homologue du poumon, malgré ses connexions nerveuses et vasculaires. Chez les Dipnoïques, on trouve, à la place de cet organe, un ou deux sacs pulmonaires véritables.

Les *reins* sont formés par les corps de Wolff ; ils sont simples ou lobés et occupent d'ordinaire toute la longueur de la cavité viscérale, au-dessus de la vessie aérienne. Les uretères se réunissent en un tronc commun souvent dilaté à son origine en une sorte de vessie urinaire et débouchant en arrière de l'anus, par un orifice très rapproché du pore sexuel. Chez les Ganoïdes, les Sélaciens et les Dipnoïques, les organes génito-urinaires, souvent confondus à leur terminaison, s'ouvrent dans un cloaque.

Presque toujours les sexes sont séparés. Les *glandes génitales* sont habituellement paires. Elles sont quelquefois (Cyclostomes, Anguilles, femelles de Salmonidés) dépourvues de conduits vecteurs, et les produits sexuels, tombant dans la cavité abdominale, sont évacués par un pore génital situé derrière l'anus. Mais d'ordinaire ces conduits existent, et s'ouvrent un peu en avant du canal urinaire ou se confondent avec lui.

Les Poissons sont surtout ovipares ; il en est cependant un certain nombre chez lesquels l'éclosion a lieu dans le corps de la mère. Le développement embryonnaire s'accomplit alors dans une dilatation de l'oviducte (*utérus*), et parfois même il se forme un placenta rappelant quelque peu celui des Mammifères. La fécondation est presque toujours extérieure : le mâle verse son sperme (*laitance*) sur les œufs qui viennent d'être pondus. La reproduction n'a lieu en général qu'une fois par an, principalement au printemps. Dans certains cas, à l'époque du frai, les mâles prennent une « parure de noce », et des changements surviennent dans le genre de vie : réunion en bandes nombreuses, migrations, etc. Les jeunes sont presque toujours abandonnés à eux-mêmes.

Les œufs subissent une segmentation partielle. L'embryon ne possède ni amnios, ni vésicule allantoïde. Au moment de la naissance, le jeune porte encore une partie de la vésicule vitelline suspendue à sa face ventrale. Ce n'est que par exception qu'on observe des métamorphoses.

Le plus grand nombre des Poissons sont carnassiers ; et certains d'entre eux possèdent de redoutables armes de chasse. Il en est cependant qui sont omnivores ou même phytophages. Les uns vivent dans les eaux douces ; d'autres habitent la mer ; il en est, enfin, qui passent périodiquement d'un milieu dans l'autre.

On trouve des Poissons fossiles depuis le dévonien jusque dans les couches récentes.

Bromatologie. — La chair des Poissons joue un rôle important dans l'alimentation : en France, la consommation individuelle s'élève à 10 k. 220 par an, dont un quatorzième seulement pour le Poisson d'eau douce. Cependant, cette chair est beaucoup moins nutritive que celle des Mammifères et des Oiseaux, et elle ne saurait constituer, sans préjudice pour la santé, un aliment exclusif. Elle paraît convenir surtout aux convalescents, car elle permet d'établir un régime intermédiaire entre la diète et l'usage des viandes. Quant à l'excitation qu'elle exercerait sur les fonctions génésiques, rien n'est moins démontré. — Le Poisson se putréfie très vite, et il n'est réellement salubre que lorsqu'il est très frais, ce qu'on reconnaît à l'éclat des yeux et à l'état humide et rouge vif des ouïes: un simple lavage décèle d'ailleurs la fraude vulgaire qui consiste à teindre de sang frais les ouïes des Poissons avancés. — Mais il est en outre des Poissons dont l'usage alimentaire occasionne des accidents graves et parfois mortels, quel que soit leur état de fraîcheur. Ils habitent surtout les mers chaudes du globe : nous signalerons plus loin les principales espèces auxquelles ils appartiennent. Enfin, on en connaît quelques-uns, comme le Barbeau, le Maquereau, etc., qui, d'ordinaire inoffensifs, peuvent devenir toxiques sous certaines influences encore mal déterminées.

Pisciculture. — Le peu de soin que les Poissons prennent de leur progéniture, la pêche, la multiplication des établissements industriels qui déversent dans les rivières leurs produits insalubres, une foule de circonstances fâcheuses enfin ont amené le dépeuplement de nos cours d'eau. La *pisciculture* a précisément pour but de parer à ces inconvénients et pour objet principal d'assurer le repeuplement des eaux au moyen de l'*alevin* provenant d'éclosions artificielles. A cet effet, on conserve, dans des bassins convenables, quelques femelles et quelques mâles de l'espèce qu'il s'agit de multiplier. Au moment du frai, on s'empare des femelles et, au moyen d'une pression exercée sur le ventre, on fait tomber les œufs dans des vases remplis d'eau. On arrose ensuite ces œufs avec la laitance des mâles, en procédant de la même manière ; puis, une fois la fécondation opérée, on les place dans des appareils incubateurs, dont le plus connu est celui de M. Coste. Il consiste en une série d'auges superposées en gradins ; un robinet laisse couler constamment sur l'auge la plus élevée de l'eau qui se déverse dans les autres et s'échappe ensuite. Après l'éclosion, les jeunes Poissons, qui constituent ce qu'on appelle l'alevin, sont placés dans des bassins particuliers ; ils ne prennent à ce moment aucune nourriture et se bornent à consommer le reste des éléments nutritifs contenus dans le sac vitellin, qui fait saillie sous l'abdomen. Quand cette vésicule a disparu, on les nourrit de Vers, d'Insectes, de pain, etc., et, dès qu'ils sont assez forts, on les dissémine dans les eaux qui leur conviennent.

Classification. — La classification des Poissons a beaucoup varié depuis Artedi, Linné et Cuvier. Celle qui est généralement adoptée aujourd'hui est due à Jean Müller (1844) : tout au moins les ichtyologistes modernes ne lui ont-ils fait subir que des modifications secondaires, sauf en ce qui concerne la mise à part de l'Amphioxus.

5 ordres :

Respiration branchiale et pulmonaire				DIPNOÏQUES.
Pas de poumons	deux orifices nasaux; mâchoires distinctes	bouche ordinaire, terminale	bulbe artériel à deux valvules	TÉLÉOSTÉENS.
			bulbe à plusieurs séries de valvules	GANOÏDES.
		bouche transversale, sous le museau		SÉLACIENS.
	un seul orifice nasal; bouche annulaire			CYCLOSTOMES.

PREMIER ORDRE

CYCLOSTOMES

Poissons vermiformes, à squelette cartilagineux et à corde persistante; dépourvus de nageoires pectorales et ventrales; à sac nasal simple et à bouche annulaire.

Les Cyclostomes (κύκλος, cercle; στόμα, bouche) sont ainsi appelés en raison de leur bouche circulaire, armée de nombreuses dents cornées. Les branchies sont fixées sur les côtés de l'œsophage,

Fig. 520. — Grande Lamproie (*Petromyzon marinus* L.).

dans 6 ou 7 paires de sacs qui débouchent en général au dehors par autant d'orifices. Le bulbe artériel ne présente que deux valvules.

Genres Myxine (*Myxine*), Lamproie (*Petromyzon*), etc. Les Myxines sont parasites sur d'autres Poissons. Les Lamproies sont comestibles. La Lamproie Sucet (*P. Planeri*) subit des métamorphoses : sa larve a été longtemps décrite comme une espèce particulière (*Ammocœtes branchialis*).

DEUXIÈME ORDRE

SÉLACIENS

Poissons cartilagineux, à bouche ordinairement transversale, située à la face inférieure du museau; branchies fixées dans des sacs distincts.

Les Sélaciens (σέλαχος, poisson cartilagineux) ou Chondroptérygiens ont la peau généralement pourvue d'écailles placoïdes. La queue est hétérocerque. Le crâne n'offre pas de divisions. Les nerfs optiques forment un chiasma. L'intestin, garni d'une valvule spirale, débouche dans un cloaque. Deux ouvertures ou *évents* mettent d'ordinaire l'arrière-bouche en communication avec l'extérieur. Le bulbe artériel est muni de plusieurs rangs de valvules. Les mâles possèdent des organes copulateurs ; par suite, il y a toujours accouplement et fécondation interne. Un fait remarquable, déjà connu d'Aristote, c'est qu'il existe parfois une sorte de placenta fourni par la vésicule ombilicale. Ce sont surtout des Poissons marins.

2 sous-ordres :

PREMIER SOUS-ORDRE

CHIMÉRIENS

Encore appelés *Holocéphales* (ὅλος, entier : κεφαλή, tête), ils sont caractérisés par *leurs sacs branchiaux*, qui *s'ouvrent de chaque côté par une fente commune*, recouverte par un repli cutané operculaire. Peau nue. Pas d'évents.

L'espèce la plus intéressante est la Chimère arctique (*Chimæra monstrosa*), vulgairement Chat de mer. Les Norvégiens retirent de son foie une huile qui est employée en médecine.

SECOND SOUS-ORDRE

PLAGIOSTOMES

Ce sont les Sélaciens proprement dits. *Leurs sacs branchiaux adhèrent extérieurement à la peau et s'ouvrent au dehors, chacun par un orifice distinct.* La peau est quelquefois nue. Les évents existent presque toujours. — Deux sections principales :

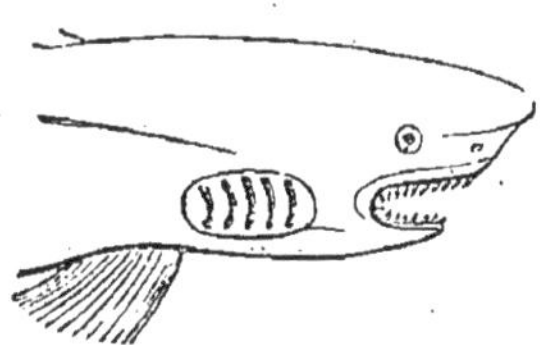

Fig. 521. — Extrémité antérieure d'un Requin (*Carcharias lamia*, Risso).

I. SQUALES. — Ils ont le corps fusiforme et les orifices branchiaux situés sur les côtés.

Parmi les nombreux genres de ce groupe, nous citerons : les Requins (*Carcharias*), les Marteaux (*Zygæna*), les Emissoles (*Mustelus*), les Roussettes (*Scyllium*), les Aiguillats (*Spinax*), les Anges (*Squatina*), etc., la plupart comprenant des espèces de grande taille et très redoutables.

La peau de ces animaux est souvent utilisée en guise de râpe, en raison des nodules osseux qu'elle renferme; on la livre au commerce sous les noms de *Chien de mer*, *Galuchat*, *Chagrin*. — On mange aussi la chair de quelques Squales, notamment des Anges. — Enfin, on retire du foie de certaines espèces une huile assez analogue à l'huile de foie de Morue. Le Dr Delattre, de Dieppe, en a extrait de l'Aiguillat, de la petite Roussette, de l'Ange, etc. *L'huile de foie de Squale* s'obtient par l'ébullition dans l'eau; elle a une teinte ambrée et laisse précipiter, par le repos, d'abondants grumeaux de stéarine. C'est un succédané de l'huile de foie de Morue: elle est même plus riche en iode et en phosphore, mais contient un peu moins de brome et de soufre.

II. Raies. — Corps déprimé, discoïde, terminé en général par une queue longue et mince; fentes branchiales situées sur la face ventrale. Pas d'évents.

Aux Rajides se rattachent : les Scies (*Pristis*), dont le museau s'allonge en rostre aplati armé latéralement de dents aiguës; les Torpilles (*Torpedo*), pourvues d'un appareil électrique placé de chaque côté de la tête; les Raies (*Raja*); les Pastenagues (*Trygon*); les Aigles de mer (*Myliobatis*), etc.

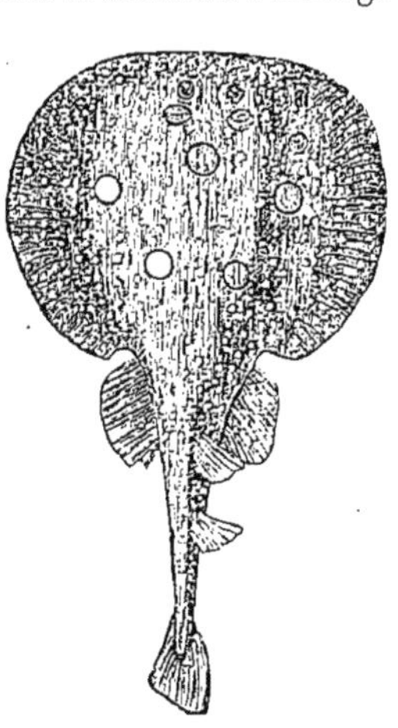

Fig. 522. — Torpille vulgaire (*Torpedo narke seu oculata*).

La chair des Raies est assez estimée; elle est cependant peu digeste. — La peau fournit une sorte de gélatine employée pour la clarification de la bière. — En outre, on retire du foie de ces Poissons une huile qui peut, jusqu'à un certain point, remplacer l'huile de foie de Morue. Les principales espèces qui la fournissent sont: la Raie bouclée, la Raie cendrée, la Pastenague et l'Aigle de mer. Elle se fabrique sur les côtes de Normandie, surtout par le procédé de l'ébullition. L'huile de foie de Raie est d'une teinte jaune clair, parfois orangée ou un peu rougeâtre, à odeur de Poisson, à saveur assez douce. Elle contient moins d'iode et de soufre que l'huile de foie de Morue, mais plus de phosphore.

TROISIÈME ORDRE

GANOÏDES

Poissons cartilagineux ou osseux, à branchies libres recouvertes par un opercule; bulbe artériel à plusieurs rangs de valvules.

La peau de ces Poissons, rarement nue, présente quelquefois des écussons osseux; mais, le plus souvent, elle est recouverte d'écailles osseuses émaillées ou ganoïdes (γάνος, éclat). La queue est d'ordinaire hétérocerque. Le crâne montre des divisions distinctes. Les nerfs optiques forment un chiasma. L'intestin est pourvu d'une valvule spirale. Il existe en général des évents. On observe toujours une vessie natatoire munie d'un canal aérien. — Beaucoup de formes fossiles. — 2 sous-ordres.

PREMIER SOUS-ORDRE

CHONDROGANOÏDES

Les Ganoïdes cartilagineux ou Sturioniens ont la peau nue ou couverte d'écussons osseux.

Genres Esturgeon (*Acipenser*), Spatulaire (*Spatularia*), etc.

Les Esturgeons vivent dans la mer, mais au printemps remontent les fleuves et leurs affluents. On les pêche surtout dans le Danube, le Dniester, le Volga et l'Oural. L'Esturgeon commun (*A. sturio*) se ren-

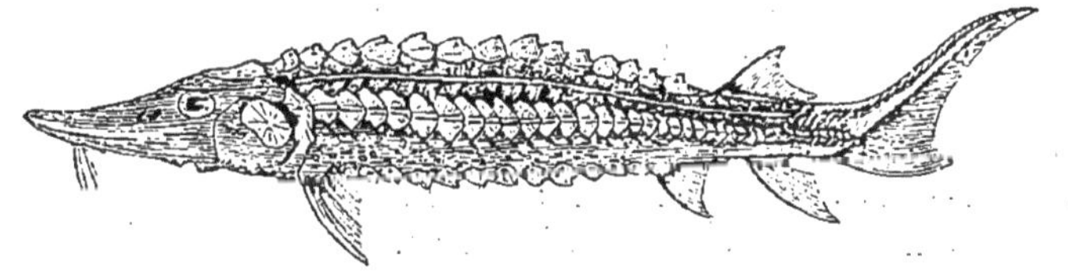

Fig. 523. — Esturgeon commun (*Acipenser sturio* L.).

contre aussi dans le Rhône, la Garonne, la Loire et le Rhin. La chair des Esturgeons est très délicate, mais peu digeste. Leurs œufs constituent la base du *caviar*, aliment très usité en Russie, où il est consommé par toutes les classes. — Leur vessie natatoire préparée fournit une substance gélatineuse appelée *ichtyocolle* ou *colle de poisson*. La préparation consiste à la nettoyer, à la façonner et à la faire sécher à l'ombre. On trouve dans le commerce quatre sortes principales d'ichtyocolle brute : 1° *en lyre*, c'est-à-dire en cylindres courbés, l'extrémité étant infléchie en dehors; 2° *en cœur*, extrémité infléchie en dedans; 3° *en livre*, lames minces pliées en carré et réunies par un bâton qui les traverse; 4° *en feuilles*, lames séparées. L'ichtyocolle offre la consistance du parchemin; elle est blanchâtre, demi-transparente, inodore et insipide. L'eau bouillante la dissout : pour l'employer, on la découpe en petits fragments, souvent après l'avoir martelée, et on la fait bouillir quelques instants. Elle sert ainsi à clarifier le vin, la bière et beaucoup d'autres liquides. C'est également avec cette substance qu'on prépare le taffetas d'Angleterre, etc.

SECOND SOUS-ORDRE

OSTÉOGANOÏDES

On distingue deux groupes de Ganoïdes osseux, basés sur la constitution des écailles.

I. RHOMBIFÈRES. — Écailles ganoïdes, rhomboïdales. — Genres *Polypterus*, *Lepidosteus*.

II. CYCLIFÈRES. — Grandes écailles grenues, émaillées, à bord arrondi. — Genre *Amia*.

QUATRIÈME ORDRE

TÉLÉOSTÉENS

Poissons osseux, à branchies libres recouvertes par un opercule; bulbe artériel muni d'une seule paire de valvules.

La peau est d'ordinaire recouverte d'écailles cycloïdes ou cténoïdes imbriquées. La queue est en général homocerque. Le squelette est toujours osseux (τέλειος, parfait; ὀστέον, os). Les nerfs optiques se croisent sans former de chiasma. L'intestin est dépourvu de valvule spirale. Il n'existe pas d'évents. Presque toujours on observe une vessie natatoire.

C'est le groupe qui renferme le plus grand nombre de Poissons.

4 sous-ordres :

Peau écailleuse, branchies pectinées : *Squamodermes*.	Rayons épineux....................	ACANTHOPTÉRYGIENS.
	Rayons mous....................	MALACOPTÉRYGIENS.
Corps cuirassé : *Ostéodermes*.	Branchies pectinées; mâchoire supérieure soudée au crâne..........	PLECTOGNATHES.
	Branchies en houppes..............	LOPHOBRANCHES.

PREMIER SOUS-ORDRE

LOPHOBRANCHES

Les petits Poissons qui forment ce groupe sont caractérisés par leurs *branchies disposées en houppes* (λόφος, houppe; βράγχια, branchies), au lieu d'être pectinées comme chez les autres Téléostéens. La peau est ossifiée et forme une sorte de carapace. La

Fig. 524. — Hippocampe (*Hippocampus brevirostris* Cuv.), mâle avec sa poche ovifère.

vessie natatoire, quand elle existe, est dépourvue de canal aérien. Enfin, les mâles portent les œufs depuis la ponte jusqu'à l'éclosion.

Espèces principales : Pégase volant (*Pegasus volans* L.), Aiguille de mer (*Syngnathus acus* L.), Hippocampe des anciens ou cheval marin (*Hippocampus antiquorum* Leach, *H. brevirostris* Cuv.).

SECOND SOUS-ORDRE

PLECTOGNATHES

Les Plectognathes (πλεκτός, soudé; γνάθος, mâchoire) tirent leur caractère principal de la disposition de la *mâchoire supérieure*, qui est *soudée au crâne* et par conséquent immobile. Ils ont le corps globuleux ou fortement comprimé d'un côté à l'autre, et revêtu d'une cuirasse dermique épaisse, souvent épineuse.

2 groupes.

I. Sclérodermes. — Mâchoires munies de dents distinctes. — Nous devons citer en particulier les Coffres (*Ostracion*) et les Balistes (*Balistes*), Poissons vénéneux des mers tropicales.

II. Gymnodontés. — Grosses dents agglomérées sur les mâchoires, qu'elles

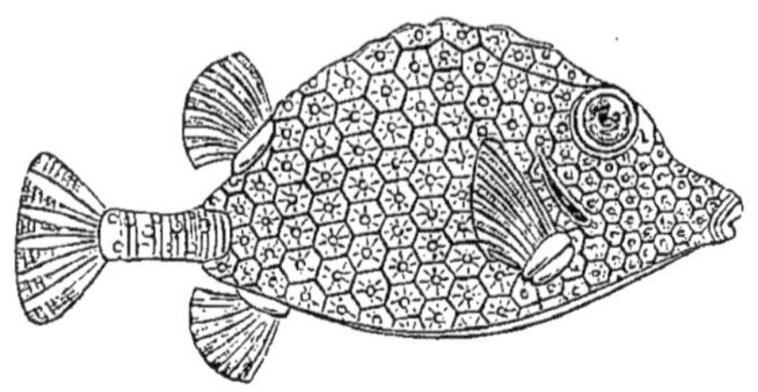

Fig. 525. — Coffre triangulaire (*Ostracion triqueter* L.).

transforment en une espèce de bec de Tortue. — Ici se placent les Môles ou Poissons-Lunes (*Orthagoriscus*), ainsi que les Poissons globuleux formant la famille des Tétrodontidés (*Diodon*, *Triodon* et *Tetrodon*), dont toutes les espèces sont vénéneuses.

TROISIÈME SOUS-ORDRE

MALACOPTÉRYGIENS

Les nageoires de ces Poissons sont soutenues par des rayons mous (μαλακός, mou ; πτερύγιον, nageoire) ; parfois cependant les premiers rayons de la dorsale et de l'anale sont épineux. La peau est revêtue d'écailles cycloïdes ou cténoïdes.

Les branchies sont pectinées.

2 sections.

I. Physostomes. — Vessie natatoire pourvue d'un canal aérien. Ce groupe correspond à peu près aux *Malacoptérygiens apodes* et *abdominaux* de Cuvier.

a. *Physostomes apodes*. — Pas de nageoires ventrales.

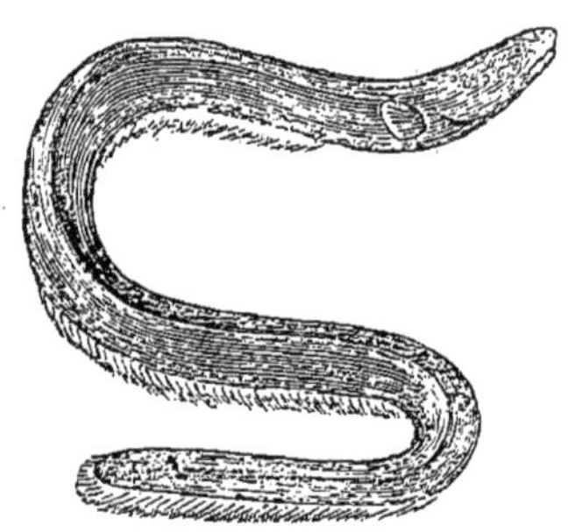

Fig. 526. — Gymnote électrique (*Gymnotus electricus* L.).

Comprennent les Anguilles (*Anguilla*), Poissons huileux, à chair indigeste, dont l'histoire est encore peu connue (fraient dans la mer) ; les Congres ou Anguilles de mer (*Conger*) ; les Murènes (*Muræna*) ; les Gymnotes (*Gymnotus*), des rivières de l'Amérique équatoriale, qui possèdent un puissant appareil électrique situé le long du dos et de la queue, et à l'aide duquel ils peuvent foudroyer même de gros animaux.

b. *Physostomes abdominaux.* — Nageoires ventrales situées sous l'abdomen, en arrière des pectorales. — Nous avons à citer dans ce groupe un certain nombre d'espèces alimentaires, et d'autres qui sont vénéneuses.

La famille des **CLUPÉIDÉS** a pour type les Harengs (*Clupea*). Le Hareng commun (*C. harengus*) vit en bancs immenses dans les mers du nord-ouest de l'Europe et se rapproche des côtes au moment du frai. Comme il se conserve difficilement, on le sale, et souvent même on le fume en l'exposant à la fumée de hêtre, ce qui donne le *hareng saur*. La Sardine (*C. sardina*) se pêche sur toutes les côtes de France, d'Italie, d'Espagne, etc. Les Sardines sont salées, ou marinées dans l'huile ou la saumure, mais on ne les fume pas. La Sardine des tropiques (*C. tropica*), des côtes d'Afrique, le Cailleu tassart (*C. thrissa*), des Antilles et des mers de la Chine, et la Mélette vénéneuse (*C.* ou *Meletta venenosa*) deviennent très dangereux dans certaines circonstances mal déterminées et peuvent causer des empoisonnements mortels. — L'Anchois commun (*Engraulis encrasicholus*) se pêche surtout dans la Méditerranée ; sa chair est peu délicate à l'état frais ; on la fait mariner dans l'huile. Les anciens s'en servaient pour préparer une liqueur apéritive appelée *garum*. L'*Engraulis japonica* est vénéneux.

L'Alose (*Alosa communis*) remonte, au printemps, de la mer dans les cours d'eau, où elle va frayer. Chair estimée.

A la famille des **ÉSOCIDÉS** appartient le Brochet (*Esox lucius*), Poisson vorace à chair excellente ; sa laitance détermine souvent des vomissements et une poussée d'urticaire.

Les **SALMONIDÉS** comprennent : Saumons. Saumon commun (*Salmo salar*), remonte les fleuves pour aller frayer sur les fonds de gravier. Chair rouge (colorée par l'acide salmonique), estimée, quoique un peu indigeste. Omble-Chevalier (*S. salvelinus*), remonte rarement les fleuves. Truites (Saumons à opercule non strié) : Truite de rivière (*S. fario*) et Truite des lacs (*S. lacustris*), à chair tantôt pâle et tantôt saumonée. Truite de mer (*S. trutta*) ou Truite saumonée, n'est pas un hybride ; remonte les fleuves. — Eperlan (*Osmerus eperlanus*), chair parfumée, digeste. — Ombre des rivières (*Thymallus vulgaris*). — Lavaret (*Coregonus Lavaretus*), chair blanche, un peu molle ; etc.

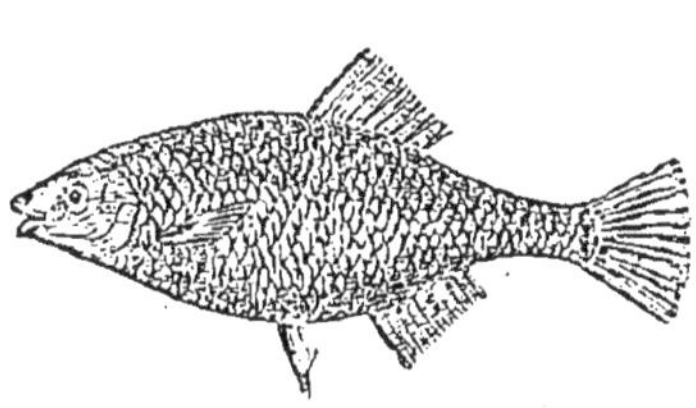

Fig. 527. — Bouvière amère *Rhodeus*) *amarus* L.).

Les **CYPRINIDÉS** sont des Poissons d'eau douce. — Carpe (*Cyprinus carpio* L.), chair un peu fade, laitance savoureuse. — Carassin (*Cyprinopsis carassius*). Gibèle (*C. gibelio*). — Tanche (*Tinca vulgaris*), peu digeste. — Barbeau (*Barbus fluviatilis*), devien-

dangereux au moment du frai, car ses œufs sont vénéneux. — Goujon (*Gobio fluviatilis*), de digestion facile. — Bouvière (*Rhodeus amarus*), chair amère. — Brème (*Abramis brama*), chair blanche, assez bonne, avec beaucoup d'arêtes. — Ablette (*Alburnus lucidus*), chair molle et fade. — Gardon (*Leuciscus rutilus*), nageoires rouges, chair assez bonne, remplie d'arêtes, comme celle de la Chevaine (*L. cephalus*) et de la Vandoise (*L. vulgaris*). — Vairons (*Phoxinus lævis*), chair amère.

Dans les **ACANTHOPSIDÉS** se placent les Loches : Loche franche (*Cobitis barbatula*), dont la chair est très estimée, et Loche d'étang (*C. fossilis*), molle, avec goût de vase.

Enfin, nous signalerons dans les **SILURIDÉS** le Malaptérure électrique, du Nil (*Malapterurus electricus*).

II. Anacanthiens. — Vessie natatoire sans canal aérien, parfois absente. Les nageoires ventrales sont ordinairement jugulaires, et ce groupe répond presque aux *Malacoptérygiens subbranchiens* de Cuvier.

Les **GADIDÉS** comprennent en première ligne les Morues (*Gadus*). Morue commune (*G. morrhua* L.) ; les jeunes individus ont été longtemps décrits comme une espèce particulière, sous le nom de Dorsch (*G. callarias*). Églefin (*G. æglefinus*), etc. — Merlan (*Merlangus vulgaris*), s'altère très vite. Colin (*M. carbonarius*), chair ferme, peu estimée. — Merluche (*Merluccius vulgaris*), chair blanche, assez bonne. — Lingue (*Molva vulgaris*), de digestion facile. — Lotte (*Lota vulgaris*), Poisson d'eau douce, foie estimé.

La **Morue** est l'espèce la plus importante de la classe des Poissons au point de vue de l'alimentation et de la médecine. Elle mesure en moyenne un mètre de long, et présente une teinte olivâtre en dessus, avec des taches brunes ou jaunes ; le dessous est de couleur claire.

On la pêche surtout sur les côtes d'Islande, au cap Nord, à Terre-Neuve et sur les côtes du Canada. Cinq à six mille navires se livrent annuellement à cette pêche, et fournissent en moyenne à la consommation 36 millions de Morues. En 1879, la France comptait pour sa part 177 navires, montés par 7198 marins. 12 millions de kilogrammes sont consommés chaque année dans notre pays, sans compter les Morues fournies par la petite pêche littorale, et qu'on connaît sous le nom de *Cabeliau*. La Morue subit diverses préparations : on la sale, on la sèche et on la fume.

On retire en outre de son volumineux foie une huile qui est devenue une des plus précieuses ressources de la thérapeutique. L'*huile de foie de Morue* offre trois variétés principales, caractérisées par leur coloration.

L'*huile blonde* est obtenue par le simple tassement des foies frais dans une cuve. Elle a une teinte légèrement ambrée, une odeur et une saveur peu prononcées, rappelant l'huile de conserves de sardines ; elle n'est pas âcre au goût.

L'*huile brune* s'obtient en pressant légèrement les foies qui ont fourni la sorte précédente et commencent à s'altérer. Odeur et saveur plus accusées.

L'*huile noire* enfin est produite en faisant bouillir les foies dans l'eau : elle est épaisse, son odeur est désagréable ; elle est âcre au goût.

Les procédés d'extraction varient d'ailleurs suivant les localités. En outre, les commerçants se sont appliqués à la purifier et surtout à la décolorer ; mais les opérations qu'on lui fait alors subir paraissent lui enlever une partie de ses propriétés. C'est ainsi que sont produites les *huiles très blanches* du commerce.

L'huile de foie de Morue a une densité de 0,930. L'acide azotique pur et fumant la colore en rose, la rosaniline en rouge. Elle est peu soluble dans l'alcool, mais très soluble dans l'éther. Elle renferme, outre les principes de la bile, des corps gras, parmi lesquels la *gaduine*, de l'iode, du brome, du soufre, du phosphore, etc.

Cette huile constitue un puissant analeptique, qu'on administre en particulier dans le rachitisme, la scrofule et la phtisie. Les sortes inférieures peuvent être, de plus, employées à l'extérieur, pour leurs propriétés rubéfiantes et résolutives.

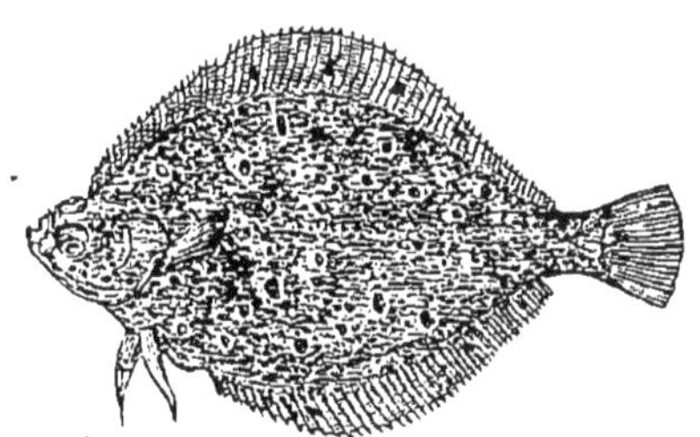

Fig. 528. — Limande (*Pleuronectes limanda* L.).

Les **PLEURONECTIDÉS** sont des Poissons plats qui, par suite d'un mouvement de torsion s'effectuant dans le jeune âge, ont le crâne asymétrique et les deux yeux situés du même côté. — Turbot (*Rhombus maximus*), chair crémeuse exquise. Barbue (*Rh. lævis*), aussi très estimée. — Plie franche ou carrelet (*Platessa vulgaris*), assez recherchée à la fin du printemps. Limande (*Pl. limanda*), un peu supérieure. — Sole (*Solea vulgaris*), chair très savoureuse.

Enfin, les **SCOMBERÉSOCIDÉS** renferment les Orphies (*Belone vulgaris*), à chair sèche ; les Exocets ou Poissons volants, etc. L'Orphie tropicale (*B. caricæa*) est vénéneuse.

QUATRIÈME SOUS-ORDRE

ACANTHOPTÉRYGIENS

Les nageoires sont à rayons épineux (ἄκανθα, épine). La peau est revêtue d'écailles généralement cténoïdes. Les branchies sont pectinées.

Dans les **LABRIDÉS**, nous avons à citer la Vieille (*Scarus vetula*), Poisson vénéneux, comme les Scares en général.

Dans les **PERCIDÉS**, la Perche fluviale (*Perca fluviatilis*), à chair ferme et agréable, le Bar ou Loup (*Labrax lupus*), assez délicat, les Cerniers (*Polyprion*), à chair blanche et tendre, et les Serrans (*Serranus*), dont un grand nombre sont vénéneux.

Dans les **GASTÉROSTÉIDÉS**, les Épinoches (*Gasterosteus*), qui construisent un nid.

Dans les **MULLIDÉS**, le Rouget barbet (*Mullus barbatus*), et le Surmulet (*M. Surmuletus*), très estimés, le premier surtout.

Dans les **SPARIDÉS**, le Bogue commun (*Box vulgaris*), assez bonne chair; les Pagres (*Pagrus*).

Dans les **SPHYRÆNIDÉS**, quelques espèces vénéneuses : *Sphyræna picuda*, des Antilles, et *Sph. barracuda*, du Brésil.

Les **TRIGLIDÉS** ont une grosse tête souvent garnie de piquants, dont la blessure peut être dangereuse. Rascasses (*Scorpæna*), de la Méditerranée : leurs piqûres paraissent venimeuses. — Chabots (*Cottus*). — Grondin (*Trigla cuculus*), souvent confondu avec le Rouget, mais beaucoup moins délicat. Cavillone (*T. caviglione*), chair dure.

Les **TRACHINIDÉS** ont le corps allongé, une nageoire anale s'étendant très loin en avant, et des nageoires ventrales situées d'ordinaire sous la gorge.

Les **Vives** (*Trachinus*), qui sont le type de cette famille, ont la tête courte, la bouche fendue obliquement, les yeux placés assez haut, mais latéralement. Elles possèdent deux nageoires dorsales, l'antérieure ayant pour base des rayons épineux bi-canaliculés; l'opercule est armé, à sa partie supérieure, d'une forte épine qui se dirige en arrière et en haut, et qui offre elle-même deux sillons.

Les Vives sont des Poissons venimeux (1). L'appareil à venin est représenté par les rayons épineux de la première nageoire dorsale, et surtout par l'épine operculaire. A la base de ces pièces se trouve une glande pyriforme double, assez analogue, par sa cons-

(1) L. Gressin, *Contribution à l'étude de l'appareil à venin chez les Poissons du genre Vive*, Thèse de Paris, 1884.

titution, aux glandes sébacées. Lorsque la base de l'épine est comprimée, cette glande donne issue à un liquide bleuâtre, un peu opalescent après la mort du Poisson, liquide qui suit les canalicules de l'épine et qui, inoculé, paraît agir à la façon des poisons convulsivants.

Les pêcheurs qui marchent nu-pieds dans le sable ou qui cherchent à enlever les Vives de leurs filets, les cuisiniers qui préparent ces Poissons, même quand ils sont morts depuis un certain temps, s'inoculent souvent le venin dont il s'agit. — Les principaux symptômes ressentis alors sont, d'abord, une douleur très violente, lancinante, entraînant quelquefois la syncope; « puis, une sorte de *fourmillement douloureux* s'empare du membre blessé qui se tuméfie, s'enflamme et peut même, si on néglige de le soigner, devenir le point de départ d'un phlegmon avec gangrène. Certains phénomènes généraux accompagnent cet état : fièvre, délire, vomissements bilieux. Ces phénomènes ont d'ailleurs une durée variable. Ils peuvent ne durer que deux ou trois heures, comme ils peuvent se faire sentir plusieurs jours » (1). Ajoutons qu'il survient d'ordinaire, aussitôt après la piqûre, un besoin pressant d'uriner. — On combat la douleur par le repos, les émollients et les calmants; on cherche à éviter les syncopes en administrant des stimulants diffusibles; enfin, s'il y a lieu, on traite le phlegmon.

On rencontre, sur nos côtes, quatre espèces de Vives : la Vive commune (*Trachinus draco*), qui nage toujours entre deux eaux; la petite Vive (*Tr. vipera*), Arselin des Normands, Puckel des Ostendais, qu'on trouve au milieu des Crevettes dont elle se nourrit, et qui peut s'enfouir dans le sable; la Vive à tête rayonnée (*Tr. radiatus*), et la Vive araignée (*Tr. araneus*) ou Aragne. Ces deux dernières espèces sont propres à la Méditerranée.

Parmi les **SCOMBÉRIDÉS**, nous avons à citer : le Maquereau vulgaire (*Scomber scombrus*), à chair huileuse, lourde, toxique quand il n'est pas frais; le Thon commun (*Thynnus mediterraneus*) et le Germon (*Th. alalonga*), qui partagent ces propriétés; la Pélamyde ou Bonitou (*Pelamys vulgaris*), quelquefois vénéneuse; les Tassards (*Cybium*), et les Carangues (*Caranx*), également vénéneux pour la plupart; les Rémoras (*Echeneis*), qui se font transporter par d'autres Poissons, leur première nageoire dorsale étant transformée en ventouse; les Espadons (*Xiphias*), dont la mâchoire supérieure est allongée en forme d'épée, etc.

Divers **GOBIIDÉS** ou Goujons de mer (*Gobius criniger*, *setiger*, *venenatus*) sont vénéneux. Il en est de même, dans les **LOPHIIDÉS**, de la Baudroie épineuse (*Lophius setiger*).

(1) *Loc. cit.* — Voyez aussi A. Bottard, *Note sur la piqûre de la Vive*. Société de biologie, 11 janvier 1885, p. 23.

CINQUIÈME ORDRE

DIPNOÏQUES

Poissons ostéo-cartilagineux, à peau écailleuse, à respiration branchiale et pulmonaire.

Les Pneumobranches ou Dipnoïques (δίς, deux; πνοή, respiration) offrent beaucoup d'affinités avec les Batraciens, mais se rapprochent encore plus des Ganoïdes. La corde dorsale est persistante. Les nerfs optiques forment un chiasma. L'intestin présente une valvule spirale. La circulation est double et incomplète : le cœur a deux oreillettes incomplètement séparées; cependant il n'y a qu'un seul orifice auriculo-ventriculaire, dépourvu de valvules. La respiration s'effectue par des branchies externes ou internes et par un ou deux sacs pulmonaires.

Les Monopneumones ne renferment que le genre australien *Ceratodus*. Les Dipneumones comprennent le genre *Protopterus*, de l'Afrique tropicale, et le genre *Lepidosiren*, de l'Amazone.

CLASSE II

BATRACIENS

Vertébrés à sang froid; peau nue ou rarement écailleuse; deux condyles occipitaux; circulation double incomplète; respiration branchiale transitoire ou persistante, et respiration pulmonaire à l'état adulte. Ovipares ou ovovivipares; embryons dépourvus d'amnios et d'allantoïde. Métamorphoses.

Les Batraciens (βάτραχος, grenouille) ou Amphibiens, autrefois réunis aux Reptiles sous le nom de Reptiles nus, en furent séparés par de Blainville. Leur conformation générale est très variable : la plupart ont le corps trapu et sans queue; quelques-uns ont une forme allongée et un long appendice caudal. Les membres, souvent bien développés, peuvent se montrer rudimentaires ou même disparaître, soit en totalité, soit en partie.

La *peau* est le plus souvent nue, lisse et visqueuse; quelquefois cependant elle est revêtue d'écailles rudimentaires analogues à celles des Poissons (Cécilies), ou elle présente quelques plaques osseuses dermiques (Ceratophrys). Elle renferme de nombreuses glandes sécrétant un mucus qui rend visqueuse la surface du corps, ou des liquides caustiques et vénéneux. D'autre part, les couches superficielles du derme contiennent de nombreux chromoblastes, dont le jeu peut produire de curieux changements de coloration (Rainettes).

Le *squelette* offre quelques variations. La *colonne vertébrale*, bien développée chez les Céciliens et les Urodèles, est atrophiée chez les Anoures dans la région coccygienne, qui ne comprend

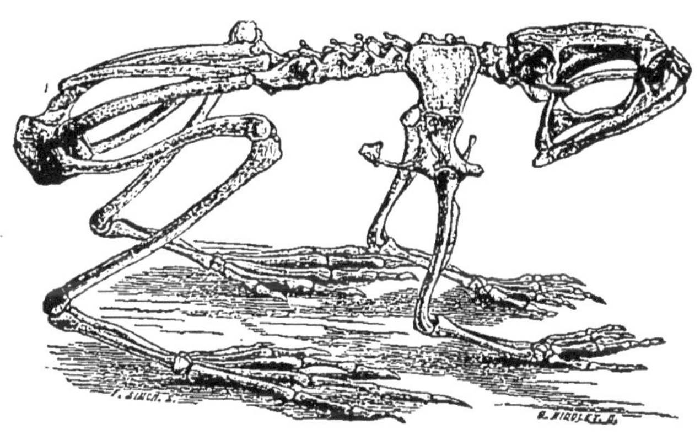

Fig. 520. — Squelette de Grenouille.

qu'une seule pièce osseuse styliforme (urostyle). Les corps vertébraux conservent souvent à leur centre des restes de la corde dorsale; leurs extrémités sont très diversement conformées. Ils sont séparés par des cartilages intervertébraux.

Le *crâne* demeure en partie cartilagineux; il s'articule avec le rachis par deux condyles occipitaux. La mâchoire supérieure est suspendue au crâne par l'intermédiaire d'un os carré. — Le squelette viscéral subit une réduction très accusée lorsque les branchies disparaissent et sont remplacées par des poumons; il ne reste alors que l'arc hyoïdien.

Les *côtes*, rudimentaires chez les Céciliens et les Urodèles, manquent généralement chez les Anoures, dont les apophyses transverses des vertèbres dorsales sont, par contre, très développées. — Les ceintures scapulaire et pelvienne, ainsi que les membres correspondants, sont absents chez les Céciliens. Les Urodèles ont une ceinture scapulaire interrompue en dessous, et un bassin fort réduit. Enfin, chez les Anoures, la ceinture scapulaire est soutenue par un sternum, et le bassin est remarquable par l'allongement styliforme des os iliaques. — Le radius et le cubitus, ainsi que le tibia et le péroné, sont souvent confondus en un seul os.

Le *système nerveux* est à peine supérieur à celui des Poissons Les hémisphères cérébraux sont cependant plus développés; mais le cervelet est tout à fait rudimentaire : il n'est représenté que par une étroite bandelette étendue au-dessus du quatrième ventricule.

Le *toucher* est assez délicat et s'exerce par la surface cutanée, notamment par les extrémités des pattes. — Les organes dits du sixième sens (*ligne latérale*) se rencontrent chez les formes aquatiques, et en particulier chez les larves, mais ils ne sont pas contenus dans des canaux. — Les *yeux* sont quelquefois rudimentaires et cachés sous la peau (Protées, Cécilies). — L'*organe auditif* a pour base une oreille interne ne comprenant que le vestibule et les trois canaux circulaires : le limaçon est atrophié. Dans certains cas, il existe en outre une oreille moyenne (caisse du tympan), communiquant par une trompe d'Eustache avec le pharynx. — On a observé des papilles *gustatives* sur la langue des Anoures. — Enfin, l'*odorat* a pour siège les fosses nasales.

La bouche est pourvue de dents préhensiles, insérées sur les os des mâchoires et du palais; ces dents manquent pourtant dans quelques espèces de Crapauds. La langue, bien développée et protractile chez la plupart des Anoures, est parfois réduite et peut même disparaître (Pipas). L'œsophage, souvent revêtu d'un épithélium vibratile, s'ouvre dans un estomac simple. L'intestin est court; il débouche dans un cloaque. — On n'observe pas de glandes salivaires, mais il y a toujours un foie et un pancréas.

L'*appareil respiratoire* subit d'importantes modifications dans le cours des métamorphoses par lesquelles passent les Batraciens. A l'état de larves, tous respirent par des *branchies*, soit externes (Salamandres), soit internes (Têtards de grenouilles). Lorsqu'ils sont arrivés à l'état parfait, ces branchies ont disparu, sauf chez les Pérennibranches, et il existe toujours des *poumons*, sous forme de sacs membraneux tantôt lisses, tantôt divisés en cellules. La respiration pulmonaire s'effectue par une sorte de déglutition; pour l'expiration, ce sont les muscles abdominaux qui entrent en jeu. — La peau joue aussi un rôle important dans la respiration;

elle peut même suffire dans certains cas à l'accomplissement de cette fonction : des Grenouilles privées de leurs poumons ont pu vivre plusieurs mois dans une eau courante.

L'appareil respiratoire est aussi affecté à la phonation. Le *coassement*, qui ne s'observe guère que chez les mâles des Anoures, est produit par l'entrée de l'air brusquement expiré dans des *poches vocales* annexées au pharynx.

Le changement du mode de respiration entraîne une modification profonde de l'*appareil circulatoire*. Lorsque la respiration branchiale existe seule, le cœur se compose, comme celui des Poissons, d'une oreillette et d'un ventricule suivi d'un bulbe artériel. Le tronc qui continue ce bulbe fournit une double série d'arcs latéraux — quatre paires en général — dont les trois premières seules forment des artères branchiales; le sang qui sort des branchies est emmené par des veines branchiales qui se réunissent au-dessus de l'œsophage pour former l'aorte dorsale. Les vaisseaux branchiaux afférents et efférents communiquent d'ailleurs à leur base par une fine anastomose. — Dès que les poumons apparaissent, l'appareil circulatoire tend à prendre les caractères de celui des Reptiles : les arcs de la quatrième paire, qui gagnent directement l'aorte dorsale, donnent naissance chacun à un rameau qui se rend au poumon (*artères pulmonaires*). En même temps, l'oreillette se divise en deux par le développement d'une cloison verticale, et l'oreillette gauche reçoit le sang des veines pulmonaires. Le ventricule reste simple, mais aréolaire, et il ne permet pas, en somme, le mélange complet du sang rouge et du sang noir. — Enfin, chez les Batraciens qui ne conservent à l'état parfait que la respiration pulmonaire, les capillaires des branchies disparaissent, et le sang passe dans les branches anastomotiques basilaires, qui s'élargissent peu à peu. Des modifications secondaires peuvent survenir, notamment la disparition de certains arcs. Il faut ajouter que le sang veineux traverse un système porte hépatique et un système porte rénal.

Le *système lymphatique* comprend un réseau lacunaire sous-cutané et des canaux qui accompagnent les vaisseaux sanguins. Dans certains points, on rencontre des réservoirs animés de contractions rythmiques et connus sous le nom de *cœurs plymhatiques*.

Les *reins* dérivent de la portion postérieure des corps de Wolff, dont le bord externe émet de nombreux canalicules qui débouchent dans les canaux de Wolff. Ceux-ci vont s'ouvrir dans le cloaque, sans présenter de connexion directe avec la vessie urinaire, qui est formée par un enfoncement de la paroi antérieure du cloaque.

Les *sexes* sont séparés, mais on trouve cependant, chez les mâles des Crapauds, le rudiment d'un ovaire à côté du testicule. Il existe souvent des différences sexuelles passagères ou permanentes. Les canaux efférents des *testicules* traversent une partie du rein correspondant et aboutissent à son canal excréteur, qui fonctionne à la fois comme uretère et comme canal déférent. Les *ovaires* sont des sacs pairs, laissant tomber par déhiscence leurs œufs dans la cavité abdominale. Ces œufs sont recueillis par l'extrémité antérieure infundibuliforme des oviductes, lesquels décrivent des sinuosités, se dilatent parfois en une sorte d'utérus et se réunissent enfin aux uretères.

Quoique beaucoup de Batraciens s'accouplent, la fécondation est le plus souvent extérieure. Les œufs sont nombreux et en général agglutinés par une matière glaireuse : c'est ce qu'on appelle le *frai*. Quelques espèces seulement s'occupent de leur progéniture (Crapaud accoucheur, Pipa, etc.).

Le *développement* embryonnaire débute par une segmentation totale. L'embryon est toujours dépourvu d'amnios et d'allantoïde.

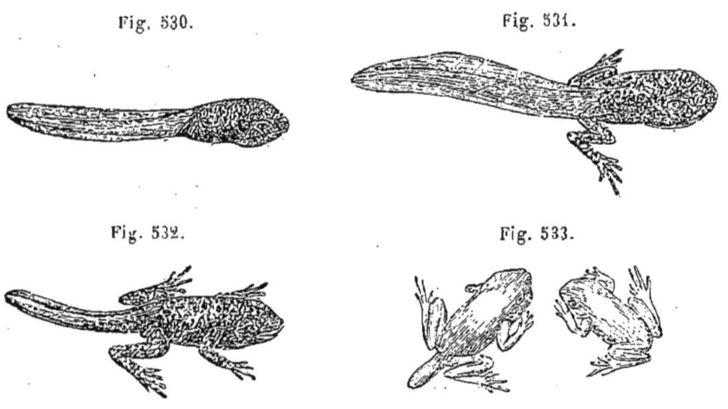

Fig. 530 à 533. — Métamorphoses de la Grenouille. — Fig. 530. Têtard ayant perdu ses branchies externes. — Fig. 531. Apparition des deux membres antérieurs. — Fig. 532. Apparition des membres postérieurs ; disparition des branchies. — Fig. 533. Disparition progressive de la queue ; respiration pulmonaire.

Au moment de l'éclosion, le jeune animal diffère beaucoup de ses parents ; il doit subir une métamorphose complexe pour arriver à l'état adulte. — La larve (têtard), qui vit toujours dans l'eau, possède comme les Poissons une queue comprimée latéralement ; elle est dépourvue de membres et respire par des branchies. Elle se transforme peu à peu : chez les Anoures, par exemple, les membres se développent successivement et la queue se réduit jusqu'à disparaître, tandis que la respiration pulmonaire remplace la respiration branchiale. Dans les autres groupes, la queue est conservée ; mais les branchies ne persistent à l'état adulte que chez les Pérennibranches.

Les Batraciens le plus complètement adaptés à la vie terrestre vivent cependant au voisinage de l'eau, dans les endroits ombragés et humides. Ils se nourrissent surtout d'Insectes et de Vers, sauf à l'état larvaire, où ils recherchent de préférence les substances végétales. — Quelques-uns sont remarquables par leur faculté de rédintégration.

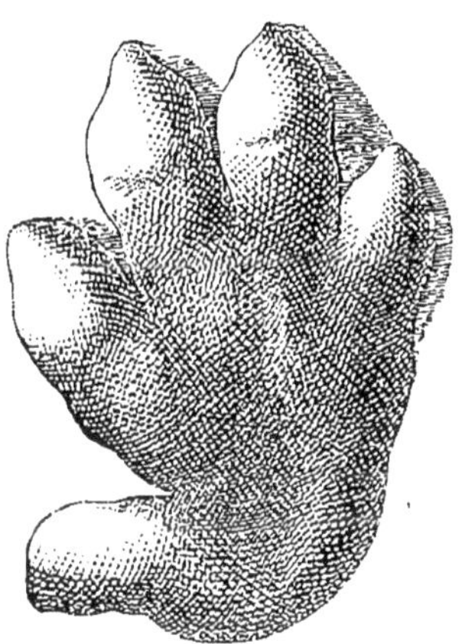

Fig. 534. — Empreinte fossile d'un Labyrinthodonte, le *Cheirotherium* (trias).

Ces animaux se montrent à l'état fossile à partir surtout de l'époque tertiaire ; les gigantesques *Labyrinthodontes* seuls remontent aux formations triasique, permienne et carbonifère.

Les Batraciens offrent avec les Poissons d'étroites affinités : à part la constitution des membres, ces deux classes ont une foule de caractères communs, ce qui justifie assez leur réunion dans un même groupe, celui des *Ichtyopsidés*.

3 ordres :

Peau nue ...	Pas de queue à l'état adulte........	ANOURES.
	Une queue à l'état adulte...	URODÈLES.
Peau écailleuse..............................		CÉCILIENS.

PREMIER ORDRE

CÉCILIENS

Batraciens vermiformes, dépourvus de membres; peau revêtue de petites écailles.

Ce sont des animaux souterrains, aveugles, qui ressemblent à des

Serpents. Ils habitent les régions tropicales de l'Inde et de l'Amérique.

Genres *Cœcilia*, *Siphonops*, etc.

DEUXIÈME ORDRE

URODÈLES

Batraciens à corps allongé, pourvus d'une queue et d'une ou de deux paires de membres; peau nue.

On divise les Urodèles (οὐρα, queue; δῆλος, visible) en deux sous-ordres : *Ichtyoïdes* et *Salamandrines*.

PREMIER SOUS-ORDRE

ICHTYOÏDES

Ce sont les *Trématodères* (τρηματώδης, troué; δέρη, cou) de Duméril; ils sont caractérisés par la présence d'un orifice branchial de chaque côté du cou, et par leurs vertèbres amphicœliques. On en distingue deux groupes.

I. Les Pérennibranches ont les branchies externes persistantes. — Genres *Siren*, *Proteus*. Le Protée, qui habite les eaux souterraines de la Carniole et de la Dalmatie, a les yeux atrophiés et cachés sous la peau. La Sirène ne possède que les deux pattes antérieures.

II. Les Dérotrèmes ou Pérobranches perdent leurs branchies pendant le développement, mais conservent d'ordinaire un orifice branchial. — Genres *Amphiuma*, *Menopoma*, etc.

SECOND SOUS-ORDRE

SALAMANDRINES

Les Salamandrines, que Duméril appelait *Atrétodères* (ἄτρητος, non troué), ne possèdent à l'état adulte ni branchies ni orifices branchiaux ; leurs vertèbres sont opisthocœliques.

Certaines espèces sont aquatiques, comme les Tritons (*Triton*), d'autres terrestres, comme les Salamandres proprement dites (*Salamandra*). Ces dernières sont ovovivipares. — Une mention spéciale est due à l'Amblystome du Mexique (*Amblystoma mexicanum*), dont la forme larvaire est l'Axolotl (*Siredon pisciformis*). Celui-ci, qui jouit de la faculté de se reproduire, a été longtemps regardé comme un Pérennibranche adulte ; mais, dans certaines circonstances, par exemple lorsque l'eau vient à manquer, il perd ses branchies et se transforme en Amblystome. La chair de l'Axolotl a quelque analogie avec celle de l'Anguille.

Le Triton à crête ou Salamandre aquatique (*Triton cristatus* Laur.) porte sur le cou, le dos, les flancs et la queue de nombreux follicules dont on fait sortir, par la pression, des gouttelettes d'une humeur blanchâtre, âcre, d'odeur vireuse. D'après M. Vulpian, ce liquide, inoculé à des Chiens, à des Cobayes et à des Grenouilles, détermine des convulsions terribles et les fait périr en quelques heures ; mais il reste sans effet sur les Tritons eux-mêmes. Il exerce une action très puissante sur le cœur, dont il arrête les mouvements. On a observé aussi une conjonctivite douloureuse sur des personnes qui avaient manié des Tritons ou avaient fait jaillir sur leurs yeux l'eau dans laquelle se trouvaient ces Batraciens.

La Salamandre maculée (*Salamandra maculosa* Laur.) produit aussi une sécrétion laiteuse qui s'amasse dans des tubercules verruqueux situés sur les flancs. Comme la généralité des venins, cette humeur ne produit pas d'effet lorsqu'elle est introduite dans le tube digestif. Elle paraît moins active que celle du Triton et ne provoque que de légers troubles du cœur. Gratiolet et Cloëz ont constaté que les Oiseaux inoculés éprouvaient des convulsions épileptiformes et mouraient plus ou moins rapidement, tandis que les Mammifères, après quelques légères convulsions, revenaient à la santé. D'après M. Vulpian, les Grenouilles inoculées périssent, mais non les Salamandres. — Le principe actif de ce venin est la *salamandrine*, alcaloïde qui a pour formule $C^{68}H^{60}Az^{2}O^{10}$.

TROISIÈME ORDRE

ANOURES

Batraciens à corps ramassé, pourvus de deux paires de membres ; pas de queue ; peau nue.

Les Anoures (ἀν, privatif ; οὐρά, queue) sont des animaux sauteurs, à vertèbres procœliques. — 3 sous-ordres.

PREMIER SOUS-ORDRE

AGLOSSES

Anoures privés de langue.

A ce groupe appartient le Pipa ou Crapaud de Surinam (*Pipa americana*). Aussitôt après la ponte, le mâle de cette espèce place les œufs sur le dos de la femelle, où il se forme de petites cellules dans lesquelles les animaux subissent toutes leurs métamorphoses.

DEUXIÈME SOUS-ORDRE

OXYDACTYLES

Anoures pourvus d'une langue et de doigts pointus.

Ce groupe comprend les Grenouilles, les Crapauds, etc.

Les Grenouilles (*Rana*) sont représentées en France par deux espèces principales : la Grenouille rousse (*R. temporaria* L.) et la Grenouille verte (*R. esculenta* L.), toutes deux comestibles. On ne mange guère que les cuisses, dont la chair est blanche, savoureuse, mais peu nutritive. On fait aussi avec ces mêmes parties un bouillon fade, qui passe pour rafraîchissant. La Grenouille verte nuit aux Poissons dans les étangs. De plus, d'après P. Bert, ses glandes cutanées sécrètent un venin qui paraît être à la fois un poison du cœur comme celui des Crapauds et un poison de la moelle comme celui de la Salamandre. — Le Pélolyte ponctué (*Pelodytes punctatus*) est aussi une sorte de petite Grenouille qui se rencontre en divers points de la France.

Les Crapauds (*Bufo*), qu'on distingue facilement à leur corps lourd et à leur peau verruqueuse, ont les mâchoires privées de dents. Les espèces françaises sont : le Crapaud commun (*B. vulgaris* Laurenti), et le Crapaud des joncs (*B. calamita* Laur.). Ce sont des animaux très utiles à l'agriculture, car ils détruisent un grand nombre de Vers, d'Insectes et de Mollusques. — Leurs verrues cutanées, dorsales et parotidiennes, sécrètent comme celles des Salamandres une substance lactescente et venimeuse. Ce produit est légèrement jaunâtre, amer, nauséeux, caustique, d'une odeur vireuse. Il a une réaction acide et se concrète par l'exposition à l'air. Les expériences de Cloëz et Gratiolet, ainsi que celles de M. Vulpian, ont démontré qu'il est très actif, même après avoir été desséché. Inoculé à des Oiseaux, il les tue en quelques minutes; à des Mammifères (Cobayes, Chiens), en une heure et demie au plus; dans ce dernier cas, les symptômes se suivent dans l'ordre suivant : excitation, affaissement, efforts de vomissement, ivresse ou convulsions, mort. L'inoculation est fatale aux Grenouilles, non aux Crapauds. L'action de ce venin arrête les mouvements du cœur.

Les Pélobates (*Pelobates*), les Sonneurs (*Bombinator*), les Alytes (*Alytes*) reçoivent aussi vulgairement le nom de Crapauds, mais ils possèdent des dents à la mâchoire supérieure. Le mâle du Crapaud accoucheur (*Alytes obstetricans* L.) enroule autour de ses cuisses les œufs que pond la femelle et se retire alors dans son trou, dont il sort cependant chaque soir. Au moment de l'éclosion, il va déposer ces œufs dans une flaque d'eau.

TROISIÈME SOUS-ORDRE

DISCODACTYLES

Anoures pourvus d'une langue et de doigts terminés par des pelotes discoïdes adhésives.

C'est à l'aide de ces pelotes que les Rainettes (*Hyla*) grimpent sur les arbres. — A ce groupe appartiennent aussi le *Notodelphys ovifera*, du Mexique, dont la femelle offre une poche incubatrice sur le dos, et le *Phyllobates chocoensis*, qui produit un venin cutané dont les Indiens de la Nouvelle-Grenade se servent pour empoisonner leurs flèches.

CLASSE III

REPTILES

Vertébrés à sang froid, à peau écailleuse ou couverte de plaques osseuses; un seul condyle occipital; circulation double incomplète; respiration exclusivement pulmonaire. Ovipares ou ovovivipares; amnios et allantoïde.

La classe des Reptiles (*reptare*, ramper) commence la série des Vertébrés supérieurs ou allantoïdiens; d'après ce que nous avons dit à propos des Batraciens, on sait qu'elle ne comprend que les Reptiles écailleux des anciens auteurs. Le corps de ces animaux est allongé, sauf chez les Tortues; les membres sont peu développés, parfois même rudimentaires ou absents (Serpents): ils ne servent pas d'ordinaire à supporter le corps, mais seulement à le pousser (reptation).

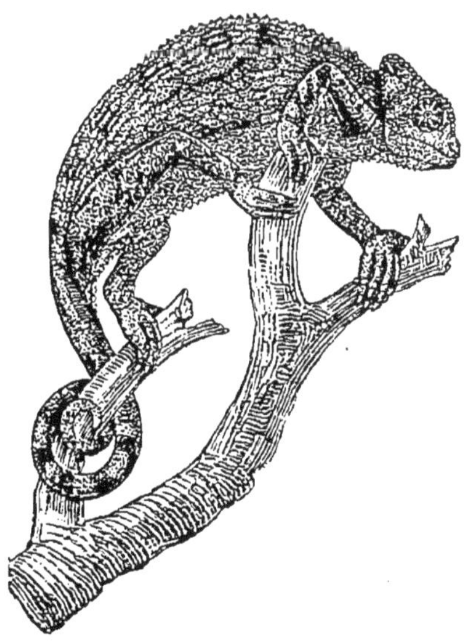

Fig. 535. — Caméléon (*Chamæleon vulgaris* Cuv.).

La peau, toujours résistante, est souvent revêtue d'écailles ou de scutelles, formées par des prolongements du derme, rarement ossifiés, mais recouverts par un épiderme corné; chez les Tortues et les Crocodiles, il existe de grandes plaques osseuses dermiques, constituant une cuirasse plus ou moins continue. — Outre une riche pigmentation des couches épidermiques profondes, il faut noter la présence, dans l'épaisseur du derme, de nombreux chromoblastes qui tantôt s'éloignent, tantôt se rapprochent de la surface et produisent ces curieux changements de couleur qui sont si marqués, par exemple, chez le Caméléon.

Le *squelette* présente de nombreuses variations. La *colonne vertébrale* ne conserve presque jamais de traces de la corde dorsale. Les vertèbres, dont le nombre est parfois considérable, sont le plus souvent opisthocœliques. — Les *côtes* peuvent se rencontrer sur toute la longueur du tronc. Chez les Ophidiens, elles sont très mobiles et non réunies inférieurement par un sternum; celui-ci s'observe, au contraire, chez la plupart des Sauriens et chez les Crocodiliens. Les Tortues ne possèdent pas de côtes cervicales, ni de sternum, mais les côtes qui existent dans les régions dorsale et lombaire se soudent aux plaques osseuses dermiques pour former la carapace.

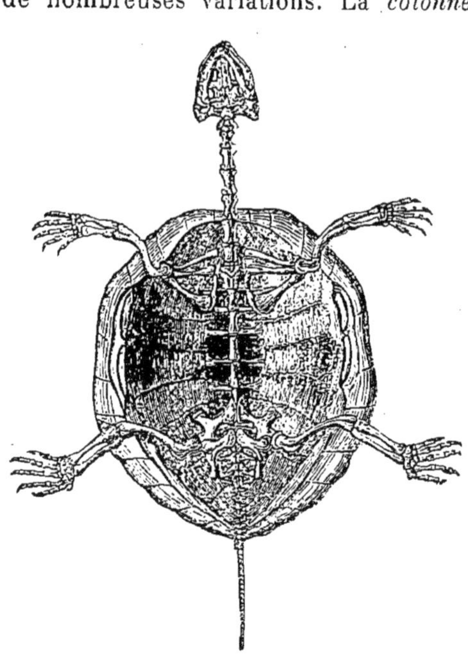

Fig. 556. — Squelette de Tortue.

Le *crâne*, toujours petit, s'articule avec le rachis par un seul condyle occipital. La *face* est allongée : les os qui constituent l'appareil maxillo-palatin sont très mobiles les uns sur les autres chez les Ophidiens, ce qui permet une grande dilatation de la bouche. La mâchoire inférieure s'unit au crâne par l'intermédiaire d'un *os carré*. — Le squelette viscéral est réduit à l'hyoïde, qui porte la langue et offre une ou plusieurs paires de cornes.

Les *ceintures scapulaire* et *pelvienne* font défaut chez la plupart des Ophidiens; elles sont rudimentaires chez quelques Sauriens. La partie libre des membres, antérieurs ou postérieurs, peut être également très réduite ou nulle; quand elle est bien développée, elle est adaptée soit à la marche (Lézard), soit à la natation (Tortues marines), etc.

Le *système nerveux* est encore assez restreint. Cependant, les hémisphères cérébraux commencent à recouvrir les corps optiques. Le cervelet atteint son maximum de développement chez les Crocodiliens et tend alors à prendre l'aspect de celui des Oiseaux.

L'appareil de l'*olfaction* n'est bien développé que chez les Crocodiles; mais, chez les Ophidiens et les Sauriens, on remarque un second organe, nommé *organe de Jacobson*, qui paraît avoir trait à cette fonction : il se compose de deux sphères creuses qui communiquent avec la bouche et reçoivent un nerf émané du lobe olfactif. — Les *yeux* sont dépourvus de paupières chez les Serpents et quelques Sauriens, mais recouverts par la peau qui devient transparente, ce qui donne au regard une étonnante fixité. Les autres Reptiles ont deux paupières; de plus, chez les Chéloniens et les Crocodiliens, il existe à l'angle interne de l'œil une membrane nictitante ou troisième paupière, accompagnée d'une *glande* dite *de Harder*. La sclérotique est souvent munie d'un anneau osseux. Enfin il y a parfois un *peigne* analogue à celui des Oiseaux. — L'*oreille* externe manque toujours; chez les Serpents, il en est de même de l'oreille moyenne. Dans les autres groupes, la membrane du tympan est à fleur de tête, et une columelle s'applique à sa face interne; la caisse du tympan communique largement avec l'arrière-bouche. Quant à l'oreille interne, on y voit apparaître un limaçon non spiralé, souvent rudimentaire. — Le sens du *goût* est très imparfait. — Enfin, la sensibilité *tactile* est peu développée, à cause de la nature des téguments.

L'*appareil digestif* offre d'assez importantes variations à ses deux extrémités. La bouche est toujours très fendue. Chez les Tortues, il n'existe pas de dents, mais une sorte de bec corné. Dans les autres groupes, on ne trouve d'ailleurs que des dents préhensiles, coniques ou crochues, servant à retenir la proie et non à la diviser. Elles sont insérées sur les maxillaires, parfois sur les intermaxillaires. D'ordinaire, elles sont simplement soudées aux os; chez les Crocodiles, elles sont implantées dans des alvéoles. Nous verrons plus loin que certaines dents de la mâchoire supérieure peuvent être en communication avec des glandes à venin. La langue est parfois épaisse et charnue, plus souvent mince, bifide et protractile (Serpents et Lézards); celle du Caméléon est un organe de préhension et peut être dardée sur les In-

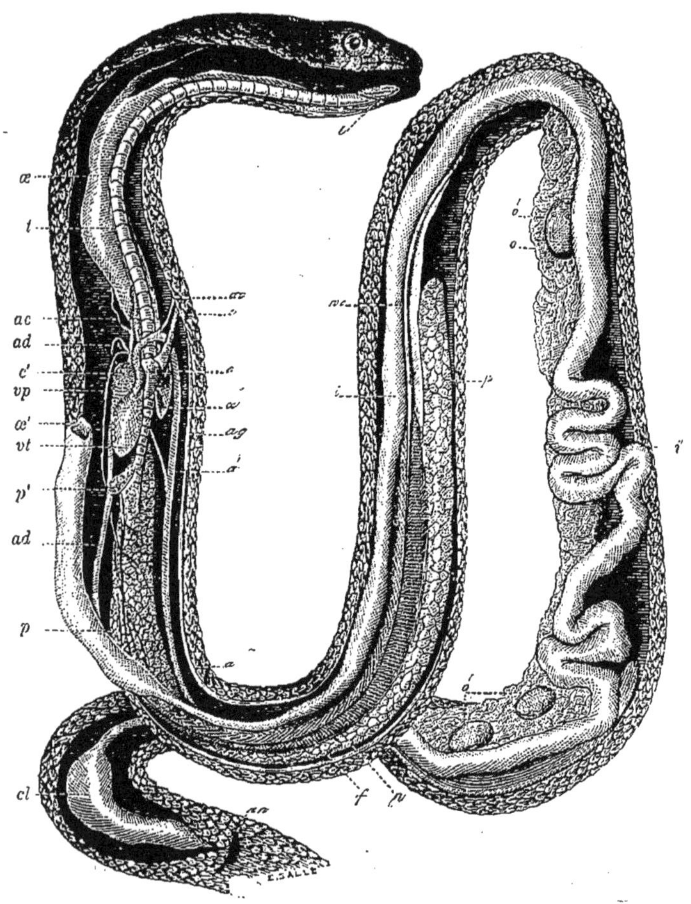

Fig. 537. — Anatomie de la Couleuvre, d'après H. Milne Edwards. — *l*, langue et glotte. *œ*, œsophage, coupé en *œ'* pour mettre à découvert le cœur, etc. *i*, estomac. *i'*, intestin. *cl*, cloaque. *an*, son orifice. *f*, foie. *o*, ovaire. *o'*,*o'*, œufs. *t*, trachée. *p*, poumon principal. *p'*, le petit poumon. *vt*, ventricule du cœur. *c*, oreillette gauche. *c'*, oreillette droite. *a*, aorte gauche. *ad*, aorte droite. *a'*, aorte ventrale. *ac*, artères carotides. *v*, veine cave supérieure. *vc*, veine cave inférieure. *vp*, veine pulmonaire.

sectes à une distance qui dépasse la longueur du corps de l'animal. Les glandes salivaires se réduisent d'ordinaire à des glandules sous-muqueuses; toutefois, les glandes à venin doivent être regardées comme des glandes salivaires modifiées. Le voile du palais n'existe presque jamais, et par suite, le pharynx n'est pas séparé de la bouche. L'œsophage est en général peu distinct de l'estomac. L'intestin est séparé de celui-ci par une valvule pylorique : un foie et un pancréas y sont annexés. Le gros intestin, souvent dépourvu de cæcum, aboutit à un cloaque.

L'*appareil circulatoire* se perfectionne graduellement, mais il y a toujours un mélange du sang veineux et du sang artériel. — Chez les Ophidiens, les Sauriens et les Chéloniens, le cœur se compose de deux oreillettes et d'un seul ventricule, mais celui-ci est divisé en deux loges par une cloison incomplète. Ces loges sont séparées chacune de l'oreillette correspondante par une valvule. La loge gauche n'offre d'ordinaire aucun orifice artériel, mais la loge droite, qui reçoit le sang veineux, en présente trois, dont un pulmonaire et deux aortiques. Le sang artériel versé dans la loge gauche doit donc passer dans l'autre compartiment pour être lancé dans les vaisseaux aortiques; mais, grâce à une séparation bien accusée des deux ordres d'orifices, le sang artériel ne se trouve que fort peu mélangé de sang veineux. — Chez les Crocodiles, les deux ventricules sont séparés par une cloison complète, mais le ventricule droit émet, comme l'autre, une crosse aortique : ces deux crosses se croisent à leur origine, et communiquent entre elles, à ce niveau, par un pertuis appelé *foramen de Panizza;* elles vont ensuite se réunir pour former l'aorte dorsale, mais la crosse émanée du ventricule gauche a fourni auparavant les troncs artériels de la tête et des membres antérieurs. Le sang qui est distribué à ces régions n'est donc mélangé que d'une faible proportion de sang veineux, introduit par le pertuis de Panizza, tandis que celui

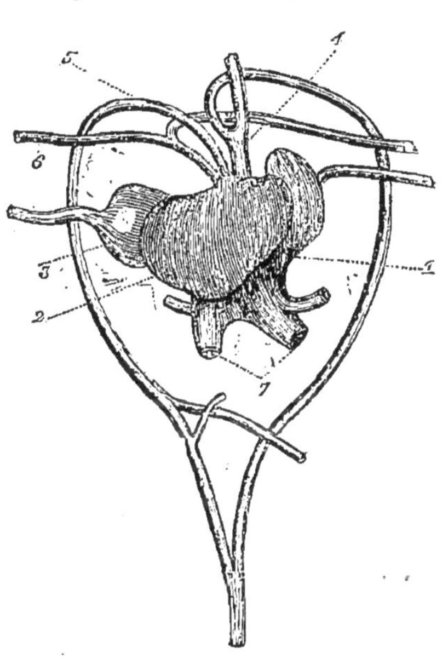

Fig. 538. — Cœur et gros troncs vasculaires d'une Tortue. — 1, oreillette droite. 2, ventricule unique. 3, oreillette gauche. 4, aorte gauche. 5, aorte droite. 6, artère pulmonaire, divisée en deux branches se rendant chacune à un des poumons. 7, veines caves.

qui se rend dans les autres parties du corps a reçu tout le sang veineux lancé par la crosse du ventricule droit. — Le nombre complet des arcs aortiques provenant des troncs primitifs ne peut s'observer que pendant la vie embryonnaire ; il subit une réduction considérable au cours du développement. — Les veines caves débouchent dans un sinus qui communique avec l'oreillette. Le système porterénal tend à se réduire de plus en plus. — Quant au *système lymphatique*, il est assez analogue à celui des Batraciens. Les Crocodiles possèdent des ganglions lymphatiques.

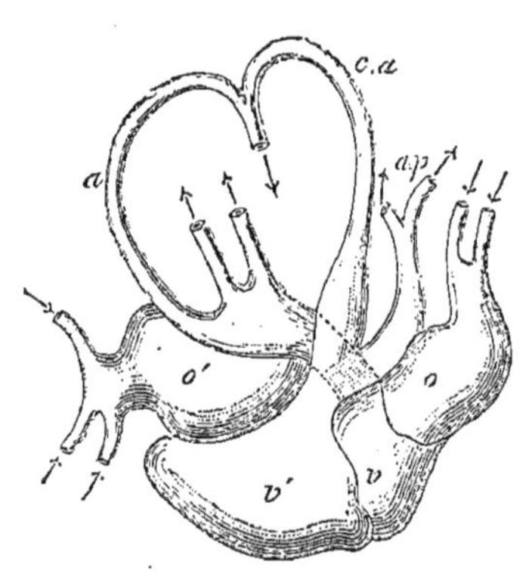

Fig. 539. — Cœur et gros troncs vasculaires du Crocodile. — *v*, ventricule gauche, et *v'*, ventricule droit, confondus en une seule masse. *o*, oreillette gauche. *o'*, oreillette droite recevant le sang veineux par les veines caves dilatées en un sinus terminal. *ap*, artère pulmonaire. *ca*, canal artériel, ou crosse aortique naissant du ventricule droit et passant à gauche. *a*, crosse aortique naissant du ventricule gauche et croisant la précédente, qu'elle va rejoindre pour former l'aorte descendante.

La *respiration* est toujours pulmonaire. Les *poumons* consistent en deux sacs à parois alvéolaires, tantôt simples et tantôt partagés, par des cloisons transversales, en plusieurs compartiments. Chez les Ophidiens et les Sauriens serpentiformes, l'un des poumons est plus ou moins atrophié; l'autre est allongé. Le larynx s'ouvre par une glotte en forme de fente; la trachée est longue et généralement divisée en deux branches qui jamais ne se ramifient par dichotomie comme chez les Mammifères. Le mécanisme de la respiration est le même que chez les autres Vertébrés : les mouvements d'inspiration et d'expiration se produisent même chez les Tortues, malgré l'immobilité du thorax (P. Bert). — Le *sifflement* des Serpents est produit par l'expulsion brusque de l'air contenu dans le poumon par la fente glottique resserrée.

Les *reins* sont des organes de formation secondaire développés sur les canaux excréteurs des corps de Wolff. Ils sont souvent lobés. Les uretères débouchent directement dans le cloaque, sur la paroi antérieure duquel on remarque, chez les Lézards et les Tortues, un enfoncement isolé qui sert de vessie urinaire. L'urine n'est pas toujours fluide : chez les Serpents, elle est solide et blanchâtre.

Les *organes génitaux* se rapprochent de ceux des Oiseaux. L'*appareil mâle* se compose de deux testicules. Les canaux déférents s'unissent souvent à l'uretère, dans leur portion terminale, de manière à constituer un court sinus urogénital. Il existe des organes copulateurs, représentés, chez les Serpents et les Sauriens, par deux tubes cæcaux, invaginés au repos et situés dans les angles de la fente cloacale transversale; chez les Crocodiles et les Tortues, l'organe copulateur est simple, médian, plein, hypospadié, fixé sur la paroi antérieure du cloaque. — Les *organes femelles* consistent en deux ovaires, suivis chacun d'un oviducte contenant dans sa paroi des glandes propres à sécréter les enveloppes de l'œuf, et débouchant isolément dans le cloaque. On observe des organes copulateurs rudimentaires ou clitoris, disposés d'après le même type que les organes mâles correspondants.

Les Reptiles sont ovipares; pourtant, chez quelques-uns, les œufs séjournent jusqu'à éclosion dans la portion terminale de l'oviducte, qui fonctionne comme utérus (Vipère, Orvet, etc.). Ces œufs sont presque toujours abandonnés après la ponte; cependant, les Boas les couvent en s'enroulant autour d'eux. — Ils subissent une segmentation partielle. L'embryon est pourvu d'un amnios et d'une allantoïde.

La plupart des Reptiles sont terrestres; il en est aussi qui fréquentent les eaux. Un petit nombre se nourrissent de substances végétales; presque tous sont carnassiers et certains d'entre eux sont dangereux pour l'Homme, en raison de leur force ou de la possession d'un appareil venimeux. Les animaux de cette classe apparaissent dans les terrains primaires; mais ils sont surtout répandus dans les couches secondaires.

D'après ce qui vient d'être exposé, les Reptiles se rapprochent beaucoup des Oiseaux : ce sont des Vertébrés ornithoïdes, selon l'expression de de Blainville, et Huxley réunit même ces deux classes sous le nom de *Sauropsidés*.

4 ordres :

Fente cloacale longitudinale : *Chélonochampsiens.*	Mâchoires dépourvues de dents...	CHÉLONIENS.
	Mâchoires garnies de dents.......	CROCODILIENS.
Fente cloacale transversale : *Saurophidiens.*	Des paupières, un tympan, une vessie urinaire................	SAURIENS.
	Pas de paupières, ni de tympan, ni de vessie urinaire............	OPHIDIENS.

PREMIER ORDRE

OPHIDIENS

Reptiles apodes, cylindriques, à orifice cloacal transversal et à pénis double ; dépourvus de paupières, d'oreille moyenne et de vessie urinaire ; gueule extensible.

Les Ophidiens (ὄφις, serpent) n'ont que par exception des rudiments de pattes postérieures (Boas). L'épiderme tombe et se renouvelle à des intervalles assez rapprochés : l'animal sort de sa vieille enveloppe comme d'un fourreau. On sait déjà que l'appareil maxillo-palatin est composé d'os très mobiles les uns sur les autres. La mâchoire inférieure s'articule avec un os carré mobile ; ses deux branches ne sont pas soudées, mais unies par un ligament élastique. De là, la possibilité d'une dilatation extraordinaire de la bouche, ce qui permet aux Serpents d'engloutir des proies énormes. Les dents, qui sont le principal élément de la classification, sont quelquefois situées sur l'une seulement des deux mâchoires. Elles peuvent être toutes lisses et préhensiles ; mais il arrive que certaines d'entre elles, en connexion avec des glandes à venin, sont creusées d'un sillon ou parcourues par un canal central, de manière à constituer des crochets venimeux.

Il n'y a guère, parmi les Ophidiens, que les Solénoglyphes et les Protéroglyphes qui offrent de l'intérêt au point de vue médical (1).

Le *venin* de ces animaux est visqueux, inodore, insipide et souvent incolore ; il a une densité de 1,030 à 1,045. L'examen microscopique n'a montré jusqu'à présent, dans le liquide frais, que de rares cellules épithéliales. Lacerda, cependant, dit avoir vu s'y développer des spores. D'après Lucien Bonaparte et Weir Mitchell, ce venin se compose : d'une substance albuminoïde analogue à la ptyaline (*échidnine* ou *vipérine*, *crotaline*, etc.), de substances albuminoïdes diverses, de matières colorantes, de substances grasses, de sels et d'eau. Les principes actifs, vipérine, crotaline ou autres, sont à peu près identiques, et l'on pourrait, d'après Viaud-Grand-Marais, les réunir sous le nom générique d'échidnines ou *échidnases :* ce sont des substances neutres, solubles dans l'eau et remarquables par la conservation de leur activité, même après leur mélange avec des agents chimiques très puissants.

(1) A. Viaud-Grand-Marais, *article* SERPENTS VENIMEUX *du Diction. encycl. des sc. méd.*, Paris, 1881.

Le venin lui-même ne perd ses propriétés que fort lentement, sous l'influence de la décomposition putride. Desséché sur une lame de verre, il prend l'aspect d'un vernis écailleux. Il conserve alors très longtemps son activité, et l'on conçoit ainsi combien il est dangereux de manier les crochets de ces animaux.

La gravité des accidents qui résultent de la morsure des Serpents venimeux varie surtout avec la quantité de venin inoculé et la nature de l'animal blessé. Une Vipère commune peut fournir, lorsqu'elle n'a pas mordu depuis un certain temps, $0^{gr},07$ de venin par crochet, soit $0^{gr},14$ en tout, mais elle ne verse pas la totalité dans la blessure ; un Péliade en donne $0^{gr},10$ seulement, tandis qu'un Crotale en offre plus de $1^{gr},50$. Or, le venin ne se reproduit pas instantanément, et un Serpent qui vient de mordre à plusieurs reprises est par suite beaucoup moins dangereux que celui qui possède une abondante réserve de venin. D'autre part, on a constaté que l'action de ce venin est en général d'autant plus accusée que les animaux inoculés possèdent une température propre plus élevée. Les Invertébrés n'en paraissent pas affectés ; les Vertébrés à sang froid n'en subissent d'ordinaire les effets que d'une façon assez lente (à moins qu'on n'élève artificiellement leur température) et parfois même ne succombent pas. Ce qui est remarquable, d'ailleurs, c'est que le venin d'un Serpent reste sans action sur les animaux de son espèce, et peut-être même sur les autres Ophidiens. Une semblable immunité s'observe chez quelques Mammifères (Hérisson) ; mais les Oiseaux sont au contraire d'une grande sensibilité à cet égard.

On sait, depuis Celse, que le venin introduit dans le tube digestif demeure sans action, sauf dans le cas où il existe des érosions de la muqueuse. Partant, la chair des animaux morts d'envenimation peut être mangée avec impunité (Viaud-Grand-Marais). Les échidnases se détruisent sous l'influence des sucs digestifs.

Les principaux symptômes consécutifs aux morsures venimeuses sont : une douleur comparable à celle qui résulte d'une piqûre d'épine ; une tuméfaction inflammatoire souvent accompagnée de taches livides et suivie d'un abaissement de température ; des nausées, des vomissements, parfois des coliques et de la diarrhée ; des syncopes, des sueurs froides, de la dyspnée et enfin une prostration extrême. Dans les cas graves, il survient en général des convulsions et du délire : la fétidité de l'haleine, l'aspect fuligineux de la langue, sont les indices d'une issue fatale. Si le blessé résiste, la fièvre apparaît, et les symptômes locaux s'atténuent peu à peu.

Le venin agit parfois comme poison du système nerveux et comme poison du cœur, et la mort survient en quelques heures ; ou bien il se produit une altération du sang, qui perd son oxygène, prend une teinte sombre et devient incoagulable, et les blessés ne succombent qu'après plusieurs jours. — De même, la guérison est quelquefois rapide, tandis que d'autres fois on voit persister des symptômes de cachexie ou autres : les Chiens de chasse perdent souvent l'odorat.

Aussitôt après la morsure, on peut enrayer la marche des accidents en arrêtant la circulation superficielle à l'aide d'une ligature placée au-dessus de la plaie. On cherche alors à entraîner le venin en pratiquant une incision qui réunit les piqûres, et en opérant des pressions sur les parties voisines. Mais le meilleur moyen, une fois le débridement effectué, consiste dans la succion : il n'offre aucun danger, à moins qu'on ne possède des plaies dans la bouche; encore peut-on éviter tout accident avec quelques précautions. On sait déjà que les substances chimiques ne détruisent pas le venin; il faut recourir au fer rouge. — Quant aux médicaments à administrer à l'intérieur, bien que leur efficacité ne soit pas nettement établie, on peut recommander les stimulants diffusibles et surtout les alcooliques à haute dose.

Depuis quelque temps, on a beaucoup vanté le permanganate de potasse ; mais les expériences établies sous le contrôle de l'Académie des sciences ont démontré que cette substance ne pouvait être utile que dans des cas de morsures très récentes.

La destruction des Serpents venimeux mériterait d'être encouragée par des primes. En France, nous en possédons encore un trop grand nombre (Vipères et Péliades). Les Porcs sont d'excellents destructeurs, protégés qu'ils sont par l'épaisseur de leur peau et de leur couche adipeuse sous-cutanée. Les Hérissons, les Putois et plusieurs Oiseaux de proie nous rendent aussi de grands services sous ce rapport.

Le tableau suivant résume la classification des Serpents établie par Duméril d'après la disposition des dents :

5 sous-ordres :

A la mâchoire supérieure, des crochets venimeux	à canal central	....	SOLÉNOGLYPHES.
	sillonnés	situés en avant....	PROTÉROGLYPHES.
		situés en arrière...	OPISTHOGLYPHES.
Dents d'une seule sorte, lisses et pleines,	sur les deux mâchoires......		AGLYPHODONTES.
	sur une seule mâchoire......		OPOTÉRODONTES.

PREMIER SOUS-ORDRE

OPOTÉRODONTES

Ce sont de petits Serpents vermiformes, à bouche étroite, non extensible, pourvue seulement de dents lisses, et n'en portant qu'à l'une ou à l'autre des deux mâchoires (ὁπότερος, l'un ou l'autre; ὀδούς, dent). Ils vivent sous les pierres ou dans des trous, et se nourrissent de Vers et d'Insectes.

Le *Typhlops vermicularis*, de Grèce, est la seule espèce européenne du groupe.

DEUXIÈME SOUS-ORDRE

AGLYPHODONTES

Comme les précédents, ils ne possèdent que des dents lisses, et par suite *ne sont pas venimeux* (ἀ privatif; γλυφή, sillon; ὀδούς, dent); mais les deux mâchoires sont armées, et la gueule est d'ordinaire extensible.

La famille des **COLUBRIDÉS** renferme la plupart de nos Couleuvres indigènes. Ce sont des Serpents à corps svelte, à queue assez allongée, à tête peu large, revêtue de plaques plus grandes que celles du dos; enfin, à pupilles arrondies.

Les **Tropidonotes** (*Tropidonotus*) ont les écailles du dos et souvent aussi celles des flancs carénées; les narines sont petites, situées entre deux plaques; la queue est de longueur médiocre. — La Couleuvre à collier (*T. natrix*), dont le nom est tiré de son collier blanc jaunâtre, et la Couleuvre vipérine (*T. viperinus*), dont les couleurs et l'aspect se rapprochent assez de celles de la Vipère commune pour que des spécialistes aient pu commettre des méprises fâcheuses, sont deux espèces assez répandues en France; elles recherchent le voisinage de l'eau.

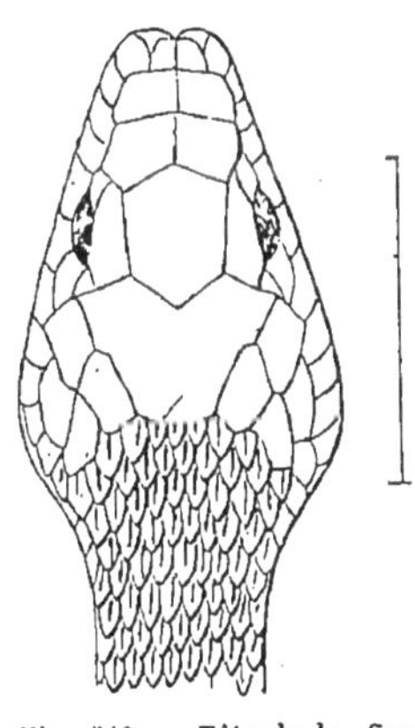

Fig. 540. — Tête de la Couleuvre à collier (*Tropidonotus natrix*).

Les **Couleuvres** vraies (*Coluber*) ont les écailles peu carénées, une plaque oculaire antérieure et deux postérieures, les dents égales. — Couleuvre d'Esculape (*C. Æsculapii*), France méridionale.

Les **Rhinéchis** (*Rhinechis*) se distinguent des Couleuvres par leur museau pointu, la plaque terminale étant retroussée en une sorte de boutoir. Les écailles sont lisses. — Couleuvre d'Hermann ou d'Agassiz, Couleuvre à échelons (*Rh. scalaris*), France méridionale; très agressive; détruit beaucoup de Rongeurs et d'Oiseaux.

Les **Élaphes** (*Elaphis*) ont les écailles carénées, les dents égales, deux plaques oculaires antérieures et deux postérieures. — Couleuvre à quatre raies (*E. quadriradiatus*), France méridionale.

Les **Zaménis** (*Zamenis*) ont la dernière dent de la mâchoire supérieure un peu séparée des autres et plus grande qu'elles; les écailles sont lisses. — Couleuvre verte et jaune (*Z. viridiflavus*), France méridionale.

Enfin, les **Coronelles** (*Coronella*), qui se rapprochent un peu des Tropidonotes, ont les écailles lisses, le museau court, obtus, et la queue courte ; les dents postérieures sont toujours plus longues que les autres, sans toutefois en être séparées. — Couleuvre lisse (*C. austriaca*) et Couleuvre bordelaise (*C. girundica*), France méridionale.

Les Couleuvres se nourrissent d'Insectes, de Vers, de petits Oiseaux, d'œufs, etc. Elles fuient généralement l'Homme. Quelques personnes les mangent (Anguilles de haies).

La famille des **PYTHONIDÉS** comprend de nombreuses espèces, dont quelques-unes acquièrent une taille et une force qui les rendent redoutables. Tels sont les Pythons (*Python*) et les Boas (*Boa*), ceux-ci faciles à distinguer des premiers par l'absence de plaques céphaliques et de dents sur les intermaxillaires.

TROISIÈME SOUS-ORDRE

OPISTHOGLYPHES

Ces Ophidiens, qu'on réunit quelquefois aux Aglyphodontes sous le nom général de *colubriformes*, ne s'en distinguent que par la présence, à la partie *postérieure* de la mâchoire supérieure, de deux ou trois dents plus longues, creusées d'un sillon sur leur face antérieure (ὄπισθεν, en arrière; γλυφή, sillon). A ces crochets sont presque toujours annexées des glandes venimeuses; mais, en raison de leur position, il est nécessaire que l'animal ouvre largement la bouche pour que sa morsure soit venimeuse.

Les **Célopeltis** (*Cœlopeltis*) seuls comprennent une espèce française : la Couleuvre de Montpellier ou Couleuvre maillée (*C. insignitus*), qui jusqu'à présent n'a jamais occasionné d'accidents. Cependant S. Jourdain et d'autres expérimentateurs ont fait périr rapidement de petits animaux (Reptiles, Mammifères, Oiseaux) en leur implantant les crochets de ce Serpent dans les tissus. Mais il faut, pour que la blessure soit mortelle, que la morsure dure au moins trois à quatre minutes (Peracca et Deregibus).

QUATRIÈME SOUS-ORDRE

PROTÉROGLYPHES

Ces Serpents sont toujours venimeux. Leurs maxillaires supérieurs portent antérieurement (πρότερον, en avant; γλυφή, sillon) de forts crochets creusés d'un sillon et communiquant avec des glandes à venin. En arrière du crochet venimeux se trouvent souvent des dents pleines; il en existe de même sur les palatins, les ptérygoïdiens et les maxillaires inférieurs.

Toutes les espèces sont étrangères à l'Europe.

Les **Najas** (*Naja*) sont remarquables par la faculté qu'ils ont de dilater la région cervicale en écartant les côtes correspondantes, lorsqu'ils sont irrités. — Le Serpent à lunettes (*N. tripudians*), ainsi appelé à cause de la tache en forme de binocle qu'il porte sur le cou, habite l'Inde, où il est extrêmement redouté. L'Aspic ou Serpent de Cléopâtre (*N. haje*) habite l'Égypte, non l'Algérie.

Les **Élaps** (*Elaps*) ou *Serpents corail* ont la bouche petite et mordent difficilement.

Les **Hydrophis** (*Hydrophis*) ou Serpents de mer habitent les mers de l'Inde, de l'Océanie et de la Nouvelle-Hollande; ils ont la queue comprimée en forme de rame.

CINQUIÈME SOUS-ORDRE

SOLÉNOGLYPHES

La mâchoire supérieure est armée, à la partie antérieure, de deux forts crochets en communication avec des glandes venimeuses et parcourus par un canal central ouvert à la base et à la pointe (σωλήν, tuyau; γλυφή, sillon). D'autres crochets, situés en arrière de ceux-ci, sont prêts à les remplacer lorsqu'ils viennent à tomber. Le palais et la mâchoire inférieure portent en outre de petites dents lisses.

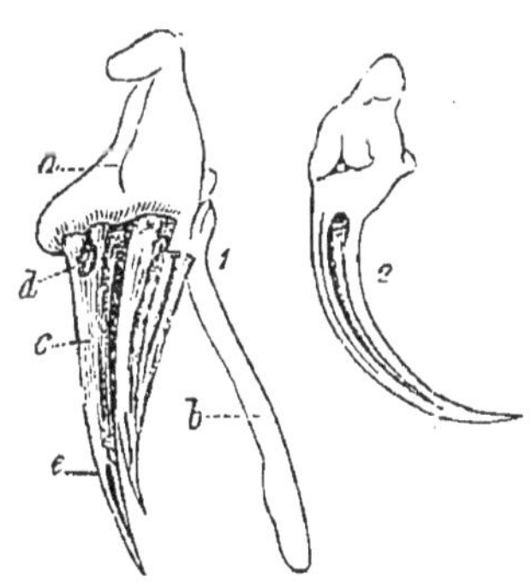

Fig. 541. — Crochets à venin du *Bothrops lanceolatus*. — 1. *a*, maxillaire supérieur. *b*, os ptérygoïdien externe. *c*, crochet. *d*, son orifice supérieur. *e*, l'inférieur. — 2, l'un des crochets, fendu dans toute sa longueur pour montrer le canal central.

Les deux glandes venimeuses représentent les parotides modifiées; chacune d'elles est enveloppée d'une capsule fibreuse sur laquelle s'insère le muscle temporal antérieur; elle se continue par un canal excréteur étroit qui se rend au crochet correspondant et se montre parfois légèrement dilaté sur un point de sa longueur.

Quand la bouche est fermée (fig. 542), l'os carré est incliné en bas et en arrière, le ptérygoïde et le palatin sont à peu près en ligne, et le transverse, articulé en arrière avec le ptérygoïde et en avant avec le maxillaire, maintient celui-ci de telle manière que les crochets se trouvent dirigés en arrière. Dès que l'animal ouvre la bouche, l'os carré se redresse, pousse en avant le ptérygoïde qui lui est uni, et par suite l'os transverse : celui-ci fait basculer le maxillaire, et les crochets prennent une position verticale. Au contact de sa proie, le Serpent mord : le crotaphite, inséré d'une part sur la mâchoire inférieure, d'autre part sur la glande venimeuse, comprime celle-ci : le venin coule à travers le canal de la dent et se trouve injecté dans la blessure.

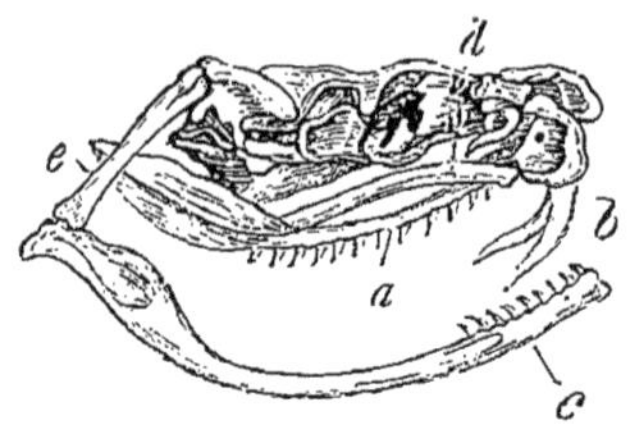

Fig. 542. — Squelette de la tête d'un Crotale (*Crotalus horridus*). — *a*, ptérygoïde, s'unissant en arrière à l'os carré et se continuant en avant avec le palatin. *b*, crochets à venin naissant sur le maxillaire supérieur mobile. *c*, maxillaire inférieur. *d*, os transverse. *e*, os carré, articulé supérieurement avec le squamosal.

Les Solénoglyphes ont la tête triangulaire, élargie en arrière, la queue courte, les pupilles verticales. Ils sont généralement ovovivipares.

2 familles : *Vipéridés* et *Crotalidés*.

Les **VIPÉRIDÉS** ont une tête large, dépourvue de fossettes entre les narines et les yeux.

Genres *Vipera*, *Pelias*, *Cerastes*, *Echidna*, *Echis*, etc.

Trois espèces au plus, appartenant aux deux premiers de ces genres, se rencontrent en France. Leurs caractères différentiels sont indiqués dans le tableau suivant :

Vertex garni	de petites écailles seulement. Museau	tronqué	*Vipera aspis.*
		relevé en corne..	*V. ammodytes.*
	de plaques..................................		*Pelias berus.*

Les **Vipères** (*Vipera* Laur.) sont caractérisées, en effet, par leur tête revêtue de petites écailles seulement à sa face supérieure, ou tout au moins ne portant pas de plaque en arrière de la région intersourcilière. Le museau est garni de petites plaques dans deux desquelles sont percées les narines. Les plaques sous-caudales sont disposées sur deux rangs.

La **Vipère commune** ou **Aspic** (*V. aspis* L.) est longue de 35 à 70 centimètres, avec une épaisseur maxima de 3 centimètres. La tête est aplatie, fortement élargie en arrière, recouverte de petites écailles entuilées et carénées, semblables à celles du dos. On remarque cependant deux fortes écailles sourcilières, entre lesquelles se trouve, sur la ligne médiane, une autre petite plaque hexagonale. La couleur générale est brune ou roussâtre, avec une raie noire en zigzag, continue ou non, sur le milieu du dos; souvent aussi, on voit une rangée de taches noires sur les flancs. Le dessous du corps est gris ardoisé ou rougeâtre, avec des taches blanches irrégulières.

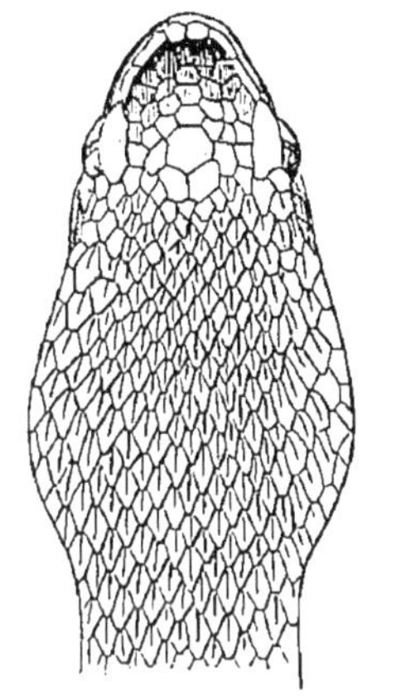

Fig. 543. — Tête de la Vipère commune (*Vipera aspis*).

La raie dorsale commence d'ordinaire au niveau du rétrécissement qui sépare la tête du tronc, mais elle peut s'étendre jusqu'au milieu de la tête. Au-dessus des yeux, se voient fréquemment deux lignes noirâtres obliques vers le coin de la bouche, et les plaques du museau offrent la même teinte. Il y a tant de diversités, dit Duméril, qu'on ne peut tirer aucun caractère de ces taches. Aussi, les nombreuses espèces que les erpétologistes ont établies sur ces bases doivent-elles être regardées comme de simples variétés. En voici le tableau, d'après Duméril :

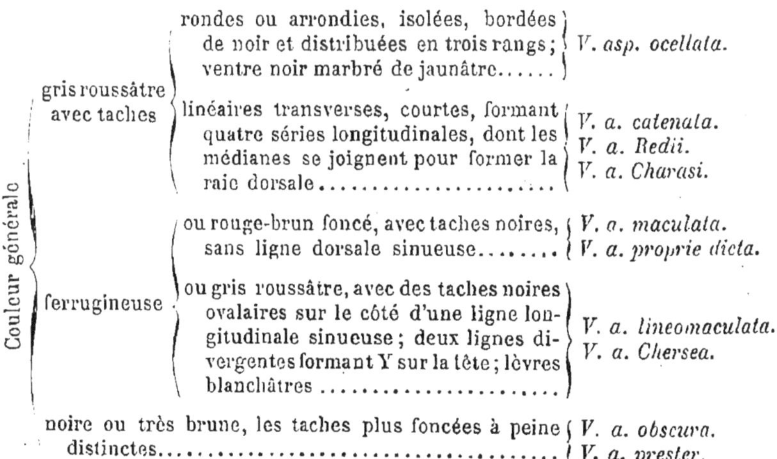

Couleur générale	gris roussâtre avec taches	rondes ou arrondies, isolées, bordées de noir et distribuées en trois rangs; ventre noir marbré de jaunâtre......	*V. asp. ocellata.*
		linéaires transverses, courtes, formant quatre séries longitudinales, dont les médianes se joignent pour former la raie dorsale....................	*V. a. catenata.* *V. a. Redii.* *V. a. Charasi.*
	ferrugineuse	ou rouge-brun foncé, avec taches noires, sans ligne dorsale sinueuse........	*V. a. maculata.* *V. a. proprie dicta.*
		ou gris roussâtre, avec des taches noires ovalaires sur le côté d'une ligne longitudinale sinueuse; deux lignes divergentes formant Y sur la tête; lèvres blanchâtres	*V. a. lineomaculata.* *V. a. Chersea.*
	noire ou très brune, les taches plus foncées à peine distinctes..................................		*V. a. obscura.* *V. a. prester.*

La Vipère commune est répandue dans presque toute l'Europe et s'étend jusqu'en Sibérie; on la rencontre souvent dans les forêts des environs de Paris. Elle recherche en effet les endroits boisés, montueux et pierreux. C'est en réalité un animal nocturne, qui se nourrit de Souris, Mulots, Taupes, Oiseaux, Lézards, Grenouilles, Insectes, Mollusques, etc. Elle s'engourdit l'hiver dans des excavations souterraines, sous les souches, dans la mousse, et se réveille au printemps. L'accouplement a lieu vers le mois d'avril. La femelle donne naissance à 15-30 Vipéreaux qui se débarrassent des membranes de l'œuf et sont longs de 12 à 14 centimètres. L'accroissement paraît être fort lent. Les Vipères ont une grande résistance vitale : on en a vu survivre à une submersion de plusieurs heures. Les individus captifs refusent toute nourriture, mais peuvent vivre néanmoins plusieurs mois.

L'Aspic est un animal craintif : il fuit en général devant l'Homme, et sa démarche est lourde, irrégulière. Mais lorsqu'on l'attaque ou qu'on le blesse, il se roule aussitôt en spirale, puis se détend brusquement, comme un ressort, ouvre largement la gueule, enfonce ses crochets dans la chair par un choc violent et les retire aussitôt. La blessure est facile à distinguer de celle des Couleuvres, car elle ne présente que deux piqûres profondes correspondant aux deux crochets venimeux, tandis que les Couleuvres font une véritable morsure, caractérisée par l'impression de toutes les dents.

Le venin de la Vipère, à l'état frais, ressemble à une solution de gomme : il est incolore ou un peu jaunâtre, inodore et d'une saveur fade. Son principe actif est la *vipérine*.

La morsure des Vipères occasionne des troubles plus ou moins graves, mais elle est rarement mortelle. Sur 25 personnes mordues en Vendée (enfants compris), dit Viaud-Grand-Marais, une seule succombe. On assure que les Chats mordus souffrent beaucoup; mais leur résistance vitale est telle qu'ils ne périssent pas, même après avoir été atteints par plusieurs Vipères. Le Hérisson reste indemne.

La **Vipère ammodyte** (*V. ammodytes* L.) est très facile à reconnaître à son museau, qui se prolonge en une pointe molle obtuse et relevée, couverte de petites écailles; mais elle varie presque autant que la précédente quant à la disposition des taches et de la ligne dorsale.

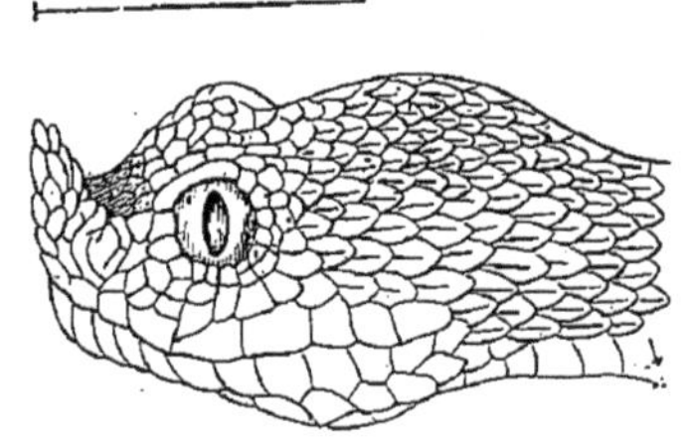

Fig. 544. — Tête de la Vipère ammodyte (*Vipera ammodytes*).

Elle se rencontre surtout dans le sud-est de l'Europe; d'après quelques auteurs, on l'aurait cependant trouvée en France, dans le Dauphiné. Ce que nous avons dit de l'Aspic peut d'ailleurs s'appliquer à cette espèce.

Les **Péliades** (*Pelias* Merrem) se distinguent à la présence de trois plaques, une antérieure et deux postérieures, situées entre les écailles sourcilières, et rappelant un peu les plaques céphaliques des Couleuvres, quoique moins développées.

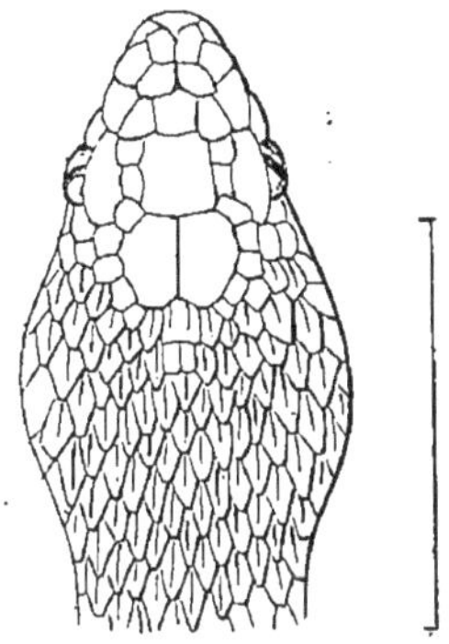

Fig. 545. — Tête de la petite Vipère (*Pelias Berus*).

Ce genre ne comprend qu'une seule espèce, le **Péliade Bérus** (*P. Berus* M.), souvent appelé *petite Vipère*. Le Péliade ne mesure guère que 35 à 50 centimètres; il a la tête plus allongée que les Vipères, moins élargie en arrière et partant moins nettement séparée du tronc; sa coloration est aussi variable que celle de ces animaux; le plus souvent, il existe sur le dos une ligne flexueuse brune ou noire.

On rencontre cette espèce dans les localités montueuses du midi et de l'est de la France, aux environs de Paris, et jusque dans la Flandre et la Belgique. Les accidents qu'elle cause sont en général moins dangereux que ceux produits par la Vipère Aspic.

Les **Cérastes** (*Cerastes*), ou *Vipères cornues*, sont ainsi appelées en raison de leurs plaques sourcilières relevées en forme de petites cornes. — Le Céraste d'Égypte (*C. ægyptiacus*) habite les régions sablonneuses du nord de l'Afrique; il est commun dans le Sahara algérien. Sa piqûre est des plus dangereuses.

Les **Échidnés** (*Echidne*) sont des Vipères à narines concaves situées presque entre les yeux. Leur morsure fait périr même de grands animaux. — Les *E. gabonica* et *E. arietans* sont très redoutés dans l'Afrique méridionale, de même que l'*E. mauritanica* en Algérie.

Les **CROTALIDÉS** diffèrent des Vipéridés par la présence d'une fossette entre l'œil et la narine. — Genres *Crotalus*, *Lachesis*, *Trigonocephalus*, *Leiolepis*, *Bothrops*, *Atropos*, *Tropidolæmus*.

Les **Crotales** (*Crotalus*) sont souvent qualifiés de Serpents à sonnettes, parce qu'ils ont l'extrémité caudale garnie de pièces écailleuses emboîtées les unes dans les autres et produisant un bruit particulier quand l'animal s'agite. Durisse (*Cr. durissus*), Amérique du Nord. Cascavella (*Cr. horridus*), Amérique intertropicale; etc. Les Crotales peuvent atteindre une longueur de 2 mètres; ils tuent en quelques minutes ou en quelques heures l'Homme, les Bœufs et les Chevaux. Les Chiens résistent quelquefois. On se sert des Cochons pour les détruire.

Les **Bothrops** (*Bothrops*) méritent encore une mention spéciale, par suite de la triste réputation que s'est acquise une de leurs espèces : il s'agit du *B. lanceolatus*, de la Martinique et de Sainte-Lucie. Ce Serpent, souvent nommé *Fer-de-Lance* ou *Vipère jaune de la Martinique*, tue en moyenne chaque année, d'après Rufz, un habitant sur 3000. Il fait périr aussi les grands animaux : Paulet et Rufz ont vu des Chevaux, mordus à la tête, succomber en vingt-deux heures.

DEUXIÈME ORDRE

SAURIENS

Reptiles à fente cloacale transversale et à pénis double, généralement pourvus de deux paires de membres, de paupières, d'une caisse du tympan et d'une vessie urinaire ; gueule non extensible.

Les Sauriens ou Lézards (σαύρα, lézard) ont le corps allongé, parfois semblable à celui des Serpents ; les membres peuvent même manquer en totalité ou en partie, mais les ceintures scapulaire et pelvienne ne font jamais entièrement défaut. La mâchoire inférieure est unie au crâne par un os carré mobile. Les dents sont

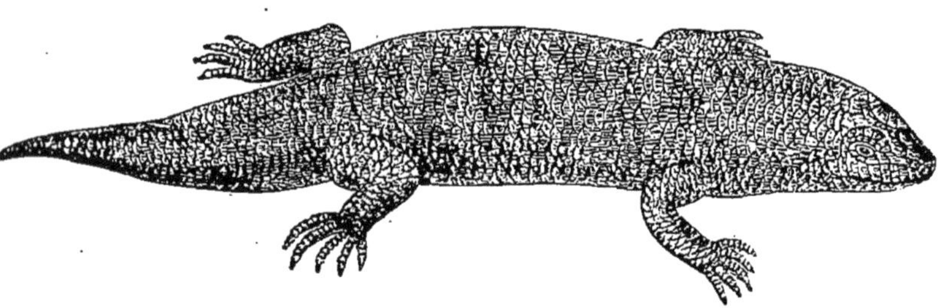

Fig. 546. — Scinque officinal.

quelquefois insérées sur le bord tranchant des mâchoires (Acrodontes), tantôt soudées sur le côté interne (Pleurodontes). La langue peut être épaisse, mince, fourchue, protractile, et ces divers caractères, comme ceux tirés du mode d'implantation des dents, servent à la classification. L'oviparité est la règle ; quelques espèces seulement sont ovovivipares (Orvet). Les Sauriens ne sont pas venimeux.

5 sous-ordres :

1er sous-ordre : Amphisbéniens. — Ce sont des animaux serpentiformes, à peau dure, non écailleuse, divisée en anneaux par des sillons. Par exception, ils manquent de paupières et de tympan. Leur langue est courte et épaisse. Les membres sont absents, sauf chez les Chirotes. — Genres *Amphisbæna*, *Chirotes*, *Trogonophis*, etc.

2e sous-ordre : VERMILINGUES. — La langue est vermiforme et très protractile. — Les Caméléons (*Chamælcon*), qui constituent ce groupe, sont des Reptiles grimpeurs, bien connus pour la faculté qu'ils possèdent de changer de couleur.

3e sous-ordre : CRASSILINGUES. — Langue épaisse, courte, charnue, à peine échancrée à la pointe, non protractile. — Ce sont les Geckos et les Iguanes, qu'on a répartis entre de nombreux genres. Les Geckos sont des animaux à peau verruqueuse, qu'on accuse à tort d'être venimeux. Parmi les Iguanes, nous signalerons les Dragons (*Draco volans*), de Java, ainsi appelés parce que leurs côtes moyennes se portent en dehors pour soutenir un repli cutané aliforme, faisant fonction de parachute.

4e sous-ordre : BRÉVILINGUES. — Langue courte, épaisse, plus ou moins échancrée, peu protractile. Aspect souvent serpentiforme. — Genres *An-*

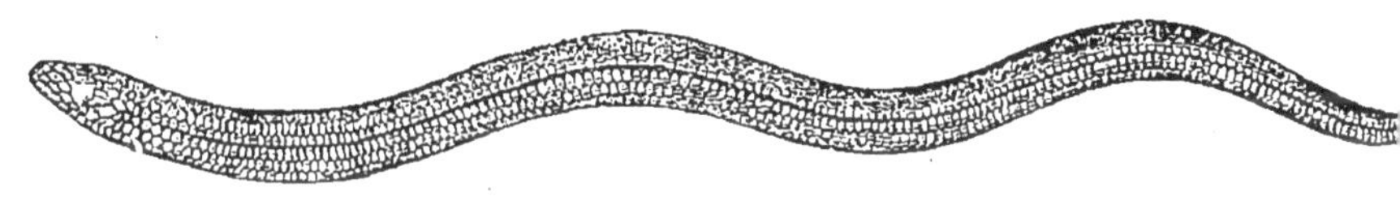

Fig. 547. — Orvet (*Anguis fragilis* L.).

guis, *Scincus*, *Seps*, *Chalcis*, etc. — Le Scinque des boutiques (*Scincus officinalis*), du nord de l'Afrique, entrait autrefois, après avoir été réduit en

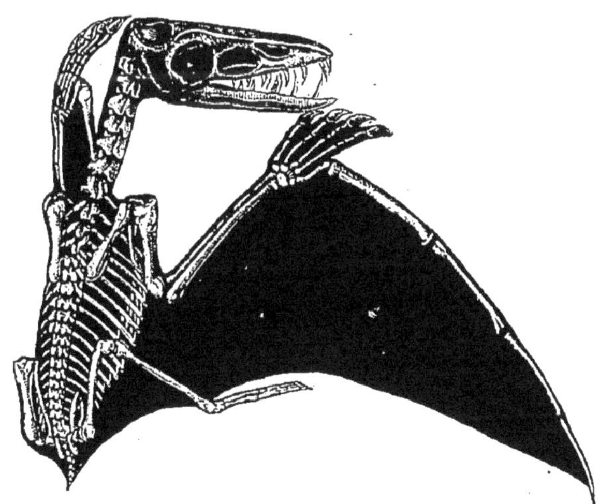

Fig. 548. — *Pterodactylus crassirostris*, du lias.

poudre, dans la composition de la thériaque de Venise, préparation usitée comme alexipharmaque. L'Orvet, que le vulgaire regarde souvent comme venimeux, est tout à fait inoffensif et nous rend même service en détruisant un grand nombre d'Insectes.

5° sous-ordre : FISSILINGUES. — Langue mince et fourchue, protractile. — Lézards (*Lacerta*), Varans (*Varanus* seu *Monitor*), etc.

On peut rattacher directement aux Sauriens de nombreuses formes fossiles, parmi lesquelles nous citerons principalement les gigantesques Iguanodons et les Ptérodactyles de l'époque secondaire.

TROISIÈME ORDRE

CROCODILIENS

Reptiles à fente cloacale longitudinale et à pénis simple, à scutelles dermiques osseuses, à mâchoires garnies de dents implantées dans des alvéoles ; à cloison interventriculaire complète.

Les Crocodiliens sont pourvus de quatre membres, dont les doigts

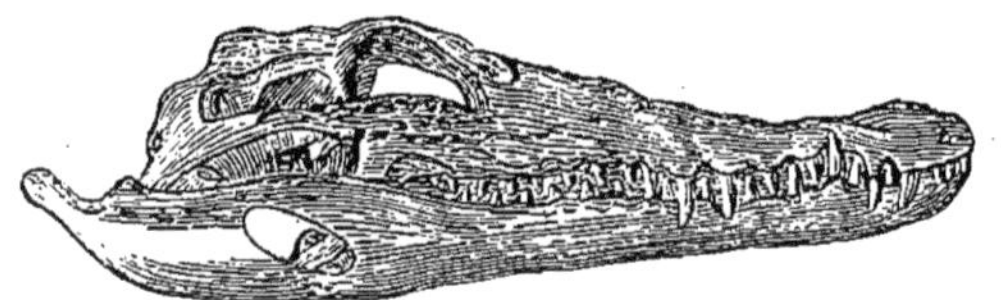

Fig. 549. — Tête osseuse de Crocodile.

sont réunis par une membrane. La mâchoire inférieure est unie au

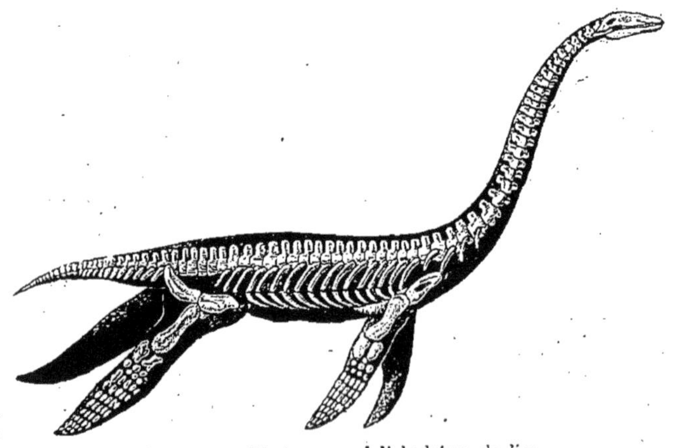

Fig. 550. — *Plesiosaurus dolichodeirus*, du lias.

crâne par l'intermédiaire d'un os carré immobile. Il existe des paupières, une oreille moyenne et même un rudiment d'oreille externe.

Ce sont des animaux aquatiques, carnassiers, souvent de grande taille et parfois dangereux pour l'Homme. — Crocodiles (*Crocodilus*), Afrique et sud de l'Asie. Gavials (*Ramphostoma*), Inde et Australie. Caïmans (*Alligator*), Amérique.

Fig. 551. — *Ichthyosaurus communis*, du lias.

On réunit quelquefois aux Crocodiliens, sous le nom d'*Hydrosauriens*, es groupes fossiles des Nothosauriens, des Plésiosauriens et des Ichtyosauriens, qui ont vécu pendant la période secondaire.

QUATRIEME ORDRE

CHÉLONIENS

Reptiles à fente cloacale longitudinale et à pénis simple, pourvus d'un plastron osseux sur le dos et sur le ventre; bec corné, dépourvu de dents; cloison interventriculaire incomplète.

Les Chéloniens (χελώνη, tortue) sont remarquables par leur épaisse cuirasse formée par des ossifications du derme unies à certaines parties du squelette interne. La partie dorsale de cette cuirasse reçoit le nom de *carapace;* l'autre est le *plastron*. La première a pour base les côtes et les apophyses épineuses des vertèbres dorsales, auxquelles s'adjoignent des plaques dermiques nombreuses; la seconde paraît être d'origine exclusivement dermique. Le tout est recouvert d'épaisses plaques épidermiques constituant la substance connue sous le nom d'*écaille*.

L'os carré est soudé au crâne. La bouche n'est pas armée de dents, mais les mâchoires sont d'ordinaire recouvertes par des gaines cornées formant un bec analogue à celui des Oiseaux. Les membres sont au nombre de quatre, parfois disposés en nageoires. Les ceintures thoracique et pelvienne offrent cette curieuse particularité d'être situées à l'intérieur de la carapace.

Certaines Tortues sont phytophages, d'autres carnivores. On les distingue surtout d'après leur habitat. Les unes sont marines (*Chelonia*,

Sphargis), les autres fluviales (*Trionyx*) ou palustres (*Emys, Cistudo, Chelys*), ou encore terrestres (*Testudo*, etc.).

Les Chélonées imbriquées ou Carets (*Chelonia imbricata*), de l'Océan Indien et de l'Océan Atlantique, fournissent l'*écaille* la plus recherchée. On mange la chair de beaucoup d'espèces, principalement des Tortues franches ou vertes (*Chelonia esculenta*); cette chair est, dit-on, analogue à celle du veau. Les œufs des Tortues sont aussi très estimés des marins.

Ajoutons que ces animaux, en général inoffensifs, sont capables de faire de sérieuses morsures quand on les tourmente.

CLASSE IV

OISEAUX

Vertébrés à sang chaud, à peau revêtue de plumes et à membres antérieurs transformés en ailes; un seul condyle occipital; circulation double, complète; respiration exclusivement pulmonaire. Ovipares; amnios et allantoïde.

La classe des Oiseaux forme actuellement un ensemble très naturel et bien défini : son alliance intime avec la classe des Reptiles ne se trouve établie que par quelques types fossiles.

Fig. 552. — Geai commun.

Adaptés à la vie aérienne, et partant organisés pour le vol, les Oiseaux varient peu, en effet, dans leur configuration extérieure, mais ils ne comprennent pas moins un assez grand nombre de formes aptes à grimper, à nager, à marcher ou à sauter. Le tronc est ramassé; la tête, toujours légère, est portée par un cou souvent long et mobile; les membres postérieurs seuls sont propres à la locomotion terrestre; les ailes sont diversement conformées suivant les facultés locomotrices de l'Oiseau, et la queue joue le rôle de gouvernail.

Le *squelette* est rendu aussi léger que possible : les os sont constitués par un tissu compact, mais creusé de vastes cavités communiquant avec des réservoirs spéciaux que nous étudierons plus loin. Cette *pneumaticité*, d'ailleurs, est d'autant plus accusée que les animaux sont meilleurs voiliers et plus âgés.

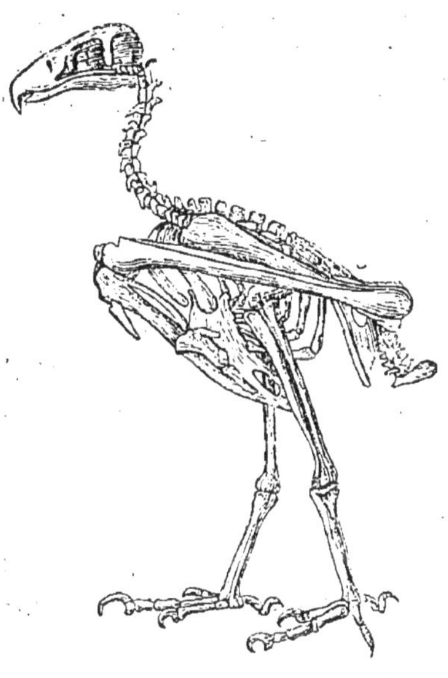

Fig. 553. — Squelette de Vautour (*Vultur fulvus*).

Les os du *crâne* se soudent de bonne heure; cette région, qui s'articule avec l'atlas par un condyle unique, est surtout remarquable par le grand développement des frontaux. La cloison interorbitaire est toujours très étendue. — Les os de la *face* sont en général assez mobiles. La mandibule supérieure est constituée presque en entier par les intermaxillaires; l'inférieure est articulée au temporal par l'intermédiaire d'un os carré ou tympanique. — Le *squelette viscéral* n'est représenté que par un hyoïde dont le corps s'unit en avant à un entoglosse ordinairement pair, rarement simple (*Anas*); les cornes hyoïdiennes sont souvent longues et ne se réunissent pas au crâne; chez les Pics, elles sont très allongées, ce qui explique la grande protractilité de la langue de ces Oiseaux.

La *colonne vertébrale* montre une région cervicale toujours longue, comprenant de 8 à 24 vertèbres mobiles les unes sur les autres et munies de côtes rudimentaires. — La région dorsale présente, au contraire, des vertèbres immobiles, au nombre de 7 à 11; ces vertèbres portent des côtes dont les deux premières restent souvent libres, tandis que les autres s'articulent avec des côtes sternales ossifiées ou os sterno-costaux. Chaque côte vertébrale est en outre pourvue, dans sa portion moyenne, d'une apophyse aplatie, dite *apophyse uncinée*, qui s'appuie sur la face externe de la côte suivante, de sorte que la cage thoracique offre une grande solidité. Le *sternum* est un os plat, très développé, qui couvre même une grande partie de l'abdomen, et qui présente une sorte de carène saillante et longitudinale (*bréchet*), destinée à l'insertion des puissants muscles abaisseurs de l'aile. Ce bréchet est peu accusé chez les faibles voiliers ; il disparaît même chez les Coureurs. — Les régions lombaire et sacrée sont confondues en un seul os très allongé, le *sacrum*, composé de 9 à 20 vertèbres. — Enfin, la région caudale, toujours courte, est formée de 7 ou 8 vertèbres petites et mobiles dont la dernière, plus développée que les autres et pourvue d'une crête saillante, représente 4 à 6 vertèbres soudées et sert à l'insertion des muscles moteurs des rectrices.

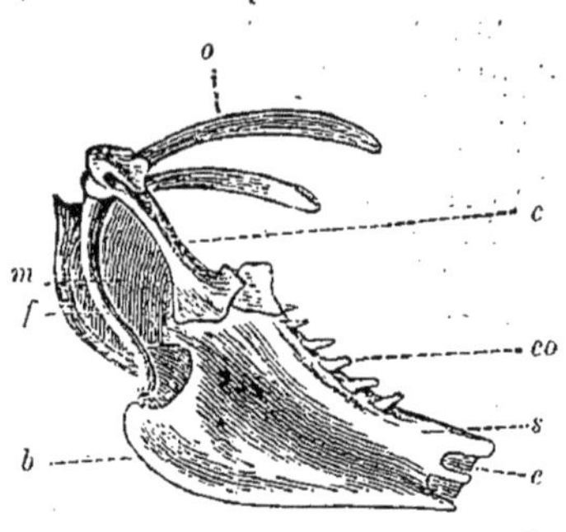

Fig. 554. — Arc scapulaire et sternum d'un Oiseau. — *s*, sternum avec son bréchet *b*. *c*, os coracoïdien. *o*, omoplate. *f*, les deux clavicules formant la fourchette. *m*, membrane sterno-cléido-coracoïdienne. *co*, côtes sternales. *e*, échancrures du sternum.

Les *membres antérieurs* sont solidement fixés au tronc. La ceinture scapulaire comprend de chaque côté une omoplate, un coracoïde et une clavicule. L'omoplate est un os allongé et très étroit, fixé au sternum par l'intermédiaire du coracoïdien et souvent même de la clavicule. D'ordinaire, en effet, celle-ci se soude à celle du côté opposé pour former une pièce en V connue sous le nom de fourchette, qui s'unit directement ou indirectement à l'extrémité antérieure du bréchet. L'humérus a de la sorte un point d'appui très ferme. Le radius et le cubitus ne sont pas mobiles l'un sur l'autre. Le carpe est réduit à deux petits os placés sur le même rang et articulés avec le métacarpe. Celui-ci, dans le principe, est composé de trois os, mais deux d'entre eux seulement se développent et se soudent par leurs extrémités, en laissant au milieu un espace vide. Enfin, les doigts sont au nombre de trois : l'un, articulé à la base et sur le côté radial ou interne du métacarpe, représente un pouce formé d'une seule phalange ; le second ou doigt médian, articulé à l'extrémité distale de la région métacarpienne, comprend deux phalanges ; le troisième ou doigt externe, inséré à cette même extrémité, consiste en un simple stylet osseux.

Les *membres postérieurs* ont pour base une ceinture pelvienne constituée par trois pièces paires : ilion, ischion et pubis. Les deux os iliaques, fort prolongés en avant et en arrière, sont unis dans toute leur longueur aux bords du sternum. Les pubis demeurent écartés et ne forment pas de symphyse, sauf chez l'Autruche d'Afrique. Le fémur est court, dirigé en avant et d'ordinaire caché sous les plumes; souvent il existe une rotule, tantôt simple, tantôt double. La jambe est constituée presque exclusivement par le tibia; le péroné est réduit à un faible stylet situé sur la face externe de cet os et soudé avec lui; mais le tibia paraît être un os complexe (*tibio-tarsien*), dont la partie inférieure correspond à la division supérieure du tarse. De même, une épiphyse supérieure du métatarse (*tarso-métatarsien*) représente la division inférieure du tarse. Ce métatarse, souvent désigné sous le nom d'*os canon* (1), est formé par la soudure de trois métatarsiens: ceux des deuxième, troisième et quatrième doigts; le cinquième ne se développe pas; quant au pouce, son métatarsien est d'ordinaire incomplet et s'unit par un ligament à la partie interne ou postérieure du tarso-métatarsien. Parfois un éperon (*calcar*) ou éminence osseuse recouverte de corne, se développe au côté interne du métatarse et se soude au métatarsien du deuxième doigt (Coq). — D'après ce qui vient d'être dit, la région digitée comprend presque toujours trois doigts principaux, plus un pouce articulé en arrière sur son petit métatarsien styliforme. Le doigt externe lui-même peut être porté plus ou moins en dehors, voire tout à fait en arrière (Grimpeurs). Règle générale, le nombre des phalanges va en augmentant du pouce au doigt externe : 2, 3, 4, 5; cette formule ne souffre qu'un petit nombre d'exceptions.

Fig. 555. — Patte de Gallinacé, montrant un ergot.

Relativement aux *muscles*, nous avons à signaler tout d'abord le développement considérable des pectoraux, qui sont les moteurs de l'aile, et qui trouvent sur le bréchet une large surface d'implantation. Dans le membre postérieur, une disposition spéciale des muscles permet à l'Oiseau de serrer avec les doigts la branche qui le soutient, sans aucun effort musculaire. Le droit antérieur de la cuisse prend naissance au pubis, suit la face interne du fémur, et se continue par un tendon grêle qui passe en avant de l'articulation fémoro-tibiale, pour aller se confondre avec le muscle fléchisseur des orteils. Il en résulte que, si l'articulation du genou tend à se

(1) Ce qu'on appelle le tarse en zoologie descriptive répond à la région métatarsienne.

fermer sous le poids du corps, les doigts se fléchissent et maintiennent l'animal fixé à la branche.

La *peau* est toujours revêtue de *plumes*, productions épidermiques qui se développent dans des follicules au fond desquels se trouve le bulbe formateur. Une plume complète se compose d'un axe primaire ou *hampe* et d'une *lame* formée par des barbes. La hampe comprend un tube corné basilaire ou *tuyau* continué par une tige pleine ou *rachis*. Le tube corné renferme les restes desséchés et spongieux de la papille, constituant ce qu'on appelle l'*âme de la plume;* il offre, à chacune de ses extrémités, un petit orifice appelé *ombilic*. La tige porte, sur ses parties latérales, des lamelles aplaties nommées *barbes*, munies de *barbules* souvent frangées qui s'accrochent mutuellement; sa face inférieure est parcourue par un sillon dans lequel naît, près de l'ombilic supérieur, un appendice ou *hyporachis* pourvu lui-même de barbes.

La forme des plumes est assez variable. Lorsque la tige est réduite, les barbes souples et les barbules sans crochets, on leur donne le nom de *plumules* (duvet). Celles à tige grêle et à barbes atrophiées sont dites *plumes filiformes*. Enfin, on nomme *pennes* les grandes plumes qui sont insérées sur le bord de l'aile et à la queue. Les pennes de l'aile sont appelées *rémiges* (*remigare*, ramer), celles de la queue, *rectrices* (*regere*, diriger). Les rémiges fixées sur la main sont qualifiées de *primaires*, à l'exception d'un petit faisceau implanté sur le pouce (*rémiges bâtardes*); celles de l'avant-bras sont dites *secondaires*, et celles de l'humérus, *scapulaires*. Les rectrices, souvent au nombre de 12, sont susceptibles de se mouvoir ensemble ou isolément. De même que les rémiges, elles sont recouvertes à la base par des plumes plus petites, nommées couvertures ou *tectrices*.

Le renouvellement des plumes (*mue*) s'effectue d'une façon assez régulière chez les Oiseaux. Il s'accomplit principalement vers la fin de l'été. La mue dite de printemps est peu importante, mais souvent alors il se produit une modification du coloris, par suite de laquelle le plumage d'hiver se transforme en *parure de noces*.

Il n'existe pas de glandes sébacées et sudoripares disséminées dans le tégument, mais on remarque, dans la région du croupion, une glande bilobée, appelée *glande uropygienne*, qui sécrète une matière huileuse propre à lustrer les plumes et à les garantir contre l'action de l'eau. Cette glande est très développée dans les espèces aquatiques. On sait que l'Oiseau se sert de son bec pour prendre la matière sécrétée et en enduire ses plumes.

Le *vol* des Oiseaux comprend des mouvements assez complexes. Il est nécessaire tout d'abord qu'il y ait au-dessous du corps une couche d'air suffisante pour fournir à l'aile un point d'appui ; aussi les Oiseaux posés à terre commencent-ils en général par sauter. L'aile s'élève rapidement, sa face supérieure tournée en arrière; puis elle s'abaisse, cette face regardant alors en avant, et le résultat de ces changements de position est de soutenir le corps et de le pousser en avant. La queue fait l'office de gouvernail.

Le *système nerveux* se rapproche de celui des Mammifères. Les hémisphères cérébraux sont déjà développés, mais manquent de circonvolutions; ils ne montrent pas non plus la commissure connue sous le nom de *corps calleux*. Les lobes optiques ou *tubercules bijumeaux* sont encore à découvert sur les côtés et en arrière des hémisphères. Le cervelet offre un lobe médian marqué de sillons transversaux et deux lobes latéraux rudimentaires; on voit sur sa coupe un arbre de vie. Il n'existe pas de pont de Varole. Enfin, la moelle épinière est très longue; elle est remarquable par la présence, dans la région lombaire, d'une excavation (*sinus rhomboïdal*) remplie par une substance gélatineuse et sans communication avec le canal central de la moelle (M. Duval).

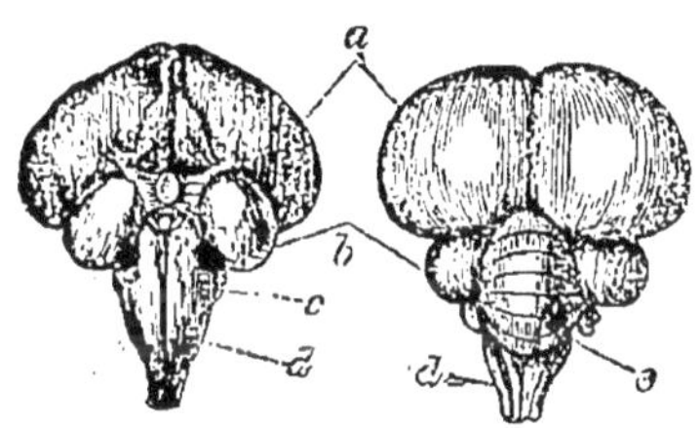

Fig. 556. — Cerveau de Dindon. — *a*, hémisphères cérébraux. *b*, lobes optiques. *c*, cervelet. *d*, moelle allongée.

L'*odorat* paraît peu développé. Les fosses nasales sont assez spacieuses et contiennent chacune trois cornets ; elles sont séparées par une cloison incomplète ; une *glande nasale*, située dans la région frontale, y verse le produit de sa sécrétion. — L'*ouïe* est très délicate. On remarque quelquefois (Hibou) un rudiment d'oreille externe. L'oreille moyenne communique avec le pharynx par une large trompe d'Eustache ; elle comprend un osselet unique, la *columelle*, qui relie la membrane du tympan à la fenêtre ovale et correspond à l'étrier des Mammifères. L'oreille interne est analogue à celle de ces animaux ; toutefois le limaçon est à peine contourné et offre un renflement ampullaire appelé *lagena*. — Les *yeux* sont doués d'une grande faculté d'accommodation. Ils sont protégés par trois paupières : la troisième, connue sous le nom de membrane nictitante, est rétractile vers l'angle interne de l'œil ; à sa base débouche le canal excréteur d'un organe glandulaire, la *glande de Harder*. D'après P. Bert, le rôle de la membrane nictitante est de ramener les larmes dans le canal lacrymal. La sclérotique présente, autour de la cornée, un anneau de plaques osseuses. La cornée est généralement très convexe ; le cristallin l'est aussi chez les Oiseaux nocturnes. La pupille est toujours circulaire. Enfin, on observe presque toujours un organe spécial, le *peigne*, formé par un prolongement plissé de la choroïde et dont les usages sont mal connus. — Le *goût* est peu développé ; les aliments ne séjournent pas dans la bouche. —

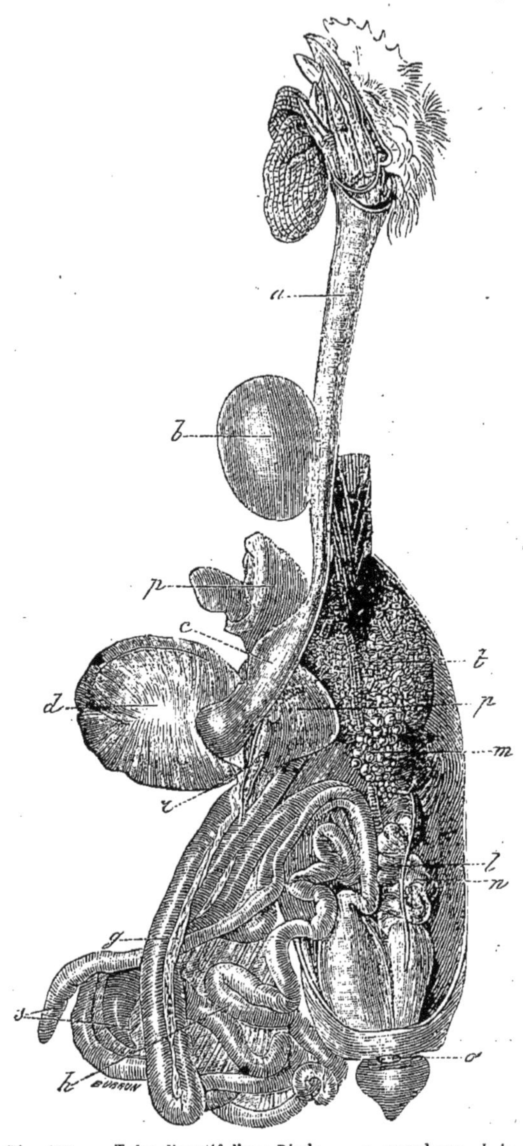

Fig. 557. — Tube digestif d'une Dinde. — *a*, œsophage. *b*, jabot. *c*, ventricule succenturié. *d*, gésier. *g*, pancréas entouré par le duodénum. *h*, intestin grêle. *l*, gros intestin. *m*, ovaire. *n*, oviducte. *o*, cloaque. *p*, foie. *r*, vésicule biliaire, *s*, cæcums (J. Béclard).

Quant au *tact*, il doit être également fort peu délicat ; cependant, on a trouvé des corpuscules tactiles dans le bec, la langue et la peau des doigts d'un certain nombre d'Oiseaux.

L'*appareil digestif* est disposé d'après un plan assez uniforme, malgré les variations que présente le régime des Oiseaux. Les mâchoires ne sont jamais pourvues de dents, mais elles offrent un revêtement corné plus ou moins résistant et de forme très variable. Il existe chez certains Oiseaux, à la base du bec, une membrane nue et diversement colorée, qu'on appelle *cire*. La langue est, chez les granivores, dure, cornée et hérissée de pointes vers sa base ; elle est charnue chez les Palmipèdes et surtout chez les Perroquets. Ses connexions avec l'hyoïde donnent raison de sa protractilité, accusée au plus haut degré chez les Pics. — Des glandes salivaires sont en général répandues en divers points sous la muqueuse buccale ; la salive est épaisse, parfois gluante.

La bouche n'est pas séparée du pharynx par un voile du palais. L'œsophage suit la face postérieure de la trachée et présente presque toujours, avant d'entrer dans la cavité thoracique, un renflement en forme de poche, le *jabot*, où les aliments séjournent un certain temps et commencent à se ramollir. Il reprend ensuite son calibre primitif, pour aboutir bientôt à l'estomac proprement dit ou *ventricule succenturié*, dont les parois contiennent les glandes qui sécrètent le suc gastrique. Ce ventricule est très développé chez les Oiseaux dépourvus de jabot. Il s'ouvre enfin dans une autre poche appelée *gésier*, qui constitue un organe de trituration. Chez les carnivores, les parois du gésier sont minces et membraneuses ; elles sont au contraire très épaisses chez les granivores, où on les voit composées de deux muscles puissants renforcés par des aponévroses : la muqueuse offre d'ailleurs une consistance cornée, et l'action triturante est encore augmentée par la présence de petits cailloux ou autres corps durs que les animaux ingèrent avec leurs aliments.

L'intestin n'est jamais très long ; il forme d'abord une anse duodénale qui circonscrit le pancréas, puis se contourne de diverses manières. Le gros intestin est court ; il présente d'ordinaire, à son origine, deux appendices en cul-de-sac ou *cæcums*, et s'ouvre dans un cloaque par un orifice muni d'un sphincter qui empêche la chute des excréments. La paroi postérieure de ce cloaque offre une poche glandulaire appelée *bourse de Fabricius*. — Le foie est très volumineux et divisé le plus souvent en deux lobes à peu près égaux ; la vésicule biliaire manque rarement (Pigeon) ; il existe deux canaux biliaires : cholédoque et cystique, celui-ci déversant la bile de la vésicule. Le pancréas, long et étroit, débouche dans l'intestin par deux ou trois canaux excréteurs.

L'*appareil circulatoire* ne diffère pas essentiellement de celui des Mammifères. Les deux cœurs sont tout à fait séparés, quoique se présentant en une seule masse. Dans le cœur droit, la valvule auriculo-ventriculaire est formée par une seule lame charnue, qui s'applique contre la cloison interventriculaire pendant la systole. Il n'y a qu'une seule crosse aortique, qui se recourbe à droite, après avoir fourni deux troncs brachio-céphaliques. Le système porte rénal est rudimentaire. Le système lymphatique comprend de nombreux vaisseaux munis de valvules et dans certains cas des cœurs lymphatiques. — La rate est petite, rouge, discoïde.

L'*appareil de la respiration* offre une complexité remarquable. Les narines sont situées à la base du bec et parfois recouvertes d'écailles. La partie supérieure de la trachée, qui constitue un larynx sans cordes vocales ni ventricules (*larynx supérieur*), s'ouvre par une fente longitudinale sans épiglotte. La trachée est longue, quelquefois sinueuse (Cygne), formée d'anneaux complets. Elle se bifurque à l'entrée de la cavité thoracique, et l'on trouve à ce niveau un organe phonateur connu sous le nom de *larynx inférieur* ou de *syrinx*. Les bronches ne sont soutenues que par des demi-cercles cartilagineux disposés du côté externe ; elles deviennent même tout à fait membraneuses en pénétrant dans le poumon. Au lieu de se diviser par dichotomie, comme chez les Mammifères, chaque bronche traverse directement le poumon, pour aller s'ouvrir à la partie postérieure, dans un sac aérien, et on la voit émettre sur son trajet une douzaine de bronches secondaires qui rampent à la surface de l'organe, se ramifient et rentrent ensuite dans le parenchyme pulmonaire. Outre l'orifice que nous venons de signaler, on en observe encore, à la face inférieure de chaque poumon, trois ou quatre autres, qui font communiquer les bronches avec des réservoirs aériens.

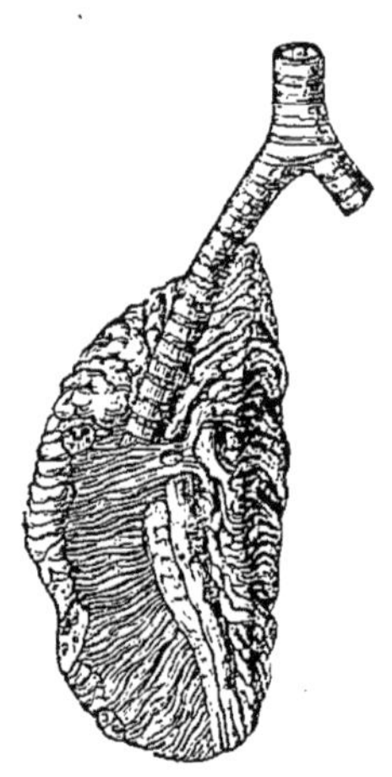

Fig. 558. — Poumon de Canard.

Les poumons, peu volumineux, ont leur face supérieure convexe fixée sur les côtés du rachis et sur les côtes; ils adhèrent du reste à tous les organes voisins par du tissu cellulaire : la plèvre fait défaut. — La cavité thoracique est en partie occupée par les viscères abdominaux, mais il existe cependant deux diaphragmes rudimentaires, pourvus de quelques fibres musculaires : l'un (diaphragme pulmonaire) naît du sternum et des côtes, adhère au poumon par sa face supérieure et recouvre les réservoirs thoracique et diaphragmatiques; l'autre (diaphragme thoraco-abdominal) est formé de deux moitiés naissant du rachis, tapissant en dedans les réservoirs diaphragmatiques et séparant les viscères thoraciques de ceux de l'abdomen.

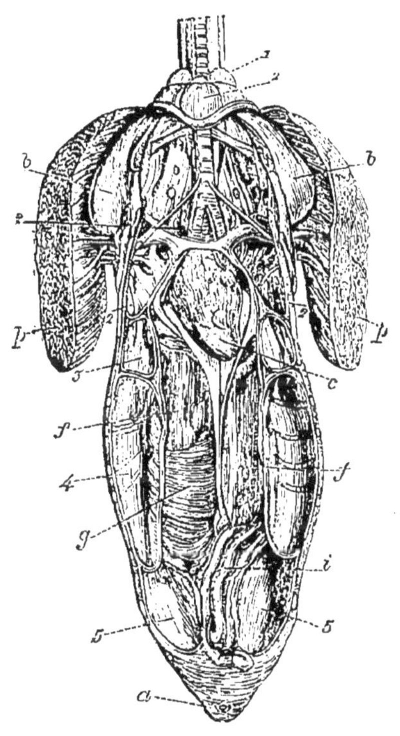

Fig. 559. — Réservoirs aériens du Canard, d'après Sappey. — 1, extrémité antérieure des réservoirs cervicaux. 2, réservoir thoracique. 3, réservoirs diaphragmatiques antérieurs. 4, réservoirs diaphragmatiques postérieurs. 5, réservoirs abdominaux. *pp*, muscles pectoraux coupés et écartés. *c*, cœur. *f*, *f*, foie. *g*, gésier. *i*, intestin. *a*, anus.

Les *réservoirs aériens* sont des sacs membraneux, au nombre de neuf: 1° un *réservoir thoracique*, impair, situé sur la ligne médiane, en avant des poumons, faisant saillie entre les deux clavicules; 2° et 3° deux *réservoirs cervicaux*, placés à la base du cou; 4° et 5° deux *réservoirs diaphragmatiques antérieurs*, placés entre les deux diaphragmes au-dessous des poumons; 6° et 7° deux *réservoirs diaphragmatiques postérieurs*, occupant une position analogue aux précédents, qu'ils suivent immédiatement; 8° et 9° enfin, deux *réservoirs abdominaux* adossés à la paroi supérieure de l'abdomen, au-dessus des viscères de cette cavité. — A l'exception des réservoirs diaphragmatiques, qui ne communiquent qu'avec les bronches, tous ces sacs aériens offrent des prolongements qui pénètrent dans les cavités dont sont creusés les os.

La respiration s'effectue à peu près exclusivement par le jeu des côtes sternales sur les côtes vertébrales. Les poumons ne subissent qu'un faible changement de volume, mais les réservoirs diaphragmatiques se dilatent à chaque inspiration, et l'air s'y précipite après avoir traversé le poumon; au moment de l'expiration, ce fluide suit le même chemin en sens inverse et concourt de nouveau à l'hématose. Les autres réservoirs, antérieurs et postérieurs, paraissent agir en antagonistes des premiers : ils se dilatent dans l'expiration et se contractent dans l'inspiration, cédant alors aux autres une partie de leur contenu.

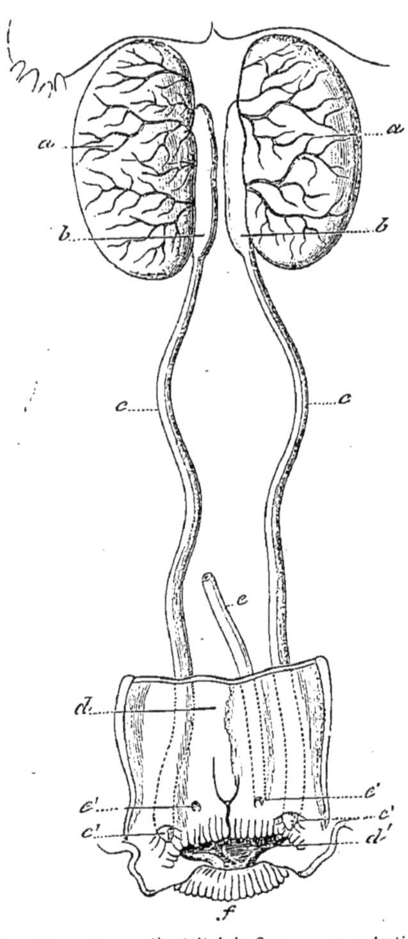

Fig. 560. — Appareil génital du Coq. — *a, a*, testicules. *b, b*, épididymes. *c, c*, canaux déférents, se terminant dans le cloaque *d*, chacun sur un petit tubercule *c'*. *d'*, bourse de Fabricius. *e*, uretère gauche. *e', e'*, ouverture des uretères dans le cloaque. *f*, marge de l'anus.

La *chaleur* développée par les Oiseaux est toujours considérable, ce qui tient à l'activité de la respiration et à la fréquence des battements du cœur, ainsi qu'à la présence des plumes, qui ne permettent qu'une faible déperdition. La température s'élève ainsi à 40, 42 et jusqu'à 44 degrés centigrades.

L'*appareil phonateur* ou syrinx est, comme nous l'avons vu, une dépendance des organes respiratoires. Il peut se développer dans trois positions : 1° à l'extrémité inférieure de la trachée ; 2° dans les bronches; 3° à la jonction de la trachée et des bronches. Cette dernière disposition est de beaucoup la plus commune : la trachée se dilate en une sorte de tambour, les bronches offrent des replis variés, et tout cet appareil est complété par des muscles, qui sont surtout puissants chez les Oiseaux chanteurs. Le syrinx manque chez les Autruches et quelques Vautours américains.

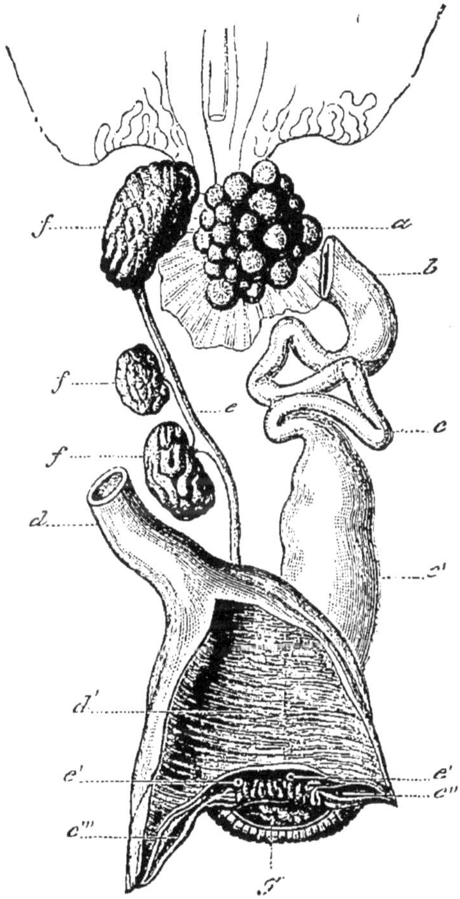

Les *reins* sont logés dans des cavités anfractueuses, au-dessous du sacrum; ils sont d'ordinaire divisés en trois lobes. Les uretères débouchent dans le cloaque; il n'existe pas de vessie : l'urine, sous forme de pâte blanchâtre, s'accumule dans le cloaque et se trouve expulsée quand celui-ci se renverse au moment de la défécation.

Fig. 561. — Appareil génital de la Poule. — *a*, ovaire. *b*, trompe. *c*, conduit albuminipare. *c'*, partie de l'oviducte fonctionnant comme utérus. *d*, intestin. *d'*, cloaque, dans lequel s'ouvrent, en *e'e'*, les deux uretères et en *c''* l'oviducte. *c'''*, enfoncement qui occupe la place de l'orifice de l'oviducte atrophié. *g*, bourse de Fabricius. *f*, *f*, *f*, rein divisé en trois lobes. *e*, uretère droit.

Chez tous les Oiseaux, les sexes sont séparés. L'*appareil mâle* se compose de deux testicules situés dans la cavité abdominale, au-dessous de la partie antérieure des reins; le gauche est en général un peu plus développé que l'autre, et tous deux, du reste, acquièrent un volume considérable à l'époque des amours. L'épididyme se détache à peine du testicule, et se continue par un canal déférent qui se renfle souvent en une vésicule séminale et va s'ouvrir sur la paroi postérieure du cloaque, au sommet d'un petit tubercule conique placé en dehors de l'orifice urinaire correspondant. Dans certains cas, on rencontre, entre les deux tubercules dont il s'agit, une troisième saillie qui représente un pénis (Canard).

L'*appareil femelle* ne comprend qu'un seul ovaire et un seul oviducte : les organes du côté droit s'atrophient de très bonne heure. L'ovaire gauche est, par suite, très développé ; il est situé à la face inférieure du rein gauche, mais tend à se porter vers la ligne médiane. Il se montre sous l'aspect d'une grappe composée d'ovules à divers degrés de développement : les uns petits et blanchâtres, les autres plus volumineux et de teinte jaune, tous enveloppés d'une membrane celluleuse très vasculaire (calice), formant à la base un court pédoncule. Au moment de la maturité, les vaisseaux de cette membrane s'atrophient suivant une ligne équa-

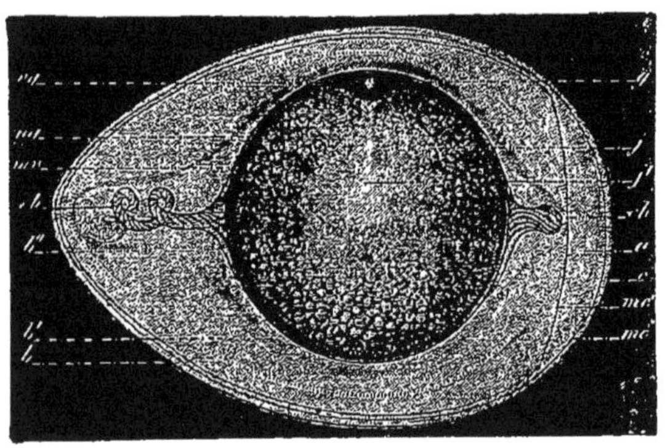

Fig. 562. — Coupe théorique de l'œuf de la Poule, d'après Gerbe. — *Parties qui existaient déjà dans l'ovaire : vg*, place de la vésicule germinative, qui a disparu avant la ponte. *g*, cicatricule. *mg*, couche granuleuse très mince doublant la membrane vitelline *mv*. *j*, jaune. *j'*, latebra. — *Parties adventives dont s'entoure l'œuf en descendant dans l'oviducte : ch*, chalazes. *b*, *b'*, *b''*, couches externe, moyenne et interne du blanc d'œuf. *mc'*, feuillet interne de la membrane coquillière. *mc*, feuillet externe. *a*, chambre à air. *c*, coquille.

toriale, et il en résulte bientôt une déchirure circulaire, à la faveur de laquelle s'échappe l'ovule. Celui-ci est constitué par un *vitellus* ou jaune assez volumineux, entouré d'une *membrane vitelline* très mince. Sur un point de sa surface, cette membrane montre un épaississement blanchâtre, discoïde, la *cicatricule* ou disque proligère, qui représente le vitellus formateur (vitellus de segmentation), et qui contient à son centre la *vésicule germinative*. Le reste de la masse contenue dans la membrane est le vitellus nutritif, constitué en grande partie par des *globules vitellins* jaunes, remplis de granulations ; au centre et sous la cicatricule, on remarque cependant un amas de globules clairs et nucléés dessinant une sorte d'amphore (*latebra* de Purkinje) : c'est une partie du vitellus blanc, lequel s'étale en outre en une mince couche à la surface du vitellus jaune. — L'oviducte n'est pas seulement un conduit excréteur : il fournit encore à l'œuf divers produits complémentaires. Il se divise en trois régions principales : la *trompe*, le *tube albuminipare* et la *chambre coquillière* (utérus). La trompe n'est pas en continuité directe avec l'ovaire, mais elle se dilate à son extrémité libre en un *pavillon* non frangé, qui recueille l'ovule au moment de la déhiscence du calice. Le tube albuminipare, comme son nom l'indique, sécrète l'albumine (blanc de l'œuf ou albumen) qui se dépose par couches successives autour du vitellus. On en distingue trois couches principales, de densité différente : la première, ou couche profonde, est très compacte et, par suite du mouvement de rotation que subit l'œuf dans son trajet, elle forme aux deux pôles une sorte de ligament spiralé désigné sous le nom de *chalaze;* les deux autres couches sont de plus en plus fluides. Enfin, dans la portion terminale de l'oviducte, l'albumen s'enveloppe d'une *membrane* dite *coquillière* ou testacée, qui se compose de deux lames et s'entoure elle-même d'un produit de sécrétion calcaire, formant la *coquille*. Celle-ci est perméable à l'air, aussi bien que la membrane, dont les deux lames s'écartent, au pôle obtus de l'œuf, pour constituer une *chambre à air*.

L'accouplement, dont la durée est toujours très courte, s'effectue par la juxtaposition des cloaques renversés. La fécondation s'opère dans la partie supérieure de l'oviducte, avant le dépôt des couches d'albumine. Tous les Oiseaux sont ovipares. La segmentation, qui ne porte que sur la cicatricule, donne lieu, même avant la ponte, à la formation d'un blastoderme composé de deux feuillets. Pour que l'évolution se continue, l'œuf doit être soumis à une température d'environ 40°; aussi les parents, et en particulier la femelle, les couvent-ils d'ordinaire, dans des nids construits avec plus ou moins d'art. On sait, d'ailleurs, qu'il est possible d'obtenir, au moyen d'une chaleur artificielle convenablement réglée, les mêmes résultats que procure l'incubation normale, et que l'emploi des *couveuses artificielles* est entré dans la pratique industrielle (1).

(1) Tout le monde sait que la Poule qui couve remue fréquemment ses œufs, et que cette pratique est imitée dans l'incubation artificielle. Dareste (*Comptes rendus*, 16 mars 1885) l'a justifiée en constatant que l'immobilité permet à l'allantoïde de contracter avec le jaune des adhérences qui occasionnent la mort de l'embryon.

La durée de l'incubation varie suivant les espèces; elle est de quatorze jours, par exemple, pour le Moineau franc, de vingt et un jours pour la Poule domestique, de six semaines pour le Cygne. — L'embryon possède une vésicule allantoïde et un amnios, comme celui de tous les Vertébrés supérieurs. Les jeunes Oiseaux brisent eux-mêmes leur coquille. Ils présentent, au sortir de l'œuf, les traits essentiels de l'organisation de leurs parents; toutefois, tandis que ceux des espèces terrestres (Oiseaux *précoces* : Gallinacés, beaucoup de Palmipèdes) sont capables de suivre immédiatement leur mère et de chercher leur nourriture, les jeunes des bons voiliers, au contraire (Oiseaux *nourriciers* : Pigeons, Passereaux) sont nus, faibles et doivent être longtemps nourris dans le nid.

Les mœurs des Oiseaux sont des plus curieuses et des plus variées, mais il nous est impossible de nous étendre ici sur ce sujet. La plupart sont monogames, et nous savons déjà (Voy. p. 87) que la formation des sociétés conjugales donne lieu à de remarquables manifestations des facultés instinctives. Mentionnons encore les *migrations* périodiques qu'accomplissent un grand nombre d'entre eux, et dont les Hirondelles, les Cailles, les Canards sauvages fournissent des exemples bien connus. Le plus souvent, ces Oiseaux migrateurs se réunissent en bandes nombreuses et ne se séparent qu'à l'arrivée. Les uns viennent passer chez nous la belle saison et s'y reproduire, puis se dirigent vers le sud avant les premiers frimas; les autres, au contraire, nous visitent seulement pendant l'hiver et vont nicher au printemps dans les régions septentrionales. Un fait des plus intéressants à noter dans ces migrations, c'est l'instinct qui pousse les individus à revenir chaque année dans le même endroit et à reprendre possession de leur ancien nid. Les Oiseaux possèdent à un haut degré la faculté de s'orienter, et c'est principalement cette faculté que l'Homme a mise à profit dans l'usage des Pigeons messagers.

Les Oiseaux apparaissent à l'état fossile dans les terrains jurassiques : tel est le cas de l'*Archæopteryx*, qu'on a longtemps décrit comme un Lézard emplumé. Cet animal, ainsi que divers autres, était pourvu de dents. Mais la plupart des Oiseaux appartiennent à l'époque tertiaire.

En dehors des espèces qui ont été réduites en domesticité et nous sont par suite d'une utilité directe, la classe des Oiseaux en comprend un grand nombre d'autres dont nous mangeons la chair (gibier à plumes). Il s'agit alors surtout des espèces granivores, qui peuvent être plus ou moins nuisibles à l'agriculture. Par contre, les insectivores et les carnassiers nous délivrent d'une foule d'êtres incommodes ou dangereux qui nous entourent. Ajoutons que cette classe nous fournit encore des œufs, des plumes et divers autres produits dont il sera question plus loin.

La classification des Oiseaux, très difficile à établir et par là même très variable suivant les auteurs, repose d'une manière générale sur les caractères tirés des pattes et du bec. Si l'on tient compte aussi du développement des ailes et des modifications corrélatives du squelette, on aboutit au groupement indiqué par le tableau suivant :

Un bréchet : *Carinates*.	Doigts non palmés	pattes courtes	deux doigts postérieurs				GRIMPEURS.
			un doigt postérieur	bec fort et crochu			RAPACES.
				bec médiocre	pas de cire		PASSEREAUX.
					une cire	ailes pointues	COLOMBINS.
						ailes arrondies	GALLINACÉS.
		pattes, bec et cou longs					ÉCHASSIERS.
	Doigts palmés						PALMIPÈDES.
Sternum sans bréchet : *Ratites*							COUREURS.

I. RATITES

PREMIER ORDRE

COUREURS

Oiseaux à ailes rudimentaires, impropres au vol ; pieds à trois ou deux doigts.

Les Coureurs, Brévipennes ou Struthions sont des Oiseaux de grande taille, adaptés à la locomotion terrestre, et par suite privés de la faculté de voler. Il en résulte que les muscles des pattes sont très développés, tandis que ceux des ailes sont fort réduits, modification qui entraîne la disparition de la carène sternale. Les os sont pleins. Les clavicules sont rudimentaires on nulles. Il n'existe pas de rémiges ni de rectrices.

Ces Oiseaux vivent dans les steppes des régions tropicales ; ils se nourrissent de grains, d'herbes, rarement de petits animaux. Quelques-uns sont polygames.

Les **STRUTHIONIDÉS** ou Autruches d'Afrique n'ont que deux doigts à chaque pied ; leurs pubis forment une symphyse. — Autruche Chameau (*Struthio camelus*), fournit aux indigènes de l'Afrique sa chair, sa graisse, ses œufs et surtout ses plumes. On a déjà tenté de la domestiquer.

Les **RHÉIDES** ont trois doigts ; leurs pubis sont libres. — Nandou d'Amérique (*Rhea Americana*), etc.

Les **CASUARIDÉS**, qui sont aussi tridactyles, comprennent les Émous (*Dromæus*), et les Casoars (*Casuarius*), australiens et océaniens.

On rapproche des Coureurs quelques autres formes d'Oiseaux terrestres qui ont également les ailes rudimentaires et le sternum dépourvu de bréchet, et à ce titre font partie du groupe des Ratites :

Les **APTÉRYGIDÉS** se distinguent des Autruches par leur petite taille, leur bec long et mince, et leurs pattes munies d'un pouce. Ce sont des Oiseaux nocturnes, sans aucune défense et qui tendent à disparaître. — Kiwi (*Apteryx australis*), Nouvelle-Zélande ; Aptéryx d'Owen (*A. Oweni*), Tasmanie.

Les **DINORNITHIDÉS**, aujourd'hui complètement éteints, étaient des Oiseaux gigantesques, qui ont dû périr sous la main de l'Homme. — Moas (*Dinornis*), Nouvelle-Zélande. — Épiornis (*Epiornis*), Madagascar.

II. CARINATES

DEUXIÈME ORDRE

PALMIPÈDES

Oiseaux aquatiques, à doigts palmés ; bec variable.

Le corps des Palmipèdes est recouvert de plumes très serrées et lustrées par une abondante matière huileuse provenant de la glande uropygienne. Les pattes sont en général courtes ; les doigts sont tout à fait palmés et par suite propres à la natation. Les ailes sont parfois réduites à l'état de moignons fonctionnant comme des rames (fig. 563), et d'autres fois bien développées. Le cou est long. Le bec est tantôt long et pointu, tantôt large, obtus et revêtu d'une peau molle.

Quoique monogames à l'état sauvage, ils vivent en troupes. Leur nourriture se compose surtout de poissons, de graines et de diverses substances végétales.

4 sous-ordres : *Brachyptères*, *Lamellirostres*, *Totipalmes* et *Longipennes*.

PREMIER SOUS-ORDRE

BRACHYPTÈRES

Le nom de Brachyptères (βραχύς, court; πτερὸν, aile) indique que ces Oiseaux sont peu ou point aptes au vol; celui de Plongeurs, qu'on leur donne aussi quelquefois, témoigne de leurs habitudes.

Fig. 563. — Grand Manchot (*Aptenodytes patagonica*).

Ils ont les pattes reportées tout à fait à l'arrière du corps. Le bec est souvent comprimé, à bords tranchants.

Manchots (*Aptenodytes*), Pingouins (*Alca*), Guillemots (*Uria*), Grèbes (*Podiceps*), Plongeons (*Colymbus*).

DEUXIÈME SOUS-ORDRE

LAMELLIROSTRES

Ces Palmipèdes sont caractérisés par un bec large, légèrement bombé en dessus et revêtu d'une peau molle, très riche en nerfs. Les bords mandibulaires sont garnis de petites lamelles cornées transversales s'engrenant entre elles, et destinées à tamiser l'eau en retenant les Vers ou autres aliments recueillis dans la vase.

La langue est grande, charnue, cornée à son bord antérieur, qui est frangé. Le gésier est très musculeux, les cæcums sont assez longs. Les trois doigts antérieurs sont réunis par une palmature; le doigt postérieur est rudimentaire, nu ou à bords garnis d'une expansion membraneuse.

La plupart des Lamellirostres sont omnivores : ils vivent d'herbes, de graines, de Vers, de Mollusques ou d'autres animaux aquatiques. Les petits sont précoces.

On les divise en deux familles : les *Phœnicoptéridés* ou Flamants, que leurs longues pattes ont longtemps fait classer parmi les Échassiers, et les *Anatidés* ou Canards.

Les **ANATIDÉS** se distinguent des Flamants par leurs pattes modérément développées et leur bec relativement droit. Ils se subdivisent en 4 sous-familles ou tribus : *Cygninés, Ansérinés, Anatinés* et *Merginés*.

Les **CYGNINÉS** ont un corps volumineux et une tête petite, portée sur un cou très long; le bec est aussi large vers l'extrémité que vers la base et terminé par une lame cornée arrondie; le lorum (région qui s'étend entre l'œil et la racine du bec) est nu; les pattes, de hauteur médiocre, sont fortement rejetées en arrière; le plumage est serré et le duvet abondant. Ces Oiseaux sont plutôt nageurs que marcheurs. Ils sont moins herbivores que les Oies, moins carnivores que les Canards.

Les **Cygnes** (*Cygnus* L.) sont les seuls représentants de cette tribu; ils comprennent en particulier trois espèces européennes : le Cygne sauvage ou chanteur (*C. ferus* Ray, *C. musicus* Bechst.), à bec noir à la pointe, le Cygne de Bewick (*C. minor* Pall.) et le Cygne muet.

Le **Cygne muet** (*C. mansuetus* Ray, *C. olor* L.) a le plumage d'un blanc éclatant, une caroncule frontale noire surmontant un bec rouge, à bords et à onglet noirs, des pattes brunes nuancées de rougeâtre. Les jeunes sont gris et blanc, quelquefois tout blancs.

Cette espèce habite les côtes de la Suède et de la Norvège, et ne vient que l'hiver dans nos régions. On le regarde comme la souche de nos Cygnes domestiques.

Le Cygne domestique (*C. olor domesticus* Auct.) est surtout un Oiseau d'ornement; on l'entretient dans les pièces d'eau en raison de son port élégant et de son beau plumage, d'un blanc pur ou varié. Sa domestication paraît remonter tout au moins au moyen âge.

Le mâle ne s'attache qu'à une seule femelle. Celle-ci pond cinq à huit œufs, qu'elle couve pendant six semaines, sous la garde du mâle. Les

Fig. 504. — Cygne domestique.

jeunes grandissent rapidement. On ne mange presque jamais la chair de ces animaux. Celle de l'adulte est du reste noire, dure, peu agréable.

Les **ANSÉRINÉS** ont la tête assez grosse, le cou de longueur moyenne, le bec convexe en dessus, aplati en dessous, un peu plus étroit et moins haut en avant qu'en arrière, et terminé par un large onglet de nature cornée; les pattes, de longueur médiocre, sont moins reportées en arrière que chez les Canards et les Cygnes; elles sont emplumées presque jusqu'aux tarses; les ailes sont grandes; le plumage est mou, le duvet très développé.

Les Ansérinés sont moins aquatiques que les autres Anatidés; ils nagent bien, mais, par suite de la situation de leurs pattes, plongent difficilement; ils se tiennent volontiers sur les rivages; enfin, leur régime est plus végétal.

Parmi les genres qui composent cette tribu, nous citerons les Oies (*Anser*), les Bernaches (*Bernicla*), les Céréopses (*Cereopsis*), etc.

Le genre **Oie** (*Anser* L.) est caractérisé par un bec à lamelles espacées, dirigées en arrière et saillantes en forme de dents sur tout le bord de la mandibule supérieure; les tarses sont épais, assez longs; le plumage est en général sans éclat. Les jeunes ne revêtent la livrée des adultes qu'après plusieurs mues. Ces animaux vivent en petites troupes à l'état sauvage.

Les principales espèces européennes sont : l'Oie cendrée (*A. cinereus*), souche de nos Oies domestiques, l'Oie sauvage (*A. sylvestris*), l'Oie rieuse (*A. albifrons*), etc. Toutes nichent dans le nord de l'Europe, et ne viennent chez nous que comme Oiseaux de passage.

L'**Oie cendrée** (*A. cinereus* Mey., *A. ferus* Tem.) est d'un gris brunâtre sur le dos et les épaules, avec les plumes bordées de blanchâtre, d'un gris cendré sur la poitrine, ainsi qu'à la base des ailes et de la queue, d'un blanc pur ou teinté sous le ventre; les rémiges et les rectrices sont noirâtres, au moins en partie, et à tiges blanches. Le bec est jaune de cire, l'iris brun foncé, les pattes rouge pâle.

Prises jeunes, les Oies cendrées s'apprivoisent facilement; cependant, les petits auxquels elles donnent naissance tendent toujours à fuir à l'époque de l'émigration. En liberté, elles pondent cinq ou six œufs quand elles sont jeunes, et plus tard sept à quatorze. Leur chair est moins grasse, mais plus savoureuse et plus parfumée que celle des Oies domestiques. L'accouplement, même spontané, des Oies cendrées et des Oies domestiques, n'est pas très rare, et les produits qui en résultent sont indéfiniment féconds.

L'Oie domestique (*A. cinereus domesticus* Auct.) offre une assez grande variété dans le plumage; elle a les allures plus lourdes, le port moins fier que l'Oie cendrée. On en distingue en France deux races principales : l'*Oie commune* et l'*Oie de Toulouse*, cette dernière reconnaissable à son abdomen traînant. Comme l'a prouvé I. Geoffroy Saint-Hilaire, la domestication des Oies (en Grèce) remonte au moins au temps d'Homère.

Ce sont des Oiseaux de basse-cour très répandus, qu'on entretient souvent en grandes troupes, et qui peuvent se conduire au pâturage comme des moutons. Ils se nourrissent d'herbes fines, de graines, d'Insectes, et ingèrent en même temps une grande quantité de sable fin. Le mâle est appelé *Jars*; un seul suffit à 5 ou 6 femelles. Chacune de celles-ci pond de 30 à 40 œufs quand on a soin de les lui enlever; on ne lui en donne à couver que 15 à 18. Elle est bonne couveuse et bonne mère. La durée de l'incubation est de trente jours environ. Les Oisons exigent quelques soins particuliers dans les premiers jours. A l'âge de six à huit mois, ils peuvent être déjà livrés à la consommation. La chair est alors assez

Fig. 565. — Oie commune.

tendre, mais elle devient fibreuse de bonne heure. Elle est d'ailleurs noire et difficile à digérer, en raison de l'abondance de la graisse qu'elle renferme; cependant, elle tenait chez nous le premier rang avant la connaissance du Dindon. En 1863, le nombre des Oies consommées à Paris s'est élevé à 634 000.

En Alsace et dans le bassin de la Garonne, on soumet les Oies à l'engraissement par ingurgitation forcée. L'opération porte sur des animaux de six mois; elle dure de dix-huit à vingt-quatre jours. La chair est alors vendue et le foie mis à part pour la fabrication des terrines et pâtés de foie gras.

Les Oies fournissent encore, deux ou trois fois par an, leurs plumes et leur duvet, qui se vendent fort cher, et leurs grandes pennes, employées comme plumes à écrire. Enfin, la peau emplumée et préparée est vendue sous le nom de peau de Cygne.

Au Canada, les Oies domestiques dérivent de l'*Anser canadensis*; en Chine, elles proviennent de l'*Anser cygnoides*.

Les **ANATINÉS** ont la tête grosse, le bec aussi large ou plus large vers l'extrémité que vers la base, la mandibule supérieure large, emboîtant l'inférieure, le cou court ou de longueur moyenne, les jambes et les tarses courts, reportés plus en arrière que chez les Cygnes.

Cette tribu ne comprend en réalité que le seul genre **Canard** (*Anas* L.), qu'on a subdivisé sans aucune utilité, et dont les nombreuses espèces se répartissent entre deux sections principales :

1° Les *Anatinés* proprement dits ont un cou moyen, le doigt externe plus court que le médian, le pouce dépourvu d'expansion membraneuse.

Les principales espèces sont : le Canard sauvage (*A. boschas*), le Souchet commun ou Rouget de rivière (*A. clypeata*), le Chipeau bruyant ou rousseau (*A. strepera*), la Marèque Pénélope ou Canard siffleur (*A. Penelope*), le Pilet ou Canard-Faisan (*A. acuta*), la Sarcelle d'hiver ou Sarcelline (*A. crecca*), la Sarcelle d'été (*A. querquedula*).

2° Les *Fuligulinés* ont le cou gros et court, les pattes très courtes, le doigt externe aussi long que le médian, le pouce ou doigt postérieur largement bordé.

Espèces principales : Morillon (*A. fuligula*), Milouinan (*A. marila*), Mi-

Fig. 566. — Eider (*Anas mollissima*).

louin (*A. Ferina*), Garrot (*A. clangula*), Eider (*A. mollissima*), Macreuse ordinaire (*A. nigra*), Macreuse brune (*A. fusca*), etc.

Ces différentes espèces émigrent chaque année; on leur fait une chasse active dans les marais ou sur les côtes, à cause de leur chair délicate et nutritive. Les Fuligulinés sont surtout des animaux marins et plongeurs.

L'Eider, qui habite les régions boréales, fournit un abondant duvet (*eider dun*, d'où édredon) dont l'Homme tire utilement parti.

Le **Canard sauvage** (*A. boschas* L.) varie beaucoup dans son plumage suivant le sexe et l'âge. Le *mâle* a la tête et le haut du cou verts, puis un collier blanc, le dos d'un brun cendré rayé de grisâtre, le ventre et les flancs gris blanc moiré de noirâtre; l'aile pliée offre une belle plaque bleue (miroir) bordée en avant et en arrière par une double bande blanche et noire; les quatre rectrices médianes sont recourbées supérieurement en demi-cercle. Les pattes sont d'un rouge orangé. La *femelle* est d'un cendré roussâtre semé de taches plus ou moins foncées; elle n'a pas les teintes brillantes ni les rectrices frisées du mâle. Les jeunes, avant la première mue, ressemblent assez à la mère et sont connus sous le nom de *halbrans*.

Le Canard sauvage est une espèce sociable, très répandue dans tout l'hémisphère boréal. Les individus qui habitent le Nord émigrent régulièrement; ceux qui vivent dans nos régions les quittent à peine quand les eaux sont glacées. La femelle pond huit à seize œufs d'un blanc verdâtre.

Le Canard domestique (*A. boschas domestica* Auct.) dérive du Canard sauvage; d'après I. Geoffroy Saint-Hilaire, sa domestica-

Fig. 567. — Canard de Rouen, mâle.

tion devait être encore toute récente à l'époque de Varron. Son plumage varie beaucoup; sa taille est plus grande, sa démarche et son vol sont plus lourds. Les races les plus répandues chez nous sont le *Canard commun* et le *Canard de Rouen* (fig. 567). Les Canards sont plus aquatiques que les Oies.

Un mâle suffit à six femelles. La Cane pond de cinquante à soixante œufs; on lui en donne douze à quinze à couver. Il faut la surveiller au moment de l'éclosion, car elle s'impatiente aisément et quitte le nid avec les premiers nés. L'incubation dure de vingt-huit à trente jours. Les canetons fournissent, dès l'âge de huit mois, une chair de bonne qualité, quoique plus grasse, moins fine et moins parfumée que celle du Canard sauvage. Dans certaines régions, on les engraisse à la façon des Oies, surtout dans le but d'obtenir des foies gras, qui servent à la confection de terrines et de pâtés très estimés. Les plumes et le duvet sont un peu moins recherchés que ceux de l'Oie.

Le **Canard musqué** (*A. moschata* L.), dont on a fait le type d'un genre *Cairina*, est plus connu sous le nom impropre de *Canard de Barbarie.* Ce Palmipède est originaire de l'Amérique méridionale, où on le rencontre encore aujourd'hui, à l'état sauvage, depuis le Paraguay jusqu'à la Guyane. Sa domestication remonte à plusieurs siècles, car, vers 1550, d'après Belon, on le vendait en France « par les marchez pour s'en servir es festins et noces ». Il est beaucoup plus gros que le Canard indigène; son plumage est brun noirâtre, lustré de vert et moucheté de blanc; la base du bec et les joues sont couvertes de verrucosités rouge foncé; le bec et les pattes sont généralement rouges.

C'est un Oiseau délicat, gourmand et querelleur, dont l'élevage n'est pas à recommander. Sa chair a une saveur musquée désagréable, mais on prétend que cet inconvénient peut être évité en enlevant la glande uropygienne (?) et surtout la tête aussitôt après l'avoir tué.

Dans le Midi de la France, on obtient, par l'accouplement du Canard de Barbarie et de la Cane domestique, des hybrides connus sous le nom de *Mulards*, qui se reproduisent entre eux et avec les espèces génératrices, et ne possèdent pas d'odeur musquée. Mais il est rare, dit-on, que sur cent œufs de Cane domestique fécondée par le Canard de Barbarie, on obtienne plus de vingt Canetons.

Les **MERGINÈS** sont aisément reconnaissables à leur bec étroit, crochu, onguiculé à son extrémité, et pourvu de lamelles saillantes, formant sur les bords des mandibules de petites dents de scie dirigées en arrière.

Ce groupe n'est représenté que par les Harles (*Mergus*).

TROISIÈME SOUS-ORDRE

TOTIPALMES

Les Totipalmes ou Stéganopodes ont, comme leur nom l'indique, les quatre doigts, y compris le pouce, réunis par une membrane. Leurs ailes sont très grandes.

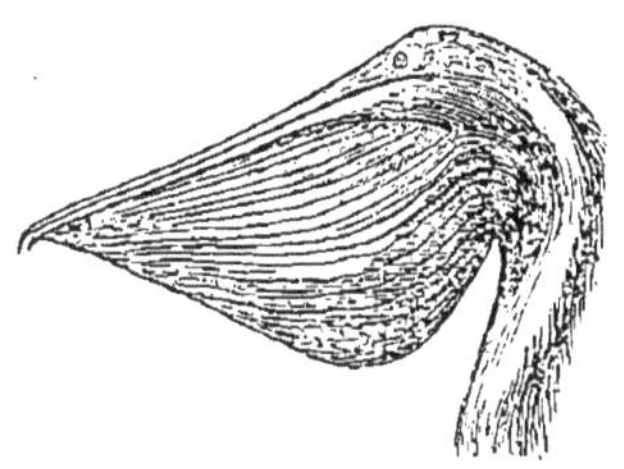

Fig. 568. — Tête du Pélican commun (*Pelecanus onocrotalus* L.).

Ex. : les Pélicans (*Pelecanus*), qui portent au-dessous de la mâchoire inférieure une grande poche membraneuse dans laquelle ils accumulent les Poissons qu'ils viennent de prendre (fig. 568); les Cormorans (*Phalacrocorax*), les Frégates (*Tachypetes*), les Fous (*Sula*), les Phaétons ou Paille-en-queue (*Phaeton*), etc.

QUATRIÈME SOUS-ORDRE

LONGIPENNES

Ce sont des Oiseaux à ailes très longues, à vol rapide et soutenu. La palmature ne s'étend pas au pouce, qui est souvent rudimentaire.

Goélands ou Mouettes pêcheuses (*Larus*), Hirondelles de mer (*Sterna*), Labbes ou Mouettes pillardes (*Lestris*), Becs-en-ciseaux (*Rhynchops*), Pétrels (*Procellaria*), Albatros (*Diomedea*), Oiseaux de Saint-Pierre (*Thalassidroma*), etc.

TROISIÈME ORDRE

ÉCHASSIERS

Oiseaux à pattes, bec et cou allongés.

Les Échassiers doivent leur nom à la longueur de leurs pattes et surtout de leurs tarses, qui les fait paraître comme montés sur des échasses. Le bas de la jambe est nu, comme le tarse. Les doigts, souvent grêles et allongés, sont quelquefois libres (fig. 569), mais plus fréquemment réunis à leur base par une membrane (fig. 570). Le cou et le bec sont longs, de manière à permettre à l'animal de chercher sa nourriture dans l'eau. Les ailes ont un développement variable.

Ces Oiseaux, la plupart migrateurs, sont monogames ; ils vivent par couples, surtout au bord des eaux, ce qui leur vaut le nom d'*Oiseaux de rivage*. Tous sont prédateurs, bien que quelques-uns

Fig. 569. — Patte de Poule d'eau (*Gallinula chloropus* L.).

Fig. 570. — Patte de Vanneau (*Vanellus cayennensis* L.).

puissent rechercher en même temps les substances végétales. — On peut, à l'exemple de Cuvier, les partager en 4 groupes : *Macrodactyles, Cultrirostres, Longirostres* et *Pressirostres.*

PREMIER SOUS-ORDRE

MACRODACTYLES

Échassiers à doigts longs et grêles, libres, mais parfois bordés d'expansions membraneuses; à corps étroit et comprimé.

Râles d'eau (*Rallus*), Râles des prés (*Crex*), Poules d'eau (*Gallinula*), Poules sultanes (*Porphyrio*), Foulques (*Fulica*).

DEUXIÈME SOUS-ORDRE

CULTRIROSTRES

Les Cultrirostres ou Hérodiens ont le bec fort, épais, allongé, pointu et tranchant sur les bords.

Grues (*Grus*), Agamis (*Psophia*), Cigognes (*Ciconia*), Hérons (*Ardea*),

Fig. 571. — Tête de Grue caronculée (*Grus carunculata* L.).

Spatules (*Platalea*), Ibis (*Ibis*). Dans les fermes de l'Amérique du Sud, l'Agami trompette (*Ps. crepitans*) est souvent employé comme gardien des autres Oiseaux, à la façon des Chiens de berger. On en dit autant du *Chauna chavaria*.

TROISIÈME SOUS-ORDRE

LONGIROSTRES

Encore appelés Limicoles. Ils sont caractérisés par leur bec long, grêle, assez faible.

Chevaliers (*Totanus*), Barges (*Limosa*), Combattants (*Machetes*), Bécasses (*Scolopax*), Bécassines (*Gallinago*), Bécasseaux (*Limicola*), Courlis (*Numenius*).

QUATRIÈME SOUS-ORDRE

PRESSIROSTRES

Ou Alectorides. Bec médiocre, plus ou moins pointu; pouce rudimentaire ou nul.

Pluviers (*Charadrius*), Vanneaux (*Vanellus*), Huîtriers (*Hæmatopus*), Courvites (*Cursorius*), Outardes et Canepetières (*Otis*).

QUATRIÈME ORDRE

GALLINACÉS

Oiseaux terrestres, à ailes courtes et arrondies; bec assez fort, convexe, membraneux à la base (cire); *les trois doigts antérieurs, ou les deux externes seulement, réunis à la base par une courte membrane.*

Les Gallinacés ont le corps trapu, revêtu d'un plumage abondant, mais sans souplesse, la tête relativement petite, le bec convexe, plus ou moins recourbé vers la pointe, et offrant une base molle, membraneuse et garnie de plumes, entre lesquelles se trouvent les narines, recouvertes chacune par une écaille. Les pattes sont fortes, parfois emplumées jusque sur le pied; le pouce, presque toujours inséré au-dessus du niveau des autres doigts, peut se montrer tout à fait réduit. Les mâles diffèrent souvent des femelles par un plumage brillant, par la présence d'appendices cutanés érectiles, d'ergots aux tarses, etc.

Les Gallinacés sont des Oiseaux terrestres, à vol lourd et bruyant. Ils se nourrissent de baies, de graines, d'Insectes, de Vers, qu'ils découvrent d'ordinaire en grattant le sol, d'où le nom de *Gratteurs* ou de *Pulvérateurs* qu'on leur donne quelquefois. Ils sont pour la plupart polygames, et la mère s'occupe seule de sa progéniture. Les petits sont *précoces* : ils vont immédiatement à la recherche de leur nourriture.

Cet ordre, qui renferme les plus importantes espèces domestiques et que Claus compare très heureusement aux Mammifères ongulés, comprend quatre familles principales : *Cracidés*, *Mégapodiidés*, *Phasianidés* et *Tétraonidés*, à côté desquelles on peut ranger provisoirement les *Crypturidés* ou Tinamous et les *Ptéroclidés* ou Gangas.

Les **CRACIDÉS** sont surtout caractérisés par leurs tarses longs, dépourvus d'ergots, par leur doigt postérieur bien développé et situé sur le même plan que les autres, par leur queue longue et leur plumage foncé, peu différent dans les deux sexes. Ce sont de gros Oiseaux monogames, qui habitent les forêts de l'Amérique du Sud.

Hoccos (*Crax*), Pénélopes (*Penelope*), etc.

Les **MÉGAPODIIDÉS** ont aussi de longues pattes et le doigt postérieur inséré au même niveau que les autres; leur queue est courte, leur taille moyenne. Ils habitent l'Australie et l'Océanie. Tous font incuber leurs œufs dans des amas de feuilles en fermentation.

Talégalles (*Talegallus*), Mégapodes (*Megapodius*).

Les **PHASIANIDÉS** réalisent le type le plus parfait des Gallinacés. Ils ont la tête souvent garnie d'appendices charnus, ou surmontée d'une aigrette. La queue est longue. Les pattes sont fortes, avec les trois doigts antérieurs réunis à la base et le doigt postérieur faible, situé au-dessus du niveau des autres; en outre, les mâles portent presque toujours un ergot. Les deux sexes sont assez différents : le mâle est plus fort et plus richement orné. Ils appartiennent à l'ancien continent.

Cette famille se divise en plusieurs sous-familles, dont les principales seules nous occuperont : *Méléagrinés*, *Numidinés*, *Pavoninés*, *Phasianinés*, *Gallinés*.

Les **MÉLÉAGRINÉS** ont la tête et la partie supérieure du cou dénudés et couverts de saillies verruqueuses colorées en bleu et en rouge ; à la base de la mandibule supérieure existe une caroncule érectile ; une sorte de fanon également érectile pend au-dessous de la mandibule inférieure. — Ce groupe se rapproche assez des Cracidés, et on en fait quelquefois une petite famille à part.

Un seul genre.

Les **Dindons** (*Meleagris* L.) comprennent deux espèces distinctes : le Dindon ocellé (*M. ocellata*), du Honduras et du Yucatan, et le Dindon vulgaire.

Le **Dindon vulgaire** (*M. gallopavo* L.) porte à l'état sauvage une livrée brunâtre plus ou moins métallique, et se distingue à première vue de l'autre espèce par la présence d'une touffe de crins sur le devant de la poitrine. Cette touffe est moins apparente chez la femelle, qui a en outre un plumage plus terne.

On trouve cette espèce dans une grande partie du Canada, des États-Unis et du Mexique. Les Dindons sauvages se nourrissent d'herbes, de graines, de baies, de Vers ou d'autres petits animaux. Au printemps, les mâles font la cour aux femelles en faisant la roue, c'est-à-dire en se pavanant, redressant en éventail les plumes de la queue, rendant turgides les appendices céphaliques et faisant entendre un bruit particulier. La femelle pond dix à quinze et jusqu'à vingt œufs d'un jaune crémeux pointillé de roux.

Le Dindon domestique (*M. gallopavo domestica*) revêt une livrée très variable : grise, jaspée, blanche, etc. Il descend très probablement de la variété mexicaine du Dindon vulgaire (*M. gallopavo* var. *mexicana*), avec laquelle certains individus offrent en effet

Fig. 572. — Dindon domestique.

une frappante similitude. Les noms de Dindon et de Coq d'Inde s'expliquent par ce fait que le Mexique et les Antilles étaient autrefois appelés les Indes occidentales. On a lieu de penser que cet Oiseau avait été domestiqué par les anciens Mexicains, et que les Espagnols l'introduisirent les premiers en Europe. En tout cas, on sait qu'il fut importé en France sous Louis XII, et P. Belon nous apprend qu'il était déjà « commun es mestairies » vers 1550.

Le mâle est querelleur et méchant. S'il est jeune et vigoureux, il suffit à sept ou huit dindes. Celles-ci sont en général plus douces. Chacune d'elles pond quinze à vingt œufs, qu'elle couve avec sollicitude. L'incubation dure vingt-huit à trente jours. Les Dindonneaux sont délicats et craignent beaucoup le froid, mais la véritable phase critique de leur évolution est l'époque à laquelle la caroncule et les pendeloques s'injectent et prennent leur teinte rouge définitive (crise du rouge). A l'âge de six à sept mois, on les considère comme adultes, et on peut les engraisser avec avantage. La chair de ces animaux est très délicate et tenue partout en haute estime ; celle des vieux animaux, et surtout des mâles, devient cependant dure et perd de sa finesse.

Les **NUMIDINÉS** ont le corps bombé, la queue courte et abaissée, la tête plus ou moins nue et pourvue de huppes ou caroncules variables, les pattes généralement dépourvues d'ergot.

Le genre **Pintade** (*Numida* L.) est caractérisé par la présence d'un tubercule calleux sur le sommet de la tête et de deux caroncules pendantes sous la mandibule inférieure.

La **Pintade commune** (*N. meleagris* L.) est d'un gris foncé parsemé de petites taches blanches formant une espèce de damier; les joues sont blanc bleuâtre, le tubercule calleux et les caroncules rouges, le bec jaune rougeâtre.

Elle vit à l'état sauvage dans l'ouest de l'Afrique, et en particulier dans les îles du Cap-Vert. Elle recherche les endroits déserts et buissonneux. Elle paraît vivre en monogamie. La femelle pond une douzaine d'œufs au milieu d'une touffe d'herbes. Ces animaux sont très faciles à apprivoiser.

La PINTADE DOMESTIQUE (*N. meleagris domestica*) comprend diverses variétés : grise, blanche, lilas, panachée, etc. Il est probable que sa domestication s'est faite d'abord en Afrique. Les Grecs l'ont ensuite possédée, mais ce sont les Romains qui en ont fait décidément un Oiseau européen.

Il faut un mâle pour chaque femelle. La Pintade pond trente à quarante œufs et quelquefois beaucoup plus, quand on les enlève un à un;

mais elle les délaisse le plus souvent, et on est obligé de les donner à couver à des Poules ou à des Dindes. A cet inconvénient s'ajoutent la manie de pondre en dehors des habitations, un caractère querelleur et un cri

Fig. 573. — Pintade domestique.

désagréable. La durée de l'incubation est de trente jours environ. Les Pintadeaux, comme les jeunes Dindons, sont très délicats jusqu'au développement de leurs caroncules. A huit ou dix mois, ils fournissent une chair d'excellente qualité.

Les autres espèces les plus connues sont : la Pintade à caroncules bleues (*N. ptilorhyncha*), la Pintade à casque (*N. mitrata*), la Pintade vulturine (*Acryllium vulturinum*), etc.

Les PAVONINÉS ont une tête petite, surmontée d'une aigrette dressée et dépourvue de lobes cutanés. Comme chez les Dindons, le mâle possède la faculté d'étaler sa queue en roue; ses tectrices caudales, très longues, à barbes lâches et soyeuses, sont décorées de taches brillantes en forme d'yeux.

Le seul genre Paon (*Pavo* L.) représente cette tribu. Il a pour type :

Le **Paon vulgaire** (*P. cristatus* L.), qui est un Oiseau superbe. Le mâle a la partie antérieure du corps d'un beau bleu à reflets verts et dorés, le dos bleu au milieu et vert sur les côtés, le ventre brun, les ailes blanches rayées transversalement de noir. Le plumage de la femelle est d'une teinte générale brun clair.

Le Paon habite les forêts, les jungles et les plantations, dans l'Inde et à Ceylan. Il se nourrit de substances végétales et animales, et tue souvent des Serpents d'assez grande taille.

Le PAON DOMESTIQUE (*P. cristatus domesticus*), quoique le plus beau de nos Oiseaux domestiques, n'a pas le plumage aussi brillant

Fig. 574. — Paon domestique.

qu'à l'état sauvage. C'est l'expédition d'Alexandre qui a rapporté ce Gallinacé en Grèce, et c'est à partir de cette époque seulement qu'il a été domestiqué. Au quatorzième et au quinzième siècle, il était encore rare en Angleterre et en Allemagne.

Dans nos basses-cours, il convient de donner à un Paon mâle quatre ou cinq femelles. La Paonne fait d'ordinaire deux pontes de cinq ou six œufs chacune, mais souvent en dehors des habitations, et elle n'est bonne couveuse que lorsqu'elle a librement fait choix de son nid et qu'elle n'est pas dérangée par le mâle. L'incubation dure trente jours. Les Paonneaux exigent les mêmes soins que les jeunes Dindons; l'époque critique correspond pour eux au développement de l'aigrette. La femelle est adulte à deux ans, le mâle à trois ans. Ces animaux ont l'humeur querelleuse et dérangent la basse-cour. Leur chair, lorsqu'ils sont jeunes, est de bonne qualité, mais on les mange rarement. Ce sont surtout des Oiseaux d'ornement. Cependant, leur plumage est d'un bon rapport.

A côté du Paon commun, il faut citer le Paon spicifère (*P. muticus* L., *P. spicifer* Shaw), des îles de la Sonde, dont la queue est encore plus belle. Il n'y a guère que soixante ans qu'on l'a introduit en Europe.

Les PHASIANINÉS ont la tête garnie de plumes comme le reste du corps, sauf sur les joues, qui sont nues et verruqueuses; la queue est longue, composée de plumes disposées en toit.

Le genre **Faisan** (*Phasianus* L.) a été divisé par les ornithologistes; mais on est loin de s'entendre sur la valeur et la délimitation de ces groupes, que nous ne signalerons pas ici.

Le **Faisan commun** (*Ph. colchicus* L.) possède un fort beau plumage. Le mâle a la tête et le cou vert foncé, avec deux petites touffes de plumes d'un vert doré sur les côtés de l'occiput; le dessous du corps est d'un brun châtain à reflets pourpres. La femelle est d'un gris roussâtre tacheté et rayé de noir.

Le Faisan commun est, comme son nom l'indique, originaire de la Colchide (région située entre le Caucase et la mer Noire). C'est à l'expédition des Argonautes que l'Europe est redevable de l'introduction de ce bel Oiseau, rencontré sur les bords du Phase. Aujourd'hui encore, le Faisan habite l'Asie mineure et les côtes de la mer Caspienne. Les Romains l'ont répandu dans toute l'Europe méridionale : en plusieurs points, il y vit à l'état complètement sauvage; mais, dans nos régions tempérées, il a besoin de la protection de l'Homme, qui surveille la reproduction et élève les jeunes dans des *faisanderies*, avant de les mettre en liberté dans les bois. Dans ces conditions, le Faisan est presque un animal domestique.

Une Faisane pond jusqu'à vingt ou vingt-cinq œufs vert jaunâtre, mais ne couve pas en cage; on emploie comme couveuses de petites Poules. L'éclosion a lieu au bout de vingt-cinq ou vingt-six jours. Les Faisandeaux sont fort difficiles à élever. — Le Faisan est chez nous le gibier le plus estimé.

Fig. 575. — Faisan commun.

L'Asie centrale et la Chine nous ont aussi fourni quelques belles espèces du même groupe : le Faisan doré (*Ph. pictus*) et le Faisan de lady Amherst (*Ph. Amherstiæ*), qui sont des *Thaumalea*, le Faisan argenté (*Ph. nycthemerus*), qui est un *Gallophasis*, etc.

Les Crossoptiles (*Crossoptilon*), les Argus (*Argus*), les Polyplectrons (*Polyplectron*) sont quelquefois aussi rangés dans la même tribu.

Les **gallinés** ont pour caractères des joues nues et lisses, une crête dentelée sur la tête et un ou deux lobes charnus au-dessous de la mandibule inférieure; la queue est en forme de toit et recouverte, chez le mâle, de longues tectrices recourbées en faucille, qui retombent en arrière du corps.

Les **Coqs** (*Gallus* Brisson) comprennent plusieurs espèces qui toutes, à l'état sauvage, habitent les Indes ou la Malaisie.

Les plus connues sont : le Coq Bankiva (*G. Bankiva* Tem.), de l'Inde et de Java ; le Coq de Sonnerat (*G. Sonnerati*), de l'Inde ; le Coq de Stanley (*G. Stanleyi*), de Ceylan ; etc. Ces Gallinacés vivent d'habitude dans les fourrés de bambous des montagnes, mais s'étendent jusque dans les plaines. On assure que des hybrides de ces différentes espèces se rencontrent assez fréquemment.

Le Coq domestique (*G. gallinaceus* Pallas, *G. domesticus* Auct.) a un plumage très varié, dans lequel dominent, comme chez la plu-

Fig. 576. — Coq et Poules domestiques, race commune.

part des animaux domestiques, le noir, le blanc et le roux. La crête est quelquefois divisée, ou bien elle est remplacée par une huppe. Les pattes peuvent être emplumées jusqu'à la naissance des doigts.

Il n'existe aucun document capable de nous renseigner sur l'époque à laquelle remonte la domestication du Coq. Les plus anciens manuscrits prouvent cependant que cette domestication était faite depuis longtemps en Asie lorsque les Grecs, un peu après l'époque d'Homère, introduisirent chez eux cet utile Gallinacé, qui de là fut transporté en Italie. Il ne faut pas oublier, d'ailleurs, que des animaux du genre *Gallus* existaient déjà, dans plusieurs parties de la France, à l'époque du Renne.

Quant à la souche du Coq domestique, il est également fort difficile de la déterminer. On a surtout parlé, à ce point de vue, du *Gallus Bankiva*, auquel certains individus de nos basses-cours ressemblent d'une façon frappante; on a indiqué de même le *Gallus Sonnerati*. Aussi bien, comme le font remarquer P. Gervais et Darwin, plusieurs espèces sauvages pourraient avoir concouru à la formation de nos races actuelles.

Les principales de ces races sont, en France : la race commune, à laquelle P. Gervais propose de conserver le nom de Coq gaulois (fig. 576), puis celles de Crèvecœur, de Houdan, de la Flèche et de Bresse. Parmi les races étrangères, les unes ont pris naissance sur divers points de l'Europe : races de Dorking, de Bréda, de Bruges, de Padoue, etc.; les autres sont d'origine directement asiatique ou océanienne : races de Brahmapoutra, cochinchinoise, malaise, de Bantam, nègre, etc. Cette dernière est remarquable en ce qu'elle a la peau noire, ainsi que les muqueuses et jusqu'au périoste.

Pour que la fécondation s'opère bien, il faut en moyenne un Coq pour douze à quinze Poules : en augmentant le nombre de celles-ci, on s'exposerait à recueillir beaucoup d'œufs non fécondés (œufs clairs). La somme totale des œufs pondus chaque année par une Poule est très variable, mais peut atteindre un chiffre considérable : cent cinquante à cent quatre-vingts, quelquefois plus. La couvée habituelle se compose d'une douzaine d'œufs; la durée de l'incubation est de dix-neuf à vingt et un jours. Les Poussins s'élèvent assez facilement. Vers l'âge de six semaines, ils quittent leur mère et prennent le nom de Poulets. Au bout de quelques mois, ceux-ci peuvent être livrés à la consommation. Souvent, d'ailleurs, on les engraisse, par divers procédés. L'engraissement est facilité par la castration, qu'on fait subir aux Coqs vers l'âge de quatre mois : on obtient ainsi des Chapons. Quant aux Poulardes, ce sont de jeunes Poules vierges, n'ayant pas encore pondu, qu'on engraisse sans aucune opération préalable. — Il est inutile d'insister sur l'importance alimentaire et la qualité de la chair de ces animaux, qui tiennent le premier rang parmi nos Oiseaux domestiques. Mais, à côté de ce produit, nous devons encore citer les œufs et les plumes, celles-ci diversement utilisées par l'industrie.

Les *œufs* de Poule sont consommés dans une proportion infiniment plus considérable que ceux des autres Oiseaux, tout au moins en Europe. A Paris, il en est introduit chaque année plusieurs centaines de millions. Or, l'œuf a tous les caractères d'un aliment complet et, à ce titre, il remplit un rôle de premier ordre dans la bromatologie et la thérapeutique. Le jaune renferme une substance albuminoïde appelée vitelline, des corps gras, des matières extractives, des sels, etc. Le blanc ou albumen contient de l'albumine, des graisses, du glucose, des matières extractives, des sels, etc. Enfin, l'enveloppe elle-même est formée de matières organiques, de carbonate et de phosphate de chaux. Ces trois parties ont leur emploi médical : la coquille peut servir comme anti-acide; on l'utilise contre la diarrhée des jeunes animaux; le blanc d'œuf peut être administré avec avantage dans les empoisonnements causés par de nombreux sels métalliques; le jaune enfin sert à émulsionner les corps gras, les résines, etc.

A côté des Coqs, dans le même groupe ou dans des groupes voisins, on peut placer les Tragopans (*Ceriornis*), les Lophophores (*Lophophorus*), etc.

Les **TÉTRAONIDÉS** ont la tête toujours garnie de plumes, n'offrant au plus qu'une bande nue au-dessus de l'œil. Les mâles sont en général dépourvus d'ergots. A signaler dans cette famille :

Les **Tétras** (*Tetrao*), qui comprennent : le Coq de bruyère (*T. urogallus*), le Lyrure des bouleaux ou petit Coq de bruyère (*T. tetrix*); la Gélinotte (*T. bonasia*), monogame. Ces Oiseaux habitent les montagnes boisées de l'Europe et de l'Asie.

Les **Perdrix** (*Perdix*), dont on rencontre plusieurs espèces en France:

Fig. 577. — Perdrix grise.

Perdrix rouge (*P. rubra*), du midi et du centre ; la Perdrix grise (*P. cinerea*), partout répandue; la Bartavelle (*P. saxatilis*), de passage dans les montagnes; la Perdrix rochassière (*P. petrosa*), de Provence et de Corse. — Les Francolins (*Francolinus*) s'en rapprochent beaucoup.

Fig. 578. — Caille commune.

Les **Cailles** (*Coturnix*), représentées chez nous par la Caille commune (*C. vulgaris*), petit gibier de passage. — Les Colins (*Ortyx*).

CINQUIÈME ORDRE

COLOMBINS

Ailes pointues, bec faible, renflé et membraneux autour des narines (cire); *le doigt postérieur articulé au même niveau que les trois antérieurs, tous ordinairement libres.*

Les Colombins ou Pigeons, encore appelés *Gyrateurs*, ont été longtemps réunis aux Gallinacés, dont ils se distinguent pourtant par d'importants caractères. Ils ont le bec plus faible, et sont meilleurs voiliers; leur bréchet offre des échancrures moins profondes. Les pattes sont courtes, les doigts libres ou les deux externes seulement réunis à la base. Le plumage est lisse et diffère à peine dans les deux sexes.

Tous les Pigeons sont monogames et les deux sexes prennent part à l'incubation. Tous sont nourriciers : leurs petits, au lieu d'être précoces comme ceux des Gallinacés, naissent presque nus, les paupières closes, et doivent attendre la nourriture que leur apportent leurs parents. Or, à l'époque de la reproduction, le jabot de ceux-ci est le siège d'une sécrétion particulière : il se produit, dans les deux culs-de-sac latéraux, un liquide crémeux que l'animal dégorge pour alimenter ses petits. A l'état adulte, les Colombins vivent presque exclusivement de substances végétales, et en particulier de grains. Aussi sont-ils nuisibles à l'agriculture.

Les **COLUMBIDÉS** sont caractérisés par leurs mandibules à bord lisse et non dentelé. Cette vaste famille a été divisée en plusieurs tribus, dans le détail desquelles nous n'entrerons pas.

Genre **Pigeon** (*Columba* L.). — Les Pigeons proprement dits ou Colombes se distinguent surtout à leur queue courte, presque tronquée à angle droit, à leur bec court et faible et à leurs doigts externes réunis à la base.

Le **Pigeon biset** (*C. livia* L.), auquel on donne aussi le nom de Pigeon de roche, a la partie supérieure du corps d'un bleu d'ardoise plus ou moins clair, le cou à reflets bleus et pourpres, l'aile traversée par deux bandes noires, le bec noir à la pointe, les pattes rouge foncé.

Le Biset vit sur les côtes de toute l'Europe, du nord de l'Afrique et d'une partie de l'Asie. Il ne niche pas sur les arbres, mais seulement dans les creux des rochers ou dans les vieux murs. Deux fois par an, la femelle pond deux œufs, que le mâle lui aide à couver dans une faible mesure.

Le PIGEON DOMESTIQUE (*C. domestica* L.) comprend aujourd'hui une foule de races à caractères extrêmement variés, tant sous le rapport de la coloration que sous celui de la taille, des formes, des habitudes, etc. Nous citerons, par exemple : le Pigeon fuyard, qui a tous les caractères du Biset, le mondain, le romain, le bagadais, le boulant, le capucin, le cravaté, le culbutant, le trembleur, le pattu, le paon, etc.

Il n'est pas douteux que le Pigeon commun ou fuyard descende directement du Biset. Celui-ci a été domestiqué en Asie et en Afrique dès les temps les plus reculés, et les Grecs l'ont possédé un peu après l'époque d'Homère. Mais toutes les variétés de colombier et de volière, dont il vient d'être question, ont-elles la même origine? I. Geoffroy Saint-Hilaire faisait déjà remarquer qu'on peut retrouver, dans les races les plus modifiées, une partie des caractères du Biset sauvage, et jamais ceux d'une autre espèce. Darwin, après avoir étudié à fond cette question, l'a résolue aussi dans le sens de la communauté d'origine.

Les Pigeons commencent à s'accoupler à l'âge de cinq à six mois ; le nombre des mâles qui habitent un pigeonnier doit toujours être égal à

Fig. 579. — Pigeon fuyard ou Biset domestique.

celui des femelles. De plus, il convient de renouveler les sujets : on se

Fig. 580. — Pigeon capucin.

débarrasse des Pigeons qui ont plus de quatre ans, et on conserve la première volée de l'année. La ponte est de deux œufs blancs. L'incubation dure de treize à seize jours. Il y a trois ou quatre couvées par an. Les Pigeonneaux sont bons à manger au bout de trois semaines à un mois, lorsqu'ils sont couverts de plumes, mais encore incapables de prendre leur essor. Outre leur chair délicate, les Pigeons nous fournissent

Fig. 581. — Pigeon ramier.

un engrais très riche, la colombine. On connaît aussi leur emploi comme Pigeons messagers : transportés à des centaines de kilomètres de leurs nids, ils y reviennent en effet à tire-d'aile, et peuvent être, par suite, utilisés comme porteurs de dépêches.

Dans le genre *Columba*, nous avons encore à citer le Pigeon de montagne (*C. leuconota*), souvent confondu avec le Biset, et le Colombin ou Pigeon bleu (*C. œnas* L.)

Les **Palombes** (*Palumbus*) ont pour représentant dans nos forêts la Palombe à collier ou Pigeon ramier (*P. torquatus*).

Nos **Tourterelles** (*Turtur*) comprennent une espèce indigène, la Tourterelle commune (*T. auritus*), et une espèce d'origine asiatique et africaine, la Tourterelle à collier ou Tourterelle rieuse (*T. risorius*), entretenue à l'état de captivité, en Europe, depuis plus de trois siècles.

A la même famille appartiennent encore les Ectopistes ou Pigeons voyageurs (*Ectopistes migratorius*), de l'Amérique du Nord, les Nicobars (*Calœnas*), les Gouras (*Goura*), etc.

Les **DIDUNCULIDÉS**, qui ont la mandibule inférieure dentée, ne comprennent que les *Didunculus*, des îles Samoa. — On en rapproche les Drontes (*Didus ineptus*), qui vivaient encore aux Mascareignes il y a deux siècles, mais qui ont, depuis, complètement disparu.

SIXIÈME ORDRE

GRIMPEURS

Oiseaux à bec fort, droit ou crochu; deux doigts antérieurs et deux postérieurs.

Les Grimpeurs ou Zygodactyles (ζὺγος, couple; δάκτυλος, doigt) sont caractérisés par la disposition de leurs doigts, presque toujours au nombre de quatre et rassemblés en deux faisceaux, ce qui leur donne une grande facilité pour embrasser les branches et grimper aux arbres. Le faisceau postérieur est à peu près constamment formé par le pouce et le doigt externe. Ces Oiseaux ont le vol peu étendu. Ils nichent dans les arbres creux des forêts. Leur nourriture se compose d'Insectes ou de fruits et de graines; quelques-uns mangent les petits Oiseaux.

On divise en deux sous-ordres ce groupe très artificiel : *Grimpeurs* proprement dits et *Préhenseurs*.

PREMIER SOUS-ORDRE

GRIMPEURS

Ils ont le bec long et droit, propre à frapper les arbres et à en percer l'écorce pour y chercher les Insectes : ils saisissent ceux-ci à l'aide de leur langue allongée, mince et protractile.

Toucans (*Ramphastus*), Jacamars (*Galbula*), Couroucous (*Trogon*), Barbus (*Bucco*), Coucous (*Cuculus*), Pics (*Picus*), Torcols (*Yunx*), etc. — Le Coucou d'Europe (*Cuculus canorus*) est connu de tout le monde par l'habitude qu'il a de déposer ses œufs isolément dans les nids des petits Passereaux, auxquels il abandonne le soin de les couver et d'élever les petits. — Les principales espèces des Pics de nos pays sont : le Pic épeiche (*P. major*), le Pic mar (*P. medius*), le Pic épeichette ou petit Pic (*P. minor*), le Pic vert (*P.* ou *Gecinus viridis*).

SECOND SOUS-ORDRE

PRÉHENSEURS

Les Perroquets ont reçu le nom de Préhenseurs en raison de la faculté qu'ils ont de saisir les aliments avec leurs pattes. Leur bec est fort, crochu et offre une cire à sa base. Leur langue est épaisse, charnue, peu ou point protractile. Ils se nourrissent surtout de

Fig. 582. — Perruche ondulée.

fruits et de graines. Ce sont des animaux intelligents, doués de

Fig. 583. — Perroquet Jaco.

beaucoup de mémoire et dont plusieurs sont capables d'imiter la parole humaine. On les trouve dans les régions chaudes de toutes les parties du monde, l'Europe exceptée.

Nous citerons, parmi les nombreuses formes de ce groupe : les Cacatois (*Plictolophus*), de l'Australie et de l'Océanie; les Aras (*Sittace*) et les Perruches (*Conurus*), d'Amérique; les Perruches ondulées (*Melopsittacus*), australiennes; les Perroquets vrais (*Psittacus*), dont l'espèce la plus connue est le Perroquet gris à queue rouge ou Jaco (*Ps. erythraceus*), de la côte occidentale de l'Afrique; les Perroquets verts (*Chrysotis*), américains; les Loris (*Lorius*), océaniens; les Strigops ou Perroquets nocturnes (*Strigops*); etc.

SEPTIÈME ORDRE

PASSEREAUX

Oiseaux à bec variable, dépourvu de cire; en général un doigt postérieur et trois antérieurs, les deux externes réunis ensemble à la base et quelquefois jusqu'à l'avant-dernière phalange.

Les Passereaux composent un ordre fort difficile à caractériser, en raison de la variété de formes qu'ils présentent. Ce sont des Oiseaux de petite taille ou de taille moyenne. Le bec est extrêmement variable, et sert de base principale à la classification. Les tarses sont recouverts de petites écailles; le pouce est quelquefois dirigé en avant, comme les trois autres doigts (Martinets).

Un grand nombre de Passereaux sont des Oiseaux chanteurs; les autres sont appelés criards. Presque tous sont monogames. Ils se nourrissent d'Insectes, de fruits, de grains, mais on peut affirmer, en thèse générale, que ce sont des animaux utiles, et qu'ils rendent à l'agriculture les plus grands services. Les espèces sont d'ailleurs d'autant plus insectivores que leur bec est plus grêle, d'autant plus granivores qu'il est plus gros.

Fig. 584. — Patte d'Alouette calandre.

Doigts externes réunis	à la base : *Déodactyles.*	Bec fendu profondément..	FISSIROSTRES.
		Bec denté vers la pointe..	DENTIROSTRES.
		Bec conique, fort.........	CONIROSTRES.
		Bec grêle, allongé........	TÉNUIROSTRES.
	jusqu'au milieu : *Syndactyles.*	Bec long et faible........	LÉVIROSTRES.

PREMIER SOUS-ORDRE

LÉVIROSTRES

Les Lévirostres (*levis*, faible ; *rostrum*, bec) ou Syndactyles (σύν, ensemble ; δάκτυλος, doigt) ont un bec long, mais faible ; leur doigt externe, presque aussi long que le médian, lui est soudé jusqu'à l'avant-dernière phalange.

Ex : les Martins-Pêcheurs (*Alcedo*), les Guêpiers (*Merops*), dont une espèce (*M. apiaster*) se rencontre dans le midi de l'Europe, où elle nuit aux ruches ; les Rolliers (*Coracias*), les Calaos (*Buceros*).

DEUXIÈME SOUS-ORDRE

TÉNUIROSTRES

Le bec est grêle, allongé, droit ou arqué, sans échancrure. Ces Oiseaux, qui se rapprochent des Grimpeurs, commencent la série des Déodactyles (δέω, lier), c'est-à-dire des Passereaux dont les deux doigts externes ne sont soudés qu'à la base. Ils sont insectivores.

Fig. 585. — Tête d'Oiseau-Mouche.

Huppes (*Upupa*), Colibris (*Trochilus*), Grimpereaux (*Certhia*), etc.

TROISIÈME SOUS-ORDRE

CONIROSTRES

Ces Oiseaux représentent le type le plus parfait des Passereaux. Ils ont le bec fort et conique, sans échancrures. Ils vivent en société et se nourrissent de grains et de fruits, mais en général ne dédaignent pas non plus les Insectes, de telle sorte que souvent, au point de vue de l'agriculture, les services qu'ils rendent font plus que compenser les dégâts qu'ils causent.

Fig. 586. — Tête de Moineau franc.

Les **FRINGILLIDÉS** sont très nombreux en espèces. Citons les Pinsons ou Fringilles (*Fringilla*), comprenant : le Pinson ordinaire (*F. cœlebs*), le Pinson d'Ardennes (*F. montifringilla*), la Linotte commune (*F. linota*), le Chardonneret (*F. carduelis*), etc. — Les Moineaux (*Passer*) : Moineau franc (*P. domesticus*),

Moineau friquet (*P. montanus*); Verdier (*P. chloris*). — Les Gros-Becs (*Coccothraustes*) : Gros-Bec commun (*C. vulgaris*). — Les Bouvreuils

Fig. 587. — Bouvreuil commun.

(*Pyrrhula*) : Bouvreuil commun (*P. vulgaris*); Canari ou Serin des Canaries (*P. canaria*). — Les Becs-Croisés (*Loxia*) : Bec-Croisé commun (*L. curvirostra*).

Les **EMBÉRIZIDÉS** sont représentés par les Bruants (*Emberiza*) : Bruant des roseaux (*E. schœniclus*); Bruant jaune (*E. citrinella*); Ortolan (*E. hortulana*); Proyer (*E. miliaris*); etc.

Les **ALAUDIDÉS** par les Alouettes (*Alauda*) : Alouette des champs (*A. arvensis*); Lulu des bois (*A. arborea*); Alouette huppée ou Cochevis (*A. cristata*); Calandre vulgaire (*A. calandra*); etc.

A quelques familles voisines appartiennent un grand nombre de Passereaux répandus aujourd'hui dans nos volières, tels que les Cardinaux (*Cardinalis*), les Sénégalis (*Lagonosticta*), les Bengalis (*Mariposa*), les Veuves (*Vidua*), etc. Les Républicains (*Ploceus socius*), de l'Afrique méridionale, bâtissent leurs nids sous un toit commun.

On peut ranger encore dans les Conirostres les familles suivantes, qui sont principalement composées d'insectivores ou même de carnassiers, et que divers auteurs tendent au contraire à faire passer dans les Dentirostres.

Les **PARIDÉS**, dont les principaux représentants sont les Mésanges (*Parus*) : Mésange Charbonnière (*P. major*); petite Charbonnière (*P. ater*); Mésange à tête bleue (*P. ceruleus*).

Les **STURNIDÉS**, qui comprennent les Étourneaux (*Sturnus*) : Étourneau commun ou Sansonnet (*St. vulgaris*), débarrasse nos Moutons de leur vermine; les Martins (*Pastor*); les Pique-Bœufs (*Buphaga*) : Pique-Bœuf d'Afrique (*B. africana*), enlève les larves d'Hypodermes qui se développent sous la peau des Bœufs; etc.

Les **CORVIDÉS**, représentés par les Corbeaux (*Corvus*) : Corbeau commun (*Corvus corax*), de la grosseur d'un Coq ; Corneille ou petit Corbeau (*C. corone*); Corneille mantelée (*C. cornix*); Freux (*C. frugilegus*); Choucas des tours (*C. monedula*). — Les Pies (*Pica*) : Pie vulgaire (*P. caudata*). — Les Geais (*Garrulus*) : Geai commun (*G. glandarius*). — Les Loriots (*Oriolus*) : Loriot vulgaire (*O. galbula*); etc.

QUATRIÈME SOUS-ORDRE

DENTIROSTRES

Les Dentirostres ont le bec tantôt subulé, tantôt faiblement recourbé; la mandibule supérieure offre une échancrure vers son extrémité. La plupart de ces Oiseaux sont insectivores.

Les **LANIIDÉS** sont composés surtout par les Pies-grièches (*Lanius*) : Pie-grièche grise (*L. excubitor*), Pie-grièche d'Italie (*L. minor*), etc., qui s'attaquent souvent aux petits Oiseaux.

Fig. 588. — Tête de Pie-grièche.

Les **MOTACILLIDÉS** sont encore appelés Becs-Fins, car ils ont tous le bec droit, long, mince et pointu ; leur queue est longue et échancrée. — Hochequeues (*Motacilla*) : Hochequeue lavandière ou Bergeronnette (*M. alba*); Bergeronnette jaune (*M. flava*). — Pipis (*Anthus*) : Pipi des prés (*A. pratensis*); Pipi aquatique (*A. aquaticus*); P. des arbres (*A. arboreus*).

Les **SYLVIADÉS** se rapprochent beaucoup des précédents : Fauvettes (*Sylvia*) : Fauvette des jardins (*S. hortensis*); Fauvette babillarde (*S. curruca*); Fauvette à tête noire (*S. atricapilla*), etc. — Pouillots (*Phyllopneuste*) : Pouillot fitis (*Ph. trochilus*); Rossignol bâtard ou Chanteur des jardins (*Ph. hypolais*). — Troglodytes (*Troglodytes*) : Troglodyte mignon

(*T. parvulus*), souvent appelé, mais à tort, Roitelet. — Roitelets (*Regulus*) Roitelet huppé (*R. cristatus*).

Fig. 589. — Fauvette à tête noire.

Les **TURDIDÉS** ont le bec comprimé et garni à la base de soies

Fig. 590. — Merle noir.

courtes. — Grives (*Turdus*), comprenant les Grives proprement dites, à plumage moucheté de taches noires ou grivelures : Grive chanteuse ou des vignes (*T. musicus*), Mauvis (*T. iliacus*), Litorne (*T. pilaris*), Draine *T. viscivorus*) ; et les Merles, à plumage presque unicolore : Merle noir (*T. merula*), Merle à plastron ou de montagne (*T. torquatus*), etc. — Tariers (*Pratincola*) : Tarier commun (*P. rubetra*) ; Tarier rubicole (*P. rubicola*). — Traquets (*Saxicola*) : Traquet motteux (*S. œnanthe*). — Rossignols (*Luscinia*) : Rossignol philomèle (*L. philomela*) ; Rouge-Gorge (*L. rubicula*) ; etc.

CINQUIÈME SOUS-ORDRE

FISSIROSTRES

Le bec est court, plat, non échancré à la pointe et fendu très profondément. Le pouce est quelquefois dirigé en avant, comme les autres doigts. Ces Oiseaux, qui se rapprochent des Rapaces, sont insectivores.

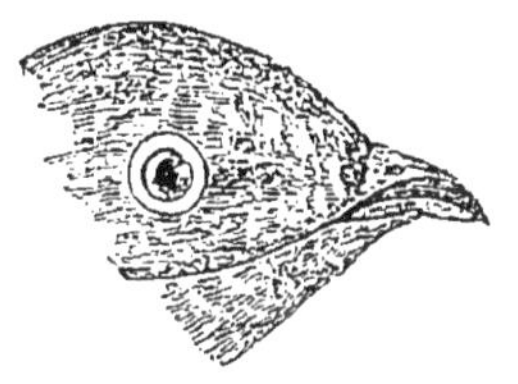

Fig. 591. — Tête d'Hirondelle.

Les **HIRUNDINIDÉS** renferment diverses espèces qui viennent passer chez nous la belle saison et vont hiverner en Afrique. Ce sont des Oiseaux chanteurs. — Hirondelles (*Hirundo*) : Hirondelle de cheminée (*H. rustica*), à gorge rousse ; Hirondelle de fenêtre ou à cul blanc (*H. urbica*) ; Hirondelle de rivage (*H. riparia*), à dos gris brun ; etc.

Les **CYPSÉLIDÉS** sont des Oiseaux criards, dont les ailes sont recourbées en forme de sabre. — Martinets (*Cypselus*) : Martinet noir (*C. apus*). — Salanganes (*Collocalia*) : Salangane comestible (*C. esculenta*), Salangane Kusappi (*C. fuciphaga*), etc. Les Salanganes vivent sur les côtes de l'Asie méridionale et des îles de la Sonde. Elles sont devenues célèbres par leurs nids, qui constituent un aliment très recherché des Chinois et qu'on importe même en Europe. Ces nids sont établis dans des cavernes obscures, dont le fond est généralement couvert par les eaux de la mer. Celui de la Salangane comestible est formé d'une matière translucide blanchâtre ou brunâtre, et marqué de stries transversales ondulées ; dans celui du Kusappi, il entre en même temps des tiges d'herbes ou d'autres corps étrangers. On a beaucoup discuté sur l'origine de la substance qui compose essentiellement ces nids : beaucoup ont prétendu qu'il s'agissait de fucus, de frai de poissons, de chair d'animaux marins, etc. ; Everard Home a annoncé qu'elle était due à une sécrétion du jabot ; mais les observations de Bernstein paraissent démontrer qu'elle est produite par les glandes salivaires, lesquelles deviennent turgescentes pendant la saison des amours. On récolte la plus grande partie de ces nids à Java, et on les importe en Chine, où ils sont payés parfois un prix fabuleux.

Les **CAPRIMULGIDÉS** sont des Oiseaux nocturnes, vivant pour la plupart dans les forêts. — Engoulevent (*Caprimulgus*).

HUITIÈME ORDRE

RAPACES

Oiseaux à bec très fort et crochu, offrant une cire à la base; doigts armés de griffes puissantes et recourbées (serres), *les trois antérieurs réunis à la base par une courte membrane.*

Les Oiseaux de proie ou Rapaces, comme les prédateurs en général, sont remarquables par leur conformation robuste, la puissance de leurs armes (bec et serres), la délicatesse de leur sens. Leurs ailes sont longues, leur vol rapide et soutenu.

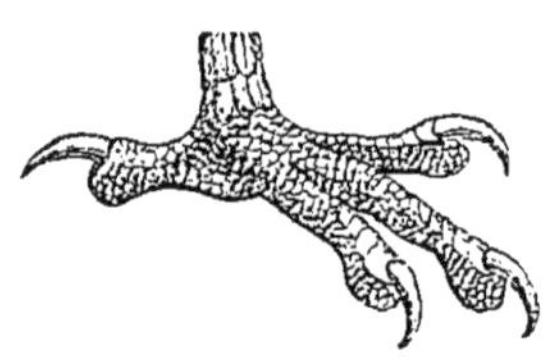
Fig. 592. — Serre de Gypaète.

Ce sont des Oiseaux carnassiers : ils se nourrissent fréquemment de la chair des Mammifères et des Oiseaux moins puissants qu'eux; quelques-uns se contentent de cadavres. Dans tous les cas, ils maintiennent la proie à l'aide de leurs serres et la déchirent avec leur bec. Les aliments séjournent un certain temps dans le jabot, où s'effectue une sorte de triage, et les parties résistantes que l'animal ne pourrait digérer, comme les os, les poils et les plumes, sont rejetées à l'extérieur. Le gésier est mince et membraneux.

Les Rapaces sont monogames. Les petits qui viennent de naître sont faibles et nus.

2 sous-ordres : *Nocturnes* et *Diurnes*.

PREMIER SOUS-ORDRE

NOCTURNES

Ils ont le bec presque toujours recourbé dès la racine et la cire cachée par des plumes sétiformes. Leurs yeux sont grands, dirigés en avant, et entourés d'un cercle de plumes. Leurs ailes sont arrondies, dentées, et leurs plumes souples, ce qui permet un vol silencieux.

Ces Oiseaux restent d'ordinaire cachés pendant le jour dans les trous des murailles ou des arbres. Ils se nourrissent d'Insectes et surtout de petits Mammifères; ils s'attaquent peu aux Oiseaux. Aussi se placent-ils au premier rang parmi les animaux utiles à l'Homme. Il importe donc de s'élever avec force contre les préjugés ridicules qui les font poursuivre dans les campagnes, et en particulier contre la coutume barbare et stupide qui consiste à les fixer en croix aux portes des granges ou des habitations. Dans l'estomac d'une Hulotte, Martin a trouvé 75 grandes Chenilles qu'elle avait mangées en un seul repas, et Lenz a calculé qu'une Chevêche commune consomme par an plus de 1500 Souris ou autres petits Rongeurs.

Tous ces Oiseaux se ressemblent beaucoup. Ils forment une seule famille, celle des **STRIGIDÉS**, comprenant plusieurs genres importants, parmi lesquels nous citerons : les Effraies (*Strix*), à bec droit à la base, à disques périophtalmiques complets, cordiformes : Effraie commune (*St. flammea*). — Les Hulottes (*Syrnium*), à disques larges, à orifice auditif petit : Hulotte Chat-Huant (*S. aluco*). — Les Hiboux (*Otus*), caractérisés par la présence de deux faisceaux de plumes formant comme deux oreilles saillantes : Hibou vulgaire (*O. vulgaris*). — Les Ducs (*Bubo*), à disques incomplets, irréguliers : Grand-Duc (*B. maximus*). — Les Surnies (*Surnia*), à bec presque entièrement couvert de plumes : Chouette ou grande Chevêche (*S. ulula*) ; Chevêche commune (*S. noctua*); Chevêchette (*S. passerina*); etc.

Fig. 593. — Tête de l'Effraie commune.

SECOND SOUS-ORDRE

DIURNES

Ces Oiseaux, les plus forts de toute la classe, ont la base du bec enveloppée par une cire ordinairement bien visible, les yeux latéraux, les ailes allongées et pointues. Ils planent souvent dans l'atmosphère à une très grande hauteur, en cherchant une proie. Un certain nombre de ces Rapaces peuvent être classés, sans hésitation, parmi les animaux nuisibles : par exemple les Faucons, les Éperviers, les Hobereaux, les Milans, qui détruisent une grande quantité de Passereaux. Mais les espèces lourdes, comme les Buses, Busards, Harpayes, Bondrées, auxquelles leurs ailes relativement courtes ne permettent pas de poursuivre les petits Oiseaux, et qui s'attaquent par suite aux petits Mammifères ou aux Insectes, ces espèces rendent en général plus de services qu'elles ne causent de préjudice à l'agriculteur. — 3 familles.

Les **VULTURIDÉS** ont la tête et le cou nus ou recouverts d'un duvet ras. Ils vivent surtout de chair corrompue. — Exemple : Vautours (*Vultur*), Condors (*Sarcoramphus*), etc. Les Gypaètes (*Gypaetus*) se rapprochent de la famille suivante.

Les **FALCONIDÉS** ont la tête et le cou emplumés, le bec courbé dès la base. Ils se nourrissent de proies vivantes. — Exemple : Aigles (*Aquila*) : Aigle fauve (*A. fulva*) ; Aigle impérial (*A. imperialis*), etc. — Milans (*Milvus*) : Milan royal (*M. regalis*). — Buses (*Buteo*) : Buse commune (*B. vulgaris*). — Bondrées (*Pernis*) : Bondrée apivore (*P. apivorus*), déterre les nids de Guêpes. — Autours (*Astur*) : Autour commun (*A. palumbarius*), chasse surtout les Pigeons. — Éperviers (*Nisus*) : Épervier commun (*N. communis*). — Faucons (*Falco*), étaient autrefois dressés à la chasse : Crécerelle vulgaire ou Émouchet (*F. tinnunculus*) ; Crécerine (*F. cenchris*) ; Hobereau (*F. subbuteo*) ; Émérillon (*F. æsalon*) ; Faucon commun (*F. peregrinus*) ; Gerfaut blanc (*F. candicans*). — Busards (*Circus*) : Busard commun (*C. cyaneus*) ; Harpaye (*C. rufus*) ; etc.

Les **GYPOGÉRANIDÉS** sont représentés par le seul genre Serpentaire (*Gypogeranus*), constitué lui-même par une espèce africaine, le Serpentaire reptilivore ou Sécrétaire (*G. serpentarius*), qui se nourrit principalement de Serpents.

CLASSE V

MAMMIFÈRES

Vertébrés à sang chaud, revêtus de poils et pourvus de glandes lactaires ; deux condyles occipitaux ; circulation double, complète ; respiration exclusivement pulmonaire. Vivipares ; amnios et allantoïde.

Les Mammifères marquent le degré le plus élevé de l'organisation animale.

Chez la plupart d'entre eux, la tête, le cou, le tronc et la queue constituent des régions bien distinctes, et, dans le cas même où leurs limites tendent à s'effacer sur l'animal vivant, on les reconnaît facilement sur le squelette.

La *peau* comprend, comme chez tous les Vertébrés, deux

couches distinctes : le derme et l'épiderme. Celui-ci, composé de cellules juxtaposées qui forment d'ordinaire un revêtement mince et souple, se modifie sur certains points et donne alors naissance à des productions variées : callosités, ongles, sabots, cornes, écailles, poils, glandes. Il est à remarquer que les caractères exclusifs les plus importants de la classe sont fournis précisément

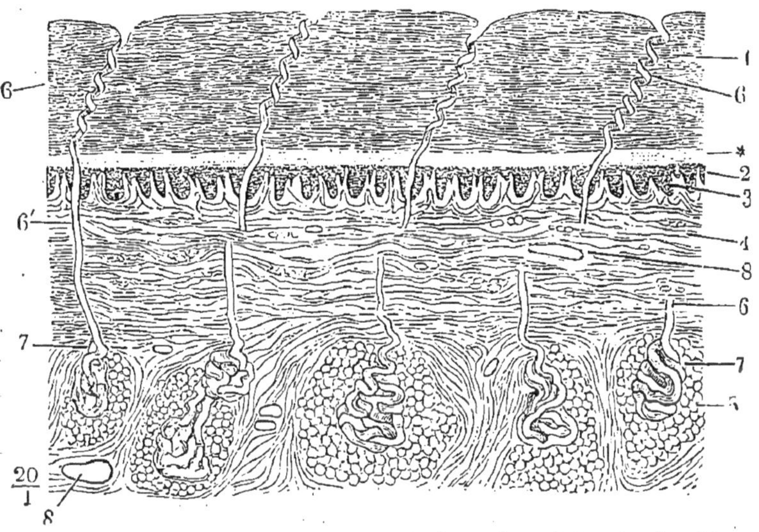

Fig. 594. — Section de la peau de l'Homme, pratiquée au niveau de la pulpe d'un doigt, parallèlement aux crêtes. — 1, couche cornée de l'épiderme. *, portion profonde de la même couche, formée de cellules moins aplaties. 2, couche muqueuse. 3, papilles. 4, derme. 5, tissu adipeux sous-cutané. 6, canaux excréteurs des glandes sudoripares dans l'épiderme. 6', les mêmes dans le derme. 7, glomérules des glandes sudoripares. 8, section d'un vaisseau sanguin (Cruveilhier).

par certaines de ces productions : nous voulons parler du système pileux et des glandes mammaires.

Les *poils* existent, en effet, chez tous les Mammifères. Ceux mêmes qui paraissent en manquer tout à fait en possèdent des vestiges soit pendant le jeune âge, soit dans des régions où ils sont cachés par des plis. Un poil n'est autre chose qu'un appendice tégumentaire dérivé de la couche épidermique de la peau et implanté dans une étroite cavité qui pénètre jusque dans la profondeur du derme et porte le nom de *follicule pileux*. Celui-ci offre à son fond une saillie conique, vasculaire et nerveuse, la *papille*, qui est l'organe producteur et nourricier du poil. Au follicule sont annexés, en outre, des glandes sébacées et un faisceau musculaire lisse qui est situé du côté de l'inclinaison du poil et s'étend de la face superficielle du derme au fond du follicule. Quand ces faisceaux, qu'on a qualifiés à juste titre de *muscles horripilateurs*, entrent en contraction sur une surface étendue, on voit les poils se redresser en soulevant la peau : c'est à ce phénomène qu'on donne le nom de « chair de poule ». Dans le poil lui-même, on distingue une partie libre, la *tige*, et une partie cachée dans le follicule, la *racine;* celle-ci offre à sa base un renflement, le *bulbe du poil*, qui coiffe la papille. Sur une coupe, le poil se montre formé de trois couches superposées : une *cuticule*, mince lamelle constituée par des cellules cornées, une *substance corticale* munie de granulations pigmentaires qui font défaut dans les poils blancs, et une *substance médullaire*, qui peut manquer entièrement (Porc).

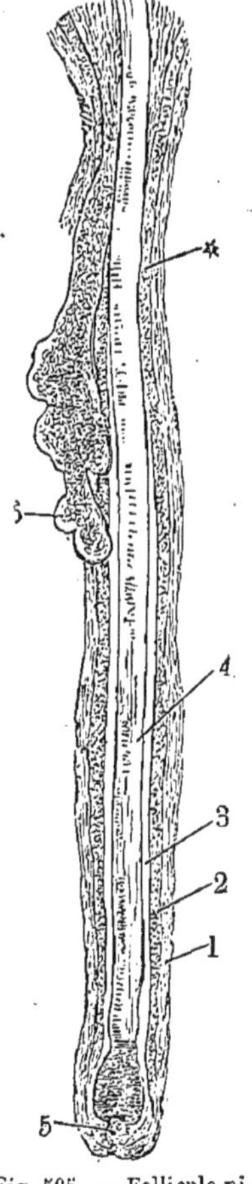

Fig. 595. — Follicule pileux du cuir chevelu de l'Homme, avec son poil, isolé par la coction et la macération. — 1, follicule pileux. 2, couche muqueuse. 3, couche cornée de son épiderme. 4, poil. 5, papille du poil. 6, glande sébacée annexée au follicule. *, col du follicule (Cruveilhier).

Le pelage des Mammifères comprend le plus souvent deux sortes de poils : les uns, plus ou moins longs et raides, sont appelés *jarres ;* les autres, courts, fins et doux, constituent le *duvet* ou la *bourre*. Le développement relatif de ces deux éléments pileux est très variable suivant la température : le duvet se montre surtout abondant en hiver et dans les pays froids. — On donne spécialement le nom de *crins* aux jarres épaisses, longues et flottantes (Cheval) ; on appelle *soies* celles qui sont droites, fortes et raides (Porc), *piquants* celles qui sont épaisses, rigides et pointues (Porc-épic). Quant à la *laine*, c'est un duvet à poils longs, fins et onduleux. — Les follicules pileux sont toujours pourvus de nombreuses terminaisons nerveuses, qui transmettent les impressions tactiles : mais cette disposition est surtout bien accusée dans les *vibrisses*, véritables organes du tact, qui sont implantés dans la lèvre supérieure de beaucoup de Mammifères.

La disposition et la coloration du système pileux fournissent des éléments importants à la zoologie descriptive, mais il faut tenir compte de certaines variations qui peuvent se produire sous des influences diverses. Ainsi, dans les régions tempérées, la teinte du pelage devient souvent blanche en hiver (Hermine). On sait aussi quelle a été, à cet égard, l'influence de la domestication : nous remarquerons seulement la prédominance, chez nos animaux domestiques, des trois couleurs blanche, noire et rousse. — D'autre part, il ne faut pas oublier que les poils tombent, chez beaucoup de Mammifères, d'une façon périodique, et qu'ils sont remplacés par d'autres se formant dans les mêmes follicules. A cette *mue* correspond souvent un changement de couleur.

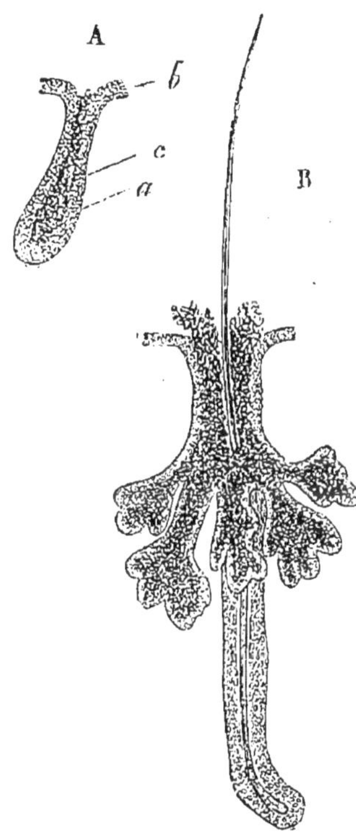

Fig. 596. — Glandes sébacées du nez, vues à un grossissement d'environ 50 diamètres. — A, glande utriculaire simple, sans poil. B, glande composée, s'ouvrant à l'extérieur par un orifice commun avec un follicule pileux (Cruveilhier).

Les *ongles* sont encore des formations épidermiques ; ils sont tantôt plats, comme chez les Singes, tantôt crochus, comme chez les Carnivores ; et, dans ce dernier cas, on leur donne le nom de *griffes ;* mais ils ne recouvrent jamais que la surface dorsale des dernières phalanges. Ils se distinguent ainsi des *sabots,* qui enveloppent complètement l'extrémité du doigt. On s'est autrefois basé sur ces différences pour établir deux grands groupes parmi les Mammifères : les *Onguiculés,* à doigts mobiles garnis d'ongles ou de griffes, et les *Ongulés,* à doigts enveloppés par des sabots.

Les petites écailles cornées de la queue des Rongeurs, les grosses écailles imbriquées qui forment la cuirasse des Pangolins, l'étui des cornes des Bovidés, les cornes des Rhinocéros, etc., sont encore des formations épidermiques. Mais la cuirasse des Tatous et les bois des Cerfs, au contraire, sont produits par ossification du derme.

Les glandes cutanées sont très répandues. Les unes, appelées *glandes sudoripares,* sont, comme leur nom l'indique, chargées de sécréter la sueur. Les autres, *glandes sébacées,* s'ouvrent généralément dans les follicules pileux et sécrètent une substance grasse destinée à lubrifier la surface tégumentaire. Ces glandes sébacées peuvent prendre un grand développement sur certains points : ainsi sont formées les glandes interdigitales de beaucoup de Ruminants, les larmiers des Cerfs, les glandes temporales des Élé-

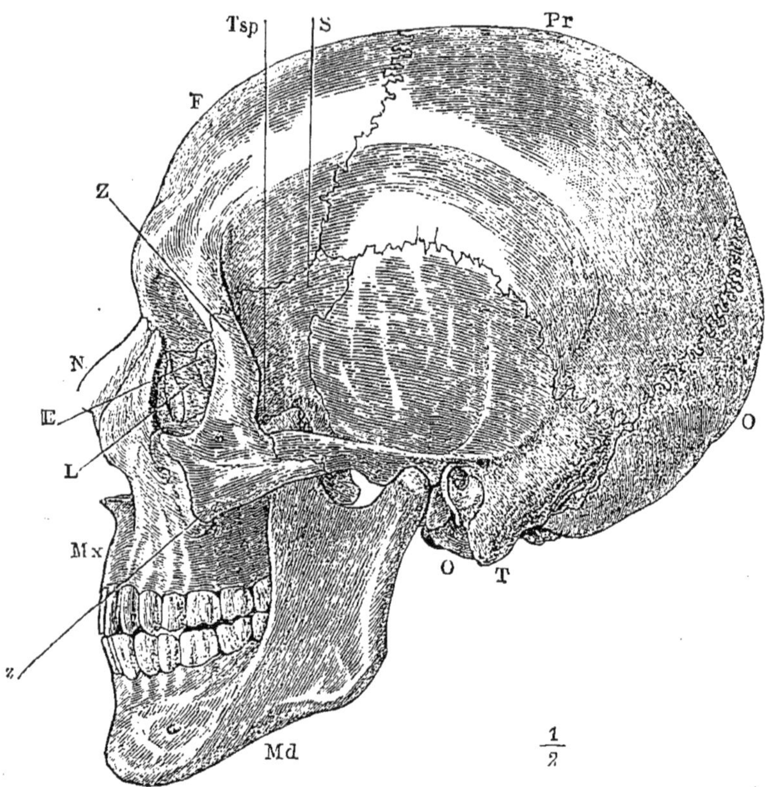

Fig. 597. — Tête osseuse de l'Homme, vue de profil. — O, occipital. *Pr*, pariétal. S, sphénoïde. F, frontal. Z, os malaire. N, os du nez. E, ethmoïde. L, os lacrymal. *Mx*, maxillaire supérieur. — *Md*, maxillaire inférieur. T, temporal. *Tsp*, tubercule épineux. *Tz*, tubercule malaire (Cruveilhier).

phants, les glandes anales de divers Carnivores, etc. Le plus souvent, ces glandes sont en rapport avec les fonctions de reproduction. — Quant aux *glandes lactaires* ou mamelles, nous nous en occuperons plus loin.

Le *squelette* n'est point creusé de cavités aériennes comme celui des Oiseaux ; il est, par suite, beaucoup plus lourd.

Le *crâne* est notablement plus développé que chez les autres Vertébrés. Les os qui le constituent, et dont quelques-uns sont d'origine dermique, demeurent en général, durant la vie entière, réunis par des sutures. En arrière, le crâne est formé par l'occipital, lequel offre une ouverture (trou occipital) pour le passage de la moelle épinière, et, sur les côtés de cette ouverture, deux éminences (*condyles occipitaux*), au moyen desquelles le crâne s'articule avec la colonne vertébrale. En avant de l'occipital se trouvent les pariétaux; au-dessous de ceux-ci, les temporaux, et, à la partie inférieure, le sphénoïde. Les frontaux sont situés au-devant des pariétaux. Enfin, entre les frontaux et le sphénoïde existe une dernière pièce, l'ethmoïde, qui complète la boîte crânienne. — La face se compose d'un nombre d'os assez variable, plusieurs d'entre eux pouvant se réunir ou quelques-uns faisant défaut dans certains cas. En général on y distingue : les maxillaires supérieurs, les intermaxillaires, les palatins, les ptérygoïdiens, les zygomatiques ou jugaux, les lacrymaux, les sus-nasaux, les cornets, le vomer et le maxillaire inférieur. Les deux mâchoires sont les seules parties qui servent à l'implantation des dents : la mâchoire supérieure est formée par l'union des intermaxillaires et des maxillaires supérieurs ; la mâchoire inférieure ne comprend que le seul os maxillaire inférieur. Contrairement à ce qui s'observe chez tous les autres Vertébrés, cet os s'articule avec le crâne sans l'intermédiaire d'un os carré. La face présente, dans sa région supérieure, deux fosses orbitaires, dont le cadre n'est complet que chez les Primates. Au-dessous, sont les fosses nasales, séparées par une cloison médiane ayant pour base le vomer et la lame perpendiculaire de l'ethmoïde. Enfin, à la partie inférieure se trouve la cavité buccale, séparée des fosses nasales par la voûte palatine, laquelle est formée surtout par les maxillaires supérieurs.

On a remarqué depuis longtemps que le développement du crâne, relativement à celui de la face, est d'autant plus considérable que l'animal est mieux doué sous le rapport des facultés intellectuelles. Les Mammifères inférieurs, tels que les Marsupiaux, ont des crânes très petits, tandis que leurs mâchoires sont énormes ; les Primates ont, au contraire, un crâne très vaste. Il serait donc utile de posséder une mesure simple qui permît d'apprécier le rapport du crâne et de la face. Camper a proposé de prendre pour base ce qu'il a appelé l'*angle facial*. Cet angle est déterminé par une ligne horizontale qui passe au niveau de l'ouverture du conduit auditif et de la base des narines ou épine nasale inférieure, et par une ligne oblique, dite faciale, qui s'étend depuis la partie la plus saillante du front jusqu'aux incisives antérieures. Geoffroy Saint-Hilaire et Cuvier, Jacquart, Jules Cloquet, ont proposé diverses modifications à l'établissement de l'angle facial. Aujourd'hui on emploie souvent le procédé de Cloquet un peu modifié : l'angle facial a pour sommet constant le bord alvéolaire supérieur ; la ligne horizontale passe par le trou auditif, la ligne

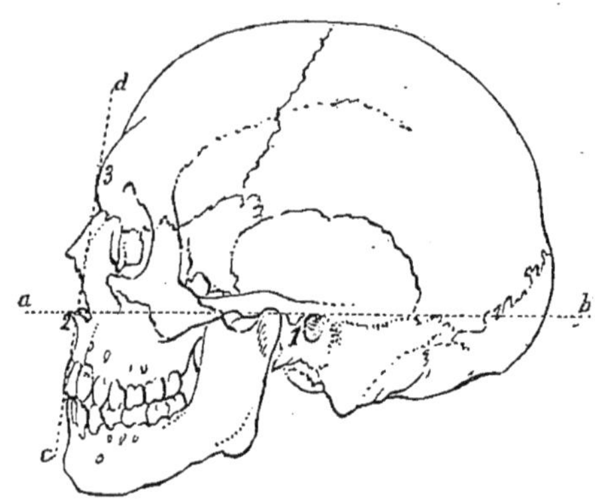

Fig. 598. — Angle facial d'un Européen (d'après Camper).

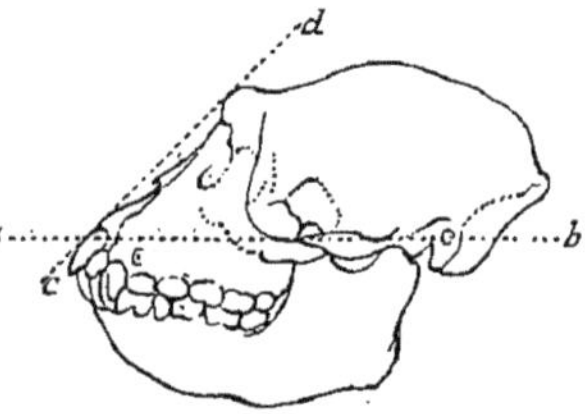

Fig 599. — Angle facial d'un Singe (d'après Camper).

faciale par le point sus-orbitaire de Broca ou ophryon, qui répond à la limite antérieure de la base cranienne vers le bas du front.

Voici, pour quelques cas (1), la valeur de cet angle : Homme blanc, 72° ; Chimpanzé mâle, 56 ; Magot, 36,5 ; Maki, 26,5 ; Eléphant, 30,2 ; Chien, 24,3 ; Cheval, 24.

Le *squelette viscéral*, représenté par l'os hyoïde, comprend une partie médiane, le corps, et deux paires de branches ou cornes, les antérieures fixées au temporal et les postérieures au cartilage thyroïde du larynx. Ces dernières font quelquefois défaut (Rongeurs).

La *colonne vertébrale* se divise en cinq régions : cervicale, dorsale, lombaire, sacrée et caudale ou coccygienne. Chez les Cétacés et les Sirénidés, qui n'ont pas de membres postérieurs, on n'en compte que quatre : la région sacrée est absente. — La région cervicale, quoique d'une longueur assez variable, compte presque toujours 7 vertèbres. Cependant, le Lamantin des Amazones (*Manatus australis*) n'en possède que six ; il en est de

(1) P. Topinard, *L'Anthropologie*, 2e éd., 1877, p. 42.

même d'un Paresseux voisin de l'Unau (*Cholœpus Hofmanni*); par contre, le Bradype à collier (*Bradypus torquatus*) en a huit, et le Bradype Aï (*Br. tridactylus*), neuf. La première vertèbre cervicale ou *atlas* offre toujours deux surfaces articulaires pour recevoir les condyles occipitaux. La

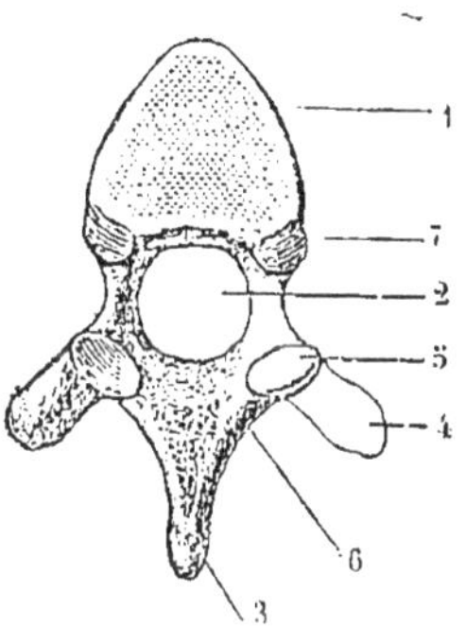

Fig. 601. — Quatrième vertèbre dorsale de l'Homme, vue par la face inférieure. — 1, corps vertébral. 2, trou vertébral. 3, apophyse épineuse. — 4, apophyse transverse. — 5, apophyse articulaire inférieure. 6, lame vertébrale. — 7, surface articulaire destinée à recevoir la tête de la côte.

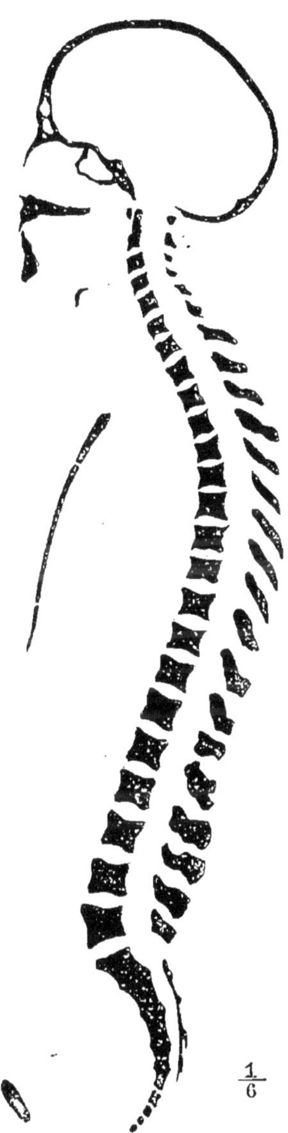

Fig. 600. — Section médiane des os du tronc de l'Homme (Cruveilhier).

deuxième ou *axis* est presque toujours munie en avant d'un long pivot (apophyse odontoïde) sur lequel tourne l'atlas pour effectuer le mouvement de rotation de la tête. — La région dorsale est assez variable quant au nombre des vertèbres qui la composent; on en compte le plus souvent douze à quinze. Ces vertèbres ont des apophyses épineuses assez longues et s'articulent avec les côtes. Celles de la région lombaire, remarquables par leurs longues apophyses transverses, sont d'ordinaire au nombre de cinq à sept. — La région sacrée comprend d'ordinaire trois à cinq vertèbres soudées entre elles de manière à former un os impair, le sacrum, compris entre les deux os iliaques. — Enfin, la région caudale offre des variations très étendues : fort réduite chez l'Homme et les Singes anthropoïdes, elle est très allongée, au contraire, chez une foule de Mammifères, et se compose alors d'un grand nombre de vertèbres.

Les *côtes* sont en nombre égal à celui des vertèbres dorsales. Toutes s'articulent avec ces os par leur extrémité supérieure ; mais les premières seules (vraies côtes) se fixent inférieurement au sternum ; les suivantes (fausses côtes) restent libres ou s'unissent à l'extrémité sternale des vraies côtes.

Le *sternum* se compose d'une série de pièces dont le nombre est variable. Lorsqu'il existe des clavicules, sa partie antérieure, qui s'articule avec celles-ci, se montre toujours large (manubrium) ; elle reste étroite, au contraire, quand les clavicules font défaut. La partie postérieure se prolonge par une pièce cartilagineuse, l'appendice xiphoïde.

Tous les Mammifères possèdent les membres de la paire antérieure, mais la paire postérieure manque chez les Cétacés et les Sirénidés. — La *ceinture scapulaire* se compose, chez les Monotrèmes, de trois os : l'omoplate, la clavicule et le coracoïde ; mais, chez tous les autres Mammifères, le coracoïde se soude de fort bonne heure à l'omoplate, dont il ne représente plus qu'une simple apophyse. La clavicule existe chez les formes dont le membre a des fonctions compliquées ; elle devient rudimentaire ou nulle lorsque ce membre sert uniquement à la locomotion et au soutien du corps.

La *ceinture pelvienne*, rudimentaire chez les Cétacés et les Sirénidés, où elle est représentée par quelques osselets perdus dans les muscles, comprend partout ailleurs trois os : l'ilion, l'ischion et le pubis, qui se soudent entre eux et s'unissent aux parties latérales du sacrum, de manière à former une ceinture complétée par la symphyse pubienne. Ainsi se trouve constitué le bassin. Chez les Monotrèmes et les Marsupiaux, le pubis porte deux os dirigés en avant, les os marsupiaux.

La portion mobile des membres offre une conformation très variable suivant le rôle qu'elle est appelée à remplir. Il suffit, pour s'en rendre compte, de jeter un coup d'œil sur la nageoire de la Baleine, l'aile de la Chauve-Souris, la main du Singe, la patte du Chien et le pied du Cheval. — Au membre antérieur, nous trouvons d'abord un humérus de longueur variable et souvent recourbé. Le radius et le cubitus sont d'ordinaire plus longs que l'humérus ; le cubitus présente, en arrière de l'articulation du coude, une puissante apophyse appelée olécrâne. Le radius est souvent mobile autour du cubitus, ce qui permet à la main de se placer en pronation, c'est-à-dire la face palmaire tournée en arrière, et en supination, la face palmaire en avant : ces mouvements atteignent leur maximum chez l'Homme. D'autres fois, le cubitus est rudimentaire et soudé au radius (Ongulés). La consti-

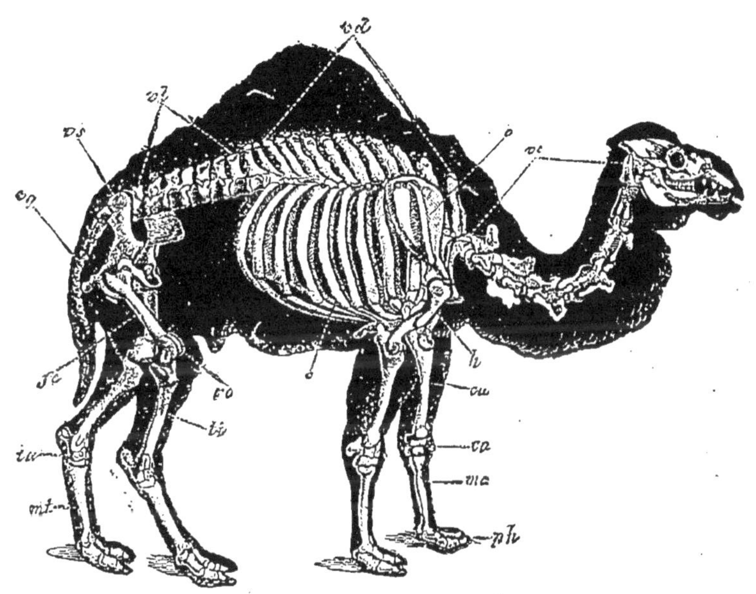

Fig. 602. — Squelette de Dromadaire. — *vc*, vertèbres cervicales. — *vd*, vertèbres dorsales. *vl*, vertèbres lombaires. *vs*, sacrum. *vq*, vertèbres coccygiennes. *c*, côtes. *o*, omoplate. *h*, humérus. *cu*, cubitus. *ca*, carpe. *mc*, métacarpe. *ph*, phalanges. *fe*, fémur. *ro*, rotule. *ti*, tibia. *ta*, tarse. *mt*. métatarse (Milne-Edwards).

tution de la main est très variable. Le nombre primitif des doigts est de cinq, mais ce nombre peut subir une réduction plus ou moins grande. C'est alors le premier doigt (1) (doigt interne ou pouce) qui disparaît d'abord ; après quoi, la marche de la régression se poursuit de deux façons différentes. Chez les Kangourous sauteurs, elle porte sur le deuxième et le troisième doigt. Chez les Ongulés, l'ordre de disparition est le suivant : premier, cinquième, deuxième, quatrième. Ainsi, chez le Porc, le pouce seul (premier) a disparu ; l'Hipparion a perdu en plus le doigt ex-

(1) La numération des doigts se fait à partir du pouce.

terne (cinquième) ; le Chameau, le second interne (deuxième), et le Cheval, le second externe (quatrième). Les métacarpiens subissent une réduction correspondante, et arrivent à n'être plus représentés que par une seule pièce, l'os du canon. Chez la plupart des Mammifères pentadactyles, le pouce, qui ne possède jamais que deux phalanges, au lieu de correspondre à l'axe du membre, comme les autres doigts, prend une direction divergente. On passe facilement de cette disposition à la faculté d'opposer le pouce aux autres doigts, et l'on sait que le pouce opposable est la caractéristique de la main parfaite ou préhensile. — Au membre postérieur, l'articulation du genou est, contrairement à celle du coude, saillante en avant ; elle présente d'ordinaire une rotule. Il est rare que le tibia soit mobile autour du péroné (Marsupiaux) : en général, ces deux os sont soudés, et le dernier est rudimentaire. Le tarse est remarquable par le développement de l'astragale et du calcanéum. Le gros orteil se montre quelquefois opposable (Singes); mais la disposition fondamentale du pied ne change pas pour cela, et ce pied préhensile ne mérite nullement le nom de main.

Fig. 603. — Patte postérieure du Jaguar, animal digitigrade.

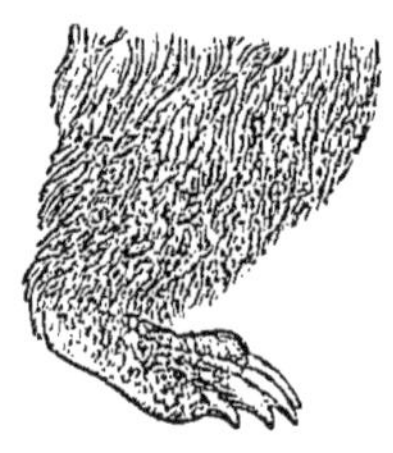

Fig. 604. — Patte postérieure de l'Ours brun, animal plantigrade.

Les membres ne portent pas le poids du corps de la même manière. Tantôt l'extrémité des doigts pose seule à terre (Chat) : les animaux sont alors digitigrades ; tantôt toute la plante du pied, carpe ou tarse compris, porte sur le sol (Homme) et ils sont plantigrades ; il y a, du reste, des dispositions intermédiaires, qui font appliquer aux animaux la dénomination de semi-plantigrades ou de semi-digitigrades.

Le *système nerveux* se fait remarquer par le développement du cerveau. Les hémisphères cérébraux recouvrent le cervelet en arrière ; ils sont unis entre eux par une commissure désignée sous le nom de *corps calleux* ou *mésolobe*, commissure qui demeure rudimentaire chez les Monotrèmes et les Marsupiaux. Ces animaux, en outre, ne possèdent pas de circonvolutions; mais celles-ci apparaissent chez les Édentés, les Rongeurs et les Insectivores, et sont en rapport, quoique d'une façon non absolue, avec le développement des facultés intellectuelles. Les lobes optiques

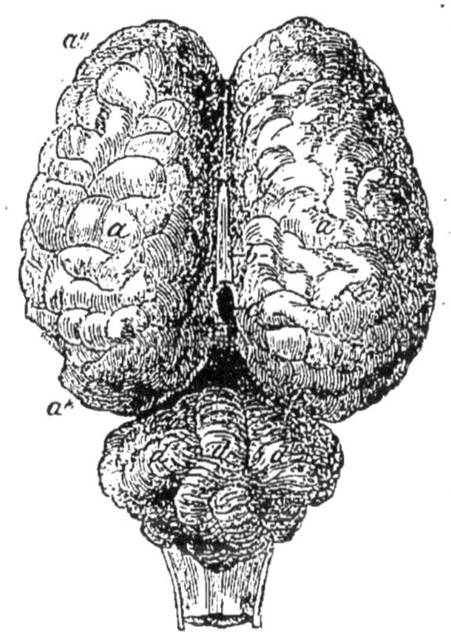

Fig. 605. — Face supérieure du cerveau et du cervelet du Cheval. — *a*, hémisphère gauche du cerveau. *a'*, hémisphère droit. *a''*, lobe inférieur. *b*, corps calleux. *c*, point où la grande veine cérébrale sort de l'organe. *d*, lobe médian (*vermis*) du cervelet. *d'*, lobe gauche. *d''*, lobe droit.

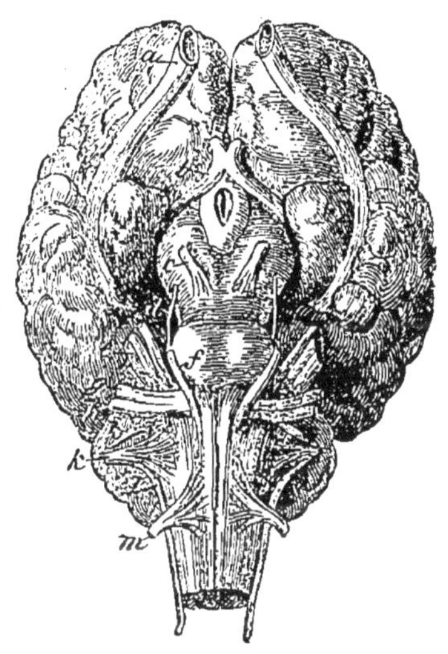

Fig. 606. — Base de l'encéphale du Cheval avec l'origine des douze paires de nerfs qui en émanent. — *a*, 1re paire : nerf olfactif. *b*, 2e paire : nerf optique. *c*, 3e paire : nerf oculo-moteur commun. *d*, 4e paire : nerf pathétique. *e*, 5e paire : nerf trijumeau. *f*, 6e paire : nerf oculo-moteur externe. *g*, 7e paire : nerf facial. *h*, 8e paire : nerf acoustique. *i*, 9e paire : nerf glosso-pharyngien. *k*, 10e paire : nerf pneumo-gastrique. *l*, 11e paire : nerf spinal. *m*, 12e paire : nerf hypoglosse.

ou tubercules quadrijumeaux sont beaucoup moins développés que chez les Oiseaux, et souvent même sont cachés sous la partie postérieure des hémisphères; ils ne présentent aucune cavité intérieure. Le lobe médian du cervelet, ou vermis, diminue d'importance à mesure qu'on s'élève dans la série des Mammifères, et les deux lobes latéraux, par contre, deviennent de plus en plus volumineux. Ces deux lobes sont réunis par une protubérance annulaire ou *pont de Varole*, qui suit leur propre développement. La moelle épinière se termine par un faisceau de nerfs appelé *queue de cheval;* elle ne présente jamais de sinus rhomboïdal.

Les Mammifères ont, en général, les *sens* très développés. L'*appareil olfactif* est remarquable par l'étendue de la pituitaire. Les fosses nasales communiquent avec des cavités creusées dans les os voisins (sinus frontaux, maxillaires, sphénoïdaux). Le nez, formé par la portion antérieure des fosses nasales et par des pièces cartilagineuses surajoutées, s'allonge quelquefois en trompe, comme chez l'Éléphant; il peut aussi se transformer en un organe fouisseur, tel que le groin du Porc. — On rattache d'ordinaire à l'appareil olfactif un organe spécial découvert par Jacobson et qui, développé surtout chez les herbivores, arrive à son maximum chez

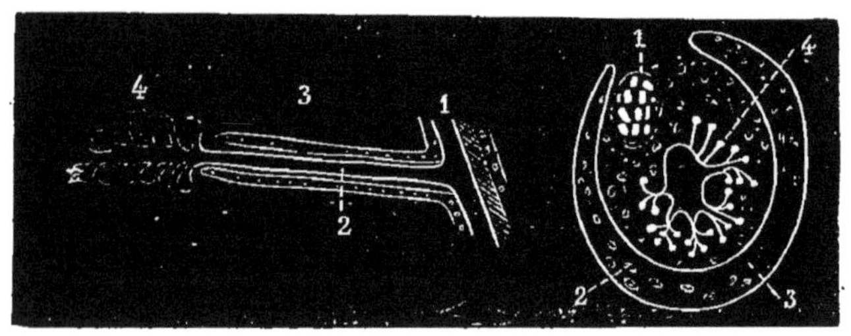

Fig. 607 et 608. — Organe de Jacobson.

Fig. 607. — Développement chez un embryon de Chat. — 1, canal de Sténon. 2, cavité de l'organe. 3, enveloppe cartilagineuse. 4, culs-de-sac glandulaires.

Fig. 608. — Coupe chez le Mouton. — 1, nerf olfactif. 2, coque de cartilage. 3, cavité de l'organe. 4, glandes (schéma, d'après Ch. Rémy).

les Rongeurs. L'*organe de Jacobson* consiste en un canal étroit, couché sur le plancher de chaque fosse nasale, terminé en cul-de-sac dans sa partie postérieure et aboutissant en avant dans le conduit de Sténon, qui traverse l'ouverture incisive et fait communiquer la fosse nasale avec la bouche. La muqueuse qui tapisse le canal est enveloppée d'une gaine cartilagineuse; elle contient de nombreuses glandes en grappe et reçoit une branche des nerfs olfactifs. Cette dernière particularité a fait regarder l'organe de Jacobson comme propre à recueillir les impressions odorantes des substances contenues dans la bouche, opinion qui paraît peu fondée si l'on remarque que, chez les Équidés, le conduit de Sténon n'existe pas, l'ouverture incisive étant obturée par la substance cartilagineuse.

Les *yeux* sont rudimentaires chez les espèces qui vivent sous terre, comme la Taupe; parfois même la peau recouvre le globe de l'œil sans présenter d'ouverture (Spalax Jemni). Outre les deux paupières principales, supérieure et inférieure, il en existe une troisième, paupière interne ou membrane nictitante, qui toutefois ne peut jamais recouvrir en entier le devant de l'œil, comme elle le fait chez les Oiseaux ; souvent même elle se réduit à un repli de la conjonctive (pli semi-lunaire). L'angle interne de l'œil présente en outre un petit corps glanduleux, la caroncule lacrymale.

L'*appareil auditif* comprend d'ordinaire une oreille externe, qui manque cependant chez la plupart des animaux aquatiques et fouisseurs. L'oreille moyenne communique avec le pharynx, exceptionnellement avec le canal nasal (Cétacés), par la trompe d'Eustache; elle est traversée par une chaîne d'osselets appelés, d'après leur forme, marteau, enclume, os lenticulaire, étrier. Certains naturalistes regardent le marteau comme l'équivalent de l'os carré des autres Vertébrés.

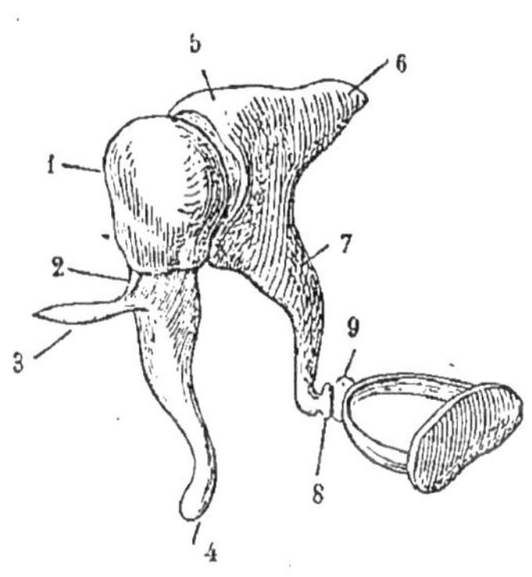

Fig. 609. — Osselets de l'ouïe dans leurs rapports réciproques (côté droit). — 1, tête du *marteau*. 2, son col. 3, apophyse grêle. 4, extrémité inférieure du manche. 5, corps de l'*enclume*. 6, sa courte branche. 7, sa longue branche. 8, son crochet (*os lenticulaire*). 9, sommet de l'*étrier*.

Nous n'avons rien de particulier à dire du sens du *goût*, qui est, en général, très développé chez les Mammifères.

Le *tact* peut s'exercer par toute la surface du corps, mais certaines parties sont spécialement disposées à cet effet : par exemple, la face palmaire de l'extrémité des doigts, chez les Primates; la lèvre supérieure chez les Équidés; l'appendice digitiforme de la trompe, chez les Éléphants, etc. Parfois on observe des poils tactiles, en rapport avec des terminaisons nerveuses; telles sont les vibrisses ou moustaches des Carnassiers.

L'*appareil digestif* offre d'abord à considérer l'armature buccale, représentée en général par des *dents*. L'étude du système dentaire, dit Vogt, constitue la base de toute connaissance des Mammifères : il n'est aucun élément du squelette — la seule partie accessible au paléontologiste — « qui retienne avec autant de ténacité les caractères essentiels d'un type, et qui fasse mieux voir les relations d'affinité et de parenté qui peuvent exister entre les différentes formes. »

Quelques genres seulement sont tout à fait dépourvus de dents : citons cependant les Fourmiliers, les Pangolins, les Échidnés, les Baleines adultes. Chez les Baleines, ces organes sont remplacés par des *fanons*. L'Ornithorynque et la Stellère ont des sortes de dents cornées formées par le durcissement des papilles de la muqueuse buccale.

Les dents prennent naissance dans des cavités closes des mâchoires, et ne percent les gencives que lorsque leur évolution est assez avancée. On y distingue alors trois parties : une extérieure, la *couronne*, une intra-alvéolaire, la *racine*, enfin une intermédiaire, quelquefois marquée par un rétrécissement, et appelée *collet*. La substance fondamentale de la dent est constituée par de l'*ivoire* ou *dentine*; c'est une substance très dure, traversée par une foule

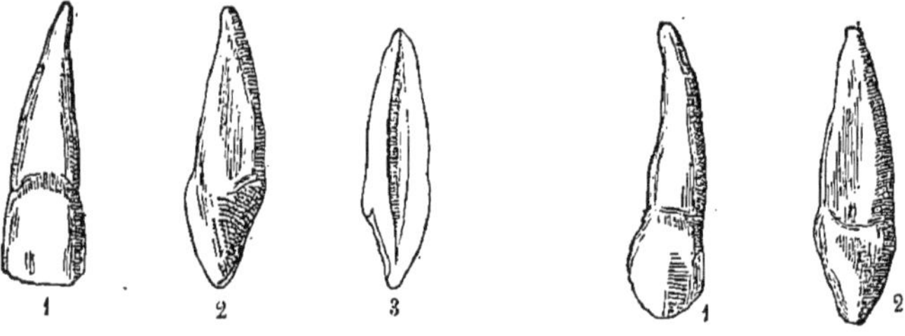

Fig. 610. — Incisive moyenne supérieure de l'Homme. — 1, face antérieure. 2, face latérale. 3, coupe médiane antéro-postérieure.

Fig. 611. — Canine de l'Homme. — 1, face antérieure. 2, face latérale.

de canalicules parallèles qui se dirigent de la cavité interne vers la surface. L'ivoire est ordinairement revêtu, au niveau de la couronne, d'une autre substance encore plus dure, l'*émail*, qui se compose de petits prismes juxtaposés. Une sorte de tissu osseux, le *cément*, recouvre souvent la racine et peut même s'étendre sur la couronne, surtout dans les dents composées, dont elle comble les plis et les enfoncements. L'intérieur de la dent offre toujours une cavité, qui se montre simple ou multiple suivant qu'il existe une ou plusieurs racines. Dans certains cas, cette cavité s'ouvre largement à l'extrémité de la partie enchâssée, et la pulpe nourricière de la dent la remplit en entier : la dent continue alors à croître pendant toute la vie, à mesure que la couronne subit son usure. Comme exemples de ces dents à croissance continue, nous pouvons citer les incisives des Rongeurs, les défenses des Éléphants et des Sangliers, etc. Le plus souvent, au contraire, la cavité interne se rétrécit de bonne heure vers l'extrémité, où elle ne s'ouvre plus que par un petit orifice : la pulpe vasculaire se trouve alors étranglée, et la croissance de la dent s'arrête d'une façon définitive.

Lorsque les dents présentent une surface unie, on les appelle *dents simples;* mais parfois cette surface offre des plissements et contournements qui les font nommer *dents compliquées.* On reconnaît même des dents *composées*, résultant de la coalescence de plusieurs dents simples primitivement isolées. La distinction des dents compliquées et composées est, à la vérité, souvent impossible dans la pratique ; mais on est convenu d'appeler *denticules* les parties d'une dent qui paraissent correspondre à des dents primitives soudées ensemble.

Les dents sont parfois toutes semblables entre elles, comme chez la plupart des Édentés; mais en général elles sont de plusieurs sortes, et on les distingue, suivant leur siège, en incisives, canines et molaires. Les *incisives* sont implantées sur les os incisifs ou intermaxillaires, à la mâchoire supérieure ; les *canines* naissent de l'extrémité antérieure du maxillaire supérieur, et les *molaires* sont situées en arrière de celles-ci, sur le même os. Les dents correspondantes de la mâchoire inférieure portent les mêmes noms. Lorsque ces trois sortes de dents existent, la *dentition* est dite *complète.* Assez souvent les canines font défaut (Rongeurs) : on donne alors le nom de *diastème* ou de *barres* à l'espace qui reste libre entre les incisives et les molaires; le même nom est du reste employé aussi pour désigner l'intervalle qui sépare quelquefois les canines des molaires (Équidés) ou des incisives (Singes). — Les dents une fois formées, peuvent persister pendant toute la vie : c'est ce qui a lieu chez les Édentés, les Cétacés et les Sirénidés, qualifiés pour cette raison de *Monophyodontes.* Tous les autres Mammifères sont *Diphyodontes*, c'est-à-dire que leurs mâchoires sont le siège d'une double poussée dentaire. Les premières dents formées (*dents de lait*) tombent, en effet, à un moment donné, et sont remplacées par des dents nouvelles (*dents permanentes* ou *de remplacement*). Le nombre de celles-ci est en général plus considérable que celui des pièces de la première dentition : des molaires nouvelles apparaissent, en effet,

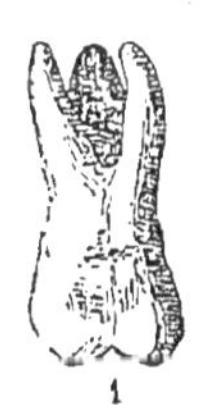

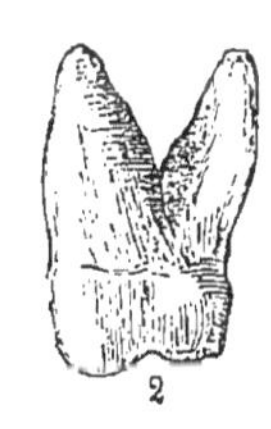

Fig. 612. — Grosse molaire de l'Homme. — 1, face antérieure. 2, face latérale.

en arrière des autres : ce sont les *molaires* vraies; celles qui remplacent les dents de lait sont distinguées sous le nom de *prémolaires*.

Pour exprimer les variations que présente la dentition des Mammifères, on a recours à des formules dans lesquelles se trouve indiqué, pour chaque mâchoire, le nombre des différentes sortes de dents dont il vient d'être question. Les dents étant toujours symétriques, on se borne à inscrire celles d'un côté. Par contre, le nombre des dents implantées dans chaque mâchoire n'étant pas toujours le même, on signale les supérieures au-dessus et les inférieures au-dessous d'un trait horizontal. On désigne même parfois les dents par leur initiale. Ainsi, la *formule dentaire* de l'Homme adulte est :

$$I\frac{2}{2}C\frac{1}{1}PM\frac{2}{2}M\frac{3}{3} \text{ ou } \frac{2.1.2.3}{2.1.2.3}=32.$$

Celle du Chien domestique adulte :

$$I\frac{3}{3}C\frac{1}{1}PM\frac{3}{4}M\frac{3}{3} \text{ ou } \frac{3.1.3.3}{3.1.4.3}=42.$$

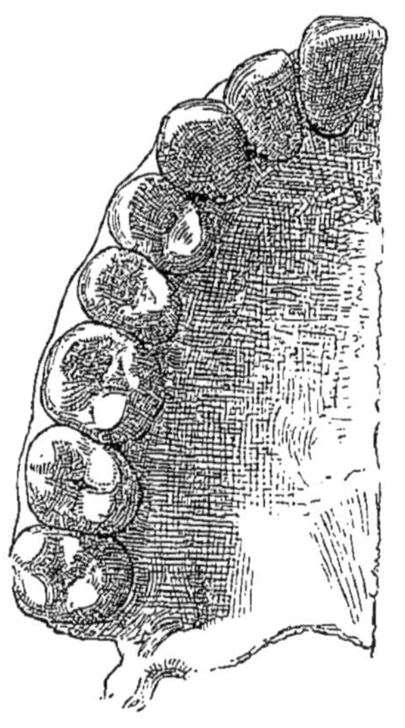

Fig. 613. — Arcade dentaire supérieure de l'Homme, vue par la surface triturante.

Lorsque les prémolaires et les molaires ne peuvent être distinguées par leur forme, on les comprend sous un seul chiffre. — Beaucoup d'autres manières de formuler ont été proposées : nous adoptons la plus simple.

La bouche est limitée en avant, sauf chez les Monotrèmes, par des lèvres mobiles qui servent souvent à la préhension des aliments, et sur les côtés par des joues qui se dilatent quelquefois en véritables poches appelées *abajoues* (Hamster). La langue, fixée par sa base à l'appareil hyoïdien, est en général protractile et peut constituer un organe de tact ou de préhension ; plus rarement, elle est immobile (Baleine). Les glandes salivaires (parotide, sous-maxillaire, sublinguale), très développées chez les Herbivores, sont rudimentaires chez les Pinnipèdes, nulles chez les Cétacés.

La voûte palatine se prolonge en arrière par une cloison mobile musculo-membraneuse, le *voile du palais*, qui se soulève pour permettre le passage des aliments dans le pharynx. Celui-ci donne entrée dans un œsophage assez long, qui ne présente presque jamais de dilatation en jabot, et débouche dans l'estomac par un orifice appelé *cardia*. L'estomac est le plus souvent simple ; cependant il est divisé en deux compartiments chez quelques Rongeurs, en trois chez certains Primates, et en quatre chez la plupart des

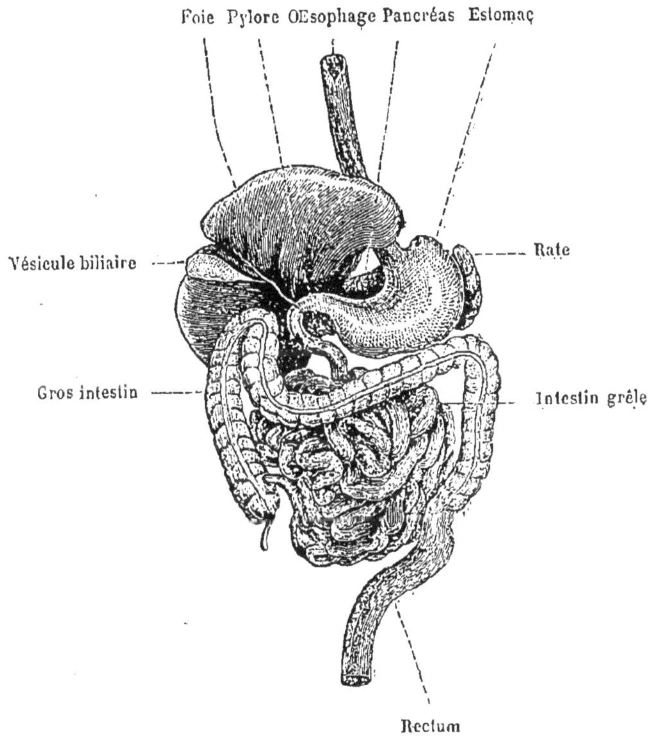

Fig. 614. — Appareil digestif de l'Homme.

Ruminants. Il est séparé de l'intestin par un bourrelet circulaire, la *valvule pylorique*.

L'intestin grêle est également limité en arrière par un repli valvulaire (*valvule iléo-cæcale*). Le gros intestin débute à ce niveau par un cæcum, qui toutefois fait défaut chez l'Ours, les Chauves-Souris et la plupart des Insectivores. Au delà du cæcum, l'intestin prend le nom de côlon, et se continue par un rectum à peu près droit, qui aboutit à l'anus. Celui-ci n'est distinct de l'orifice génito-urinaire que chez les Placentaires, bien que les Monotrèmes seuls aient un véritable cloaque. Le régime exerce une influence considérable sur le développement de l'intestin : les Herbivores sont remarquables par la longueur de l'intestin grêle et la capacité des réservoirs cæcal et colique. Le contraire s'observe chez les Carnivores.

L'intestin reçoit le produit de nombreuses glandes, dont les

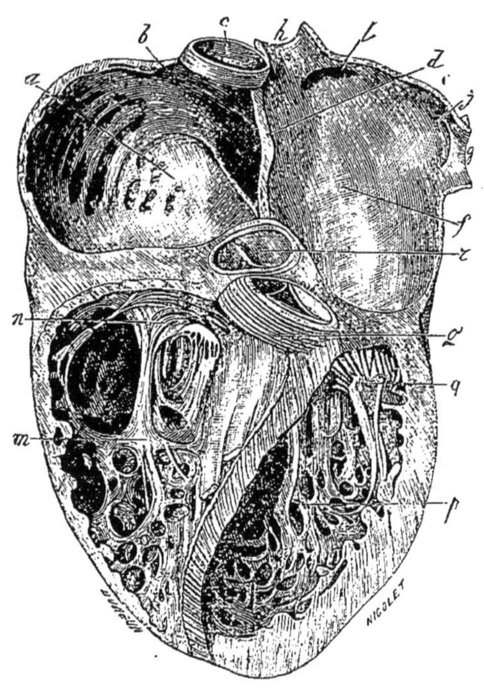

Fig. 615. — Section longitudinale du cœur de l'Homme. — *a*, oreillette droite. *b*, orifice de la veine cave inférieure. *c*, orifice de la veine cave supérieure. *d*, cloison inter-auriculaire. *f*, oreillette gauche. *g*, *h*, lambeaux des veines pulmonaires (groupe antérieur). *j*, *l*, orifices des veines pulmonaires (groupe postérieur). *m*, ventricule droit. *n*, valvule tricuspide avec ses trois piliers. *o*, origine de l'artère pulmonaire. *p*, ventricule gauche. *q*, valvule mitrale avec ses deux piliers. *r*, origine de l'aorte (J. Béclard).

unes sont contenues dans son épaisseur, tandis que les autres, foie et pancréas, occupent son voisinage et débouchent dans la partie antérieure de l'intestin grêle, ou duodénum. Le foie présente un réservoir (*vésicule biliaire*) qui manque chez quelques Ongulés (Équidés, Cerfs) et chez les Cétacés.

La *circulation* est double et complète. Le cœur est divisé, comme chez les Oiseaux, en deux parties ne communiquant pas entre elles et composées chacune d'un ventricule et d'une oreillette. Ces deux moitiés sont presque distinctes chez les Sirénidés, surtout chez le Dugong. Les orifices qui mettent en relation les oreillettes et les ventricules sont munies de valvules : celle du cœur gauche, divisée en deux lèvres, est appelée *valvule bicuspide* ou *mitrale;* celle du cœur droit, divisée en trois lèvres, reçoit le

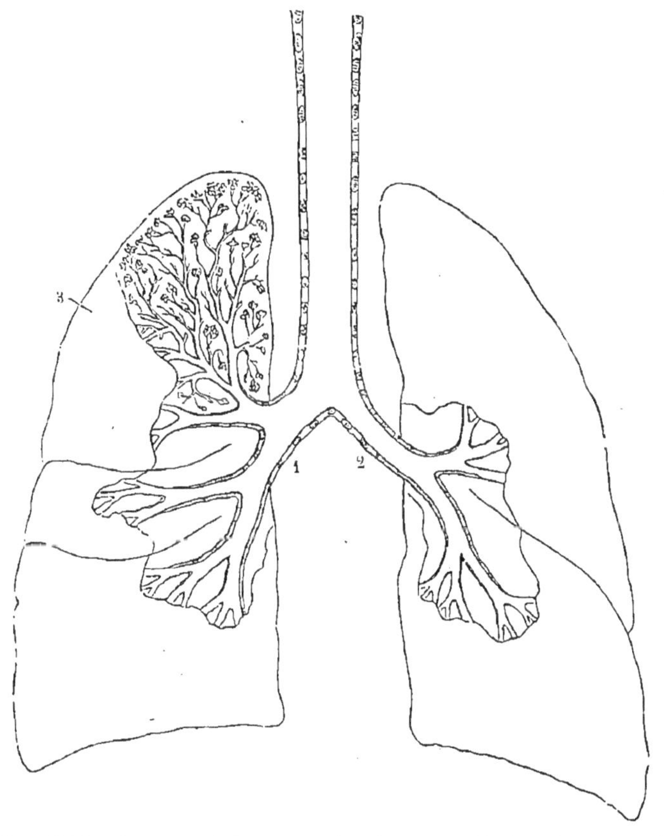

Fig. 616. — Schéma du poumon de l'Homme et des divisions trachéo-bronchiques. — 1, bronche droite. 2, bronche gauche. 3, lobe supérieur du poumon droit (Morel et Duval).

nom de *valvule tricuspide* ou *triglochine.* Chaque ventricule offre un orifice artériel pourvu de trois *valvules sigmoïdes*, à concavité tournée vers le vaisseau. Du ventricule gauche part un tronc aortique simple qui se recourbe à gauche, pour se continuer en une *aorte descendante :* celle-ci se dirige vers la queue en distribuant des branches aux différents organes. De la crosse de l'aorte partent en général deux troncs artériels, — quelquefois trois ou un seul, — destinés à la tête et aux membres antérieurs.

L'*appareil respiratoire* comprend deux poumons un peu inégaux, suspendus dans la cavité thoracique et recevant l'air par une trachée à peu près droite, presque toujours constituée par des anneaux cartilagineux incomplets. A sa partie antérieure, elle offre une dilatation, le *larynx*, dont les parois sont formées par des cartilages complexes et donnent attache à des replis musculeux ou *cordes vocales*, ce qui en fait un appareil phonateur remarquable. L'orifice laryngien ou glotte est surmonté d'une épi-

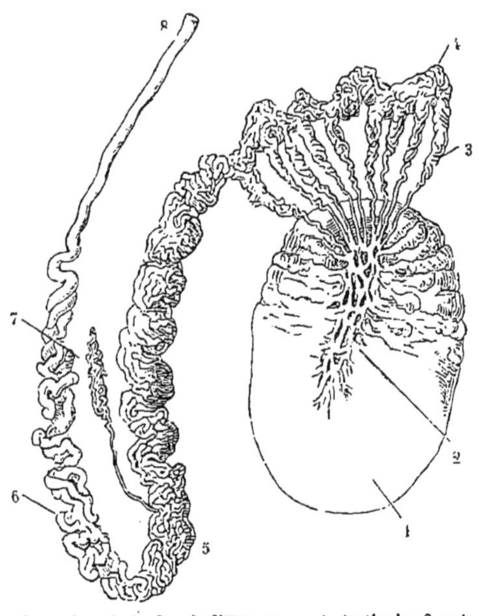

Fig. 617. — Schéma des voies séminales de l'Homme. — 1, testicule. 2, rete testis. 3, cône séminifère. 4, tête de l'épididyme. 5, queue de l'épididyme. 6, origine du canal déférent. 7, vas aberrans. 8, canal déférent.

glotte mobile. A son extrémité inférieure, la trachée est dépourvue de l'organe que nous avons signalé sous le nom de syrinx chez les Oiseaux. Elle se divise le plus souvent en deux bronches, qui se subdivisent elles-mêmes par dichotomie en bronches de plus en plus fines, de manière à devenir enfin uniquement musculo-membraneuses. Les dernières divisions se terminent dans des ampoules, les *lobules pulmonaires*, dont les parois forment un certain nombre de petits culs-de-sac, les *vésicules* ou *alvéoles pulmonaires*. — Les poumons sont entourés d'une membrane séreuse, la *plèvre*, et séparés des viscères abdominaux par une cloison musculo-aponévrotique, le *diaphragme*.

La respiration a lieu par les mouvements de ce diaphragme, et par l'élévation ou l'abaissement des côtes, résultant de l'action de divers muscles.

Les *reins*, disposés de chaque côté de la colonne vertébrale, dans la région lombaire, constituent d'ordinaire des glandes compactes; quelquefois, cependant (Phoques, Dauphins), ils sont formés de lobules séparés. Il existe toujours une vessie urinaire, dont le conduit excréteur, canal de l'*urètre*, s'unit aux voies génitales. L'orifice des organes génito-urinaires est, dans tous les cas, situé en avant de l'anus.

Tous les Mammifères mâles possèdent deux *testicules*, développés au voisinage des reins. Chez les Monotrèmes, les Cétacés et les Sirénidés, ils demeurent en ce point; dans tous les autres groupes, ils se déplacent au moment de la naissance : ils poussent devant eux le péritoine et descendent dans le canal inguinal, où ils restent quelquefois (Chameau, divers Rongeurs); mais, le plus souvent, ils traversent ce canal et vont se loger dans un repli cutané appelé *scrotum*. Dans ce dernier cas, ils rentrent assez fréquemment dans la cavité abdominale (Insectivores, Chauves-Souris) après l'époque du rut. Les canaux déférents, après avoir formé chacun un diverticule glandulaire (*vésicule séminale*) qui fait souvent défaut (Rongeurs, Cétacés, etc.), prennent le nom de conduits éjaculateurs et débouchent dans le canal de l'urètre. Celui-ci conduit le sperme et l'urine à travers l'organe copulateur ou pénis; il reçoit le produit de diverses glandes (prostate, glandes de Cowper).

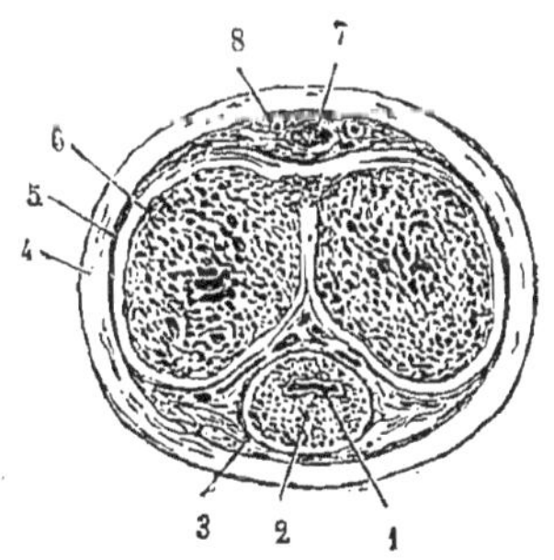

Fig. 618. — Section transversale du pénis (injecté, c'est-à-dire en érection). — 1, canal de l'urètre. 2, son corps spongieux. 3, enveloppe de celui-ci. 4, peau du pénis. 5, enveloppe fibreuse des corps caverneux. 6, tissu érectile du corps caverneux. 7, 8, veine et artères dorsales.

Le *pénis* se compose de corps érectiles ou *corps caverneux*, qui sont d'ordinaire au nombre de trois : l'un d'eux entoure le canal urétral (portion spongieuse de l'urètre); les deux autres surmontent ce canal et se réunissent sur la ligne médiane. Il existe quelquefois un axe cartilagineux ou osseux (os pénial). Le corps caverneux de l'urètre offre, à sa partie antérieure, un renflement appelé *gland*, parfois bifide (Monotrèmes, Marsupiaux), et entouré d'un repli cutané, le *prépuce*.

Il existe toujours deux *ovaires*, sauf chez les Monotrèmes, dont celui du côté droit est atrophié. L'appareil vecteur se divise en trois régions distinctes : 1° la *trompe de Fallope*, toujours paire, s'ouvrant près de l'ovaire par un *pavillon* frangé qui reçoit l'ovule ; 2° l'*utérus*, quelquefois double, à deux museaux de tanche (La-

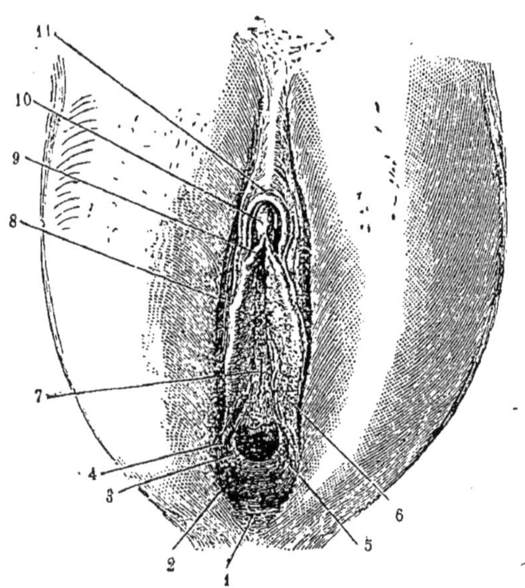

Fig. 619. — Vulve de la Femme (les grandes lèvres sont écartées). — 1, fosse naviculaire. 2, sa limite latérale. 3, hymen. 4, orifice de la glande vulvo-vaginale. 5, orifice du vagin. 6, orifices glandulaires (glandes muqueuses). 7, méat urinaire. 8, petite lèvre droite. 9, frein du clitoris. 10, clitoris. 11, prépuce du clitoris.

pine), d'autres fois bipartit, à museau de tanche simple (divers Rongeurs), ou bicorne, c'est-à-dire divisé seulement à sa partie supérieure (Ongulés, Carnivores), ou même simple (Primates) ; 3° le *vagin*, pair chez les Marsupiaux, impair chez tous les autres. Le vagin débouche en arrière de l'orifice urétral, dans un court *vestibule* génito-urinaire dont l'entrée forme la *vulve* ; chez les Monotrèmes, le vagin est remplacé par le cloaque.

La vulve est limitée sur les côtés par deux replis cutanés, les *grandes lèvres*, en dedans desquelles s'en voient souvent deux autres, les *nymphes* ou *petites lèvres*. Il existe aussi un organe érectile, le *clitoris*, qui est l'homologue du pénis du mâle, et peut renfermer comme lui une pièce osseuse, dite *os clitoridien* (Loutre). Ce clitoris est quelquefois traversé par l'urètre (Rongeurs, Taupes, Lémuriens) : dans ce cas, il n'existe pas de vestibule génito-urinaire.

La présence de *glandes lactaires* ou *mamelles* est constante chez les Mammifères et particulière à ces animaux, puisqu'elle fournit le principal élément de leur caractéristique. En général, ces glandes — qui appartiennent au groupe des glandes cutanées —

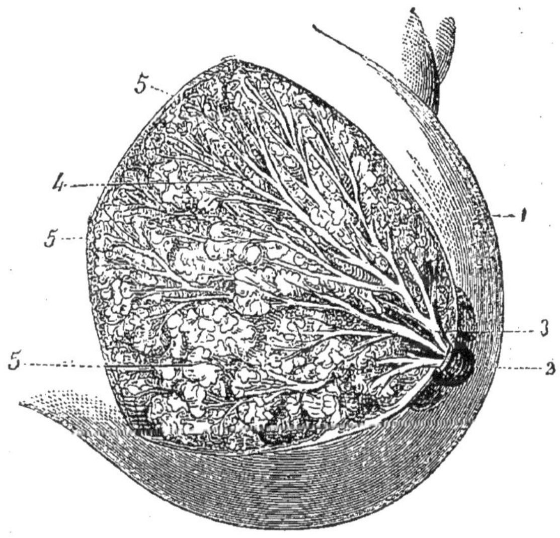

Fig. 620. — Mamelle de la Femme. — 1, peau de la mamelle. 2, mamelon. 3, canaux galactophores. 4, canalicules procédant des lobules et se terminant dans les canaux galactophores. 5, lobules de la glande (J. Béclard).

n'acquièrent leur complet développement que chez les femelles, et ne sécrètent du lait qu'après la naissance du petit. Le *lait* contient toutes les substances nécessaires à la nutrition, et sert en effet de nourriture exclusive au nouveau-né pendant un temps variable. Chaque mamelle se termine par un *mamelon* ou *tetin*, excepté chez les Monotrèmes. La situation des mamelles est variable : elles sont toujours paires et symétriques, et tantôt *pectorales* (Primates), tantôt *abdominales* (Carnivores), tantôt *inguinales* (Jumentés, Ruminants) ; parfois même elles occupent à la fois ces diverses positions. Le nombre des tetins est d'ordinaire en rapport avec celui des petits de chaque portée.

L'activité reproductrice (rut) se manifeste d'une façon périodique assez régulière chez les animaux sauvages. Le plus souvent, le rut a lieu au printemps ; dans quelques cas, c'est à la fin de l'été (Ruminants), ou même en hiver (Carnivores, Sanglier). Il se renouvelle deux fois par an chez le Chat sauvage et la Belette, et tous les mois chez la Girafe, les Singes catarrhiniens et la Femme. La domesticité le rend plus fréquent. La chute des ovules s'accompagne d'une congestion de l'appareil génital, dont les symptômes les plus saillants sont : la turgescence des organes extérieurs, une abondante sécrétion de mucosités, parfois même un écoulement plus ou moins abondant de sérosité sanguinolente ou

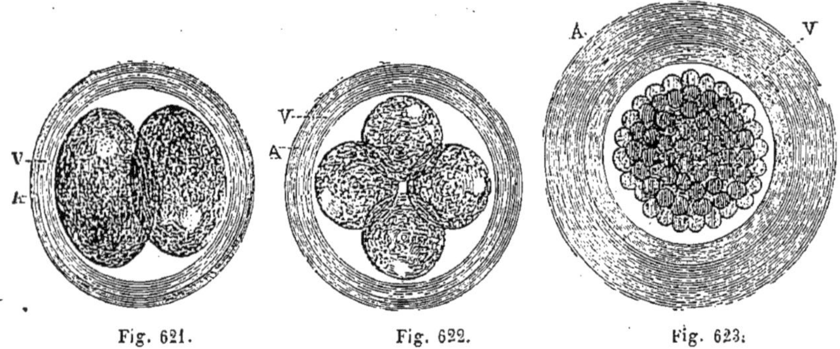

Fig. 621. Fig. 622. Fig. 623.

Fig. 621 à 623. — Segmentation de l'œuf d'un Mammifère (Saint-Cyr). — A, couche albumineuse. V, membrane vitelline.

de sang pur. L'excitation vénérienne se montre vers la fin de la fluxion, ou même lorsqu'elle a cessé.

L'ovule des Mammifères, toujours très petit, s'entoure souvent d'une couche d'albumine pendant son passage dans la trompe. Il subit une segmentation totale qui aboutit au développement du blastoderme, et s'entoure d'une enveloppe ou *chorion* dont la surface est revêtue d'une foule de villosités : celles-ci servent à fixer l'œuf en même temps qu'à lui fournir les éléments de sa nutrition. Le chorion est formé d'abord par la membrane vitelline, sur laquelle s'applique bientôt la portion extra-embryonnaire du feuillet blastodermique externe non intéressée dans la formation de l'amnios. Plus tard, il est renforcé encore par la portion périphérique de l'allantoïde, qui pénètre avec ses vaisseaux dans les villosités. Enfin, l'union de l'œuf avec l'utérus se localise en général sur une surface plus ou moins étendue, et ainsi se constitue le *placenta*. Les villosités s'atrophient dans tous les autres points ; mais, à ce niveau, elles s'accroissent et ne tardent pas à former

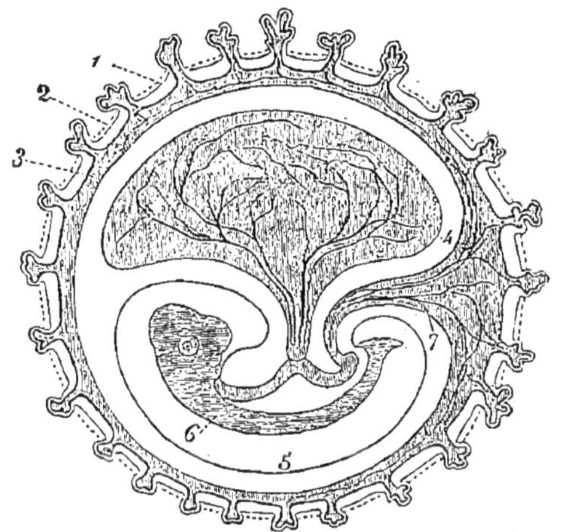

Fig. 624. — Œuf de Mammifère. — 1, membrane vitelline ou premier chorion presque disparu. 2, feuillet externe du blastoderme, second chorion. 3, allantoïde, qui a pénétré dans les villosités. 4, vésicule ombilicale. 5, les capuchons céphalique et caudal se sont fusionnés : la cavité de l'amnios est formée. 6, embryon. 7, allantoïde (J. Béclard).

des touffes vasculaires ou cotylédons, dont l'ensemble est dési-

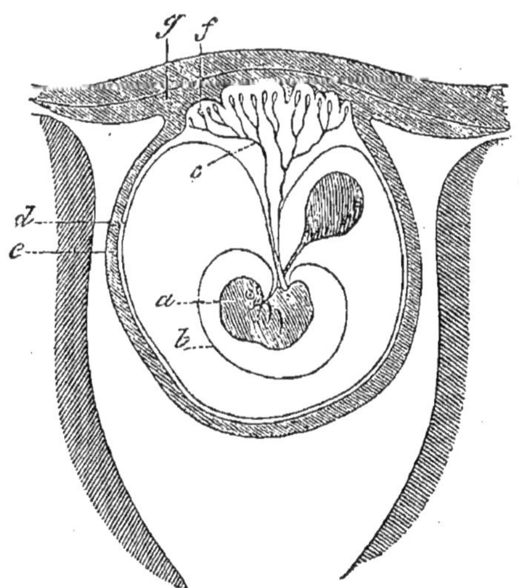

Fig. 625. — Formation du placenta, d'après Cadiat. — *a*, embryon. *b*, amnios. *c*, vaisseaux du placenta. *d*, allantoïde. *e*, membrane caduque. *f*, villosités placentaires. *g*, muqueuse inter-utéro-placentaire, se continuant avec la caduque.

gné sous le nom de *placenta fœtal*. Ces touffes s'engrènent avec des productions analogues émanées de la paroi utérine, et représentant le *placenta maternel*. En même temps, les vaisseaux de l'allantoïde s'entourent d'une gaine formée par l'amnios, et constituent ainsi ce qu'on appelle le *cordon ombilical*.

Le placenta fait défaut chez les Monotrèmes et les Marsupiaux, qu'on qualifie pour cela d'*implacentaires*, par opposition aux autres Mammifères, qui sont tous *placentaires*. Chez ceux-ci, d'ailleurs,

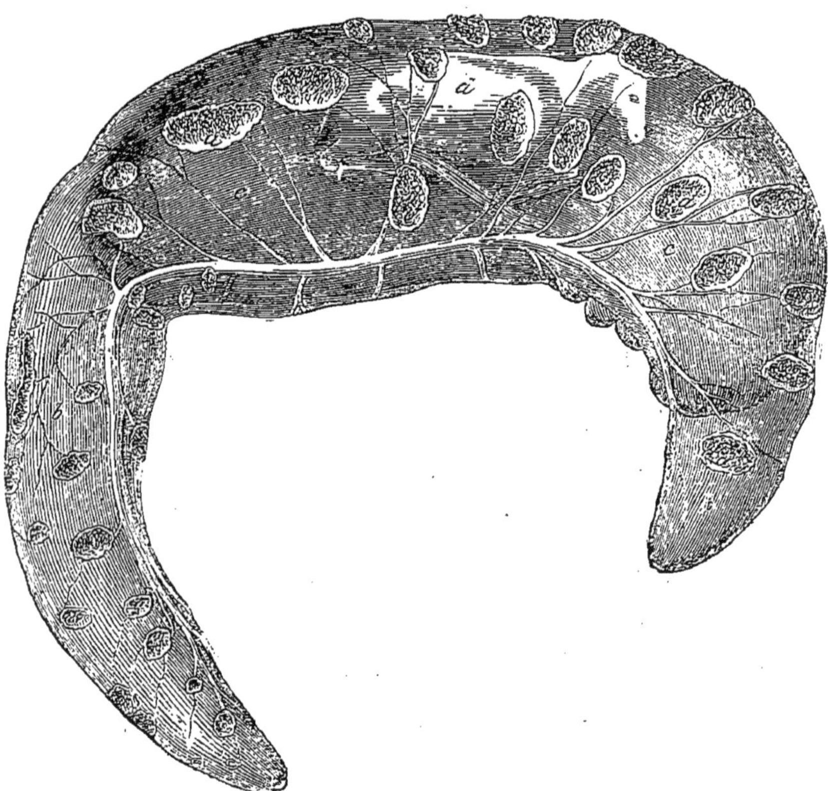

Fig. 626. — Fœtus de Vache dans ses enveloppes. — *aa*, placenta cotylédonaire fœtal. *bb*, chorion, auquel adhère intérieurement l'allantoïde. *cc*, amnios vu par transparence. *d*, fœtus vu par transparence.

le placenta offre, dans sa forme et dans sa disposition, des variations importantes. Et d'abord, on peut remarquer que, dans certains cas, les villosités ou touffes vasculaires sont disséminées sur toute l'étendue du chorion : le placenta est dit alors *multiple;* d'autres fois, au contraire, elles sont localisées sur un espace plus ou moins restreint, et constituent en somme un placenta *unique*. Or, dans les placentas multiples, ces villosités peuvent être disposées de deux manières différentes : ou bien elles sont réparties d'une manière à peu près uniforme à la surface du chorion, et le placenta est *diffus* (Jumentés, Porcins, Tragulidés, Cétacés, etc.); ou bien elles se groupent pour former des corps vasculaires qui se mettent en rapport avec des productions analogues de la face interne de la matrice (*cotylédons*), et le placenta est *cotylédonaire* (la plupart des Ruminants). De même, le placenta unique offre deux formes : tantôt il représente une zone annulaire occupant la partie moyenne du chorion, et on le dit *zonaire* (Carnivores, Pinnipèdes) ; tantôt il est concentré sur un espace circulaire, et on le qualifie de *discoïde* (Primates, Rongeurs, Insectivores).

Un grand nombre de zoologistes, à l'exemple de Huxley, ont

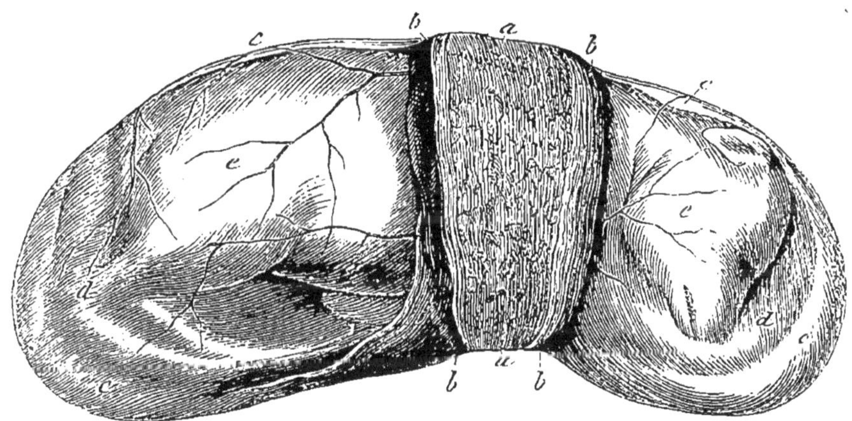

Fig. 627. — Fœtus de Chienne avec ses enveloppes. — *a*, placenta zonaire utérin. *b*, placenta fœtal. *c*, chorion. *d*, amnios vu par transparence. *e*, fœtus vu à travers les enveloppes.

pris le placenta pour base principale de la classification des Mammifères, en groupant les animaux à placenta multiple sous le nom d'*Adécidués* et les animaux à placenta unique sous celui de *Décidués*. Ils considèrent que, chez les premiers, les villosités choriales ne sont que faiblement unies à l'utérus, et s'en détachent au moment du part sans en entraîner aucune partie ; tandis que, chez les autres, elles sont si intimement unies à la muqueuse utérine, qu'une partie de celle-ci (*decidua*, membrane caduque) est toujours éliminée avec le produit. — Ercolani (1) a

(1) Voy. G.-B. Ercolani, *Nuove ricerche di anatomia normale e patologica sull' intima struttura della placenta nella donna e nei mammiferi*, Bologna, 1883.

cherché à démontrer que cette distinction n'a pas l'importance qu'on a voulu lui attribuer, et qu'au fond le placenta des Mammifères peut se ramener à un type anatomique unique. Sans méconnaître le fait de la séparation des sections maternelle et fœtale dans les placentas multiples et de leur adhérence intime dans les placentas uniques, il a reconnu que, dans tous les cas, la section maternelle résulte d'une néoformation d'éléments spéciaux (*elementi deciduali*), consécutive à la dénudation plus ou moins profonde de la surface interne de la matrice. Le savant professeur de Bologne admettait, en outre, l'unité fonctionnelle du placenta, unité résultant, à ses yeux, des relations de la villosité choriale, qui est *absorbante*, avec la villosité maternelle, qui est *sécrétante*. M. Laulanié (1) a repris récemment l'étude de cette question, et ses recherches lui ont permis de confirmer la généralité du processus signalé par Ercolani ; par contre, elles lui ont démontré l'absence de tout élément sécréteur dans le placenta maternel. M. Laulanié considère celui-ci comme une néoformation conjonctivo-vasculaire (caduque placentaire) dont les revêtements cellulaires, *quand ils existent*, sont les équivalents des éléments figurés du tissu conjonctif. Dans certains cas (Cobaye, Chat), cette néoformation utérine est représentée par une cellule colossale unique, multinucléaire, pouvant acquérir jusqu'à 2 ou

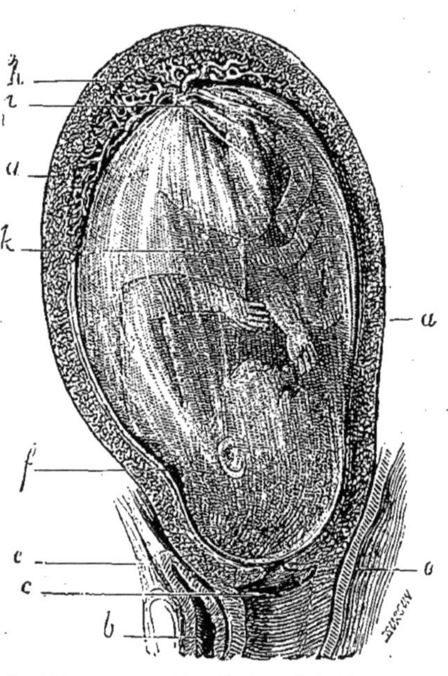

Fig. 628. — Fœtus dans l'utérus de la Femme. — *a*, parois de l'utérus. *b*, vessie ; on voit en avant la symphyse pubienne. *c*, partie supérieure du vagin ; au-dessus, le col de l'utérus. *d*, un fragment du rectum. *e*, coupe de la paroi antérieure de l'abdomen. *f*, membrane caduque et chorion, la première appliquée contre la paroi utérine, la seconde sur l'amnios. *h*, placenta discoïde, *i*, endroit où le cordon ombilical s'insère sur le placenta. *k*, le fœtus enveloppé dans l'amnios et baigné dans le liquide amniotique (J. Béclard).

(1) F. Laulanié, *Sur la nature de la néoformation placentaire et sur l'unité du placenta*, Comptes rendus Acad. sc., 9 mars 1885.

3 centimètres de diamètre et contenant toujours un réseau capillaire très serré. La nutrition du fœtus s'entretient par les échanges osmotiques qui s'établissent entre les vaisseaux maternels et ceux du fœtus. Ajoutons que, chez certains animaux (Rongeurs), il semble exister des communications directes entre ces deux ordres de vaisseaux. — En somme, on voit qu'il n'y a pas lieu de conserver la division des Mammifères en Déciduės et Adéciduės, et Huxley lui-même n'a pas hésité à l'abandonner à la suite des observations d'Ercolani.

A l'exception des Monotrèmes, tous les Mammifères sont vivipares. La durée de la *gestation*, c'est-à-dire de la période qui s'étend depuis la fécondation de l'œuf jusqu'à l'expulsion du produit formé, est généralement en rapport avec la taille de l'animal; mais elle dépend aussi du degré de développement que doivent atteindre les jeunes avant la naissance. Ainsi, chez les Marsupiaux, les petits sont mis au monde de bonne heure, mais dans un tel état d'imperfection, qu'ils ne tarderaient pas à périr, s'ils n'étaient placés aussitôt dans une poche spéciale (*poche marsupiale*), dans laquelle, suspendus aux tetins des mamelles, ils poursuivent leur développement.

Les mœurs des Mammifères sont très variées. Les uns vivent isolés, sauf à l'époque du rut; les autres se réunissent en troupes. Il en est un petit nombre qui entreprennent des migrations, toujours moins lointaines, cependant, que celles des Oiseaux : tels sont les Rennes, les Bisons d'Amérique, les Phoques, et surtout les Lemmings. Enfin, quelques-uns sont *hibernants*, c'est-à-dire passent l'hiver dans une sorte d'engourdissement (sommeil hibernal) continu (Loirs, Hérissons) ou interrompu (Ours, Chauves-Souris). Ils ne prennent alors aucune nourriture, et vivent aux dépens de la graisse qu'ils ont accumulée pendant la bonne saison. Aussi leur température propre s'abaisse-t-elle d'une façon considérable.

Les premiers débris fossiles des Mammifères apparaissent dans le trias; mais on rencontre surtout ces animaux en abondance dans les terrains tertiaires et quaternaires.

16 ordres :

- Un placenta : *Placentaires.*
  - Double poussée dentaire : *Diphyodontes.*
    - Onguiculés.
      - Dentition complète.
        - Des mains.
          - Orbites complètes; face glabre.............. PRIMATES.
          - Orbites incomplètes; face velue.............. LÉMURIENS.
        - Pas de mains.
          - Molaires garnies de pointes.
            - Des ailes... CHIROPTÈRES.
            - Pas d'ailes. INSECTIVORES.
          - Molaires à couronne tranchante.
            - Pattes ambulatoires. CARNIVORES.
            - Pattes natatoires..... PINNIPÈDES.
      - Dentition incomplète; pas de canines.... RONGEURS.
    - Ongulés....
      - Sabots incomplets
        - Une trompe............ PROBOSCIDIENS.
        - Pas de trompe.......... HYRACIENS.
      - Sabots complets.
        - Doigts impairs......... JUMENTÉS.
        - Doigts pairs........... BISULQUES.
  - Dents nulles ou d'une seule poussée : *Monophyodontes.*
    - Membres postérieurs absents; les antérieurs en nageoires...
      - Mamelles pectorales..... SIRÉNIDÉS.
      - Mamelles inguinales.... CÉTACÉS.
    - Quatre membres normaux........................ ÉDENTÉS.
- Pas de placenta : *Implacentaires.*
  - Pas d'os caracoïdes distincts ; double vagin................ MARSUPIAUX.
  - Os caracoïdes distincts ; pas de vagin..................... MONOTRÈMES.

I. — IMPLACENTAIRES

Pas de placenta. Deux os sus-pubiens.

PREMIER ORDRE

MONOTRÈMES

Mammifères pourvus d'un bec corné et d'un cloaque ; os coracoïdes distincts ; pas de vagin ; dents cornées ou nulles.

Les Monotrèmes (μόνος, seul; τρῆμα, orifice) ou Ornithodelphes rattachent les Mammifères aux Oiseaux. Comme eux, ils possèdent un cloaque, formé par la terminaison élargie du rectum, dans laquelle débouchent les conduits urinaires et les conduits sexuels.

Leur cerveau est lisse, à corps calleux rudimentaire. Leurs mâchoires ont un revêtement corné et représentent ainsi un véritable bec. Leur ceinture scapulaire est pourvue d'os coracoïdes.

Les mâles ont les testicules renfermés dans l'abdomen ; ils portent, aux pattes postérieures, un éperon corné et pointu creusé d'un canal qui conduit dans une glande non venimeuse : on suppose qu'il s'agit là d'un organe excitateur. — L'ovaire droit est presque toujours atrophié; celui du côté gauche est racémeux et produit des œufs qui, peut-être, séjournent et éclosent parfois dans la portion terminale des oviductes, mais qui peuvent être aussi expulsés à l'état d'œufs (1). Chez les Échidnés, il se forme, au niveau de ces conduits, un enfoncement circulaire qui représente une sorte de poche marsupiale. Au rapport de quelques observateurs, ces animaux conserveraient leur œuf dans cette poche, dont la température est très-élevée, tandis que les Ornithorynques effectueraient leur ponte dans le sable. Les mamelles sont ventrales, mais les conduits galactophores s'ouvrent séparément à la surface de la peau, au lieu de se réunir pour constituer des tetins saillants.

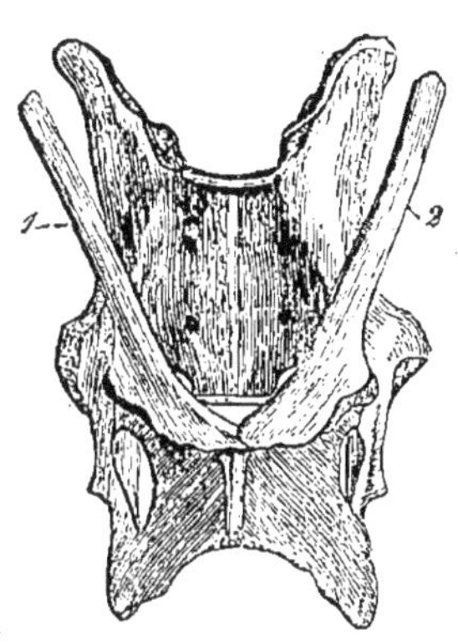

Fig. 629. — Bassin d'Échidné. — 1, 2, les os sus-pubiens ou marsupiaux.

Deux genres, représentant deux familles distinctes :

On ne connaît qu'une seule espèce d'**Ornithorynques** (*Ornithorhynchus*) : c'est l'Ornithorynque paradoxal (*O. paradoxus*), qui a le corps

Fig. 630. — Ornithorynque paradoxal.

velu, la queue aplatie, les pieds palmés et armés de griffes. La tête est prolongée par un bec de Canard; sur chaque mâchoire et de chaque côté, se trouve un mamelon corné aplati, qui simule une dent. —

(1) Voy. E. Trouessart, *Les Mammifères ovipares*, Revue scientif., 23 mai 1885, p. 657. — D'après Caldwell, l'Échidné d'Australie pond un seul œuf, et l'Ornithorynque deux. Ces œufs sont pourvus, comme ceux des Oiseaux et des Reptiles, d'une masse vitelline considérable, entourée d'une coque blanche et flexible.

Cet animal vit au bord des ruisseaux, dans l'Australie méridionale et la Tasmanie.

Les **Échidnés** (*Echidna*) sont couverts de piquants et ont un bec mince, dépourvu de dents, mais renfermant une langue vermiforme et protractile qui leur sert à prendre des Fourmis. — L'Échidné Porc-épic

Fig. 631. — Échidné de Van Diémen (*E. setosa* Cuv.).

(*E. hystrix*) habite les montagnes de l'Australie du sud. L'Échidné à soies (*E. setosa*), qui vit dans la Tasmanie, n'est qu'une variété locale du précédent. La Nouvelle-Guinée renferme trois espèces récemment étudiées, dont deux forment la base d'un nouveau genre (*Acanthoglossus*).

DEUXIÈME ORDRE

MARSUPIAUX

Mammifères pourvus d'une poche marsupiale, de deux utérus et de deux vagins; pas d'os coracoïdes distincts; système dentaire variable.

Le caractère le plus saillant des Marsupiaux est fourni par la présence d'une poche ventrale cutanée (*marsupium*, poche) qui enveloppe les mamelles. Cette poche, soutenue par les os marsupiaux, est propre aux femelles, bien que les os existent dans les deux sexes : elle est destinée à recevoir les petits après leur naissance. Ces petits naissent prématurément, comme ceux des Monotrèmes : ils sont aveugles, nus, et, chez un animal de la taille de l'Homme, comme le Kangourou géant, ils mesurent à peine 2 centimètres. La mère les reçoit avec sa bouche et les place dans la poche en les fixant sur les longs tetins que renferme celle-ci. Ils y achèvent leur développement; et, lors même qu'ils sont devenus assez forts pour vivre en liberté, ils conservent encore un certain temps l'habitude de s'y réfugier.

Le cerveau est très petit, à hémisphères réduits, presque sans circonvolutions, à corps calleux rudimentaire. L'angle postérieur et inférieur de la mâchoire inférieure est toujours recourbé en dedans. La dentition, dont les caractères varient beaucoup, est souvent complète; mais elle se montre permanente, exception faite d'une seule molaire.

Les femelles possèdent deux utérus et deux vagins séparés; tou-

Fig. 632. — Kanguroo laineux (*Macropus lanatus*)

tefois, ces derniers se confondent dans leur partie antérieure pour former une cavité médiane dans laquelle débouchent les deux utérus. En arrière, les vagins aboutissent à un canal unique, *canal urétro-sexuel.* Pour répondre à cette disposition, la verge du mâle est, en général, terminée par un gland bifide.

Les Marsupiaux sont, pour la plupart, des animaux terrestres, nocturnes, dont le régime est très variable. Ils habitent l'Australie, les îles océaniennes, et quelques-uns mêmes se trouvent en Amérique. Ce sont les premiers Mammifères qu'on rencontre à l'état fossile (*Microlestes*).

Les animaux réunis dans cet ordre présentent, dans leur régime, leur système dentaire, leur appareil digestif, des différences considérables qui en font tantôt des Carnassiers, tantôt des Rongeurs, etc. Aussi pourraient-ils former, selon la remarque de Cuvier, un groupe parallèle à celui représenté par tous les autres Mammifères réunis.

4 sous-ordres.

RHIZOPHAGES. — Animaux fouisseurs, à dentition de Rongeurs. — Genre Wombat (*Phascolomys*).

POËPHAGES. — Animaux sauteurs, herbivores. Dentition rappelant celle du Cheval. — Kangourous (*Macropus*), Halmatures (*Halmaturus*), Kangourous-Rats (*Hypsiprymnus*).

CARPOPHAGES. — Animaux arboricoles, nocturnes, ayant le même mode de vie que les Lémuriens. — Phalangers (*Phalangista*), Pétauristes (*Petaurista*).

RAPACES. — Animaux grimpeurs, sauteurs ou coureurs. Dentition analogue à celle des Carnivores et des Insectivores, dont ils ont le régime. — Péramèles (*Perameles*), Dasyures (*Dasyurus*). Ici se placent les genres américains ou Sarigues, qui ont le pouce des pieds postérieurs opposable, ce qui leur a valu le nom de *Pédimanes*. L'Opossum (*Didelphys virginiana*) est redouté dans l'Amérique du Nord, où il dévaste souvent les poulaillers.

II. — PLACENTAIRES

Un placenta. Pas d'os sus-pubiens.

TROISIÈME ORDRE

ÉDENTÉS

Mammifères à dentition incomplète (parfois nulle), composée de dents sans racines ni émail. Doigts libres, munis de sabots qui prennent la forme de griffes; placenta diffus ou discoïde.

Le nom d'Édentés, créé par Cuvier, est littéralement applicable à certains animaux de cet ordre, tels que les Fourmiliers; mais la plupart possèdent des dents. Les incisives manquent toujours, sauf chez le Tatou à six bandes; les canines elles-mêmes n'existent que rarement (Unau). Les molaires sont quelquefois en nombre considérable. Toutes ces dents sont dépourvues de racines; elles sont constituées par de la dentine revêtue d'une couche de cément, et ne montrent aucune trace d'émail.

Les griffes, souvent très développées, falciformes, propres à fouir, sont en réalité des sabots, entourant la dernière phalange, ce qui éloigne les Édentés des Onguiculés. Le cerveau est petit, lisse; les

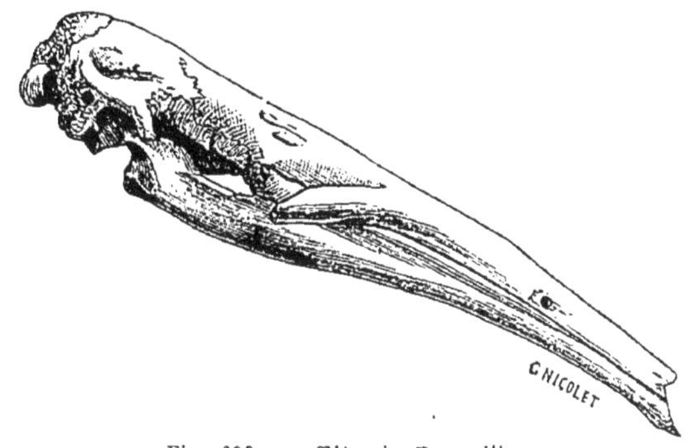

Fig. 633. — Tête de Fourmilier.

facultés intellectuelles sont très bornées. Les mouvements sont toujours lents. Le placenta est diffus chez les uns, discoïde chez les autres.

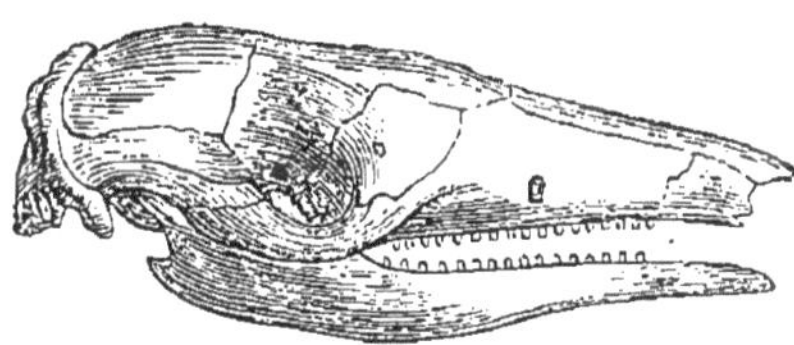

Fig. 634. — Tête du Tatou géant (*Dasypus gigas* Cuv.).

Les Édentés sont surtout répandus dans l'Amérique du Sud. Cependant, les Oryctéropes sont africains, et les Pangolins vivent en Afrique et en Asie. On en a retrouvé des formes gigantesques dans le diluvium sud-américain (*Megatherium*, *Mylodon*, etc.).

Famille des **VERMILINGUES**. — Animaux à langue vermiforme,

Fig. 635. — Pangolin.

enduite de salive gluante et servant d'organe de préhension. Cette langue, introduite dans les nids des Fourmis et des Termites, se charge d'Insectes, qui sont aussitôt ingérés. — Fourmiliers proprement dits, comprenant les Tamanoirs (*Myrmecophaga*) et les Pangolins (*Manis*). Ces derniers ont le corps recouvert de larges écailles cornées. Oryctéropes (*Orycteropus*).

Famille des **DASYPODIDÉS**. — Ce sont les Tatous, dont le corps est revêtu de lames osseuses recouvertes d'un épiderme corné et formant une cuirasse sur le dos et la queue. Insectivores. — Genres *Dasypus*, *Prionodon*, etc.

Famille des **BRADYPODIDÉS**. — Connus sous le nom de Paresseux. Aspect général des Singes. Arboricoles : se nourrissent de feuilles. Estomac composé de trois parties, comme celui des Pécaris. — Aï (*Bradypus tridactylus*). Unau (*Cholœpus didactylus*).

QUATRIÈME ORDRE

CÉTACÉS

Mammifères pisciformes, à membres antérieurs transformés en nageoires; pas de membres postérieurs; nageoire caudale horizontale; tête se confondant avec le tronc; mamelles post-abdominales; placenta diffus.

Par leur conformation extérieure et leur genre de vie, les Cétacés (κῆτος, baleine) rappellent les Poissons. La tête, souvent énorme, n'est pas séparée du corps, lequel se termine en arrière par une nageoire *horizontale* formée de fibres cornées. On sait que, chez les Poissons, la nageoire caudale est toujours verticale. Les membres antérieurs sont disposés en nageoires; les postérieurs manquent, bien qu'on puisse découvrir chez quelques Baleines, perdus dans les muscles, des rudiments du bassin, du fémur et du tibia. La peau est nue; cependant, on trouve quelquefois des vestiges de poils à la lèvre supérieure, surtout à l'état embryonnaire.

Le cerveau, quoique petit, offre des circonvolutions nombreuses. Les yeux sont petits, latéraux et situés fort en arrière. Les fosses nasales ne servent pas à l'odorat, mais seulement à la respiration ; les narines, connues sous le nom d'*évents*, s'ouvrent sur le front et se réunissent parfois en une seule ouverture. Le larynx fait saillie dans l'orifice inférieur des fosses nasales, qu'il obture en entier, de telle sorte que la respiration peut s'effectuer pendant que l'animal déglutit. Pour respirer, l'animal amène le sommet de la tête à fleur d'eau, et pendant quelques instants l'inspiration et l'expiration se font à grand bruit, d'où le nom de *Souffleurs* donné aux représentants du groupe qui nous occupe. Chez les grandes espèces, l'expiration produit un jet de vapeur d'eau qui se condense par l'effet du refroidissement, ce qui a donné lieu à cette opinion, encore très répandue, que les Baleines rejettent par les narines l'eau qu'elles ont avalée. — Les dents sont souvent absentes à l'âge adulte ; quand elles existent, elles sont toujours simples, à une seule racine. L'oreille externe fait défaut.

Les mamelles sont situées sur les côtés de la vulve, dans des plis profonds de la peau. Le placenta est diffus.

Les Cétacés sont carnivores : ils se nourrissent de Poissons, de Mollusques, de Crustacés ou de Méduses, qu'ils avalent en quantité extraordinaire. La plupart sont marins, quelques-uns fluviatiles.

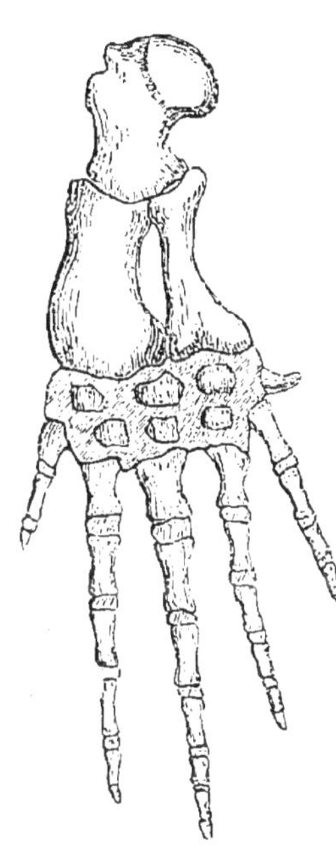

Fig. 636. — Membre antérieur de la Baleine franche.

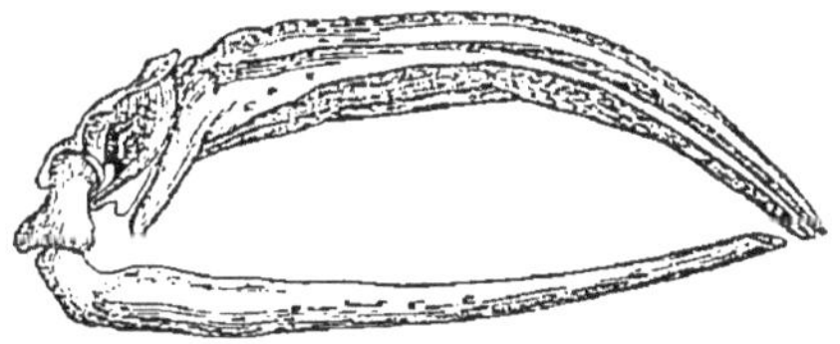

Fig. 637. — Tête de la Baleine franche (*Balæna mysticetus* Cuv.)

2 sous-ordres.

Sous-ordre des Denticètes. — Animaux pourvus de dents à l'âge adulte. Pas de fanons.

Genres Dauphin (*Delphinus*), Marsouin (*Phocæna*), Narval (*Monodon*), Cachalot (*Physeter*), etc. Le Narval (*Monodon monoceros*) ne possède pour toutes dents que deux canines supérieures, qui restent enfermées dans les alvéoles pendant toute la vie chez les femelles, mais dont une se développe chez les mâles en une puissante défense.

Le **Cachalot macrocéphale** (*Physeter macrocephalus* Lac.) mesure en moyenne 20 à 25 mètres de longueur : c'est le plus grand de tous les animaux actuels ; on évalue son poids à 2000 quintaux. Le museau est tronqué verticalement, et l'évent simple, en forme d'S, se trouve sur le bord de cette troncature, un peu sur le côté.

Bien que la tête soit énorme, puisqu'elle occupe le tiers environ de la longueur totale, le crâne est fort petit ; mais les maxillaires sont très développés, surtout en arrière, et l'occipital offre une crête verticale fort saillante qui se contourne pour aller s'unir de chaque côté à ces os. Il résulte de cette disposition un vaste bassin ovalaire, fermé en haut par une expansion fibro-cartilagineuse sous-cutanée et divisée, par une cloison horizontale, en deux chambres remplies d'une huile grasse très abondante : c'est ce réservoir complexe que les pêcheurs désignent sous le nom anglais de *case*. D'après des observations récentes de MM. Pouchet

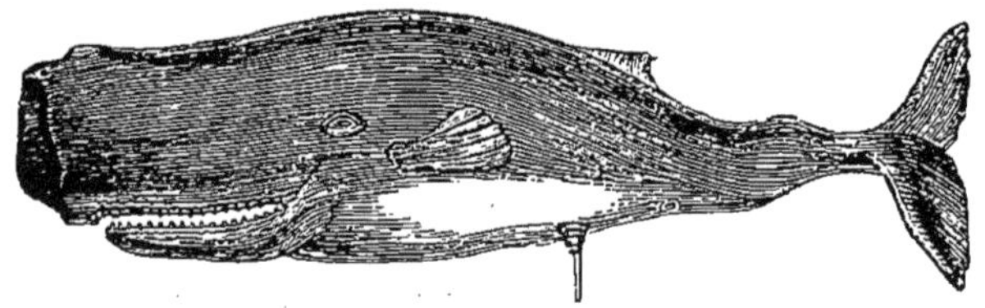

Fig. 638. — Cachalot macrocéphale.

et Beauregard (1), l'appareil dont il s'agit, appareil du blanc (boîte à spermaceti), n'est autre que la *narine droite* transformée. Cette narine reste cependant ouverte à ses deux extrémités : en arrière, elle se prolonge par un conduit né du point de jonction des deux chambres, « conduit qui s'enfonce dans la fosse nasale osseuse plus étroite de ce côté, et va s'ouvrir avec l'autre narine au-dessus du voile du palais. » En avant, « elle communique avec un sac nasal, qui s'ouvre lui-même dans l'évent, par un orifice où l'on peut, chez l'adulte, passer la main. »

L'huile grasse contenue dans ces réservoirs tient en dissolution une substance connue sous les noms impropres de *blanc de Baleine* et de *spermaceti*. Abandonnée à l'air pendant quelques jours, elle laisse déposer cette substance à l'état de masse cristalline qu'on isole par la filtration à travers de grands sacs de laine, puis par une forte pression. Le produit est traité alors par une solution faible de potasse caustique qui décompose les principes colorants et les matières animales étran-

(1) Pouchet et Beauregard, *Sur la boîte à spermaceti*, Comptes rendus Acad. sc., 4 août 1884, p. 248. — Pouchet, *Dissection d'un fœtus de Cachalot*, ibid., 18 mai 1885, p. 1277.

gères. On lave ensuite le liquide à l'eau bouillante et on le coule dans des cristallisoirs : c'est ainsi qu'on obtient, par le refroidissement, le blanc de baleine en pains carrés du poids de 15 à 20 kilogrammes. C'est dans cet état qu'il est livré au commerce.

Il se présente sous l'aspect d'une substance grasse solide, blanchâtre, un peu translucide, onctueuse au toucher, d'une structure lamelleuse, d'une odeur à peine saisissable. Il fond à 44°. Ce n'est pas un produit simple : il est toutefois formé, pour la plus grande partie, par un corps particulier appelé *cétine*, que l'alcool sépare des matières huileuses et qui possède elle-même toutes les propriétés des corps gras.

Le blanc de baleine est employé pour la confection des *bougies diaphanes*. Il a été autrefois recommandé dans le traitement des affections catarrhales, et on le fait entrer encore dans la composition de quelques pommades et cosmétiques : cold-cream, pommade à la sultane, etc.

Le Cachalot fournit encore une substance très appréciée dans l'Orient, l'*ambre gris*. C'est un corps solide qui se présente dans le commerce en masses arrondies, irrégulières, dont le poids varie de 500 grammes à 50 kilogrammes et plus. Sa couleur est d'un gris brunâtre, avec des séries irrégulières plus claires ; sa consistance est à peu près celle de la cire. Il fond à la chaleur et brûle à la flamme d'une bougie. Il répand une odeur assez forte, rappelant un peu celle du musc ; sa saveur est fade, mais peu accusée.

On trouve l'ambre gris flottant en pleine mer ou déposé sur les côtes de diverses régions : à Madagascar, au Japon, au Brésil, aux Antilles, etc. D'autre part, on en rencontre souvent des masses plus ou moins volumineuses dans l'intestin des Cachalots.

La nature précise de ce produit n'est pas encore bien connue. Il renferme souvent des becs de Poulpes, des écailles et des arêtes de Poissons, ce qui a donné à croire qu'il était constitué par des excréments. Pelletier et Caventou l'ont regardé comme un calcul biliaire.

L'ambre gris est surtout employé dans la parfumerie, mais on y a quelquefois recours en médecine, à titre d'antispasmodique. On l'a regardé autrefois comme un aphrodisiaque puissant : il entre du reste dans la préparation des pastilles indiennes nommées *cachundé*, des pastilles du sérail, etc.

Sous-ordre des Mysticètes. — Cétacés dépourvus de dents à l'âge adulte. Pendant la période embryonnaire, on trouve bien, cachées dans une rainure des gencives, des ébauches de dents ; mais elles ne percent jamais et ne tardent pas à être résorbées, pour faire place aux *fanons*. On nomme ainsi des lamelles cornées triangulaires, d'origine épithéliale, qui naissent de la voûte palatine et descendent verticalement, de manière à former une sorte de crible propre à retenir les petits animaux contenus dans l'eau.

Genres Rorqual (*Balænoptera*), Baleine (*Balæna*). On pêche ces animaux, notamment la Baleine franche (*Balæna mysticetus*), pour leurs fanons et pour l'huile abondante qui existe dans leur pannicule graisseux (huile de Baleine, huile de Poisson).

CINQUIÈME ORDRE

SIRÈNES

Mammifères housciformes, à membres antérieurs transformés en nageoires; pas de membres postérieurs; nageoire caudale horizontale ; tête distincte du tronc ; mamelles pectorales; placenta diffus.

Ces animaux ont un certain nombre de caractères communs avec les Cétacés, auxquels on les réunit quelquefois ; ils en diffèrent pourtant d'une façon notable. Ainsi, les Sirènes ont la tête petite, séparée du tronc par un cou assez court, les narines si-

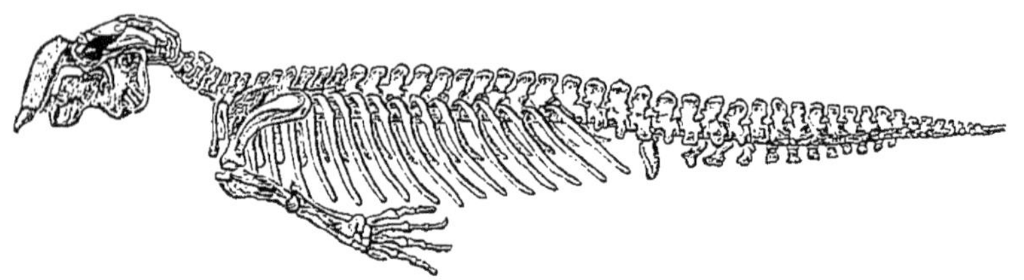

Fig. 639. — Squelette de Dugong (*Halicore*).

tuées au bout du museau, le larynx disposé comme chez les autres Mammifères. Des poils courts et raides sont épars sur le corps. Les dents sont différenciées. Il n'existe pas de canines, mais on trouve des incisives qui subissent un renouvellement. Les molaires sont conformées d'après le type qu'offrent les Ongulés. Les mamelles sont pectorales. Le placenta est diffus.

Ce sont des animaux herbivores et paisibles, côtiers ou fluviatiles.

Genres Dugong (*Halicore*), Lamantin (*Manatus*). Un troisième genre, celui des Stellères (*Rhytina*), qui vivaient au Kamtchatka, a été anéanti par l'Homme vers la fin du siècle dernier.

SIXIÈME ORDRE

BISULQUES

Mammifères ongulés, à doigts presque toujours pairs, les deux médians plus développés ; dentition primitivement complète, mais tendant à se raréfier; placenta diffus.

Souvent désignés aussi sous le nom d'Artiodactyles (ἄρτιος, pair ; δάκτυλος, doigt), les Bisulques (*bisulca*, animaux à pied fourchu) composent un ordre très riche en espèces et si étroitement uni à celui des Jumentés, que beaucoup d'auteurs les réunissent sous le nom d'Ongulés, en considération surtout des formes fossiles intermédiaires.

On trouve, dans ce groupe, des animaux lourds et trapus et

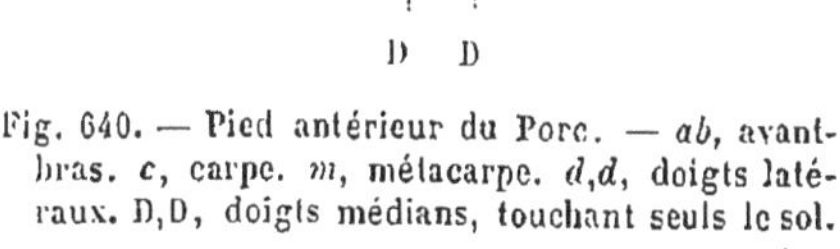
Fig. 640. — Pied antérieur du Porc. — *ab*, avant-bras. *c*, carpe. *m*, métacarpe. *d,d*, doigts latéraux. D,D, doigts médians, touchant seuls le sol.

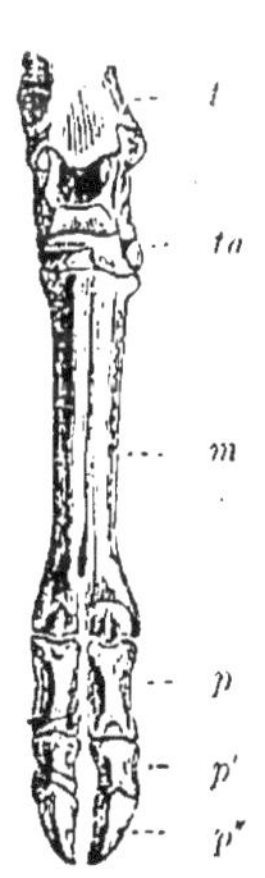

Fig. 641. — Pied postérieur de Cerf. — *t*, tibia. *ta*, tarse. *m*, métatarse ou canon. *p, p', p''*, 1re, 2e et 3e phalanges.

d'autres aux formes sveltes et élancées. Mais, chez tous, les doigts sont terminés par des sabots, gaines cornées obtuses dans lesquelles est enfermée la troisième phalange. Chez tous également, le pied est fendu, c'est-à-dire que, au lieu d'un seul doigt prédominant, comme chez les Jumentés, il y a deux axes équivalents et parallèles, constitués par le troisième et le quatrième doigt.

Chez l'Hippopotame, qui paraît représenter une forme primitive, les deux doigts latéraux, le deuxième et le cinquième, sont cependant presque aussi développés que les médians, et concourent à l'appui. Mais, en thèse générale, ces doigts latéraux demeurent très courts, sont reportés en arrière et ne touchent pas le sol. Chez les Porcins, les métacarpiens et métatarsiens des deux doigts médians sont encore séparables, et les os de l'avant-bras et de la jambe demeurent bien développés et distincts. Les Pécaris et les Tragulidés établissent, à cet égard, la liaison entre les Porcins et les Ruminants. Ceux-ci ont leurs métacarpiens et métatarsiens principaux soudés de manière à former un seul canon ; en outre, leurs doigts latéraux se réduisent de plus en plus. Les Pécaris n'ont d'ordinaire que trois doigts ; la Girafe n'en a plus que deux.

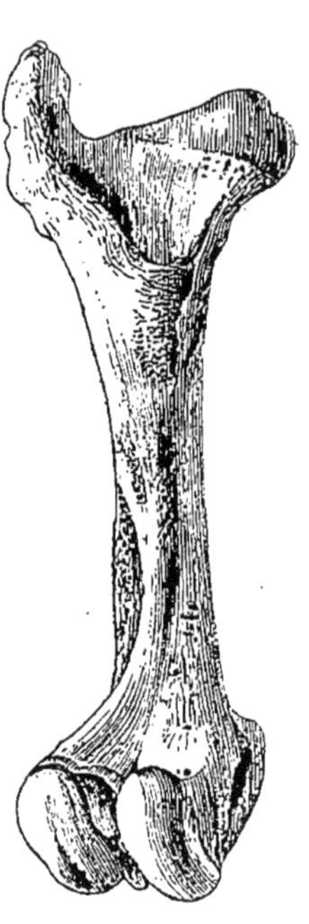

Fig. 642. — Fémur du Bœuf.

Le fémur ne montre jamais la saillie que nous aurons à signaler, chez les Jumentés, sous le nom de troisième trochanter. L'astragale est en *osselet*, c'est-à-dire pourvu d'une trochlée proximale et d'une double trochlée distale. Les clavicules manquent.

La dentition, primitivement complète, tend à se raréfier dans certains groupes. Ainsi, chez la plupart des Ruminants, les incisives et les canines supérieures font défaut, bien qu'on en retrouve les germes chez les embryons. Par contre, les incisives inférieures sont augmentées d'une paire, ce qui en porte le nombre total à huit : on considère, en général, ces incisives additionnelles comme des canines déplacées et adaptées à un rôle nouveau. Les canines sont très développées chez les Porcins et les Chevrotains, en particulier dans le sexe mâle ; elles diminuent chez les Chameaux et chez beaucoup de Cerfs. Les molaires sont toujours compliquées, mais leurs principales modifications peuvent se ramener à deux types : 1° leurs éléments constitutifs ou denticules offrent l'aspect de cônes ou mamelons plus ou moins plis-

Fig. 643. — Astragale en osselet du Bœuf.

sés, comme chez les Cochons : c'est le *type bunodonte* (βουνός, mamelon ; ὀδούς, dent) ; 2° les denticules s'allongent et s'incurvent de manière à former des croissants longitudinaux, bien délimités par les rubans d'émail, ainsi qu'on le voit chez les Ruminants : c'est le *type sélénodonte* (σελήνη, lune). Les culs-de-sac de la surface de frottement sont comblés par du cément, substance qui se dépose aussi sur la surface extérieure : après usure, la couche d'émail dessine des rubans qui séparent l'ivoire des dépôts cémenteux et marquent très nettement les denticules.

Les mamelles sont ventrales (Porc) ou inguinales. L'utérus est

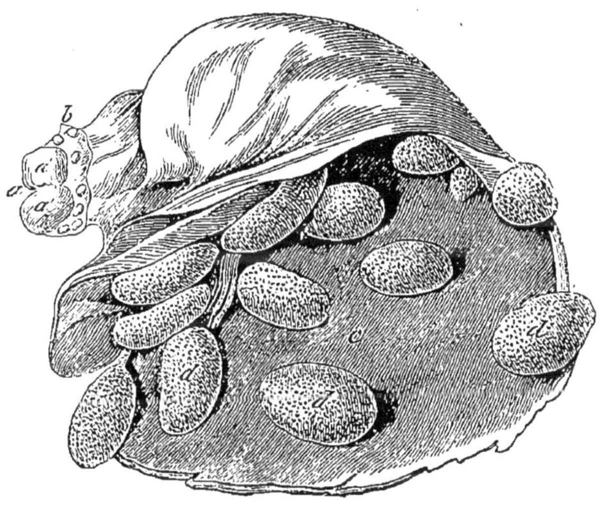

Fig. 644. — Utérus d'une Vache pendant la gestation. — *a*, ovaire sectionné par le milieu. *a'a'*, corps jaune. *b*, vésicules de Graaf. *c*, surface interne de l'utérus. *d*, cotylédons.

bicorne. Le placenta est toujours diffus ; mais, tandis que chez les Porcs, les Chevrotains et les Chameaux, il se montre simple, à villosités uniformément disséminées, chez la plupart des Ruminants, au contraire, il est multiple ou cotylédonaire. Les cotylédons utérins sont tantôt convexes (Vache), tantôt concaves (Brebis, Chèvre). — L'estomac tend à se subdiviser en plusieurs compartiments, et cette division, déjà indiquée chez l'Hippopotame et le Pécari, maintenue à peu près au même degré chez les Tragulidés, est portée à son maximum chez les autres Ruminants. — Le cerveau est relativement petit ; les hémisphères, qui ne couvrent jamais le cervelet, offrent un système particulier de circonvolutions assez compliqué dans les grandes espèces. Néanmoins, l'intelligence est toujours obtuse. — La plupart des Bisulques vivent en troupes, mais celles-ci ne possèdent pas, en général, l'organisation intelligente que nous observerons chez les Chevaux. Lorsqu'ils sont attaqués, ces animaux cherchent leur salut dans la fuite; rarement ils comptent sur leur propre force.

De tous les ordres de Mammifères, l'ordre des Bisulques est le plus utile à l'homme; c'est aussi le plus nombreux en espèces après celui des Rongeurs. On le divise en deux sous-ordres : *Porcins* et *Ruminants*.

PREMIER SOUS-ORDRE

PORCINS

Bisulques à dentition complète, à estomac souvent simple, et dans tous les cas impropre à la rumination; métacarpiens et métatarsiens des doigts médians en général non soudés entre eux.

Les auteurs ont donné à ce groupe des noms assez variés : *Artiodactyles pachydermes*, *Polydactyles non ruminants*, etc. Nous préférons celui de *Porcins*, et parce qu'il est simple, et parce qu'il convient bien aux espèces actuellement vivantes. Toutes celles-ci, en effet, y compris l'Hippopotame, ressemblent plus ou moins à nos Porcs par l'ensemble de leur organisation. La plupart des espèces fossiles elles-mêmes ne sont pas sans offrir avec eux de nombreux rapports.

Les Porcins ont, en général, plusieurs paires d'incisives, des canines plus ou moins saillantes et des molaires mamelonnées. L'estomac est simple, sauf chez l'Hippopotame et les Pécaris, où la partie cardiaque est divisée en deux compartiments. Les métacarpiens et métatarsiens des deux doigts principaux demeurent toujours distincts, sauf chez les Pécaris, où ils commencent à se souder dans leur partie supérieure.

Stupides et brutaux, les Porcins ont cependant certains sens, l'ouïe et l'odorat, d'une finesse remarquable. A l'état sauvage, ils vivent dans les forêts marécageuses.

On en distingue deux familles : *Suidés* et *Obèses*, auxquelles on peut ajouter celle des *Anoplothéridés*, composée exclusivement de formes éteintes.

Les **OBÈSES** ou *Hippopotamidés* sont des animaux lourds et massifs. Le corps, supporté par des pieds courts, à quatre doigts, traîne presque à terre. La tête, volumineuse et informe, se termine en avant par un mufle épais; les yeux et les oreilles sont fort petits. La peau est très épaisse et presque nue. Chaque branche des mâchoires porte deux incisives cylindriques, une canine puissante, quatre prémolaires et trois molaires.

Ces hideux animaux vivent par troupes dans les grands fleuves et les

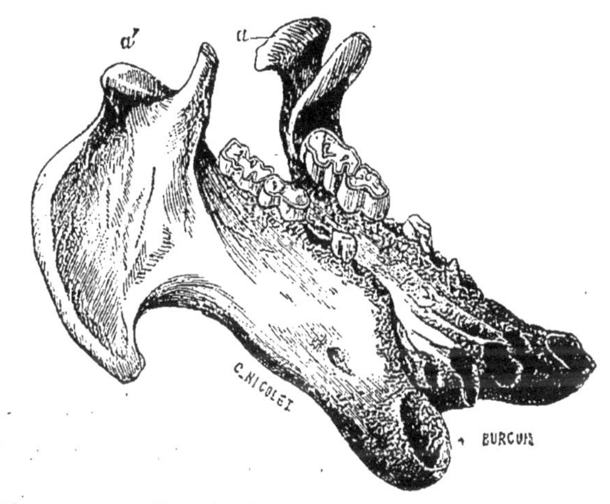

Fig. 645. — Maxillaire inférieur de l'Hippopotame. — *a*, *a'*, condyles.

lacs de l'intérieur de l'Afrique. Ils se nourrissent de plantes aquatiques. — L'Hippopotame commun (*Hippopotamus amphibius*) peut acquérir une longueur de 4^{m},50 et un poids de 2500 kilogrammes. Une autre espèce, de petite taille (*H. liberiensis*), a été trouvée dans la république de Libéria.

Les **SUIDÉS** ou *Sétigères* ont le corps revêtu de poils raides ou soies, et supporté par des pieds dont les deux doigts médians touchent seuls le sol, les deux autres étant peu développés et reportés en arrière. La tête est allongée et terminée par un groin ou boutoir, élargi à son extrémité en un disque dans lequel sont percées les narines. Ce groin, soutenu à l'intérieur par une pièce osseuse, est tout à fait propre à fouir le sol. On trouve, dans chaque branche des mâchoires, une à trois incisives, une forte canine ou défense et un nombre variable de molaires. Sauf de très rares exceptions (Pécaris), les canines supérieures sont recourbées en haut et suivent à peu près la même direction que les inférieures, de sorte que, pour se défendre, les animaux frappent toujours de bas en haut et par côté. Les femelles possèdent six ou sept paires de

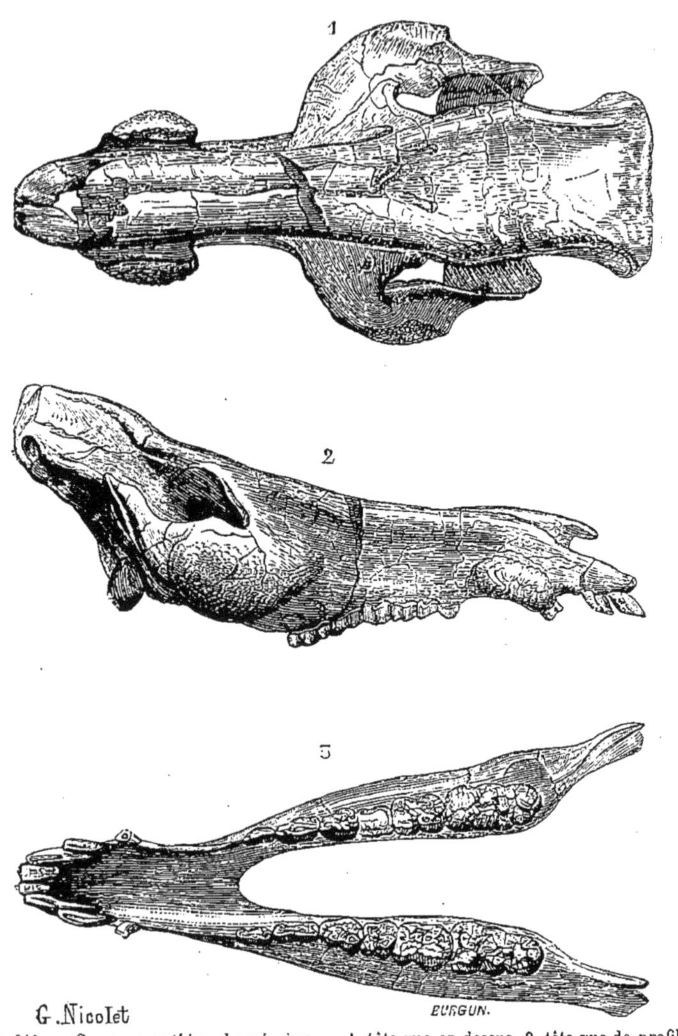

Fig. 646. — *Sus erymanthius*, du miocène, — 1, tête vue en dessus. 2, tête vue de profil. 3, mâchoire inférieure.

mamelles abdominales et mettent bas un nombre correspondant de petits. Ceux-ci ont souvent une robe tachetée ou rayée.

Tous les Suidés sont des animaux nocturnes, qui vivent en troupes dans les forêts, recherchent les régions marécageuses et aiment à se vautrer dans la boue. Ils sont omnivores : bien qu'ils se nourrissent le plus souvent de racines et de tubercules, ils ne ne dédaignent pas les proies vivantes ou mortes qui tombent à leur portée.

Les **Cochons** proprement dits (*Sus* L.) ont pour formule dentaire $\frac{3.1.4.3}{3.1.4.3} = 44$. Leurs incisives inférieures sont dirigées très obliquement en avant.

On découvre des restes fossiles du genre *Sus* dans le diluvium et dans le tertiaire jusqu'au miocène; et, par ces formes éteintes, les Cochons se rattachent d'une façon remarquable aux Anoplothéridés (1). Citons, par exemple, les *Sus chæroides* et *Lockarti* du miocène moyen, *S. antiquus*, *palæochærus*, *erymanthius* et *major* du miocène supérieur, *S. provincialis* du pliocène inférieur, *S. arvernensis*, du pliocène supérieur. Dans le diluvium, on a découvert un *Sus scrofa fossilis*, qui ne paraît pas se distinguer du Sanglier actuel. Enfin, les cités lacustres ont fait connaître une forme toute différente dont il sera question plus loin.

Les Cochons sauvages sont connus sous le nom de *Sangliers*. Les mâles sont appelés *verrats*, les femelles *laies* et les petits *marcassins*. Nous ne signalerons ici que les espèces qui ont été regardées comme ayant concouru à la formation des races de Porcs domestiques.

Le **Sanglier du Japon** (*S. leucomastix*) « a le tronc court, dit Brehm, la tête allongée, les oreilles petites, fortement poilues. Il est brun foncé, avec le ventre blanc. Une raie claire part de l'angle de la bouche et va le long des joues. »

On considère cette espèce comme la souche de la petite race connue sous le nom de Cochon chinois.

Le **Sanglier de l'Inde** (*S. cristatus*) est d'assez petite taille ; il a le corps revêtu de soies rares, faisant même défaut sur le ventre et derrière les oreilles. « Les poils de la partie postérieure des joues forment une sorte de barbe ; ceux du front et de la nuque simulent une espèce de crinière. » La teinte générale de la robe est brun jaunâtre, avec des taches noires.

(1) A. Gaudry, *Les enchaînements*, etc. *Mammifères tertiaires*. Paris, 1878, p. 70.

Nous indiquerons plus loin les rapports qui existent entre cette espèce et le Cochon des tourbières.

Le **Sanglier des Papous** (*S. papuensis*) a des formes assez fines. « Ses jambes sont basses, ses oreilles rugueuses en arrière, ses joues et son ventre presque nus. La peau est couverte de poils fins et peu touffus. Il a le museau noir, le dos noir et roux, les membres d'un brun foncé, les joues, la gorge et le ventre blancs, les yeux entourés d'un cercle noir. » Les canines sont à peine saillantes.

Ce Sanglier vit dans les forêts de la Nouvelle-Guinée. Sa chair délicate est très estimée des Papous, qui s'emparent des marcassins et les élèvent en demi-domesticité.

Le **Sanglier d'Europe** (*S. europæus* Pall., *S. scrofa* L.) a le corps ramassé, la tête allongée, à front plat, les oreilles droites, les membres forts, la queue tordue. Le corps est revêtu de soies raides, qui se hérissent en crinière sur la nuque et sur le dos. La teinte générale du pelage est gris foncé; les marcassins conservent jusqu'à l'âge de six mois une livrée à bandes longitudinales alternativement fauves et noires.

Le Sanglier commun habite les régions tempérées de l'ancien continent; mais il disparaît peu à peu devant l'Homme, et on ne le rencontre plus guère aujourd'hui que dans les grandes forêts. La chair des animaux jeunes est très estimée.

D'après David Low, les individus entretenus en captivité tendent à prendre les caractères des Porcs domestiques : les membres deviennent plus longs, le groin s'allonge, le duvet disparaît.

Cochons domestiques (*Sus scrofa domesticus* Auct.). — La plupart des zoologistes rapportent les Cochons domestiques à une seule et même *espèce*, dont les divisions naturelles constituent des *races*. Mais, pour quelques-uns, au contraire, les différences qui existent entre les races dont il s'agit sont, en partie du moins, originelles, c'est-à-dire que les Cochons domestiques se rattachent à un certain nombre de types spécifiques primitifs.

Cette question de l'unité ou de la pluralité de souche n'est pas d'ailleurs limitée au groupe des Cochons; elle se pose également pour la plupart des animaux domestiques. Nous devons donc exprimer ici, une fois pour toutes, notre sentiment à cet égard.

D'après Cuvier, les Cochons domestiques proviendraient du Sanglier

Fig. 647. — Porc normand.

d'Europe (*Sus scrofa* L.). Divers naturalistes ont appuyé cette manière de voir en affirmant que, dans certaines régions de l'Amérique où les Cochons sont redevenus sauvages, leurs poils et leurs allures sont à peu près semblables à ceux des Sangliers. I. Geoffroy-Saint-Hilaire pensait, au contraire, que les Cochons d'Europe descendent des Sangliers d'Asie.

Mais on peut opposer à ces deux opinions des objections très sérieuses. Nous venons de voir que les Sangliers répandus dans les diverses régions du globe représentent des formes bien distinctes, que les zoologistes n'hésitent pas à regarder comme de *bonnes espèces*. Or, si l'on examine de même les Cochons domestiques, on est amené à reconnaître qu'ils offrent des modifications correspondantes, ou, en d'autres termes, qu'ils forment de grands groupes aussi bien caractérisés que les espèces dont il s'agit. Il suffit de comparer, par exemple, les Cochons primitivement élevés dans certaines îles de l'Océanie avec ceux qu'y ont importés les Européens, pour se convaincre qu'ils diffèrent entre eux tout autant que les Sangliers de l'Inde et de l'Europe. Ces différences ne peuvent-elles résulter de la culture, de la sélection effectuée par l'Homme? C'est ce qui resterait à établir. Donc il y a de bonnes raisons de croire que plusieurs espèces ont concouru à la formation des races de Porcs domestiques.

Mais quelles sont ces espèces primitives? Existent-elles encore à l'état sauvage, ou doit-on les chercher parmi les formes éteintes? On voit combien la question se complique. Si ces espèces n'avaient subi aucun mélange, si elles s'étaient exclusivement reproduites entre elles, leur détermination n'offrirait peut-être pas de difficultés excessives, malgré les modifications profondes dues à la domestication et à la sélection. Mais il n'en est pas ainsi, et l'on constate presque partout des traces de mélange, se traduisant par un défaut d'harmonie dans les caractères et par des phénomènes de réversion. Dans ces conditions, il devient évidemment fort difficile de reconnaître, au milieu des races actuelles, les types qui leur ont donné naissance.

M. Sanson a pensé cependant que la chose n'était pas impossible, et, se basant sur les caractères ostéologiques (1), notamment sur ceux tirés du crâne, il a cru pouvoir affirmer que les diverses races de Porcs reconnues par les auteurs se rattachent à trois groupes principaux, qu'il qualifie de *races*, mais auxquels il donne la valeur d'espèces. Chacune de ces races ayant son origine, et, partant, sa patrie distinctes, se compose d'un certain nombre de *variétés* produites sous l'influence du milieu. — Nous avons déjà eu l'occasion d'exposer notre manière de voir en ce qui concerne les caractères tirés de l'examen exclusif du crâne (voy. p. 122). Il est évident qu'il s'agit là d'un système. Cependant, on ne peut le méconnaître, l'étude de ces caractères marque un pas en avant dans la voie du progrès scientifique ; et, quelle que soit la valeur absolue qu'on veuille accorder aux catégories établies sur une telle base, il est certain

(1) Le Sanglier d'Europe n'a que *cinq* vertèbres lombaires ; d'après M. Sanson, les Porcs de l'Europe occidentale et méridionale en auraient *six* ; ceux de l'Asie orientale n'en auraient que *quatre*. Leyh donne des chiffres beaucoup moins absolus.

qu'elles constituent des points de repère dont l'utilité, au point de vue des recherches ultérieures, ne peut être niée. Nous donnerons donc ici la classification des races de Porcs, comme nous le ferons plus loin pour celles des autres Mammifères domestiques, d'après les travaux de M. Sanson. On remarquera que la nomenclature de l'auteur comporte toujours un qualificatif indiquant la patrie de la race à laquelle il s'applique.

RACES BRACHYCÉPHALES. — RACE ASIATIQUE (*Sus asiaticus*). *Variétés :* Chinoise. — Siamoise. — Japonaise.

RACE CELTIQUE (*S. celticus*). *Variétés :* Angevine ou Craonnaise. — Mancelle. — Bretonne. — Normande ou Augeronne. — Yorkshire.

RACE DOLICHOCÉPHALE. — RACE IBÉRIQUE (*S. ibericus*). *Variétés:* Napolitaine. — Romagnole. — Toscane. — Grecque. — Hongroise (dite Mangalikza). — Suisse. — Bressane. — Dauphinoise. — Quercinoise. — Périgourdine. — Limousine. — Gasconne. — Languedocienne. — Provençale. — Roussillonnaise. — Béarnaise. — Espagnole.

En résumé, d'après M. Sanson, nous nous trouvons en présence de trois espèces naturelles, ayant chacune leur origine distincte. Mais cette origine reste toujours à déterminer. Aussi bien, les auteurs sont-ils loin d'être d'accord sur les divers points dont il s'agit. Vogt écrivait encore récemment, au sujet des races de Porcs : « Notre Sanglier sauvage et une autre variété plus petite à jambes plus hautes, le Sanglier des marais, vivant à l'époque des pilotis, les Sangliers des Indes, des îles de la Sonde et peut-être même les Potamochères de l'Afrique ont contribué à la formation de ces races, chez lesquelles la domestication et la sélection ont produit des caractères remarquables, des oreilles pendantes, des occiputs tronqués, des faces plissées, des groins réduits et autres... (1) »

S'il nous est permis de conclure par une note personnelle, nous dirons que, pour les Porcs comme pour la plupart des animaux domestiques, la pluralité de souche nous paraît difficilement contestable. Et nous entendons par là que les principaux types auxquels se rattachent nos races actuelles étaient déjà différenciés à l'époque géologique qui a précédé la nôtre, c'est-à-dire à l'époque quaternaire, sans nous inquiéter d'ailleurs de savoir s'il convient d'accorder à ces types la valeur de races ou d'espèces.

Domestication. — La domestication du Porc dans l'Europe occidentale date certainement, comme celle de nos principaux Mammifères, de l'époque robenhausienne. Elle a été la conséquence de l'arrivée en Occident des populations qui ont introduit dans cette région l'usage des armes en *pierre polie*, populations qu'on suppose être d'antiques migra-

(1) *Loc. cit.*, p. 352.

teurs aryens, précurseurs des Aryas aux armes de bronze. Dans les habitations lacustres les plus anciennes, on rencontre : 1° une assez grande espèce, souvent appelée Porc de Cuncise, qui paraît très analogue, sinon identique, aux Cochons actuels de nos pays ; on la regarde en général comme dérivant du Sanglier d'Europe, animal que nous avons signalé, en effet, dans le quaternaire ; 2° une espèce plus petite, le Cochon des tourbières (*Sus palustris*), qui se rapproche singulièrement du Sanglier de l'Inde (*S. cristatus*), dont nous avons parlé plus haut, et par conséquent de la race asiatique de M. Sanson.

En Chine, d'après le *Chou-king*, la domesticité du Cochon daterait *au moins* de quarante-neuf siècles.

« Réputé immonde par les Égyptiens, le Cochon ne figure point dans leurs peintures sépulcrales. Personne n'ignore que les Juifs l'avaient exclu aussi de leur alimentation. Les Grecs et nos ancêtres, les Gaulois, le faisaient entrer, au contraire, dans la leur pour une très large part. Enfin, les Aryas primitifs connaissaient le Porc domestique et en mangeaient la chair (1). »

Caractères physiologiques. — Les mâles et les femelles de nos Cochons domestiques sont aptes à s'accoupler vers l'âge de huit mois. Le Verrat peut saillir d'abord trois Truies par jour, et plus tard quatre ou cinq. L'éjaculation est toujours lente ; le sperme est très épais.

La durée de la gestation est d'environ cent dix-neuf jours ; on dit, comme procédé mnémotechnique, trois mois, trois semaines et trois jours. Le nombre des petits varie selon les races ; il est souvent de dix à douze. Chaque Cochon de lait ou Goret fait choix d'un mamelon auquel il revient toujours. On sèvre d'habitude ces animaux au bout de six semaines. — Pour faciliter l'engraissement, on châtre les individus des deux sexes, avant ou après le sevrage : la femelle châtrée prend le nom de Coche ; le mâle garde celui de Cochon.

Services. — Les Cochons sont essentiellement des animaux alimentaires. On peut même dire qu'à ce titre, aucun animal domestique n'est d'un usage aussi général : sur toute la surface du globe, ils fournissent aux populations la plus grande partie et souvent même la totalité de la nourriture animale. On consomme à la fois leur chair, leur lard, leur graisse interne (saindoux, axonge), leurs intestins, leur sang, etc., sous mille formes différentes. Ils ne laissent pour ainsi dire aucun déchet.

Quant aux services qu'ils peuvent rendre de leur vivant, ils sont assez restreints. Grognier en cite cependant quelques-uns. Dans le Périgord, on les emploie à la recherche des truffes. En Normandie, on les attachait autrefois au pied des pommiers, qu'ils cultivaient en fouillant la terre tout autour. « Dans certaines parties de l'Écosse, dit P. Gervais, principalement dans le Murrayshire, le Porc travaille comme bête de

(1) N. Joly, *L'Homme avant les métaux*. Paris, 1879, p. 218.

trait, et il n'est pas rare d'y voir un petit Cheval, un Ane et un Cochon attelés à la même charrue. M. Grognier a vu en France de pareils attelages, et il rappelle qu'une loi les avait défendus au peuple juif. En Amérique, on lâche les Cochons contre les Serpents venimeux, dont ils font leur proie. On arrache aux Cochons vivants des soies pour faire des brosses, des vergettes et des pinceaux. Enfin, le fumier de Cochon, quoique peu estimé, a aussi son utilité ; dans le nord, on l'emploie principalement dans les champs de houblon (1). »

Hybrides. — Il n'est pas rare d'observer la fécondation de la Truie par le Sanglier. En 1872, M. Sanson a fait accoupler à Grignon une Truie de huit mois, de race celtique pure, avec un Sanglier de même âge, appartenant à la variété d'Algérie. Les petits ont montré tous les caractères extérieurs de l'espèce maternelle, sauf quelques taches noires; ils avaient également cinq vertèbres lombaires. Ces produits ne se sont point montrés féconds entre eux, bien que le mâle possédât des spermatozoïdes; mais les femelles ont pu être fécondées par un mâle de l'espèce maternelle (2).

Les **Potamochères** (*Potamochœrus*) méritent à peine d'être séparés du genre *Sus*. Ils s'en distinguent par des formes plus fines, par la présence d'une saillie osseuse qui supporte un renflement verruqueux et se trouve située entre l'œil et le groin, enfin par la dentition, à laquelle manque une prémolaire.

On distingue dans ce groupe le Sanglier de Guinée (*P. porcus*), à oreilles en pinceaux, et le Sanglier à masque (*P. africanus* seu *larvatus*), du sud et de l'ouest de l'Afrique.

Les **Phacochères** (*Phacochœrus*) sont faciles à reconnaître à leur tête hideuse, à large groin, portant de chaque côté, au-dessous et en avant de l'œil, une forte éminence verruqueuse aussi grande que l'oreille et simulant une courte corne. La mâchoire supérieure ne présente de chaque côté qu'une seule incisive, qui même se perd souvent chez les adultes. Les canines sont très développées.

Deux espèces : le Phacochère d'Éthiopie (*Ph. æthiopicus*), ou *Engalo* du Cap, et le Phacochère d'Élien (*Ph. africanus*), du centre de l'Afrique. Ce sont des animaux farouches et très dangereux.

Les **Babiroussas** (*Porcus* Wagl., *Babirussa* F. Cuv.) ont le corps élancé, haut sur pattes, et sont remarquables par leurs canines très développées, simulant presque des cornes. Les supérieures remontent le long des gencives, percent la peau et se recourbent en croissant vers le front. La mâchoire supérieure ne porte de chaque côté que deux incisives,

(1) P. Gervais, *Hist. nat. des Mammifères*. Paris, 1855, t. II, p. 240.
(2) A. Sanson, *Traité de Zootechnie*, 2e éd. Paris, 1877, t. II, p. 28 et 274.

et les deux mâchoires offrent deux prémolaires et trois molaires.

On n'en connaît qu'une espèce, le Babiroussa (*P. Babirussa*), des Célèbes.

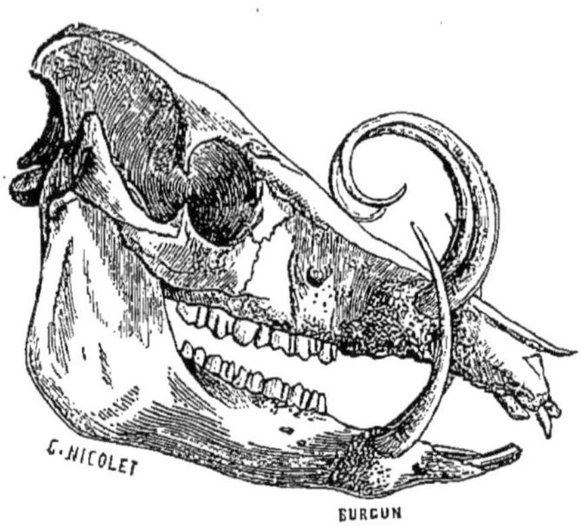

Fig. 648. — Tête de Babiroussa.

Enfin, les **Pécaris** (*Dicotyles*), représentants américains de la famille des Suidés, marquent le passage des Porcins vers les Ruminants par leur estomac à trois compartiments, ainsi que par le commencement de soudure de leurs métacarpiens et de leurs métatarsiens. Leurs pieds postérieurs sont généralement tridactyles, par suite de l'atrophie du doigt externe. Les canines sont peu saillantes ; les supérieures sont dirigées en bas. Il y a deux incisives à la mâchoire supérieure, et à chaque branche des mâchoires trois prémolaires et trois molaires. Tous ces animaux possèdent une glande cutanée dorsale qui fournit une sécrétion laiteuse d'une odeur forte et désagréable.

Le Pécari à collier (*D. torquatus*) habite le nord de l'Amérique. Le Pécari à lèvres blanches (*D. labiatus*), de plus grande taille, est de l'Amérique du Sud.

Les **ANOPLOTHÉRIDÉS** se composent exclusivement de Mammifères éteints, représentant un type intermédiaire entre les Porcins et les Ruminants, ce qui leur a valu, de la part de Leidy, le nom de « Cochons Ruminants. » On les regarde, en général, comme la forme ancestrale de ces deux groupes. Ils se reconnaissent surtout à ce que leurs dents sont disposées en rangée continue, sans présenter aucune barre ; les canines diffèrent à peine des dents voisines. On ne les rencontre que dans les terrains éocène et miocène.

Tels sont les *Anoplotherium*, si communs dans les gypses de Montmartre, les *Xiphodon*, les *Dichobune*, etc.

SECOND SOUS-ORDRE

RUMINANTS

Bisulques souvent dépourvus d'incisives supérieures et de canines ; estomac divisé en quatre (ou trois) compartiments et propre à la rumination ; métacarpiens et métatarsiens des doigts médians presque toujours soudés en un seul os.

Tous les Ruminants foulent le sol par leurs deux doigts médians, ce qui les a fait appeler quelquefois *Didactyles*. Les deux autres doigts, assez courts et terminés par des ergots, sont rejetés en arrière : dans certaines espèces, ils deviennent même rudimentaires, et arrivent enfin à disparaître (Girafe, Camélidés). Les métacarpiens et métatarsiens des deux doigts principaux sont soudés entre eux, sauf dans un genre de Tragulidés (*Hyæmoschus*), où la soudure fait défaut aux membres antérieurs et n'est que partielle aux membres postérieurs.

Chez un grand nombre d'espèces, on trouve, au-dessus de la fente interdigitale, une poche cutanée, velue, au fond de laquelle débouchent de nombreux follicules, qui sécrètent un liquide onctueux et souvent odorant : on donne quelquefois à cet organe glandulaire le nom de *sinus biflexe*. Dautre part, on appelle *larmier* un sac membraneux à parois également glanduleuses, situé dans une fosse sous-orbitaire du maxillaire supérieur, et dont la sécrétion onctueuse et noirâtre prend, à l'époque des amours, une odeur particulière (Cerfs).

Fig. 649. — Tête de Girafe.

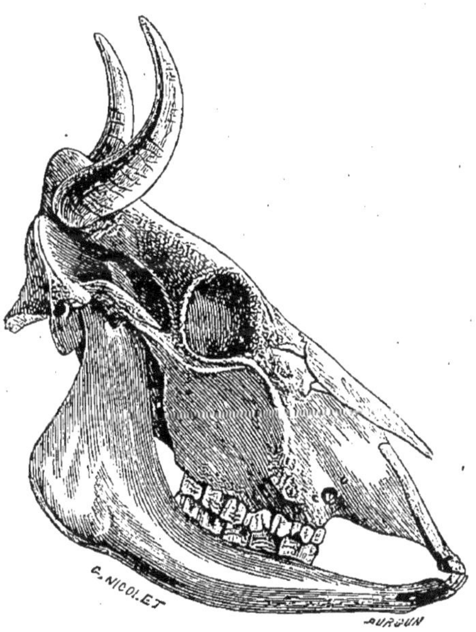

Fig. 650. — Tête de Bœuf.

A l'exception des Tragulidés, des Moschidés et des Camélidés, tous les Ruminants possèdent des cornes, armes diversement constituées qui souvent sont propres aux mâles, et, dans tous les cas, sont plus développées chez eux que chez les femelles. On en distingue trois sortes : 1° chez la Girafe, ce sont des saillies osseuses recouvertes par la peau non modifiée; 2° chez les Bovidés ou Cavicornes, il existe une cheville osseuse, pleine ou creuse, fixée solidement au crâne et revêtue d'un étui corné : ces cornes sont permanentes, comme celle du premier type; 3° chez les Cervidés, on voit apparaître d'abord des apophyses analogues à celles de la Girafe, mais terminées par un plateau à perles osseuses, appelé meule ou cercle de pierrures : à des époques déterminées, ce plateau est le siège d'une sorte de poussée inflammatoire, et donne ainsi naissance, avec une rapidité étonnante, à une production osseuse ou *bois* qui se recouvre d'une peau fine et velue;

Fig. 651. — Tête et bois du Cerf d'Europe.

puis, l'accroissement terminé, la circulation s'arrête et le bois finit par tomber. Il est à remarquer que le développement des bois est lié à la fonction des organes reproducteurs : un Cerf châtré n'en pousse plus de nouveaux, mais il conserve ceux qu'il possède au moment de l'opération. D'après Bouthier, il y aurait même une relation directe entre les testicules et les bois : un testicule étant lésé, le bois du même côté offrirait un moindre développement.

La dentition marque une tendance à l'élimination des incisives supérieures; les Camélidés seuls en possèdent encore une sur chacun des os intermaxillaires.

Les canines supérieures se rencontrent plus souvent : elles n'ont tout à fait disparu que chez les Cavicornes et les Girafes. Toutes ces dents sont remplacées par un coussinet calleux du bord de la mâchoire, contre lequel viennent s'appliquer les dents inférieures. Sauf chez les Camélidés, celles-ci sont au nombre de quatre de chaque côté, réunies en demi-cercle et très obliques. Les molaires appartiennent au type sélénodonte ; il y en a cinq à sept de chaque côté.

L'estomac offre une conformation remarquable, de laquelle dépend l'acte de la rumination. Il se compose en général de quatre compartiments. Le premier, le plus vaste chez l'adulte,

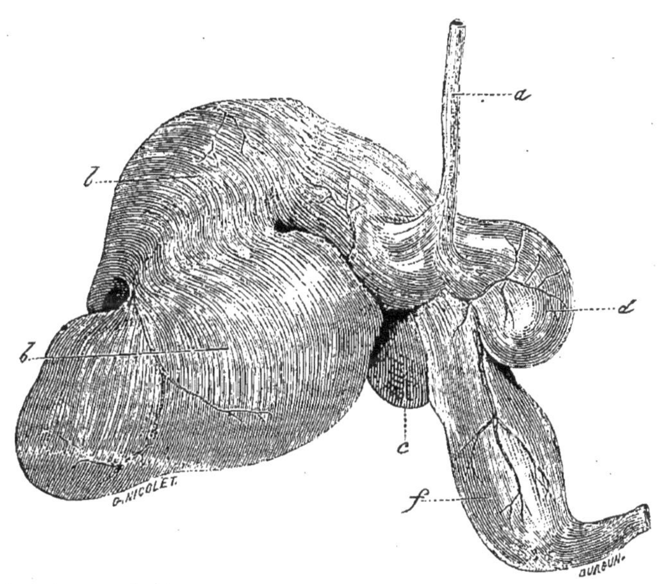

Fig. 652. — Estomac de Mouton. — *a*, œsophage. *bb*, panse ou rumen. *c*, bonnet ou réseau. *d*, feuillet. *f*, caillette (J. Béclard).

est la panse (*rumen*); sa cavité, divisée d'ordinaire en plusieurs sacs, est tapissée par une muqueuse souvent hérissée de papilles. Le deuxième, appelé bonnet (*reticulum*), beaucoup plus petit, offre à sa face interne des cellules de dimensions variables. Le troisième, ou feuillet (*omasus*), se montre garni d'un grand nombre de lames, qu'on a comparées aux feuillets d'un livre. Enfin, le quatrième, la caillette (*abomasus*), représente l'estomac proprement dit, c'est-à-dire la poche dans laquelle s'effectue la chymification. Les trois autres ne sont, en réalité, que des dilatations de l'œsophage, servant de réservoirs. Entre la panse et la caillette, se trouve un demi-canal qui fait suite à l'œsophage, canal formé de deux lèvres contractiles et appelé *gouttière œsophagienne*. — Chez les jeunes animaux qui tètent encore, la caillette représente le compartiment le plus vaste. D'ailleurs, l'estomac de tous les ruminants n'offre pas la constitution typique que nous venons d'indiquer. Ainsi, chez les Camélidés, la panse est pourvue de plusieurs groupes de cellules qui tiennent en réserve une certaine quantité d'eau; le feuillet cylindrique ne possède que des lames à peine marquées, et la gouttière œsophagienne n'a qu'une seule lèvre. Chez les Tragulidés, le feuillet manque complètement.

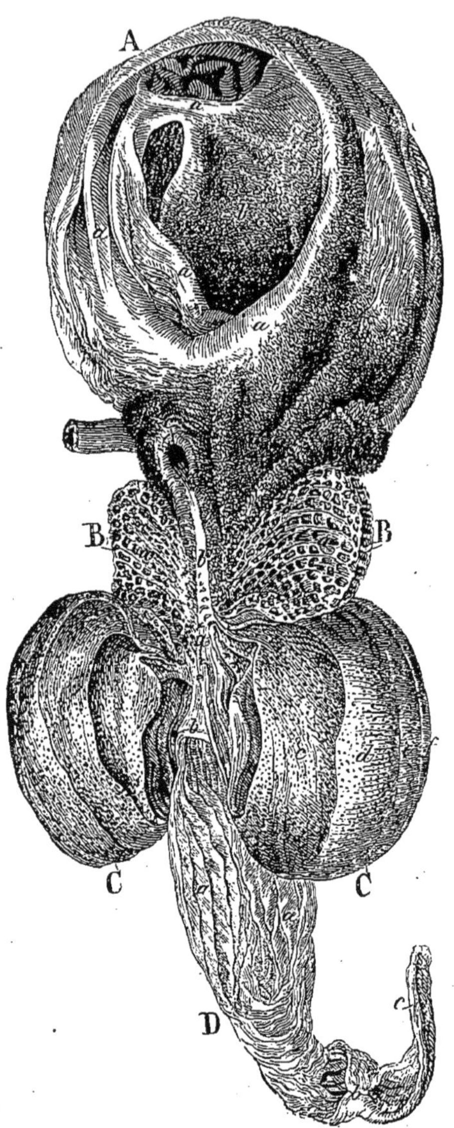

Fig. 653. — Estomac de Ruminant, dont les quatre compartiments sont ouverts pour montrer la surface intérieure. — A, panse. *a*, piliers. *b*, papilles. *c*, orifice œsophagien. B, bonnet. *a*, aréoles. *b*, gouttière œsophagienne. C, feuillet. *a*, pointes cornées de l'orifice du bonnet. *b*, valvule à l'orifice de la caillette. *c*, une grande lame. *d*, une lame moyenne. *e*, une petite lame. *f*, une lame linéaire. D, caillette. *a*, plis longitudinaux. *b*, orifice pylorique. *c*, duodénum.

La *rumination* est l'acte par lequel les matières alimentaires, parvenues dans l'estomac après avoir subi une mastication incomplète, sont ramenées à la bouche, où elles sont broyées à nouveau, pour être ensuite définitivement dégluties et digérées. La plupart des Ruminants sont des animaux faibles et timides qui vivent dans la crainte continuelle de leurs ennemis.

Aussi se hâtent-ils d'ingérer les herbes et les feuilles qui constituent leur nourriture, en leur faisant à peine subir une trituration grossière. Ces matières vont s'accumuler dans la panse et quelque peu dans le bonnet. Puis, les animaux cherchent un lieu tranquille et abrité, et font alors revenir les aliments dans la bouche, pour les soumettre à une seconde mastication (mastication mérycique).

D'après M. Colin, la réjection est due à la contraction de la panse, aidée par celle du diaphragme et des muscles abdominaux. Selon MM. Chauveau et Toussaint, elle est le résultat d'une aspiration thoracique : la glotte se ferme, puis survient une énergique contraction du diaphragme ayant pour résultat une raréfaction considérable de l'air dans la cavité thoracique; cette diminution de pression se traduit par un appel des matières diffluentes situées au voisinage de la gouttière œsophagienne, et qui se précipitent dans l'œsophage ; puis, une contraction antipéristaltique de ce canal les amène dans la bouche (1).

Réduits en fine bouillie par la mastication mérycique, ces aliments passent dans la gouttière œsophagienne transformée en canal par le rapprochement de ses bords, et gagnent alors en grande partie le feuillet et la caillette. Le feuillet retient entre ses lames les substances qui n'ont pas été suffisamment atténuées pour passer dans la caillette.

L'intestin est toujours très développé. Les mamelles, au nombre de deux ou de quatre, sont situées dans la région inguinale. Le plus souvent, chaque femelle ne donne naissance qu'à un seul petit, qui est déjà dans un état fort avancé, capable de suivre sa mère au bout de quelques heures.

Les Ruminants sont presque tous polygames ; ils vivent en troupeaux, les mâles les plus forts marchant en tête.

Nous en distinguerons six familles : *Tragulidés, Moschidés, Cervidés, Bovidés, Girafidés, Camélidés.*

Famille des **TRAGULIDÉS**. — Les Tragulidés se rapprochent des Porcins par la constitution du métacarpe et du métatarse, ainsi que par le placenta, qui est diffus. Ce sont les Ruminants les plus petits ; ils sont dépourvus de cornes, mais le mâle possède des canines supérieures très saillantes. Ils ne sont pas moschifères.

Les *Tragulus* habitent l'Inde et les îles de la Sonde. Les *Hyæmoschus*

(1) M. Colin combat vivement cette théorie dans la 3e édition de son *Traité de physiologie*, Paris, 1886, t. I, p. 708.

vivent sur la côte occidentale de l'Afrique. On les trouve par couples ou isolés dans les régions montagneuses.

Les **MOSCHIDÉS** établissent le passage des Tragulidés aux Cerfs. Comme les premiers, ils sont privés de cornes, ont le corps relevé en arrière et des canines supérieures très saillantes chez le mâle. Mais, d'autre part, ils ont, comme les Cerfs, des métacarpiens et métatarsiens soudés, un feuillet, un placenta cotylédonaire, etc. Aussi M. A. Milne Edwards les a-t-il séparés à juste titre des Chevrotains précédents.

Le **Chevrotain porte-musc** (*Moschus moschiferus* L.) est à peine

Fig 654. — Chevrotain porte-musc.

de la taille d'un Chevreuil; les membres sont déliés, et le train de derrière est un peu plus élevé que celui de devant. La queue est courte. Le pelage est formé de poils assez longs, rudes et cassants; il est le plus souvent de teinte gris rougeâtre.

Cet animal habite les sommets les plus élevés des montagnes de l'Asie centrale, où il saute et grimpe avec autant d'agilité qu'un Chamois. Il se tient caché le jour et ne va paître que la nuit. Pour s'en emparer, les chasseurs mettent à profit l'habitude qu'il a de revenir à son point de départ. On ne s'attache qu'à prendre les mâles, qui seuls fournissent du musc.

Musc. — Les Chevrotains ont en effet sous le ventre, entre l'ombilic et la verge, une poche arrondie, plus longue que large, un peu aplatie dans sa partie supérieure, qui répond aux muscles abdominaux, et offrant en dessous un sillon qui correspond au passage de la verge. L'orifice de cette poche est très rapproché de l'orifice préputial. L'intérieur est tapissé par une muqueuse qui offre de nombreux plis, et dans l'épais-

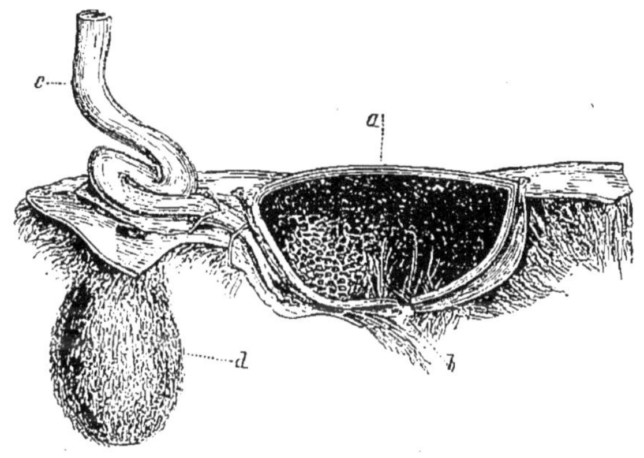

Fig. 655. — Poche du musc. — *a*, face supérieure adhérente aux muscles abdominaux. *b*, orifice de la poche. *d*, testicule. *e*, verge.

seur de laquelle existent une foule de follicules brunâtres, organes sécréteurs du musc. Un Chevrotain adulte fournit en moyenne 60 grammes de cette substance.

Le musc à l'état frais a la consistance du miel et une couleur rouge brunâtre. Lorsqu'il est desséché, il est solide, noirâtre et granuleux, quoique onctueux au toucher. Son odeur est forte et persistante; elle disparaît quand on le mélange avec des amandes amères, du soufre doré d'antimoine, etc.; sa saveur est amère.

Dans le commerce, on trouve le musc sous deux formes : *en vessie*, c'est-à-dire enfermé dans la poche même où il s'est amassé, ou *hors vessie*, débarrassé de cette poche. Le premier est le plus estimé. Les poches qui le contiennent sont en général plan-convexes : la face plane est glabre, sans solution de continuité; la face convexe, qui correspond à la paroi externe, offre un trou médian et est revêtue de poils qui convergent vers cet orifice. On trouve sur les marchés européens quatre sortes principales de musc en vessie : le *musc de Chine*, expédié de Nankin en poches arrondies ou ovales, et à odeur très forte; le *musc Tonkin*, moins odorant, en poches moins larges et plus épaisses, arrivant par la voie de

Canton; le *musc d'Assam*, en poches grandes et irrégulières, à odeur forte mélangée d'odeur de civette; le *musc Kabardin* ou de Sibérie, qui vient par la voie de Saint-Pétersbourg en poches longues, sèches et plates, et dont l'odeur, moins forte, est un peu aromatique. — Quant au musc hors vessie, il est souvent falsifié et ne mérite guère d'être recommandé.

Le musc est regardé comme antispasmodique : on en fait quelquefois

Fig. 656. — *Cervus megaceros*, du quaternaire.

usage dans le traitement de diverses affections nerveuses, ainsi que dans celui des fièvres typhoïdes ataxiques. La dose habituelle est de 50 centigrammes à 2 grammes, en poudre.

Les **CERVIDÉS** sont surtout caractérisés par leurs bois, qui sont bien développés chez les mâles, rarement chez les femelles (Renne). Les mâles possèdent souvent des canines supérieures. Il existe toujours des larmiers.

Les Cerfs vivent, pour la plupart, en troupes dans les forêts. On les chasse pour leur chair, leur peau et leur bois. — Genres : Cervule (*Cervulus*), Cerf (*Cervus*), Daim (*Dama*), Élan (*Alces*), Renne (*Tarandus*). Parmi les espèces les plus connues, citons : le Cerf commun (*Cervus elaphus*), le Chevreuil (*C. capreolus*), le Daim (*Dama vulgaris*), le Renne. Autrefois, les Suédois apprivoisaient et attelaient les Élans.

Le **Renne** (*Tarandus rangifer*) est à peu près de la taille de notre Cerf; il a le corps assez allongé, porté sur des membres forts, à sabots larges et écartés, à ergots très longs. Les bois ont un pédoncule court, et les andouillers, bien développés, sont de forme aplatie : en outre, l'un des deux basilaires se recourbe en avant comme une sorte de soc, dont l'animal se sert pour écarter la neige et chercher sa nourriture. C'est la seule espèce dont la biche porte aussi des bois, qui sont toutefois un peu plus faibles que ceux du mâle. Son pelage est grossier, brun grisâtre, et pend sous la gorge; il devient fort long en hiver.

Très répandu dans notre pays à l'époque quaternaire, le Renne est aujourd'hui relégué dans les régions qui avoisinent le pôle arctique. Il vit à l'état sauvage dans les plaines et les hauts plateaux; mais on le trouve aussi à demi domestiqué chez beaucoup de peuplades du Nord, dont il forme la base de l'existence. « Le Lapon utilise tout, dit Vogt, jusqu'au contenu de l'estomac, qu'il fait bouillir comme légume, jusqu'à la moelle des os encore chaude, qu'il dévore crue. On emploie les Rennes comme bêtes de trait. On les mène en grands troupeaux, comme des moutons, sous la garde de chiens très appréciés de leurs propriétaires. Mais ils restent toujours demi-sauvages, et retournent très facilement à la vie libre. Ils sont toujours si peu apprivoisés, qu'on ne peut traire les femelles sans les avoir attachées au moyen d'un lasso jeté autour des cornes. Quant au plaisir de voyager en traîneau attelé de Rennes, on le laisse volontiers aux Lapons, habitués aux culbutes et à tous les désagréments que pourrait procurer une mule sauvage, têtue et inintelligente (1). »

Famille des **BOVIDÉS**. — Les Bovidés, encore appelés *Cavicornes*, sont caractérisés, comme l'indique ce dernier nom, par des cornes creuses formant un étui qui enveloppe une apophyse du frontal. Cet axe osseux est tantôt plein, comme chez les Chèvres et les Moutons, tantôt creux au centre, comme chez les Bœufs.

(1) *Loc. cit.*, p. 377.

Quant à l'étui, sa croissance se continue pendant toute la vie, avec des périodes d'arrêt qui se traduisent par la formation d'anneaux plus ou moins complets. La grandeur et la forme des cornes sont très variables. — La dentition est des plus uniformes. Les incisives et les canines supérieures manquent toujours. Les incisives inférieures, comprenant les canines modifiées, sont au nombre total de huit. Il y a de chaque côté trois prémolaires et trois molaires.

Ces animaux sont tantôt lourds, tantôt sveltes et gracieux. Quelques-uns vivent par couples ; la plupart forment des troupeaux nombreux. Il en est qui sont sédentaires; d'autres effectuent de grandes migrations. D'aucuns fréquentent les endroits marécageux ; le plus grand nombre préfèrent les steppes ou même les montagnes escarpées. Plusieurs espèces ont été domestiquées dès la période de la pierre polie, et on doit les considérer comme les plus utiles parmi les auxiliaires de l'humanité.

On peut grouper les Cavicornes en trois sections ou sous-familles, qui n'ont rien toutefois de bien précis : *Antilopinés*, *Ovinés* et *Bovinés*.

1° Les **ANTILOPINÉS** ne peuvent guère être caractérisés zoologiquement. Pallas disait avec raison que les naturalistes ont appelé Antilopes les Cavicornes qui ne se laissent classer ni avec les Bœufs, ni avec les Chèvres, ni avec les Moutons. Leurs cornes sont rondes, droites ou courbes, lisses ou non, et parfois n'existent que chez le mâle; elles sont supportées par un axe osseux plein, n'offrant qu'une excavation celluleuse à sa base, comme chez les Chèvres et les Moutons.

Les Antilopes peuplent tout l'ancien monde ; deux espèces seulement habitent l'Amérique. — Parmi les plus connues, nous citerons : le Gnou (*Catoblepas Gnu*), du Cap ; le Nilgau (*Portax pictus*), des Indes ; le Saïga (*Colus tartaricus*), des steppes de la Russie; la Gazelle (*Antilope dorcas*), de l'Afrique septentrionale; le Chamois ou Izard (*Capella rupicapra*), des Alpes et des Pyrénées, dont les cornes, assez longues, effilées, recourbées en un crochet très court et pointu, étaient autrefois employées en chirurgie vétérinaire pour pratiquer la saignée au palais du Cheval; la Chèvre des montagnes Rocheuses (*Haplocerus americanus*), qui établit le passage vers les Ovinés; etc.

2° Les **OVINÉS** se reconnaissent à leurs cornes plus ou moins comprimées et annelées. Leurs femelles ne possèdent d'ordinaire que deux mamelles.

Cette sous-famille ne comprend que deux genres, *Ovis* et *Capra*, lesquels sont même assez peu distincts pour que divers auteurs aient cru devoir les réunir en un seul.

Les **Moutons** (*Ovis* L.) ont des formes plus arrondies que les Chèvres et ne portent pas de barbe; leur chanfrein est busqué, leur front plat; leurs cornes, souvent contournées en hélice, sont marquées d'anneaux tuberculeux presque complets. Ils possèdent des larmiers et des glandes interdigitales. Leurs jambes sont grêles; leur queue est courte, mais entièrement velue; leur pelage est formé d'un mélange de laine et de poils courts et fins.

Tels sont, du moins, les caractères typiques du genre; mais il existe des formes qui établissent la liaison avec les Chèvres, et qui ont un chanfrein presque droit avec absence de larmiers. — Ajoutons que, chez les Moutons sauvages, les deux sexes sont pourvus de cornes; cependant, celles de la femelle, toujours plus petites et souvent moins tordues, arrivent quelquefois à disparaître.

Les Moutons fréquentent les régions montagneuses de l'ancien et du nouveau monde; ils courent, sautent et grimpent sur les rochers avec une agilité remarquable. Ils forment assez volontiers des troupeaux nombreux, qui se laissent guider par de vieux chefs vigilants. Ils s'attachent sans trop de difficultés à l'Homme, qui a pu domestiquer certains d'entre eux.

A l'état fossile, on n'a guère cité jusqu'à présent qu'un petit nombre d'espèces appartenant au genre *Ovis* : la plus commune est le Mouflon d'Europe (*Ovis musimon*), trouvé dans les gisements quaternaires du littoral méditerranéen. M. Thomas (1) en a recueilli deux autres dans le quaternaire récent de l'Algérie : *O. aries* et *O. tragelaphus*.

Les Moutons sauvages sont appelés *Mouflons*. D'après P. Gervais, cependant, les Mouflons se distinguent autant des Moutons domestiques que les Chèvres des Bouquetins et les Bœufs des Bisons, et méritent de former un genre à part, ou tout au moins un sous-genre (*Musmon*). Ce groupe est caractérisé par une queue courte, un pelage rude et épais, et la présence de larges cellules dans les axes osseux des cornes. Nous ne citerons que les espèces les plus communes.

Le **Mouflon à manchettes** (*O. tragelaphus*) se rapproche des Bouquetins par son chanfrein droit, ses cornes épaisses, à peine arquées, et l'absence de larmiers; mais il a le corps trapu et le port des Moutons. Il mesure environ 1 mètre de hauteur. Son pelage est roux fauve, et forme une sorte de crinière qui naît de la gorge

(1) Comptes rendus Acad. sc., 11 février 1884.

et des épaules pour tomber, sous l'aspect de manchettes, autour des membres antérieurs.

Il habite le nord de l'Afrique. C'est l'*Aroui* des Arabes.

Le **Mouflon de montagne** (*O. montana*), un peu plus grand que le précédent, a reçu des Américains le nom de *Big-horn*, à cause de l'épaisseur de ses cornes, qui sont cependant contournées en hélice chez le mâle. Son poil est brun grisâtre.

On le trouve dans les montagnes Rocheuses et la Californie.

L'**Argali** (*O. argali*) est une grande espèce, qui atteint la taille d'un Cerf. Les cornes décrivent un tour et demi de spire. Son pelage est brun grisâtre.

Il vit dans l'Asie centrale.

Le **Mouflon d'Europe** (*O. musimon*) n'est guère plus grand qu'un Mouton ordinaire. Son corps est trapu. Ses cornes sont grandes, courbées en trois quarts de cercle, triangulaires à la base, aplaties vers la pointe et fortement annelées. La femelle en est souvent privée : lorsqu'elle en possède, elles sont petites et à peine arquées. Le pelage est épais, surtout en hiver, où il présente un abondant duvet; il est de couleur brun rougeâtre.

On ne le trouve plus aujourd'hui que dans les montagnes de la Corse et surtout de la Sardaigne, où il vit par troupes de 50 à 100 individus.

Moutons domestiques (*O. Aries* L.) — Pour P. Gervais, les Moutons domestiques, qui constituent, comme nous l'avons dit, un genre distinct de celui des Mouflons, sont caractérisés par leur longue queue, qui descend d'ordinaire jusqu'au talon, et par leurs cornes, qui sont soutenues par des axes osseux pleins, offrant une simple cellule à leur base, et sont en outre plus écartées à l'origine et plus contournées que celles des Mouflons.

Il faut reconnaître que ces caractères n'ont pas toute la valeur qu'on leur a attribuée, et qu'ils pourraient bien être en grande partie le résultat de la domestication. Les Moutons sont des animaux très pétrissables, et l'on sait, en particulier, que dans une même race, il est possible de voir des variétés à cornes simples et d'autres à cornes divisées, et que les éleveurs sont même capables, dans certains cas, d'obtenir la disparition totale des cornes.

Néanmoins, par suite de la distinction dont il s'agit, Gervais se montre tout à fait opposé à la manière de voir des auteurs qui considèrent les Moutons domestiques comme dérivant des Mouflons actuels. Il combat d'ailleurs l'opinion vulgaire, d'après laquelle ces Moutons se rattacheraient à une seule espèce.

Cette opinion était la seule admise par les anciens naturalistes, qui

Fig. 657. — Bélier mérinos.

regardaient le Mouton domestique comme descendant du Mouflon d'Europe. Aujourd'hui, l'idée de la pluralité de souche tend à l'emporter, et, si quelques rares auteurs veulent encore voir dans les diverses races domestiques des Mouflons transformés, la plupart les font dériver, avec plus de raison, de formes diluviennes aujourd'hui éteintes.

M. Sanson reconnaît, parmi les Moutons domestiques actuels, qu'il nomme *Ovidés ariétins*, onze espèces (ou races) répondant à autant de types primitifs. Quatre sont brachycéphales et sept dolichocéphales.

RACES BRACHYCÉPHALES. — RACE GERMANIQUE (*Ovis Aries germanica*). *Variétés* : Allemandes. — Leicester (dite Dishley). — Lincoln.

RACE DES PAYS-BAS (*O. A. batavica*). *Variétés* : Hollandaise de Texel. — Romney. — Marsh (dite New-Kent).

RACE DES DUNES (*O. A. hibernica*). *Variétés* : Southdown. — Shropshiredown. — Hampshiredown. — Oxfordshiredown. — Blackfaced.

RACE DU PLATEAU CENTRAL (*O. A. arvernensis*). *Variétés* : Auvergnate. — Marchoise. — Limousine.

RACES DOLICHOCÉPHALES. — RACE DU DANEMARK (*O. A. ingevonensis*). — *Variétés* : Haideschnuck (Landes du Nord). — Des Polders. — Flamande. — Artésienne. — Picarde. — Poitevine.

RACE BRITANNIQUE (*O. A. britannica*). *Variétés* : Cottswold. — Cheviot. — Buckinghamshire.

RACE DU BASSIN DE LA LOIRE (*O. A. ligeriensis*). *Variétés* : Berrichone. — Crevant. — Solognote.

RACE DES PYRÉNÉES (*O. A. iberica*). *Variétés* : Lacha. — Schurra. — Basquaise. — Béarnaise. — Landaise. — Gasconne. — Lauraguaise. — Albigeoise. — Larzac.

RACE MÉRINE OU MÉRINOS (*O. A. africana*). *Variétés* : Algérienne. — Andalouse. — D'Estramadure. — Du Roussillon. — De la Crau. — De Naz. — Électorale de Saxe. — De Silésie. — Negretti. — Rambouillet. — Du Châtillonnais. — De la Champagne. — De la Brie. — De la Beauce. — Du Soissonnais. — Précoce.

RACE DE SYRIE OU A LARGE QUEUE (*O. A. asiatica*). *Variétés* : Barbarine. — Syrienne. — Persane. — Hongroise. — Chinoise. — Japonaise.

RACE DU SOUDAN (*O. A. sodanica*). *Variétés* : Du Soudan. — Touareg. — Du Souf. — Bergamasque.

Domestication. — « Moins ancien que la Chèvre, le Mouton se retrouve pourtant avec elle dans les habitations lacustres, mais il est plus rare que la chèvre dans les palafittes qui datent de l'âge de la pierre polie. Dans celles du bronze, il ne diffère de nos Moutons actuels que par la forme de ses cornes, assez semblables à celles du *Capra Hircus*. D'après M. Roger de Guimps, on ne le voit point figurer dans les peintures égyptiennes de la quatrième dynastie, où la chèvre se trouve assez souvent représentée. Domestique sous le nom d'*ovi* (d'où *ovis*, ὄϊς) chez les anciens Aryas, le mouton était bien connu des Hébreux, ainsi que des Grecs qui firent le siège de Troie. Il en est souvent question dans Homère (1). » En somme, la domestication du Mouton paraît avoir pris naissance en Orient, dès la plus haute antiquité.

Caractères physiologiques. — Les Brebis entrent en chaleur à des époques périodiques, à partir de l'âge de huit à dix mois ; lorsqu'elles ont agnelé, elles ne se montrent de nouveau en rut qu'après le sevrage de leur

(1) N. Joly, *L'homme avant les métaux*, Paris, 1879, p. 247.

Agneau ou lorsqu'on cesse de les traire. Le rut du Bélier est un peu plus tardif, mais permanent : les individus précoces peuvent déjà faire la *lutte*, c'est-à-dire s'accoupler, vers l'âge de quinze mois. Dans l'espace de six semaines, un sujet vigoureux peut féconder 30 à 100 Brebis. On cite un Bélier du troupeau de Rambouillet qui en a fécondé 60 en une seule nuit.

La durée de la gestation est en moyenne de cent cinquante jours ou cinq mois. Chaque Brebis donne assez souvent naissance à deux Agneaux, parfois à trois. Il y a inconvénient à laisser durer l'allaitement moins de trois mois. En général, quinze jours ou 3 semaines après la naissance, on coupe la queue des Agneaux, qui serait susceptible de salir la toison. C'est également de bonne heure qu'on pratique la castration des mâles non destinés à la reproduction. La durée naturelle de la vie du Mouton est, dit-on, de douze à quinze ans.

Services. — Les Moutons, en thèse générale, sont essentiellement des producteurs de laine et de viande.

Chez les Mouflons, comme chez la plupart des Mammifères sauvages, il existe, entre les poils rudes qui forment la base du pelage, un duvet très fin, mais peu abondant. Chez les Moutons, la proportion de ce dernier est devenue beaucoup plus considérable, mais on distingue toujours deux sortes de poils : 1° les uns, droits, raides et longs, désignés sous le nom de *jarre;* 2° les autres fins, souples, plus longs encore et ondulés, frisés, en zigzag ou même vrillés, qui constituent la *laine.* La jarre revêt la face et les membres ; la laine, mélangée ou non de jarre, est disposée en mèches ondulées qui couvrent le corps et dont l'ensemble forme la toison. Les éleveurs cherchent à écarter la jarre par sélection et au contraire à multiplier la laine. Celle-ci est imprégnée d'une matière grasse sécrétée par des glandes cutanées, le *suint*, qu'on doit enlever en grande partie.

La viande de Mouton est en général très estimée, bien qu'elle varie de goût et de qualité suivant l'âge, la race, le sexe, etc. On peut, avec M. Sanson, en distinguer trois sortes principales : 1° la viande d'agneau de lait, qui est une viande blanche ; 2° la viande d'agneau sevré et engraissé (de huit à onze mois), actuellement très recherchée ; 3° la viande de mouton ou viande faite. C'est un aliment très sain, ne contenant pas de parasites transmissibles à l'Homme (voy. p. 234).

Dans certaines localités du Midi, notamment dans les montagnes, le lait des Brebis est consommé par les ménages pauvres, soit en nature, soit sous forme de beurre et de fromage. En outre, le lait est l'objet d'une exploitation industrielle très importante dans l'Aveyron, aux environs de Roquefort, où il sert à la fabrication d'un fromage renommé, qu'on exporte aujourd'hui dans l'univers entier. Il entre aussi pour une faible part dans la fabrication des fromages de Saint-Marcellin et de Sassenage (Isère).

La graisse des Moutons est employée sous le nom de suif. La peau, les cornes, les onglons, les os, les issues, sont diversement utilisés par l'industrie.

Le fumier est riche ; on se contente parfois, pour fumer la terre, d'enfermer les animaux dans des parcs mobiles, où ils passent la nuit : cette pratique est connue sous le nom de parcage.

HYBRIDES. — P. Gervais cite un produit résultant de l'union du Mouflon de Corse avec le Mouton domestique. En outre, les Moutons et les Chèvres fournissent entre eux divers hybrides sur lesquels nous reviendrons après avoir fait l'étude du genre *Capra*.

Les **Chèvres** (*Capra* L.) ou *Caprins* ont des cornes souvent très grandes, arquées en arrière et divergentes, dont la coupe est elliptique ou prismatique, et dont la face antérieure est marquée de tubérosités transversales. Le chanfrein est droit. Le menton porte une barbiche. Il n'existe ni larmiers ni sinus biflexes. La queue est courte, relevée, nue en dessous. Le pelage est rude ou soyeux, mais jamais il ne contient de véritable laine.

Là encore, il y a des formes de passage, représentées par des Chèvres sans barbe, pourvues de glandes interdigitales et de petits larmiers. — Les femelles ont toujours les cornes plus petites que les mâles.

Les Chèvres habitent les montagnes déboisées et escarpées de l'ancien continent. Ce sont des animaux actifs, remuants, inquiets, très hardis grimpeurs et sauteurs. Les vieilles femelles se chargent de la garde du troupeau pendant qu'il broute ou se repose. Les mâles répandent en général une odeur forte et désagréable, l'odeur de Bouc, qui se communique même à leur chair.

Les gisements quaternaires de notre région ont fourni une espèce identique au Bouquetin des Alpes (*Capra ibex*), et une autre forme (*Capra primigenia*) très voisine de l'Égagre.

On distingue, parmi les Caprins, deux groupes secondaires : les Chèvres proprement dites et les Bouquetins.

Sous-genre BOUQUETIN (*Ibex*). — Ces animaux, dont on fait quelquefois un genre spécial, se reconnaissent à leurs cornes très développées, peu divergentes, triangulaires sur la coupe, et présentant, sur leur large face antérieure, de fortes tubérosités toujours très espacées. L'axe osseux des cornes est creusé de nombreuses cellules.

Signalons : le Bouquetin des Alpes (*Capra ibex*), dont il ne reste plus guère que 300 individus rassemblés dans les Alpes occidentales, au val de Cogne et dans les gorges qui y aboutissent; le Bouquetin des Pyrénées (*C. pyrenaica*), qui devient aussi très rare; le Bouquetin espagnol (*C. hispanica*), de la Sierra Nevada; le Bouquetin du Caucase (*C. caucasica*); le Bouquetin de Sibérie (*C. sibirica*); le Beden (*C. nubiana*); etc.

Sous-genre CHÈVRE (*Hircus*). — Les Chèvres proprement dites ont des cornes prismatiques à bord tranchant, divergentes et à nodosités peu marquées. L'axe osseux est en grande partie plein; sa base seule est creusée par une grande cellule. — 2 espèces principales.

La **Chèvre à cornes en vrilles** (*C. Falconeri* A. Wagn.) est d'une taille un peu supérieure à celle de la Chèvre domestique. Le Bouc est muni de puissantes cornes fortement carénées et contournées en hélice; celles de la femelle sont plus petites et simplement arquées. La teinte générale du pelage est brun grisâtre. Outre une très longue barbe, le mâle porte une sorte de crinière qui enveloppe toute la partie antérieure du corps.

On trouve cette Chèvre sur les hauts sommets de l'Himalaya thibétain; les indigènes la désignent sous le nom de *Markhor*.

La **Chèvre Égagre** (*C. Ægagrus.* L.) est aussi un peu plus grande que la Chèvre domestique. Le Bouc a des cornes longues et faibles, simplement arquées, offrant sur la carène ou angle antérieur une douzaine de bourrelets transversaux, qui manquent chez la femelle. Le pelage est brun rougeâtre, plus clair sous le ventre et à la face interne des membres; le chanfrein, la ligne médiane du dos et la queue sont noirs.

L'Égagre, encore appelée *Chèvre à bézoard*, et connue des Persans sous nom de *Paseng*, se rencontre depuis la Grèce et les îles de l'Archipel jusqu'en Perse. Elle recherche les sommets les plus élevés des montagnes. On lui fait une chasse active, dans le but de se procurer les bézoards, c'est-à-dire les concrétions calculeuses qui, chez elle comme chez beaucoup d'autres Ruminants, se forment souvent dans la caillette, et auxquelles on attribue une foule de vertus médicinales. Cette Chèvre, ainsi que la précédente, s'accouple volontiers avec nos races domestiques, en donnant des produits féconds.

Chèvres domestiques (*C. Hircus* L.). — M. Sanson reconnaît trois espèces (ou races) de Chèvres domestiques (Ovidés caprins), une brachycéphale et deux dolichocéphales.

RACE BRACHYCÉPHALE. — RACE D'EUROPE (*Ovis Capra europæa*). *Variétés* : Des Alpes. — Des Pyrénées. — Du Poitou.

RACES DOLICHOCÉPHALES. — RACE D'ASIE (*O. C. asiatica*). *Variétés* : Angora. — Cachemire. — Thibétaine.

RACE D'AFRIQUE (*O. C. africana*). *Variétés* : Nubienne. — Égyptienne. — Maltaise.

Mais la plupart des auteurs actuels continuent de rattacher ces races

Fig. 658. — Chèvre d'Europe.

à une seule espèce, dont l'origine même est encore discutée. Les uns pensent que la Chèvre domestique dérive du Bouquetin des Alpes (*C. ibex*), qui, dit-on, s'accouple spontanément avec elle en donnant des produits féconds ; d'autres font intervenir des formes voisines du même groupe ; d'autres, encore, parmi lesquels se place I. Geoffroy Saint-Hilaire, admettent que nos races caprines doivent être rattachées à l'Égagre et peut-être, secondairement, à la Chèvre de Falconer.

A notre avis, les Bouquetins ne doivent pas entrer en ligne de compte ; mais il n'est guère douteux que l'Égagre et le Markhor aient contribué à la formation des races cultivées, dont quelques-unes leur ressemblent d'une façon frappante. En outre, il est probable qu'un certain nombre de ces races dérivent de la Chèvre du quaternaire (*C. primigenia*).

En tout cas, il est à remarquer que les Chèvres domestiques retournent à l'état sauvage avec autant de facilité que les espèces sauvages se laissent apprivoiser.

Domestication. — Il est présumable que la Chèvre, comme le Mouton, a été domestiquée d'abord en Orient. Dans l'Europe occidentale, elle se montre assez commune parmi les débris des habitations lacustres de l'époque néolithique. D'autre part, elle est représentée dans les peintures de la quatrième dynastie égyptienne avec les oreilles pendantes, ce qui est toujours le signe d'un état de domesticité très ancien. Il est à noter, d'ailleurs, que les anciens Égyptiens en ont figuré au moins deux races ou variétés bien distinctes. Les Aryas primitifs connaissaient aussi la Chèvre. La *Genèse*, qui mentionne le Mouton dès ses premières pages, en parle peu après. Il en est aussi question dans Homère et dans la mythologie des Grecs.

Caractères physiologiques. — Au point de vue de la reproduction, les Chèvres sont un peu plus précoces que les Moutons. La femelle entre aussi en chaleur à toutes les époques de l'année, mais de préférence en novembre et en décembre, et le rut reparaît une quinzaine de jours après l'accouchement. Le Bouc est encore plus prolifique que le Bélier : un sujet vigoureux peut faire aisément huit saillies en moyenne par jour et féconder 250 femelles dans la saison, qui ne dure guère plus d'un mois. On sait que le Bouc, du moins dans nos races communes, exhale une odeur forte et désagréable, qui s'exagère encore pendant le rut.

La durée de la gestation est de cinq mois, comme chez la Brebis. Les portées doubles sont la règle. Les Chevreaux ou Cabris sont gais et faciles à élever, quoique assez frileux. On les sèvre d'ordinaire vers l'âge de cinq à six semaines. Il est rare qu'on garde les mâles pour la boucherie ; dans ce cas, il importe de les châtrer de bonne heure, car leur chair contracterait l'odeur de Bouc. La durée naturelle de la vie est de treize à quinze et jusqu'à dix-huit ans.

Services. — Le produit principal de la Chèvre, c'est le lait. La Chèvre est la Vache du pauvre, dit Grognier. Son lait, en effet, forme la base de la nourriture d'une foule de populations pauvres qui vivent dans les montagnes ou sur des terres impropres à la culture. Elle met ces terres en valeur, parce qu'elle utilise tous les végétaux qui y croissent, les herbes les plus dures et jusqu'aux plantes ligneuses. Dans le Mont-d'Or lyonnais, le lait de Chèvre est employé à la fabrication de fromages estimés. C'est aussi en grande partie avec ce lait que se font les fromages de Saint-Marcellin et de Sassenage, dans l'Isère. Enfin, la Chèvre peut être employée comme nourrice, pour alimenter les jeunes animaux qui ont perdu leur mère : Agneaux, Veaux, Poulains, etc.

La chair des animaux adultes est peu recherchée, parce qu'en général on ne prend pas la peine de les engraisser ; mais celle des Chevreaux est assez appréciée des gourmets.

Les Chèvres d'Angora, de Cachemire et du Thibet ont un pelage mélangé, en proportions variables, d'un fin duvet qui est exploité pour la fabrication de tissus de qualité supérieure. On a tenté à diverses reprises d'acclimater ces Chèvres en Europe, dans l'intention de faire concurrence à la fabrication hindoue; mais ces essais sont demeurés stériles, car, malgré tous les soins, ces animaux ne tardent pas à perdre leur duvet sous notre climat.

La peau de Chèvre sert surtout à faire des chaussures et des gants; le poil, les cornes, les issues, etc. ont aussi leur emploi dans l'industrie.

Fig. 659. — Chèvre de Cachemire.

Ajoutons que la Chèvre, plus encore que le Mouton, est un animal nuisible à la culture forestière, car elle détruit partout le plant et les jeunes pousses.

Hybrides. — Nous avons déjà dit que le Bouquetin des Alpes, l'Égagre et le Markhor s'accouplent avec la Chèvre domestique, et que les produits de ces unions jouissent d'une fécondité indéfinie.

Au jardin zoologique de Londres, on a obtenu deux produits de la fécondation de la Chèvre par le Mouflon à manchettes; mais tous deux sont morts en naissant. Flourens aurait, d'autre part, fait accoupler avec succès le Mouflon de Corse avec la Chèvre.

Mais les produits les plus intéressants résultent de l'union des Moutons et des Chèvres domestiques. D'après I. Geoffroy-Saint-Hilaire, ces produits devaient être assez répandus chez les Romains. On a pu en obtenir aussi, à diverses reprises, en France et dans quelques autres pays. Les plus communs proviennent du Bouc et de la Brebis. Au Chili, ces derniers sont l'objet d'une exploitation industrielle ayant pour base l'utilisation spéciale de leur peau. Ces produits, désignés dans le pays sous le nom de *Corneros linudos*, sont connus en France sous celui de *Chabins*. Leur fécondité est illimitée (1).

3° Sous-famille des BOVINÉS. — Les Bœufs et genres voisins sont caractérisés par leurs formes lourdes et trapues, et par leurs cornes arrondies, arquées, presque toujours lisses. Le mufle est large, ordinairement nu et humide ; le cou est court, et la peau de sa région inférieure est souvent pendante sous forme de fanon. Sa queue est longue et terminée par une touffe de poils. Il n'existe ni larmiers ni glandes interdigitales. Les femelles ont quatre mamelles, bien qu'elles ne produisent d'ordinaire qu'un seul petit à la fois.

Les Bovinés vivent en troupes, sous la conduite d'un vieux Taureau. Lorsqu'ils sont attaqués par des animaux féroces, ils se mettent souvent en cercle, de manière à présenter les cornes à l'ennemi. On les trouve dans la plupart des contrées du monde, excepté en Australie et dans l'Amérique du Sud.

On peut en distinguer cinq genres : *Ovibos*, *Probubalus*, *Bubalus*, *Bison*, *Bos*. Quelques auteurs ne donnent cependant à ces groupes que la valeur de sous-genres.

Les **Ovibos** (*Ovibos*) marquent le passage des Bovinés vers les Ovinés. Ils ont le museau velu, sauf entre les narines. Leurs cornes sont très larges et très rapprochées à la base, puis recourbées en dehors et relevées à la pointe. Le pelage est composé de poils longs et laineux.

Une seule espèce, le Bœuf musqué (*O. moschatus*), du Groenland et de la baie d'Hudson. Ce nain des Bovinés vivait dans nos régions à l'époque quaternaire.

Les **Probubales** (*Probubalus*) servent de trait d'union entre les Bœufs et les Antilopes. Ils ont des cornes comprimées, courtes, presque droites, à peine annelées et divergentes. Le poil est clairsemé. Le museau est nu.

L'*Anoa* des Malais (*Pr. depressicornis*), qui représente ce genre, est de la taille d'une jeune génisse. On lui donne souvent le nom d'Antilope des Célèbes.

(1) Voy. A. Sanson, *op. cit.*, t. II, p. 275.

Les **Buffles** (*Bubalus*) ont le mufle nu, le front bas et bombé, les cornes très épaisses, recourbées en dehors, puis en arrière, et enfin relevées un peu en avant. Le poil est rude et très clairsemé. Le corps est trapu.

Ces animaux appartiennent aux régions chaudes de l'ancien continent Ils fréquentent surtout les régions marécageuses et aiment à se vautrer dans la vase. — Les uns ont les cornes rondes : tel est le Buffle de la Cafrerie (*B. caffer*), qui vit dans toute l'Afrique méridionale et centrale, et qui se distingue à première vue par ses cornes extrêmement élargies à la base et rapprochées sur la ligne médiane. — Les autres ont les cornes comprimées et distantes : tels le Buffle ordinaire et le Buffle Kérabau.

Le **Buffle ordinaire** (*B. buffelus* L.) a le corps un peu allongé, le garrot assez élevé, le cou court et épais, sans fanon, la tête courte et large, les yeux petits, à expression farouche, les oreilles longues et larges, les cornes longues, assez épaisses à la base, puis amincies et terminées en pointe mousse. La peau, presque nue sur beaucoup de points, est noire ; les poils varient du gris au roux. Il est rare de voir des individus blancs ou tachetés.

Le Buffle vit dans l'Inde à l'état sauvage. Mais il a été domestiqué depuis un temps immémorial, et s'est répandu alors, sous l'influence de l'Homme, dans toute l'Asie occidentale, puis en Turquie, en Grèce, dans le bas Danube, en Italie et en Égypte. Son introduction en Italie date de la fin du septième siècle.

C'est un animal très utile à l'agriculture dans les régions marécageuses. C'est presque le seul des animaux domestiques qui puisse résister à l'action des effluves paludéens, et il rend par suite de réels services, notamment pour la culture du riz. C'est un puissant moteur, qui offre l'avantage d'un entretien facile : il se contente des fourrages les plus secs et les plus durs, récoltés dans les prairies basses et humides. Il fournit d'ailleurs un lait très crémeux et aromatique, qui sert à la fabrication d'un beurre estimé. Par contre, sa chair, du moins à l'âge adulte, est dure et possède une odeur musquée fort désagréable. La Bufflesse porte dix à onze mois.

L'*Arni* est une variété à grandes cornes du Buffle commun. Quant au Buffle Kérabau (*B. Kerabau*), c'est une autre espèce, qui est originaire des îles de l'Inde orientale, et qu'on a domestiquée comme la précédente.

Les **Bisons** (*Bison* Sundv., *Bonasus* A. Wagn.) ont le mufle nu, le front large et bombé, les cornes courtes, épaisses et recourbées en haut. La toison, très épaisse, forme en avant une crinière qui enveloppe la tête, le cou, le poitrail, les épaules et le garrot. Cette dernière région est en outre relevée par une sorte de bosse, tandis que l'arrière-train est relativement faible.

On connaît deux espèces de ce genre. L'une est le Bison d'Europe (*Bison europæus*), le *Wisent* des Allemands, le *Subr* des Polonais, le *Bonasus* de Pline, que les naturalistes du seizième siècle ont confondu avec le Bœuf primitif ou Urus, en lui donnant les noms impropres d'*Ur*, *Aur* ou *Aurochs*, noms qu'il importe d'abandonner. Ce Bison, qui était répandu dans toute l'Europe à l'époque quaternaire, n'existe plus aujourd'hui que dans la grande forêt de Byalowicsa, en Lithuanie, et dans le centre du Caucase. L'autre espèce est le Bison d'Amérique (*B. americanus*), encore appelé *Buffalo*, qui naguère parcourait en troupeaux immenses tous les États-Unis, et qui aujourd'hui se trouve relégué au nord et à l'ouest du Missouri. Quelques auteurs ne veulent voir dans ces deux formes que deux variétés d'une même espèce.

Fig. 660. — Tête du Bison d'Europe.

Enfin, les **Bœufs** (*Bos* L.) sont caractérisés par un mufle nu, un front étroit et aplati, des cornes épaisses à la base et un dos droit, sans élévation au garrot. Le poil est généralement court.

On a trouvé des restes fossiles du genre *Bos* dans le tertiaire supérieur et dans le quaternaire. Ainsi, les couches les plus récentes du pliocène de l'Italie (val d'Arno) ont fourni le *B. etruscus*, que Rütimeyer regarde comme la souche des Bœufs actuels. Dans cette espèce, la configuration du crâne est tout à fait semblable à celle que présente, dans le jeune âge, le crâne du Banteng et, à l'âge adulte, celui de sa femelle. Il est curieux de remarquer, en effet, qu'en suivant pas à pas le développement du Banteng depuis la femelle encore jeune jusqu'au mâle adulte, on voit se réaliser « toutes les modifications que le crâne a subies pendant une longue série de périodes géologiques, dans la famille des Buffles, depuis l'Hémibos miocène jusqu'au *Bubalus caffer* actuel, ou dans la famille des Bœufs, depuis le *Bos etruscus* jusqu'à notre Taureau. » Aussi Rütimeyer pense-t-il qu'on doit considérer le Banteng comme la souche d'espèces futures. Le Gaur, le Gayal et l'Yack, dont les variations sont déjà très limitées, et le Zébu, dont la variabilité est encore très étendue, en seraient des espèces dérivées.

Mais l'espèce fossile la plus intéressante pour nous, c'est le Bœuf primitif ou Urus (*B. primigenius*), animal de haute taille, à cornes formidables, qui s'est perpétué à l'état sauvage, à travers les âges de la pierre polie et des métaux, jusqu'à l'époque romaine et même jusqu'au moyen âge, dans les forêts de l'Europe centrale. M. Thomas (1) a découvert en Algérie une variété de cette espèce qui ne diffère du type que par quelques caractères secondaires, et à laquelle il donne le nom de *B. primigenius mauritanicus*. D'autre part, on connaît deux autres formes quaternaires que beaucoup d'auteurs regardent comme spécifiquement distinctes de la première, tandis que d'autres n'y voient que des variétés. L'une est le *B. frontosus*, à tête allongée, à front plan ou même concave en avant, à cornes longues et minces. L'autre, observée en Angleterre, est le *B. brachyceros* ou *longifrons*, de petite taille, à membres grêles, à cornes courtes et épaisses.

L'**Yak** (*Bos grunniens* L.) se rapproche encore des Bisons par son front assez large et un peu bombé, par son garrot élevé et par sa longue et épaisse toison. C'est un puissant animal, qui a quelque chose du Cheval dans la démarche. Son pelage est noir, à l'exception d'une bande dorsale gris argenté et de la queue, qui est blanche. Celle-ci est, en outre, garnie de longs poils qui la font ressembler à une queue de Cheval.

L'Yak est qualifié de grognant à cause de sa voix, qui ressemble un peu au grognement du Cochon. Les anciens le connaissaient sous le nom de *Poephagus*. Il vit à l'état sauvage dans l'Asie centrale, notamment dans les montagnes du Thibet, à une altitude de 4 000 à 7 000 mètres. On lui fait la chasse pour sa chair, qui est estimée, et pour sa queue, usitée à titre d'ornement. D'autre part, on l'a domestiqué : les Thibétains s'en servent comme bête de somme et de selle, et se nourrissent de son lait, qui est excellent.

Le **Gayal** (*B. frontalis* Lambert) est une forte espèce dont la tête, très élargie en arrière, porte des cornes assez courtes, mais très épaisses et à peine recourbées. Le corps est trapu, un peu relevé en bosse au garrot. Le pelage est court et épais, de teinte noire.

Ce *Bœuf des jungles*, comme l'appellent les indigènes, habite les montagnes de l'est et du nord-est du Bengale. Il est aussi vif et agile que

(1) Ph. Thomas, *Recherches sur les Bovidés fossiles de l'Algérie*, Bullet. de la Soc. Zool. de France, 1882.

l'Yak, et se défend avec courage contre les carnassiers. On le chasse pour sa chair et sa peau, et on parvient même sans trop de difficultés à l'apprivoiser ; mais nulle part on ne le fait travailler, et on ne boit même pas son lait. Hogdson en faisait le type d'un nouveau genre (*Bibos*).

Le **Gaur** (*B. gaurus* H. Sm.) se rapproche davantage de nos Bœufs domestiques. Ses membres sont hauts, et sa taille est, par suite, plus élevée que celle du Gayal ; ses cornes sont moins épaisses et plus recourbées ; sa robe est brun noirâtre, avec le front et les pieds d'un blanc sale.

Il vit surtout dans les jungles et les forêts épaisses du sud du Bengale. Il paraît fort difficile à apprivoiser.

Le **Banteng** (*B. sondaicus* Müll.) est encore plus voisin des Bœufs domestiques. Sa taille est inférieure à celle des espèces précédentes ; ses cornes, de longueur moyenne, sont recourbées en demi-cercle ; sa robe est d'un brun roux, avec des taches blanches aux fesses, au bas des membres et aux lèvres.

Ce *Bœuf à fesses blanches* vit à l'état sauvage dans les forêts marécageuses des îles de la Sonde, à Java, Bornéo et Sumatra. Les indigènes le chassent pour sa chair et sa peau. Les jeunes animaux se laissent facilement apprivoiser.

Le **Zébu** (*B. indicus* L.) est caractérisé surtout par une bosse de nature adipeuse développée au niveau du garrot, des oreilles pendantes, des membres fins et assez hauts. Sa robe, en général d'un brun roux ou châtain, varie beaucoup suivant les races.

Le Zébu ou *Bœuf à bosse* se trouve encore à l'état sauvage sur quelques points des Indes ; mais on se demande s'il ne s'agit pas là d'individus marrons. Dans tous les cas, on considère le Bengale comme étant sa patrie : c'est là qu'il aurait été domestiqué, pour se répandre ensuite dans une grande partie de l'Asie et de l'Afrique, en donnant naissance à une foule de races diverses.

« On en a de toute taille, dit Vogt ; les Zébus de l'Afrique méridionale, ordinairement grands et bruns, ont souvent des cornes très grandes ; mais dans tous les pays on trouve des races moyennes et même fort petites, égalant à peine la taille d'un gros cochon, des races à cornes moyennes, petites, ou même sans cornes. Les Zèbus marchent, trottent et galopent comme des chevaux ; ils sont très estimés comme montures, comme bêtes de somme et de trait, et chez beaucoup de peuples, surtout du sud et du centre de l'Afrique, ils forment pour ainsi dire la seule richesse (1). »

L'une des races les plus intéressantes est le Zébu à trois cornes (*Bos triceros*), de la Sénégambie, étudié par M. de Rochebrune (2). Elle est remarquable par la présence, sur la région nasale, d'une corne identique aux cornes frontales.

Bœufs domestiques (*B. taurus* L.). — Les Bœufs domestiques appartiennent, d'après M. Sanson, à douze espèces (ou races) distinctes, six brachycéphales et six dolichocéphales.

RACES BRACHYCÉPHALES. — RACE ASIATIQUE OU GRANDE RACE GRISE (*B. T. asiaticus*). *Variétés* : Du Cambodge. — Chinoise. — Des steppes de l'Asie et de l'Europe orientale. — De l'Ukraine. — Hongroise. — Podolienne. — Bellunaise. — Romagnole. — Camargue.

RACE IBÉRIQUE (*B. T. ibericus*). *Variétés* : Corse. — Sarde. — Sicilienne. — Algérienne. — Espagnole. — Basquaise. — Béarnaise. — Landaise. — Carolaise.

RACE VENDÉENNE (*B. T. ligeriensis*). *Variétés* : Maraichine. — Nantaise. Choletaise, poitevine, gâtinelle ou parthenaise. — Marchoise. — De l'Aubrac.

RACE AUVERGNATE (*B. T. arvernensis*). *Variétés* : Du Cantal (dite Salers). — Du Puy-de-Dôme (dite Ferrandaise).

RACE JURASSIENNE (*B. T. jurassicus*). *Variétés* : Simmenthal. — Bernoise. — Fribourgeoise. — Pinzgau. — Bressane. — Comtoise. — Fémeline. — Glane. — Donnersberg. — Charolaise. — Nivernaise. — Bourbonnaise.

RACE ÉCOSSAISE (*B. T. caledoniensis*). *Variété* : West-Highland.

RACES DOLICHOCÉPHALES. — RACE DES PAYS-BAS (*B. T. batavicus*). *Variétés* : Hollandaises de Groningue, de la Frise, du Noord-Holland, de la Zélande, des Sables, etc. — De l'Ostfriesland. — Oldenbourgeoise. — Flamande. — Shorthorn ou anglaise de Durham. — Limbourgeoise. — Ardennaise. — Meusienne. — Morvandelle.

RACE GERMANIQUE (*B. T. germanicus*). *Variétés* : Angeln. — Tondern. — Breitenbourg. — Normande. — Hereford.

RACE IRLANDAISE (*B. T. hibernicus*). *Variétés* : Kerry. — Ayr. — Devon. — Jersey. — Alderney. — Bretonne.

ACE BRITANNIQUE, DITE SANS CORNES (*B. T. britannicus*). *Variétés* : Blanche des forêts. — Galloway. — Angus. — Suffolk. — Norfolk. — Sarlabot.

RACE DES ALPES, DITE BRUNE (*B. T. alpinus*). *Variétés* : Schwytz. — Righi.

(1) *Loc. cit.*, p. 427.
(2) *Nouv. Arch. Mus*,, 2e série, t, III. 1880, p. 159.

— Appenzel. — Uri. — Glaris. — Wurtembergeoise. — Allgau. — Tyrolienne. — Tarentaise. — Gasconne. — Ariégeoise. — Saint-Gironnaise.

Race d'Aquitaine (*B. T. aquitanicus*). *Variétés* : Garonnaise. — Agenaise. — Limousine. — Lourdaise.

Pour Rütimeyer, les types primitifs sont beaucoup moins nombreux. En étudiant les débris retirés des cités lacustres de la Suisse, cet auteur a reconnu qu'il existait dans cette région, à l'époque néolithique, quatre formes distinctes de Bœufs vivant à l'état domestique : *B. primigenius*, *B. brachyceros* seu *longifrons*, *B. trochoceros* et *B. frontosus*. On se rappelle que nous avons déjà signalé trois de ces formes dans le quaternaire.

Le *B. trochoceros*, de petite taille, à cornes grandes et épaisses, aurait lui-même pris naissance en Italie, pendant l'époque quaternaire, et serait ensuite remonté vers le nord. M. Sanson le regarde comme identique au *B. frontosus*.

Les trois autres formes auraient donné naissance aux races bovines qui peuplent aujourd'hui la surface du globe. Le *B. primigenius* serait apparu dans le sud-est de l'Europe : sa descendance la plus directe serait la race blanche, à oreilles rouges ou noires, qui vit encore en liberté dans divers parcs de l'Ecosse ; en outre, il aurait pour descendants plus ou moins modifiés les races domestiques des Pays-Bas, du nord de l'Allemagne, des steppes de l'Europe orientale, etc. M. Sanson combat cette opinion et affirme que le « descendant légitime et direct » du Bœuf primitif est son *B. T. ligeriensis*.

Le *B. frontosus* serait originaire de la Scandinavie et aurait fourni la race actuelle à pelage tacheté, de Berne (*B. T. jurassicus* Sanson). On y a rattaché aussi les races à cornes courtes ou nulles (*shorthorns* des Anglais) et quelques autres.

Quant au *B. brachyceros*, il représenterait la souche de la race brune de Schwytz, ainsi que des races à robe unie de la haute Écosse, de la Bretagne, de l'Auvergne, etc. M. Sanson l'identifie à son *B. T. alpinus* ; mais il en distingue le *B. longifrons*, qui ne serait autre que le représentant ancien de son *B. T. batavicus* (1).

A côté de ces trois types, on a proposé d'en reconnaître un quatrième, le *B. brachycephalus*, actuellement représenté par un groupe de bétail à tête courte qui habite le Tyrol ; mais Rütimeyer est d'avis qu'il s'agit là d'une modification accidentelle du crâne, représentant le premier degré de celle qu'on observe chez les *Bœufs niatas* des pampas de l'Amérique du sud et chez divers animaux domestiques (2).

Quoi qu'il en soit, aucun des types primitifs n'a laissé jusqu'à nous de descendants sauvages. On connaît bien un certain nombre de Bœufs qui

(1) *Comptes rendus*, 11 novembre 1878.
(2) Voy. P. Delplanque, *Études tératologiques*, Thèse Lille, 1885.

ne sont qu'à demi domestiqués, et d'autres qui vivent en pleine liberté ; mais tous dérivent d'animaux domestiques. Tel est le cas de ces troupeaux de Bœufs qu'on rencontre au milieu des pampas de l'Amérique, dans tous les pays de domination espagnole, et qu'on chasse souvent pour leur peau.

Domestication. — D'après ce qui vient d'être dit, on voit que la domestication des races bovines européennes remonte à l'âge de la pierre polie. Mais il est probable que les races asiatiques ont été domestiquées sur place à une époque antérieure. A la vérité, nous voyons bien un Bœuf mentionné par les Aryas primitifs ; mais on est en droit de se demander s'il s'agit du Bœuf proprement dit ou du Zébu. Les monuments figurés de l'Assyrie et de l'Égypte nous fournissent toutefois des renseignements plus précis : on y voit représentés à la fois le Bœuf et le Zébu dans des conditions qui ne laissent aucun doute sur leur état de domesticité. D'après Joly, les peintures des salles funéraires de l'ancienne Égypte — peintures qui remontent jusqu'à l'âge de la pierre polie — nous montrent déjà diverses races de Bœufs portant le joug et attelés à la charrue. « On y voit même des vaches sans cornes et dont on a lié les jambes, afin de pouvoir les traire, malgré la présence de leur veau, laissé à côté d'elles. » En somme, il paraît certain que les Bœufs ont été domestiqués d'abord en Orient, et que nos races occidentales n'ont été soumises à l'Homme qu'après l'arrivée en Europe des populations qui avaient accompli cette domestication primitive.

Caractères physiologiques. — Le Taureau se montre apte à l'accouplement vers l'âge d'un an ; la Vache est un peu plus précoce. Toutefois, lorsque le mâle est encore aussi jeune, il importe de ne lui faire saillir qu'un petit nombre de femelles.

La gestation dure en moyenne 280 jours, soit en chiffres ronds neuf mois. Il n'est pas très rare de voir la Vache donner naissance à deux petits. Chose remarquable, lorsque l'un de ces jumeaux est un Veau et l'autre une Génisse, celle-ci est presque toujours inféconde. Le sevrage ne doit avoir lieu qu'après l'apparition de la première molaire permanente (quatrième de chaque rangée), soit d'ordinaire entre le cinquième et le huitième mois.

Dès que les testicules sont accessibles, on les supprime chez les individus mâles qui ne sont pas destinés à la reproduction : ces individus reçoivent alors le nom de Bœufs. Assez souvent aussi on pratique la castration des Vaches : cette opération, surtout préconisée par M. Charlier, a généralement pour but de prolonger la période de lactation.

La durée naturelle de la vie est de quinze à dix-huit ans ; mais il y a toujours intérêt à sacrifier les animaux beaucoup plus tôt.

Services. — La fonction économique la plus générale de nos Bœufs domestiques est la production de la viande. Nous consommons tantôt celle du Veau, qui est une viande blanche, tantôt celle du Bœuf ou de la

Vache engraissée. La chair du Taureau est dure, à peine mangeable.

Le lait de Vache est, en outre, un aliment très recherché, dont l'usage, soit en nature, soit sous forme de beurre ou de fromage, est assez répandu pour que nous n'ayons pas à y insister.

D'autre part, les Bœufs sont des producteurs de force motrice; mais, contrairement à ce que nous aurons à constater pour les Chevaux, cette force n'a presque pas d'application en dehors des travaux de l'agriculture.

Enfin, il nous suffit de citer le suif, la peau, les poils, les cornes et onglons, les os, etc., dont l'emploi est du domaine de l'industrie.

Hybrides. — On connaît de nombreux exemples d'hybridation entre les différentes espèces de Bovinés.

Gray signale un produit du Gayal (?) et du Zébu.

Au Thibet, l'accouplement du Zébu mâle et de l'Yak femelle est entré dans la pratique industrielle, et le produit de cet accouplement, connu sous le nom de *Dzo*, tient le premier rang parmi les bêtes de somme. Il jouit d'une fécondité indéfinie.

A la ferme royale de Rosenhain, en Wurtemberg, on a effectué de nombreux accouplements, en divers sens, entre le Zébu et la population bovine du pays. Tous les produits, pourvus d'une bosse au garrot, se sont montrés indéfiniment féconds.

On est parvenu encore à accoupler avec succès la Vache domestique avec l'Yak, le Bison d'Europe, le Bison d'Amérique; mais on est mal fixé sur les résultats de l'accouplement de la Vache ou du Taureau avec le Buffle ou la Bufflesse.

Les **GIRAFIDÉS** ou Déclives (*Devexa*) sont des Ruminants à cou très allongé et à membres hauts, dont l'avant-train est beaucoup plus élevé que la région postérieure, de sorte que le dos se montre fort incliné en arrière. La tête, petite et allongée, porte deux cornes osseuses revêtues d'une peau velue, auxquelles s'ajoute, chez le mâle, une bosse frontale impaire.

Une seule espèce : la Girafe (*Camelopardalis giraffa*), le plus haut des Mammifères terrestres, qui vit en petites troupes dans les plaines de l'Afrique tropicale.

Les **CAMÉLIDÉS** ou *Tylopodes* (τύλος, callosité; ποῦς, pied) sont caractérisés d'abord par la disposition de leurs pieds, qui sont peu fendus et n'ont que les deux doigts médians, terminés par de petits sabots et offrant une surface plantaire large, bombée, calleuse. La dentition de lait comporte trois paires d'incisives à chaque mâchoire; mais, à l'âge adulte, il n'en reste qu'une seule paire à la mâchoire supérieure. Il existe, en haut comme en bas, une canine forte et pointue. En arrière de celle-ci se trouve une prémolaire caniniforme, séparée des autres molaires par une barre. Les Camélidés n'ont point de cornes. Ils ont un grand cou et une lèvre supérieure fendue. Le feuillet rudimentaire se continue avec la

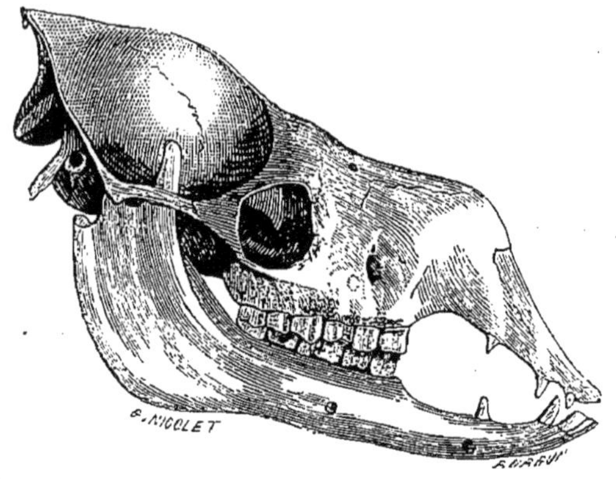

Fig. 661. — Tête de Chameau.

caillette sans démarcation extérieure. La vésicule biliaire fait défaut. Les mamelles sont au nombre de quatre. Les globules sanguins sont elliptiques.

Ces animaux sont sociables : à l'état sauvage, ils vivent en troupes plus ou moins nombreuses. Tous marchent l'amble. Ils composent deux genres : *Camelus* et *Auchenia*, le premier de l'ancien, le second du nouveau continent.

Les **Lamas** (*Auchenia* Ill.) sont de taille moyenne, à cou long et presque vertical, à ligne dorsale droite, sans aucune apparence de bosse, à queue courte ou rudimentaire, à toison longue et épaisse. Il y a souvent des callosités, c'est-à-dire des surfaces nues et indurées, à la poitrine et aux genoux. Les deux doigts sont séparés, offrant chacun une plante calleuse.

Ces animaux vivent par troupes dans l'Amérique du Sud, sur les plateaux de la Cordillère ; il en est cependant qui descendent parfois dans la plaine. Ils sont très doux, et ne se défendent guère qu'en lançant au visage de leur agresseur leur salive mélangée d'aliments. — On en connaît quatre espèces, dont deux, le Guanaco et la Vigogne, vivent encore à l'état sauvage, tandis que les deux autres, le Lama et l'Alpaca, étaient déjà entièrement domestiquées lors de la découverte de l'Amérique. « Le premier animal de ce genre qu'on ait montré en France, dit P. Gervais, y arriva par la voie d'Angleterre ; on le voyait à l'école d'Alfort en 1773. »

Le **Guanaco** (*A. huanaco*) est de la taille d'un Cerf; son corps est recouvert d'un pelage assez lâche, composé de poils longs et soyeux et d'un duvet court et fin. Sa teinte générale est d'un roux brun sale.

Le Guanaco se trouve dans les Cordillères, depuis le nord du Pérou jusqu'à la pointe sud de l'Amérique. On le chasse au lasso, pour sa chair, qui a le goût du Mouton, et pour sa toison. Dans les montagnes, on apprivoise quelquefois les individus pris jeunes.

Le **Lama** proprement dit (*A. lama* Desm., *A. glama* L.) est un peu plus grand que le Guanaco, dont il se distingue en outre par la présence de callosités à la poitrine et aux genoux. Le pelage est très variable quant à la couleur : il peut être blanc, roux, brun, noir ou même tacheté.

Le Lama est entretenu à l'état domestique sur le haut plateau du Pérou. On l'a quelquefois regardé comme dérivant de l'espèce précédente. Il est employé comme bête de somme pour le trafic qui s'effectue à travers les hauts cols, entre les mines et la côte. Il ne porte guère que 80 à 100 kilogrammes, et va à très petites journées, de 20 kilomètres au plus : quand il est fatigué, il se couche et refuse d'avancer. Aussi commence-t-on à le remplacer avantageusement par des Équidés, et en particulier par le Mulet. On ne se sert d'ailleurs que des mâles; les femelles sont réservées pour la reproduction. Sa chair est bonne; sa laine n'est guère utilisée.

L'**Alpaca** (*A. paco*) est plus petit que les types précédents; sa toison est longue et douce, blanche, noire ou mouchetée, ce qui dénote encore un état très ancien de domesticité ; elle tombe en longues mèches de chaque côté du corps.

On entretient le Paco en troupeaux immenses, qui ne sont amenés près des habitations qu'au moment de la tonte. Sa laine est en effet très estimée, et sert à fabriquer des étoffes spéciales. Sa chair est excellente. A diverses reprises, on a tenté d'acclimater cette espèce en France, ainsi que la précédente ; mais ces essais n'ont pas abouti.

La **Vigogne** (*A. vicunna*) n'est pas plus grande qu'un Mouton. Son corps est recouvert d'un duvet très fin, court et crépu, qui forme une riche toison. La tête, ainsi que le dessus du cou, du tronc et des fesses, est d'un jaune roux spécial ; les autres parties sont plus claires ou même blanches.

Les Vigognes vivent sur les cimes ou dans les vallées des Cordillères, à la façon des Mouflons. On les chasse activement pour leur chair, qui est excellente, et surtout pour leur laine, dont on fait des étoffes très fines et très durables. Elles s'apprivoisent sans trop de difficultés, lorsqu'elles sont prises jeunes.

Les **Chameaux** (*Camelus* L.) sont des animaux de grande taille, à cou long et recourbé, à dos surmonté d'une ou de deux masses graisseuses en forme de bosses, et à queue courte, munie d'un pinceau terminal. Ils présentent des callosités à la poitrine, aux genoux et aux grassets. Leurs deux doigts sont unis en arrière par une plante commune.

On ne connaît pas de Chameaux véritablement sauvages: ceux de l'Asie centrale, qu'on a décrits comme tels, paraissent dériver d'individus domestiques qui ont repris leur liberté. On en distingue d'ordinaire deux espèces, l'une asiatique, à deux bosses, le Chameau de la Bactriane, l'autre africaine, à une bosse, le Dromadaire; mais il y a lieu de se demander si les différences que présentent ces deux types ont réellement une valeur spécifique. Ils donnent ensemble des produits indéfiniment féconds, tantôt à une seule, tantôt à deux bosses, quel que soit le sens dans lequel s'effectuent les unions.

Le **Chameau bactrien** (*C. bactrianus* L.), encore appelé *Chameau à deux bosses* ou simplement *Chameau*, doit représenter la forme primitive. Il se distingue à première vue par la présence de deux bosses situées, l'une au niveau du garrot, l'autre au niveau du sacrum. Il est assez trapu et a les membres relativement courts; son pelage est épais et rude, surtout aux épaules, autour des bosses et sur la tête; sa couleur est brun roussâtre, plus claire en été.

Le Chameau est originaire, dit-on, de l'ancienne Bactriane, aujourd'hui le pays des Usbecks; mais il s'est répandu dans toute l'Asie centrale et orientale. Depuis un temps immémorial, il est utilisé par les Tartares, les Mongols et les Chinois; ses allures lourdes font toutefois qu'on ne l'emploie guère que comme bête de somme. C'est par lui que se fait tout le trafic entre la Chine et les pays de l'Occident. Il est indispensable à beaucoup de peuplades asiatiques nomades, qu'il transporte à travers les steppes, et auxquelles il fournit son lait, sa laine, sa viande et sa peau. En Perse, on l'emploie même comme animal de guerre.

Le **Dromadaire** (*C. dromedarius* L.) est plus élancé que son congénère, et ses membres sont plus déliés; il ne possède qu'une seule bosse, qui occupe le milieu du dos (fig. 601); son pelage est laineux, plus long sur le cou, les épaules et la bosse, mais cependant moins fourni que celui du Chameau; sa couleur est gris roussâtre, devenant quelquefois fort claire.

Le Chameau à une bosse (1) ne se rencontre, comme nous l'avons dit, qu'à l'état domestique, et il comprend un assez grand nombre de variétés. « L'Arabe, dit Brehm, reconnaît bien vingt races de Chameaux ; c'est une science comme la science des Chevaux ; on parle de Chameaux nobles et ignobles. » En Algérie, on en distingue deux : l'une propre au bât, le *Djemel* ; l'autre à la selle, le *Méhari* ou *Mahari.* Ce qu'il y a de curieux, c'est que le nom de Dromadaire est inconnu aux peuples africains qui élèvent cet animal, et que les Européens mêmes qui habitent l'Afrique ne le désignent que sous celui de Chameau. Le mot *Dromedarius*, employé par les Romains de la décadence, et dérivé de Κάμηλος δρομάς, *Camelus droma*, ne s'appliquait qu'aux variétés de course, telles que le *Méhari* du Sahara, le *Bischarin* du Soudan oriental, l'*Hedjihn* de l'Égypte.

Le *Djemel* ou Dromadaire de charge, qui est à peu près le seul utilisé dans nos possessions africaines, y présente deux variétés : celle du Tell et celle du Sahara, la dernière plus grande et plus forte.

Domestication. — Le Dromadaire paraît originaire des déserts du sud-ouest de l'Asie, et en particulier de l'Arabie, d'où le nom de *Chameau des Arabes* que lui donnait Aristote.

Il a été domestiqué par les Sémites, qui l'ont amené avec eux dans le Sahara. La Bible en parle dès le commencement, et son nom hébraïque est le même que le nom égyptien.

Aujourd'hui, d'après Brehm, « son aire de dispersion se confond avec celle des Arabes : de l'Arabie ou du nord-ouest de l'Afrique, elle s'étend à travers la Syrie, l'Asie mineure et la Perse jusqu'en Boukharie, où se trouve le Chameau à deux bosses ; d'un autre côté, elle s'étend à travers le Sahara jusqu'à l'océan Atlantique et jusqu'au 12e degré de latitude nord. »

Caractères physiologiques. — Les premières chaleurs apparaissent à trois ans et demi chez le mâle, à quatre ans chez la femelle ou *Naga.* La saison du rut dure environ huit à douze semaines, de janvier à mars ou avril. Le mâle, doux et calme d'ordinaire, devient alors inquiet, taquin, rétif, pousse des cris ou des hurlements, cherche à mordre ses compagnons ou son chamelier et parfois même devient dangereux. Chez beaucoup d'individus, on voit sortir de la bouche une masse rouge volu-

(1) Voy. Vallon, *Mémoire sur l'histoire naturelle du Dromadaire*, extrait du t. VII du Recueil de mémoires et observations sur l'hygiène et la médecine vétérinaires militaires. Paris, 1856.

mineuse, qui n'est autre que le voile du palais tuméfié; la nuque est le siège d'une sécrétion noirâtre d'une odeur forte et repoussante. C'est de six à douze ans que les Dromadaires sont le plus aptes à la reproduction. Un étalon peut faire, sans être fatigué, deux ou trois saillies chaque jour; mais on ne lui laisse guère féconder qu'une quarantaine de Chamelles par saison. L'émission du sperme est très lente, et l'accouplement se prolonge quelquefois fort longtemps.

La durée moyenne de la gestation est de douze mois. La portée est d'un seul petit. Les chaleurs reparaissent peu de jours après le part; mais les Arabes d'Algérie ont l'habitude de laisser aux Nagas une année de repos, et de ne les livrer à l'étalon que tous les deux ans. Le jeune Dromadaire naît avec les yeux ouverts : il se sèvre de lui-même au bout de 11 à 12 mois dans le Tell, de 12 à 13 mois dans le Sahara algérien. Dans le courant de la troisième année, beaucoup d'Arabes châtrent les mâles qui ne leur paraissent pas propres à devenir de bons étalons. La castration de la femelle, signalée par Pline, est inconnue en Afrique. Les Dromadaires peuvent faire un bon service pendant 20 à 22 ans.

Services. — Suivant la race à laquelle il appartient, le Dromadaire est, comme nous l'avons vu, un animal de selle ou un animal de bât. Le premier nous intéresse peu, car il ne se trouve guère que dans le désert. Quant au Djemel, c'est une excellente bête de somme, qui peut porter en moyenne une charge de 300 kilogrammes, et faire ainsi dix à onze lieues par jour.

C'est surtout pour les populations qui habitent le Sahara et l'intérieur de l'Afrique, que cet animal est précieux. Sans ce *navire du désert*, comme disent les Orientaux, elles ne pourraient traverser ces espaces immenses et désolés que Buffon appelait les « lacunes de la nature ».

« Tout le commerce que les Arabes font entre le nord et l'intérieur de l'Afrique, depuis nos villes du littoral jusqu'à Tombouctou, le Soudan, et au-delà, n'a lieu qu'à dos de Dromadaire et ne pourrait être fait autrement. Les Arabes s'organisent en caravanes fortes quelquefois de 4000 Chameaux; et ces caravanes s'approvisionnent à Tunis, à Fez, ou dans quelqu'un de nos postes, de produits du Tell ou d'Europe, qu'elles vont vendre ou échanger contre des productions naturelles ou industrielles de l'intérieur de l'Afrique. Elles parcourent le désert en suivant ces grands chemins tracés il y a 2200 ans par Hérodote, immuables étapes que suivirent autrefois les marchands de Memphis, après eux ceux de Carthage, et que suivent encore les Arabes pour aller trafiquer au-delà du désert, ne vivant en chemin que de farine délayée et de dattes.

« Ces voyages sont fort longs. Quelques-uns ne durent pas moins de deux ans. Chaque Chameau reçoit en partant 200 ou 230 kilogrammes de marchandises, fait tous les jours dix ou onze lieues, quelquefois même quatorze et quinze, et se nourrit des herbes qu'il trouve sur sa route et de quelques kilogrammes de dattes, de fèves, d'orge ou de farine d'orge délayée dans l'eau, qu'on lui donne le soir (1)..... »

Le Dromadaire est en effet d'une grande sobriété. Il s'accommode d'une foule de végétaux grossiers que les autres herbivores ne pourraient pas digérer. Il peut même se passer d'aliments pendant plusieurs jours. Par contre, lorsqu'on lui donne à volonté des fourrages verts, il en mange en quelques heures une quantité étonnante. Contrairement à l'Ane, il est peu difficile sur la qualité de l'eau. Au printemps, il ne boit presque jamais, l'eau de végétation des plantes qu'il consomme suffisant à ses besoins; en hiver, il boit tous les cinq ou six jours; en automne, tous les quatre ou cinq jours; en été, tous les deux ou trois jours, à cause de l'absence de plantes vertes. Mais, chaque fois qu'il boit, il absorbe une énorme quantité d'eau : après dix jours de régime sec, Vallon a vu un Dromadaire en ingurgiter 70 litres dans l'espace de six minutes.

Assez souvent, les Dromadaires ont été utilisés comme animaux de guerre. Bonaparte s'en était servi pour monter un régiment lors de la campagne d'Égypte. En Algérie, nos généraux ont tenté de les employer dans les mêmes conditions; mais les cris qu'ils poussent au lever du soleil ont fait quelquefois manquer les opérations, et on a dû renoncer à leur usage. Aujourd'hui, on ne les emploie plus guère qu'aux transports, sans les annexer aux colonnes.

La Chamelle fournit d'excellent lait, qui est consommé presque partout en nature. Les poils du Dromadaire servent à la confection de cordes, de filets et de tissus grossiers. Les excréments desséchés constituent un combustible très avantageux. La chair est de bonne qualité, quoique moins savoureuse et plus filandreuse que celle du Bœuf. Enfin, la peau fournit un cuir épais, propre à des usages divers.

SEPTIÈME ORDRE

JUMENTÉS

Mammifères ongulés, à doigts généralement impairs, le médian plus développé; dentition complète, sauf parfois l'absence de canines; placenta diffus.

Les Jumentés représentent une partie des Pachydermes de Cuvier, lesquels comprenaient en outre nos Proboscidiens et nos Porcins. On leur donne quelquefois le nom de Périssodactyles (περισσός, impair; δάκτυλος, doigt), qui ne leur est pas toujours rigoureusement applicable.

(1) Vallon, *loc. cit.*, p. 49.

Ce sont des animaux terrestres, d'assez grande taille, revêtus d'un tégument tantôt épais et presque nu, tantôt souple et garni de poils abondants. Les membres sont pourvus de sabots (*Ongulés*). Les doigts sont d'ordinaire en nombre impair, et, dans tous les cas, le doigt médian prédomine sur les autres et forme un axe autour duquel ils semblent graviter.

Le fémur est pourvu d'un troisième trochanter : c'est l'éminence à laquelle les anatomistes vétérinaires donnent le nom de tubérosité externe du corps du fémur, ou de crête sous-trochantérienne. L'astragale pré-

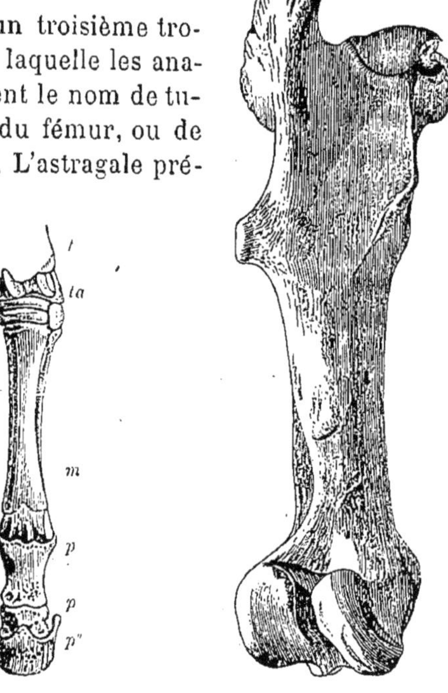

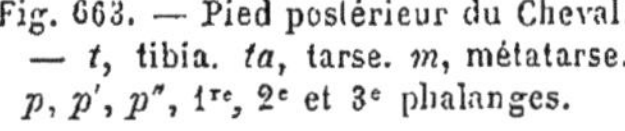

Fig. 662. — Pied de Rhinocéros (*Rh. indicus* Cuv.).

Fig. 663. — Pied postérieur du Cheval. — *t*, tibia. *ta*, tarse. *m*, métatarse. *p*, *p'*, *p"*, 1re, 2e et 3e phalanges.

Fig. 664. — Fémur du Cheval.

sente, à son articulation tibiale, une trochlée à gorge profonde; mais son extrémité distale, c'est-à-dire sa face inférieure, est tronquée et n'offre jamais de trochlée. Les clavicules manquent.

La dentition est généralement complète; cependant, les canines, toujours assez faibles, font parfois tout à fait défaut. Il existe dans tous les cas une barre plus ou moins considérable entre les molaires et les dents antérieures. — L'estomac est simple; l'intestin, fort long, présente un cæcum d'une grande capacité.

Les mamelles sont ventrales ou inguinales. L'utérus est bicorne. Le placenta est diffus. — Le cerveau est peu développé, et les hémisphères, pourvus de nombreuses circonvolutions, laissent le cervelet à découvert. L'intelligence est assez bornée. Les Jumentés sont herbivores; ils vivent en troupes dans les prairies et se montrent, en général, très sauvages, parfois même farouches et brutaux.

Fig. 665. — Astragale du Cheval.

Ce groupe comprend environ 50 genres, qu'on peut répartir dans dix familles, pour la plupart complètement éteintes. Parmi ces dernières, nous signalerons seulement celles des Phénacodontidés, Lophiodontidés, Chalicothéridés et Palæothéridés, qu'il peut être utile de connaître au point de vue de l'origine du Cheval (1). Les premières formes apparaissent dans le terrain éocène.

Famille des **PHÉNACODONTIDÉS**. — On conserve provisoirement parmi les Périssodactyles les animaux qui appartiennent au genre *Phenacodus*, bien que, en réalité, ils se rapprochent surtout des *Hyrax*. Ce sont des animaux qui sont pourvus de cinq doigts aux quatre membres, et dont les denticules des molaires ont la forme de petits tubercules obtus (type bunodonte).

Phenacodus primævus. Éocène. Formule dentaire : $\frac{3.1.4.3}{3.1.4.3}$.

Famille des **LOPHIODONTIDÉS**. — D'après Cope, les Ongulés de ce groupe se reconnaissent à la présence de quatre doigts aux membres antérieurs et de trois seulement aux postérieurs, à leurs prémolaires différentes des molaires, enfin à l'absence d'une arête verticale séparant, du côté externe, les lobes antérieur et postérieur des molaires supérieures.

Animaux très voisins des Tapirs, et appartenant aux couches éocènes. — *Lophiodon* Cuv., *Hyracotherium* Ow., etc. Dans le genre *Hyracotherium*, les molaires ont encore leurs denticules tuberculeux, mais on voit, à la mâchoire supérieure, les denticules externes et internes s'arrondir, tandis que les médians diminuent. — *Hyracotherium leporinum* Ow. Argile de Londres. *H. venticolum* Cope. Éocène inférieur de l'ouest des États-Unis. C'est à ce type que correspond le genre *Orohippus* de Marsh, lequel doit, par suite, disparaître de la nomenclature (2).

(1) Voy. J.-L. Wortman, *L'origine du Cheval*, Revue scientif., 9 juin 1883, t. I, p. 705.

(2) Quant au genre *Eohippus* Marsh, dont il n'a plus été question depuis sa création en 1879, on ne peut l'accepter actuellement qu'avec les plus grandes réserves. Ce serait un animal à cinq doigts de l'éocène inférieur. Marsh le signalait comme pouvant représenter l'ancêtre le plus éloigné du Cheval; mais il n'est pas démontré qu'il appartienne à la lignée des Équidés.

Famille des **CHALICOTHÉRIDÉS**. — Les Chalicothéridés ou Brontothéridés ont la même formule digitale que les Lophiodontidés ; mais ils s'en distinguent par leurs molaires supérieures, dont les lobes antérieur et postérieur sont séparés du côté externe par une arête verticale.

Depuis l'éocène supérieur jusqu'au miocène moyen. — *Chalicotherium*, *Lambdotherium*, *Brontotherium*, etc. Par leurs molaires, et surtout par celles de la mâchoire inférieure, les *Chalicotherium* établissent le passage du type bunodonte au type sélénodonte.

Famille des **PALÆOTHÉRIDÉS**. — Dans cette famille, il n'existe plus que trois doigts à chaque pied ; les prémolaires se sont compliquées et sont devenues semblables aux molaires ; enfin, les molaires inférieures ont passé au type sélénodonte et offrent un double croissant parfait.

Genres *Palæotherium*, *Paloplotherium*, *Anchitherium*, *Hipparion*, etc. Plusieurs de ces genres méritent une mention particulière.

Les **Paléothériums** (*Palæotherium* Cuv.), dont la restauration a tant contribué à la gloire de Cuvier, qui en avait découvert les premiers représentants dans les plâtrières de Montmartre (éocène), ont beaucoup d'affinités avec les Rhinocéros et les Tapirs. Comme ces derniers, ils avaient le nez prolongé en une petite trompe. Les deux doigts latéraux (2e et 4e) sont relativement très développés ; ils devaient toucher facilement le sol. Formule dentaire : $\frac{3.1.4.3}{3.1.4.3}$.

P. magnum Cuv., de la taille du Cheval (Gypses de Montmartre).

Le genre **Paloplothérium** (*Paloplotherium* Owen), établi aux dépens du précédent, s'en distingue surtout par une réduction des deux doigts latéraux, qui devaient à peine atteindre le niveau du sol ; en outre, la disposition des dents est un peu différente et tend à se rapprocher de ce qu'on observe chez les Équidés ; cependant, les prémolaires sont encore plus simples que les arrière-molaires.

P. minus Cuv. Éocène (plâtrières de Paris, etc.).

Chez les **Anchithériums** (*Anchitherium* H. de Meyer), dont la formule dentaire est identique à celle des deux genres précédents, la disposition du pied est à peu près la même que chez les Paloplothériums, et la distinction s'établit principalement par les caractères tirés de la dentition. Les molaires inférieures marquent une tendance vers le type des Équidés ; mais la disposition des molaires supérieures rappelle plutôt celle des Tapirs et Lophiodons. La tête a pris décidément une forme équine ; le péroné et le cubitus ont subi un commencement de réduction. Dans une espèce américaine, le métacarpien du cinquième doigt s'est allongé en forme de stylet : Marsh a fait de cette espèce un genre *Mesohippus*.

A. aurelianense Cuv. *A. hippoides* Lartet. Miocène moyen.

Enfin, le genre **Hipparion** (*Hipparion* Christol 1832, *Hippotherium* Kaup 1835) se rapproche tout à fait des Equidés (ἱππάριον, petit cheval). A part la présence d'un larmier, la tête de l'Hipparion est entièrement semblable à celle du Cheval. Les deux doigts latéraux sont très réduits : au lieu d'atteindre le niveau de la face distale de la deuxième phalange du doigt médian, comme dans les deux genres précédents, ils arrivent seulement au niveau de sa face proximale, de telle sorte qu'ils ne pouvaient toucher le sol et devenaient par suite inutiles dans la marche. Le péroné et le cubitus sont encore plus réduits que chez l'Anchithérium, et en partie soudés à l'os correspondant ; la coulisse bicipitale de l'humérus n'est plus simple comme dans les genres précédents, mais double

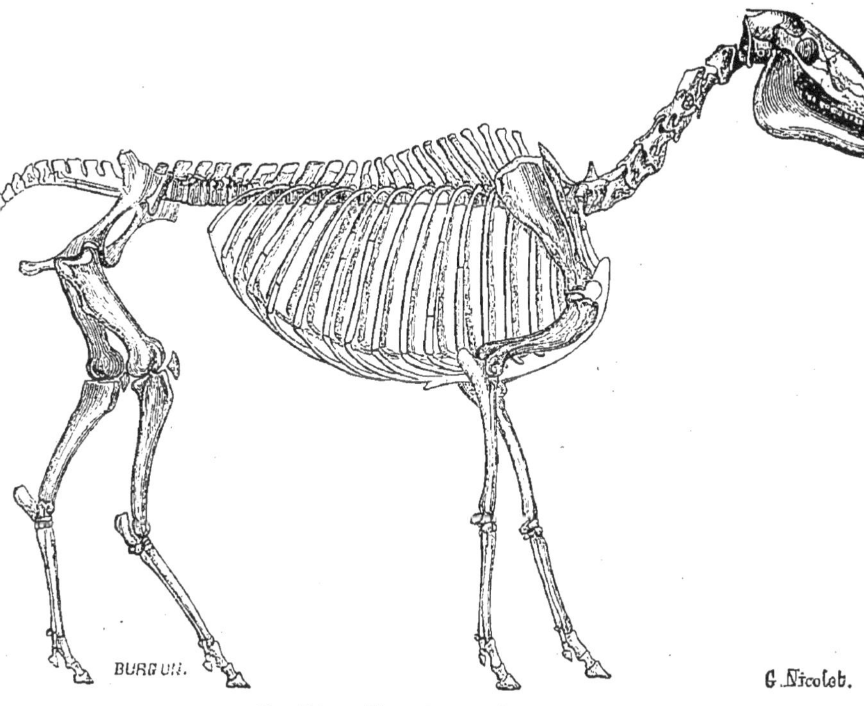

Fig. 666. — *Hipparion gracile*, du miocène.

comme chez les Équidés. L'orbite est entourée d'un cercle osseux complet.

Les incisives possèdent une cavité dentaire extérieure. Les canines existent sur tous les individus ; parfois, cependant, elles sont assez petites, et nous supposons qu'il s'agit alors de femelles. Les molaires inférieures se rapprochent beaucoup de celles du Cheval ; les supérieures s'en distinguent surtout par la disposition du denticule antérieur interne, lequel est arrondi et, à moins d'usure excessive, complètement séparé du denticule antérieur médian, de manière à former une sorte d'îlot. Cependant, Leidy a décrit des molaires d'Hipparion qui se rapprochent de celles des Chevaux par leur denticule antérieur interne plus uni au denticule médian (*Protohippus* Leidy) ou par d'autres caractères.

Les Hipparions apparaissent dans le miocène supérieur ; on en trouve encore quelques-uns dans le pliocène. Les restes de ces animaux forment souvent des amas considérables : ils vivaient sans doute par troupes nombreuses, au bord des grands lacs tertiaires. M. Albert Gaudry les a

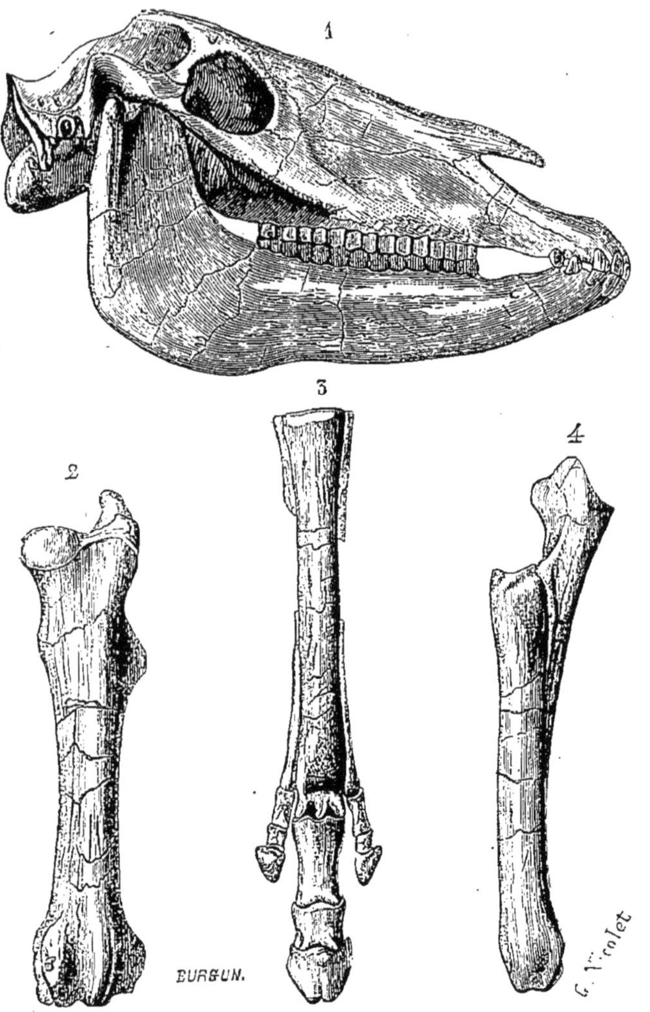

Fig. 667. — *Hipparion gracile*, du miocène. — 1, tête. 2, fémur. 3, pied. 4, radius et cubitus.

retrouvés surtout en abondance au mont Léberon (Vaucluse) et à Pikermi, en Grèce. — *H. gracile* Kaup. Miocène. *H. prostylum* P. Gerv. Pliocène.

Famille des **TAPIRIDÉS**. — Ce sont des animaux de taille moyenne, dont le nez se prolonge en une sorte de petite trompe mobile. Ils ont aux membres antérieurs quatre doigts, dont trois seulement servent à l'appui; on n'en compte que trois aux membres postérieurs.

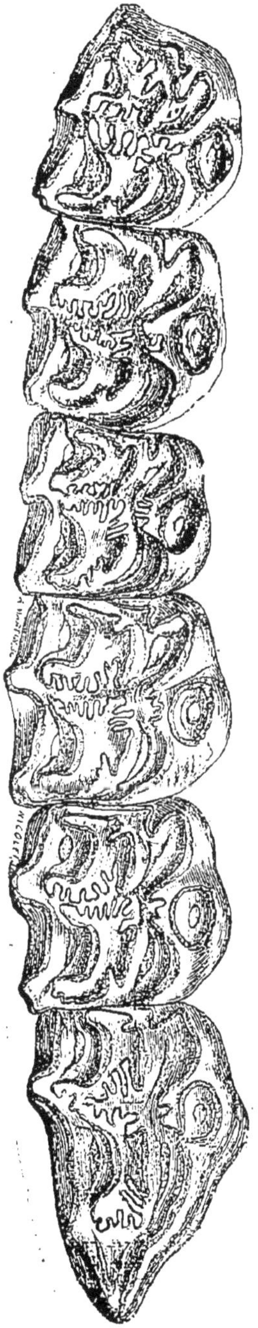

Les **Tapirs** (*Tapirus* L.) ont pour formule dentaire $\frac{3.1.4.3}{3.1.3.3}$. Ils se nourrissent de substances végétales, notamment de fruits. Ils ont des habitudes nocturnes, sont assez doux, bons nageurs et vivent dans les forêts, au voisinage des rivières.

Le **Tapir d'Amérique** (*T. americanus* L.) représente l'espèce la plus anciennement connue. Il peut atteindre un mètre de hauteur sur deux mètres de longueur; son pelage est brun foncé uniforme.

Il habite l'Amérique du Sud, où on le chasse pour sa chair et sa peau. Dans quelques districts du Brésil, on l'entretient en domesticité à la façon des Porcs et même comme bête de somme; néanmoins, son acclimatation ne peut avoir pour nous aucun intérêt.

Tapir Pinchaque (*T. villosus* Wagn.), à lèvres blanches, à oreilles bordées de blanc, à tache fauve de chaque côté du sacrum.

Versant oriental des Cordillères, surtout dans le Pérou.

Tapir de l'Inde (*T. indicus* Desm.) ou Tapir à dos blanc, de Malacca, Sumatra, Bornéo.

On trouve aussi des Tapirs fossiles, en Europe et en Amérique, dans le pliocène. Les Tapirs se relient étroitement aux *Lophiodon*.

Famille des **RHINOCÉROTIDÉS**. — Animaux de grande taille, dont la tête est allongée, le tronc lourd, massif, les membres courts, vigoureux, terminés chacun par trois doigts (les deuxième, troisième et quatrième) à larges sabots. La peau est épaisse et plissée, nue dans les espèces vivantes. D'ordinaire il existe sur le nez une ou deux cornes, de nature épidermique, ne laissant sur les os nasaux qui les supportent que des traces rugueuses.

Fig. 668. — Arcade molaire supérieure gauche d'Hipparion (Goubaux et Barrier).

Les **Rhinocéros** (*Rhinoceros* L.) sont caractérisés précisément par ces cornes nasales ; leur formule dentaire est ordinairement $\frac{1.0.4.3}{1.0.4.3}$, mais les incisives peuvent être plus nombreuses ou au contraire disparaître.

Ces animaux sont herbivores; leurs habitudes sont plutôt nocturnes que diurnes ; il vivent dans les endroits marécageux, et la plupart d'entre eux sont brutaux et dangereux.

Nous citerons, parmi les espèces vivantes : le Rhinocéros de l'Inde (*Rh. indicus* Cuv.) et le Rh. de Java (*Rh. javanus* Cuv.), tous deux unicornes ; — le Rh. de Sumatra (*Rh. sumatrensis* Cuv.) et le Rh. d'Afrique

Fig. 669. — Tête de Rhinocéros.

(*Rh. africanus* Camp.), lesquels, avec quelques autres espèces africaines, possèdent au contraire deux cornes.

Parmi les formes fossiles, nous devons une mention particulière au Rhinocéros à narines cloisonnées. (*Rh. tichorinus* Cuv.), du diluvium, dont on a retrouvé des débris parfaitement conservés dans la glace, en Sibérie; cet animal avait la cloison nasale ossifiée et la peau recouverte de poils laineux. — Les Rhinocéros se relient aux *Palæotherium*.

On a dû créer un genre spécial (*Acerotherium* Kaup) pour les espèces dépourvues de cornes. L'*A. incisvium* Cuv., du miocène, avait un rudiment de doigt externe aux pieds antérieurs.

Famille des **ÉQUIDÉS**. — A l'exemple des zoologistes américains, nous ne comprenons dans cette famille que les Jumentés dont la formule digitale est réduite à un seul doigt complet pour chaque pied. Dans ces conditions, elle correspond à l'ancien ordre des *Solipèdes* (*solidipedes*, animaux à pieds indivis) ou *Monodactyles* (μόνος, un seul ; δάκτυλος, doigt).

Les Équidés ne renferment que deux genres, dont l'un même est tout à fait éteint et n'offre pas, pour nous, d'intérêt direct. C'est le genre *Hippidium* Owen, qui est caractérisé par ses molaires supérieures, dont les denticules internes antérieur et postérieur sont presque égaux. L'*Hippidium neogæum*, dont un squelette presque complet a été trouvé dans le quaternaire des pampas de la République argentine, a 7 vertèbres cervicales, 18 dorsales, 5 lombaires et 6 sacrées. On peut, sans inconvénient, le rattacher au genre *Equus*.

Genre Cheval (*Equus* L.). — Si l'on tient à distinguer les deux genres *Hippidium* et *Equus*, on remarquera que, dans ce dernier, le denticule antérieur interne des molaires supérieures est allongé, aplati, beaucoup plus grand que le postérieur, quoique réuni au denticule antérieur médian, contrairement à ce qui s'observe chez les Hipparions. L'îlot séparé qu'il formait chez ces derniers n'est plus qu'une presqu'île.

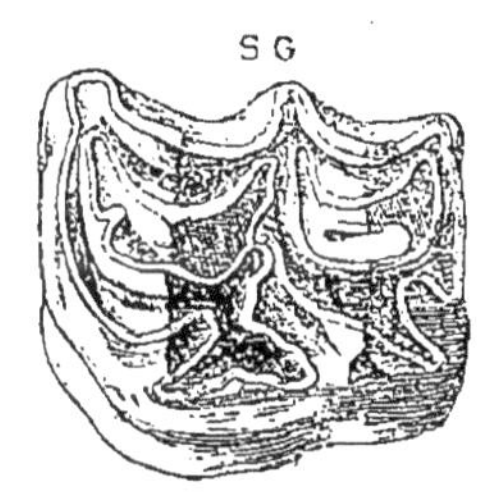

Fig. 670. — Table de frottement d'une molaire supérieure gauche de Cheval (Goubaux et Barrier).

Les espèces vivantes de ce genre sont, en général, d'assez grande taille, et remarquables par la régularité de leurs proportions. Le pelage est ordinairement lisse. La tête, maigre et allongée, avec de grands yeux vifs, des oreilles en cornets pointus et mobiles, est portée par une longue encolure comprimée d'un côté à l'autre et garnie d'une crinière à son bord supérieur. Le tronc, dans son ensemble, est court et arrondi, la poitrine vaste, le ventre modérément développé. La queue est garnie de crins sur toute sa longueur ou n'en porte qu'un bouquet terminal. Les membres sont hauts et bien déliés, quoique vigoureux, et se terminent chacun par un seul doigt apparent, dont l'extrémité est enveloppée par un sabot arrondi.

Il serait déplacé d'insister ici sur les caractères anatomiques du genre *Equus* : nous nous bornerons aux plus saillants. Le doigt complet qui termine le membre est le troisième (correspondant au médius); le quatrième (externe) et le deuxième (interne) sont réduits à leurs métacarpiens ou métatarsiens, devenus rudimentaires et constituant de simples stylets; quant au cinquième et au premier (pouce), ils manquent tout à fait ou sont représentés par des osselets inconstants qui doivent être regardés également comme des rudiments de métacarpiens ou de métatarsiens.

En raison des mouvements bornés des membres, le cubitus et le péroné sont atrophiés; leur corps est même réduit à un cordon fibreux dans une partie de son étendue, et leur extrémité inférieure est soudée d'une façon si intime à l'os correspondant (radius ou tibia), qu'elle semble en faire partie intégrante. Ce

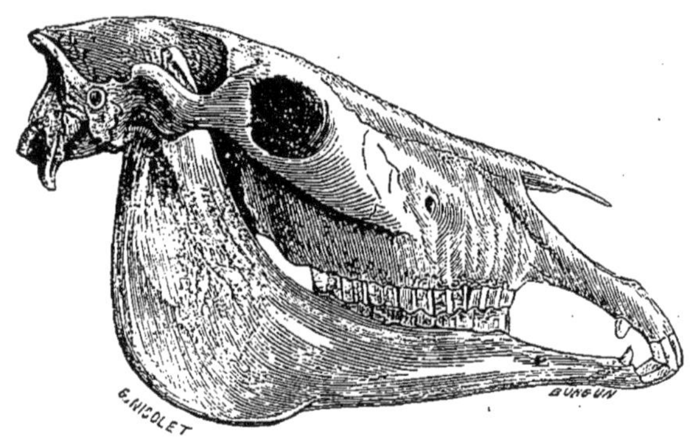

Fig. 671. — Tête de Cheval.

n'est que dans des cas exceptionnels que le cubitus et le péroné se montrent aussi complets que chez les Hipparions.

La formule dentaire est, pour la dentition de lait : $\frac{3.0.3}{3.0.3} = 24$, et, pour la dentition définitive : $\frac{3.1.3.3}{3.1.3.3} = 40$. Les incisives, disposées en arc, présentent sur leur surface de frottement une fossette ovale (cavité dentaire extérieure) qui diminue à mesure que la dent s'use; on les désigne, de dedans en dehors, sous les noms de pinces, mitoyennes, coins. Les canines ou crochets sont au nombre de deux à chaque mâchoire chez les mâles adultes; elles manquent ou sont peu développées chez la généralité des femelles. On ne sait pas encore, d'une façon précise, s'il existe des crochets à la dentition de lait; cependant, « si l'on examine des têtes de poulains, on trouve constamment, dans les deux sexes, à la place des crochets, de très petites dents, qu'on a comparées à des aiguilles (1) » ; mais ces dents ne sont pas apparentes. A l'âge adulte, on compte douze molaires à chaque mâchoire, soit six de chaque côté. Toutefois, comme Daubenton l'a observé le premier, il existe dans certains cas, surtout à la mâchoire supérieure, une petite dent située en avant de la première molaire de lait, et tombant presque toujours avec celle-ci, sans être remplacée. Dans le cas où elle persiste, le nombre des molaires se trouve être le même que dans les genres fossiles voisins des *Équidés*. Les trois molaires de remplacement ou *prémolaires* ressemblent beaucoup aux trois arrière-molaires ou *molaires* proprement dites. Comme dans tous les types franchement herbivores, du reste, le fût de ces dents est très allongé, et on n'observe pas une séparation bien nette de la couronne et de la racine. Elles appartiennent au *type sélénodonte*, c'est-à-dire que leurs denticules affectent la forme de croissants : or, ces denticules sont disposés en deux rangées ou lobes, l'un antérieur, l'autre postérieur. Les molaires inférieures ne possèdent que deux denticules à chaque lobe, un externe et un interne; mais les molaires supérieures, qui sont les plus intéressantes au point de vue de l'anatomie comparée, en ont trois : externe, médian et interne.

Ceci posé, on remarque que, dans le genre *Equus*, les denticules externes et médians des molaires supérieures dessinent une sorte de 𝔅 gothique, tandis que le denticule interne antérieur, fortement comprimé d'un côté à l'autre, forme comme une boucle accessoire réunie à la boucle antérieure du 𝔅, c'est-à-dire au denticule médian antérieur (fig. 670). Disons cependant qu'on a découvert en Amérique des formes fossiles se rattachant aux Équidés par la formule digitale, et qui montrent le denticule antérieur interne tout à fait isolé, comme chez les Hipparions : Marsh avait établi pour ces formes le genre *Pliohippus*.

Le tube digestif offre encore quelques particularités qui méritent d'être signalées. Notons d'abord l'existence des cravates suisses, qui consistent en deux faisceaux musculaires croisés formant, au niveau du cardia, une sorte de sphincter très puissant, qui constitue un obstacle presque absolu au vomissement. L'estomac, quoique uniloculaire, marque une tendance à se diviser en deux compartiments : l'un (sac gauche), tapissé par une muqueuse blanchâtre et résistante, n'est en réalité qu'une dila-

(1) Arm. Goubaux et G. Barrier, *De l'extérieur du Cheval*, Paris, 1833, p. 703.

tation de l'œsophage; l'autre (sac droit), dont la muqueuse est veloutée, de teinte rouge brunâtre, sécrète seul le suc gastrique et représente le véritable estomac. Il n'existe pas de vésicule biliaire.

Les femelles ont toujours deux mamelles inguinales; après une gestation de longue durée, elles donnent naissance, en général, à un seul petit, assez fort pour suivre immédiatement sa mère.

Les Équidés sont herbivores; mais on sait qu'ils deviennent aisément granivores en captivité, et qu'à la rigueur on peut les accoutumer à un régime animal. Ce sont des animaux sociables, qui vivent en bandes conduites par les plus vieux mâles. « Tous les Équidés, dit Brehm, sont des animaux vifs, éveillés, agiles et prudents. Il y a quelque chose d'élégant et de noble dans tous leurs mouvements. En liberté, ils vont d'ordinaire d'un trot assez rapide. Leur allure de course est le galop. Ils sont doux et paisibles vis-à-vis des animaux inoffensifs; ils fuient devant l'Homme et les grands animaux carnassiers; mais, en cas de danger, ils se défendent courageusement de leurs pieds et de leurs dents. » On a souvent répété que, pour soutenir l'attaque de leurs ennemis, ils se disposaient en cercle, la tête au centre, et répondaient à l'assaillant par des ruades. C'est là une fable, dont l'origine doit être sans doute cherchée dans ce fait, qu'à l'approche d'un carnassier, les étalons forment un cercle protecteur autour des juments et des poulains.

En ne tenant pas compte des espèces domestiques et des individus marrons qui en proviennent, les Équidés actuellement vivants paraissent être limités à l'ancien continent. Ils habitent les steppes de l'Asie et de l'Afrique, et, comme tous les animaux qui vivent en troupes, parcourent de grands espaces pour découvrir de nouveaux pâturages, après avoir ravagé une contrée.

État fossile. — On n'a trouvé jusqu'à présent de débris fossiles que dans le quaternaire et le pliocène.

Les formes quaternaires se rapprochent toutes de nos Chevaux domestiques actuels, et il serait difficile de les en distinguer spécifiquement. Aussi leur donne-t-on le nom d'*Equus Caballus* aussi bien que celui d'*E. fossilis*. C'est à tort que divers auteurs, se basant sur des caractères accidentels ou d'importance secondaire, ont voulu distinguer comme espèces les *E. adamiticus*, *priscus*, *brevirostris*, etc. Il est même difficile d'accorder une valeur spécifique à l'*E. plicidens* Owen, caractérisé par une lame d'émail presque aussi festonnée que chez les Hipparions.

Les débris d'Équidés offrant une taille au-dessous de la moyenne ont été souvent rapportés à l'Ane, sous le nom d'*E. Asinus fossilis*, peut-être sans preuves suffisantes. — L'*E. piscenensis* Gerv., ou Cheval de Pézenas, était plus élancé que l'Ane et moins grand que le Cheval.

Pendant le quaternaire, le Cheval était répandu non seulement dans l'Europe occidentale, mais aussi dans l'Europe orientale, dans l'Asie mineure et même bien au-delà du Caucase. Dans les deux Amériques, il existait aussi des formes très affines, sinon identiques, à nos Chevaux actuels, et auxquelles on a donné les noms d'*E. fraternus*, *E. Caballus*, etc.

Dans le pliocène, on a découvert un *E. Stenonis* dont les molaires supérieures ont le denticule antérieur interne arrondi comme chez les Hipparions, bien qu'il soit encore disposé en presqu'île.

Mais, ce qu'il est intéressant de constater, ce sont les relations étroites qui existent entre les Équidés et les genres éteints dont nous nous sommes occupé plus haut. On avait, depuis longtemps déjà, reconnu des enchaînements remarquables dans cette succession de formes; mais les découvertes qui se sont multipliées dans ces derniers temps en Amérique ont fait connaître de nombreux éléments de transition qui manquaient dans la série européenne. D'après Marsh, en prenant comme formes extrêmes l'*Orohippus agilis* de l'éocène (qui est, comme nous l'avons vu, un *Hyracotherium*) et l'*Equus fraternus* du quaternaire, on peut intercaler entre elles une trentaine d'espèces. Nous ne pouvons pas insister ici sur ces faits: qu'il nous suffise de faire remarquer, avec M. Gaudry, que ces enchaînements se traduisent par une simplification graduelle du pied, des modifications dans la structure des molaires et un développement marqué des hémisphères cérébraux (1). C'est ainsi qu'au delà des Équidés vrais, représentés par le genre *Equus*, on peut établir une série de Prééquidés, comprenant les genres *Hipparion*, *Paloplotherium* et *Anchitherium*. L'*Hyracotherium*, l'*Eohippus*, etc., peuvent être réservés jusqu'à nouvel ordre.

Espèces actuelles. — En 1841, le colonel Hamilton Smith divisait la famille des Équidés en trois groupes auxquels il donnait la valeur de genres: *Equus*, *Asinus* et *Hippotigris*. Quelques années après, le Dr Gray, du Musée britannique, n'en distinguait plus que deux : *Equus* et *Asinus*. En 1869, dans son cours de mammalogie professé au Muséum, H. Milne Edwards adopta la division de H. Smith; mais, ne reconnaissant à ses groupes que la valeur de sous-genres, il leur donna les noms d'*Équidés proprement dits*, d'*Équidés asiniens* et d'*Équidés zébrés*. Enfin, M. Sanson a voulu séparer complètement les Hémiones des Anes, et, dans la 2e édition de son Traité de Zootechnie, il reconnaît quatre sous-genres: *Équidés caballins*, *É. asiniens*, *É. hémioniens* et *É. zébrés*. Mais les caractères extérieurs qui distinguent les Hémiones des Anes sont assez peu saisissables pour que nous croyions devoir revenir à la classification de Milne Edwards. Nous admettrons donc trois sous-genres : celui des *Caballins* ou Chevaux, celui des *Asiniens*, comprenant les Anes et les Hémiones, et celui des *Zébrés*.

(1) *Loc. cit.*, p. 143.

Sous-genre CHEVAL (*Caballus*). — Les Chevaux proprement dits ou Équidés caballins se distinguent des Anes et des Zèbres par leur robe presque toujours dépourvue de bandes ou de raies, ainsi que par leur queue garnie de crins dans toute son étendue. Leur

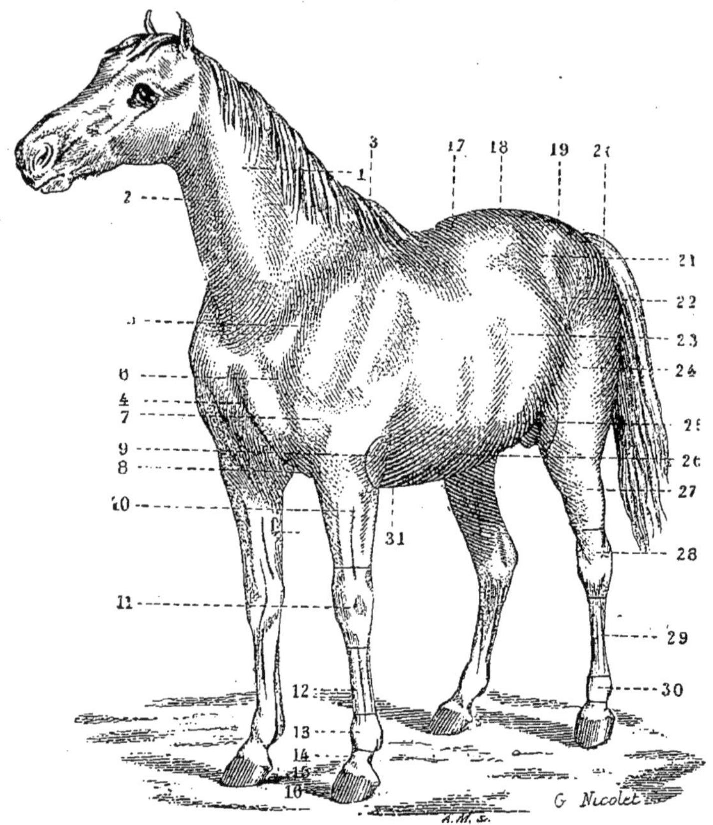

Fig. 672. — Les régions du corps du Cheval, d'après Goubaux et Barrier. — 1, encolure. 2, gouttière de la jugulaire. 3, garrot. 4, poitrail. 5, épaule. 6, angle de l'épaule. 7, bras. 8 ars. 9, coude. 10, avant-bras. 11, genou. 12, canon. 13, boulet. 14, paturon. 15, couronne. 16, pied. 17, dos. 18, reins. 19, croupe. 20, queue. 21, hanche. 22, flanc. 23, côtes. 24, cuisse. 25, grasset. 26, ventre. 27, jambe. 28, jarret. 29, canon. 30, boulet. 31, passage des sangles.

crinière est longue et flottante, leurs oreilles sont assez courtes et très mobiles, et ils possèdent en général des châtaignes aux quatre membres (1). 5 ou 6 vertèbres lombaires.

(1) MM. Maury et Sanson ont constaté l'absence des châtaignes aux membres postérieurs d'un certain nombre de Chevaux. Le dernier de ces auteurs pense que les Chevaux sans châtaignes appartiennent toujours à la race qu'il nomme africaine, race qui se rapproche d'ailleurs des Anes en ce qu'elle ne possède que cinq vertèbres lombaires.

Chevaux domestiques (*E. Caballus* L.). — Le Cheval domestique des auteurs comprend, d'après M. Sanson, huit espèces (ou races) distinctes, la plupart originaires de l'Europe occidentale. Quatre sont brachycéphales, quatre dolichocéphales.

RACES BRACHYCÉPHALES. — RACE ASIATIQUE OU ORIENTALE (*E. Caballus asiaticus*). *Variétés :* Persane. — Arabe. — Syrienne. — Hongroise. — Des trotteurs d'Orloff. — De la Lithuanie. — De la Prusse orientale. — De Trakehnen. — Du Wurtemberg. — De l'Alsace-Lorraine. — Du Morvan. — Anglaise de course. — Des landes de Bretagne. — Du Limousin. — De la Camargue. — De la Corse. — De la Sardaigne. — Du Frioul. — Napolitaine et Sicilienne. — De la Navarre. — De l'Andalousie.

RACE AFRICAINE (*E. C. africanus*). *Variétés :* Nubienne ou Dongolâwi. — Berbère ou barbe. (L'espèce est présente en faible nombre et en mélange avec presque toutes les variétés de la race asiatique).

RACE IRLANDAISE (*E. C. hibernicus*). *Variétés:* Poneys irlandais et du pays de Galles. — De Shetland. — Bretonne du littoral.

RACE BRITANNIQUE (*E. C. britannicus*). *Variétés :* Suffolk. — Norfolk. — Black-Horse. — Boulonnaise. — Cauchoise.

RACES DOLICHOCÉPHALES. — RACE GERMANIQUE (*E. C. germanicus*). *Variétés :* Danoise. — Du Jutland. — Mecklembourgeoise. — Oldenbourgeoise. — Hanovrienne. — Comtoise. — Toscane ou Maremmane. — Andalouse. — Marocaine.

RACE FRISONNE (*E. C. frisius*). *Variétés:* Frisonne. — Clydesdale. — Flamande. — Picarde. — Poitevine (dite mulassière).

RACE BELGE (*E. C. belgicus*). *Variétés :* Du Brabant. — De la Hesbaye. — Du Condroz. — Du Hainaut. — De Namur. — Luxembourgeoise. — Ardennaise. — Meusienne. — Suisse. — Camargue. — Crémonaise.

RACE SÉQUANAISE (*E. C. sequanius*). *Variétés :* Petite percheronne (dite postière). — Grosse percheronne.

On sait que, pour l'auteur de cette classification, ces huit races sont des types primitifs, et que, par conséquent, il n'y a pas lieu d'en rechercher l'origine parmi les Équidés sauvages actuels. A la vérité, aucun des documents que nous possédons sur l'histoire du Cheval ne démontre que, depuis les temps historiques, l'Homme ait jamais connu des Équidés caballins réellement sauvages.

Il existe bien, sur divers points du globe, des Chevaux qui vivent en liberté et parcourent les plaines en troupes plus ou moins nombreuses. Mais tout porte à croire que ce sont là des animaux *marrons*, c'est-à-dire redevenus sauvages ; et, pour certains d'entre eux, la chose n'est point douteuse. Du reste, leur robe est en général très variable, comme celle des animaux domestiques, bien qu'elle ne présente guère de teintes tranchantes. — On distingue sous le nom de *Tarpans* les Chevaux errants répandus dans les steppes de l'Asie centrale et jusque dans les montagnes du nord de l'Inde. Or, il résulte des renseignements fournis par Forster à Buffon, que ces animaux ne sont autres que des Chevaux marrons. Les Tartares et les Kirghiz, il est vrai, admettent l'existence de véritables Chevaux sauvages qu'ils appellent *Tarpans*, et reconnaissent à côté de ceux-là des Chevaux marrons auxquels ils donnent les noms de *Muzins* et de *Takjas* ; mais, jusqu'à présent, rien ne semble justifier leur manière de voir. — Dans l'Amérique du nord, Catlin a observé des Chevaux errants offrant une foule de nuances différentes. Il pense avec raison que ces animaux sont issus des Chevaux introduits par les Espagnols au moment de la conquête. D'ailleurs, l'absence du Cheval sur le continent américain avant l'arrivée des Européens est un fait parfaitement établi (Piétrement), nonobstant l'existence, dans ce pays, de fossiles quaternaires appartenant au genre *Equus*. — Les pampas de l'Amérique du sud donnent également asile à d'immenses troupeaux de Chevaux marrons (*cimarrones*), lesquels proviennent, selon d'Azara, de Chevaux andalous abandonnés par les Espagnols vers le milieu du XVIe siècle. Quant aux *Mustangs* du Paraguay, ce sont des Chevaux élevés en demi-liberté et presque sans soins. — Ajoutons qu'il existe aussi des Chevaux marrons en Océanie et probablement en Afrique, sur les bords du Niger.

Domestication. — Les principaux documents relatifs à la domestication du Cheval ont été rassemblés et analysés par M. Piétrement dans deux ouvrages considérables auxquels nous devons renvoyer le lecteur, faute de pouvoir en donner ici un résumé suffisant (1). Nous nous bornerons à esquisser les traits généraux de la question.

A l'époque quaternaire, le Cheval était des plus communs dans l'Europe occidentale. Il a laissé presque partout de nombreux ossements. De plus, les artistes chasseurs des cavernes du Languedoc et du Périgord l'ont souvent gravé sur les bois de Renne, à côté du Mammouth, du Renne lui-même, du Bœuf, etc. Mais, contrairement à l'opinion de M. Toussaint, il n'était pas alors domestiqué : l'Homme lui faisait seulement une chasse active pour se nourrir de sa chair. On a pu en distinguer jusqu'à présent deux ou trois types : 1° l'un représenté par un crâne trouvé en 1868 dans les sablières de Grenelle, est identique, d'après M. Sanson, à la race percheronne actuelle (*E. C. sequanius*) ; 2° un autre, connu par des ossements divers et par un crâne recueilli dans le lœss de Rœmagen (Allemagne), se rapproche d'une façon remarquable de la race germanique (*E. C. germanicus*). Quant au type des Chevaux qui existaient en si grande abondance à Solutré, on ne peut, en l'absence de crâne, le

(1) C.-A. Piétrement, *Les origines du Cheval domestique*, Paris, 1870. — Id., *Les Chevaux dans les temps préhistoriques et historiques*, Paris, 1883.

déterminer d'une façon précise ; mais, par l'ensemble de son squelette, il paraît se rattacher à la variété ardennaise du Cheval belge (*E. C. belgicus*).

Tout le monde est à peu près d'accord aujourd'hui sur ce point, que la domestication des races chevalines *occidentales* remonte seulement à la période néolithique (1). M. Piétrement l'attribue à l'arrivée en Occident des populations aryennes qui introduisirent dans cette région l'usage des dolmens et des armes en pierre polie, et dont les descendants les plus purs sont les Galtchas, les Savoyards et les Auvergnats. — Antérieurement à cette migration, les Aryens avaient domestiqué le Cheval asiatique à front plat et à profil rectiligne (*E. C. asiaticus*), que M. Piétrement appelle pour cette raison *E. C. aryanus*. Cette domestication avait eu lieu dans leur patrie primitive, l'Airyana vaedja, située à l'ouest des monts Alatau, aux environs du lac Balkach, sur le 49° de latitude (gouvernement actuel de Sémiretché ou des Sept-Rivières). De l'Asie centrale, cette race passa plus tard en Syrie et en Égypte, puis en Arabie : les Hébreux faisaient déjà usage du Cheval sous David, tandis que l'introduction de cet animal dans la péninsule arabique ne remonte qu'aux premiers siècles de notre ère. Le nom de Cheval arabe donné d'habitude au type principal de la race asiatique tient seulement à la culture remarquable que lui ont fait subir les guerriers arabes. Enfin, ce sont les croisades, l'expansion musulmane et les transactions commerciales qui ont amené les Chevaux orientaux dans l'Europe occidentale. — Quant à la race africaine (*E. C. africanus*), à front bombé et à cinq vertèbres lombaires, dont M. Sanson place le berceau en Nubie, elle aurait été domestiquée, d'après M. Piétrement, sur les hauts plateaux situés à l'occident de la Chine, par les Proto-Mongols, et introduite en Égypte par les Hyksos ou Pasteurs : c'est pourquoi cet auteur lui donne le nom d'*E. C. mongolicus*. Elle s'est d'ailleurs mélangée de très bonne heure à la précédente, et il est assez rare de la trouver aujourd'hui à l'état de pureté.

Caractères physiologiques. — L'apparition des chaleurs, chez la Jument, a lieu à un âge assez variable, le plus souvent vers la fin de la deuxième année ou le commencement de la troisième. L'étalon est employé d'ordinaire à la reproduction vers l'âge de trois ans : il débute par trois ou quatre saillies par semaine, et, jusqu'à l'âge de quatre ans, il convient de ne pas le laisser saillir plus d'une fois par jour, en moyenne. Le rut se manifeste au printemps.

La durée moyenne de la gestation est de 336 jours, soit environ 11 mois. La portée est presque toujours d'un seul petit (Poulain, Pouliche), qui naît avec les yeux ouverts et le corps revêtu de poils. Le sevrage ne

(1) Voy. cependant H. Toussaint, *Le Cheval dans la station préhistorique de Solutré*, Recueil vét., 1874, p. 384-467, et Ch. Cornevin, *Sur quelques points de l'histoire de la domestication du Cheval*, Journal de méd. vét. et de zootechnie, 1882, p. 393.

cette époque, Gayot et d'autres expérimentateurs ont obtenu de semblables résultats.

Les Léporides, accouplés entre eux, se montrent féconds, et se repro-

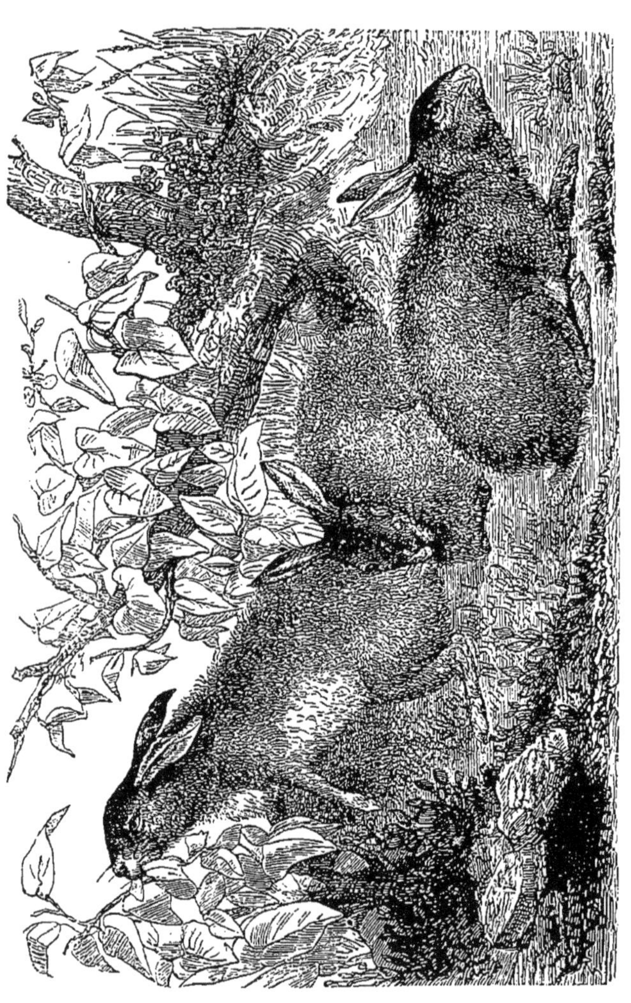

Fig. 675. — Léporides.

duisent d'une façon indéfinie. C'est pourquoi on les a considérés comme réalisant une espèce nouvelle, que Hæckel proposait de dénommer *L. Darwini.* Mais il résulte des recherches de M. Sanson qu'il n'y a pas là un type spécifique nouveau, et que les Léporides ne tardent pas à faire retour à l'un ou à l'autre de leurs types ascendants, à la façon des véritables métis.

Famille des **SUBONGULÉS**. — Cette famille, composée d'espèces sud-américaines, est caractérisée par la conformation des doigts, qui portent, au lieu de griffes, des ongles larges et épais constituant des sortes de sabots. La plante des pieds est nue. La queue est rudimentaire. Les membres antérieurs se terminent par quatre doigts, les postérieurs par trois. Les molaires sont au nombre de quatre de chaque côté. Les clavicules font défaut.

Principaux genres : Cobayes (*Cavia*), Dolichotis (*Dolichotis*), Pacas (*Cœlogenys*), Agoutis (*Dasyprocta*), Cabiais (*Hydrochœrus*). — Le Cabiai (*H. capybara*) est le plus grand des Rongeurs actuels ; il a la taille d'un Cochon d'un an. Il vit par familles sur les rives marécageuses des fleuves de l'Amérique méridionale. C'est un bon nageur, qui vit surtout de plantes aquatiques. La chair est assez bonne. — L'Agouti (*Dasyprocta Aguti*), de la Guyane et du Brésil, a un peu les mœurs de notre Lièvre. Chair peu estimée. — Le Paca (*Cœlogenys Paca*) vit par couples dans les forêts marécageuses du Brésil et des Antilles méridionales : c'est un gibier très recherché. — Le Mara (*Dolichotis patagonica*) vit en troupes dans les steppes de la Patagonie; on le chasse pour sa fourrure; sa chair est blanche et peu savoureuse. En captivité, il se comporte comme un Lapin.

Les Cobayes (*Cavia* Klein) sont de petits animaux à grosse tête, à queue très courte, à poils durs et peu serrés, à pattes courtes; les antérieures à quatre, les postérieures à trois doigts.

Ce sont des animaux sans intelligence, qui vivent par petites sociétés à la lisière des bois ou dans les buissons. On les trouve depuis le Mexique jusqu'en Patagonie.

Le **Cobaye Apéréa** (*C. aperea* L.) est l'espèce la plus anciennement connue. Sa taille est un peu inférieure à celle du Cochon d'Inde; son pelage est gris ou brun grisâtre sur le dos, gris jaunâtre sous le ventre.

L'Apéréa fréquente, au Brésil, à la Guyane et dans le Paraguay, les hautes plaines, où il se cache parmi les buissons. On le regarde en général comme la souche de notre Cochon d'Inde.

Le **Cobaye domestique** (*C. cobaya*) ou *Cochon d'Inde*, *Guinea-Pig* des Anglais, *Meerschweinchen* des Allemands, a un pelage caractérisé par de larges plaques irrégulières noires et jaunes sur un fond blanc.

Voici ce que dit Is. Geoffroy Saint-Hilaire au sujet de son origine : « L'introduction du Cobaye domestique ou Cochon d'Inde en Europe a eu lieu à la même époque que celle du Dindon et du Canard musqué, américains comme lui (Voy. p. 785 et 779). Mais ici la date de l'introduction ne se confond pas avec celle de la domestication, et peut-être l'une estelle très éloignée de l'autre. Garcilasso de la Vega nous apprend que le Cochon d'Inde, qu'il appelle *Coy*, existait déjà chez les Péruviens, avant la conquête, à l'état « domestique » aussi bien qu'à l'état « champêtre » ; et n'eussions-nous pas ce témoignage, ce que nous savons de l'état du Cochon d'Inde au seizième siècle atteste que sa domestication date d'une époque bien antérieure. On le voyait dès lors tel qu'il est aujourd'hui, c'est-à-dire à pelage bigarré de blanc, de noir ou de roux, et variable d'un individu à l'autre ; preuves non équivoques d'une domesticité déjà ancienne, dont la date reste d'ailleurs entièrement indéterminée et le restera sans doute toujours. Quant à la souche primitive, les zoologistes ont cru la trouver dans l'Apéréa ; mais cette espèce, qui est surtout brésilienne, a des congénères péruviens parmi lesquels on doit bien plutôt chercher le Cochon d'Inde sauvage. Malheureusement ces espèces ne sont pas encore bien connues, et la solution de ce petit problème de zoologie historique doit être ajournée (1) ».

Les femelles, qui n'ont que deux mamelles, n'en donnent pas moins quatre ou cinq petits par portée, quelquefois plus, sauf à la première, qui est de deux seulement. Un mâle suffit à une vingtaine de femelles. D'après Legallois, l'orifice du vagin est fermé si solidement, qu'il faut souvent au mâle quinze jours et plus pour en opérer le décollement. L'adhésion se rétablit après la copulation, de même qu'après l'accouchement, et ce mâle jouit ainsi de l'heureux privilège de trouver toujours à sa femelle les apparences de la virginité. La gestation dure soixante-cinq jours. Les petits sont déjà bien formés lorsqu'ils viennent au monde. Aussitôt après la mise bas, la femelle est apte à recevoir le mâle : aussi, la multiplication de ces animaux est-elle très rapide.

On élevait autrefois les Cobayes pour les manger ; cependant, leur chair fade n'a jamais été très estimée. Aujourd'hui, on les entretient surtout pour les faire servir aux expériences de physiologie.

Les **ÉRIOMYIDÉS** ou *Chinchillidés* sont des animaux sud-américains à fourrure fine, quasi-laineuse. — Chinchillas (*Eriomys*) ; Lagotis (*Lagidium*) ; Viscache ou Lièvre des pampas (*Lagostomus trichodactylus*).

Les **OCTODONTIDÉS** ou *Muriformes* ont l'aspect extérieur des Rats ; ils appartiennent aussi à l'Amérique méridionale. — Dégou

(1) *Acclimatation et domestication des animaux utiles*, 4e éd., Paris, 1861, p. 173.

des Chiliens (*Octodon Cummingi*); Rats à peigne (*Ctenomys*); etc.

Les **ÉCHIMYIDÉS** ou Rats épineux ont pour représentant principal le Castor des marais ou Coypou (*Myopotamus coypus*).

Les **HYSTRICIDÉS** sont remarquables par leur dos recouvert de piquants. — Les uns sont grimpeurs : Coendou (*Cercolabes prehensilis*); Urson coquau (*Erethizon dorsatum*), etc. Les autres sont terrestres : Porc-épic d'Europe (*Hystrix cristata*), etc.

Les **DIPODIDÉS** ou Gerboises (*Dipus*) se distinguent de tous les autres Rongeurs par la longueur de leurs membres postérieurs.

Famille des **MURIDÉS**. — C'est une famille très nombreuse et très variée. La plupart des espèces qu'elle comprend sont de petite taille. En général, on compte trois molaires à chaque branche des mâchoires. Les clavicules sont toujours bien développées. La plupart sont omnivores.

Quatre sous-familles principales : *Cricétinés*, *Murinés*, *Arvicolinés* et *Spalacinés*.

Les **CRICÉTINÉS** se distinguent par des abajoues énormes, s'étendant quelquefois sous la peau jusqu'en arrière de l'épaule. Leur queue est courte et velue.

Le Cricet Hamster (*Cricetus frumentarius* Pall.) habite l'Europe tempérée, depuis la Belgique et les Vosges jusqu'à l'Oural. En Belgique, il se rencontre surtout dans la province de Liège. C'est un animal un peu plus gros que le Rat noir; son pelage est gris roussâtre en dessus, noir en dessous, avec des taches jaunâtres latérales. Il fréquente de préférence les champs de céréales, où il creuse des terriers qu'il remplit de grains. On assure qu'un seul individu peut amasser jusqu'à un quintal de blé dans une année. Pendant l'hiver, le Hamster s'enferme dans sa demeure souterraine et vit aux dépens des provisions qu'il y a amassées. Lorsque le froid est rigoureux, il s'endort à la façon des Loirs. On voit que c'est là un animal des plus nuisibles. Aussi lui fait-on une chasse très active, autant pour le détruire que pour s'emparer de ses provisions, qui sont conservées comme dans de véritables silos. On reconnaît les terriers à la terre qui est amassée devant le couloir de sortie.

Les **MURINÉS** sont dépourvus d'abajoues; ils ont la queue longue, annelée et écailleuse. Leurs molaires sont tuberculeuses et radiculées.

Ce sont des animaux très féconds. Ils vivent dans les champs et dans les habitations, et sont presque tous nuisibles.

Le genre **Rat** (*Mus* L.) est le principal représentant de ce groupe. Il est surtout caractérisé par ses molaires, au nombre de trois, décroissantes de la première à la dernière. — Vogt le subdivise en deux groupes : les *Rats* proprement dits, d'assez forte taille, chez lesquels les plis de la voûte du palais courent d'une série dentaire à l'autre, et les *Souris*, plus petites, où ces plis sont interrompus au milieu.

Parmi les premiers, nous devons signaler le Rat noir (*Mus rattus*), qu'on croit être d'origine asiatique, et qui paraît avoir pénétré en Europe à la suite des croisades. Il s'est répandu dans toutes les régions du monde. Cependant, il a dû abandonner un grand nombre de localités à l'arrivée d'un autre Rat plus fort et plus féroce, le Surmulot (*Mus decumanus*, Pall.), dont des troupes immenses ont envahi l'Europe en 1727, en traversant le Volga à la nage. C'est ce gros Rat gris qui peuple aujourd'hui nos habitations et surtout les égouts des grandes villes. En décembre 1849, on en a pris 250,000 en quelques jours dans les égouts de Paris. Les Rats sont pour l'homme des ennemis très désagréables, qui « mangent tout, détruisent tout, creusent partout. »

Les Souris sont en général moins dévastatrices. La Souris commune (*Mus musculus*) ne vit guère que dans les maisons, les greniers, les granges; elle est remplacée dans les bois par le Mulot ordinaire (*Mus sylvaticus* L.), fauve en dessus, blanc en dessous; dans les champs cultivés et les prés, par la Souris naine ou Mulot nain (*Mus minutus* Pall.), brun roux en dessus, blanc en dessous, qui se construit un nid sphérique suspendu aux tiges de blé ou aux roseaux.

Les ARVICOLINÉS ou Campagnols ont une tête forte, à museau large et tronqué, des oreilles courtes, une queue courte ou médiocre revêtue de poils courts, et des molaires sans racine, à surface triturante présentant des plis d'émail en zigzag.

Les Campagnols vivent dans les champs, non dans les habitations; ils se construisent des galeries souterraines.

Les **Campagnols** vrais (*Arvicola* Lacép.) sont souvent désignés sous le nom de « Rats à courte queue ». Ils ont en effet une queue de longueur médiocre, mais toutefois égale au moins au quart de la longueur du corps; ils ne possèdent que quatre doigts aux pattes de devant, le pouce étant rudimentaire.

Parmi les espèces indigènes, nous devons signaler en particulier le Rat d'eau (*Arvicola amphibius* L.), excellent nageur qui creuse ses galeries au voisinage des rivières; le Campagnol agreste (*A. agrestis* L.), brun foncé en dessus, à oreilles cachées par les poils; le Campagnol des champs (*A. arvalis* Pall.).

Ce dernier est de la taille d'une Souris; ses oreilles sont plus longues que le poil; sa queue est un peu plus longue que le quart du corps; le dos est d'un gris fauve foncé, le ventre d'un blanc roux sale, les pattes blanchâtres.

Le Campagnol des champs est répandu dans presque toute l'Europe. Il se creuse, dans les champs cultivés, un terrier peu profond, qui consiste en une cavité de 8 à 10 centimètres de diamètre, de laquelle partent plusieurs conduits de sortie, irrégulièrement coudés. Il amasse dans cette habitation des aliments divers, et en particulier des grains. Quand les céréales commencent à mûrir, il en coupe les tiges à la base et en détache ensuite les épis.

Fig. 676. — Campagnol vulgaire (*Arvicola arvalis*).

Sa fécondité est extraordinaire : les femelles font jusqu'à six portées par an, de six à douze petits chacune, et ces petits sont déjà aptes à se reproduire dès l'âge de deux mois. On conçoit donc que, sous l'influence de certaines circonstances, ces animaux arrivent à pulluler dans une région donnée, de manière à constituer un véritable fléau pour l'agriculture.

Dans le courant de l'été 1801 jusqu'à la fin de l'automne 1802, un grand nombre de départements français furent envahis par cette vermine et eurent leurs récoltes perdues. Une commission de l'Institut, envoyée à ce sujet dans la Vendée, dénonça pour ce seul département une perte de 2,723,730 francs. En 1822, ce fut l'Alsace qui se trouva ravagée : on tua 1,570,000 Campagnols en quinze jours dans le canton de Saverne. En 1856, le même fléau sévit sur l'Allemagne : pendant l'automne, dit Lenz, il y eut tant de Campagnols entre Erfurth et Gotha, que 12,000 arpents de terre durent être labourés de nouveau (Brehm). Dans ces dernières années, enfin, des invasions analogues se sont produites dans le nord-est de la France, et en particulier dans le département de l'Aisne, où, sur beaucoup de points, les récoltes ont été entièrement ravagées. En thèse générale, les Campagnols ne demeurent pas dans le même canton deux années successives; mais on estime que leurs visites se renouvellent, en moyenne, deux fois tous les huit ou dix ans. Ce qu'il y a de remarquable, c'est la rapidité avec laquelle ils apparaissent et disparaissent. Il est certain qu'ils effectuent des migrations, à la façon des Lemmings, et on en a vu quelquefois des bandes immenses traverser à la nage des rivières ou même des bras de mer; mais, dans certains cas, leur disparition tient sans doute à ce qu'ils s'entre-dévorent ou à ce qu'ils périssent par maladie.

On s'explique aisément l'importance des ravages exercés par ces petits Rongeurs, lorsqu'on sait que la consommation journalière d'un Campagnol est en moyenne de 20 grammes, soit 7 kilog. 300 pour l'année entière, sans compter ce qui est gaspillé et ce qui se pourrit dans les galeries.

Il est donc indiqué de détruire, par tous les moyens possibles, des animaux aussi nuisibles. Certaines circonstances viennent d'ailleurs en aide à l'Homme dans cette lutte. Les pluies abondantes, par exemple, inondent les terriers et en font périr un grand nombre. Quant à l'action des froids intenses, elle est fort contestable. Mais les Campagnols ont de redoutables ennemis dans les animaux carnassiers : Chiens, Chats, Renards, Belettes, Putois, Fouines, Buses, Crécerelles, Hiboux, etc., etc. Les Buses surtout, dit Brehm, en détruisent une quantité incroyable : Blasius en a disséqué qui avaient trente de ces Rongeurs dans l'estomac.

Au surplus, on a préconisé une foule de procédés et d'agents propres à détruire les Campagnols, Mulots et autres Rongeurs des champs. Ainsi, dans certaines régions, on dispose dans le sol des vases à demi remplis d'eau, où les Campagnols tombent et se noient. Ailleurs, on laboure le champ infesté, et on fait suivre la charrue d'enfants armés de bâtons ou de Chiens ratiers. Ou bien on empoisonne des grains ou d'autres substances végétales, qu'on répand à l'entrée des galeries. Les agents toxiques les plus usités sont l'acide arsénieux et le phosphore. On recommande beaucoup aujourd'hui l'emploi direct du sulfure de carbone, dont les propriétés toxiques avaient déjà été utilisées dans le même sens en 1866, par M. Cloëz. L'opération se fait à la fin de l'hiver : la veille ou l'avant-veille, on passe sur le sol la herse et le rouleau, de manière à boucher tous les trous. Au moment de sulfurer, les trous habités se montrent donc seuls débouchés; un homme muni d'un récipient spécial (mulotière) fait tomber dans tout ou partie de ces trous une quantité déterminée (16 à 18 centimètres cubes) de sulfure, et un enfant muni d'un bâton tamponne tous les orifices. Le lendemain, on sulfure à nouveau les quelques trous qui ont été débouchés, et tous les Rongeurs se trouvent détruits (1). Ce procédé, qui n'est pas très coûteux, a l'avantage de ne présenter aucun danger ni pour l'Homme, ni pour le gibier.

Aux Arvicolinés appartiennent encore les Lemmings (*Myodes*) et les Rats musqués (*Fiber*). — Le Lemming de Norvège (*Myodes lemmus*) est connu par les migrations qu'il entreprend en troupes immenses, et dont le but n'a pas encore été bien déterminé. L'Ondatra (*Fiber zibethicus*)

(1) Gassend, *Destruction des Mulots*, Compte rendu des travaux des conseils d'hygiène de Seine-et-Marne en 1883, p. 27.

vit dans les régions marécageuses du Canada, et construit des cabanes à la façon du Castor. On le chasse pour sa fourrure. Il répand une forte odeur de musc, et sa queue, qui conserve longtemps cette odeur, est employée en parfumerie.

Les **SPALACINÉS** ou *Rats-Taupes* ont une grosse tête, des yeux très petits, parfois même cachés sous la peau, des pieds courts et forts, à cinq doigts, organisés pour fouir; une queue courte ou nulle.

Spalax Jemni (*Spalax typhlus*), du sud-est de l'Europe. Bathyergue des dunes (*Bathyergus maritimus*), ou Taupe du Cap; etc.

Les **MYOXIDÉS** se rapprochent beaucoup des Écureuils par leur port et leurs habitudes, mais tiennent aussi des Rats, notamment par leur crâne allongé. Ils n'ont, à chaque branche des mâchoires, que quatre molaires dont la couronne est marquée de plis transversaux.

Ce sont des animaux nocturnes; ils se construisent des nids dans lesquels ils dorment le jour. Leur nourriture se compose surtout de fruits, mais ils mangent aussi des œufs et des Insectes. Au moment des froids, ils tombent dans le sommeil hibernal.

Les Loirs (*Myoxus* Schreb.) comprennent plusieurs espèces indigènes. Le Loir vulgaire (*M. glis* Schreb.) habite de préférence les forêts de chênes et de hêtres, et fait son nid dans les creux des arbres ou des rochers. Le Lérot (*M. nitela* Schreb.), vit au voisinage des habitations, dans les parcs, les vergers, les jardins, dont il est un des principaux ravageurs; il niche entre les branches ou dans des nids abandonnés par les Oiseaux ou les Écureuils. Le Muscardin (*M. avellanarius* L.), de la taille d'une Souris, à pelage fauve clair, vit dans les taillis et dévore les bourgeons.

Les **CASTORIDÉS** ne comprennent plus actuellement que le seul genre Castor (*Castor* L.). Ce sont des Rongeurs aquatiques d'assez grande taille, à corps trapu, à tête épaisse, tronquée en avant, à oreilles courtes. Les pieds sont à cinq doigts munis d'ongles courts; les membres antérieurs sont claviculés, propres à creuser et à saisir; les postérieurs sont palmés. La queue est aplatie et couverte d'écailles. Quatre paires de molaires à chaque mâchoire.

Le **Castor fiber** (*C. fiber* L.) est long d'environ un mètre, y compris la queue, qui atteint 30 centimètres. Son pelage est composé d'un duvet très fin, de couleur marron assez foncée en dessus, plus claire en dessous.

On rencontre le Castor en Europe, en Asie et dans l'Amérique septentrionale. Toutefois, il est devenu très rare dans la première de ces régions, en raison de la chasse active qui lui est faite; on n'en trouve plus que quelques-uns sur les îlots du Rhône, en Bohême et en Silésie. Autrefois, ces animaux étaient assez nombreux en France, où on les connaissait sous le nom de *Bièvres*. Dans les contrées où ils vivent en liberté complète et sans être tourmentés, ils se construisent, dans les étangs ou les cours d'eau, des huttes très complexes, qui sont une merveille d'industrie. Au contraire, dans les pays où ils sont traqués, ils habitent de simples galeries, qu'ils se creusent sur le bord des rivières.

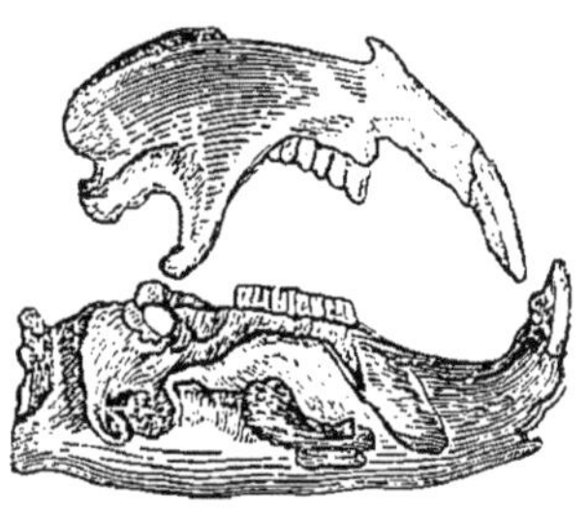

Fig. 677. — Tête de Castor.

On chasse le Castor pour sa chair, pour sa fourrure et pour le castoréum, substance sécrétée par des glandes spéciales qui existent chez les individus des deux sexes.

Fig. 678. — Castor.

Castoréum. — Les orifices génito-urinaires et l'anus s'ouvrent dans une cavité commune ou cloaque, dont l'orifice est situé sous la queue. De chaque côté de ce cloaque se trouvent deux paires de poches glanduleuses : les inférieures, simples ou plurilobées, débouchent dans le cloaque même, en avant de l'anus : ce sont des glandes anales, qui sécrètent une huile d'une odeur infecte, sans aucun rapport avec le castoréum; celles de la paire supérieure sont plus volumineuses, pyriformes, longues de 8 à 13 centimètres chez le mâle adulte, un peu moins développées chez la femelle; elles s'ouvrent dans le canal préputial ou dans le vagin; ce sont elles qui sécrètent l'humeur sébacée, onctueuse et odorante qui constitue le *castoréum*. Ce produit est sirupeux chez l'animal vivant; on le conserve dans les poches mêmes, qu'on enlève aussitôt après la mort, et il se concrète alors en prenant une teinte jaunâtre.

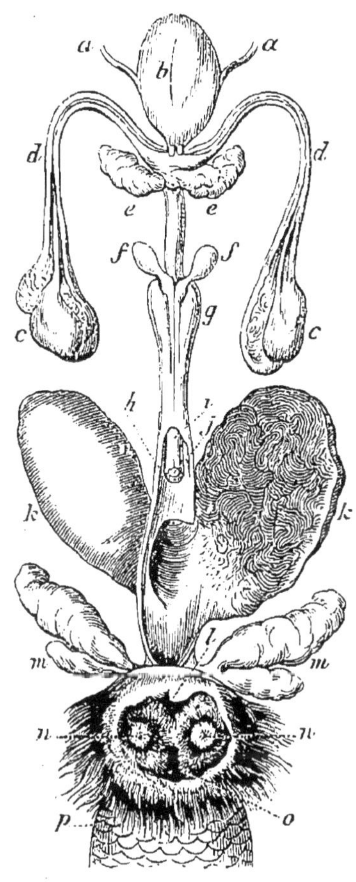

Fig. 679. — Appareil du castoréum, d'après Bocquillon. — *aa*, uretères. *b*, vessie. *cc*, testicules. *dd*, canaux déférents. *ee*, vésicules séminales. *ff*, glandes de Cowper. *g*, niveau de la prostate. *h*, extrémité de la verge. *i*, prépuce. *j*, ouverture faite au fourreau qui entoure la verge, pour montrer l'orifice des glandes *kk*, qui fournissent le castoréum et dont une est ouverte. *l*, ouverture du canal préputial. *mm*, glandes anales. *nn*, leurs orifices. *o*, anus. *p*, queue.

On trouve dans le commerce deux sortes de castoréum : le *castoréum d'Amérique* et le *castoréum de Sibérie*. Le premier seul est employé en France. Il se présente sous l'aspect de masses pyriformes un peu comprimées latéralement, ridées, unies deux à deux par leur sommet. Leur couleur extérieure est brun sale. Leur contenu est compact, jaune ou brunâtre, d'une odeur forte rappelant à la fois celle du Bouc et celle du musc, d'une saveur amère. L'analyse chimique a démontré que le castoréum contient un principe cristallisable, la *castorine*, de l'acide benzoïque, une huile volatile, des matières grasses et résineuses, et divers sels alcalins.

Le castoréum de Sibérie est en poches courtes, arrondies, plus volumineuses; son odeur rappelle celle du cuir de Russie, ce qui tient sans doute à l'écorce de bouleau dont se nourrissent les Castors sibériens.

Le castoréum paraît jouir de propriétés antispasmodiques. Dans les pays du nord, il joue un grand rôle dans la pratique des sages-femmes et des matrones.

Les **SCIURIDÉS** comprennent des formes très variables, qui sont caractérisées par leurs molaires, au nombre de quatre ou cinq en haut et de quatre en bas, à couronne triangulaire et tuberculeuse; par leurs membres antérieurs pourvus d'une forte clavicule et propres à saisir; par leur queue longue et touffue.

L'Écureuil commun (*Sciurus vulgaris*) peut être pris pour type de cette famille, à laquelle appartiennent aussi les Polatouches, remarquables par un parachute membraneux étendu entre le cou, les membres et la queue; les Tamias (*Tamias*) ou Écureuils terrestres du nord; les Spermophiles (*Spermophilus*), plus terrestres encore; les Marmottes (*Arctomys*), à corps trapu, qui vivent en société dans des terriers, et tombent dans un long et profond sommeil hibernal, etc.

ONZIÈME ORDRE

PINNIPÈDES

Mammifères onguiculés, à pieds transformés en nageoires, les postérieurs dirigés en arrière; pas de nageoire caudale; dentition complète : canines fortes, molaires tranchantes; placenta zonaire.

Les Pinnipèdes (*pinna*, nageoire; *pes*, pied) sont de véritables Carnivores, que leur adaptation à la vie aquatique rapproche des Cétacés. On leur a donné quelquefois le nom d'*Amphibies*, qu'ils ne méritent pas en réalité, puisque leur respiration est aérienne comme celle de tous les Mammifères.

Ils ont le corps allongé et fusiforme, revêtu de poils courts; la tête petite et arrondie; la queue courte, non aplatie en nageoire; les membres également courts, mais terminés par une rame que forme leur main palmée, à cinq doigts armés de griffes.

La constitution du système dentaire est moins fixe que chez les Carnivores. Les incisives sont souvent en petit nombre et peuvent même manquer; les canines sont puissantes, surtout chez les Morses, où les supérieures se transforment en longues défenses; les molaires sont uniformes.

Les femelles ont un utérus bicorne et deux ou quatre mamelles ventrales. Elles donnent naissance à un ou deux petits. Le placenta est zonaire comme chez les carnassiers terrestres.

Le cerveau est bien développé et présente de nombreuses circonvolutions. Les Pinnipèdes sont des animaux sociables, qui sont répandus dans toutes les mers, et en particulier dans les

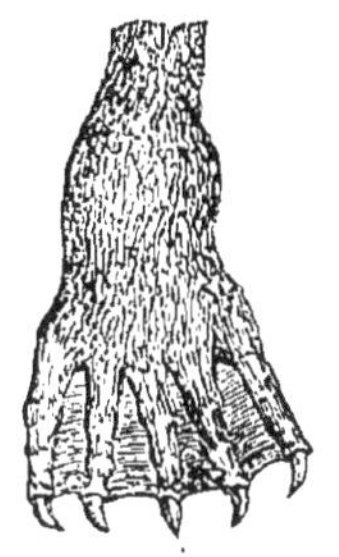

Fig. 680. — Patte de Phoque (*Phoca vitulina* L.).

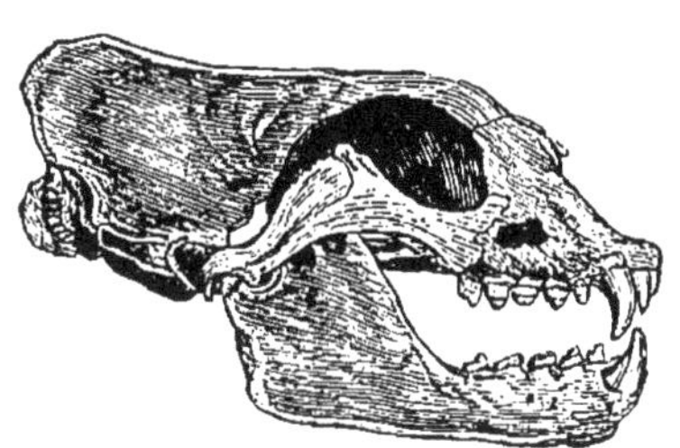

Fig. 681. — Tête de Phoque.

régions polaires. Ils sont assez maladroits sur la terre ferme, mais ils nagent avec aisance et peuvent plonger fort longtemps, grâce à des valvules spéciales qui produisent l'occlusion des narines, et à un large sinus de la veine cave inférieure. Ils se nourrissent de Poissons, de Mollusques, de Crustacés et d'autres animaux marins; les Morses mangent aussi des varechs. On leur fait une chasse active, en vue de leur graisse et de leur fourrure, qui sont la base de l'existence des Esquimaux. Leur chair a une saveur assez désagréable.

3 familles.

Les **TRICHÉCHIDES** ou Morses sont remarquables par l'extrême allongement de leurs canines supérieures, qui constituent deux énormes défenses dirigées en bas. — On ne connaît qu'une seule espèce de Morses, la Vache marine (*Trichechus rosmarus*), de l'océan Glacial arctique.

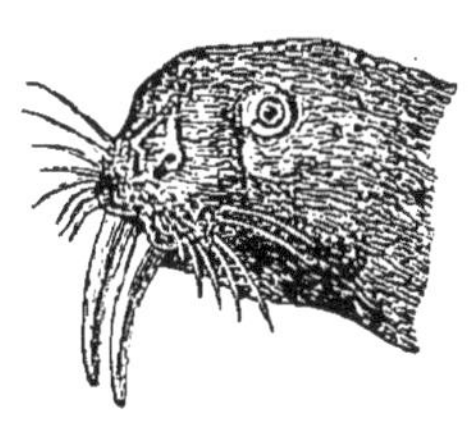

Fig. 682. — Tête de Morse (*Trichechus rosmarus* L.).

Les **PHOCIDÉS** ont des canines courtes et sont dépourvus de conque auriculaire. — Veau marin (*Phoca vitulina*), de nos côtes. Phoque moine (*Leptonyx monachus*), de la Méditerranée. Éléphant marin (*Cystophora proboscidea*), des mers antarctiques.

Les **OTARIDÉS** diffèrent des Phoques en ce qu'ils possèdent une petite conque auriculaire et que leurs membres, plus dégagés du corps, sont plus aptes à la marche. — Lion marin (*Otaria leonina*), de l'Amérique méridionale. Ours marin (*O. ursina*), du Grand Océan.

DOUZIÈME ORDRE

CARNIVORES

Mammifères onguiculés, à doigts libres; dentition complète : canines fortes, molaires tranchantes; placenta zonaire.

Les Carnivores terrestres ou à doigts libres sont quelquefois réunis dans un seul et même ordre avec les Phoques et les Morses, dont on les distingue sous le nom de *Fissipèdes*. Ce sont les *Feræ* de Linné.

Ces animaux, souvent forts et agiles, sont organisés surtout pour courir et pour sauter, parfois même pour grimper ou pour fouir. Les uns sont digitigrades, les autres plantigrades; on peut même reconnaître des semi-plantigrades, qui relèvent le tarse (Martes) et des semi-digitigrades, qui relèvent aussi le métatarse (Paradoxures). Les doigts, au nombre de cinq ou de quatre, presque toujours libres, sont armés de griffes recourbées en crochet. Ces griffes, que l'usure maintient assez courtes chez les coureurs (Chiens), sont longues et tranchantes chez les fouisseurs et les grimpeurs; elles se montrent surtout puissantes chez les Chats, où elles se relèvent pendant la marche sous l'action d'un ligament élastique qui s'étend de la deuxième à la troisième phalange.

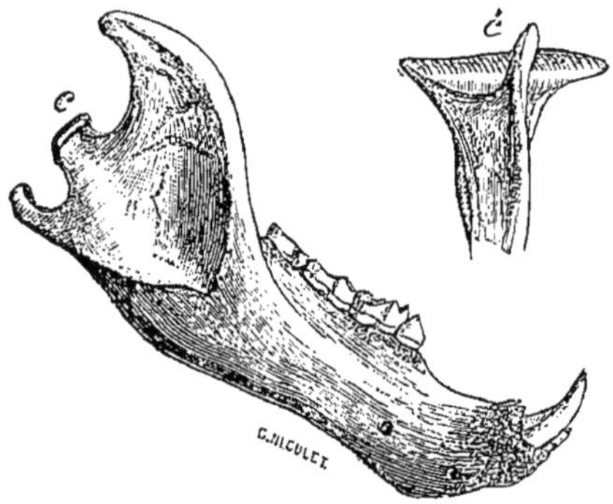

Fig. 683. — Maxillaire inférieur de l'Ours blanc. — c, condyle (du côté droit). c', le même vu de face.

Parmi les particularités que présente le squelette, il faut noter surtout la forme très allongée, dans le sens transversal, des condyles de la mâchoire inférieure, qui s'emboîtent exactement dans les cavités glénoïdes du temporal. Cette disposition s'oppose aux mouvements de latéralité et au glissement horizontal, de sorte que la trituration des aliments reste très incomplète; mais elle donne une grande précision aux mouvements d'abaissement et d'élévation, et rend par suite très puissante l'action des mâchoires. Les deux branches du maxillaire inférieur ne se soudent jamais entre elles. Les clavicules sont rudimentaires ou nulles.

La dentition est fort caractéristique. Si l'on fait exception pour la Loutre marine, tous les Carnivores possèdent, de chaque côté de l'une et de l'autre mâchoires, trois incisives et une puissante canine. Le nombre des molaires est seul variable. D'après leur forme, on distingue celles-ci en prémolaires, carnassière et tuberculeuses. Les *prémolaires*, dont on compte de 1 à 4, sont en général pointues, avec une aspérité médiane ; elles appartiennent, comme les incisives et les canines, à la dentition de lait. La *carnassière*, qui leur fait suite, est la plus puissante de toutes les dents : sa couronne tranchante est divisée en deux ou trois lobes soutenus par un talon plus ou moins accusé. C'est à l'aide de ces dents que les os sont broyés. La carnassière supérieure représente toujours la dernière prémolaire ; l'inférieure correspond à la première molaire. Sauf dans quelques genres fossiles, il n'y a qu'une seule carnassière à chaque branche des mâchoires. En arrière de cette dent, se trouvent les *tuberculeuses*, dont le nombre varie de 0 à 3, et qui doivent leur nom à leur couronne aplatie, garnie de tubercules émoussés : il s'agit évidemment de dents broyeuses. — L'estomac des Carnivores est simple, l'intestin court, le cæcum peu développé ou nul.

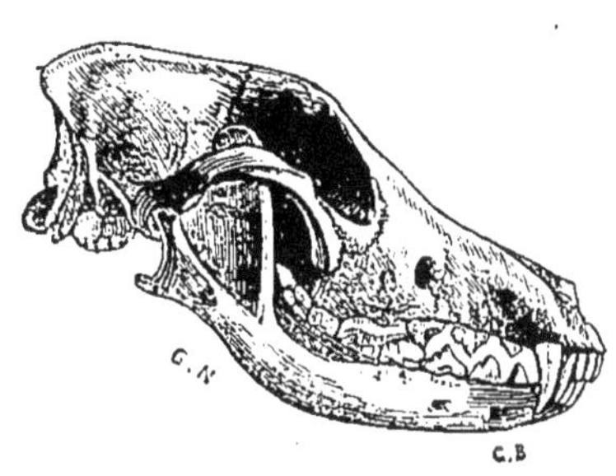

Fig. 684. — Tête de Chien.

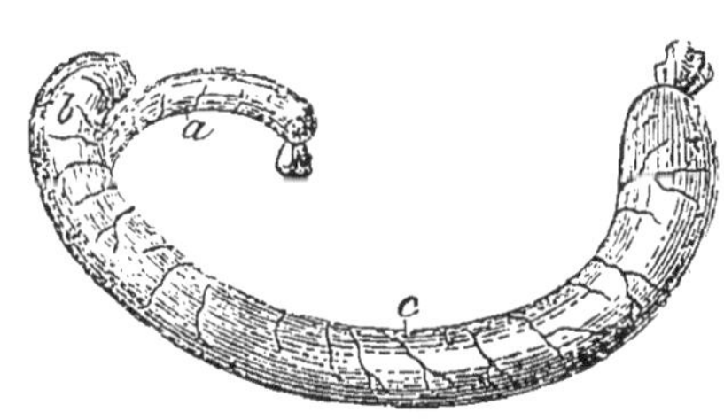

Fig. 685. — Cæcum et côlon du Chat. — *a*, iléon. *b*, cæcum. *c*, côlon.

Les mâles possèdent souvent un os pénien. La verge est logée dans un fourreau ; les testicules sont contenus dans un scrotum. Les femelles ont un utérus bicorne et des mamelles ventrales. Le placenta est zonaire. Ces animaux sont monogames. Ils sont souvent pourvus de glandes anales, qui sécrètent un produit très odorant.

Les Carnivores sont assez bien doués sous le rapport intellectuel. Leur cerveau offre quelques circonvolutions; leur sens sont fort délicats. Leur genre de vie est des plus variés; tous cependant vivent aux dépens d'animaux plus faibles; quelques-uns seulement sont omnivores. Ils sont partout répandus, sauf aux Antilles et en Australie. Les premiers fossiles qui apparaissent appartiennent à l'éocène.

Six familles : *Ursidés*, *Mustélidés*, *Viverridés*, *Canidés*, *Hyænidés*, *Félidés*.

Famille des **URSIDÉS**. — Animaux plantigrades, à corps trapu; carnassière à couronne tuberculeuse, suivie de deux grosses molaires à tubercules mousses. Omnivores. — 2 sous-familles :

1° Les **URSINÉS** ou grands Ours, à 42 dents et à queue courte. — Ours brun (*Ursus arctos*), des pays froids et tempérés de l'ancien conti-

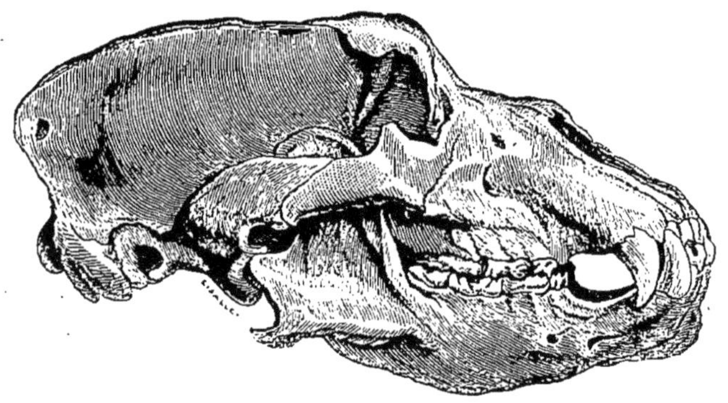

Fig. 686. — Tête d'*Ursus spelæus* (époque quaternaire).

nent. Ours blanc (*U. maritimus*), des régions glacées qui entourent le pôle nord. Ours gris (*U. ferox*), *Grizzly* des Américains, habite les montagnes Rocheuses; etc. L'Ours des cavernes (*U. spelæus*) vivait à l'époque quaternaire.

2° Les **SUBURSINÉS** ou petits Ours, à 40 dents au plus et à queue longue. — Coatis (*Nasua*). Ratons (*Procyon*); etc.

Famille des **MUSTÉLIDÉS**. — Plantigrades, semi-plantigrades ou semi-digitigrades, à corps souvent allongé, « vermiforme »; carnassière très développée, terminée en arrière par un talon aplati ou comprimé, et suivie d'une seule tuberculeuse. Détruisent beaucoup de petits Mammifères et d'Oiseaux. — 3 sous-familles.

1° Les **MÉLINÉS** sont des animaux plantigrades, trapus, pour la plupart omnivores, à tuberculeuse supérieure énorme, à glandes anales très développées. — Blaireau commun (*Meles taxus*), des régions tempérées de l'ancien continent. Moufettes (*Mephitis*). Ratels (*Mellivora*); etc.

2° Les **MUSTÉLINÈS** sont plantigrades ou digitigrades; leur corps est souvent allongé; leur dentition est adaptée à un régime presque entièrement carnivore. — Glouton (*Gulo borealis*), des régions glaciales des deux hémisphères. Marte commune (*Mustela martes*), des forêts de l'Europe septentrionale et centrale. Fouine (*M. foina*), ennemie de nos basses-cours. Zibeline (*M. zibelina*), des régions froides et montagneuses de la Sibérie. Putois (*Putorius putorius*), à peu près aussi dangereux que la Fouine; résiste à la morsure des Vipères. Belette (*P. vulgaris*), détruit beaucoup de petits Mammifères et d'Oiseaux, voire de Poissons et d'Écrevisses. Dans les pays du nord, sa fourrure blanchit quelque peu en hiver. Hermine (*P. erminea*), mœurs semblablse. Même dans nos pays, sa fourrure devient blanche en hiver, à l'exception du bout de la queue, qui demeure toujours noir. Vison d'Europe (*P. lutreola*), du nord-est de l'Europe; chassé pour sa fourrure.

Le **Furet** (*Putorius furo* L.) est un animal atteint en partie d'albinisme, ainsi qu'en témoignent ses yeux rouges et son pelage blanchâtre ou jaunâtre. Quelquefois, cependant, on rencontre des individus à pelage foncé et à yeux noirs (Furets putoisés). Les caractères ostéologiques du Furet, dit P. Gervais, paraissent en tout conformes à ceux du Putois.

Il y a donc lieu de penser que le Furet ne constitue pas une espèce distincte, mais représente une simple variété du Putois. On ne le connaît d'ailleurs qu'à l'état domestique — ou mieux apprivoisé — depuis les temps les plus reculés. D'après Strabon, il nous viendrait de la Libye, c'est-à-dire du nord de l'Afrique; mais on sait que le Putois ne se rencontre pas dans cette région, et il est probable que Strabon, comme plus tard Buffon, a confondu le Furet avec quelque petit Carnivore africain. Vogt pense, avec plus de raison, que cette race albinos a pris naissance soit en Grèce, soit en Italie, où le Putois, dans l'antiquité, remplaçait le Chat pour la chasse aux Souris. — Ajoutons qu'on a relevé des exemples d'accouplement fécond entre le Furet et le Putois.

Comme tous les albinos, le Furet se montre délicat, sensible et peu résistant aux influences extérieures. Abandonné à lui-même, il ne tarde pas à succomber.

La femelle donne chaque année deux portées de cinq à huit petits, qui naissent les yeux fermés et ne les ouvrent qu'au bout de deux uo trois

doit avoir lieu que lorsque la dentition de lait est complète, c'est-à-dire entre 6 et 10 mois. Le développement de l'animal est terminé vers l'âge de cinq ans. La durée totale de la vie est très variable ; d'après Bourgelat, elle serait en moyenne de 18 à 20 ans ; mais on a cité des Chevaux ayant vécu 42, 43 et 49 ans (Goubaux et Barrier). On assure, depuis Aristote, que les Juments vivent plus longtemps que les Chevaux. Pour divers motifs, on fait subir la castration à un grand nombre de sujets : le meilleur est d'opérer sur les Poulains à la mamelle. Le Cheval privé de ses testicules est qualifié de *hongre*. Quant à la Jument, on ne la châtre que dans de rares circonstances pathologiques.

Services. — Le Cheval est essentiellement un *moteur animé*, et, à ce titre, il a rendu et rend encore de tels services à l'Homme, que son histoire est partout liée à celle de la civilisation. Sa puissance est mise à profit pour les besoins de l'agriculture, du commerce et de l'industrie, pour la chasse et la guerre, pour le luxe et les commodités de l'existence. Ses aptitudes peuvent se ramener à deux principales : porter et traîner un fardeau. Cependant, on lui reconnaît souvent quatre fonctions distinctes : « la *selle*, qui consiste à porter le cavalier à toutes les allures ; l'*attelage* de service ou de luxe, qui consiste à traîner, aux allures vives, un véhicule léger portant un petit nombre de personnes ; le *trait léger*, avec lourd véhicule et forte charge traînés aux allures vives ; enfin le *gros trait*, avec véhicule et charge encore plus lourds, mais lentement traînés (Sanson). »

Le Cheval fournit encore de son vivant un fumier chaud et très estimé. En outre, diverses peuplades orientales, les Kirghiz en particulier, emploient le petit-lait de jument aigri et fermenté comme tisane rafraîchissante, sous le nom de *koumiss*. On retire même de ce produit distillé une liqueur alcoolique.

Nos ancêtres quaternaires, ainsi qu'on l'a vu, se nourrissaient volontiers de la chair du Cheval. Les peuples orientaux, notamment ceux de race mongolique, sont dans le même cas depuis un temps immémorial. Cependant, l'*hippophagie* n'a pris chez nous qu'un développement fort restreint jusqu'à ces derniers temps. Quelques personnes témoignent encore d'une certaine répugnance à son endroit. C'est là le reste d'un préjugé qui tend à disparaître : en réalité, la viande de Cheval est un aliment sain, agréable et nutritif. Elle a même l'avantage de ne pas renfermer comme celle du Porc et du Bœuf, de parasites transmissibles à l'Homme.

Les débris du Cheval sont d'ailleurs utilisés de diverses manières par l'industrie : peau, sang, graisse, os, tendons, intestins, sabots, crins, etc.

Sous-genre ANE (*Asinus* H. Smith). — Les Équidés asiniens ou asiniformes ont une queue courte, terminée par un bouquet de crins ; leur robe est plus ou moins unie, avec une raie longitudinale sur le dos, croisée parfois par une raie verticale tombant sur les épaules. Les oreilles sont assez longues. La crinière courte et droite. Les châtaignes manquent aux membres postérieurs. 5 vertèbres lombaires.

La classification des Asiniens (1) est très confuse, surtout en ce qui concerne les formes asiatiques (*Hémioniens*). Sans entrer dans aucune discussion à ce sujet, nous admettrons deux espèces sauvages principales, l'une asiatique, l'Hémione, l'autre africaine, l'Ane à pieds bandés.

L'**Hémione** (*E. hemionus* Pallas) est d'une taille un peu inférieure à la moyenne de nos Chevaux ; sa robe est d'un isabelle clair devenant presque blanchâtre sous le ventre et à la face interne des membres ; la crinière et la queue sont brun foncé. La raie dorsale n'envoie pas de prolongements sur les épaules, sauf dans quelques-unes des variétés ci-après. La tête est assez lourde; les oreilles sont un peu plus longues que celles du Cheval, mais plus courtes que celles de l'Ane. La ligne du dos est droite, un peu relevée au niveau de la croupe. La crinière est droite et bien fournie.

La forme que Pallas a décrite sous le nom d'Hémione vit en troupes nombreuses dans les steppes de l'Asie centrale, depuis les frontières de la Chine jusqu'à la rive orientale de la mer Caspienne ; les Mongols la désignent sous le nom de *Dzigguetai*. Elle est quelquefois utilisée, dit-on, pour les travaux agricoles. D'autres formes se rencontrent sur divers points de l'Asie, et ont été considérées par les zoologistes, tantôt comme des variétés locales de l'Hémione, tantôt comme des espèces distinctes.

Ainsi, on trouve, dans les régions incultes situées entre la mer Caspienne et la mer d'Aral, un Asinien qui est désigné sous le nom de KOULAN par les Kirghiz et autres hordes nomades de la Tartarie. On le regarde en général comme identique au Dzigguetai.

Les vallées élevées du Thibet nourrissent aussi un animal du même groupe, auquel on donne le nom de KIANG. Hogdson, le regardant comme une espèce distincte, l'avait dénommé d'abord *Asinus equioides*, puis *A. polyodon*. La plupart des naturalistes s'accordent aujourd'hui à l'identifier également au Dzigguetai de la Mongolie.

D'autre part, il existe dans le désert de la Syrie un Équidé auquel Isidore Geoffroy Saint-Hilaire a donné le nom d'HÉMIPPE (*E. hemippus*), et qui se distingue de l'Hémione type par une tête plus petite et plus fine, des oreilles plus courtes, etc. Il est probable que l'Hémippe n'est autre

(1) George, *Études zoologiques sur les Hémiones et quelques autres espèces chevalines*, Annales des sc. nat., t. XII, p. 1, 1869.

que le Mulet fécond dont parle Aristote, et pour lequel cet auteur avait créé le nom d'Hémione ; mais il ne semble pas qu'on doive le séparer spécifiquement des formes précédentes.

Par contre, on tend à faire une espèce nouvelle du GOURKOUR ou GHOR-KHUR, qui vit dans le Cutch, pays voisin de l'Indus. Pallas, le regardant à tort comme un représentant sauvage de l'Ane domestique, lui avait donné le nom d'Onagre (*Equus onager*), que Sclater a voulu remplacer par celui d'*Asinus indicus*. Au Muséum d'histoire naturelle de Paris, les sujets obtenus par l'accouplement du Gourkour et de l'Anesse se sont toujours montrés stériles.

On rapporte avec quelque doute au Gourkour l'Équidé connu sous le nom de GOUR, qui se rencontre surtout dans les déserts du nord de la Perse, et dont les membres sont zébrés de brun.

Enfin on est encore plus mal fixé sur l'animal que Hamilton Smith vit à Londres vers le commencement de ce siècle, et qu'il croyait originaire de la Tartarie chinoise. Cet auteur supposa que cet Asinien n'était autre que le YO-TO-TZÉ des Chinois, et en fit une espèce nouvelle, sous le nom d'*Asinus equuleus*.

L'**Ane à pieds bandés** (*E. tæniopus* Heuglin) est assez grand et svelte ; sa robe est gris ardoisé, avec une bande rachidienne noire et une bande scapulaire, très apparente, de même couleur ; l'extrémité inférieure des membres présente, en outre, quelques zébrures noires irrégulières. Les oreilles sont plus longues que chez les Hémiones ; leur face interne est garnie de poils longs et abondants. La crinière est courte ; le bouquet terminal de la queue est très long et très fourni.

L'Ane à pieds zébrés habite le nord-est de l'Afrique, c'est-à-dire les pays situés entre le Nil et la mer Rouge. C'est à lui que conviendrait spécialement le nom d'Onagre (ὄνος ἄγριος, âne sauvage), employé d'une façon un peu vague par Aristote, mais que Pallas a eu le tort d'appliquer au Gourkour.

Anes domestiques (*E. Asinus* L.). — M. Sanson reconnaît deux espèces (ou races) d'Anes domestiques, l'une brachycéphale, l'autre dolichocéphale.

RACE BRACHYCÉPHALE. — RACE D'EUROPE (*E. A. europæus*). *Variétés :* Des Baléares. — De la Catalogne. — De la Gascogne. — Du Poitou.

RACE DOLICHOCÉPHALE. — RACE D'AFRIQUE (*E. A. africanus*). *Variétés :* Égyptienne. — Syrienne. — Kabyle. — Commune ou du Grison, répandue dans toute l'Europe occidentale.

L'auteur place le centre d'apparition de la race d'Europe dans le voisinage des îles Baléares ; il ajoute que les ossements de petits Équidés découverts en abondance dans le quaternaire du Midi de la France devaient appartenir à des individus de cette race.

Quant à la race d'Égypte, elle aurait pris naissance dans la vallée du Nil. On peut même supposer qu'elle dérive directement de l'Ane à pieds bandés. Les auteurs font remarquer, en effet, que les Anes domestiques d Abyssinie ressemblent beaucoup à cette espèce. Mais, ce qui est au moins extraordinaire, c'est la découverte faite par Boucher de Perthes, dans une tourbière de la Somme, à 5 ou 6 mètres au-dessous du niveau de la rivière, d'un crâne d'Équidé que M. Sanson a reconnu être celui d'un Ane africain. M. Piétrement admet qu'il s'agit d'un Ane domestique amené dans la vallée de la Somme, à une époque très ancienne, par des migrateurs aryens ou des navigateurs phéniciens. On avouera que cette conclusion est un peu hasardée.

Domestication. — C'est en Égypte qu'on constate les traces les plus anciennes de l'utilisation des Anes. Un bas-relief d'un hypogée de Giseh, datant de la IVe dynastie, représente deux troupeaux d'Anes. Lenormant fait remarquer d'ailleurs qu'on voit figurer cet animal sur les monuments égyptiens, aussi haut qu'on puisse remonter. « La domestication de l'Ane africain ou nilotique, dit M. Piétrement, est très probablement encore plus ancienne que celle des races chevalines. Elle est due aux Nubiens, ancêtres des anciens Egyptiens, qui ont transmis cet animal aux Sémites du sud-ouest de l'Asie, d'où il s'est anciennement répandu depuis la mer de la Chine jusqu'à l'océan Atlantique. » L'utilisation de l'Ane chez les Hindous remonte à une époque très reculée, ainsi qu'en témoigne la loi de Manou. Ajoutons que le même animal était utilisé chez les Hébreux dès l'époque d'Abraham, et en Grèce du temps d'Hésiode.

Quant à l'Ane européen, sa domestication « doit avoir suivi de près l'importation, dans le centre hispanique, de l'usage des dolmens et de celui des armes en pierre polie. »

En ce qui concerne les temps historiques, on assure que les Anes n'ont été employés en Angleterre que sous les rois saxons. Quant à leur introduction aux États-Unis, elle serait de date toute récente, car on l'attribue à Washington.

Caractères physiologiques. — Les facultés génératrices apparaissent, chez les Anes, un peu plus tôt que chez les Chevaux. L'ardeur génésique est aussi plus considérable : Aristote disait déjà que l'Ane est, après l'Homme, le plus lascif des animaux ; et l'on sait que le Baudet, c'est-à-dire l'Ane étalon, peut faire jusqu'à huit et dix saillies par jour pendant toute la durée de la monte.

La gestation dure en moyenne 364 jours, soit un an. La portée est presque toujours simple. L'Anesse entre de nouveau en rut quelques jours après le part. L'Anon est gai et assez facile à dresser, quoiqu'il se montre souvent entêté. On le traite à peu près comme le Poulain; on le sèvre d'ordinaire entre six et huit mois.

Services. — L'Ane, comme le Cheval, est un moteur animé; mais sa conformation le destine plutôt à porter qu'à traîner des fardeaux. On l'utilise dans les pays de montagne comme animal de bât. Son emploi comme animal de trait est en général peu avantageux. Il remplace le Cheval chez les petits cultivateurs : c'est lui qui porte au marché les produits de l'étable, de la basse-cour et du verger. Sa sobriété est telle qu'on le nourrit à très peu de frais; et il est encore moins exigeant sous le rapport des soins hygiéniques que sous celui de la nourriture. Aussi est-il entretenu le plus souvent avec la plus grande négligence, sinon avec brutalité, ce qui lui fait perdre ses facultés natives et lui donne un caractère rétif. Bien dressé et bien soigné, il ne le cède guère au Cheval sous le rapport de l'intelligence, et on sait qu'il lui est supérieur par son tempérament, son énergie, sa résistance à la fatigue.

Le fumier d'Ane était plus estimé des anciens que celui du Cheval. Enfin l'Anesse fournit un lait qui se rapproche beaucoup, par ses qualités, de celui de la Femme, et qu'on a souvent recommandé dans le traitement des affections cachectiques.

La chair de l'Ane est de bonne qualité. En France et en Italie, elle est surtout employée à faire des saucissons.

Quant aux débris cadavériques, ils sont utilisés à peu près comme ceux du Cheval. Sa peau, dure et en même temps élastique, est très recherchée des mégissiers.

Nous devons faire remarquer en terminant que l'Ane est assez sensible au froid ; aussi ne le rencontre-t-on pas dans les contrées les plus septentrionales de notre continent. Cependant le père Huc affirme qu'aujourd'hui les Anes s'accommodent très bien du climat du Thibet et des provinces septentrionales de la Chine. Mais ces animaux supportent beaucoup mieux que les Chevaux la température des régions torrides.

Sous-genre ZÈBRE (*Hippotigris* H. Smith). — On applique la qualification de Zébrés aux Équidés africains dont la robe est ornée de raies foncées sur fond clair. Il existe toujours une bande rachidienne. Leur queue n'est pourvue, comme celle des Anes, que d'un bouquet terminal de crins. Ils ont la tête fine, les oreilles de moyenne grandeur, la crinière droite et courte, les sabots petits, mais fort élargis en arrière. Les châtaignes manquent aux membres postérieurs. 5 vertèbres lombaires.

3 espèces :

Le **Zèbre** (*E. Zebra* L.) a une robe à fond presque blanc ou à peine jaunâtre, rayée de noir depuis l'extrémité de la tête jusqu'aux sabots. La face est en partie rougeâtre.

Cette espèce habite de préférence les régions montagneuses. Elle occupe le sud et l'est de l'Afrique, depuis le Cap jusqu'en Abyssinie. C'est celle qu'on rencontre le plus rarement dans nos ménageries. On a pu, à diverses reprises, en dompter quelques individus et les dresser pour le trait; mais, en général, ils restent assez indociles.

Le **Daw** (*E. montanus* Burchell, *E. Burchelli* Fisch.) est brun jaunâtre, avec le dessous du corps blanchâtre; ses zébrures sont plus larges que dans l'espèce précédente, et elles manquent entièrement sur la partie libre des membres.

Le Daw ou Zèbre de Burchell habite les plaines du sud de l'Afrique, surtout dans le voisinage du cap de Bonne-Espérance; on ne sait pas au juste quelle est, vers le nord, la limite de son aire de dispersion. — Is. Geoffroy Saint-Hilaire a, depuis longtemps, tenté d'acclimater cette espèce dans notre pays. Des Daws élevés à la ménagerie du Jardin des plantes de Paris s'y sont reproduits sans difficulté, et, dès la seconde génération, dit l'auteur, l'acclimatation était complète. Restait à établir la possibilité d'utiliser ces animaux, que la plupart des auteurs s'accordent à regarder comme farouches, irascibles et capricieux. C'est à quoi est arrivé M. Ménard, à la suite d'une série d'essais poursuivis au Jardin d'acclimatation depuis près de quatorze ans (1). Il y a eu dans cet établissement jusqu'à sept Daws des deux sexes dressés et employés comme animaux de trait; à ce titre, leurs qualités maîtresses sont la force, la vigueur et la franchise, car ils ne sont pas aussi vites que les Chevaux : à cet égard, on pourrait plutôt les comparer aux Mulets. Leur docilité est telle qu'on a pu en conduire deux en figuration sur des scènes de théâtre. Actuellement, les femelles sont consacrées à la reproduction, et il est à remarquer que les sujets nés en captivité sont beaucoup plus faciles à dresser que les individus pris à l'état sauvage.

Le **Couagga** (*E. quaccha* Gmel.) est d'un brun plus ou moins clair; le ventre, la queue et la face interne des membres sont blancs; les zébrures sont brun noirâtre et n'existent que sur la tête, le cou et la partie antérieure du tronc.

Cette espèce vit dans les plaines de l'Afrique australe, et en particulier de la Cafrerie. Un peu plus petite que les précédentes, elle a le port du Cheval. Son nom est tiré de sa voix : *koua, koua*. Elle se laisse facilement apprivoiser. Au Cap, on voit quelquefois des Couaggas parmi les Chevaux

(1) Saint-Yves Ménard, *Utilisation des Zèbres de Burchell comme animaux de trait*, Bullet. de la Soc. d'acclimatation, 1874, p. 257. — Id., *Communicat. inéd.*

de trait. On prétend même que le Couagga peut être dressé à la garde des troupeaux, qu'il défend contre les attaques des carnassiers, notamment des Hyènes.

HYBRIDES. — Les Équidés constituent l'un des groupes qui ont fourni les plus nombreux exemples d'hybridation.

Ainsi, comme on le sait, le Cheval féconde l'Anesse, et le produit de cette union est connu sous le nom de *Bardot*. — Fr. Cuvier a obtenu aussi la fécondation d'une femelle de Zèbre par un Cheval; — lord Morton, celle d'une Jument arabe par un Couagga (1); — Milne Edwards, celle d'une Jument par un Hémione.

L'Ane, fécondant la Jument, procrée le *Mulet*, dont il va être question ci-après. — D'autre part, divers auteurs ont cité des accouplements féconds entre l'Ane et la femelle du Zèbre, — le Zèbre et l'Anesse, — l'Ane et la femelle du Daw, — le Daw et l'Anesse, — l'Hémione et l'Anesse, — l'Hémione et la femelle du Zèbre, — l'Hémione et la femelle du Daw.

Enfin les anciens auteurs ont décrit sous le nom de *Jumart* un produit qui résulterait de l'union du Cheval et de la Vache, ou du Taureau et de la Jument, ou encore du Taureau et de l'Anesse. Adanson, Bourgelat, Grognier, croyaient à l'existence du Jumart ; mais il est bien évident qu'il s'agit là d'un animal fabuleux, et que les descriptions qu'on en a données n'ont eu pour base que des animaux difformes ou monstrueux.

Mulet (*E. Asino-Caballus*). — Comme on vient de le voir, le nom de Mulet s'applique au produit de la fécondation de la Jument par l'Ane. C'est le *Mulus* des Latins, l'ἡμιονος des Grecs. Les caractères participent, dans une mesure très variable, de ceux des deux espèces ascendantes. La tête ressemble assez à celle de l'Ane; les oreilles, très mobiles, sont plus longues que celles du Cheval, plus petites que celles de l'Ane. Le cou est court, faible, le garrot peu élevé. La ligne dorso-lombaire est le plus souvent un peu voussée. La crinière et la queue sont moins garnies que chez le Cheval, mais plus que chez l'Ane. Les membres sont fins, terminés par des sabots relativement volumineux, mais se rapprochant néanmoins de ceux de l'Ane. Les châtaignes existent quelquefois aux quatre membres ; mais en général les postérieures sont rudimentaires ou font défaut. Le nombre des vertèbres lombaires est tantôt de six, tantôt de cinq. La robe est variable, le plus souvent grise.

La production des Mulets remonte à une époque assez reculée. Toute-

(1) Voy. A. Sanson, *op. cit.*, t. II, p. 31.

fois, les anciens monuments de l'Égypte, qui montrent si souvent des représentations de l'Ane, n'en présentent aucune du Mulet. Par contre, chez les Assyriens, qui ne nous ont laissé aucune figure de l'Ane, on trouve sur les bas-reliefs des représentations non douteuses du Mulet. Il existe même une légende qui fait remonter l'existence de cet animal en Assyrie jusqu'aux temps fabuleux. Aussi M. Piétrement admet-il que c'est « dans les régions asiatiques situées entre le Gange et le littoral méditerranéen de Syrie que doivent être nés les premiers Mulets orientaux. » Homère signale l'existence des Mulets dans l'Asie mineure et en Grèce. D'autre part, les auteurs latins nous montrent quelle était l'importance de l'industrie mulassière chez les Romains. Est-ce par ceux-ci que cette industrie fut introduite en Espagne? Il serait difficile de répondre d'une façon formelle à cette question.

Actuellement, la production industrielle des Mulets, en France, est à peu près limitée à la Gascogne et au Poitou.

Caractères physiologiques. — L'accouplement de l'Ane étalon et de la Jument ne s'effectue jamais que sous la direction de l'Homme. Ces animaux ne se recherchent en aucune façon, et souvent même on ne parvient à les unir que par des excitations ou des artifices divers. La durée de la gestation est la même que lorsque la Jument est pleine du Cheval. Les Muletons s'élèvent et se comportent à peu près comme les Anons.

En thèse générale, les Mulets sont inféconds. Pour les mâles, on ne connaît même pas, jusqu'à présent, une seule exception à cette règle. Leur liquide séminal est d'ailleurs presque toujours dépourvu de spermatozoïdes normaux. Par contre, en ce qui concerne les Mules, on a recueilli des observations multiples témoignant d'un certain degré de fécondité. Fécondée par un Cheval ou par un Ane, la Mule peut en effet concevoir ; le plus souvent, elle avorte, ou, en cas d'accouchement normal, le jeune survit à peine quelques mois. Mais, dans quelques circonstances, on a vu les produits des Mules arriver à l'âge adulte, et tout récemment, une Mule du Jardin d'acclimatation a fourni plusieurs exemples de ce genre. M. Sanson pense que les Mules fécondes sont des filles de Juments appartenant à la race africaine. La chose est à vérifier.

Services. — Les aptitudes du Mulet tiennent en partie de celles du Cheval, en partie de celles de l'Ane ; mais, à cet égard, il faut reconnaître que l'influence paternelle est tout à fait prédominante. Le Mulet possède à peu près le tempérament de l'Ane ; il en a aussi la patience, la résistance et la sobriété.

Comme moteur, il peut être utilisé à la façon du Cheval, pour le service du trait et même de la selle. En Espagne, les Mules fournissent souvent des attelages de luxe. Au moyen âge, les gens de robe n'employaient que des Mules pour monture ; cependant, les allures de ces animaux sont très fatigantes, et on ne s'en sert guère que pour aller au pas. De plus, dans les localités montueuses, le Mulet est, comme l'Ane, une bête de somme, avec cet avantage qu'il est plus fort : la conformation du dos et des reins est très favorable au service du bât. Sur les champs de bataille, il porte les blessés en litière et en cacolet. — Presque partout on donne aux Mules la préférence sur les Mulets.

Comme animal alimentaire, le Mulet tient à peu près le même rang que l'Ane.

Bardot (*E. Caballo-Asinus*). — Le Bardot résulte de l'accouplement de l'Anesse avec le Cheval étalon. Les anciens l'appelaient *Hinnus*. Il est de petite taille, à peu près comme l'Ane, et de formes peu élégantes. Sa tête est un peu plus légère, ses oreilles sont un peu plus courtes que celles du Mulet. Son encolure est mince, son dos fort tranchant, sa croupe avalée. Ses membres sont assez forts, ses sabots petits, serrés en talons. Il hennit comme le Cheval, tandis que le Mulet a une sorte de braiement faible, analogue à celui de l'Ane.

Le Bardot est assez rare en France et dans la plupart des contrées de l'Europe. Il n'est guère utilisé que dans quelques localités de la Sicile, où il transporte les produits des mines de soufre à travers les montagnes. Sa production offre d'ailleurs peu d'intérêt : il rend à peine les services de l'Ane et se montre très inférieur au Cheval. Il y a donc lieu de lui préférer le Mulet. Nous ne sachions pas qu'on ait constaté, jusqu'à présent, aucun cas de fécondité de la Bardote.

HUITIÈME ORDRE

HYRACIENS

Mammifères à doigts subongulés, dépourvus de trompe ; des incisives et des molaires ; pas de canines ; placenta zonaire.

On a établi cet ordre des Hyraciens (ὕραξ, souris) ou Lamnonges, pour le seul genre Daman (*Hyrax*) que certains auteurs classent parmi les Proboscidiens et d'autres parmi les Jumentés. Les Damans sont de petits animaux de la taille d'un Lapin. Leur corps est couvert de poils épais. Leur dentition se rapproche un peu de celle des Rongeurs. Ils ont quatre doigts en avant, trois en arrière, réunis par la peau et couverts de petits sabots, à l'exception du doigt interne de derrière, qui porte une griffe. La plante des pieds offre des coussinets qui fonctionnent comme ventouses.

Les Damans vivent en général dans les rocailles. Ils ont l'habitude de déposer dans les fentes des rochers leurs excréments et leur urine. Au Cap, les indigènes recueillent ce mélange, qui entre dans le commerce sous le d'*hyracéum*, et qui a été recommandé comme antispasmodique. On assure que certains médecins préconisent encore l'emploi de cette substance.

Outre le Daman du Cap (*H. capensis*), on signale le Daman d'Abyssinie (*H. abessinicus*), le Daman de Syrie (*H. syriacus*), etc.

NEUVIÈME ORDRE

PROBOSCIDIENS

Mammifères à doigts subongulés; nez développé en trompe préhensile; deux incisives supérieures, à croissance indéfinie, en forme de défenses; molaires composées; placenta zonaire.

Cet ordre n'est plus représenté aujourd'hui que par les Éléphants, qui sont les plus grands des Mammifères terrestres. Ces animaux sont surtout remarquables par leur trompe (προβοσκίς, trompe), qui constitue un véritable organe de préhension. Cette trompe est percée de deux canaux parallèles qui font suite aux fosses nasales et sont séparés par une cloison médiane ; de nombreux faisceaux musculaires entre-croisés lui donnent une motilité remarquable. Elle est terminée par un appendice digitiforme doué d'une grande sensibilité. C'est avec cette trompe que l'animal prend ses aliments et ses boissons pour les introduire dans sa bouche ; il s'en sert aussi pour se défendre.

La dentition comprend deux incisives, qui se rencontrent à la mâchoire supérieure seulement, sont dépourvues de racines et d'émail, et ont une croissance indéfinie (dents de remplacement) : ce sont ces défenses qui nous fournissent l'ivoire. Les molaires sont composées de petites dents aplaties d'avant en arrière et réunies par du cément ; il n'en existe souvent qu'une seule en activité à chaque branche des mâchoires ; mais une autre se développe en arrière et la fait tomber lorsqu'elle est usée ; parfois il s'en trouve trois en même temps : une usée, une active et une jeune.

Le corps est revêtu d'une peau épaisse, à poils clairsemés. La tête est énorme, portée par un cou très court. Les yeux sont petits ; le pavillon de l'oreille est très grand et pendant. Les membres sont épais, disgracieux, en forme de piliers ; ils se terminent par cinq doigts soudés jusqu'au niveau des sabots, lesquels n'entourent que les extrémités des phalanges.

Le cerveau présente des circonvolutions très développées, mais les hémisphères ne couvrent pas le cervelet. L'utérus est bicorne ; les mamelles sont pectorales, au nombre de deux.

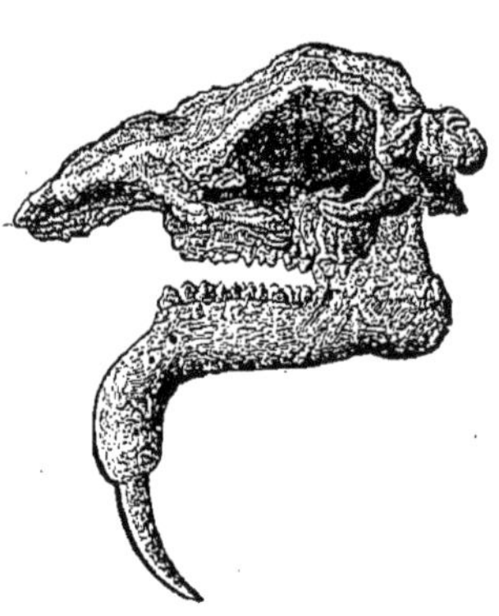

Fig. 673. — Tête de *Dinotherium* (terrain miocène).

Deux espèces : l'Éléphant d'Afrique (*Elephas africanus*), à front bombé, à oreilles très grandes, et l'Éléphant des Indes (*E. indicus*), plus petit, à front un peu concave au milieu, à oreilles plus petites, à défenses moins fortes. — Plusieurs espèces ont vécu à des époques géologiques antérieures : tel est le Mammouth (*E. primigenius*), du diluvium, l'*E. meridionalis*), du pliocène, etc.

Il faut rapprocher de cet ordre : les Mastodontes (*Mastodon*), qui offraient deux défenses à chaque mâchoire, et les Dinothériums (*Dinotherium*), dont la seule mâchoire inférieure portait des défenses recourbées en bas. Les molaires de ces animaux n'ont plus la structure lamellaire de celles des Éléphants. Ces deux genres sont apparus dès l'époque miocène.

DIXIÈME ORDRE

RONGEURS

Mammifères à doigts ordinairement onguiculés ; incisives sans racines, à croissance indéfinie ; pas de canines ; molaires à replis d'émail transversaux ; placenta discoïde.

Les Rongeurs constituent l'ordre de Mammifères le plus nombreux en genres et en espèces. La plupart sont de petite taille, d'allures vives, et offrent un pelage souple et épais. Tous sont plantigrades, à doigts libres et mobiles, en général munis de griffes véritables. Leurs membres antérieurs présentent souvent une clavicule.

Tous se nourrissent de substances végétales; quelques-uns seulement sont omnivores. Leur système dentaire est organisé pour ronger les aliments. Chaque mâchoire porte deux grandes incisives courbées en arc de cercle, dont la face antérieure seule est revêtue d'une couche d'émail souvent colorée en jaune ou en rouge. Ces incisives, enchâssées dans de profondes alvéoles, sont dépourvues de racines, et par conséquent continuent à croître pendant toute la vie. A la vérité, cette croissance est contre-balancée par l'usure due au frottement, et il est à remarquer que cette usure, portant de préférence sur la face postérieure, donne aux dents un tranchant très accusé. Chez les Léporidés, il existe une seconde paire de très petites incisives à la mâchoire supérieure. — Les canines font défaut, même dans la dentition de lait. — Par suite, les molaires sont séparées des incisives par une grande barre. Leur nombre varie de deux à six dans chaque branche des mâchoires. Elles diffèrent peu les unes des autres, et présentent une couronne large et aplatie. Les masséters sont très développés, ce qui restreint beaucoup l'ouverture buccale : aussi la lèvre supérieure est-elle fendue dans son milieu pour l'agrandir. Plusieurs espèces possèdent des abajoues.

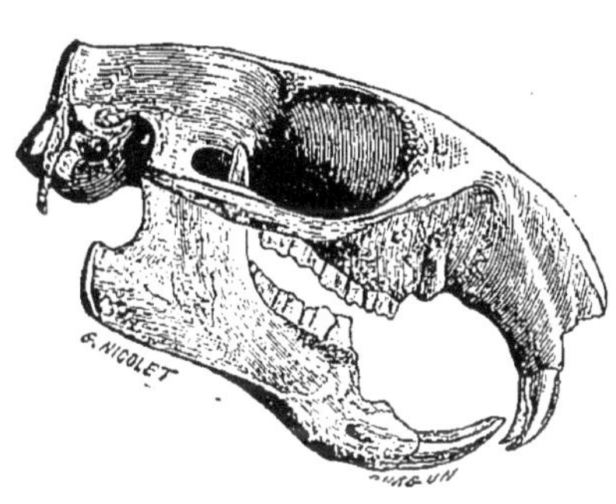

Fig. 674. — Tête de Marmotte.

L'intelligence des Rongeurs est assez faible. Leur cerveau, toujours petit, n'offre que des circonvolutions peu accusées. Leur fécondité est souvent considérable, et il en résulte, pour certaines espèces, une pullulation extraordinaire lorsque les circonstances sont favorables. Les femelles possèdent de nombreuses mamelles pectorales et abdominales. L'utérus est presque toujours double. Les testicules deviennent très volumineux à l'époque du rut.

Les Rongeurs sont répandus sur toute la terre, mais on n'en trouve qu'un petit nombre d'espèces en Australie et à Madagascar. Les premiers débris fossiles remontent à l'époque tertiaire.

Un certain nombre de ces animaux sont chassés pour leur chair ou pour leur fourrure; d'autres ravagent nos récoltes ou s'attaquent à nos provisions, et méritent d'être poursuivis à outrance.

Famille des **LÉPORIDÉS**. — Illiger faisait de ce groupe un sous-ordre, auquel il donnait le nom de *Duplicidentés*. Les Léporidés se distinguent en effet de tous les autres Rongeurs par la présence, à la mâchoire supérieure, d'une seconde paire de très petites incisives, qui sont adossées à la face postérieure des deux dents principales et forment une sorte de talon sur lequel viennent buter les incisives inférieures. Les molaires sont aussi plus nombreuses que chez les autres Rongeurs : il y en a cinq à la mâchoire inférieure, et cinq ou six à la supérieure. Les membres antérieurs sont courts, à cinq doigts; les postérieurs, assez longs, à quatre doigts. La plante des pieds est couverte de poils.

Genres *Lepus* et *Lagomys*.

Le genre **Lièvre** (*Lepus* L.) a pour principaux caractères : des pattes postérieures longues, disposées pour le saut; des oreilles plus ou moins grandes, en forme de cornet; une queue courte, relevée, velue ; six à dix mamelles ; des clavicules rudimentaires; six molaires à la mâchoire supérieure et cinq à l'inférieure. On sait en outre que ces animaux ont un bouquet de poils à la face *interne* des joues.

Une intéressante particularité du mode de vie de ces animaux consiste dans l'habitude qu'ils ont d'avaler leurs crottes (1). C'est peut-être en raison de cette circonstance qu'ils avaient été regardés comme des animaux ruminants. Comme l'a démontré M. Morot, c'est surtout vers le matin qu'ils se livrent à cet acte. Malgré une apparence de mastication, les crottes, recueillies à l'anus, sont dégluties sans être broyées, et s'accumulent dans le cul-de-sac gauche de l'estomac. A mesure qu'il en pénètre de nouvelles, les plus anciennes descendent vers le rétrécissement. Arrivées à ce niveau, elles commencent à se déformer, puis passent peu à peu dans le sac droit, où elles sont bientôt transformées en

(1) Ch. Morot, *Des pelotes stomacales des Léporidés*, Mémoires de la Société centrale de méd. vét., 1882. — A. Railliet, *Rapport sur le mémoire de M. Morot*, Bulletin de la Soc. centr. de méd. vét. 1882, p. 251.

pulpe. C'est pourquoi on ne les rencontre guère que dans l'estomac des animaux tués le matin.

On peut dire que c'est là un acte normal. M. Morot a même cherché à le rapprocher de la rumination. Nous avons, par contre, tenté de démontrer que c'est pour les Léporidés un moyen d'éviter l'infection de leurs retraites et d'échapper à la poursuite des carnassiers.

On assure aussi que les Léporidés boivent quelquefois leur urine.

Les animaux du genre *Lepus* se sont montrés en France dès la fin de l'époque tertiaire ; on en trouve les premiers débris dans le pliocène. Ils ont été abondants pendant l'époque quaternaire, et on connaît plusieurs espèces diluviennes qui sont fort difficiles à distinguer de celles qui habitent aujourd'hui l'Europe. Tels sont : le *Lepus diluvianus*, très voisin du Lièvre commun; une autre espèce fort rapprochée du Lapin de garenne ; etc.

On reconnaît dans ce genre deux sections principales, celle des Lièvres et celle des Lapins.

Les LIÈVRES ont les oreilles très grandes, les pattes postérieures beaucoup plus longues que les antérieures, la queue toujours bien évidente.

Ils ne se creusent pas de galeries, vivent toujours à la surface du sol et se couchent dans une dépression superficielle appelée gîte. Les petits naissent les yeux ouverts ; ils sont couverts de poils et assez développés.

Les Lièvres comprennent de nombreuses espèces, dont les plus connues sont : le Lièvre commun (*L. timidus* L.) de l'Europe moyenne ; le Lièvre changeant (*L. variabilis*), de l'Europe septentrionale ; etc. Aucune de ces espèces n'est domestiquée ; elles ne paraissent même guère domesticables. Le Lièvre commun est un gibier estimé, qui fait dans nos pays l'objet principal de la petite chasse. La chair est noire, savoureuse et excitante.

Les LAPINS ont les oreilles moins longues que les Lièvres ; la disproportion entre le bipède antérieur et le bipède postérieur est moins accusée que chez ces derniers animaux ; M. Sanson ajoute qu'ils se distinguent aussi par leurs caractères craniologiques et craniométriques.

Ils vivent en société et se creusent des galeries ou terriers. Leurs petits naissent nus et les yeux fermés.

On décrit plusieurs espèces de Lapins vivant à l'état sauvage. La plus connue est la suivante.

Le **Lapin de garenne** (*L. cuniculus* L.) est de petite taille ; son pelage est en général d'un gris tiqueté avec un peu de roux en arrière de la tête ; le dessous du corps est blanchâtre ; la queue est courte, noire en dessus ; les oreilles sont également petites, noires à la pointe ; les pieds sont très velus.

Les Lapins de garenne recherchent les terrains sablonneux, les ravins, les buissons. Ils creusent leurs terriers de préférence dans les endroits exposés au soleil. Chaque couple a le sien propre. Ils y restent cachés tout le jour, à moins que le terrain environnant ne leur fournisse un abri suffisant.

Ces animaux sont presque monogames. Le rut commence en février ou en mars. La *Lapine*, comme la Hase ou femelle du Lièvre, porte de trente à trente et un jours et met bas quatre à six ou huit petits, qu'elle dépose dans un terrier appelé *rabouillère*. Comme elle s'accouple aussitôt après, il en résulte qu'elle peut faire six ou sept portées par an.

On regarde en général le Lapin de garenne comme originaire de l'Europe méridionale, et en particulier de l'Espagne. Quelques auteurs lui attribuent même pour patrie l'Afrique du nord. Quoi qu'il en soit, il s'est répandu dans toute l'Europe centrale et méridionale. Il a même été introduit en Angleterre par les amateurs de chasse. Dans beaucoup de points, il s'est multiplié d'une façon extraordinaire, malgré les efforts faits pour le détruire. C'est en effet, en même temps qu'un gibier estimé, un animal susceptible de causer des pertes sérieuses à l'agriculture. Les dégâts sont beaucoup plus importants et surtout beaucoup plus apparents que ceux du Lièvre.

Lapins domestiques (*L. domesticus*). — Leur pelage est assez variable. Il est le plus souvent gris, mais on trouve aussi des individus roux, noirs ou blancs, et d'autres qui présentent un mélange de ces diverses couleurs.

Les principales races reconnues par les auteurs sont : le Lapin commun, le Lapin bélier ou rouennais, le Lapin riche ou argenté, le Lapin blanc de Chine et le Lapin d'Angora.

La plupart des naturalistes admettent que ces diverses races ou variétés dérivent toutes du Lapin de garenne ; mais P. Gervais regarde cette filiation comme très douteuse, et M. Sanson la nie d'une façon absolue, en se basant sur les caractères craniens de ces animaux (1).

On ne possède aucun document précis relatif à la domestication du

(1) A. Sanson, article LÉPORIDÉS du *Nouveau Diction. vétér.* Paris, 1880.

Lapin. Ed. Lartet n'a rencontré aucun ossement de Léporidé dans les cavernes des Pyrénées habitées exclusivement par l'Homme, et on n'en a pas découvert non plus dans les Kjökkenmöddings du Danemark. Il est donc probable que les populations qui habitaient l'Europe à l'époque quaternaire dédaignaient la chair de ces animaux. — C'est à l'époque de la pierre polie qu'on commence à trouver, sur les lieux qu'habitait l'Homme, des débris osseux de Léporidés. — On sait que les Hébreux rejetaient comme impure la chair du Lièvre et du Lapin, et que, de nos jours encore, les Lapons et quelques autres peuples de l'Europe continuent de l'avoir en horreur.

Les Lapins domestiques sont entretenus dans des *clapiers*. Ils sont en état de se reproduire à cinq ou six mois. La durée de la gestation est de trente et un jours. Chaque portée est en général de huit à douze Lapereaux, et une Lapine donne environ huit portées par an. On recommande de ne remettre la mère au mâle que trois semaines après la mise bas. La fécondation est opérée dans l'espace d'une nuit, et la Lapine peut continuer à nourrir encore ses petits pendant une huitaine de jours. Un mâle suffit pour dix à quinze femelles.

« La production des Léporidés domestiques, dit M. Sanson, est pratiquée partout par les petits cultivateurs, qui trouvent par là le moyen d'utiliser et de mettre en valeur les débris des légumes et les herbes de leur jardin, ainsi que les plantes non cultivées qu'ils vont recueillir dans les champs voisins de leur habitation. Ils les nourrissent ainsi avec des aliments qui, sans eux, resteraient sans emploi. Ce sont les lapins ainsi reproduits à peu près sans frais, qui forment la grande masse de l'approvisionnement des marchés et déterminent conséquemment le cours de la marchandise, qui ne dépasse guère 0 fr. 75 le kilogramme de poids vif. »

Par contre, l'élevage en grand de ces animaux n'a jamais donné de résultats avantageux, tant à cause des frais d'alimentation que par suite des conditions défavorables qu'entraîne l'agglomération des animaux.

C'est surtout pour leur chair que les Lapins sont élevés ; mais on utilise aussi leur fourrure. Enfin, il ne faut pas oublier que ces animaux sont de précieux auxiliaires de la physiologie moderne.

Léporide (*L. timido-domesticus*). — Le Lièvre et le Lapin manifestent l'un pour l'autre une antipathie prononcée, au point qu'on a longtemps regardé comme chose impossible le rapprochement sexuel entre ces deux espèces. Cependant, au siècle dernier, Amoretti avait déjà signalé l'accouplement fécond d'un Lapin avec une Hase. Mais ce fait était oublié quand, en 1847, M. Roux, d'Angoulême, parvint à obtenir un certain nombre de produits par l'accouplement du Lièvre mâle avec des Lapines. C'est à ces produits que Broca donna plus tard le nom de Léporides. Depuis

semaines. Elle les allaite pendant environ deux mois. La gestation est de six semaines.

On vient de voir que l'Homme a dès longtemps mis à profit les instincts sanguinaires de ce petit carnassier. En Angleterre, on s'en sert encore pour combattre les Rats; mais, en thèse générale, il est réservé pour la chasse aux Lapins.

3° Les **LUTRINÉS** sont des Carnivores aquatiques à corps allongé, munis de pattes très courtes, palmées, à cinq doigts, et d'une queue souvent déprimée. — Loutre commune (*Lutra vulgaris*), se nourrit surtout de Poissons et d'Écrevisses; fourrure assez recherchée. Loutre de mer (*Enhydris marina*), des régions polaires de l'océan Pacifique; forme le passage vers les Phoques; très belle fourrure veloutée, d'un beau brun foncé.

Famille des **VIVERRIDÉS**. — Ce sont des animaux de taille moyenne ou petite, bas sur jambes, à corps allongé, à museau étiré et pointu, à queue longue et touffue. Les pieds sont à cinq ou parfois à quatre doigts et portent sur le sol par une partie variable de leur surface plantaire. Les ongles sont souvent rétractiles. La dentition comprend trois ou quatre prémolaires, mais toujours deux molaires permanentes. Un grand nombre de ces animaux répandent une forte odeur musquée, due à la sécrétion de glandes spéciales. Ils habitent surtout les régions chaudes de l'ancien continent.

Fig. 687. — Civette.

Les **Civettes** (*Viverra* L.) sont des digitigrades à ongles rétractiles. Elles possèdent un appareil odorifère situé entre l'anus et les organes sexuels.

La **Civette d'Afrique** (*V. Civetta* Schreb.) atteint la taille d'un Renard; son pelage est grossier, et, depuis le cou jusqu'à la queue, forme une sorte de crinière que l'animal peut hérisser à volonté; sa teinte générale, gris fauve, est relevée de bandes et de taches irrégulières brun foncé; la queue est marquée de six ou sept anneaux noirs.

Cette espèce se rencontre dans toute l'Afrique centrale, depuis le Zanguebar jusqu'à la Guinée. Elle dort le jour et, la nuit venue, fait la chasse aux Oiseaux et aux petits Mammifères. On l'élève en captivité, dans beaucoup de contrées, pour recueillir le parfum qu'elle fournit : tous les huit jours, on vide ses poches avec une petite cuiller, et on enferme le produit dans des vases que l'on bouche avec soin.

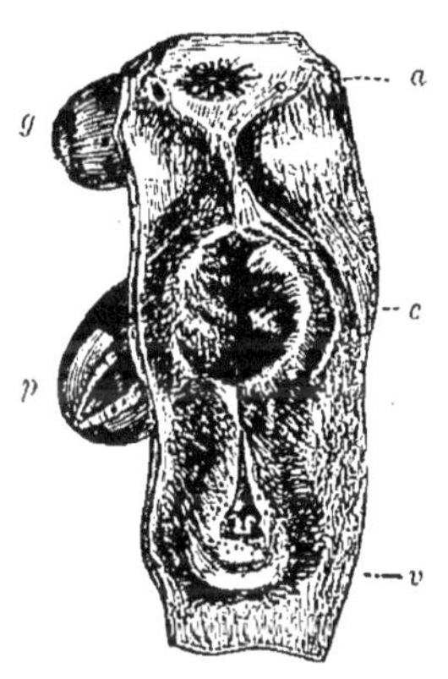

Fig. 688. — Appareil de la Civette. — *a*, anus, de chaque côté duquel se voit l'orifice d'une glande anale. *g*, glande anale gauche. *c*, cavité dans laquelle débouchent les deux poches à civette. *p*, poche gauche. *v*, partie inférieure de la vulve.

Viverréum. — L'appareil odorifère existe dans les deux sexes; son ouverture est située sur le périnée, entre l'anus et la vulve chez les femelles, entre l'anus et l'orifice préputial chez les mâles : c'est une fente longitudinale à lèvres velues, qui communique de chaque côté avec une poche de la grosseur d'une amande. La paroi de ces deux poches est revêtue de poils courts et fins et renferme une multitude de follicules composés, qui déversent leur produit dans la cavité : c'est ce produit qui est connu sous le nom de *civette parfum*, et auquel P. Gervais a donné le nom de *viverréum*. Il ne faut pas confondre les poches à civette avec les glandes anales, qui sont situées au-dessus, et dont les orifices excréteurs se voient sur les côtés de l'anus ; la sécrétion de ces glandes, peu abondante, répand une odeur infecte.

Le viverréum ou la civette est une substance demi-fluide, onctueuse et jaunâtre, qui s'épaissit et brunit avec le temps. Son odeur pénétrante rappelle à la fois celle du musc et celle des matières fécales. On l'employait autrefois en médecine, au même titre que le musc ; il n'est plus guère usité aujourd'hui qu'en parfumerie.

La **Civette d'Asie** (*V. Zibetha* L.) plus connue sous le nom de *Zibeth*, est plus petite que la précédente et n'a pas de crinière; son pelage est brun jaunâtre, avec des taches plus ou moins confluentes.

Le Zibeth habite les Indes orientales, et s'étend jusqu'en Arabie. En outre, les Malais l'ont introduit dans un grand nombre d'îles de l'océan Pacifique. On l'élève aussi en captivité, et il produit du viverréum au moyen d'un appareil glandulaire dont la structure est peu différente de ce que nous avons signalé chez la Civette d'Afrique.

Les **Mangoustes** (*Herpestes*) sont des digitigrades à ongles non rétractiles et dépourvus de poches glandulaires odorifères.

A ce genre appartient le Rat de Pharaon (*H. Ichneumon*), qui habite l'Égypte, la Palestine et la Tunisie.

Les **CANIDÉS** sont des coureurs digitigrades à griffes non rétractiles, ayant en général cinq doigts aux pieds de devant et quatre aux pieds de derrière. Leur dentition comprend toujours trois incisives, une canine, quatre prémolaires; mais le nombre des molaires est variable. Les incisives sont trilobées; les canines sont assez longues, incurvées et comprimées. Les prémolaires sont moins pointues que chez les Chats. La carnassière est bien accusée; les tuberculeuses diminuent de volume d'avant en arrière.

Les Canidés vivent rarement par couples; la plupart se rassemblent en meutes considérables. Quelques-uns sont diurnes; beaucoup sont nocturnes ou crépusculaires. Tous chassent des proies vivantes, en mettant surtout à profit la délicatesse de leur odorat; mais ils aiment beaucoup aussi la venaison faisandée, et certains la préfèrent même à la chair fraîche. Enfin, quelques rares espèces ont un penchant marqué pour le régime végétal. A l'état sauvage, ces animaux n'aboient jamais; leurs manifestations vocales consistent en des hurlements ou en des glapissements. Tous répandent une odeur de fauve plus ou moins accusée, qu'ils doivent souvent à des amas glandulaires situés à la base de la queue (Renard). Aucun d'eux ne sait grimper; ils atteignent leur proie à la course. Les femelles sont très fécondes; leurs petits viennent au monde les yeux fermés et doivent être allaités assez longtemps. Leur intelligence est assez développée, bien que beaucoup d'auteurs en aient exagéré la portée : il ne faut pas oublier que les facultés de nos Chiens domestiques résultent, en grande partie, de l'influence de l'Homme.

État fossile. — L'apparition du type Canidé est placée par les auteurs à la fin de l'éocène; mais c'est là un fait qui ne paraît pas suffisamment établi (1). M. Gaudry ne le signale qu'avec doute, et l'on sait que le

(1) Zaborowski, *Les Chiens tertiaires de l'Europe et l'origine des Canidés*, Bullet. Soc. anthropol., 1883, p. 870.

Canis parisiensis et les espèces voisines ne reposent que sur l'examen de débris très incomplets.

Vers le milieu de l'époque tertiaire, existait toutefois un curieux animal, l'*Amphicyon*, qui appartient sans aucun doute au groupe des Canidés, quoiqu'il soit plantigrade et se rapproche ainsi des Ours.

Mais le genre *Canis* ne se montre d'une façon indiscutable qu'à partir de l'époque quaternaire (1). Dans les dépôts de cette époque, on a découvert, en effet, les restes d'un grand nombre d'animaux de ce genre, tels que le Loup, le Renard, l'Isatis, et en particulier, d'après Pictet, ceux d'une espèce sauvage très voisine de notre Chien domestique, à laquelle on a donné le nom de *Canis familiaris fossilis*.

MM. Bourguignat, Wöldrich et autres ont repris récemment l'étude de ces formes quaternaires; malheureusement, leurs classifications géologiques n'ont aucun rapport entre elles, non plus qu'avec les données classiques de l'archéologie préhistorique, et il en résulte qu'une grande obscurité continue de régner sur cette question des Canidés fossiles.

Dans le début des temps quaternaires, il n'existait sur notre sol, d'après Bourguignat, que des espèces du genre *Cuon;* il en décrit deux sous les noms de *C. europæus* et de *C. Edwardianus*. Une autre forme se rapproche cependant des Loups : il l'appelle *Lycorus Nemesianus*.

Le Chien le plus ancien est peut-être le *Canis Miki*, découvert, d'après Wöldrich, dans une couche qui se rapporte à la fin de la faune glaciaire et au commencement de la faune des steppes. Il est de petite taille, et intermédiaire, par ses caractères, entre le Renard et le Chacal.

Plus tard se montre un type de taille plus élevée, auquel Bourguignat donne le nom de *Canis ferus;* à côté de lui vivaient un Loup énorme (*Lupus spelæus*), puis le Loup actuel (*Lupus vulgaris*) et le Renard (*Vulpes vulgaris*).

Plus tard encore apparaissent d'autres formes canines, qui ont été découvertes par Schmerling dans des cavernes belges de l'époque moustérienne, et dont l'une, plus forte que l'autre du double, devait être de la taille de nos Chiens d'arrêt. C'est à cette époque que se rapporteraient aussi les ossements trouvés par Bourguignat dans la grotte de Fontamie, près Saint-Césaire (Alpes-Maritimes), et qui sont attribuables, les uns au Chien de berger, les autres au grand Dogue ou Molosse. Bourguignat les regarde comme ayant appartenu à des variétés domestiques, en se basant sur ce simple fait qu'ils étaient accompagnés de débris d'industrie humaine. On avouera qu'une telle conclusion n'est rien moins que justifiée.

Nous bornerons là nos citations de Canidés fossiles, et nous reviendrons plus loin, à propos du Chien domestique, sur les espèces ou variétés qui appartiennent à la période néolithique.

(1) Zaborowski, *Les Chiens quaternaires*, Matériaux pour l'hist. primit. et natur. de l'Homme, 1885, p. 145 et 263.

La classification des Canidés est des plus difficiles; d'après Huxley, elle serait même, en grande partie, affaire de convention (1). Aussi nous bornerons-nous à signaler les espèces les plus importantes, que nous classerons dans six genres, tout en reconnaissant que la délimitation de ceux-ci est assez arbitraire. Ces genres sont : *Otocyon*, *Lycaon*, *Icticyon*, *Cuon*, *Canis*, *Vulpes*.

Les **Oreillards** (*Otocyon*) sont remarquables par le nombre de leurs dents, qui s'élève d'ordinaire à 46, parfois même à 48. — Chien Oreillard (*O. caffer*), ou Chacal-Gna, de l'Afrique australe; possède deux oreilles énormes.

Les **Cynhyènes** (*Lycaon*) se distinguent des autres Canidés par la présence de quatre doigts seulement aux membres antérieurs. 42 dents. Ce genre marque le passage vers les Hyènes. — Loup peint (*L. pictus*), de l'Afrique du sud.

Les **Icticyons** (*Icticyon*) n'ont en général que 38 dents, et au maximum 40. — *I. venaticus*, du Brésil.

Les **Cyons** (*Cuon*) ont d'ordinaire 40 dents, rarement 42, la troisième molaire étant nulle ou très petite. — A ce genre appartiennent : le Buansu (*C. primævus*) ou Chien de l'Himalaya, qu'on a voulu regarder comme une souche sauvage de nos Chiens domestiques ; le Colsun ou Dole (*C. dukhunensis*), du Dekkan, qui n'est peut-être qu'une variété du Buansu ; etc.

Les **Chiens** (*Canis*) ont presque toujours 42 dents, soit $\frac{3.1.4.2}{3.1.4.3}$; leurs pupilles sont circulaires; leur queue est de longueur moyenne et relativement peu touffue. Ce sont des animaux diurnes.

A l'exemple de Huxley, nous diviserons ce genre en trois sections : Crabiers, Chacals et Loups, à la suite desquelles nous étudierons les Chiens domestiques et les espèces sauvages qui s'en rapprochent le plus.

CRABIERS. — Ont pour type le Chacal des savanes (*C. cancrivorus*), de la Guyane, qui dans certains cas possède un nombre de dents supérieur à celui des autres Chiens (jusqu'à 46).

CHACALS. — Ce sont des Chiens de petite taille. Le plus connu est le Chacal commun (*C. aureus*), le Dihb des Arabes, qui ressemble un peu à notre Renard par son pelage fauve, tirant au noir sur le dos et les flancs, par son museau pointu et sa queue assez fournie. Cette espèce est répandue dans le nord de l'Égypte, dans l'Asie Mineure, en Perse, en Grèce

(1) T.-H. Huxley, *On the cranial and dental characters of the Canidæ*, Proceed. zool. Soc. London, 1880.

et jusqu'en Dalmatie. — Citons en outre : le Chacal du Sénégal (*C. anthus*) ; le Chacal du Dongolah (*C. sabbar*) ; le Chacal à dos noir (*C. mesomelas*), de la Nubie ; le Chacal aboyeur (*C. latrans*), encore appelé Loup des prairies ou Coyote, de l'Amérique du Nord ; etc.

LOUPS. — Ce sont les espèces à formes hautes et robustes. Le type en est fourni par le Loup vulgaire (*C. lupus*), sorte de grand Chien maigre, à flancs retroussés, à pattes grêles, à museau pointu et à fourrure gris fauve, tirant tantôt sur le jaune, tantôt sur le noir. Comme chez tous les Chiens sauvages, les oreilles sont droites et la queue pendante. Le Loup, autrefois très répandu, commence à devenir rare dans nos régions, et a même disparu de l'Angleterre ; mais il existe encore en bandes nombreuses dans l'ouest de l'Europe, ainsi qu'en Asie et dans l'Amérique du Nord. — A côté de cette espèce, on doit placer le Loup d'Égypte (*C. lupaster*), le Loup des États-Unis (*C. occidentalis*), etc.

CHIENS. — Parmi les Chiens proprement dits, nous placerons, à titre provisoire : l'Adjack (*C. rutilans*), de Java ; le Cabéru (*C. simensis*), de l'Abyssinie et du Kordofan, dont Gray faisait un genre à part (*Simenia*) ; le Dingo (*C. dingo*), d'Australie ; etc. Le Dingo est quelquefois entretenu par les Australiens dans un état de demi-domesticité ; mais c'est à peine s'il s'attache à son maître. On l'a souvent regardé comme un Chien marron, d'importation étrangère, car il fait tache dans la faune australienne ; cependant, quelques observateurs assurent en avoir trouvé des débris dans le pliocène (?) de cette région.

Chiens domestiques (*C. familiaris* L.). — Il y a, parmi nos races de Chiens domestiques, une diversité telle, qu'il serait presque impossible de leur trouver un caractère spécifique commun. On a fait remarquer cependant que, contrairement aux Chiens sauvages, qui ont toujours la queue pendante, les individus domestiques la portent relevée et souvent même recourbée en dessus : dans ce cas, elle est en général dirigée à gauche ; mais cette règle n'est pas absolue, comme le croyait Linné (*cauda sinistrorsum recurvata*).

Les races et sous-races de Chiens, en y comprenant toutes les formes passagères produites par les croisements, sont pour ainsi dire innombrables, et il est extrêmement difficile de les classer. F. Cuvier est le premier qui ait tenté d'en faire un groupement rationnel et scientifique. Il reconnaissait trois grandes divisions : les *Mâtins*, les *Épagneuls* et les *Dogues*. Mais cette division est bientôt devenue insuffisante, par suite de la découverte de races nouvelles, et on a dû multiplier les sections. Jusqu'à présent, il faut bien le dire, on ne possède pas de classification satisfaisante ; aussi est-ce seulement à titre provisoire que nous adopterons la suivante, dont les bases ont été posées par Hamilton Smith, et à laquelle divers auteurs ont fait subir de légères modifications. Elle comprend six sections : *Lévriers*, *Mâtins*, *Chiens lachnés*, *Chiens de chasse*, *Terriers* et *Dogues*.

1° Les LÉVRIERS ont le crâne allongé, droit, sans renflement frontal bien accusé, et le museau effilé ; leur taille est élancée, leur poitrine ample, leur ventre rentré ; leurs jambes sont hautes et fines; leurs oreilles, dirigées en arrrière, sont droites, mais à pointe tombante; leur queue est longue, grêle et peu courbée.

Les uns sont à long poil ; ils ont pour principaux représentants : les Lévriers russe, d'Écosse, d'Irlande.

Les autres sont à poil ras : Lévrier d'Italie ou Levron, arabe ou Sloughi, de Grèce, de Perse.

2° Les MATINS sont plus trapus et en général plus grands que les Lévriers; leur museau est moins effilé, quoique non tronqué ; ils ont le poil court, les oreilles droites ou incomplètement tombantes.

Mâtin proprement dit, Danois, Chien de Dalmatie ou Petit-Danois, Chien de Sanglier, etc.

3° Les CHIENS LACHNÉS ou laineux doivent ce nom à leur fourrure, qui est plus abondante que chez les Mâtins. Ils ont le front peu bombé, le museau de longueur médiocre, mais pointu, les pattes fortes, les oreilles courtes et pointues, le plus souvent dressées.

Chiens de Sibérie, des Esquimaux, d'Islande, de Terre-Neuve, du mont Saint-Bernard, de berger, Chien-Loup, etc.

4° Les CHIENS DE CHASSE « ont le crâne médiocrement allongé et leurs lignes temporales ne se réunissent pas sur la ligne médiane de manière à former une crête sagittale, ce qui laisse à tous les âges, au-dessus de la boîte cérébrale, une plus grande capacité en rapport avec un développement plus considérable du cerveau. » Le front est peu bombé, le museau assez court, aminci en avant, un peu tronqué. Les oreilles sont longues et pendantes. L'odorat est très perfectionné.

A. Les uns ont le poil ras. Ils se subdivisent en deux sections : les Chiens courants et les Chiens couchants ou d'arrêt. — *a*. Parmi les *Chiens courants*, citons d'abord les Chiens anglais : Bloodhound ou Chien de sang (provenant du Saint-Hubert), Foxhound ou Chien de Renard, Harrier ou Chien de Lièvre, Beagle ; puis les Chiens français : Chiens de Saintonge, du Poitou, de Gascogne, normands, vendéens, de Saint-Hubert, d'Artois, Briquets. On peut en rapprocher les *Bassets*, à jambes droites ou à jambes torses. — *b*. Les *Chiens d'arrêts* comprennent, comme races les plus communes : Braque français, Braque de Saint-Germain, Braque picard, Braque sans queue du Bourbonnais, Braque double-nez, Braque anglais ou Pointer, Braque allemand, etc.

B. Les autres sont à poil long. Ils forment deux sections assez distinctes : les Épagneuls et les Barbets. — *a*. Les *Épagneuls* ont les poils longs et soyeux, parfois ondulés et frisés. Tels sont : le Setter anglais, le Setter irlandais, le Setter Gordon, l'Épagneul de Pont-Audemer, l'Épagneul irlandais, l'Épagneul d'eau anglais, les Retrievers, les Springers, les Cockers. On peut aussi rattacher à ce groupe certaines petites races d'appartement, telles que le King-Charles et le Bleinheim. — *b*. Les *Barbets* ont les poils rudes ou soyeux, hérissés, ondulés ou frisés, mais formant sur le front et le museau des sortes de sourcils et de moustaches. Citons : le grand Barbet, le Griffon d'arrêt, le Caniche, le Chien de Malte ou Bichon, le Bichon havanais, etc.

5° Les Terriers ont une tête ronde, un museau peu allongé, des oreilles droites ou tombantes, un pelage variable.

Ils comprennent un grand nombre de sous-races, qui pour la plupart sont d'origine anglaise.

6° Les Dogues ou Mastiffs ont le crâne arrondi, avec développement considérable des sinus frontaux ; leur museau est raccourci et comme tronqué ; leurs lèvres sont plus ou moins pendantes, ainsi que leurs oreilles.

Dogue ou Mastiff anglais, Dogue de Bordeaux, Dogue espagnol, Mastiff du Thibet, Molosse ou Grand-Dogue, Bouledogue, Carlin, etc.

Races croisées. — La plupart des races et sous-races que nous venons d'énumérer sont susceptibles de s'unir entre elles, et nous ne connaissons même d'autre obstacle à ces croisements que l'impossibilité matérielle apportée à l'accouplement par une différence de taille trop considérable.

Or, dans certains cas, l'Homme provoque de tels croisements, dans le but de produire des types intermédiaires, doués de qualités spéciales, types qu'il perpétue par une sélection attentive. C'est ainsi que prennent naissance ces innombrables formes connues sous le nom de *races métisses*, qui souvent ne font qu'apparaître et disparaître, par suite des caprices de la mode, ou qui, plus rarement, sont conservées par une élite d'amateurs, à cause de l'excellence de leurs aptitudes. Telle serait, d'après les auteurs, l'origine des petits Barbets, des Doguins ou Dogues de Bologne, des Bull-Terriers, des Roquets, des Briquets, des Retrievers, etc.

D'autre part, il s'effectue tous les jours, sous nos yeux, des croisements fortuits entre des Chiens de toutes races et même entre des Chiens déjà métissés à divers degrés. Depuis Buffon, on donne à la population hétérogène, de nuances variées à l'infini, qui résulte d'une telle promiscuité, le nom de *Chiens de rue*.

Domestication. — La confusion qui règne dans la classification précédente montre que nous sommes encore loin de connaître les types primitifs desquels sont dérivées nos diverses races de Chiens domestiques.

Aussi bien, l'idée reçue jusqu'à ces derniers temps, de l'unité de souche des races dont il s'agit, ne pouvait-elle que retarder les recherches nécessaires à la solution d'un tel problème. Buffon, on le sait, regardait le Chien comme une espèce à part, n'existant plus à l'état sauvage, et dont le Chien de berger représentait la forme la plus rapprochée de l'état de nature. Guldenstaedt et Pallas, qui avaient étudié le Chacal en Orient, sont les premiers naturalistes qui aient considéré cet animal comme l'ancêtre du Chien. D'autres, parmi lesquels il faut citer P. Gervais, ont fait intervenir au même titre le Loup de nos pays et diverses autres espèces. Or, ce sont là des propositions qui ne s'excluent en aucune manière : l'idée de la pluralité de souche est plus admissible encore pour les Chiens que pour tous les autres Mammifères domestiques.

Seulement, la détermination des types primitifs offre ici de grandes difficultés. Sans doute, elle sera facilitée par les recherches que poursuivent avec ardeur les savants adonnés aux études préhistoriques ; mais il faut reconnaître qu'à cet égard nous sommes encore bien peu avancés.

Quelques auteurs, avec Steenstrup, font remonter la domestication du Chien à l'époque du Mammouth ; mais la plupart sont d'accord pour la reporter au début de la période néolithique. Or, il est constant que, dans le cours de cette période ainsi que des suivantes, les Chiens domestiques ont présenté plusieurs races distinctes. Il faudrait donc pouvoir déterminer quelles sont les races actuelles qui leur correspondent ; et il ne serait pas inutile de savoir, en outre, si elles étaient déjà représentées à l'époque quaternaire.

La race préhistorique la plus anciennement décrite et peut-être aussi la plus anciennement domestiquée est le Chien des tourbières (*Canis palustris*), qui a été découvert dans les stations lacustres de l'époque néolithique et décrit par Rütimeyer (1862). Cet auteur le comparait d'abord au Chien de chasse actuel, et en particulier au Chien d'arrêt ; mais il reconnaît aujourd'hui, avec Studer, que le crâne de cet animal « concorde jusque dans les plus petits détails » avec celui du Chien des Papous (*C. Hiberniæ* Quoy et Gaimard). — Il faut noter ici que tous les crânes recueillis dans les palafittes proviennent d'individus très jeunes ou très âgés, et qu'ils ont le frontal ou le pariétal brisé à l'aide d'un instrument mousse.

Une seconde race a été découverte dans les tourbières d'Olmütz et de Troppau, au milieu de débris de l'âge du bronze. On la connaît pour cela sous le nom de Chien du bronze, et Jeitteles, qui l'a déterminée en 1872, lui a appliqué la dénomination un peu complexe de *Canis familiaris matris optimæ*. Elle est beaucoup plus grande que la précédente et atteint à peu près la taille du Chien de berger. Jeitteles la faisait descendre d'un Loup indien, le *Canis pallipes ;* Studer croit, au contraire, qu'elle dérive du *Canis palustris*, lequel montre une grande variabilité avant la fin de l'âge de la pierre.

En 1877, Wöldrich a déterminé une troisième race, dont les débris ont été recueillis dans diverses stations de la Basse-Autriche, et qui est intermédiaire entre les deux précédentes, d'où son nom de *Canis familiaris intermedius*. Wöldrich lui trouve beaucoup de ressemblance avec le Loup d'Égypte (*Canis lupaster*). Elle a dû apparaître, dans l'Europe centrale, entre l'âge de la pierre et l'âge du bronze.

Enfin, en 1880, Strobel a fait connaître un quatrième type, qu'il nomme *Canis Spalettii*, et qui est encore plus petit que le *C. palustris*. Il a d'ailleurs précédé celui-ci dans l'Europe centrale. Ce *C. Spalettii* serait l'ancêtre du Loulou (*C. Pomeramus*), et le *C. intermedius* aurait donné naissance au Chien de berger. Il est à remarquer que l'ordre d'apparition de ces diverses races n'est pas le même en Italie que dans l'Europe centrale.

Ces races sont-elles attribuables à l'influence de la domestication ? La chose est peu probable, d'autant que certains indices tendent à montrer que quelques-unes d'entre elles au moins existaient déjà à l'époque paléolithique. Il s'agirait donc de races primitives et autochtones.

En résumé, les traces les plus anciennes de la domestication du Chien dans l'Europe occidentale et centrale se rencontrent au début de l'âge de la pierre polie, et, dès cette période, nous constatons l'existence de plusieurs races distinctes. En Orient, le Chien a été domestiqué à une époque plus reculée encore. « Si loin que nous remontions dans le passé, dit Is. Geoffroy Saint-Hilaire, nous le trouvons gardien des troupeaux et des habitations des peuples de l'Asie centrale et de l'Égypte. Pour les premiers, nous avons le témoignage des *Nackas*, et particulièrement du *Zend-Avesta* : la religion mazdéenne prescrivait aux fidèles d'élever dans leurs demeures trois animaux : le Chien, la Vache et le Coq. Pour l'Égypte, nous avons mieux encore que des témoignagnes écrits : des Chiens, de plusieurs races différentes, sont représentés sur les monuments. » Lenormant en reconnaît sept (1) : 1° un Chien-Renard, identique au Chien actuel des bazars du Caire, et descendant peut-être du Loup d'Égypte (*C. lupaster*); 2° le Chien du Dongolah, qui se montre à partir de la XIIe dynastie, et qui est tout à fait semblable à celui qu'on rencontre encore le plus souvent dans les villages de Nubie : il dérive sans doute du Chacal du Dongolah (*C. sabbar*) ; 3° le Lévrier ou Chien de chasse de l'ancien empire, qui paraît être à peu près identique au Sloughi actuel, et qui tire peut-être son origine du Cabéru (*C. simensis*); 4° un grand Chien courant associé au précédent à partir de la XIIe dynastie, et dont la tête est semblable à celle du Fox-hound anglais ; 5° une sorte de Basset, animal d'agrément, qui se montre seulement sous la XIIe dynastie, et qui diffère de toutes les variétés actuelles de Bassets ; 6° un autre Chien-Renard ressemblant à ceux des bazars du Caire, mais à robe fauve tachée de brun rouge ; 7° un Mâtin de grande taille.

Dans certains monuments égyptiens, on voit aussi le Chacal apprivoisé et prenant part à la chasse. Mais, ce qui peut paraître tout à fait extraordinaire, c'est la domestication véritable du Chien hyénoïde ou Loup

(1) Zaborowski, *Les Chiens domestiques de l'ancienne Égypte*, Matér. pour l'hist. de l'Homme, 1884, p. 529.

peint (*Lycaon pictus*), qui s'est prolongée au moins depuis la Ve jusqu'à la XIIe dynastie, et qui n'a cessé qu'après l'apparition du grand Chien courant (n° 4).

Nous n'insisterons pas plus longtemps sur l'histoire du Chien dans l'antiquité, et nous nous bornerons à faire remarquer que les Hébreux ne paraissent pas avoir possédé cet animal avant l'époque des rois.

Mais il nous reste un mot à dire au sujet des Chiens de l'Amérique. M. Piétrement (1) a rassemblé un grand nombre de documents historiques desquels il résulte d'une façon incontestable qu'il existait des Chiens domestiques dans les deux Amériques, ainsi qu'aux Antilles, avant l'arrivée des Européens. « Ces Chiens étaient du reste de diverses couleurs, et ils se divisaient en plusieurs races de différentes tailles, les unes à longs poils, les autres à poils ras ou même sans poil. Enfin, ces chiens étaient tantôt de simples objets de luxe, tantôt des animaux alimentaires, tantôt des auxiliaires, employés soit comme bêtes de trait, soit comme bêtes de somme, et finissant généralement aussi par être mangés. »

Caractères physiologiques. — Les Chiens sont aptes à la reproduction vers l'âge de dix à douze mois. Ce sont des animaux très lascifs. Le mâle peut s'accoupler en tout temps ; mais la femelle n'entre d'ordinaire en rut que deux fois par an, au commencement de l'hiver et au printemps. Les chaleurs durent dix à quinze jours. Elle peut s'accoupler plusieurs fois pendant cette période, et, chaque fois, les deux sexes restent unis pendant un temps assez long, la séparation étant retardée par le gonflement énorme des deux renflements érectiles du pénis, qui retient celui-ci en avant des lèvres de la vulve. L'éjaculation est d'ailleurs fort lente. La partie du pénis comprise dans le fourreau a pour base, comme chez tous les Canidés, un os pénien, creusé d'une gouttière inférieure.

La gestation est de 63 jours dans les grandes races, et de 59 à 63 dans les petites. Chaque portée est de quatre ou cinq petits; plus rarement, le nombre de ceux-ci s'élève à neuf, dix et douze. Ils naissent les yeux fermés et ne les ouvrent souvent qu'après dix ou douze jours. L'allaitement naturel se prolonge environ pendant trois mois. Dans le jeune âge, les mâles comme les femelles s'accroupissent un peu pour uriner ; mais, vers l'âge de neuf à dix mois, les premiers tiennent une patte de derrière levée pendant la miction. La durée ordinaire de la vie est de quatorze à quinze ans.

Services. — Par suite du développement remarquable de ses facultés, le Chien est l'auxiliaire le plus utile que l'Homme ait jamais possédé. Il s'adapte aussi bien que son maître aux diverses circonstances dans lesquelles il est placé. Son régime se modifie sans aucune difficulté : de carnivore, il devient ichtyophage chez certaines peuplades, et le plus sou-

(1) Piétrement, *Les Chevaux*, etc., p. 612 et suiv.

vent omnivore dans les pays civilisés. Sa voix, comme nous l'avons déjà vu, se transforme également : l'aboiement, qui est en quelque sorte son langage parlé, est aussi le résultat de la civilisation, et les Chiens des peuplades sauvages, comme ceux de nos pays qui ont été abandonnés dans des régions désertes, ne savent que hurler. Ses aptitudes se multiplient : on sait que certaines races se prêtent à des exigences très diverses, et tout le monde a vu les exercices compliqués que peuvent accomplir les « Chiens savants ».

Un des instincts favoris des Chiens est la chasse. Or, on sait que certains de ces animaux chassent leur gibier à vue et le tuent : tels sont les Lévriers. C'est à l'aide de l'odorat, au contraire, que la plupart d'entre eux découvrent leur proie : les uns la poursuivent encore et la tuent, comme les précédents, ou l'amènent à portée du chasseur : ce sont les Chiens courants ; les autres se contentent de l'indiquer au chasseur : on les nomme Chiens d'arrêt. Il en est même, comme les Retrievers et certains Épagneuls, qui n'ont d'autre office, à la chasse, que de retrouver le gibier abattu.

Ajoutons que, dans certains cas, le Chien est employé à la pêche, et qu'on a pu même le dresser quelquefois à la poursuite de l'Homme.

Parmi les services les plus communs du Chien, il faut citer encore la garde des habitations et la conduite des troupeaux. Plus rarement on en fait un animal de trait : en Belgique et en Hollande, il traîne de petites voitures ; en Sibérie et chez les Esquimaux, on l'attèle aux traîneaux. Nous ne pouvons enfin que mentionner le Chien de Terre-Neuve, le Chien du mont Saint-Bernard, les Chiens d'aveugles, dont les services sont connus de tous.

La chair du Chien est assez dure et difficile à digérer ; elle répugne d'ordinaire aux Européens ; mais, en Chine et dans quelques autres pays, elle est très estimée. Chez les Romains, on engraissait déjà les jeunes Chiens pour l'usage alimentaire, après les avoir châtrés.

La peau et les intestins sont utilisés par l'industrie.

Les **Renards** (*Vulpes* Briss.) ont la même formule dentaire que les Chiens ; mais ils s'en distinguent par leurs incisives moins échancrées, leurs canines plus effilées et leurs molaires à tubercules plus relevés en pointes ; d'autre part, ils ont le museau plus allongé, le front plus aplati, la queue plus longue et plus touffue ; enfin, ils sont nocturnes, et leurs pupilles sont ovales ou en fente verticale.

D'après Huxley, on peut les partager en 3 sections : Urocyons, Corsacinés et Vulpinés.

URocyons. — Type principal : le Renard tricolore (*V. cinereo-argenteus*), de l'Amérique septentrionale.

CORSACINÉS. — Corsac (*V. corsac*), de la Tartarie et de la Sibérie. Renard caama (*V. caama*), du Cap. Fennec (*V. Zerda*), ou Renard du Sahara, à grandes oreilles; etc.

VULPINÉS. — Renard vulgaire (*V. vulgaris*), de nos pays, grand destructeur de petits Rongeurs. Renard bleu ou Isatis (*C. lagopus*), des régions polaires. Renard rouge (*V. fulvus*), de l'Amérique septentrionale; etc.

HYBRIDES. — Il n'y a aucune preuve, dit Huxley, qu'un croisement entre deux Canidés d'espèces différentes soit resté infécond. D'autre part, les expériences entreprises par Buffon et par Flourens tendent à démontrer, quoi qu'en dise ce dernier auteur, que les produits des unions entre Chien et Loup, Chien et Chacal, etc., sont indéfiniment féconds.

Famille des **HYÆNIDÉS**. — Les Hyænidés sont des Carnivores digitigrades, de grande taille, remarquables par la disproportion qui existe entre leur train antérieur, relativement élevé, et leur arrière-train, bas et peu assuré dans la marche. Sauf chez les Protèles, qui se rapprochent des Chiens, tous les pieds ont quatre doigts munis d'ongles non rétractiles. Le crâne ressemble à ce-

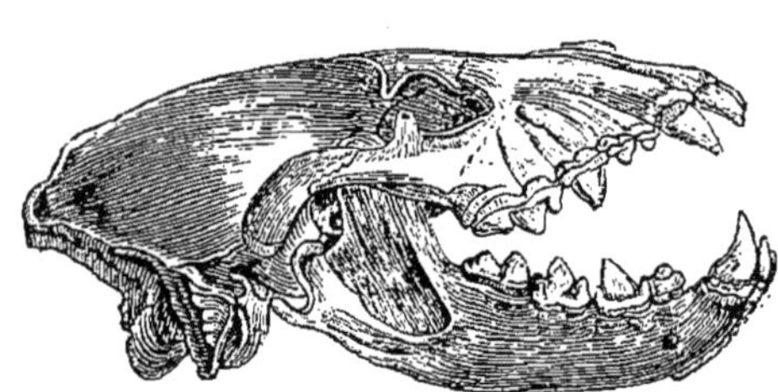

Fig. 689. — Tête de l'Hyène tachetée.

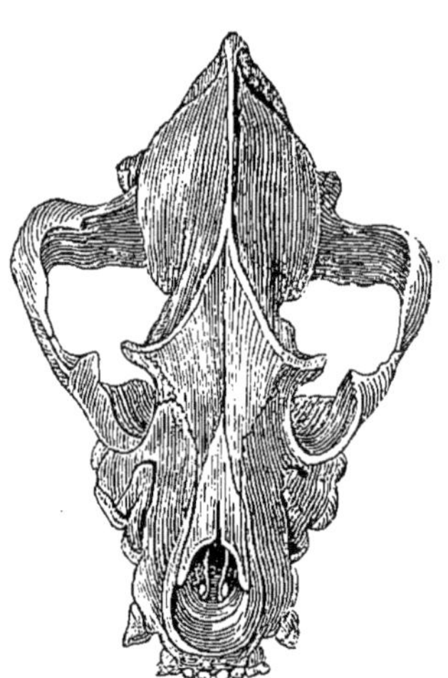

Fig. 690. — Tête de l'Hyène tachetée, vue en dessus, montrant l'extrême écartement des os zygomatiques.

lui des Chats par l'écartement des arcades zygomatiques, la brièveté et la puissance des mâchoires. Les canines sont courtes, peu tranchantes. Il n'y a qu'une seule tuberculeuse à la mâchoire supérieure ; l'inférieure n'en possède pas.

Les Hyènes sont des animaux nocturnes, qui recherchent surtout la charogne. — Hyène rayée (*Hyæna striata*), du nord de l'Afrique et de l'Inde. Hyène tachetée (*H. crocuta*), de l'Afrique méridionale, etc.

Les **FÉLIDÉS** sont des Carnivores digitigrades à griffes généralement rétractiles, ayant cinq doigts aux membres antérieurs et quatre aux membres postérieurs. Ils ont la tête arrondie, le corps élancé, propre au saut. La dentition est peu variable : les incisives sont petites, serrées, tranchantes. Les canines, souvent énormes, sont incurvées et pointues. Les molaires sont tranchantes : il y a une seule tuberculeuse à la mâchoire supérieure; l'inférieure n'en possède pas. La langue est couverte de papilles cornées dirigées en arrière et agissant comme une râpe. Les arcades zygomatiques sont très écartées; les mâchoires sont courtes.

Ces animaux représentent le type le plus parfait des Carnassiers. La plupart sont nocturnes, bien que leurs pupilles soient tantôt rondes, tantôt en fente verticale. Ils se nourrissent de proies vivantes, dont ils s'emparent avec une adresse remarquable, grâce à la finesse de leurs sens et à la ruse qu'ils déploient. La capture se fait en général d'un seul bond; mais souvent les Félins jouent avec leur victime. Ils chassent seuls ou par couples, jamais en meutes. A l'exception de quelques espèces telles que le Lion, les Chats à griffes rétractiles sont d'excellents grimpeurs. Les Chattes sont moins fécondes que les Chiennes, surtout à l'état sauvage, où elles ne donnent guère, en général, que deux ou trois petits, qu'elles défendent avec un courage extraordinaire.

On peut distinguer, parmi les Félins, trois genres principaux : les Guépards, les Chats proprement dits et les Lynx.

Les **Guépards** (*Cynailurus*) sont des Chats par leur tête arrondie, leur longue queue et leur pelage tacheté; mais ils se rattachent aux Chiens par leurs pattes hautes et leurs ongles à peine rétractiles, qui s'émoussent par l'usage.

Ils chassent en rampant, mais poursuivent souvent leur proie. Deux espèces : le Guépard moucheté ou *Fahdud* des Arabes (*C. guttatus*), d'Afrique, et le Guépard à crinière, *Tchita* des Bédouins (*C. jubatus*), de l'Arabie et de l'Asie Mineure. Ces animaux sont faciles à apprivoiser, et on les a souvent dressés à la chasse.

Les **Chats** (*Felis* L.) ont la tête arrondie, les membres vigoureux, mais bas, et des ongles tout à fait rétractiles. Leur formule dentaire est $\frac{3.1.3.1}{3.1.2.1}=30$.

On trouve déjà des Chats fossiles dans les terrains tertiaires ; mais le diluvium fournit des formes très voisines des espèces actuelles ou même identiques à ces espèces. Le *Felis spelæa* était supérieur comme taille à tous les Félidés actuels. On doit sans doute assimiler le *F. prisca* au Lion actuel, le *F. antiqua* à la Panthère commune. Le *F. Catus* n'est autre que notre Chat sauvage. Bourguignat le distingue sous le nom de *F. ferus* et décrit sous celui de *F. Catus* un prétendu Chat domestique. Le *F. minuta* est une très petite espèce (1).

Les espèces actuelles de ce genre offrent une telle conformité dans toute leur organisation, qu'il est très difficile de les grouper en sections. Brehm a cependant essayé de le faire, en se basant principalement sur les particularités du pelage.

Les *Lions* ont un pelage fauve uniforme, une verrue cornée à la pointe de la queue et un train antérieur beaucoup plus puissant que le postérieur. — On n'en reconnaît en général qu'une seule espèce (*F. leo*), comprenant différentes races répandues en Afrique, ainsi que dans l'Asie centrale et occidentale.

Les *Couguars* n'ont de commun avec les Lions que l'uniformité du pelage, qui tire un peu sur le gris olivâtre; le corps est bien proportionné, et on n'observe jamais la crinière que possèdent en général les Lions mâles. — Le Couguar vrai ou Puma (*F. concolor*) se rencontre depuis la Patagonie jusqu'au Canada. L'Eyra (*F. Eyra*) et le Jaguar ondi (*F. Jaguarundi*) sont de l'Amérique du Sud.

Les *Tigres* sont de grands Chats à favoris blanchâtres et à pelage souple marqué de bandes transversales ondulées. — Le Tigre royal (*F. tigris*) étend son domaine des îles de la Sonde aux rives de l'Amour et de la Chine au Caucase. Le Tigre longibande (*F. macroscelis*), de Siam, de Bornéo et de Sumatra, sert de trait d'union entre les Tigres et les Panthères.

Les *Léopards* ou *Panthères* se reconnaissent à leur robe parsemée de taches arrondies, pleines ou annulaires. — Citons : la Panthère d'Afrique (*F. Leopardus*), dont la Panthère d'Asie (*F. Panthera*) n'est peut-être qu'une simple variété ; l'Once (*F. uncia*), de l'Asie centrale ; le Chat marbré (*F. marmorata*), de Java ; le Jaguar (*F. onça*) et l'Ocelot (*F. pardalis*) de l'Amérique du Sud ; etc.

Les *Chats* proprement dits sont les petites espèces à queue longue qui se rapprochent plus ou moins de nos Chats domestiques. — Tels sont : le Chat sauvage, le Chat manul et le Chat ganté, auxquels nous devons une mention spéciale.

Le **Chat sauvage** (*F. Catus*) est un peu plus gros que le Chat domestique ordinaire. Son pelage est plus fourni, gris chez le

(1) Voy. J.-R. Bourguignat, *Histoire des Felidæ fossiles constatés en France dans les dépôts de la période quaternaire*, Paris, 1879 (Matér. 1880).

mâle, un peu jaunâtre chez la femelle, plus clair sous le ventre; le long du dos règne une ligne foncée, de laquelle partent des bandes transversales. La gorge offre une tache blanc jaunâtre; la queue est régulièrement annelée de noir.

C'est un animal européen, qui vit dans les grandes forêts, où il détruit une grande quantité de gibier.

Le **Chat manul** (*F. manul*) est de la taille d'un fort Renard; sa tête est tachetée de noir, et ses joues offrent deux bandes de la même couleur. Sa queue, longue et touffue, est annelée jusqu'à la pointe, qui est noire.

Cette espèce remplace le Chat sauvage dans les steppes mongoles et tartares.

Le **Chat ganté** (*F. maniculata*) est assez élancé; son pelage est fauve, légèrement rougeâtre sur la nuque et le dos, blanchâtre sur le ventre. On distingue à peine sur le tronc d'étroites bandes transversales un peu plus foncées que le fond; mais ces bandes sont bien marquées aux joues et aux pattes. Il existe, en outre, sur le haut du corps, huit raies longitudinales peu accusées, et sur les flancs des marbrures irrégulières. La queue offre trois anneaux noirs, et sa pointe est également noire.

Ce Chat vit à l'état sauvage dans le Soudan oriental, la Nubie, l'Abyssinie, et s'étend même jusqu'en Palestine.

Nous pouvons encore citer, comme espèces voisines du Chat sauvage de notre pays, le Chat sauvage d'Algérie (*F. libyca*), un peu plus faible, et le Chat cafre (*F. cafra*), un peu plus fort, mais ayant tous deux la même apparence extérieure; puis le Chat de Sumatra (*F. sumatrana*) et le Chat de Java (*F. javanensis*), réunis par Temminck sous le nom de *F. minuta;* enfin, le Chat rubigineux (*F. rubiginosa*), de Chine.

Chats domestiques (*F. domestica* L.). — Les différentes races connues jusqu'à présent sont peu nombreuses relativement à celles que nous ont présentées les autres Mammifères domestiques.

Les plus répandues dans notre pays sont : 1° le Chat tigré, qui a, comme le Chat sauvage, les lèvres et la plante des pieds noires ; 2° le

Chat d'Espagne, à pelage bigarré de blanc, de roux et de noir (les sujets à trois couleurs sont toujours des femelles), à lèvres et à plante des pieds couleur de chair; 3° le Chat d'Angora, à poils longs et soyeux, souvent d'un beau blanc, à lèvres et pieds comme le précédent. — Citons en outre : le Chat de Man, noir et sans queue; le Chat des Chartreux et le Chat du Khorassan (Perse), à peu près identiques; le Chat rouge de Tobolsk (Sibérie) ; le Chat de Chine, à oreilles pendantes; le Chat de Koumanie (Caucase);le Chat rouge et bleu du Cap de Bonne-Espérance; etc.

Pendant longtemps, on a regardé le Chat domestique comme issu du Chat sauvage de nos forêts : c'était, en particulier, l'opinion de Cuvier. Mais, à la suite des travaux de Temminck, on est revenu sur cette manière de voir, et on regarde aujourd'hui le Chat ganté comme la souche principale des Chats que nous élevons dans nos demeures. Il est probable, d'ailleurs, que plusieurs espèces sauvages ont concouru à la formation des races domestiques, et Pallas regardait déjà l'Angora comme dérivant du Chat manul. La livrée du Chat tigré semble indiquer aussi l'intervention du Chat sauvage.

Domestication. — Quelles que soient, au surplus, les formes primitives des races dont il s'agit, il est certain qu'aucune d'elles n'a été réduite de bonne heure en domesticité. Et d'abord, le Chat domestique n'était pas connu des anciens Aryens. En outre, il n'est pas prouvé que cet animal, comme le voulait Dureau de la Malle, ait été domestiqué en Chine dès une haute antiquité. Mais on a retrouvé de nombreuses momies de Chats enfouies dans les catacombes de l'Egypte. Nous n'avons pas la certitude, il est vrai, que ces momies proviennent d'animaux domestiques. La plupart ont les caractères ostéologiques du Chat ganté; or, on sait que cette espèce vit encore en liberté en Nubie, dans la vallée du Nil; d'ailleurs, quelques-unes d'entre elles se rapportent au Lynx botté, et de Blainville croit avoir reconnu, dans une tête momifiée, un Lynx des marais.

En présence de ces observations, I. Geoffroy Saint-Hilaire est convaincu que le Chat était domestiqué en Égypte dès la plus haute antiquité. Au contraire, Roger de Guimps ne voit la première preuve de sa domesticité que dans un groupe de statuettes en bronze ne remontant pas au delà de 650 ans avant notre ère. Ces statuettes représentent trois divinités, aux pieds desquelles est couchée une Chatte qui allaite ses petits (Joly).

Les Grecs et les Romains ne paraissent avoir connu le Chat domestique que par des observations faites en Égypte. Cependant, au dire de Vogt, cet animal « a été répandu vers le Nord par les Romains et par les peuples qui leur ont succédé, tandis que les Arabes et les Sémites en général l'ont transporté vers l'Occident. Aujourd'hui, cet utile chasseur de petits rongeurs a été introduit par l'homme dans le monde entier; mais, dans le dixième siècle de notre ère, il était encore si rare, qu'il était considéré, en Angleterre, comme un animal de haut prix, pour lequel les lois fixaient des vices rédhibitoires semblables à ceux qu'on établit aujourd'hui pour les chevaux (1). »

Caractères physiologiques. — Les Chats, dit Grognier, « peuvent s'accoupler dès la première année de leur vie, mais ce n'est qu'à la deuxième qu'ils sont féconds. La femelle entre en chaleur deux ou trois fois par an, pour l'ordinaire à la fin de l'automne et au commencement du printemps. Elle a plus d'ardeur que le mâle ; elle l'appelle, le poursuit, avec des miaulements plaintifs, qui annoncent des besoins pressants et un état douloureux. Cependant la copulation lui cause des souffrances, tant parce que le mâle se cramponne sur elle avec ses griffes et ses dents, que parce que sa verge est hérissée de papilles cornées. Elle crie avec fureur, elle se défend, et l'accouplement ressemble à un combat.

« La gestation est de cinquante à cinquante-six jours. Les portées ordinaires sont de cinq à six petits, naissant les yeux fermés, et ne les ouvrant que vers le neuvième jour. La mère cache ses petits, de peur qu'on ne les lui enlève ; elle craint que les mâles ne les dévorent, ce qui arrive quelquefois. Elle les aime beaucoup, les caresse, les lèche, joue avec eux, et ne les abandonne pas après les avoir sevrés ; ce qui a lieu au bout de trois semaines ou un mois. Elle leur apporte des souris, des oiseaux, leur apprend à se jouer de ces petits animaux, avant de les tuer ; plus tard elle les mène à la chasse. On sait combien les petits chats sont gais, gentils et mignons. La vie moyenne est, dans cette espèce, de huit à dix ans (2). »

Services. — Les Chats sont d'utiles auxiliaires, qui débarrassent nos habitations des Souris et des Rats qui les infestent ; dans le voisinage des fermes, ils contribuent également à purger les champs des Mulots et des Campagnols. Lenz estime que, dans une année où il y a beaucoup de ces petits Rongeurs, tout Chat demi-adulte mange, en moyenne, 20 Souris par jour, soit 7,300 par an, ou l'équivalent en Rats ; pour les années ordinaires, il réduit ce chiffre de moitié. Les meilleurs chasseurs sont le Chat tigré et le Chat d'Espagne.

Il faut remarquer, toutefois, que les Chats détruisent aussi beaucoup de petits Oiseaux. Il en est même qui, dans les fermes, s'attaquent à la volaille, et surtout aux Pigeons : en pareil cas, on ne doit pas hésiter à les sacrifier.

La peau du Chat est employée comme fourrure. On sait, enfin, que certains commerçants peu scrupuleux substituent parfois sa chair à celle du Lapin (3). En Chine, on engraisse les Chats pour les manger.

(1) *Loc. cit.*, p. 167.

(2) L.-F. Grognier, *Précis d'un cours de Zoologie vétérinaire*, Paris et Lyon, 1833, p. 59.

(3) Arm. Goubaux, *Le Lapin et le Chat*, etc. Archives vét. 1883, p. 646.

Hybrides. — On connaît des exemples d'accouplement fécond entre diverses espèces du genre *Felis*, telles que Lion et Tigre, Jaguar et Panthère, Chats domestiques et autres Chats.

Les **Lynx** (*Lynx*) se distinguent des Chats par leurs jambes hautes, leur queue courte et leurs oreilles presque toujours terminées par des pinceaux de poils ; en outre, ils n'ont que 28 dents.

Le Lynx ou Chat botté (*L. caligatus*) est peu distinct des Chats ; il habite l'Afrique orientale et les Indes. Le Caracal (*L. caracal*) est à peu près aussi répandu. Le Lynx des marais ou Bubastes (*L. Chaus*) s'étend depuis la Perse jusqu'en Abyssinie. Le Lynx du nord ou Loup-Cervier (*L. lynx*) vit dans l'Europe septentrionale et pénètre quelquefois jusque dans nos régions ; il est presque de la taille d'une Panthère.

TREIZIÈME ORDRE

INSECTIVORES

Mammifères plantigrades à doigts armés de griffes ; dentition complète ; molaires hérissées de tubercules pointus ; placenta discoïde.

Les Insectivores sont des animaux de petite taille, dont l'organisation rappelle à la fois celle des Rongeurs et celle des Chiroptères. Ils ont le corps revêtu, tantôt d'une fourrure douce et soyeuse, tantôt de poils rudes ou même de piquants. La tête est terminée par un museau allongé, qui se prolonge parfois en une sorte de petite trompe mobile. Les yeux sont toujours très petits, en particulier chez les espèces souterraines, dont quelques-unes sont tout à fait aveugles, le globe oculaire étant recouvert par la peau. Les membres sont courts et forts, du moins chez les types fouisseurs ; les clavicules sont bien développées.

La dentition est assez variable quant au nombre et à la forme des dents ; mais les canines sont presque toujours faibles, à peine distinctes des autres dents, et les molaires sont remarquables par les tubercules coniques acérés dont est garnie leur couronne.

Les mamelles sont ventrales ; le placenta est discoïde. Les Insectivores sont des animaux très féconds. Leur cerveau est peu développé et présente des caractères d'infériorité très marqués. Ces animaux ont, en général, des habitudes nocturnes ou souterraines. Ils sont voraces : leur nourriture se compose surtout d'Insectes et de Vers; mais plusieurs d'entre eux s'attaquent aussi aux animaux vertébrés, et même à leurs semblables. On doit les regarder pour la plupart comme très utiles. En général, ils subissent le sommeil hibernal.

3 familles principales : *Érinacéidés*, *Soricidés*, *Talpidés*.

Les **ÉRINACÉIDÉS** sont bien reconnaissables à leur dos revêtu de piquants; ils ont le corps ramassé, les doigts pentadactyles, la queue courte.

Les Hérissons (*Erinaceus*) ont la faculté de se rouler en boule, de manière à présenter de toutes parts à leurs ennemis une surface hérissée d'épines. Notre Hérisson commun (*E. europæus*) se nourrit surtout d'Insectes, mais il détruit aussi beaucoup de Souris, de petits Oiseaux et de Reptiles, même venimeux. Somme toute, c'est un animal fort utile. Ses habitudes sont nocturnes. Il se prépare sous les buissons une sorte de nid dans lequel il subit l'hibernation. On mange sa chair dans quelques localités. — A la même famille appartiennent les Tanrecs (*Centetes*), de Madagascar, qui ont des piquants plus faibles et ne se roulent pas en boule.

Les **SORICIDÉS** sont de très petits animaux qui ont l'aspect et les allures des Souris, mais s'en distinguent facilement à leur museau pointu, en forme de trompe. La plupart ont des mœurs sanguinaires; ils chassent de nuit, et s'attaquent parfois à des animaux plus forts qu'eux. Ils n'hibernent pas.

Les Musaraignes (*Sorex*) répandent une odeur musquée fort désagréable, provenant de deux glandes situées au voisinage des flancs. La Musaraigne commune, ou Musette (*S. araneus*) se rapproche souvent de nos habitations, surtout en hiver; on a longtemps, mais à tort, regardé sa morsure comme venimeuse. La Musaraigne d'eau (*S. fodiens*) nage fort bien à la poursuite de sa proie. La Musaraigne de Toscane (*S. etruscus*), qui se rencontre parfois dans le midi de la France, est le plus petit des Mammifères connus.

A côté des Musaraignes se placent les Desmans (*Myogale*), qui ont une trompe assez allongée, une queue aplatie, et des pieds natatoires. Leurs deux glandes musquées sont situées sous la base de la queue. Ils vivent à la façon des Loutres. Le Desman moscovite (*M. moschata*), *Vuychouchol* des Russes, habite le Volga et les autres fleuves du sud-est de la Russie;

il a la taille d'un Hamster. Sa queue écailleuse est employée en parfumerie. Une espèce plus petite (*M. pyrenaica*) se rencontre dans les ruisseaux des Pyrénées.

Les **TALPIDÉS** ont le corps cylindrique, la tête conique, prolongée en trompe, les pattes antérieures larges et courtes, tournées en dehors et armées de griffes aplaties. Les oreilles sont dépourvues de pavillon ; les yeux sont très petits, cachés dans le pelage et parfois sous la peau. Tous sont des animaux souterrains, essentiellement carnivores et d'une voracité extraordinaire.

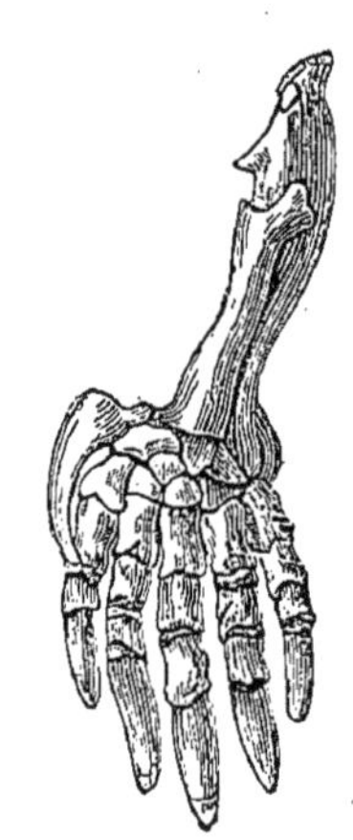

Fig. 691. — Patte antérieure de la Taupe.

Les Taupes (*Talpa*), qu'on a subdivisées en une foule de genres, sont caractérisées par leurs pattes antérieures fouisseuses, à cinq doigts. La Taupe commune (*T. europæa*) se creuse sous terre des galeries compliquées, qu'elle étend et renouvelle sans cesse pour chercher sa nourriture, et dont le trajet est indiqué par de nombreux amas de terre ou *taupinières*. Sa demeure proprement dite reçoit le nom de *donjon* : elle est d'ordinaire assez éloignée du terrain de chasse, et se reconnaît à la présence d'un assez fort monticule. Au centre existe une chambre arrondie, de 8 à 10 centimètres de diamètre, entourée de deux galeries circulaires, l'une située sur le même plan que la chambre, l'autre, plus petite, occupant un plan plus élevé. De celle-ci partent plusieurs conduits, dont trois aboutissent dans la chambre, et cinq ou six dans la galerie inférieure, d'où rayonnent huit à dix couloirs horizontaux, qui débouchent en décrivant une courbe dans le couloir principal, c'est-à-dire dans la voie que suit la Taupe pour gagner son terrain de chasse. Un conduit de sûreté naît en outre de la partie inférieure de la chambre. La Taupe part en chasse deux ou trois fois par jour. Elle se nourrit surtout de Vers de terre et de larves de Hannetons ou Vers blancs ; mais elle se laisse périr plutôt que d'ingérer des substances végétales. C'est donc un animal bienfaisant, que les agriculteurs ont tort de détruire aveuglément : dans la plupart des cas, les quelques dégâts qu'elle cause en déchaussant les plantes et en soulevant la terre ne sont rien en comparaison des services qu'elle nous rend, surtout si l'on prend le soin de *raser* les taupinières. Sa destruction n'est justifiée que lorsqu'elle arrive à se multiplier d'une façon excessive, ou lorsque les plantations ont trop à souffrir de ses incursions. — On trouve, dans le midi de la France, une seconde espèce, la Taupe aveugle (*Talpa cæca*), ainsi appelée parce que ses yeux sont recouverts par la peau.

QUATORZIÈME ORDRE

CHIROPTÈRES

Mammifères onguiculés, munis de deux ailes formées d'une membrane cutanée qui enveloppe les doigts très allongés des membres antérieurs, les parties latérales du tronc et les membres postérieurs ; dentition complète ; deux mamelles pectorales ; placenta discoïde.

Les Chauves-Souris ou Chiroptères (χείρ, main ; πτερόν, aile) ont le corps ramassé, le cou assez court, la tête petite. Les oreilles sont presque toujours grandes, parfois même énormes, et souvent garnies de saillies variées. Les yeux sont fort petits ; le nez est nu ou orné d'appendices bizarres. La gueule est largement fendue ; la dentition est complète et se rattache au type insectivore. Les poils qui revêtent le corps sont remarquables en ce que leur cuticule offre l'aspect de cornets emboîtés les uns dans les autres.

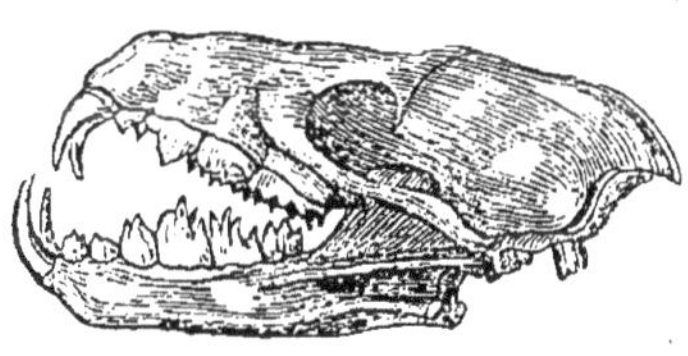
Fig. 692. — Tête de Vampire (*Phyllostoma spectrum* L.).

La faculté du vol entraîne certaines modifications du squelette.

Le sternum est allongé et présente une crête longitudinale sur laquelle s'insèrent les muscles abaisseurs de l'aile. La clavicule est grande et forte. Le pouce, gros et court, est armé d'une griffe. Les autres doigts sont en général dépourvus d'ongles, et se montrent très allongés, ainsi que le bras et l'avant-bras. Aux membres postérieurs, il existe le plus souvent, au niveau du tarse, un os surnuméraire en forme d'éperon, dirigé en arrière et destiné à soutenir la peau de l'aile entre le pied et la queue. Les cinq orteils sont munis de griffes puissantes.

La membrane alaire est constituée par une duplicature de la peau, qui commence à la nuque et au cou, enveloppe les bras et les doigts, à l'exception du pouce, gagne les flancs, puis les membres postérieurs, qu'elle garnit souvent jusqu'au tarse, et enfin s'étend jusqu'à la queue. Celle-ci reste rarement libre. Avec une telle extension, cette aile constitue un puissant organe de vol, n'ayant toutefois qu'une ressemblance superficielle avec l'aile de l'Oiseau. — On sait, depuis Spallanzani, que les Chauves-Souris auxquelles on a crevé les yeux peuvent néanmoins voler avec la plus grande aisance et sans se heurter aux obstacles; cette faculté tient à la grande sensibilité de l'aile, dont la face inférieure est revêtue de nombreux poils tactiles.

Le sens de la vue est d'ailleurs très faible, aussi bien que celui de l'odorat. Par contre, l'ouïe est fort délicate. — Le cerveau ne

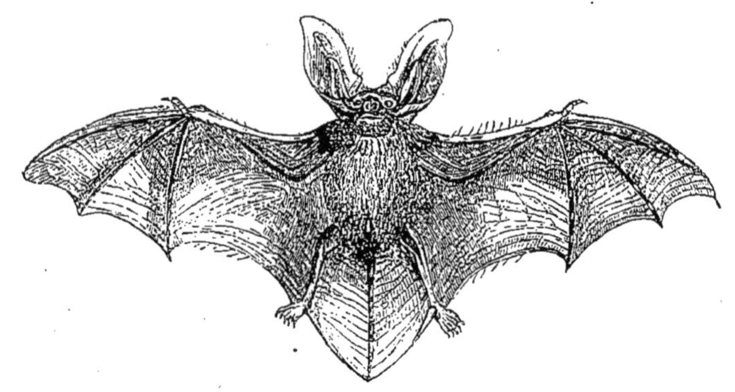

Fig. 693. — Oreillard (*Plecotus auritus* L.).

présente pas de circonvolutions, et les facultés intellectuelles sont assez bornées. — L'utérus est bicorne, et souvent la corne et l'ovaire d'un côté sont plus ou moins réduits, comme chez les Oiseaux. Il existe deux mamelles pectorales. Les mâles ont le pénis pendant et souvent un os pénien. Les Chauves-Souris adultes s'accouplent en automne, avant de tomber dans le sommeil hibernal. Le sperme est conservé dans l'utérus pendant tout l'hiver, et c'est seulement au printemps que l'ovule se détache et se trouve fécondé.

Les Chauves-Souris sont des animaux nocturnes. Elles passent le jour dans des retraites obscures, suspendues par les griffes des membres postérieurs, la tête en bas, les ailes repliées. Nos espèces indigènes se nourrissent d'Insectes et d'Araignées; parmi celles des pays chauds, il en est d'aucunes qui sucent le sang des Oiseaux et des Mammifères, tandis que d'autres vivent de fruits.

De là, deux sous-ordres : les *Frugivores* et les *Insectivores*.

1er sous-ordre : FRUGIVORES. — Ce sont des Chauves-Souris de grande taille, qui ont des molaires à couronne aplatie, un index armé d'une griffe, un museau allongé, de petites oreilles et une queue rudimentaire. — Elles habitent les forêts des régions tropicales de l'Afrique, de l'Inde et de l'Australie, où elles causent parfois d'importants dommages aux plantations, et en particulier aux vignobles.

Une seule famille : celle des *Ptéropidés* ou Roussettes, dont plusieurs espèces sont recherchées pour leur chair, par exemple le Kalong (*Pteropus edulis*), des îles de la Sonde.

2e sous-ordre : INSECTIVORES. — Les molaires sont hérissées de tubercules pointus; le pouce seul est armé d'une griffe; le museau est court; les oreilles sont grandes et souvent munies d'un appendice intérieur qui fait l'office d'opercule (tragus). — Les Chauves-Souris de ce groupe, auquel appartiennent toutes nos espèces indigènes, se répartissent dans deux sections principales : *Gymnorhiniens* et *Pyllorhiniens.*

Les *gymnorhiniens* ont le nez simple, lisse, c'est-à-dire dépourvu d'appendices. Ils se nourrissent exclusivement d'Insectes. — Oreillard commun (*Plecotus auritus*); Barbastelle (*Synotus barbastellus*); Vespertilion murin (*Vespertilio murinus*); Noctule (*Vesperugo noctula*); Pipistrelle (*Vesperugo pipistrellus*); etc.

Les *phyllorhiniens* sont caractérisés par leur nez, garni d'appendices cutanés plus ou moins développés. Ils se nourrissent non seulement d'Insectes, mais aussi de fruits, de sang et même de chair. — Grand Fer-à-Cheval (*Rhinolophus ferrum-equinum*), de l'Europe centrale et de l'Asie. Vampire (*Phyllostoma spectrum*), du Brésil et de la Guyane, etc. A défaut d'Insectes et de fruits, les Vampires s'attaquent aux Oiseaux et aux Mammifères. C'est ainsi que les Hommes pendant leur sommeil sont souvent mordus aux orteils et les Chevaux au garrot. La plaie qui résulte de cette morsure est semblable à celle que produit une Sangsue; elle est suivie d'une hémorragie plus ou moins abondante.

QUINZIÈME ORDRE

LÉMURIENS

Mammifères onguiculés, pourvus de mains et de pieds à pouce presque toujours opposable; dentition complète; face velue; orbites incomplètes; placenta en forme de cloche.

Les Lémuriens (*lemures*, spectres) ou Prosimiens, autrefois réunis aux Singes sous la dénomination commune de *Quadru-*

manes, sont des animaux d'assez faible taille, revêtus d'un pelage souple et laineux. Leur face même est velue et forme un museau allongé comme celui des Carnivores ; leurs yeux sont en général très grands. Les orbites sont garanties par un simple anneau osseux et communiquent largement avec les fosses temporales. La dentition offre des caractères intermédiaires entre celle des Insectivores et celle des Carnivores. Les membres antérieurs sont plus courts que les postérieurs. La disposition des doigts et des ongles est assez variable : cependant, le pouce et le gros orteil sont d'ordinaire opposables, et tous les doigts sont munis d'ongles plats, à l'exception du deuxième doigt des membres postérieurs, qui porte une forte griffe. La queue n'est jamais prenante.

Le cerveau offre à peine quelques circonvolutions ; le cervelet reste à nu. — L'utérus est bicorne ou double. Outre les mamelles pectorales, il en existe souvent sur le ventre ou dans les plis de l'aine. Il n'est pas rare de voir le clitoris traversé par l'urètre. Le rut s'accompagne quelquefois d'un léger écoulement de sang. Le placenta rappelle à la fois celui des Ongulés et celui des Carnivores : il se compose de villosités séparées, qui sont implantées sur toute la surface de l'œuf, sauf au niveau du pôle antérieur.

Tous les Lémuriens sont des animaux grimpeurs et nocturnes. Ils se nourrissent d'Insectes et de petits Vertébrés, plus rarement de fruits.

Un grand nombre habitent Madagascar : les Makis (*Lemur*), les Indris (*Lichanotus*), l'Aye-aye (*Chiromys*) ; d'autres le continent africain : les Pottos (*Pterodicticus*) ; d'autres encore, l'Asie méridionale : les Loris (*Stenops*), les Tarsiers (*Tarsius*), les Galéopithèques ((*Galeopithecus*). Ces derniers sont remarquables par un large repli cutané qui s'étend sur les côtés du corps et leur forme une sorte de parachute ; en outre, leurs pouces ne sont pas opposables, non plus que leurs gros orteils.

SEIZIÈME ORDRE

PRIMATES

Mammifères onguiculés, ayant au moins deux membres préhensiles ; dentition complète ; face glabre ; orbites complètes ; placenta discoïde.

Linné classait en tête des Mammifères, avec l'Homme et les Singes, les Lémuriens, les Chauves-Souris et jusqu'aux Paresseux; et il donnait au groupe ainsi formé, le nom de Primates, signifiant les premiers ou primats des animaux. On a dès longtemps éliminé de cet ordre les Paresseux et les Chauves-Souris; mais la séparation des Lémuriens est de date relativement récente.

2 sous-ordres : *Simiens* et *Hominiens*.

PREMIER SOUS-ORDRE

SIMIENS

Le corps svelte et élancé, la tête arrondie, la face aplatie, le cou bien détaché, les membres entièrement dégagés du tronc, tous ces caractères donnent aux Singes une physionomie qui rappelle de très près celle de l'Homme; et cette ressemblance est rendue plus frappante encore par les allures de ces singuliers animaux.

La peau est revêtue de poils souvent longs et touffus, mais toujours plus abondants sur le dos que sur la poitrine; ces poils manquent toutefois au niveau de la face et de la région palmaire des mains et des pieds; en outre, chez la plupart des Singes de l'ancien continent, il existe sur les fesses des places dénudées auxquelles on donne le nom de *callosités*.

Le squelette céphalique diffère tout d'abord de celui de l'Homme par la prépondérance des mâchoires, qui s'accuse à mesure que les animaux se rapprochent de l'âge adulte. L'angle facial de Cloquet, qui varie chez l'Homme de 56 à 72°, d'après les mensurations de Topinard, mesure en moyenne, chez les Singes, 30 à 35°. Le même auteur a obtenu 50°,5 chez un Orang jeune, et 28°,5 seulement chez un mâle adulte de la même espèce. C'est le Saïmiri (*Chrysothrix sciurea*) qui offre l'angle facial le plus ouvert. Mais, dans tous les cas, la boîte cranienne des Singes a une capacité bien inférieure à celle de l'Homme, ce qui tient au moindre développement du cerveau. Celui-ci est d'ailleurs construit sur le même plan que le cerveau humain, et on constate que les hémisphères recouvrent entièrement le cervelet. Le trou occipital est toujours placé en arrière; mais, chez les Singes les plus élevés, il tend cependant à se rapprocher de la face inférieure. — Les yeux, placés en avant, sont séparés seulement par un pont nasal étroit et entourés par des orbites osseuses tout à fait isolées de la fosse temporale. Le nez est aplati. Le pavillon de l'oreille ressemble souvent à celui de l'Homme. Le menton n'est jamais saillant.

Les membres antérieurs sont toujours plus longs que les postérieurs. La présence d'une clavicule est constante, et les os des membres ont entre eux les mêmes relations que chez l'Homme. Les membres postérieurs sont faiblement musclés : les fesses sont anguleuses, les cuisses aplaties et les mollets absents. — On a l'habitude de dire que les Singes ont quatre mains, et Blumenbach et Cuvier réunissaient même ces animaux avec les Lémuriens sous le nom de *Quadrumanes*. Il est certain, en effet, que leurs membres postérieurs jouent le rôle d'organes de préhension, et d'une façon beaucoup plus nette même que les membres antérieurs : le gros orteil est toujours opposable, tandis que dans certains cas le pouce ne l'est pas (Ouistitis) ou même fait défaut (Colobes, Atèles). Mais ce n'est pas à dire pour cela que les extrémités postérieures constituent des mains véritables : au point de vue anatomique, comme l'a montré Huxley, ces extrémités sont des pieds préhensiles, d'une structure en tout comparable à celle du pied humain. Ajoutons que, dans la marche, ces pieds ne portent sur le sol que par leur bord externe.

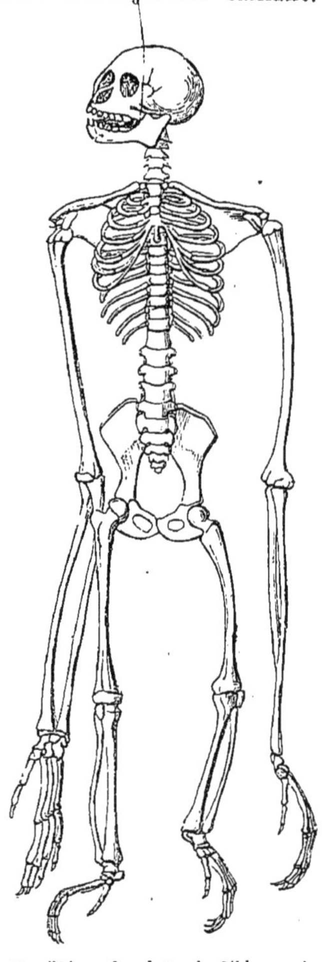

Fig. 694. — Squelette de Gibbon noir (*Hylobates lar*).

La dentition est appropriée surtout à un régime frugivore, et, quant au plan général, se rapproche tout à fait de celle de l'Homme. Il y a toujours, de chaque côté, deux incisives un peu obliques taillées en biseau, une canine conique, très forte, et cinq ou six molaires à tubercules un peu moins mousses que dans les races humaines. La saillie considérable des canines entraîne la présence d'un diastème assez étendu à la mâchoire supérieure, entre la canine et l'incisive externe, et à la mâchoire inférieure, entre la canine et la première prémolaire. Les Semnopithèques et les Colobes ont l'estomac divisé en trois compartiments.

Les mamelles sont pectorales et au nombre de deux seulement. L'utérus est simple, et le clitoris n'est jamais traversé par l'urètre. La période du rut s'annonce par un flux menstruel qui s'accuse d'une façon très sensible chez les Singes de l'ancien continent. La femelle met au monde un seul petit, rarement deux ou trois, qu'elle soigne avec beaucoup de tendresse. Le placenta est discoïde.

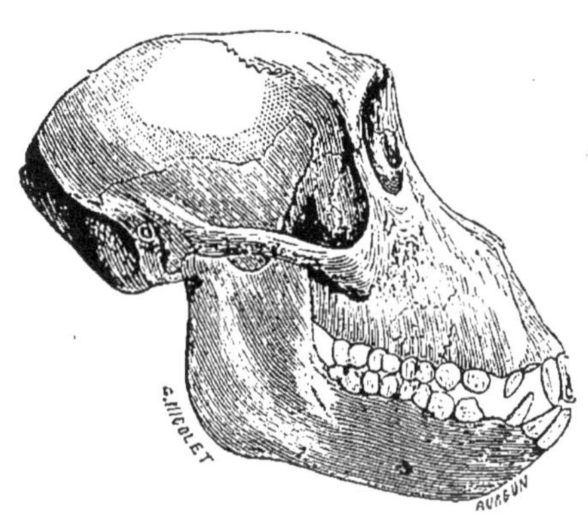

Fig. 695. — Tête de Singe.

Les Singes sont des animaux grimpeurs, qui vivent sur les arbres ou dans les rochers. Beaucoup d'entre eux se servent de leur queue comme d'un organe préhensile, pour se suspendre aux branches des arbres; chez d'autres, la queue n'est pas prenante; et, dans certains cas mêmes, elle est rudimentaire ou absente. Ces animaux vivent pour la plupart en troupes sous la conduite d'un vieux mâle. Leur nourriture se compose surtout de fruits et de graines, et ils causent quelquefois de sérieux dégâts dans les plantations; plus rarement ils s'attaquent à des Insectes ou à de petits Vertébrés. Leurs facultés intellectuelles sont assez élevées, surtout pendant le jeune âge; ils possèdent à un haut degré la faculté d'imitation. En captivité, ils se montrent presque toujours gloutons, libidineux, indociles, criards et malpropres. — Ce sont des animaux des pays chauds.

3 sous-ordres : *Arctopithèques*, *Platyrrhiniens* et *Catarrhiniens*.

1er sous-ordre : ARCTOPITHÈQUES. — Les Arctopithèques (ἄρκτος, ours; πίθηκος, singe) ou Ouistitis sont de petits Singes de l'Amérique méridionale qui possèdent 32 dents : $\frac{2.1.3.2}{2.1.3.2} = 32$. Le gros orteil est opposable et porte un ongle plat; tous les autres orteils, ainsi que les doigts, sont armés de griffes. Le pouce n'est pas opposable. Le corps est revêtu de poils laineux et se termine par une queue longue et touffue, mais non prenante. Le cerveau est lisse.

Une seule famille, celle des **HAPALIDÉS**, qui comprend deux genres : les Ouistitis proprement dits (*Hapale*) et les Tamarins (*Midas*).

2e sous-ordre : PLATYRRHINIENS. — Ce sont les Singes du nouveau continent. Ils ont 36 dents : $\frac{2.1.3.3}{2.1.3.3} = 36$. Leur cloison nasale est large, de telle sorte que les narines sont écartées et regardent de côté (πλατύς, large ; ῥίς, nez). Les doigts et les orteils portent des ongles plats. Le pouce est

Fig. 696. — Sapajou capucin (*Cebus capucinus* L.).

parfois rudimentaire, et n'est jamais opposable au même degré que le gros orteil. La queue, qui ne manque jamais, est souvent prenante. Callosités et abajoues font toujours défaut. — Ces animaux, exclusivement arboricoles, vivent dans les forêts vierges de l'Amérique méridionale. Ils sont inférieurs aux Singes de l'ancien monde sous le rapport des facultés intellectuelles, mais ils sont d'un caractère plus doux. 2 familles.

Les **PITHÉCIDÉS** sont les Platyrrhiniens à queue non prenante. — Citons les Sakis (*Pithecia*), les Nyctipithèques ou Singes de nuit (*Nyctipithecus*), les Saïmiris ou Singes-Écureuils (*Chrysothrix*), les Callitriches ou Sagouins (*Callithrix*).

Les **CÉBIDÉS** ont, au contraire, la queue prenante. — Principaux genres : les Sajous (*Cebus*), les Atèles ou Singes-Araignées (*Ateles*), les Hurleurs ou Alouates (*Mycetes*).

3e sous-ordre : CATARRHINIENS. — Les Catarrhiniens ou Singes de l'ancien continent possèdent 32 dents, disposées d'après le même type que celles de l'Homme : $\frac{2.1.2.3}{2.1.2.3} = 32$. Ils ont une cloison nasale étroite, et leurs narines sont dirigées en avant et en bas (κατά, dessous ; ῥίς, nez). Les mains et les pieds sont préhensiles, à ongles plats ; le pouce fait rarement défaut. La plupart des espèces présentent des abajoues et des callosités. La queue n'est jamais prenante ; elle peut rester rudimentaire ou manquer entièrement. — Ces Singes sont remarquables par l'élévation

Fig. 697. — Babouin (*Cynocephalus babuin* Desm.).

de leurs facultés intellectuelles. Ils habitent l'Afrique, l'Asie et quelques îles océaniennes. — 4 familles.

Les **CYNOCÉPHALIDÉS** sont de grands Singes terricoles, lourds et trapus, à museau de Chien, presque tous africains. — Genre Cynocéphale ou Papion (*Cynocephalus*).

Les **CERCOPITHÉCIDÉS** ont, au contraire, des formes légères et gracieuses. Ils habitent l'Afrique et les Indes. — Tels sont : les Macaques (*Macacus*), dont une espèce, le Magot (*M. inuus* ou *Inuus ecaudatus*), à queue rudimentaire, vit encore sur les rochers de Gibraltar, sous la protection de la garnison anglaise ; et les Guenons (*Cercopithecus*), qui fournissent tant de sujets à nos ménageries.

Les **SEMNOPITHÉCIDÉS** ne possèdent que de petites callosités et sont quelquefois dépourvus d'abajoues. Afrique et Inde. — On distingue les Semnopithèques (*Semnopithecus*) et les Colobes (*Colobus*).

Enfin, les **ANTHROPOMORPHES** diffèrent des autres Singes par l'absence complète de queue. Ils ne possèdent pas non plus d'abajoues, et on n'observe de callosités que chez les Gibbons, où elles sont d'ailleurs fort peu développées. Les membres antérieurs sont toujours très longs. —

Gibbons (*Hylobates*), asiatiques, à membres antérieurs extrêmement longs. Orang-Outang (*Simia Satyrus*), des forêts marécageuses de Bornéo. Gorille (*Gorilla gina*), du Gabon. Chimpanzé (*Troglodytes niger*), de la Guinée.

DEUXIÈME SOUS-ORDRE

HOMINIENS

L'histoire naturelle de l'Homme constitue aujourd'hui une science à part, qui porte le nom d'*anthropologie* (ἄνθρωπος, homme ; λὸγος, discours), et à laquelle sont consacrés des traités spéciaux. C'est dire que nous ne pouvons avoir l'intention d'en faire ici une étude complète, et que nous devons nous borner à donner un simple aperçu des principales questions qui s'y rapportent.

Ce qu'il nous faut constater tout d'abord, c'est que les opinions ont singulièrement varié sur le rang qu'il convient d'accorder à l'Homme dans la classification. Linné en faisait un simple genre de sa classe des Primates, sous le nom d'*Homo*. Cuvier, en 1800, le plaçait dans une famille spéciale, celle des *Bimanes*; mais, dans son *Règne animal*, publié en 1829, il fit de cette famille un ordre distinct, revenant ainsi à la manière de voir de Blumenbach (1779). Pour Zenker et Carus, l'Homme constituait une classe. Enfin, — après Voltaire, — Tréviranus, Is. Geoffroy Saint-Hilaire, M. de Quatrefages et un grand nombre d'autres savants naturalistes ou anthropologistes l'ont considéré comme représentant un règne à part, le *règne humain*. — Pour s'expliquer d'aussi profondes divergences, il suffit de tenir compte et des progrès incessants de la science et surtout du point de vue différent auquel se sont placés les auteurs. Il est certain, en effet, que si l'on prend en considération le développement des facultés intellectuelles et morales, ce n'est pas trop de la création d'un règne spécial pour marquer la distance énorme qui sépare l'Homme des Singes les plus élevés. Mais si, au contraire, on ne fait entrer en ligne de compte que les caractères tirés de l'organisation, c'est-à-dire les caractères purement zoologiques, on doit reconnaître que l'Homme mérite à peine d'être classé dans un ordre distinct. « Au point de vue anatomique, dit M. de Quatrefages, l'Homme diffère moins des Singes supérieurs que ceux-ci ne diffèrent des Singes inférieurs (1). »

(1) *L'espèce humaine*, 4e éd., 1878, p. 13.

L'harmonie des proportions, la pureté des lignes, la délicatesse des contours, sont des caractères qui permettent déjà d'établir à première vue une différence bien marquée entre l'Homme et les Singes. Il en est de même de la *station verticale* et des dispositions qui s'y rattachent : l'équilibre si parfait de la tête au-dessus du tronc, la double courbure en S de la colonne vertébrale, la largeur du bassin, qui doit supporter les viscères abdominaux, la puissance de la musculature de la jambe, la largeur et la position horizontale de la plante des pieds.

En outre, le développement remarquable du cerveau entraîne des modifications considérables dans la configuration du squelette céphalique. La capsule cranienne forme une large voûte qui surplombe la face, et le trou occipital occupe à peu près le milieu de la base du crâne. La face est réduite, et le menton forme presque toujours une saillie plus ou moins accusée.

Les membres antérieurs sont toujours plus courts que les postérieurs; le bras est relativement plus long, l'avant-bras et la main plus courts que chez les Singes. La main constitue un instrument de préhension parfait; elle est de beaucoup supérieure à celle des Singes. Le pied sert simplement de support : le tarse et le métatarse, légèrement voûtés, fournissent une large base de sustentation; le gros orteil n'est pas opposable.

La dentition est analogue à celle des Singes de l'ancien monde : $\frac{2.1.2.3}{2.1.2.3} = 32$. Les incisives sont verticales ou parfois un peu obliques, comme dans les races prognathes. Le sommet des canines dépasse à peine celui des autres dents, et il n'y a pas de diastème. Les prémolaires n'ont pas plus de deux racines. Les petites molaires permanentes ont deux tubercules et les grosses quatre. L'estomac est toujours simple.

Le pénis ne renferme pas d'axe osseux; il pend librement au-devant du pubis. La femme possède deux mamelles pectorales. La matrice est simple, formant une poche ovoïde. La vulve regarde en bas et en avant; le clitoris est peu développé. La chute des ovules s'accompagne d'un écoulement de sang relativement abondant (flux menstruel). La durée de la gestation est de neuf mois. La Femme est, en général, unipare ; cependant, elle donne parfois naissance à deux jumeaux, par exception à trois ou quatre. Le placenta est discoïde.

Au moment de la naissance, l'enfant pèse de 3 kilogrammes à 3 kilogrammes et demi, et mesure environ 50 centimètres. Ses testicules sont encore renfermés dans l'abdomen; ses pupilles sont, en général, ouvertes. Il prend le sein de sa mère pendant un temps variable. A trois ans, il possède ses 20 dents de lait : $\frac{2.1.2}{2.1.2} = 20$. Les dents permanentes commencent à apparaître entre cinq et six ans, et les dents de remplacement vers la septième année. Les dernières molaires ou dents de sagesse se montrent en moyenne de dix-sept à vingt-cinq ans. Sous nos climats, la *puberté* se manifeste vers quatorze ans pour les garçons : les traits se modifient, la voix mue, la barbe pousse, les organes génitaux se développent, les testicules produisent des spermatozoïdes. A la même époque ou un peu plus tôt, chez la jeune fille, les seins grossissent, le mont de Vénus se couvre de poils, la menstruation apparaît, le caractère change. Toutefois, la jeune fille ne devient *nubile*, c'est-à-dire apte à la reproduction d'enfants bien constitués, que vers dix-huit à vingt-deux ans, et le jeune homme vers vingt-deux à vingt-six ans. A trente ans environ, la taille cesse de croître; le corps s'épaissit, de manière à acquérir le maximum de son poids vers quarante ans. Puis survient la décadence : la faculté de reproduction diminue chez l'Homme; la menstruation cesse chez la Femme (ménopause); « les cheveux blanchissent et tombent; les dents sont expulsées de leurs alvéoles; le cristallin s'aplatit, faisant la vue presbyte; les sens s'émoussent; le poumon s'emphysématise, le cœur s'hypertrophie, les artères s'ossifient, la graisse s'infiltre dans tous les tissus, et la mort arrive naturellement, sans secousse, dès que l'un des trois organes fondamentaux de la vie organique n'a plus la force de fonctionner : le cœur, le poumon ou le tube digestif (Topinard). »

D'après Broca, on peut ainsi distribuer les périodes de la vie humaine : «*première enfance*, de la naissance à la fin de la sixième année, lorsque la première grosse molaire ou première dent permanente sort; *seconde enfance*, de sept à quatorze ans, à l'éruption des secondes grosses molaires; *jeunesse*, de quatorze à vingt-cinq ans, lorsque la suture basilaire est ossifiée ou la dent de sagesse sortie ; *âge adulte*, de vingt-cinq à quarante ans, lorsque les sutures cérébrales commencent à s'ossifier; *âge mur*, de quarante à soixante ans; *vieillesse*, au delà de soixante ans.»

Au commencement de ce siècle, la *durée moyenne* de la vie était, d'après Duvillard (1806), de vingt-huit ans et demi. D'après les recherches de Broca (1867), elle est aujourd'hui de quarante ans. — La *durée ordinaire* de la vie est de soizante-dix à quatre-vingts ans.

Nous avons déjà dit combien, au point de vue des facultés intellectuelles, l'Homme se trouve placé au-dessus des animaux les mieux doués. Cependant, nous savons aussi qu'il n'est aucune de ces facultés dont on ne retrouve au moins le rudiment chez quelqu'un de ces derniers. Entre les uns et les autres, on ne peut donc établir, à cet égard, une séparation absolue : il n'y a qu'une différence de degré. Différence profonde, à la vérité, et que les rogrès incessants de l'humanité ne font que marquer chaque jour davantage.

Le premier élément qui ait assuré la supériorité de l'intelligence humaine, c'est, à n'en pas douter, la faculté du langage articulé ou, si l'on veut, l'usage de la parole. Il y a lieu de penser que l'Homme primitif possédait à peine la faculté d'articuler quelques sons; mais, grâce à la merveilleuse souplesse de son larynx, cette faculté d'articulation s'est perfectionnée rapidement, et il a pu dès lors donner plus de précision à ses idées, les développer et les communiquer à ses semblables. Ainsi s'est établie la tradition, qui est devenue le lien commun des générations successives, et qui, en permettant aux nouveaux venus de profiter de l'expérience acquise dans le passé, a servi de base constante au progrès. D'ailleurs, à mesure que s'accroissait son fonds intellectuel, à mesure que se multipliaient ses idées, l'Homme a senti grandir le besoin de découvrir les causes, de rechercher l'origine et le but de toutes choses, et il est arrivé à s'étudier, à se connaître lui-même.

L'Homme préhistorique (1). — L'*archéologie préhistorique*, encore appelée *paléoethnologie* ou *préhistoire*, a pour objet l'étude des groupes humains dont il ne nous reste aucun document écrit ou oral; elle nous renseigne sur leur industrie, leurs mœurs et leur évolution.

I. *Age de la pierre*. — Dès 1836, les savants scandinaves, à l'exemple de Thomsen, divisaient les temps préhistoriques en trois *âges*, en se basant sur la matière de fabrication des armes et ustensiles usuels : âge de la

(1) G. de Mortillet, *Le préhistorique*, Paris, 1883.

pierre, âge du bronze, âge du fer. Cette division, parfaitement justifiée, s'est conservée jusqu'à nous ; mais les progrès de la science ont nécessité un sectionnement plus étendu, de sorte qu'on a subdivisé les âges en *périodes* et celles-ci en *époques*. C'est ainsi que l'*âge de la pierre* a été partagé d'abord, par les savants français, en trois périodes : 1° période de la pierre étonnée par le feu, ou éolithique ; 2° période de la pierre taillée ou paléolithique ; 3° période de la pierre polie ou néolithique. La première correspond aux temps tertiaires, la deuxième aux temps quaternaires, la troisième au début des temps actuels.

1° *Période éolithique.* — Parmi les données les plus sérieuses relatives à l'existence de l'Homme tertiaire, il faut citer les silex taillés découverts à Thenay (Loir-et-Cher), dans le terrain miocène, par l'abbé Bourgeois. Une partie de ces silex ont subi l'action du feu, ce qui se reconnaît à leur craquellement. Il y aurait donc eu, dès cette époque (époque thenaisienne) un être connaissant le feu et sachant tailler le silex. Des traces analogues ont été signalées dans des assises plus récentes, miocènes et pliocènes, dans le Cantal et en Portugal. Toutefois, leur signification est encore discutée, et les auteurs mêmes qui admettent la taille intentionnelle des silex en question se refusent à l'attribuer à l'Homme, mais la rapportent soit à un Singe, soit à un être plus élevé, précurseur de l'Homme.

2° *Période paléolithique.* — Pour M. de Mortillet, le quaternaire est caractérisé par une faune mammalogique terrestre, contenant un mélange d'espèces éteintes et d'espèces encore vivantes. Or, c'est au quaternaire, on le sait, que répond la période paléolithique ou de la pierre taillée. Édouard Lartet avait tenté de la diviser en trois époques, en se basant sur la faune : 1° époque du grand Ours ; 2° époque du Mammouth ; 3° époque du Renne. Mais, ces divers animaux ayant parfois vécu ensemble, la division dont il s'agit n'est guère caractéristique. C'est pourquoi M. de Mortillet a cru devoir en établir une nouvelle, basée sur le degré de perfectionnement de l'industrie. Elle comprend quatre époques distinctes, qui portent chacune le nom d'une localité typique : 1° époque de Chelles (chelléenne) ; 2° époque du Moustier (moustérienne) ; 3° époque de Solutré (solutréenne) ; 4° époque de la Madeleine (magdalénienne).

α. *Époque chelléenne.* — Assez bien représentée à Saint-Acheul, près Amiens, cette époque a été désignée d'abord sous le nom d'*acheuléenne ;* mais cette station étant assez mélangée, on a dû en choisir une plus pure, celle de Chelles (Seine-et-Marne). Dès le début de la période quaternaire, un important phénomène géologique se produisit dans le bassin de Paris : le comblement du fond des vallées par des alluvions. Ce comblement fut sans doute le résultat d'un affaissement du sol et d'une grande abondance de pluies. La température était alors chaude et assez uniforme sur toute l'étendue de la France.

La faune européenne de cette époque est caractérisée par l'*Elephas antiquus*, auquel s'associe, vers la fin, le Mammouth (*E. primigenius*) ; elle comprend aussi l'Éléphant actuel d'Afrique (*E. africanus*). Signalons en outre le *Rhinoceros Mercki*, forme tertiaire, l'Hippopotame (*Hippopotamus amphibius*), le Chevreuil (*Cervus capreolus*), des Bovidés, des Équidés, enfin des Carnivores, notamment le grand Ours des cavernes (*Ursus spelæus*), etc.

L'Homme chelléen qui habitait nos régions ne paraît guère avoir fréquenté les cavernes, qui servaient de repaires aux animaux féroces. Il se tenait de préférence au bord des fleuves et des rivières, et c'est ce qui explique pourquoi on retrouve de nombreux débris de son industrie dans les alluvions fluviales. Cette industrie est tout à fait rudimentaire : elle ne comporte qu'un seul instrument, le *coup de poing*. C'est un fragment de silex, ou de quartzite, de calcaire siliceux, etc., taillé sur les deux faces et offrant la forme générale d'une amande. Cet instrument ne devait pas s'emmancher : c'était plutôt un outil. « Un outil pour tout faire. Il servait, suivant ses modifications de taille et la manière de l'employer, de hache, de couperet, de couteau, de scie, de perçoir, de tranchet, de ciseau, etc. »

On a retrouvé même des ossements de l'Homme chelléen. Nous nous bornerons à citer le crâne et les ossements de Néanderthal (près Dusseldorf), le crâne de Canstadt (près Stuttgard), la mâchoire de la Naulette (Belgique). Ces restes nous montrent que l'Homme primitif dont il s'agit était de taille moyenne et très fortement musclé. La mâchoire inférieure est épaisse, sans apophyse géni, et à menton fuyant. Le crâne est dolichocéphale. Tous ces caractères se rapportent à une race bien distincte, qu'on appelle *race de Néanderthal.*

β. *Époque moustérienne.* — Cette époque tire son nom de la station du Moustier, commune de Peyzac (Dordogne), station qui comprend à la fois un gisement dans l'intérieur d'une grotte et un gisement à l'air libre, sur un plateau. Le moustérien est d'ailleurs largement représenté sur divers points de la France, de l'Europe et même de l'Asie. Au point de vue géologique, il répond à l'*époque glaciaire*, caractérisée, comme on le sait, par l'extension considérable des glaciers dans nos régions. Le glacier du Rhône, par exemple, qui n'atteint pas aujourd'hui une longueur de 8 kilomètres, en mesurait alors plus de 400 et descendait jusqu'à Lyon. Cette extension des glaciers doit s'expliquer par l'existence de froids modérés et d'une très grande humidité de l'atmosphère. En même temps, la chute abondante des neiges et des pluies déterminait la production de violents cours d'eau qui ravinaient les vallées, démantelant ainsi les alluvions chelléennes, de concert avec des mouvements d'exhaussement du sol, fréquemment interrompus.

Parmi les nombreux représentants de la faune mammalogique, nous citerons : le Mammouth (*Elephas primigenius*), le Rhinocéros à narines cloisonnées (*Rhin. tichorinus*), le Cheval (*Equus Caballus*), l'Ane (?), le Sanglier, le Cerf élaphe, le Mégacéros (*Cervus megaceros*) (fig. 656), çà et là le Renne (*Tarandus rangifer*), le Bouquetin (*Capra ibex*), le Bœuf musqué *Ovibos moschatus*), le Bœuf primitif (*Bos primigenius*), le Bison d'Europe (*Bison europæus*), le grand Ours des cavernes (*Ursus spelæus*), très abondant, l'Ours gris ou Grizzly (*Ursus ferox*), le Blaireau, le Loup, le Renard, l'Hyène des cavernes, le Lion, la Marmotte, etc.

L'Homme du Moustier, soumis à une température plus froide que celui de l'époque précédente, a commencé à se retirer dans les grottes, qu'il était obligé de disputer aux animaux féroces. Il a aussi éprouvé le besoin de se vêtir, et a modifié dès lors son outillage, en vue de préparer les peaux d'animaux à lui servir de vêtements. Ce qui caractérise l'industrie moustérienne, c'est que les pièces ne sont retouchées que sur une face : l'autre reste toujours vive et ne représente que le plan d'éclatement. On y distingue deux instruments typiques : le *racloir* et la *pointe*. Ni l'un ni l'autre ne devaient s'emmancher. Le racloir servait sans doute à écorcer le bois et à nettoyer les peaux, les pointes à percer le bois et les peaux.

Les ossements humains des gisements moustériens sont extrêmement rares. Citons cependant le crâne de l'Olmo (près Florence), qui est presque aussi dolichocéphale que celui de Néanderthal, mais dont les arcades sourcilières sont à peine marquées, et dont le front, au lieu d'être fuyant, est presque vertical. MM. de Quatrefages et Hamy l'ont regardé comme le crâne féminin de la race de Néanderthal; pour Carl Vogt, au contraire, il appartient à une race distincte (*race de l'Olmo*).

γ. *Époque solutréenne.* — Solutré est une belle et riche station du Mâconnais (Saône-et-Loire), qui a donné lieu à des études fort intéressantes. Des stations semblables ont été d'ailleurs découvertes dans diverses localités françaises et jusqu'en Algérie (Thomas); elles abondent surtout dans la Dordogne, et en particulier dans la vallée de la Vézère (Laugerie-Haute, etc.). Le climat, très humide pendant l'époque précédente, paraît avoir été beaucoup plus sec à l'époque de Solutré. Par suite, les glaciers ont commencé leur mouvement de recul, les cours d'eau sont devenus moins puissants, le soleil s'est montré davantage en été, l'hiver est devenu plus froid.

La faune, assez difficile à préciser, à cause des mélanges, comprenait d'abord de nombreux représentants des deux grands Bovidés de l'époque du Moustier, le Bœuf primitif, le *Bos longifrons* et le Bison d'Europe. Mais l'animal le plus répandu était le Cheval, qui se rencontre en quantité extraordinaire à Solutré même (V. p. 911). Après le Cheval, le Renne est l'animal le plus abondant. — On s'est demandé si ces animaux n'étaient pas déjà domestiqués. M. Toussaint a conclu affirmativement. M. Sanson est d'un avis contraire, et nous n'hésitons pas à nous rattacher à sa manière de voir. Il nous semble démontré que le Cheval vivait alors à l'état sauvage et que l'Homme le chassait pour en faire sa nourriture.

Nous ne possédons aucun document ostéologique sur l'Homme solutréen; mais il nous reste de nombreux débris de son industrie, dont les deux plus caractéristiques sont la *pointe en feuille de laurier* et la *pointe à cran*. C'est à cette époque que la taille de la pierre atteint son apogée. Ces pointes sont travaillées avec beaucoup de soin, et en général retouchées sur les deux faces. Le racloir moustérien est, en outre, remplacé par un grattoir, dont le sommet décrit un arc de cercle à bord tranchant; enfin, on trouve encore des perçoirs et des scies en silex. Il apparaît même, vers la fin du solutréen, quelques pièces en os, et des essais rudimentaires de sculpture sur pierre.

δ. *Époque magdalénienne.* — La station de la Madeleine, qui donne son nom à cette époque, se trouve dans l'arrondissement de Sarlat (Dordogne), à 25 mètres de la Vézère et à 6 mètres au-dessus de son niveau. La température qui règnait alors en France, en Suisse et en Belgique, devait être de 8 à 10 degrés plus basse que celle de nos jours. Mais l'air était très sec, et par suite les glaciers continuaient leur mouvement de recul.

Dans la faune magdalénienne, nous avons à citer : divers Félidés, parmi lesquels le grand Chat des cavernes (*Felis spelæa*), le Lion (*F. Leo*), le Chat sauvage (*F. Catus*); des Canidés, tels que le Loup, le Renard, l'Isatis; des Hyænidés, notamment l'Hyène rayée et l'Hyène tachetée, une foule d'autres Carnivores, des Insectivores, des Rongeurs, entre autres le Lapin et la Marmotte; des Ruminants, parmi lesquels le Chamois, le Bouquetin, une Chèvre (*Capra primigenia*) très voisine de l'Égagre, le Bison d'Europe, le Bœuf primitif, le *Bos longifrons* et le Bœuf musqué; des Équidés, le Cheval et peut-être l'Ane; le Sanglier; encore le Mammouth, etc.

Il y a lieu de penser que l'Homme de la Madeleine avait des mœurs nomades. Les températures extrêmes étant très accusées, le gibier devait effectuer, d'une saison à l'autre, d'importantes migrations, et l'Homme devait le suivre pour se procurer sa nourriture. Dans les points qu'il fréquentait, il s'installait parfois en pleine campagne, d'autres fois dans des grottes ou dans des cavernes, mais le plus souvent dans des abris sous roche.

Son industrie est surtout caractérisée par l'utilisation de nouvelles matières premières : os, bois de Cervidés, ivoire. La pierre (silex et jaspe) est pourtant encore employée pour la fabrication de couteaux, grattoirs et pointes vives. Il existe, en outre, des mortiers à godets en roches granitoïdes, qui servaient peut-être à triturer des couleurs minérales pour le tatouage et la peinture du corps. Déjà, en effet, l'amour de la parure était très accusé, comme nous le montre l'usage des pendeloques. Celles-ci consistaient surtout en dents percées à la racine, et en coquilles marines, vivantes ou fossiles. Quant aux objets en os, ils étaient nombreux et variés. Citons les aiguilles à chas, qui servaient à coudre les peaux ; les pointes de sagaie et de harpon, qui s'emmanchaient à l'extrémité d'une hampe de bois ; les bâtons de commandement, les poignards, les boutons, etc.

L'art, qui avait pris naissance vers la fin du solutréen, s'est développé d'une façon remarquable à l'époque magdalénienne. Il se traduit d'abord par des gravures sur pierre, sur ivoire ou sur os, représentant surtout des animaux (Poissons, Reptiles, quelques Oiseaux et beaucoup de Mammifères, y compris l'Homme). On a retrouvé aussi des demi-bosses et même des rondes-bosses ou sculptures véritables, mais jamais sur pierre : ce sont les bois de Renne qui en ont fourni la matière.

Une mâchoire trouvée dans la grotte des Fées, à Arcy-sur-Cure (Yonne), et un squelette écrasé trouvé à Laugerie-Basse (Dordogne), réprésentent les seuls débris authentiques de l'Homme magdalénien. Mais les représentations artistiques dont nous venons de parler nous renseignent sur sa physionomie générale. On a trouvé, à Laugerie-Basse, un chasseur de Bisons gravé sur bois de Renne, et une femme enceinte gravée sur os. La tête du chasseur est étroite et allongée ; son corps est extrêmement velu. Celui de la femme enceinte l'est de même, mais les poils sont beaucoup plus fins.

3° *Période néolithique* (*époque robenhausienne*). — La période de la pierre polie commence avec les temps actuels. Or, « sous le nom de temps actuels, dit M. de Mortillet, on comprend tous ceux qui se sont trouvés dans des conditions de géographie physique, d'hydrographie, de climatologie, de flore et de faune à peu près semblables à celles de nos jours. » Mais nous ignorons comment s'est effectuée la transition des temps quaternaires aux temps actuels. Les différences qui existent entre ces deux périodes sont tellement profondes, qu'un temps très long a dû s'écouler entre elles ; mais il y a à cet égard une lacune presque absolue dans nos connaissances.

De froid et sec qu'il était à la fin du quaternaire, le climat était devenu tempéré et beaucoup plus uniforme. La première conséquence de l'élévation de la température avait été l'émigration des animaux des régions froides. Le Renne avait quitté nos contrées pour les pays du Nord, suivi sans doute de la plus grande partie de la population humaine. Le Chamois, le Bouquetin et la Marmotte s'étaient retirés sur le sommet des montagnes. Le Mammouth, l'Hyène, les grands Félidés avaient disparu.

Nous allons voir que l'industrie avait subi des modifications non moins profondes, ou plutôt qu'une industrie nouvelle était apparue, importée de toutes pièces par une race envahissante.

La période néolithique ne comprend qu'une seule époque, dite robenhausienne, du nom (Robenhausen) d'un petit hameau suisse du canton de Zurich.

Parmi les gisements de cette époque, nous devons citer en premier lieu les *palafittes* ou habitations lacustres. L'Homme avait quitté les cavernes pour descendre dans les vallées, et, s'établissant sur le bord des lacs, il avait édifié sur pilotis des habitations en bois, ne communiquant avec le rivage que par de simples passerelles, de manière à se mettre à l'abri des fauves et des populations ennemies. Les débris de ces habitations ont été découverts pour la première fois pendant l'hiver de 1853-1854, au bord du lac de Zurich. Elles sont, en effet, particulièrement abondantes en Suisse; cependant, on en rencontre dans tous les pays voisins des Alpes. En raison de leur constitution même, les palafittes ont dû souvent être incendiées ; mais c'est grâce à ces incendies qu'on a pu quelquefois retrouver le matériel et les provisions de villages entiers, engloutis au fond de l'eau après avoir été carbonisés. — Toutes les palafittes n'appartiennent pas à l'époque de la pierre polie; il en est beaucoup aussi de l'âge du bronze et même de l'âge du fer.

A côté des cités lacustres, il existait d'ailleurs des *habitations terrestres*, en nombre même beaucoup plus considérable; mais elles ont été détruites en grande partie par le fait des travaux agricoles, et les objets qu'elles contenaient n'ont guère été conservés. D'autres gisements sont les *ateliers* où l'on fabriquait ces objets, les *carrières* d'où l'on extrayait la matière première, les *abris* et *grottes* où l'Homme se réfugiait encore, les *sépultures*, etc. Une mention spéciale est due à certains gisements des bords de la mer, auxquels les Danois ont donné le nom de *kjökkenmöddings*, qui signifie « débris de cuisine ». Ce sont des amas de coquilles provenant des Mollusques qui servaient à l'alimentation, amas au milieu desquels on découvre des foyers avec cendres et charbon, des os d'animaux brisés et une foule d'objets travaillés de main d'Homme. On a observé plusieurs de ces stations en France.

La population de l'Europe occidentale, à l'époque robenhausienne, possédait déjà une industrie fort complexe. — L'usage des *silex taillés* n'avait pas disparu; il était même beaucoup plus répandu qu'à l'époque magdalénienne, en raison sans doute de la disparition du Renne. On a, en effet, retrouvé des objets en pierre simplement éclatée, tels que des couteaux, et d'autres en pierre retouchée : scies, grattoirs, perçoirs, pointes de flèche, pointes de lance, poignards, etc. — Les objets en *pierre polie* sont moins nombreux, à la vérité ; mais, comme ils n'existaient pas dans les époques antérieures, on a pu les choisir comme élément caractéristique. Ils comprennent des outils : haches, ciseaux, etc., et des armes auxquelles on donne le nom de casse-tête. Les *haches* consistent en des fragments de pierre dure, silex, grès, granit, porphyre, jade, serpentine, etc., d'abord taillés et retouchés, puis polis avec soin sur une dalle de grès. Leur forme est variable ; cependant, la plupart sont triangulaires, tranchantes à la base et parfois aussi au sommet ; celles de moyennes dimensions s'emmanchaient soit dans des cornes de cerf, soit dans des manches en bois. — Les instruments en *os* sont devenus d'un emploi de plus en plus général : ce sont des couteaux, des poinçons, des pointes de flèche, des peignes à cheveux, etc. Les cornes de Cervidés, les dents de divers Mammifères, enfin le bois de certains arbres ont été également employés pour confectionner des instruments : vases, crochets, bateaux, etc. La poterie est aussi apparue à cette époque, ce qui prouve qu'elle a été importée : on a découvert dans les sépultures de nombreux vases en terre cuite façonnés à la main, et de forme variable. Enfin, nous devons citer encore les parures en coquilles, en dents, les perles et boutons en os, ambre, jais ou autres substances.

L'art, dont nous avons constaté le développement à l'époque de la Madeleine, s'était éteint avant le début des temps actuels. Or, le peuple envahisseur n'en ayant pas le moindre sentiment, l'époque robenhausienne ne nous fournit aucune œuvre d'art qui mérite d'être mentionnée.

Par contre, le respect des morts apparaît d'emblée avec un caractère très accentué, qui se traduit par l'érection de ces monuments qu'on a faussement attribués aux Celtes, et qu'on désigne aujourd'hui sous le nom de *monuments mégalithiques*. Tels sont les menhirs, ou pierres brutes fichées en terre ; les *alignements*, ou rangées de menhirs ; les *cromlechs*, ou enceintes formées par des menhirs ; les *dolmens*, constitués par des dalles de champ supportant des dalles horizontales servant de plafond, et primitivement enterrés dans le sol ou sous des *tumulus*. Les menhirs n'étaient autres, sans doute, que des monuments commémoratifs ; quant aux dolmens, c'étaient des tombeaux, contenant en général un grand nombre de squelettes. Les sépultures ne se faisaient pas exclusivement dans ces dolmens ; elles se faisaient aussi dans des grottes naturelles ou même artificielles.

Les populations néolithiques pratiquaient-elles l'anthropophagie ? C'est un point sur lequel les auteurs ne se sont pas encore mis d'accord. Mais la chose paraît assez peu probable si l'on remarque que non seulement elles pouvaient se procurer par la chasse un abondant gibier, dont le Bison, l'Urus ou Bœuf primitif, le Sanglier, formaient la base principale, mais qu'elles possédaient en outre des *animaux domestiques*. Le plus ancien de ceux-ci paraît être le Chien ; c'est le seul qu'on rencontre dans les Kjökkenmöddings du Danemark. Viennent ensuite le Cheval, le Bœuf, la Chèvre, le Mouton et le Porc. Mais quelle est la patrie de ces divers animaux ? En quel point la domestication a-t-elle pris naissance ? Ce sont là deux questions auxquelles il est sans doute difficile de répondre, mais qu'on a eu trop souvent le tort de confondre. A notre avis, l'apparition presque simultanée des animaux domestiques dans l'Europe occidentale, coïncidant d'ailleurs avec l'introduction d'une civilisation nouvelle, démontre que le principe même de la domestication a été importé par le peuple envahisseur; il a donc dû prendre naissance en Orient. Quant à la patrie de ces animaux, elle nous paraît être surtout européenne. Les rapports qui existent entre les Chevaux et les Bœufs des temps quaternaires, par exemple, et ceux des temps actuels, sont tellement étroits, qu'il est difficile de concevoir que les uns ne dérivent pas des autres. Que les races autochtones aient été modifiées, transformées dans une certaine mesure par des races importées, ce n'est point impossible ; mais il n'en est pas moins vrai que les premières doivent constituer la base de nos populations bovines et chevalines actuelles.

Les palafittes et autres habitations robenhausiennes nous ont aussi laissé des débris d'une foule de *fruits sauvages* ou *cultivés :* noisette, prunelle, merise, fraise, poire, pomme, mûre de ronce (servant peut-être à faire une liqueur fermentée), blé, orge, seigle, etc. Les céréales étaient certainement cultivées, et leurs grains, souvent mélangés, étaient conservés dans des sortes de greniers. On les broyait entre deux pierres plates, et on en formait une pâte qu'on faisait cuire sous forme de galettes : des fragments de ces pains sont parvenus jusqu'à nous. Il y avait aussi une plante textile, le lin (*Linum angustifolium*), qui servait à la fabrication d'étoffes diverses et de filets.

Les sépultures robenhausiennes nous montrent d'abord, sur divers points, le type autochtone, franchement dolichocéphale, que nous avons signalé dans le quaternaire, mais un peu modifié. Les squelettes de Cro-Magnon (Dordogne), ceux de la grotte sépulcrale de l'Homme mort (Lozère), appartiennent tous à ce type. — Dans la grotte sépulcrale de Furfooz, près Dinant (Belgique), on a rencontré, au contraire, une race toute différente, brachycéphale ou au moins mésaticéphale : c'est évidemment une race nouvelle, la race des envahisseurs, qui venait sans doute de l'Orient. — Enfin, dans les grottes artificielles de la vallée du Petit-Morin (Marne), on trouve des types intermédiaires, qui démontrent que les deux races se sont mêlées.

II. *Age du bronze.* — L'usage du bronze en Europe a pu être étudié dans les cités lacustres, dans les dolmens et les tumuli, où l'on a découvert des haches en bronze, des épingles, des rasoirs, des lingots, des moules à fondre ce métal, etc. L'industrie du bronze semble être d'origine indienne; on en rapporte l'importation à une race d'Hommes nomades, semblables, par leurs mœurs et leurs habitudes, aux Bohémiens de nos jours, ce qui explique le nom de *période bohémienne* donné à l'âge du bronze par M. de Mortillet. Les descendants de cette race ne seraient-ils pas les Tsiganes? Dans tous les cas, l'industrie dont il s'agit s'est perfectionnée sur notre sol : à l'art de mouler le métal, seul mis en pratique dans le principe, est venu se joindre, en effet, dans une deuxième période, celui de le marteler.

III. *Age du fer.* — Les plus anciens monuments de l'âge du fer sont les tombes bien connues des Hallstadt, près Salzbourg, en Autriche. Les Étrusques paraissent être le premier peuple qui ait importé l'usage de ce métal en Europe. En France, le fer apparaît à une époque postérieure, dans les tumuli du Nord-Est, puis dans les cimetières de la Marne : son introduction paraît remonter tout au plus à huit cents ans avant notre ère. Peu après, l'influence romaine commence à se faire sentir, et nous entrons de plein pied dans les temps historiques.

États sociaux de l'humanité. — Si nous jetons un coup d'œil en arrière, nous constatons que l'Homme, peut-être frugivore à l'origine, mais bientôt devenu omnivore par suite de l'insuffisance des fruits sauvages sur notre sol, exposé d'ailleurs aux intempéries d'un climat souvent rigoureux, dut chercher dans la faune qui l'environnait les éléments de sa nourriture et de son vêtement. L'Homme quaternaire fut *chasseur* et *pêcheur*.

Cependant, à mesure que s'accroissait la population, le gibier devenait sans doute plus rare et plus difficile à atteindre. Pour s'assurer des vivres, l'Homme fut conduit à domestiquer des animaux : il devint *pasteur*.

Ce premier pas dans la voie du bien-être devait être suivi à bref délai d'une nouvelle marche en avant. Autant et plus peut-être que les peuples chasseurs, les peuples pasteurs vivent en tribus nomades, obligés qu'ils sont de chercher à chaque instant de nouveaux pâturages pour nourrir leurs troupeaux. Mais les difficultés qu'éprouvaient les premiers dans la recherche du gibier se présentent bientôt pour ceux-ci dans la découverte des pâturages. C'est alors qu'intervient l'agriculture, qui permet à l'Homme de trouver sur un point déterminé tout ce qui est nécessaire à sa subsistance.

Avec l'agriculture, apparaissent en outre les grandes agglomérations d'individus ; et, les abris naturels devenant par suite insuffisants, l'Homme est amené à se construire des demeures artificielles. Ainsi ont pris naissance les cités, point de départ des nations.

Or, grâce à ses animaux domestiques, l'Homme *agriculteur* est capable d'assurer l'avenir ; et dès lors, ses facultés, s'élevant d'un degré, peuvent s'appliquer à des objets qui n'ont pas pour but immédiat son entretien personnel (1).

RACES HUMAINES. — La notion de race, en anthropologie, est loin

(1) Voy. H. Bouley, *Discours lu à la Soc. d'Acclimat.*, 1874.

d'avoir une signification bien définie; et il est évident, d'ailleurs, qu'elle doit varier suivant l'idée qu'on se fait de l'origine de l'Homme (1).

A cet égard, on sait que les anthropologistes se sont partagés de bonne heure en deux camps: 1° Les *monogénistes* admettent que tous les Hommes appartiennent à une seule et même espèce (*Homo sapiens* L.), de laquelle sont dérivées des races et sous-races multiples, sous l'influene des conditions de milieu. 2° Les *polygénistes*, au contraire, regardent comme originelles les différences qui séparent les habitants des diverses contrées du globe, et considèrent, par suite, qu'il existe *plusieurs espèces* humaines indépendantes les unes des autres.

Ajoutons que l'intervention des évolutionnistes n'a amené aucun rapprochement entre les deux partis. Il est même à remarquer que ce sont souvent les plus chauds partisans de l'évolution qui soutiennent le polygénisme avec le plus d'ardeur. Aussi bien, la discussion des questions de cet ordre est-elle demeurée trop rarement sur le terrain exclusif de la science.

Quelle que soit, du reste, la manière de voir à laquelle on se rattache, il est constant qu'on ne trouve plus ou presque plus, aujourd'hui, de races pures. Depuis des milliers de siècles, dit Topinard, les races ont été divisées, dispersées, mêlées, croisées en toutes proportions; « la plupart ont quitté leur langue pour celle des vainqueurs, l'ont abandonnée pour une troisième, sinon une quatrième ; les masses principales ont disparu, et l'on se trouve en présence, non plus de races, mais de peuples dont il s'agit de retracer les origines ou que l'on classe directement... »

« En France, où la nation est cependant si homogène et l'unité si complète, il y a des Français, mais pas de race française. On y découvre, au nord, les descendants des Belges, des Wallons et autres Kymris ; à l'est, ceux des Germains et des Burgundes ; à l'ouest, des Normands ; au centre, des Celtes, qui, à l'époque même où leur nom prit naissance, étaient formés d'étrangers d'origines diverses et d'autochtones ; au midi, enfin, des anciens Aquitains et des Basques, sans parler d'une foule de colonies, comme les Sarrasins qu'on retrouve çà et là, les Tectosages qui ont laissé à Toulouse l'usage des déformations craniennes, et les trafiquants qui passèrent par la ville phocéenne de Marseille. »

Étant donné un groupe humain, il s'agit donc de déterminer d'abord s'il représente une race pure où s'il résulte du mélange de plusieurs éléments primitifs. Reste ensuite à dégager le *type* de chacune des races composantes supposées pures, c'est-à-dire la moyenne des caractères de ces races. C'est là, sans doute, un problème très complexe et très difficile, et c'est à peine si, jusqu'à présent, l'anthropologie a pu déterminer quelques-uns des types les plus généraux. Il ne faut pas oublier, d'ailleurs, que le type est une conception abstraite, et qu'on aurait parfois grand'

(1) P. Topinard, *L'anthropologie*, 1re éd., 1876. — Id., *Éléments d'anthropologie générale*, 1885.

peine à retrouver, chez un représentant quelconque de la race, l'ensemble des caractères qu'il comporte.

Pour déterminer et classer les races humaines, l'anthropologie doit prendre d'abord pour base les *caractères anatomiques* et *physiologiques* : ce sont les seuls sur lesquels elle s'appuie directement pour établir les divisions principales du groupe humain. D'autre part, elle peut tirer d'utiles renseignements de l'*ethnographie* ou description des peuples, de la *linguistique*, de l'*histoire* et de l'*archéologie*. Cependant, il faut bien reconnaître que, dans la plupart des cas, les prétendues races secondaires établies sur ces bases ne sont autres que des *peuples*, c'est-à-dire des agglomérations d'éléments anthropologiques divers.

Nous nous bornerons donc à jeter un coup d'œil sur les principaux caractères anatomiques utilisés d'ordinaire dans la classification.

Parmi les plus importants, se placent ceux qui sont tirés de l'examen du crâne : la *craniologie*, on le sait, est longtemps même demeurée l'élément primordial de l'anthropologie.

On peut d'abord chercher à déterminer la *capacité cranienne*. Cette mensuration s'effectue en remplissant avec soin la cavité du crâne de fin plomb de chasse, dont il est facile ensuite de connaître le volume. En opérant de la sorte, on est arrivé à constater une différence très accusée entre les races inférieures et supérieures. Les Boshimans occupent le degré le plus bas de l'échelle, avec 1317 centimètres cubes ; les Australiens ne sont guère mieux partagés. Mais la capacité augmente d'une façon notable dans les races jaunes, pour atteindre son maximum dans les races blanches : les Parisiens contemporains ont 1559 centimètres cubes, et les Auvergnats 1598.

Il faut reconnaître, d'ailleurs, que le crâne tend à devenir plus spacieux à mesure que s'élève l'état intellectuel des races : celui des Parisiens du douzième siècle ne cubait que 1531. De même, il y a toujours une prédominance marquée du sexe masculin sur le féminin ; mais, chose remarquable, la différence est beaucoup plus grande dans les races actuelles que dans celles des temps préhistoriques, et dans les races supérieures que dans les inférieures.

La forme générale du crâne est exprimée d'une façon assez nette par le rapport entre sa plus grande largeur et sa plus grande longueur. Or, si l'on suppose le diamètre antéro-postérieur maximum égal à 100, le diamètre transverse maximum varie, en moyenne, de 71 (Groenlandais) à 85 (Lapons). Ce rapport est désigné sous le nom d'*indice céphalique*. Il se formule de la manière suivante : $\frac{\text{diamètre transverse} \times 100}{\text{diamètre antéro-postérieur}}$. Le chiffre qui l'exprime sera donc d'autant plus élevé que le crâne sera plus court. Partant de là, on est convenu d'appeler *brachycéphales* (βραχύς, court ; κεφαλή, tête) les races qui ont un indice céphalique égal ou supérieur à 80, et *dolichocéphales* (δολιχός, long) celles dont l'indice est inférieur à 75.

Les chiffres intermédiaires ont donné lieu, en outre, à l'établissement d'un groupe intermédiaire, celui des *mésaticéphales* (μεσάτιος, moyen).

L'étude de l'*angle facial* fournit aussi des renseignements précieux. On sait déjà que le mode de détermination de cet angle varie beaucoup suivant les auteurs. Pour nous en tenir à l'angle de Cloquet (voy. p. 813), voici quelques résultats obtenus par Topinard : sur 5 Auvergnats, 62°6 ; sur 5 Chinois, 59°4 ; sur 5 Nègres du Sénégal, 57°6. On voit que, chez les races supérieures, l'angle facial tend à se rapprocher de l'angle droit, et qu'il s'en éloigne de plus en plus, au contraire, chez les races inférieures. Un angle facial très-ouvert est donc un signe évident de supériorité, et c'est là un point qu'avaient dès longtemps saisi les statuaires (fig. 699).

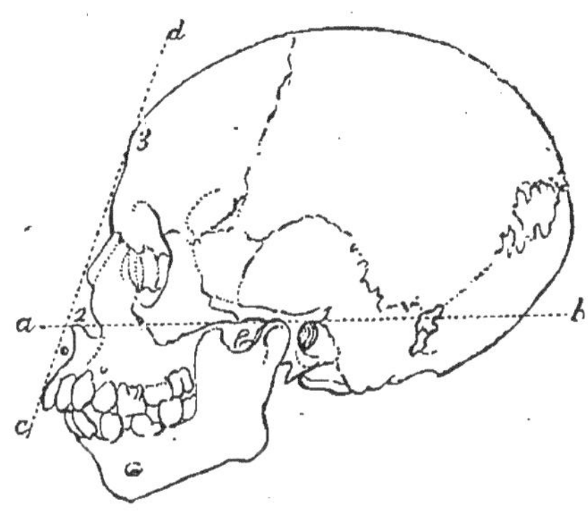

Fig. 698. — Angle facial d'un Nègre, d'après Camper.

Le degré d'ouverture de l'angle facial marque, comme nous l'avons dit, le rapport entre le développement du crâne et celui de la face ; mais l'influence de celle-ci est surtout caractérisée par la proéminence des mâchoires, qui s'accuse au maximum chez les nations les plus dégradées de l'Afrique et de l'Australie. C'est pourquoi on a donné le nom de *prognathes* (πρό, en avant ; γνάθος, mâchoire) aux races dont les mâchoires font une forte saillie en avant, saillie qui entraîne l'obliquité des incisives, et celui d'*orthognathes* (ὀρθός, droit) à celles dont le profil est à peu près droit. En réalité, tous les Hommes sont prognathes, et le terme d'orthognathisme ne peut être pris que dans un sens tout relatif.

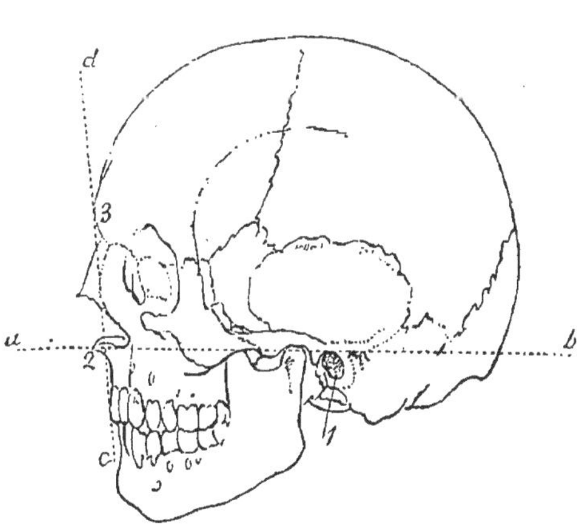

Fig. 699. — Angle facial de l'Apollon du Belvédère, d'après Camper.

Le *nez* doit être étudié sur le squelette et sur le vivant. — La charpente osseuse nous fournit d'abord un premier caractère, l'*indice nasal du crâne.* C'est le rapport de la largeur maximum de l'orifice antérieur des narines osseuses à sa longueur maximum prise de l'épine nasale à la suture naso-frontale. Depuis Broca, on nomme *leptorhiniens* les types chez lesquels ce rapport est inférieur à 48, *mésorhiniens*, ceux qui ont un indice nasal variant de 48 à 53, et *platyrhiniens* ceux dont cet indice est égal ou supérieur à 53. Or, tous les Nègres d'Afrique sont platyrhiniens, tous les Européens sont leptorhiniens, et tous les types jaunes sont mésorhiniens, à l'exception des Esquimaux, qui sont les plus leptorhiniens du monde. — Mais cette exception disparaît lorsqu'on étudie l'*indice nasal du vivant*, c'est-à-dire le rapport de la largeur maximum de la base du nez, en dehors de ses ailes, à sa hauteur, de la racine au point d'insertion de la sous-cloison. On constate alors que toutes les races noires forment un groupe platyrhinien (indice 108 à 89), les jaunes et rouges un groupe mésorhinien (81 à 69) et les blanches un groupe leptorhinien (69 à 63).

La *couleur de la peau* varie, dans les races humaines, depuis un brun très pâle et rosé jusqu'à la nuance brun foncé qu'on peut regarder comme noire, en passant par les teintes jaune, rouge et olivâtre. Or, cette coloration a servi longtemps de base principale à la classification des races, et aujourd'hui encore, la notion qu'elle fournit est assez appréciée pour que, dans le langage courant, les grandes divisions de l'humanité soient qualifiées de races blanches, jaunes (y compris les rouges) et noires. Si d'ailleurs on associe, à la couleur de la peau, celle des yeux et des cheveux, on arrive à distinguer, parmi ces trois types fondamentaux de coloration, un certain nombre de types secondaires plus ou moins accusés. C'est ainsi qu'on distingue, dans les *types blancs :* 1° un *type blond,* à peau rosée ou fleurie, à yeux bleus ou clairs, à cheveux blonds ; 2° un *roux*, à peau souvent chargée de taches de rousseur, à cheveux roux ardent ou jaune rougeâtre, à yeux gris ou verts ; 3° un *châtain*, à peau grisâtre, à yeux verdâtres, gris ou marron, à cheveux châtain clair ou cendrés ; 4° un *brun*, à peau brune se bronzant à l'air, à yeux et cheveux noirs. De même, parmi les *types jaunes*, ou mieux, à côté de ces types, qui ont une peau brun jaunâtre, des yeux noirs ou marron et des cheveux noirs, on peut admettre un *sous-type rouge* (Américains du Nord) et un *sous-type olivâtre* (Péruviens) ; etc.

Enfin, le *système pileux*, et en particulier les *cheveux*, fournissent aussi d'excellents caractères de races. Le plus important est celui qui résulte du degré d'enroulement des cheveux, lequel se montre d'ailleurs en rapport avec leur degré d'aplatissement. Bory de Saint-Vincent divisait déjà, d'après cette base, les races humaines en deux grands groupes : les *léiotriques*, à cheveux lisses (λεῖος, lisse; θρίξ, cheveu) et les ulotriques, à cheveux crépus ou laineux (οὖλος, crépu). Parmi les cheveux lisses, on peut distinguer : 1° les cheveux *droits*, raides, durs, plaqués ou tombants des races jaunes et des Américains; 2° les cheveux *ondés* ou *bouclés*, souples et flottants, dont les races blondes offrent un bon exemple ; 3° les cheveux *frisés* dans toute leur longueur, qu'on rencontre çà et là dans diverses races, et qui se disposent parfois en une masse globuleuse saillante ou *vadrouille*. Les cheveux crépus se présentent aussi sous divers aspects : 1° ils forment quelquefois aussi une *vadrouille,* comme chez les Papous, les Cafres, les Fidjiens ; 2° d'autres fois, ils se disposent en une nappe continue analogue à une *toison* de mouton (*ériocomes* Hæckel) ; 3° enfin, ils peuvent s'accrocher les uns aux autres de manière à constituer des vrilles ou des petites boules, laissant entre elles des intervalles qui semblent plus clairs et qu'on avait pris pour des espaces glabres : c'est la

Fig. 700. — Boshiman : chevelure en grains de poivre.

chevelure *en grains de poivre,* des Boshimans et Hottentots (*lophocomes,* Hæckel).

La classification ci-après, que nous empruntons à M. Topinard, est établie d'après les principaux caractères que nous venons de passer en revue. Elle renferme, comme on peut le voir, quelques lacunes, mais elle offre cet avantage que chaque race y est casée à sa place naturelle, avec ses relations de parenté.

« Il n'y a de possible à l'heure actuelle, avoue l'auteur lui-même, qu'une division modeste, n'ayant d'autres prétentions que de comprendre les races les mieux dessinées, et reposant sur des caractères précis et commodes. On la corrigera, on la changera demain, lorsque nos connaissances auront grandi. L'essentiel, c'est qu'elle marque la phase actuelle de nos connaissances sur les points principaux. »

Indice nasal vivant.	Cheveux.	Indice céphalique.	Couleur.	Taille.	Races.
Races blanches : LEPTORHINIENNES.	Ondés, coupe ovalaire.	Dolichocéphales.	Type blond.....	Grande.............	*Anglo-Scandinaves* ou *Kymris.*
			Type roux......	»	*Finnois*, 1er type.
			Type brun......	Petite relativement..	*Méditerranéens.*
		Mésaticéphales.	»	»	*Sémites, Égyptiens.*
		Brachycéphales.	»	Petite..............	*Lapons* et *Ligures.*
			Type châtain...	Moyenne............	*Celto-Slaves.*
Races jaunes : MÉSORHINIENNES.	Gros, droits, ronds, allongés; corps glabre.	Dolichocéphales.	Peau jaune.....	Petite..............	*Esquimaux.*
			Peau rougeâtre.	Grande.............	*Patagons.*
		Mésaticéphales.	»	»	*Polynésiens.*
		Brachycéphales.	»	»	*Peaux-Rouges.*
			Peau jaune.....	Petite..............	*Race jaune d'Asie.*
			Peau jaunâtre..	Moyenne............	*Guaranis.*
			Peau olivâtre...	Petite..............	*Péruviens.*
Races noires : PLATYRHINIENNES	Droits, coupe ovalaire.	Dolichocéphales.	Peau noire.....	Grande.............	*Australiens.*
	Laineux, coupe elliptique.	Dolichocéphales.	Peau jaunâtre..	Très petite..........	*Boshimans* (1).
			Peau noire.....	Grande.............	*Mélanésiens typiques* (2).
			»	»	*Nègres d'Afrique.*
		Mésaticéphales.	»	Moyenne............	*Tasmaniens.*
		Brachycéphales.	»	Petite..............	*Négritos.*

(1) Stéatopyges.
(2) Arcades sourcilières saillantes; racine du nez profonde.

RACES BLANCHES. — Le groupe des races blanches ou leptorhiniennes est encore désigné sous le nom de *type européen*, parce qu'il est principalement répandu en Europe; on l'a appelé aussi *race caucasique*, parce qu'on suppose que c'est dans la région située au sud du Caucase qu'il a pris naissance.

Les races blanches peuvent ainsi se caractériser : la peau reste toujours blanche chez les enfants; elle peut devenir grisâtre chez les adultes ou se basaner par son exposition à l'air. Les cheveux sont souples, flottants, ondés, ondulés ou même bouclés; la barbe est abondante, ainsi que les moustaches et les favoris. Le nez est étroit et saillant, à pointe ferme. Le prognathisme est à son minimum (orthognathisme); l'ensemble des mâchoires et des dents, vu de profil, forme presque une ligne droite. La bouche est petite, les lèvres minces. Les dents sont droites et serrées.

Le **type anglo-scandinave**, *kymri* ou *blond* est caractérisé par des yeux bleus ou clairs, des cheveux blonds et une peau rosée ou fleurie. De même que les autres types, il ne se rencontre nulle part à l'état de pureté, mais il prédomine sur certains points, notamment en Europe. Il est surtout concentré en Islande, en Scandinavie (la Laponie exceptée) et en Écosse, « puis dans le reste des Iles-Britanniques, en Danemark, Hollande, Belgique, dans les plaines de l'Allemagne, dans le nord et l'est de la France. »

Les blonds sont dolichocéphales et de haute taille. Ils se sont montrés, vers l'an 300 av. J.-C., sur les frontières d'Égypte; vers l'an 800, ils ont envahi la côte atlantique de la Gaule, et sans doute les Iles-Britanniques. « Plus tard, on les retrouve sous le nom de Gaulois, lançant des expéditions en Grèce, en Asie mineure, en Lombardie, à Rome; puis sous celui de Belges, de Kymris, de Cambriens, de Bretons, de Germains, de Francs. »

Le **type finnois** le plus connu a pour principaux caractères des yeux gris ou verts, des cheveux roux ardent ou jaune rougeâtre, passant quelquefois au châtain cendré, et une peau souvent maculée de taches de rousseur. Il se rencontre dans le nord de la Russie.

Le **type méditerranéen** appartient, par les divers éléments de sa coloration, au type brun, qui est « caractérisé par des cheveux et des yeux noirs, et par ce genre de peau dite brune, qui, exposée à l'air, prend aisément une belle teinte bronzée. »

Les Méditerranéens sont les plus petits des Européens, en mettant toutefois à part les Lapons, dont la taille est encore de beaucoup inférieure à la leur. Ils sont dolichocéphales comme les précédents. On comprend dans cette race les Hispano-Portugais, les Italiens, les Siciliens, les Maltais, les Sardes, les Corses et les Berbers.

Le **type sémite**, auquel se rattachent les anciens Assyriens, Syriens, Phéniciens et Carthaginois, comprend aujourd'hui les Arabes et les

Juifs. Le front est droit, mais peu élevé; le nez est aquilin; les yeux sont noirs, en forme d'amande, avec de longs cils noirs; les cheveux et la barbe sont noirs et lisses; la peau se bronze facilement.

On tend à rapprocher des Sémites les Égyptiens, qui, comme eux, sont bruns et mésaticéphales.

Le **type celtique** a pour point de départ une population brachycéphale, sédentaire et agricole, venue dans nos régions avec la civilisation de la pierre polie. Il se rencontre aujourd'hui, plus ou moins atténué par

Fig. 701. — Type *arabe* d'Algérie.

le croisement, sur plusieurs points de la France, notamment en Auvergne, en Savoie et dans la Basse-Bretagne. La peau est souvent terne ou grisâtre; les yeux sont en général verdâtres, gris ou marron; les cheveux sont châtain clair ou cendrés, moins beaux que ceux des Kymris. La taille est moyenne.

Entre la France centrale et la Russie, s'étend, à travers les Vosges et la Forêt-Noire, une vaste nappe de brachycéphales, qui se poursuit même jusque dans l'Asie centrale, chez les Galtchas. On peut donc rattacher au type celtique les Slaves, qui toutefois en diffèrent par la langue. On sait que les Slaves comprennent les Russes, Polonais, Serbes, Bulgares, Tchèques, etc.

Le **type lapon** est circonscrit dans les parties les plus septentrionales de la Norvège, de la Suède et de la Russie. « Les Lapons sont de très petite taille et de chétive apparence. Ils ont la tête grosse, la poitrine large, la taille grêle, les jambes courtes, les extrémités fines. Leur front est large et bas, ainsi que leur face. Ils ont les yeux grands, bruns et profonds ; le nez court et plat, très large à la racine ; les cheveux durs, courts et noirs et peu de barbe ; le teint pâle suivant les uns, jaune brun suivant les autres ; les pommettes saillantes, le menton pointu. » Leurs paupières sont fendues obliquement. Ils sont brachycéphales.

Dans l'Italie septentrionale, au niveau du golfe de Gênes, on retrouve une population également brachycéphale et de petite taille, dont on a fait quelquefois une race à part, sous le nom de *Ligures,* et qui paraît devoir se rapprocher de la précédente.

Parmi les *types bruns*, il nous faudrait encore signaler : le *type iranien* ou, si l'on veut, la branche iranienne de la famille linguistique aryenne, comprenant les Aryens, qui sont demeurés en arrière au moment de l'émigration effectuée vers l'Ouest (Tadjicks de la Perse, Arméniens, Kourdes, Géorgiens, Afghans bruns, etc.) ; le *type hindou*, représenté dans l'Inde par les Radjpouts et surtout par les Brahmanes les plus vénérés de Mattra, de Bénarès et de Tannesar ; le *type tsigane*, représenté par cette population nomade à laquelle on applique les noms de Bohémiens, Gitanos, Gypsies, etc. Les Tsiganes, qui habitaient l'Inde il y a mille ans, errent aujourd'hui par toute l'Europe.

RACES JAUNES. — Le type de coloration des races jaunes ne diffère pas d'une façon très sensible du type brun bien accentué que nous ont fourni, par exemple, les Arabes d'Algérie et les Tsiganes. On ne peut guère le considérer que comme une étape pigmentaire plus avancée. La peau se fonce avec une plus grande facilité encore sous l'influence de l'air ; elle offre en outre une addition constante de jaune ou de rouge, parfois de vert. Le corps est plus ou moins glabre. Les cheveux sont gros, droits, raides, à section transversale arrondie, et toujours d'un noir franc ; les yeux sont aussi le plus souvent noirs. Ajoutons qu'il convient d'admettre un sous-type de coloration *rouge* pour les Américains du Nord et un sous-type *olivâtre* pour les Péruviens.

En ce qui concerne l'indice nasal du vivant, les races jaunes sont mésorhiniennes : « nez petit, court, large à la racine, fin à la base, à lobule détaché, comme déprimé entre les deux ailes, à arête dorsale à peine indiquée. »

Le **type mongol** ou des *races jaunes d'Asie* comprend les populations disséminées à l'est de l'Obi, de la mer Caspienne et du golfe de Bengale ; il tire son nom d'une petite peuplade qui habite les régions sises au nord du désert de Gobi. Il est tout à fait brachycéphale. La peau est blanc jaunâtre, parfois un peu basanée. « La barbe rare, presque nulle aux favoris et au menton, se réduit à deux pinceaux grêles et quelquefois longs à la lèvre supérieure..... La tête est grosse, tantôt élevée, tantôt courte; sa capacité crânienne tenant le milieu entre celles du nègre et de l'Européen.... La face dans son ensemble est aplatie, comme écrasée dans toutes ses parties, et plus large à la hauteur des pommettes, qui sont déjetées en haut et en dehors par leurs bords externe et antérieur. »

Ajoutons que les paupières sont fendues obliquement, c'est-à-dire que l'angle externe est plus élevé que l'interne. La taille est notablement inférieure à celle de la moyenne des Européens.

Fig. 702. — Japonais.

Le **type esquimau** est surtout bien caractérisé dans le Groenland, mais on le retrouve aussi dans le nord du continent américain. Il se distingue à première vue des races jaunes asiatiques par son extrême dolichocéphalie. Les Esquimaux sont de petite taille, mais forts et trapus; leur face est aplatie, leurs joues sont pleines, leurs pommettes très saillantes. Leur barbe est presque nulle. Leur teint est d'un gris clair ou foncé.

Le **type polynésien** ou *canaque* s'étend des îles Tonga et de la Nouvelle-Zélande à l'île de Pâques, dans l'océan Pacifique. Il est mésaticéphale. La taille est élevée; le teint, fort variable, se montre le plus souvent basané jaunâtre, avec mélange de bistre. La barbe est rare. Les yeux sont bien fendus, non obliques.

Le **type peau-rouge** est connu depuis fort longtemps, mais il ne faut pas oublier que ce nom de Peaux-Rouges vient principalement de l'habitude qu'avaient les Indiens de se peindre le visage en rouge. Le type dont il s'agit se rencontre surtout dans le nord de l'Amérique, mais on le retrouve aussi, plus ou moins mélangé, dans l'Amérique méridionale. La teinte générale de la peau est cuivrée, brique ou cannelle. Les cheveux sont longs et rigides comme des crins de cheval; les sourcils sont épais, mais la barbe et les moustaches sont rares. La fente palpébrale est variable. Les narines sont dilatées, les pommettes saillantes, les mâchoires un peu prognathes, les dents verticales. La taille est au-dessus de la moyenne.

Signalons, en outre : le *type patagon* ou *tehuelche*, comprenant des individus dolichocéphales à peau brun rougeâtre et de grande taille, confinés dans le sud de l'Amérique ; le *type guarani*, également sud-américain, mais brachycéphale, moins grand, à teinte variant du rouge au jaune ; le type *péruvien*, brachycéphale, à peau olivâtre et de petite taille ; etc.

RACES NOIRES. — Les races platyrhiniennes ou noires se reconnaissent, en dehors de l'indice nasal, à leur type général de coloration. Les cheveux et les yeux sont noirs ; la peau est noir bleuâtre et parfois même noir de jais, mais dans certains cas tend à passer au brun, au rougeâtre et au jaunâtre. D'autre part, les cheveux sont tantôt crépus, laineux, à coupe elliptique, ce qui caractérise les *races nègres* d'Afrique et d'Océanie, tantôt droits ou frisés, à coupe ovalaire, comme chez les Australiens.

Fig. 703. — Nègre d'Afrique.

Le nez est toujours large, plat et court, mais offre deux types assez distincts : le mélanésien et le nègre d'Afrique. « Chez le type mélanésien, dont la plus haute expression s'observe chez l'Australien et le Tasmanien, la base est lourde, massive, boursouflée, à ailes très développées, épanouies ; tandis que le type d'Afrique est relativement petit et fin, et se rapproche un peu de quelques types des races jaunes. »

Le **type guinéen** peut fournir la caractéristique générale du *nègre d'Afrique*. « La peau du nègre est veloutée, fraîche au toucher, luisante, et varie du noir rougeâtre, jaunâtre ou bleuâtre au noir de jais. Ses cheveux et ses yeux sont noirs, sa sclérotique terne ou jaunâtre ; des taches noires se voient sur sa langue, son voile du palais et même sous la conjonctive. Les parties génitales sont plus foncées, le dedans des mains et la plante des pieds sont plus clairs. La barbe est rare et pousse tard. Le corps est dépourvu de poils, sauf au pubis et aux aisselles. Le crâne est dolichocéphale... Les globes oculaires sont à fleur de tête et les fentes palpébrales, néanmoins petites, sur une même ligne horizontale... Le nez est développé en longueur aux dépens de sa saillie ; sa base, grosse et écrasée, par suite de la mollesse de ses cartilages, s'épanouit en deux ailes divergentes, à narines elliptiques plus ou moins découvertes. Les oreilles sont petites, arrondies, à contour mal ourlé, à lobule court et peu détaché. » Le prognathisme est très accusé; le menton s'efface et les dents se projettent obliquement en avant : ces dents sont plus écartées les unes des autres que dans les races blanches. Les cheveux sont crépus, à coupe elliptique ; ils forment une véritable toison (ériocomes). Les courbures du rachis sont moins prononcées, le mollet moins développé, le gros orteil plus court que dans les races blanches.

« Les négresses sont vieilles de bonne heure ; leurs seins s'allongent dès la première grossesse et deviennent flasques et flottants. Leurs nymphes, même avant toute gestation, prennent un grand développement, ce qui a engendré la pratique très répandue de leur circoncision. »

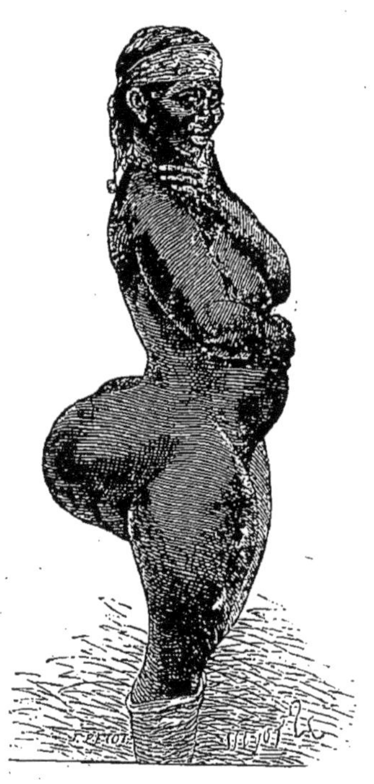

Fig. 704. — Femme boshimane.

Le **type boshiman** est représenté aujourd'hui par des groupes de familles nomades qui vivent dans le désert de Kalahari, situé immédiatement au nord du fleuve Orange. Traqués comme des bêtes fauves par les peuplades qui les entourent, Cafres, Hottentots, etc., les Boshimans ne tarderont sans doute pas à disparaître. Ils sont tous de petite taille. Leur peau est d'un jaune sale (cuir neuf). Leurs cheveux laineux, fortement roulés en spirale, s'accrochent les uns aux autres et forment de petites boules de la grosseur d'un grain de poivre, laissant des intervalles qui semblent plus clairs (lophocomes). Ils sont dolichocéphales et fort prognathes. Leur nez est affreusement épaté; leur bouche est munie de lèvres épaisses et retroussées; leurs oreilles sont grandes et sans lobule ; leurs pommettes sont très saillantes. Le système pileux est très développé.

Mais, ce qui est surtout remarquable dans ce type, c'est la constance (1) de deux particularités de conformation connues sous le nom de stéatopygie et de tablier. — La *stéatopygie* (στέαρ, graisse; πυγή, fesse) consiste en une hypertrophie extraordinaire du pannicule adipeux de la région fessière,

(1) *Bullet. de la Soc. zoolog. de France*, 1883.

qui donne lieu à une masse tremblotante formant une saillie parfois énorme. La stéatopygie est particulière au sexe féminin ; elle apparaît dès l'enfance, mais s'exagère probablement lors de la puberté. — Quant au *tablier*, encore appelé voile de la pudeur, il résulte d'une simple hypertrophie des nymphes et du capuchon du clitoris, formant une sorte d'appendice vulvaire qui tombe entre les cuisses ; par contre, les grandes lèvres sont plus ou moins effacées, et le mont de Vénus est tout à fait déprimé.

Ces particularités se rencontrent aussi quelquefois chez les Hottentotes ; mais on sait aujourd'hui que les Hottentots ne constituent pas une race distincte, et qu'ils résultent sans doute du mélange des Boshimans avec diverses variétés de Cafres.

Le **type papou** ou *mélanésien* est répandu dans toute la Mélanésie, l'Australie exceptée. La peau est noire ou chocolat ; les cheveux sont noirs, secs, crépus, et prennent le caractère ébouriffé, ou *en vadrouille*. La barbe et les poils du corps sont très développés. Le crâne est dolichocéphale, le nez gros et large à la base, mais saillant et recourbé ; les lèvres sont épaisses ; le menton est saillant, le prognathisme bien accusé.

Les *Néo-Calédoniens* se rattachent au type papou, mais ils sont mélangés de polynésien.

Le **type australien** se distingue à première vue des autres races noires par la présence de cheveux lisses, ondulés, bouclés ou frisés, mais non crépus. Leur coupe est ovalaire. Le système pileux est du reste fort développé sur tout le corps ; les cheveux et la barbe sont longs, touffus et noirs. Le teint est noir foncé, tirant parfois un peu sur le rougeâtre. Les yeux sont noirs et profonds ; le nez est gros et large à la base, mais moins écrasé que chez les nègres d'Afrique. Les Australiens sont fortement dolichocéphales et prognathes ; en outre, nous savons déjà que leur capacité crânienne est très faible.

Signalons enfin le *type tasmanien*, mésaticéphale, à peine plus prognathe que les types européens, et à cheveux crépus, limité à la terre de Van-Diémen ; et le *type négrito*, brachycéphale, de petite taille, à cheveux laineux et à teint noir, représenté actuellement par les Mincopies des îles Andaman, les Semangs de Malacca et les Aëtas des Philippines.

FIN

ERRATA ET ADDENDA

Page 45, *ligne* 19,	*au lieu de :*	pourquoi définir,	*lisez :*	pouvoir définir.
— 68, — 18,	—	gastrula,	—	morula.
— 74, — 34,	*supprimez :*	D'après Ercolani, et le reste de la page.		
— 83, *ligne* 2,	—	surtout.		
— 110, — 3,	*au lieu de :*	opossums,	*lisez :*	kangourous.
— 115, — 15,	—	continuations,	—	continuateurs.
— 160, *légende,*	—	cellules hépatiques,	*lisez :*	conduits hépatiques.
— 161, *ligne* 15,	—	ancienne,	—	amincie.
— 165, — 18,	—	noyaux,	—	points.
— 232, — 23,	—	spontanée,	—	alternante.
— 467, — 35,	*après :*	*Cytoleichinæ,*	*ajoutez :*	ou *Cytoditinæ.*
— 481, *fig.* 333,	*au lieu de :*	ventrale,	*lisez :*	dorsale.
— 502, *ligne* 34,	—	Rouget,	—	Gamase des fourrages.
— 535, — 29,	—	*Caphalomyia,*	—	*Cephalemyia.*
— 729, *légende :*	*intervertir les mots :*	antérieurs et postérieurs.		
— 757, *ligne* 40,	—	sternum,	—	sacrum.
— 848, — 5,	*après :*	diffus,	*ajoutez :*	ou cotylédonaire.
— 937, par suite d'un accident de tirage, la figure 677 a été renversée.				

P. 163. — Ajoutez aux *Coccidies :*

Coccidie de Rivolta (*Coccidium Rivolta* Grassi). — La classification des Coccidies, du moins en ce qui concerne les formes spécifiques, est encore des plus confuses. Aussi nous semble-t-il assez difficile, pour l'instant, de décider si les Coccidies signalées par les auteurs dans l'épithélium intestinal de divers animaux doivent se rapporter au *Coccidium perforans* ou au *Coccidium Rivolta.* Celui-ci, décrit par Grassi (1), se présente à l'état adulte, c'est-à-dire enkysté, sous la forme d'un corps ovale ou elliptique, de 27 à 30 μ de long sur 22 à 24 μ de large. Le kyste est quelquefois pourvu, à son petit pôle, « d'une sorte de spiracule ou micropyle. »

(1) Dr Grassi, *Sur quelques protistes endoparasites,* etc. Archives ital. de biologie, t. II, 1882, p. 402 et t. III, 1883, p. 23 (Voy. 1882, p. 439).

La Coccidie de Rivolta se trouve dans l'intestin — jamais dans le foie — du Chat. Les premières phases de l'évolution s'accomplissent à l'intérieur des cellules épithéliales ; la Coccidie finit par s'enkyster et se trouve mise en liberté par rupture de la cellule : c'est ainsi qu'on la trouve dans le contenu de l'intestin. Les phases ultérieures s'observent quand on place les Coccidies dans l'eau ; le protoplasma central se divise en deux, puis en quatre masses ou spores, et dans chacune de celles-ci apparaissent quatre (?) corpuscules falciformes. Au delà de cette période, les Coccidies meurent et se décomposent ; aussi Grassi a-t-il supposé qu'elles étaient arrivées au terme de leur développement. Cependant il en fit avaler un grand nombre à deux jeunes Chats, sans aucun succès.

Il faut reconnaître que, si les spores produisent réellement quatre corpuscules falciformes, l'espèce dont il s'agit devra être distraite du genre *Coccidium* pour devenir la base d'un genre nouveau.

P. 164. — Ordre des *Sarcosporidies.*

Dans un travail récent, M. le professeur R. Blanchard (1) a proposé une classification provisoire des Sarcosporidies ou Psorospermies utriculiformes. Il divise cet ordre en deux familles : *Mieschcridæ* et *Balbianidæ.*

Les **MIESCHÉRIDÉS** siègent dans les muscles striés. — 2 genres.

Genre **Mieschérie** (*Miescheria* R. Bl.). — Membrane d'enveloppe mince et anhiste.

Il est difficile de distinguer des formes spécifiques. L'auteur en reconnaît deux principales : la Mieschérie du Rat (*M. muris*) et la Mieschérie de l'Otarie (*M. Hueti*). On peut y ajouter celle que M. Moulé a trouvée en si grande abondance chez les Moutons cachectiques, et qui nous paraît mériter le nom de Mieschérie délicate (*M. tenella*).

Genre **Sarcocyste** (*Sarcocystis* Ray Lank.). — Membrane d'enveloppe épaisse et traversée de fins canalicules.

Le **Sarcocyste de Miescher** (*S. Miescheri* Ray Lank.) est l'espèce qu'on rencontre habituellement dans les muscles du Porc. Quelques auteurs l'ont signalé aussi chez le Bœuf et le Mouton.

Les **BALBIANIDÉS** siègent dans le tissu conjonctif. — 1 seul genre.

Genre **Balbianie** (*Balbiania* R. Bl.) — Membrane d'enveloppe mince et anhiste.

La **Balbianie du Kangourou** (*B. mucosa* R. Bl.) a été trouvée dans la couche sous-muqueuse du côlon d'un Kangourou des rochers, mort au jardin d'acclimatation.

(1) *Note sur les Sarcosporidies*, Bullet. de la Soc. zool. de France, 1885.

Balbianie géante (*B. gigantea*). — Nous donnons provisoirement ce nom à une forme très voisine de la précédente, mais en différant par son siège ainsi que par quelques particularités d'organisation. Elle se développe dans la tunique charnue de l'œsophage du **Mouton**, ainsi que dans les muscles de la langue, du larynx, du pharynx et de la partie antérieure du tronc. Elle se présente sous l'aspect de nodosités blanchâtres, ovoïdes, qui atteignent souvent le volume d'un pois et même davantage.

Déjà signalées en Allemagne par Winkler, Dammann et Zürn, ces productions parasitaires ont été retrouvées depuis peu en abondance, par M. Morot, sur les Moutons sacrifiés à l'abattoir de Troyes. D'après les vétérinaires allemands, elles détermineraient des troubles graves dans la santé des animaux et seraient même capables d'amener la mort. Par contre, les sujets examinés par M. Morot ne paraissaient avoir souffert en aucune façon. Nous n'avons pas encore pu étudier les premières phases du développement de ces parasites, mais il nous semble cependant qu'ils doivent siéger dès le début dans le tissu conjonctif.

P. 171. — Ordre des *Flagellés*.

Grassi (1) divise les Flagellés en cinq familles qu'il nomme : *Cercononas*, *Megastomidea*, *Lophomonadidea*, *Trichomonadidea*, *Trypanosomata*.

Les **CERCOMONADIDÉS** ont l'extrémité postérieure plus ou moins effilée ou bifide, et l'extrémité antérieure pourvue de plusieurs flagellums égaux.

Six genres.

Monocercomonas Grassi. — Extrémité antérieure simple, atténuée ou obtuse.

Cimænomonas Grassi. — Un flagellum presque toujours tourné en arrière ; il s'agite sur la superficie du corps et ressemble à une bordure ondulante ou à une file de cils vibratiles.

Plagiomonas Grassi. — A la forme d'une cornue ; extrémité postérieure effilée et simple.

Monomita Grassi. — L'extrémité postérieure presque toujours obtuse ; un seul flagellum antérieur long et gros.

Heteromita Duj. — Deux flagellums partant du même point antérieur du corps ; l'un ondulant se dirige vers l'avant et détermine la progression ; l'autre flottant ou rampant ou bien encore se collant à quelque objet solide pour trouver un point d'appui, se contracte tout à coup et peut retourner le corps auquel il appartient.

Dicercomonas Grassi. — L'extrémité postérieure bifide ; six (?) flagellums antérieurs, dont deux peuvent se tourner en arrière.

Dans le genre *Monocercomonas* se place un *Monocercomonas hominis* qui

(1) *Loc. cit.*

est différent peut-être du *Cercomonas hominis* Dav. — Grassi a trouvé en outre de nombreuses Monocercomonades ressemblant à celles de l'Homme dans le gros intestin du Canard, et il se demande si elles ne sont pas identiques aux formes signalées par les auteurs sous les noms de *Monas anatis* Dav., *Cercomonas gallinarum* Dav., *C. gallinæ* Riv., *C. hepaticum* Riv.

Ajoutons que M. R. Blanchard (1) a créé un nouveau genre *Cystomonas* pour un Flagellé caractérisé par la présence, à l'extrémité antérieure, de deux longs flagellums égaux, et, à l'extrémité postérieure effilée, d'un flagellum encore plus long que les précédents.

Le *Cystomonas urinaria* a été rencontré dans l'urine et dans le mucus vaginal.

Des *Cimænomonas* ont été trouvés dans les cæcums de la Poule et dans les déjections liquides du Canard. — Le *Trichomonas caviæ* Dav. appartient aussi à ce genre.

De même, le *Monas caviæ* Dav. paraît être un *Heteromita*.

Les **MÉGASTOMIDÉS** ou **LAMBLIADÉS** ont l'extrémité postérieure bifide et offrent un enfoncement profond près de l'extrémité antérieure.

Le genre unique qui représente cette famille a reçu de Grassi le nom de *Megastoma;* mais ce nom, employé déjà à plusieurs reprises pour désigner des animaux très divers, doit être abandonné : nous le remplaçons par celui de *Lamblia* R. Bl. — Le *Lamblia intestinalis* R. Bl. a été trouvé par Grassi dans l'intestin des Rats, des Campagnols, du Chat et même de l'Homme.

Les **LOPHOMONADIDÉS** sont plus ou moins effilés à l'extrémité postérieure; on voit sortir de l'extrémité antérieure une houppe formée de nombreux flagellums.

Les **TRICHOMONADIDÉS** sont aussi plus ou moins effilés à l'extrémité postérieure; l'extrémité antérieure porte plusieurs flagellums et possède des corpuscules trichocystimorphes.

Un seul genre. — L'étude du *Trichomonas vaginalis* a été reprise dans ces derniers temps par Künstler (2). D'après cet auteur, il mesure en moyenne 15 à 25 μ de long; son extrémité antérieure est pourvue normalement de quatre flagellums; l'extrémité postérieure se prolonge en une sorte de queue de forme très variable; enfin, le long du corps règne une membrane ondulante qu'on avait prise jusqu'à présent pour une rangée de cils vibratiles. Künstler a presque toujours observé ce parasite sur les femmes atteintes d'écoulement purulent, et il le considère comme la cause de cet écoulement.

(1) *Traité de zoologie médicale*, 1885, p. 78.

(2) J. Künstler, *Trichomonas vaginalis* Donné, Journal de micrographie, 1884, t. VIII, p. 317 (avec deux planches).

Le même auteur regarde l'Infusoire rencontré par Eberth dans l'intestin des Perdrix, Poules, Oies et Canards (Voy. p. 173) comme un *Trichomonas* à membrane ondulante élevée et très plissée. Saville Kent en avait fait un Trypanosome, sous le nom de *Trypanosoma Eberthi;* Grassi le place dans son genre *Paramœcioides.*

Les **TRYPANOSOMIDÉS** ont le corps pourvu d'une membrane ondulante qui se prolonge quelquefois en une sorte de flagellum.

Deux genres : *Trypanosoma* et *Paramœcioides*, celui-ci différent du premier par l'absence complète de flagellum.

Une curieuse espèce de Trypanosome vit dans le sang de la Grenouille : c'est le *T. sanguinis*. Künstler en a aussi observé une dans le sang du Cobaye.

P. 173. — Ordre des *Dino-flagellés.*

D'après les récentes recherches de Klebs et de Pouchet (1), c'est à tort que les Péridiniens ont été jusqu'ici désignés sous le nom de *Cilio-Flagellés.* Ces êtres, dont la forme est très variable, offrent souvent des appendices comparables à des cornes, et ont généralement le corps divisé en deux par un sillon transversal. Un autre sillon part de celui-ci et gagne l'extrémité du corps, dans le sens de la longueur : il loge un flagellum qui le dépasse de beaucoup, et dont la présence avait été reconnue depuis longtemps. Un second flagellum est fixé par sa base en un point déterminé du sillon transversal et le suit de manière à faire le tour du corps. C'est ce flagellum transversal qui constitue le principal organe de propulsion de ces êtres, animé qu'il est d'une sorte d'ondulation rapide (δῖνος, tourbillon) se transmettant de la base vers la pointe. La rapidité même de ce mouvement avait induit en erreur les premiers observateurs, en leur faisant croire à l'existence d'une couronne de cils.

P. 276. — *Ligule de l'Homme.* — Dans une lettre adressée tout récemment à M. R. Blanchard, Leuckart déclare avoir acquis la certitude, après examen, que le *Ligula Mansoni* Cobb. n'est autre qu'un Bothriocéphale, auquel il se propose de donner le nom de *Bothriocephalus liguloides.* Avec M. Blanchard, nous pensons qu'il est impossible d'accepter ce changement de nom spécifique : le nom définitif ne peut être que *Bothriocephalus Mansoni.*

P. 463. — Sous-famille des *Tétranycinés.* — Le Dr G. Haller (2) a eu l'occasion d'étudier le *Bicho colorado* de la république Argentine et de

(1) Voy. G. Pouchet, *Nouvelle contribution à l'histoire des Péridiniens marins*, Journ. de l'anat., 1885.

(2) *Vorläufige Nachrichten über einige noch wenig bekannte Milben*, Zoologischer Anzeiger, 25 janvier 1886, p. 52.

l'Uruguay, qui n'est autre qu'un Tétranyque (*Tetranychus molestissimus* Weyenbergh). Ce petit Acarien, de couleur rouge, vit à la face inférieure des feuilles du *Xanthium macrocarpum*, dans les toiles qu'il s'est tissées; mais, depuis le mois de décembre jusqu'à la fin de février, il se jette sur les animaux à sang chaud. L'Homme lui-même, malgré ses vêtements, n'est pas à l'abri de ses atteintes. Le Bicho colorado enfonce dans la peau son rostre armé de longues chélicères styliformes et recourbées, et provoque des démangeaisons insupportables.

C'est probablement un Acarien semblable qui cause la maladie du Cap (Port-Natal-Seurven) observée par Delegorgue en 1839.

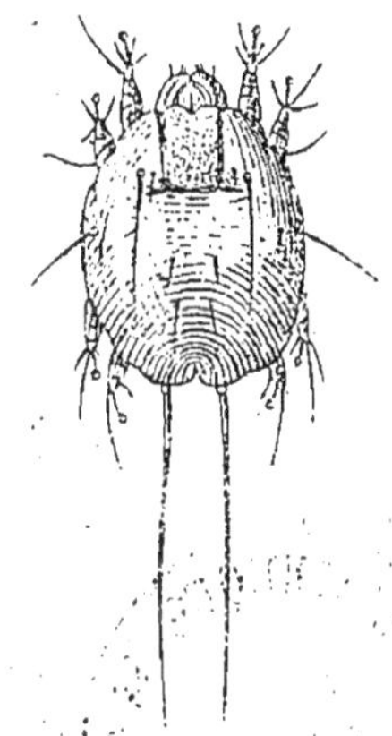

Fig. 705. — *Sarcoptes mutans*, de la Poule : mâle, vu par la face dorsale, grossi 100 fois (G. Neumann, inéd.).

P. 481 et 482. — C'est à tort que nous avons adopté le nom générique de *Chorioptes*. La priorité revient à *Symbiotes*, employé en 1857 par Gerlach (1) et appliqué en 1858 seulement par Redtenbacher (2) à un genre de Coléoptères.

Par suite, l'espèce que nous appelions *Chorioptes symbiotes* doit reprendre le nom de *Symbiotes communis* Verheyen (1862).

P. 492. — Ajouter aux Analgésinés des Oiseaux domestiques : *Dermoglyphus elongatus* Mégn., de la Poule.

P. 498 et 499. — Nous n'avons pas indiqué d'une manière uniforme le nombre des dents sous-rostrales des Ixodes, ce qui peut donner lieu à confusion. Les indications doivent être rétablies comme suit :

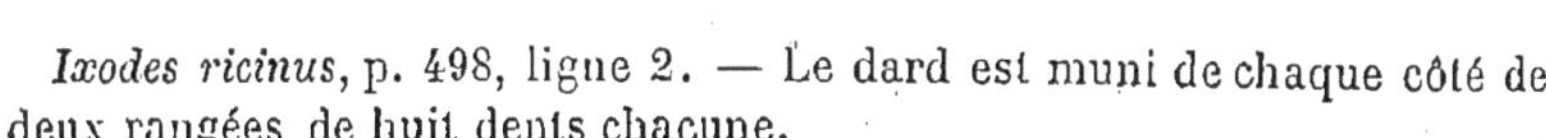

Ixodes ricinus, p. 498, ligne 2. — Le dard est muni de chaque côté de deux rangées de huit dents chacune.

I. reduvius, p. 498, ligne 30. — Le dard est à deux rangées de dents de chaque côté, plus une petite rangée, etc.

I. Dugesi, p. 499, ligne 10. — Le dard est muni de quatre rangées de dents de chaque côté.

I. Ægyptius, p. 499, ligne 18. — Trois rangées de chaque côté.

I. Algeriensis, p. 499, ligne 18. — Trois rangées de chaque côté.

(1) *Krätze und Raüde*, Berlin, 1857.
(2) *Fauna Austriaca. Die Käfer*, etc. 2 Aufl., Wien, 1858.

P. 569, ligne 19, le nom de *Carteria* Signoret, préoccupé, doit être remplacé par celui de *Tachardia* R. Bl., dédié au P. Tachard (*Tachardia lacca*).

P. 592, ligne 1. — Le *Nirmus clavæformis* n'est autre que le *Lipeurus baculus*.

P. 592, lignes 16 et 17. — Les *Goniocotes abdominalis* Piag., *G. gigas* Mégn., *G. gigas* Tasch., représentent une seule et même espèce.

P. 697, ligne 32. — Après *corde dorsale*, modifier ainsi la fin de la phrase : qui s'atrophiera ultérieurement chez la plupart des formes et sera remplacée par les corps vertébraux.

P. 839, ligne 3. — Le nom générique *Echidna* Cuv., préoccupé (voy. p. 750), doit être remplacé par celui de *Tachyglossus* Illig.

P. 850, ligne 13. — Remplacer la phrase entière par celle-ci : Le placenta est tantôt diffus, comme chez les Porcs, les Chevrotains et les Chameaux, tantôt cotylédonaire, comme chez la plupart des Ruminants.

TABLE ALPHABÉTIQUE DES MATIÈRES

Les noms latins sont imprimés en italique

A

Abajoues........................ 823
Abdomen (Arthropodes).......... 422
Abdominaux (Malacoptérygiens). 720
— (Poissons).......... 705
Abeilles........................ 611
Aberrants (Ténias)............. 264
Ablette......................... 721
Abomasus....................... 864
Abramis........................ 721
Acalèphes....................... 197
Acalyptérés..................... 541
Acanthia....................... 578
Acanthiadés..................... 578
Acanthianés..................... 578
Acanthobothrium................ 277
Acanthocéphales................. 305
Acanthocinés.................... 633
Acanthocystis.................. 155
Acanthoglossus................. 839
Acanthometra................... 155
Acanthopsidés................... 721
Acanthoptérygiens............... 723
Acares.......................... 453
Acarides........................ 453
Acariens........................ 453
Acaropsis...................... 466
Acarus......................... 453
Accessoires (Animaux).......... 104
Acclimatation................... 110
Acéphales....................... 648
Acéphalocystes.................. 252
Acerotherium................... 903
Acétabulifères.................. 674
Achalinoptères.................. 595
Achérontie (*Acherontia*)........ 602
Acheuléenne (Époque)........... 979
Achtère (*Achtheres*)............ 435
Acicule (*Acicula*).............. 666
Acineta........................ 180
Acinètes, Acinétiens............ 180
Acipenser...................... 716
Acon............................ 657
Acoustique (Nerf)............... 42
Acraniens....................... 700
Acrididés....................... 627
Acridiphages.................... 628
Acridium....................... 628
Acrocidaris.................... 208
Acrodontes...................... 751
Acryllium...................... 786
Actinia........................ 191
Actinocephalus................. 158
Actinophrys.................... 155
Actinosphærium................. 155
Actinozoaires................... 187
Acuaria........................ 386
Adaptation...................... 78
Adécidués....................... 834
Adipeuse (Nageoire)............ 705
Adipeux (Corps)................. 428
— (Tissu)................. 16
Adjack.......................... 950
Adventives (Nymphes)........... 492
Æolis.......................... 665
Æschne (*Æschna*)................ 624
Aérienne (Vessie)............... 710

Agami........................ 781
Ages (Homme)................. 977
Aglossa.................... 596
Aglosses (Batraciens)........ 732
Aglyphodontes................ 744
Agneau....................... 876
Agnostus................... 441
Agouti....................... 930
Agriculteur (Homme).......... 987
Agrion (*Agrion*)............ 624
Agriote (*Agriotes*)......... 641
Agrotis.................... 597
Aï........................... 843
Aigle........................ 807
Aigle de mer................. 715
Aiguillat.................... 714
Aiguille de mer.............. 718
Aiguillon.................... 524
Aiguillonnier................ 633
Aire géographique............ 133
— germinative................ 697
Aires ambulacraires.......... 206
— cirières................... 619
— interambulacraires......... 206
Akidoproctus............... 588
Alakurt...................... 567
Alauda..................... 801
Alaudidés.................... 801
Alausa..................... 720
Albatros..................... 780
Albumen...................... 768
Albuminifère (Vésicule)...... 288
Albuminigènes (Glandes)...... 279
Alburnus................... 721
Alca....................... 772
Alcedo..................... 800
Alces...................... 870
Alcyonaires.................. 190
Alcyonella................. 680
Alcyonidés................... 190
Alcyonium.................. 190
Alectorides.................. 782
Alevin....................... 712
Alignements.................. 985
Alimentaires (Animaux)....... 103
Allantoïde................... 699
Allantoïdiens................ 700
Alligator.................. 754
Alloptes................... 491
Alose........................ 720
Alouates..................... 973
Alouette..................... 801
Alpaca....................... 892
Altica..................... 631
Alticinés.................... 631
Altise....................... 631
Alucite...................... 595
Alucitidés................... 595
Alvéoles pulmonaires......... 827
Alyte (*Alytes*)............. 733
Amare (*Amara*).............. 644
Amblystome (*Amblystoma*).... 731
Ambre gris................... 847
Ambrette..................... 669
Ambulacraire (Système)....... 201
Amétaboliens................. 524
Amia....................... 717
Amibe (*Amiba*).............. 150
Ammocœtes.................. 713
Ammodyte (Vipère)............ 749
Ammonites.................. 674
Ammonitidés.................. 674
Ammophila.................. 617
Amnios....................... 699
Amœbe (*Amœba*).............. 150
Amœbiens..................... 149
Amphibiens................... 725
Amphibies.................... 939
Amphibiotiques............... 624
Amphicyon.................. 948
Amphicœliques (Vertèbres).... 685
Amphihelia................. 191
Amphinome.................. 419
Amphioxus.................. 701
Amphipnous................. 710
Amphipodes................... 436
Amphisbène (*Amphisbæna*).... 752
Amphisbéniens................ 751
Amphistome (*Amphistoma*).... 301
Amphiura................... 205
Ampullaire (*Ampullaria*).... 665
Anabas (*Anabas*)............ 710
Anacanthiens................. 721
Anale (Nageoire)............. 704
Anales (Glandes)............. 811, 942
Analges.................... 491
Analgesæ................... 491
Analgésinés.................. 490
Anallantoïdiens.............. 700
Analogie..................... 35
Analogues (Théorie des)...... 34
Ananchytes................. 208
Anas....................... 777
Anatidés..................... 773
Anatife...................... 435
Anatinés..................... 776
Anchithérium (*Anchitherium*)... 899
Anchois...................... 720
Ancyle (*Ancylus*)........... 667
Ancyracanthus.............. 317

Andrène (*Andrena*) ... 609
Androctone (*Androctonus*) ... 509
Ane ... 915
Anémie des meutes ... 360
— — mineurs ... 358, 397
— intertropicale ... 358
Anes (*Asinus*) ... 913
Anesse ... 916
Anévrysmes vermineux ... 353, 389
Ange ... 714
Angle de l'épaule ... 909
— facial ... 812
Anglo-scandinave (Type) ... 994
Anguille (*Anguilla*) ... 719
— de mer ... 719
Anguilles de haies ... 745
Anguillule (*Anguillula*) ... 394, 399
Anguillulidés ... 394
Anguillulina ... 394
Anguis ... 752
Animalité ... 3
Anisoplie (*Anisoplia*) ... 641
Ankylostome (*Ankylostoma*) ... 356
Annélides ... 404
Anoa ... 882
Anobium ... 639
Anodonte (*Anodonta*) ... 657
Anomie (*Anomia*) ... 655
Anon ... 916
Anopheles ... 561
Anoplotæniæ ... 257
Anoplothéridés ... 861
Anoplotherium ... 861
Anoploures ... 580
Anoures ... 732
Anser ... 775
Ansérinés ... 775
Antedon ... 204
Antennes ... 423
Antennes-pinces ... 441
Antennules ... 431
Anthomyie (*Anthomyia*) ... 542
Anthomyidés ... 542
Anthophore (*Anthophora*) ... 609
Anthozoaires ... 187
Anthropologie ... 975
Anthropomorphes ... 974
Anthus ... 802
Antilope (*Antilope*) ... 766
Antilopinés ... 871
Antimères ... 37, 182
Antipathaires ... 191
Antipathes ... 173
Anus ... 48
Aorte ascendante ... 694
Aorte dorsale ... 694
Aortiques (Arcs) ... 694
Apate ... 639
Aphaniptères ... 561
Aphidés ... 569
Aphis ... 570
Aphodie (*Aphodius*) ... 641
Aphrodite ... 419
Apiculture ... 614
Apidés ... 609
Apinés ... 611
Apion (*Apion*) ... 633
Apis ... 611
Aplysie (*Aplysia*) ... 665
Apodèmes ... 422
Apodes (Holothurides) ... 209
— (Malacoptérygiens) ... 719
— (Poissons) ... 705
Apophyse ... 685
— uncinée ... 756
Appareil ... 35
Appendicularia ... 683
Appendiculariés ... 683
Apprivoisement ... 105
Aptenodytes ... 772
Aptères (Hémiptères) ... 580
— (Insectes) ... 519
Aptérygidés ... 771
Aptéryx (*Apteryx*) ... 771
Apus ... 436
Aqueduc de Sylvius ... 690
Aqueuse (Humeur) ... 692
Aquifères (Vaisseaux) ... 201, 211
Aquila ... 807
Ara ... 799
Arachnides ... 441
Arachnoïde ... 689
Arachnoïdien (Liquide) ... 689
Aragne ... 724
Araignée de mer ... 439
Araignées ... 510
Aranéides ... 510
Arbre de vie ... 760
Arc hémal ... 685
— neural ... 685
Arcachon (Huîtres) ... 652
Arca ... 657
Arcadés ... 657
Arcêli ... 658
Arcella ... 151
Archæopteryx ... 769
Arche ... 657
Archéologie préhistorique ... 978
Arcs aortiques ... 694
— branchiaux ... 686

Arctiscon 444
Arctiscomidés 444, 459
Arctomys 939
Arctopithèques 972
Ardea 781
Arénacés (Foraminifères) 151
Arenicola 418
Arêtes 703
Argali 873
Argas (*Argas*) 499
Argasinés 499
Argonaute (*Argonauta*) 670
Argule (*Argulus*) 435
Argus (*Argus*) 789
Argyronète (*Argyroneta*) 512
Aricie (*Aricia*) 542
Arion (*Arion*) 667
Armadille (*Armadillo*) 437
Armoricaines (Huîtres) 652
Armure génitale 519, 523
Arni 883
Aronde 636
Aroui 873
Arpenteuses (Chenilles) 597
Arrhénotocie 612
Arrosoir 658
Ars 909
Arselin 724
Artemia 436
Artères 49
Arthropodes 420
Articulés condylopodes 420
— (Brachiopodes) 677
Artiodactyles 848
Arvicola 933
Arvicolinés 933
Ascarides (*Ascaris*) 318
Ascaridés 317
Ascidia 683
Ascidiacés 683
Ascidies 683
Aselle (*Asellus*) 437
Asexuelle (Reproduction) 54
Asile (*Asilus*) 553
Asilidés 553
Asiniens 913
Asinus 913
Asiphonidés 651
Aspergillum 658
Aspic commun 747
— de Cléopâtre 746
Asplanchna 404
Assimilation 46
Astacidés 438
Astacus 438
Astasia 171
Asteracanthion 205
Astérides 205
Asthmatos 173
Asticots 553
Astroides 191
Astropecten 205
Astrophyton 205
Atavisme 62
Atèle (*Ateles*) 973
Ateuchus 641
Atlante (*Atlanta*) 664
Atlas 814
Atomaria 643
Atrétodères 731
Atractis 317
Atropos 750
Attacus 601
Attagène (*Attagenus*) 643
Auchenia 891
Auditif (Nerf) 42
Auditive (Vésicule) 42
Aulastome (*Aulastoma*) 415
Aur 884
Aurélie (*Aurelia*) 198
Auricula 667
Auricule 207
Aurochs 884
Australien (Type) 1000
Autour 807
Autruche 771
Auxiliaires (Animaux) 103
Avant-bras (Cheval) 909
— (Vertébrés) 687
Avicoles (Sarcoptes) 477
Avicule 656
Aviculaires 679
Aviculidés 656
Axis 814
Axolotl 732
Axonge 859
Aye-aye 969
Azygos (Veines) 695

B

Babiroussa (*Babirussa*) 860
Baco da seta 599
Bacologie 599
Baculites 674
Balænoptera 847
Balancement des organes 34
Balanciers 519, 526
Balane (*Balanus*) 435
Balanoglosse (*Balanoglossus*) 420

Balantidium (*Balantidium*)...... 178
Balbianie (*Balbiania*)........... 1002
Baleine (*Balæna*)............... 847
Banc (Huîtres)................. 654
Bandeau (Acariens)............. 435
Bandelette primitive............ 429
Banteng........................ 886
Bar............................ 723
Barbastelle.................... 968
Barbe (Plume).................. 759
Barbeau (*Barbus*)............... 720
Barbets........................ 952
Barbillons..................... 705
Barbu.......................... 797
Barbue......................... 722
Barbule (Plume)................ 759
Bardot......................... 921
Bardote........................ 921
Barge.......................... 782
Baridius (*Baridius*............... 633
Barre.......................... 822
Bartavelle..................... 792
Basement membrane.............. 24
Bassets........................ 951
Bassin......................... 688
Bâtardes (Rémiges)............. 759
Bathybius.................... 5, 148
Bathyergue (*Bathyergus*)........ 936
Bâtonnets...................... 43
Bâtons de commandement........ 983
Batraciens..................... 725
Baudet......................... 916
Baudroie....................... 724
Bdellaires..................... 406
Bdellatomie.................... 410
Bdellorhynchus................. 491
Bec............................ 762
Bec-croisé..................... 801
Bec-en-ciseaux................. 780
Bécasse........................ 782
Bécasseau...................... 782
Bécassine...................... 782
Becs-fins...................... 802
Beden.......................... 878
Bédegar........................ 606
Belemnitella................... 675
Belemnites..................... 675
Belette........................ 944
Bélier......................... 876
Bélisaire (*Belisarius*).......... 510
Belone......................... 722
Benchucha...................... 577
Bengali........................ 801
Bénitier....................... 658
Bergeronnette.................. 802
Bernache....................... 774
Bernard-l'Ermite............... 439
Bernicle (*Bernicla*)............ 774
Beroe.......................... 200
Bête à bon Dieu................ 630
— d'août....................... 464
— rouge........................ 464
Bézoards....................... 878
Bibionidés..................... 557
Bibos.......................... 886
Bicho-Colorado................. 1005
Bicuspide (Valvule)............ 826
Big-horn....................... 873
Bijumeaux (Tubercules)......... 760
Bile........................... 48
Bilharzie (*Bilharzia*).......... 300
Biloculina..................... 153
Bimanes........................ 975
Biphores....................... 683
Bipolaires (Cell. nerv.)....... 22
Bischarin...................... 894
Bison (*Bison*).................. 883
Bisulques...................... 848
Blaireau....................... 944
Blanc de baleine............... 845
Blanche (Substance)............ 689
Blanches (Races)............... 994
Blaniulus...................... 515
Blaps (*Blaps*).................. 639
Blastoderme.................... 68
Blastodermique (Vésicule)...... 68
Blastogène..................... 253
Blastopore..................... 68
Blastosphère................... 68
Blastula....................... 68
Blatte (*Blatta*)................ 627
Blattidés...................... 627
Blond (Type)................... 994
Boa (*Boa*)...................... 745
Bodo...................... 171, 172
Bœuf........................... 884
Bœuf musqué.................... 882
Bogue.......................... 723
Bohémienne (Période)........... 986
Bois........................... 863
Bojanus (Organe de)............ 647
Bombinator..................... 733
Bombinés....................... 610
Bombus......................... 610
Bombycidés..................... 597
Bombylidés..................... 527
Bombyx (*Bombyx*)................ 598
Bonasus........................ 883
Bondrée........................ 807
Bonellia....................... 404

Bonitou 724
Bonnet 864
Boopia 592
Borlasia 305
Bos 884
Boshiman (Type) 999
Bostrichus 633
Bothriadés 269
Bothridies 269
Bothriocéphale (*Bothriocephalus*). 269
Bothriocéphalidés 269
Bothriopsis 158
Bothrops (*Bothrops*) 750
Botryllus 683
Botrytis 650
Bouc 180
Bouche 47
Bouchot 657
Boucliers 196
Boules d'eau 233
Boulet 909
Bouquet 438
Bouquetin 877
Bourdon 610
Bourgeonnement 54
Bourgeons médusoïdes 192
Bourre 809
Bourse de Fabricius 762
Boutons hémorragiques 379
Bouvreuil 801
Bovidés 870
Bovinés 882
Box 723
Brachionus 404
Brachiopodes 677
Brachocères 527
Brachycéphales 989
Brachycères 527
Brachyptères 772
Brachyures 439
Bracon 606
Braconidés 606
Bradypodidés 843
Bradypus 843
Branchial (Sac) 681
Branchiales (Artères) 709
— (Pattes) 433
Branchiaux (Arcs) 704
Branchies 50
Branchiés 430
Branchio-pharyngienne (Cavité) .. 701
Branchiopodes 436
Branchiostèges (Rayons) 704
Bras (Céphalopodes) 669
— (Cheval) 909
Bras (Vertébrés) 687
Braula (*Braula*) 530
Brebis 875
Bréchet 757
Brême 721
Brévilingues 752
Brévipennes 770
Briffe 599
Brochet 720
Bromius 633
Bronches 696
Bronchite vermineuse 331, 339
Brontothéridés 899
Brontotherium 899
Bronze (Age du) 986
Brosse 610
Broyeurs (Insectes) 520
Bruant 801
Bruche (*Bruchus*) 634
Bruchidés 634
Brun (Corps) 679
Bruns (Types) 996
Bryozoaires 678
Buansu 949
Bubalus 883
Bubastes 963
Bubo 806
Bucarde 658
Buccal (Intestin) 47
Buccin (*Buccinum*) 666
Buco 797
Buceros 800
Buffalo 884
Buffle 883
Bufflesse 883
Bufo 783
Bulbe artériel 709
— de la plume 759
— du poil 809
Bulime (*Bulimus*) 669
Bulle (*Bulla*) 665
Bunodonte (Type) 850
Buphaga 802
Busard 807
Buse (*Buteo*) 807
Buthinés 508
Buthus (*Buthus*) 508
Byssus 649

C

Caballins 909
Caballus 909
Cabeliau 721
Cabéru 950

Cabiai 930
Cabri 880
Cacatois 799
Cachalot 844
Cachexie aqueuse 286
Cadelle 643
Cadran 663
Caduque 834
Cæcum 693
Cafard 627
Caille 793
Caillette 864
Cailleu Tassart 720
Caïmau 754
Cairina 779
Calamobie (*Calamobius*) 633
Calao 800
Calandre (Alouette) 801
Calandre (*Calandra*) 633
Calcar 758
Calcaires (Corpuscules) 214
Calcisponges 185
Calice (Cœlentérés) 189
— (Oiseaux) 767
Calige (*Caligus*) 435
Calleux (Corps) 817
Callianira 200
Calliphore (*Calliphora*) 544
Callitriche (*Callithryx*) 973
Callosités 970
Calmar 674
Calodium 368
Calœnas 796
Caloptéryx (*Calopteryx*) 624
Calosome (*Calosoma*) 644
Calymene 441
Came 658
Caméléon 752
Camélidés 890
Camelopardalis 890
Camelus 893
Camérostome 453
Campagnol 933
Campanularia 196
Canaque (Type) 997
Canard 777
Canari 801
Canaux en lacet 406
Cancale (Huîtres) 652
Cancer 439
Cancrelat 627
Cane 779
Canepetière 782
Caneton 779
Canidés 947
Canines 822
Canis 949
Canon (Cheval) 909
— (Oiseaux) 758
Canstadt (Crâne) 980
Canthariasis 644
Cantharide 635
Cantharidés 634
Cantharidine 637
Capacité cranienne 989
Capella 871
Capillaires 50
Capitule 519
Capra 877
Caprella 436
Caprimulgidés 805
Caprimulgus 805
Caprins 877
Capsidés 577
Capsule buccale 312
— centrale 154
Captifs (Animaux) 105
Carabe (*Carabus*) 644
Carabidés 644
Caracal 963
Caractères dominateurs 117
— prédominants 117
— sexuels secondaires 57
Carangue (*Caranx*) 724
Carapace (Tortues) 754
Carassin 720
Carcharias 714
Carcin (*Carcinus*) 439
Cardia 824
Cardinal (*Cardinalis*) 801
Cardium 658
Caret 755
Carididés 438
Carinates 771
Carinaire (*Carinaria*) 664
Carmin 569
Carnassière (Dent) 942
Carnivores 941
Caroncule lacrymale 820
Carpe (Poisson) 720
Carpe (Squelette) 687
Carpocapsa 597
Carpoglyphe (*Carpoglyphus*) 494
Carpophages 841
Carrelet 722
Carteria 569, 1007
Cartilagineux (Poissons) 713
— (Tissu) 17
Caryophyllée (*Caryophyllæus*) 277
Caryophyllia 191

Caryophyllidés 277
Cascavella 750
Case 845
Casoar 771
Cassida 631
Cassidaire (*Cassidaria*) 666
Cassidinés 631
Castor (*Castor*) 936
— des marais 932
Castoréum 937
Castoridés 936
Castorine 936
Casuaridés 771
Casuarius 771
Catallactes 174
Catarrhiniens 974
Catoblepas 871
Caudale (Nageoire) 704, 843
Caverneux (Corps) 828
Cavia 930
Caviar 716
Cavicoles (Œstridés) 530
Cavicornes 870
Cébidés 973
Cebus 973
Cécidomyidés 559
Cécidomyie (*Cecidomyia*) 559
Céciliens 730
Ceinture (Hirudinées) 412
— pelvienne 686, 687
— scapulaire 686, 687
Cellulaire (Tissu) 16
Cellule 15
Cellules (Ailes des Insectes) 518
— oviformes 158
— royales 612
Célopeltis 745
Celtique (Type) 995
Cément 821
Centetes 964
Centromères 37
Centrum 685
Cénure 244
Cephalemyia 535
Céphalés (Mollusques) 646
Céphalin 156
Céphalomyie (*Cephalomyia*) 537
Céphalophores 645
Céphalopodes 669
Céphalo-rachidien (Liquide) 689
Céphalothorax 422
Cephea 199
Céphus (*Cephus*) 605
Cérambycidés 633
Cérastes (*Cerastes*) 750
Ceratites 674
Ceratitis 542
Ceratodus 725
Ceratopogon 561
Ceratospira 317
Cercaire (*Cercaria*) 281
Cercarigère (Sac) 281
Cerceris 607
Cercocystis 253
Cercolabes 932
Cercomonade (*Cercomonas*) 172
Cercomonadidés 1003
Cercopithécidés 974
Cercopithèque (*Cercopithecus*) 974
Cérébroïdes (Ganglions) 40
Cérébro-spinal (Axe) 689
Cércopse (*Cercopsis*) 774
Cerf 870
Cerianthus 191
Ceriornis 792
Cérithe (*Cerithium*) 665
Cernier 723
Cérocome (*Cerocoma*) 638
Ceroplastes 569
Certhia 800
Cerveau 690
Cervelet 690
Cervidés 869
Cervule (*Cervulus*) 870
Cervus 870
Cestodes, Cestoïdes 214
Cestum 200
Cétacés 843
Cétine 846
Cétoine (*Cetonia*) 641
Ceutorynque (*Ceutorhynchus*) 633
Chabin 882
Chabot 723
Chacal 949
Chacal-Gna 949
Chætosoma 402
Chagrin 715
Chair de poule 801
Chalaze 768
Chalcis (Lépidoptères) 606
— (Sauriens 752
Chalcididés 606
Chaleur animale 46, 51
Chalicodoma 445
Chalicothéridés 899
Chalicotherium 899
Chalinoptères 585
Chama 658
Chamæleon 752
Chambre à air 768

Chambre coquillière ... 768
— incubatrice ... 56
— palléale ... 646
Chameau ... 893
Chamelle ... 894
Chamois ... 871
Champs latéraux ... 310
Chapon ... 791
Charadrius ... 782
Charançon ... 633
Charbonnière ... 802
Chardonneret ... 800
Chareas ... 597
Chasse (Chiens de) ... 951
Chasseur (Homme) ... 987
Chat ... 958
— botté ... 963
— de mer ... 714
Chat-huant ... 806
Chauna ... 781
Chauves-Souris ... 966
Cheiracanthus ... 393
Chélicères ... 441
Chelifer ... 505
Chelléenne (Époque) ... 979
Chélonée (*Chelonia*) ... 755
Chéloniens ... 751
Chélonochampsiens ... 740
Chelys ... 755
Chenille ... 594
Chétognathes ... 402
Chétopodes ... 416
Chétosomidés ... 402
Chevaine ... 721
Cheval ... 904
Chevalier ... 782
Chevêche ... 806
Chevêchette ... 806
Cheveux ... 991
Chèvre ... 877
Chevreau ... 880
Chevrette ... 438
Chevreuil ... 870
Chevrolle ... 436
Chevrotain ... 867
Cheylabis ... 491
Cheylète (*Cheyletus*) ... 465
Cheylétinés ... 463, 465
Chiaja ... 200
Chien ... 919
— de mer ... 715
Chilognathes ... 514
Chilopodes ... 515
Chimère (*Chimæra*) ... 714
Chimériens ... 714
Chimpanzé ... 975
Chinchilla ... 931
Chinchillidés ... 931
Chipeau ... 777
Chique ... 565
Chiromys ... 969
Chironome (*Chironomus*) ... 559
Chiroptères ... 966
Chirotes ... 752
Chitine ... 420
Chloropinés ... 541
Chlorops ... 541
Chiton (*Chiton*) ... 666
Chlorose égyptienne ... 358
Cholœpus ... 843
Chondroganoïdes ... 716
Chondroplastes ... 17
Chondroptérygiens ... 714
Chorion ... 700, 831
Choriopte (*Chorioptes*) ... 481, 1006
Choucas ... 802
Chouette ... 806
Chromatophores ... 670
Chromoblastes ... 688
Chrysalide ... 594
Chrysaora ... 198
Chrysidés ... 607
Chrysomélidés ... 631
Chrysomélinés ... 631
Chrysopa ... 623
Chrysops (*Chrysops*) ... 556
Chrysotis ... 799
Chyle ... 28
Chylifères (Vaisseaux) ... 50, 695
Chylifique (Intestin, etc.) ... 425
Cicada ... 575
Cicadaires ... 575
Cicadellidés ... 575
Cicadidés ... 575
Cicatricule ... 767
Cicindèle (*Cicindela*) ... 644
Ciconia ... 781
Cidaris ... 208
Cigale ... 575
Cigogne ... 781
Ciliés (Infusoires) ... 175
Cilio-flagellés ... 173
Cils vibratiles ... 25, 38
Cimænomonas ... 1003
Cimarrones ... 911
Cimex ... 578
Circulation ... 46
— protoplasmique ... 13
Circulatoire (Appareil) ... 49
Circus ... 807

Cire (Abeilles)................. 619
— (Oiseaux)...... 762
Cirières (Glandes)............. 523
Cirre (Cestodes)............... 216
Cirres (Annélides)........... 416, 418
Cirripèdes......... 435
Cistude (*Cistudo*)............... 755
Civade......................... 438
Civette...................... . 945
Clairène........................ 600
Claires................ 653
Clairon.................. 640
Clapiers.................. 928
Classe.................. 116
Classification. 112
— d'Aristote.......... 114
— de Cuvier... 115
— de Linné........... 115
Clavellina.................... 683
Clavicule....................... 687
Cleodora............ 659
Clepsidrine.. 158
Clérides 640
Clio (*Clio*)..................... 659
Cliona........................ 186
Clitoridien (Os)................ 830
Clitoris. 830
Cloaque......................... 693
Cloporte........................ 437
Clovisse... 658
Clupea........................ 720
Clupéidés...................... 720
Clypeaster.......... 208
Clypéastroïdes................. 208
Clypeus....................... 520
Cnethocampa. 597
Cnidaires................ ... 187
Coati........................... 943
Cobaye.......................... 930
Cobitis....................... 721
Coccidés............ 569
Coccidie (*Coccidium*)............. 160
Coccidies................. 158, 1001
Coccinelle (*Coccinella*).......... 631
Coccinellidés................... 630
Coccothraustes................ 801
Coccus........................ 569
Coche. 859
Cochenille...................... 569
Cochevis........................ 801
Cochlearia.................... 669
Cochlearum vivaria............. 669
Cochon.......................... 854
— d'Inde................. 930
Cochons Ruminants............ 861
Cocon (Sangsues)............... 412
— (Ver à soie).............. 599
Cœcilia....................... 731
Cœlentérés 181
Cœlogenys...................... 930
Cœlopeltis..................... 745
Coendou......................... 932
Cœnenchyme..................... 189
Cœnure (*Cœnurus*)................ 244
Cœur............................ 49
Cœurs lymphatiques............ 728
Coffre.......................... 719
Colaspidème (*Colaspidema*)...... 631
Coléoptères..................... 629
Colibri......................... 800
Colimaçon....................... 668
Colin (Oiseau).................. 793
— (Poisson)................... 721
Colle de Poisson................ 716
Colletes....................... 609
Collocalia..................... 804
Collosphæra.................... 155
Collozoum...................... 155
Colobe (*Colobus*)................ 974
Colombin. 796
Colombine....................... 796
Colombins. 793
Côlon........................... 693
Colonial (Système nerveux)...... 679
Colonies........................ 55
Colonne vertébrale.............. 686
Colorado Beetle................. 631
Colpocéphale (*Colpocephalum*)... 593
Colpode (*Colpoda*)............... 177
Colsun.......................... 949
Coluber........................ 744
Colubridés. 744
Colubriformes................... 745
Columba........................ 794
Columbidés. 794
Columelle (Cœlentérés).......... 189
— (Mollusques)......... 660
Colus 871
Colymbus....................... 772
Comatule (*Comatula*)............ 204
Combattant...................... 782
Commensalisme................... 83
Compliquées (Dents)........... . 822
Composées (Dents)............... 822
Composés (Yeux).......... 424, 425
Conchyoline.................. .. 645
Concurrence vitale.............. 81
Conditions d'existence (Principe des)...................... 34
Condor. 807

Cône (*Conus*)..................... 666
Cônes (Œil)..................... 43
Congre (*Conger*)..................... 719
Conirostres..................... 800
Conjonctif lâche (Tissu)..................... 16
Conjonctifs (Tissus)..................... 16
Conjugaison..................... 67
Connexions (Principe des)..................... 34
Conopidés..................... 527
Conorhinus..................... 577
Contractiles (Vésicules)..................... 144
Conurus..................... 799
Copépodes..................... 435
Copris (*Copris*)..................... 641
Coprophages..................... 641
Copulateurs (Organes)..................... 56
Copulatrice (Poche)..................... 429
Copule..................... 704
Coq..................... 790
— d'Inde..................... 783
Coque de l'œuf..................... 768
Coquille (Mollusques)..................... 645
— de Saint-Jacques..................... 655
— pèlerine..................... 655
Coquillière (Membrane)..................... 768
Coracias..................... 800
Coracoïde (Os)..................... 687
Corail..................... 190
Coralliaires..................... 187
Corallium..................... 190
Coral-reefs..................... 190
Corbeau..................... 800
Corbeille (Abeilles)..................... 610
Corbeilles ciliées..................... 184
Corde dorsale..................... 684
Cordes vocales..................... 827
Cordilophora..................... 196
Coregonus..................... 720
Coréidés..................... 577
Coriacés..................... 527
Corise (*Corisa*)..................... 576
Corme (*Cormus*)..................... 37
Cormoran..................... 780
Cornée..................... 43
Corneille..................... 802
Corneros linudos..................... 882
Cornes..................... 862
Cornularia..................... 190
Coronelle (*Coronella*)..................... 744
Coronis..................... 437
Corps inorganiques..................... 4
— organisés..................... 4
— oviformes..................... 158
— simples..................... 3
Corpuscules de Cornalia..................... 600
Corpuscules de falciformes..................... 158
Corrélation des organes..................... 33
Corsac..................... 957
Corsacinés..................... 957
Corselet..................... 517
Corvidés..................... 807
Corvus..................... 802
Corycée (*Corycæus*)..................... 435
Coryna..................... 635
Côtes (Cheval)..................... 909
— (Cœlentérés)..................... 189
— (Nématodes)..................... 330
— (Vertébrés)..................... 686
Cottus..................... 723
Coturnix..................... 793
Cotylédonaire (Placenta)..................... 834
Cotylédons..................... 834
Couagga..................... 918
Couche cornée..................... 689
Coucou..................... 797
Coude (Cheval)..................... 909
Couguar..................... 959
Couleuvre..................... 744
— de Montpellier..................... 745
Coup de poing..................... 980
Coureurs (Oiseaux)..................... 770
— (Orthoptères)..................... 627
Courlis..................... 782
Couronne (Cheval)..................... 909
— (Dents)..................... 821
Couroucou..................... 797
Courtilière..................... 629
Courvite..................... 782
Cousin..................... 560
Couvain..................... 610
Couvertures..................... 759
Couveuses artificielles..................... 768
Cowper (Glandes de)..................... 828
Coy..................... 931
Coyote..................... 950
Coypou..................... 932
Crabe..................... 439
— des Moluques..................... 441
Crabiers..................... 949
Crabro..................... 607
Cracidés..................... 783
Crameria..................... 492
Crâne..................... 686
Crangon (*Crangon*)..................... 438
Crania..................... 678
Crâniens (Nerfs)..................... 691
Craniologie..................... 989
Craniotes..................... 702
Cranque..................... 439
Crapaud..................... 733

Crapaud accoucheur.......... 733
— de Surinam 732
Crassilingues.......... 752
Crax.......... 783
Création (Centres de).......... 134
Créationisme.......... 119
Crécerelle.......... 807
Crécerine.......... 807
Créophiles.......... 542
Crépusculaires (Lépidoptères)... 595
Crevette des ruisseaux.......... 436
— de table.......... 438
Crex.......... 781
Cribrella.......... 205
Cricet (*Cricetus*).......... 932
Cri-cri.......... 629
Crinoïdes.......... 203
Crin marin.......... 600
Crios.......... 809
Criquet.......... 628
Crise du rouge.......... 783
Cristallin.......... 43
Cristallines (Baguettes).......... 210
Cristallins (Cônes).......... 210
Cristatella.......... 680
Crochets (Vers)......... 210, 217, 303
— à venin.......... 741
Crocodile (*Crocodilus*).......... 755
Crocodiliens.......... 753
Croisement.......... 123
Cro-Magnon (Squelettes).......... 986
Cromlechs.......... 985
Crotale (*Crotalus*).......... 750
Crotalidés.......... 750
Crossoptile (*Crossoptilon*).......... 789
Croupe.......... 909
Crustacés.......... 430
Cryptocystis.......... 253
Cryptopentamères.......... 631
Cryptophagidés.......... 643
Cryptotétramères.......... 630
Crypturidés.......... 783
Cteniza.......... 511
Cténocyste.......... 199
Cténoïdes (Écailles).......... 702
Ctenomys.......... 932
Cténophores.......... 199
Cténophoriques (Canaux).......... 200
Cubitus.......... 687
Cuc.......... 631
Cucullanus.......... 317
Cuculus.......... 797
Cucumaria.......... 209
Cucurbitains.......... 227
Cuillerons.......... 526
Cuirassés (Infusoires).......... 175
Cuisse (Cheval).......... 909
— (Insectes).......... 518
— (Vertébrés).......... 688
Cul-brun.......... 597
Culex.......... 560
Culicidés.......... 560
Cultrirostres.......... 781
Cumacés.......... 438
Cuon.......... 949
Curculionidés.......... 633
Cursorius.......... 782
Cutérèbre (*Cuterebra*).......... 540
Cuticoles (Œstridés).......... 530
Cuticule.......... 156, 169, 210, 420
Cuvette phylloxérique.......... 574
Cuvier (Canal de).......... 695
Cyamus.......... 436
Cyanea.......... 198
Cyathostomum.......... 354
Cybium.......... 724
Cycléal.......... 685
Cyclade (*Cyclas*).......... 638
Cyclifères.......... 717
Cycloïdes (Écailles).......... 702
Cyclope (*Cyclops*).......... 435
Cyclospora.......... 160
Cyclostome (*Cyclostoma*).......... 666
Cyclostomes.......... 713
Cydippe.......... 200
Cygne (*Cygnus*).......... 773
Cygninés.......... 773
Cylindre-axe.......... 23
Cylindres primitifs.......... 21
Cylindrique (Épithélium).......... 25
Cymbulia.......... 659
Cymothoé (*Cymothoa*).......... 431
Cynhyène.......... 949
Cynipidés.......... 605
Cynips.......... 605
Cynocéphale (*Cynocephalus*).......... 974
Cynocéphalidés.......... 974
Cynomyie (*Cynomyia*).......... 551
Cynorhæstes.......... 496
Cynthia.......... 683
Cyon.......... 949
Cypræa.......... 666
Cypridina.......... 436
Cyprinidés.......... 720
Cyprinopsis.......... 720
Cyprinus.......... 720
Cypris.......... 436
Cypsélidés.......... 804
Cypselus.......... 804
Cysticercoïde.......... 253

Cysticerque (*Cysticercus*)....... 220
Cysticoles (Sarcoptidés)......... 487
Cystique.......................... 217
Cystoidotæniæ.................. 253
Cystomonas...................... 1004
Cystophora...................... 940
Cystotæniæ...................... 219
Cythere......................... 436
Cythérée (*Cytherea*)............. 658
Cytode........................... 14
— générateur............ 157
Cytodiques (Protozoaires)....... 145
Cytodite (*Cytodites*)........... 487
Cytoditinés...................... 487
Cytoleichinæ.............. 467, 487
Cytoleichus..................... 487
Cytospermium.................... 163

D

Dactylogyrus.................... 304
Dactylopius..................... 569
Dactylozoïde..................... 193
Dacus (*Dacus*).................. 542
Daim (*Dama*).................... 870
Daman............................ 922
Daphnie (*Daphnia*).............. 436
Darwinisme....................... 128
Dasypodidés...................... 843
Dasyprocta...................... 930
Dasypus......................... 843
Dasyure (*Dasyurus*)............. 841
Dauphin.......................... 844
Daw.............................. 918
Décapodes (Céphalopodes)........ 674
— (Crustacés)........... 437
Decidua......................... 834
Décidués......................... 834
Déclives......................... 890
Décomposition cadavérique...... 77
Decticus........................ 629
Déférent (Canal)................. 56
Dégou............................ 931
Délamination..................... 69
Delphinus....................... 844
Dème............................. 36
Démodex (*Demodex*).............. 459
Démodicidés...................... 459
Demoiselles...................... 624
Dendraster...................... 208
Dendrocœles...................... 305
Dendrocœlum..................... 305
Dentaire (Formule)............... 823
Dentale (*Dentalium*)............ 659
Denticètes....................... 844
Dentine.......................... 821
Dentirostres..................... 802
Dents............................ 820
Déodactyles.............. 799, 800
Dermanysse (*Dermanyssus*)...... 503
Dermatobie (*Dermatobia*)....... 540
Dermatodectes................... 478
Dermatokoptes................... 478
Dermatophagus................... 481
Dermatophagoides................ 487
Dermatophilus................... 563
Dermatoryktes................... 477
Dermatoxys...................... 317
Dermeste (*Dermestes*)........... 642
Dermestidés...................... 642
Dermite granuleuse............... 384
Dermofilaria.................... 384
Dermoglyphus............. 491, 1006
Dérotrèmes....................... 731
Désassimilation.................. 46
Descendance (Théorie de la).... 126
Desman........................... 964
Desorie (*Desoria*).............. 626
Destructeurs (Animaux).......... 102
Détriticoles (Sarcoptidés)...... 494
Deutomérite...................... 156
Deuto-scolex..................... 72
Développement.................... 63
— rétrograde....... 31
Devexa.......................... 890
Diaphragme....................... 828
Diapophyse....................... 685
Diarrhée de Cochinchine......... 397
Diastème......................... 822
Diastylis....................... 438
Dibothrium...................... 269
Dibranches....................... 674
Dicercomonas.................... 1003
Dichobune....................... 861
Dichogamie protandrique......... 229
— protogynique........ 681
Dicotyles....................... 861
Dicyema......................... 181
Dicyemina....................... 181
Dicyémidés....................... 180
Didactyles....................... 862
Didelphys....................... 861
Didunculidés..................... 796
Didunculus...................... 796
Didus........................... 796
Différenciation.................. 31
Difflugia....................... 151
Diffus (Placenta)................ 834
Digenèse......................... 71

Digestif (Appareil)..... 46
Digestion..... 46
Digitigrades..... 817, 941
Dibb..... 949
Dimorphisme sexuel..... 88
Dimyaires..... 656
Dinde..... 785
Dindon..... 783
Dindonneau..... 785
Dingo..... 949
Dino-flagellés..... 1005
Dinornis..... 771
Dinornithidés..... 771
Dinotherium..... 923
Diodon..... 719
Dioïques (Animaux)..... 56
Diphyes..... 197
Diphyllidés..... 275
Diphyodontes..... 822
Diplopodes..... 514
Diplosis..... 559
Diplozoon..... 303
Dipneumones (Araignées)..... 511
— (Poissons)..... 725
Dipnoïques..... 725
Dipodidés..... 932
Diporpa..... 304
Diptères..... 526
Dipus..... 932
Discodactyles..... 734
Discoïde (Placenta)..... 834
Discomedusa..... 198
Discophores (Annélides)..... 406
— (Cœlentérés)..... 198
Discorbina..... 153
Dispharage (*Dispharagus*)..... 392
Disporées (Coccidies)..... 160
Disque proligère..... 767
Dissépiments..... 189
Distome (*Distoma*)..... 285
Distomidés..... 285
Distomiens..... 280
Distribution géographique..... 133
Diurnes (Lépidoptères)..... 595
— (Rapaces)..... 806
Division du travail..... 29
Djemel..... 894
Dochmie (*Dochmius*)..... 356
Docophore (*Docophorus*)..... 591
Dogues..... 952
Doigts..... 687
Dolichocéphales..... 989
Dolichotis (*Dolichotis*)..... 930
Doliolum..... 683
Dolium..... 666
Dolmens..... 985
Domestication..... 105, 985
Dominateurs (Caractères)..... 117
Donace (*Donax*)..... 658
Doris (*Doris*..... 665
Dorsale (Nageoire)..... 704
Dorsch..... 721
Dorsibranches..... 419
Dorylaimus..... 402
Doryphora..... 631
Dos (Cheval)..... 909
Douve..... 286
Dracunculus..... 376
Dragon (*Draco*)..... 752
— d'Alger..... 408
Dragonneau..... 401
— de Médine..... 376
Draine..... 804
Dreissène (*Dreissena*)..... 656
Dromadaire..... 893
Dromæus..... 771
Dromedarius..... 894
Dromie (*Dromia*)..... 439
Dronte..... 796
Duc..... 806
Dugong..... 847
Duodénum..... 893
Duplicidentés..... 925
Dure-mère..... 689
Durisse..... 750
Duthiersia..... 275
Duvet..... 750, 809
Dysentérie..... 615
Dytique (*Dytiscus*)..... 643
Dzigguetai..... 914
Dzo..... 890

E

Eaux de l'amnios..... 699
Écaille..... 755
Écailles (Insectes)..... 594
— (Poissons)..... 702
Écailleuses (Pattes)..... 594, 604
Écardines..... 678
Échassiers..... 780
Échaudage..... 596
Echeneibothrium..... 277
Echeneis..... 724
Échidnases..... 741
Échidné (*Echidna*) (Mam.)..... 839
Échidné (*Echidna*) (Ophid.)..... 750
Échidnine..... 741
Échimyidés..... 932

Échinides.......................... 205
Echinobothrium.................. 275
Echinocardium.................... 208
Échinocoque (*Echinococcus*)..... 247
Échinodermes...................... 200
Echinomyia........................ 551
Echinoneus......................... 208
Echinopædium.................... 203
Echinophthirius................... 582
Échinorhynchidés.................. 308
Échinorynque (*Echinorhynchus*). 308
Echinus............................. 208
Échiquage.......................... 566
Echiurus............................ 404
Écrevisse........................... 438
Écrivain............................ 633
Ectoderme.......................... 68
Ectoparasites...................... 96
Ectopistes......................... 796
Ectoproctes........................ 680
Écureuil............................ 939
Édentés............................. 841
Édriophtalmes..................... 436
Effraie.............................. 806
Égagre............................... 878
Églefin.............................. 727
Eider................................. 771
Eimérie (*Eimeria*).......... 160, 164
Éjaculateur (Canal)............. 56
Élan.................................. 870
Élaphe (*Elaphis*)................ 744
Élaps (*Elaps*).................... 746
Élastique (Tissu)................ 17
Élatéridés.......................... 641
Électricité.......................... 52
Électriques (Organes)........ 52, 706
Élédone (*Eledone*).............. 675
Éléments anatomiques.......... 14
Éléphant (*Elephas*)............ 923
— marin............................ 940
Éléphantiasis..................... 382
Élytres.............................. 518
Émail................................ 821
Emberiza........................... 801
Embérizidés....................... 801
Embolie............................. 69
Embranchement................... 116
Embryogène (Vésicule)......... 65
Embryogénie...................... 67
Embryonnaire (Tache).......... 697
— (Tissu)........................... 16
Émerillon........................... 807
Emgalo.............................. 860
Émissole............................ 714
Émou................................. 771
Émouchet........................... 807
Empidés............................. 527
Empire............................... 4
Emys................................ 755
Encéphale.......................... 689
Enchelidium....................... 402
Enclume............................ 420
Encolure............................ 909
Encre................................ 672
Encrine (*Encrinus*)............. 203
Endoderme......................... 68
Endogènes (Vésicules).......... 252
Endomychidés.................... 630
Endoparasites..................... 96
Endoplaste......................... 143
Endosarque........................ 141
Endrominés........................ 598
Engoulevent....................... 805
Engraulis.......................... 720
Enhydris........................... 945
Énoplidés.......................... 401
Enoplus............................ 317
Entérocolite....................... 301
Entéropneustes................... 420
Entocyte............................ 156
Entodinium....................... 179
Entomophages.................... 606
Entomostracés.................... 434
Entonnoir (Cœlentérés)........ 199
— (Mollusques).................. 670
Entoproctes....................... 680
Entozoaires........................ 212
Entozoon.......................... 460
Entroques.......................... 204
Envenimation..................... 742
Eohippus.......................... 898
Éolithique (Période)............ 979
Épagneuls.......................... 951
Épaule (Cheval).................. 909
— (Vertébrés).................... 687
Épeiche............................. 797
Épeichette......................... 797
Epeira.............................. 512
Éperlan............................. 720
Éperon.............................. 758
Épervier............................ 807
Éphémère (*Ephemera*)......... 624
Ephippigera....................... 629
Ephyra (Méduse)................. 195
Épibolie............................ 69
Épibranchiales (Artères)....... 709
Epicauta........................... 637
Épicyte.............................. 156
Épidémies vermineuses...... 375, 395
Épiderme...................... 24, 688

Épidermicoles (Sarcoptidés)..... 492
Epidermoptes.............. 489, 492
Épilepsie vermineuse........... 381
Épimères.................... 421
Épimérite.................... 156
Épimérites.................. 421
Épineux (Rayons)............... 704
Épinoche.................... 723
Épiornis (*Epiornis*)............. 771
Épipharynx.................... 526
Épiphragme.................... 668
Épispastiques (Insectes)......... 635
Épisternites.................. 421
Épistome (Acariens)............ 453
— (Insectes)........... 520
Épithéliums.................... 24
Épizoaires.................... 435
Épizoïques (Insectes)........... 586
Épizooties vermineuses.. 257, 341, 349
Éponges...................... 183
Équidés...................... 903
Équivalve (Coquille)............ 648
Equus....................... 904
Erethizon.................... 932
Ergot........................ 758
Érinacéidés.................. 964
Erinaceus.................... 964
Ériocomes.................... 992
Ériomyidés.................... 931
Eriomys...................... 931
Éristale (*Eristalis*)............. 553
Errantes (Polychètes)........... 418
Erucæ....................... 597
Escargot...................... 668
Eschscholtzia................. 200
Ésocidés...................... 720
Esox........................ 720
Espadon...................... 724
Espèce.................... 116, 118
Esquimau (type)............... 997
Essaim....................... 613
Estomac...................... 47
Esturgeon..................... 716
Étoiles de mer................. 205
Étourneau..................... 802
Étrier........................ 820
Étrille....................... 439
Eucera...................... 609
Euglena..................... 171
Eumenes..................... 608
Euméninés.................... 608
Eumolpe (*Eumolpus*)........... 633
Eumolpinés................... 633
Eunice...................... 419
Euplectella.................. 186
Euplotes..................... 180
Eureum...................... 592
Euryale..................... 205
Eurydema.................... 580
Euryptérides.................. 441
Eurypterus.................. 441
Eurystomes................... 200
Euscorpion (*Euscorpius*)........ 509
Euspongia................... 186
Eustrongle (*Eustrongylus*)...... 330
Eustrongylinæ................ 330
Évents (Cétacés)............... 802
— (Poissons)............... 714
Évolution (Doctrine de l')...... 126
Excrétion............... 25, 46, 52
Exocet....................... 722
Exogyre...................... 651
Eyra......................... 959

F

Fabricius (Bourse de)........... 762
Face......................... 686
Facettes (Yeux à).............. 520
Fahdad....................... 958
Faisan....................... 788
Faisanderie................... 788
Faisceau primitif............... 21
Falciformes (Corpuscules)... 158, 162
Falciger..................... 491
Falco....................... 807
Falconidés.................... 807
Famille...................... 116
Fannia...................... 542
Fanons................... 821, 846
Fasciola..................... 285
Faubert...................... 191
Faucheurs.................... 505
Faucon....................... 807
Fausses chenilles.............. 604
Fausses pattes............ 594, 604
Fauvette..................... 802
Faux-Bourdons................. 611
Faux-Scorpion................. 505
Fécondation.................... 66
Félidés...................... 958
Félins....................... 958
Felis....................... 958
Femelles...................... 57
Fémur........................ 688
Fennec....................... 957
Fer (Age du).................. 987
Feræ........................ 941
Fer-à-cheval.................. 968

Fer-de-lance.................... 751
Feuillet........................ 864
Feuillets du blastoderme........ 69
Feux sauvages................... 465
Fiber......................... 935
Fibre-cellule................... 20
Fibreux (Tissu)................. 17
Fibrilles primitives............ 21
Fibro-cartilage................. 18
Fibrosponges.................... 186
Fil de Florence................. 600
Filaire (*Filaria*)............. 375
Filariadés...................... 375
Filières......................... 594
Finnois (Type).................. 994
Firole (*Firola*)............... 664
Fissilingues.................... 753
Fissiparité..................... 54
Fissipèdes...................... 941
Fissirostres.................... 804
Fixes (Infusoires).............. 175
Flacherie....................... 601
Flagellates..................... 170
Flagellés................... 171, 1003
Flagellum (Cellules)............ 25
— (Gastéropodes)....... 663
— (Infusoires)........ 38, 169
Flamant......................... 773
Flambé (Grand).................. 603
Flanc (Cheval).................. 909
Floscularia................... 403
Flustra....................... 680
Foie........................ 48, 693
Foies gras...................... 776
Follicule pileux................ 808
Fonction........................ 35
Foramen caudale........... 215, 224
Foramen de Panizza.............. 738
Foraminifères................... 151
Forficule (*Forficula*)......... 627
Forficulidés.................... 627
Formica....................... 607
Formicidés...................... 607
Formicinés...................... 607
Formule dentaire................ 823
Fossoyeur....................... 643
Fosse naviculaire............... 829
Fou............................. 780
Fouine.......................... 944
Foulque......................... 781
Fourmis......................... 607
Fourmis blanches................ 624
Fourmilières.................... 607
Fourmiliers..................... 395
Frai........................ 171, 729
Francolin (*Francolinus*)....... 793
Frein........................... 594
Frégate......................... 780
Frelon.......................... 608
Freux........................... 820
Freyana....................... 491
Frèze........................... 599
Fringale........................ 599
Fringille (*Fringilla*)......... 800
Fringillidés.................... 800
Frugivores (Chiroptères)........ 968
Fulgoridés...................... 575
Fulica........................ 781
Fuligulinés..................... 777
Funicule........................ 678
Furet........................... 944
Furfooz (Squelettes)............ 986
Furia infernalis.............. 101
Fusiformes (Corpuscules)........ 165

G

Gadidés......................... 721
Gadus......................... 721
Galbula....................... 797
Gale............................ 468
— folliculaire................ 461
Galea..................... 502, 521
Galéode (*Galeodes*)............ 512
Galéodes........................ 512
Galéopithèque (*Galeopithecus*)... 969
Galles...................... 570, 605
Gallérie (*Galleria*)........... 596
Gallicoles (Hyménoptères)....... 605
— (Phylloxéras)......... 574
— (Tipulaires).......... 559
Gallinacés...................... 789
Gallinago..................... 782
Gallinés........................ 789
Gallinula..................... 781
Gallophasis................... 789
Gallus........................ 790
Galuchat........................ 715
Gamase (*Gamasus*).............. 502
Gamasidés....................... 502
Gammarus...................... 436
Gamocystis.................... 158
Ganga........................... 783
Ganglionnaire (Chaîne).......... 40
Ganoïdes (Écailles)............. 702
— (Poissons).............. 715
Gape............................ 349
Garapatte, Garapatos........ 499, 501
Garde........................... 226

Gardon........................ 721
Garib-Gucz.................. 501
Garrot (Canard)............... 777
— (Cheval)................ 909
Garrulus........................ 802
Garum........................ 720
Gastéropodes.................. 660
Gastérostéidés................. 723
Gasterosteus.................. 723
Gastræa........................ 68
Gastricoles (Œstridés).......... 530
Gastrodisque (*Gastrodiscus*)..... 302
Gastrolégincs................... 609
Gastrophile (*Gastrophilus*)...... 530
Gastro-vasculaire (Système)..... 182
Gastrozoïdes.................... 193
Gastrula........................ 68
Gastrus........................ 530
Gattine........................ 600
Gaur........................ 886
Gavial........................ 754
Gayal........................ 885
Gazelle........................ 871
Geai........................ 802
Gécarcin (*Gecarcinus*).......... 439
Gecko........................ 752
Geckobinés.................... 463
Gélinotte...................... 792
Gemmiparité.................... 55
Geneiorhynchus................ 158
Génération.................... 53
— alternante.......... 71
Génisse........................ 889
Genou (Cheval)................ 909
Genre........................ 116
Géocorises.................... 577
Géomètres (Chenilles)............ 597
Géophile (*Geophilus*)............ 515
Géotrupe (*Geotrupes*)............ 641
Géphyriens.................... 404
Gerardia........................ 191
Gerboise........................ 932
Gerfaut........................ 807
Germement.................... 412
Germes........................ 55
Germiducte.................... 279
Germigène.................... 279
Germinale (Membrane)......... 250
Germinatif (Sac)................ 281
Germinative (Vésicule).......... 64
— (Tache)............ 64
Germinatives (Cellules).......... 55
Germiparité.................... 55
Germon........................ 724
Gésier (Insectes)................ 521
Gésier (Oiseaux)................ 762
Gestation........................ 836
Ghor-khur........................ 915
Gibbon........................ 975
Gibèle........................ 720
Girafe........................ 890
Girafidés........................ 890
Glaciaire (Époque)............ 980
Gland........................ 811
— de mer................ 435
Glande........................ 24
Gliricoles (Sarcoptidés).......... 490
Globigerina.................... 153
Globocéphale (*Globocephalus*)... 350
Globules du sang.............. 27
— polaires.............. 66
Globuleux (Cnétophores)........ 200
Glomeris........................ 515
Glomérule de Malpighi.......... 696
Glossine (*Glossina*)............ 548
Glouton........................ 944
Gluvia........................ 513
Glyciphage (*Glyciphagus*)........ 494
Gnathites.................. 422, 425
Gnathobdellidés................ 407
Gnathostome (*Gnathostoma*).... 393
Gnathostomes (Crustacés)....... 435
Gnathostomidés................ 393
Gnou........................ 871
Gobiidés........................ 724
Gobio........................ 721
Goéland........................ 780
Gomme laque.................. 569
Goniatites........................ 674
Gond........................ 520
Goniocote (*Goniocotes*).......... 592
Goniode (*Goniodes*)............ 592
Gonophore...................... 194
Gonozoïdes...................... 194
Gonyleptes...................... 505
Gordiidés........................ 401
Gordius........................ 401
Goret........................ 859
Gorgeret........................ 621
Gorgonia........................ 186
Gorgonidés...................... 190
Gorille (*Gorilla*)................ 975
Goujon........................ 721
— de mer................ 724
Gour........................ 915
Goura........................ 796
Gourkour........................ 915
Goût........................ 41
Gouttière de la jugulaire........ 909
— œsophagienne........ 865

Gouttière primitive............ 697
Grainage cellulaire............ 601
Graine de Ver à soie............ 590
Grains de poivre (Cheveux en)... 992
Grand-Duc..................... 805
Grantia..................... 185
Grand' nourrice............... 72
Grand sympathique............. 691
Grantia..................... 185
Grasserie..................... 600
Grasset....................... 969
Gratteurs..................... 782
Grattoir...................... 982
Gregarina................... 163
Grégarines.................... 156
Grégarinidés.................. 158
Grenouille.................... 733
Griffe........................ 810
Grillon....................... 629
Grimpereau.................... 800
Grimpeurs..................... 797
Grive......................... 803
Grizzly....................... 943
Gromie (*Gromia*)............. 153
Grondin....................... 723
Gros-Bec...................... 801
Grotte des Fées (Mâchoire)..... 983
Grue (*Grus*)................. 781
Gryllidés..................... 628
Gryllotalpa................. 629
Gryllus..................... 629
Gryphée....................... 651
Guanaco....................... 892
Guarani (Type)................ 998
Guenon........................ 974
Guépard....................... 958
Guêpes........................ 608
Guêpier (*Merops*)............ 800
Guérib-Guez................... 501
Guillemot..................... 772
Guillots...................... 545
Guinea-pig.................... 930
Guinéen (Type)................ 998
Gymnamœbiens.................. 150
Gymnocyte..................... 15
Gymnocytode................... 15
Gymnodontes................... 719
Gymnolèmes.................... 680
Gymnomonères.................. 149
Gymnorhiniens................. 968
Gymnosomes.................... 659
Gymnote (*Gymnotus*).......... 719
Gynécophore (Canal)........... 300
Gynæcophorus................ 300
Gypaète (*Gypaetus*).......... 807
Gypogéranidés................. 807
Gypogeranus................. 807
Gyrateurs..................... 793
Gyrin (*Gyrinus*)............. 643
Gyrodactylidés................ 304
Gyrodactylus................ 304
Gyrope (*Gyropus*)............ 593

H

Hache en pierre polie......... 985
Hæmadipsa................... 415
Hæmatobia................... 548
Hæmatomyzus................. 582
Hæmatopinus................. 585
Hæmatopota.................. 555
Hæmatopus................... 782
Hæmatozoon.................. 344
Hæmenteria.................. 415
Hæmopis..................... 414
Halicore.................... 847
Haliomma.................... 155
Haliotide (*Haliotis*)........ 665
Halisarca................... 185
Halleria.................... 492
Halmature (*Halmaturus*)...... 841
Halyctus.................... 609
Hampe (Plume)................. 759
Hamster....................... 932
Hanche (Cheval)............... 909
— (Insectes).................. 518
Hanneton...................... 641
Hannetonnage.................. 642
Hapale...................... 973
Hapalidés..................... 973
Haplocerus.................. 871
Harder (Glande de)........ 736, 761
Hareng........................ 720
Harle......................... 777
Harpaye....................... 807
Harpirynque (*Harpirhynchus*)... 466
Hase.......................... 928
Hautle........................ 577
Havers (Canaux de)............ 19
Hectocotyle................... 672
Hedjihn....................... 894
Hedruris.................... 317
Hélice (*Helix*).............. 668
Héliciculture................. 669
Hélicidés..................... 668
Hélicine...................... 669
Héliozoaires.................. 155
Helminthes.................... 212
Helminthiase.................. 97

Helminthopsylle (*Helmintho-psylla*) 567
Hémadipse 415
Hémal (Arc).................... 685
Hémale (Face).................... 420, 645
Hémapophyse 685
Hématies.................... 27
Hématique (Appareil).................... 405
— (Liquide).................... 29
Hématobie.................... 548
Hématoblastes 27
Hématopinus.................... 585
Hématopote.................... 555
Hématozoaires 381
Hématurie.................... 301, 381
Hémentérie.................... 415
Hémépine.................... 686
Hemerobius.................... 623
Hemicidaris.................... 208
Hémimétaboliens.................... 524
Hémione 914
Hémioniens.................... 914
Hémippe.................... 914
Hémiptères.................... 567
Hémisphères cérébraux.................... 690
Hémistome (*Hemistoma*).................... 285
Hémocyanine.................... 29, 432
Hémoglobine.................... 29
Hépatopancréas.................... 48
Hérédité.................... 58
Hérisson.................... 964
Hermaphrodisme.................... 56
Hermaphrodite (Glande).................... 663
Hermella 418
Hermine.................... 944
Hérodiens.................... 781
Héron.................... 781
Herpestes.................... 947
Hespéridés.................... 603
Hétérakis (*Heterakis*).................... 324
Hétérocères.................... 595
Hétérocerque (Nag. caud.).................... 705
Hétérogénie.................... 53
Hétérogone (Digenèse).................... 72
— (Monogenèse).................... 74
Hétérogonie.................... 74
Hétérogynidés 607
Hétéromères.................... 634
Hétéromètre (*Heterometrus*).................... 510
Heteromita.................... 171, 1003
Heterophrys 155
Hétéroptères.................... 576
Hétérotrichés 178
Hexacanthe 217
Hexactiniaires 191
Hexamita.................... 171
Hexapode (Larve).................... 458
Hexapodes (Articulés).................... 517
Hexathyridium 303
Hibernants (Mammifères).................... 839
— (Phylloxéras).................... 573
Hibou 806
Hindou (Type).................... 996
Hipparion (*Hipparion*).................... 899
Hippidium.................... 904
Hippoboscidés.................... 527
Hippobosque (*Hippobosca*).................... 528
Hippocampe (*Hippocampus*).................... 718
Hippophagie.................... 913
Hippopotame (*Hippopotamus*).................... 852
Hippopotamidés.................... 852
Hippotherium.................... 899
Hippotigris 917
Hippurites.................... 658
Hircus.................... 878
Hirondelle 804
— de mer.................... 780
Hirudinées.................... 406
Hirudiniculture 412
Hirudo 407
Hirundinidés.................... 804
Hirundo 804
Histologie 15
Hobereau.................... 807
Hocco 783
Hochequeue 802
Holaster.................... 208
Holoblastes (Œufs).................... 65
Holocéphales.................... 714
Holomyaires 310
Holostome (*Holostoma*) 284
Holostomes (Gastéropodes) 665
Holothurides.................... 208
Holothurie (*Holothuria*).................... 209
Holotrichés 177
Homard (*Homarus*).................... 439
Hominiens.................... 975
Homme.................... 975
Homme-Mort (Squelettes).................... 986
Homo.................... 975
Homocerque (Nag. caud).................... 705
Homochrone (Hérédité).................... 59
Homodynamie.................... 35
Homogone (Digenèse).................... 72
— (Monogenèse).................... 74
Homologie.................... 35
Homoptères 568
Homopus.................... 495
Homotopique (Hérédité).................... 59
Homotypie.................... 35

Hongre (Cheval)........... 913
Horia.......... 635
Horloge de la mort........ 639
Horripilateurs (Muscles)........ 809
Houvet.......... 439
Huile de Baleine........ 817
— de foie de Morue...... 722
— — de Raie........ 715
— — de Squale........ 715
— de Poisson........ 817
Huître.......... 651
Huîtrier.......... 782
Hulotte.......... 806
Humérus.......... 687
Huppe.......... 800
Hurleurs (Singes)........ 973
Hyæmoschus.......... 866
Hyæna.......... 957
Hyænidés.......... 957
Hyale (*Hyalea*).......... 659
Hybrides.......... 123
Hydatides.......... 249
Hydatina.......... 404
Hydatique (Membrane)........ 250
Hydra.......... 195
Hydrachnidés.......... 459
Hydractinia.......... 196
Hydraires.......... 195
Hydranthe.......... 191
Hydre.......... 195
Hydrochœrus.......... 930
Hydrocorises.......... 576
Hydroïdes.......... 193
Hydroméduses.......... 192
Hydromel.......... 619
Hydrométridés.......... 577
Hydrophile (*Hydrophilus*)........ 643
Hydrophis (*Hydrophis*)........ 746
Hydrophorie (*Hydrophoria*)........ 542
Hydrosauriens.......... 754
Hydrotée (*Hydrotæa*)........ 542
Hyène.......... 957
Hygrobatidés.......... 459
Hyla.......... 734
Hylastes.......... 633
Hylesinus.......... 633
Hylobates.......... 975
Hylotoma.......... 605
Hymen.......... 829
Hyménoptères.......... 603
Hyoïde.......... 686
Hypermétamorphose........ 525, 634
Hypoblaste.......... 682
Hypodectes.......... 492
Hypoderme (*Hypoderma*)........ 537
Hypoderme.......... 210
Hypomochlion.......... 220
Hypopharynx.......... 526
Hypopiales (Nymphes)........ 492
Hypopus.......... 495
Hyporachis.......... 759
Hypotrichés.......... 180
Hypsiprymnus.......... 841
Hyracéum.......... 922
Hyraciens.......... 921
Hyracotherium.......... 898
Hyrax.......... 922
Hystrichis (*Hystrichis*)........ 392
Hystrichopsylle (*Hystrichopsylla*) 565
Hystricidés.......... 932
Hystrix.......... 932

I

Ibex.......... 877
Ibis (*Ibis*).......... 781
Ichneumon (Insectes)........ 606
— (Mammifères)........ 947
Ichneumonidés.......... 606
Ichthyonema.......... 317
Ichthyosauriens.......... 754
Ichthyosaurus.......... 754
Ichtyocolle.......... 716
Ichtyoïdes.......... 731
Ichtyopsidés.......... 730
Icticyon (*Icticyon*)........ 949
Iguane.......... 752
Iguanodon.......... 753
Iléo-cæcale (Valvule)........ 824
Iléon.......... 694
Iliaque (Os).......... 39
Ilium.......... 638
Imago.......... 525
Immutabilité des espèces........ 119
Imperforés (Foraminifères)........ 153
Implacentaires.......... 837
Imprégnation de la mère........ 63
Impression palléale........ 649
Inarticulés (Brachiopodes)........ 677
Incisives.......... 822
Incubation.......... 768
Incubatrice (Chambre)........ 56
Indice céphalique........ 989
— nasal.......... 990
Individu.......... 35
Indri.......... 969
Inéquivalve (Coquille)........ 648
Infection de la mère........ 63
Infusoires.......... 169

Infusoriformes (Embryons)...... 280
Inoperculés (Gastéropodes)...... 667
Insecte parfait.................. 525
Insectes......................... 516
Insectivores (Chiroptères)....... 968
— (Mammifères)...... 963
Instinct......................... 43
Intégropalléales................. 658
Intelligence..................... 43
Interdigitales (Glandes)......... 811
Interépineux (Os)............... 704
— (Rayons)......... 704
Intestin......................... 47
Inuus.......................... 974
Iranien (Type)................... 996
Isatis........................... 957
Ischion.......................... 688
Isis........................... 190
Isopodes......................... 436
Isospora................. 160, 164
Isotrique (*Isotricha*)........... 177
Iule (*Iulus*)................... 515
Ivoire........................... 821
Ixode (*Ixodes*)........... 496, 1006
Ixodidés......................... 495
Ixodinés......................... 495
Izard............................ 871

J

Jabot (Insectes)................. 521
— (Oiseaux)................ 762
Jacamar.......................... 797
Jacobson (Organe de)........ 736, 819
Jaguar........................... 959
Jaguar ondi...................... 959
Jambe (Cheval)................... 909
— (Insectes)............... 518
— (Vertébrés).............. 688
Jambonneau....................... 656
Jardinier........................ 644
Jarre..................... 809, 876
Jarret (Cheval).................. 909
Jars............................. 775
Jaunes (Races)................... 996
Jaunisse......................... 600
Jéjunum.......................... 693
Jemni............................ 936
Joues (Acariens)........... 459, 468
Jugulaires (Poissons)............ 705
Jumart........................... 919
Jument........................... 912
Jumentés......................... 896

K

Kalong........................... 968
Kangourous....................... 841
Kangourous-Rats.................. 841
Kéné............................. 501
Kermès (*Kermes*)................ 569
Kermès animal.................... 569
Kiang............................ 914
Kiwi............................. 771
Kjökkenmöddings.................. 984
Klossia........................ 160
Knemidokoptes.................. 477
Kolpode (*Kolpoda*).............. 177
Koulan........................... 914
Koumiss.......................... 912
Krause (Corpuscules de).......... 41
Kusappi.......................... 804
Kyste hydatique........... 226, 249
— vermineux............... 354

L

Labbe............................ 780
Labiduris...................... 317
Labrax......................... 723
Labre............................ 520
Labridés......................... 723
Labyrinthe................. 42, 692
Labyrinthiformes................. 710
Labyrinthodontes................. 730
Lacerta........................ 753
Lachesis....................... 750
Lachnés (Chiens)................. 951
Lactaires (Glandes).............. 830
Lacunes.......................... 49
Lacustres (Habitations).......... 984
Ladrerie.............. 234, 237, 241
Læmobothrium................... 592
Lagena......................... 153
Lagidium....................... 931
Lagomys........................ 925
Lagonosticta................... 801
Lagostomus..................... 931
Lagotis........................ 931
Laie............................. 854
Laine..................... 809, 876
Lait............................. 830
Laitance......................... 711
Lama............................. 891
Lamantin......................... 847
Lamarckisme...................... 128
Lambdotherium.................. 899
Lamblia (*Lamblia*).............. 1004

Lambliadés........ 1004
Lamellibranches........ 648
Lamellicornes........ 641
Lamellirostres........ 772
Lame (Plumes)........ 759
Lames dorsales........ 697
— ventrales........ 697
Laminosioptes........ 488
Lamnonges........ 921
Lamproie........ 713
Lampyre (*Lampyris*)........ 610
Langouste........ 439
Langue........ 647
Languette........ 521
Langueyage........ 238
Laniidés........ 802
Lanius........ 802
Lanterne d'Aristote........ 207
Lapides Cancri Astaci........ 439
Lapin........ 926
— de Porto-Santo........ 124
Lapine........ 928
Lapon (Type)........ 996
Laque........ 569
Larin (*Larinus*)........ 634
Larmier........ 862
Larus........ 780
Larve........ 71
Larvipares........ 528
Larynx........ 696
— inférieur........ 763
Latebra........ 768
Laugerie-Basse (Squelette)........ 983
Laurer (Canal de)........ 289
Lavaret........ 720
Lecanium........ 569
Lécheurs (Insectes)........ 520
Leiolepis........ 750
Léiotriques........ 991
Lemming........ 935
Lemnisques........ 306
Lémodipodes........ 436
Lémur........ 969
Lémuriens........ 968
Lentes........ 581
Lenticulaire (Os)........ 820
Léopard........ 959
Lépamœbiens........ 151
Lepas........ 435
Lépidoptères........ 593
Lepidosteus........ 717
Lepidosiren........ 725
Lépisme (*Lepisma*)........ 627
Lépismidés........ 627
Lépocyte........ 15
Lépocytode........ 15
Léporide........ 928
Léporidés........ 925
Lepte (*Leptus*)........ 464
Leptidés........ 527
Leptinotarse (*Leptinotarsa*)........ 631
Leptocardiens........ 700
Leptodère (*Leptodera*)........ 395
Leptonyx........ 940
Leptoplana........ 305
Leptorhiniens........ 991
Lepus........ 925
Lernée (*Lernæa*)........ 435
Lérot........ 936
Leuciscus........ 721
Leucon........ 438
Leuconia........ 185
Lévirostres........ 800
Lèvres de la vulve........ 829
Lévriers........ 951
Lézard (*Lacerta*)........ 753
Lézards........ 751
Libellule (*Libellula*)........ 624
Lichanotus........ 969
Lièvre........ 925
— de mer........ 665
— des pampas........ 931
Ligament falciforme........ 706
Ligne latérale (Vertébrés). 693, 705, 727
— primitive........ 697
Lignes latérales (Nématodes)........ 310
— médianes — 310
Ligule (*Ligula*)........ 275, 1005
Ligulidés........ 275
Limace (*Limax*)........ 668
Limacidés........ 667
Limacina........ 659
Limaçon........ 692
Limande........ 722
Lime (*Lima*)........ 655
Limicola........ 782
Limicoles (Échassiers)........ 782
— (Oligochètes)........ 418
Limnæidés........ 667
Limnée (*Limnæus*)........ 290, 667
Limnocharidés........ 459
Limule (*Limulus*)........ 441
Linguatule (*Linguatula*)........ 447
Linguatules........ 444
Linguatulidés........ 447
Lingula........ 678
Linotte........ 800
Lion........ 959
— des Pucerons........ 623
— marin........ 940

Liothéinés.... 592
Liparinés.... 597
Liparis (*Liparis*).... 597
Lipeurus.... 592
Lipoptène (*Lipoptena*).... 529
Liquides nourriciers.... 26
Listrophore (*Listrophorus*).... 490
Listrophorinés.... 490
Lithobius.... 515
Lithodome (*Lithodomus*).... 656
Litorne.... 804
Littorine (*Littorina*).... 665
Lituites.... 674
Lituola.... 153
Lobaires.... 200
Lobomonères.... 148
Lobules pulmonaires.... 827
Loche.... 721
Lochette.... 668
Locomoteur (Appareil).... 38
Locusta.... 629
Locustidés.... 628
Loir.... 936
Loligo.... 674
Lombric.... 417
Lombricidés.... 417
Longicornes.... 633
Longipennes.... 780
Longirostres.... 782
Lophiidés.... 724
Lophiodon.... 898
Lophiodontidés.... 898
Lophius.... 724
Lophobranches.... 717
Lophocomes.... 992
Lophomonade (*Lophomonas*).... 173
Lophomonadidés (*Lophomonadidea*).... 1001
Lophophore (*Lophophorus*).... 792
Lophopus.... 680
Loque.... 615
Lori (*Lorius*).... 790
Lori (*Stenops*).... 969
Loriot.... 802
Lotte (*Lota*).... 721
Loup.... 950
— cervier.... 963
— de mer.... 723
Loutre.... 945
— de mer.... 945
Loxia.... 801
Loxosoma.... 679
Lucernaires.... 197
Lucernaria.... 198
Lucilie (*Lucilia*).... 545
Luciole (*Luciola*).... 649
Luizette.... 600
Lulu.... 801
Lumbricus.... 417
Lumineux (Phénomènes).... 52
Lupus.... 948
Luscinia.... 804
Lutra.... 945
Lutrinés.... 945
Lutte.... 876
— pour l'existence.... 82
Lycaon.... 949
Lycénidés.... 603
Lycorus.... 948
Lycose (*Lycosa*).... 511
Lygéidés.... 577
Lymphatiques (Cœurs).... 728
— (Ganglions).... 695
— (Vaisseaux).... 50, 695
Lymphe.... 28, 695
Lynx (*Lynx*).... 963
Lyrure des bouleaux.... 792
Lysiosquilla.... 437
Lytta.... 635, 637

M

Macaque.... 974
Macaroni piatti.... 276
Machetes.... 782
Machilis.... 627
Mâchoires (Arthropodes).... 431, 442, 513, 520
— (Mollusques).... 647
— (Vertébrés).... 706, 727, 736, 762, 823
Macreuse.... 777
Macrobiotus.... 444
Macrodactyles.... 781
Macrogaster.... 460
Macroglosse (*Macroglossa*).... 602
Macropus.... 841
Macrostoma.... 3 5
Macroures.... 438
Mactre (*Mactra*).... 658
Madeleine (Époque de la).... 982
Madrepora.... 191
Madréporaires.... 191
Madréporique (Plaque).... 201
Magdalénienne (Époque).... 982
Magnan.... 599
Magnanerie.... 599
Magnanier.... 599
Magosphæra.... 174

Magot ... 977
Mahari ... 894
Maïa ... 439
Maillot ... 669
Main ... 687
Maki ... 969
Malachius ... 640
Malacodermes ... 640
Malacordermés ... 191
Malacoptérygiens ... 719
Malacostracés ... 434
Malacozoaires ... 645
Maladie des Vers à soie ... 600
Malaptérure (*Malapterurus*) ... 721
Mâles ... 57
Mallophages ... 588
Malmignatte ... 512
Malpighi (Couche de) ... 689
— (Tubes de) ... 425
Malthus (Théorème de) ... 82
Mamelles ... 830
Mamelon ... 830
Mamestra ... 597
Mammifères ... 807
Mammouth ... 923
Manatus ... 847
Manchot ... 772
Mandibules ... 431, 441, 513, 520
Mange-pain ... 6[illegible]7
Mangouste ... 947
Manis ... 843
Manne ... 576
Mante (*Mantis*) ... 627
Manteau ... 645
Mantidés ... 627
Manubrium ... 192
Maquereau ... 724
Mara ... 930
Maréchaux ... 641
Marennes (Huîtres) ... 652
Marèque ... 777
Marginaux (Corpuscules) ... 193
Maringouins ... 581
Markhor ... 878
Marmotte ... 939
Marsouin ... 814
Marsupiale (Poche) ... 836, 838, 839
Marsupiaux ... 839
— (Os) ... 815
Marte ... 944
Marteau (Os) ... 820
— (Poisson) ... 714
Martin ... 802
Martin-Pêcheur ... 800
Martinet ... 804
Masaris ... 608
Masarinés ... 608
Masque ... 624
Masticateur (Estomac) ... 43[illegible]
Mastiffs ... 952
Mastodonte (*Mastodon*) ... 923
Masuri ... 301
Mâtins ... 951
Matrice ... 56
Mauvis ... 804
Maxilles ... 520
Meandrina ... 191
Médicinaux (Animaux) ... 104
Méditerranéen (Type) ... 994
Méduses ... 192
Meerschweinchen ... 930
Megachile ... 609
Mégalithiques (Monuments) ... 985
Mégapode (*Megapodius*) ... 783
Mégapodiidés ... 783
Mégastome (*Megastoma*) ... 1004
Megatherium ... 842
Megninia ... 491
Méhari ... 894
Mélanésien (Type) ... 1000
Meleagrina ... 656
Méléagrinés ... 783
Meleagris ... 783
Melecta ... 609
Meles ... 944
Mélette (*Meletta*) ... 720
Mélinés ... 944
Mélipone (*Melipona*) ... 611
Méliponinés ... 611
Mellifères ... 609
Mellivora ... 944
Mello extracteur ... 615
Méloé (*Meloe*) ... 638
Melolontha ... 641
Mélophage (*Melophagus*) ... 528
Melopsittacus ... 799
Membraneuses (Pattes) ... 594
Membres ... 39
Memnon ... 603
Menhirs ... 985
Menopoma ... 731
Ménopon (*Menopon*) ... 593
Menton (Insectes) ... 521
Mephitis ... 944
Mère (Abeilles) ... 611
Merginés ... 777
Mergus ... 777
Méride ... 36
Merlan (*Merlangus*) ... 721
Merle ... 804

Merluche (*Merluccius*)........ 721
Mermidés........................ 399
Mermis............. 399
Méroblastes (OEufs)............. 65
Méromyaires.............. .. 310
Merops...................... 800
Mérostomes...................... 441
Mérycique (Mastication).... 866
Mésange......................... 802
Mésaticéphales.................. 990
Mésentéroïdes. 187
Mésoderme....................... 69
Mesohippus... 899
Mésolobe........................ 817
Mésorhiniens.................... 991
Mésozoaires............... 180
Messagers (Pigeons)....... 796
Métaboliens..................... 525
Métaboliques (Infusoires)........ 175
Métacarpe.............. 687
Métamères... 37
Métamorphose.................... 71
— régressive........ 31
Métatarse.. 688
Métathorax...................... 517
Métazoaires..................... 182
Méthodes............... 113
Métis........................... 123
Miastor........................ 559
Michaelicus..................... 492
Microgaster..................... 606
Microlépidoptères.......... 595
Microlestes................ . 840
Micropyle....................... 64
Microspalax..................... 492
Microsporidies.................. 168
Microstoma...................... 305
Midas.......................... 973
Miel............................ 617
Mieschérie (*Miescheria*)......... 1002
Migrations................ 769, 836
Milan........................... 807
Miliolides...................... 153
Mille-pieds..................... 513
Milnesium....................... 444
Milouin......................... 777
Milouinan....................... 777
Milvus.......................... 807
Mimétisme............ 131
Minyas......................... 191
Mite rouge... 464
Mites................. 453
— des vêtements............ 595
Mitrale (Valvule)............... 826
Moas............................ 771
Moelle allongée............. ... 690
— épinière............ .. 689
— des os...... 19
Moineau......................... 800
Molaires................ .. 822
Môle............................ 719
Molluscoïdes.................... 676
Mollusques....... 645
Molpadia................ 209
Monadiens...... 171
Monade (*Monas*)....... .... . 171, 172
Monères......................... 145
Mongol (Type)............ .. 996
Monitor............ 753
Monocelis............... ... 305
Monocercomonas.................. 1003
Monocercus......... 253
Monocle................. 435
Monocystidés.................... 158
Monocystis........ 158
Monocyttaires......... 154
Monocyttariens...... 155
Monodactyles............ 904
Monodon................. 844
Monodontus...................... 362
Monogenèse...................... 74
Monogénistes.................... 988
Monoïques (Animaux)............. 56
Monomita........................ 1003
Monomyaires............... .. 651
Monophyodontes.................. 822
Monopneumones................... 725
Monosporées (Coccidies)......... 160
Monostome (*Monostoma*)...... . 283
Monostomidés.................... 283
Monostomiens (Cœlentérés)..... 198
Monothalames (Foraminifères)... 151
Monotrèmes...................... 837
Montée.......................... 599
Morillon........................ 777
Morphologie..................... 35
Morpion......................... 584
Morse........................... 940
Mortiers à godets............... 982
Mortonia........................ 208
Morue........................... 721
Morula.......................... 67
Moschidés....................... 866
Moschus......................... 867
Mosquitos 557
Motacilla....................... 802
Motacillidés.................... 802
Moteurs (Nerfs)................. 41
Motrices (Racines).............. 691
Mouche araignée................. 528

Mouche bleue.................. 544
— César.................. 545
— d'Espagne.................. 636
— du Cayor.................. 546
— piquante.................. 548
Moucherons.................. 556
Mouches.................. 543
— de proie.................. 553
Mouette.................. 780
Moufette.................. 944
Mouflon.................. 872
Moule.................. 656
— d'étang.................. 657
Mous (Rayons).................. 704
Moustérienne (Époque).................. 980
Moustiques.................. 557, 561
Mouflon.................. 872
Mouton.................. 872
Mucipares (Glandes).................. 408
Mue.................. 810
Mulard.................. 777
Mule.................. 920
Mulet.................. 219
Muleton.................. 920
Mulette.................. 656
Mullidés.................. 723
Mullus.................. 723
Mulot.................. 933
Multiloculaire (Échinocoque).................. 252
Multiplication.................. 54
Multipolaires (Cell. nerv.).................. 22
Mulus.................. 919
Muqueux (Tissu).................. 16
Muraille.................. 189
Murène (*Muræna*).................. 719
Murex.................. 666
Muridés.................. 932
Muriformes.................. 931
Murinés.................. 932
Mus.................. 933
Musaraigne.................. 964
Musc.................. 866
Musca.................. 543
Muscardin.................. 936
Muscardine.................. 600
Muscidés.................. 540
Musciformes (Tipulaires).................. 557
Musculaire (Tissu).................. 20
Musculo-cutanée (Enveloppe).................. 210
Musette.................. 964
Musmon.................. 872
Mustang.................. 911
Mustela.................. 944
Mustélidés.................. 943
Mustélinés.................. 944
Mustelus.................. 714
Mutualisme.................. 84
Muzin.................. 911
Mycetes.................. 973
Mycétophilidés.................. 557
Mydæa.................. 552
Mye (*Mya*).................. 658
Myéline.................. 23
Myéloplaxes.................. 19
Mygale (*Mygale*).................. 511
Myiase (*Myiasis*).................. 552
Mylabre (*Mylabris*).................. 638
Myliobatis.................. 715
Mylodon.................. 842
Myobie (*Myobia*).................. 466
Myocopte (*Myocoptes*).................. 490
Myodes.................. 935
Myolemme.................. 21
Myopotamus.................. 932
Myopsidés.................. 674
Myoxidés.................. 936
Myoxus.................. 936
Myriapodes, Myriopodes.................. 513
Myrmecophaga.................. 843
Myrmeleo.................. 623
Myrmica.................. 607
Myrmicinés.................. 607
Mysis.................. 437
Mysticètes.................. 846
Mytiliculture.................. 656
Mytilidés.................. 656
Mytilus.................. 656
Myxine (*Myxine*).................. 713
Myxosporidies.................. 167
Myxosponges.................. 185

N

Naga.................. 894
Nageoires.................. 704
Nais.................. 418
Naissain.................. 654
Naja (*Naja*).................. 746
Nandou.................. 771
Narval.................. 844
Nasua.................. 943
Natatoire (Vessie).................. 710
Naturalisation.................. 110
Naulette (Mâchoire).................. 980
Nauplius.................. 434
Nautile (*Nautilus*).................. 673
Nautilidés.................. 673
Navire du désert.................. 895
Néanderthal (Ossements).................. 980

Nécrophore (*Necrophorus*)....... 643
Nègres........................ 998
Négril........................ 631
Négrito (Type)................ 1000
Némathelminthes............... 305
Nématocystes.................. 182
Nématodes, Nématoïdes......... 309
Nématogènes................... 181
Nematoxys.................... 317
Nemertes..................... 305
Nemesia...................... 511
Némocères..................... 556
Néolithique (Période)......... 933
Nèpe (*Nepa*).................. 577
Népidés....................... 577
Néphélis (*Nephelis*).......... 415
Néréides...................... 418
Nereis....................... 419
Nérite (*Nerita*).............. 665
Nerveuses (Cellules).......... 22
— (Fibres)............. 23
Nerveux (Système)............. 40
— (Tissu).............. 22
Nervules (Ailes).............. 518
Nervures (Ailes).............. 518
Neural (Arc).................. 685
— (Canal).............. 685
Neurale (Face)........... 420, 645
Neurapophyses................. 685
Neurépine..................... 685
Névroptères................... 622
Niatas........................ 888
Nicobar....................... 796
Nicoletia.................... 627
Nictitante (Membrane)..... 736, 761
Nidamentaires (Glandes)....... 672
Nids d'hirondelle............. 804
Nielle........................ 394
Nika.......................... 438
Nilgau........................ 871
Nirme (*Nirmus*)............... 591
Nisus........................ 807
Nitzschia.................... 592
Noctiluque (*Noctiluca*)....... 174
Noctuélidés................... 597
Noctuelle..................... 597
Noctule....................... 968
Nocturnes (Lépidoptères)...... 595
— (Rapaces)............ 805
Nodosaria.................... 153
Noires (Races)................ 998
Noix de galle................. 695
Nomada....................... 609
Nomadinés..................... 609
Nomenclature.................. 139
Nothosauriens................. 754
Notochorde.................... 684
Notodelphys (Batracien)...... 734
— (Crustacé)....... 435
Notonecte (*Notonecta*)........ 576
Notonectidés.................. 576
Notum........................ 422
Nourrice...................... 72
Nourriciers (Oiseaux)......... 769
Noyau......................... 15
— de segmentation......... 67
Nucléés (Protozoaires)........ 145
Nucléole...................... 15
Nudibranches.................. 665
Nuisibles (Animaux)........... 94
Numenius..................... 782
Numida....................... 785
Numidinés..................... 785
Nummulites................... 153
Nutrition (Fonctions de)...... 46
Nyctéribidés.................. 527
Nyctipithèque (*Nyctipithecus*)... 973
Nymphalidés................... 603
Nymphe........................ 525
Nymphes....................... 829
Nymphipares................... 527
Nymphon...................... 444

O

Obèses....................... 852
Obisium...................... 505
Occipitaux (Condyles)......... 686
Ocellaires (Plaques).......... 207
Ocelles....................... 425
Ocelot........................ 959
Ochromyie (*Ochromyia*)........ 546
Octactiniaires................ 190
Octodon...................... 932
Octodontidés.................. 931
Octopidés..................... 675
Octopodes..................... 675
Octopus...................... 675
Octostoma.................... 303
Oculaires (Taches)............ 42
Oculi Cancri Astaci.......... 439
Oculina...................... 191
Odontophores.................. 648
Odorat........................ 41
Odorifères (Glandes).......... 523
Œcologie...................... 77
Œdémagène (*Œdemagena*)........ 540
Œdipoda...................... 628
Œil........................... 43

Œnas 635
Œsophage........ 47
Œsophagien (Collier)........ 40
Œsophagostome (*Œsophagostoma*) 346
Œstre (*Œstrus*)........ 535
Œstres........ 530
Œstridés........ 530
Œuf........ 64
— d'hiver........ 572
— de Poule........ 791
Ogygia........ 441
Oie........ 775
Oiseau de Saint-Pierre........ 780
Oiseaux........ 755
— de proie........ 805
— de rivage........ 781
— -Mouches........ 800
Oison........ 776
Olfactifs (Lobes)........ 690
Olfactives (Fossettes)........ 42
Ollulan (*Ollulanus*)........ 363
Olmo (Crâne)........ 981
Omasus........ 864
Ombilic (Mollusques)........ 660
— (Plume)........ 759
Ombilicale (Vésicule)........ 698
Omble-chevalier........ 720
Ombre des rivières........ 720
Ombrelle........ 192
Omoplate........ 687
Omphalo-mésentérique (Conduit) 698
Onagre........ 915
Once........ 959
Onchidium........ 667
Onchobothrium........ 277
Onchocerca........ 391
Oncholaimus........ 402
Onchophorus........ 588
Ondatra........ 935
Ongles........ 810
Onguiculés........ 810
Ongulés........ 810, 848
Oniscus........ 437
Ontogénie........ 132
Onychophores........ 516
Opaline (*Opalina*)........ 177
Opercule (Poissons)........ 704
Operculés (Gastéropodes)........ 666
Ophiactis........ 203, 205
Ophidiens........ 741
Ophion........ 606
Ophiostoma........ 401
Ophiura........ 205
Ophiures........ 205
Ophryocotyle........ 268
Ophryon........ 813
Ophryoscolécidés........ 179
Ophryoscolex (*Ophryoscolex*)........ 179
Opilio........ 505
Opiliones........ 505
Opisthobranches........ 665
Opisthocœliques (Vertèbres)........ 685
Opisthoglyphes........ 745
Opossum........ 841
Opotérodontes........ 743
Optiques (Bâtonnets)........ 424
— (Lobes)........ 690
Orang-Outang........ 975
Ordre........ 116
Oreillard (Canidés)........ 949
— (Chiroptères)........ 963
Oreille........ 42
Oreilles de mer........ 666
— de Saint-Pierre........ 666
Oreillette........ 693
Organes........ 35
— de Bojanus........ 647
— rudimentaires........ 31, 131
Organisation........ 5, 13, 30
Organisme........ 5
Oribatidés........ 458
Oriolus........ 802
Ormier........ 666
Ornithobia........ 529
Ornithobie (*Ornithobius*)........ 592
Ornithorhynque (*Ornithorhynchus*) 838
Orohippus........ 898
Orphie........ 722
Orteil........ 688
Orthagoriscus........ 719
Orthis........ 678
Orthoceras........ 674
Orthognathes........ 990
Orthonectidés........ 181
Orthoptères........ 625
Orthospora........ 160
Ortolan........ 801
Ortyx........ 793
Orvet........ 752
Oryctérope (*Orycteropus*)........ 843
Oryctes........ 641
Os de Seiche........ 674
— lenticulaire........ 820
Oscabrion........ 666
Oscininés........ 541
Oscinis........ 541
Osmerus........ 720
Osséine........ 18
Osselets (Ailes)........ 518

Osseux (Corpuscules)........... 18
— (Tissu)................ 18
Ostende (Huîtres)............. 652
Ostéoblastes.................. 19
Ostéodermes................... 717
Ostéoganoïdes................. 717
Ostéoplastes.................. 18
Ostracodes.................... 435
Ostrea...................... 651
Ostréiculture................. 654
Ostréidés..................... 651
Otaridés...................... 940
Otarie (*Otaria*)............. 940
Otis........................ 782
Otocyon..................... 949
Otocystes..................... 42
Otolithes..................... 24
Otus........................ 806
Ouïe.......................... 42
Ouïes......................... 709
Ouistiti...................... 972
Ours.......................... 943
— marin....................... 940
Oursin........................ 208
Oustaletia.................. 492
Outarde....................... 782
Ouvrières................. 607, 613
Ovaires....................... 55
Ovibos (*Ovibos*)............. 882
Oviducte...................... 56
Oviformes (Psorospermies)..... 158
Oviparité..................... 60
Ovinés........................ 871
Ovis........................ 872
Oviscapte..................... 524
Ovotestis................... 663
Ovoviviparité................. 70
Ovule..................... 55, 64
Oxydactyles................... 733
Oxysoma..................... 317
Oxyure (*Oxyuris*)............ 324
Oxyuridés..................... 324

P

Paca.......................... 930
Pachydermes.............. 851, 896
Pachygnathinés................ 463
Pachymerus.................. 606
Pachytylus.................. 628
Pacini (Corpuscules de)... 41, 693
Paco.......................... 892
Pagre (*Pagrus*).............. 723
Paille-en-Queue............... 780
Palæothéridés................. 899
Palæotherium................ 899
Palafittes.................... 984
Palémon (*Palæmon*)........... 438
Paléoethnologie............... 978
Paléolithique (Période)....... 979
Paléontologie................. 135
Palettes ciliées.............. 199
Palinuridés................... 439
Palinurus................... 439
Palis......................... 189
Palléal (Sinus)............... 649
Palléale (Chambre)............ 646
— (Impression)................ 649
Pallium..................... 645
Palmipèdes.................... 771
Palombe....................... 790
Paloplothérium (*Paloplotherium*). 899
Palpes................ 41, 423, 649
Paludine (*Paludina*)......... 663
Palumbus.................... 790
Pancréas...................... 48
Pandore (*Pandora*)........... 658
Pangolin...................... 843
Pangonie (*Pangonia*)......... 554
Panorpe (*Panorpa*)........... 628
Panse......................... 864
Panthère...................... 959
Pantopodes.................... 444
Paon.......................... 788
— de nuit..................... 602
Paonne........................ 788
Paonneau...................... 788
Papilio..................... 603
Papilionidés.................. 603
Papilles dermiques............ 688
Papillon...................... 603
Papion........................ 974
Papou (Type).................. 1000
Paradoxides................. 441
Paragastriques (Canaux)....... 200
Paraglosses................... 521
Paralges.................... 491
Paramécie (*Paramœcium*)...... 177
Paramœcioides............... 1005
Paraplégie hydatique.......... 246
Parapodes..................... 405
Parapophyses.................. 685
Parasites..................... 94
— (Insectes).................. 580
Parasitisme................... 83
Parcs (Huîtres)............... 654
Paresseux..................... 843
Paridés....................... 802
Pariéto-splanchniques (Ganglions) 646

- Parotide ... 823
- Parthénogenèse ... 57
- Parures de noces ... 711, 7 9
- *Parus* ... 802
- Passage des sangles ... 909
- Paseng ... 878
- *Passer* ... 800
- Passereaux ... 799
- Pastenague ... 715
- Pasteur (Homme) ... 987
- *Pastor* ... 802
- Patagon (Type) ... 997
- Pâtée royale ... 613
- Patelle (*Patella*) ... 665
- Pattes-mâchoires ... 431
- Paturon ... 909
- Pavillon (Oviducte) ... 230, 768, 829
- Pavimenteux (Épithélium) ... 25
- *Pavo* ... 786
- Pavoninés ... 786
- Peau de Cygne ... 776
- Peau-rouge (Type) ... 997
- Pébrine ... 168, 600
- Pécari ... 861
- Pêcheur (Homme) ... 987
- *Pecten* ... 655
- Pectinidés ... 655
- *Pectunculus* ... 657
- Pectorales (Nageoires) ... 705
- Pédicellaires ... 201
- *Pedicellina* ... 680
- *Pedicinus* ... 582
- Pédiculaire (Maladie) ... 587
- Pédiculés (Holothurides) ... 209
- Pédiculidés ... 580
- Pédiculose ... 587
- *Pediculus* ... 582
- Pédieux (Ganglions) ... 646
- Pédimanes ... 841
- Pédipalpes ... 505
- Pédogenèse ... 58
- Pégase (*Pegasus*) ... 718
- Peigne (*Pecten*) ... 655
- — (Yeux) ... 736, 761
- Peignes (Scorpions) ... 506
- *Pelagia* ... 198
- Pélamyde (*Pelamys*) ... 724
- *Pelecanus* ... 780
- Péliade (*Pelias*) ... 750
- Pélican ... 780
- Pélobate (*Pelobates*) ... 733
- Pélodère (*Pelodera*) ... 395
- Pélodyte (*Pelodytes*) ... 733
- Pelotes ... 526
- Péloustiou ... 652
- Pelvienne (Ceinture) ... 688
- *Pemphigus* ... 570
- *Penæus* ... 438
- Pendeloques ... 983
- Pénélope (*Penelope*) ... 783
- Pénial (Os) ... 828
- Péniale (Poche) ... 216
- Pénis ... 216, 429, 740, 767, 828
- Pennes ... 759
- Pennivores ... 588
- Pentacrine (*Pentacrinus*) ... 204
- Pentamères ... 639
- Pentastome (*Pentastoma*) ... 447, 452
- Pentatome (*Pentatoma*) ... 580
- *Pentremites* ... 204
- Pepsine (Glandes à) ... 48
- Péramèle (*Perameles*) ... 841
- Perce-Oreille ... 627
- Perche (*Perca*) ... 723
- Percidés ... 723
- Perdrix (*Perdix*) ... 792
- Pérennibranches ... 731
- Perforés (Foraminifères) ... 153
- Péricardique (Cavité) ... 426
- Péridiniens ... 1005
- *Peridinium* ... 173
- Périoste ... 19
- Péripate (*Peripatus*) ... 516
- Péripatidés ... 516
- *Periplaneta* ... 627
- Périsarque ... 193
- Périssodactyles ... 896
- Péristome ... 660
- Péritrème ... 426
- Péritrichés ... 178
- Perle (*Perla*) ... 624
- Perles fines ... 656
- *Pernis* ... 807
- Pérobranches ... 731
- Péroné ... 688
- *Perophora* ... 683
- Perroquet ... 797
- Perruche ... 799
- Personne ... 36
- Péruvien (Type) ... 998
- Pétauriste (*Petaurista*) ... 841
- Petit-Morin (Squelettes) ... 986
- Pétoncle ... 657
- Pétrel ... 780
- *Petromyzon* ... 731
- Peuples ... 989
- Phacochère (*Phacochœrus*) ... 860
- Phaéton (*Phaeton*) ... 780
- *Phalacrocorax* ... 780
- Phalanger (*Phalangista*) ... 841

Phalangides.................... 505
Phalangium 505
Phaléuidés.................... 597
Phanères 689
Pharyngiens (Os).............. 704
— (Poissons).......... 710
Pharynx (Nématodes)........... 312
— (Vertébrés)........... 693
Phascolomys.................... 841
Phasianidés.................... 783
Phasianinés.................... 788
Phasianus 788
Phasmidés.................... 627
Phénacodontidés.................... 893
Phenacodus.................... 898
Philanthus.................... 607
Philonexis 675
Philonexidés.................... 675
Philoptérinés.................... 588
Philopterus 588
Phoca 940
Phocæna.................... 844
Phocidés.................... 940
Phœnicoptéridés.................... 773
Pholade (*Pholas*) 658
Phoque.................... 940
Phoridés.................... 527
Phoronis.................... 404
Phoxinus 721
Phryganea.................... 623
Phryne (*Phrynus*).................... 505
Phthiriasis palpebrarum....... 585
Phtiriase 584, 587
— aviaire.................. 503
Phtirius (*Phthirius*)............ 584
Phylactolèmes.................... 680
Phyllacanthinés 277
Phyllobates.................... 734
Phyllobothrinés 277
Phyllobothrium 277
Phyllopneuste.................... 802
Phyllopodes.................... 436
Phyllorhiniens 968
Phyllostoma 968
Phylloxéra (*Phylloxera*)......... 570
Phylloxérinés 570
Phylogénie.................... 132
Physalia.................... 197
Physaloptère (*Physaloptera*)..... 363
Physe (*Physa*).................... 667
Physeter.................... 844
Physiologie 35
Physis.................... 101
Physophora.................... 197
Physostomes.................... 719
Physostomum 592
Phytoparasites.................... 94
Phytophages (Hyménoptères).... 605
— (Lamellicornes).... 641
Phytophtires 568
Pic (*Picus*).................... 797
Picobie (*Picobia*) 467
Pie (*Pica*) 802
Pied (Cheval).................... 909
— (Mollusques).............. 645
— (Vertébrés)................ 688
Pied-de-Cheval (Huîtres).... 652, 654
Pie-Grièche.................... 802
Pie-mère 689
Piéride (*Pieris*).................... 603
Pierre (Age de la).............. 979
Pierreux (Canal).................... 201
Pieuvre.................... 675
Pigeon.................... 794
— voyageur.................... 796
Pigeonneau 796
Pigeons.................... 793
Pigmentaires (Cellules)......... 688
— (Taches).......... 210
Pilet.................... 777
Pileux (Follicule).................... 808
Pilivores.................... 588
Pimpla.................... 606
Pince.................... 505
Pinchaque 902
Pingouin 772
Pinne (*Pinna*).................... 656
Pinnipèdes.................... 939
Pinnothère.................... 439
Pinson.................... 800
Pintade.................... 785
Pintadeau.................... 786
Pintadine.................... 656
Piophila.................... 541
Piophilinés.................... 541
Pipa 732
Pipi.................... 802
Pipistrelle.................... 968
Piquants (Échinodermes)........ 201
— (Mammifères) 809
Pique-Bœuf.................... 802
Pisciculture.................... 712
Pithecia.................... 973
Placenta.............. 70, 700, 832
Placentaires.................... 841
Placoïdes (Écailles).............. 702
Placuna.................... 641
Plagiomonas.................... 1003
Plagiostomes.................... 714
Plaies d'été.................... 384

Planaire (*Planaria*)............. 305
Planipennes.................... 623
Planorbe (*Planorbis*)........... 667
Plantigrades.................... 817
Planule (*Planula*)........... 183, 198
Plasma...................... 27, 28
Plasmatique (Liquide)........... 29
Plastides....................... 14
Plastron................... 473, 754
Platalea...................... 781
Platessa...................... 722
Plathelminthes................. 214
Platodes....................... 214
Platyrrhiniens (Hommes)........ 991
Platyrrhiniens (Singes)......... 973
Plecotus...................... 968
Plectognathes.................. 718
Plésiosauriens................. 754
Plesiosaurus.................. 753
Pleurapophyses................. 686
Pleuræ....................... 422
Pleurobrachia................. 200
Pleurodontes................... 751
Pleuronectidés................. 722
Pleurotome (*Pleurotoma*)....... 656
Plèvre......................... 828
Plexus......................... 41
Plicipennes.................... 623
Plictolophus.................. 799
Plie........................... 722
Pliohippus.................... 906
Ploceus...................... 801
Plongeon....................... 772
Plongeurs...................... 772
Pluie de sang.................. 594
Plumatella.................... 680
Plume.......................... 759
Plumularia.................... 196
Plumule........................ 759
Plumicoles (Sarcoptidés)........ 490
Pluteus....................... 208
Pluvier........................ 782
Pneumatophore.................. 196
Pneumobranches................. 725
Pneumodermon.................. 659
Pneumonie vermineuse 337,338,340,341
Poche à encre.................. 671
— copulatrice.................. 429
— de Needham................... 672
— du musc...................... 868
Podiceps...................... 772
Podiléginés.................... 609
Podophrya..................... 180
Podophtalmes................... 437
Podure (*Podura*)............... 626
Podurhippe (*Podurhippus*)...... 626
Poduridés...................... 626
Pœcilopodes.................... 440
Poephages (Marsupiaux)......... 841
Poephagus..................... 885
Poil........................... 807
Pointe à cran.................. 982
— de harpon.................... 983
— de sagaie.................... 983
— en feuille de laurier........ 982
— moustérienne................. 981
Poissons....................... 702
Poissons-Lunes................. 719
Poitrail....................... 909
Polatouche..................... 939
Poli (Vésicules de)............. 201
Polie (Période de la pierre)..... 983
Poliste (*Polistes*)............. 609
Polycercus.................... 253
Polychètes..................... 418
Polycyttaires.................. 154
Polycyttariens................. 155
Polydactyles................... 851
Polydesme (*Polydesmus*)........ 515
Polyergus..................... 607
Polygastriques (Infusoires)..... 176
Polygénistes................... 988
Polymorphisme.................. 33
Polymyaires.................... 310
Polynésien (Type).............. 997
Polynoe....................... 419
Polypes.................. 182, 187
Polypide....................... 679
Polypier....................... 189
Polypo-Méduses................. 192
Polyprion..................... 723
Polypterus.................... 717
Polystoma..................... 303
Polystomidés................... 303
Polystomiens................... 303
Polythalames (Foraminifères).... 151
Polyzoaires.................... 678
Polyzonium.................... 515
Pont de Varole................. 818
Porc........................... 856
Porcelaine..................... 660
Porcellion (*Porcellio*)......... 437
Porc-épic...................... 932
Porcins........................ 851
Pore excréteur................. 313
Pores génitaux................. 227
— inhalants.................... 183
Porifères...................... 183
Porospora..................... 158
Porphyrio..................... 781

Portax 871
Porte (Veine) 695
Porte-aiguillons 606
Porte-musc 867
Porte-queue 603
Porte-scie 605
Porte-virus (Animaux) 101
Portugaises (Huîtres) 652
Portune (*Portunus*) 439
Postabdomen 506
Potamochère (*Potamochœrus*) 860
Pou 582
Pouce (Insectes) 582
— (Mammifères) 816
Pouillot 802
Poulain 912
Poularde 791
Poule 791
— d'eau 781
— sultane 781
Poulet 791
Pouliche 912
Poulpe 675
Poumons 51
— (Arachnides) 443
— (Mollusques) 647
— (Vertébrés) 696
Poupart 439
Pourpre 666
Pourriture du couvain 615
— du Mouton 286
Poussin 791
Poux 580
— des Abeilles 580
— de Baleine 436
— des poussières 624
Pratincola 804
Préabdomen 506
Précoces (Oiseaux) 769
Prédation 83
Préfécondation 65
Prega-Diou 627
Préhenseurs 796
Préhistoire, Préhistorique 978
Prémolaires 823
Prépuce 829
Présage-mort 639
Pressirostres 782
Priapulus 404
Prie-Dieu 627
Primates 969
Prionodon 843
Priorité (Loi de) 140
Pristis 715
Proboscidiens 922
Probubale (*Probubalus*) 882
Procellaria 780
Processionnaires 597
Procœliques (Vertèbres) 685
Procoracoïde 687
Proctophyllodæ 491
Proctophyllodes 491
Procyon 943
Productus 678
Proglottis 72
Prognathes 990
Pronucléus 66, 67
Propolis 616
Prosimiens 968
Prosobranches (Gastéropodes) 665
Prostate 828
Protalges 491
Protamœbe (*Protomœba*) 146, 149
Protée (*Proteus*) 32, 731
Protées 150
Protéroglyphes 745
Prothorax 517
Protistes 12
Protobathybius 149
Protogenes 146, 149
Protohippus 900
Protohydra 195
Protolichus 492
Protomérite 156
Protomonas 149
Protomyxa 146, 149
Protoplasma 5, 13
Protopterus 725
Proto-scolex 72
Prototrachéates 516
Protozoaires 143
Protubérance annulaire 818
Proyer 801
Prurigo dermanyssique 503
Pseudalius 317
Pseudalloptes 492
Pseudo-filaires 157
Pseudo-navicelles 157
Pseudo-Névroptères 624
Pseudo-parasites 100
Pseudopodes 38
Pseudo-Rhabditis 397
Pseudo-Scorpionides 505
Pseudo-tuberculose 343
Pseudova 58
Pseudovaire 57
Psittacus 799
Psophia 781
Psoque 624
Psore 468

Psoriasis........................ 558
Psoropte (*Psoroptes*)............ 478
Psorospermies.............. 156, 157
Psorospermium................... 160
Psorospermose..................... 160
Psychodiaires..................... 12
Psyllidés......................... 568
Psylliodes...................... 631
Pteralloptes.................... 491
Ptéroclidés....................... 783
Pterocolus...................... 491
Ptérodactyle (*Pterodactylus*). 752, 753
Pterodectes..................... 491
Pterodicticus................... 969
Pterolichæ...................... 491
Pterolichus..................... 491
Pteronyssus..................... 491
Ptérophoridés..................... 595
Ptéropidés........................ 968
Ptéropodes........................ 659
Ptéropte (*Pteroptus*)............ 504
Pteropus........................ 968
Pterotrachea.................... 664
Ptine (*Ptinus*).................. 639
Ptinidés.......................... 639
Puberté........................... 977
Pubis............................. 688
Puce.............................. 562
— d'eau........................... 436
— de mer.......................... 436
— de terre........................ 631
— pénétrante...................... 565
Puceronnière...................... 631
Pucerons.......................... 570
Puckel............................ 724
Pulex........................... 562
Pulicidés......................... 562
Pulicinés......................... 562
Pulmonés (Gastéropodes)........... 666
Pulsatiles (Vésicules)....... 144, 170
Pulvérateurs...................... 782
Pulville.......................... 526
Puma.............................. 959
Punaise........................... 578
— de Chahroud-Bastam.............. 501
— des lits........................ 578
— de Miana........................ 501
— du Mouton....................... 501
Punaises.......... 576, 577, 578, 580
Pupa............................ 669
Pupe.............................. 527
Pupipares......................... 527
Purpura......................... 666
Putois............................ 944
Putorius........................ 944
Pycnogonides...................... 444
Pycnogonum...................... 444
Pygidium.......................... 441
Pylorique (Appendice)............. 671
— (Valvule)....................... 824
Pyloriques (Appendices)........... 708
Pyrale............................ 596
Pyralidés......................... 596
Pyriforme (Appareil).............. 250
Pyrosoma........................ 683
Pyrrhula........................ 801
Python............................ 745
Pythonidés........................ 745

Q

Quadrijumeaux (Tubercules)........ 818
Quadrumanes.................. 968, 971
Queue de cheval................... 818

R

Rabouillère....................... 927
Race.............................. 120
Racer............................. 62
Rachidien (Canal)................. 685
Rachidiens (Nerfs)................ 691
Rachis (Nématodes)................ 316
— (Plume)......................... 759
— (Vertébrés)..................... 684
Racine (Dent)..................... 821
— (Poil).......................... 809
Racines nerveuses................. 691
Racloir........................... 981
Radicicole (Phylloxéra)........... 571
Radiolaires.................. 153, 155
Radius............................ 687
Radula.......................... 647
Raie (*Raja*)..................... 715
Raies............................. 715
Raife............................. 589
Rainette.......................... 734
Raisin de mer..................... 674
Raja............................ 715
Rajides........................... 715
Râle d'eau........................ 781
— des prés........................ 781
Rallidés.......................... 781
Rallus.......................... 781
Ramphastus...................... 797
Ramphostoma..................... 754
Rana............................ 733
Ranâtre (*Ranatra*)............... 577
Rapaces (Marsupiaux).............. 841

Rapaces (Oiseaux)............... 805
Rascasse........................ 723
Rat............................. 933
— d'eau......................... 933
— de Pharaon.................... 947
— musqué........................ 935
Rate............................ 695
Rateau (Abeilles)............... 610
Ratites......................... 770
Raton........................... 943
Rats à peigne................... 932
— épineux....................... 932
Rats-Taupes..................... 936
Ravisseuses (Pattes)............ 627
Rayonnés................... 182, 200
Rayons (Échinodermes)........... 200
— (Poissons).................... 704
Récifs.......................... 190
Rectrices....................... 759
Rectum.......................... 693
Rédie........................... 281
Rédintégration.................. 76
Réduction....................... 31
Réduve (*Reduvius*)............. 577
Réduviidés...................... 577
Règne humain.................... 975
Règnes.......................... 3
Regulus....................... 803
Relation (Fonctions de)......... 38
Reine........................... 611
Reins (Cheval).................. 909
— (Vertébrés).............. 53, 696
Remak (Fibres de)............... 23
Rémiges......................... 759
Rémora.......................... 724
Renard.......................... 956
Reniera....................... 186
Réniformes (Corpuscules)........ 165
Renne........................... 870
Reproduction (Fonctions de)..... 53
Reptiles........................ 734
— nus........................... 725
Républicain..................... 801
Requin.......................... 714
Réseau (*Reticulum*)............ 864
Réseau muqueux de Malpighi...... 689
Réservoirs aériens.............. 764
Respiration................. 46, 50
Respiratoire (Appareil)......... 50
Réticulé (Tissu)................ 17
Réticulés (Yeux)................ 425
Rétine.......................... 43
Rétiniens (Yeux)................ 424
Rétrogradation.................. 31
Réversion....................... 124
Réviviscence.................... 76
Rhabditis (*Rhabditis*)......... 395
Rhabdocœles..................... 305
Rhabdogaster.................. 402
Rhabdonema................ 74, 395
Rhagio........................ 557
Rhea.......................... 771
Rhéidés......................... 771
Rhinéchis (*Rhinechis*)......... 744
Rhinocéros (*Rhinoceros*)....... 903
Rhinocérotidés.................. 902
Rhinolophus................... 968
Rhipiptères..................... 625
Rhizocéphales................... 435
Rhizocrinus................... 204
Rhizomonères.................... 149
Rhizophages..................... 841
Rhizopodes...................... 151
Rhizostoma.................... 198
Rhizostomiens................... 198
Rhizotrogue (*Rhizotrogus*)..... 641
Rhodeus....................... 721
Rhodites...................... 606
Rhombifères..................... 717
Rhombogènes..................... 181
Rhombus....................... 722
Rhopalocères.................... 602
Rhynchobdellidés................ 415
Rhynchophorés................... 158
Rhynchoprion (Argas).......... 499
— (Chique)...................... 565
Rhynchops..................... 780
Rhynchotes...................... 563
Rhytina....................... 847
Ricardeau....................... 655
Ricardot........................ 656
Ricinidés....................... 588
Ricins (Acariens)............... 496
— (Insectes).................... 588
Ricinus....................... 592
Robenhausienne (Époque)......... 983
Rocher.......................... 666
Roitelet........................ 803
Rollier......................... 800
Rongeurs........................ 923
Rorqual......................... 847
Rossignol....................... 804
Rostellum..................... 226
Rostre (Acariens)............... 453
— (Bélemnitidés)................ 675
Rotateurs....................... 402
Rotifer....................... 403
Rotifères....................... 403
Rotule.......................... 688
Rouge-gorge..................... 804

Rouget (Acarien)............ 464
— (Oiseau)............... 777
— (Poisson)............... 723
Rousseau..................... 777
Roussette (Mammifère)......... 968
— (Poisson)........... 714
Rubanés (Cténophores)......... 200
Rucher........................ 615
Ruches........................ 614
Rudimentaires (Organes)..... 31, 131
Rudistes...................... 658
Rue (Chiens de)............... 952
Rumen......................... 864
Ruminants..................... 861
Rumination.................... 865
Rut........................... 831

S

Sabella..................... 418
Sable (Canal du).............. 201
Sabot (*Turbo*)............... 665
Sabots........................ 810
Saccobranche.................. 710
Saccule....................... 692
Sacculina................... 435
Sagitta..................... 402
Sagouin....................... 973
Saïga......................... 871
Saïmiri.................. 970, 973
Saindoux...................... 859
Saint-Acheul (Époque de)....... 979
Saint-Jacques (Coquille de).... 655
Sainte-Anne (Huîtres).......... 652
Sajou......................... 973
Saki.......................... 973
Salamandre (*Salamandra*)...... 731
Salamandrines................. 731
Salangane..................... 804
Salicoque..................... 438
Salivaires (Glandes)....... 48, 693
Salmo....................... 720
Salmonidés.................... 720
Salpa....................... 683
Salpes........................ 683
Sang.......................... 27
Sang chaud (Animaux à)..... 52, 696
Sang froid (Animaux à)..... 51, 696
Sanglier...................... 854
Sangsue....................... 407
Sansonnet..................... 802
Sarcelle...................... 777
Sarcelline.................... 777
Sarcocyste (*Sarcocystis*)...... 1002
Sarcocyte..................... 156
Sarcode.................... 5, 13
Sarcolemme.................... 21
Sarcophage (*Sarcophaga*)....... 550
Sarcophaginés................. 549
Sarcophile (*Sarcophila*)....... 550
Sarcopsylle (*Sarcopsylla*)..... 565
Sarcopsyllinés................ 565
Sarcopte (*Sarcoptes*).......... 468
Sarcopterus.................. 466
Sarcoptidés................... 467
Sarcoptinés................... 468
Sarcoramphus................. 807
Sarcosome..................... 189
Sarcosporidies........... 164, 1002
Sarcous elements.............. 22
Sardine....................... 720
Sarigues...................... 841
Saturnie (*Saturnia*)........... 601
Saturninés.................... 601
Saumon........................ 720
Sauriens...................... 751
Sauropbidiens................. 740
Sauropsidés................... 740
Sauterelle.................... 628
Sauteurs (Orthoptères)......... 628
Saxicave (*Saxicava*)........... 658
Saxicola..................... 804
Scaphopodes................... 659
Scapulaire (Ceinture).......... 687
Scapulaires (Rémiges).......... 759
Scarabée (*Scarabeus*).......... 641
Scarabée du Colorado.......... 631
Scarabéidés................... 641
Scare (*Scarus*)................ 723
Scatella..................... 541
Schistocéphale................ 218
Schistosoma.................. 300
Schizoneura.................. 570
Schizopodes................... 437
Schwann (Gaine de)............ 23
Scie.......................... 705
Scinque (*Scincus*)............. 752
Sciridés...................... 458
Scission...................... 54
Scissiparité.................. 54
Sciuridés..................... 939
Sciurus...................... 939
Sclérodermes.................. 718
Sclérostome (*Slerostoma*)...... 350
Sclerostominæ................ 330
Scolex........................ 72
Scolopax..................... 782
Scolopendre (*Scolopendra*)..... 515
Scolytidés.................... 633

Scolytus 633
Scomber 724
Scomberésocidés 722
Scombéridés 724
Scorpæna 723
Scorpion 509
Scorpionides 506
Scorpionidés 508
Scorpioninés 509
Screw-Worms 546
Scrotum 828
Scutella 208
Scutigera 515
Scyllium 714
Scyphistome 72, 198
Sébacées (Glandes) 810
Sébifiques (Glandes) 524
Sécrétaire 807
Sécrétions 25
Sédentaires (Polychètes) 418
Seedy-toe 395
Ségestrie (*Segestria*) 512
Segmentaires (Organes) 406
Segmentation 54
— du vitellus 67
Seiche 674
Sélection artificielle 91
— naturelle 91
— sexuelle 87, 93
Sélénodontes 850
Semi-circulaires (Canaux) 692
Semi-lunaire (Pli) 820
Séminal (Réservoir) 216, 279, 429
Séminale (Vésicule) 56
Sémite (Type) 994
Semnopithécidés 974
Semnopithèque (*Semnopithecus*). 974
Sénégali 801
Sens (Organes des) 41
Sensation (Organes de) 40
Sensitifs (Nerfs) 41
Sensitives (Racines nerveuses) 691
Sépia 672
Sepia 674
Sépiole (*Sepiola*) 675
Sépiostaire 674
Seps 752
Sépultures 984
Séricaire (*Sericaria*) 598
Sériciculture 599
Séricigènes (Glandes) 523
Seroot-fly 554
Serpent à lunettes 746
— de Cléopâtre 746
Serpentaire 870
Serpents 741
— à sonnette 750
— corail 746
— de mer 746
Serpule (*Serpula*) 418, 419
Serran (*Serranus*) 723
Serres 805
Sertularia 196
Sésies 131
Sexuelle (Reproduction) 55
Sharpey (Fibres de) 20
Sialis 623
Sifflement (Serpents) 739
Sigmoïdes (Valvules) 826
Silicosponges 186
Silphe (*Silpha*) 643
Silphidés 643
Siluridés 721
Simia 975
Simiens 970
Simondsie (*Simondsia*) 400
Simonée (*Simonea*) 460
Simonide 460
Simples (Dents) 822
— (Yeux) 424, 425
Simulie (*Simulium*) 557
Singes 973
— de nuit 973
Singes-araignées 973
Singes-écureuils 973
Sinupalléales 658
Sinus biflexe 862
— palléal 649
— rhomboïdal 760
Siphon (Lamellibranches) 650
— (Nautiles) 673
Siphonaptères 561
Siphonidés 658
Siphonophores 196
Siphonops 731
Siphonostomes 666
Sipunculus 404
Siredon 732
Sirène (*Siren*) 731
Sirènes 847
Sirex 605
Siricidés 605
Sitaris (*Sitaris*) 635
Sitotrogue (*Sitotroga*) 595
Sittace 799
Sixième sens 693, 706
Sloughi 951, 954
Socialisme 86
Sociétés 86
Soies 809

Solarium 665
Soldat 439
Soldats (Fourmis) 607
Sole (*Solea*) 722
Solen 658
Solénoconques 659
Solénoglyphes 746
Solifuges 512
Solipèdes 904
Solpuga 512
Solpugides 512
Solutréenne (Époque) 981
Sonneur 733
Sorex 964
Soricidés 964
Souchet 777
Souffleurs 844
Souris 933
Sous-maxillaire (Glande) 823
Sous-œsophagiens (Ganglions) ... 40
Spalacinés 936
Spalax (*Spalax*) 936
Sparidés 723
Spastica 635
Spatangoïdes 208
Spatangue (*Spatangus*) 208
Spatulaire (*Spatularia*) 716
Spatule 781
Spermaceti 845
Spermatophores 56
Spermatozoïdes 55, 66
Sperme 66
Spermiducte 216
Spermophile (*Spermophilus*) 939
Sphærophrya 180
Sphærozoon 155
Sphærularia 400
Sphargis 755
Sphégidés 607
Sphéroïdal (Épithélium) 24
Sphex 607
Sphingidés 602
Sphinx (*Sphynx*) 602
Sphyræna 723
Sphyrænidés 723
Spicules (Éponges) 184
— (Nématodes) 314
Spinax 714
Spirale (Valvule) 708
Spirifera 678
Spiritrompe 594
Spirule (*Spirula*) 675
Spirulidés 675
Spiroptère (*Spiroptera*) 386
Spiroxys 317
Spondylus 655
Spongiaires 183
Spongidés 186
Spongieux (Corps) 671
Spongille (*Spongilla*) 186
Sporadin 156
Spores 55
Sporocystes 281
Sporogonie 55
Sporosac 194
Sporozoaires 155
Sporulation 55
Squales 714
Squamodermes 717
Squatina 714
Squelette 38
Squille (*Squilla*) 437
Staphylocystis 253
Stéatopygie 999
Steatozoon 460
Stéganopodes 780
Stellères 847
Stellérides 204
Stemmates 425
Stenops 969
Stentor 178
Stéphanure (*Stephanurus*) 355
Sternal (Arceau) 421
Sterne (*Sterna*) 780
Sternite 421
Sternum (Arthropodes) 422
— (Vertébrés) 686
Stieda (Canal de) 289
Stigmates 426
Stomapodes 437
Stomato-gastrique 423, 646
Stomoxe (*Stomoxys*) 547
Stomoxyidés 547
Stratiomyidés 527
Strepsiptères 625
Striatule 101
Strigidés 806
Strigops (*Strigops*) 799
Strix 806
Strobile 72, 198
Strombe (*Strombus*) 666
Strongle (*Strongylus*) 332
— armé 351
— géant 331
Strongylidés 329
Strongylinæ 330
Struthio 771
Struthions 770
Struthionidés 771
Sturioniens 716

Sturnidés 802
Sturnus 802
Style 519
— cristallin 650
Stylonychia 180
Stylops 625
Stylorhynchus 158
Subbrachiens (Malacoptérygiens). 721
— (Poissons) 705
Sublinguale (Glande) 823
Subongulés 930
Subordination des caractères 117
Subr 884
Subursinés 943
Succenturié (Ventricule) 671
Succinea 669
Sucet 713
Suceurs (Diptères) 561
— (Infusoires) 180
— (Insectes) 520
Suctociliata 180
Sudoripares (Glandes) 810
Suidés 852
Suint 876
Sula 781
Surmulet 723
Surmulet 933
Surnie (*Surnia*) 806
Sus 854
Suspenseur de la mâchoire 703
Suture (Mollusques) 660
Sycon 185
Sylvia 802
Sylviadés 802
Symbiose 170
Symbiote (*Symbiotes*) 481, 1006
Sympathique (Grand) 41, 423, 691
Symplectopte (*Symplectoptes*) ... 488
Synapte (*Synapta*) 209
Synapticules 189
Synascidies 683
Syndactyles 800
Syngame (*Syngamus*) 348
Syngnathus 718
Synhydraires 196
Synotus 968
Syringophile (*Syringophilus*) 466
Syrinx 404
Syrinx 763
Syrnium 806
Syrphidés 553
Syrphus 553
Système 36
Systèmes artificiels 113
Systolides 402

T

Tabanidés 553
Tabanus 555
Tablier des Hottentotes 1000
Tachardia 1007
Tache embryonnaire 697
— phylloxérique 574
Taches bleues 585
Tachina 551
Tachininés 551
Tachyglossus 1007
Tact 41
— (Corpuscules du) 41, 693
Tactiles (Baguettes) 210
Tachypetes 780
Tænia 217
Tæniadés 217
Taffetas d'Angleterre 717
Taillée (Période de la pierre) ... 979
Takjas 911
Talégalle (*Talegallus*) 783
Talitre (*Talitrus*) 436
Talpa 965
Talpidés 965
Tamanoir 843
Tamarin 973
Tamias (*Tamias*) 939
Tanaïs (*Tanais*) 437
Tanche 720
Tanrec 964
Taon (*Tabanus*) 555
Taons (OEstres) 530
Tapir (*Tapirus*) 902
Tapiridés 901
Tapissiers 600
Tarandus 870
Tardigrades 444
Tarentisme 511
Tarentule 511
Taret 658
Tarier 804
Tarière 524
Tarpan 911
Tarse (Insectes) 518
— (Vertébrés) 688
Tarsier (*Tarsius*) 969
Tasmanien (Type) 1000
Tassard 724
Tatou 843
Taupe 965
— du Cap 936
Taupe-Grillon 629
Taupinières 965
Taupins 641

Taureau........................ 889
Taxinomie...................... 112
Tchita......................... 958
Tectibranches.................. 665
Tectrices...................... 759
Tégénérie (*Tegeneria*)........ 512
Tegmina...................... 518
Tegmites....................... 421
Tehuelche (Type)............... 997
Teichomyze (*Teichomyza*)...... 541
Teigne......................... 595
— des graisses................. 596
Télégoninés.................... 510
Téléostéens.................... 717
Telephorus................... 640
Telline (*Tellina*)............ 658
Telphuse (*Telphusa*).......... 439
Télyphone (*Telyphonus*)....... 505
Température constante.......... 696
— variable..................... 696
Ténébrion (*Tenebrio*)......... 639
Ténébrionidés.................. 639
Ténia.......................... 217
Téniadés....................... 217
Tentacules..................... 41
Tentaculifères................. 180
Tenthredo.................... 605
Tenthrédonidés................. 605
Ténuirostres................... 800
Tératologie.................... 34
Terebella.................... 418
Térébrants..................... 604
Terebratula.................. 678
Teredo....................... 658
Tergal (Arceau)................ 421
Tergites....................... 421
Tergum....................... 422
Termes....................... 624
Termite........................ 624
Terricoles (Oligochètes)....... 417
Terriers....................... 952
Test........................... 201
Testacée (Membrane)............ 768
Testacella................... 667
Testicardines.................. 678
Testicules..................... 55
Testudo...................... 755
Têtard......................... 729
Tetin.......................... 830
Tétrabranches.................. 673
Tétracotyle (*Tetracotyle*).... 284
Tétramères..................... 631
Tetrameres................... 392
Tetramorium.................. 607
Tétranycinés................... 463
Tétranyque (*Tetranychus*)..... 1006
Tetrao....................... 792
Tétraonidés.................... 792
Tetraonyx.................... 635
Tétraphyllidés................. 277
Tétrapneumones (Araignées)..... 511
Tétraptères.................... 519
Tétrarhynchidés................ 276
Tétras......................... 792
Tétrasporées (Coccidies)....... 160
Tetrastoma................... 303
Tetrodon..................... 719
Tétrodontidés.................. 719
Tettix....................... 628
Thalassema................... 404
Thalassicola................. 155
Thalassidroma................ 780
Thaliacés...................... 683
Thaumalea.................... 789
Thécastome..................... 454
Thecidium.................... 678
Thecosoma.................... 300
Thécosomes (Ptéropodes)........ 659
Thenaisienne (Époque).......... 979
Thomise (*Thomisus*)........... 512
Thon........................... 724
Thoraciques (Poissons)......... 705
Thorax (Arthropodes)........... 422
Thrips (*Thrips*).............. 625
Thymallus.................... 720
Thynnus...................... 724
Thyone....................... 209
Thysanoptères.................. 625
Thysanoures.................... 626
Tibia.......................... 688
Tifo dei gatti................. 361
Tigre.......................... 959
Tinamou........................ 783
Tinca........................ 720
Tinea........................ 595
Tinéidés....................... 595
Tipulidés...................... 557
Tiques......................... 496
Tiquets........................ 631
Tissus......................... 15
Tocostome...................... 457
Tomicus...................... 633
Tonne.......................... 666
Torcol......................... 797
Tordeuses...................... 596
Tornaria..................... 420
Torpedo...................... 715
Torpille....................... 715
Tortricidés.................... 596
Tortrix...................... 596

Tortue........................ 754
Totanus........................ 782
Totipalmes........................ 780
Toucan........................ 797
Toucher........................ 41
Touffe........................ 600
Toupie........................ 665
Tourlourou........................ 439
Tournis........................ 245
Tourterelle........................ 796
Toxicozoaires........................ 101
Toxopneustes.............. 206, 208
Trabécule........................ 591
Trachéates........................ 430
Trachée (Arthropodes)........ 51, 426
— (Vertébrés)........ 696
Trachinidés........................ 723
Trachinus........................ 723
Tragopan........................ 792
Tragule (*Tragulus*)........................ 866
Tragulidés........................ 866
Transformisme........................ 126
Traquet........................ 804
Tréhala........................ 634
Tréhalose........................ 634
Trématodères........................ 731
Trématodes........................ 277
Tremoctopus........................ 675
Trépang........................ 209
Tricala........................ 634
Trichéchidés........................ 940
Trichechus........................ 940
Trichine (*Trichina*)........................ 369
Trichinidés........................ 368
Trichinose........................ 373
Trichocéphale (*Trichocephalus*).. 364
Trichocéphalidés........................ 364
Trichocystes........................ 176
Trichodecte (*Trichodectes*)....... 589
Trichodes........................ 640
Trichomonade (*Trichomonas*). 172, 1004
Trichosome (*Trichosoma*)....... 367
Trichuris........................ 364
Tricuspide (Valvule)........................ 826
Tridacna........................ 658
Trigla........................ 723
Triglidés........................ 723
Triglochine (Valvule)........................ 826
Trigona........................ 611
Trigonie (*Trigonia*)........................ 657
Trigonocephalus........................ 750
Trilobites........................ 441
Trimères........................ 630
Trinoton (*Trinoton*)........................ 593
Triodon........................ 719
Triongulins........................ 635
Trionyx........................ 755
Tristoma........................ 303
Tristomidés........................ 303
Triton (*Triton*)........................ 731
Trochanter................ 849, 897
Trochète (*Trocheta*)........................ 415
Trochilus........................ 800
Trochosphère................ 73, 406
Troctes........................ 624
Troglodyte (*Troglodytes*)........ 802
Troglodytes (Singe)........................ 975
Trogon........................ 797
Trogosita........................ 643
Trogositidés........................ 643
Trombididés........................ 463
Trombidinés........................ 463
Trombidion (*Trombidium*)....... 463
Trompe (Cestodes).......... 219, 226
— (Éléphants)........................ 922
— de Fallope........................ 829
Tropidocerque (*Tropidocerca*)... 892
Tropidolæmus........................ 750
Tropidonote (*Tropidonotus*)..... 744
Truie........................ 859
Truite........................ 720
Trygon........................ 715
Trypanosome (*Trypanosoma*).... 1005
Trypanosomidés........................ 1005
Trypétinés........................ 542
Tsé-tsé........................ 549
Tube albuminipare........................ 768
Tuberculeuses (Dents)........................ 942
Tubicoles (Annélides)........................ 418
Tubifex........................ 418
Tubipora........................ 190
Tubiporidés........................ 190
Tubularia........................ 196
Tue-teigne........................ 596
Tumulus........................ 985
Tuniciers........................ 681
Tunique........................ 680
Turbellariés........................ 304
Turbinolia........................ 191
Turbo........................ 665
Turbot........................ 722
Turdidés........................ 803
Turdus........................ 803
Turtur........................ 796
Tuyau (Plume)........................ 759
Tylenchus........................ 394
Tylopodes........................ 890
Types........................ 138
Typhlops........................ 744
Typhlopsylle (*Typhlopsylla*)..... 565

Tyroglyphe (*Tyroglyphus*)...... 494
Tyroglyphinés.................. 494

U

Udonella........................ 303
Ulotriques...................... 991
Unau............................ 843
Uncinaire (*Uncinaria*).......... 356
Uncinées (Apophyses)........... 756
Uniloculina..................... 153
Unio............................ 657
Unionidés....................... 657
Unipolaires (Cell. nerv.)........ 22
Unité de composition........... 34
Upupa.......................... 800
Ur.............................. 884
Uretère......................... 696
Urètre.......................... 828
Uria........................... 772
Urinaire (Vessie)............... 696
Urinaires (Organes)............ 53
Urnatella...................... 680
Urocyons........................ 957
Urocystis...................... 253
Urodèles........................ 731
Urogénital (Sinus)............. 740
Urolabes....................... 402
Uropoda........................ 502
Uropygienne (Glande)........... 759
Urospora....................... 158
Ursidés......................... 943
Ursinés......................... 943
Urson coquau.................... 932
Ursus.......................... 943
Urticantes (Chenilles)......... 597
Urticants (Organes).... 182, 187, 195
Urus........................... 885
Usage........................... 30
Utérus.......................... 56
Utiles (Animaux)............... 103
Utricule (Oreille).............. 692
Utriculiformes (Psorospermies).. 164
Uvella......................... 171

V

Vache........................... 889
— marine....................... 940
Vaches (Sangsues).............. 412
Vadrouille (Cheveux en)......... 992
Vagin........................... 57
Vairon.......................... 721
Vaisseau dorsal................. 522
Vaisseaux....................... 49
Vampire......................... 968
Vampyrella..................... 148
Vandoise........................ 721
Varan (*Varanus*)................ 753
Variabilité..................... 78
Variation désordonnée...... 125, 126
Variété................ 120, 129
Vaso-fibreux (Tissu)........... 410
Vautour......................... 807
Vaysonier....................... 412
Veau............................ 889
— marin........................ 940
Végétaux........................ 8
Veines.......................... 49
Véjovinés....................... 510
Velella........................ 197
Velum (Cœlentérés)............ 195
— (Mollusques)................. 648
Vendangeur...................... 464
Vénéneux (Animaux)............. 102
Venimeux (Animaux)............. 101
Venimeuses (Glandes)....... 523, 737
Venin (Serpents)................ 741
Ventouses....................... 210
Ventrales (Nageoires).......... 705
Ventre (Cheval)................. 909
Ventricule (Nématodes)......... 312
— chylifique................... 522
— succenturié.................. 762
Ventricules du cerveau......... 689
— du cœur...................... 693
Ventriculites................... 522
Vénus (*Venus*)................... 658
Ver à soie...................... 598
— blanc........................ 641
— — du blé..................... 595
— de farine..................... 639
— des fruits.................... 596
— de mer........................ 658
— du Cayor...................... 547
— ensorcelé..................... 513
— fourchu....................... 349
— luisant....................... 640
— macaque....................... 540
— moyoquil...................... 540
— rouge (Clairon)............... 616
— — (Syngame)................... 349
— solitaire..................... 236
Verdier......................... 801
Vermes......................... 209
Vermilingues (Édentés)......... 842
— (Sauriens)................... 752
Vermipsylla.................... 567

Vermis 818
Véroquin 101
Verrat 854, 859
Vers 209
— blancs 641
— de terre 417
— gris 597
— intestinaux 212
— rubanés 214
Vers-Vis 546
Verte (Glande) 433
Vertèbres 685
Vertébrés 683
Vésicants (Insectes) 635
Vésicule caudale 226
Vésicules filles 251
— multifides 663
— natatoires 196
— proligères 247
— pulmonaires 827
— secondaires 251
Vespa 608
Verspertilion (*Vespertilio*) 968
Vesperugo 968
Vespidés 608
Vespinés 608
Vestibule (Oreille) 692
— génital 829
Veuve 801
Vibraculaires 679
Vibratiles (Cils) 25, 38
Vibrisses 809
Vidua 801
Vie animale 38
— végétative 38
Vieille de mer 723
Vigneau, Vignot 666
Vigogne 892
Vipère (*Vipera*) 747
— cornue 750
— jaune 751
— petite 750
Vipéridés 747
Vipérine 741
Viscache 931
Viscéral (Squelette) 686
— (Système nerveux) 41
Vison 944
Vitale (Force) 7
Vitellin (Sac) 712
Vitelline (Membrane) 64
Vitello-intestinal (Conduit) 698
Vitelloducte 216
Vitellogènes (Follicules) 216
Vitellus 64
Vitiligo 558
Vitrée (Humeur) 692
Vive 723
Viverra 945
Viverréum 946
Viverridés 945
Viviparité 69
Voile 648
— du palais 824
— de la pudeur 1000
Volute (*Voluta*) 666
Vorticelle (*Vorticella*) 180
Vrillette 639
Vue 42
Vulnérants (Animaux) 101
Vulpes 956
Vulpinés 957
Vultur 807
Vulturidés 807
Vulve 57, 829
Vulvo-vaginales (Glandes) 829
Vuychouchol 964

W

Wisent 884
Wolff (Corps de) 696
Wombat 841

X

Xenos 625
Xiphias 724
Xiphodon 861
Xiphoïde (Appendice) 815
Xiphosures 440
Xolalges 491
Xoloptes 491
Xylocopa 609
Xylophages 639

Y

Yak 885
Yeux 42
— d'écrevisse 439
Yo-to-tzé 915
Yunx 797

Z

Zabre (*Zabrus*) 644
Zaménis (*Zamenis*) 744

Zèbre........................ 917
Zébrés........................ 917
Zébu........................ 886
Zibeline........................ 944
Zibeth........................ 946
Zimb........................ 554
Zoanthaires........................ 191
Zoanthodème........................ 187
Zoanthus........................ 191
Zoea........................ 434
Zoïde........................ 36
Zonaire (Placenta)........................ 834
Zooïdes........................ 193
Zoologie........................ 1
— appliquée........................ 2
— descriptive........................ 143
— générale........................ 3
Zoonites........................ 37
Zooparasites........................ 94
Zoophtires........................ 580
Zoophytes........................ 182
Zygapophyses........................ 685
Zygæna........................ 714
Zygodactyles........................ 797

FIN DE LA TABLE ALPHABÉTIQUE DES MATIÈRES

3114-85. — CORBEIL. Typ. et stér. CRÉTÉ.

3114-85. — Corbeil. Typ. et stér. Crété.

www.ingramcontent.com/pod-product-compliance
Ingram Content Group UK Ltd.
Pitfield, Milton Keynes, MK11 3LW, UK
UKHW011957240726
13965UKWH00001B/5